辣椒种质资源创新与利用

主　编　邹学校

副主编　戴雄泽　马艳青　李雪峰

科学出版社

北　京

内 容 简 介

本书主要介绍了辣椒种质资源鉴定、评价、创新与利用、优良基因挖掘、分子标记辅助选择、遗传与生理生化、新品种选育及制种、栽培、病虫害防控等方面研究取得的新成果。全书内容丰富，成果先进性明显，具有重要的推广价值。

本书可供从事蔬菜研究的科研人员、高等院校师生、农技推广人员、蔬菜种子经营者和蔬菜生产经营企业的技术人员阅读参考。

图书在版编目（CIP）数据

辣椒种质资源创新与利用/邹学校主编. —北京：科学出版社, 2016.10
ISBN 978-7-03-050081-6

Ⅰ.①辣…　Ⅱ. ①邹…　Ⅲ. ①辣椒–种质资源–资源利用–文集
Ⅳ.①S641.302.4-53

中国版本图书馆 CIP 数据核字(2016)第 233779 号

责任编辑：夏　梁　朱　瑾 / 责任校对：李　影　郑金红　张怡君
责任印制：吴兆东 / 封面设计：北京图阅盛世文化传媒有限公司

科学出版社 出版
北京东黄城根北街 16 号
邮政编码：100717
http://www.sciencep.com
北京厚诚则铭印刷科技有限公司印刷
科学出版社发行　各地新华书店经销
*
2016 年 10 月第　一　版　开本：787×1092　1/16
2025 年　1 月第二次印刷　印张：52
字数：1 233 000
定价：328.00 元
(如有印装质量问题，我社负责调换)

编　委　会

主　编　邹学校

副主编　戴雄泽　马艳青　李雪峰

编　委（以姓氏笔画为序）

马艳青　邓明华　刘　峰　李雪峰　杨　莎

杨博智　邹学校　张竹青　陈文超　欧立军

周书栋　郑井元　戴雄泽

序

辣椒起源于中南美洲热带地区。为寻求胡椒而航海西渡的哥伦布，到了北美大陆后发现了不次于胡椒的上等辛香料——辣椒，并带回了欧洲。1493年辣椒传入西班牙，1548年传到英国，16世纪中叶已传遍中欧各国。1542年传入印度和东南亚各国，1578年辣椒传入日本，大约在16世纪后期引至中国。辣椒在世界温带、热带地区均有种植。

辣椒产业发展的最重要支撑在于品种，种质资源是一切育种工作的基础。拉丁美洲、非洲、亚洲是辣椒种质资源最丰富的地区。目前世界辣椒种质资源保存情况是：美国4748份，亚蔬中心5117份，保加利亚4089份，墨西哥3590份，俄罗斯2313份，法国1150份。中国除国家种质资源库保存了2248份外，各育种单位根据工作需要也保存一定数量的辣椒种质资源。

湖南省农业科学院开展辣椒种质资源研究已有60多年的历史，蔬菜研究所第一任所长张继仁先生在20世纪50年代就开始了辣椒品种资源的收集、整理、鉴定和利用等研究工作，调查了湖南省辣椒集中产区、六大城市（长沙、衡阳、湘潭、株洲、常德、邵阳）郊区的地方品种资源，收集辣椒品种53个。在此后的工作中，该项目组于1978~1982年在湖南33个县的35个辣椒重点产区搜集地方品种136份；1982~1985年在湖南另外68个县搜集地方品种141份。1986~1990年收集川、滇、黔、豫、鄂等省辣椒地方品种资源402份；1988~2000年收集其他省份品种资源730份。2000年后通过资源共享，收集国内辣椒资源1260份。同时加强国外资源的交流和引进，从亚洲蔬菜研究中心引进资源262份；从美国农业部资源库引进资源67份；从韩国、日本、印度、法国、意大利、荷兰、泰国等国引进资源115份。此外，项目组还专门开展野生资源的收集工作，从云南、海南和国外收集野生辣椒资源53份。目前湖南省农业科学院共保存辣椒种质资源3219份，是我国保存辣椒种质资源材料份数最多的单位。通过综合评价，筛选出综合性状优异的种质资源426份，其中羊角椒123份，线椒161份，牛角椒82份，朝天椒23份，甜椒37份，被湖南、江西、安徽、江苏等10多省的育种单位直接或间接利用，选育品种206个，据不完全统计，推广面积1.4亿亩，新增社会效益672亿元。为提高我国辣椒资源研究水平做出了重要贡献。

湖南省农业科学院的辣椒资源研究之所以能走在全国前列，主要有以下因素：一是湖南丰富的辣椒品种资源。一直以来，湖南都具有巨大的辣椒消费市场，辣椒栽培历史悠久，通过自然选择和农家选种，形成了丰富的湖南辣椒地方品种资源。二是湖南得天独厚的筛选环境。湖南四季分明，春季低温多雨，夏季高温潮湿，秋季干旱，冬季寒冷。这种严苛的气候条件不利于辣椒生长，病虫害危害严重，在同样栽培条件下，辣椒产量不及河北、陕西、山东等地的一半。但正是这种不利条件却在辣椒新品种的抗性筛选上起了重要作用，在此气候条件下形成的辣椒品种资源具有明显的抗病性强、适应性广的优点。我国有一个公认的观点，辣椒抗性资源在湖南。三是几代人半个多世纪以来坚持不懈的努力。从 20 世纪 50 年代开始，一直坚持做辣椒资源研究，收集辣椒资源最多，研究最系统，取得了重要研究成果。创制的 3 个骨干亲本（5901、6421 和 8214）育成品种 165 个，累计推广面积达 1.2 亿亩，占同期新品种推广面积的 42.16%，成为我国应用范围最广、推广面积最大的骨干亲本。

本书收集了湖南省农业科学院辣椒科研团队近几年在辣椒资源创新与利用方面发表的 110 多篇论文，内容丰富，既有理论与方法，又有成果与应用，实用性好，指导性强，对今后的辣椒资源研究和育种实践极具借鉴作用，对从事蔬菜种质资源、遗传育种研究、生物学及相关学科研究的科研人员来说是一本很有价值的重要参考书。

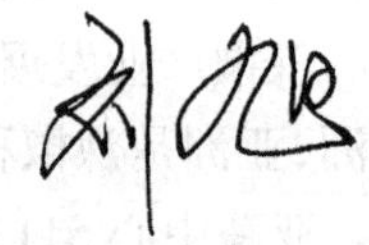

中国工程院副院长
中国工程院院士

前　言

辣椒在全球是仅次于豆类和番茄的第三大蔬菜作物，也是最大的调味料作物，据FAO数据，年种植面积5550万亩。其中干辣椒面积3000万亩，产量280万吨；鲜辣椒面积2550万亩，产量3420万吨。辣椒用途广泛，既可鲜食，又是重要的调料，是人们日常生活中不可短缺的食品。辣椒素可刺激消化，还可治疗多种风湿类疾病。除辣椒素外，辣椒还含有丰富的维生素A和维生素C，辣椒红色素是一种应用非常广泛的纯天然色素，是重要的食品添加剂。此外还是催泪弹、海船防腐等的重要原料。

我国辣椒种植面积居世界各国之首，据国家大宗蔬菜产业技术体系调查，2014年种植面积超过3200万亩，总产量达6400万吨，面积和产量远远大于其他蔬菜。年总产值3000亿元，其中鲜椒农业产值1000亿元，运输、销售产值600亿元，加工辣椒产值1400亿元。是我国加工产品最丰富、产业链最长、贮存时间最长、经济效益最高的经济作物。不仅在保证我国蔬菜周年均衡供应中发挥重要作用，同时在食品加工、医疗保健、军事等领域也占重要地位。

优良品种是辣椒产业发展最重要支撑，而种质资源是一切育种工作的基础。湖南省农业科学院率先在国内系统地开展了辣椒种质资源收集与保存、鉴定与评价、创新与利用研究。蔬菜研究所第一任所长张继仁研究员在20世纪50年代就开始了辣椒品种资源的收集、整理、鉴定和利用等研究工作，调查了湖南省辣椒集中产区、六大城市（长沙、衡阳、湘潭、株洲、常德、邵阳）郊区的地方品种资源，收集辣椒品种53个。60年代筛选出了一批优良湖南地方品种如衡阳伏地尖、河西牛角椒、湘潭晚班椒、长沙矮树早和祁阳矮秆早等应用于生产，产生了良好的经济效益和社会效益，并利用这些地方品种育成了伏地尖1号、21号牛角椒和湘晚14号等常规品种，这些品种也在湖南大面积推广。

在之后的半个多世纪里，湖南省农业科学院辣椒科研团队始终坚持辣椒种质资源收集、评价、创新、利用研究不间断，收集和保存了辣椒品种资源3219份，建立了我国保存材料份数最多的辣椒种质资源库。建立了基于植物学性状、抗病抗逆性状和营养品质性状于一体的辣椒种质资源综合评价体系。通过对辣椒种质资源的系统评价，筛选出优异种质资源426份。利用杂交聚合、花药培养和分子标记选择等技术对这些资源进行创新，创制了5901、6421和8214三个骨干亲本，被湘研、兴蔬、永利、长研、苏椒、皖椒等国内十多家育种单位直接或间接利用，育成辣椒新品种165个，累计推广面积达1.2亿亩，占同期新品种推广面积的42.16%，成为我国应用范围最广、推广面积最大的骨干亲本。发明了利用EST序列的冗余性开发辣椒SSR标记技术，开发1571个SSR标记，构建了12条辣椒分子标记连锁群图谱，建立辣椒SSR分子标记品种纯度鉴定技术体系。获得25个区分CMS细胞质标记，分离鉴定了辣椒素、花青素合成、抗根结线虫和雄性不育等19个相关功能基因。

本书收集了湖南省农业科学院辣椒科研团队近几年在辣椒资源创新与利用方面发

表的 110 多篇论文，共分 6 个部分：第一部分为种质资源评价，收集种质资源鉴定、评价、创新、利用等方面的论文 23 篇；第二部分为优异基因挖掘，收集基因鉴定、分离等方面的论文 17 篇；第三部分为分子标记辅助选择，收集标记位点鉴定、基因定位、遗传多样性分析、遗传图谱构建等方面论文 11 篇；第四部分共收集遗传、生理、生化等方面的论文 28 篇；第五部分为新品种选育，收集品种选育和育种技术等方面的论文 11 篇；第六部分为产业化技术，收集制种、栽培、病虫害防治等方面的论文 26 篇。

我要特别感谢中国工程院院士、中国农业科学院蔬菜花卉研究所方智远，在几十年的研究中，自始至终对我们团队进行特别指导和大力帮助。尤其感到荣幸的是，中国工程院副院长刘旭院士从百忙中抽出时间，为本书撰写了热情洋溢的序言，这无疑是对我和团队成员的极大鼓舞和鞭策。在此一并谨致谢意。

邹学校

2016 年 4 月 17 日于长沙

目　　录

第一部分　种 质 资 源

第二部分　优异基因挖掘

第三部分　分子标记辅助选择

第四部分　遗传生理生化

第五部分　新品种选育

第六部分　产业化技术

第一部分　种 质 资 源

辣椒种质资源创新与新品种选育①

邹学校，戴雄泽，马艳青，李雪峰，张竹青，陈文超，周书栋，
欧立军，邓明华，刘　峰，杨博智，郑井元

（湖南省蔬菜研究所，长沙　410125）

摘要：我所在国内率先系统开展了辣椒种质资源收集与保存、鉴定与评价、创新与利用研究，保存种质资源 3219 份。建立了辣椒种质资源综合评价体系，通过系统评价，筛选出优异种质资源 426 份，被湖南、江西、安徽、江苏等 10 多省的育种单位广泛应用。利用杂交聚合、花药培养和分子标记选择等技术创制了 35 份核心育种材料，被湘研、兴蔬、永利、长研、苏椒、皖椒等国内十多家育种单位直接或间接利用，其中利用 3 个骨干亲本（5901、6421 和 8214）育成品种 165 个，累计推广面积达 1.2 亿亩，占同期新品种推广面积的 42.16%，成为我国应用范围最广、推广面积最大的骨干亲本。首次在辣椒引进“穿梭育种”方法，使辣椒育种周期由 7~8 年缩短 3~4 年，并在辣椒分子标记、雄性不育、花药培养育种技术上进行系列创新。根据市场需求，近几年新育成辣椒新品种 18 个。其中春提早栽培品种 5 个，秋延后栽培品种 5 个，高山栽培品种 3 个，加工专用品种 5 个。这些品种各具特色，抗逆性强、适应性广，抗 3 种以上病害，在生产上大面积推广应用。

关键词：辣椒；种质资源；骨干亲本；穿梭育种；育种技术；新品种选育

我国辣椒年播种面积 3200 万亩、总产量 6400 万吨、产值 3000 亿元以上，是一种重要的蔬菜作物和调味品。湖南是辣椒生产和消费大省，年播种面积 173 万亩、总产量 355 万吨，辣椒产业发展较快，全产业链产值达 450 多亿元。

“六五”开展蔬菜种质资源调查以来，我国国家种质资源库收集辣椒种质资源 2124 份，抢救保存了一批珍稀资源，为我国辣椒育种提供了物质基础，育成了一批辣椒新品种，支撑了我国辣椒产业的发展。然而，随着辣椒栽培模式改变和市场对品种需求的细分，生产上对辣椒抗病性、抗逆性、适应性、丰产性、熟性、商品性等不断提出了新的要求。

种质资源是一切育种工作的基础，农作物育种的历史证明，每一次重大育种的突破都是在利用优良资源的基础上完成的。虽然我国国家种质资源库保存了 2000 多份辣椒资源，各科研、教学单位、种子公司也收集和保存了一定数量的辣椒资源，但仍有大量

① 基金项目：国家农业产业技术体系建设专项（CARS-25-A-8）；国家公益性行业（农业）专项（200903025）；农业部重点项目（95 农-11-02-03-1999）；国家“八五”重点攻关项目（85-04-01-04）；国家“七五”重点攻关项目（75-01-02-07）。

的地方品种资源有待我们去抢救保存，特别是商业化杂交品种的大规模种植，使抢救工作更加紧迫。同时，已保存的品种资源也还存在品种不纯、整理和评价工作简单粗浅等问题。由于辣椒种质资源基础研究工作薄弱，鉴定评价技术没有统一标准，各单位采用的鉴定方法、评价标准和提取检测方法还存在较大差异，直接影响到辣椒资源评价的准确性及可比性，最终影响了资源高效利用和新品种选育。针对这一问题，本项目通过广泛收集国内外辣椒资源，开展辣椒种质资源评价方法标准化、种质资源创新、优良基因挖掘和新品种选育等研究。经过 30 多年的努力，取得了重要的创新性成果。

一、辣椒种质资源研究

（一）辣椒种质资源的收集

20 世纪 50 年代后期至 60 年代，湖南省蔬菜研究所调查了省内蔬菜集中产区、六大城市（长沙、衡阳、湘潭、株洲、常德、邵阳）郊区的地方品种资源，收集辣椒品种 53 个。1978~1982 年，在 33 个市（县）的 35 个辣椒重点产区，采集了辣椒品种材料 136 份。1982~1985 年，对我省 68 个县市开展蔬菜品种资源调查、搜集工作，共搜集辣椒品种材料 141 份。1986~1990 年参加国家“七五”重点攻关项目，收集川、滇、黔、豫等省的辣椒资源 352 份，湖北神农架辣椒品种资源 50 份。1988 年后，研制的湘研杂交辣椒种子已大规模应用于生产，利用这一大好机会，组织科研、种子生产、销售人员加强对外省品种的收集、引进。到 2000 年，共收集除青海、宁夏、西藏以外其他省份品种资源材料 730 余份。

近年来，我所更加重视辣椒品种资源的研究，通过资源共享、交流，聘请当地技术人员，收集各种辣椒资源 1260 份。同时，加强了国外品种资源的收集和引进。一是加强从亚洲蔬菜研究中心的引进，积极参加亚蔬中心的国际辣（甜）（ICPN/ISPN）椒大田测试项目，五次选派科研人员赴亚蔬中心学习，多次邀请亚蔬专家来我所进行科研工作交流。通过专家赠予、品种资源交换等方式，获得品种资源材料共 262 份。从美国国家资源库等引进资源 67 份。二是通过出国交流和国内外种子市场上购买等方式，获得韩国、日本、印度、法国、意大利、荷兰、泰国等国各类品种材料 118 份。此外，项目组还专门开展野生资源的收集工作，从云南、海南和国外收集野生辣椒资源 50 余份。

本项目组收集资源的同时，开展资源鉴定、保存和利用研究，对优异资源材料进行杂交聚合分离，创制了 14 165 份中间材料。到目前已保存辣椒资源 17 384 份。

（二）辣椒资源评价技术标准化

我国辣椒种质资源十分丰富，各级科研教学育种单位和种子公司都收集和保存了一定数量的辣椒资源，并开展资源的整理和评价工作，但由于基础鉴定技术没有统一标准，各单位采用的鉴定方法、评价标准和提取检测方法存在较大差异，直接影响到辣椒资源评价的准确性及可比性。然而，辣椒资源评价是提高种质资源高效利用的关键。同时，在辣椒育种中，也必须对辣椒自交系、杂交组合、杂种后代等进行评价，评价技术标准不统一，同样会影响育种效果和效率。针对这一问题，本项目通过广泛收集、整理、分析国内外辣椒资源研究的相关技术资料，开展植物学性状测试、抗病性和抗逆性鉴定技术、营养成分测定方法标准化研究工作。

参照国际植物新品种保护联盟的植物新品种测试指南，开展辣椒新品种测试对繁殖材料的要求、测试方法、特异性一致性稳定性结果的判定、性状的描述等研究，制定《植物新品种特异性、一致性和稳定性测试指南——辣椒》（辣椒新品种 DUS 测试指南），该指南 2012 年 12 月由农业部颁布实施。

开展抗病性鉴定技术标准化研究，制定《辣椒抗疮痂病鉴定技术规程》和《辣椒抗白粉病鉴定技术规程》，这两个标准规范了病菌接种体制备方法、室内抗性鉴定技术与方法、病情调查时间、方法与分级和抗病性评价标准等内容。

开展抗逆性鉴定技术标准化研究工作，制定《辣椒耐低温性鉴定技术规程》，该标准规范了种子萌发期、苗期、盛花期和全生育期耐低温性鉴定方法、技术与评价指标，制定种子萌发期、苗期、盛花期、全生育期耐低温指数判定规则和耐低温性判定综合评价体系。制定《辣椒耐弱光性鉴定技术规程》，该标准规范了种子苗期、开花坐果期和全生育期耐弱光性鉴定方法、技术与评价指标，制定种子苗期、开花坐果期和全生育期耐弱光指数判定规则和耐弱光性判定综合评价体系。

开展营养成分测定方法标准化研究工作，制定《辣椒素含量取样测定技术规程》和《辣椒红素含量测定技术规程》，这两项标准规范了辣椒果实烘干温度、取样数量、粉碎颗粒大小、萃取工艺和检测方法与技术。标准的制定，降低了检测误差，提高了检测数据的稳定性和准确性。

上述标准促进了我国辣椒资源和育种中间材料评价技术的规范化，评价工作的标准化，降低了不同单位对辣椒评价结果的误差，评价结果更具有可比性，对加速辣椒育种进程，提高育种效率具有重要意义。

（三）辣椒品种资源的鉴定

首先进行田间鉴定，在鉴定的同时进行分单株包花留种。鉴定的主要性状有株高、株幅、首花节位、主茎高、果形、果长、果宽、果肉厚、单果重、单株坐果数、青熟果颜色、生理成熟果颜色、果表性状、节位花色素苷的有无、叶形、叶色、辣味强弱，炭疽病、疫病、病毒病的田间抗性，田间耐寒性、耐湿性、耐热性等性状。从 3219 份辣椒品种资源中，筛选出田间表现综合性状优良的甜椒品种资源 37 份，牛角尖椒品种资源 123 份，粗牛角椒品种资源 82 份，线椒品种资源 161 份，朝天椒品种资源 23 份。按熟性分，早熟优良品种资源 81 份，中熟品种资源 197 份，晚熟品种资源 148 份。对表现好的材料再进行室内抗病性、抗逆性鉴定和营养品质测定。

对田间表现优良的辣椒种质资源进行了抗病抗逆性鉴定和营养成分测定，鉴定出抗 TMV 材料 457 份，高抗 TMV 材料 112 份；抗 CMV 材料 274 份，高抗 CMV 材料 62 份；抗炭疽病材料 107 份，耐炭疽病材料 297 份；抗或耐疮痂病材料 749 份；抗白粉病材料 134 份，耐白粉病材料 355 份。兼抗 TMV 和 CMV 材料 218 份；抗（耐）炭疽病和 CMV 材料 346 份。抗炭疽病、疫病和 TMV 或 CMV 的资源有 167 份，抗 TMV 或 CMV、疫病、炭疽病、疮痂病和白粉病 5 种病害的资源有 46 份。32 份材料对根结线虫免疫，78 份高抗，124 份中抗。耐低温弱光材料 43 份；耐高温材料 37 份；高维生素 C

含量资源 213 份；高辣椒素含量资源 113 份；高辣椒红色素含量资源有 102 份；高干物质含量资源 339 份。

利用上述鉴定结果，分析了辣椒品种资源抗病抗逆性与起源地生态环境的关系，发现湖南春季低温多雨、夏季高温潮湿、秋季干旱、冬季严寒的气候条件造成湖南辣椒地方品种资源在抗病、抗逆上有非常明显的优势，经过长期的自然选择和人工选择，产生大量抗病、抗逆性强的种质资源。

（四）辣椒种质资源评价

通过对收集资源的系统评价，挖掘了一批配合力强、性状优良的优异资源。特别是从湖南地方品种资源中，筛选出衡阳伏地尖、河西牛角椒、湘潭迟班椒、长沙光皮椒、醴陵朱红椒、邵阳朝天椒、道县早泡椒、资兴灯笼椒、临澧大红泡、慈利七姊妹等优良品种，这些品种 20 世纪 60~70 年代在湖南省及周边地区大面积推广应用。通过进一步的系统选择，育成了在全国大面积推广的新品种伏地尖 1 号、21 号牛角椒和湘晚 14 号。

通过辣椒种质微形态及萌发特性比较研究，发现栽培种的种子显著大于相应的野生种；高倍镜下栽培种的种子表面较光滑平整、凹凸不明显，而野生种的种子表面具密集的瘤状颗粒、沟和脊明显；栽培种的种脐为长柱形，野生种为灯泡形；栽培种种脐体积与种子体积的比例显著小于野生种；野生种的种子吸水速率快于栽培种，总吸水比率大于栽培种；栽培种种子中蛋白质含量相对较低，平均低于野生种 5%；栽培种萌发速率明显慢于野生种，野生种的淀粉酶活性高于栽培种，辣椒野生种种子的淀粉粒降解速率快，α-淀粉酶活性高，有利于野生种快速萌发。

对辣椒种质资源的花粉形态进行研究，发现一年生栽培种的 6 个变种的花粉呈矩圆形、椭圆形或圆形；极面观均为三裂片圆形；具三萌发沟，沟长达两极，沟的末端在极面上不连接形成合沟；花粉外壁纹饰在扫描电子显微镜下以刺一颗粒状复合纹饰为主。变种间在花粉形状和外壁纹饰方面有一定差异。根据其特征可以对辣椒进行分类，并反映变种间的亲缘关系。

研究不同逆境下辣椒不同栽培种的光合能力和部分生理指标，发现不同栽培种的各个参数变化存在显著差异，栽培种间存在明显的抗逆境能力差异，*C. baccatum* L.抗旱能力最强，*C. pubescens* Ruiz &Pavon.的耐水涝能力和抗低温弱光能力明显高于其他 4 个栽培种，海南黄灯笼椒（*C. chinense* Jacquin）的耐水涝能力最弱；*C. frutescens* L.抗低温弱光能力最弱；野生种的抗逆境能力强于所有的栽培种。

二、辣椒种质资源的创新

为了适应细分市场的需求和栽培的专业化要求，利用多基因聚合、花药培养和 Co60 辐射处理等技术，创新了一批特异性优良材料。

（一）黄辣椒资源的创新

利用湖南衡东优良黄辣椒地方品种黄贡椒，与抗疫病、病毒病、辣味强的优良红色线椒材料杂交，通过 5 代的单株定向选择，选育了优良黄辣椒材料 3 份（HJ0-4、HZ02-1、

HJ210-4），其中 HJ09-4 果长 22cm 左右，果宽 1.4cm，辣度 67939 SHU，抗 TMV（11.3）、炭疽病（9.2）、疫病（8.7），克服了黄贡椒抗病性差、辣味不强等缺点，以其为亲本配制筛选出优良组合兴蔬黄贡椒。

（二）抗病资源的创新

利用亚洲蔬菜研究发展中心的炭疽病抗源、法国农科院的根结线虫抗源、湖南本地的抗病毒病、疮痂病、疫病等抗源材料与综合性状好的品种进行复合杂交、分子标记辅助选择，实现多基因聚合，创制出抗 TMV、CMV、炭疽病、疫病、疮痂病、青枯病等病害材料 4 份（SJ07-339、SJ06-79、SJ08-103、SJ09-101）。SJ07-339 抗炭疽病、疫病和疮痂病，SJ06-79 抗 TMV、CMV、炭疽病、疫病和疮痂病。

（三）高辣椒素含量资源的创新

通过种内杂交和种间杂交，将海南黄灯笼椒（*C. chinese* Jacquin）与 6421（*C. annuum* L.）杂交和多代回交，采用胚胎组织培养技术克服种间杂交 F1 胚胎发育不良、种子发芽率低的难点，创制辣椒素含量高、坐果性好、适应性强的优异材料 2 份。SJ05-46 辣度 93901SHU，SJ05-47 辣度 86507SHU。

（四）高辣椒红素含量资源的创新

利用辣椒红素含量高的美国红与我国地方品种益都红杂交，筛选出高红素含量材料 5 份（SJ05-22-2、9701-11-1、06g13、LU-40、NX203）。其中 SJ05-22-2 色价为 13.92，抗病毒病和疫病，已选育出博辣红星。9701-11-1 色价为 13.74，抗疮痂病、病毒病和疫病，选育出博辣新红帅。

（五）耐低温弱光资源的创新

选择耐低温弱光品种南京早、伏地尖与熟性早、坐果集中的品种杂交，通过 Co60 辐射处理，通过多代单株定向选择，筛选出耐低温弱光、抗病能力强的材料 4 份（H2802、H3885、H2002、H2005）。H2802 耐低温弱光，前期坐果性好，选育了福湘早帅。H3885 弱光条件下不徒长、坐果性好，选育了福湘二号。2 个品种适合春提早或秋延后保护地栽培。

（六）适于机械化采收资源的创新

选择坐果集中、成熟一致的材料与干物质含量高、辣味强、油份多的材料杂交，筛选出具有以上优良性状的材料 2 份（SJ05-12、H2803）。其中 SJ05-12 果长 16cm、果宽 1.6cm、果表光亮微皱，一次性可采收红熟果 89 个。以其作亲本，选育出我国第一个适于机械化采收的杂交辣椒新品种博辣红牛。

（七）双单倍体种质资源的创新

利用花药培养技术，获得单倍体植株 177 株，加倍成功 38 株，筛选出抗病抗逆性强、经济性状优良的 DH 系 8 个，其中花培-4 果长 14cm 左右，果宽 4cm 左右，果肉厚 0.35cm，果皮薄，味微辣，抗 TMV（6.8）、CMV（9.3），中抗炭疽病（16.3）、疫病（8.3），已用作亲本配制了一个比较好的早熟薄皮泡椒组合 13Z19。并制定《辣椒花药培养技术规程》。

三、辣椒骨干亲本的创制

利用伏地尖、河西牛角椒、湘潭迟班椒育成骨干亲本5901、6421、8214及其衍生系9001、9704A、9003、J01-227，利用3个骨干亲本及衍生系育成品种165个，占全国同期审定辣椒新品种的23.34%；在20多个省大面积应用，累计推广面积达1.2亿亩，占同期新品种推广面积的42.16%，成为我国应用范围最广、推广面积最大的骨干亲本。

（一）5901及衍生系的创制

20世纪80年代中期，利用伏地尖经5年8代系统选择，育成骨干亲本5901。该亲本极早熟，抗炭疽病、疫病、疮痂病和TMV，耐低温弱光，早期挂果能力强。20世纪90年代，利用5901与抗病性强、耐贮运的矮杆早杂交，经5年10代自交和定向选择，育成优良亲本9001。该亲本早熟，耐低温弱光，早期挂果能力强，抗TMV、疮痂病、炭疽病和疫病，耐贮藏运输。5901及其衍生系9001被国内十多家单位利用，育成了湘研1号、早杂2号等品种46个。

（二）6421及衍生系的创制

20世纪80年代后期，利用河西牛角椒经6年8代系统选择，育成骨干亲本6421。该亲本中熟，抗炭疽病、疮痂病和青枯病，耐热、耐旱，高温下坐果能力强。利用1993年在6421中发现的天然不育株，经6年10代选育出我国第一个通过审定的辣椒胞质雄性不育系9704A。该不育系具有耐热、耐旱能力强，抗炭疽病、疮痂病、青枯病、疫病和日灼病，配合力强等优良特性。应用该不育源和分子标记选择技术，育成了LS20A、0622A、HJ0233A、HJ180A、J04-46-2A和J04-48-1A等16个不同类型辣椒胞质雄性不育系（其中朝天椒5个、线椒4个和尖椒 7个）。6421及其衍生系9704A被国内十多家育种单位利用，育成了湘研5号、苏椒3号等杂交品种63个。9704A已成为我国大面积推广的辣椒雄性不育三系杂交品种的主要不育源。

（三）8214及其衍生系的创制

20世纪80年代后期，利用湘潭迟班椒经5年7代单株定向选择，育成骨干亲本8214。该亲本晚熟，抗TMV、青枯病和疮痂病，耐热、耐湿、耐贮运。20世纪90年代后期，利用8214 与抗炭疽病、疫病、商品性好的潘家大辣椒杂交，经7年10代自交和定向分离选择，育成优良亲本9003。该亲本晚熟，耐热、耐湿能力强，抗TMV、青枯病、疮痂病、疫病和炭疽病，耐贮藏运输，商品性好。国内十多家育种单位利用8214及其衍生系9003、J01-227等育成了湘研3号、湘研16号等品种72个。

四、辣椒种质优异基因的分离鉴定

（一）辣椒素合成酶基因

发现云南涮辣为我国最辣的辣椒品种（辣椒素的含量为1.96%），并分离鉴定了云南涮辣辣椒素合成酶基因，此基因全长为 1671 个碱基，包含有两个外显子，共编码 440 个氨基酸残基，与其他辣椒的该基因存在多个 SNP 位点，编码区间都存在 SNP（621：T→C）。

（二）抗根结线虫基因

利用含有单显性抗根结线虫基因 *Me3* 的辣椒材料为研究对象，建立了辣椒与根结线虫亲和与不亲和互作的研究体系和模式，分离鉴定了 2 个转录因子基因的 cDNA 序列，分别命名为 *CaWRKY6* 和 *CaWRKY30*，获得了 NCBI 登陆序列号（*CaWRKY6*: GQ253367，*CaWRKY30*：FJ360844）。

（三）花青素生物合成基因

分离鉴定了 4 个辣椒与花青素生物合成相关的结构基因（*DFR*、*CHS*、*F3H*、*UF3GT*）的全序列。表达分析发现氨基酸序列与其他物种相应基因的序列高度同源，基因在辣椒不同组织中的表达存在差异，在花青素含量高的组织中表达量高，说明与花青素的生物合成相关。首次分离鉴定了 6 个调控紫色辣椒花青素生物合成的转录因子（*Gβ2*、*ArcA1*、*AN2*、*UPA20*、*GAL83 和 PEX7*），并进行了表达分析。发现这 6 个转录因子的氨基酸序列与其他物种相应基因的序列高度同源，6 个转录因子在辣椒不同组织中的表达存在差异，这种差异与组织花青素的含量有关。

（四）辣椒雄性不育基因

发现 12 个叶绿体 DNA 片段平均相似度为 96.81%，8 个线粒体片段平均相似度为 98.73%。12 个叶绿体片段中发现 2 个片段存在雄性不育系信息位点，其中 *trn*H-*psb*A 片段有 1 个单核苷酸多态性（SNP）位点，不育系在 12 位点为 T，其他材料则为 C; *psb*B 片段有 9 个信息位点，包括 3 个单核苷酸多态性（SNP）位点。8 个线粒体片段发现 2 个片段具有不育系信息位点，其中片段 Cob 有 8 个信息位点，主要为 SNP; *RNAD* 则含有 7 个信息位点，主要是小片段的差异。对辣椒雄性不育系、保持系及恢复系的线粒体进行了分子标记，找到了区分辣椒雄性不育系和保持系的信息位点。分离鉴定了辣椒雄性不育系线粒体特有重组基因 ORF507 并进行了原核表达。发现 ORF507 在不育系和 F1（含不育胞质）花蕾发育过程中稳定表达，而在保持系中不表达。分离鉴定了辣椒雄性不育系和保持系 3 个能量代谢相关基因（NAPD-依赖的异柠檬酸脱氢酶、磷酸丙糖异构酶、琥珀酰辅酶 A 结合酶）。发现 3 个基因的碱基序列在不育系和保持系之间没有差异，但在不育系中的酶活性和表达水平明显低于保持系和 F1（含不育胞质），说明不育系的能量代谢强度低于保持系和 F1。对其花蕾转录组进行 Solexa 测序，经过生物信息学分析鉴别出 2 个花药特异性表达基因，查尔酮合酶基因（*CHS*）在保持系 9704B 中的表达水平为其对应不育系 9704A 的 16 倍，*Cahsf* 基因在不育系中的表达比在保持系中的表达高 10 倍，推测辣椒不育系中 *CHS* 和 *Cahsf* 基因的特异表达可能与其 CMS 性状相关。

五、辣椒育种技术创新

（一）辣椒花药培养技术

开展辣椒花药培养和小孢子培养技术研究，建立了辣椒花药规模化培养技术体系，制定湖南省地方标准《辣椒花药培养技术规程》，该标准规定了辣椒花药培养涉及的有关术语和定义、所需试剂与仪器设备、培养方法和流程。

（二）辣椒雄性不育育种技术

开展辣椒雄性不育育种技术研究，建立了辣椒雄性不育育种技术体系，制定《辣椒胞质雄性不育系选育技术规程》，该标准规定了辣椒雄性不育度、不育率，田间种植，隔离距离，不育系、恢复系选育、转育程序和植株数量。

通过不育系大量配组，对后代育性分离情况进行统计分析，发现了辣椒胞质雄性不育保持系和恢复系的分布规律：在甜椒和尖椒资源中易找到保持系，在线椒和小果形辣椒资源中易找到恢复系。保持系和恢复系分布规律的发现，提高了我国辣椒雄性不育育种水平。

（三）穿梭育种的引进与应用

通过分析 3219 份辣椒品种资源抗病抗逆性、经济性状和丰产性与起源地生态环境的关系，发现在不利于辣椒生长的地区如高温高湿、病害高发的长江流域和西南地区易分化出抗性较强的资源；在有利于辣椒生长的地区如气候温和、干燥的华北、西北地区易分化出丰产性优良的资源，在经济发达地区如大城市郊区易分化出经济性状优良的资源。提出辣椒育种应在不利于辣椒生长的地区如湖南等病害高发区选抗性，在有利于辣椒生长的地区如华北、西北地区和冬季海南等气候温和、干燥地区选丰产性的“穿梭育种”方法，形成了辣椒生态经济育种理论。该理论的提出加快了我国优异辣椒资源如湖南抗病抗逆性强的品种的挖掘利用，缩短了辣椒育种时间，提高了育种效率，极大地提高了我国辣椒育种水平。

（四）分子标记技术的应用

利用公共序列数据库中序列来源的异质性和EST的冗余性，对118 060条来自NCBI的辣椒EST序列进行处理和拼接，获得了12 292个contig和18 467个singlet，鉴定出68个多态性的SSR位点，利用这些位点设计SSR引物，通过对不同品种的大规模筛选和验证，获得33个多态性EST-SSR标记。开发的“利用辣椒EST序列的冗余性开发辣椒SSR标记及方法”获得国家发明专利。

选用 13 个引物对辣椒进行 ISSR 分析，发现不同栽培种内的多态性位点百分率在12.21%~25.08%，每个栽培种的特异带条数不一，在1~3条范围内波动，这些特异条带可以作为分子标记区分不同的栽培种。发现 *C. annuum* L.栽培种的ITS片段长度和GC含量变化较大，*C. pubescens* Ruiz & Pavon栽培种的变化最小。*C. annuum* L.栽培种的5个品种的*trn*H-*psb*A序列长度变化较大，*C. frutescens* L.和 *C. pubescens* Ruiz & Pavon栽培种的序列长度变异很小。基于这2个片段结果认为，*C. annuum* L.的遗传多态性较低，遗传变异主要存在于栽培种间，栽培种内的基因趋向同化。5个栽培种的遗传多样性都低于2个野生种，意味着栽培种在驯化的过程中丢失了大量的基因。

采用SSR检索程序，从辣椒221 037条unigenes中筛选到 17 319个SSR位点，设计了10 468对引物，并对其进行E-PCR多态性检测。结果表明，1 538对引物具有多态性，其中554条辣椒EST序列能匹配到番茄基因组上，构建了12条辣椒EST-SSR连锁群，平均每条连锁群含 45~75 个 EST-SSR。

利用 SNP 分析软件从辣椒的 251 068 条 Unigenes 中筛选出 18 159 个 SNP，其中有 1 781 个 SNP 位点被匹配在 1291 注释基因上，基因功能分类和代谢途径分析表明，其中有 853 个基因参与初生代谢（28.7%）、细胞代谢（17.3%）、生物合成过程（15.7%），另有 125 个（9.7%）基因序列参与新陈代谢途径，53 条（4.1%）序列参与次生代谢产物合成途径，31 条（2.4%）序列参与植物激素合成途径。EST-SNP 序列中 4 172 条（22.9%）满足设计 CAPS 引物条件，为了验证 EST-SNP 正确性，并选取了 15 对 CAPS 引物对 5 份辣椒材料进行扩增，结果发现有 8 对（53.3%）引物表现出多态性。表明筛选出这些 EST-SNP 标记可作为辣椒基因分型、图谱构建等的候选分子标记。

开展辣椒分子标记纯度鉴定技术研究，建立了 SSR 分子标记品种纯度鉴定技术体系，制定湖南省地方标准《辣椒品种纯度鉴定技术规程——SSR 分子标记法》。

六、辣椒新品种的选育

根据市场需求，湖南省蔬菜研究所近几年育成辣椒新品种 18 个。其中春提早栽培品种 5 个，秋延后栽培品种 5 个，高山栽培品种 3 个，加工专用品种 5 个。这些品种各具特色，抗逆性强、适应性广，抗 3 种以上病害，在生产上大面积推广应用。

（一）春提早栽培品种

①**福湘 1 号**极早熟，适宜早春大棚等保护地栽培，坐果率高，果实膨大快，耐低温，抗炭疽病，是当前综合抗性最强的极早熟泡椒。②**福湘 2 号**早熟，生长势强，果实粗牛角形，皮薄、质脆、味微辣，连续结果能力强，耐渍，抗炭疽病和疫病能力强，是综合抗性较强的早熟、大果型泡椒。③**福湘早帅**早熟，首花节位低，幼嫩果表有纵棱，皮薄、质脆，品质佳，平均单果重 57.5g，综合抗病能力强，适于吃薄皮椒地区作大棚早熟或露地早熟栽培。④**湘研 21 号**早熟，果实膨大快，早期产量高，从定植至采收约 43 天；果实粗牛角形，嫩果绿色，微辣，外果皮薄，口感好，品质佳，商品性好，耐低温，抗病毒病和疫病。⑤**早辣一号**辣味型早熟泡椒，果实浅绿色，粗大，果表光亮微皱，肉厚质脆，味辣，口感好，有一定的辣度，在连续低温寡照下坐果力强，高抗炭疽病。这五个品种能够满足不同消费需求，春提早栽培解决春淡问题。

（二）秋延后栽培品种

①**兴蔬羽燕**晚熟，果实牛角形，果面光滑、果形较直、肉质软，鲜食口感好，挂果力特强，丰产性好，一般亩产 4000kg 以上，比同类品种增产 15%以上。②**湘研 23 号**中熟，果实粗牛角形，果实光滑饱满，耐贮运；坐果率高，采收期长，兼采青椒和红椒，红椒颜色鲜艳，长时间不变软。③**湘研 25 号**中熟，长牛角椒，浅绿色，果面光亮；果直，空腔小，商品性好，耐贮运。持续挂果能力强，采收期长；抗病、耐热、耐旱能力强，适应范围广。④**福湘佳玉**为中熟大果型泡椒，果长 17~20cm，单果 150~200g，坐果率高、丰产性佳、抗 TMV、CMV、青枯病，中抗疫病。⑤**福湘秀丽**果实大小均匀、肉厚、红椒鲜艳、耐贮运，为南菜北运海南基地厚皮泡椒的主栽品种。

（三）高山栽培品种

①**湘运 4 号（珍黄 88）**晚熟，挂果能力强、丰产性好、果表光亮、耐贮运，抗病抗逆能力强、肉质细软，味辣而不烈、口感好牛角椒，为抗病性强、果实顺直、耐贮藏运输品种。②**丰抗 21** 中熟偏早，果实长牛角形，浅绿色，果实长，果表光滑有光泽；坐果性好，能连续坐果；肉厚质软，味辣而不烈，口感好，风味佳。③**博辣红玉**为中熟辛辣型长线椒组合。青果绿色偏浅，生物学成熟果鲜红色，果长 20~24cm，果宽 1.4cm 左右，果直，果表光亮少皱，商品性好。

（四）加工专用栽培品种

①**博辣红牛**为国内第一个适于机械化采收的杂交干椒品种，早熟，果实羊角椒形，株型直立，坐果集中，果形整齐，红熟一致。辣味强（辣度 46212SHU），抗 TMV、CMV、炭疽病、疫病和根结线虫病。2013 年在新疆示范种植，亩产干椒 700kg，适合在新疆、四川、湖南等地做干制、加工等多用途栽培。②**博辣 5 号**为国内最早育成长季节栽培线椒品种，羊角形，果面光滑，果形顺直，整齐标准，果实辣味强，不易早衰，采收期长，比同类品种长 30 天以上，增产 12.6%，抗病抗逆能力强，抗 TMV、CMV、炭疽病、疫病、疮痂病和青枯病。在湖南、贵州、广东、广西、海南、四川等省作主栽品种大面积推广。③**博辣 8 号**为风味型线椒品种，果实线形，果表光亮微皱，皮薄，口感好，具有特殊香味，坐果能力强，平均单株坐果数 106 个，对炭疽病、疫病、病毒病有较强的抗性，在山东、四川、重庆等地大面积推广。④**博辣红星**为国内最早育成高红色素杂交品种，羊角形，果表光亮无皱，坐果好，高产稳产，红色素含量高（色价 12.5），抗疫病、病毒病，中抗炭疽病，适应性强。⑤**兴蔬绿燕**为鲜食、加工兼用雄性不育杂交品种，长羊角形，果面光亮无皱，果形漂亮，连续坐果能力强，辣味适中，高产稳产，抗炭疽病、抗疫病、耐病毒病。

参 考 文 献

陈文超, 戴雄泽, 马艳青, 等. 2008. 辣椒新品种“福湘 1 号”的选育. 辣椒杂志, (4): 14-15 转 49.
陈文超, 戴雄泽, 马艳青, 等. 2012. 辣椒新品种“福湘秀丽”的选育. 湖南农业科学, (7): 19-20.
邓明华, 邹学校, 霍金龙, 等. 2010. 辣椒核质互作雄性不育系线粒体不育基因 Cox II 和 atp6 的克隆与序列分析. 西北植物学报, 30(7): 1935-1940.
邓明华, 邹学校, 文锦芬, 等. 2010. 辣椒花粉形态特征及分类初探. 西北植物学报, 30(7): 1366-1370.
湖南农科院园艺所辣椒研究室(张继仁). 1979. 湖南辣椒品种资源的初步研究. 湖南农业科技, (3): 25-30.
李雪峰, 马艳青, 戴雄泽, 等. 2010. 鲜食加工兼用型辣椒新品种博辣 5 号的选育. 辣椒杂志, (3): 12-14.
刘峰, 王运生, 田雪亮, 等. 2012. 辣椒转录组 SSR 挖掘及其多态析. 园艺学报. 39(1): 168-174
刘峰, 谢玲玲, 弭宝彬, 等. 2014. 辣椒转录组 SNP 挖掘及多态性分析. 园艺学报, 41(2): 343-348
刘峰, 谢玲玲, 欧阳娴, 等. 2012. 辣椒多态性 EST-SSR 标记开发及连锁图谱构建. 湖南农业大学学报(自然科学版), 38(2): 162-167.
马艳青, 戴雄泽, 李雪峰, 等. 2015. 辣椒骨干亲本 6421 及其衍生系的创制与利用. 中国蔬菜, (6): 6-11.
王利群, 戴雄泽, 马艳青, 等. 2015. 利用“伏地尖”辣椒选育的骨干亲本与品种的系谱分析. 园艺学报,

42(11): 2267-2277.
杨博智, 谢达平, 张竹青. 2007. 辣椒红色素的提取方法与应用. 辣椒杂志, (2): 26-29.
杨博智, 赵激, 周书栋, 等. 2009. 培养基中附加物质对辣椒花药培养的影响. 湖南农业科学, (7): 11-13, 16.
杨博智, 周书栋, 欧阳娴. 2012. 辣椒红色素提取及稳定性研究. 辣椒杂志, (2): 34-36.
杨博智, 周书栋, 张竹青, 等. 2009. 不同培养基和激素对辣椒花药培养的影响. 湖南农业大学学报, 35(1): 61-64.
杨莎, 马艳青, 朱晨曦, 等. 2014. 辣椒耐低温性鉴定技术标准. 辣椒杂志, (2): 11-13.
张竹青, 陈文超, 马艳青, 等. 2007. 辣椒新品种福湘 2 号的选育. 辣椒杂志, (4): 15-16.
张竹青, 戴雄泽, 马艳青, 等. 2015. 湘潭迟班椒衍生骨干亲本的选育及利用. 长江蔬菜, (12): 8-12.
张竹青, 邹学校, 戴雄泽, 等. 2011. 辣椒新品种博辣红星的选育. 辣椒杂志, (4): 8-10.
张竹青, 邹学校, 戴雄泽, 等. 2013. 辣椒新品种福湘早帅的选育. 辣椒杂志, (1): 7-9.
郑井元, 邹学校, 茆振川, 等. 2010. 南方根结线虫诱导辣椒基因 CaRKNIF2 的克隆与分析[J] 中国农业科学, 43(24), 5046-5054.
周书栋, 杨博智, 欧阳娴, 等. 2011. 不同干椒品种中辣椒素总含量的比较. 辣椒杂志, (2): 23-25.
周书栋, 杨博智, 张竹青, 等. 2013. 干辣椒中辣椒红色素提取工艺的优化. 湖南农业大学学报, (1): 382-386.
L. J. Ou, X. Z. Dai, Z. Q Zhang, et al. 2011. Responses of pepper to waterlogging stress. Photosynthetica, 49 (3): 339-345.
Li-jun Ou, Zhu-qing Zhang, Xiong-ze Dail, et al. 2013. Photooxidation Tolerance Characters of a New Purple Pepper.
M. H. Deng, J. F. Wen, J. L. Huo, et al. 2012. Molecular characterization and prokaryotic expression of ORF507 sterility-associated gene in chilli pepper (*capsicum annuum* L) cytoplasmic male sterility. Pak. J. Bot, 44(5): 1497-1502.
M. H. Deng, J.F. Wen, J. L. Huo, et al. 2012. Molecular cloning, sequence characterization of a novel pepper gene NADP-ICDH and its effect on cytoplasmic male sterility. Genetics and Molecular Research, 11(3): 3020-3031.
Ming-hua Deng, Jin-fen Wen, Jin-long Huo, et al. 2012. cDNA cloning, sequence characterization and ression analyses of a novel gene-TPI from pepper cytoplasmic male sterility (CMS). Journal of Medicinal Plants Research, 6(10): 1997-2003.
Ou Lijun, Zhang Zhuqing, Dai Xiongze, et al. 2012. Molecular characteristics and expression of cytoplasmic genes in cytoplasmic male sterility of pepper (*Capsicum annuum* L.), Acta Physiologiae Plantarum, 34(5): 2033-2037.
Ou Lijun, Zhang Zhuqing, Dai Xiongze, et al. 2012. Seed micromorphology and germination characteristics of wild and cultivated pepper strains. Plant Systematics and Evolution, 298, (6): 1211-1216.
Qiusheng Kong, Guangping Zhang, Wenchao Chen, et al. 2012. Identification and development of polymorphic EST-SSR markers by sequence alignment in pepper, *Capsicum annuum* (Solanaceae). American Journal of Botany. 99(2): e59-e61.

利用伏地尖辣椒选育的骨干亲本与品种的系谱分析*①

王利群[1]，戴雄泽[2]，马艳青[2]，李雪峰[2]，张竹青[2]，
陈文超[2]，欧立军[2]，邹学校[1,2]

（[1]湖南省农业科学院，长沙 410125；[2]湖南省蔬菜研究所，长沙 410125）

摘要：阐述了湖南优异地方辣椒品种资源伏地尖的挖掘、评价及其衍生骨干亲本5901的选育过程和主要特征特性，并查阅相关文献资料，对利用5901和衍生亲本选育的品种和推广应用进行分析。结果显示，该地方品种和骨干亲本材料优异，具极早熟、耐低温弱光、前期产量高、配合力及制种产量高等特性；中国1988~2014年直接或间接利用5901选育并在全国大面积推广应用辣椒品种共31个；绘制了辣椒骨干亲本5901系谱图，为骨干亲本的创制及利用提供参考。

关键词：辣椒；骨干亲本；系谱分析

辣椒是世界第3大蔬菜作物和重要的调味品，自20世纪70年代中国开展辣椒育种研究，选育了许多不同生态类型的品种在生产上大面积应用，取得了较好的经济和社会效益。据统计，1978~2012年我国通过国家或省级审定（认定）品种707个（张扬勇等，2013），中国常年种植面积达140万hm^2左右。作物育种系谱研究表明，作物育种中广泛存在骨干亲本现象，其在品种选育中发挥了重要作用（刘旭，2009）。通过对辣椒骨干亲本5901的系谱进行分析，对利用其选育品种和栽培利用中的成就进行总结，旨在加强今后对辣椒优良骨干亲本在遗传改良中的利用，为深化其遗传育种研究奠定基础。

1 材料与方法

利用辣椒骨干亲本5901选育出的品种及系谱资料主要来源于1978~2012年公开发表的品种选育报告、国家及各省农作物品种审定委员会公告以及育种单位专家提供的相关资料。参考汤圣祥等（2012）对中国水稻核心骨干亲本的研究和王庆彪等（2013）对中国甘蓝育成品种的系谱分析方法，追踪和分析中国育成并推广的辣椒品种，绘制5901系谱图。既通过国家审（鉴）定又通过省级审（认、鉴）定或登记的品种仅统计1次，记为国家审（鉴）定品种；既申请新品种保护权又通过审（鉴）

---

* 基金项目：国家农业产业技术体系建设专项资金项目（CARS-25-A-8）。

① 本文原载《园艺学报》，2015，42（11）：2264-2274。

定的品种，也仅统计 1 次。审定年份指最早审（鉴、认）定的年份。直接应用于生产是指自交系直接作为商业品种推广利用；直接利用是指直接或选择自交系配制杂交组合；间接利用是指与其他优良材料杂交聚合分离，定向选择自交系配制杂交组合。

2 结果与分析

2.1 辣椒骨干亲本 5901 的创制

湖南省蔬菜研究所（原湖南省园艺研究所蔬菜室）在全国率先开展辣椒资源收集和评价研究，1957 年开始在长沙、湘潭、株洲、衡阳、常德、邵阳等 6 个城市开展蔬菜品种资源收集工作，收集辣椒资源 53 份（湖南省农业科学院园艺研究所蔬菜室，1979）。1959 年对收集的资源进行田间观察和整理，结合地方品种调查，挖掘出了以衡阳伏地尖、河西牛角椒、湘潭迟班椒（湘潭晚）等为代表的一批优异辣椒地方资源。其中衡阳伏地尖为衡阳郊区早熟露地主栽品种，植株生长势较强，开展度大，植株较矮；早中熟，在湖南早春温度低、光照弱的条件下，前期坐果能力强；耐寒性强。1959~1964 年对衡阳伏地尖进行集团（混合）选择，育成伏地尖 1 号辣椒品种，并在湖南、四川和贵州等省城市近郊推广应用。伏地尖 1 号除具有原始材料的特征外，熟性变早，果长和果宽增大，整齐度大幅提高。20 世纪 80 年代，湖南省蔬菜研究所提出了早熟辣椒品种自交系的选择标准：极早熟（始花节位 8 节以下）、早春低温弱光条件下坐果率在 60%以上、前期产量占 40%以上。

1980 年在长沙种植的伏地椒 1 号中发现了部分植株较群体早熟，坐果集中，果实粗长，基本符合早熟自交系的要求。采用单株选择方法，当年选择单株 15 个，编号为 59-01、59-02、59-03、……59-15。1981 年种植 15 个单株，严格按照自交系的要求，选择出 59-01、59-03、59-14 等 3 个株系，并从每个株系群体中选择 5 个单株，编号为 59-01-01、59-01-02、59-01-03、……59-14-05。1982 年继续种植 15 个单株材料，经田间调查和比较，选择表现好的 59-01-01、59-01-03 和 59-03-01 等 3 个株系，每个株系选择 3 个单株，编号为 59-01-01-01、59-01-01-02、59-01-01-03……59-03-01-03。1983 年对选择的 9 个株系进行比较，59-01-01-01 和 59-01-01-03 两个单株群体表现突出，早熟性好、耐低温弱光、前期产量高，群体整齐，混合留种。1984 年对两个株系进行比较，根据田间考察和数据调查结果对比，株系 59-01-01-01 表现最突出，混合留种，并命名为 5901。

自交系 5901 与衡阳伏地尖和伏地尖 1 号有明显区别：①极早熟，第一花节位少 1~2 节，从种植到采收早 10d 左右；②株结果数多 30 个左右；③果长和单果质量明显增加（表 1）；④一般配合高，与甜椒、尖椒和线椒杂交，杂交一代具有较大的优势，选育的泡椒、尖椒和线椒 3 种类型品种在生产上大面积推广应用。

2.2 骨干亲本 5901 的利用

2.2.1 直接应用于生产

自交系 5901 极早熟、低温弱光下坐果能力强、早期产量高，满足了当时市场对

表 1　5901、衡阳伏地尖和伏地尖 1 号的主要特性

Table 1　Main characteristic of 5901，Hengyang Fudijian and Fudijian 1

品种 variety	株高/cm height	开展度/cm expand degree	株型 plant type	熟性 maturity	始花节位/节 first flower node	定植至始收/d planting to first harvest	叶色 leaves color	果型 fruit type	果色 fruit color	果面特征 fruit surface characteristics
衡阳伏地尖 Hengyang Fudijian	46.5	53.2	开展 unfold	早中熟 early-mid ripening	9~11	58	深绿 dark green	牛角形 hom shape	绿 green	有皱 wrinkle
伏地尖 1 号 Fudijian 1	42.7	57.4	开展 unfold	早熟 early maturity	8~10	52	深绿 dark green	牛角形 hom shape	绿 green	微皱 slightly wrinkle
5901	43.7	57.6	开展 unfold	极早熟 extremely early maturity	7~8	48	深绿 dark green	牛角形 hom shape	深绿 dark green	光亮微皱 bright and slightly wrinkle

品种 variety	果长/cm fruit length	果宽/cm fruit width	果肉厚/mm flesh thick	果型指数 indexes of fruit shape	单果质量/g fruit mass	单株坐果数 fruit number per plant	整齐度 uniformity	辣味 pungency	耐寒性 cold tolerance	耐弱光 low light tolerance
衡阳伏地尖 Hengyang Fudijian	10.3	1.95	1.3	5.79	15.4	30~40	较乱 irregular	辣 peppery	强 strong	强 strong
伏地尖 1 号 Fudijian 1	11.8	1.96	1.3	6.02	15.8	30~40	一般 common	辣 peppery	强 strong	强 strong
5901	13.8	2.16	1.8	5.85	17.2	60~70	整齐 tidiness	辣 peppery	强 strong	强 strong

早熟品种的要求。20 世纪 80 年代中后期 5901 作为常规种，以伏地尖商品名在湖南、江西、四川、贵州等省直接在生产中推广应用，成为城市郊区早熟栽培的牛角椒类型主栽品种。2008 年衡阳市蔬菜研究所利用伏地尖育成辣椒极早熟品种湘椒 64 号（余席茂等，2011），在湖南及邻近省份应用推广。

1993~1994 年针对伏地尖收集全国市场上类似品种和亲本材料 13 份，1995 年对收集的材料在长沙进行田间观察和评价（表 2）。不同地方材料在果实大小、颜色方面存在差异，但伏地尖的主要特征早熟性（开花节位）、耐低温弱光能力、前期产量和植株大小、分枝习性、叶片形状与 5901 差异不明显。

2.2.2 直接利用 5901 选育辣椒品种

由图 1 系谱分析结果可知，除直接利用优良的地方品种资源衡阳伏地尖选育常规品种伏地尖 1 号和湘椒 64 号，其他衍生品种多直接来自骨干亲本 5901。如湖南省蔬菜研究所选育的第一代湘研系列辣椒（张继仁和周群初，1990）湘研 1 号、湘研 2 号、湘研 4 号、湘研 7 号和湘研 9 号等，南昌市蔬菜研究所选育的早杂 2 号（徐毅和朱宝连，1988）、伏×甜和伏×广等，成都市第一农科所选育的成椒 3 号（1989 年通过四川省蔬菜审定，编号：川审 8 号），黑龙江农科院园艺分院选育的 9808F_1（张慧，2004）等品种均直接利用 5901 育成，并在生产上大面积推广应用。

也有很多单位利用 5901 或伏地尖，采用系谱选择方法选育新自交系，培育新品种。如中国农业科学院蔬菜花卉所选育自交系 90013-3，育成中椒 10 号（杨桂梅等，1998）；福建省三明市农业科学所选育自交系 M18-1-3-2，育成明椒 3 号（朱广文，2008）和明椒 4 号（罗英等，2006）；广东省蔬菜研究所选育自交系 LW101，育成福康 2 号（王得元等，2007）；四川种都种业有限公司选育自交系 M102x 和 W149-9，育成川妹子早尖（四川省农作物品种审定委员会，审定编号：2004014）和种都 6 号（四川省农作物品种审定委员会，审定编号：2003016）；长沙市蔬菜研究所选育自交系 F81-1-2，育成湘椒 6 号（王安乐和朱海泉，2000）。

2.2.3 利用 5901 创制新的育种材料和选育新品种

从系谱图（图 1）还可看出，骨干亲本 5901 除衍生生产中大面积推广应用的品种之外，又是新一代亲本的奠基者。各育种单位根据不同目标市场的需求，充分利用 5901 的优良特性，采用多亲本杂交聚合分离，创制新的育种材料，其骨干亲本均来自 5901 或伏地尖这一血统。

湖南省蔬菜研究所利用 5901 与抗病性强、耐贮运性优良的地方品种矮杆早杂交，经过 5 代定向分离和选择，育成自交系 87-1-3-1-2-1，命名为 9001。其主要特征表现为早熟，耐低温弱光，早期挂果能力强，抗 TMV、疮痂病和炭疽病，耐贮藏运输。20 世纪 90 年代以后 9001 成为湘研、兴蔬系列辣椒的主要亲本，选育出湘研 11 号（邹学校等，1998）、湘研 12 号、湘研 19 号、兴蔬 301、博辣 1 号、博辣红丰等新品种。

江苏省蔬菜研究所利用 5901 为父本与河南小羊角杂交，采用聚合分离、定向选择，选育自交系 93018，育成新品种江蔬 2 号（王述彬等，2004）；贵州省园艺研究所、西北

表 2 不同地方伏地尖主要特征特性

Table 2 Main characteristic of Fudijian from different places

品种 variety	始花节位/节 first flower node	株高/cm height	开展度/cm expand degree	分枝习性 branch habit	耐低温弱光能力 low temperatyre and weak light tolerance	果长/cm fruit length	果宽/cm fruit width	前期产量/总产量/% early yield/total yield
5901	7~8	43.2	55.4	水平分枝为主 horizontal branch	强 strong	13.8	2.18	48.5
长沙伏地尖 Changsha Fudijian	7~8	42.7	54.8	水平分枝为主 horizontal branch	强 strong	13.5	2.16	46.4
贵阳伏地尖 Guiyang Fudijian	8	46.2	57.0	水平分枝为主 horizontal branch	强 strong	12.4	2.20	47.2
四川成都伏地尖 Chengdou Fudijian	8	45.8	55.2	水平分枝为主 horizontal branch	强 strong	13.2	2.20	47.6
贵州望谟伏地尖 Wangmo Fudijian	8	47.4	55.8	水平分枝为主 horizontal branch	强 strong	12.7	2.20	47.9
安徽伏地尖 Anhui Fudijian	8	44.3	52.9	水平分枝为主 horizontal branch	强 strong	14.1	2.12	47.8
江西早杂 2 号母本 female of Jiangxi Zaoza 2	7~8	42.7	54.9	水平分枝为主 horizontal branch	强 strong	13.4	2.16	48.3
江西伏×甜母本 female of Fu×Tian	7~8	42.8	55.1	水平分枝为主 horizontal branch	强 strong	13.4	2.16	48.0
江西伏×广母本 female of Fu×Guang	7~8	42.5	55.4	水平分枝为主 horizontal branch	强 strong	13.4	2.16	48.4
江西伏地尖 Jiangxi Fudijian	8	43.5	53.7	水平分枝为主 horizontal branch	强 strong	13.2	2.20	47.4
重庆伏地尖 Chongqing Fudijian	8	42.8	52.4	水平分枝为主 horizontal branch	强 strong	12.8	2.18	49.2
株洲伏地尖 Zhuzhou Fudijian	7	42.7	55.6	水平分枝为主 horizontal branch	强 strong	13.5	2.16	47.8
湘潭伏地尖 Xiangtan Fudijian	7	42.9	55.4	水平分枝为主 horizontal branch	强 strong	13.6	2.20	49.1

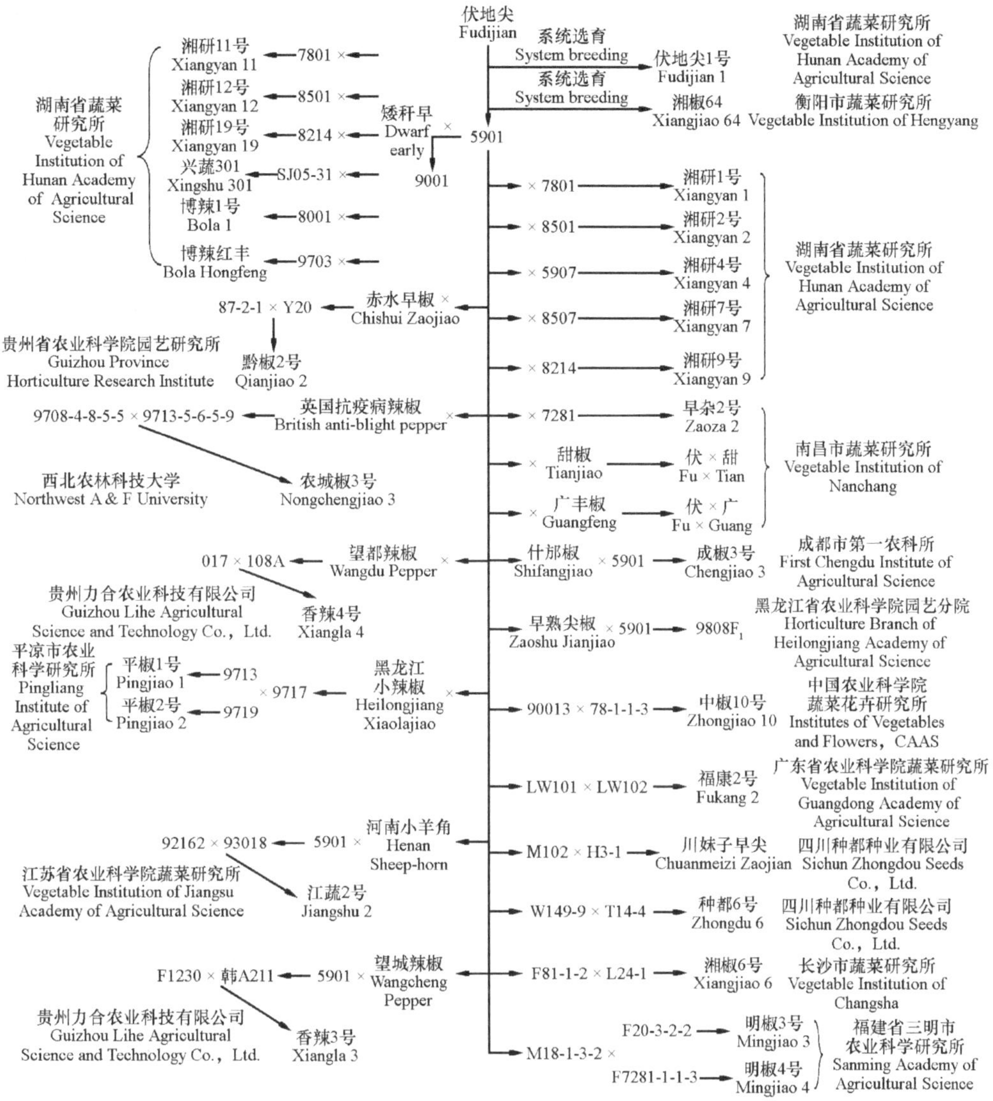

图 1　骨干亲本 5901 及其衍生的自交系系谱图

Fig.1　Pedigree of foundation parent 5901 and derived inbred lines

农林科技大学、甘肃省平凉市农业科学所等利用 5901 为母本，分别与赤水早椒、英国抗疫病辣椒和黑龙江小辣椒杂交，选育自交系 Y20、9713-5-6-5-9-3-1 和 9799，育成黔椒 2 号（胡明文等，2007）、农城椒 3 号（巩振辉等，2008）、平椒 1 号（李广学等，2008）和平椒 2 号（李广学等，2006）4 个新品种；贵州力合农业科技有限公司利用 5901 与望都辣椒正、反交，选育自交系韩 A211、108A，育成香辣 3 号（贵州省农作物审定，编号：黔审椒 2012004 号）和‘香辣 4 号’（贵州省农作物审定，编号：黔审椒 2013003 号）。

2.3　5901 成为辣椒骨干亲本原因分析

将利用 5901 及创制的育种材料选育的新品种列于表 3。5901 成为辣椒骨干亲本有以下4个方面的原因：①生态适应性强。由表3 可知，具备5901血统的杂交一代适应性强，在中国各地都可栽培。这主要是经过湖南早春低温弱光、夏季高温高湿、秋季高温干旱条件下长期自然选择，使其原始材料伏地尖具备了适应不同气候条件的特性的结果。②早熟、低温弱光下坐果能力强等主要特性稳定，遗传力高。其衍生的31个品种均具有上述特性，说明这些极早熟自交系的特征特性遗传力高。③配合力高，杂种优势强。全国利用5901选育了粗牛角椒、长牛角椒和羊角椒等不同类型品种。自20世纪80年代利用5901选育代表性品种湘研1号以来，中国辣椒育种单位30多年来一直在直接或间接利用5901，包括最新利用5901育成的品种明椒3号、明椒4号、香辣3号和香辣4号。据不完全统计，利用5901作亲本共育成辣椒品种46个。说明5901配合力高，杂种优势明显。④生产杂交种子产量高。研究发现5901杂交授粉亲和力高，制种产量稳定（邹学校等，1993；戴雄泽和马艳青，2000）。长期的生产表明，该自交系果实2~3心室，棒状胎座，单果种子数一般在100粒左右；亲和力高，杂交授粉后，坐果率高；单株结果数多，一般能达50个果；抗病抗逆性和适应能力强，产量稳定，一般杂交制种产量在600~825kg/hm。

3 讨　论

3.1 骨干亲本的选择与研究

杂种优势利用仍是全世界主要的育种技术，杂交育种成败的关键是亲本材料的选择，而关键种质的发现、创造和利用，是育种工作取得突破的基础。通过对优异辣椒地方品种资源伏地尖的挖掘，栽培利用和遗传改良，选育出骨干亲本5901，并培育出一系列辣椒新品种，在中国辣椒产业发展中发挥了重要作用。甘蓝育成品种系谱研究（王庆彪等，2013）表明，骨干亲本北京早熟01-20和黑叶小平头21-3得益于原始材料和自身优异性状。刘旭（2009）认为骨干亲本除本身具备优良性状外，还应配合力高。目前中国辣椒育种者都通过杂交聚合分离，创制新的育种材料，也选育了大量的新品种，但形成新的骨干亲本少。究其原因：① 由于辣椒目标市场细化，对产品的多样性要求增加，育种者过度关注商品的外观性状，多数品种使用寿命短，推广范围窄。② 创制材料脱离了优良的原始材料，多数材料从市场上表现较好的品种中分离，选择的自交系商品性好，但适应性和稳定性差。因此要加强中国蔬菜地方资源的保护与研究，挖掘优异的地方资源或与其他材料杂交聚合分离，从重要性状的遗传力高、配合力高和制种单产高等方面进行选择，创制骨干亲本。

生物技术与传统育种方法相结合将是未来育种的方向，可以利用辣椒基因组测序结果研究辣椒骨干亲本、姊妹系和衍生系的基因信息，挖掘骨干亲本重要农艺性状基因，从分子水平上阐明骨干亲本的遗传构成和利用效应，从而提高作物育种工作中亲本选配的准确性和效率。小麦（李小军等，2009）、玉米（黎裕和王天宇，2010）、水稻（刘怀年等，2011）、大豆（熊冬金等，2008）等作物的重要骨干亲本已经有了深入研究，蔬菜作物可以借鉴开展亲本配合力和重要农艺性状表达之间的内在关联，以期更明确指导育种实践。

表 3 利用 5901 及创制的育种材料选育的新品种

Table 3 New varieties derived from 5901 and its inbred lines

育成单位 cultivation units	品种名 variety	审定年份 approve year	类型 type	主要性状 main characters	用途 application	应用范围 application range
湖南省农业科学院蔬菜研究所 Vegetable Institution of Hunan Academy of Agricultural Science	湘研 1 号 Xiangyan 1	1989	粗牛角 hom shape	极早熟，早期挂果力强，耐寒、耐湿，抗病，微辣 extremely early maturity，good fruit setting of early stage，strong ability of low temperature and wet tolerance，disease resistance，soft peppery	鲜食 fresh food	湖南、湖北、四川、江西、广西、云南、安徽、陕西、甘肃等 Hunan，Hubei，Sichuan，Jiangxi，Guangxi，Yunnan，Anhui，Shaanxi，Gansu etc.
	湘研 2 号 Xiangyan 2	1994	粗牛角 hom shape	早熟，结果期长，耐寒，耐热，抗病，微辣 early maturity，long fruit bearing time，strong ability of low temperature and heat tolerance，disease resistance，soft peppery	鲜食 fresh food	湖南、湖北、广西、四川、江西等 Hunan，Hubei，Guangxi，Sichuan，Jiangxi etc.
	湘研 4 号 Xiangyan 4	1992	羊角 sheep-horn	极早熟，耐寒，早期挂果多，抗病，辣 extremely early maturity，strong ability of low temperature tolerance，good fruit setting of early stage，disease resistance，peppery	鲜食 fresh food	中国南、北各地嗜辣地区均可 the area of thermophilic peppery in China
	湘研 7 号 Xiangyan 7	1994*	粗牛角 hom shape	早熟，耐寒，抗病，丰产，风味佳，微辣或不辣 early maturity，strong ability of low temperature tolerance，disease resistance，high yield，goog flavor，soft peppery or little peppery	鲜食 fresh food	食用甜椒地区早熟栽培 early maturing culture in the area of eating sweet pepper
	湘研 9 号 Xiangyan 9	1992	长牛角 long hom shape	早熟，耐寒，丰产，抗病性强，辣 early maturity，strong ability of low temperature tolerance，disease resistance，peppery	鲜食 fresh food	海南、广东、广西、滇南、黔南、川南等 Hainan，Guangdong，Guangxi，Southern of Yunnan，Southern of Guizhong，Southern of Sichuan etc.
	湘研 11 号 Xiangyan 11	1998	粗牛角 hom shape	极早熟，早期产量高，耐寒性强，微辣 extremely early maturity，high yield of early stage，strong ability of low temperature tolerance，soft peppery	鲜食 fresh food	可在我国多数地区做早熟栽培 early maturing culture in the most area of China
	湘研 12 号 Xiangyan 12	1998	粗牛角 hom shape	早熟，，耐湿，耐热，耐肥，丰产，微辣 early maturity，strong ability of low temperature，heat and fertilizer tolerance，soft peppery	鲜食 fresh food	长江流域秋延后栽培，海南，两广 Delayed culture of Autumn in the Yangtze River Basin，Hainan，Guangdong，Guangxi
	湘研 19 号 Xiangyan 19	1999	长牛角 long hom shape	早熟，前期坐果多，耐寒，适应性强，抗病性强，辣 early maturity，good fruit setting of early stage，strong ability of low temperature tolerance，strong suitability，disease resistance，peppery	鲜食 fresh food	湖南、广东、广西、云南、贵州、四川等 Hunan，Gongdong，Guangxi，Yunnan，Guizhou，Sichuan etc.

续表

育成单位 Cultivation units	品种名 variety	审定年份 approve year	类型 type	主要性状 main characters	用途 application	应用范围 application range
湖南省蔬菜研究所 Vegetable Institution of Hunan Academy of Agricultural Science	兴蔬 301 Xingshu 301	2003*	羊角 sheep-horn	早熟，耐热，高产，抗病，辣 early maturity，strong ability of heat tolerance，high yield，disease resistance，peppery	鲜食或加工 fresh food or processing	湖南、四川、江西等地做早熟栽培 early maturing culture in the area of Hunan，Sichuan and Jiangxi etc.
	博辣 1 号 Bola 1	2002	羊角 sheep-horn	早熟，耐寒性强，坐果集中，辛辣 early maturity，strong ability of low temperature tolerance，concentrated fruit setting，pungency	鲜食或干制 fresh food or dried product	嗜辣地区作早熟栽培或远郊基地作干制、酱制加工栽培 early maturing culture in the area of thermophilic peppery，culture in the area to dried product or salting catsup
	博辣红丰 Bola Hongfeng	2009	羊角 sheep-horn	早中熟，采收期长，耐病，抗高温，耐湿，辛辣 early-mid ripening，long picking time，strong ability of heat and wet tolerance，disease resistance，pungency	鲜食或加工 fresh food or processing	湖南，嗜辣地区 Hunan，the area of thermophilic peppery
贵州省园艺研究所 Guizhou Province Horticulture Research Institute	黔椒 2 号 Qianjiao 2	2005*	粗牛角 hom shape	早熟，早期产量高，味辣 early maturity，high yield of early stage，peppery	鲜食 fresh food	贵州 Guizhou
西北农林科技大学 Northwest A&F University	农城椒 3 号 Nongchengjiao 3	2007	羊角 sheep-horn	早熟，适应性强，高抗病，耐涝、耐热，不早衰，辣 early maturity，strong suitability，disease resistance，strong ability of heat and waterlogging tolerance，premature senescence resistanc，peppery	鲜食 fresh food	北方辣椒产区 pepper producing areas in North
贵州力合农业科技有限公司 Guizhou Lihe Agricultural Science and Technology Co.，Ltd.	香辣 3 号 Xiangla 3	2012	长羊角 long sheep-horn	早熟，耐湿，抗性强，适应性广，产量高，辣 early maturity，strong ability of wet tolerance，strong resistance，strong suitability，high yield，peppery	鲜食或干制 fresh food or dried product	适宜基地型地区做外运辣椒 outward transport areas
	香辣 4 号 Xiangla 4	2013	长羊角 long sheep-horn	早熟，坐果集中，抗病性好，辣 early maturity，concentrated fruit setting，disease resistance，peppery	鲜食 fresh food	贵州省 Guizhou
平凉市农业科学所 Pingliang Institute of Agricultural science	平椒 1 号 Pingjiao 1	2003	粗牛角 hom shape	早熟，抗冻，耐寒，耐热，产量高，微辣 early maturity，strong ability of low temperature and heat tolerance，high yield，soft peppery	鲜食 fresh food	西北地区及山西、四川等省区大棚及露地栽培 Greenhouses and open field cultivation in Northwest，Shanxi and Sichuan etc.
	平椒 2 号 Pingjiao 2	2003*	粗牛角 hom shape	早熟，抗冻，耐寒，耐热，产量高，适应性强，微辣 early maturity，strong ability of low temperature and heat tolerance，high yield，strong suitability，soft peppery	鲜食 fresh food	适用于春大棚和露地栽培 Greenhouses in spring and open field cultivation

续表

育成单位 Cultivation units	品种名 variety	审定年份 approve year	类型 type	主要性状 main characters	用途 application	应用范围 application range
江苏省蔬菜研究所 Vegetable Institution of Jiangsu Academy of Agricultural Science	江蔬 2 号 Jiangshu 2	2002	粗牛角 hom shape	早中熟，结果性好，商品率高，抗病，耐贮运，微辣 early-mid ripening，good fruit setting，strong ability of storage and transportation tolerance，high commodity rate，disease resistance，soft peppery	鲜食 fresh food	江苏、安徽、山东、河南、四川、重庆、广东、广西、海南等 Jiangsu，Anhui，Shandong，Henan，Sichuan，Chongqing，Guangdong，Guangxi，Hainan etc.
衡阳市蔬菜研究所 Vegetable Institution of Hengyang	湘椒 64 号 Xiangjiao 64	2008	羊角 sheep-horn	极早熟，前期坐果力强，抗病性好，辣 extremely early maturity，good fruit setting of early stage，disease resistance，peppery	鲜食 fresh food	长江流域 the Yangtze River Basin
南昌市蔬菜研究所 Vegetable Institution of Nanchang	早杂 2 号 Zaoza 2	1990	粗牛角 hom shape	早熟，抗病力强，商品性好，丰产，微辣 early maturity，disease resistance，good merchandise，high yield，peppery，soft peppery	鲜食 fresh food	江西、广东、广西、四川等 Jiangxi，Guangdong，Guangxi，Sichuan etc.
	伏×甜 Fu×Tian	1992*	粗牛角 hom shape	早熟，抗病，丰产，微辣 early maturity，disease resistance，high yield，soft peppery	鲜食 fresh food	江西、广东、广西、四川等 Jiangxi，Guangdong，Guangxi，Sichuan etc.
	伏×广 Fu×Guang	1992*	长牛角 long hom shape	早熟、抗病、适宜性强，产量高，辣 early maturity，disease resistance，strong suitability，high yield，peppery	鲜食 fresh food	江西、广东、广西、四川等 Jiangxi，Guangdong，Guangxi，Sichuan etc.
成都市第一农科所 First Chengdu Institute of Agricultural Science	成椒 3 号 Chengjiao 3	1989	羊角 sheep-horn	早中熟，产量高，耐寒，耐湿，耐热、辣 early-mid ripening，high yield，strong ability of low temperature，heat and wet tolerance，peppery	鲜食或加工 fresh food or processing	四川、重庆等 Sichuan，Chongqing etc.
黑龙江农科院园艺分院 Horticulture Branch of Heilongjiang Academy of Agricultural Science	9808F1	2003	粗牛角 hom shape	早熟，抗病，抗逆，丰产，微辣 early maturity，disease resistance and stress tolerance，high yield，soft peppery	鲜食 fresh food	东三省 Liaoning，Jilin，Heilongjiang
中国农科院蔬菜花卉所 Institutes of Vegetables and Flowers CAAS	中椒 10 号 Zhongjiao 10	1996	长牛角 long hom shape	早熟，多抗，丰产，耐弱光，辣 early maturity，multi- resistance，high yield，strong ability of weak light tolerance，peppery	鲜食 fresh food	北京、天津、河北、海南、广东、广西等 Beijing，Tianjin，Hebei，Hainan，Guangdong，Guangxi etc.
广东省蔬菜研究所 Vegetable Institution of Guangdong Academy of Agricultural Science	福康 2 号 Fukang 2	2005	牛角 hom shape	早中熟，抗疫病，耐热，耐旱，耐寒性中等，辣 early-mid ripening，resistant to blight，strong ability of heat and drought tolerance，middle ability of low temperature tolerance，peppery	鲜食 fresh food	广东、广西等 Guangdong，Guangxi etc.

续表

育成单位 Cultivation units	品种名 variety	审定年份 approve year	类型 type	主要性状 main characters	用途 application	应用范围 application range
四川种都种业有限公司 Sichun Zhongdou Seeds Co., Ltd.	川妹子早尖 Chuanmeizi Zaojian	2004	羊角 sheep-horn	早熟，耐弱光，抗病毒病和疫病，辣 early maturity，strong ability of weak light tolerance，resistant to virus disease and blight，peppery	鲜食 fresh food	四川及相似生态区域 Sichuan and similar ecological zones
	种都 6 号 Zhongdou 6	2003	羊角 sheep-horn	早熟，丰产，抗病，耐储运，抗早衰，辣 early maturity，high yield，disease resistance，strong ability of storage and transportation tolerance，premature senescence resistance，peppery	鲜食 fresh food	四川 Sichuan
长沙市蔬菜研究所 Vegetable Institution of Changsha	湘椒 6 号 Xiangjiao 6	1994	粗牛角 hom shape	早熟，耐寒，耐湿，早期产量高，微辣 early maturity，strong ability of low temperature and wet tolerance，high yield of early stage，soft peppery	鲜食 fresh food	湖南、河南、安徽、辽宁、甘肃等省及相似生态区 Hunan，Henan，Anhui，Liaoning，Gansu and similar ecological zones etc.
福建省三明市农业科学研究所 Sanming Academy of Agricultural Science	明椒 3 号 Mingjiao 3	2007	羊角 sheep-horn	早熟，耐低温、弱光，前期坐果好，商品性好，辣 early maturity，strong ability of low temperature and weak light tolerance，good fruit setting of early stage，good merchandise，peppery	鲜食 fresh food	华东南、长江流域 Southeastern China，the Yangtze River Basin
	明椒 4 号 Mingjiao 4	2007	粗牛角 hom shape	早熟，耐低温、弱光，丰产，品质较好，微辣 early maturity，strong ability of low temperature and weak light tolerance，high yield，better quality，soft peppery	鲜食 fresh food	华东南、长江流域 Southeastern China，the Yangtze River Basin

注：*表示未通过省级审定，但在生产上直接应用。

Note：* represent on the production of direct application but not through the provincial approval.

3.2 辣椒亲本系谱研究

通过对辣椒骨干亲本 5901 的特点和选育品种系谱进行分析，发现直接或间接利用 5901 选育的早熟辣椒适应性广，在全国推广面积大，说明骨干亲本在育种中发挥了极其重要的作用。庄巧生（2003）在研究小麦系谱后认为骨干亲本是指那些在杂交育种中起着骨干作用、衍生的推广品种数目较多、对生产贡献较大的育种材料。蔬菜作物甘蓝系谱研究结果表明（王庆彪等，2013），骨干亲本在作物育种进程中起了决定作用。相对水稻、玉米等大田作物系谱研究而言，蔬菜骨干亲本研究非常落后，很多育种单位由于种种原因，在品种选育报告或公开发表论文中亲本使用代号，来源不明，给系谱分析带来了很大的困难。5901 是中国利用最多、使用时间最长的辣椒亲本，育种单位都拥有该材料，并直接或间接利用选育辣椒新品种。据作者对国内选育品种的观察鉴定，除已确定的 46 个品种外，还有大量品种可能含有 5901 的血统。王庆彪等（2013）在分析甘蓝系谱时也遇到同样的问题。系谱分析是一个很重要的基础性工作，其目的是找出亲本选配的规律和确定骨干亲本，为今后的育种提供参考。希望蔬菜作物育种与大田作物一样，在公开报道品种时尽量提供亲本的来源，方便今后的系谱研究，也是对育种者知识产权的尊重和认可。

参 考 文 献

戴雄泽, 马艳青. 2000. 影响辣椒规模制种授粉效率的因素及其相关性分析. 湖南农业大学学报 (自然科学版), 26(10): 355-357.

巩振辉, 黄玮, 李大伟, 等. 2008. 辣椒新品种“农城 3 号”的选育. 园艺学报, 35(4): 621.

贵州省农业厅. 2012. 贵州省 2012 年农作物审(认)定品种简介, 香辣三号, 审定编号: 黔审椒 2012004 号.

贵州省农业厅. 2013. 贵州省 2013 年农作物审(认)定品种简介, 香辣四号, 审定编号: 黔审椒 2013003 号.

胡明文, 袁远国, 李英, 等. 2007. 辣椒新品种黔椒 2 号的选育. 作物研究, (3): 387-389.

湖南省农科院园艺所蔬菜研究室. 1979. 湖南辣椒品种资源的初步研究. 湖南农业科技, (3) : 25-30.

黎裕, 王天宇. 2010. 我国玉米育种种质基础与骨干亲本的形成. 玉米科学, 18(5): 11-18.

李广学, 何志兰, 周锁奎, 等. 2006. 辣椒新品种平椒 2 号的选育. 中国种业, (12): 54.

李广学, 何志兰, 周锁奎, 等. 2008. 辣椒新品种平椒 1 号的选育. 中国农业信息, (9): 26-27.

李小军, 徐鑫, 刘伟华, 等. 2009. 利用 SSR 标记探讨骨干亲本欧柔在衍生品种的遗传. 中国农业科学, 42 (10): 3397-3404.

刘怀年, 王世全, 邓其明, 等. 2011. 水稻骨干亲本蜀恢 527 产量相关性状关键区段分析. 农业生物技术学报, 19 (3): 393-406.

刘旭. 2009. 我国小麦种质资源价值的分析. 中国资产评估, (3): 26-30.

罗英, 曾绍贵, 华树妹等. 2006. 辣椒新品种明椒四号的选育.长江蔬菜, (3): 46-47.

四川省农业厅. 2003. 关于印发第二十一次农作物品种审定结果的通知, 种都六号, 审定编号: 川审蔬 2003016 号.

四川省农业厅. 2004. 1985-2004 年四川省蔬菜审(认)定品种名录, 成椒 3 号, 审定编号: 1989 年, 川审蔬 8 号.

四川省农业厅. 2004. 关于印发第二十二次农作物品种审定结果的通知, 川妹子早尖, 审定编号: 川审蔬 2004014 号.

汤圣祥, 王秀东, 刘旭. 中国常规水稻品种的更替趋势和核心骨干亲本研究. 中国农业科学, 2012, 45(8): 1455-1464.

王安乐, 朱海泉. 2000. 辣椒新品种湘椒 6 号的选育. 长江蔬菜, (12): 41-42.
王得元, 李颖, 王恒明. 2007. 早中熟、抗疫病辣椒新品种福康 2 号的选育. 广东农业科学, (1): 23-24.
王庆彪, 方智远, 杨丽梅等. 2013. 中国甘蓝育成品种系谱分析 .园艺学报, 40(5): 869-886.
王述彬, 刘金斌, 潘宝贵. 2004. 江蔬 2 号辣椒品种的选育. 中国蔬菜, (2): 18-19.
熊冬金, 赵团结, 盖钧镒. 2008. 中国大豆育成品种亲本分析. 中国农业科学, 41 (9): 2589-2598.
徐毅, 朱宝连. 1988. 早熟高产辣椒-早杂 2 号. 长江蔬菜, (5): 32-33.
杨桂梅, 张宝玺, 郭家珍, 等. 1998. 中椒 10 号的选育. 中国蔬菜, (5): 27-29.
余席茂, 旷碧峰, 肖昌华, 等. 2011. 极早熟辣椒新品种湘椒 64 号的选育. 辣椒杂志, (1): 9-10.
张慧. 2004. 早熟优质、辣椒杂优新品系 9808F_1 的选育. 北方园艺, (3): 58-59.
张继仁, 周群初. 1990. 湘研一号辣椒的选育. 中国蔬菜, (6): 5-8.
张扬勇, 方智远, 刘泽洲, 等. 2013. 中国蔬菜育成品种概况. 中国蔬菜, (23): 1-4.
朱广文. 2008. 早熟丰产辣椒新品种明椒 3 号. 上海蔬菜, (1): 25.
庄巧生. 2003. 中国小麦品种改良及系谱分析. 北京: 中国农业出版社.
邹学校, 周群初, 戴雄泽, 等. 1998. 湘研十一号辣椒品种的选育. 长江蔬菜, (11): 30-31.
邹学校, 周群初, 张继仁. 1993. 伏地尖辣椒种子产量构成性状的相关和通径分析. 湖南农业科学, (3): 30-31.

Pedigree analysis of bred backbone parents and variety using by fudijian pepper

WANG Li-qun[1], DAI Xiong-ze[2], MA Yan-qing[2], LI Xue-feng[2], ZHANG Zhu-qing[2], CHEN Wen-chao[2], OU Li-jun[2], and ZOU Xue-xiao[1, 2]

([1] Hunan Academy of Agricultural Sciences, Changsha, Hunan 410125, China;
[2] Vegetable Institution of Hunan Academy of Agricultural Science, Changsha, Hunan 410125, China)

Abstract: The finding and evaluation of excellent local pepper variety Fudijian in Hunan and main characteristics and selection process of pepper foundation parents 5901 were described. The variety type and application breeded by the utilization of 5901 and derivative parents were analyzed through relevant literature. The results showed the excellent local variety and foundation parent have characteristics such as very precocious，resistance to low light, high pre-production, combining ability and seed production. There were 31 pepper varieties breeded directly or indirectly by the use of 5901 and applicated in large scale during 1988-2014 in China. Pedigree of foundation parents 5901 were draw to provide a reference for the creation and utilization of parents.

Key words: pepper; foundation parent; pedigree analysis

辣椒骨干亲本6421及其衍生系的创制与利用*①

马艳青，戴雄泽，李雪峰，张竹青，陈文超，邹学校

（湖南省蔬菜研究所 长沙 410125）

摘要：通过对河西牛角椒的挖掘及选择，阐明骨干亲本6421及其衍生系的创制以及杂种优势利用，并分析了6421成为骨干亲本的原因，总结了选育骨干亲本经验。

关键词：辣椒；河西牛角椒；骨干亲本；6421；系谱分析

辣椒是湖南人民喜爱的重要蔬菜作物之一，农民形成了种植辣椒的传统习惯，几乎家家种植。在20世纪70年代以前，农民使用的辣椒种子都是自己选种，自己留种。在长期的种植和选种留种过程中，形成了许多优良的地方品种。湖南省蔬菜研究所（原湖南省农业科学院园艺研究所蔬菜研究室）于1957~1959年在长沙、衡阳、株洲、湘潭、邵阳、常德6大城市蔬菜品种资源调查和醴陵、邵阳主要干椒生产调查中，对湖南省主要产区的辣椒品种资源进行了初步调查。通过初步观察鉴定了一批优良地方品种，其中就有长沙郊区的优良辣椒地方品种河西牛角椒（张继仁，1979）。20世纪80年代开始，湖南省蔬菜研究所开展了6421的创制研究，成功创制了辣椒骨干亲本6421，选育了一大批广泛应用于全国辣椒生产区域的优良杂交品种，其他育种单位直接或间接利用6421也选育了一批国内广受欢迎的优良品种。现将辣椒骨干亲本6421的创制与利用介绍如下。

1 骨干亲本6421的创制

为了充分发掘河西牛角椒的经济性状优势，1986年，湖南省农业科学院园艺研究所蔬菜室在河西牛角椒原产地长沙市岳麓乡收集河西牛角椒单株材料64份，分单株隔离种植，根据熟性、果实性状、植株株型等农艺性状和抗病抗逆性等指标进行系统选择，选择留取植株整齐度高、经济性状和农艺性状优良的株系，并从中继续选留最优单株，其中21号株系表现最优，在下一年度继续按单株、分株系种植选优汰劣。经过3年的系统选育，成功地提纯复壮了河西牛角椒。

然后我们采用生态穿梭的选择方法进行创制。利用湖南长沙夏季高温高湿和秋季高温干旱的气候条件进行抗病抗逆性筛选，利用海南冬季光热资源充足的气候进行加代筛

* 基金项目：国家大宗蔬菜产业技术体系项目（CARS-25-A-8）。

① 本文原载《中国蔬菜》，2015，（6）：11-16。

选，利用山西气候温和、土壤肥沃条件进行经济性状筛选，并严格按两心室和白花丝标记选择单株，6421 创制过程见图 1。

年代	地点	创制方式	选择方法
1986年	长沙	1、2、3……64	收集原产地河西牛角椒64份
1986年	长沙	2、7、13、21、27、31、43、44、57、60	选留纯度好、经济性状优株系10份
1987年	长沙	13-1、13-2、13-3、21-1、21-2、21-3	选留最优单株2个（13、21）优良株系各选3单株
1988年	长沙	21-1、21-2、21-3	21-1、21-2、21-3中选留变异小株系 混合留种
1989年	长沙（夏）	21-1、21-2、21-3、21-4、21-5 21-6、21-7、21-8、21-9、21-10	进行耐湿、耐热、耐旱抗病性筛选优胜劣汰（10个单株）分别留种
	三亚（冬）	21-1、21-2、21-6、21-8、21-9 混合	进行综合性状筛选优胜劣汰（5个单株）混合留种
1990年	原平	21-2-1、21-2-2、21-2-3	进行经济性状筛选优胜劣汰（1个株系）混合留种
1991年	长沙	6421	抗病耐湿耐热耐旱筛选，去掉劣株混合留种

图 1　6421 创制图

通过创制，6421 与原河西牛角椒有明显区别，主要特征：中熟牛角椒品种，鲜食、老果腌渍兼用。株高中等，株型半直立，果实浅绿色，果长 16cm，果宽 2.5cm，果肉厚 0.25cm，扁果，牛角形，果表有粗牛角斑纹，辣味柔和，单果重 28g，单株坐果数 50 个左右。为湖南省越夏结实率最高、适应范围最广、产量最稳定受气候影响小的地方品种。

2　骨干亲本 6421 不育系 9704A 的创制

1993 年，我们在 6421 繁育群体中发现了天然的不育突变株，用可育株 6421 的花粉授粉，能正常结果产生种子。然后采用成对授粉杂交的方法，于 1997 年成功创制出了综合性状优良的胞质不育系 9704A（邹学校等，2000a），于 2000 年 2 月通过湖南省农作物品种审定委员会审定，审定编号为品审证字第 289 号，创制过程见图 2。该不育系具有耐热、耐旱能力强，抗 TMV、疫病和日灼病，配合力强等优良性状，是我国第一个通过审定的辣椒胞质雄性不育系，目前已成为我国大面积推广应用的辣椒雄性不育系杂交品种的主要不育源。

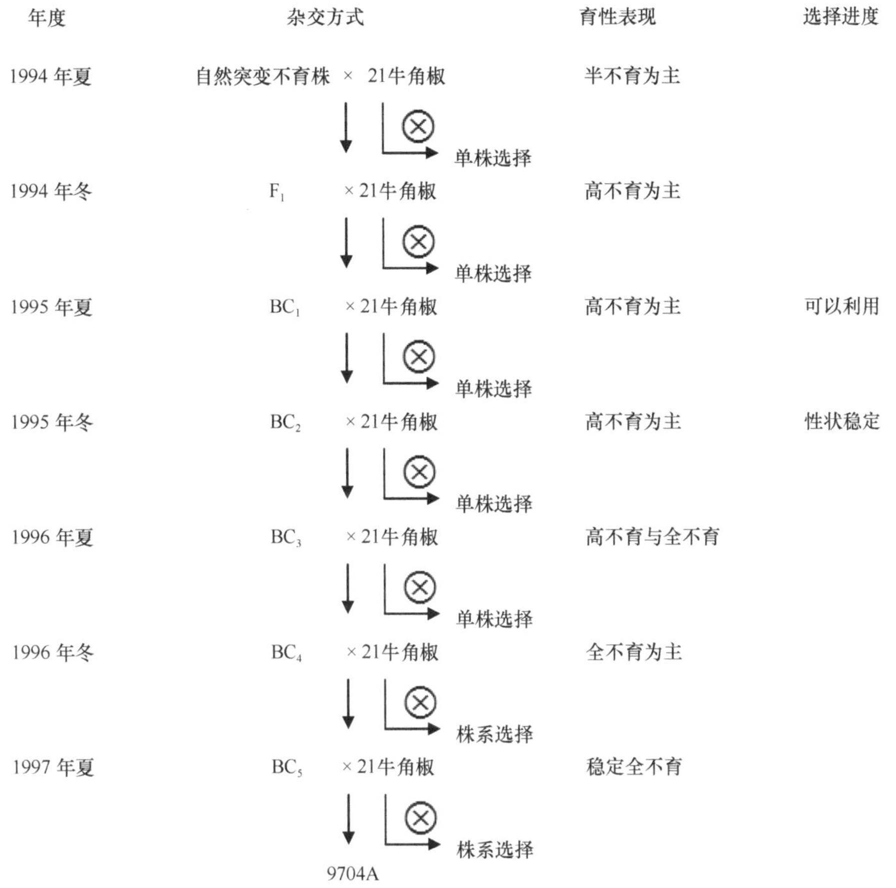

图2 9704A 创制图

9704A是核质互作型不育系，中熟，第一花节位在12节左右，前期花（1~3层）发育不正常，部分花在蕾期就脱落，开放的花朵即使人工授粉坐果率也很低。9704A有较强的营养生长势，植株整齐一致，株高中等，分枝多，叶色深绿，抗性较强，抗病毒病、炭疽病，耐疫病、疮痂病，株高70cm，开展度81cm × 63cm，果纵径16cm，果横径2.61cm，肉厚0.36cm，单果重28g，单株产量560g。果形较直，果表皱少、深绿色，肉厚，腔小，干物质含量高，味辣，风味好，坐果性好，能连续坐果。

表1 河西牛角椒、6421和9704A的主要特征特性

性状	河西牛角椒	6421	9704A	性状	河西牛角椒	6421	9704A
熟性	中熟	中熟	中熟	果宽/cm	2.5	2.5	2.6
首花节位/节	11	10	12	果肉厚/mm	0.25	0.25	0.36
株高/cm	65	60	70	心室数	2或3	2	2
株幅/cm	65	65	70	单果重/g	26	28	28
株型	开展	半直立	半直立	单株坐果数	40个	50个左右	60个
花丝颜色	白色或紫色	白色	白色	整齐度	较乱	整齐	整齐
果型	牛角形	牛角形	牛角形	辣味	辣	辣	辣
果色	绿	浅绿	浅绿	耐湿性	中	强	强
果面特征	牛角斑	牛角斑	牛角斑	耐热性	中	强	强
果长/cm	15	16	16	耐旱性	中	强	强

3 骨干亲本 6421 的利用

3.1 骨干亲本 6421 的直接利用

自交系 6421 中熟，各种气候条件下坐果性稳定，结果多，皮薄肉软，辣味柔和，口感好，深受市场欢迎。80 年代后期，作为常规品种，以河西牛角椒或 21 号牛角椒的商品名在湖南、四川、贵州、广西、浙江、陕西等省推广应用，成为各大蔬菜基地牛角椒种植的主栽品种。在推广种植的同时，6421 的特征特性和优异性状被广大科研工作者认识和重视，通过此渠道，也被各省的辣椒科研单位收集、改造、创制新的育种材料。1995~1996 年，我们有针对性地收集全国类似河西牛角椒的品种和亲本材料 15 份，1997 年对收集的材料在湖南长沙进行田间观察和评价，结果见表 2，从表 2 可看出，不同地方材料在果实大小、植株高矮等方面存在差异，但河西牛角椒的主要特征果表有牛角斑、白花丝、分枝习性、坐果性稳定性状与 6421 差异不明显，说明 90 年代我国生产上使用和育种单位利用的河西牛角椒来源于 6421。

表 2 不同地方河西牛角椒主要特征特性

材料\品种	果表质地	株高/cm	开展度/cm	分枝习性	耐热耐湿耐旱能力	果长/cm	果宽/cm	花丝颜色
6421	牛角斑	60	65	半直立	强	16	2.5	白
长沙河西牛角椒	牛角斑	65	65	半直立	中	15	2.5	白或紫
冷江河西牛角椒	牛角斑	62	64	半直立	强	16	2.5	白
四川河西牛角椒	牛角斑	60	65	半直立	强	16.2	2.5	白
贵州河西牛角椒	牛角斑	61	63	半直立	强	16.3	2.5	白
广西河西牛角椒	牛角斑	60	65	半直立	强	16	2.6	白
浙江河西牛角椒	牛角斑	61	68	半直立	强	16	2.5	白
株洲河西牛角椒	牛角斑	60	65	半直立	强	16	2.5	白
湘潭河西牛角椒	牛角斑	64	65	半直立	强	16.1	2.4	白
江西河西牛角椒	牛角斑	60	66	半直立	强	16	2.5	白
陕西河西牛角椒	牛角斑	65	65	半直立	强	16	2.5	白
江苏河西牛角椒	牛角斑	60	66	半直立	强	16.4	2.5	白
北京河西牛角椒	牛角斑	63	65	半直立	强	16	2.5	白
重庆河西牛角椒	牛角斑	60	64	半直立	强	16.2	2.6	白
衡阳河西牛角椒	牛角斑	62	65	半直立	强	16	2.5	白
岳阳河西牛角椒	牛角斑	60	67	半直立	强	16.5	2.7	白

3.2 骨干亲本 6421 的杂种优势利用

国内多家单位和公司直接或间接利用 6421 作为亲本材料，选育出了一批优异的辣椒新品种。湖南省蔬菜研究所选育了湘研 5 号（张继仁等，1993）、湘研 12 号（邹学校等，1998）、湘研 15 号（邹学校等，2000b）、兴蔬 215（戴雄泽，2005），湖南省园艺所选育了湘科 505（刘建雄等，2006），南昌市蔬菜研究所选育了赣椒 4 号（徐毅等，2001），长沙市蔬菜所选育了湘椒 12 号（王安乐等，2001），湖南亚华种业有限公司选育了亚华

105（张海斌等，1997），江苏农科院蔬菜研究所选育了苏椒 3 号（孙洁波等，1993），南京星光蔬菜研究所选育了宁椒 5 号，湖南湘研种业有限公司选育了湘研 21 号（刘荣云等，2003）。

利用 6421 创制的不育系 9704A 作为亲本材料或转育新的不育系，湖南省蔬菜研究所选育了博辣 2 号、博辣 5 号（李雪峰等，2010）、博辣 6 号、博辣 7 号、博辣 8 号（湘审椒 2014002）、博辣 9 号、兴蔬 201（戴雄泽，2005）、博辣红艳、兴蔬绿燕、博辣红帅（马艳青等，2009）、湘辣 4 号（周群初等，2002）、湘椒 31 号（陈文超等，2003），深圳永利种业有限公司选育了辣丰 3 号、辣丰 7 号、永优辣四，湖南湘研种业有限公司选育了湘辣 1 号（戴雄泽等，2002）、湘辣 2 号（邹学校，2001a）、湘辣六号（缪武等，2011）、湘研 14 号（邹学校等，2001b）、湘研 806（刘荣云等，2011），长沙市蔬菜研究所选育了长辣 7 号（周清华等，2011），浙江金华市农业科学研究院选育了不育系金椒 2A（刘新华等，2015）。

4 骨干亲本 6421 成为辣椒骨干亲本原因分析

6421 成为辣椒骨干亲本有以下四个方面的原因：①原始材料河西牛角椒具备抗逆性强的优异性状。长沙夏季高温高湿，秋季高温干旱逆境下的长期选择，河西牛角椒在中国大部分生态条件下均有较强的适应性。②自身性状优良。6421 果实皮薄肉软，辣味柔和，口感好，坐果性稳定，结果性强，耐热耐湿耐干旱能力强，适应性广。③配合力高。与其他材料杂交配合力强，杂种优势强，自利用 6421 选育第一个代表品种湘研 5 号以来，据不完全统计，我国辣椒育种单位 30 多年来直接或间接利用 6421 作为育种材料选育杂交品种有 50 多个。④6421 属果数型材料，坐果性好，单株坐果数可达 50 个，单果种子数多，单果种子数 80 粒左右。母性遗传强，适于作杂交配组的母本，以 6421 作母本，制种方便，产量高。6421 株型紧凑，分枝性好，利于去雄授粉，与其他材料杂交授粉亲和力强，产籽率高，坐果率高，抗病抗逆性强，产量稳定，一般杂交制种产量在 40~50kg/亩。

6421 具备成为辣椒骨干亲本的条件，利用 6421 选育的辣椒品种具有辣味柔和、皮薄肉软、口感好、耐热、耐湿、耐旱坐果性稳定、适应性广等特点，在我国辣椒种植区域均大面积栽培，是开展辣椒杂种优势利用以来，推广面积排在前列的亲本材料之一，特别是选育的湘研 5 号、湘辣 1 号、湘辣 2 号、湘辣 4 号，湘研 15 号等第一代、第二代湘研系列辣椒，于 1997 年和 2000 年两次获得国家科技进步奖二等奖（图 3）。

5 骨干亲本 6421 选育的几点体会

一是骨干亲本的选择一定要有高压力，生态穿梭选育方法是最佳方法。因为骨干亲本一定要适应性广，在不同生态条件和气候条件下性状稳定，而且不能有致命缺点。因此骨干亲本的选择条件应是多种、选择压力大，对辣椒来说，不同生态条件和气候条件下穿梭种植，使其充分展示优点、特性，同时也充分暴露其缺点，这样就可能多地选择优良性状，淘汰劣性。

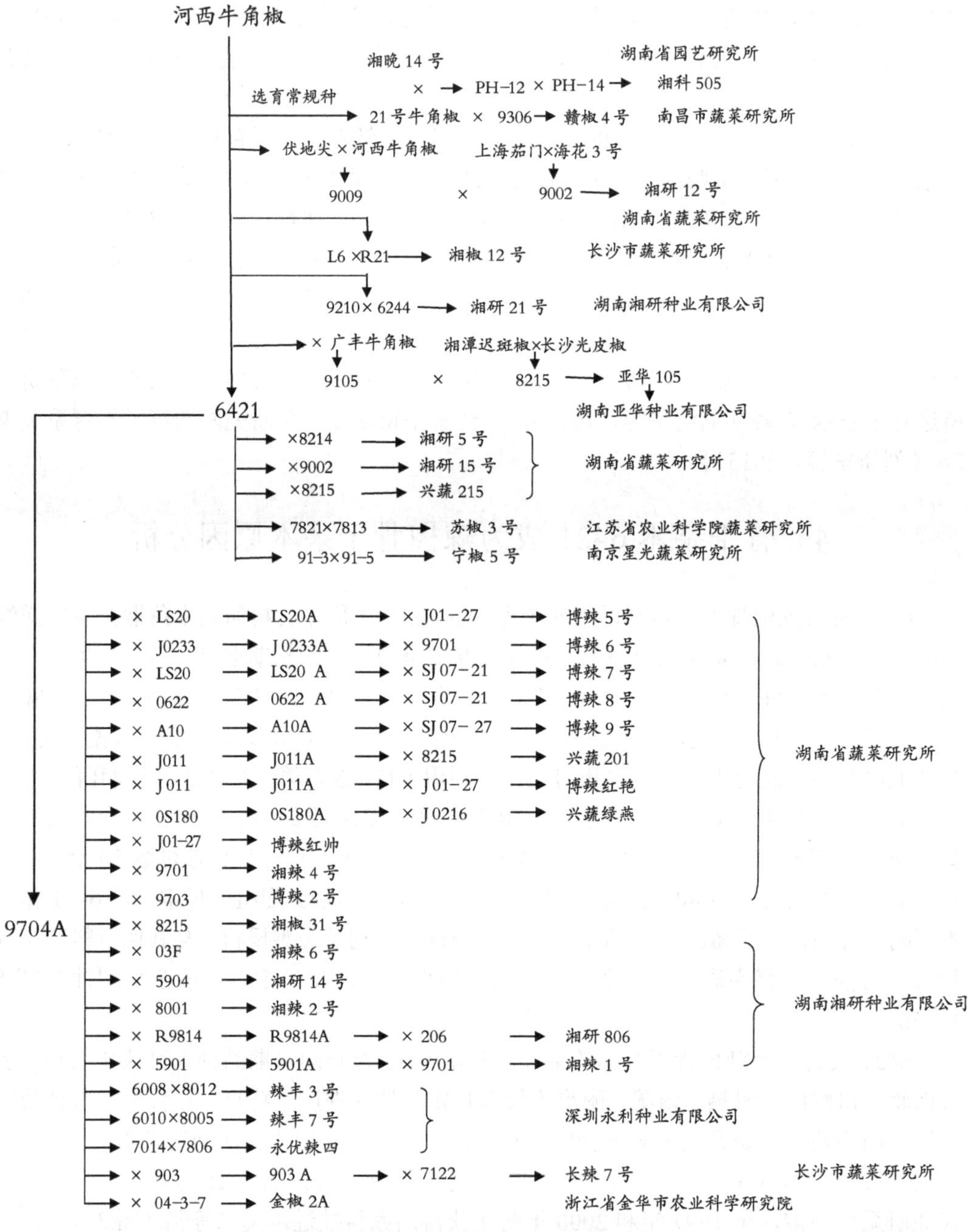

图3 6421、9704A杂种优势利用图

二是骨干亲本的遗传特性和基本信息应公开化和翔实。确定骨干亲本不但能够了解育种历史和亲本贡献，而且在育种进程中起了决定作用（孙宗修等，2014）。辣椒骨干亲本的育种地位同样高，为了充分发挥骨干亲本的作用，提高育种利用效率，育种工作者有责任将骨干亲本的遗传特性和功能性状研究翔实，并公开信息，以便于所有育种工作者参考利用，避免重复探索工作。骨干亲本的衍生谱系也应客观公开，防止近亲杂交，提高杂种优势。大家在利用骨干亲本时，也应标注来源，体现对育成人的尊重。辣椒领

域很多材料实际是育种骨干亲本，被广泛利用选育了大批品种，但是育种者有意无意不标注来源，因而很难确认骨干亲本的地位，也大大降低了其骨干亲本的利用效率。

三是骨干亲本 6421 的利用前景。骨干亲本 6421 在目前阶段已为辣椒育种和辣椒产业带来了巨大的推动力，就该材料的特性和消费发展趋势来说，该材料还有充分发展的潜力。①6421 的优良品质性状符合消费潮流，在过去以产量追求为目标的基础上，还有挖掘潜力。②6421 的整体性状优良，尤其无致命缺点，因此可以借助分子标记等生物技术与传统技术相结合，加快多优良性状的聚合，创制更新更优的育种材料。③充分用生物技术手段，从分子水平上掌控功能性状和利用这些性状，将有助于加快和提高 6421 的利用效率和速度。

参考文献

陈文超, 马艳青, 邹学校, 等. 2003. 耐贮运辣椒新品种湘椒 31 号的选育. 湖南农业科学, (3): 17-18

戴雄泽. 2005. 湖南省蔬菜研究所最新产品. 湖南农业科学, (3): 86

李雪峰, 马艳青, 戴雄泽, 等. 2010. 鲜食加工兼用型辣椒新品种博辣 5 号的选育. 辣椒杂志, (3): 12-14

刘建雄, 王双武, 陈德生, 等. 2006. 优良辣椒新品种湘科 505 的选育. 湖南农业科学, (3): 31, 52

刘荣云, 缪武, 陈敬东, 等. 2011. CMS 三系杂交辣椒新品种湘研 806 的选育. 辣椒杂志, (2): 11-12

刘荣云, 邹学校, 周群初, 等. 2003. 湘研 21 号辣椒的选育. 长江蔬菜, (9): 38-39

刘新华, 曹春信, 刘林, 等. 2015. 线椒雄性不育系金椒 2A 的选育. 长江蔬菜, (4): 16-17

马艳青, 张竹青, 陈文超, 等. 2009. 博辣红帅辣椒新品种的选育. 辣椒杂志, (3): 17-19

缪武, 刘荣云, 陈敬东, 等. 2011. CMS 三系杂交辣椒新品种湘辣六号. 长江蔬菜, (19): 10-11

孙洁波, 丁犁平, 赵华崙, 等. 1993. 苏椒 3 号辣椒的选育及栽培技术. 中国蔬菜, (1): 1-2

孙宗修, 鄂志国, 王磊, 等. 2014. 对中国水稻骨干亲本评定方法的探索. 作物学报, 40(6): 973-983

王安乐, 伍玉玲, 胡应辉. 1997. 鲜食和加工兼用型辣椒湘椒 12 号. 中国蔬菜, (6): 19-20

徐毅, 朱保连, 吕文兵. 2001. 赣椒 4 号辣椒的选育. 长江蔬菜, (10): 35-36

张海斌, 刘虎, 粟建文, 等. 2003. 辣椒新品种亚华 105 的选育. 中国蔬菜, (2): 30-31

张继仁, 周群初, 邹学校, 等. 1993. 杂交辣椒新组合湘研 5 号的选育与应用. 湖南农业科学, (5): 20-21, 32

张继仁. 1979. 湖南辣椒品种资源的初步研究. 湖南农业科学, (12): 11-12

周清华, 张海斌, 王安乐, 等. 2011. 辣椒新品种长辣 7 号的选育. 中国蔬菜, (16): 105-108

周群初, 邹学校, 戴雄泽, 等. 2002. 湘辣 4 号辣椒的选育. 中国蔬菜, (6): 30-31

邹学校, 周群初, 戴雄泽, 等. 1998. 早熟丰产辣椒湘研 12 号的选育. 中国蔬菜, (6): 27-29

邹学校, 周群初, 戴雄泽, 等. 2000a. 辣椒雄性不育系 9704A 的选育. 湖南农业科学, (5): 39-40

邹学校, 周群初, 戴雄泽, 等. 2000b. 湘研十五号辣椒的选育. 长江蔬菜, (8): 37-38

邹学校, 周群初, 戴雄泽, 等. 2001a. 辣椒新品种湘辣 2 号的选育. 中国蔬菜, (5): 29-31

邹学校, 周群初, 戴雄泽, 等. 2001b. 辣椒三系雄性不育组合湘研 14 号的选育. 中国辣椒, (1): 13-15

邹学校, 周群初, 戴雄泽, 等. 2002. 湘辣 1 号辣椒的选育.长江蔬菜, (9): 42-43

The creating and utilizing of backbone pepper breeding material 6421 and its derivatives

Ma yanqing, Dai xiongze, Li xuefeng, Zang zhuqing,
Cheng wenchao, Zou xuexiao

(Hunan Vegetable Research Institute Changsha 410125)

Abstract: By the Mining and selection of Hexiniujiaojiao, this article clarified the creating and heterosis utilizing of backbone pepper breeding material 6421 and its derivatives, as well as analysed the reasons for backbone breeding material and the breeding experience of 6421.

Key words: Pepper; Hexiniujiaojiao; Backbone breeding material; 6421; Family analyse

湘潭迟班椒衍生骨干亲本的选育及利用*①

张竹青，戴雄泽，马艳青，李雪峰，陈文超，邹学校

（湖南省蔬菜研究所 长沙 410125）

摘要：本文阐述了湘潭迟班椒辣椒衍生骨干亲本 8214 创制过程，通过对 8214 骨干亲本的系谱分析，结果表明直接或间接利用 8214 选育辣椒品种 36 个，并分析了 8214 成为辣椒骨干亲本的原因，为辣椒骨干亲本的创制及利用提供参考。

关键词：辣椒；湘潭迟班椒；骨干亲本；选育；利用

辣椒是一种重要蔬菜和调味品，我国常年播种面积 133.4 万 hm^2、总产量 2 800 万 t，种植面积和总产量分别占世界辣椒面积的 35%和总产量的 46%（马艳青，2011）。湖南是辣椒生产和消费大省，年播种面积 10 万 hm^2、总产量 230 万 t。湖南每年辣椒消耗量约 350 万 t，加工辣椒的 70%左右依靠外省调入。

种质资源是育种的基础。我国从 20 世纪 50 年代开始辣椒品种资源的收集、整理、鉴定和利用，20 世纪 70 年代开展辣椒杂种优势利用研究，1972 年选育了我国第一个杂交辣椒品种早丰 1 号（邹学校，2009；张继仁，1979），至“十五”末期，我国商品辣椒 80%以上为 F_1 代杂交种。1978 年至今我国已审定辣椒品种 700 多个，这些品种大部分为杂交品种，少数为提纯复壮的地方品种。审定的杂交品种的亲本或直接利用提纯复壮的地方资源，或以地方资源为基础根据育种目标创新的材料。湖南省蔬菜研究所至今已选育并审定了 53 个杂交辣椒品种，在全国 30 多个省市大面积推广，还被引种到东南亚、拉丁美洲、欧洲等地的十多个国家和地区，主要得益于对地方资源的挖掘和创新利用。

1 优异材料 8214 的创新选育

1.1 优异辣椒地方品种资源湘潭迟班椒的挖掘与评价

湖南辣椒栽培历史悠久，品种资源丰富。湖南省蔬菜研究所（原湖南省农业科学院园艺研究所蔬菜研究室）1957 年开始在长沙、湘潭、株洲、衡阳、常德、邵阳 6 个城市

* 基金项目：国家农业产业技术体系建设专项（CARS-25-A-8）；国家公益性行业（农业）专项（200903025）；农业部重点项目（95 农-11-02-03-1999）；国家“八五”重点攻关项目（85-04-01-04）；国家“七五”重点攻关项目（75-01-02-07）。

① 本文原载《长江蔬菜》2015（12）：8-12

开展蔬菜品种资源收集工作，收集辣椒资源 53 份。1959 年对收集的资源进行田间观察和整理，结合地方品种调查，挖掘出了以衡阳伏地尖、河西牛角椒、湘潭迟班椒（湘潭晚）等为代表的一批优异辣椒地方资源（张继仁，1979）。其中湘潭迟班椒（李树宝，1985；戴离安和张西露，2004）为湘潭市郊传统品种，中晚熟，粗牛角形，果大，肉较厚，耐肥、耐湿能力强，产量高。1980 年长沙市蔬菜研究所从湘潭迟班椒中选出了优良自交系湘晚 13 号应用于生产。

1.2 骨干亲本 8214 的创制

为了充分发掘和利用湘潭迟班椒的优良特性，1980~1981 年，课题组成员到湘潭市郊、长沙市郊对湘潭迟班椒进行重新收集；1982 年对新收集和以往收集的湘潭迟班椒共 43 份材料进行隔离种植，根据熟性、果实性状、植株性状、坐果性和抗病抗逆性等指标进行系统选择，选留植株整齐度高、经济性状和农艺性状优良的株系，并从中继续选留最优单株，1983 年继续按单株、分株系种植选优汰劣。经过 5 年的系统选育，成功地从 14 号株系中提纯复壮了湘潭迟班椒，定名为 8214（湘晚 14 号）。8214 的选育情况如图 1 所示。

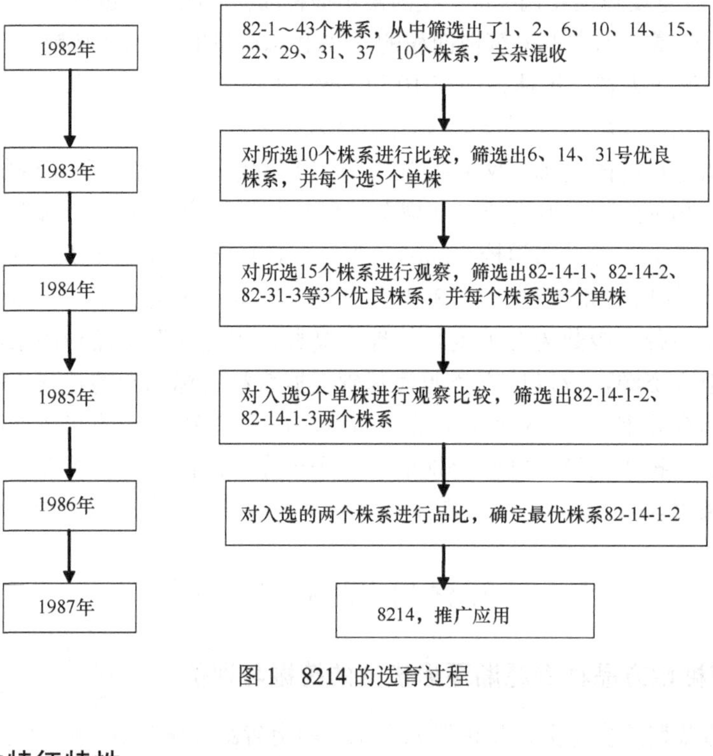

图 1　8214 的选育过程

1.3 8214 的特征特性

由表 1 可知，8214 与原品种湘潭迟班椒和湘晚 13 号具有明显的差异，在果长、果宽、单果重、果实颜色，坐果能力等方面均有了较大的改进。8214 的主要特点：晚熟，第一花着生节位 14.8 节，花白色，花丝紫色，果长 19.2cm，果宽 3.4cm，果肉厚 0.32cm，果肩平，果顶钝尖，青熟果绿色，老熟果鲜红色，果表光亮微皱，单果重 59g 左右，果实辣味中等。侧枝发生弱，耐肥，耐热、耐湿，适应性强。

表 1 8214、湘晚 13 号和湘潭迟班椒的主要特征特性比较

品种	株高/cm	开展度/cm	株型	熟性	始花节位/节	定植至始收/d	叶色	果形	果先端形状	果色	果面特征
湘潭迟班椒	48.4	56.1	开展	中晚熟	11~14	62	绿	牛角	尖或凹	浅绿	微皱
湘晚 13 号	46.3	51.1	半直立	晚熟	15.5	65	深绿	牛角	尖	浅绿	微皱
8214	54.6	55.2	半直立	晚熟	14.8	64	深绿	牛角	尖	绿	光亮微皱

品种	果长/cm	果宽/cm	果肉厚/mm	果形指数	单果质量/g	单株坐果数/个	整齐度	辣味	耐热性	耐旱性
湘潭迟班椒	14.1	3.0	2.6	4.70	43.6	20~30	较乱	微辣	强	强
湘晚 13 号	15.2	3.2	3.3	4.75	45.2	20~30	一般	辣	强	强
8214	19.2	3.4	3.2	5.64	59.0	30~40	整齐	辣	强	强

2 骨干亲本 8214 的利用

2.1 直接应用于生产

自交系 8214 晚熟，耐热、耐湿能力强，能在湖南越夏栽培。同时，果大、肉厚，辣味中等，满足了人们对厚肉中辣的需求，80 年代中后期作为常规种，以湘晚 14 号在湖南湘潭、长沙、衡阳、常德、祁阳、吉首等城市郊区大面积推广。

2.2 直接利用 8214 选育辣椒新品种

除湖南省蔬菜研究所直接利用 8214 选育了湘研 3 号（戴离安和张西露，2004）、湘研 5 号（张继仁等，1993）、湘研 6 号、湘研 9 号、湘研 10 号、湘研 19 号（邹学校等，1999）和湘研 30 号等 7 个辣椒新品种外，南昌市蔬菜研究所直接利用 8214 选育了亨椒 1 号（闽跃中和刘炳章，2001）。

湖南省蔬菜研究所在利用 8214 作亲本的同时，不断对其进行优选和创新，选出了 8215、8216、J01-16 等优良株系，并利用这些优良株系选育了湘研 13 号（邹学校等，2001）、湘研 15 号、湘研 16 号（邹学校等，2000）、珍黄 88（马艳青等，2003）、湘运一号（陈文超等，2003）、湘椒 27 号（张竹青等，2004）、福湘秀丽（陈文超等，2013）7 个辣椒品种。

很多单位引进 8214 或湘潭迟班椒，采用系统选择方法选育新自交系，培育新品种。海南农科院瓜菜研究所选育了自交系 P94J3，育成了海椒 3 号（肖日新等，2003）、海椒 5 号（肖日新等，2007）；江苏农科院蔬菜研究所选育了自交系 7821，育成了苏椒 3 号（孙洁波等，1999）；江西农望高科技有限公司选育了自交系 H201，育成了绿剑 12 号（黄新根等，2007）；安徽淮南市农业科学研究所选育了自交系 95003，育成了淮椒 3 号（汪承刚等，2003）；南京星光蔬菜研究所选育了自交系 91-5，育成了宁椒 5 号；长沙市蔬菜科学研究所选育了自交系 8218，育成了长研 206（张海斌和周清华，2012）；湖南亚华种业有限公司选育了自交系 9506-6，育成了湘椒 37 号（张海斌等，2005）。

2.3 利用 8214 创制新的育种材料，选育新品种

由于目标市场不同，各育种单位根据市场的要求，充分利用 8214 的优良特性，采

用多亲本杂交聚合分离，或从 8214 选育的杂交品种中分离，创制新的育种材料。

湖南省蔬菜研究所利用 8214 与湖南优良地方品种华容潘家大辣椒杂交，经 5 代定向分离和选择，育成了优良自交系 90L03F2-3-2-3-6，定名为 9003。该自交系的主要特征：中晚熟，第一花着生节位 11 节，花白色，花丝紫色，果长 19cm 左右，果宽 3.6cm 左右，果肉厚 0.3cm，2~3 心室，果肩平，果顶钝尖，青熟果绿色，老熟果鲜红色，果表光亮无皱，单果重 80g 左右。侧枝发生弱，适应性强，果实辣味中等，耐热、耐湿能力强。利用该自交系，湖南省蔬菜研究所选育了湘研 20 号、兴蔬 215、兴蔬羽燕等品种，湖南湘研种业有限公司选育了湘辣 14 号（缪武等，2014）。

湖南亚华种业有限公司，利用 8214 与长沙光皮椒杂交选育了高代自交系 8215，育成了亚华 105（张海斌等，2003）；湖南省园艺研究所利用 21 号牛角椒与湘晚 14 号（8214）杂交选育了自交系 PH12，育成了湘科 505（刘建雄等，2006）。

北京市海淀组织培养实验室利用湘研 6 号的花培品系 96-1-6，育成了海丰 14 号（张树根等，2003）、海丰 28 号（刑永萍等，2004）两个辣椒品种，利用湘研 9 号的花培品系 96124，育成了海丰 12 号（刑永萍等，2002）；广东农科院蔬菜研究所从湘研 16 号的后代中选育了自交系 1780、W2280，分别育成了粤红一号（李颖等，2012）、汇丰二号（王恒明等，2010），从湘研 9 号的后代中选育了自交系 4556，育成了粤椒 19 号（李颖等，2005）；郑州大学利用湘研 6 号与韩国引进的抗病种质 C-02 杂交选育了自交系 6C-02，育成了郑椒 505（凌华等，2008）。

3 8214 成为骨干亲本的原因分析

8214 成为辣椒骨干亲本有以下四个方面的原因：

（1）原始材料湘潭迟班椒具备了晚熟亲本的优异性状，晚熟，全生育期长，耐热、耐旱能力强。邹学校等（2004）对 40 个湖南地方品种的灰色关联分析表明，8214 与晚熟参考品种的关系最紧密，是适合选育晚熟品种的优异材料。

（2）自身性状优良。8214 遗传了原始品种主要植物学性状外，果实变长，变粗，外观商品性更优；抗病抗逆能力变强，适应性广。

（3）配合力高。邹学校等（2006）以 8214、6421、5901、5907、8501、7801 为亲本，按（1/2）n（n–1）配制了 15 个杂交组合进行净光合速率的配合力分析表明，8214 在开花结果中期一般配合力最强，8214×8501、5907×8214 特殊配合力强。

（4）杂种优势强。辣椒净光合速率杂种优势与稳定性分析（邹学校等，2005），发现 8214 光合能力强，作父本时稳定性好，作母本时稳定性差。5907×8214 的光合作用的平均超亲优势有较强的正优势。净光合速率的遗传效应（邹学校等，2009）分析表明，8214 净光合速率遗传效应最高。

由于配合力高，杂种优势强，从 20 世纪 80 年代利用 8214 选育了代表性品种湘研 3 号以来，我国辣椒育种单位 30 多年来一直还在直接或间接利用 8214。由图 2 可知，有据可查的品种有 36 个。还有 10 多个品种，经我们田间种植观察，也含有 8214 骨干亲本的血缘，但育种单位没有注明。

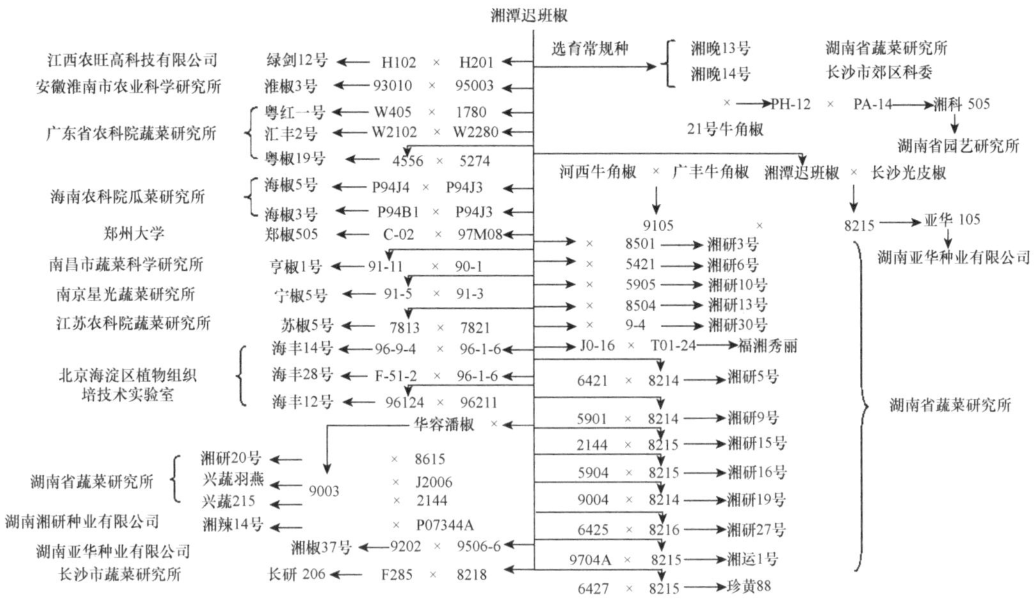

图 2　骨干亲本 8214 及其衍生自交系的系谱

4 讨　　论

目前种质资源的争夺和发掘已成为世界知识产权竞争的焦点，种质资源的改良、创新已成为了发达国家和国际农业机构重点开展的战略性研究课题。我国地域辽阔，气候、土壤类型复杂，栽培制度多样，因而形成了十分丰富的品种资源。尽管从 20 世纪 50 年代以来，国家就组织进行了品种资源的收集、整理和鉴定，各科研、教学单位和种子公司也进行了大量的资源收集和保存工作，但目前仍有一些优异资源未被发掘。随着市场、栽培模式、栽培用途的变化，对辣椒新品种选育提出了更多的要求，这也使得资源的创新显得尤为重要。本文所述湘潭迟班椒衍生骨干亲本材料均是采用传统的单株选择和杂交后单株定向分离选择法选育而成，随着现代生物技术的发展，基因导入、诱变、双单倍体等技术将越来越得到广泛的应用。

参 考 文 献

陈文超, 戴雄泽, 马艳青, 等. 2013. 辣椒新品种“福湘秀丽”的选育. 湖南农业科学, (13): 19-20, 32

陈文超, 马艳青, 邹学校, 等. 2003. 耐贮运辣椒新品种湘椒 31 号的选育.湖南农业科学, (3): 17, 18

戴离安, 张西露. 2004, 湖南辣椒研究 2 湖南辣椒新品种选育及基础理论研究. 辣椒杂志, (1): 7-11

黄新根, 黄永根, 黄小毛, 等. 2007. 辣椒新品种绿剑 12 号的选育. 长江蔬菜, (16): 14-16

李树宝. 1985. 湖南省辣椒品种资源简介. 作物品种资源, (2): 46-48

李颖, 王得元, 王恒明, 等. 2005. 粤椒 19 号辣椒的选育.辣椒杂志, (1): 24-26

李颖, 王得元, 王恒明, 等. 2012. 辣椒新品种“粤红一号”的选育及其特性研究. 热带作物学报, 33(7): 1160-1163

凌华, 田保明, 胡安杰, 等. 2008. 粗牛角椒新品种郑椒 505 的选育. 长江蔬菜, (3): 44-45

刘建雄, 王双武, 陈德生, 等. 2006. 优良辣椒新品种“湘科 505”的选育. 湖南农业科学, (3): 31, 52

马艳青, 李雪峰, 张竹青, 等. 2003. 珍黄88(湘椒29号)辣椒的选育. 辣椒杂志, (4): 22-23
马艳青. 2011. 我国辣椒产业形势分析. 辣椒杂志, (1): 1-5
闽跃中, 刘炳章. 2001. 中晚熟辣椒新品种亨椒1号的选育. 中国辣椒, (2): 27-28
缪武, 刘志敏, 刘荣云, 等. 2014. 线辣椒新品种湘辣14号的选育. 中国蔬菜, (11): 58-60
孙洁波, 丁犁平, 赵华仑, 等. 1999. 苏椒3号辣椒的选育及栽培技术. 中国蔬菜, (2): 1-2
汪承刚, 戚士全, 朱世东, 等. 2003. 辣椒新品种淮椒3号的选育. 中国蔬菜, (8): 31-32
王恒明, 李颖, 郭汉权, 等. 2010. 早中熟优质辣椒新品种'汇丰2号'. 园艺学报, 37(2): 337-338
肖日新, 陈贻诵, 高芳华. 2007. 辣椒新品种海椒5号的选育.长江蔬菜, (10): 36-37
肖日新, 陈贻诵, 王敏, 等. 2003. 辣椒新品种海椒3号的选育. 中国蔬菜, (2): 28-29
刑永萍, 李春林, 张树根, 等. 2002. 辣椒新品种海丰12号的选育. 中国蔬菜, (2): 26-27
刑永萍, 张树根, 蒋钟仁, 等. 2004. 辣椒新品种海丰28号的选育. 辣椒杂志, (4): 24-26
张海斌, 刘虎, 粟建文, 等. 2003. 辣椒新品种亚华105的选育. 中国蔬菜, (2): 30-31
张海斌, 粟建文, 张章, 等. 2005. 辣椒新品种湘椒37号的选育. 辣椒杂志, (3): 24-26
张海斌, 周清华. 2012. 黄皮尖椒新品种长研206的选育. 辣椒杂志, (4): 6-8
张继仁, 周群初, 邹学校, 等. 1992. 湘椒2号(湘研3号)辣椒的选育. 中国蔬菜,(6): 15-18
张继仁, 周群初, 邹学校, 等. 1993. 杂交辣椒新组合湘研5号的选育与应用.湖南农业科学. (5): 20-21, 32
张继仁. 1979. 湖南辣椒地方品种资源的初步研究. 湖南农业科技, (4): 25-30
张树根, 刑永萍, 李春林, 等. 2003. 辣椒新品种海丰14号的选育. 辣椒杂志, (1): 33-35
张竹青, 邹学校, 周群初, 等. 2004. 辣椒新品种湘椒27号的选育. 广东农业科学, (1): 25-26
邹学校, 戴雄泽, 马艳青, 等. 2004. 湖南辣椒地方品种资源与湘研辣椒品种选育的灰色关联分析.植物遗传资源学报, 5(3): 233-238
邹学校, 马艳青, 陈文超, 等. 2005. 辣椒金. 辣椒净光合速率杂种优势及其稳定性分析.上海农业学报, 21(3): 4-8
邹学校, 马艳青, 刘荣云, 等. 2006. 辣椒净光合速率配合力分析. 中国农业科学, 39(11): 2300-2306
邹学校, 马艳青, 张竹青, 等. 2009. 辣椒净光合速率杂种优势与农艺性状的相关分析. 中国农学通报, 25(07): 188-192
邹学校, 周群初, 戴雄泽, 等. 1999. 辣椒新品种湘研19号的选育. 长江蔬菜, (9): 34-35
邹学校, 周群初, 戴雄泽, 等. 2000. 湘研16号辣椒的选育. 中国蔬菜, (5): 20-21
邹学校, 周群初, 戴雄泽, 等. 2001. 湘研13号辣椒的选育. 长江蔬菜, (9): 38-39
邹学校. 2009. 辣椒遗传育种学. 北京: 科学出版社

Breeding and Utilization of Derived Backbone Parent of Xiangtanchibanjiao

ZHANG Zhuqing, DAI Xiongze, MA Yanqing, LI Xuefeng, CHEN Wenchao, ZOU Xuexiao

(Vegetable Research Institute, Hunan Academy of Agricultural Sciences, Changsha, 410125)

Abstract: This paper summarized the selection process of 8214 which was a derived backbone parent of Xiangtanchibanjiao, and carried out the pedigree analysis. The results showed that 36 pepper cultivars were bred using 8214 directly or indirectly. And then we analyzed the reasons 8214 becoming the backbone parent, which provided references for the creation and utilization of pepper backbone parent.

Key words: Pepper; Xiangtanchibanjiao; Backbone parent; Breeding; Utilization

Seed micromorphology and germination characteristics of wild and cultivated pepper strains*①

Ou Li-jun[1,2,3], Zhang Zhu-qing[1], Dai Xiong-ze[1], Zou Xue-xiao[1]

([1] Vegetable Institution of Hunan Academy of Agricultural Science, Hunan Changsha 410125, China; [2] Key Laboratory of Hunan Province for Study and Utilization of Ethnic Medicinal Plant Resources, Huaihua University, Hunan Huaihua 418008, China; [3] Department of Life Sciences, Huaihua University, Hunan Huaihua 418008, China)

Abstract: To illustrate the effects of domestication on wild pepper, we compared the seed micromorphology and germination characteristics of two wild pepper strains and their corresponding cultivars. The results showed that compared to their corresponding cultivars, wild pepper seeds are significantly smaller, have more groove and ridges on the surface, higher water imbibition rate, higher germination rate and higher α-amylase activity, and digest starch granules faster. The results indicate that the smaller wild seeds are easier to spread; more grooves and ridges on the surface and higher hilum ratio benefit their water imbibition, and rapid decomposition of starch granules and higher α-amylase activity are in favor to germination. By contrast, increased seed size will lead to reduced germination rate and decreased adaptive ability to water environmental change. Thus, seed size is the resulted from natural and artificial selection and whether larger seed of various pepper cultivars are meaningful in evolution is debatable.

Key words: cultivars; germination characteristics; micromorphology; pepper; wild strains

Domestication is defined as he selection of wild plants and animals for adaptation to cultivation and human use. Its process involves the selection of beneficial alleles at a collection of loci underlying yield and quality of the cultivated plants compared to its wild relative. Domestication has promoted morphological divergence and moderate genetic structure between wild and managed populations (Parra et al., 2010). The number of wild strains gradually reduces with the impact of human activities increasing. Although intra-species pollen exchange also causes inbreeding depression (Vecchi-stata et al., 2009), wild strains are more adaptive to the environment than the cultivated strains: they have more active enzymatic metabolism (Steinhauser et al., 2010), more favorable genetic variation (Warner and Walworthrth, 2010; Rick, 1976) to further improve production and enhance ability to resist external stresses (Guo et al., 2010; Sun et al., 2010). Pepper is originated in

* 基金项目：现代农业产业技术体系专项资金资助（CARS-25-A-8）。

① 本文原载 *Plant Syst Evol*，2012，298（6）：1211-1216。

Latin America and one of the plants first domesticated in the Americas (Perry et al., 2007). As an important vegetable and spices, it is planted in many countries. International Board for Plant Genetic Resources (IBPGR) has classified pepper into five subspecies: *Capsicum annuum* L., *Capsicum baccatum* L., *Capsicum chinense* Jacquin, *Capsicum frutescens* L. and *Capsicum pubescens* Ruiz & Pavon. Among them, *Capsicum annuum* L. is the major cultivated strain (Pickersgill, 1997). Decreased application of other pepper cultivars and wild strains has constrained pepper breeding progress (Prince et al., 1995).

Flowering plants reproduce by two ways: seed-mediated sexual reproduction and asexual reproduction through non-genital organs. The former enables plants to reproduce successfully in adverse environments. Seeds have strong vitality; they can spread over long distance, seeding, germinating and developing to seedling. Under the pressure of natural selection, seeds are particularly important for long-term continuation of species. As a reproductive organ, seed is relatively stable. Its morphological features have long been recognized by botanists be of importance in taxonomy (Hooker and Thomson, 1860). In recent years, application of seed external and seed coat micromorphological characteristics have successfully resolved the taxonomic issues of *Scrophulariaceae veronica* L. (Martinez-Ortega and Rico, 2001), Caryophyllaceae (Yildiz, 2002), Brassicaceae (Abdel and Van der Maesen, 2002), *Hyacinthaceae Massonieae* (Pfosser et al., 2003) and *Balsaminaceae Impatiens* L. (Song et al., 2005). Domestication is an evolutionary process in which several characters such as loss of seed dispersal, increase in grain size and synchronous ripening and so on, are adaptively evolved and selected by human beings (Brown et al., 2009; Glémin and Bataillon, 2009). However, whether wild and cultivated strains have identical micromorphological and germination characteristics and whether domestication of wild stains has adverse effects on germination are rarely explored. In this paper, we investigated the seed micromorphology and germination characteristics of pepper cultivars *Capsicum annuum* L. and *Capsicum baccatum* L. and their corresponding wild strains *Capsicum annuum* L. var. *glabriusculum* (Dunal) Heiser & Pickersgill and *Capsicum baccatum* var. *baccatum*, illustrated the alteration trend of seed micromorphological features of wild pepper strains during the process of domestication and clarified the germination differences between the wild and cultivated pepper strains, hoping to provide a theoretical basis for wild strain protection and utilization and for improvement of cultivars' resistance to adversity.

1 Materials and Methods

Materials

Pepper cultivars *Capsicum annuum* L. and *Capsicum baccatum* L. and their corresponding wild strains *Capsicum annuum* L. var. *glabriusculum* and *Capsicum baccatum* var. *baccatum* were come from the United States Department of Agriculture and the Vegetable Institution of Hunan Academy of Agricultural Science. Five germplasms of each strain were selected .

Measurement of seed size

Seed shape, color and size were observed with a stereo microscope. 20 randomly selected mature seeds of each germplasm were used to measure the seed size. Seed morphological terms are defined as follows: shape is that of the largest surface contour of a seed placed on its hilum; its size is expressed as length × width × thickness measured using a caliper; length refers to the maximum distance between the ends of the hilum side and its opposite side; width refers to the largest distance of the straight-line perpendicular to the length axis; thickness refers to the straight-line distance of the third plane perpendicular to width (Musil, 1978); the hilum side is the abdomen and its opposite side is the back; and the two sides perpendicular to the abdomen and back are lateral sides. Micromorphological characterization was described according to Anderberg (1994).

Seed water imbibition

Seed water imbibition was measured based on the method described previously by He et al., (2008) with slight modification. 100 fully developed seeds of each germplasm were immersed in distilled water at 25℃ and their weight was measured every 1h until reaching constant. The measurement was repeated three times.

Amylase activity assay

Total amylase activity was measured following the method of Bernfeld (1955). Seedlings were harvested for enzyme extraction using 0.02M $NaHxPO_4$ buffer at pH 6.9 with 0.006M NaCl and the crude extract was used in the assay. Starch was first converted to maltose as catalyzed by amylase. The maltose produced was made to react with 3,5-dinitrosalicylic acid, forming a coloured product with maximum absorption at 540nm when reduced. The activity was obtained by comparing the absorption values to that of a standard curve established with increased amounts of maltose and expressed in units per milligram protein. One unit of amylase activity is defined as mmoles maltose produced per minute and specific activity is expressed in terms of units per mg protein. Protein content was determined using a kit from Nanjing Jiancheng Corp.

Light microscopy

Seeds were fixed in FAA solution (37% formalin：glacial acetic acid：50% ethanol = 5：5：90). The samples were initially infiltrated with a vacuum at room temperature for 2h and then preserved in FAA at room temperature. Samples were pre-stained with Ehrlichs haematoxylin, dehydrated in a graded ethanol series, embedded in paraffin, and then sectioned (8mm in thickness) using a rotary microtome (Leica RM2016; Leica Microsystems, Germany). All sections were photographed using an Olympus BH60microscope equipped with charge-coupled device.

2 Results

2.1 Seed size and surface micromorphology

The seeds of the cultivated pepper strains *Capsicum annuum* L. and *Capsicum baccatum* L. and wild strain *Capsicum annuum* var. *glabriusculum* and *Capsicum baccatum* var. *baccatum* are flat and nearly circular, while that of the wild strain *Capsicum annuum* var. *glabriusculum* is slightly irregular. All seeds are light yellow and have light luster. In addition, the seeds of cultivated strains *Capsicum annuum* L. and *Capsicum baccatum* L. are significantly larger than their corresponding wild strain *Capsicum annuum* var. glabriusculum and *Capsicum baccatum* var. *baccatum* (Table 1). Microscopic examination at high magnification found that the seeds of *Capsicum annuum* L. and *Capsicum baccatum* L. are smooth and do not have obvious concave and convex. By contrast, the seeds of wild strains *Capsicum annuum* var. *glabriusculum* and *Capsicum baccatum* var. *baccatum* have dense, tumor-like particles on their surface and obvious groove and ridge (Fig. 1). Moreover, cultivated strains obviously have different hilum shape and volume to their wild counterparts. The former have long cylindrical hilum and smaller hilum ratio, while the latter have bulb-like shaped hilum and greater hilum ratio (Table 1).

Table 1 Seed and spinal size of peppers

Index		*Capsicum annuum* L.	*Capsicum annuum* var. *glabriusculum*	*Capsicum baccatum* L.	*Capsicum baccatum* var. *baccatum*
	Seed	4.350±0.180A	2.904±0.212B	4.244±0.258A	3.214±0.207B
Length	Hilum	2.823±0.351	2.066±0.345	2.302±0.496	2.044±0.141
	Ratio between hilum and seed	0.6489	0.7114	0.5424	0.6359
	Seed	3.626±0.180A	2.147±0.114B	3.236±0.115A	2.624±0.111B
Width	Hilum	0.989±0.194	1.002±0.156	1.064±0.167	0.952±0.122
	Ratio between ilum and seed	0.2727	0.4666	0.3288	36.28
	Seed	1.030±0.230A	0.878±0.145B	1.096±0.119A	0.990±0.114B
Thickness	Spinal	—	—	—	—
	Ratio between hilum and seed	—	—	—	—

2.2 Seed water imbibition rate

All seeds have fast water imbibition rate during the first 1h. However, the water imbibition rate of the cultivated strains *Capsicum annuum* L. and *Capsicum baccatum* L. is significantly slower than that of their wild counterparts, which was only 42.3% and 39.5% for *Capsicum annuum* L. and *Capsicum baccatum* L., respectively, and 55.1% and 48.7% for *Capsicum annuum* var. *glabriusculum* and *Capsicum baccatum* var. *baccatum*, respectively. In addition, *Capsicum annuum* var. *glabriusculum* and *Capsicum baccatum* var. *baccatum* reached water saturation in the first 7h and 6h, respectively, while *Capsicum annuum* L. and *Capsicum baccatum* L. reached water saturation in 10h and 9h, respectively. The overall imbibition rate for wild strains *Capsicum annuum* var. *glabriusculum* and *Capsicum baccatum* var. *baccatum* was significantly greater than that of their counterparts *Capsicum annuum* L. and *Capsicum baccatum* L., which was 75.9% and 64.7% for *Capsicum annuum* var. *glabriusculum* and *Capsicum baccatum* var. *baccatum*, respectively, and 57.7% and 54.2% for their corresponding cultivars, respectively (Table 2).

2.3 Seed germination

Protein is one of the important hydrophilic materials in seed dry matters. Pepper seed has relatively high storage protein content, which is between 15% and 25%. The seed protein contents of *Capsicum annuum* L. and *Capsicum baccatum* L. was 5% lower than that of their wild counterparts in average (Fig. 1a). In addition, the seed germination rates of the cultivated *Capsicum annuum* L. and *Capsicum baccatum* L. was significantly slower than that of their wild counterparts *Capsicum annuum* var. *glabriusculum* and *Capsicum baccatum* var. *baccatum*, by 23.08% and 16.67%, respectively (Fig. 1b).

Table 2 Water absorption rate of peppers

Materials	Imbibition time (h) and rate (%)								Total water imbibition (%)
	1	2	4	6	7	8	9	10	
Capsicum annuum L.	42.3±2.3	4.2±0.8	2.3±0.3	1.1±0.1	1.3±0.1	1.4±0.1	1.2±0.0	0	57.7
Capsicum annuum var. *glabriusculum*	55.1±3.1	8.8±1.2	3.7±0.5	2.3±0.1	0	0	0	0	75.9
Capsicum baccatum L	39.5±1.8	4.1±0.7	2.2±0.2	1.2±0.1	1.5±0.1	2.7±0.1	0	0	54.2
Capsicum baccatum var. *baccatum*	48.7±2.4	6.4±0.5	3.6±0.4	0	0	0	0	0	64.7

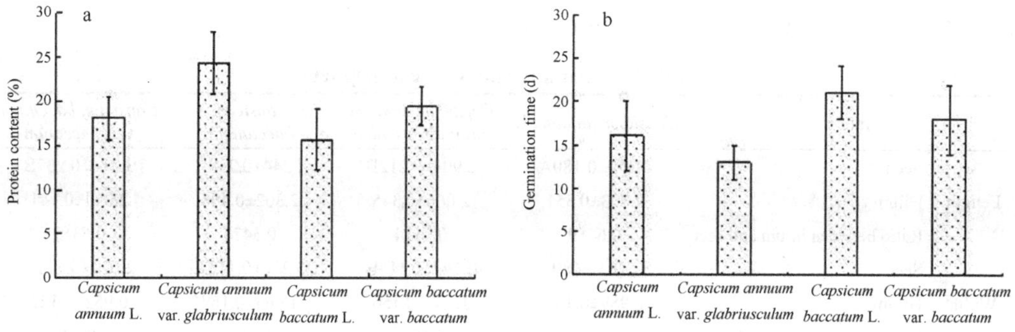

Fig. 1 Protein content (a) and germination time (b) of peppers

2.4 α-amylase activity and starch

During germination process, seed α-amylase activity of the four pepper strains changes in a similar trend. α-amylase activity was higher in dry seeds and began to decline and then slowly increased during germination, reaching significance at the 9th day of germination. This trend reflects the inherent metabolic laws of α-amylase in the embryo. The embryonic α-amylase is stored in dry seed during embryo maturation. The initial seed germination is a physical swelling process, during which the embryonic α-amylase is activated and transported into endosperm to catalytically hydrolyze starch stored in endosperm. Correspondingly, the embryonic α-amylase protein content is reduced and its activity is declined. After this process, cells begin to synthesize α-amylase protein, resulting in the increasedα-amylase activity during the later germination. The higher α-amylase activity in the wild strains is corresponded to their higher germination rate (Fig. 2).

The number of starch granules of the cultivated strains during water imbibition in single cell after 2h water imbibition is higher than that of the wild strains (Fig. 3a). However, their volume after 5h water imbibition was increased in cultivated *Capsicum annuum* L. and *Capsicum baccatum* L., but decreased in wild strain *Capsicum annuum* var. *glabriusculum* and *Capsicum baccatum* var. *baccatum* although their number was increased, indicating the large starch granules of wild strains were broken down into smaller starch granules (Fig. 3b). After 8h water imbibition, the number of the starch granules of the cultivated strains increased while their volume was decreased. By comparison, the number of starch granules of wild strains reduced significantly (Fig. 3c). These different changes in the starch granules between the cultivated strains and their wild counterparts during germination process shows that compared to their cultivated counterparts, the germination of wild strains starts earlier, α-amylase activation is faster and starch granules decompose more rapidly, promoting energy release and germination.

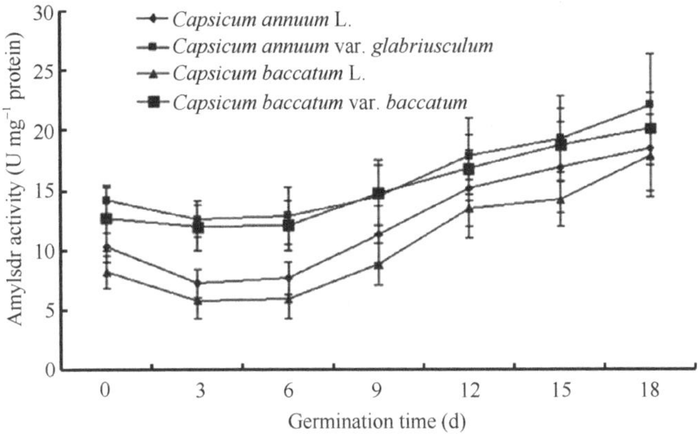

Fig. 2 Amylase activity of peppers

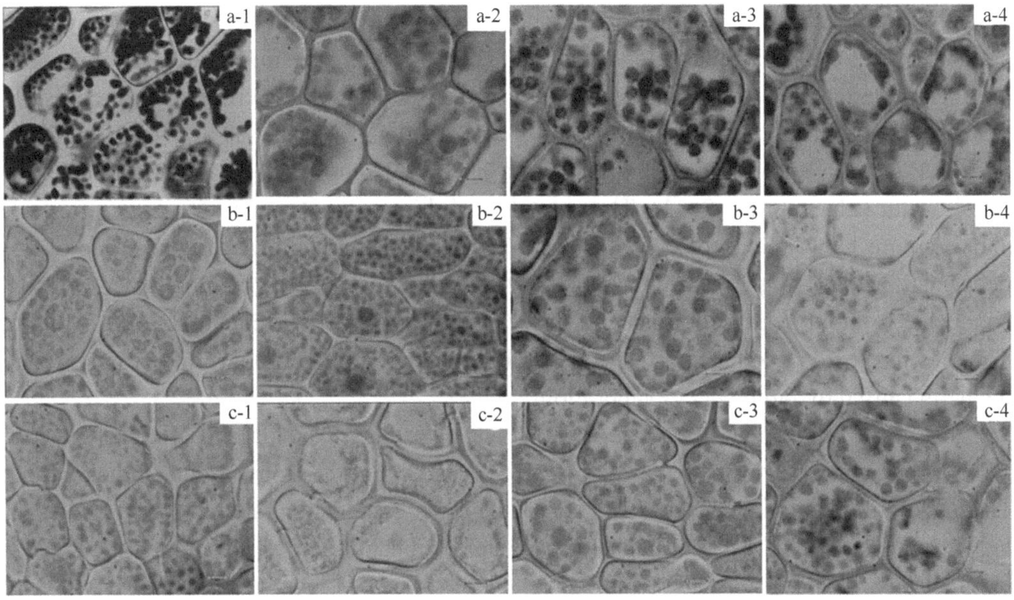

Fig. 3 Starch of *Capsicum annuum* L. (1), *Capsicum annuum* var. *glabriusculum* (2), *Capsicum baccatum* L (3) and *Capsicum baccatum* var. *baccatum* (4) at germination stages (a –2h, b – 5h, c – 8h). *Scale bars*: 1μm

3 Discussion

In plant life cycle, seed size is an important selection focus and related to its distribution, germination, seedling settlement and population distribution pattern (Harper et al., 1970). Among the plant traits, seed size is very important and a core feature of plant life cycle (Westoby et al., 1992). Some genes are involved in seed domestication during the domestication process and the wild plants have higher levels of nucleotide diversity than the cultivated. (Konishi et al., 2006; Sugimoto et al., 2010; Zhu et al., 2011). Seed size variation among species is considered to be a central issue (Silvertown, 1989a) and the result of stable natural selection of evolutionary trade-off between seed size and number (Haig, 1989), while some researcher believe that seed size is a selection-determined developmental pathway rather than a steady selection process and just a limitation for species distribution rather than adaption (Silvertown, 1989b). Seed size is a quantitative trait associated with other traits. Some studies found that seed size is positively correlated with life span (Baker, 1972, Silvertown, 1981) and negatively correlated with seedling growth rate (Soriano et al., 2011). However, other studies showed no such a correlation (Thompson, 1984). In this paper, we found that the cultivated strains have significantly larger seed size, smaller hilum ratio and reduced water imbibition rate and germination rate than their wild counterpart. In addition, cultivated strains have smooth surface, unobvious groove and ridge, while their wild counterparts had dense, tumor-like particles on their surface and obvious groove and ridge, Moreover, the water imbibition rate and germination rate are negatively correlated with seed size, consistent with the previous report of Soriano et al. (2011).

Starch is the main storage substance of crop seeds and mainly presents in the form of granules. The presence of α-amylase in seed guarantees the rapid start of matter and energy metabolism in the early stage of germination, providing carbon skeletons for protein synthesis and substrate for ATP synthesis, and is one of the important physiological bases for smooth seed germination and seedling growth domination. During the germination process, the diameter of starch granules becomes smaller and smaller (Li et al., 2010). Seeds with high germination ratio and faster germination rate have higher α-amylase activity and degrade starch faster (Zhang et al., 2011). Those seeds with higher amylase activity germinate faster and are more likely to survive (Ismail et al., 2009). This study shows that the seeds of wild pepper strain have higher α-amylase activity and degrade starch granules faster, which is conducive to rapid germination and in line with their origin environment of Latin America. The seed has to adapt to the short period of rainfall and rapidly germinate and grow to reduce the harm caused by rapid water evaporation.

This paper argues that seed size is the result of natural selection and artificial selection. Wild pepper strains have smaller, easy to spread seeds with multi-groove ridge on their surface. The higher hilum ratio help seed absorb water; the faster degradation rate of starch granules and higher α-amylase activity are in favor to speed up germination, grow and shorten the breeding cycle, all of which are consistent with the results of studies on legume seeds (Raveneau et al., 2011). By contrast, cultivated strains, due to artificial selection and intervention, are not sensitive to environmental changes; their seeds become larger and smoother, starch degradation rate and α-amylase activity are relatively low, resulting in slower water imbibition and seed germination rates. Whether these changes are evolutionary meaningful is under debate because these changes will lead to reduced adaptive ability to environment. If suddenly encounter a large climate change and lack of artificial interference protection, they will have adverse consequences. Thus, with wild strain resources increasingly scarce and the use of cultivars gradually increasing, it is necessary to "exercise" the cultivar seeds to enhance their resistance to adverse environments, especially to sudden adverse environment.

References

Abdel K K, Van der Maesen L J G. 2002. Seed morphology of some tribes of Brassicaceae (implications for

taxonomy and species identification for the flora of Egypt). Blumea, 47: 363-383.
Anderberg A L. 1994. Atlas of seeds and small fruits of Northwest-European plant species with morphological Descriptions. Stockholm, Swedish Museum of Natural History.
Baker H G. 1994. Seed weight in relation to environmental conditions in *California*. Ecology, 53: 997-1010.
Bernfeld P. 1955. Amylases, alpha and beta. Methods Enzymol, 1: 149-152.
Brown T A, Jones M K, Powell W, Allaby R G. 2009. The complex origins of domesticated crops in the fertile crescent. Trends Ecol Evol, 24: 103-109.
Glémin S, Bataillon T. 2009. A comparative view of the evolution of grasses under domestication. New Phytol, 183: 273-290.
Guo J, Wang Y S, Song C, et al. 2010. A single origin and moderate bottleneck during domestication of soybean (*Glycine max*): implications from microsatellites and nucleotide sequences. Ann Bot, 106: 505-514.
Haig D. 1989. Seed size and adaptation. Trends Ecol Evol, 4: 145-145.
Harper J L, Lovell P H, Moore K G. 1970. The shapes and sizes of seeds. Annu Rev Ecol Syst, 1: 327-356.
He H, Yan L, Zhen B. 2008. Study on morphological structure and germination character of five desert plant. J Arid L Res Environ, 22: 184-188.
Hooker J D, Thomsom T. 1860. Praecursores adfloram Indicam : being sketches of the natural families of Indian plants, with remarks on their distribution, structure, and affinities. J Linn Soc, 4: 106-157.
Ismail A M, Ella E S, Vergara G V, et al. 2009. Mechanisms associated with tolerance to flooding during germination and early seedling growth in rice (*Oryza sativa*). Ann Bot, 103: 197-209.
Konishi S, Izawa T, Lin SY, et al. 2006. An SNP caused loss of seed shattering during rice domestication. Science, 312: 1392-1396.
Li C Y, Lu Z X, Li C, et al. 2010. Comparisons on morphology and susceptibilities to enzymes of starch granules in *Triticale*, Wheat and Rye. J Triti Crop, 30: 520-525.
Martinez-Ortega M M, Rico E. 2001. Seed morphology and its systematic significance in some Veronica species (Scrophulariaceae) mainly from the Western Mediterranean. Plant Syst Evol, 228: 15-32.
Musil A F. 1978. Identification of crop and weed seeds[M]. Washington, DC.: Agricultural Marketing Service, U.S. Department of Agriculture, 1: 66-67.
Parra F, Casas A, Peñaloza-Ramírez J M, et al. 2010. Evolution under domestication: ongoing artificial selection and divergence of wild and managed *Stenocereus pruinosus* (Cactaceae) populations in the Tehuacán Valley, Mexico. Ann Bot, 106: 483-496.
Perry L, Dickau R, Zarrillo S, et al. 2007. Starch fossils and the domestication and dispersal of chili peppers (*Capsicum* spp. L.) in the Americas. Science, 315: 986-988.
Pfosser M, Wetschnig W, Ungar S, et al. 2003. Phylogenetic relationships among genera of Massonieae (Hyacinthaceae) inferred from plastid DNA and seed morphology. J Plant Res, 116: 115-132.
Pickersgill B. 1997. Genetic resources and breeding of *Capsicum* spp. Euphytica, 96: 129-133.
Prince J P, Lackney V K, Angeles C, et al. 1995. A survey of DNA polymorphism within the genus *Capsicum* and the fingerprinting of pepper cultivars. Genome, 38: 224-231.
Raveneau M P, Coste F, Moreau-Valancogne P, et al. 2011. Pea and bean germination and seedling responses to temperature and water potential. Seed Sci Res, 21: 205-213.
Rick C M. 1976. Natural variability in wild species of *Lycopersicon* and its bearing on tomato breeding. Gene Agrar, 30: 249-259.
Silvertown J W. 1981. Seed size, life span and germination data as co- adapted features of plant life history. Am Nat, 118: 860-864.
Silvertown J. 1989. Reply from Silvertown. Trends Ecol Evol, 4: 145-146.
Silvertown J. 1989. The paradox of seed size and adaptation. Trends Ecol Evol, 4: 24-26.
Song Y, Yuan Y M, Küpfer P. 2005. Seedcoat micromorphology of Impatiens (Balsaminaceae) from China. Bot J Linn Soc, 149:195-208.
Soriano D, Orozco-Segovia A, Márquez-Guzmán J, et al. 2011. Seed reserve composition in 19 tree species of a tropical deciduous forest in Mexico and its relationship to seed germination and seedling growth. Ann

Bot, 107: 939-951.

Steinhauser M C, Steinhauser D, Koehl K, et al. 2010. Enzyme activity profiles during fruit development in tomato cultivars and *solanum pennellii*. Plant Physiol, 153: 80-98.

Sugimoto K, Takeuchi Y, Ebana K, et al. 2010. Molecular cloning of *Sdr4*, a regulator involved in seed dormancy and domestication of rice. PNAS, 107: 5792-5797

Sun W, Xu X N, Zhu H S, et al. 2010. Comparative transcriptomic profiling of a salt-tolerant wild tomato species and a salt-sensitive tomato cultivar. Plant Cell Physiol, 51: 997-1006.

Thompson K. 1984. Why biennials are not as few as they ought to be. Am Nat, 123: 854-861.

Vecchi-stata M D, Laucou V, Bruno G, et al. 2009. Low level of pollen-mediated gene flow from cultivated to wild grapevine: consequences for the evolution of the endangered subspecies *Vitis vinifera* L. subsp. *silvestris*. J Hered, 100: 66-75.

Warner R M, Walworthrth A E. 2010. Quantitative inheritance of crop timing traits in interspecific hybrid petunia populations and interactions with crop quality parameters. J Hered, 101: 308-316.

Westoby M, Jurado E, Leishman M. 1992. Comparative evolutionary ecology of seed sizes. Trends Ecol Evol, 7: 368-372.

Yildiz K. 2002. Seed morphology of Caryophyllaceae species from Turkey (North Anatolia). Pak J Bot, 34: 161-171.

Zhang F L, Yang Z R, Hao L Z. 2011. Effect of light on physiological and biochemical indexes of *Pugionium cornutum* (L.) Gaertn seeds in germination. Plant Physiol J, 47: 625-629.

Zhu B F, Si L Z, Wang Z X, et al. 2011. Genetic control of a transition from black to straw-white seed hull in rice domestication. Plant Physiol, 155: 1301-1311.

辣椒野生和栽培种子微形态及萌发特性比较

欧立军[1,2,3]，张竹青[1]，戴雄泽[1]，邹学校[1]

（[1]湖南省农科院蔬菜研究所 湖南长沙 410125；
[2]民族药用植物资源研究与利用湖南省重点实验室，湖南怀化 418008；
[3]怀化学院生命科学系，湖南怀化 418008）

摘要：为阐明人工驯化对辣椒野生种种子的影响，对2个辣椒野生种和相应的栽培种进行种子微形态和萌发特性比较。结果发现，野生种种子明显小于栽培种，其表面多沟脊，吸水速率和萌发速率高于栽培种；野生种的α-淀粉酶活性较高，淀粉粒分解较快。结果认为，野生种种子偏小，方便传播；表面多沟脊、种脐比例大有利于种子吸水；较快的淀粉粒分解和较高的α-淀粉酶活性加快种子萌发。结果表明，种子大小是自然选择和人工选择的结果，辣椒栽培种种子变大在进化上是否有意义是一个值得商榷的问题，种子变大将导致萌发速率和对水环境变化的适应能力降低。

关键词：辣椒种子；野生种；栽培种；微形态；萌发特性

Photooxidation tolerance characters of a new purple pepper*①

Ou Li-jun[1,2,3], Zhang Zhu-qing[1], Dai Xiong-ze[1], Zou Xue-xiao[1]

([1] Vegetable Institution of Hunan Academy of Agricultural Science, Hunan Changsha 410125, China; [2] Key Laboratory of Hunan Province for Study and Utilization of Ethnic Medicinal Plant Resources, Huaihua University, Hunan Huaihua 418008, China; [3] Department of Life Sciences, Huaihua University, Hunan Huaihua 418008, China)

Abstract: Huai Zi (HZ) is a new purple mutant of green pepper (PI 631133) that is obtained from the United States Department of Agriculture. The net photosynthetic rate (P_N), chlorophyll fluorescence parameters, antioxidant substances, antioxidant enzymes, photosystem 1 (PS1) and PS2 activities were studied through methyl viologen(MV) treatment. The results showed that the P_N, actual photochemical efficiency of PS2(ΦPS2), photochemical quenching coefficient (q_P), PS1 and PS2 activities in HZ were lower than those in green pepper. HZ had a stronger ability to eliminate reactive oxygen species($O_2^{\bullet-}$) and accumulated less malondialdehyde (MDA) (a membrane lipid peroxidation product) than did green pepper, and had a higher content of antioxidants and antioxidant enzyme activity. This suggests that the lower light energy absorption and higher thermal dissipation and antioxidant activity of HZ contributed to a more stable PS2 photosynthetic capacity, which resulted in photooxidation tolerance. Hence, our study strongly suggests that pepper hybrids can achieve a modest ratio of chlorophyll and anthocyanin content, high P_N and resistance to photooxidation, improving yield and resistance to adverse environments.

Key words: pepper; purple pepper; photooxidation

Plants might experience photooxidation under natural conditions (Anderson et al., 1997; Li et al., 2004; Murchie et al., 1999), directly limiting photosynthetic productivity (Millaleo et al., 2013; Ögren and Rosenqvist, 1992) and resulting in decreased yields. The photosynthetic organs have developed photoprotective mechanisms to minimize potential damage caused by light. These mechanisms include the reduction of the direct absorption of light energy by changes in the blade angle, chloroplast movements and waxy layer thickness, protection through state transitions, cyclic electron transport, D1 protein turnover, antioxidant molecules and enzyme systems, and consumption of heat energy through non-radiative dissipation (Niyogi, 1999). The first defence mechanism consists of the physiological characteristics that confer long-term protection, while the second line of defense is the immediate photoinhibition

* 基金项目：现代农业产业技术体系专项资金资助(CARS-25-A-8)。

① 本文原载 *PLoS One*，2013, 8(5): e63593。

responses that provide effective protection in the short term. The synergies of the different protection mechanisms reduce the damage caused by photoinhibition. Therefore, studying the physiological basis of tolerance to high irradiance is an important strategy for obtaining stable, high yielding varieties.

Green pepper has poor tolerance to high temperature and strong light (Li et al., 2005; Wu et al., 2001). Thermophilic vegetable production often happens when sudden stresses such as high temperature or strong light at noon generate new resistant varieties (Gao et al., 2009). Purple pepper is a rare pepper (Teng et al., 1997) that owes its colour to anthocyanin synthesis and accumulation. Some studies have shown that purple pepper has good resistance to stress and disease, and at the same time, the purple colour serves as an early trait marker in pepper hybrids to improve the efficiency of breeding selection (Bahler et al., 1991; Sui et al., 2004, 2005a). Anthocyanins have significant antioxidant effects (Solecka, 1997; Bovy et al., 2007). Purple peppers are mainly selected by artificial breeding (Dong et al., 2007; Zhang et al., 2005).

HZ is a natural purple mutant that was selected from green pepper; its most important characteristic is its permanent purple colour. In this paper, the purple pepper mutant was used to study photooxidation tolerance by measuring the photosynthetic characteristics, enzymatic activity and photooxidation products. This study provides a theoretical basis to select varieties with high photosynthetic efficiency and suitable for cultivation under high temperature and strong summer irradiance conditions.

1 Materials and methods

Plants: HZ, a purple mutant of green pepper (PI 631133), was obtained from the United States Department of Agriculture. Wild type pepper was used as a control. The plants were grown using standard amounts of fertilizer and water.

Photooxidative treatment: The method of Lin et al. (1999) was adopted to generate photooxidative stress in leaves in mid-August (flowering stage). The upper surface of intact leaves was smeared with an oxidative reagent containing 1.5mmol/L MV and 1% *V/V* tween-80 for five consecutive days. Distilled water containing 1% *V/V* tween-80 was used as a control.

Pigment analysis: Anthocyanin content was measured according to Sui et al. (2009) and contents of chlorophyll (Chl) a and b, carotenoids and carotene (Car) were determined by the method of Arnon (1949).

Gas exchange: The method of Yong et al. (2007) was determined them during 09:00~11:00 (Beijing time) in mid-August (flowering stage) using Li-6400 (*Li-Cor*, USA). For determining the response to irradiance, P_N was measured at photosynthetic photon flux density (PPFD) of 2000μmol/(m^2·s), 1800μmol/(m^2·s), 1600μmol/(m^2·s), 1400μmol/(m^2·s), 1200μmol/(m^2·s), 1000μmol/(m^2·s), 800μmol/(m^2·s), 600μmol/(m^2·s), 400μmol/(m^2·s), 200μmol/(m^2·s), 100μmol/(m^2·s), 50μmol/(m^2·s), 25μmol/(m^2·s), and 0μmol/(m^2·s) in turn from a *Li-Cor* LED irradiation source. CO_2 concentration was kept at 400μmol/mol with *Li-Cor* CO_2 injection system. Leaf temperature was 30℃. Light compensation point (LCP), Light saturation point (LSP) and apparent quantum yield (AQY) were determined by the method of Sui et al. (2005b).

Chlorophyll (Chl) fluorescence kinetics: They were measured according to Li et al. (2007): The minimal initial fluorescence (F_o) and maximal fluorescence (F_m) were determined after dark adaptation for 20min. Then minimal fluorescence (F_o') and maximal fluorescence under light (F_m') were measured after a 1h irradiation. Other fluorescence parameters were calculated according to Genty et al. (1989): $q_P = (F_m' - F_s)/(F_m' - F_o')$; $q_N = (F_m - F_m')/ (F_m - F_o)$; $\Phi_{PS2} = (F_m' - F_s)/F_m'$. All these parameters were measured using *Li 6400*.

ASA and GSH measurements: Leaves were ground in 3mL of 5% trichloroacetic acid (TCA) and centrifuged for 10min at 15,500 ×*g*. The supernatant was adjusted to 3mL. ASA was assayed according to Tanaka et al. (1985). In brief, 0.8mL of 150mmol/L NaH_2PO_4 (pH 7.4) was added to 0.4mL of sample, and 0.8mL of 10% TCA, 0.8mL of 44% phosphate, 0.8mL of 4% bipyridine and 0.4mL of 3% $FeCl_3$ were added to the solution. After incubating at 37℃ for 1h, ASA was determined by reading the absorbance at 265nm, based on the standard curve. GSH was assayed according to Ellman (1959). In brief, 2.6mL of 150mmol/L NaH_2PO_4 (pH 7.7) and 1.2mL of 5,5-dithio-bis (2-nitrobenzoic acid) (DTNB) were added to a 0.2mL sample. After incubating at 30℃ for 5min, GHS was determined by reading the absorbance at 412nm, based on the standard curve obtained using phosphate buffer instead of DTNB as a control.

Assays of SOD and POD activities: The SOD and POD activities were assayed according to García-Limones et al. (2002). In brief, 1g of vein-free leaves was homogenized in ice-cold 50mmol/L phosphate buffer (pH 7.8) containing 1.0mmol/L EDTA. The homogenate was centrifuged at 15,000 ×*g* for 10min at 4℃. The supernatant was used to measure the activities. APX activities were determined in the presence of 0.5mmol/L ascorbic acid and 0.5mmol/L H_2O_2 by monitoring the decrease in absorbance at 290nm. CAT activities were determined spectrophotometrically by monitoring the decrease in absorbance at 240nm. SOD activities were assayed by measuring the inhibition of the photochemical reduction of nitro-blue tetrazolium. Analysis of guaiacol POD capacity was based on the oxidation of guaiacol, using hydrogen peroxide. The reaction mixture contained 2.5mL of 50 mmol/L potassium phosphate buffer (pH 6.1), 1mL of 1% hydrogen peroxide, 1mL of 1% guaiacol and 10~20 μL of enzyme extract. The increase in absorbance was read at 420nm.

Determination of $O_2^{\cdot -}$:The method of Wang and Luo (1990) was applied. Leaf segments (about 5g fresh mass) were homogenized using a cold pestle and mortar with acid-washed quartz sand in 65mmol/L phosphate buffer (pH 7.8). The homogenate was filtered through four layers of gauze. The filtrate was centrifuged at 5000 ×*g* for 10min at 4℃. Then, 0.9mL of phosphate buffer and 0.1mL of 10mmol/L hydroxylamine hydrochloride were added to the supernatant. The mixture was incubated at 25℃ for 20min. Then, 0.5mL of the incubated mixture was added to 0.5mL of 17mmol/L sulfanilic acid, and kept at 25℃ for 20min. The developing solution was shaken with an equal volume of n-butanol and subsequently separated into two phases. The n-butanol phase was taken out and measured at 530nm. Phosphate buffer without sample was used as a control. For samples containing large amounts of chlorophyll, ethyl ether replaced n-butanol and the mixture was centrifuged at 1500 ×*g* for 5min. The absorbance of the water phase was measured at 530nm. $O_2^{\cdot -}$ production was calculated from the standard curve of the developing NO_2^- reaction, using the formula: $O_2^{\cdot -}$ production rate= $O_2^{\cdot -}$

production / reaction time × amount of protein [mmol($O_2^{\cdot-}$)/(mg(protein) ·min)].

MDA content: The content of MDA was determined using the method described by Hodges et al. (1999). In brief, 0.5g of vein-free leaves were ground in 5mL of 10% trichloroacetic acid (TCA) solution. The homogenate was centrifuged at 4000 ×*g* for 10min and 2mL of the supernatant (2mL H_2O as a control) was mixed with 2mL of 0.6% thiobarbituric acid (TBA). The mixture was heated at 100℃ for 15min, cooled and then centrifuged at 10,000 ×*g* for 5min. The absorbance was recorded at 600,532 and 450nm and the content of MDA (μmol/g) was calculated with the following formula: [MDA (μmol/L)]= $6.45(A_{532}–A_{600})–0.56A_{450}$.

PS2 activity: The PS2 activity of isolated thylakoids was measured with a polarographic oxygen electrode, as described by Shyam and Sane (1990). The reaction mixture contained 50mmol/L Tricine-KOH (pH 7.0), 5mmol/L $MgC1_2$, 1mmol/L $K_3Fe(CN)_6$, 10μmol/L 2,5-dibromo-3-methyl- 6-isopropyl β-benzoquinone (DBMIB), and chloroplast suspension at a final concentration of 5g Chl/m^3.

PS1 activity: The isolation of intact chloroplasts and measurement of PS1 activity with an oxygen electrode were described previously. The reaction mixture contained 50mmol/L Tris-HC1 (pH 7.8), 10mmol/L NaCl, 50mmol/L NH_4Cl, 20μmol/L DCIP, 50μmol/L MV, 10μmol/L DCMU, and chloroplast suspension equivalent to 50mg of Chl.

Statistical analysis: Significances were tested by one-way or two-way ANOVA, and the results are expressed as the mean values ± SD of nine independent experiments.

2 Results

Pigments

HZ had 10.4 times the anthocyanin content of green pepper. Under normal conditions, the contents of Chl *a* and *b* and Car in HZ were slightly lower than those in green pepper, while the content of Chl *a*/*b* was higher than that of the control. Under photooxidation stress, the contents of photosynthetic pigments and Chl *a*/*b* in the peppers decreased, but HZ experienced a significantly lower decrease than that observed in green pepper (Table 1).

Table 1 Pigment content [g/kg(DM)] in pepper. Chl – chlorophyll. *t*-test significance at 0.01 and 0.05 levels, respectively.

pigment	Chl *a*			Chl *b*			Chl *a*/*b*		
	Control	Treatment	-%	Control	Treatment	-%	Control	Treatment	-%
HZ	8.93±0.58	5.45±0.24	38.97	2.41±0.11	1.54±0.14	36.01	3.71	3.55	4.31
WT	9.31±0.42	4.78±0.36	48.66	2.89±0.23	0.92±0.09	68.17	3.22	3.14	2.54

Note: HZ– the mutant of purple pepper; WT– the wild pepper of green pepper (PI631133). Values are means ± SE (*n*=9).

Gas exchange

The P_N of the peppers tended to increase and peaked with irradiance strength. The highest P_N of HZ was higher than that of green pepper under normal conditions (Fig.1A). Under photooxidation treatment, P_N decreased, but the decrease seen in HZ was lower than that seen in the wild type (Fig. 1B). The LCP and LSP of HZ were significantly higher than those of green pepper, while its AQY was significantly lower than that of green pepper (Table 2).

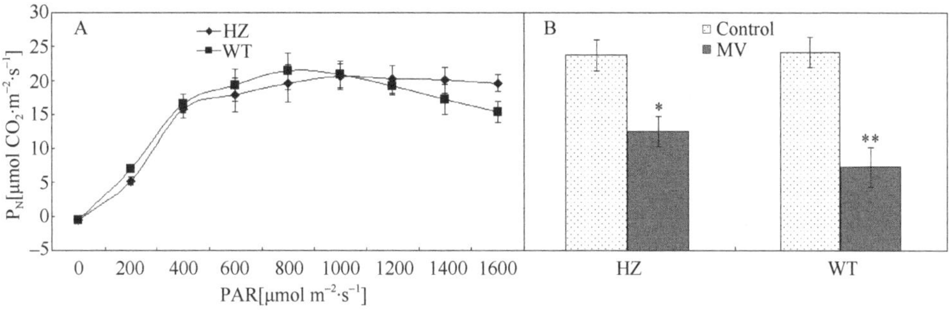

Fig. 1 Photosynthetic rate (P_N) under different irradiances (A) and treatment with MV (B) of different pepper. *t*-test significance at 0.01and 0.05 levels, respectively.

Note: HZ – the mutant of purple pepper; WT – the wild pepper of green pepper (PI631133); MV – methyl viologen. Values are means ± SE (n=9).

Table 2 Light compensation point(LCP), light saturation point(LSP), photosynthetic rate at light saturation point(PR_{LS}) and apparent quantum yield(AQY)of pepper, *t*-test significance at 0.01and 0.05 levels, respectively.

	LCP/[μmol/(m^2·s)]	LSP/[μmol/(m^2·s)]	PR_{LS}/[μmol/(m^2·s)]	AQY/(mol/mol)
HZ	21.83±0.58	1112.48±21.12	28.01±4.11	0.0566±0.0009
WT	11.31±0.42	947.45±11.21	21.09±3.23	0.1096±0.0011

Note: HZ– the mutant of purple pepper; WT– the wild pepper of green pepper (PI631133). Values are means ± SE (n=9).

Chl fluorescence

Fluorescence analysis of chlorophyll showed that photooxidation stress had significant impact on PS2. optimal/maximal photochemical efficiency of PSII in the dark (F_v/F_m), quantum efficiency of PSII photochemistry (*Φ*PS2) and photochemical quenching coefficient (q_P) decreased significantly. The decreases of F_v/F_m, q_P and *Φ*PS2 in HZ were 11.75%, 27.27% and 37.68%, respectively, and were significantly lower than the decreases observed in green pepper (Table 3).

Table 3 Chlorophyll fluorescence kinetic after photooxidation treatment. *t*-test significance at 0.01and 0.05 levels, respectively.

pigment	Fv/Fm			qP			ΦPSII		
	Control	Treatment	-%	Control	Treatment	-%	Control	Treatment	-%
HZ	0.825±0.07	0.728±0.08	11.75	0.583±0.01	0.424±0.01	27.27	0.406±0.006	0.253±0.006	37.68
WT	0.831±0.07	0.610±0.06	26.59	0.608±0.01	0.360±0.01	40.78	0.443±0.007	0.214±0.004	51.69

Note: HZ– the mutant of purple pepper; WT– the wild pepper of green pepper (PI631133); Fv/Fm - optimal/maximal photochemical efficiency of PSII in the dark; q_P – photochemical; ΦPS2 – actual photochemical efficiency of PS2quenching coefficient. Values are means ± SE (n=9).

Photooxidation products

The production rate of $O_2^{\bullet-}$ and the content of MDA significantly increased after photooxidation treatment (Fig. 2A, B). For HZ, the increases in the production rate of $O_2^{\bullet-}$ and the content of MDA were 57.46% and 93.76%, respectively, while for green pepper they were 89.28% and 159.26%, respectively, indicating that the clearance rate of photooxidation products in purple pepper was larger than that in in green pepper.

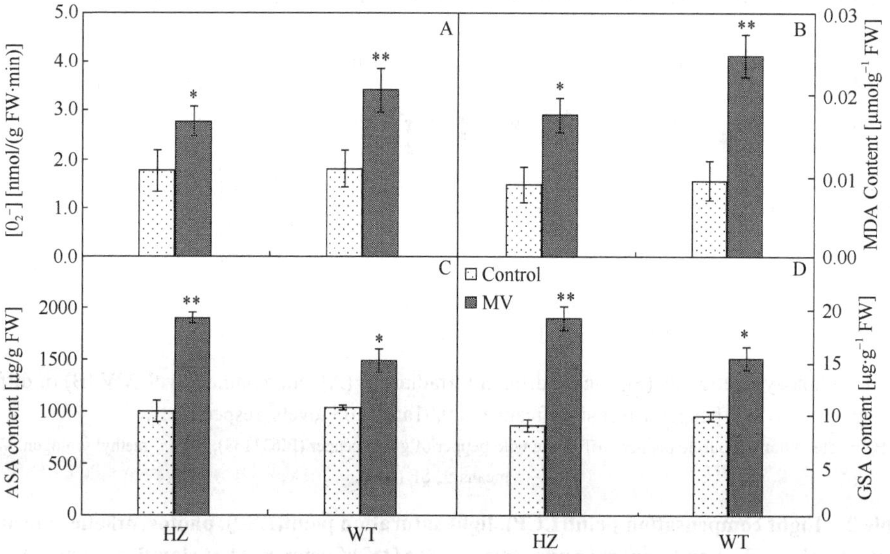

Fig. 2 Content of photooxidation and antioxidation products after photooxidation treatment. **,*t-test significance at 0.01 and 0.05 levels, respectively.

Note: HZ－the mutant of purple pepper; WT－the wild pepper of green pepper (PI631133); $O_2^{\cdot-}$－reactive oxygen species; MDA－malondialdehyde;ASA－Ascorbic acid; GSH－glutathione. Values are means ± SE (*n*=9).

Antioxidant products

Ascorbate- glutathione (AsA-GSH) cycle is one way to eliminate photooxidation products. The contents of ASA and GSH in HZ increased after photooxidation treatment (Fig. 2C,D)). The increases of ASA and GSH in HZ were 89.88% and 112.61%, respectively, while for green pepper they were 43.50% and 54.51%, respectively.

Antioxidant enzyme activity

Under long-time photooxidation conditions, SOD, POD, CAT and APX activities were higher and of longer duration, while the generation and accumulation of $O_2^{\cdot-}$ was lower in the tolerant varieties. Under photooxidation stress, the SOD, POD, CAT and APX activities of pepper increased. SOD, POD, CAT and APX activities in HZ increased by 65.42%, 51.17%, 239.73% and 68.04%, respectively, and were significantly higher than those of green pepper (Fig. 3).

PS1 and PS2 activities

These activities were also used to measure the antioxidant capacity during the photooxidation treatment. PS1 activity in HZ increased during the first day of treatment and decreased progressively thereafter. On the other hand, PS1 activity in green pepper decreased from the start. Furthermore, the degree of decrease was always greater in green pepper than in HZ (Fig. 4A). In contrast, PS2 activity decreased immediately after treatment and was higher in HZ than in green pepper (Fig. 4B). Comparison of the rates of change between PS1 and PS2 showed that PS2 is more prone to photooxidative damage.

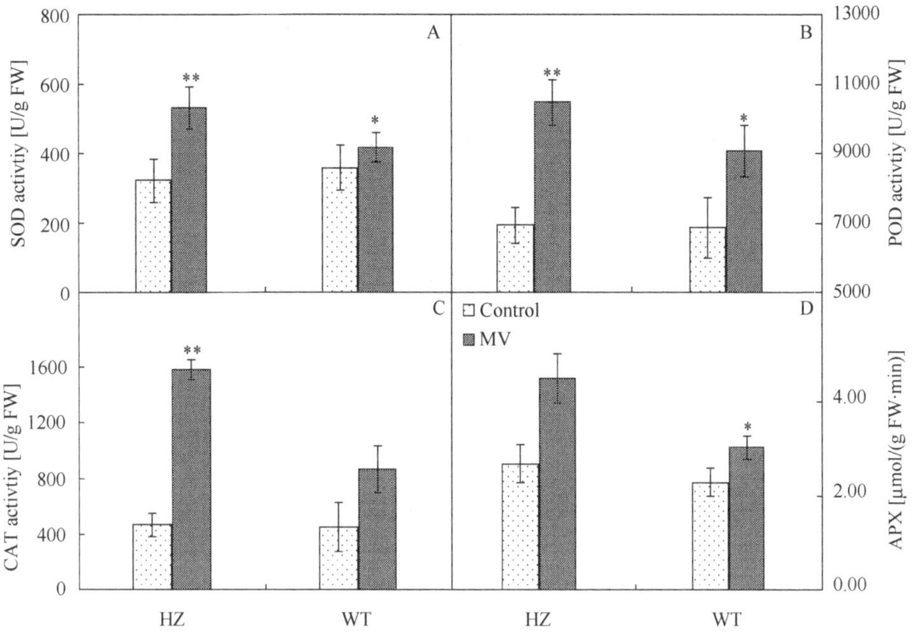

Fig. 3 Enzyme activity of antioxidation after photooxidation treatment. **,*t-test significance at 0.01 and 0.05 levels, respectively.

Note: HZ - the mutant of purple pepper; WT - the wild pepper of green pepper (PI631133); SOD - Superoxide dismutase ; CAT - catalase; APX - ascorbate peroxidase; POD - guaiacol-dependent peroxidase. Values are means ± SE (n=9).

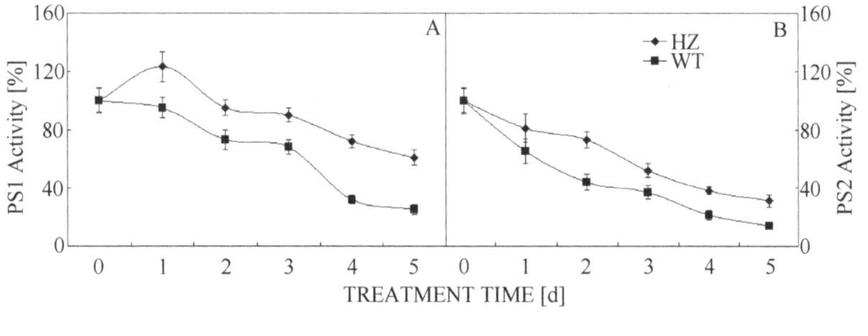

Fig. 4 PS1 and PS2 activities after photooxidation treatment. **,*t-test significance at 0.01 and 0.05 levels, respectively.

Note: HZ - the mutant of purple pepper; WT - the wild pepper of green pepper (PI631133). Values are means ± SE (n=9).

3 Discussion

Chloroplasts are the main photosynthetic apparatus and the most sensitive organelles to photooxidation. Under normal conditions, the light energies absorbed by chloroplasts are mainly consumed through the photosynthetic electron transport, chlorophyll fluorescence and heat dissipation. These three pathways compensate each other; thus, fluorescence changes can reflect the photosynthesis status (Azevedo and Marenco 2012; Hendrickson et al., 2004; Jiao et al., 2003). The original damage site of photosynthesis is closely linked with the PS2 system. Under excessively high irradiance, the primary site of photooxidation may be located in the PS2 reaction centre, and related to the rapid turnover of the D1 protein under radiation stress, which leads to its depletion and the loss of PS2 activity (Aro et al., 1993; Long et al., 1994;

Jiao and Li 2001; Lin et al., 2009; Domingues et al., 2012). In this experiment, we found that F_v/F_m and ΦPS2 of PS2 significantly decreased in pepper under photooxidation treatment, indicating that the primary conversion efficiency of light energy and potential activity of PS2 were inhibited, directly affecting the photosynthetic electron transport and CO_2 assimilation. Meanwhile, the increased non-photochemical quenching q_N indicated that pepper was able consume excess light energy through heat dissipation, avoiding damage to the photosynthetic apparatus. This might be a protective mechanism used by pepper to adapt to its environment. Our results also showed that the decrease in F_v/F_m and q_p in HZ was significantly lower than that observed in green pepper, indicating that purple pepper had a higher tolerance to photooxidation. Previous studies demonstrated that the AsA-GSH cycle is one of the major systems used to eliminate H_2O_2 (Nakano and Asada, 1987). SOD, CAT, APX (Li et al., 2010) and PS1 and PS2 activities activities have antioxidant effects and contribute to plant protection. Our results showed that HZ had significantly higher activities of SOD, CAT, POD and APX enzymes, and less marked decreases of PS1 and PS2 activities than those seen in green pepper. HZ had significantly lower contents of MDA and $O_2^{\cdot -}$, suggesting that it might be able to effectively protect chloroplasts and express a higher tolerance against photooxidation.

Purple pepper owes its colour to anthocyanins from the leaves. Anthocyanins showed an absorption peak at 540nm in the visible region, indicating that purple leaves absorb few low energy rays, and another absorption peak at 265nm in the ultraviolet region, suggesting injury resistance against high irradiance or inactivation of enzymes to a certain extent. Our study showed that, under normal conditions, q_P, and ETR in HZ were lower than in green pepper; however, they were higher under photooxidation treatment, indicating that HZ was able to use the captured energy efficiently. On the other hand, purple pepper did not have a lower chlorophyll content, although it had more anthocyanins, and differences in the photosynthetic capacity were not due to the chlorophyll content. This was proved in purple-leaf plum (Jiang et al., 2006) and purple cabbage (Wang et al., 2008). Usually, high temperature is the primary impact factor towards photosynthesis in summer, and strong light often acts together with high temperature to affect the speed of the photochemical reaction and the activity of the photosynthetic enzymes (Xue et al., 2010), which induce changes in the structure and function of PS2 (Krüger et al., 1997). Pepper often suffers from high irradiance exposure during nutrition and reproductive growth, and the leaves experience severe photooxidative damage. This study suggests that we should use hybridization to select peppers with a modest ratio of chlorophyll to anthocyanin content, as well as high P_N and resistance to photooxidation, to achieve high photosynthetic efficiency in high temperature, strong light and low humidity conditions.

References

Anderson J M, Park Y I, Chow W S. 1997. Photoinactivation and photoprotectionof photosystem II in nature[J]. Physiol Plant, 100: 213-223.

Arnon D I. 1949. Copper enzymes in isolated chloroplasts.: Polyphenoloxidase in Beta vulgaris. Plant Physiol, 24: 1-15.

Aro E M, Virgin I, Andersson B. 1993. Photoinhibition of photosystem II. Inactivation, protein damage and turnover. Biochimi Biophy Acta, 1143: 113-134.

Azevedo G F C, Marenco R A. 2012. Growth and physiological changes in saplings of *Minquartia guianensis* and *Swietenia macrophylla* during acclimation to full sunlight. Photosynthetica, 50:86-94.

Bahler B D, Steffen K L, Orzolek M D. 1991. Morphological and biochemical comparison of a purple-leafed

and a green-leafed pepper cultivar. Hort Sci, 26: 736.
Bovy A, Schijlen E G, Hall R D. 2007. Metabolic engineering of flavonoids in tomato (Solanum lyco *persicum*): the potential for metabolomics. Metabolomics, 3: 399-412.
Domingues N, Matos A R, Silva J M, et al. 2012. Response of the diatom *Phaeodactylum tricornutum* to photooxidative stress sesulting from high light exposure. PLoS one, 7: 1-6.
Dong Y X, Zhang Q A, Fang L, et al. 2007. A new purple hot pepper hybrid 'Ziyan 1'. Acta Hort Sin, 33: 1595.
Ellman G L. 1959. Tissue sulfhydryl groups. Arch Biochem Biophys, 82: 70-77.
Gao Y, Gao Z K, Zhang X H, et al. 2009. Heat shock stress on photosystem II in white cucumbers probed by the fast fluorescence rise OJIP. Acta Ecol Sin, 29: 3335-3341.
García-Limones C, Hervás A, Navas-Corté J A, et al. 2002. Induction of an antioxidant enzyme system and other oxidative stress markers associated with compatible and incompatible interactions between chickpea (*Cicer arietinum* L.) and *Fusarium oxysporumf.* sp. *ciceris*. Physiol Mol Plant Pathol, 61: 325-337.
Hendrickson L, Furbank R T, Chow W S. 2004. A simple alternative approach to assessing the fate of absorbed light energy using chlorophyll fluorescence. Photosynth Res, 82: 73-81.
Hodges D M, DeLong J M, Forney C F. 1999. Improving the thiobarbituric acid - reactive - substances assay for estimating lipid peroxidation in plant tissues containing anthocyanin and other interfering compounds. Planta, 207: 604-611.
Jiang W B, Zhuang M, Shen Z J, et al. 2006. Study on the photosynthetic characteristics of red-leaf peach and purple-leaf plum in different seasons. Acta Hort Sin, 33: 577-582.
Jiao D M, Ji B H, Li X. 2003. Characteristics of chlorophyll fluorescence and membrane -lipid peroxidation during senescence of flag leaf in different cultivars of rice. Photosynthetica, 41: 33-41.
Jiao D M, Li X. 2001. Cultivar differences in photosynthetic tolerance to photooxidation and shading in rice (*Oryza sativa* L.). Photosynthetica, 39: 167-175.
Krüger G H J, Tsimilli-Michael M, Strasser R J. 1997. Light stress provokes plastic and elastic modifications in structure and function of photosystem II in camellia leaves. Physiol Plant, 101: 265-277.
Li H W, Li B, Zheng Q, et al. 2010. Variation in photosynthetic traits and antioxidant enzyme activities of wheat seedlings transferred from low to high light growth condition. Acta Agron Sin, 36: 449-456
Li M, Yang D, Li W. 2007. Leaf gas exchange characteristics and chlorophyll fluorescence of three wetland plants in response to long-term soil flooding. Photosynthetica, 45: 222-228.
Li X Y, Lu J H, Qian L, et al. 2005. Preventability of pepper cultured in greenhouse from flower and fruit fading. J Chin Caps, 5: 28-29.
Li X Z, Wang X M, Meng Q W, et al. 2004. Factors limiting photosynthetic recovery in sweet pepper leaves after short-term chilling stress under low irradiance. Photosynthetica, 42:257-262.
Lin Z F, Lin G Z, Peng C L. 2009. Enhancement of susceptivity to photoinhibition and photooxidation in rice chlorophyll *b*-less mutants. Photosynthetica, 47: 46-54.
Lin Z F, Peng C L, Lin G Z. 1999. Diurnal changes of chlorophyll fluorescence quenching and the response to photooxidation in leaves of C_3 and C_4 plants. Acta Agron Sin, 25: 284-290.
Long S P, Humphries S, Falkowski P C. 1994. Photoinhibition of photosynthesis in nature. Annu Rev Plant Physiol Plant Mol Biol, 45: 633-662.
Millaleo R, Reyes-Diaz M, Alberdi M, et al. 2013. Excess manganese differentially inhibits photosyntem I versus II in Arabidopsis thaliana. J Exp Bot, 64: 343-354.
Murchie E H, Chen Y, Hubbat S, et al. 1999. Interactions between senescence and leaf orientation determine in situpatternsof photosynthesis and photoinhibition infield-grown rice. Plant Physiol, 119: 553-563.
Nakano Y, Asada K. 1987. Purification of ascorbate peroxidase in spinach chloroplasts, its inactivation in ascorbater-depletedmedium and reactivation by monode hydroascorbate radical. Plant Cell Physiol, 28: 131-143.
Niyogi K K. 1999. Photoprotection revisited: genetic and molecular approaches. Annu. Rev. Plant Physiol. Plant Mol Biol, 50: 333-359.
Ögren E, Rosenqvist E. 1992. On the significance of photoinhibition of photosynthesis in the field and its generality among species. Photosynth Res, 33: 63-71.
Shyam R, Sane P V. 1990. Photoinhibition of Photosynthesis and its Recovery in Low and High Light Acclimatized Blue-Green Alga (Cyanobacterium) *Spirullina platensis*. Baltscheffsky M. Current research in photosynthesis. Vol. II. Dordrecht-Boston-London: Kluwer Academic Publ: 447-450.
Solecka D. 1997. Role of phenylpropanoid compounds in plant responses to different stress factors. Acta Physiol Plant, 19: 257-268.

Sui X L, Zhang B X, Zhang Z X, et al. 2005a. Differences of photosynthetic characteristics and low light-tolerance in seedlings of four pepper cultivars. Acta Hort Sin, 32: 222-227.

Sui Y H, Chen J F, Yang X L, et al. 2009. Extraction and stability of pigment in leaves of purple chili pepper. Food Ferm Ind, 35: 162-166.

Sui Y H, Zhang Z X, Tao H Z, et al. 2004. Effects of different temperatures on some physiological and biochemical indexes of several dry chili varieties. Plant Physiol Commun, 40: 693-695.

Sui Y H, Zhang Z X, Xing S Z, et al. 2005b. Effect of temperature on some physiologic indexes and germination of purple chili line YN 99007. Seed, 24: 19-23.

Tanaka K, Suda Y, Kondo N, et al. 1985. Ozone tolerance and the ascorbate-dependent hydrogen peroxide decomposing system in chloroplasts. Plant Cell Physiol, 26: 1425-1431.

Teng Y D, Xu X S, Chen X Q. 1997. Capsicum germplasm resources in southwest of Sichuan Province. Chin Vege, 17: 29-32.

Wang A G, Luo G H. 1990. Quantitative relation bewteen the reaction of hydroxylamine and superoxide anion radical in plant[J]. Plant Physiol Commun, 6: 55-57.

Wang M L, Ai X Z, Ding F, et al. 2008. Comparation of the photosynthetic characteristics of purple cabbage and cabbage. Acta Hort Sin, 35: 547-552.

Wu H Y, Shou S Y, Zhu Z J, et al. 2001. Effects of high temperature stress on photosynthesis and chlorophyll fluorescence in sweet pepper (*Capsicum fructescens* L.). Acta Hort Sin, 28: 517-521.

Xue Y X, Li Y L, Wen X Z. 2010. Effects of air humidity on the photosynthesis and fruit-set of tomato under high temperature. Acta Hort Sin, 37: 397-404.

Yong Z H, Chen G Y, Zhang D Y, et al. 2007. Is photosynthetic acclimation to free-air CO_2 enrichment (FACE) related to a strong competition for the assimilatory power between carbon assimilation and nitrogen assimilation in rice leaf？ Photosynthetica, 45: 85-91.

Zhang Q A, Fang L, Dong Y X, et al. 2005. A new purple hot pepper F1 hybrid- 'Ziyun'. Chin Vege, 25: 36-37.

一个新紫色辣椒突变体的耐光氧化能力研究

欧立军[1,2,3]，张竹青[1]，戴雄泽[1]，邹学校[1]

（[1]湖南省农科院蔬菜研究所 湖南长沙 410125；
[2]民族药用植物资源研究与利用湖南省重点实验室，湖南怀化 418008；
[3]怀化学院生命科学系，湖南怀化 418008）

摘要：怀紫（HZ）是从美国农业部绿色辣椒资源（PI 631133）中发现的 1 个紫色突变株。本文研究甲基紫精（MV）处理条件下该突变体的光合速率、叶绿素荧光参数、渗透物质，抗氧化系统酶及光系统 1（PS1）和 PS2 活性。结果发现，HZ 的光合速率、光量子效率、光化学淬灭系数和光系统 1 和 2 的活性都高于野生型；同时发现，突变体的清除活性氧能力较强和积累丙二醛较少以及较高的渗透物质和抗氧化系统酶活性。研究表明，较低的光吸收和较高的热耗散和抗氧化活性促成了 HZ 更稳定的 PS2 的光合能力，这导致了其较好的耐光氧化能力。研究认为，辣椒育种可以筛选叶绿素和花青素含量比例适中的品种，使其具有较高的光合速率和较强的耐光氧化能力，实现提高产量和抵抗恶劣环境的目的。

关键词：紫色突变体；光氧化；耐药性

Responses of Pepper to Waterlogging Stress*①

Ou Li-jun[1, 2, 3], Dai Xiong-ze[1], Zhang Zhu-qing[1], Zou Xue-xiao[1]

([1] Vegetable Institution of Hunan Academy of Agricultural Science, Hunan Changsha 410125, China; [2] Key Laboratory of Hunan Province for Study and Utilization of Ethnic Medicinal Plant Resources, Huaihua University, Hunan Huaihua 418008, China; [3] Department of Life Sciences, Huaihua University, Hunan Huaihua 418008, China)

Abstract: One of the effective ways to address the effects of abnormal climate change on plant is to find germplasms that have better resistance to adverse environments. In this paper, we studied the responses of 5 pepper cultivars *Capsicum annuum* L. (CA), *Capsicum baccatum* L. (CB), *Capsicum chinense* Jacquin. (CC), *Capsicum frutescens* L. (CF) and *Capsicum pubescens* Ruiz & Pavon (CP) as well as a wild pepper *Capsicum baccatum* var. *baccatum* (CBY) to waterlogging stress. The results showed warterlogging treatment greatly decreases photosynthetic pigment content, photosynthetic rate and stomatal conductance, and dramatically increases proline content and water use efficiency in all tested pepper, suggesting that pepper has weak resistance to waterlogging stress. The results also showed that changes of the above parameters vary in different cultivars. CP had the smallest decreases in photosynthetic pigment content, photosynthetic rate and stomatal conductance and greatest increases in proline content and water use efficiency. By contrast, CC had the greatest decreases in photosynthetic pigment content, photosynthetic rate and stomatal conductance and smallest increases in proline content and water use efficiency, indicating that different cultivars had different resistance to adverse environment and cultivars CP and CC had the strongest and the weakest resistances, respectively. In addition, the study also demonstrated that wild pepper CBY has better resistance to adverse environment than all tested cultivars, indicating loss of the stress resistant genes during the process of domestication. Taking together, our study strongly suggests that pepper cultivars should crossbreed with other cultivars and wild pepper to expand genetic diversity, enlarge genetic distance, promote production and improve resistance to adverse environments.

Key words: pepper; warterlogging; resistance; cultivars; crossbreeding

* 基金项目：现代农业产业技术体系专项资金资助(CARS-25-A-8)。

① 本文原载 *Photosynthetica*，2011, 49 (3): 339-345。

Introduction

Increased human activities have significantly impacted global climate. Abnormal climate changes such as waterlogging caused by long term rainfalls can affect plant growth and development. During waterlogging stress, plant photosynthesis and aerobic respiration are inhibited. Increased anaerobic respiration and hypoxia can result in excessive accumulation of CO_2 and toxic compounds, leading to accelerated leaf senescence and abscission, increased stem diameter, aerenchyma formation, adventitious root production and so on. Study by Qu et al. (1999) on the effects of waterlogging on apple trees has found that short term waterlogging can cause wavy arrangement of lower epidermis of young leaves and increase of leaf surface area, in favor of waterlogging tolerance and transpiration; by contrast, long term waterlogging can cause disorganization of leaf epidermal cells and stomatal closure. Abbott and Gough (1987) reported that leaves of waterlogged *V. corymbosum* have thinner epidermis, enlarged intracellular space in spongy tissues, and broken palisade tissues; while waterlogged *Vaccinium* spp. have thinner epidermis, enlarged intracellular space in spongy tissues, and relatively intact palisade tissue. Under waterlogging environment, flooded roots experience hypoxia as indicated by loss of root hairs and gradually elongated and blacked main root (Dong et al., 1997). However, under waterlogging stress, the roots of shallow-rooted hygrophytes are distributed on the soil surface, which is in favor of oxygen absorption, eventually leading to increased numbers of surface roots, thinner roots and root hairs (Zhao, 2003; Andersen et al., 1984). Wu et al., (1996) have shown that *Taxodium ascendens* grown on poorly drained soil has more and thinner horizontal roots and undeveloped root cavities, but no apparent main root. Setter et al. (2009) studied the waterlogging tolerance of wheat in Australia and India, and found that diverse element toxicities (or deficiencies) during waterlogging were proposed as a major reason why waterlogging tolerance at one site was often not replicated at another. Christianson et al. (2010) studied responses to waterlogging of cotton roots and leaves and found that waterlogging could result in significant reductions in stem elongation, shoot mass, root mass and leaf number. Zheng et al. (2010) studied the effects of water stress of four provenances of neem (*Azadirachta indica* A. Juss) and the results indicated that provenance differences existed in the adaptation response to water stress that included changes to growth strategies coupled with ecophysiological and metabolic adjustments.

Pepper is classified to Solanaceae and originally planted in tropical areas of South America. It is a highly drought-tolerant vegetable, which contains the highest vitamin C content among vegetables, and has some medicinal value. International Plant Genetic Resources Board (IBPGR) has classified pepper cultivars into five species: *Capsicum annuum* L., *Capsicum baccatum* L., *Capsicum chinense* Jacquin, *Capsicum frutescens* L. and *Capsicum pubescens* Ruiz & Pavon. Among them, *Capsicum annuum* L. is the most differentiated, widely cultivated one and the focus in pepper breeding worldwide (Pickersgill, 1997). Screening of waterlogging-resistant germplasms from drought-resistant caultivars is one of the important measures against abnormal climate changes. Studies on the resistant ability of pepper against waterlogging are few. Narrow genetic base of *C. annuum* (Prince et al., 1995) has greatly constrained the improvement of its yield and quality. Therefore, selecting waterlogging-resistant germplams along with expanding genetic resources and increasing parental genetic diversities is the trend for pepper breeding. In this paper, a wild pepper and five cultivars were used to study the characteristics of pepper under waterlogging stress and explore their responses to waterlogging stress by measuring their photosynthetic characteristics, enzyme activity and leaf and root features. The study provides theoretical basis for crossbreeding and screening of waterlogging-resistant pepper caltivars, expansion of genetic resources and improvement of pepper yield.

1 Materials and Methods

Materials Five cultivated pepper species, such as *Capsicum annuum* L., *Capsicum baccatum* L., *Capsicum chinense* Jacquin., *Capsicum frutescens* L.and *Capsicum pubescens* Ruiz & Pavon, their abbreviations were CA, CB, CC, CF and CP, one wild pepper named *Capsicum baccatum* var. *baccatum* (be called CBY for short), they were from the United States Department of Agriculture and the Vegetable Institution of Hunan Academy of Agricultural Science. Each material was planted in 3 plots, at 50 plants per plot, and the plants were grown using the normal amounts of fertilizer and water.

Experiment design During July to August, three healthy seedlings with similar growth conditions were selected from each of pepper cultivars and wild pepper, and transplanted into a tub with diameter of 1m. They were treated with regular water and fertilizer management in three replicates. During full blooming period, all peppers were over-irrigated to submerge their aerial parts of the seedlings for one, two and three consecutive days till one cultivar shows severe wilt symptoms. This treatment were repeated and observed for three consecutive years.

Pigment analysis Leaf samples were extracted in 95% acetone and measured by spectrophotometrically (Ruili UV-2100, Beijing, China) at the wavelengths 663nm, 645nm, and 470nm. Contents of chlorophyll (Chl) *a* and *b*, carotenoids (Car) were calculated using the equations of Arnon (1949).

Gas exchange analysis Gas exchange was determined between 09:00–11:00 (Beijing time) in mid-August (heading stage) using Li-6400. The net photosynthetic rate (P_N), Stomatal conductance (g_s) and Transpiration rate (E) were measured at the irradiance of 1000 μmol/(m^2·s), temperature of 32℃±0.5℃, and the natural CO_2 concentration. Water use efficiency (WUE) was calculated according to WUE = P_N / E.

Superoxide dismutase (SOD) measurement 0.5g of vein-free leaves were mixed with 2cm^3 of 0.1mol/L phosphate buffer and ground on ice bath. Supernatant was obtained by centrifugation at 10,000g for 30min, diluted to 10cm^3 as crude enzyme and stored at 4℃ for future use. 0.05cm^3 of the crude enzyme was further diluted to 3.0cm^3 with water containing 0.3cm^3 of each 130mmol/L methionine, 0.75mmol/L nitrogen blue tetrazolium (NBT), 0.1mmol/L EDTA-Na_2 and 0.02mmol/L riboflavin and 1.5cm^3 0.05mmol/L phosphate buffer. Enzyme was replaced with PBS buffer in control tubes. One control tube was set in the dark, the other control and the testing tubes were illuminated with 4000lx fluorescent light for 20min. Absorptions at 560nm were measured by referencing to the absorption of the unilluminated control tube. Total and specific SOD activities were calculated based on the following equations: Total SOD activity = (ACK–AE) × *V*/(0.5 × ACK × *W* × *Vt*), Specific SOD activity = Total SOD activity/ protein content.

Where ACK was the absorption of illuminated control; AE was the absorption of tested samples; *V* was the total sample volume (cm^3); Vt was the tested sample volume (cm^3); *W* was fresh sample weight (g); the unit of protein concentration was mg/g fresh sample. The unit of total SOD activity was enzyme unit per gram fresh weight, and the unit of specific SOD activity was enzyme unit per milligram protein.

Glutathione reductase (GR) activity assay 0.2g leaves were ground with 3cm^3 extraction solution (0.1mol/L Tricine-NaOH buffer, pH 7.8, containing 2% PVP) at 4℃ and centrifuged at 15,000g for 10min. The obtained supernatant was diluted to 3cm^3 as crude enzyme. Enzyme activity was measured in 1cm^3 reaction solution containing 40mmol/L, Tricine-NaOH (pH 7.8), 0.5mmol/L GSSG and 0.1mmol/L NADPH. The reaction was initiated by addition of 0.2cm^3 enzyme and recorded as change of absorbance at 340nm in 3min. Control was similarly measured by replacement of GSS with water.

Proline determination The fresh leaves were washed and dried with paper towel. After removal of rim and vein, about 0.5g of leaves were cut into pieces, mixed with 5cm^3 of 3% sulfosalicylic acid solution in a large tube, and boiled for 10min under shaking. After cooling down, the extract was filtered with a funnel into a clean tube. Two cm^3 of the filtered extract was mixed with 2cm^3 of acetic acid and 2cm^3 of acid ninhydrin, and boiled for 30min after sealed with plastic wrap. After cooling down, 4cm^3 of toluene was added into the tube and fully mixed. The upper red solution was collected and its absorption at 520nm was measured using toluene as reference. Proline content x in the tested samples was obtained from the standard curve and the proline concentration in fresh leaves was calculated based on the following formula: Proline content (μg/g) = (*x* × 5/2)/ fresh leaf weight (g).

Determination of adventitious root number and root activity The number of adventitious roots was measured directly. Root activity was measured by TTC method. In detail, roots were collected and washed. Their surfaces were dried carefully with absorbent papers. 0.5g of root tip was selected, cut into 1cm pieces, placed in a small beaker, incubated with 10cm^3 1∶1 (*V*/*V*) mixture of 1% TTC solution and 0.1mol/L phosphate buffer (pH 7.0) at 37°C for 1h in dark and then mixed with 2cm^3 of 1mol/L sulfuric acid. Control was similarly performed except adding sulfuric acid first, root sample second, and the mixture last. The roots were then collected and ground with 3~5cm^3 of ethyl acetate and quartz sand in a mortar after removal of moisture to extract TTF. The remaining roots were further extracted with ethyl acetate for 3 times. All the red extractions were collected, transferred into a new tube and diluted with ethyl acetate to 10cm^3. Absorption of the diluted extraction at 485nm was measured. The blank solution was obtained similarly without adding root. Reduced TCC amount (mg) was obtained from the standard curve and its intensity in root tip was calculated as follows: TTC reduction intensity [mg/(g·h)] = Reduced TTC amount / FW h, Where FW was fresh root weight (g), and h is the incubation time.

Statistical analysis Parametric data were analyzed using analysis of variance (ANOVA) in Excel. Other data were analyzed using *t*-test. *P* values less than 0.05 and 0.01 were considered as statistically significant and highly significant, respectively.

2 Results

2.1 Photosynthetic pigments

Under normal conditions, the contents of photosynthetic pigments in the five cultivars are different: it is the highest in CF, the lowest in CC and similar in the other three. Under waterlogging stress, the contents of photosynthetic pigments in all tested pepper were decreased: cultivar CC had the biggest decrease (Chl*a*, Chl*b* and car decreased by 68.3%, 64.3% and 66.9%, respectively); cultivar CP had the second smallest decrease (Chl*a*, Chl*b* and Car decreased by 46.0%, 42.9% and 50.1%, respectively); Wild pepper CBY had the least decrease (Chl*a*, Chl*b* and Car decreased by 31.2%, 32.6% and 39.1%, respectively) (Table 1). Overall, the contents of photosynthetic pigments in pepper cultivars decreased greatly, indicating that pepper cultivars are not resistant to waterlogging stress.

Table 1 Photosynthetic pigment content [g/kg(DM)] in different pepper species.Chl – chlorophyll. "Capital letter or lowercase mean significance at 0.01 and 0.05 levels, respectively.

pepper species	Pigment content								
	Chl *a*			Chl *b*			Car		
	CK	W3	-%	CK	W3	-%	CK	W3	-%
CA	9.83±0.58^{Bb}	4.03±0.59^{Cb}	59.0	4.28±0.12^{Bb}	2.35±0.30^{Bb}	45.1	1.51±0.11^{Aa}	0.49±0.07^{Cb}	67.5
CB	9.31±0.42^{Bb}	3.63±0.21^{Cb}	61.0	4.45±0.21^{Bb}	2.27±0.14^{Cb}	49.0	1.19±0.23^{Cb}	0.41±0.04^{Cb}	65.5
CBY	9.51±0.35^{Bb}	6.54±0.20^{Aa}	31.2	4.23±0.42^{Bb}	2.85±0.11^{Aa}	32.6	1.28±0.24^{Bb}	0.78±0.10^{Aa}	39.1
CC	8.05±0.78^{Bb}	2.55±0.11^{Dc}	68.3	3.59±0.25^{Cc}	1.28±0.25^{Dc}	64.3	1.09±0.10^{Cb}	0.36±0.04^{Db}	66.9
CF	11.15±1.00^{Aa}	4.71±0.40^{Bb}	57.8	5.35±0.53^{Aa}	2.46±0.31^{Bb}	54.0	1.06±0.08^{Cb}	0.46±0.05^{Cb}	56.6
CP	11.15±1.00^{Aa}	4.28±0.15^{Bb}	46.0	3.87±0.14^{Cc}	2.21±0.14^{Cb}	42.9	1.12±0.14^{Cb}	0.55±0.01^{Bb}	50.1

Note: CK – The normal growth plants W3 – The treated plants with 3- days waterlogging

2.2 Photosynthetic rate

Under normal conditions, net photosynthetic rates (P_N) of all the tested pepper differed significantly (Fig. 1). Cultivar CF had the greatest P_N of 21.77, CA had the second greatest of 17.73, and CP had the smallest of 15.78. P_N of wild pepper CBY was smaller than that of CF, but higher than those of the other cultivars. On the first day of waterlogging treatment, P_N of all the pepper decreased and on the third day, P_N of cultivar CC was close to zero, that of CP and CBY were 2.15 and 6.88, respectively. P_N of all tested pepper continued declining on the first day of resumption of regular irrigation, but they started to increase on the second day, and almost recovered to the normal level on the six day of the resumption except that of cultivar CC (Fig. 1). The results showed that cultivar CC had the least resistance to waterlogging; CP and CF had relative strong resistance. However, all their resistances were weaker than that of wild pepper CBY.

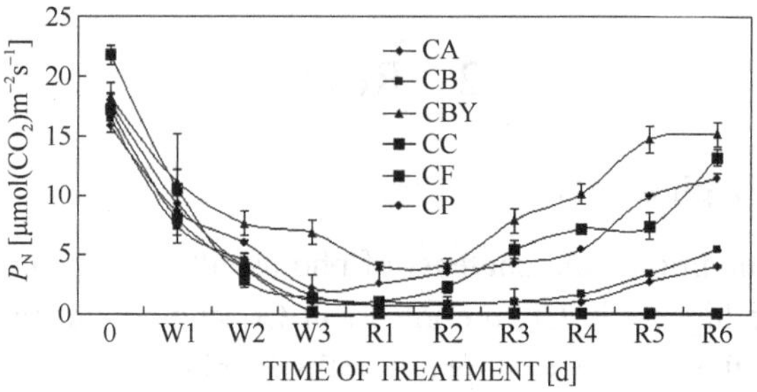

Fig. 1 Net photosynthetic rate (P_N) at 1000μmol/(m^2·s) of different pepper species

Note: W1, W2 and W3 - The treated plants with1, 2 or 3- days waterlogging, R1, R2, R3, R4, 65 and R6 - The treated plants with1, 2, 3, 4, 5 or 6 - resumption days of regular irrigation

2.3 g_s, *E* and WUE

Three days after waterlogging treatment, stomatal of all pepper were closed. Their g_s was close to zero, indicating that stomatal limitation under waterlogging stress is an important reason for the decline in photosynthesis. In addition, WUE of all the tested pepper was increased by different extents: cultivar CP and wild pepper CBY increased by larger ratio, which probably resulted in the greater resistance of the two pepper to waterlogging (Table 2).

Table 2 Stomatal conductance (g_s), Transpiration rate (*E*) and Water use efficiency (WUE) of different pepper species. *Capital letter or lowercase mean significance at 0.01and 0.05 levels, respectively.

pepper species	g_s			*E*			WUE		
	CK	W3	±%	CK	W3	±%	CK	W3	±%
CA	0.47±0.08^{Bb}	0.06±0.00^{Cb}	-87.23	3.26±0.45^{Cb}	0.18±0.09^{Dc}	-94.47	5.44±0.75^{Bb}	6.06±1.14^{Cb}	11.39
CB	0.43±0.08^{Bb}	0.04±0.00^{Cb}	-90.69	3.79±0.26^{Ba}	0.30±0.11^{Cb}	-92.08	4.35±0.68^{Db}	5.47±1.36^{Db}	25.74
CBY	0.44±0.04^{Bb}	0.10±0.01^{Aa}	-77.27	3.15±0.48^{Db}	0.57±0.23^{Aa}	-81.90	5.79±1.09^{Bb}	12.07±1.41^{Aa}	108.46
CC	0.43±0.08^{Bb}	0.01±0.00^{Dc}	-97.67	3.36±0.49^{Cb}	0.17±0.08^{Dc}	-94.94	5.11±0.71^{Cb}	1.06±0.33^{Ec}	-79.25
CF	0.55±0.02^{Aa}	0.08±0.01^{Bb}	-85.45	3.21±0.47^{Db}	0.19±0.08^{Dc}	-94.08	6.78±1.21^{Aa}	7.42±1.18^{Bb}	9.43
CP	0.34±0.02^{Cc}	0.07±0.01^{Bb}	-79.41	4.05±0.58^{Aa}	0.39±0.10^{Bb}	-90.37	3.89±0.55^{Ec}	5.51±1.13^{Db}	41.64

Note: CK – The normal growth plants W3 – Thc treated plants with 3- days waterlogging

2.4 SOD and GR activity

Under waterlogging stress, the SOD and GR activities of all the pepper first increased, reached to the highest at day 2, and then decreased (Fig. 2). On day two, SOD and GR activities of the cultivar CP increased by 125.62% and 221.13%, respectively. Those of wild pepper CBY increased by 212.39% and 174.24%, respectively, similar to those of CP. On day three, SOD and GR activities of the cultivar CC decreased by 32.71% and 58.51%, respectively; while cultivar CP decreased by 1.78% and 10.40%, respectively, and wild pepper CBY only decreased 1.23% and 4.54%, respectively.

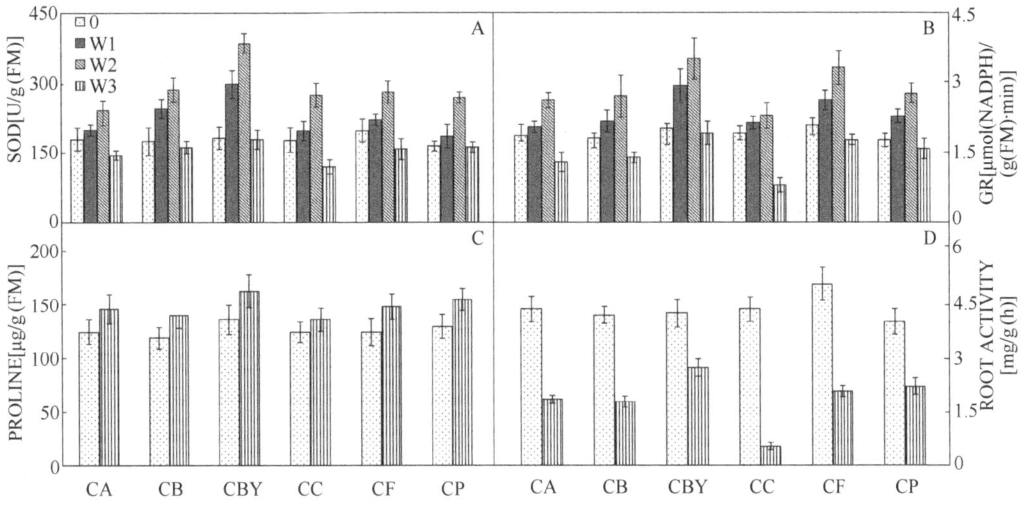

Fig. 2 Superoxide dismutase activity (SOD) (*A*), Glutathione reductase (GR) (*B*) activity, Proline (*C*) and root activity (*D*) of different pepper species

Note: W1, W2 and W3 - The treated plants with1, 2 or 3- days waterlogging

2.5 Proline and root activity

Proline contents were increased under waterlogging stress by varying magnitudes among different cultivars: that of cultivar CC only slightly increased, those of others increased by a larger proportion, wild pepper increased by 19.67% (Fig. 2C). By contrast, root activity under waterlogging stress significantly decreased: that was 87.61% in cultivar CC, 45.02% in CP and only 35.76% in wild pepper CBY (Fig. 2D).

2.6 Root number

Under waterlogging stress, the number of adventitious roots slightly increased in all other pepper except cultivar CC. The highest increase was 13.49% in CP among the five cultivars, which was still smaller than that in wild pepper CBY (Table 3). These data indicated, on one hand, that pepper could maintain high oxygen diffusion rate and absorption efficiency by increasing the number of adventitious roots in order to reduce waterlogging caused oxygen stress; on the other hand, CP and the wild pepper had relatively strong resistance to waterlogging.

Table 3 Adventitious root number of different pepper species. *t*-test significance at 0.01 and 0.05 levels, respectively.

Plants	CA	CB	CBY	CC	CF	CP
CK	23.23±3.21	24.25±2.10	30.36±4.76	27.24±4.58	26.47±2.34	25.87±1.25
W3	25.25±3.98	26.58±3.87	36.57±2.47	23.78±3.02	28.25±2.78	29.36±2.14
±%	8.69%	9.60%	20.45%	-12.70%	6.72%	13.49%

Note: CK – The normal growth plants W3 – The treated plants with 3- days waterlogging

3 Discussion

Hypoxia caused by waterlogging can induce a series of responses in plants. One of the earliest responses is stomatal closure. Waterlogging does not induce water deficit in leaves and sometimes even improves leaf water potential in a relative long period. However, it can lead to stomatal closure in a short period and increase leaf resistance. Stomatal closure hinders CO_2 absorption, On the other hand, hypoxia induced by waterlogging inhibits synthesis of 8-amino-propyl acetate (5-ALA), the speed limit step of chlorophyll synthesis. Reduced CO_2 fixation ability of chloroplast and chemical changes of PSII system will lead to significant decrease in leaf photosynthetic rate (Beckman et al., 1992; Olien, 1989). Our results showed that the photosynthetic rate and stomatal conductance of the five pepper cultivars and wild pepper dramatically decreased under waterlogging condition and their recovery to normal levels after the drainage is lagged behind and needs time, indicating that pepper is not a good waterlogging tolerant plant. This characteristic of pepper is probably because that pepper is originated from tropical areas of Middle and North America. Under waterlogging condition, water use efficiency of pepper increased significantly, indicating that pepper can avoid waterlogging stress by reducing water loss and increasing water use efficiency. In addition, photosynthetic rates of the various pepper are different: cultivar CP and wild pepper CBY declined at relatively lower degree compared with those of the other cultivars, indicating that cultivar CP and wild species have relative stronger resistance to waterlogging.

The adaptation process of corps to adverse environment is often accompanied by changes of some osmolytes. Studies have shown that under stress, plants are subjected to accumulate proline in cells (Xing and Cai, 1998). Proline accumulation can enhance resistance of plant to osmotic stress. Therefore, as an important cytoplasmic penetrant and anti-dehydrating agent, proline can reduce cell osmotic potential, improve the water-holding capacity of plant tissue and protect enzymes and membrane *in vivo* (Ma, 1994). This study found that all tested pepper cultivars have increased proline content under waterlogging stress, which proved the improvement of proline under stress condition is one of the self-defense reactions of plants (Wu et al., 1997). Research has shown that stress-induced decrease of photosynthesis can lead to reduced demand for NADPH in Calvin cycle and consequently result in over-reduction of photosynthetic electron transport chain and disruption of photosynthetic electron transport, which eventually leading to the formation of reactive oxygen (Mittler et al., 2004). When plants accumulating reactive oxygen species, the contents of their endogenous ROS scavenging enzymes also decrease (Fu et al., 2009; Jaeger et al., 2009) to a variable extent in different species (Liu et al., 2001; Ye et al., 2001). Our study showed that SOD and GR activities of all the tested pepper are relatively high at the early period of waterlogging, but decreased sharply after 3days of waterlogging treatment, resulting in reduced ability to remove H_2O_2 and increased H_2O_2 accumulation, which further inhibit the activity of SOD and increase $O_2^{\bullet -}$ accumulation. In addition, H_2O_2 accumulation can also cause Harber-Weiss reaction to form more destructive •OH, which directly leads to lipid peroxidation (Sun et al., 2005) and plant wilt and death. The declines of SOD and GR activities under waterlogging stress varied in different cultivars: cultivar CC had the biggest decrease and CP had the smallest, indicating that the different cultivars have different waterlogging resistance. Compared with wild pepper, the declines of SOD and GR activities in the five tested cultivars were greater than that of the wild pepper, indicating the wild *C. annuum* has stronger resistance to waterlogging.

Taking together, our study found that wild pepper CBY had stronger resistant ability to waterlogging than all the tested cultivars. Among the five tested cultivars, cultivar CP had a higher photosynthetic rate and stronger resistant ability to waterlogging. The study suggests that cultivar breeding should consider crossbreeding between cultivars as well as between cultivar and wild pepper, in one hand, to expand genetic source, increase genetic distance, and eventually increase production; on the other hand, to introduce elite stress tolerance genes and improve cultivars' ability to resist adverse environments.

References

Abbott J D, Gough R E. 1987. Growth and survival of the highbush blueberry in responses to root zone flooding. Amer Soc Hort Sci, 112: 603-608.

Andersen P C, Lombard J M, Westwood M N. 1984. Leaf conductance,growth,and survival of willow and deciduous fruit tree species under flooded soil conditions. Amer Soc Hort Sci, 109: 132-138.

Arnon D I. 1949. Copper enzymes inisolated chloroplasts phenoloxidases in Beta vulgaris. Plant Physiol, 24: 1-15.

Beckman T G, Perry R L, Flore J A. 1992. Short-term flooding affects gas exchange characteristics of containerized sour cherry trees. Hort Sci, 27: 1297-1301.

Christianson J A, Llewellyn D J, Dennis E S, et al. 2010. Global gene expression responses to waterlogging in roots and leaves of cotton (*Gossypium hirsutum* L.). Plant Cell Physiol, 51: 21-37.

Dong H Z, Guo Q Z, Tang W. 1997. On the mechanism of cotton plant damaged by water deficit and its resistance. Acta Goss Sin, 9: 287-291.

Fu Q S, Li H L, Cui J, et al. 2009. Effects of water stress on photosynthesis and associated physiological characters of *Capsicum annuum* L. Sci Agri Sin, 42: 1859-1866.

Jaeger C, Gessler A, Biller S, et al. 2009. Differences in C metabolism of ash species and provenances as a consequence of root oxygen deprivation by waterlogging. J Exp Bot, 60: 4335-4345.

Liu H S, Han J F, Meng F T, et al. 2001. Effects of several physiological index related to resistance in sesame leaves under waterlogging stress in soil. Plant Physiol Commun, 37:106-108.

Ma Z R. 1994. Study on free proline accumulation of seedling in many spcies of plant under water stress. Prat Sci, 11: 15-18.

Mittler R, Vanderauwera S, Gollery M, et al. 2004. Reactive oxygen gene network of plants. Trends Plant Sci, 9: 490-498.

Olien W C. 1989. Seasonal soil waterlogging influences water relations and leaf nutrient content of bearing apple trees. Amer Soc Hort Sci, 114:537-542.

Pickersgill B. 1997. Genetic resources and breeding of *Capsicum* spp. Euphytica, 96: 129-133.

Prince J P, Lackney V K, Angeles C, et al. 1995. A survey of DNA polymorphism within the genus *Capsicum* and the fingerprinting of pepper cultivars. Genome, 38:224-231.

Qu G M, Li X G, Zhao F, et al. 1999. Effect of water stress on microstructure of apple leaves and newborn roots. Acta Hort Sin, 26: 147-151.

Setter T L, Waters I, Sharma S K, et al. 2009. Review of wheat improvement for waterlogging tolerance in Australia and India: the importance of anaerobiosis and element toxicities associated with different soils. Ann Bot, 103: 221-235.

Sun W H, Wang W Q, Meng W Q. 2005. Functional mechanism and enzymatic and molecular characteristic of ascorbate peroxidase in plants. Plant Physiol Commun, 41: 143-147.

Wu L, Li Y D, Zhang Z D, et al. 1997. A comparison of physiological and morphological reactions of three types of blueberries to flooding stresses. Acta Hort Sin, 24: 287-288.

Wu Z Y, Chu J M, Tang M R, et al. 1996. Effects of soil drainage on morphological structure and growth of *Taxodium ascendens*. J Zhejiang For Coll, 13: 364-366.

Xing S C, Cai Y H. 1998. The relationship between stresses and proline. Journal of Ecological Agriculture 2: 30-33.

Ye Y, Lu C Y, Tan F Y. 2001. Studies on differences in growth and physiological responses to waterlogging between *Bruguiera gymnorrhiza* and *Kandelia candel*. Acta Ecol Sin, 21: 1654-1661.

Zhao K F. 2003. Adaptation of Plant to waterlogging stress. Bull Biol, 38: 11-14.

Zheng Y X, Wu J C, Cao F L, et al. 2010. Effects of water stress on photosynthetic activity, dry mass partitioning and some associated metabolic changes in four provenances of neem (*Azadirachta indica* A. Juss). Photosynthetica, 48:361-369.

辣椒对水涝逆境的响应研究

欧立军[1,2,3]，戴雄泽[1]，张竹青[1]，邹学校[1]

（[1]湖南省农科院蔬菜研究所 湖南长沙 410125；
[2]民族药用植物资源研究与利用湖南省重点实验室，湖南怀化 418008；
[3]怀化学院生命科学系，湖南怀化 418008）

摘要：寻找抗逆资源是解决植物应对气候变化异常的有效途径之一。本文对辣椒5个栽培种和1个野生种进行水涝逆境下的响应研究。结果发现，光合色素、光合速率和气孔导度等参数下降幅度较大，非光化学淬灭参数、脯氨酸含量和水分利用率等参数上升幅度较大，这表明辣椒的抗水涝逆境能力较弱；同时发现，不同栽培种的各个参数变化存在显著差异，CP的光合色素、光合速率和气孔导度等参数下降幅度最小，非光化学淬灭参数、脯氨酸含量和水分利用率等参数上升幅度最大，CC的光合色素、光合速率和气孔导度等参数下降幅度最大，非光化学淬灭参数、脯氨酸含量和水分利用率等参数上升幅度最小，野生种CBY的光合色素、光合速率和气孔导度等参数下降幅度比CP下降幅度小，非光化学淬灭参数、脯氨酸含量和水分利用率等参数上升幅度比CC大。结果表明，辣椒栽培种间存在明显的抗水涝逆境能力差异，CP和CC的耐水涝能力分别最强和最弱；野生种CBY的抗水涝能力则比CP更强，这意味着许多优秀的抗逆基因在人工的驯化的过程中丢失；辣椒育种应加强栽培种间以及栽培种与野生种之间的杂交，扩大基因源加大遗传距离，达到提高产量的同时引进优秀的耐逆基因，提高品种的抗逆能力。

关键词：辣椒；水涝逆境；光合特性；酶活性；杂交育种

The photosynthetic stress responses of five pepper species are consistent with their genetic variability*①

Ou Li-jun[1, 2, 3], Zou Xue-xiao[1]

([1] Vegetable Institution of Hunan Academy of Agricultural Science, Hunan Changsha 410125, China; [2] Key Laboratory of Hunan Province for Study and Utilization of Ethnic Medicinal Plant Resources, Huaihua University, Hunan Huaihua 418008, China; [3] Department of Life Sciences, Huaihua University, Hunan Huaihua 418008, China)

Abstract: The genetic distances and their relationships between pepper species were established using photosynthetic features under different stresses and genetic variability. The photosynthetic features of 25 varieties from 5 pepper species *Capsicum annuum* L. (CA), *Capsicum baccatum* L. (CB), *Capsicum chinense* Jacquin. (CC), *Capsicum frutescens* L. (CF) and *Capsicum pubescens* Ruiz & Pavon (CP) under drought, waterlogging and low temperature stresses were investigated and rDNA internal transcribed spacer (ITS) sequences of nuclear genome and *trn*H-*psb*A sequence of chloroplast genome were analyzed.The results showed stresses greatly decreased photosynthetic rate and the varieties were different among pepper species. CB and CP had the smallest decreases and CF had the highest decrease to drought, CC had the highest decrease to waterlogging and CP had the smallest decrease to low temperature. The ITS sequences of 25 pepper varieties are 591~619bp in length and have GC% between 51.1% and 64.5%. Their *trn*H-*psb*A sequences are 537~558bp in length and have GC% between 27.2% and 28.5%. The cluster analysis of the five pepper species based on the changes in P_N under stresses is similar to that based on genetic variability, that is, CP clusters with CB, and CC clusters with CA after first clusters with CF. In addition, the clustering methods based the photosynthetic stress responses and genetic variability are unable to completely distinguish pepper varieties within the same species. The results indicate that similar to genetic variability, changes in P_N under stresses (specifically the stress was corresponding to the climate that the origin place of plant had) could be used to identify genetic distance of pepper species.

Key words: Pepper; species; drought stress; photosynthetic rate; gene sequence; genetic distance

Pepper is an important vegetable and condiment. It is widely planted in world. International Plant Genetic Resources Board (IBPGR) has classified pepper species into five

---

* 基金项目：现代农业产业技术体系专项资金资助（CARS-25-A-8）。

① 本文原载 *Photosynthetica*，2012，50（1）：49-55。

species: *C. annuum* L., *C. baccatum* L., *C. chinense* Jacquin, *C. frutescens* L. and *C. pubescens* Ruiz & Pavon, while *C. pubescens* Ruiz & Pavon and *C. baccatum* L. are quite distinct morphologically, the near continuous overlap in morphological characteristics among the *C. annuum* L., *C. chinense* Jacquin and *C. frutescens* L. led various authors to recognize them as a species complex (Pickersgill, 1971; McLeod et al., 1982). The chromosome pairing of interspecific pepper hybrids during meiosis showed it a very small number of univalents during meiosis of the interspecific hybrids of *C. chinense* Jacquin and *C. frutescens* L., indicating that their chromosomes were highly homologous. *C. frutescens* L. was closest to *C. chinense* Jacquin, followed next by *C. annuum* L. and then by *C. baccatum* L. (Egawa, 1985; Egawa and Tanaka, 1986). The pollen fertile rate of hybrid of *C. frutescens* L. and *C. chinense* Jacquin was only 28% and that of intraspecific hybrid was 75% showed *C. frutescens* L. and *C. chinense* Jacquin were distant relatives (Bahadur, 2003). Genomic DNA polymorphism of 13 species of *C. baccatum* L. and one species of *C. annuum* L. by RFLP technology and found that interspecific genetic variation of *C. annuum* L. and *C. baccatum* L. was great (Lefebvre et al., 1993). Southern hybridization bands of total 21 varieties of the five cultivated pepper species by RFLP technology and found that these 21 varieties had 4 distinct clusters, three of which were closely connected clusters presented in *C. annuum* L., *C. frutescens* L. and *C. baccatum* L., and the other one only presented in *C. chinense* Jacquin and *Capsicum chacoens*, indicating a closer relationship among the former three species and between the latter two species (Prince et al., 1995). And *C. annuum* L. is the widely cultivated one and the focus in pepper breeding worldwide (Pickersgill, 1997). However, its genetic basis is relatively narrow (Prince et al., 1995) and barely contains outstanding characteristics of other cultived speices, which significantly constrained the progress of pepper breeding. The heterosis in pepper is very obvious that the yield of elite hybrids normally is 50% higher than that of traditional cultivars. Therefore, study on the genetic relationship of different pepper species to find new parental resources and extend gene pool is of importance in effective utilization of pepper germplasm and an effective way to resolve the bottleneck of pepper breeding.

Photosynthesis is the basic physiological characteristics and biological energy sources of plants. It is affected by internal factors and external factors such as temperature, moisture and carbon dioxide. Studies on photosynthesis have been focused on promoting crop production and environmental protection. There are many stidies on the photosynthesis under stress. However, they are mainly focused on stress resistance of different species for species screening. In this paper, we studied the photosynthetic characteristics of five pepper species under drought stress and explored their application in identification of genetic distance in combination with genetic sequence analysis and hope to provide a theoretical rationale for expanding the application of studies on photosynthesis.

1 Materials and methods

Materials Five pepper species, such as *C. annuum* L., *C. baccatum* L., *C. chinense* Jacquin., *C. frutescens* L.and *C. pubescens* Ruiz & Pavon, their abbreviations were CA, CB, CC, CF and CP, they were provided by the United States Department of Agriculture and the Vegetable Institution of Hunan Academy of Agricultural Science, 5 varieties of each species

(Table 1). Each material was planted in 3 plots, at 50 plants per plot, and the plants were grown using the normal amounts of fertilizer and water. They were planted for three consecutive times. DNA was extracted from leaves according to the method of Rogers and Bendich (1998).

Table 1 Source and accession of pepper species

Accession	Country	Category	Accession	Country	Category
PI 171565	Turkey		PI 281435	United States	*Capsicum chinense* Jacquin.
PI 645487	Panama		PI 215736	Peru	
PI 451762	Israel	*Capsicum annuum* L.	PI 355395	Ecuador	
PI 193472	Ethiopia		PI 640907	Nigeria	
PI 640503	Australia		PI 263109	Former Soviet Union	*Capsicum frutescens L.*
PI 267729	Guatemala		Grif 9286	Costa Rica	
PI 215699	Peru		PI 159261	United States,Georgia	
PI 215700	Peru	*Capsicum baccatum* L.	PI 593620	Guatemala	
PI 281310	Brazil		PI 593639	Guatemala	
PI 260595	Brazil		Co 0709	Unknown	*Capsicum pubescens* Ruiz &Pavon
PI 645555	Niger		Co 4895	Unknown	
PI 209028	Puerto Rico	*Capsicum chinense* Jacquin.	Co 2415	Unknown	
PI 406987	Panama				

Experiment design During July to August, three healthy seedlings with similar growth conditions were selected from each of pepper species, and transplanted into a tub with diameter of 1m. During flowering period, pepper species were stopped water supply or over-irrigated to submerge their aerial parts of the seedlings for several consecutive days till one species shows severe wilt symptoms for drought and waterlogging stresses, Others pepper were placed artificial climate box with temperature of 5 ℃ , light intensity of 800~1000μmol/(m^2·s) for 12h a day and relative humidity of 60% for several consecutive days till one species shows severe wilt symptoms for low temperature stress. 3 plants of each variety and these treatments were repeated and observed for three times.

Gas exchange was determined during 10:00~11:00 (Beijing time) in mid-August (heading stage) using Li-6400. The net photosynthetic rate (P_N), stomatal conductance (g_s) and transpiration rate (E) were measured at the irradiance of 1000μmol/(m^2·s), temperature of 32℃±0.5℃, and the natural CO_2 concentration. Water use efficiency (WUE) was calculated according to WUE = P_N / E. The above mentioned measurements were done for 3d and 5 times a day.

ITS and *trn*H-*psb*A sequences analysis ITS primers were according to White et al. (1990): F: 5′-TCCTCCGCTT ATTGA TAT GC -3′ and R: 5′-GGAAGGTAAAAGTC AAGG-3′. *trn*H-*psb*A primers were according to Peterson et al. (2004): F: 5′-GTTATGCA TGAACGTA ATGCTC-3′ and R: 5′- CGCGCATGGTGGATTCACAATCC-3′. The reaction system contained 5.0mm^3 10× PCR buffer, 1mm^3 50mmol/L forward and reverse primers, 1mm^3 10mmol/L dNTPs, 1.5 U *Taq*, 40ng template, and comple- mentary ultrapure water to 50mm^3. The reaction was set as follows: pre-denaturation at 94℃ for 4min, then 94℃ 45s, 55 ℃ or 50℃ 45s, and 72℃ 45s; the cycle was repeated for 32 times, and then 72℃

10min.The PCR products were fractionated on 1% agarose gel, and the gel images were obtained with the GelLogic 100 image system. The target fragments were isolated from the agarose gel under UV radiation, reclaimed and purified with the reagent kit (Tiangel mini purification kit), and then directly evaluated by bi-directional sequencing. Sequence analysis was all performed by DNAMAN and MEGA 4.1. Using unweighted pair group method with arithmetic mean (UPGMA) to make cluster analysis by soft MEGA 4.1.

Statistical analysis Parametric data were analyzed using analysis of variance (ANOVA) in Excel. P values less than 0.05 and 0.01 were considered as statistical significant and extremely significant, respectively.

2 Results

2.1 The effects of stresses on P_N of five pepper species

The changes in P_N, E, g_s and WUE among the five varieties of each species did not differ significantly and they were significant different among different species.

After five days of drought treatment, P_N of species CA, CC and CF decreased by 90%, whereas those of species CB and CP decreased by 80%. The decreases in P_N were significantly different between the former three and the latter two. The decreases in P_N were divided into 3 levels to waterlogging stress, CC had the greatest decrease of 98.95%, CP had the smallest of 86.37%, the others were 90%. The decrease to low temperature stress was relatively smaller than other stresses, it was divided into 2 levels that CP had relatively smaller than the other species (Table 2).

Table 2 Percentage of descendant of P_N in different pepper species. "capital letter or lowercase" mean significance at 0.01and 0.05 levels, respectively.

	P_N [μmol/(m^2·s)]						
	CK	Drought stress		Waterlogging stress		Low temperature stress	
	P_N	P_N	-%	P_N	-%	P_N	-%
CA	17.73±0.86^{Bb}	2.11±0.37^{Db}	88.09^{Aa}	1.09±0.07^{Cb}	93.85^{Bb}	2.31±0.21^{Cb}	86.97^{Aa}
CB	16.49±1.28^{Bb}	3.10±0.40^{Aa}	81.20^{Cb}	1.64±0.04^{Bb}	90.05^{Cc}	2.53±0.49^{Cb}	84.65^{Ab}
CC	17.17±1.32^{Bb}	2.31±0.95^{Cb}	86.54^{Ba}	0.18±0.01^{Dc}	98.95^{Aa}	2.37±0.27^{Cb}	86.19^{Aa}
CF	21.77±0.82^{Aa}	2.42±0.39^{Cb}	88.88^{Aa}	1.41±0.11^{Bb}	93.52^{Bb}	2.91±0.14^{Bb}	86.63^{Aa}
CP	15.78±1.89^{Cb}	2.88±0.03^{Ba}	81.74^{Cb}	2.15±0.23^{Aa}	86.37^{Dd}	4.71±0.15^{Aa}	70.15^{Bc}

Although the E of each species decreased significantly to drought and waterlogging stresses, the decreases in E among pepper species were not significant (Table 3). The decreases of E were divided into 2 levels that CP had relatively smaller than the otherrs to low temperature stress.

G_s of the five species decreased significantly under drought stress. Among them, g_s of CC and CP dropped about 64%, while g_s of species CA, CF and CB dropped about 60%. The waterlogging stress brought significant difference among five species, CC had the greatest decrease of 96.67% and CP had the smallest decrease of 79.41%. The decreases were divided 2 levels to low temperature stress, CP had smaller decrease of 26.47 and the others had about

60% (Table 4).

Table 3 Percentage of descendant of *E* in different pepper species. "capital letter or lowercase" mean significance at 0.01and 0.05 levels, respectively.

	E[mmol/(m^2·s)]						
	CK	Drought stress		Waterlogging stress		Low temperature stress	
	E	*E*	- %	*E*	- %	*E*	%
CA	3.26 ± 0.45^{Cb}	0.28 ± 0.09^{Cc}	91.41^{Aa}	0.18 ± 0.09^{Cb}	94.47^{Aa}	0.45 ± 0.14^{Cb}	86.19^{Aa}
CB	3.79 ± 0.26^{Bb}	0.42 ± 0.11^{bA}	88.91^{Ba}	0.30 ± 0.11^{Ba}	92.08^{Bb}	0.57 ± 0.17^{Bb}	84.96^{Aa}
CC	3.36 ± 0.49^{Cb}	0.37 ± 0.08^{Bb}	88.98^{Ba}	0.17 ± 0.08^{Cb}	94.94^{Aa}	0.50 ± 0.14^{Bb}	85.11^{Aa}
CF	3.21 ± 0.47^{Cb}	0.29 ± 0.08^{Cc}	90.96^{Aa}	0.19 ± 0.08^{Cb}	94.08^{Aa}	0.46 ± 0.11^{Cb}	85.66^{Aa}
CP	4.05 ± 0.58^{Aa}	0.44 ± 0.10^{Aa}	89.13^{Aa}	0.39 ± 0.10^{Aa}	90.37^{Bc}	0.86 ± 0.12^{Aa}	78.76^{Bb}

Table 4 Percentage of descendant of g_s in different pepper species. "capital letter or lowercase" mean significance at 0.01 and 0.05 levels, respectively.

	g_s [mol(H$_2$O)/(m^2·s)]						
	CK	Drought stress		Waterlogging stress		Low temperature stress	
	g_s	g_s	- %	g_s	- %	g_s	- %
CA	0.47 ± 0.08^{Bb}	0.18 ± 0.03^{Bb}	61.70^{Bc}	0.06 ± 0.01^{Ba}	87.23^{Cb}	0.17 ± 0.02^{Cb}	63.82^{Aa}
CB	0.43 ± 0.08^{Bb}	0.17 ± 0.02^{Bb}	60.46^{Bc}	0.04 ± 0.01^{Cb}	90.69^{Bb}	0.21 ± 0.04^{Bb}	51.16^{Ba}
CC	0.43 ± 0.08^{Bb}	0.15 ± 0.03^{Cb}	65.11^{Aa}	0.01 ± 0.00^{Dc}	97.67^{Aa}	0.18 ± 0.03^{Cb}	58.13^{Ba}
CF	0.55 ± 0.02^{Aa}	0.21 ± 0.05^{Aa}	61.81^{Bc}	0.08 ± 0.01^{Aa}	85.45^{Cb}	0.19 ± 0.03^{Bb}	65.45^{Aa}
CP	0.34 ± 0.02^{Cb}	0.12 ± 0.03^{Cb}	64.70^{Ab}	0.07 ± 0.02^{Aa}	79.41^{Dc}	0.25 ± 0.07^{Aa}	26.47^{Cb}

WUE of all the five species increased to drought stress, those of CB and CP increased up to 69%, while those of CA, CB and CF only increased 30%. WUE of CC significantly decreased that was 79.25%, CA and CF had little increases and CB and CP significantly increased to waterlogging stress. And they changed little except CP under low temperature stress (Table 5).

Table 5 Percentage of descendant of WUE in different pepper species. "capital letter or lowercase" mean significance at 0.01and 0.05 levels, respectively.

	WUE [%]						
	CK	Drought stress		Waterlogging stress		Low temperature stress	
	WUE	WUE	± %	WUE	±%	WUE	±%
CA	5.44 ± 0.75^{Bb}	7.54 ± 0.14^{Bb}	38.60^{Bb}	6.06 ± 1.14^{Bb}	11.39^{Cb}	5.13 ± 0.14^{Bb}	-5.69^{Cc}
CB	4.35 ± 0.6^{8Cb}	7.38 ± 0.36^{Bb}	69.65^{Aa}	5.47 ± 1.36^{Cb}	25.74^{Bb}	4.44 ± 0.36^{Cb}	2.06^{Bb}
CC	5.11 ± 0.7^{1Bb}	6.24 ± 0.33^{Dc}	22.11^{Cb}	1.06 ± 0.33^{Dc}	-79.25^{Dc}	4.74 ± 0.33^{Cb}	-7.24^{Cc}
CF	6.78 ± 1.21^{Aa}	8.34 ± 0.18^{Aa}	23.00^{Cb}	7.42 ± 1.18^{Aa}	9.43^{Cb}	6.33 ± 0.18^{Aa}	-6.63^{Cc}
CP	3.89 ± 0.55^{Dc}	6.55 ± 0.13^{Cc}	68.38^{Aa}	5.51 ± 1.13^{Cb}	41.64^{Aa}	5.48 ± 0.13^{Ba}	40.87^{Aa}

Based on the photosynthesis characteristics of the five species under drought stress, we constructed their UPGMA tree using MEGA 4.1 software and found that the cluster trees of the five species based on P_N, E, g_s and WUE can be divided into two branches with some differences. For example, based on decline extents of P_N, CB and CP were classified as one branch, while CC first clustered with CF and then with CA (Fig. 1-A). Based on the decline of *E*, CA and CF were in one cluster, while CC first clustered with CB, then with CP (Fig. 1-B). Based on the decline in g_s, CC and CP were in one cluster, while CA first with CB and then with CF (Fig. 1-C). Based on the increase in WUE, CB and CP were in one cluster, while CC first clustered with CF and then with CA (Fig. 1-D). By comparison, the UPGMA trees established based on the changes in P_N and WUE were similar, while those first clustered with CC and CF and then with CA were different in cluster distances.

The dendrogram under P_N to waterlogging stress showed that CC was located in the outermost (Fig. 1-E). The dendrogram under P_N to low temperature stress showed that the five species also could be divided into two large branches, cluster CA and CF and clusterr CC merged into one branch, CB and CP constituted the other branch (Fig. 1-F).

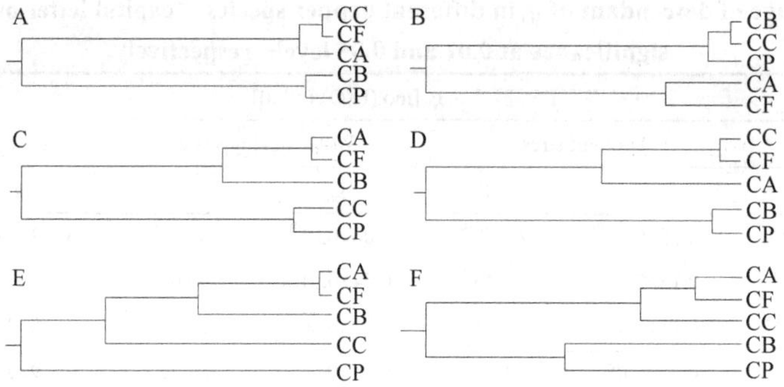

Fig. 1 UPGMA dendrograms based the decreases or ascension of P_N (A), *E* (B), g_s (C), and WUE (D) to drought, UPGMA dendrograms based the decreases of P_N to waterlogging (E) and to low temperature (F)

2.2 ITS and *trn*H-*psb*A sequence analysis

The length of ITS sequences of the 25 pepper varieties were 591~619bp with variation up to 28bp. GC contents were between 51.1% and 64.5%. The lengths of ITS1 and ITS2 were around 230bp and 222bp, respectively. ITS2 has higher GC content and larger varations in length. Statistic analysis of 25 varieties of the five species found that species CA had the largest variations in both ITS length and GC content, while CP had the smallest. UPMGA tree established based on ITS sequences found the CC normally fisrt cluster with CF, then with CA, while CB and CP were in another cluster; the varieties of each species mostly in one cluster with some exceptions. For example, PI209028 of species CC first clustered with PI 263109 of species CF and then with other varieties of CF, and PI 406987 of species CC first clustered with PI 645487 of CA and then with other CA (Fig. 2-A).

The lengths of *trn*H-psbA sequence of the 25 pepper varieties were in the range of 537~558bp with variation of 21bp and their GC contents were relatively low in the range of 27.2%~28.5% with high similarity of 89.59%. The lengths of *trn*H-*psb*A sequences of the five varieties of species CA varied between 537~558bp, which is greater than others such as 2bp among species CF and CP. UPGMA tree based on *trn*H-*psb*A sequences showed that the five species were divided into two branches, CB and CP as one branch and CC, CA and CF as the other branch, where CC first clustered with CF and then with CA. Some varieties within the same species could not be distinguished by their *trn*H-*psb*A sequences, such as PI 645487 and

PI 193472 of species CA, PI 215699 and PI 215700 of species CB, PI 209028, PI 406987 and PI 215736 of species CC, PI 355395, PI 640907 and Grif 9286 of species CF, and PI 593620 and PI 593639 of species CP (Fig.2-B).

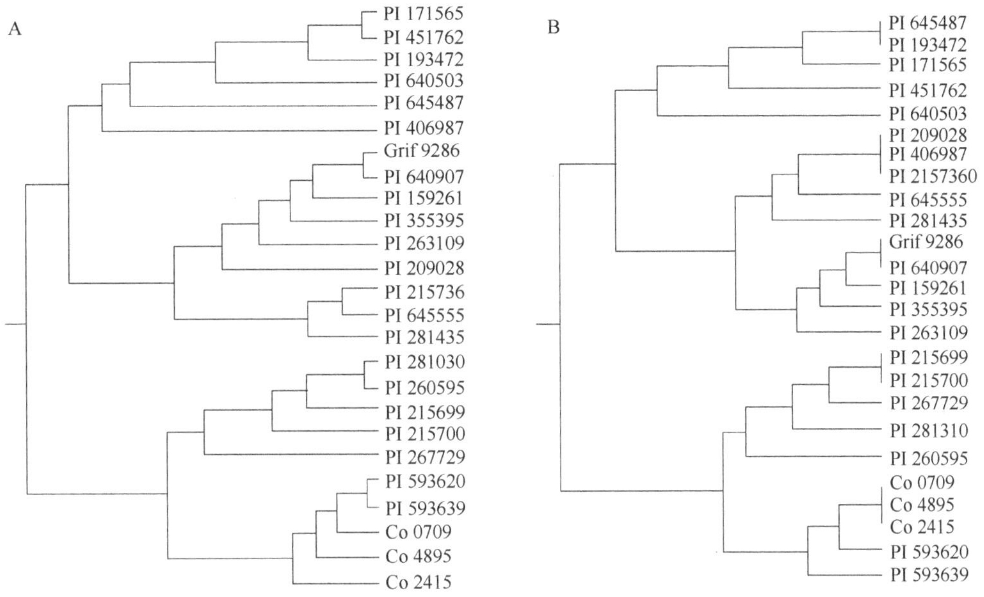

Fig. 2 UPGMA dendrograms based ITS sequences (A) and *trn*H-*psb*A sequences (B)

3 Discussion

The evolution rate of ribosomal DNA ITS sequence was rapid and can provide a wealth of variable sites. Therefore, it is not only widely used for species identification, but also for genetic distance analysis within species (Christopher et al., 2009; Vijaykumar et al., 2010; Yan et al., 2010). Cytoplasmic DNA as maternal inheritable materials is relative stable compared to nuclear DNA and has lower variation frequency. Therefore, it is more suitable as molecular markers for the species origination and evolution. In plant chloroplast genes, some regions, particularly the non-coding regions, have relatively high nucleotide substitution rate, thus those regions can be used not only for the reconstruction of phylogenetic relationships between species, but also for the intraspecies genetic diversity analysis. Since the non-coding region of *trn*H-psbA gene has small external selection pressure and high evolutionary rate, it has been widely used in intraspecies phylogenetic analysis and phylogeography studies (John et al., 2009; Mònica et al., 2009). Pepper has strong ecological adaptation ability and distributes widely in the world with high degree of geographical heterogeneity and wide geographical terrain. Different eco-climatic conditions are favorable for the formation of peppers with different genetic backgrounds. Moreover, geographic isolation has hindered gene flow between pepper species, resulting in higher level of differentiation. Therefore, classification of pepper solely based on morphology is not reliable. Jarret (2008) analyzed genetic diversity of pepper species CA, CC and CF using multiple nuclear DNA fragments and chloroplast fragments and found that *trn*H-*psb*A and *trn*L-*trn*T fragment can effectively distinguish the pepper species, but not varieties of the same species. Similar to their results, our study also found that *trn*H-*psb*A sequence could be used to distinguish the five pepper species. Meanwhile, the variation among ITS sequences was greater than that of *trn*H-*psb*A sequence, therefore is better than *trn*H-*psb*A sequence to distinct pepper species. However, it is not as accurate as *trn*H-*psb*A sequence. In summary, clustering based on ITS and *trn*H-*psb*A sequences indicate that these two sequences can be used to distinguish species, but not varieties within species. Combining these two sequences can effectively distinguish different varieties of pepper species.

According to the principles of plant physiology and ecology, plant ecologic types may not necessarily appear in its morphology. They are more reflected in their differences in physiological and biochemical characteristics (Liu and Mao, 2008). When the plant growth conditions were unable to meet their normal growth requirements, some plant characteristics would alter significantly. For example, water deficit could cause partial stomatal closure and increase resistance to CO_2 flow, resulting in reduced substrate of photosynthesis and photosynthetic rate. This paper showed P_N of pepper species had less difference under natural conditions and had significant difference to stresses and the size of impact of different stress to different species was different. P_N decreases of CB and CP were relatively small to drought stress, CC had the highest decrease to waterlogging and CP had the smallest to low temperature, these results showed different species had different resistance to different stress, CB and CP had stronger resistance to drought, CC had the weakest resistance to waterlogging and CP had the strongest resistance to low temperature. WUE is determined by plant P_N and E, namely consumption per unit weight of water and the amount of CO_2 fixed by plants. The value of WUE can reflect adaptation ability of plant to stress (Fischer and Turner, 1978). The WUE increases of CB and CP were higher than the others and it indicated that the two species had stronger resistance to stress. Plants will close partial stomatal and increase resistance to CO_2 flow, lead to reduce substrate and decrease P_N when growth conditions conflict with the normal requirements such as chilling, high temperature and mild water deficit (Fischer and Turner, 1978). Our results showed g_s all decreased under stress and specially significantly to waterlogging. Taking together, our study showed pepper had stronger resistance to drought and weak to watlogging that was consistent with pepper is originated in the tropical regions of Latin America. Moreover, clustering based on the changes in P_N of the five species under drought stress is consistent with that based on genetic analysis, but different from that based on E and g_s, which may be related to the fact that P_N is affected by multiple factors. And clustering based on the changes in P_N under waterlogging and low temperature stresses is similar to the cluster based gene sequences. In conclusion, the study suggests that the P_N under stresses can be used as an important criterion for genetic diversity analysis and species identification of pepper species.

References

Bahadur B J. 2003. Studies on interspecific and intraspecific genetic relationships in Capsicum using randomly amplified polymorphic DNA markers and chloroplast DNA sequences. PhD, New Mexico State University.

Christopher H J, Kenneth J S, Harvey E B J. 2009. Evolutionary relationships, interisland biogeography, and molecular evolution in the Hawaiian violets (*Viola*: Violaceae). Am J Bot, 96: 2087 -2099.

Egawa Y, Tanaka M. 1986. Cytogenetical study of the interspecific hybrid between *Capsicum annuum* and

Capsicum baccatum. Japan J Breed, 36: 16-21.

Egawa Y. 1985. Cytogenetical relationships between wild and cultivated *Capsicum* peppers and their phylogenetic differentiation. Ph. D. thesis, Department of Genetic resources, National institute of Agrobiological Resources, Tsukuba Science City, Ibaraki-keu 305, Japan.

Fischer R A, Turner N C. 1978. Plant productivity in the arid and semiarid z ones. Ann Rev Plant Physiol, 29: 227-317.

Jarret R L. 2008. DNA barcoding in a crop genebank: resolving the *Capsicum annuum* species complex. The Open Biol J, 1:35-42.

John K W, Ericksona D L, Andrew F J, et al. 2009. Plant DNA barcodes and a community phylogeny of a tropical forest dynamics plot in Panama. PNAS, 106: 18621-18626.

Lefebvre V, Palloix A, Max R. 1993. Nuclear RFLP between pepper species (*Capsicum annuum* L). Euphytica, 71:189-199.

Liu X Y, Mao X F. 2008. Study on the effect of adversity on plant photosynthetic physiology. J Hebei Agri Sci, 12:12-14.

McLeod M J, Guttman S I, Eshbaugh W H. 1982. Early evolution of chile peppers (*Capsicum*). Econ Bot, 36: 361-368.

Mònica F, Núria GJ, Roser V, et al. 2009. Evolution and biogeography of *Centaurea* section *Acrocentron* inferred from nuclear and plastid DNA sequence analyses. Ann Bot-London, 103: 985-997.

Peterson A, John H, Koch E, et al. 2004. A molecular phylogeny of the genus *Gagea* (Liliaceae) in Germany inferred from non-coding chloroplast and nuclear DNA sequences. Plant Syst Evol, 245: 145-162.

Pickersgill B. 1971. Relationships between weedy and cultivated forms in some species of chili peppers (genus *Capsicum*). Evolution, 25: 683-691.

Pickersgill B. 1997. Genetic resources and breeding of *Capsicum* spp. Euphytica, 96: 129-133.

Prince J P, Lackney V K, Angele, C, et al. 1995. A survey of DNA polymorphism within the genus Capsicum and the fingerprinting of pepper species. Genome, 38:224-231.

Rogers O S, Bendich A J. 1988. Extraction of DNA plant tissue, plant molecular. *In*: Gelvin S B, Schilpe R A, Verna D S. Plant Molecular Biology Manual. Dordecht: Kluwer Academic Publishers: 1-10.

Vijaykumar A, Saini A, Jawali N. 2010. Phylogenetic analysis of *Subgenus vigna* species using nuclear Ribosomal RNA ITS: Evidence of hybridization among vigna unguiculata subspecies. J Hered, 101: 177-188.

White T J, Bruns T, Lee S, et al. 1990. Amplification and direct sequencing of fungal ribosomal RNA genes for phylogenetics. *In*: Innis MA, Gelfand DH, Sninsky JJ, et al. PCR Protocols: A Guide to Methods and Applications. New York: Academic Press, Inc: 315-322

Yan J, Deng J, Zhou C J, et al. 2010. Phenotypic and molecular characterization of *Madurella pseudomycetomatis* sp. nov., a novel opportunistic fungus possibly causing black-grain mycetoma. J Clin Microbiol, 48: 251- 257.

辣椒逆境条件下的光合反应与其基因多样性分析

欧立军[1,2,3]，邹学校[1]

（[1]湖南省农科院蔬菜研究所 湖南长沙 410125；
[2]民族药用植物资源研究与利用湖南省重点实验室, 湖南怀化 418008；
[3]怀化学院生命科学系，湖南怀化 418008）

摘要：对辣椒5个栽培种的25个个体进行干旱逆境下的光合特性分析并结合核基因组的ITS序列和叶绿体*trn*H-*psb*A序列对其进行亲缘关系探讨。结果发现，干旱逆境对栽培种内的光合特性影响差异不明显，对栽培种间的光合特性影响却存在明显差异。25个个体的ITS序列长为591~619bp，GC%为51.1%~64.5%；*trn*H-*psb*A序列长为537~558bp，GC%为27.2%~28.5%，ITS序列的变异率高于*trn*H-*psb*A序列。5个栽培种间的聚类结果发现，基于干旱逆境的光合速率的变化与基于基因组和形态差异的聚类结果类似，CC和CF优先聚类后CA聚类，CP与CB聚类；同时三者都不能完全区分栽培种内的品种。结果表明，干旱逆境下的光合速率变化与形态和基因差异一样，可以作为区分辣椒栽培种亲缘远近的依据。

关键词：辣椒；栽培种；干旱逆境；光合速率；基因序列；亲缘

The hottest pepper variety in China*①

Deng Minghua[1,2], Wen Jinfen[3], Zhu Haishan[2], Zou Xuexiao[1]

([1] College of Longping, Central South University Changsha, Hunan 410125 China;
[2] Department of Horticulture, Yunnan Agricultural University, Kunming, Yunnan 650201 China; [3] Faculty of Modern Agricultural Engineering, Kunming University of Science and Technology, Kunming, Yunnan 650224 China)
Author for correspondence. (e-mail: dengminghua1974@yahoo.com.cn or zou_xuexiao@163.com)

Abstract: The purpose of this study was to find out a pepper which contains maximum capsaicin and dihydrocapsaicin, so that both can be extracted from it to be used as food ingredients or as powder after isolation. Several pepper germplasm in China were studied by HPLC (high performance liquid chromatography). Shuanla (*Capsicum frutescens* L. *cv. Shuanlaense*) was found in Capsaicin, Dihydrocapsaicin, Pungency (SHU) were significantly higher than the others. We have identified that Shuanla is the hottest pepper variety in China.
Key words: Pepper Resources (*Capsicum* spp.); Pungency(SHU); HPLC

Introduction

Pepper (*Capsicum* spp.) is an important vegetable and spice crop grown in tropical, subtropical as well as temperate regions. Peppers are rich in vitamin C and the pungency of the fruit is due to the presence of capsaicin. The genus *Capsicum* comprises five cultivated species and approximately twenty wild species. In China, the genus is represented by two cultivated species (*Capsicum annuum* L. and *Capsicum frutescens* L.) comprising many varieties. China is the largest country of planting and yield in pepper. Chinese pepper is exported to many countries, notably USA.

The hot flavor of peppers is due to the presence of a group of many closely related compounds called capsaicinoids. All of the identified capsaicinoids in the *Capsicum* fruits are vanillylamides of branched fatty acids, with 9~11 carbons, of which capsaicin (vanillylamide of 8-methylnontrans-6- enoic acid) and dihydrocapsaicin (vanillylamide of 8 methylnonanoic acid) occur in quantities greater than 80%. The remaining derivatives are found in very small amounts (Krajewska and Powers, 1988; Thomas et al., 1998; Perucka and Materska, 2001).

---

* 基金项目：国家 863 计划(2006AA100108-4-10, 2006AA10Z1A6-3)。

① 本文原载 *Genetic Resources and Crop Evolution*, 2009, 56: 605-608。

Pepper hotness is measured in Scoville Heat Units (SHU) which is originally a subjective measure but today, pepper hotness is more frequently determined by HPLC (high performance liquid chromatography), whose results can be correlated to traditional Scoville ratings: the conversion generally accepted is that 15 Scoville units is equal to 1 ppm capsaicin plus capsaicinoids (Scoville, 1912; Krajewska and Powers, 1988; Dong, 2000). The hottest pepper, 'Red Savina' Habanero, has been tested at over 577,000 Scoville units. The extremely fiery Thai pepper barely reach 100,000.

The objective of our work was to find out a pepper which contains maximum capsaicin and dihydrocapsaicin, so that both can be extracted from it to be used as food ingredients or as powder after isolation. We have analysed various varieties of peppers from different states of China. The peppers have been assigned their local names because the botanical identification of these peppers could not be ascertained.

Materials and methods

Five pepper cultivars conserved in the Department of Horticulture of Yunnan Agricultural University, China were used in the study (Table 1). All of the cultivars were grown at the Yunnan Agricultural University Farm in 2008. Fruits from plants were harvested at the color-break stage and some of them were divided into pericarps and placenta.

Dried materials (pericarp, placenta and fruit) were ground using a Retsch ZM 1 Ultra Centrifugal mill (Haan, Germany) with a 1mm screen insert. For each determination, 1g of powder was extracted with 25ml of acetone shaken at room temperature for 4h. The extract was filtered through a 0.45mm filter (Millex-HN, Millipore) and stored at 4℃ until processed. A 10μl aliquot was sampled for HPLC and injected via an autosampler for analysis in a Hitachi-Merck 6200. The mobile phase for HPLC was $CH_3OH : H_2O=65 : 35$ at a flow rate of 1ml/min. The solid phase consisted of a LiChrospher 100 RP-18 (5mm) column (Merck) and a precolumn guard cartridge. Detection was at 229nm and retention times were 8min for capsaicin and 11min for dihydrocapsaicin. Capsaicin and dihyrocapsaicin external standards (Sigma, M2028 and M1022, respectively) were prepared as 50 ppm stocks in absolute ethanol. Peak areas of capsaicin and dihydrocapsaicin were converted to ppm as described by Collins et al. (1995).

Results and Conclusion

From the above analysis, we calculated the amount of capsaicin and dihydrocapsaicin in ppm. Table 1 shows the capsaicin and dihydrocapsaicin content in pepper varieties and decreasing order of pungency in SHU. In general *Capsicum frutescens* is hotter than *Capsicum annuum* (Pickersgill,1997). In our study, the amount of capsaicin and dihydrocapsaicin in Shuanla, Xiaomila and Damila all belonging to *Capsicum frutescens* L. is higher than those in Guangzhoubaipijiao and Kunmingzhoupijiao belonging to *Capsicum annuum* L. (table 1). We also found that the Shuanla variety (*Capsicum frutescens* L. *cv. Shuanlaense*) of Chinese pepper contains maximum capsaicin and dihydrocapsaicin contributing to a pungency of 355,800 SHU, which seems to be the hottest pepper known so far. This pepper evokes a biting sensation. Thus, we have identified the hottest pepper variety in China (Figure 1, Figure 2).

Table 1 Capsaicin and dihydrocapsaicin content and pungency in different varieties of Chinese red chillies*

Capsicum type	Species	Experimental Material	Capsaicin (mg/g)	Dihydrocapsaicin (mg/g)	Capsaicin/ Dihydrocapsaicin	Pungency (SHU)
		pericarp	17.29±0.65	5.17±0.23	3.34	336,900
Shuanla	*Capsicum frutescens* L.	placenta	19.25±0.53	6.41±0.14	3.00	384,900
		Total fruit	18.07±0.70	5.65 ±0.18	3.20	355,800
		pericarp	7.13±0.35	2.25±0.14	3.17	140,700
xiaomila	*Capsicum frutescens* L.	placenta	7.73±0.38	2.88±0.16	2.68	159,150
		Total fruit	7.32±0.34	2.43±0.14	3.01	146,250
		pericarp	6.86±0.29	2.07±0.11	3.31	133,950
damila	*Capsicum frutescens L.*	placenta	7.24±0.33	2.46±0.13	2.94	145,500
		Total fruit	6.95±0.30	2.23±0.13	3.12	137,700
		pericarp	3.09±0.16	1.22±0.08	2.53	64,650
Guangzhou baipijiao	*Capsicum annuum* L.	placenta	6.75±0.28	2.64±0.10	2.56	140,850
		Total fruit	4.95±0.19	1.93±0.06	2.56	103,200
		pericarp	0.85±0.03	0.39±0.01	2.18	18,600
Kunming zhoupijiao	*Capsicum annuum* L.	placenta	1.52±0.08	0.64±0.03	2.38	32,400
		Total fruit	1.35±0.08	0.56±0.03	2.41	28,650

*Red Savina Habanero, a Mexican chilli reported to be hottest in the world has a pungency of 577,000 SHU;
Values are the mean ± SD from three repetitions.

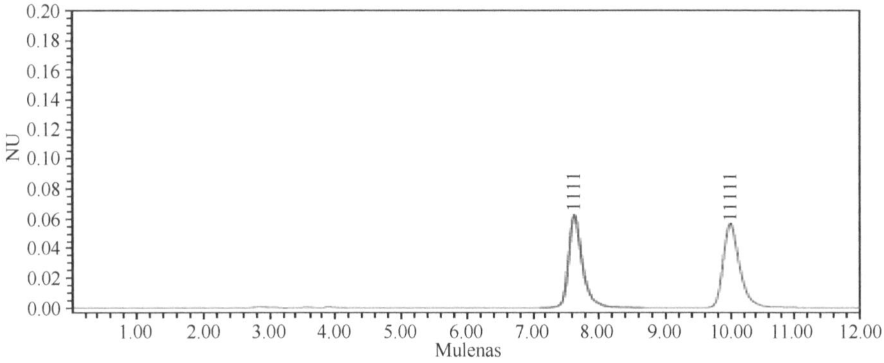

Figure 1 HPLC chromatogram of Standard capsaicin showing capsaicin and dihydrocapsaicin。

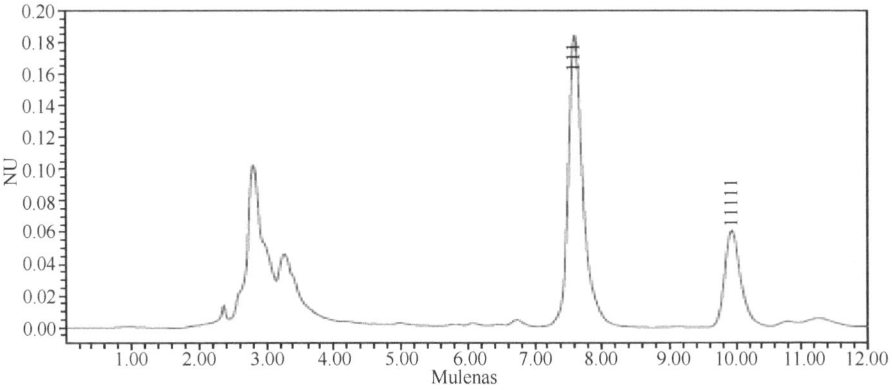

Figure 2 HPLC chromatogram of Shuanla's placenta showing capsaicin and dihydrocapsaicin.

References

Collins MD, Wasmund LM, Bosland PW. 1995. Improved method for quantifying capsaicinoids in Capsicum using high performance liquid chromatography. HortScience, 30: 137-139.

Dong MW. 2000. How hot is that pepper? Today's Chemist at Work, 9 (5): 17-20.

Krajewska AM, Powers J J. 1988. Sensory properties of naturally occurring capsaicinoids. Journal of Food Science, 53(3): 902-905.

Perucka I, Materska MG. 2001. Phenylalanine ammonia-lyase and antioxidant activities of lipophilic fraction of fresh pepper fruits *Capsicum annuum* L. Innovative Food Science and Emerging Technologies, 2: 189-192.

Pickersgill B. 1997. Genetic resources and breeding of *Capsicum* spp. Euphytica, 96: 129-133.

Scoville, WL. 1912. Note *Capsicum*. J Am Pharm Assoc, 1: 453.

Thomas BV, Schreiber AA, Weisskopf C P. 1998. Simple method for quantitation of capsaicinoids in peppers using capillary gas chromatography. Journal of Agricultural and Food Chemistry, 46: 2655-2663.

Yawen Z, Jianjun W, Zongyi Y, et al. 2001. The diversity and sustainable development of crop genetic resources in the Lancang River Valley. Genetic Resources and Crop Evolution, 48: 297-306.

中国最辣的辣椒品种

邓明华[1,2]，文锦芬[3]，朱海山[2]，邹学校[1]

（[1]中南大学隆平分院，湖南长沙，410125；[2]云南农业大学园艺学院，云南昆明，650201；
[3]昆明理工大学现代农业工程学院，云南昆明，650224）

摘要：本研究的目的在于找到一个含辣椒素和二氢辣椒素最高的辣椒品种。经过从辣椒中提取的辣椒素和二氢辣椒素可以用这食品添加剂或辣椒粉。我们用HPLC法研究了几个从中国收集的辣椒资源。我们发现涮辣的辣椒素、二氢辣椒素和辣度在供试的几个品种中是最高的。我们认为涮辣是中国最辣的辣椒品种。

关键词：辣椒资源；辣度；HPLC

辣椒花粉形态特征及分类初探*①

邓明华[1,2]，邹学校[1,3]，文锦芬[4]，朱海山[2]，张竹青[3]，赵　凯[2]

（[1]中南大学隆平分院，长沙　410125；[2]云南农业大学园林园艺学院，昆明　650201；[3]湖南省农业科学院蔬菜研究所，长沙　410125；[4]昆明理工大学现代农业工程学院，昆明　650224）

摘要：利用扫描电镜对辣椒（*Capsicum annuum* L.）6个变种植株的花粉形态进行了系统观察和比较分析。研究结果表明：6个变种的花粉呈矩圆形、椭圆形或圆形；极面观均为三裂片圆形；具三萌发沟，沟长达两极,沟的末端在极面上不连接形成合沟；花粉外壁纹饰在扫描电子显微镜下以刺-颗粒状复合纹饰为主。变种间在花粉形状和外壁纹饰方面有一定差异。根据其特征可以对辣椒进行分类，并反映变种间的亲缘关系。

关键词：辣椒；花粉形态；电镜扫描

辣椒（*Capsicum* spp.）被认为是起源于新大陆的热带和亚热带地区，明朝末年（1640年）引入中国（邹学校，2002）。过去辣椒的分类较为混乱。Linnaeus（1753）首先将辣椒分为一年生椒（*Capsicum annuum* L.）和灌木状椒（*Capsicum frutescens* L.）两类，Irish（1898）在Linnaeus（1753）的分类基础上将一年生椒分为7个变种，Bailey（1923）认为，Linnaeus所划分的一年生椒和灌木状椒同是一个种（*Capsicum frutescens* L.），下面含5个变种，在热带这个种是多年生的灌木类型，而在温带则是一年生蔬菜栽培的（Barbara，1997）。1983年国际植物遗传资源委员会确定辣椒栽培种主要有5个，将一年生椒和灌木状椒分别单独列出（邹学校，2002）。我国根据1983年全国辣椒遗传资源的收集情况，确定了一种分类方法，同Irish系统相近，将国内的辣椒资源分为2个种：一年生辣椒和灌木状辣椒，在一年生辣椒中又分为了6个变种，即灯笼椒（var. *grossum*）、长椒（var. *longum*）、指形椒（var. *dactylus*）、短锥椒（var. *breviconoideum*）、簇生椒（var. *fasciculatum*）和樱桃椒（var. *carasiforme*）。一年生辣椒由于长期的人工栽培、育种，品种繁多，其变异非常丰富，分化程度高。到目前为止，很多学者从形态学、细胞学、同工酶技术和分子生物学等方面对辣椒的起源、演变、进化和分类进行了研究，对辣椒的分类提出了诸多观点，由于研究材料和方法不同，目前尚未得到统一的认识（Egawa et al.，1984；Li et al.，1993；Pickersgill et al.，1971；Lefebvre et al.，1993；Chen et al.，

---

* 基金项目：现代农业产业技术体系建设专项资金，干辣椒行业科技项目（200903025），国家科技支撑计划（2008BADB1B04-02），云南省“十一五”科技攻关项目（2006NG17），云南省应用基础研究基金（2008CD136，2009CD055）。

① 本人原载《西北植物学报》，2010，30（7）：1366-1370。

1990；Dai and Shen，1992；Prince et al.，1995；Wang，1996；Paran，1998；Fan et al.，2001；Wang et al.，2003；Ma et al.，2003；Yang et al.，2005。

花粉形态和结构上的细微差异，可以为揭示其亲缘关系、系统发育的演变趋势提供重要线索。我国学者从上世纪 50 年代开始，就开始了对花粉的系统研究。迄今为止，孢粉学已广泛应用于多种植物的系统分类上（Wang and Zhou，1990；Li et al.，2008；Zou et al.，1986；Meng et al.，2004，2006；Yang et al.，2003；Chen et al.，2007；Zhang et al.，2004；Chen et al.，2004；Shen et al.，2001），但在辣椒上应用甚少（Dai，2001）。本研究利用辣椒（*Capsicum annuum* L.）6 个变种的花粉为主要研究材料，试图通过花粉的电镜扫描观察，分析比较其大小、形态、萌发器官和外壁纹饰等特征，以寻求其规律性，为辣椒亲缘关系和系统演化研究提供孢粉学参考。

1 材料与方法

1.1 材料

本试验所采用的辣椒品种分属于辣椒（*Capsicum annuum* L.）6 个不同的变种（表 1）。全部试验材料在其相应的适宜播种期播种，苗龄 80d 左右，定植于塑料大棚内，每个品种定植 30~50 株。田间管理同一般大田生产。

表 1 辣椒（*Capsicum annuum* L.）花粉主要形态特征

Table 1 The morphological characters of the pollen grains of the pepper（*Capsicum annuum* L.）

供试材料 Experimental material	Varieties	花粉粒形状 Pollen shape		花粉粒大小 Pollen size（μm）		
		赤道面观 Polar view	极面观 Epuatorial view	赤道轴长 Length of equatorial axis	极轴长 Length of polar axis	极/赤 P/E
茄门 Qiemen	*C. annuum* L. var. *grossum*	矩圆形 Rectangular	三裂圆形 Trilobatecircular	（20.75~22.41）22.13	（38.92~42.28）41.74	1.87
樱桃椒 yingtaojiao	*C. annuum* L. var. *carasiforme*	椭圆形 Elliptic	三裂圆形 Trilobatecircular	（17.62~21.45）19.10	（22.91~27.42）25.65	1.34
云南小米辣 Yunnanxiaomila	*C. annuum*L. var. *fasciculatum*	椭圆形 Elliptic	三裂圆形 Trilobatecircular	（12.81~17.47）15.48	（21.42~24.29）22.97	1.48
湘潭矮树早 Xiangtanaishuzao	*C. annuum* L. var. *longum*	矩圆形 Rectangular	三裂圆形 Trilobatecircular	（21.55~25.22）23.61	（34.63~38.30）36.91	1.56
丘北辣椒 Qubei la	*C.annuum* L. var. *dactylus*	近圆形 Suborbicular	三裂圆形 Trilobatecircular	（24.49~27.12）25.99	（27.74~29.85）28.65	1.10
昆明皱皮辣 kunmingzhoupila	*C.annuum* L. var. *breviconoideum*	近圆形 Suborbicular	三裂圆形 Trilobatecircular	（21.35~23.67）22.25	（21.61~23.96）22.35	1.01

1.2 方法

在植株营养生长期，根据品种特征特性，选择符合品种典型性的植株，分别进行标记。盛花期，将入选植株进行套袋，以防止花粉污染，套袋前去掉所有已经开放的花。试验时，用小镊子取已开花朵的新鲜成熟的花药，置洁净干燥的玻璃器皿中。剪取小块双面胶带贴在小金属台上，花粉粘到样品台后，在 Eiko IB5 型离子溅射仪中镀膜，在

JEOL JSM26360LV 型扫描电镜下观察花粉形态及表面特征，每个样品测量 20 粒花粉的极轴长和赤道轴长，选有代表性的赤道面、极面、群体、个体拍照。每一样本在 500 倍下测量 20 个花粉粒的极轴、赤道轴，计算其平均值，并以最大到最小值作为该材料的变异幅度值。

2 结果与分析

2.1 花粉的大小、形状与萌发沟

扫描电镜的观察结构表明：辣椒花粉粒形态在变种间存在丰富的多样性。有的呈矩圆形，如茄门（图版 1，1a）和湘潭矮树早（图版 1，4a）；有的呈椭圆形，如樱桃椒（图版 1，2a）和云南小米辣（图版 1，3a）；有的呈球形，如丘北辣（图版 1，5a）和昆明皱皮辣（图版 1，6a）。

辣椒花粉粒的大小在变种间有一定的差异（表 1，图版 1），极轴长度（*P*）最大为 41.74μm（茄门，图版 1，1a），最小为 22.35μm（云南小米辣，图版 1，3a）。赤道轴宽度（E）最大值为 25.99μm（丘北辣，图版 1，5a），最小值为 15.48μm（云南小米辣，图版 1，3a），花粉体积最大的为茄门（41.74μm × 22.13μm，图版 1，1a），最小的为云南小米辣（22.97μm × 15.48μm，图版 1，3a），*P*/*E* 最大者为 1.87（茄门，图版 1，1a），最小者为 1.01（昆明皱皮辣，图版 1，6a）。昆明皱皮辣的花粉（22.25μm × 22.35μm）是辣椒中唯一接近球形的花粉。

Wodehouse（1935）在讨论花粉功能及进化关系时指出，越进化的花粉其调节功能越强，而调节功能随着花粉体积与表面积之比的减少而增强，体积与表面积之比与花粉的长度呈反比，即花粉越长，其体积与表面积之比就越小，调节功能越强，也就越进化。据此，从研究的几个辣椒的进化关系如与其花粉粒的 *P*/*E* 值对应，则在这 6 个变种中灯笼椒（茄门）和长椒（湘潭矮树早）比较进化，这与 Chen 等（2009）的观点一致。关于花粉大小的演化顺序，目前公认比较原始的被子植物花粉体积都是比较大的，由大到小进化。在所研究的 5 个材料中，花粉粒都属于较小类型（最长轴＜49μm），应为较进化的类群。

花粉萌发沟在变种间的变化不大（表 1，图版 1），都表现为 3 沟花粉，沟长而宽或长而窄，裂沟一般几乎达两极，但沟末端在极板上都不连接形成合沟。但在萌发沟深浅、宽窄、孔膜和沟缘整齐度上有一定的区别。具体表现为在这 6 个辣椒变种中，长椒（湘潭矮树早，图版 1，4a）和樱桃椒（樱桃椒，图版 1，2a）萌发沟窄，沟缘不整齐，其余都较宽，沟缘较整齐；指形椒（丘北辣，图版 1，5a）萌发沟比较浅和宽，且中间有疣状物；灯笼椒（茄门，图版 1，1a）孔膜不明显，其余或较明显或突出；短锥椒（昆明皱皮辣，图版 1，6a）和簇生椒（云南小米辣，图版 1，3a）赤道处朝外突起，且昆明皱皮椒萌发孔处明显加厚，昆明皱皮辣有明显的瘤状物。

2.2 花粉表面纹饰

6 份供试辣椒材料的花粉外壁表面纹饰的基本类型为刺-颗粒状（图版 1）。但在刺

-颗粒的大小、分布密度和均匀度变种间多样性较丰富。灯笼椒（茄门，图版 1，1b）为分布较为均匀的刺-颗粒状纹饰，分布较稀疏，颗粒直径约 0.23μm，颗粒之间的间距约 0.45μm；樱桃椒（樱桃椒，图版 1，2b）则为分布较均匀的刺-颗粒状纹饰，分布密集，颗粒直径约为 0.25μm，间距约为 0.23μm；簇生椒（云南小米辣，图版 1，3b）的刺-颗粒状纹饰分布较均匀且密集，直径约为 0.27μm，间距约为 0.22μm；长椒（湘潭矮树早，图版 1，4b）刺-颗粒状纹饰分布较均匀且密集，直径约为 0.33μm；短锥椒（昆明皱皮辣，图版 1，6b）的颗粒状纹饰分布不均匀且稀疏，颗粒直径约为 0.24μm；指形椒（丘北辣，图版 1，5b）的表现为分布不均匀的颗粒状纹饰，刺状纹饰之间有脊。

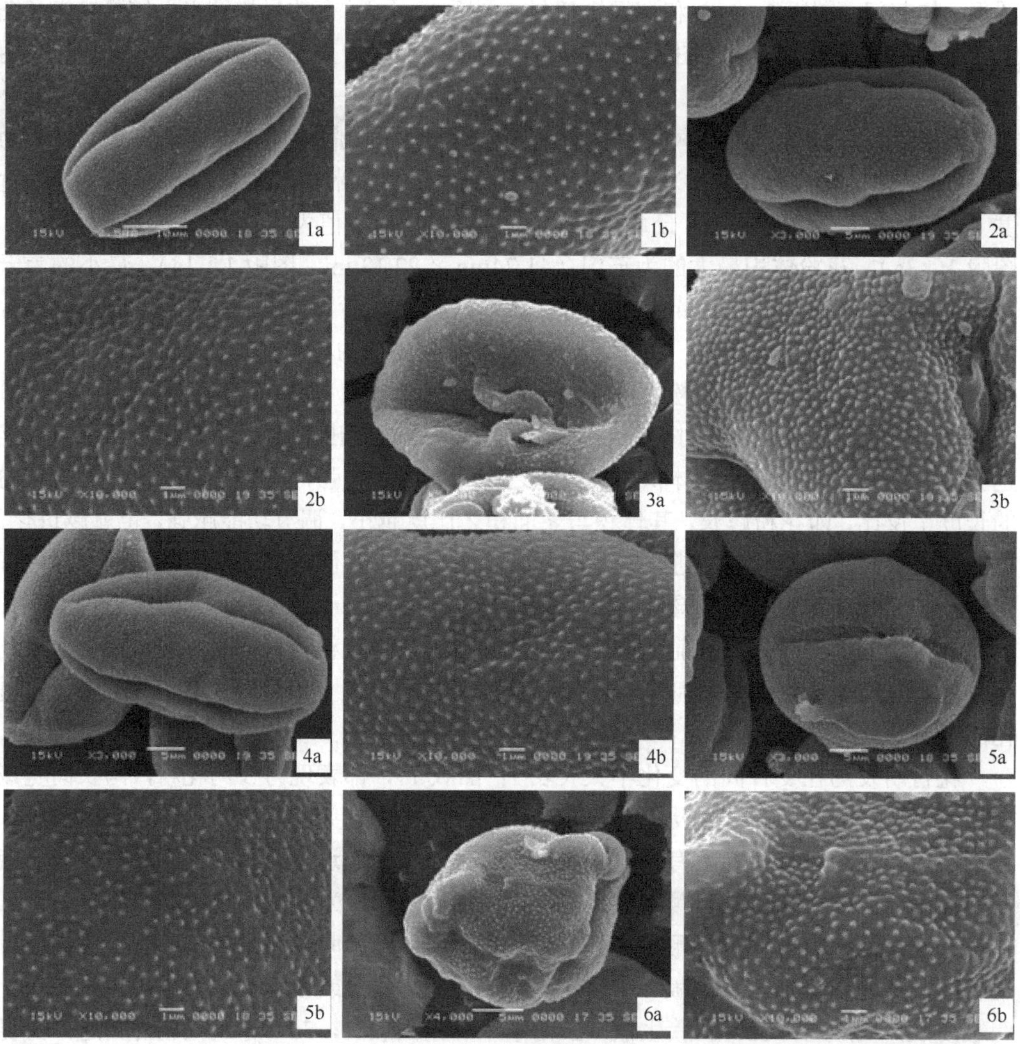

图版 1　辣椒（*Capsicum annuum* L.）花粉形态电镜观察

1a~1b 茄门；2a~2b 樱桃椒；3a~3b 云南小米辣；4a~4b 湘潭矮树早；5a~5b 丘北辣；6a~6b 昆明皱皮辣

Plate1　Pollen morphology of the pepper (*Capsicum annuum* L.) under SEM

1a~1b *C. annuum* L. var. *grossum*; 2a~2b *C. annuum* L. var. *carasiforme*; 3a~3b *C. annuum* L.var. *fasciculatum*; 4a~4b *C. annuum* L. var. *longum*; 5a~5b *C. annuum* L. var. *dactylus*; 6a~6b *C.annuum* L. var. *breviconoideum*

2.3 亲缘关系研究

对辣椒花粉的赤道轴长、极轴长和极/赤等 3 个形态指标进行聚类分析（图 1）。从图 1 可知：6 个辣椒变种首先被聚为 2 类，灯笼椒（茄门）和长椒（湘潭矮树早）聚为 1 类，其余聚为 1 类。

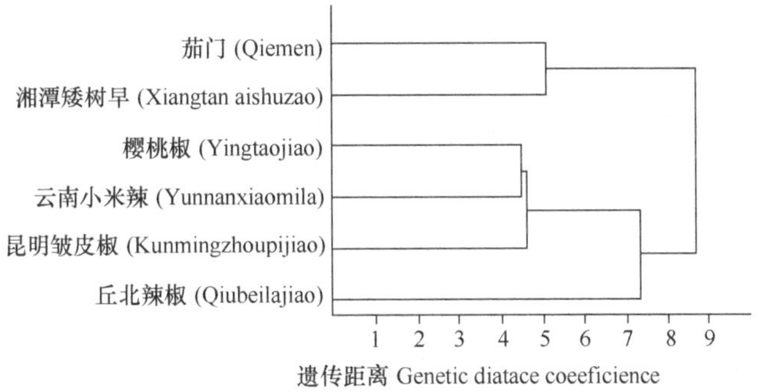

图 1　辣椒（*Capsicum annuum* L.）6 个变种的聚类分析树状图

Fig. 1　Dendrogram of cluster analysis for cultivars in pepper（*Capsicum annuum* L.）

第一类群包括灯笼椒和长椒，花粉形态表现为都属于矩圆形，花粉粒较大，*P* 值分别为 41.74μm 和 36.91μm，极/赤值比较大，为 1.87 和 1.56，说明灯笼椒和长椒的亲缘关系比较近。同时这一类型种质的果实都比较大，辣味相对较淡或无辣味，叶片较大，花器较大，在栽培上表现为对肥水要求较高，产量也比较高。同时由于极/赤比较大，属于比较进化的类型，这与 Chen 等（2009）的观点一致。

第二群体包括樱桃椒（樱桃椒）、簇生椒（云南小米辣）、短锥椒（昆明皱皮辣）和指形椒（丘北辣），在这类群中，樱桃椒和云南小米辣首先被聚在一起，再与短锥椒聚在一起，最后与指形椒聚为一类。这一类群花粉形态表现为椭圆或近圆形，花粉粒较大，*P* 值在 30 以下，极/赤值比较小，在 1.5 以下。这一类型种质的果实相对第一群体来说相对较小，多辛辣味浓，植株叶片也较小，花器小，栽培上比较耐贫瘠。

综上分析表明：辣椒花粉形态性状聚类分析能粗略地反映辣椒（*Capsicum annuum* L.）不同变种间的亲缘关系。

3　讨　　论

植物花粉数量庞大，花粉的形态特征是具有很强遗传稳定性的保守性状（王开发和王宪曾，1983；Erdtman，1978）。辣椒花粉形态特征具有很高的一致性，突出表现在花粉呈近球形或矩圆形，*P*/*E* 介于 1.01~1.87；萌发孔均为三孔沟；外壁纹饰均为刺-颗粒状纹饰。根据“Wodehouse 效应”，P/E 越大，花粉的调节功能越强，因而进化程度相对较高的观点，在本研究的 6 个材料中，无辣味的灯笼椒是比较进化的，这与陈学军等的观点一致。

花粉形态是受基因型所控制，具有保守型、稳定性和可靠性，而且花粉外壁纹饰又是花粉中最有价值的分类依据之一，故在植物分类、系统发育、起源与演化方面被广泛应用（王开发和王宪曾，1983；Erdtman，1978）。本试验所采用的6种材料在花粉粒表面所具有的刺-颗粒状纹饰表现出了种的一致性，但刺-颗粒的大小、分布密度和均匀度变种间多样性较丰富。

萌发孔是孢粉系统发育上最重要的标志，萌发孔的进化是种子植物演化中的主要特征之一，而萌发孔的关键特征取决于萌发孔的数目、类型、形状和位置（王开发和王宪曾，1983；Erdtman，1978）。萌发孔具有为花粉管萌发提供出口，随环境适度变化调节花粉粒大小的功能。本试验观察的6种辣椒花粉萌发孔基本一致，均属于3沟花粉，沟长几乎达两极，但沟末端在极板上都不连接形成合沟。

但根据花粉的形态特征也可以发现，在本试验所观察的6个辣椒花粉粒也存在一些微小的差异，表现了变种间的差异，可以作为分类的参考依据。

本研究通过对6个辣椒的花粉粒进行研究，发现其花粉粒的形态特征存在一定的差异，但由于选取的材料只涉及到6个不同变种的6份种质资源，其遗传多样性较为狭窄，作为初步研究，仅为辣椒资源分类的深入研究提供参考。为了更详细和准确地研究辣椒的分类，以后有必要从杂交亲和性、核型分析、同工酶谱分析、花粉形态研究和数学分类的角度对辣椒的分类做进一步的探讨，以求得到辣椒更合理的分类体系。

参 考 文 献

王开发, 王宪曾. 1983. 孢粉学手册[M]. 北京: 北京大学出版社.

邹学校. 2002. 中国辣椒[M]. 北京: 中国农业出版社.

BARBARA Pickersgill. 1997. Genetic resources and breeding of *Capsicum* spp.[J]. *Euphytica*, 96: 129~133.

CHEN W Wi(陈薇薇), HE X J(何兴金), ZHANG X M(张雪梅), et al. 2007. Pollen Morphology of the Genus Angelica from Southwest China and Its Systematic Evdution Analysis[J]. *Act a Bot. Boreal- Occident Sin*(西北植物学报), 27(7): 1364-1372. (in Chinese)

CHEN X J(陈学军), FANG R(方荣), ZHOU K H(周坤华), et al. 2009. Numerical taxonomy analysis of phenogenic relationship in pepper[J]. *Actc Agricultuae Jiangxi*(江西农业学报), 21(1): 31-34. (in Chinese)

CHEN X(陈曦), ZHOU ZH Z(周忠泽), CAO J L(曹景林). 2004. Comparative study of tobacco pollen morphology with scanning electronic microscope[J]. *Act a Bot Boreal Occident Sin* (西北植物学报), 24(1): 43-49. (in Chinese)

CHEN ZH(陈璋), LU Q(卢勤), ZHU X Y(朱秀英). 1990. Studies on *Capsicum fructexcens* by isoperoxidase analysis[J]. *Journal of Fujian Agricultural College*(福建农学院学报), 19(2): 167-172. (in Chinese)

DAI X Z(戴雄泽), SHEN M J(沈美娟). 1992. Cluster analysis of hot pepper varieties[J]. *Journal of Hunan Agricultural College*(湖南农学院学报), 18(6): 743-750. (in Chinese)

DAI X Z(戴雄泽). 2001. Pollen morphology of local chilli resources[J]. *Journal of Hunan Agricultural University* (*Natural Sciences*)[湖南农业大学学报(自然科学版)], 27(2): 107-109. (in Chinese)

EGAWA Y, M TANAKA. 1984. Cytogenetic relationships among 3 spp. of chili peppers, *Capsicum chinense*, *Capsicum frutescens* and *Capsicum baccatum* [J]. *Japanese Journal of Breeding*, 34(1): 50~56.

ERDTMAN G. 1978. 孢粉学手册[M]. 北京: 科学出版社.

FAN M. 2001. Analysis of the genetic diversity of *Capsicum* ssp. (pepper) using RAPD analysis[J]. *Joumal of Agricultural Research of China*, 50(4): 29-42.

LEFEBVRE V GOFINET B, CHAUVET J C, CAROMEL B, et al. 2001. Evaluation of genetic distances between pepper inbred lines for cultivar protection purposes: comparisonof AFLP, RAPD and Phenotypic data[J]. *Theor Apl Genet*, 102(5): 741-750.

LEFEBVRE V, Palloix A, Rives M. 1993. Nuclear RFLP between pepper cultivars (*Capsicum annuum* L.) [J]. *Euphytica*, 71: 189-199.

LI G T(李光涛), LIANG T(梁涛). 1993. Karyotype studies on 4 taxa of *Capsicum* [J]. *Guihaia*(广西植物), 13(2): 155~158.(in Chinese)

LI X L(李晓磊), SHEN X(沈向), SUN F Y(孙凡雅), et al. 2008. Ornamental crabapple pollen morphology and its taxonom ic applica tions[J]. *Acta Horticulturae Sinica*(园艺学报), 35(8): 1175-1182. (in Chinese)

MA Y Q(马艳青), LIU ZH M(刘志敏), ZOU X X(邹学校). 2003. An RAPD analysis of pepper germplasm resourse[J]. *Journal of Hunan Agricultural University(Natural Sc iences)*[湖南农业大学学报(自然科学版)], 29(2): 120-123.(in Chinese)

MENG De Y(孟德玉), ZHOU S D(周颂东), HE X J(何兴金), et al. 2004. Pollen morphology of the genus *Peucedanum* from Sichuan and its systematic sign if icance[J]. *Acta Bot Boreal Occident Sin* (西北植物学报), (24): 2341-2345.(in Chinese)

MENG Q F(孟秋峰), WANG B L(汪炳良), HUANG-FU W G(皇甫伟国), et al. 2006. Preliminary studies on mustard taxonomy based on pollen morphology[J]. *Journal of Zhejiang University* (*Agric1 & Life Sci1*)[浙江大学学报(农业与生命科学版)], 32(1): 65-70. (in Chinese)

PARAN I. 1998. Variation in *Capsicum annuum* revealed by RAPD and AFLP markers[J]. *Euphytica*, 99(3): 167-17.

PICKERSGILL B. 1971. Relationships between weedy and cultivated forms in some species of chili peppers (genus *Capsicum*)[J]. *Evolution*,25: 683-691.

PICKERSGILL B. 1989. Genetic resources of *Capsicum* for tropical regions. *In*: Green S K. *Tomato and Pepper Production in the Tropics*, 1-9. Asian Vegetable Research and Development Center, Taipei.

PRINCE J P, LACKNEY V K, ANGELES C, et al. 1995. A survey of DNA polymorphism within the genus *Capsicum* and the fingerprinting of pepper cultivars[J].*Genome*, 38(2): 224-231.

SHEN X SH(沈显生), LU R L(鲁润龙), ZHOU ZH Z(周忠泽). 2001. Observe the pollengrains of Vallisneria longipedunculata by electron microscope[J]. *Act a Bot Boreal Occident Sin* (西北植物学报), 21(5): 1022-1025. (in Chinese)

WANG JAUYUEH. 1996. Study on the molecular markers of *Capsicum* wild domesticated speciesusing RAPD analysis[J]. *Jounral of Agricultural Research of China*, 45(4): 370-381.

WANG L(王玲), ZHENG J G(郑金贵), NAI ZH X(赖钟雄), et al. 2003. RAPD analysis of genetic diversity in *Capsicum annuum* L.[J]. *Journal of Fujian Agriculture and Forestry University* (*Natural Science Edition*)[福建农林大学学报(自然科学版)], 32(2): 213-216.(in Chinese)

WANG Z H(汪祖华), ZHOU J T(周建涛). 1990. Pollen morphology of peach germplasm[J] . *Acta Horticulturae Sinica*(园艺学报), 17(3): 161-168.(in Chinese)

WODEHOUSE R P. 1935. Pollen Grains[M]. New York: McGraw-Hil Book Co. Inc.: 323-340

YANG R L(杨若林), KONG J(孔俊), WU X(吴鑫), et al. 2005. Application of ISSR markers in genetic polymorphism of *Capsicum frutescens* L. [J]. *Journal of Shanghai University* (*Natural Science*)[上海大学学报(自然科学版)], 11(4): 423-435.(in Chinese)

YANG X(杨雪), WANG H(王红), LONG CH L(龙春林). 2003. Pollen morphology of the genus *Colocasia* (Araceae) from China[J], *Acta Botanica Yunnanica* (云南植物研究), 25(5): 603-608. (in Chinese)

ZHANG Y M(张元明). 2004. Clusteranalys is onpollen morphology of the Tamaricaceae from China[J]. *Act a Bot* Boreal Occident Sin (西北植物学报), 24(9): 1702-1707. (in Chinese)

ZOU L M(邹乐敏), ZHANG X M(张西民), ZHANG ZH D(张志德), et al. 1986. Studies on the systematic relationship of some of the species in the genus *Pyrus* based on pollen grain morphology[J]. *Acta Horticulturae Sinica*(园艺学报), 13(4): 219-223. (in Chinese)

Preliminary Studies on *Capsicum annuum* L. Taxonomy Based on Pollen Morphology

DENG Ming-hua[1,2], ZOU Xue-xiao[1,3], WEN Jin-fen[4], ZHU Hai-shan[2], ZHANG Zhu-qing[3], ZHAO Kai[2]

([1] Branch of Longping, Central South University, Changsha 410125, China; [2] College of Landscape and Horticulture, Yunnan Agricultural University, Kunming 650201, China; [3] Institute of Vegetable Crops, Hunan Academy of Agricultural Science, Changsha 410125, China; [4] Faculty of Modern Agricultural Engineering, Kunming University of Science and Technology, Kunming 650224, China)

Abstract: Morphological studies of pollen of 6 varieties of *Capsicum annuum* L. in China were reported in this paper. The result showed that the pollen shapes were rectangular, or elliptic, or suborbicular from the equatorial view and three-lobed in polar view; the aperture were three-colpate, which extended to polar area and no converaged; the ornamentation of the exine was spinule-granular under SEM. There were some differences in pollen shape and the ornamentation of the exine among different varieties. The pollen shape and the ornamentation of the exine used in this experiment could be classified. This classification was comparable to the traditional subspecies classification.

Key words: pepper (*Capsicum annuum* L.); pollen morphology; scanning electron microscope (SEM)

干旱对辣椒光合作用及相关生理特性的影响*①

欧立军[1,2,3,4]，陈　波[1]，邹学校[3]

（[1]怀化学院生命科学系，湖南怀化　418008；
[2]民族药用植物资源研究与利用湖南省重点实验室，湖南怀化　418008；
[3]湖南省蔬菜研究所，湖南长沙　410125；
[4]湘西药用植物与民族植物学湖南省高校重点实验室　418008）

摘要：采用盆栽实验研究了干旱对 5 个栽培种 *Capsicum annuum* L.（CA）、*Capsicum baccatum* L.（CB）、*Capsicum chinense* Jacquin.（CC）、*Capsicum frutescens* L.（CF）、*Capsicum pubescens* Ruiz & Pavon（CP）和 1 个野生种 *Capsicum baccatum* var. *baccatum*（CBY）的光合作用及相关生理特性的影响。结果发现，干旱条件下辣椒的光合色素下降幅度不大，复水后光合速率恢复较快，非光化学淬灭参数和保护酶活性大幅度上升，气孔导度和蒸腾速率显著下降，WUE 和 q_N 明显上升，这表明辣椒对干旱有较强的适应力；同时发现不同栽培种间的抗旱能力存在一定的差异，CB 的光合色素、光合速率和气孔导度下降幅度最小，非光化学淬灭参数和水分利用率上升幅度最大，这表明 CB 比其他栽培种的抗旱能力强；研究同时发现，野生种 *Capsicum baccatum* var. *baccatum*（CBY）的耐旱能力比 5 个栽培种都强。研究结果表明，辣椒育种应加强栽培种间以及栽培种与野生种之间的基因交流，达到提高产量和品种的抗逆能力的目的。

关键词：辣椒；干旱逆境；光合特性

世界水资源的不足和时空分布的不均是限制植物生长发育的重要因子，对农作物造成很大的损失。干旱胁迫可破坏植物体内的水分代谢，引起细胞失水，导致植物体形态、生理生化发生重大变化。抗旱性是植物对干旱环境条件的一种适应性生理反应，与体内水分代谢、物质代谢有重大关系（Chaves and Oliveira，2004；Bréda et al.，2006）。因此研究作物对干旱胁迫的响应及适应机制，是对作物进行合理调控、实现农业节水的前提，在选育品种等方面具有重要意义。光合作用是植物最基本的生命活动，是对干旱胁迫最敏感的生理过程之一，植物在干旱逆境下会出现光合速率下降的现象（Flexas et al.，2006；Gallé et al.，2007；Subrahmanyam et al.，2006，魏爱丽等，2003），同时会产生一系列的适应性反应如诱导 SOD、POD、CAT 等保护酶活性的增加而提高其抗旱性（Reddy et al.，2003）。随着胁迫时间的延长，叶片叶绿素降解加剧，活性氧和膜脂过氧化产物含量明显增加（曹

* 基金项目：现代农业产业技术体系专项资金资助（CARS-25-A-8）。

① 本文原载《生态学报》，2012，32（8）：2612-2619。

慧等，2004；钱永强等，2010）。干旱逆境下的植物响应已经成为逆境研究的热点之一，在一些植物中得到了研究（Iacono and Sommer，2000；Lanceras et al.，2004）。辣椒为一年或多年生草本植物，茄科辣椒属，原产于中南美洲热带地区，是一种大众化蔬菜，辣椒中维生素 C 的含量在蔬菜中居第一位。国际植物遗传资源委员会（IBPGR）确定辣椒有 *Capsicum annuum* L.、*Capsicum baccatum* L.、*Capsicum chinense* Jacquin.、*Capsicum frutescens* L.和 *Capsicum pubescens* Ruiz & Pavon 等5个栽培种，其中 *Capsicum annuum* L.是主要的栽培种，辣椒育种主要围绕 *Capsicum annuum* L.展开（Pickersgill，1997），但 *Capsicum annuum* L.遗传基础较为狭窄（Prince et al.，1995），极大地制约了辣椒产量和质量的提高。同时辣椒育种主要以杂交为主，杂交辣椒的亲本几乎都是 *Capsicum annuum* L.栽培种，因此不育系与不育系之间以及父本与父本之间遗传背景差异过小，从而影响到杂交辣椒的单产一直徘徊不前。干旱条件下，*Capsicum annuum* L.栽培种光合速率的下降，且光合参数、叶绿素荧光参数、叶片气孔特征以及叶绿体超微结构的变化与品种的抗性密切相关（胡文海等，2008；付秋实等，2009），且同一植物的不同品种间存在抗逆能力的差异（卜令铎等，2010；吕金印和郭涛，2010），因此研究不同栽培种对干旱的抗性能力对其的开发利用具有重要的意义。本文以辣椒的 5 个栽培种和 1 个野生种为材料，研究干旱条件下的光合特性及其他部分生理特性的变化，探讨不同栽培种的耐干旱的能力差异，为筛选强抗逆材料和进行栽培种间杂交育种以提高辣椒产量提供理论依据。

1 材料与方法

1.1 材料

辣椒的 5 个栽培种：*Capsicum annuum* L.、*Capsicum baccatum* L.、*Capsicum chinense* Jacquin.、*Capsicum frutescens* L.和 *Capsicum pubescens* Ruiz & Pavon，分别简称为 CA、CB、CC、CF 和 CP，以及 *Capsicum baccatum* L.的野生种 *Capsicum baccatum* var. *baccatum*（简称为 CBY）。

1.2 方法

1.2.1 干旱处理

4~5 月，5 个栽培种和 1 个野生种于苗期选择生长一致的植株各 1 株移栽于直径 1m 的圆形大盆，平均分布，每盆用土 57.50kg，施尿素 100g，过磷酸钙 1.10kg，硫酸钾 70g，猪粪 1.70kg，置怀化学院种质资源圃，常规水肥管理。每批做 3 次重复，连续 3 批。7~8 月，辣椒开花期，选择晴天无云的天气停止供水，第 2 天材料开始出现萎蔫现象，第 5 天严重萎蔫（其中 CC 萎蔫症状特别明显，继续处理则不能恢复正常），此时所有材料恢复供水，7 天后大部分材料恢复正常，处理期间天气温度为 36℃±2℃，无降水和气温下降等异常变化。以处理 0 天材料作为对照。连续观察 3 年。

1.2.2 色素含量的测定

测定采用 Arnon（1949）的方法，并按 Lichtenthaler（1987）法进行修正。取处理前和处理 5 天后的新鲜叶片 0.2g，用 95%的乙醇提取色素，定容至 25mL，用 7230G 型分光光度计测定 665nm、649nm 和 470nm 的光吸收值，每个样品复 3 次，取其平均值。

1.2.3 气体交换参数的测定

采用 LI-6400 便携式光合作用系统（美国 LI-COR 公司生产），在 9：00~11：00 测定倒 3 叶在光强 1000 μmol photons/(m^2·s)下瞬时光合速率（P_N）、气孔导度（g_s）和胞蒸腾速率（E）等叶片气体交换参数，并计算水分利用效率 WUE（P_N/E），测量时的空气温度为 35℃±0.5℃，叶面温度为 36℃±0.5℃，每个材料测量 3~5 个叶片，取其平均值。

1.2.4 叶素素荧光的测定

参考 Li 等（2007）的方法，采用 LI-6400 便携式光合作用系统（美国 LI-COR 公司生产）光合仪测定自然光下的叶绿素荧光。叶片首先暗适应 20min，然后光适应 1h 后进行荧光测定。

1.2.5 酶活性和根系指标测定

SOD（超氧物歧化酶）含量测定采用四氮唑蓝（NBT）光化还原法（Giannopolitis et al.，1977），谷胱甘肽还原酶（GR）活性测定参考 Knrözer 等（1996）的方法。采用 TTC 还原法测定根系活力（1997），不定根数量采取直接测量法。

1.2.6 数据分析

采用 Microsoft Excel 2003 和 SPSS 13.0 统计分析软件进行数据分析及差异显著性检验（注明显著性水平），下降或增加幅度%=（逆境后的平均数值－正常平均数值）/正常平均数值×100%。

2 结果与分析

2.1 光合色素含量比较

干旱条件下，栽培种的光合色素都呈下降趋势。5 个栽培种中，CF 栽培种的下降幅度较大，CB 栽培种下降幅度相对较小，野生种（CBY）的下降比例显著低于 5 个栽培种（Chl *a*、Chl *b* 和 Car 分别下降了 6.09%、1.89%和 19.04%）（表 1）。总体认为，辣椒的光合色素下降幅度不大。

2.2 光合速率比较

正常供水条件下，栽培种的光合速率差异不明显，CF 最大，达到 21.77μmol CO_2/(m^2·s)，其次是 CA[17.73μmol CO_2/(m^2·s)]，最小为 CP[15.78μmol CO_2/(m^2·s)]，CBY 野生种仅仅低于 CF，高于其他 4 个栽培种。干旱处理第 1 天，光合速率变化不大，第 2 天开始出现明显下降，以后随处理时间的增长而继续降低。逆境 5 天后，CA 栽培种的光合速率最低[2.11μmol CO_2/(m^2·s)]，下降幅度最大，CB 的光合速率相对较高，野生种 CBY 的光合速率显著高于栽培种。恢复供水 7 天后，所有材料的光合速率达到处理前的水平（图 1）。

表 1　干旱条件下，光合色素含量的比较

Table 1　Photosynthetic pigment content [g/kg DM] in different pepper species. Chl – chlorophyll. capital letter or lowercase mean significance at 0.01 and 0.05 levels，respectively.

	色素含量 Pigment content（mg/g DW）								
	叶绿素 a Chl *a*			叶绿素 b Chl *b*			类胡萝卜素 Car		
	CK	D5	–%	CK	D5	–%	CK	D5	–%
CA	9.83±0.58^{Bb}	8.95±0.89^{Ba}	8.95^{Ba}	4.28±0.12^{Bb}	3.95±0.32^{Ba}	7.71^{Ca}	1.51±0.11^{Aa}	0.94±0.07^{Aa}	37.74^{Aa}
CB	9.31±0.42^{Bb}	8.48±0.41^{Bb}	8.91^{Ba}	4.45±0.21^{Bb}	4.21±0.24^{Ba}	5.39^{Da}	1.19±0.23^{Bb}	0.85±0.08^{Ba}	28.57^{Ca}
CBY	9.51±0.35^{Bb}	8.93±0.23^{Ba}	6.09^{Cb}	4.23±0.42^{Bb}	4.15±0.14^{Ba}	1.89^{Eb}	1.28±0.24^{Bb}	1.05±0.10^{Aa}	19.04^{Cb}
CC	8.05±0.78^{Cb}	7.28±0.74^{Cb}	9.56^{Ba}	3.59±0.25^{Cb}	3.27±0.25^{Cb}	8.91^{Ba}	1.09±0.10^{Cb}	0.71±0.03^{Cb}	34.86^{Ba}
CF	11.15±1.00^{Aa}	9.95±1.00^{Aa}	10.76^{Aa}	5.35±0.53^{Aa}	4.95±0.36^{Aa}	7.47^{Ca}	1.06±0.08^{Cb}	0.81±0.05^{Bb}	23.58^{Ca}
CP	7.92±0.74^{Cb}	7.09±0.45^{Cb}	10.47^{Aa}	3.87±0.14^{Cb}	3.49±0.11^{Cb}	9.81^{Aa}	1.12±0.14^{Cb}	0.75±0.01^{Cb}	33.03^{Ba}

注：CK 为对照，指正常水条件，D5 为干旱处理 5 天

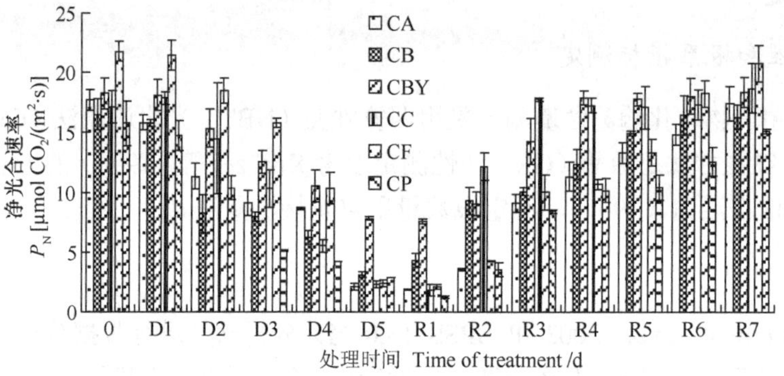

图 1　逆境条件下及恢复后光合速率的比较

Fig. 1　Net photosynthetic rate（P_N）at 1000μmol/(m^2·s) of different pepper species

注：0，D1~D5-干旱处理天数，R1~R7 处理完后恢复天数

表 2　干旱条件下的蒸腾速率、气孔导度和水分利用率比较

Table 2　Transpiration rate（*E*），Stomatal conductance（g_s）and Water use efficiency（WUE）of different pepper species. Capital letter or lowercase mean significance at 0.01 and 0.05 levels，respectively.

	蒸腾速率 *E*/[mmol/(m^2·s)]			气孔导度 g_s/[mol(H_2O)/(m^2·s)			水分利用率 WUE/%		
	CK	D5	–%	CK	D5	–%	CK	D5	+%
CA	3.26±0.45^{Cb}	0.28±0.09^{Dc}	91.4^{1Aa}	0.47±0.08^{Bb}	0.18±0.03^{Cb}	61.70^{Ba}	5.44±0.75^{Bb}	7.54±0.14^{Cb}	38.60^{Cc}
CB	3.79±0.26^{Ba}	0.42±0.11^{Bc}	88.91^{Aa}	0.43±0.08^{Bb}	0.17±0.02^{Cb}	60.46^{Ba}	4.35±0.68^{Cc}	7.38±0.36^{Cb}	69.65^{Bb}
CBY	3.15±0.18^{Cb}	0.77±0.23^{Aa}	66.98^{Bb}	0.44±0.04^{Bb}	0.23±0.01^{Aa}	47.72^{Cb}	5.79±0.39^{Bb}	10.13±0.41^{Aa}	74.95^{Aa}
CC	3.36±0.49^{Cb}	0.37±0.08^{Cc}	88.98^{Aa}	0.43±0.08^{Bb}	0.15±0.03^{Dc}	65.11^{Aa}	5.11±0.71^{Bb}	6.24±0.33^{Dc}	22.11^{Dc}
CF	3.21±0.47^{Cb}	0.29±0.08^{Dc}	90.96^{Aa}	0.55±0.02^{Aa}	0.21±0.05^{Ba}	61.81^{Ba}	6.78±1.21^{Aa}	8.34±0.18^{Bb}	23.00^{Dc}
CP	4.05±0.58^{Aa}	0.44±0.10^{Bb}	89.13^{Aa}	0.34±0.02^{Cb}	0.12±0.03^{Dc}	64.70^{Aa}	3.89±0.55^{Dc}	6.55±0.13^{Dc}	68.38^{Bb}

注：CK 为对照，指正常水条件，D5 为干旱处理 5 天

干旱条件下，栽培种的蒸腾速率和气孔导度的下降幅度都较大，分别约为 90%和 60%，不同栽培种的下降幅度存在差异，CB 的下降幅度为最小，而野生种 CBY 的下降

幅度则显著小于栽培种；水分利用率都不同程度的上升，其中栽培种 CB 和 CP 上升幅度较大，野生种 CBY 上升比率最高（表 2）。

2.3 叶绿素荧光参数比较

对叶绿素荧光的分析表明，干旱对 PSⅡ产生显著影响，PSII 最大光化学量子产量（F_v/F_m）和光化学猝灭系数（q_P）显著下降；非光化学猝灭系数（q_N）则上升，说明干旱胁迫下 PSⅡ吸收的不能用于光化学反应的过剩光能，则通过非辐射热耗散的形式加以消耗。CC 和 CF 栽培种的 F_v/F_m 和 q_P 下降幅度相对较大，野生种 CBY 则下降相对较小；CF 栽培种的 q_N 上升幅度较大，CB 栽培种的则较小，野生种 CBY 的上升幅度显著小于所有栽培种（表 3）。

表 3 叶绿素荧光参数比较

Table 3 Chlorophyll fluorescence kinetics of different pepper species. capital letter or lowercase mean significance at 0.01and 0.05 levels，respectively.

	最大光化学量子产量 F_v/F_m			光化学淬灭 q_P			非光化学淬灭 q_N		
	CK	D5	–%	CK	D5	–%	CK	D5	+%
CA	0.824±0.03^{Aa}	0.657±0.01^{Ba}	20.26^{Ba}	0.607±0.01^{Cb}	0.387±0.01^{Cb}	36.24^{Ba}	0.601±0.002^{Bb}	0.694±0.002^{Cb}	15.47^{Ba}
CB	0.817±0.05^{Ba}	0.642±0.01^{Ba}	21.41^{Ba}	0.525±0.02^{Dc}	0.341±0.01^{Db}	35.04^{Ba}	0.664±0.002^{Aa}	0.748±0.002^{Bb}	12.65^{Cb}
CBY	0.828±0.02^{Aa}	0.695±0.01^{Aa}	16.06^{Cb}	0.634±0.01^{Bb}	0.452±0.01^{Aa}	28.70^{Cb}	0.575±0.002^{Cb}	0.602±0.002^{Ec}	4.69^{Dc}
CC	0.804±0.03^{Cb}	0.592±0.01^{Db}	26.36^{Aa}	0.574±0.01^{Cb}	0.341±0.01^{Db}	40.59^{Aa}	0.625±0.004^{Bb}	0.714±0.002^{Cb}	14.24^{Ba}
CF	0.834±0.06^{Aa}	0.626±0.01^{Cb}	24.94^{Aa}	0.652±0.02^{Aa}	0.415±0.01^{Ba}	36.34^{Ba}	0.554±0.002^{Db}	0.651±0.002^{Dc}	17.50^{Aa}
CP	0.801±0.04^{Cb}	0.636±0.01^{Ba}	20.59^{Ba}	0.511±0.01^{Dc}	0.318±0.01^{Ec}	37.76^{Ba}	0.677±0.002^{Aa}	0.788±0.002^{Aa}	16.39^{Aa}

注：CK 为对照，指正常水条件，D5 为干旱处理 5 天

2.4 酶活性比较

干旱处理前期，SOD 和 GR 活性均有一定程度的提高，第 3 天达到最大，后期则下降，处理第 5 天活性低于处理前水平（图 2）。不同栽培种的 SOD 和 GR 活性上升和下降幅度存在一定差异，CB 和 CP 的酶活性相对较高。CBY 的酶活性与栽培种相比，活性更高。

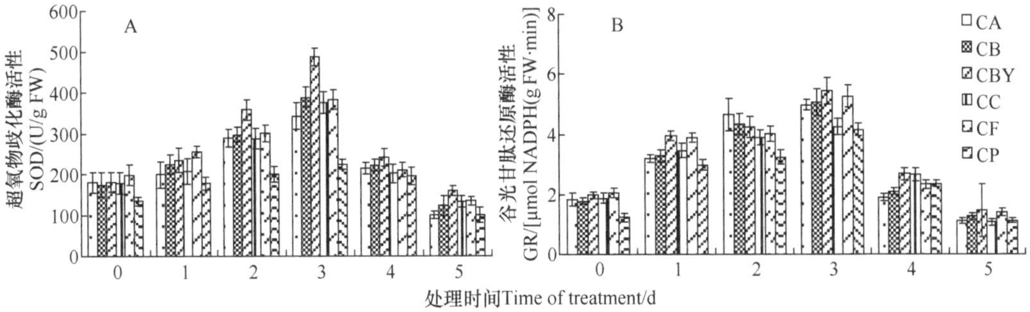

图 2 干旱逆境下，SOD（A）和 GR（B）活性比较

Fig. 2 Superoxide dismutase（SOD）（A）and Glutathione reductase（GR）（B）activity of different pepper species

2.5 根系活力和不定根数量比较

干旱条件下，辣椒的根系活力明显上升，但不同栽培种上升的幅度存在一定的差异，CF 栽培种的上升幅度为 12.05%，相对较小；CB 和 CP 栽培种上升幅度相对较大，野生种 CBY 的上升幅度最大（62.11%）（表 4）。干旱逆境促进 5 个栽培种的不定根数量增加，其中 CF 栽培种的增加幅度相对较小，为 5.36%，CB 和 CP 栽培种的增加幅度相对较大（17.19%和 13.71%），但仍然低于野生种 CBY 的增加幅度，这一方面表明辣椒可以通过增加不定根数量以维持氧气的扩散和高的吸收效率；另一方面说明不同栽培种不定根发育对干旱的耐性存在差异，CB 和 CP 以及野生种相对耐旱能力较强（表 4）。

表 4 根活力和不定根数目比较

Table 4 Adventitious root number of different pepper species

	根系活力 Root activity/[mg/(g·h)]			不定根数目 Adventitious root number/No.		
	CK	D5	+%	CK	D5	+%
CA	4.36±0.35^{Ba}	5.68±0.11^{Cb}	30.27^{Cb}	23.23±3.21^{Cb}	26.23±2.25^{Cb}	12.91^{Cc}
CB	4.20±0.24^{Ba}	6.11±0.16^{Bb}	45.47^{Bb}	24.25±2.10^{Cb}	28.42±5.11^{Bb}	17.19^{Bb}
CBY	4.25±0.38^{Ba}	6.89±0.24^{Aa}	62.11^{Aa}	30.36±4.76^{Aa}	37.33±8.22^{Aa}	22.95^{Aa}
CC	4.36±0.34^{Ba}	5.65±0.10^{Cb}	29.58^{Cb}	27.24±4.58^{Ba}	29.67±4.58^{Bb}	8.92^{Dc}
CF	5.06±0.46^{Aa}	5.67±0.15^{Cb}	12.05^{Dc}	26.47±2.34^{Ba}	27..89±3.65^{Cb}	5.36^{Ec}
CP	4.02±0.35^{Ba}	5.89±0.23^{Bb}	46.51^{Bb}	25.87±1.25^{Bb}	29.42±4.77^{Bb}	13.72^{Cb}

注：CK 为对照，指正常水条件，D5 为干旱处理 5 天

3 讨 论

叶绿体是光合作用的主要场所，是对干旱逆境敏感的细胞器。叶绿体在正常情况下吸收的光能主要通过光合电子传递、叶绿素荧光和热耗散 3 种途径来消耗，这 3 种途径间存在着此消彼长的关系，因此荧光变化可以反映光合作用的情况（Hendrickson et al.，2004）。光合作用受到伤害的最原初部位是与 PSⅡ紧密联系的干旱逆境导致叶绿体光合机构的破坏，PSⅡ放氧复合物的损伤，最大光化学效率（F_v/F_m）下降（Lu and Zhang，1999；秦嗣军等，2011）。辣椒起源于中北美洲，是较抗旱的植物。本文的研究表明，干旱逆境下辣椒栽培种的光合色素下降幅度不大，逆境处理后光合速率恢复较快，非光化学淬灭参数和保护酶活性大幅度上升等结果都表明辣椒对干旱逆境有较强的忍耐力；同时气孔导度、蒸腾速率、F_v/F_m 和 q_P 等明显下降，WUE 和 q_N 则明显上升，这说明 PSⅡ受干旱逆境胁迫明显，此时通过减少水分散失和增加水分利用效率来避免干旱胁迫伤害，通过热耗散消耗过剩光能，避免对光合机构的破坏，这是对生存环境适应的一种保护机制。研究表明干旱胁迫光合作用下降的同时导致 Calvin 循环对还原力 NADPH 需求减少，从而引起光合电子传递链过度还原，光合电子传递受阻，导致过剩电子泄漏形成活性氧（Mittler et al.，2004），使膜系统的结构和功能受到损伤，是造成细胞伤害的重要原因之一（Wang，1998），植物体内活性氧积累的同时，内源活性氧清除酶活性也会升高（Reddy et al.，2004）。在本研究中，所有材料的 SOD 和 GR 等抗氧化酶在处理初期具有较高的活性，这表明所有材料都对干旱胁迫下自由基和膜脂质过氧化产物的积

累作出了反应，但处理 3 天后酶活性都急剧下降，这说明胁迫时间超过了植物自我适应的限度，对自由基和膜脂质过氧化产物清除能力降低，表现出严重的光氧化和伤害现象；结果同时表明，胁迫下内源活性氧清除酶活性不一定是升高，其升高与否与受胁迫的大小和时间相关，受斜坡过大和时间过长，植物的内源活性氧清除酶活性不仅不会升高，反而会下降。根系不仅是植物吸收水分和盐类的主要器官，而且是多种物质的同化、转化和合成的重要器官（李朝苏等，2005），能最早最直接地感受到土壤水分含量的变化，从而对干旱胁迫作出迅速反应，这是植物抗旱性的基础。根系活力是根系的吸收能力、合成能力、氧化能力和还原能力的综合体现，反映根系的生长发育状况，是根系生命力的综合指标，能够从本质上反映苗木根系生长与土壤水分及其环境之间的动态关系（Sechenbater and Wu，2001；斯琴巴特尔和吴红英，2001；李文娆等，2010；曲复宁等，2002）。本文结果表明，在干旱胁迫过程中，辣椒须根数量和根系活力都有不同程度的增加，这说明辣椒通过增加吸水面积和能力来提高根对水分的吸收，以应对干旱逆境。

研究表明，同一植物的不同品种抗干旱逆境的能力存在较大的差异，表现在光合速率的下降幅度、水分利用率和相关酶活性上升幅度等存在差异（王征宏等，2011；何海军等，2011；彭素琴等，2011）。辣椒的 5 个栽培种中，CA 栽培种是分化最多、栽培最广的一个种，其他 4 个栽培种分布较窄，栽培较少。本文的研究表明，干旱胁迫下，栽培种间的叶绿素、F_v/F_m、q_P、WUE、q_N、须根数量和根系活力等指标下降或上升幅度大小不一，这说明不同栽培种对干旱胁迫适应能力存在一定的差异，CA 对干旱胁迫的抵抗能力较弱，这可能与 CA 经过人工多年栽培驯化后，对环境变化的应对能力下降有关；此外，野生型 CBY 的叶绿素、F_v/F_m 和 q_P 等下降幅度最小，WUE、q_N、须根数量和根系活力上升幅度最大，这表明野生种耐干旱能力比栽培种强，这可能与栽培种在驯化过程中某些优秀抗逆基因丢失相关。

综上所述，不同栽培种的抗干旱能力存在一定的差异，野生种 CBY 的抗干旱能力强于所有的栽培种。本研究认为，辣椒育种时不应该仅仅局限于 CA 这个栽培种，而应该考虑利用其他栽培种和野生种资源，一方面可以扩大基因源，提高杂种优势，达到提高产量的目的；同时可引进耐逆基因，提高品种的抗逆能力。

参 考 文 献

卜令铎，张仁和，常宇，等. 2010. 苗期玉米叶片光合特性对水分胁迫的响应. 生态学报，30(5): 1184-1191.

曹慧，王孝威，韩振海，等. 2004. 水分胁迫诱导平邑甜茶叶片衰老期间内肽酶与活性氧累积的关系. 中国农业科学, 37(2): 274-279.

付秋实，李红岭，崔健，等. 2009. 水分胁迫对辣椒光合作用及相关生理特性的影响. 中国农业科学, 42(5): 1859-1866.

何海军，寇思荣，王晓娟. 2011. 干旱胁迫对不同株型玉米光合特性及产量性状的影响. 干旱地区农业研究, 29(3): 63-66, 74-74.

胡文海，曾建军，曹玉林，等. 2008. 干旱胁迫对两种辣椒叶片气体交换和叶绿素荧光特性的影响. 干旱地区农业研究, 26(5): 156-159, 164-164.

李朝苏，刘鹏，蔡妙珍，等. 2005. 荞麦对酸铝胁迫生理响应的研究. 水土保持学报, 19(3): 105-109.

李文娆，张岁岐，丁圣彦，等. 2010. 干旱胁迫下紫花苜蓿根系形态变化及与水分利用的关系. 生态学报, 30(19): 5140-5150.
吕金印, 郭涛. 2010. 水分胁迫对不同品种甜高粱幼苗保护酶活性等生理特性的影响. 干旱地区农业研究, 28(4): 89-93.
彭素琴, 刘郁林, 谢双喜. 2011. 干旱胁迫对不同金银花水分利用效率及细胞膜透性的影响. 北方园艺, (10): 156-158.
钱永强, 孙振元, 韩蕾, 等. 2010. 野牛草叶片活性氧及其清除系统对水分胁迫的响应. 生态学报, 30(7): 1920-1926.
秦嗣军, 吕德国, 李志霞, 等. 2011. 水分胁迫对东北山樱幼苗呼吸等生理代谢的影响. 中国农业科学, 44(1): 201-209.
曲复宁, 王云山, 张敏, 等. 2002. 高温胁迫对仙客来根系活力和叶片生化指标的影响. 华北农学报, 17(2): 127-1311.
斯琴巴特尔, 吴红英. 2001. 不同逆境对玉米幼苗根系活力及硝酸还原酶活性的影响. 干旱地区农业研究, 19(2): 67-70.
王征宏, 郭秀璞, 吕淑芳, 等. 2011. 土壤干旱对不同小麦品种籽粒淀粉积累和相关酶活性的影响. 干旱地区农业研究, 29(3): 67-74.
魏爱丽, 王志敏, 翟志席, 等. 2003. 土壤干旱对小麦旗叶和穗器官 C_4 光合酶活性的影响. 中国农业科学, 36(5): 508-512.
邹琦. 1997. 植物生理生化实验指导. 北京: 中国科学技术出版社, 32-33.
Arnon D I. 1949. Copper enzymes in isolated chloroplasts. Phenoloxidases in *Beta vulgaris*. Plant Physiol, 24(1): 1-15.
Bréda N, Huc R, Granier A, et al. 2006. Temperate forest trees and stands under severe drought: a review of ecophysiological responses, adaptation processes and long-term consequences. Ann For Sci, 63(6): 625-644.
Chaves M M, Oliveira M M. 2004. Mechanisms underlying plant resilience to water deficits: prospects for water-saving agriculture. J Exp Bota, 55(407): 2365-2384.
Flexas J, Bota J, Galmés J, et al. 2006. Keeping a positive carbon balance under adverse conditions: responses of photosynthesis and respiration to water stress. Physiol Plantarum, 127(3): 343-352.
Gallé A, Haldimann P, Feller U. 2007. Photosynthetic performance and water relations in young pubescent oak (*Quercus pubescens*) trees during drought stress and recovery. New Phytologist, 174(4): 799-810.
Giannopolitis C N, Ries S K. 1977. Superoxide dismutases: I. Occurrence in higher plants. Plant Physio1, 59(2): 309-314.
Hendrickson L, Furbank R T, Chow W S. 2004. A simple alternative approach to assessing the fate of absorbed light energy using chlorophyll fluorescence. Photosyn Res, 82(1): 73-81.
Iacono F, Sommer K J. 2000. Response of electron transport rate of water stress-affected grapevines: influence of leaf age. Vitis, 39(4): 137-144.
Knrözer O C, Durner J, Böger P. 1996. Alterations in the antioxidative system of suspension-cultured soybean cells (*Glycine max*) induced by oxidative stress. Physiol Plantarum, 97(2): 388-396.
Lanceras J C, Pantuwan G, Jongdee B, et al. 2004. Quantitative trait loci associated with drought tolerance at reproductive stage in rice. Plant Physiol, 135(1): 384-399.
Li M, Yang D, Li W. 2007. Leaf gas exchange characteristics and chlorophyll fluorescence of three wetland plants in response to long-term soil flooding. Photosynthetica, 45(2): 222-228.
Lichtenthaler H K. 1987. Chlorophyll and carotenoids: pigments of photosynthetic biomembranes. Methods Enzym, 148: 349-382.
Lu C M, Zhang J H. 1999. Effects of water stress on photosystem II photochemistry and its thermostability in wheat plants. J Exp Bot, 50: 1199-1206.
Mittler R, Vanderauwera S, Gollery M, et al. 2004. Reactive oxygen gene network of plants. Trends Plant Sci, 9(10): 490-498.
Pickersgill B. 1997. Genetic resources and breeding of *Capsicum* spp. Euphytica, 96(1): 129-133.
Prince J P, Lackney V K, Angeles C, et al. 1995. A survey of DNA polymorphism within the genus *Capsicum*

and the fingerprinting of pepper cultivars. Genome, 38(2): 224-231.
Reddy A R, Chaitanya K V, Vivekanandan M. 2004. Drought-induced responses of photosynthesis and antioxidant metabolism in higher plants. J Plant Physiol, 161(11): 1189-1202.
Subrahmanyam D, Subash N, Haris A, et al. 2006. Influence of water stress on leaf photosynthetic characteristics in wheat cultivars differing in their susceptibility to drought. Photosynthetica, 44(1): 125-129.
Wang A G. 1998. The oxygen metabolism of plant. *In*: Yu S W, Tang Z C. Plant Physiology and Molecular Biology [M]. Beijing: Chinese Scientific and Technological Press, 366-389.

Effects of drought stress on photosynthesis and associated physiological characters of pepper

Ou Li-jun[1, 2, 3, 4], Chen Bo[1], Zou Xue-xiao[3]

([1] Department of Life Sciences, Huaihua University, Hunan Huaihua 418008; [2] Key Laboratory of Hunan Province for Study and Utilization of Ethnic Medicinal Plant Resources, Huaihua, Hunan 418008; [3] Vegetable Institution of Hunan Academy of Agricultural Science, Hunan Changsha 410125; [4] Key Laboratory of Hunan Higher Education for Hunan-western Medicinal Plant and Ethnobotany, Huaihua, Hunan 418008)

Abstract: Increased human activities have had a significant impact on the global climate. Abnormal changes, such as drought stress caused by long-term un-rain, can affect plant growth and development. Pepper(Solanaceae), originally planted in tropical areas of South America, not only has medicinal value it has the highest vitamin C content of all vegetables. The International Board for Plant Genetic Resources (IBPGR) has classified pepper species into five species: *Capsicum annuum* L. (CA), *Capsicum baccatum* L. (CB), *Capsicum chinense* Jacquin. (CC), *Capsicum frutescens* L. (CF), *Capsicum pubescens* Ruiz & Pavon (CP). CA is the most differentiated, widely cultivated species being the focus of pepper breeding worldwide. Screening of resistant germplasms is one of the most important measures against abnormal climate changes. Pot experiments were employed to determine the photosynthetic response and associated physiological characters, such as superoxide dismutase (SOD) and glutathione reductase (GR) activities, root activity and adventitious root number, of five domesticated and one wild pepper species [*C. baccatum* var. *baccatum* (CBY)] to drought stress. The photosynthetic pigment content decreased the net photosynthetic rate (P_N) of all tested peppers continued to decline on the first day of regular irrigation, then started to increase on the second day, and almost recovered to normal levels by the seventh day. Non-photochemical quenching (q_N), water use efficiency (WUE), and root activity had increased dramatically, the SOD and GR activities of all the pepper species first increased, being highest on day 4, and subsequently decreased. The number of adventitious roots slightly increased in all peppers, suggesting that pepper has a stronger resistance to drought stress. The results also show that changes in the above parameters vary in different species. CB had smaller decreases in photosynthetic pigment content, P_N, and stomatal conductance (g_s), and greater increases in q_N, WUE, SOD and GR activities and root activity, indicating that CB has the strongest resistance to drought stress. CC and CF showed bigger decreases in photosynthetic pigment content, P_N, and g_s, with smaller increases in q_N, WUE, SOD, and GR activities and root activity, indicating they have weaker drought stress resistance. In addition, the wild pepper, *C. baccatum* var. *baccatum* (CBY), had the smallest decrease in photosynthetic pigment content, P_N, and g_s, with the greatest increases in q_N, WUE, SOD, and GR activities, and root activity. This indicates that CBY has better resistance to adverse environments than all tested species, which is perhaps caused by the loss of stress resistance genes during the process of domestication. Our study found that, of the species tested, the ability to resist drought stress is strongest in wild pepper CBY. Of the five species tested, CB had the highest photosynthetic rate and strongest drought resistance capability. In conclusion, we suggest that crossbreeding of domestic and wild pepper species be considered for commercial breeding. Such a measure will not only expand the genetic pool, increasing genetic distance and eventually increasing production; it will also to introduce elite stress tolerance genes improving each species' ability to resist adverse environments.

Key words: pepper, drought stress, photosynthetic characteristics

我国辣椒资源分类研究现状及探讨*①

王利群[1]，张西露[2]，戴雄泽[2]

（[1]湖南省农业科学院，长沙　410125；[2]湖南省蔬菜研究所，长沙　410125）

摘要：辣椒资源分类是其种质资源搜集、保存、研究和利用的基础。根据现有辣椒品种资源的历史演化过程，从植物学和园艺学两种分类方法着手，对目前我国辣椒资源的分类历史和研究现状进行了阐述；并针对我国辣椒资源分类中缺乏统一标准、分类系统混乱等主要问题，提出了建立植物学和园艺学两个分类体系的具体意见。

关键词：辣椒；种质资源；分类；植物学性状

辣椒是一种重要的世界性蔬菜。亚洲蔬菜研究与发展中心一直致力于辣椒资源研究，收集、保存资源6000份。我国种质资源库征集、保存和初步鉴定辣椒资源2124份（李锡香张宝玺，2006），各省、市级科研单位和企业、个人育种者也收集和保存了一定数量的辣椒资源。通过对辣椒资源整理和评价，挖掘出一批核心材料，选育了一批辣椒新品种，推动了我国辣椒产业的发展（邹学校，2009）。虽然我国辣椒资源丰富，研究的单位众多，但关于辣椒资源分类还没有统一标准，各类出版文献采用分类方法不尽相同，给学习、育种、材料收集以及科研交流工作带来极大不便，本文结合已发表的文献和团队研究经验，对辣椒资源分类进行初步探讨。

1　目前我国辣椒资源的分类方法

由于研究侧重点不同，我国辣椒采用植物学和园艺学两种分类方法。

1.1　植物学分类

1.1.1　辣椒属种的分类

辣椒属茄科（*Solanaceae*）辣椒属（*Capsicum*）一年生或多年生植物。1753年林奈在《物种》一书中首次将辣椒分为两个种以来，各国学者根据自己收集和研究的材料对辣椒资源进行研究，形成了不同的分类体系（朱德蔚等，2008；周长久，1995；方智远和张武男，2011；吕家龙，1991；李佩华，1983）（表1）。比较林奈、贝利、史密斯、加佐布希、现代分类学和国际植物遗传资源委员会（IBPGR）6种国际上应用较多的分类法，*C. annuum* L.、*C. frutescens* L.和 *C. pubescens* Keep. 3个栽培种大家比较认同，除

* 基金项目：大宗蔬菜现代农业产业技术体系建设专项资金（CARS—25）。

① 本文原载《辣椒杂志》，2015，（2）：1-5。

加佐布希以起源地为依据对辣椒属进行分类外，其他学者采用经典的植物学分类方法，区别在于研究材料来源。林奈法是所有辣椒分类法的基础，但他提出的 *C. grossum* L.栽培种公认为只是 *C. annuum* L.的一个变种。Eshbaugh（1970）通过研究认为史密斯法和现代分学分类法中的 *C. pendulum* Wild.栽培种应该是 *C. baccatum* L.的一个变种。IBPGR（1983）综合各国学者的研究成果，1983 年确定了辣椒属 5 个栽培种，规范了各国辣椒研究者的对辣椒的命名。我国采用贝利和 IBPGR 两种分类方法。

表 1　辣椒属分类方法

栽培种	林奈（Linne）	贝利（Baileg）	史密斯（Smith）	加佐布希	现代分类	IBPGR
C. annuum L.	▲		▲	▲	▲	▲
C. frutescens L.	▲	▲	▲		▲	▲
C. baccacum L.	▲					▲
C. grossum L.	▲					
C. pendulum Wild.			▲		▲	
C. pubescens Keep.			▲	▲	▲	▲
C. angulosum Mill				▲		
C. conicum Haz.				▲		
C. chinense Jacquin					▲	▲

注：▲为辣椒属分类体系中含有的种

1.1.2　辣椒一年生栽培种变种分类

辣椒属栽培种类较多，世界各地以一年生栽培种（*C. annuum* L.）分化最多、栽培最广，我国辣椒主要属 *C. annuum* L.栽培种的变种。各国学者对辣椒属中栽培分布最广、面积最大的 *C. annuum* L.变种进行研究，*C. annuum* L.变种分类如表 2 所示。我国蔬菜学一般使用贝利和李佩华（1994）分类法，张继仁（1984）、盛祥参（2011）开展了辣椒资源分类研究，也提出了一些分类建议。从表 2 可以看出，分类学家对一年生栽培种的 var. *cerasiforme* Irish、var. *conoides* Irish、var. *fascicumlatum* Sturt.、var. *longum* Sent 和 var. *grossum* Sent.等五个变种比较认同。

表 2　*C. annuum* L.变种

	贝利（Baileg）	伊利希（Irish）	加佐布希	IBPGR	李佩华
var. *cerasiforme* Irish	▲	▲	▲		▲
var. *conoides* Irish	▲	▲		▲	
var. *fascicumlatum* Sturt.	▲	▲	▲	▲	▲
var. *longum* Sent.	▲	▲	▲		▲
var. *grossum* Sent.	▲	▲	▲	▲	▲
var. *acuminatum* Fingern		▲	▲		
var. *abberviatum* Fingern		▲			▲
var. *breviconcidum* Haz.			▲		
var. *ovoidcum* Fingern			▲		
var. *ribeiforme* Haz.			▲		
var. *bukasovu* Haz.			▲		
var. *ornamentele* Haz.			▲		
var. *chordule* Haz.			▲		
var. *annuum*				▲	
var. *dactylus* M.					▲

注：▲为一年生辣椒栽培种中含有的变种

1.2 园艺学分类

1.2.1 果实形状分类

消费者和生产者根据果实的外部形状将辣椒分为灯笼椒、泡椒、牛角椒、羊角椒、线椒、朝天椒等类型，育种者和一些文献资料在描述果实形状时也使用这些名词。

1.2.2 果实成熟期分类

育种者和生产者为了便于安排辣椒生产，根据辣椒种植后商品果成熟期分为早熟、中熟、晚熟三种基本类型，还有的育种单位为了详细说明品种特性，将成熟期更进一步细分极早熟、早熟、早中熟、中熟、中晚熟、晚熟和极晚熟等。李锡香和张宝玺（2006）通过定植后到第一批商品成熟果采收天数分为极早熟、早熟、中熟、晚熟和极晚熟等。

1.2.3 果实辣味程度分类

辛辣是辣椒的特殊风味，为了方便消费者对辣味强度的了解，在产品说明时将辣椒分为甜椒、微辣和辛辣三种基本类型。我国制定了辣椒素类物质测定及辣度表示方法（王燕等，2007），用辣度表示辣椒素含量，1 度=150（SHU）。湖南地方标准（王燕等，2006）将辣味分为 10 级，每级对应的辣椒素含量见表 3。

表 3 辣度级别与辣椒斯科维（SHU）换算对应表

SHU	0~500	500~1000	1000~1500	1500~2500	2500~5000	5000~15000	15000~30000	30000~50000	50000~100000	>100000
辣度级别	1	2	3	4	5	6	7	8	9	10

1.2.4 其他分类

根据辣椒产品的用途将辣椒分为鲜食型、粗加工型和精加工专用型三大类；根据适宜栽培条件将辣椒分为露地栽培、保护地栽培两大类（李锡香和张宝玺，2006；中国农业科学院蔬菜花卉研究所，2010）。

2 我国辣椒资源研究分类中存在的主要问题

2.1 植物学分类方法没有统一，命名比较混乱

以前蔬菜学教材和很多的研究报告采用贝利分类方法，一年生辣椒采用 *C. frutescens* L.为学名。IBPGR 明确了辣椒属 5 个栽培种，我国在辣椒资源研究的相关书籍和文章中均有提到，一般的作者也认可，但没有做出明确规定，现在很多的书籍和文献两种分类方法都使用。*C. frutescens* L.和 *C. annuum* L.是两个栽培种，两者之间有明显的区别，我国栽培辣椒品种基本上属于一年生类型，其学名大家认可 *C. annuum* L.。由于前后采用分类方法不同，一年生栽培种有两个学名，造成了发表文章和文献引用上的学名不统一。

我国关于一年生栽培种变种的研究和引用很多，没有达到统一的认识。蔬菜学教材

一般使用贝利的变种分类法，认为一年生栽培种有 5 个变种（周长久，1995）。而国际植物遗传资源委员会认为一年生栽培种有 4 个变种。我国学者张继仁 1984 年认为干制辣椒品种类型线椒的园艺学和植物学性状与灯笼椒和长辣椒有明显区别，应该也是一个变种类型。李佩华 1994 年对中国辣椒进行了初步研究，将一年生栽培种以果实的不同形态特征分为 6 个变种。盛祥参 2011 年分析了我国辣椒资源的分类方法，在李佩华分类中增加了一个变种 *C. annuum* L. var. *conoides* Irish。比较一年生栽培种变种分类，大家对形态稳定和容易区分的灯笼椒和簇生椒两个变种都认可，其他辣椒研究者根据自己掌握的分类标准进行分类，造成了同一类型的辣椒划分为不同的变种。如线椒可归为长辣椒和指形椒，通过灯笼椒与长椒杂交的 F1 代为一种新类型，不好归入现有的变种，有的作者将其归入短锥椒变种。

2.2 出版书箱和文献资料对辣椒分类中的拉丁文引用和翻译不一致

由于辣椒分类方法都引自外国资料和文献，同一种或变种拉丁文有差异。我国关于辣椒分类涉及的书箱中同一种或变种有几个拉丁文学名（邹学校，2009；朱德蔚等，2008；周长久，1995；中国农业科学院蔬菜花卉研究所，2010；方智远和张武男，2011；陈世儒，1994；吕家龙，1991）。如 *C. pubescens* Keep.（Ruiz and Pavon）、*C. annuum* L. var. *longum* Sent.（Sendt.）、*C.annuum* L. var. *grossum* Sent.（Sendt.）、*C. annuum* L. var. *acuminatum* Fingern（Haz.）、*C. annuum* L. var. *fascicumlatum* Sturt（Sture.）。也有同一个种几个中文翻译名，如 *Capiscum frutescens* L.翻译为“灌木状椒”或“分枝辣椒”。*C. baccacum* L.翻译为“小樱椒”、“下垂椒”和“浆果状辣椒”。*C. pubescens* Keep.翻译为“茸毛椒”、“绒毛辣椒”和“柔毛辣椒”等。不同的分类体系中同一拉丁文有几个中文名或同一中文名有几个拉丁文。如 *C. annuum* L. var. *conoides* Irish 翻译为“朝天椒”和“圆锥椒”。*C. annuum* L. var. *fascicumlatum* Sturt.翻译为“簇生椒”和“朝天椒”等。*C. annuum* L.var. *acuminatum* Fingern 翻译为“线形椒”和“长尖椒”。

2.3 园艺学分类没有标准，对性状的描述不准确

辣椒栽培历史悠久，栽培类型丰富，特别是近二十年新品种选育，创造了很多中间类型。日本根据用途将辣椒分为鲜食椒、加工椒、辛辣调味椒和观赏椒 4 大类。美国的 Smith 博士根据果形、果实大小、色泽、质地、风味和辣味等性状和主要用途建立了辣椒的园艺学分类系统。我国较早根据果实性状将辣椒分为牛角椒、朝天椒、线椒、圆锥椒和甜椒等类型，也根据熟性的早晚分为早熟、中熟和晚熟 3 大类。近年来由于消费者对辣味要求的细化，又根据辣味强度分为甜椒、微辣、辣和辛辣 4 类，但没有形成园艺学分类系统（邹学校，2009）。果实主要性状分类和熟性分类没有建立标准，各育种单位和生产者根据自己的需要和对品种的了解对品种进行描述，资源引进和生产应用一致性不够，没有可比性。

3 我国辣椒资源分类探讨

资源分类研究有两个目的，一是研究者利用和创制资源奠定基础和标准，二是生产

者和消费者使用统一，为此我国辣椒资源应建立统一的分类体系。根据目前的实际情况，建立植物学和园艺学两个分类体系。

3.1 植物学分类体系

3.1.1 辣椒属种的分类

辣椒属有 30 多个种，现代分类学家在林奈等学者分类的基础上进行了长期研究，一致认为有 5 个重要的栽培种。中国过去在辣椒分类上多采用贝利方法，结合我国辣椒资源的情况，建议统一采用国际植物遗传委员会 1983 年提出的分类方法，学名及主要分类标准如表 4。*C. annuum* L.和 *C. baccacum* L.容易混淆，主工区别在花器上，*C. baccacum* L.花冠黄色、有褐色或棕色斑点，花药蓝色，萼片齿状明显。*C. chinese* Jacquin 可能是 *C. frutescens* L.野生种进化而来，主要区别 *C. chinese* Jacquin 花冠暗白色，花萼与花梗之间有收缩状，而 *C. frutescens* 没有。

表 4 辣椒 5 个栽培种拉丁文、中文及主要特性

拉丁文名	中文名	起源地	花	萼片结构	种子
C. annuum L.	一年生辣椒	墨西哥	花冠白色或浅黄或略带紫色，无斑点，花药蓝色。	萼片有齿状	棕黄色
C. frutescens L.	灌木状辣椒	中南美	花冠绿白色，无斑点，花药蓝色。	萼片齿状不明显	棕黄色
C. baccacum L.	浆果状椒	玻利维亚	花冠黄色，有褐色或棕色斑点，花药蓝色。	萼片齿状明显	棕黄色
C. pubescens Keep.	绒毛辣椒	玻利维亚	花冠紫色，花药紫色。	萼片齿状不明显	黑色
C. chinese Jacquin	中国辣椒	中南美	花冠暗白色，无斑点，花药蓝色	萼片齿状不明显	棕黄色

3.1.2 一年生种中变种分类

我国辣椒资源有 *C. annuum*、*C. chinese* 和 *C. frutescens* 3 个栽培种，云南的小米辣、大米椒、大树椒和涮辣椒属于 *C. frutescens*，海南的黄灯笼椒属于 *C. chinese*，生产中应用最多品种属于 *C. annuum*。目前关于一年生辣椒变种分类有贝利、伊利希、IBPGR 和李佩华等多种方法。根据我们多年的资源研究经验，认为李佩华先生的分类方法更符合我国辣椒资源研究实际，参照朱德蔚等（2008）及李锡香和张宝玺（2006）对性状的描述，建议一年生辣椒栽培种 6 个变种学名和主要分类标准如表 5。

表 5 一年生辣椒栽培种变种拉丁文、中文名和主要分类特性

拉丁文	*grossum* Sent	*Breviconoideum* Haz	*longum* Sent.	*dactylus* M.	*fascicumlatum* Sturt.	*cerasiforme* Irish
中文名	灯笼椒	短锥椒	长角椒	指形椒	簇生椒	樱桃椒
形状	方灯笼、长灯笼和扁圆形	中小圆锥形或中小圆锥灯笼形	牛角形或长圆锥形或羊角形	长指形、指形和短指形	实簇生，2~10 个果/簇，短指形或锥形	近圆形或鸡心形
果形指数	1~2	2	3~5	5 以上	5 以上	1~2
果肉厚	厚	较薄	中等	薄	薄	厚
果肩花萼	平展或内陷	平展或内陷	平展，少有浅下包	下包或浅下包	下包	平展
果顶	平展或内陷	钝尖或内陷	果实渐尖，钝状或略内陷	果实渐尖，有小弯沟	果实渐尖	钝尖或圆
辣味	多数不辣或微辣，少量辣	微辣或辣	微辣或辣	辣	极辣	极辣

3.2 园艺学分类

3.2.1 果实形状分类

企业和农户为了更好地向消费者宣传与沟通，一般根据市场行情采用果实形状分为灯笼椒、尖椒、线椒三大类，各单位基本上采用该种分类方法，但对大类进行细化还没有统一标准，各育种单位根据自己选育的品种进行描述。为了更好地规范我国辣椒产业和资源的高效利用，建议在一年生辣椒变种分类的基础上，参照李锡香和张宝玺（2006）通过果实指数、果肩花萼、果顶和果长等 4 项指标建立统一果型分类标准（表 6）。

表 6 辣椒果实分类标准

		果肩花萼	果顶	果实长	果形指数
灯笼形	长灯笼	平展或内陷	平展或内陷		>1
	方灯笼	平展或内陷	平展或内陷		1 左右
	扁灯笼	平展或内陷	平展或内陷		<1
锥　形	长锥形	平展或内陷	钝尖或少内陷	>8	>2
	短锥形	平展或内陷	钝尖或少内陷	<8	2 左右
牛角形	长牛角	平展或浅下包	渐尖	>10	>3
	短牛角	平展，少有浅下包	渐尖	<10	>3
羊角形	长羊角	下包或浅下包	果实尖	>10	>3
	短羊角	下包	果实尖	<10	>3
指　形	长指形	下包	果钝尖	>8	>5
	短指形	下包	果钝尖	<8	>5
线　形	线　形	下包	果尖，少有沟	>15	>10
樱桃形	樱桃椒	平展	钝或圆		1

3.2.2 熟性分类

我国辣椒熟性一般分为早熟、中熟和晚熟 3 大类。研究结果表明构成辣椒熟性的主要性状有首花节位、开花期、果实发育速度、始收期、果实大小、早期产量和株型、生长势等，结合我们研究辣椒资源的经验及我国选育的辣椒品种的熟性分类等，建议采用首花节位、果实发育速度、始收期等三个因素将辣椒资源熟性分为五类（表 7）。

表 7 辣椒熟性分类及主要指标

	首花节位	果实膨胀速度	始收期
极早熟	8	快	30 以下
早熟	9 以下	快	31~35
中熟	10~15	较快	35~50
晚熟	15 以上	慢	51~55
极晚熟	15 以上	慢	56 以上

首花节位：第一片真叶互到第一朵花的叶片数。果实发育速度：开花坐果后到果实外形基本上稳定的天数。始收期：辣椒定植后到 30%植株上有一个果实达到青果成熟的天数。

3.2.3 果实辣味程度分类

研究结果表明辣味由果实中辣椒素和二氢辣椒素等辣椒素类物质含量决定（成善汉等，2009；曾岭岭等，2006），目前我国已发布实施了辣椒素含量的检测标准，对于辣味程度的分类，建议科学研究、品种说明和发表文章等采用辣椒素含量，单位 mg/g（干重）。对产品和市场宣传采用模糊分类法，比较目前关于辣味强弱的几种方法，建议采用不辣、微辣、低辣、中辣、辛辣和极辣六类，它们相对应用的辣椒素含量见如表 8。

表 8 辣味程度分类标准

辣椒素含量	不辣	微辣	低辣	中辣	辛辣	极辣
mg/g	＜0.0058	0.0058~0.0292	0.0292~0.0584	0.0584~0.5838	0.5838~5.8377	＞5.8377
SHU	＜100	100~500	500~1000	1000~10000	10000~100000	＞100000

参 考 文 献

成善汉, 贺申魁, 陈文斌, 等. 2009. 不同基因型辣椒的辣椒素含量测定和辣度级别分析. 海南大学学报自然科学版, 27(1): 38-42.

方智远, 张武男. 2011. 中国蔬菜作物图鉴. 北京: 中国农业出版社.

湖南农科院园艺所蔬菜研究室. 1979. 湖南辣椒品种资源的初步研究. 湖南农业科技, (3): 25-30.

李佩华, 姚永慧, 刘红. 1989. 国外一年生辣椒栽培种品种材料的引种. 中国蔬菜, (1): 27-30.

李锡香, 张宝玺. 2006. 辣椒种质资源描述规范和数据标准标准. 北京: 中国农业出版社.

吕家龙. 1991. 辣椒的分类系统、品种和杂优利用. 长江蔬菜, (6): 26-28.

盛祥参. 2011. 我国辣椒种质资源的分类. 北方园艺, (8): 196-198.

王燕, 胡子敬, 夏延斌, 等. 2007. 辣椒及辣椒制品中辣椒素类物质测定及辣度表示方法. 中华人民共和国国家标准(GB/T 21266-2007).

王燕, 胡子敬, 夏延斌,等. 2006. 辣椒素测定及辣度表示方法. 湖南省地方标准(DB43/T275-2006).

曾岭岭, 王斌, 陈烨, 等. 2006. 辣味食品辣度量化分级技术研究. 食品科学, 27(7): 129-131.

中国农业科学院蔬菜花卉研究所. 2010. 中国蔬菜栽培学. 北京: 中国农业出版社.

周长久. 1995. 蔬菜种质资源概论. 北京: 北京农业大学出版社.

朱德蔚, 开德槟, 李锡香. 2008. 中国作物及其野生近缘植物(蔬菜作物卷). 北京: 中国农业出版社.

邹学校. 2009. 辣椒遗传育种. 北京: 科学出版社.

Bassett M J. 1994. 蔬菜作物育种. 陈世儒译. 重庆: 西南农业大学出版社.

Eshbaugh W H. 1970. Abiosystemstic and evolutionary study of *Capsicum baccatum*. Brittonia, (2): 31-43.

IBPGR. 1983. Genetic Resources of *Capsicum*. Int. Board for Plant Genetic Resources, Rome.

Paul Smith. 1983. 辣椒分类. 李佩华译. 中国蔬菜, (4): 56-57.

Status quo and Discussion of Hot Pepper Germplasm Resources Classification Research in China

WANG Liqun[1], ZHANG Xilu[2], DAI Xiongze[2]

([1] Hunan Academy of Agricultural Sciences, Changsha 410125, China;
[2] Hunan Vegetable Research Institute, Changsha 410125, China)

Abstract: It is a fundamental work to classify hot pepper (*C. annuum* L.) species or varieties in the collection, conservation, studying and utilization of its germplasm resources. This paper reviews the past and present of the classification and research of hot pepper resources in China, from both botanical and horticultural classifications, according to the evolution of existing hot pepper varieties; and puts forward some concrete solutions to the major problems of no uniform standards in the hot pepper resources classification, of the classification systems confusion and so on for the establishment of both botanical and horticultural classification systems.

Key words: hot pepper (*C. annuum* L.); germplasm resource; classification; botanical trait

不同辣度辣椒资源果实主要性状研究*①

戴雄泽[1a,2]，陈文超[1a,2]，张竹青[1a,2]，熊　科[1b]，刘志敏[1c]

（[1]湖南农业大学 a. 农学院；b. 食品科学技术学院；c. 园艺园林学院，湖南长沙　410128；
[2]湖南省蔬菜研究所 湖南蔬菜工程技术研究中心，湖南长沙　410125）

摘要：对中国目前生产中应用较多的 94 份辣椒资源果实的主要生物学性状进行了田间观察，并对果实主要品质性状进行了测定。结果表明：①所有资源中，低辣度的 18 份，占资源总数的 19.1%；中辣度的 56 份，占资源总数的 59.6%；高辣度的 20 份，占资源总数的 21.3%。辣度小于 1000 SHU 的果实，辣味低，干物质含量低，适宜鲜食；辣度为 1000~5 000 SHU 的果实，辣味中等，可鲜食或加工；辣度大于 5000 SHU 的果实，主要为小辣椒，味辣，干物质含量高，适宜加工。②86.2%资源的辣椒素含量大于二氢辣椒素含量，其中，11 份材料（占总资源的 11.7%）的辣椒素与二氢辣椒素含量比大于 2.5；13 份材料（占总资源的 13.8%）的辣椒素含量小于二氢辣椒素含量，其中 5 份材料（占总资源的 5.3%）的辣椒素与二氢辣椒素含量比小于 0.5。③辣度与干物质含量、单株结果数呈极显著正相关，与果长、果宽呈极显著负相关。

关键词：辣椒；辣度；辣椒素

辣椒栽培历史悠久，品种十分丰富，经过长期的自然选择和人工选择，已形成不同辣度类型。辣椒素是辣椒中特有的化合物，是辣椒重要的品质指标（邹学校，2002）。自 20 世纪 60 年代以来，中国已较系统地研究了辣椒资源生物学性状的变化规律、相关性、遗传力等（巩振辉和王鸣，1989；Yayeh and Paul，2000；刘金兵和赵华仑，2000；肖深根等，2001；邹学校等，2004）。由于辣椒素含量测定方法多（Iwai et al.，1979；杨玉珍，1994；王吉祥等，1995；刘敬兰等，1995；俞蔚和雍克岚，2003），检测程序复杂，因而关于辣椒资源辣椒素含量的研究较少。随着生活水平的提高，人们对辣椒及辣椒制品的辣味程度有了明确的要求，过去模糊的微辣、辣和极辣概念已不能满足市场需求。Wibur L. Scoville 1912 年首次采用感观方法科学地测定辣椒的辣味程度（狄云和蒋键强，1999），后来发展为利用 HPLC 测定辣椒素类物质含量，得知辣椒素类物质有辣椒素、二氢辣椒素、降二氢辣椒素、高辣椒素和高二氢辣椒素等 14 种，辣椒素和二氢辣椒素占总辣椒素类物质的 90%，也提供了 90%的辣感和热感。国际上辣椒品种和辣椒制品的辣度分级，主要采用美国的“Scoville heat unit”（SHU）辣度单位。中国 2007 年制订了辣度测定的国家标准。笔者采用 HPLC 测定中国目前生产中常用辣椒资源的辣

---

* 基金项目：国家“863”计划项目（2006AA10Z1A6-3）。

① 本文原载《湖南农业大学学报（自然科学版）》，2008，34（4）：433-437。

椒素和二氢辣椒素含量，探索辣椒资源辣度分布状况及不同辣度果实主要性状间的关系，旨在为选育不同辣度品种提供理论依据。

1 材料与方法

1.1 材料

94 份辣椒资源，其中目前中国生产中常用的尖椒品种 72 份，湖南省蔬菜研究所选育的尖椒自交系 22 份。2006 年种植于湖南省蔬菜研究所试验基地，3 次重复，每个小区种植 20 株。管理与当地大田栽培相同。

1.2 方法

1.2.1 辣椒素、二氢辣椒素含量的测定

参照文献（王燕等，2006），采用 HPLC 法测定辣椒素和二氢辣椒素含量，并换算为辣度（SHU）。

（1）仪器：高效液相色谱仪（Agilent 1100，American）；色谱柱 Agilent Zorbax SB-C18（5μm，250mm×4.6mm）；UV 检测器；超声波清洗器（昆山市超声仪器有限公司，数控 KQ-100DE 型，4×10^4Hz）；0.45μm 有机溶剂过滤膜；索氏抽提装置；常压蒸馏装置；粉碎机等。

（2）试剂：甲醇（HPLC 级），四氢呋喃（AR），乙醇（AR），丙酮（AR），水（HPLC 级），辣椒素标样（美国 Sigma 公司，纯度 95%），二氢辣椒素标样（美国 Sigma 公司，纯度 90%）。

（3）色谱条件：流动相甲醇与水的体积比为 80∶20，流速 0.8mL/min，柱温 30℃，UV 检测器波长 280nm，进样量 10μL

（4）溶液制备。标准溶液：称取辣椒素和二氢辣椒素各 25mg，放入经甲醇洗涤过的烧杯中，加入少量甲醇溶解，然后将溶液转入 25mL 容量瓶中，用甲醇定容，作为标准贮备液。再分别量取辣椒素、二氢辣椒素标准贮备液各 1 mL 置于 10mL 容量瓶中，加甲醇稀释至刻度，摇匀，作为标准溶液。样品溶液：用组织捣碎机捣碎样品后，称取 10.0g 样品，适度烘干，放入 100mL 烧杯中，加入甲醇+四氢呋喃（50+50）混合溶液 25mL，用塑料薄膜封口后使用超声波清洗器提取 30min. 用滤纸过滤，收集滤液，然后将滤渣连同滤纸重新用甲醇+四氢呋喃（50+50）混合溶液 25mL，使用超声波清洗器提取 10min。重复 2 次，将 3 次过滤收集的滤液合并后浓缩，然后用甲醇+四氢呋喃（50+50）混合溶液定容至 50mL，经 0.45μm 滤膜过滤后进行色谱分析。

1.2.2 蛋白质、糖、干物质和 V-C 含量的测定

参照文献（杨虹琦和卢向阳，2003），蒽酮法测定糖含量；考马斯亮蓝 G-250 法测定蛋白质含量；2,4-二硝基苯肼法测定 V-C 含量；用烘干恒重法测定干物质含量。

1.2.3 辣椒果实主要性状的测定

在盛果期测定果实性状。每小区随机选择 30 个果实，测定果实长度和直径；随机

选择 5 株，测定单株结果数。

1.2.4 数据分析

所有数据采用 DPS 数据处理系统分析（唐启义和冯明光，2002）。

2 结果与分析

2.1 辣椒果实主要品质成分含量

由表 1 可知，蛋白质、糖、干物质和 V-C 含量变异系数较小，测定值比较集中；辣椒素、二氢辣椒素含量的变异系数大，测定值离散程度高。本研究材料中，辣椒素含量最高的为 0.7744mg/g，最低的为 0.0050mg/g；二氢辣椒素含量最高的为 0.4590mg/g，最低的为 0.0036mg/g. 6 种主要成分含量的平均值与前人报道（邹学校，2002；肖深根等，2001）基本相同，蛋白质含量略低。

表 1 辣椒果实主要品质成分

Table 1 Composition of major characters of capsfcum fruit

	糖含量/%	蛋白质含量/%	干物质含量/%	V-C 含量/（mg/100g）	辣椒素含量/（mg/100g）	而氢辣椒素含量/（mg/100g）
平均值	3.302 7	0.980 9	13.801 1	110.61	0.138 5	0.090 5
标准值	0.671 9	0.215 3	3.621 5	24.77	0.114 8	0.095 4
变异系数	20.340 0	21.950 3	26.240 0	22.39	104.550 0	105.410 0
最大值	5.120 0	1.560 0	24.380 0	155.80	0.774 4	0.459 0
最小值	1.600 0	0.510 0	8.180 0	69.42	0.005 0	0.003 6
极差	3.520 0	1.050 0	16.200 0	86.38	0.769 4	0.455 4

2.2 辣椒资源辣椒素和二氢辣椒素含量频次分布

由表 2 可知，90%资源的辣椒素含量在 0.30mg/g 以下，其中 0.10mg/g 以下占 55.3%，0.10~0.20mg/g 占 21.3%，0.20~0.30mg/g 占 12.8%；96%资源的二氢辣椒素含量在 0.30mg/g 以下，其中低于 0.10mg/g 的占 72.4%，0.10~0.20mg/g 占 13.8%，0.20~0.30 mg/g 占 9.6%。辣椒素和二氢辣椒素含量频次分布趋势基本相同，说明二者关系非常密切。

前人研究结果（Govindarajan，1985）表明，品种间辣椒素含量差异很大，但主要成分辣椒素与二氢辣椒素的含量比基本相同，*C. annuum* 种为 1∶1，*C. frutescens* 种为 2∶1。由表 3 可知，81 份资源的辣椒素含量高于二氢辣椒素含量，占总资源的 86.2%，其中有 11 份材料的辣椒素与二氢辣椒素的含量比大于 2.5，占总资源的 11.7%；13 份材料的辣椒素含量小于二氢辣椒素含量，占总资源的 13.8%，其中，5 份材料的辣椒素含量明显低于二氢辣椒素含量，含量比小于 0.5，占总资源的 5.3%。辣椒素与二氢辣椒素含量比的频次分布符合正态分布，平均值为 1.73，标准差为 0.68，变异系数为 39.31%。

表 2 辣椒素含量和二氢辣椒素含量的分布

Table 2 Frequency distrlbition of capsaicin content and dibydrocapsaicin content of capsicum germplasms

含量/（mg/g）	频次		总占资源比例/%	
	辣椒素	二氢辣椒素	辣椒素	二氢辣椒素
≤0.1	52	68	55.3	72.4
>0.1~0.2	20	13	21.3	13.8
>0.2~0.3	12	9	12.8	9.6
>0.3~0.4	3	2	3.2	2.1
>0.4	7	2	7.4	2.1

表 3 辣椒素含量和二氢辣椒素含量比及辣度的频次分布

Table 3 Frequency distrlbition of ratio capsaicin / dibydrocapsaicin content of capsicum germplasms and frequency distribution of pungency degree of capsicum germplasms

辣椒素含量/二氢辣椒素含量	频次	占总资源比例/%	辣度/（$\times 10^3$HU）	频次	占总资源比例/%
≤0.5	5	5.3	<1	18	19.1
>0.5~1.0	8	8.5	1~2	24	25.5
>1.0~1.5	19	20.2	2~3	16	17.1
>1.5~2.0	41	43.7	3~5	16	17.1
>2.0~2.5	10	10.6	5~10	12	12.7
>2.5	11	11.7	>10	8	8.5

2.3 辣椒资源辣度分布

按国家标准计算辣度（表 3），结果表明，86 份资源材料的辣度在 10 000 SHU 以下，占总资源的 91.5%；8 份在 10 000 SHU 以上，占总资源的 8.5%。这说明生产中常用的辣椒品种，80%的辣度在 5 000 SHU 以下。

2.4 辣椒果实主要性状的相关性分析

由表 4 可知，辣度与主要辣味物质辣椒素、二氢辣椒素含量呈极显著正相关，相关系数达 0.99 和 0.91；辣椒素含量与二氢辣椒素含量也呈极显著正相关，相关系数为 0.83；辣度、辣椒素、二氢辣椒素含量与干物质含量呈极显著正相关，与蛋白质含量呈正相关，与 V-C，糖含量呈负相关，都没有达到显著水平；辣度、辣椒素、二氢辣椒素与单株结果数呈极显著正相关，与果长、果宽呈极显著负相关。结果与文献（何晓明和王鸣，1988）报道基本相同。这说明果实主要品质对辣度的影响较小，而果实性状对辣度的影响大，都达到极显著水平，但相关系数均在 0.5 以下，因此，在选择高辣度材料时，果实性状只能作为辅助指标，而品种自身的辣椒素含量应作为主要指标。

2.5 不同辣度资源主要果实性状

根据辣度大小，可将辣椒品种分为 3 类：辣度小于 1 000 SHU 的为低辣度，辣度在 1 000~5 000 SHU 的为中辣度，辣度大于 5 000 SHU 的为高辣度。低辣度辣椒果大、粗，牛角型，辣味低，干物质含量低，适宜鲜食；中辣度辣椒果实细长，辣味中等，羊角型，干物质含量较高，可鲜食或加工；高辣度辣椒主要为小辣椒，味辣，干物质含量高，适宜加工。本研究材料中，低辣度的 18 份，占总资源的 19.1%；中辣度的 56 份，占总资源的 59.6%；高辣度的 20 份，占总资源的 21.3%。由表 5 可知，不同辣度果实的蛋白质、糖和 V-C 含量平均值差异小，同类型品种间变化幅度小；干物质含量及单株结果数、果长、果宽不同类型间差异较大，同类型品种间变化幅度大。

表 4 辣椒果实主要性状的相关系数

Table 4 The correlation coefficient of compostion of major characters and different fruit characteristics

	辣椒素	二氢辣椒素	V-C	糖	蛋白质	单物质	单株结果树	果长	果宽
辣椒	0.99**	0.91**	–0.060 0	–0.080 0	–0.150 0	–0.49**	–0.40**	–0.46**	–0.49**
辣椒素		0.83**	–0.050 0	–0.067 0	–0.160 0	–0.49**	–0.41**	–0.47**	–0.49**
二氢辣椒素			–0.080 0	–0.080 0	–0.120 0	–0.40**	–0.43**	–0.39**	–0.42**

表 5 不同辣度辣椒资源果实主要性状

Table 5 Different fruit characteristics and quality compostion of capsicum germplasms with high, middle and low pungency degree capsicum germplasms

辣度		辣度/（SHU）	含量/（mg/g）		V-C 含量/（mg/100g）	含量/%			单株结果数/个	果长/cm	果宽/cm
			辣椒素	二氢辣椒素		蛋白质	糖	干物质			
低辣度	平均值	543.6	0.021 8	0.014 0	113.53	0.873 9	3.412 2	10.850 0	22.97	14.630 0	3.162 0
	标准值	246.8	0.001 8	0.008 0	23.17	0.179 7	0.743 6	2.080 7	16.52	3.752 5	1.230 1
中辣度	平均值	2 458.0	0.097 2	0.064 0	111.54	0.925 5	3.289 5	13.770 0	36.54	11.790 0	2.160 0
	标准值	1 007.1	0.046 2	0.038 6	25.76	0.209 1	0.672 1	3.478 4	21.53	3.713 0	0.846 9
高辣度	平均值	9 004.5	0.359 2	0.234 0	105.40	1.032 0	3.241 0	16.551 0	89.87	8.410 0	1.393 0
	标准值	312.8	0.164 7	0.104 1	23.74	0.214 7	0.626 1	3.026 8	138.13	3.391 4	0.684 3

3 讨 论

（1）1876 年 Thresh 首先明确了辣椒中刺激物质的成分，命名为辣椒素（Govindarajan，1986）。1962 年 Kosuge 等在辣椒提取物中发现 2 种成分相近具有很强的刺激味，且 2 种成分的比例不随品种和收获时成熟度而变化，建议用“辣椒素类物质”一词代表这些混合物。目前，已发现 14 种辣椒素同系物，其中辣椒素含量最高，二氢辣椒素含量和降二氢辣椒素含量其次，高辣素和高二氢辣椒素含量较低（Suzuki et al.，1980；Hoffman et al.，1983；Chiang，1986）。Govindarajan 的研究表明，*C. annuum* 辣椒素类物质含量为 0.05%~0.33%，其中辣椒素含量占辣椒素类物质总含量的 33%~59%，二氢辣椒素含量占 30%~51%，辣椒素和二氢辣椒素含量比基本相同（约为 1）。*C. frutescens* 中辣椒素类物质含量为 0.35%~0.85%，其中辣椒素含量占 63%~77%，二氢辣椒素含量略低，占 20%~32%，辣椒素和二氢辣椒素含量比基本相同，约为 2。本研究材料辣椒素含量为 0.005 0~0.774 4mg/g，二氢辣椒素含量为 0.003 6~0.459 0mg/g。此含量比相关报道的低，其原因可能是研究材料均为目前生产中的常用品种和自交系，没有测定到最辣的辣椒资源。此外，本研究测定材料为鲜样，而相关研究的为干样。本研究结果表明，73.4%资源的辣椒素与二氢辣椒素含量比为 1~2，并不是固定的 1 或 2，与前人报道（Govindarajan，1985）有差异，可能是本文研究的辣椒资源没有严格区分 *C. annuum* 和 *C. frutescens* 所致，也有可能是测定方法不同所致。

（2）辣椒起源于南美洲，传入中国有近 400 年的历史。由于生态环境和饮食习惯的不同，中国形成了比较明显的食辣区域。不同食辣区域对辣椒辣味的要求不同，经过长期的自然选择和人工选择或引进，各区域种植品种差别很大，品种资源也十分丰富。本研究结果表明：蛋白质、糖和 V-C 含量不同辣度类型之间差异较小，同类资源不同品种的变异幅度也小；辣椒素、二氢辣椒素、干物质、单株结果数、果长、果宽等性状的辣度类型差异大，同类资源中不同品种的变化幅度也大。辣度与品质性状（蛋白质、糖和 V-C 含量）的相关性不明显，与干物质和果实性状（单株结果数、果长和果宽）呈极显著相关。由于蛋白质、糖和 V-C 含量不能通过感官进行选择，在长期的选择过程中，人为选择作用小，主要是自然选择的结果，因此这些性状变异幅度小；由于人们对干物质、辣味和单株结果数、果长、果宽等性状能从感官上进行判断，这些性状进化是自然选择和人工选择的结果，不同品种间变异幅度大，因此人工选择的作用可能更大。

参 考 文 献

狄云，蒋键强. 1999. 辣椒果实中的辣椒素类物质研究进展. 食品科学, (3): 30-32.

巩振辉，王鸣. 1989. 辣椒主要品质性状配合力分析. 河北农业技术师范学院学报, 3(4): 26-32.

何晓明，王鸣. 1988. 辣椒若干性状的相关与通径分析. 西北农业大学学报, (4): 90-94.

刘金兵，赵华仑. 2000. 辣椒果实成熟过程中 V-C、辣椒素及干物质含量变化. 江苏农业学报, 16(1): 61-62.

刘敬兰，陈连文. 1995. 减压柱层析-分光光度法分离和测定辣椒色素中的辣椒素. 化学研究与应用, 7(3): 318-320.

唐启义，冯明光. 2002. 实用统计分析及其 DPS 数据处理系统. 北京: 科学出版社.

王吉祥，刘惠蓉，王志恒，等. 1995. 辣椒素含量测定法. 陕西农业科学, (5): 18-19.

王燕，夏延斌，夏菠，等. 2006. 高效液相色谱法测定辣椒素及辣度计算. 辣椒杂志, (1): 37-41.

肖深根，阳文龙，王日勇，等. 2001. 干辣椒品种果实品质的灰色关联评估及相关分析. 湖南农业大学学报自然科学版， 27(4): 283-285.

须海丽，邓代言，杨和权，等. 2004. 贵州地方辣椒品种主要经济性状的初步研究. 贵州农业科学, 32(3): 43-44.

杨虹琦，卢向阳. 2003. 生物化学与分子生物学实验技术. 长沙: 湖南农业大学理学院.

杨玉珍. 1994. 香兰素-亚硝酸钠比色法对辣椒素的测定. 分析实验室, 13(3): 46-48.

俞蔚，雍克岚. 2003. 辣椒素的荧光特征研究. 食品科学, 24(1): 105-107.

邹学校，戴雄泽，马艳青，等. 2004. 湖南辣椒地方品种资源与湘研辣椒品种选育的灰色关联分析.植物遗传资源学报, 5(3): 233-238.

邹学校. 2002. 中国辣椒. 北京: 中国农业出版社.

Chiang G H. 1986. HPLC an alysis of capsaicin and simultaneous determination of capsaicin and piperine by HPLC-ECD and UV. J. Food Sci., 5l(2): 499-503.

Govindarajan V S. 1985. *Capsicum*, production, technology, chemistry, and quality. Part I: History, botany, cultivation, and primary processing. CRC Crit Rev Food Sci. Nutr, 22(2): 109-176.

Govindarajan V S. 1986. *Capsicum*, production, technology, chemistry, and quality. Part Ⅲ: Chemi- stry of the color, aroma, and pungency stimuli. CRC Crit Rev Food Sci. Nutr, 24: 245-355.

Hoffman PG, Lego MC, Galetto WG. 1983. Separation and quantitation of red pepper major heat principles

by reverse-phase high pressure liquid chromatography. J. Agfic Food Chem, 31: 1326-1330.
Iwai K, Suzuki T, Fujiwake H. 1979. Simultaneous microdetermination of capsaicin and its four analogues by using high-performance liquid chromatography and gas chromatography-mass spectrometry. J. Chrom-atogr, 172(2): 303-311.
Suzuki PG, KawadaT, IwaiK. 1980. Effective separation of capsaicin and its analogues by reverse-phase high performance thin-layer chromatography. J. Chro-matogr, 198: 217-223.
Yayeh Z, Paul W B. 2000. Evaluation of genotype, environment, and genotype-by- environment interaction for capsaicinoids in *Capsicum annuum* L. Euphytica, 111: 185-190.

On main fruit characteristics of capsicum germplasm with diferent pungency degree

DAI Xiong-ze[1a, 2], CHEN Wen-chao[1a, 2], ZHANG Zhu-qing[1a, 2], XIONG Ke[1b], LIU Zhi-min[1c]

([1] a.College of Agronomy; b. College of Food Science and Technology; C. College of Horticulture and Landscapes, HNAU, Changsha 410128, China;
[2] Hunan Engineering Research Center for Vegetable, Hunan Vegetable Research Institute, Changsha 410125, China)

Abstract: Main fruit characteristics of 94 excellent capsicum germplasms, were evaluated and its fruit qualities were measured. The results indicated that: ①of the total capsicum germplasms, the low pungency degree one was 18, accounting for 19.1%, the middle and high pungency degree one were 56 and 20, accounting for 59.6% and 21.3% respectively. Low pungency degree types with low capsaicinoids content (<1 000 SHU) and low dry weight was suitable for fresh market. Middle pungency degree types with middle capsaicinoids content (1 000~5 000 SHU) was suitable for either fresh market or processing. High pungency degree types with high capsaicinoids content (>5 000 SHU), high dry weight and small fruit size were suitable for processing. ②86.2% of the capsicum germplasms capsaicin content was over dihydrocapsaicin. And for 11 of them (11.7% of the total), its ratio of the capsaicin content, dihydrocapsaicin content was over 2.5 (13.8% of the tota1), 13 gerplasms capsaicin content was lower than dihydrocapsaicin. And 5 of 13 gerplasms (5.3% of the total), the ratio of capsaicin content, dihydrocapsaicin content was significantly lower than 0.5. ③ Pungency content with dry weight content and fruit setting per plants are significantly positively correlated, pungency content with fruit length and width are significantly negatively corelated.

Key words: capsicum; pungency degree; capsaicinoids

不同辣椒品种种子萌发期耐低温性的研究*①

朱晨曦[1,2]，马艳青[1,2]，杨博智[2]，张竹青[2]

（[1]中南大学研究生院隆平分院，湖南长沙　410125；
[2]湖南省农业科学院蔬菜研究所，湖南长沙　410125）

摘要：为确立辣椒种子萌芽期耐低温性鉴定的指标和条件，探讨低温对不同类型辣椒种子萌发的影响，本试验以不同的辣椒品种为材料，测定不同温度下种子的发芽率、发芽势、发芽指数以及这3项指标的相对值。结果表明，18℃培养下的相对发芽指数、14℃培养下的相对发芽率可作为辣椒种子萌发期耐低温性鉴定的指标，18℃可作为筛选耐低温品种的压力条件；早熟品种种子对低温的耐受性较中熟和中晚熟品种强；线椒品种种子对低温的耐受性较好，甜椒最弱。

关键词：辣椒；低温；种子萌发；发芽率；发芽势；发芽指数

辣椒是人们喜食的蔬菜，在保证我国蔬菜周年均衡供应中占有重要地位。辣椒种子发芽的最适温度为25~30℃，超过35℃或低于10℃都不能较好的萌发（邹学校，2009）。冬春季节辣椒播种阶段，常遇到持续的低温胁迫，导致辣椒种子萌发时间延迟，发芽率降低，出现小老苗，辣椒生长受到抑制，产量下降（闫小红等，2006）。低温冷害已经成为限制辣椒生产的重要因素，选育耐低温品种是解决辣椒受低温危害的有效手段之一，因此迫切需要确立可信筛选指标，建立快速、准确的耐低温鉴定方法。

种子萌发期的各种参数是鉴定早期耐低温性必不可少的指标。研究表明，用种子低温发芽指数对材料耐低温性进行鉴定，简单、可靠，而且周期性短，可以用于耐低温种子资源的筛选（刘剑辉，2005）。前人已在萌发期种子耐冷性鉴定方面做了不少研究（刘慧英等，2002；邹志荣和陆帼一，1995；王孝宣等，1996；徐伟慧，2006；Demir et al.，2008），然而关于品种熟性与辣椒萌芽期耐低温性关系的报道很少。本试验对不同温度下辣椒种子发芽状况进行研究，提出直观可靠的鉴定种子耐低温性的条件和指标，判断低温对不同熟性的辣椒种子萌发的影响，以期为辣椒实际生产提供参考。1 材料和方法试验于2012年2月至2013年10月在湖南省蔬菜研究所试验农场及湖南省蔬菜工程技术研究中心完成。

1.1　种子萌发期耐低温性指标和温度条件的筛选

以湘研5号、37-74和苏椒5号为试验材料，3个品种的低温耐性分别为不耐（马

* 基金项目：“十二五”国家科技支撑计划（2012BAD02B02）。

① 本文原载《中国蔬菜》，2015，（8）：34-38。

艳青和戴雄泽，2000）、中耐、耐（钱芝龙和赵华仑，1997）。选取籽粒饱满的上述3个品种的辣椒种子于25℃蒸馏水中浸泡30min，用1%次氯酸钠溶液消毒1min后，再用蒸馏水冲洗3次。取种子平放于铺有2层滤纸的培养皿中，每个培养皿放置50粒，将种子分别置于不同的温度下（25℃、18℃、16℃、14℃）黑暗培养至萌发，以25℃培养为对照，统计种子的发芽势、发芽率、发芽指数，并计算相对发芽势、相对发芽率、相对发芽指数，确定品种间的发芽指标差异性最大的发芽温度，每个处理3 次重复。

1.2 低温对不同熟性辣椒品种萌发的影响

以不同熟性的辣椒品种为材料，其中早熟品种：苏椒 5 号、11H15、兴蔬 201、博辣 1 号、兴蔬 301、珍珑；中熟品种：湘研 5 号、11H33、37-74、博辣新红帅、博辣 8 号、兴蔬绿燕；中晚熟品种：兴蔬 16 号、兴蔬青冠、兴蔬羽燕、博辣新红秀、博辣 5 号、博辣天星。将种子分别置于由1.1中所得的温度下培养，以25℃培养为对照，统计种子发芽势、发芽率、发芽指数，并计算相对发芽势、相对发芽率、相对发芽指数，每个处理重复3次。

1.3 低温对不同类型辣椒品种萌发的影响

以不同类型的辣椒品种为材料，其中线椒类型品种：博辣红牛、博辣1号、兴蔬301、博辣红艳、博辣8号、博辣5号；尖椒类型品种：兴蔬19号、南京早椒、11H15、兴蔬201、湘研5号、11H33；泡椒品种：福湘4号、福湘碧秀、苏椒5号、福湘秀丽；甜椒品种：T09-2、T0155。培养条件及数据统计方法同上。

1.4 发芽指标测定

以胚根长超过种子长度的1/2为标准，记录发芽数，第7d调查发芽势，第14d统计发芽率，并计算相对发芽率、相对发芽势、相对发芽指数。其中，发芽势（%）=供试种子7d内的发芽数/供试种子总数×100，相对发芽势（%）=低温下发芽势/常温下发芽势×100；发芽率（%）=供试种子总发芽数/供试种子总数×100，相对发芽率（%）=低温下发芽率/常温下发芽率×100；发芽指数（GI）=$\sum G_t/D_t$，相对发芽指数（%）=低温下发芽指数/常温下发芽指数×100，式中 G_t 为浸种后 t 日的发芽数，D_t 是相应的发芽天数。

1.5 数据分析

数据均采用 SPSS17.0 和 Microsoft Excel 2007 软件进行分析和作图。

2 结果分析

2.1 低温处理对辣椒萌芽期指标的影响

由图 1A 可以看出，3 个品种的发芽率在 14℃下均出现明显下降，且下降率为湘研5号＞37-74＞苏椒5号，这与3个品种对低温的耐受性相符。湘研5号的发芽率随温度的降低逐渐下降，在14℃的处理下发芽率由25℃下的100%下降至59.33%；37-74

和苏椒 5 号在 16~25℃培养下发芽率受温度的影响不大，在 14℃则分别降至 81.33%、88.67%。

由图 1B 可以看出，低温条件下辣椒种子发芽势明显低于对照（25℃）。各品种发芽势随温度的降低显著降低。其中 18℃培养下湘研 5 号、37-74、苏椒 5 号的发芽势与 25℃相比，下降幅度分别为 62.16%、19.86%和 14.81%；16℃处理下各品种发芽势下降幅度都达到 93%以上，差异不明显；14℃处理下各品种发芽势均为 0。结果表明，只有温度为 18℃时种子发芽势下降率与 3 个品种对低温的耐性基本相符。

由图 1C 可以看出，低温条件下辣椒种子发芽指数低于对照（25℃），各品种的发芽指数随温度的降低而减小。温度为 18℃时，湘研 5 号、37-74、苏椒 5 号的发芽指数下降幅度分别为 43.85%、32.53% 和 21.49%，与品种对低温的耐性情况吻合。

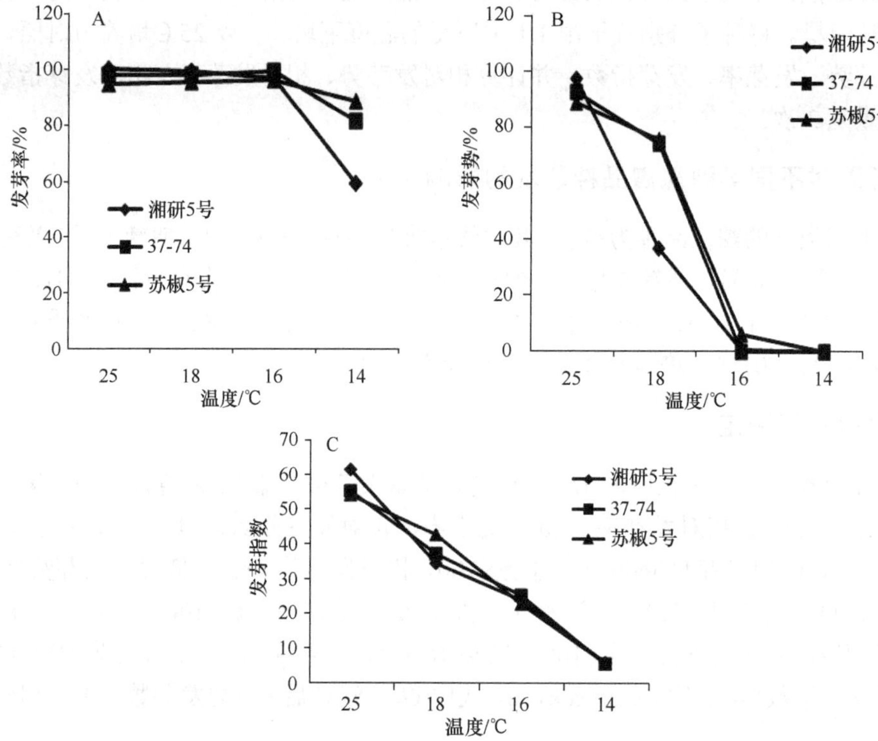

图 1　低温对辣椒发芽指标的影响

2.2　种子耐低温指标的鉴定和温度条件的筛选

不同温度下 3 个品种的发芽指标如表 1 所示，处理温度为 18℃时各品种的相对发芽指数差异极显著，能很好地反映品种耐性的差异，故 18℃可用于鉴定品种的低温耐受性，18℃下所测得的相对发芽指数可作为鉴定种子耐低温性能的指标。处理温度 16℃下 3 个辣椒品种的相对发芽率和相对发芽指数差异性不显著，相对发芽势数值较接近且均较低，因此，并不能很好地反映品种的耐低温性，故用来区分品种对低温的耐性可靠性较低。处理温度为 14℃时，各品种的相对发芽率差异极显著，与品种的已知耐性表现一致，14℃的种子相对发芽率也可作为鉴定种子耐低温性能的辅助指标。

表 1 低温对不同品种相对发芽指标的影响

处理		测定指标		
温度/℃	品种	相对发芽率/%	相对发芽势/%	相对发芽指数/%
18	湘研 5 号	99.33aA	37.83bB	56.20cC
	37-74	100aA	80.23aA	67.56bB
	苏椒 5 号	100.72aA	85.24aA	78.57aA
16	湘研 5 号	96.67aA	0.67bB	38.85bA
	37-74	101.36aA	0	45.68aA
	苏椒 5 号	101.43aA	6.72aA	41.84abA
14	湘研 5 号	59.33cC	0	9.92aA
	37-74	82.99bB	0	10.18aA
	苏椒 5 号	93.68aA	0	10.72aA

注：表中同列大写和小写字母分别表示品种间在 0.01 和 0.05 水平上存在显著性差异，下同。

2.3 不同熟性辣椒种子萌发期对低温胁迫的反应

选取不同熟性的品种进行分析，由图 2A 可知，18℃处理下不同熟性的辣椒种子平均发芽率为 81.22%~94.44%，与对照相比，早熟、中熟和中晚熟品种的平均发芽率下降率分别为 0.93%、4.59% 和 10.42%；由图 2B 可知，18℃处理下不同熟性的辣椒种子平均发芽势为 35.89%~51.56%，与对照相比，早熟、中熟和中晚熟品种平均发芽势下降率分别为 42.29%、35.56%和 48.73%；由图 2C 可知，不同熟性的辣椒品种平均发芽指数为 25.82~35.03，与对照相比，早熟、中熟和中晚熟品种平均发芽指数下降率分别

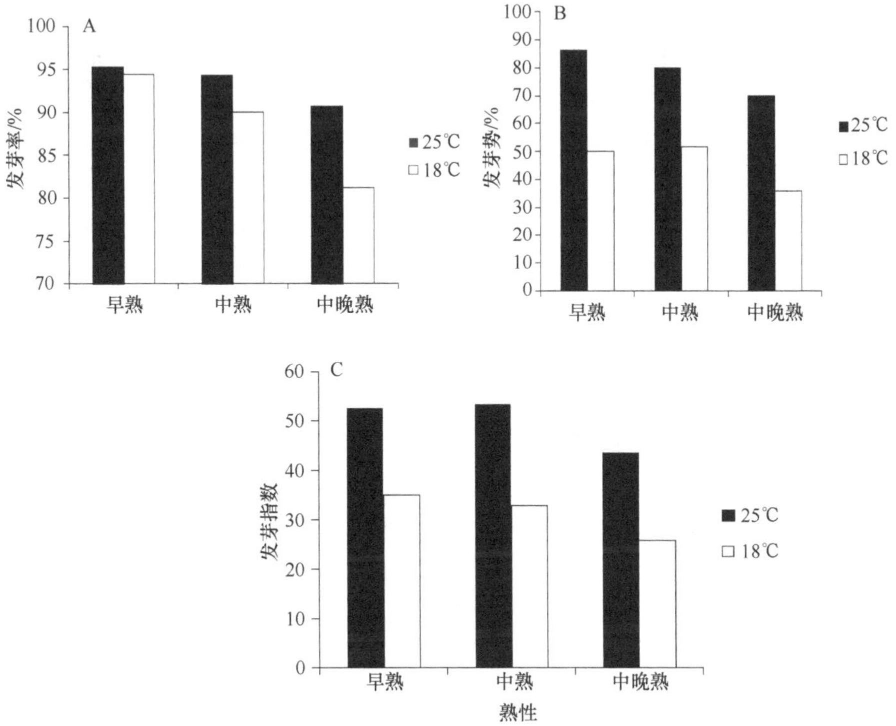

图 2 低温对不同熟性辣椒品种萌发的影响

为 33.36%、38.30%和 40.73%。由表 2 可知，3 种不同熟性的品种的相对发芽率、相对发芽势和相对发芽指数间均有极显著性差异，其中早熟品种的相对发芽势和相对发芽指数最高，中熟品种的相对发芽势和相对发芽指数次之，但高于中晚熟品种。综上所述，18℃下不同熟性辣椒品种的种子表现为早熟品种受低温影响最小，中熟品种对低温的耐受性居中，中晚熟品种受低温影响程度最大。

表 2　不同熟性的辣椒品种在 18℃的相对发芽指标

熟性类型	相对发芽率/%	相对发芽势/%	相对发芽指数/%
早熟	98.99aA	59.63aA	68.04aA
中熟	93.96bB	53.86bB	59.02bB
中晚熟	87.51cC	38.08cC	53.88cC

2.4　不同类型辣椒种子萌发期对低温胁迫的反应

选取不同类型的辣椒品种进行分析，结果表明，18℃处理下不同类型的辣椒种子平均发芽率为 78.67%~95.89%，其中甜椒的平均发芽率受低温影响最大，与对照相比下降了 16.61%（图 3 A）；18℃处理下不同类型的辣椒种子平均发芽势为 5.67%~67.89%，与对照相比均下降明显，其中线椒品种的平均发芽势下降最少，为 26.47%，甜椒品种平均发芽势下降率则达到 92.7%（图 3B）；不同类型的辣椒品种平均发芽指数为 15.58~38.34，与对照相比，线椒、尖椒、泡椒品种平均发芽指数下降率分别为 34.63%、48.75%和 43.96%，甜椒的发芽指数下降率则达到 62.91%（图 3C）。由表 3 所示，4 类

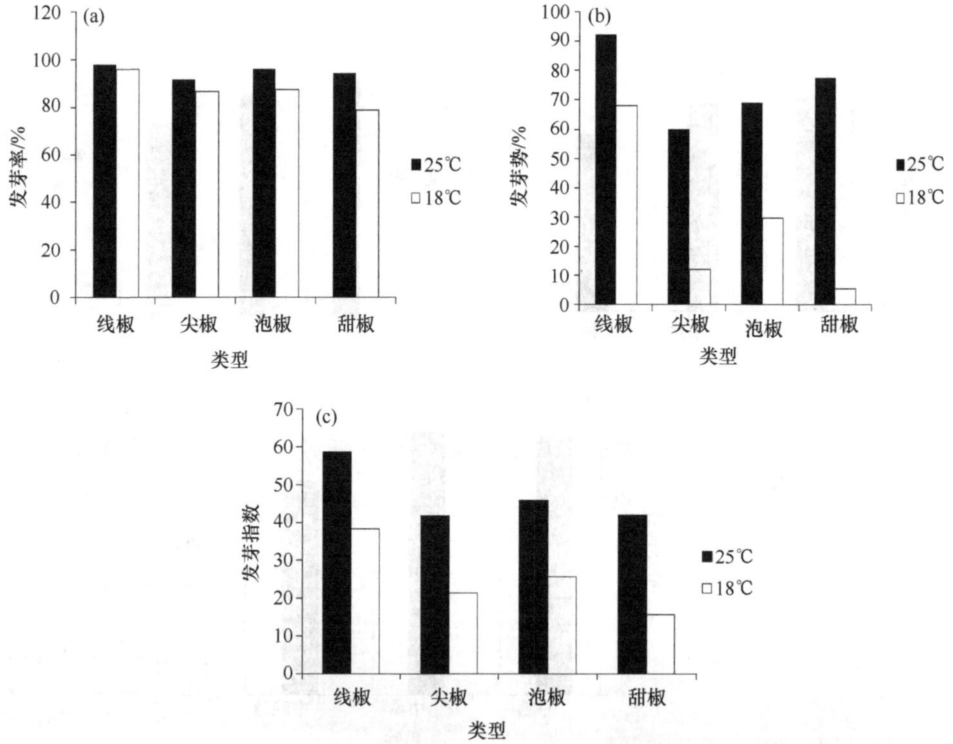

图 3　低温对不同类型品种萌发的影响

表 3　不同类型的品种在 18℃的相对发芽指标

类型	相对发芽率/%	相对发芽势/%	相对发芽指数/%
线椒	97.91aA	72.89aA	67.84aA
尖椒	93.30bB	12.61cC	50.66bB
泡椒	90.85bB	33.48bB	52.75bB
甜椒	83.47cC	7.31dD	36.50cC

品种中，线椒、甜椒的相对发芽指标分别与其他 3 种类型品种的相对发芽指标差异性极显著，其中线椒品种的相对发芽指标均大于其他 3 类品种，而甜椒品种的相对发芽指标最小，尖椒和泡椒品种居中。由此可见，在 18℃下线椒品种的种子萌发受温度影响最小，甜椒品种的种子受低温影响最大，尖椒和泡椒品种的种子对低温的耐受性居中。

3　结论与讨论

种子萌发过程中种子成熟度、种子处理过程、种子贮藏时间及条件等因素均影响种子对低温的反应（刘剑辉，2005）。试验中为了消除种子本身差异造成的误差，数据分析时均采用发芽势、发芽率、发芽指数与对照数据的相对比值。

目前关于种子萌芽期耐冷性鉴定的指标并不统一（李俊明，1989；邹志荣和陆帼一，1995；王孝宣等，1996；黄玉辉等，2008；闫世江等，2008）。本试验结果表明，18℃下的相对发芽势和相对发芽指数，14℃下的相对发芽率能很好地反映出不同品种对低温的耐性，可以作为鉴定种子耐低温性的指标；确立 18℃作为鉴定种子耐低温性最适合的温度条件，与前人在辣椒（邹志荣等，1995）和茄子（耿广东等，2006）中的研究结果基本一致。

李光庆等（2010）指出熟性可能是影响花椰菜耐寒性的重要因素。王萍等（2000）在花期低温处理不同熟性的大豆品种，发现早熟品种表现出较好的耐低温性，晚熟品种则表现较差。段曦等（2011）研究结果表明苗期不同果型的辣椒抗冷性以小米椒较好，灯笼椒最差。可见，作物对低温的耐性与品种本身的熟性及类型是有一定关系的。本试验对不同熟性、不同果型品种的辣椒种子进行萌发期耐低温鉴定，发现在萌芽期早熟品种对低温的耐受性较强，中熟品种耐受性居中，中晚熟品种耐受性较差；线椒品种对低温的耐受性较其他 3 类果型的品种强，甜椒最弱。与前人的研究结果不尽相同，可能与试验材料及材料的生长时期不同有关。目前品种的抗冷性与果型、熟性的关系并没有明确一致的结论，故还需后续大量试验去探究验证。

植物的耐低温性受很多因素影响，有研究表明品种的耐冷性与种子内代谢物质有关。杜尧东等（2010）等在研究低温对番茄种子萌发的影响中发现，低温降低种子的发芽势和萌发率，是因为其影响种子萌发时贮藏物质的降解和转化，增加了细胞膜的透性。有学者在对黄瓜耐低温性研究时发现，黄瓜种子中可溶性蛋白质的含量、脂肪酸含量、亚油酸含量等指标与品种耐低温性呈正相关，可作为鉴定黄瓜耐低温性的间接指标（张建军等，2008）。而辣椒种子耐低温性与种子内成分含量关系的报道还较少见，熟性、果型不同的辣椒种子，其内成分含量之间是否存在明显规律，是否与品种耐冷性有明确关系，有待于进一步研究。

参 考 文 献

杜尧东, 段世萍, 陈新光, 等. 2010. 低温对番茄种子萌发的影响. 中国农业气象 31(4): 541-545

段曦, 魏佑营, 杨明凯, 等. 2011. 低温胁迫对野生辣椒和不同类型辣椒生化指标的影响. 山东农业科学, (10): 22-25

耿广东, 程智慧, 张素琴. 2006. 低温发芽鉴定茄子耐冷性的研究. 种子, 25(6): 43-46

黄玉辉, 罗海玲, 张曼. 2008. 不同苦瓜品种种子发芽和苗期耐冷性差异的研究. 长江蔬菜.(16): 11-13

李光庆, 谢祝捷, 姚雪琴, 等. 2010. 花椰菜叶绿素荧光参数与耐寒性的关系研究.园艺学报, 37(12): 2001-2006

李俊明. ,1989 玉米种子的低温发芽临界温度研究. 种子, (4): 22-24

刘慧英, 王祯丽, 王玉华. 2002. 不同品种辣椒种子发芽和苗期耐冷性差异的研究. 石河子大学学报(自然科学版), 6 (1): 23-26

刘剑辉. 2005. 黄瓜耐低温性鉴定方法. 北方园艺, (4): 62-63

马艳青, 戴雄泽. 2000. 低温胁迫对辣椒抗寒性相关生理指标的影响. 湖南农业大学学报, 26(6): 461-462

钱芝龙, 赵华仑. 1997. 苏椒 5 号耐低温耐弱光的早熟高产性能. 江苏农业科学, (2): 51-53

王萍, 宋海星, 马淑英, 等. 2000. 花期低温对大豆荚和籽粒形成的影响. 中国油料作物学报, 22(2); 31-33

王孝宣, 李树德, 东惠茹, 等. 1996. 低温胁迫对番茄苗期和花期若干性状的影响. 园艺学报, 23(4): 349-354

徐伟慧. 2006. 辣椒耐低温性鉴定方法的研究. 甘肃: 甘肃农业大学, 5-7

闫世江, 司龙亭, 马志国, 等. 2008. 黄瓜幼苗耐低温性与种子内含物质的相关分析. 沈阳农业大学学报, 39(5): 542-545

闫小红, 胡文海, 曾守鑫, 等. 2006. 低温胁迫下 24-表油菜素内酯对辣椒种子萌发及幼苗生长的影响. 华中农业大学学报, 37(3): 360-363

张建军, 闫世江, 王浩, 等. 2008. 黄瓜种子脂肪酸含量与耐低温性关系的研究. 安徽农业科学, 36(12): 4859-4861

邹学校. 2009. 辣椒遗传育种学. 北京: 科学出版社. 331-332

邹志荣, 陆帼一. 1995. 辣椒种子萌发期耐冷性鉴定. 西北农业大学学报, 23(1): 30-34

Demir I, Ermis S, Mavi K, et al. 2008. Mean germination time of pepper seed lots (*Capsicum annuum* L.) predicts size and uniformity of seedlings in germination tests and transplant modules. *Seed Science and Technology*, 36(1): 21-30

Study on Low Temperature Resistance of Different Varieties of Pepper in Seed Germination Stage

Zhu Chen-xi[1, 2], Ma Yan-qing[1, 2], Yang Bo-zhi[2], Zhang Zhu-qing[2]

([1] Longping Branch of Graduate School, Central South University, Changsha 410125, PRC;
[2] Institute of Vegetables, Hunan Academy Of Agricultural Sciences, Changsha 410125, PRC)

Abstract: Germination potential, germination percentage, germination index and the relative value of these indicators in different temperature conditions were determined by using different pepper cultivars as the research materials aim to establish the identification indexes and temperature conditions of chilling-resistance in seed germination stage. The results illustrates that relative germination index under 18℃, relative germination percentage under 14℃ can be used as the identification indexes of low temperature resistance, 18℃ can be used to identify the chilling tolerance of different varieties. The results also shows that the early-maturing has better ability of low temperature resistance compared with the other two varieties; and the low temperature resistance of var. *acuminatum* Fingern is better than other fruit type cultivars, var. *grossum* Sent is weaker .

Key words: pepper; low temperature; germination; germination percentage; germination potential; germination index

我国种植的国外辣椒类型及品种简介*①

张竹青

（湖南省蔬菜研究所 长沙 410125）

近年来国外蔬菜种子公司纷纷进驻我国。在辣椒方面，目前国内种植的国外（或海外）品种主要为以下几种类型：朝天椒类型、羊角椒类型、粗牛角椒类型、甜椒类型。

1 朝天椒类型

1.1 簇生朝天椒品种

按椒果形状分为三樱椒、子弹头两个系列。三樱椒系列品种主要有日本三樱椒（从日本引进）、新一代三樱椒、天宇 3 号（从韩国引进）、天宇 5 号（从韩国引进）、绿宝天仙（从美国引进）、圣尼斯朝天椒（从美国引进）、世农朝天椒等。子弹头系列品种主要有高棵簇生子弹头、矮棵簇生子弹头。其中：

天宇 3 号 该品种中熟。簇生，每簇结果 6~7 个，平均单株结果 400 个左右，果长 5~6cm，果径 1.0cm，味辣；植株高大，分枝性强，抗花叶病毒，可用于脱水加工；高产，每 $667m^2$ 干椒产量 300~350kg，增产潜力大。

天宇 5 号 中熟品种，一代杂交优势显著，生长旺盛，株高达 1.2~1.5m，单株分枝 7~10 个。果实簇生，每簇 6~7 个果，果实朝天，果茎粗 0.6cm，果长 5~6cm，果型圆直，颜色浓红，辣度极高。结果集中，熟性一致，利于采收易干制。对枯萎病、病毒病抗性好。结果性强，单株结果 200 个以上，最多单株结果 700 个，每 $667m^2$ 产干椒 500~600kg。

绿宝天仙 美国阿特拉斯种子公司培育。该品种早熟，杂交优势强，长势旺，果实密集，果长 4.5~5.5cm，果径 0.6cm 左右，单株结果 200 个左右，易于干燥加工，果实深红色，果面光滑，味浓辣，适于加工出口。干椒每 $667m^2$ 产量 500kg 左右。抗热性较强，夏季生长良好，对辣椒疫病、炭疽病抗性突出，雨季抗倒伏性强，适于国内露地种植。

1.2 单生朝天椒品种

天雄朝天椒 韩国引进一代交配。中小果型辣味极强，可鲜食或干制加工。

中早熟，单生果，辣味极强，食味佳，果长 8~10cm，果径 0.8~1cm，果形整齐光滑，

---

* 基金项目：国家大宗蔬菜产业技术体系项目（CARS-25-A-8）。

① 本文原载《辣椒杂志》，2008，（3）：17-18。

产量丰富，抗病力强。

韩国天祥 5 号 中早熟品种。单生果，果实朝天长，果长 5~6cm，果径 0.6~0.8 cm，果实大小均匀，结果集中，辣味极强；抗病性强。

天剑一号朝天椒 国外引进。中熟，长势强盛，单生果。椒长 4~5cm，果径 0.7~0.9cm，重 3~4g。果肉厚度适中，颜色美丽，果形整齐，辣味极强，抗病耐运，产量高，鲜食，腌渍或干制均宜。

天剑二号朝天椒 国外引进。中熟品种，单生果。抗病耐热性强。果形整齐，颜色鲜丽，果长 5~6cm。果径 0.6~0.8cm，重 4~5g，辣味极强，产量高，干制鲜食均可。

2 羊角椒类型

2.1 金塔类型椒

干鲜两用，果较粗，果表光亮无皱，红椒颜色深。其中：

金塔、超级金塔（圣尼斯） 株型适中，株高 75~85cm，开张度 60~70cm，果长 12~14cm，果径 1.8~2.5cm。坐果部位较低，坐果集中、成熟期一致，早熟性好，产量高。着色快，红果颜色深，光泽油亮，品质优秀，商品性超群。可做鲜椒，更适宜做干椒。

因特网 长势强，抗病性强，栽培较易；株型直立，叶片中等，利于通风和透光；坐果力优秀，为中熟丰产品种；果实干燥容易，干椒有光泽，果面光滑，品质极优；单果重 12~15g，长 11~13cm，径粗 2.0~2.4cm。

多佛 株型半开展，长势强，抗病毒能力较强；连续坐果力强，短果现象少，产量高；辣味较强，干椒光泽明亮，品质优良，产品出成率高，市场性极佳；单果重 15~19g，长 12~13cm，径粗 1.7~2.0cm。

新汉城贵族 中早熟，抗病性强，味香辣，丰产；果长 10~13cm，果径 2.0~2.2cm，“金塔”果形，单果重 13~15g，667m^2 产量可达 4000kg 以上；红椒、干椒兼用品种，可露地栽培。

2.2 红丰 404 类型

（抗衰老，长季节栽培型。果实羊角形，青果深绿色，红果鲜红色，干鲜两用。）其中：

红丰 404（香港益农） 植株生长旺盛、分枝多，株高 100cm，开展度 90cm，坐果率特高，单株挂果 60~80 个，果实长约 13cm，果肩宽约 2cm，单果重 20g 左右。果皮光洁亮丽，老熟后果皮大红，着色均匀，抗热耐瘠，高抗各种病害。属中晚熟品种，每 667m^2 可达 3000~4000kg，是当前红尖椒主栽品种。

火轮（先正达） 中熟品种，植株长势健壮，节间中等，坐果率高，果长 15~20cm，横径 2cm 以上，单果重 20g 以上，果实光滑有光泽，皮色深绿色至深红色，肉厚，辣味适中，品质好，耐贮运。

3 粗牛角椒类型

绿色、黄绿色长粗牛角椒，在山东寿光等地 80%辣椒品种均为国外品种。其中：

长丰辣椒（长剑） 从日本引进的杂交一代。极早熟，七叶左右开始现蕾，膨果速度快，比一般品种早熟 15d 左右；果个大，商品性好，果皮黄绿色，有光泽，果长 27~35cm，果径 4~6cm，平均单果重 125g，大果可达 230g；果肉厚，货架期长，内销外运均受欢迎；产量特高，结果多，连续坐果能力强；耐湿、耐低温、耐弱光，抗病性强，适宜全国各种保护地和华北地区露地栽培。

百圣辣椒 从韩国引进的杂交一代，早熟抗病，耐热，分枝能力强，节间短，连续坐果能力强，粗牛角形，果皮嫩绿色，微辣，口味极佳，商品性好，果长 25~27cm，横径 5~6cm，单果重 160~180g 左右，最大果达 250g 左右，667m^2 产量 10 000kg 左右，高抗小叶病，花叶病等病害，是春秋保护地和露地栽培的理想品种。

美国特大牛角王 中晚熟品种，植株生长势强，株高 85~90cm，分枝性强，果实绿色，果实长牛角形，果长 38cm，横径 6cm 左右，单果重 40~50g。辣味适中，抗病耐寒、耐热。是大小棚保护地和露地栽培的好品种。

金椒佳美 F1（美国） 植株长势整齐、健壮、坐果能力强；早熟，果实牛角形，果皮黄绿色，有光泽，果直、辣味中等，品质极佳。果长 25~35cm，果径 4.2cm 左右，单果重 100g，最大单果可达 180g。抗病性好，丰产稳定，667m^2 产量可达 6 500kg 以上，是目前主栽的首选品种。适宜南北方春秋保护地及露地栽培。

4 甜 椒 类 型

方灯笼或长方灯笼形，青果绿色，生物学成熟果有红、黄、紫、白等颜色。北方种植比较多的是红英达、红罗丹、美国西圆椒，还有黄欧宝、紫贵人、白公主、橙天使等采椒品种。其中：

红英达（荷兰） 高产杂交一代品种。成熟时由绿转红，且速度较快，兼顾南北鲜菜市场的需求。生长旺盛，采收时间集中，坐果容易，果皮光滑，果肉厚，果实方形，果实长 12cm，宽 10cm，单果重约 200g。

红罗丹（先正达） 红色长甜椒品种；大果型，耐低温弱光，坐果力强；耐运输，商品率高。

美国西圆椒 该品种经多代单株提纯选育而成。植株生长势强，株高 63cm，开展度 55cm，果实呈方灯笼形，3~4 心室，单果重 150~300g，果肉厚 0.6cm，味脆甜，表面光滑，嫩果深绿色，熟果大红色，耐贮运，既可鲜食，又适合出口外销或脱水加工。

参 考 文 献

戴雄泽, 陈文超, 张竹青, 等. 2008. 不同辣度辣椒资源果实性状研究[J]. 湖南农业大学学报(自然科学版), 34(4): 433-436

狄仁, 蒋键强. 1999. 辣椒果实中辣椒素类物质研究进展[J]. 食品科学, (3): 30-32

王吉祥, 刘惠蓉, 王志恒, 等. 1995. 辣椒素含量测定法[J]. 陕西农业科学, (5): 18-19

游国叶, 陈洪轩. 2011. HPLC 测定辣椒油中辣椒素含量[J]. 河南大学学报(医学版), 30(1): 27-31

GB/T 21266-2007 辣椒及辣椒制品中辣椒素类物质测定及辣度表示方法[S]

不同干椒品种中辣椒素总含量的比较*①

周书栋[1,2]，杨博智[1,2]，欧阳娴[1,2]，黄　林[3]，张竹青[1,2]，陈文超[1,2]

（[1]湖南省蔬菜研究所，湖南 长沙　410125；

[2]湖南省蔬菜工程技术研究中心，湖南 长沙　410125；

[3]湖南农业大学生物科学技术学院 湖南长沙　410128）

摘要：采用 HPLC 法对 30 份干椒品种中所含的辣椒素、二氢辣椒素含量进行了测定，结果表明：干椒中辣椒素和二氢辣椒素含量因品种而异，变异系数大，分别为 77.44%和 82.62%；辣椒素和二氢辣椒素含量的频次分布趋势基本相同，辣椒素总含量和辣度的频次分布趋势也基本相同。

关键词：干椒；辣椒素；二氢辣椒素；辣度

辣椒素又称辣椒碱，是一种含香草酰胺的生物碱，为辣椒果实中特有的化合物，被作为优质的调味品和理想的镇痛药物在食品行业和临床医药上使用。天然辣椒素由辣椒素、二氢辣椒素、降二氢辣椒素、高二氢辣椒素等系列同类物质组成（游国叶和陈洪轩，2011）。目前测定辣椒素含量的方法比较多（狄仁和蒋键强，1999；王吉祥等，1995；戴雄泽等，2008），以 HPLC 法测得的数据最为精确。本试验采用 HPLC 法测定了 30 份不同干椒品种中辣椒素和二氢辣椒素含量，为选育高辣度的辣椒品种提供理论依据。

1　材料与方法

1.1　材料、仪器与试剂

供试材料共 30 份，其中尖椒品种为 16 份，线椒品种为 9 份，朝天椒品种为 5 份。2011 年种植于湖南省蔬菜研究所大棚中，管理与当地大田栽培相同。

仪器：LC310-09055 高效液相色谱仪（江苏天瑞仪器股份有限公司）；SB5200D 超声波清洗器（宁波新芝生物股份有限公司）；AL104 电子分析天平（梅特勒-托利多仪器上海有限公司）。

试剂：辣椒素标样（晶体，纯度 97%，Aladdin Chemistry Co. Ltd）；二氢辣椒素标样（晶体，纯度 90%，Aladdin Chemistry Co. Ltd）；其余试剂均为 HPLC 级。

---

* 基金项目：国家公益性行业（农业）专项“干制辣椒品种优化及安全高效生产关键技术研究与示范（200903025）”。

① 本文原载《辣椒杂志》，2011，（4）：23-25。

1.2 方法

1.2.1 干椒中辣椒素的提取

大田中取 500g 新鲜红椒，放入烘箱中 60℃烘干至恒重，取烘好的干椒去籽，磨成粉末，过 40 目筛，收集干辣椒粉备用。

准确称取 2.5g 干辣椒粉于 50mL 容量瓶中，往容量瓶中加入（甲醇）∶（四氢呋喃）=1∶1 溶液 25mL，盖上容量瓶的盖子并用封口膜封口，置于超声波清洗仪中 50℃超声 40min，用滤纸过滤，收集滤液，滤液定容至 25mL，再经 0.45 μm 滤膜过滤，即得辣椒素提取液。

1.2.2 辣椒素和二氢辣椒素含量的测定

参考前人文献（GB/T 21266，2007），采用 HPLC 法测定干辣椒中辣椒素和二氢辣椒素含量，并换算为辣度（SHU）。

色谱条件：色谱柱为 ODS C18 反向柱，4.6mm×250mm，5 μm；流动相为（甲醇）∶（水）=8∶2；紫外检测器波长为 280nm；流速为 0.8mL/min；柱温为 30℃；进样量为 10 μL。

分别取辣椒素及二氢辣椒素标准样品用蒸馏水配制成质量浓度为 0.02mg/mL、0.04mg/mL、0.06mg/mL、0.08mg/mL 和 0.10mg/mL 的溶液，每次进样取 10 μL，绘制辣椒素和二氢辣椒素 HPLC 标准曲线。测定样品中辣椒素和二氢辣椒素含量时，取样品中提取液 10 μL 注入色谱仪，用标准色谱峰的保留时间定性，用外标面积归一法测得样品含量。

1.2.3 结果计算

辣椒素含量计算方法：$X_1=C_1\times V\times 97\%/1000M$

二氢辣椒素含量计算方法：$X_2=C_2\times V\times 90\%/1000M$

辣椒素总量计算方法：$X=(X_1+X_2)/90\%$

辣度计算方法：$\text{SHU}=(X_1+X_2)\times(16.1\times10^3)+(X_1+X_2)/90\%\times10\%\times(9.3\times10^3)$

式中，X_1、X_2 为辣椒素及二氢辣椒素含量，mg/g；C_1、C_2 为标准曲线上查到的辣椒素及二氢辣椒素含量，μg/mL；V 为定容体积，mL；M 为样品质量，g；97%、90%为辣椒素及二氢辣椒素标准样品纯度；X 为辣椒素总含量，mg/g；90%为辣椒素与二氢辣椒素折算为辣椒素类物质总量的系数。

2 结果与分析

2.1 线性关系考察试验

以色谱峰面积（y）对质量浓度（x）进行回归，得到辣椒素的线性回归方程为 $y=916\,423x+598.93$，$R^2=0.9931$；二氢辣椒素的线性回归方程为 $y=435\,520x-166.31$，$R^2=0.9945$，两条标准曲线所得的 R^2 均大于 0.99，说明两标准曲线都具有良好的线性关系（图 1，图 2）。

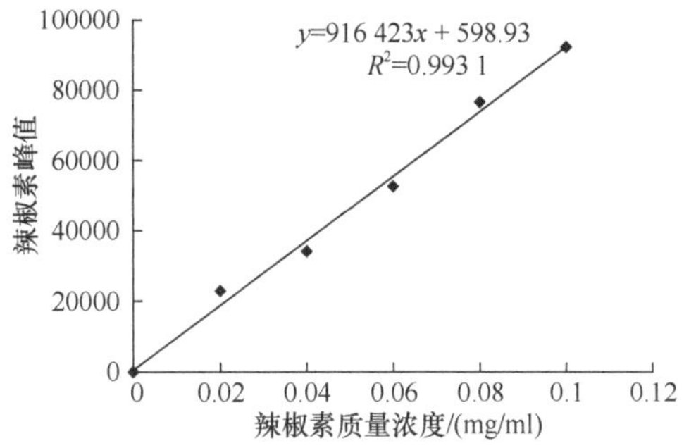

图 1　辣椒素标样标准曲线图

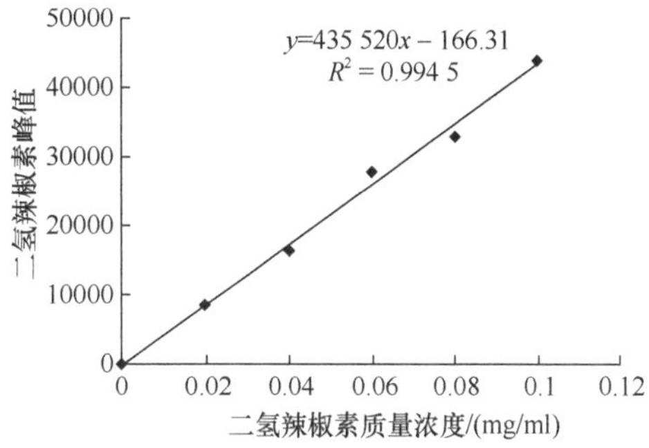

图 2　二氢辣椒素标样标准曲线图

2.2　不同干椒中辣椒素和二氢辣椒素含量的差异

由表 1 可知，30 份干椒研究材料中，辣椒素和二氢辣椒素含量的变异系数较大，分别为 77.44%和 82.62%；辣椒素含量最高的为 1.222mg/g，最低的为 0.029mg/g，二氢辣椒素含量最高的为 1.314mg/g，最低的为 0.063mg/g。

表 1　辣椒果实中辣椒素和二氢辣椒素含量分析（单位：mg/g）

	辣椒素含量	二氢辣椒素含量
平均值	0.384	0.368
标准差	0.297	0.304
变异系数	77.44%	82.62%
最大值	1.222	1.314
最小值	0.029	0.063
极差	0.776	0.495

2.3　不同干椒中辣椒素和二氢辣椒素含量的频次分布

由表 2 可知，辣椒素含量小于 0.1mg/g 共有 3 份，占品种总数的 10.0%；含量为 0.1~0.3 mg/g 共有 12 份，占品种总数的 40.0%；含量为 0.3~0.5mg/g 共有 7 份，占品种总数的 23.3%；含量为 0.5~0.7mg/g 共有 4 份，占品种总数的 13.3%；含量为 0.7~0.9mg/g 共有 1 份，占品种总数的 3.3%；含量大于 0.9mg/g 共有 3 份，占品种总数的 10.0%。

表 2　辣椒果实中辣椒素和二氢辣椒素含量的频次分布

含量/（mg/g）	频次	
	辣椒素	二氢辣椒素
<0.1	3	4
0.1-0.3	12	14
0.3-0.5	7	3
0.5-0.7	4	6
0.7-0.9	1	1
>0.9	3	2

二氢辣椒素含量小于 0.1mg/g 共有 4 份，占品种总数的 13.3%；含量为 0.1~0.3mg/g

共有 14 份，占品种总数的 46.7%；含量为 0.3~0.5mg/g 共有 3 份，占品种总数的 10.0%；含量为 0.5~0.7mg/g 共有 6 份，占品种总数的 20.0%；含量为 0.7~0.9mg/g 共有 1 份，占品种总数的 3.3%；含量大于 0.9mg/g 共有 2 份，占品种总数的 6.7%。

由此可知，30 份干椒中辣椒素和二氢辣椒素含量的频次分布趋势基本相同。

总体而言，干椒中辣椒素含量高的品种，其二氢辣椒素含量也相对较高。干椒中辣椒素和二氢辣椒素含量具有差异，其中含量为 0.1~0.3mg/g 的品种数目较多，说明干椒中辣椒素和二氢辣椒素含量因品种而异。

2.4 不同干椒中辣椒素总含量及辣度的频次分布

由表 3 可知，辣椒素总含量小于 0.5mg/g 共有 12 份，占品种总数的 40.0%；0.5~1.0 mg/g 共有 9 份，占品种总数的 30.0%；1.0~1.5mg/g 共有 5 份，占品种总数的 16.7%；1.5~2.0mg/g 共有 2 份，占品种总数的 6.7%；大于 2.0mg/g 共有 2 份，占品种总数的 6.7%。

辣度小于 5000 共有 10 份，占品种总数的 33.3%；5000~10 000 共有 10 份，占品种总数的 33.3%；10 000~15 000 共有 5 份，占品种总数的 16.7%；15 000~20 000 共有 2 份，占品种总数的 6.7%；大于 20 000 共有 3 份，占品种总数的 10.0%。

由此可知，30 份干椒中辣椒素总含量和辣度的频次分布趋势基本相同，且大部分品种辣度在 50 000 SHU 以上，说明此次所选用的辣椒都属于比较辣的品种。

表 3 辣椒果实中辣椒素总含量和辣度的频次分布

	频次	
	辣椒素总含量/（mg/g）	辣度/（$\times 10^4$ SHU）
<0.5	12	10
0.5~1.0	9	10
1.0~1.5	5	5
1.5~2.0	2	2
>2.0	2	3

3 讨 论

（1）本试验中所测得的干椒辣椒素和二氢辣椒素含量比相关的报道稍偏高，其原因可能与选用的试验材料有关。试验所提供的 30 份材料分别为尖椒、线椒和朝天椒，与甜椒、泡椒相比，材料本身辣度较高。

（2）根据试验测定品种的数据分析，干椒中辣椒素和二氢辣椒素含量因品种而异，变异系数大，离散程度高，但辣椒素和二氢辣椒素含量的频次分布趋势基本相同，说明两者之间关系非常密切，与前人研究结果基本一致（戴雄泽等，2008）。

参 考 文 献

戴雄泽, 陈文超, 张竹青, 等. 2008. 不同辣度辣椒资源果实性状研究[J]. 湖南农业大学学报(自然科学版), 34(4): 433-436.

狄 仁, 蒋键强. 1999 辣椒果实中辣椒素类物质研究进展[J]. 食品科学, (3): 30-32

王吉祥, 刘惠蓉, 王志恒, 等. 1995. 辣椒素含量测定法[J]. 陕西农业科学, (5): 18-19.
游国叶, 陈洪轩. 2011. HPLC 测定辣椒油中辣椒素含量[J]. 河南大学学报(医学版), 30(1): 27-31
GB/T 21266-2007 辣椒及辣椒制品中辣椒素类物质测定及辣度表示方法[S]

Comparison of Total Capsaicinoids Contents in Various Dry Pepper Varieties

ZHOU Shudong[1,2], YANG Bozhi[1,2], OU Yangxian[1,2], Huang Lin[3], ZHANG Zhuqing[1,2], CHEN Wenchao[1,2]

([1] Vegetables Research Institute of Hunan, Changsha, 410125; [2] Vegetable Research and Development Center of Hunan, Changsha, 410125; [3] College of Biotechnology, Hunan Agricultural University, Changsha 410128)

Abstract: The contents of capsaicinoids and dihydrocapsaicin of 30 dry pepper varieties were measured by HPLC. The results indicated that the contents of capsaicinoids and dihydrocapsaicin changed with varieties. The variation coefficient of capsaicinoids and dihydrocapsaicin was 77.44% and 82.62% respectively, which was very high; The frequency distributions trend of capsaicinoids and dihydrocapsaicin contents was similarly and those of total capsaicinoids and pungency degree were also similar.

Key words: dry pepper; capsaicinoids; dihydrocapsaicin; pungency degree

不同果型和果肉厚度辣椒耐贮运性研究*①

李娟娟[1,2]，张竹青[2]，陈文超[2]，邹学校[1,2]

（[1]中南大学研究生院隆平分院，湖南 长沙 410125；

[2]湖南省蔬菜研究所，湖南 长沙 410125）

摘要：研究了不同果型和果肉厚度辣椒在贮藏运输中的损耗及贮藏期间的营养品质变化，并分析了果型和果肉厚度与辣椒耐贮运性的关系。结果表明：线椒、朝天椒比牛角椒、尖椒耐运输；不同果型辣椒贮藏期间转色率、腐烂率和失水率差异显著，果肉厚度与失水率存在显著性负相关关系；果型比果肉厚度对辣椒贮藏期间维生素 C、辣椒素、可溶性糖和可溶性蛋白质等营养成分含量变化的影响明显。

关键词：辣椒；果型；果肉厚；耐贮运

辣椒是我国种植面积最大的蔬菜种类之一，但辣椒生长的季节性较强，同一区域内上市较为集中，旺季过后，供应量明显减少，淡旺季矛盾较为突出。随着蔬菜基地化、专业化生产及长途运输的发展，辣椒基本上已经实现周年供应，但我国农产品冷链物流还不完善，短期内也不能大量实现单包装、冷藏运输，辣椒的耐贮运性将成为制约辣椒远销的一个重要因素（邹学校，2009）。国内外许多学者从不同的角度入手，在青椒贮运保鲜技术上进行了多方面的研究。如自发气调包装（MAP）贮藏（王淑琴等，2001）、果蔬气体保鲜剂 ClO_2 的应用（武建明，2007）、涂膜保鲜（俞露，2008；刘珣和童军茂，2008）、间歇升温（张平等，1993）、贮前热处理（程顺昌，2005）和冷激处理（谷会等，2011；唐文等，2010）等，这些技术的应用均能收到一定的贮藏效果。但关于青椒贮藏保鲜仍存在一些问题需要进一步的深入探究，比如壳聚糖涂膜保鲜对霉菌的抗侵害能力和阻止氧气的能力较强，但阻止水分渗入的能力较弱；1-MCP 虽然保持了水溶性抗氧化剂的活性，但减弱了脂溶性抗氧化剂的活性。研究果型和果肉厚度与辣椒贮藏运输损耗和贮藏期间营养品质变化的关系，对筛选和选育耐贮藏的辣椒新品种具有重要意义，同时也为选择适合长期贮藏和长途运输的辣椒品种提供参考。

1 材料与方法

1.1 材料与仪器

线椒：博辣八号、博辣瑞美、博辣新红帅、兴蔬绿燕、博辣五号；尖椒：11H15、

* 基金项目：国家现代农业（大宗蔬菜）产业技术体系建设专项资金（nycytx-35）；国家公益性行业（农业）科研专项经费（200903025）。

① 本文原载《食品工业科技》，2011，3（18）：322-326。

12Z37、12H32、红龙 13、津红 2 号、12Z36、国福 208、博辣红星、12G32、12H26；牛角椒：福湘探春、12Z49、12Z50、福湘秀丽、湘研美玉；朝天椒：博辣天星、博辣天骄和火红朝天椒共 23 个品种为供试材料，均由湖南省蔬菜所辣椒课题组提供。每个品种均选取果形一致、果柄萼片完整、无病虫害、无机械损伤的商品成熟期青椒。

主要仪器：UV-2600 型紫外可见分光光度计［龙尼克（上海）仪器有限公司］，分析天平［梅特勒-托利多仪器（上海）有限公司］，ES-1000E 电子天平（长沙湘平科技发展有限公司），低温冷冻离心机（美国贝克曼库尔特有限公司），DK-98-1 型电热恒温水浴锅（天津泰斯特仪器有限公司），QK-1536 电子数显卡尺（奇亦克尺业有限公司），KQ5200DV 型数控超声波清洗器（昆山市超声仪器有限公司）。

1.2 实验方法

辣椒在贮藏运输过程中的主要问题是失水萎蔫、衰老转色和腐烂变质（苏国兵，2006），并且随着贮藏时间的增加营养成分在不断减少。维生素 C 是辣椒果实中重要的营养成分，同时也是清除活性氧和自由基的一种重要的抗氧化剂，维生素 C 的损失率是衡量果实贮藏效果的一项重要指标（刘珣，2008）。辣椒素是辣椒中特有的挥发性物质，是果实中的辣味成分，也是评估辣椒果实品质的重要指标（张珍，2006）。果实脱离植株后，生命活动所需的各种营养成分不能得到供给和补充，只有通过消耗体内储存的营养成分（主要为糖、蛋白质等有机物）来维持采后生命活动（曹建康等，2007）。可溶性糖和可溶性蛋白质的含量变化，是判断果实贮藏品质的重要生理指标。

本实验于 2012 年 12 月 25 日在三亚南滨基地采收商品成熟果，装箱运输，12 月 28 日到达湖南省蔬菜所实验室。统计各品种运输后的转色率、腐烂率。剔除转色和腐烂的果实，将剩余好果装箱（箱子大小为 35cm×19cm×23cm），根据果实大小和单果重不同，朝天椒、线椒、尖椒和牛角椒每箱分别为 80 个、40 个、30 个、15 个果实，每个品种 3 次重复，于室温（0~15℃）下贮藏，共存放 45d。贮藏前后分别测定辣椒果实维生素 C、辣椒素、可溶性蛋白质、可溶性糖等营养成分含量，并统计贮藏后果实腐烂率（以腐烂直径大于 0.5cm 者计为腐烂）、转色率和失水率。各营养成分含量测定时均采用混合取样，并去除果柄、果蒂和种子。试验中维生素 C、辣椒素、可溶性糖和可溶性蛋白质的含量变化均以（贮藏前含量－贮藏后含量）/贮藏前含量（mg/100g）表示。

1.3 测定方法与数据处理

1.3.1 果肉厚度的测量

用游标卡尺测定果肉厚，取果实横径最大处测定，并进行分类，如表 1 所示。

1.3.2 维生素 C 含量的测定

维生素 C 含量用 2,6-二氯酚靛酚法滴定法测定（王学奎，2006）。称取样品 10g，加 2%草酸溶液约 5mL 研碎，通过漏斗将样品倒入 100mL 容量瓶，用 2%草酸冲洗研钵并将洗液倒入容量瓶，最后用 2%草酸定容到刻度，滤液备用。取 2%草酸溶液 10mL 至蒸发皿，以 2,6-二氯酚靛酚溶液滴定呈粉红色且 30s 内不褪色，耗用染料体积 V_0 为空白。取 10mL 标准抗坏血酸溶液以 2,6-二氯酚靛酚溶液滴定呈粉红色且 30s 内不褪色，计算

表 1　辣椒果肉厚度分类

Table 1　Pulp thickness of pepper fruit

果肉厚度（mm）	辣椒品种
＜2.0	博辣天星、博辣天骄、火红朝天椒
2.0~2.5	博辣八号、博辣瑞美、博辣新红帅、兴蔬绿燕、博辣五号
2.5~3.0	11H15、12Z37、津红 2 号、12H26
3.0~3.5	12H32、红龙 13、博辣红星、12Z50
3.5~4.0	12Z36、国福 208、12G32、福湘探春、12Z49
＞4.0	福湘秀丽、湘研美玉

每毫升染料相当于抗坏血酸的毫克数即滴定度 A（重复 3 次，取平均值）。取滤液 10mL 用标定的 2,6-二氯酚靛酚溶液滴定呈粉红色且 30s 内不褪色，记下染料用量 V_1（重复 3 次，取平均值）。

$$维生素\ C\ (mg/100g) = (V_1 - V_0) \times A \times 100$$

1.3.3　辣椒素含量的测定

辣椒素含量用辣椒素酶联免疫快速检测试剂盒测定。将样品研碎，称取 1g 到 20mL 试管中，加 10mL 甲醇到试管中，混匀，超声萃取 5min，用甲醇稀释萃取液 1∶100 倍稀释，稀释完的样品再用稀释好的样品稀释液按 1∶10 稀释，取 100μL 待测。按照快速检测试剂盒说明书中的操作步骤进行检测。

1.3.3　可溶性蛋白质含量的测定

可溶性蛋白质含量用考马斯亮蓝法测定（王学奎，2006）。称取 2g 样品，用 2mL 蒸馏水研磨成匀浆，转移到离心管中，用 6mL 蒸馏水分次洗涤研钵，洗液倒入离心管中，在室温下（20~25℃）放置 30min 充分提取，然后在 4000r/min 离心 20min，上清液转入 20mL 刻度试管中，以蒸馏水定容至刻度，即待测样品提取液。另取两支试管，分别加入 0.5mL 样品提取液（做一重复），然后加入 5mL 考马斯亮蓝 G-250 蛋白试剂充分混合，放置 2min 后在 595nm 下测其吸光值，并通过标准曲线查得每 mL 溶液中蛋白质的含量。以加入 1mL 蒸馏水和 5mL 考马斯亮蓝 G-250 蛋白试剂的试管作空白。

1.3.4　可溶性糖含量的测定

可溶性糖含量用 DNS 法测定。称取 2g 样品放入研钵中，加少量蒸馏水和石英砂研磨成匀浆，移入刻度试管中，用少量蒸馏水分次洗涤研钵，洗液转入试管中，沸水浴 10min，冷却后在 8000r/min 离心 5min，上清液收集于 25mL 容量瓶中，用蒸馏水定容至刻度，摇匀备用。从容量瓶中吸取 0.5mL 原液加入 1mL 3,5-二硝基水杨酸溶液，2mL 蒸馏水，空白加入 1mL 3,5-二硝基水杨酸溶液和 2.5mL 蒸馏水，沸水浴 5min，以空白管作对照，在波长 550nm 处测定吸光值。

1.4　数据统计分析

采用 SPSS 20.0 和 Microsoft Excel 软件对数据进行处理。

2 结果与分析

2.1 不同果型和果肉厚度辣椒运输中转色率和腐烂率

从图 1 结果来看，在所选的 23 份供试材料中，牛角椒在运输过程中的腐烂率和转色率最大，其次是尖椒，线椒和朝天椒的差别不大。此外，四种类型的辣椒转色率在 7%~19%，而腐烂率小于 7%，说明在运输过程中转色率大于腐烂率。辣椒的转色是后熟衰老的表现，除了和品种与采后温度有一定关系，辣椒采后不能及时预冷和不能冷藏运输也是造成转色率高的可能因素。此外，通过对果实腐烂部位的观察发现，运输中果实腐烂主要是由机械损伤导致而非病理性因素，这与果实的果型有很大关系。

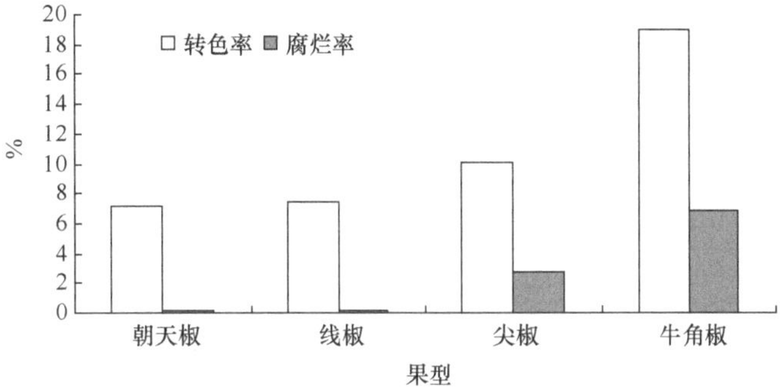

图 1　不同果型辣椒运输中转色率和腐烂率

Fig. 1　The rate of turn color and decay in transport of different fruit type

从图 2 可以看出，转色率和腐烂率与果实的果肉厚度之间无线性关系。果肉厚度小于 2.5mm 的辣椒转色率和腐烂率均较低。果肉厚度 3.0~4.0mm 之间的辣椒转色率最高，其次是果肉厚度大于 4.0mm 的辣椒，其腐烂率也最高。这些结果也进一步说明了牛角椒和尖椒在运输过程中比线椒和朝天椒损耗严重。

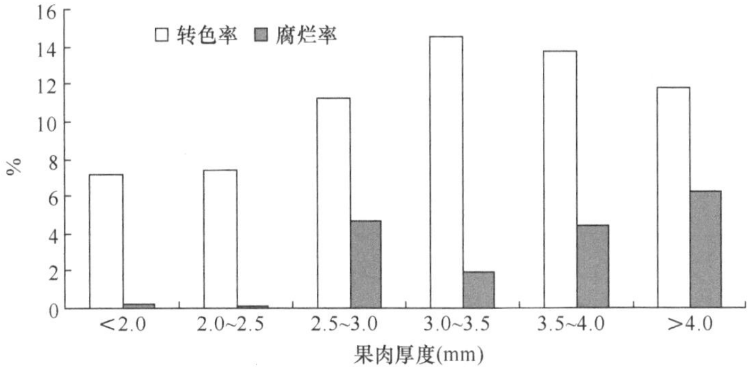

图 2　不同果肉厚辣椒运输中转色率和腐烂率

Fig. 2　The rate of turn color and decay in transport of pepper with different pulp thickness

2.2 不同果型和果肉厚度辣椒贮藏后转色率、腐烂率和失水率

统计分析结果表明不同果型辣椒贮藏后转色率的差异达到显著水平，不同果型间腐

烂率、失水率的差异达到极显著水平。由图 3 可知，辣椒贮藏 45d 后，朝天椒和牛角椒转色率大于 45%，而线椒仅有 20%，说明不同果型辣椒后熟衰老进程有所不同。失水率以朝天椒最高，其他果型差异不明显。贮藏中辣椒受到多种霉菌和细菌的浸染，导致果实腐烂。首先是果柄和萼片变褐发霉，之后果面呈现水浸状软烂或出现褐色圆形水烂斑点或凹陷小坑。罗永兰等（2004）对辣椒贮藏期间病害发生部位的调查也表明，贮藏期间果柄受病菌侵染率最高且最早，并且是萼片病害的主要原因。从图 3 中可看出，牛角椒和线椒的腐烂率明显高于朝天椒和尖椒，表明不同果型辣椒受病菌侵染率和抵抗胁迫能力不同。此外，朝天椒腐烂率低可能与其失水率高有一定关系，还有待进一步研究。

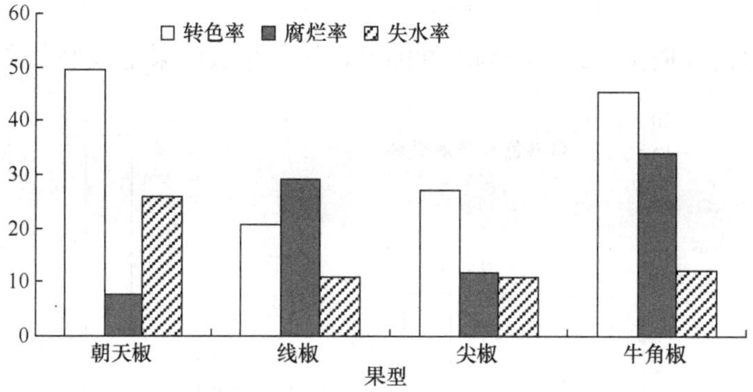

图 3 不同果型辣椒贮藏后转色率、腐烂率和失水率

Fig. 3 The rate of turn color，decay and water loss in storage of different fruit type

不同果肉厚度辣椒贮藏后转色率、腐烂率和失水率如图 4 所示，果肉厚度小于 2.0mm 的辣椒转色率和失水率均最高，腐烂率以果肉厚在 2.0~2.5mm 间辣椒最高。对果肉厚度、贮藏后转色率、腐烂率和失水率进行相关分析，结果表明果肉厚度和失水率之间存在显著性负相关关系，相关系数为−0.516，双尾检验概率 P 值为 0.012＜0.05。

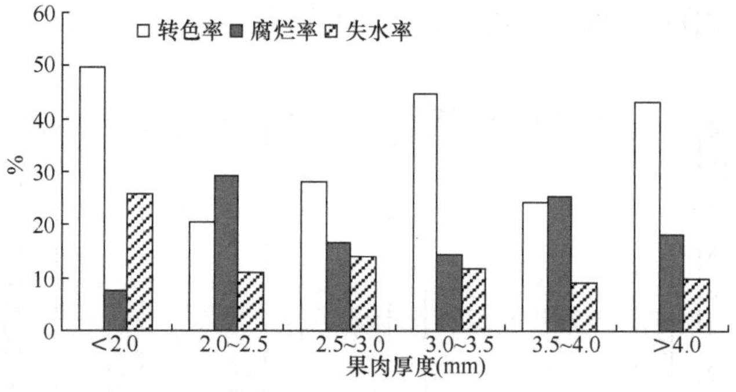

图 4 不同果肉厚度辣椒贮藏后转色率、腐烂率和失水率

Fig. 4 The rate of turn color，decay and water loss in storage of pepper with different pulp thickness

2.3 不同果型和果肉厚度辣椒贮藏前后维生素 C 含量

实验结果表明（图 5），辣椒采后贮藏过程中维生素 C 含量损失明显，不同果型的辣椒贮藏前后维生素 C 含量由多到少顺序依次为：牛角椒、尖椒、朝天椒、线椒。对四

种果型辣椒贮藏期间维生素 C 下降幅度进行分析，结果由大到小顺序依次为：线椒、朝天椒、尖椒、牛角椒，和维生素 C 含量高低相反。

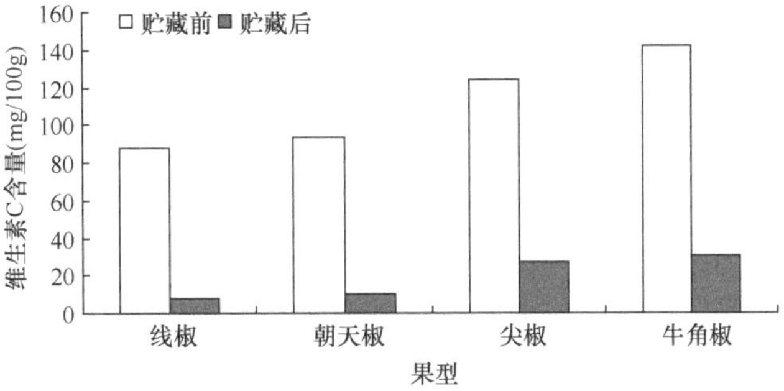

图 5　不同果型辣椒贮藏前后维生素 C 含量

Fig. 5　Vitamin C content in storage of different fruit type

统计分析表明（表 2），果肉厚度与贮藏前后维生素 C 含量存在显著的正相关关系，与维生素 C 含量变化幅度存在显著的负相关关系，即果肉越厚，维生素 C 在贮藏中损失程度越小。此外，分析中还发现贮藏后维生素 C 含量与维生素 C 含量变化幅度存在极显著的负相关关系，说明果肉厚的辣椒维生素 C 含量高，且在贮藏过程中保存率高。

表 2　果肉厚度与贮藏前后维生素 C 含量和变化幅度的相关分析

Table 2　Correlation of pulp thickness and Vitamin C content and change in storage

		相关系数 *r*	双尾检验值
果肉厚度	贮藏前 V_C 含量	0.440*	0.035
	贮藏后 V_C 含量	0.437*	0.037
	V_C 含量变化	–0.414*	0.049
贮藏后 V_C 含量	贮藏前 V_C 含量	0.429*	0.041
	V_C 含量变化	–0.957**	＜0.001
贮藏前 V_C 含量	V_C 含量变化	–0.216	0.323

注：*表示显著相关 P=0.05，**表示极显著相关 P=0.01。

2.4　不同果型和果肉厚度辣椒贮藏前后辣椒素含量

辣椒素含量由高到低按不同果型顺序依次为为：朝天椒、线椒、尖椒、牛角椒。从图 6 中可知，贮藏 45d 后线椒和尖椒辣椒素含量降低，而朝天椒和牛角椒辣椒素含量有所升高，说明不同果型辣椒贮藏期间辣椒素含量变化趋势不同。对贮藏前后辣椒素含量变化幅度进行方差分析，结果表明不同果型间差异达显著水平。辣椒素在果实贮藏中的变化规律及代谢途径还不是很清楚，现在已有研究表明：辣椒果实中的过氧化物酶参与了辣椒素的氧化，使得辣椒素转化为其他次生物质，降低了辣椒果实中辣椒素的含量（Goodwin and Henwig，2003）。贮藏过程中辣椒素含量出现增加，这可能是由于辣椒素合成前体物转化成辣椒素，也可能是由于胎座和种子中的辣椒素转移到果肉中，而朝天椒贮藏后辣椒素含量增加还可能与辣椒贮藏中失水萎蔫有关。

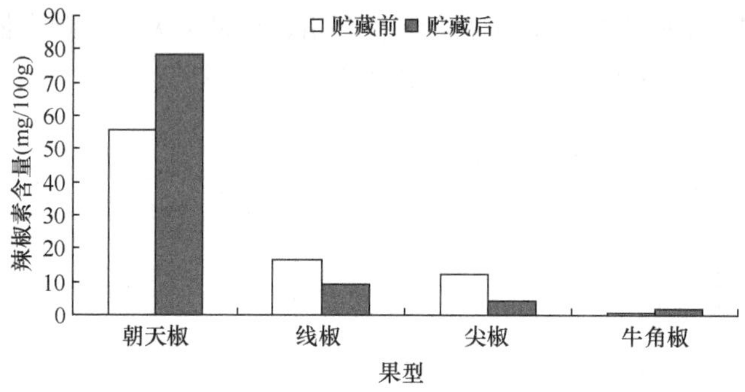

图 6　不同果型辣椒贮藏前后辣椒素含量

Fig. 6　Capsaicin content in storage of different fruit type

相关分析结果表明(表 3),果肉厚度与贮藏前后辣椒素含量存在显著的负相关关系,即果肉越薄的辣椒的辣椒素含量越高,但果肉厚度与贮藏前后辣椒素变化幅度相关性不显著。

表 3　果肉厚度与贮藏前后辣椒素含量和变化幅度的相关分析

Table 3　Correlation of pulp thickness and capsaicin content and change in storage

		相关系数 r	双尾检验值
果肉厚度	贮藏前辣椒素含量	−0.577**	0.004
	贮藏后辣椒素含量	−0.542**	0.008
	辣椒素含量变化	−0.257	0.236
贮藏后辣椒素含量	贮藏前辣椒素含量	0.908**	<0.001
	辣椒素含量变化	−0.152	0.491
贮藏前辣椒素含量	辣椒素含量变化	0.111	0.616

注：*表示显著相关 P=0.05，**表示极显著相关 P=0.01。

2.5　不同果型和果肉厚度辣椒贮藏前后可溶性糖和蛋白质的含量

不同果型辣椒贮藏期间可溶性糖和可溶性蛋白质含量变化趋势不同。从图 7 可以看出，贮藏 45d 后线椒和尖椒可溶性糖含量增高，而牛角椒和朝天椒可溶性糖含量降低，并且贮藏后可溶性糖含量与果型有明显的线性关系，可溶性糖含量从高到低依次为：线椒、尖椒、牛角椒、朝天椒。杨瑞平（2009）认为可溶性糖含量在贮藏过程中呈不断下降趋势，可能与选用的辣椒品种以及贮藏时间不同有关。如图 8 所示，不同果型辣椒可溶性蛋白质含量高低顺序依次为：朝天椒、线椒、尖椒、牛角椒。贮藏 45d 后除朝天椒外，其他三种类型的辣椒可溶性蛋白质含量均有所升高。

由表 4 可知，辣椒贮藏前可溶性糖与果肉厚度存在极显著正相关关系，辣椒果肉越厚可溶性糖含量越高。果肉厚度与辣椒贮藏 45d 后可溶性糖含量及贮藏前后变化幅度的相关性不显著，但辣椒贮藏后可溶性糖含量与贮藏前后可溶性糖变化幅度存在极显著的负相关关系，说明贮藏 45d 后可溶性糖含量越高的辣椒在贮藏期间可溶性糖的变化幅度越小。果肉厚度与贮藏前后可溶性蛋白质含量均存在极显著的负相关关系，即果肉越薄的辣椒品种其可溶性蛋白质含量越高，但果肉厚度与贮藏前后可溶性蛋白质含量的变化相关性不显著。贮藏前蛋白质含量与贮藏前后蛋白质含量的变化存在极显著正相关关系，即蛋白质含量越高的辣椒贮藏中蛋白质含量变化幅度越大。

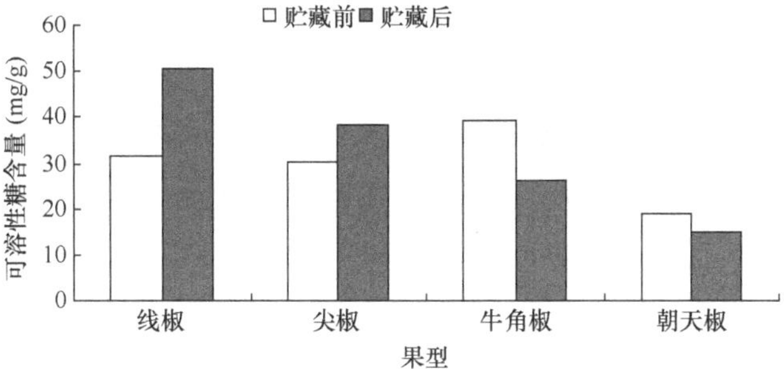

图 7 不同果型辣椒贮藏前后可溶性糖含量

Fig. 7 Soluble sugar content in storage of different fruit type

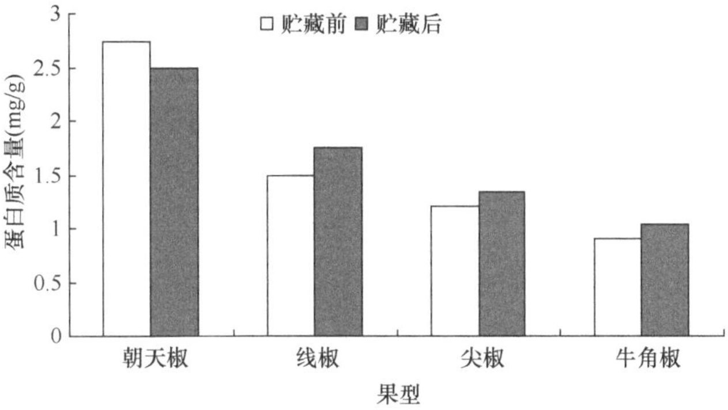

图 8 不同果型辣椒贮藏前后可溶性蛋白质含量

Fig. 8 Soluble protein content in storage of content in storage of different fruit type

表 4 果肉厚度与贮藏前后可溶性糖和蛋白质含量及变化幅度的相关分析

Table 4 Correlation of pulp thickness and the content and change of soluble sugar and protein in storage

		相关系数 *r*	双尾检验值
果肉厚度	贮藏前可溶性糖含量	0.601**	0.002
	贮藏后可溶性糖含量	–0.126	0.567
	可溶性糖含量变化	0.345	0.107
贮藏后可溶性糖含量	贮藏前可溶性糖含量	0.367	0.085
	可溶性糖含量变化	–0.805**	<0.001
贮藏前可溶性糖含量	可溶性糖含量变化	0.182	0.405
果肉厚度	贮藏前蛋白质含量	–0.535**	0.009
	贮藏后蛋白质含量	–0.692**	<0.001
	蛋白质含量变化	0.088	0.689
贮藏后蛋白质含量	贮藏前蛋白质含量	0.625**	0.001
	蛋白质含量变化	–0.259	0.234
贮藏前蛋白质含量	蛋白质含量变化	0.541**	0.008

注：*表示显著相关 P=0.05，**表示极显著相关 P=0.01。

3 结　　论

3.1 线椒、朝天椒比牛角椒和尖椒耐运输

辣椒属非跃变型果实（Samira et al.，2011），但后熟衰老转色仍是造成运输过程中

辣椒损耗的主要原因。损耗高达 7%~19%，以牛角椒最高，这可能与不同类型的果实脱离植株后维持自身生命活动的代谢速率不同有关。因此，辣椒果实采后应及时预冷除去果实的田间热，迅速降低果温，以抑制果品采后的生理活动，从而提高贮藏保鲜效果。

3.2 果型和果肉厚度对贮藏期间辣椒失水率的影响明显，果肉薄的朝天椒贮藏期间失水率最大，牛角椒果肉厚，其失水率也小

此外失水率和腐烂率存在一定关系，失水率大的辣椒贮藏期间腐烂率较小。但果型和果肉厚与贮藏期间转色率和腐烂率无明显规律，在今后的研究中还要进一步研究果实含水量、果腔大小等可能会对转色率和腐烂率造成影响的因素。

3.3 辣椒果实贮藏中维生素 C 的变化与果型和果肉厚度有关

维生素 C 含量在贮藏期间明显下降，高达 76%~90%，果肉厚且维生素 C 含量高的辣椒维生素 C 含量的降低幅度小。果肉厚度与贮藏期间辣椒素、可溶性糖和可溶性蛋白质含量的变化相关性不显著，其变化趋势与果型有关。因此，果型比果肉厚度对辣椒贮藏期间营养成分变化的影响大。

参 考 文 献

曹建康, 姜微波, 赵玉梅. 2007. 果蔬采后生理生化实验指导. 北京: 中国轻工业出版社.

程顺昌. 2005, 热处理对辣椒果实贮藏特性及冷害的影响. 杨凌: 西北农林科技大学硕士学位论文.

谷会, 弓德强, 朱世江, 等. 2011. 冷激处理对辣椒冷害及抗氧化防御体系的影响. 中国农业科学, 44(12): 2523-2530.

刘珣, 童军茂. 2008. 壳聚糖可食用膜对辣椒贮藏生理的影响. 现代食品科技, 24(7): 652-654.

刘珣. 2008. 辣椒采后生理及贮藏保鲜技术研究. 石河子: 石河子大学硕士学位论文.

罗永兰, 张志元, 张翼. 2004. 辣椒果柄表面附生菌与贮藏期间病害的关系. 湖北农业科学, (5): 93-95.

苏国兵. 2006. 辣椒贮藏技术的研究. 北京: 中国农业大学硕士学位论文.

唐文, 吴颖, 刘玉仙. 2010. 骤冷处理对青椒采后生理及品质的影响. 食品工业科技, 31(5): 321-323.

王淑琴, 张庆芳, 赵春艳, 等. 2001. 不同保鲜袋对尖椒耐藏效果的影响, 保鲜与加工, 1(3): 18-19.

王学奎. 2006. 植物生理生化实验原理和技术. 北京: 高等教育出版社.

武建明. 2007. 果蔬气体保鲜剂的研究及应用. 乌鲁木齐: 新疆大学硕士学位论文.

杨瑞平. 2009. 不同耐贮性辣椒果实贮藏机理的研究. 杨凌: 西北农林科技大学硕士学位论文.

俞露. 2008. 辣椒贮藏生理及其涂膜保鲜研究. 贵阳: 贵州大学硕士学位论文.

张平, 马岩松, 高瑞霞, 等. 1993. 间歇升温减缓青椒冷害的研究. 辽宁农业科学, 21(5): 35-38.

张珍. 2006. 辣椒果实中辣椒素变化规律的研究. 泰安: 山东农业大学硕士学位论文.

邹学校. 2009. 辣椒遗传育种学. 北京: 科学出版社.

Goodwin D C, Henwig K M. 2003. Peroxidase-catalyzed oxidation of capsaicinoids: steady-state and transient-state kinetic studies. Archives of Biochemistry & Biophysics, 417(1): 18-26.

Samira A, Woldetsadik W, Tilahun S. Workneh. 2011, Postharvest quality and shelf life of some hot pepper varieties. Journal of Food Science and Technology, 1-14.

The Storage Quality of Different Type and Pulp Thickness Pepper Fruit

Li Juanjuan[1, 2], Zhang Zhuqing[2], Chen Wenchao[2], Zou Xuexiao[1, 2]

([1] Longping Branch of Graduate School, Central South University, Changsha 410125; [2] Institute of Vegetables, Hunan, Changsha 410125)

Abstract: The waste in storage and transport and the change of nutritional quality in storage of pepper fruit with different fruit type and pulp thickness were studied in this paper. And the contact between fruit type and pulp thickness with storage quality of pepper fruit were analyzed. The results showed that var. *conoides* (Mill) Irish and var. *acuminatum* Fingern were better in transport. The rate of turn color, decay and water loss revealed significant difference between different fruit type in storage period, and there is a significant negative correlation relationship between pulp thickness and water loss rate. Fruit type has a greater influence than pulp thickness on the change of nutrient content in storage such as vitamin C, capsaicin, soluble sugar and soluble protein

Key words: pepper; fruit type; pulp thickness; storage and transport

辣椒病毒病检测技术和抗性鉴定技术研究进展*①

张竹青[1,2]

（[1]湖南农业大学农学院；湖南 长沙 410128；
[2]湖南省蔬菜研究所 湖南省蔬菜工程技术研究中心，湖南 长沙 410125）

摘 要：本文主要介绍了生物学方法、电镜观察、免疫学、分子生物学技术方面在植物病毒检测方面的特点和应用情况，同时介绍了辣椒材料抗性鉴定的方法和评价标准。

关键词：辣椒；病毒病；检测；抗性；鉴定

近年来辣椒病毒病危害日趋严重，严重影响辣椒的产量和品质。目前病毒病的防治还没有找到有效的药剂，一般采取治虫防病、喷施增抗剂和病毒钝化剂、加强田间管理等生态防治外，生产上通常采用植物检疫手段来严格控制各种途径的病毒传播和通过植物病毒的普查对感染病毒的植株进行隔离来控制病毒的扩散，因此便捷和灵敏的病毒检测技术对控制病毒病的发生起着重要作用。选育抗病品种是防治病毒病的有效途径，对材料进行抗病性鉴定和抗原材料的获得是抗病育种的前提。本文对病毒的检测技术和辣椒材料的抗性鉴定技术研究进行综述。

1 检 测 技 术

1.1 生物学方法

植物病毒病的生物学诊断主要是通过鉴别寄主或指示植物的反应来诊断（王健华，2004）。如 CMV 在烟草、黄瓜上产生系统花叶症状，在豇豆、昆诺藜、蚕豆和苋色藜上产生局部枯斑；TMV 的常用鉴别寄主是心叶烟，TMV 在心叶烟上产生枯斑反应，而 CMV 则呈系统花叶。PVX 能侵染曼陀罗，而 PVY 不能侵染曼陀罗等。依靠鉴别寄主或指示植物的症状反应来鉴定，由于其检测速度慢、受环境和季节影响较大等诸多因素限制，目前已不再作为植物病毒鉴定和分类的主要依据（施曼玲和周雪平，2000；Spiegel S 等，1996；Kinard G R，Scotts S W，Barnett O W，1996），但它依旧是其他病毒鉴定方法的一个重要基础，尤其在病毒株系鉴定方面（张仲凯和李毅，2001）。对某一病毒分离物进行分子生物学或血清学研究之前，最好进行生物学鉴定，以使结果更为可靠（徐东平和谢联辉，1998）。

1.2 电镜技术

自从 Kausche 和 Melcher 首次在电镜下看到 TMV 以来，电镜已成为植物病毒研究

* 基金项目：国家大宗蔬菜产业技术体系项目（CARS-25-A-8）。

① 本文原载《辣椒杂志》，2008，(4)：36-39，45。

必不可少的常规手段之一。将感病植物组织制成检测样本，利用短波电子流，在电子显微镜下观察，可根据病毒的形态、大小、内含体及染病组织的超微结构等诊断该病毒的种类。分辨率可达到 0.1nm。电镜技术的先进性主要表现在取样简便，需要的时间短。植物病毒电镜诊断最常用的是负染色和超薄切片法，如 Hatta 和 Francki（1981）用负染和超薄切片电镜观察区分了 CMV 的 6 个不同株系。陈集双等（1995）也用该方法，通过比较柱状内含体的种类和形态，鉴别了马铃薯 Y 病毒属的 9 个病毒种。

在电镜检测的基础上，又发展了许多新的与电镜有关的检测技术，如免疫吸附电镜技术（ISEM）（Derrick K S，1973）和胶体金免疫电镜技术（Louro and Lesemann D E，1984）。经改进的电镜技术对病毒检测的灵敏度和直观性大幅度提高。如 ISEM 法最少可检出几个微升样品中 0.1~1mg/ml 的病毒，该技术可以更进一步判断血清学关系、研究病毒在细胞内的复制和装配等。傅仓生和秦臻（1994）、魏梅生（2001）分别应用胶体金免疫电镜技术检测烟草花叶病毒和烟草环斑病毒。

1.3 免疫学方法

在现今的植物病毒检测中，使用最广泛的免疫学方法是酶联免疫吸附测定（ELISA）。它是一种固相吸附和免疫酶技术相结合的方法，其基本原理是以酶催化的颜色反应指示抗原抗体的结合（将抗原和抗体包被在固相支持物上，使免疫反应在固体表面进行，并借助结合在抗体或抗原上酶与底物的反应所产生的颜色来进行检测。）该方法具有灵敏度高、特异性强、操作简单等优点，最低检测限为 0.1~10ng/ml，而且克服了常规血清学方法受病毒浓度、整体形态和抗血清用量等因素的限制。该方法已成为病毒诊断与检测的常规手段（孙伟和焦奎，2002）。

自 Voller 等 1976 年首次将 ELISA 方法用于检测植物病毒后，已形成多种检测方法（冯兰香等，2005）。常用的方法有直接法、间接法、竞争法、酶抗酶法、双夹心法及双抗体夹心法（DAS-ELISA）等，其中最主要的、应用最多的是双抗体夹心法和间接法。

双抗体夹心法（DAS-ELISA）：该法是用特异性抗体溶液包被酶联板，经孵育后抗体吸附于孔壁上；洗去多余抗体后加入待测抗原标样，抗原与抗体反应；洗去多余抗原，再加上酶标记的同种抗体，然后加入无色的底物溶液，使抗体－抗原－酶标记抗体复合物与底物反应，呈现深浅不同的颜色反应。反应同时设置阴性和阳性对照以判别假阴性反应（袁小环和李青，2001）。这种方法专化性强，应用广泛，在国外已形成商业性生产。即预先用标记抗体包被酶联板，配以酶标抗体，浓缩洗涤液等制成成套反应盒，使用方便，利于推广，国内有些单位也开始了类似工作。

在 ELISA 基础上加以改进又发展了一些新的检测方法。如组织印迹法，包括斑点免疫结合测定法（DIBA）、直接组织免疫测定（IDDTB）。这些技术直接将组织印迹在膜上，不仅保持了 ELISA 的灵敏度和特异性特点，而且还简化了操作程序，使病毒检测更加快速、简单方便，且印迹在硝酸纤维素膜上的样品保存时间较长，检测结果能直观地显示出感染病毒的部位，适用于植物病毒的大规模普查。如赵荣乐和郑光宇（2004）用斑点免疫结合测定法检测了芜菁花叶病毒（TuMV）、烟草花叶病毒（TMV）和小西葫芦黄化花叶病毒（ZYMV），这三种病毒的可测感度分别为 0.65ng、0.39ng、0.45ng。刘建华等（1996）应用斑点免疫法检测了辣椒种子携带 TMV、CMV、PVX、PVY 的情况。

免疫技术与其他技术相结合形成了免疫毛细管区带电泳技术（I-CZE）、免疫 PCR 技术（I-PCR）、免疫荧光技术等。I-CZE 的灵敏度高，Eun 和 Wong（1999）应用该法检测到 10fg/ml 建兰花叶和齿兰环斑病毒的提出病毒（$1fg=10^{-15}g$）。Harper 等（1999）应用 IC-PCR 检测到香蕉条纹病毒；Sharman 等（2000）用该法检测了香蕉苞叶花叶病毒、黄瓜花叶病毒和香蕉束顶病毒。

其他免疫学方法还有免疫沉淀法、免疫电镜、荧光免疫、放射免疫和 Ig 指示试纸法等。

1.4 分子生物学方法

通过核酸来检测病毒，其灵敏度比血清学方法要高，能检测到 pg（$1pg=10^{-12}g$）级甚至 fg 级的病毒，特异性强、操作简便、检测速度快，可用于大量样品检测。

1.4.1 聚合酶链反应（PCR）

PCR 技术是一种特异性 DNA 体外扩增技术。现已渗透到分子生物学的各个领域。对于 DNA 病毒可以直接进行扩增，而对于大多数的 RNA 病毒，则需先将 RNA 反转录成 cDNA 再进行 PCR 扩增，此方法称为 RT-PCR（reverse transcription-PCR）。如孙琦和张春庆（2003）应用 RT-PCR 技术检测马铃薯 X 病毒；李淑菊等（2004）利用 RT-PCR 方法，对 2002~2003 年采集的 98 份黄瓜病毒病样本进行了检测，结果表明，天津地区黄瓜主要毒原种类有 CMV、WMV-2 和 TMV，感染率分别为样本数的 96.94%、77.55% 和 38.67%，CMV 和 WMV-2 两种病毒的复合感染率为 76.53%，3 种病毒的复合感染率达到 14.67%。黄粤，马英群，岳文辉（2004）应用 RT-PCR 方法检测辣椒轻微斑驳病毒（949bp）。饶雪琴（2005）用 RT-PCR 检测香蕉分化芽中黄瓜花叶病毒（739bp）。

1.4.2 核酸杂交技术（nucleic acid hybridization）

核酸杂交是对病毒整个基因组或部分基因组检测和鉴定的方法。两段具有一定同源性、来源不同的核酸分子在去掉变性条件后，互补的区段退火形成异质双链分子的过程。核酸杂交是先将待测核酸固定在膜上，然后用核酸探针与其进行杂交，使杂交体带上标记而被显示出来。核酸杂交技术适用于 DNA 病毒、RNA 病毒及类病毒的检测，灵敏度高、特异性强，可检测到 1pg 的 DNA。朱水芳等（1995）、李尉民等（1998）分别应用核酸杂交成功检测了番茄环斑病毒和南方菜豆花叶病毒。核酸杂交还可和 RT-PCR 结合使用，Bertolini 等（2001）采用复合 RT-PCR 同时检测侵染橄榄树的 6 种 RNA 病毒，随后用这 6 种病毒的特异 Dig（地高辛）标记的探针对 PCR 产物进行检测。Dig 标记的 cRNA 探针检测马铃薯卷叶病毒的灵敏度可达 1pg/ml。

1.4.3 双链 RNA 分析（double-stranded RNA，dsRNA）

很多研究证明，RNA 病毒、类病毒、卫星 RNA 等在寄主体内形成 ssRNA 的特异复制中间型，即 dsRNA，且每一种 RNA 病毒、类病毒、卫星 RNA 形成的 dsRNA 都是特异的，有各自的迁移率、分子质量、片段数。而一般情况下，植物体内不存在 dsRNA，因此，该技术可用来检测植物病毒。除用于病毒检测外，dsRNA 在病毒株系的鉴定方面颇具意义，尤其在 CMV 株系的鉴定上报道较多（Valverde et al.，1990；徐平东等，1997；周雪平，刘勇，薛朝阳，1997）。dsRNA 分析不需要贵重的仪器设备，在一般实验室即可进行，但不适合大量样品的检测，也不适合 DNA 病毒的检测。

1.4.4 芯片技术检测法

芯片技术是近来国际上迅猛发展的一项高新技术，基因芯片技术是 DNA 杂交技术与荧光标记技术相结合的基因水平检测方法，其原理是将各种病毒样品的基因片段或特征基因片段点样，制成基因芯片，并以荧光标记的待检核酸与芯片进行杂交，杂交信号借助激光共聚焦显微扫描技术进行实时、灵敏、准确的检测和分析，再经计算机进行结果判断。该方法灵敏度高，可靠性强，是植物病毒快速检测技术的重要发展方向（洪丽亚和黄儒珠，2002）。

在植物病毒的检测和鉴定中，通常采用多个检测方法相结合，随着植物病毒分类体系的逐步完善，植物病毒鉴定与检测技术发展很快，越来越多的技术将会运用到植物病毒鉴定与检测中，为植物病毒病的防治提供可靠的技术保证及科学依据。

2 材料抗病性鉴定技术

抗病性鉴定是对材料的抗病性进行评价和鉴定，是进行抗病育种的前提。抗病性鉴定一般采用苗期人工接种鉴定。但接种鉴定的时期和评价方法不一。有的在子叶期，有的在 1~2 叶期，有的在 3~4 叶期，也有的在 6 叶期，接种的病毒株系也不一致，一般选取当地危害最重的毒源种类和生理小种。病害分级标准有采用 4 级分类的，有采用 5 级分类的，有采用 9 级分类的。接种方法有采用人工摩擦接种、喷枪接种、打顶接种等。如卡吐尔・赫里逊等（2005）在对印尼辣椒材料进行抗 CMV 鉴定时，在子叶期和二叶期，用当地危害最严重的 CMV-02 株系接种两次，发病严重度按 5 个等级。0 代表无症状；1 代表有局部坏死病斑，但无系统侵染或有轻度的失绿；2 代表有轻度到中度的杂斑或花叶，但无明显的叶片受损；3 代表中度到严重的花叶，并有明显的叶片畸形；4 代表严重的花叶，且叶片明显萎蔫畸形；5 代表花叶非常严重，叶片非常明显地畸形和黄化萎蔫。Ben Chaim 等（2000）进行 CMV 抗性鉴定时，用 subgroub-I 分离物 CMV-V27 接种 1、2 片真叶，在 Volcani 学院，于接种后 3 星期，6~8 片真叶时调查，通过肉眼观察按花叶和皱缩程度来划分等级（0 级－无症状；1 级－轻花叶，不皱缩；2 级－重花叶，轻度皱缩；3 级－严重花叶和皱缩）。在 Cornell 大学，花叶症状划分标准为：0 级－无症状；5 级－严重系统花叶。叶皱缩症状划分标准为：0 级－叶不皱缩；5 级－严重系统叶皱缩。在进行 TMV 接种鉴定时，苗龄 4 周采用机械接种，用保存在番茄上的 P0 株系，先用金刚砂粉撒植株，再用稀的感病组织汁液摩擦第 3 和第 4 片真叶，在抗病植株上观察局部损害的出现，在感病植株上在接种后 3~6 天或 2~3 周后出现花叶。田如燕等（1989）采用人工摩擦接种、喷枪接种、打顶接种（仅对 CMV）三种方法，前两种方法在 3~4 叶期接种，接种 1~2 片真叶，第三种方法在幼苗 5 叶期打顶（摘除生长点），留 4 叶，4 天后人工摩擦接种第 3 叶，以后调查第 3 和第 4 叶叶腋长出的侧枝的发病情况。病害分级采用 9 级分类法。王述彬等（Wang et al.，1998）对辣椒品种进行 CMV 苗期抗性鉴定时采用的接种体浓度为 1：2 的叶片重量（g）：磷酸缓冲液体积（ml），接种时期在 6~7 叶期进行，抗性分级标准采用 ELISA 检出的感病百分比来评价。免疫（I）：检出率为 0；

抗病（R）：检出率为 0.1%~10%；中抗（MR）：检出率为 10.1%~30%；中感（MS）：30.1%~50%；感病（S）：50.1%~100%。

目前国内普遍采用1、2片真叶时接种（接种1次）或3、4片真叶时接种1次，3天后再接种第2次。分级标准：0级，无症状；1级，心叶明脉或接种产生枯斑；3级，少数叶片呈现花叶或茎部产生坏死点；5级，多数叶片花叶，少数叶片畸形、皱缩或茎部产生坏死条斑；7级，多数叶片畸形、蕨叶，植株矮化或茎条、叶脉产生系统坏死；9级，植株严重矮化，停止生长或植株严重系统坏死，甚至死亡。群体抗性分级标准：免疫（I）：不侵染，病情指数=0；高抗（HR）：0<病情指数≤5；抗病（R）：5<病情指数≤15；中抗（MR）：15<病情指数≤30；感病（S）：30<病情指数≤40 高感（HS）：病情指数>40。由于接种体苗龄对结果影响较大，所以可根据实验需要调整苗龄和接种体浓度。

在接种鉴定中，接种不同毒原，产生的症状和发病严重度不一样，根据具体发病症状采取不同的评价标准，或在一次试验中采用多个评价标准同时进行评价，能更好地对供试样品作出更准确的评价。

参考文献

陈集双，周雪平，洪健. 1995. 九种 Potyviruses 柱状内含体结构的比较研究. 电子显微学报, (1): 39-46
冯兰香，张宝玺，谢丙炎，等. 2005. 3 种辣椒新病毒的发生与血清学鉴定.中国蔬菜, (12): 33-34.
傅仓生，秦臻. 1994. 胶体金免疫电镜技术用于烟草花叶病毒的检测. 植物病理学报, 24(4): 353-355.
洪丽亚，黄儒珠. 2002. 基因芯片技术及其在植物上的应用. 生物技术通报, (4): 30-33
黄粤，马荣群，岳文辉. 2004. 应用 RT-PCR 方法检测辣椒轻微斑驳病毒, (5)56-57
卡吐尔·赫里逊，罗斯迪卡瓦提，苏达索诺. 2005. 印度尼西亚的抗黄瓜花叶病毒的辣椒资源筛选. 辣椒杂志, 2: 45-47
李淑菊，王惠哲，霍振荣，等. 2004. 利用 RT-PCR 对黄瓜病毒病毒原种类进行检测. 华北农学报, 19(3): 100-102
李尉民，Roger Hull，张成良，等. 1998. 南方菜豆花叶病毒(SB-MV)两典型株系 cDNA 和 RNA 探针的制备及应用. 植物病理学报, 28(3): 243-247
刘建华，刘勇，杨宇红. 1996. 辣椒种传病毒种类及其传病作用研究.湖南农业科学, (2): 41
饶雪琴. 2005. 应用 RT-PCR 检测香蕉分化芽中黄瓜花叶病毒. 西北植物学报, 25(10): 2090-2092
施曼玲，周雪平. 2000.植物病毒的诊断技术. 微生物学通报, 27(2): 149-151
孙琦，张春庆. 2003.马铃薯 X 病毒的 RT-PCR 检测. 园艺学报, 30 (6): 687-689
孙伟，焦奎. 2002. 酶联免疫吸附分析法在植物病毒检测中的应用. 化学研究与应用, 14(5): 511-514
田如燕,冯兰香，蔡少华,等. 1989. 北京地区甜(辣)椒病毒病原种类和辣椒上 CMV 株系鉴定. 植物保护, (4): 1-9
王健华. 2004.海南省 CNV 黄灯笼辣椒分离物的亚组鉴定. 儋州：华南热带农业大学硕士学位论文.
魏梅生. 2001. 两种免疫胶体金快速诊断技术简介. 植物检疫, 15(2): 125-127
徐东平，谢联辉. 1998.黄瓜花叶病毒亚组研究进展. 福建农业大学学报, 27(1): 82-91
徐平东，李梅，林奇英,等. 1997. 西番莲顶死病病原病毒鉴定. 热带作物学报, 18(2): 77-84
袁小环，李青. 2001. 血清学方法和分子生物学方法检测植物病毒研究进展. 热带农业科学，21(6): 63-68
张仲凯，李毅. 2001.云南植物病毒. 北京：科学出版社
赵荣乐，郑光宇. 2004. 斑点免疫结合法检测 3 种植物病毒.北京师范大学学报, 40(4): 513-517
周雪平，刘勇，薛朝阳. 1997. 十字花科蔬菜上黄瓜花叶病毒分离物的比较研究. 微生物学报，37(3):

203-211
朱水芳, 相宁, 张成良, 等. 1995. PCR 和 Dig-cRNA 探针检测番茄斑萎病毒. 中国进出境动植检, (4): 29-31
Ben Chaim A，Grube R.C，Lapidot M，et al. 2001. Identification of quantitative trait loci associated with resistance to cucumber mosaic virus in Capsicum annuum[J]. Theor Appl Genet, 102: 1213-1220
Bertolini E, Olmos A, Martinez M C, et a1. 2001. Single-step multiplex RT-PCR for simultaneous and colourimetric detection of six RNA viruses in olive trees. J Virol Methods, 96(1): 33-41
Derrick K S. 1973. Qauntitative assay for plant viruses using serologically specific electron microscopy. Virology, 56: 652.
Eun A J, Wong S. 1999. Detection of *Cymbidium mosaic* potexviurs and Odontog- lossum ringspot tobamovirus using immuno—capillary zone e1ectrophoresis. Phytopatho1ogy, 89(6): 522-528
Harper G, Dahal G, Thottappilly G, et a1. 1999. Detection of episomal banana stresk badnavirus by IC—PCR. Journal of Virological Methods, 79(1): 1-8
Hatta T, Francki R L B. 1981. Cytopathic structures associated with. tonoplasts of plant cells infected with cucumber mosaic and tomato aspermy virus. Journal of General Virology, 53: 343-347
Kinard G R, Scott S W, Barnett W. 1996. Detection of apple chlorotic leaf spot and apple stem grooving viruses using RT-PCR.Plan t Disease, 80(6): 616- 621
Louro D, Lesemann D E. 1984. Use of protein A-gold complex for specific labeling of antibodies bound to plan t viruses — Viral antigens in suspensions. Journal of Virological Methods, 9: 107-122
Sharman M, Thomas J E, Dietzgen R G. 2000. Development of a multiplex immunocapture PCR with colourimetric detection for viruses of banana. Journal of Virological Methods, 89(1-2): 75~88
Spiegel S, Scott S W, Bowman Vance V, et a1. 1996. Improved detection of *Prunus necrotic* ringspot virus by the polymerase chain reaction. European Journal of Plant Pathology, 102(7): 681-685
Valverde R A, Nameth S T, Jordon R L. 1990. Analysis of double-stranded RNA for plant virus diagnosis. Plant Disease, 74(3): 255-258
Wang S B, PISSAWAN Chiemsombat, Yang Charles Y. 1998. Evaluation of Pepper (Sweet -Pepper) Resistance to Cucumber Mosaic Virus 15 (Thai—isolate) at Seedling and Maturation Stages of Plants. (Jiangsu J of Agri Sci), 14(1): 21-26

Research Progess in Hot Pepper Virus Disease Detection and Its Resistance Identification

Zhang Zhuqing[1, 2]

([1] College of Agronomy, Hunan Agricultural University, Changsha 410128; [2] Hunan Vegetable Research and Development Center, Hunan Istitute of Vegetables, Changsha, 410125)

Abstract: This paper reviews some characteristics and application of biological methods，electron microscope observation, immunological and molecular biological techniques to plan virus detection，and introduces some methods of hot pepper resistance identification and evaluation standards.

Key words: hot pepper; virus disease; detection; resistance; identification

辣椒根结线虫病及其抗病性研究进展*①

郑井元[1]，朱春晖[2]

（[1]湖南省蔬菜研究所，湖南 长沙 410125；
[2]湖南省植物保护研究所，湖南 长沙 410125）

摘要：对辣椒根结线虫病的危害及其近年来有关辣椒根结线虫病抗病性鉴定和抗病性研究等方面进行了综述，并对辣椒根结线虫病的抗性育种研究进行了展望。根结线虫主要危害辣椒根部，侵入辣椒后，在侧根上形成根结，破坏寄主对营养和水分的吸收能力；辣椒根结线虫病抗病性鉴定的首选方法是苗期接种法，抗感指标的分级主要有卵块指数、根瘤指数和繁殖系数等3种方法；辣椒的野生资源中存在许多抗线虫基因资源，目前至少发现了 10 个显性单基因控制辣椒对根结线虫的抗性。

关键词：辣椒；根结线虫；抗病性；育种

辣椒（*Capsicum annuum* L.）是我国的最重要的蔬菜作物之一，在蔬菜作物中其栽培面积仅次于大白菜，据农业部统计年鉴数据，我国辣椒栽培面积约为 130 万 hm^2。湖南作为辣椒种植大省，辣椒种植面积超过 7 万 hm^2，形成了湘北、湘南、湘西等辣椒种植基地，辣椒已经成为当地农民的主要经济作物和重要经济来源（中国农业统计资料，2009；陈学军等，2011）。

根结线虫（*Meloidogyne* spp.）是一种重要的植物寄生性土传病原物，寄主范围已超过 3000 种植物（Abad et al.，2008），我国从南到北各蔬菜产区均不同程度受到根结线虫的危害（李英梅等，2008），保护地蔬菜产区根结线虫的发生尤为严重，近年来已成为我国设施栽培中危害最为猖獗的植物根部寄生害虫（李云乐等，2010）。据不完全统计，国际上每年因根结线虫造成的经济损失近 1600 亿美元（Abad et al.，2008），我国约 30 亿美元（魏学军等，2005）。同时由于根结线虫侵染而产生的微伤口又加速了其他类型病原物的侵入，加重了作物的病害。根结线虫也是辣椒的主要病害之一，特别是近些年来，辣椒产区与番茄、黄瓜和豆类等高感根结线虫的蔬菜作物接茬，同时又缺乏有效的综合防治措施，其危害已变得越来越严重。简述了辣椒抗根结线虫的抗病性相关领域的研究现状，以期为辣椒根结线虫病的研究提供参考。

* 基金项目：国家自然科学基金项目（31201498）；湖南省农业科学院创新项目（2014YB09）。
① 本文原载《湖南农业科学》，2013，（15）：80-83。

1 辣椒根结线虫病的危害种群和危害症状

目前危害蔬菜的主要根结线虫有南方根结线虫（*M. incognita*）、北方根结线虫（*M. hapla*）、花生根结线虫（*M. arenaria*）和爪哇根结线虫（*M. javanica*）等 4 个优势根结线虫种群，这 4 种根结线虫危害作物的频率占到根结线虫发生总量的 95%以上（Powers and Harris，1993）。在我国的南方地区主要的根结线虫有南方根结线虫、爪哇根结线虫和花生根结线虫，而南方根结线虫的分布最为广泛，是我国南方地区的优势种群（廖金铃等，2003）。成飞雪等（2010）对湖南省蔬菜根结线虫发生种类的调查结果显示，湖南省大棚蔬菜根结线虫病的发生已从零星发生转变成了一种普遍性病害，发病率已达 80%以上，露地蔬菜的发病率也已经达到了 10%以上，其危害的主要种群是南方根结线虫。根结线虫侵染辣椒时主要危害辣椒根部，侵入辣椒后，主要在侧根上形成根结，破坏寄主对营养和水分的吸收能力。危害比较轻时，植株的地上部分症状不明显，危害严重时，植株生长缓慢、矮小，植株的下部叶片发黄、果实少而小，重者甚至绝收，严重影响辣椒的产量和品质。线虫主要通过口针的穿刺作用侵染辣椒，而线虫侵入根尖组织后留下的伤口，又成为辣椒疫病、立枯病和枯萎病等土传性病原菌侵入的通道，进一步加速根系的腐烂，使植株枯死，造成绝收。这种由于线虫的侵染而伴随的其他病原物的入侵，往往很少的根结线虫群体就能对寄主造成严重的危害。

2 辣椒根结线虫病的抗病性鉴定方法

简单快捷方便的抗病性鉴定技术的建立是进行抗病育种的前提和基础，目前苗期接种法仍然是辣椒抗根结线虫鉴定的首选方法。其主要过程有接种用根结线虫种群的收集、鉴定、纯化和繁殖，接种浓度的选择和寄主植物的苗龄选择，以及抗病性指标的确认。一般情况下，主要选择一些高感病的辣椒、番茄或烟草品种来培养和繁殖根结线虫种群，一般培养 6~8 周即可从感病植株的根中收集线虫卵块，用次氯酸钠溶液消毒后即可置于室温中孵化，待收集好孵化后的线虫后通过确认悬浮液的线虫浓度来控制接种线虫的用量。6 周大小的辣椒幼苗移栽到营养钵中 1 周左右即可用 J2 龄线虫悬浮液接种，接种前浇透培养介质（细沙与草炭混合），接种后保持适当湿度，接种浓度在每株 600 条左右，接种室的温度保持在（28±4）℃ 即可，在这种接种浓度下 8~10 周即可调查发病情况。

抗感指标的分级主要有卵块指数（Egg MassIndex，EI）、根瘤指数（Gall Index，GI）和繁殖系数（Reproductive Factor，RF）等 3 种分级方法。GI 指数通常指根系上由于根结线虫侵染而形成的根瘤的数量；EI 指数通常指根系上由于根结线虫的侵染定殖而产生的卵块的数量；RF 则指根系上卵块数量与接种线虫数量之比，RF 指数一般介于 0 和 1 之间。目前在研究中，多采用 GI 和 EI（de Souza-Sobrinho et al.，2002；Gisbert et al.，2013；Oka et al.，2004），但不同研究者对 GI 和 EI 的理解不同，也就出现了对抗感病界定上的差异，因此实际工作中选用抗感明显的辣椒品种做对比就显得很有意义。如 Djian-Caporalino 等（1999）在进行抗病性鉴定时采用的是 EI 指数，并界定了当 EI≤5

时，植株就为抗性植株，而当植株的 EI≥5 时，界定为感病植株。Gisbert 在进行抗病性评价和分析时则主要采用繁殖系数法（Reproduction Index，RI），RI 与 RF 有所区别，RI =（鉴定植株每克根系中的卵块数量/感病对照每克根系中的卵块数量）×100，其分解标准定义为免疫（RI=0）、高抗（＜1）、非常抗（1≤RI＜10）、中抗（10≤RI＜25）、弱抗（25≤RI＜50）、感病（RI≥50）。

3 辣椒对根结线虫的抗病性

种植抗线虫品种是防止根结线虫暴发成灾的最佳途径，也是育种家一直追求的目标。辣椒的野生资源中存在许多抗线虫基因资源，目前为止，至少发现了 10 个显性单基因控制了辣椒对根结线虫的抗性。如 *N* 基因和 *Me* 家族基因（de Souza-Sobrinho et al.，2002；Fery et al.，1998）。*N* 基因来源于野生的辣椒 Santaka XS，于 1957 年由 Hare 发现的辣椒中第一个抗根结线虫的基因，并命名为 *N*。*N* 基因为单显性抗线虫基因，抗南方根结线虫（*M. incognita*）、花生根结线虫（*M. arenaria*）和爪哇根结线虫（*M. javanica*）3 种主要的根结线虫（Djian –Caporalino et al.，1999）。Fery 等（1998）曾培育出含有 *N* 基因的辣椒抗根结线虫品种，但 *N* 基因在不同的温度条件下，抗性表现不稳定，在 28℃以上的环境中部分抗性就会丧失，在更高的湿环境中抗性会明显降低甚至消失（Thies and Fery，1998）。*Me* 基因家族成员较多，目前在 PM217 和 PM687 等辣椒资源中共发现了 7 个抗根结线虫显性基因 *Me1*、*Me2*、*Me3*、*Me4*、*Me5*、*Me6* 和 *Me7*，以及 *Mech1* 和 *Mech2*（李云乐等，2010；魏学军等，2005；Thies and Fery，1998），其中 *Me1* 和 *Me3* 抗谱较广，抗 3 种主要的根结线虫 *M. incognita*、*M. arenaria* 和 *M. javanica*。*Me1* 和 *Me3* 抗谱相近，但作用方式和温敏反应差异较大，*Me1* 基因介导的抗性反应在线虫建立取食位点之后才开始，高温环境中部分抗性还会丧失，而 *Me3* 基因介导的抗性反应则发生在线虫与寄主根际接触的早期，主要表现为过敏性坏死反应，从而阻止线虫的继续侵染，且 *Me3* 基因在 42℃高温下也能保持完全活性（Bleve-Zacheo et al.，1998；Castagnone-Sereno et al.，1992；Pegard et al.，2005），利用价值较大。*Me2* 为显性基因，对温度反应敏感，主要抗 *M. javanica*；*Me4* 基因为显性基因并与 *Me3* 基因连锁，对温度反应较稳定，主要抗 *M. arenaria*；*Me5* 还未确定显隐性，主要抗 *M. javanica*，但抗性较弱，利用起来还很困难。*Me7* 基因表现热稳定性，抗 3 种主要的线虫 *M. incognita*、*M. arenaria* 和 *M. javanica*。*Mech1* 和 *Mech2* 主要抗根结线虫 *M. chitwood*（Gisbert et al.，2013；Djian-Caporalino et al.，1999）。*Me1*、*Me3*、*Me4*、*Me7*，以及 *Mech1* 和 *Mech2* 簇生于 P9 染色体上（Djian-Caporalino et al.，2007）。*Me3* 和 *Me4* 基因来源于高抗根结线虫辣椒材料 PI322719，*Me1* 和 *Mech2* 来源于高抗根结线虫辣椒材料 PI201234，而 *Me7* 和 *Mech1* 则来源于辣椒材料 CM334（Criollo de Morelos 334），这些抗性基因已经通过紧密连锁的 AFLP 和特异性 PCR 分子标记构建到了辣椒的遗传连锁图谱上（Djian-Caporalino et al.，2001，2007）。许小艳等（2011）对 *Me3* 基因进行了精细定位研究，开发的两个遗传标记定位于 *Me3* 基因的两侧，遗传距离达到了 0.56cM 和 1.33cM。这些结果为图位克隆基因并通过基因工程的手段创制抗线虫新品种奠定了基础。也有人对 *Me* 基因介导的抗性机制进行了研究，如 Bleve-Zacheo 等（1998）从组织显微结构的变化入手研究了基因介导的抗性机制。茆振川等（2007）研究证实 *Me3* 基因介导的抗性发生在侵染早期，接种线虫 24h 左右，根尖就有大量线虫侵入，并在侵染点附近发现大量的坏死细胞，然而要全面阐明 *Me3* 基因介导的抗线虫分子机制还需大量的工作，这在一定程度上制约了利用 *Me3* 基因来创新抗线虫品种育种实践的深入发展。因此虽然发现了那么多的抗性基因或含有抗性基因的品种资源，但是由于转育困难，或者由于育种材料的匮乏，生产上一直鲜有大面积种植的抗性品种。

4 展　望

根结线虫病作为一种普遍发生的世界性病害，是影响辣椒生产的重要障碍之一。目前，国内对辣椒根结线虫病抗性遗传规律抗性育种方面的研究报道较少，对根结线虫病药剂控制等综合防控方面的研究较多。国内外学者对根结线虫的致病机制、寄主抗性机制、寄主抗病基因的克隆、精细定位等方面开展了较为深入的研究，并取得了许多重要的研究结果，但仍有许多方面需深入研究。一是需要继续寻找筛选和鉴定抗根结线虫病的辣椒品种资源，目前辣椒的抗病资源材料单一、遗传背景狭窄，迫切需要发现新的抗病品种资源和抗病基因。二是全方位了解寄主抗根结线虫的抗性机制。目前仅了解辣椒中的几个抗线虫基因在抗根结线虫过程中发挥作用，但根结线虫在侵染辣椒过程中的物质代谢和抗病信号的转导途径还不甚明了。因此利用分子生物学技术研究辣椒抗病信号转导过程中的关键因子，阐述辣椒抗病的机制，将是未来研究的新方向。三是利用分子标记技术，加快抗病品种资源的筛选和育种进程。未来的研究将会通过构建高密度的分子遗传连锁图谱对抗病基因进行精细定位，在此基础上图位克隆抗病基因，并开发与之紧密连锁的分子标记，特别是根结线虫的抗病性鉴定周期长工作量大，通过分子标记技术结合常规育种技术就可大大加快抗性材料的育种速度，从而加快现有品种资源向商业品种的转化速度。

参考文献

陈学军, 方荣, 周坤华, 等. 2011. 我国辣椒育种现状与展望. 现代园艺, (6): 44-45.

成飞雪, 张德咏, 何明远, 等. 2010. 湖南省蔬菜根结线虫发生及种类鉴定. 植物保护, 36(5): 128-132

李英梅, 陈志杰, 张淑莲, 等. 2008. 蔬菜根结线虫病无公害防治技术研究的新进展. 中国农学通报, 24(7): 369-374.

李云乐, 白凤珍, 王美玉, 等. 2010. 温室蔬菜根结线虫病高效防治技术. 中国蔬菜, (7): 22.

廖金铃, 蒋寒, 孙龙华, 等. 2003. 中国南方地区作物根结线虫种和小种的鉴定. 华中农业大学学报, 22(6): 544-548.

茆振川, 谢丙炎, 杨宇红, 等. 2007. 辣椒基因介导抗根结线虫相关基因的 SSH 分析. 园艺学报, 34(6): 1453-1458.

魏学军, 杨文香, 刘大群, 等. 2005. 蔬菜根结线虫生防菌的筛选. 河北农业大学学报, 28(5): 67-70.

许小艳, 刘峰, 康厚祥, 等. 2011. 辣椒抗根结线虫基因的精细定位. 园艺学报, 38(2): 288-294.

中华人民共和国农业部. 2008. 中国农业统计资料(2009). 北京: 中国农业出版社.

Abad P, Gouzy J, Aury J M, et al. 2008. Genome sequence of the metazoan plant-parasitic nematode. Nat Biotechnol, 26(8): 909-915.

Bleve-Zacheo T, Bongiovanni M, Melillo M T, et al. 1998. The pepper resistance genes and induce differential penetration rates and temporal sequences of root cell ultrastructural changes upon nematode infection. Plant Science, 133(1): 79-90.

Castagnone-Sereno P, Bongiovanni M, Dalmasso A. 1992. Differential expression of root-knot nematode resistance genes in tomato and pepper: evidence with and aviru lent near-isogenic lineages. Annals of applied biology, 120(3): 487-492.

de Souza-Sobrinho F, Maluf W R, Gomes L, et al. 2002. Inheritance of resistance to race 2 in the hot pepper cultivar Carolina Cayenne (*Capsicum annuum* L.) . Genet Mol Res, 1(3): 271-279.

Djian -Caporalino C, Pijarowski L, Januel A, et al. 1999. Spectrum of resistance to root-knot nematodes and inheritance of heat-stable resistance in in pepper (*Capsicum annuum* L.). Theoretical and applied genetics, 99(3-4): 496-502.

Djian-Caporalino C, Pijarowski L, Fazari A, et al. 2001. High-resolution genetic mapping of the pepper (*Capsicum annuum* L.) resistance loci and conferring heat -stable resistance to root-knot nematodes (*Meloidogyne* spp.) . Theoretical and Applied Genetics, 103(4): 592-600.

Djian-Caporalino C, Fazari A, Arguel M J, et al. 2007. Root-knot nematode (*Meloidogyne* spp.) resistance genes in pepper (*Capsicum annuum* L.) are clustered on the P9 chromosome. Theor Appl Genet, 114(3): 473-486.

Fery R L, Dukes P, Thies J A. 1998. "Carolina Wonder" and "Charleston Belle": Southern root-knot nematode-resistant bell peppers. HortScience, 33(5): 900-902.

Gisbert C, Trujillo-Moya C, Snchez-Torres P, et al. 2013. Resist-ance of pepper germplasm to. Annals of Applied Biology, 162(1): 110-118.

Hare W. 1957. Inheritance of resistance to root-knot nematodes in pepper . Phytopathology, 47(8): 455-459.

Oka Y, Offenbach R, Pivonia S. 2004. Pepper rootstock graft compatibility and response to *Meloidogyne javanica* and *M. incognita*. J Nematol, 36(2): 137-141.

Pegard A, Brizzard G, Fazari A, et al. 2005. Histological characterization of resistance to different root-knot nematode species related to phenolics accumulation in. Phytopathology, 95(2): 158-165.

Powers T O, Harris T S. 1993. A polymerase chain reaction method for identification of five major meloidogyne species . J Nematol, 25(1): 1-6.

Thies J A, Fery R L. 1998. Modified expression of the gene for southern root -knot nematode resistance in pepper at high soil temperatures. Journal of the American Society for Horticultural Science, 123(6): 1012-1015.

Advances in Root-knot Nematode of Capsicum and Its Disease Resistance

Zheng Jing-yuan[1], Zhu Chun-hui[2]

([1] Hunan Vegetable Research Institute, Changsha 410125, PRC;
[2] Hunan Institute of Plant Protection, Changsha 410125, PRC)

Abstract: It summarized the damages of root-knot nematode of capsicum and the identification of disease resistance of capsicum to root-knot nematode in recent years. Moreover, the prospects of breeding capsicum varieties which resist to root-knot nematode were viewed. The root-knot nematode mainly damages the roots of capsicum, and it will form a root knot on lateral root when it invaded into capsicum, thereby damaging the absorbing ability of host plant to nutrition and water. The first choice for identifying disease resistance of capsicum to root -knot nematode is inoculation method in seedling stage, and the classification of anti-infective indexes mainly has three methods, including egg mass index, root nodule index and propagation coefficient. There are a lot of nematode resistant gene resources in wild capsicum resources, and at least 10 single dominant genes had been found to control the resistance of capsicum to root-knot nematode.

Key words: capsicum; root-knot nematode; disease resistance; breeding

我国辣椒品种资源多样性及利用研究概况*①

邹高峰[1,2]，刘志敏[1]，邹学校[3]

（[1]湖南农业大学园艺园林学院，长沙 410128；
[2]湖南省宁乡县农技推广中心，宁乡 421001；[3]湖南省农业科学院，长沙 410125）

辣椒自南美洲引进我国后，在我国的栽培历史已有400多年，形成了丰富的辣椒品种资源。由于我国地域辽阔，气候、土壤类型复杂，栽培制度多样，各地消费差异不同，使辣椒品种的多样性十分丰富，辣椒可能是多样性最丰富的蔬菜。如何发掘、利用辣椒品种的多样性，培育能满足不同市场需求多种类型的辣椒新品种，是目前我国辣椒科技工作者必须重视的问题。

1 多样性研究

1.1 品种类型多样性

刘发万等（2007）研究云南省的辣椒品种资源认为，无论从果实大小、形状、色泽、品质等方面都表现出多样性。依果形可分为灯笼形、扁柿形、牛角形、圆锥形、羊角形、指形、樱桃形及果面皱的皱皮辣；按果实大小分有单果重近200g的灯笼辣，也有单果重仅0.15g的小米辣；按品质风味不同分有肉厚、味甜、无辣味的黄灯笼辣椒，有香辣味浓、油分含量高的著名出口干椒品种丘北小辣椒，以及辣味不强、果皮软薄、品质风味极佳的皱皮辣，还有一种辣味很强（辣椒素含量高达3.54%）不能直接食用的涮辣；在抗逆性方面有抗湿热、抗病能力强、坐果多的大米辣及耐寒力较强的厚皮铁角辣。

滕有德（2003）认为辣椒多样性在抗逆性上表现非常丰富，如一年生辣椒中樱桃椒、圆锥椒、簇生椒耐热、耐旱，而灯笼椒喜冷凉、耐旱能力弱；长半角椒适应广泛，南北栽培，面积最大。各变种内早熟品种耐寒不耐热，晚熟品种则不耐寒而耐热。一年生辣椒中樱桃椒、圆锥椒、簇生椒耐强光，不耐弱光，在塑料大棚内易徒长；长半角椒则较耐弱光，特别是其早熟品种如伏地尖在塑料大棚内不徒长等。

邹学校等（2005）用因子分析法将湖南地方品种分为七大类：第Ⅰ类为我省主要干椒品种，它的主要特点是植株高大，分枝多，果小，结果多，干物质和 V_C 含量高，辣味强，抗性强，产量较低；第Ⅱ类品种以制干和加工为主，兼作鲜食，它的主要特点是植株不高，但株型开展，分枝多，果较大，结果多，产量较高，干物质、V_C 含量较高，辣味较弱，抗性一般；第Ⅲ类品种以鲜食为主，兼作制干和加工，它的主要特点是植株

* 基金项目：国家科技支撑计划项目(2006BAD01A07)；湖南省重点课题(2006NK2013)。

① 本文原载《辣椒杂志》，2008，（2）：29-31。

高大，分枝性中等，果实较大，结果中等，产量一般，辣味弱，抗性较强；第Ⅳ类为我省优良鲜食辣椒品种，株型紧凑，果实长大，结果中等，产量高，V_C含量高，辣味强，抗性一般；第Ⅴ类为极晚熟灯笼椒品种，植株高大，分枝性弱，果大，但结果少，干物质、V_C含量高，耐贮藏运输，产量低，抗性差；第Ⅵ类为晚熟鲜食品种，植株高大，分枝多，果实长大，结果中等，产量较高，V_C含量高，辣味较弱，CMV 抗性强，但 TMV 和炭疽病抗性差；第Ⅶ类是晚熟干椒品种，植株特别高大，但分枝性差，果小，结果性中等，产量低，干物质含量高，辣味弱，病毒病抗性差，但炭疽病抗性强。分类结果符合实际情况。

1.2 基因位点多样性

马艳青等（2003）利用 RAPD 技术对来自于亚洲蔬菜研究与发展中心、云贵高原、湖南、四川、日本、美国、韩国等地的 46 份辣椒种质资源进行多样性分析，结果将供试材料分为六大类。辣椒种质资源亲缘关系的 RAPD 分析结果，与传统的植物学性状分类的结果基本一致，RAPD 聚类树状图将来自不同生态区域的栽培种和半野生种明确区分开来，植物学性状相近的品种有着较近的亲缘关系，较早地聚为一类，处于同一生态区域的品种可能由于长期人为选择和自然环境条件选择进化的结果，它们也有较近的亲缘关系。并推测果肉厚度和辣味程度比果色、果形更能准确地判定亲缘关系。

罗玉娣等（2006）利用 21 对引物在 33 个辣椒材料中共检测到 54 个等位基因，每对 SSR 引物检测到 2~4 个等位基因变异，平均为 2.6 个，说明辣椒种质资源的遗传多样性相对较少。通过 MVSP 3 13f 软件对 SSR 数据进行聚类分析，把 33 个辣椒材料分为五类，同一种的辣椒种质资源基本聚在一起，说明用 SSR 标记区分辣椒种质是可行的，是研究辣椒种质资源遗传多样性的有效手段。

2 种质资源的利用

张继仁（1979）对收集到的湖南省 33 个市（县）的 35 个辣椒产区 53 份辣椒品种材料进行了鉴定研究，筛选出衡阳伏地尖、河西牛角椒、湘潭迟班椒、长沙光皮椒、长沙灯笼椒、祁阳矮杆早等优良品种，这些品种 20 世纪 60~70 年代在湖南大面积推广应用，产生了较好的经济效益和社会效益，通过进一步的系统选择，育成了在全国大面积推广的新品种伏地尖一号、21 号牛角椒和湘晚 14 号，以后这些优良地方品种又作为湘研、中椒、苏椒系列杂交品种的骨干亲本，在辣椒杂种优势利用中发挥了重要作用。

滕有德等 1996~1997 年对三峡库区的云阳、涪陵等 10 县市的辣椒种质资源进行了考察。对考察中收集到的 71 份辣椒资源在成都进行了田间种植鉴定。根据实地考察和田间种植鉴定结果，发现忠县涂井朝地簇生椒、云阳凤鸣七姊妹和忠县马灌簇生椒 3 个簇生椒是可供直接利用的品种。

钟霈霖（1999）对贵州省 124 份辣椒资源的分布情况，生物学特性及品质进行了分析，筛选出了 5 个珍贵高品质辣椒品种福泉长线椒、贵阳尖山牛角椒、独山拉岭辣椒、百宜平面椒和贵阳菜椒。

李佩华等（1989）引种鉴定了世界 6 大洲 22 个国家的一年生辣椒栽培种，共 239

份材料。其中来自欧洲138份，美国45份，亚洲24份，拉丁美洲68份，大洋洲4份及其他来源5份。经试种发现，果实形状的多样性十分丰富，甜椒有长方灯笼形、长圆锥形、宽锥形、圆锥形、扁圆形等；辛辣椒类有短指形、指形、长柱形、羊角形、长圆锥形、宽锥形、短锥形、扁圆形、樱桃形、果实簇生等类型。经中国农业科学院蔬菜花卉所所内小区试验及山西、湖北、湖南、浙江、云南、陕西、甘肃、吉林和北京等省市不同试种点的引种观察，筛选出病毒病抗病和耐病的品种有Rubyking甜椒（法国引进）、77-14甜椒（奥地利引进）、黄方甜椒（保加利亚引进）、83-71辛辣椒（法国引进）、Perennial辛辣椒（法国引进）5个品种，对我国抗病毒病育种起了重要作用。

李智军等（2006）采用灌根法鉴定了引自亚蔬中心的22份辣椒品种资源材料对广东辣椒疫霉菌的抗性，有18份对广东辣椒疫霉菌株ZLT0566表现抗性，其中7份抗源抗性达免疫或高抗水平，这7个抗源材料在选育辣椒疫病抗性品种中具有很高的利用价值。特别是泰国栽培种Rangchang不仅具有很强的疫病抗性，而且果实相对较大、果形佳、果皮深绿有光泽，有望通过与优良亲本直接杂交配组而获得具有较强疫病抗性的一代杂种。

张宝玺等（2005）利用国外引进的2个抗疫病的商业品种，通过系谱法选择，获得了6个园艺性状普遍优于茄门、对疫病达到抗病和高抗水平的株系，其中有4个株系兼中抗CMV和TMV，另有1个株系兼抗CMV。其中20079-0-3-1-27和20080-0-1-3-29综合表现尤其突出。

滕有德（2003）认为辣椒遗传多样性利用最多，最成功的是熟性。“六五”、“七五”、“八五”期间，我国把早熟品种选育作为攻关项目的主要任务之一，育出了早丰1号、湘研1号、早杂2号等较有影响的早熟、极早熟菜椒杂交品种。“九五”、“十五”期间又在线椒的早熟育种上有突破，育成湘辣1号、川辣2号等早熟干鲜两用杂交种。这些品种都是利用了早熟或极早熟和其他熟性等多样性材料。近年大果型中熟或中早熟热门品种如湘研13号、汴椒1号、宁椒5号也是利用了不同熟性的材料育成。他认为通过熟性育种可把极晚熟的簇生椒的熟性提早20多天。此外，辣度、植株高度、果实形状大小等多样性利用均有成功的典型。果实颜色多样性在生产上和家庭观赏方面用得较多。

邹学校等用模糊综合评判法（邹学校，1990）或灰色关联法（邹学校等，2004）分析了40份湖南辣椒地方品种资源和12个杂交组合，根据模糊综合评判法或灰色关联度的大小，从湖南辣椒地方品种资源中筛选出重要育种材料有伏地尖、河西牛角椒和湘潭晚辣椒等，说明模糊综合评判法和灰色关联法能够较好地应用于辣椒品种资源的评判。

参考文献

李佩华，姚永慧，刘红. 1989. 国外一年生辣椒栽培种品种材料的引种. 中国蔬菜，(1): 27-30

李智军，龙卫平，郑锦荣，等. 2006. 亚蔬辣椒资源材料的疫病抗性鉴定及主要农艺性状观察. 广东农业科学，(12): 30-33

刘发万，周立端，龙洪进，等. 2007. 云南省辣椒品种资源及研究利用现状. 长江蔬菜，(3): 34-36

罗玉娣，李建国，李明芳. 2006. 用SSR标记分析辣椒属种质资源的遗传多样性. 生物技术通报，(增刊): 337-341

马艳青, 刘志敏, 邹学校. 2003. 辣椒种质资源的 RAPD 分析. 湖南农业大学学报(自然科学版), 29(2): 120-123

滕有德, 乐正碧, 陈学群, 等. 2000. 三峡库区辣椒种质资源考察和鉴定. 植物遗传资源科学, 1(1): 61-64

滕有德. 2003, 辣椒多样性及其利用. 辣椒杂志, (2): 5-8

张宝玺, 王立浩, 毛胜利. 2005. 我国辣椒育种研究进展. 中国蔬菜, (10/11): 4-7

张继仁. 1979. 湖南辣椒品种资源初步研究. 湖南农业科学, (3): 25-30

钟霈霖. 1999. 贵州辣椒种质资源研究. 种子, (2): 47-48

邹学校, 戴雄泽, 马艳青, 等. 2004. 湖南辣椒地方品种资源与湘研辣椒品种选育的灰色关联分析. 植物遗传资源学报, 5(3): 233-238

邹学校, 马艳青, 戴雄泽, 等. 2005. 湖南辣椒地方品种资源的因子分析及数量分类. 植物遗传资源学报, 6(1): 37-42

邹学校. 1990. 辣椒杂交亲本选配的多层次模糊综合评判. 上海蔬菜, (1): 20-22

我国辣椒品种资源研究概况*①

邹高峰[1,2]，刘志敏[1]，邹学校[3]

([1]湖南农业大学园艺园林学院，长沙 410128；
[2]湖南省宁乡县农技推广中心，宁乡 421001；[3]湖南省农业科学院，长沙 410125)

辣椒是我国种植面积最大的蔬菜种类之一，据农业部最近统计，年种植面积达 130 万 hm^2 以上，仅次于大白菜居第二位。此外，辣椒在世界上也是一种重要蔬菜，在东南亚、南亚、朝鲜半岛和拉丁美洲等许多国家都有很大的种植面积。辣椒自南美洲引进我国后，在我国的栽培历史已有 400 多年，分布广泛。加之我国地域辽阔，气候、土壤类型复杂，栽培制度多样，因而形成了十分丰富的辣椒品种资源。我国对辣椒品种资源开展了大量研究，这些研究结果对我国辣椒育种和产量的提高起了很重要的作用。

1 国家攻关研究概况

新中国成立后，国家对蔬菜种质资源工作十分重视，全国许多省(直辖市、自治区)开展了蔬菜品种资源的研究工作。1965 年，组织全国 50 个科研和教学单位所保存的蔬菜品种，共整理出茄果类番茄、茄子、辣椒三种蔬菜 2328 个品种。

自国家“六五”计划以来，辣椒品种资源的搜索与研究被列入国家科技攻关项目。中国农业科学院蔬菜花卉研究所组织全国 30 多个科研和教学单位，对辣椒品种资源重新进行搜集、登记和整理工作。1979~1985 年开始，重点对云南、西藏、湖北神农架地区进行了种质资源的考察搜集，在云南首次发现了辣椒新变种涮辣(*Capsicum frutescens* L. var. *shuanlanese* L. D. Zhou，H. Liu et P. H. Li，cv. nov)、新变型大树辣(*Capsicum frutescens* L. f. *pingbianense* P. H. Li，L. D. Zhou et H. Liu，f. nov)，并据此推测说，新旧大陆都分布有辣椒的原生植物，只是南美洲的原生辣椒早已栽培化，培育为品种，而亚洲的原生辣椒一直停留在野生和被采集状态。

“七五”期间，中国农业科学院蔬菜花卉研究所组织全国 20 多个科研和教学单位，对搜集到的辣椒品种资源统一扩繁后贮存于国家种质资源库。并组织江苏省农业科学院蔬菜研究所、西北农业大学园艺系、湖南省农业科学院蔬菜研究所将全国征集到的辣椒品种进行抗病性（TMV、CMVT 和炭疽病）和品质性状（辣椒素、维生素 C 和干物质含量）鉴定，同时补充搜集、扩繁了一批辣椒品种资源。三家单位对来自 28 个省、直辖市、自治区的 1018 份辣椒进行了营养成分及风味品质评估，结果表明：每 100g 鲜重

---

* 基金项目：国家科技支撑计划项目(2006BAD01A07)；湖南省重点课题(2006NK2013)。

① 本文原载《湖南农业科学》，2008，（3）：8-10，14。

维生素C含量大于100mg的达665份，其中每100g鲜重维生素C含量110.1~150.0mg的有642份，在150.1~200.0mg的有129份，200.1~300.0mg的有61份，大于300mg的有 13 份。辣椒素含量最高的可达 1.11%，约有 90.3%的样品辣椒素含量分布在0.01%~0.40%之间，大于 0.41%仅占 38 份，小于 0.01%的占 61 份。干物质含量特高(＞20%)的有51份，含量较高(15.5%~20%)的有191份，含量中等(10.1%~15.0%)的有516份。通过苗期鉴定1013份辣椒种质资源对TMV和CMV的抗病性，筛选出抗（耐）TMV的材料185份（RRI≥3），抗（耐）CMV的材料152份，其中兼抗TMV和CMV的材料82份；1015份辣椒品种资源对炭疽病的抗病性的鉴定结果表明，抗病、耐病、感病和高度感病的辣椒资源各占 8.96%、17.14%、57.33%和 16.55%。抗（耐）病辣椒资源中，25份兼抗（耐）TMV和CMV，49份兼抗（耐）TMV，43份兼抗（耐）CMV。

“八五”期间，中国农业科学院蔬菜花卉研究所组织江苏省农业科学院蔬菜研究所、湖南省农业科学院蔬菜研究所和辽宁省农业科学院园艺研究所对“七五”期间筛选到的抗病性强、品质优良的辣椒品种资源重新进行综合评价，对国内的154份辣椒资源分别在江苏、湖南、辽宁3个不同的生态区进行栽培和田间、室内抗病性、经济性状的评价，结果鉴定出3份材料表现优异，可直接用于辣椒育种，15份材料抗TMV，11份材料抗CMV，7份材料抗炭疽病，17份材料抗疫病，7份材料维生素C含量高，4份材料辣椒素含量极高。

辣椒品种资源的保存是以种子为繁殖材料，主要采用种子贮藏来保存种质资源。长期贮存种子应当避免频繁地用小区更新种子，一次繁殖就要尽量满足足够贮藏和分配用的种子量。贮存期间应定期检查种子发芽率，一般 5~10 年做一次发芽试验，并根据发芽试验结果再确定种子是否更新。此外，孙振久和王鸣(1990)还研究了辣椒茎尖超低温冷冻贮藏保存种质资源，具体方法是用 5%DMSO 作冷冻保护剂进行预培养 10h，再采用迅速冷冻法，以5%DMSO为冷冻保护剂贮于液态氮中(–190℃)10h，溶解后培养得到的活茎尖，成活率可达 14%~26%。这一研究可为珍贵稀有辣椒种质资源的离体保存开辟了新的途径。

2　遗传研究概况

李林初等(1984)对我国栽培的三个辣椒变种耐湿椒、朝天椒和菜椒进行了核型分析，它们的核型公式均为 $2n$=24=20m+2sm（SAT）+2st，耐湿椒和朝天椒为 2A 型，菜椒为2B 型。钟珍萍和林学建（1990）对 5 个辣椒栽培变种进核型观察分析。初步认为它们的核型公式是：灯笼椒为 $2n$=24=I8m+4sm+2sm(SAT)；簇生椒 樱桃椒、圆锥椒为$2n$=24=20m +2sm+2sm(SAT)；长椒为 $2n$=24=20m+2sm+2st(SAT)，簇生椒、樱桃椒、圆锥椒及长椒属于 2A 型，灯笼椒属于 2B 型。因此认为从进化趋势及亲缘关系看，灯笼椒为最进化或特化的类型。其余 4 种则为相对原始的类型，且依次为簇生椒、樱桃椒、长椒、圆锥椒。李光涛和梁涛（1993）研究了辣椒属 4 种(变种)的核型，各个种的核型公式为小米辣椒 $2n$=24=23m+1sm；簇生辣 $2n$=24=20m+2sm+2st；樱桃辣 $2n$=24=20m +4sm(2SAT)；印度辣 $2n$=24=22m+2st。小米辣、簇生辣和樱桃辣为 2A 型，印度辣为 2B 型。

李佩华等（1985）对其所收集的80份国内外材料进行了Est和POD同工酶研究，

初步得出以下结论：①辣椒干种子胚的 Est 同工酶、叶片 POD 同工酶都具有各自特定的同工酶带；②干种子的辣椒酯酶同工酶谱分为 4 种类型，每种类型都包含一定材料。马德华和王鸣(1988)研究了辣椒属 172 个品种 POD 同工酶的基本酶谱，得出 POD 同工酶的基本酶谱为 12 条酶带，并通过对各个种、类型出现的 POD 同工酶表现型频率进行了模糊聚类，分析了 7 个种（包括 4 个变种、3 个类型）的亲缘关系和有利基因的利用顺序。

邹学校等（1991）分析湖北神农架 50 份辣椒品种资源第一花节位、株高、植株开展度、分枝数、果长、果宽、单果重、结果数共 8 个农艺性状与抗病性和营养含量的相关性。结果表明，株高、植株开展度、分枝数和结果数与黄瓜花叶病毒（CMV）病指，植株开展度与辣椒素含量及结果数与干物质含量的相关达到显著或极显著水平。8 个农艺性状对 CMV 病指、辣椒素和干物质含量的多元回归达到极显著水平，对烟草花叶病毒（TMV）和炭疽病病指、干物质含量的多元回归为不显著。通径分析结果表明，果宽和单果重对 CMV 病指的直接作用最大，结果数和单果重对辣椒素和干物质含量的直接作用较大。

邹学校等（2004）研究了单株产量（PFY）、果实性状（FYC）、植株性状（PMC）、抗病性（RDC）和果实营养含量（FNC）两两间的典型相关关系。结果表明，植株性状与果实性状间的相关性最密切，其次是果实营养含量和植株性状、果实性状间，再次是抗病性与果实营养含量间，抗病性与植株性状、果实性状间的相关性最小。一般与多个性状组间的典型相关系数大于与单个性状组间的典型相关系数，但最大的典型相关系数包含的遗传信息占总相关信息的比率反而减小。

邹学校等（2005）用因子分析法研究了湖南地方品种的遗传差异，发现当主因子的特征值的累计贡献率大于 75%时，主因子值就能基本反映原来性状的遗传特征。果重、果数和株型是辣椒品种主因子的重要影响变量。Promax 斜交旋转后的主因子比方差极大正交旋转后的主因子更能代表品种的遗传特性。比较不同的系统聚类方法，类平均法较好地适合用于辣椒品种的数量分类。

3 生态研究概况

张继仁（1979）综合研究了湖南辣椒品种资源的分布、区划和生态特征的结果表明：①辣椒品种资源丰富的地方，都是历史上政治、经济、文化比较发达的地方。品种的分布通常与经济区划相联系，一个经济中心，与其所联系的城镇，品种相同或相似，形成品种资源的分布区系。②品种的分化水平呈现城镇高于农村，大城市高于小城镇的趋势；农村多栽培辛辣的线形椒品种（俗称小辣椒或尖辣椒），城镇郊区及邻近产区均栽培半辛辣或微辣的品种。农村与城市，小城市与大城市之间品种数量、品种性状之间差异的形成，经济因素的影响大于自然因素。③丘陵地区地形起伏，排水良好，春季气温回升快，有利早熟，夏季土壤灌溉困难，不利越夏，因此早熟品种分布多；湖区和河岸地区春季湿冷，夏有水患，不利早、中熟栽培，秋季因土层深厚、土壤湿润，秋旱为害较轻，有利晚熟栽培，所以晚熟品种分布多；山区春晚迟，秋凉早，不利于提早、延后，夏季比较凉爽，有利越夏结实、肥大，有利中熟栽培，产生了许多优良的中熟品种，特别是丘陵区、湖区少有的灯笼椒品种。

刘发万等（2007）认为云南省的辣椒品种资源分布的垂直生态型比较明显，海拔低气温高的地区的辣椒品种果型小，果味辣，随海拔的逐渐升高，气温降低，果型逐渐增大，果肉增厚，辣味逐渐减少。野生的小米辣品种主要分布在海拔 500m 以下或纬度偏南的景洪、建水、石屏、巧家等地的澜沧江、金沙江、红河的温带丛林中，辣味很强；小果型的品种大米辣、黑壳辣、涮辣主要分布于海拔 300~1000m 的元江、景洪、河口、思茅、建水、瑞丽等地；灯笼辣、长牛角辣等辣味少、大果形品种主要分布于海拔 1800~3000m 的昭通、会泽、昆明等地；海拔 3000m 以上的地区主要是厚皮铁角辣。

邹学校等(1992a)研究了辣椒不同熟性、起源地的生态环境和海拔的品种资源对 TMV、CMV 和炭疽病的抗性和辣椒品种果实中辣椒素、维生素 C 和干物质含量差异，结果表明：①起源高海拔的品种抗 TMV 能力较强；海拔 1000m 以下品种对 CMV 的 RRI 值受海拔影响不明显，海拔超过 1000m 的品种抗性明显增强；海拔 1000m 以内，品种对炭疽病的抗病性随起源地海拔增高而增强，海拔超过 1000m，品种的抗性反而下降。②晚熟品种的 TMV 抗性较强，其次是早熟品种，中熟品种的抗性相对较差；CMV 抗性随辣椒品种生育期的增长而减弱，早熟品种抗 CMV 能力最强，晚熟品种抗 CMV 的能力最弱；炭疽病是早熟品种的相对抗性指数（RRI）的平均数较大，中熟品种较小，晚熟品种介于二者之间。③TMV 和炭疽病是湖区的品种抗性较强，丘陵区的品种抗性相对较弱，山区品种介于二者之间。CMV 是湖区和山区品种的抗性较强，丘陵区相对较弱，但山区品种的抗性要略强于湖区。

辣椒品种果实中辣椒素、维生素 C 和干物质含量与起源地的生态环境关系的研究结果表明（邹学校等，1992b）：①干物质含量随品种起源地海拔的增高而增加；750~1000m 的品种辣椒素含量的平均数较大，其他三种海拔的品种的平均数相差不大；维生素 C 含量是海拔 500~1000m 地区的品种的平均数最大，其次是 1000m 以上的品种，500m 以下的品种的平均数最小。②晚熟品种辣椒素含量最高，早熟品种次之，中熟最低；早、中熟品种的维生素 C 含量较高，晚熟品种较低；干物质含量是中熟品种最高，晚熟品种最低，早熟品种介于二者之间。③湖区品种辣椒素含量平均数较大，山区和丘陵区的品种相对较小；维生素 C 和干物质含量平均值是山区和丘陵区高于湖区。

辣椒品种资源的遗传特性与起源地的土壤条件关系的研究结果（邹学校等，1992c）表明：①红壤地区中熟品种的比例高于平均数，晚熟品种的比例低于平均数，早熟品种的比例与平均数接近；紫色土地区早、中、晚熟品种的分布比例与红壤相近，但水稻土地区早、中熟品种的比例明显小于平均值，晚熟品种的比例高于平均值。②起源于水稻土地区的品种一般生长势较强，开花结果晚，红壤和紫色土地区的品种的生长势相对较弱。③红壤和水稻土地区品种果长和果宽的平均值相近，果长略短于紫色土地区的品种，果宽大于紫色土地区的品种；果肉厚度和单果重是水稻土地区品种的平均值大于红壤和紫色土地区品种。④水稻土地区品种单株产量高于紫色土，紫色土高于红壤。⑤TMV 总体抗性水平是红壤和紫色土地区品种接近，但水稻土地区品种明显高于红壤和紫色土地区的品种；CMV 的相对抗性指数是紫色土品种的平均值最大，水稻土品种次之，红壤品种最小；炭疽病相对抗性指数是紫色土品种最大，水稻土品种次之，红壤品种最小。⑥紫色土地区品种的干物质和辣椒素含量的平均值最大，红壤品种次之，水稻土品种最小；维生素 C 含量是红壤地区品种的平均值最大，紫色土品种次之，水稻土品种最小。

参 考 文 献

李光涛, 梁涛. 1993. 4 种(变种)辣椒的核型研究. 广西植物, 13(2): 155-158
李林初, 沈敏健, 李懋学. 1984. 辣椒的核型研究. 园艺学报, 11(2): 119-121
李佩华, 姚永慧, 徐新宇. 1985, 辣椒干种籽酯酶同工酶的初步研究. 中国蔬菜, (4): 28-29, 34
刘发万, 周立端, 龙洪进, 等. 2007. 云南省辣椒品种资源及研究利用现状. 长江蔬菜, (3): 34-36
刘红, 李佩华, 周立端. 1985. 茄属新种苦茄, 辣椒新变种涮辣和变型大树辣. 园艺学报, 12(4): 255-259
刘建华, 卢鉴植, 巩振辉, 等. 1991. 辣(甜)主要品质性状与抗病性的相关分析初探. 江苏农业科学, (3): 45-46
马德华, 王鸣. 1988, 辣椒过氧化物酶同工酶研究及模糊聚类分析. 华北农学报, 3(3): 83-90
孙振久, 王鸣. 1990. 辣椒茎尖超低温冷冻贮藏研究. 陕西农业科学, (2): 18-19
王述彬, 邹学校, 李海涛, 等. 2001. 中国辣(甜)椒优质种质资源评价. 江苏农业科学, 17(4): 244-247
张继仁. 1979. 湖南辣椒品种资源初步研究. 湖南农业科学, (3): 25-30
钟珍萍, 林学建. 1990. 不同辣椒变种的核型观察. 福建农学院学报, 19(3): 277-281
周长久. 1995. 蔬菜种质资源概论. 北京: 北京农业大学出版社, 129-146
朱德蔚, 张松林. 1995. 充分利用国内外蔬菜种质资源, 丰富我国蔬菜品种, 满足城乡居民需要. 中国菜篮子工程. 北京: 中国农业出版社, 241-245
邹学校, 侯喜林, 陈文超, 等. 2004. 辣椒抗病性、果实营养含量与农艺性状间的典型相关分析. 种子, 23(2): 34-37
邹学校, 刘建华, 杨玉珍,等. 1991. 辣椒品种资源抗病性和营养含量与农艺性状的相关和通径分析. 北方园艺, (11, 12 期合刊): 5-8
邹学校, 刘建华, 张继仁. 1992a. 辣椒品种资源抗病性与起源地生态环境的关系. 湖南农学院学报, (植病专辑): 185-190
邹学校, 马艳青, 戴雄泽, 等. 2005. 湖南辣椒地方品种资源的因子分析及数量分类. 植物遗传资源学报, 6(1): 37-42
邹学校, 张继仁, 周群初, 等. 1992b. 不同生态环境辣椒品种辣椒素, 维生素 C 和干物质含量差异研究. 种子, (6): 4-8
邹学校, 周群初, 张继仁, 等. 1992c. 不同类型土壤辣椒品种资源遗传差异研究. 湖南农学院学报, (蔬菜专辑): 757-761
Zou Xuexiao, Liu Jianhue, Zhang Jiren. 1995, Outline analyses on inheritance of multiple quantitative charaters in pepper (*Capsicum annuum* L.). Acta Horticulturae, (402): 359-362

辣椒耐贮性研究进展*①

李娟娟[1,2]，邹学校[1,2]，郑井元[2]，张竹青[2]

（[1]中南大学研究生院隆平分院，湖南 长沙 410125；
[2]湖南省蔬菜研究所，湖南 长沙 410125）

摘要：概述了品种、栽培条件和采收时期、温度和相对湿度、不同贮藏保鲜技术对辣椒耐贮性的影响，并从辣椒采后生理生化变化方面，包括果实硬度、呼吸作用、乙烯释放、营养成分、相关酶类等，阐述了国内外辣椒耐贮性的研究进展，进而对未来辣椒耐贮运研究的重点和热点进行了展望。

关键词：辣椒；耐贮性；生理特性；研究进展

辣椒是我国种植面积最大的蔬菜种类之一，年种植面积仅次于大白菜。南起海南的三亚，北至黑龙江的哈尔滨，东起上海，西至西藏，均有大面积栽培（邹学校，2002）。辣椒原产南美洲热带地区，属冷敏性作物，喜温暖多湿，且含水量高，易发生低温伤害，采后极易腐烂和变质，辣椒从采摘至消费者或加工厂家的时候，损耗近30%。因此，对于辣椒采后相关生理生化的变化和耐贮藏品种选育的研究有明显的社会效益和经济效益。

1 影响青椒耐贮性的因素

1.1 品种对青椒耐贮性的影响

品种的耐贮性是决定青椒贮藏期和保鲜效果的内在因素（颉敏华等，2006），因而不同品种青椒耐贮性差异较大。耐贮藏品种的果实角质层厚，皮坚光亮，颜色深绿，干物质含量较高。一般而言，甜椒、油椒比尖椒耐贮藏，晚熟品种比早熟品种耐贮藏。杨瑞平等（2009）研究表明，随着贮藏期的延长，不同耐贮性辣椒的果实硬度不断下降，但耐贮品种比不耐贮品种的变化趋势平稳。另外，不同品种及不同产地的辣椒对CO_2的忍耐力不同（李雪峰，2002）。CO_2虽对辣椒有保鲜保绿作用，但当CO_2超过一定浓度时会导致生理失调，造成萼片褐变和果肉腐烂，因此对CO_2忍耐力强的品种耐贮性较好。

1.2 栽培条件和采收时期对青椒耐贮性的影响

果实采收后的生理状态，包括耐贮性和抗病性，是在田间生长条件下形成的。果实

---

* 基金项目：国家公益性行业（农业）科研专项经费（200903025）。

① 本文原载《湖南农业大学》2012，（17）：88-91。

的生育特性、地区气候、土壤条件和管理措施等，都会对果实的品质及贮藏特性产生直接或间接影响（张彦生，2007）。优质耐贮的产品是保证贮藏的前提，良好的栽培管理措施和适宜的生长环境有助于减轻辣椒的病虫害，提高果实的品质。另外，在栽培的过程中多施有机肥，增施磷、钾肥，少施氮肥，可增强青椒采后的耐贮性。

采收期对青椒的耐贮性有较大影响。辣椒成熟过程大致可分为未熟、绿熟、红熟及晚熟 4 个时期。长期贮藏的辣椒应选果实已充分膨大，果肉厚而坚硬、光亮而未转红的绿熟果，剔除病果、虫果和伤果。未熟绿果或开始转色的果实均不宜长期贮藏（李雪峰，2002）。多数研究表明，在常温条件下，不同熟期果实的耐贮性以从开花到采收 22d 的为好。采收过程中要避免青椒果实机械损伤，防止果肉和胎座受伤，果柄剪口要光滑，以减少贮藏期间果梗胎座腐烂。此外，青椒的含水量高也会减少贮藏时间，因此在采收前 7~10d 停止灌水，也能提高辣椒的贮藏时间。

1.3 温度和相对湿度对青椒耐贮性的影响

鲜椒在贮运过程中需要低温高湿的环境，这样有利于保持辣椒的品质特性（Samira et al.，2011）。低温贮藏是保持水果和蔬菜品质的最有效的方法，因为低温能够减缓呼吸作用、乙烯释放、后熟及衰老腐烂的进程。但辣椒属冷敏性作物，贮藏温度过低易发生冷害，使果实发生代谢失调，组织坏死，其抗病能力也大大降低，因此贮藏温度不能过低。辣椒发生冷害后的症状主要表现为，果色变暗，光泽减少，表皮产生不规则的下陷凹斑，严重时产生长条形或连片的大凹斑，凹斑部位果肉中的维管束常变褐（苏国兵，2006）。采摘后的青椒极易失水，由于辣椒果实内部是空腔，故失水后变软、皱缩等现象比番茄等实心果实更加明显，因此在贮藏过程要求保湿，但高湿条件下极易感染黑霉菌，再加上高温则更容易感染病原微生物，造成腐烂。国内外对于青椒最适宜的贮藏温度及相对湿度已进行了广泛的研究，一般认为青椒最适宜的贮藏温度为 9~12℃，相对湿度为 85%~90%。

1.4 不同贮藏保鲜技术对青椒耐贮性的影响

青椒在贮藏过程中的主要问题是：失水萎蔫、衰老转红、腐烂变质。维持高湿环境可防止果实失水，延缓衰老转红，却易发生腐烂；降低贮藏温度可延缓果实衰老转红，抑制微生物的活动，从而减轻腐烂，但不适宜的低温可诱发冷害，导致贮藏期缩短（苏国兵，2006）。针对这些问题，国内外许多学者从不同的角度入手，在青椒贮藏保鲜技术上进行了多方面的研究。如自发气调包装（MAP）贮藏（王淑琴等，2001）、果蔬气体保鲜剂 ClO_2 的应用（武建明，2007）、涂膜保鲜（俞露，2008；刘珣和童军茂，2008）、间歇升温（张平等，1993）、贮前热处理（程顺昌，2005）、冷激处理（谷会等，2011；唐文等，2010），这些技术的应用均能收到一定的贮藏效果。但关于青椒贮藏保鲜仍存在一些问题需要进一步的深入探究，比如壳聚糖涂膜保鲜对霉菌的抗侵害能力和阻止氧气的能力较强，但阻止水分渗入的能力较弱；1-MCP 虽然保持了水溶性抗氧化剂的活性，但减弱了脂溶性抗氧化剂的活性。

2 辣椒贮藏期的生理生化变化

2.1 果实硬度的变化

果实硬度是衡量果实成熟度和贮藏品质的重要指标，辣椒在贮藏过程中，硬度下降是导致果实软化的根本原因（蓬桂华，2011）。杨瑞平等（2009）研究表明，不同耐贮品种果实的硬度下降幅度不同，耐贮藏品种果肉厚，贮藏过程中含水量下降缓慢，不易萎蔫变软。虽然果实成熟软化的确切机制仍不清楚，但许多研究表明，这与细胞壁水解酶密切相关。此外，果实的软化还与细胞构造及构成成分的变化、细胞膨压变化等因素有关。对番茄等的研究表明，在贮藏过程中纤维素酶活性增加导致细胞壁的膨胀疏松，在果实软化、硬度下降过程中起关键作用（万赛罗等，2008）。饶景萍和任小林（1997）对细胞超微结构的研究表明，辣椒果实在贮藏过程中，细胞大液泡化，细胞壁的微纤丝由致密变得较为松散，中胶层电子密度降低，细胞质稀薄化，线粒体轻度肿胀，同时细胞能量供应减少，细胞合成减弱，修复能力减退，从而细胞降解过程增强。

2.2 呼吸作用和乙烯释放的变化

呼吸作用是果蔬采收后进行的重要生理活动，是影响贮运效果的重要因素（刘珣，2008）。呼吸强度是衡量呼吸作用强弱的一个指标，是评价果蔬贮藏寿命的重要标志，呼吸强度越大，生命周期越短，呼吸强度越小，生命周期越长。目前，关于辣椒是属于呼吸跃变型果实还是非呼吸跃变型果实还存在一些争议，但所有研究均表明辣椒对 CO_2 十分敏感。辣椒在贮藏过程中由于呼吸作用而不断地释放出 CO_2，如果 CO_2 不能及时排除，其浓度超过 2%往往就会发生 CO_2 伤害。赵迎丽等（2003）研究表明，辣椒果实采后在 10℃、7℃、4℃、1℃ 4 种不同温度下呼吸强度均呈下降趋势，未出现明显的呼吸高峰，1℃和 4℃的低温前期明显抑制了果实的呼吸作用，但因冷害的发生分别在 32d 和 24d 出现小的回升。在贮藏过程中，1-MCP 处理、B-CDH 发酵液处理和热处理有效地抑制了辣椒果实的呼吸作用。

乙烯是启动和促进果蔬成熟衰老的激素，在辣椒的贮藏过程中，乙烯的含量不断增加，使果实后熟变红变软，商品性降低。植物体内乙烯的合成由两套系统调控，系统Ⅰ存在于非跃变型果实和未成熟跃变型果实中，负责调节基础水平的乙烯合成和创伤诱导的乙烯合成，不能自我催化，系统Ⅱ负责跃变型果实成熟期乙烯的自我催化合成。1-MCP 作为乙烯受体的抑制剂，能抑制乙烯诱导的后熟或衰老相关的一系列生理生化反应。1-MCP 的存在可能阻断 ACC 合成酶（ACS）和 ACC 氧化酶（ACO）对乙烯合成的调节作用。1-MCP 处理（高怀春，2004）和热处理（程顺昌，2005）能较为有效的抑制乙烯释放高峰的出现，延长贮藏期。

2.3 维生素 C、可溶性糖和辣椒素的变化

维生素 C（V_C）是辣椒果实中重要的营养成分之一，同时也是体内清除活性氧的一种重要的抗氧化剂，V_C 损失率是衡量果品贮藏效果好坏的一项重要指标（Ilić et al., 2012）。V_C 是一种含有 6 个 C 原子的酸性多羟基化合物，分子中有两个相邻的烯醇式羟

基易解离释放出 H^+，因此 V_C 容易被氧化还原，辣椒中含有大量的抗坏血酸氧化酶、过氧化物酶、多酚氧化酶及细胞色素氧化酶，都能催化破坏 V_C。辣椒果实贮藏过程中 V_C 含量明显下降，不同品种下降幅度和递减速率差异明显（高怀春，2004）。蔬菜 V_C 含量的遗传由一对主基因和多基因混合控制，张增翠和侯喜林（1999）研究表明，同一种类型蔬菜在受主基因控制的同时，微效多基因能增强或削弱主基因对 V_C 含量的控制。Gupta 和 Khadi 研究表明，辣椒果实 V_C 含量的遗传力为 98.3%，辣椒绿熟果实 V_C 含量由加性和显性效应控制，成熟果实 V_C 受加性、显性和上位效应的影响。除品种因素之外，贮藏温度对辣椒果实的 V_C 也有很大影响。苏国兵（2006）对 9℃、7℃、5℃、2℃下辣椒 V_C 含量变化的研究表明，2℃贮藏温度下 V_C 含量下降最为显著，到 60d 时下降了 87.8%，9℃时下降较为缓慢，60d 时下降了 52.1%。

在贮藏过程中，可溶性糖的变化与 V_C 的变化基本一致，基本上呈不断下降的趋势。可溶性糖作为呼吸底物，在呼吸过程中分解放出热量，使果实糖含量在贮藏过程中趋于下降。刘珣和童军茂（2008）研究表明，有些种类的果实由于淀粉水解所致，使糖含量有升高现象，但这种升高只是暂时的，随着贮藏时间的延长，可溶性糖含量又大量减少。此外，辣椒果实贮藏期间的可溶性糖的含量与呼吸强度有直接关系，抑制呼吸强度能够有效的减缓可溶性糖类的下降趋势。

辣椒素含量是辣椒果实品质的重要指标，直接影响其质地、风味和营养品质。果实辣椒素含量受种质因素、栽培条件和贮藏条件等多种因素的影响。在贮藏过程中，随着辣椒果实的后熟、失水萎蔫和腐烂变质，辣椒素的含量也不断降低。辣椒果实中的辣椒素含量在绿熟期或转色期最高，红熟期反而有所下降，这可能由于辣椒果实发育后期辣椒素被过氧化物酶所降解的结果。研究表明，辣椒中的辣椒素在采后过程中均先上升后减少，用 ClO_2 处理过的青椒能够明显延缓辣椒素高峰期的出现（武建明，2007）。

2.4　可溶性果胶的变化

辣椒果实在贮藏过程中，细胞壁原有的大量原果胶，即不溶性果胶，在原果胶酶和果胶酶的作用下分解为可溶性果胶，导致细胞壁间黏性下降，通透性增大，细胞间空隙加大，胞间连丝消失，细胞壁组织受到破坏，产生果皮软化现象。

多聚半乳糖醛缩酶（PG）和果胶酶（PE）是两种主要细胞壁水解酶，在果实软化中 PG 酶起主导作用，PE 酶有引发催进作用。PG 酶的主要功能是水解细胞壁中多聚半乳糖醛酸中 1，4-α -D 半乳糖苷键，生成低聚的半乳糖醛酸和半乳糖醛酸，从而导致细胞壁结构解体，致使果实软化，失水萎蔫，硬度下降（杨瑞平等，2009）。俞露（2008）研究表明，青椒在贮藏过程中 PG、PE 酶活性总体先呈上升趋势，到达峰值后逐渐下降并趋于稳定，PG、PE 酶活性变化都与可溶性果胶变化呈显著负相关。

2.5　丙二醛含量及相关酶活性的变化

丙二醛（MDA）是细胞衰老的一种标志，MDA 的积累来自不饱和脂肪酸的降解，它的生成是由体内自由基引发产生的，自由基的增加导致膜系统伤害，引发膜脂过氧化作用，膜脂过氧化的最终产物为 MDA。MDA 含量与植物的抗寒性密切相关，抗寒性强的品种的 MDA 含量低。辣椒果实贮藏期间，随着时间的延长，MDA 含量呈上升趋势

（刘珣，2008）。1-MCP 处理、热处理、低温冷藏等贮藏保鲜技术的应用均因对膜造成不同程度的伤害而引起 MDA 含量的升高。

辣椒果实中的保护酶系统主要包括超氧化物歧化酶（SOD）、过氧化氢酶（CAT）和过氧化物歧化酶（POD），在他们的共同作用下可以清除细胞自由基，减少自由基对膜的损伤，从而延缓细胞衰老。SOD 有清除过量活性氧，维持活性氧代谢平衡，保护膜结构的作用；CAT 能够清除光呼吸、线粒体电子传递及脂肪酸在贮藏过程中产生的 H_2O_2，清除细胞内的氧化自由基，减少 H_2O_2 对细胞组织的伤害；POD 催化组织中低浓度的 H_2O_2 氧化其他底物，以清除过氧化物和 H_2O_2，但由于 POD 催化本身可产生各类自由基产物，造成膜脂过氧化，从而加剧组织褐变，因此其活性升高常作为果实成熟衰老的参数。辣椒的 SOD 活性的变化随着贮藏时间的延长呈现前期下降中期上升后期再下降的趋势（刘珣，2008），CAT 活性逐渐降低，而 POD 的活性呈上升趋势。因此，在贮藏中，采取相应的措施保持高活性的 SOD、CAT 和低活性的 POD 有利于保持辣椒的商品性。

3 展　望

失水萎蔫、衰老转红和腐烂变质是影响辣椒贮藏期长短的最主要因素。失水萎蔫和腐烂变质的问题可以通过控制青椒贮藏期间的温度和相对湿度以及应用涂膜保鲜技术提高对导致青椒腐烂的霉菌的抗侵害能力有效的解决。但是关于青椒果实成熟软化的确切机制仍不十分明确，因此系统阐明辣椒成熟软化和衰老转红的分子生理机制，必将成为辣椒耐贮藏研究的发展趋势。随着分子生物学技术的不断发展，越来越多的与辣椒果实成熟软化密切相关的酶类及其基因的功能将会得到阐述，如细胞壁水解酶、ACC 酶、PG 等，使得利用基因工程技术创制新的耐贮藏品种成为了可能。叶志彪（2000）利用从番茄果实中筛选的 EFE cDNA 克隆，构建反向植物表达载体和植物转化载体，转化到番茄获得了反义转基因耐贮藏番茄植株。这为我们利用生物技术结合传统的育种方法选育出品质好耐贮藏的辣椒新品种提供了新思路。

参考文献

程顺昌. 2005 热处理对辣椒果实贮藏特性及冷害的影响[D]. 陕西: 西北农林科技大学硕士学位论文.

高怀春. 2004. 辣椒果实维生素 C 含量变化的研究[D]. 泰安: 山东农业大学硕士学位论文.

谷会, 弓德强, 朱世江, 等. 2011. 冷激处理对辣椒冷害及抗氧化防御体系的影响[J].中国农业科学, 44(12): 2523-2530

颉敏华, 朱建美, 颉建民. 2006. 影响青椒贮藏性的因素[J]. 甘肃农业大学学报, 39(3): 300-305

李雪峰. 2002. 辣椒保鲜贮藏技术[J]. 辣椒杂志, (2): 37-39

刘珣, 童军茂. 2008. 壳聚糖可食用膜对辣椒贮藏生理的影响[J]. 现代食品科技, 24(7): 652-654

刘珣. 2008. 辣椒采后生理及贮藏保鲜技术研究[D]. 石河子: 石河子大学硕士学位论文.

蓬桂华. 2011, 辣椒贮藏保鲜技术及品质变化的研究进展[J]. 贵州农业科学, 39(7): 177-179

饶景萍, 任小林. 1997. 果实成熟过程中组织超微结构的变化[J]. 西北植物学报, 17(1): 128-134

苏国兵. 2006. 辣椒贮藏技术的研究[D]. 北京: 中国农业大学硕士学位论文.

唐文, 吴颖, 刘玉仙. 2010. 骤冷处理对青椒采后生理及品质的影响[J].食品工业科技, 31(5): 321-323

万赛罗, 高橼, 金青. 2008. 番茄果实成熟过程中硬度及相关生理生化指标的变化[J]. 中国蔬菜, (4):

20-23
王淑琴, 张庆芳, 赵春艳, 等. 2001. 不同保鲜袋对尖椒耐藏效果的影响[J].保鲜与加工, 1(3): 18-19
武建明. 2007. 果蔬气体保鲜剂的研究及应用[D]. 乌鲁木齐: 新疆大学,.
杨瑞平, 陈儒钢, 巩振辉, 等. 2009. 不同耐贮性辣椒贮藏期间的生理生化特性[J].西北农业学报, 18(6): 221-225
叶志彪. 2000. 乙烯形成酶反义基因转化番茄及耐贮藏品种的选育[D]. 武汉: 华中农业大学博士学位论文.
俞露. 2008. 辣椒贮藏生理及其涂膜保鲜研究[D]. 贵阳: 贵州大学.
张平, 马岩松, 高瑞霞, 等. 1993. 间歇升温减缓青椒冷害的研究[J]. 辽宁农业科学, 21(5): 35-38
张彦生. 2007. 辣椒的贮藏保鲜技术[J]. 新疆农业科技, (6): 21
张增翠, 侯喜林. 1999. 不结球白菜维生素 C 和可溶性糖含量的遗传分析[J]. 园艺学报, (3): 170-174
赵迎丽, 王春生, 郝利平. 2003. 青椒果实低温贮藏及冷害生理的研究[J]. 山西农业大学学报(自然科学版), 23(2): 129-132
邹学校. 2002. 我国辣椒的栽培季节与种植模式[J]. 北方园艺, (6): 4-6
Ilić S Z, Trajković R, Fallik E, et al. 2012, Influence of 1-methylcyclopropene(1-MCP)on postharvest storage quality in green bell pepper fruit[J]. Food and Bioprocess Technology, 5(7): 2758-2767
Samira A, Woldetsadik K, Workneh T S. 2011. Postharvest quality and shelf life of some hot pepper varieties [J]. Journal of Food Science and Technology, 1-14

Advances in Storage Quality of Pepper Fruit

Li Juanjuan[1, 2], Zou Xuexiao[1, 2], Zheng Jingyuan[2], Zhang Zhuqing[2]

([1] Longping Branch of Graduate School, Central South University, Changsha 410125;
[2] Institute of Vegetables, Hunan, Changsha 410125)

Abstract: This paper summarized the impact of cultivars, cultivation conditions and collected periods, temperature and relative humidity and different storage technologies to storage characters of pepper fruit. And the research progress in terms of post-harvest physiological and biochemical changes, including fruit firmness, respiration, ethylene release, nutrients and relevant enzymes etc., are elaborated to prospect the hotspot and focus of the research in storage quality of pepper fruit.

Key words: pepper; storage quality; physiological property; research progress

辣椒种质资源保存技术研究进展*①

梁成亮[1,2,3]，李雪峰[1,2,3*]，周书栋[1,2,3]，杨博智[1,2,3]，邹学校[4]，
戴雄泽[1,2,3] 马艳青[1,2,3]

（[1]湖南省蔬菜研究所，长沙 410125；[2]湖南兴蔬种业有限公司，长沙 410125；
[3]湖南省蔬菜工程技术研究中心，长沙 410125；[4]湖南省农业科学院，长沙 410125）

摘要：随着辣椒种质保存时间的延长和数量的增多，生产上对其保存技术的要求也越来越高。在短期保存方法中，干燥器和塑料袋结合硅胶保存具有成本低廉，保存效果好的特点。而建立低温冷库，结合除湿机，其保存效果更佳，可作为中长期辣椒种质资源保存。种子保存操作方便，保存效果明显，但保存时间不宜超过 10 年。此外，种质更新后，原种质的种性会随之丧失。辣椒离体保存繁殖系数高，环境因素影响小，所占空间小，管理费用低，全程无菌，避免了病害及自然灾害，种性种质不易退化。超低温保存不需要继代培养或种子更新，避免了原种质的种性丧失或发生基因变异，是一种可以作为永久保存的安全保存新技术。

关键词：辣椒；种质资源；保存

我国辣椒种质资源的保存与利用起步于20世纪50年代，以湖南省蔬菜研究所为代表的辣椒科研单位率先开展杂交辣椒育种，收集并保存了颇为丰富的资源材料。目前已入国家种质库的辣椒资源超过 1300 多份，为辣椒的科研育种提供了宝贵材料。国家种质库资源丰富、品种齐全，但是这些资源对于一般育种单位很难随时随地取用，因此育种单位建立自己的种质资源保存方式尤为必要。随着辣椒种质保存时间的延长和数量的增多，对保存技术要求越来越高。据报道，种质在低温库保存 15 年后生活力降至 10%，另外，种质更新后，原种质的种性会丧失 50%。育种单位应根据保存的目的和保存时间，选择适宜的保存技术。以种质永久保存、种质不退化等安全保存技术也将成为下一个研究热点（卢新雄和曹永生，2001；卢新雄和陈晓玲，2003）。

1 种子保存

种子保存是最原始的种质资源保存方法。我国是辣椒生产大国，自种植辣椒以来，

* 基金项目：“十二五”农村领域国家科技计划课题“主要蔬菜良种繁育技术集成与产业化”（2O11BAD35B07）；湖南省蔬菜产业体系大宗蔬菜育种专家岗位；“十二五”国家科技支撑计划（2012BAD02BO2）；国家公益性项行业（农业）科技项目（201303028）。

①本文原载《辣椒杂志》，2014，（4）：7-9。

就有种子保存来年播种的历史记载。如湖南山区将朝天椒整株采收，倒挂于避雨处，不仅可以保存种子，还不影响干辣椒的正常食用。也有将辣椒用线穿辣椒果柄悬挂保存，形成“串串干红椒”，颇为鲜艳美观（肖集芳，1997）。

影响种子寿命的主要因素是温度和水分，降低种子水分含量和保存温度，可延长种子保存期。在短期的保存方法中，干燥器和塑料袋结合硅胶具有成本低廉，保存效果好的特点。建立低温冷库，结合除湿机，保存效果则更佳，可作为中长期辣椒种质资源保存（李玉红等，2003；阳小玲，2008）。

1.1 干燥器保存

将凡士林均匀涂抹在种子干燥器器盖与器身吻合部位，以达到增强密封的目的。干燥器的底部填充硅胶颗粒，用以除湿（吸收、固定空气中的水分）。使用时将种子装入防水的牛皮纸袋，直接放入干燥器中密封保存。种子干燥器的主要作用是保干降湿，但不能降温，作为种子短期保存，具有操作简单、成本低廉的优势。干燥器有不同规格，根据大小可保存适量的种子，在常温干燥条件下利用干燥器保存辣椒种子可以保质 1 年。采用干燥器保存时应注意凡士林在低温条件下易凝固，尤其在冬春低温季节，会出现取盖困难的情况，操作方法是用温水（约 40℃）对器盖边缘加热，待温度有所上升，再提高水温浇淋边缘，直至干燥器盖有所松动可以旋转，用干毛巾擦干水后方可打开。切忌一开始就用开水淋玻璃器盖，否则会造成干燥器破裂。根据硅胶的颜色变化，应及时更换硅胶颗粒。

1.2 双层塑料袋与硅胶保存

将种子装入双层聚乙烯塑料袋中，每袋种子质量不超过 10kg，然后在种子中埋入约 1kg 的硅胶筒，排除袋内空气后，扎紧袋口，在室温条件下可以保存 1~2 年。硅胶筒是用纱网袋包装好的硅胶颗粒，以防止硅胶散落于种子中。另可根据硅胶的颜色变化及时更换硅胶，适当延长种子的保存期。

1.3 低温与干燥保存

温度和湿度是影响种子质量的主要因素。试验表明，辣椒种子在含水量 7%、温度 20℃以下时保存效果最佳。因此，生产中延长种子保存期的有效途径是通过降低湿度和温度进行调控。采用低温冷库和除湿设备，常年维持温度 2~4℃、湿度 50%左右，可保存 10 年以上，主要用于核心资源材料、重要亲本（包括原原种、原种）的中长期保存。

1.4 种子超干燥保存

低温和干燥条件能延长种子保存时间，但长期保持低温条件不但造价高，维修及能量消耗巨大，且不易运输。研究发现，将种子含水量降至5%以下的超干燥状态，不仅对种子活力影响小，还有助于种子保存。李玉红等（2003）对辣椒种子的超干燥研究中，当种子含水量降至5%以下时，其活力未受影响，抗老化能力提高；在影响种子保存寿命的生理指标测定中，超干燥种子的细胞膜电导率、丙二醛含量低于对照老化种子，脱氢酶活性高于对照；说明辣椒种子超干燥保存是可行的。

2 离 体 保 存

离体保存技术已经广泛应用于无性繁殖的材料中，如大蒜、百合、生姜、马铃薯等（周逊，2004；陈辉，2005；宋明等，1994）。王艳军（2003）通过不同浓度的激素配比，筛选出芽分化多、长势好的大蒜最佳分化培养基配方，置于低温（15℃）和黑暗下 24 个月不用继代培养。张玉芹等（2004）对百合保存技术进行研究，结果表明，在最佳的分化培养基配方和温度为 15℃低温下，可保存 18 个月。根据无性繁殖作物的离体保存技术原理，有性生殖的辣椒也可以通过组培等方式，达到离体保存的目的。

2.1 离体培养

通过大孢子培养、小孢子培养、外植体再生等，将种子少、繁殖系数低、利用价值高的重要资源材料离体培养获得再生植株，并保存在培养室。该过程需要不断更新培养基（徐刚标，2000；何建文，2009）。大、小孢子培养可获得单倍体植株，再利用秋水仙素等进行染色体加倍获得基因纯化的品系或株系，能加快育种进程（张祖姣等，2009；申家恒等，2007）。外植体培养利用辣椒子叶或新鲜叶片等材料，建立最佳的诱导培养基、分化培养基、生根培养基，直到再生成植株（周钟信等，1994）。

辣椒离体保存要求技术高、操作烦琐，成本较高，但由于其繁殖系数高，环境因素影响小，所占空间小，管理费用低，全程无菌，避免了病害及自然灾害，种性种质不易退化，特别对一些适应性差、种子少的外来引进资源或该资源无法本地繁殖时，是一种有效的拯救式保存方式（王海平等，2010）。

2.2 超低温保存

低温保存操作简单，在中短期辣椒种质保存中应用多，但是低温保存也有其缺点，如需要继代培养或种子更新，更新后的种子可能会丧失原种质的种性或发生基因变异。利用超低温保存能在一定程度上消除以上不足。超低温保存一般指温度在–80℃以下进行种子保存。目前可见报道的植物种质资源超低温保存材料有种子、芽、茎尖组织、胚状体、原生质体等（殷晓辉和舒理慧，1996；王培忠等，2007；宋尚伟等，2007；赵艳华等，2008）。由于茎尖和生长点不带毒且利于快繁，为辣椒资源保存提供了新方法。孙振久和王鸣（1990）在对辣椒茎尖超低温保存的试验验结果表明，辣椒不同品种、不同组织对超低温的敏感度不一，茎尖及生长点抗冻性最显著，甘油在超低温保存中没有实际效果。湖南省蔬菜研究所于 2011 年首次以辣椒花粉为材料，利用液氮进行辣椒种质资源的超低温保存方法研究，该研究已获得发明专利。通过超低温（–196℃）干燥处理的花粉，保存两年后花粉活力仍保持 70%以上。该发明主要解决了重要资源材料及辣椒种子生产中父本花粉的保存方法，可有效防止种质资源的丢失，也为种子生产中解决花期不遇、保护父本和花粉保存备用提供技术支持。

3 展望与对策

辣椒育种工作已有几十年的历史，在种质资源收集及保存技术上都取得了很大的成就，但是相对于发达国家，我国的辣椒种质保存工作起步晚，基础研究薄弱，保存技术落后。种质资源的安全保存必须受到重视。

3.1 重视种质资源的保存工作

作物种质资源是在不同生态条件下经上千自然演变形成的，蕴藏着各种潜在的可利用基因，是国家的宝贵财富，是人类繁衍生存的基础。种质资源作为国家或育种单位的核心资源，相关部门必须高度重视资源保存工作，每年投入一定经费保证种质库的正常运转。

3.2 加强种质安全保存技术研究

随着种质保存时间的延长，种子生活力逐年下降。种质更新会导致原种性丧失。因此，建立种质更新标准和繁种方法，才能确保种质资源的长期安全保存。尤其对于稀有的、独特的野生种质资源，应建立起以离体保存或超低温保存技术为主导的长期的安全保存体系。

3.3 建立全国性种质信息网

国家应在公益的基础上建立全国性种质信息网，提供资源查询、上传等服务，以提高种质信息的利用效率，并促进种质资源在育种单位间的交流和充分利用。

参 考 文 献

陈辉. 2005. 百合种质离体保存技术研究. 武汉: 华中农业大学硕士学位论文, 3-8.
何建文. 2009. 辣椒组织培养及其在育种中的应用. 贵州农业科学, 37(7): 6-9.
李玉红, 对三汗, 陈鹏, 等. 2003. 辣椒种子的超干研究. 西北植物学报, 23(4): 663-666.
卢新雄, 曹永生. 2001. 作物种质资源保存现状与展望. 中国农业科技导报, 3(3): 21-25.
卢新雄, 陈晓玲. 2003. 我国作物种质资源保存与研究进展. 中国农业科学, 36(10): 1125-1132.
申家恒, 李伟, 杨虹, 等. 2007. 辣椒大、小孢子发生与雌、雄配子体发育的研究. 园艺学报, 34(6): 1443-1452.
宋明, 王晓佳, 陈世儒. 1994. 马铃薯试管芽保存研究. 西南农业大学学报, 16(3): 247-249.
宋尚伟, 闫锋, 蔡艳婷, 等. 2007. 桃品种‘八月香’花粉的超低温保存. 植物生理学通讯, 43(1): 181-183.
孙振久, 王鸣. 1990. 辣椒茎尖超低温冷冻贮藏研究. 陕西农业科学, (2): 18-19.
王海平, 李锡香, 沈镝, 等. 2010. 离体保存技术在无性繁殖蔬菜种质资源保存中的应用. 植物遗传资源学报, 11(1): 52-56.
王培忠, 裴崎君, 顾寒琳, 等. 2007. 植物种质资源超低温保存原理与研究进展. 吉林林业科技, 36(4): 17-20.
王艳军. 2003. 大蒜离体保存技术初步研究. 武汉: 华中农业大学硕士学位论文, 4-9.
肖集芳. 1997. 辣椒留种种子贮藏研究. 广东第二师范学院学报, (2): 82-83.
徐刚标. 2000. 植物种质资源离体保存研究进展. 中南林学院学报, 20(41): 81-87.
阳小玲. 2008. 蔬菜种子存期及其新陈的辨别. 现代农业科技, (2): 69-70.
殷晓辉, 舒理慧. 1996. 植物种质资源的超低温保存研究进展. 热带亚热带植物学报, 4(3): 75-82.
张玉芹, 李锡香, 马庆, 等. 2004. 食用百合种质的玻璃化法超低温保存技术初探. 中国蔬菜, (4): 11-13.
张祖姣, 杨博智, 周书栋, 等. 2009. 辣椒小孢子发育的细胞学观察. 辣椒杂志,(1): 38-41.
赵艳华, 吴雅琴, 程和禾, 等. 2008. 李离体茎尖的超低温保存. 园艺学报, 35(3): 423-426.
周逊. 2004. 生姜组织培养快繁及离体保存技术研究. 武汉: 华中农业大学硕士学位论文, 3-10.
周钟信, 张宗江, 刘艳军, 等. 1994. 辣椒子叶离体培养再生植株. 华北农学报, 9(2): 59-63.

第二部分　优异基因挖掘

Cloning and functional analyses of pepper *CaRKNR* involved in *Meloidogyne incognita* resistance*①

Zhenchuan Mao, Pingping Zhu, Feng Liu, Yonghong Huang, Jian Ling, Guohua Chen, Yuhong Yang, Dongxin Feng, Bingyan Xie

Abstract: Root-knot nematodes (*Meloidogyne* spp.) are destructive pests of crops. Pepper (*Capsicum annuum* L.) contains genes that control resistance to root-knot nematodes. Using suppression subtractive hybridization and RACE strategies, a nucleotide-binding site and leucine-rich repeat (*NBS-LRR*) family gene, *CaRKNR* (FJ231739), was isolated and cloned from the nematode-resistant pepper line HDA149. *CaRKNR* is a novel *NBS-LRR* gene with an open reading frame of 3600bp that is homologous (70.45% identity) to the gene *Mi-1.2*. After *Meloido gyne incognita* inoculation, real-time qPCR showed that the CaRKNR expression level was increased from 0.63 to 2.16 times. Using the virus-induced gene silencing system, the *CaRKNR* gene's expression level was reduced significantly than controls, and the average numbers of galls and egg masses in silenced seedlings were 44.39 and 42.01, respectively, while the controls were 0.13. This study revealed that *CaRKNR* was induced by *M. incognita* and its expression correlated with pepper resistance against root-knot nematodes.

Key words: *Capsicum annuum* L.; *Meloidogyne incognita*; resistance; gene cloning; function analysis

Abbreviations

ARC	APAF-1, R proteins, and CED-4
Blast	Basic local alignment search tool
LRR	Leucine-rich repeat
NB	Nucleotide binding
NJ	Neighbour-joining
ORF	Open reading frame
Pfam	Protein family
RACE	Rapid amplification of cDNA end
RKN	Root-knot nematode (*Meloidogyne* spp.)
RT-qPCR	Reverse transcriptase quantitative polymerase chain reaction

* 基金项目：国家自然科学基金项目(31101425)。

①本文原载 *Euphytica*，2015，(3) 205：903-913。

SSH	Suppression subtractive hybridization
VIGS	Virus induced gene silencing

Introduction

Root-knot nematodes (*Meloidogyne* spp., RKNs) are root obligate endoparasites that infect numerous plant species and cause serious damage annually to agricul-tural crops (Abad et al., 2008). RKN second-stage juveniles (J2) infect roots, move to the root apex, and, upon reaching the zone of cell elongation and the developing vascular cylinder, ultimately become sedentary within the root. At this point, one or more plant cells situated around the head of the J2 are stimulated by repeated stylet probing to undergo mitosis without cytokinesis and differentiate into multi-nucleated giant cells. The giant cells act as sinks, diverting plant nutrients to provide metabolic energy for the nematode. In addition, the hyperplasia and hypertrophy of the surrounding cells lead to the typical root gall (Tytgat et al., 2000).

Breeding of disease resistance is the most efficient strategy for RKN management, especially in Solana-ceous plants. Resistance genes are key to the plant's defense against RKNs. The Mi-1.2 (*Solanum lycoper-sicum*) is a single dominant gene in tomato that has been cloned. It encodes a protein with a nucleotide-binding site and leucine-rich repeat motif (NBS-LRR) (Milligan et al., 1998), and confers resistance against three major RKNs, *Meloidogyne arenaria*, *Meloidogyne javanica*, and *Meloidogyne incognita* (Gilbert and McGuire, 1956). Currently, RKN resistance in commercially available tomato cultivars is conferred only by the *Mi* gene (Huang et al., 2004).

In pepper, some RKN-resistance genes (R genes) have been discovered, but few have been cloned. Two nematode-resistant pepper cultivars (Carolina Wonder and Charleston Belle) have been reported to have the nematode-resistance gene N (Thies and Fery, 1998). Using doubled-haploid pepper lines, six *Me* genes were found, which clustered on the P9 chromosome (Djian-Caporalino et al., 2007). HDA149 is a nema-tode-resistant pepper doubled-haploid line that carries the single dominant gene *Me3*, conferring strong RKN resistance (Djian-Caporalino et al., 2001) against three major RKNs, *M. arenaria, M. javanica*, and *M. incognita* (Djian-Caporalino et al., 2001), as well as the typical hypersensitive response to RKN infection (Bleve-Zacheo et al., 1998). In this research, we isolated a novel *R* gene, which was induced by RKN and involved in pepper (*Capsicum annuum* L.) resis-tance against *M. incognita*. These findings could be conducive to breeding new nematode-resistant pepper cultivars.

Using suppression subtractive hybridization (SSH) technology, a SSH cDNA library of pepper root responses to nematode infection was constructed, and a nucleotide-binding site and leucine-rich repeat (NBS-LRR) family gene, CaRKNR, was isolated. Based on the isolated gene fragment, the full-length sequence of CaRKNR was cloned, and the expression characteristics and functions were analyzed using reverse transcriptase quantitative polymerase chain reaction (RT-qPCR) and virus-induced gene silencing (VIGS). These results will be useful in revealing the pepper nematode-resistant response, and in pepper breeding for RKN control.

Materials and methods

Biological materials

Pepper line HDA149 was obtained from INRA (Montfavet, France). Meloidogyne incognita was grown in a greenhouse at the Chinese Academy of Agricultural Science (Beijing, China). J2 juveniles freshly hatched from egg masses were used as inocula. The pepper HDA149 seedlings were grown in the greenhouse. After 21 days of sowing, single plants were transplanted into 10×15cm (diameter/high) plastic pots that contained a pasteurized mix of sandy loam soil and fine washed river sand (2 ∶ 1 by volume). The pots were placed in growth chambers pro-grammed to maintain a temperature of 22℃ and 16/8h (light/dark) cycles (Thies and Fery, 1998). 10 days after transplant, each seedling was inoculated with 600 J2 of *M. incognita*. The controls were mock-inoculated with water. Plant roots were harvested 12h, 24h and 36h after inoculation. At each time point, 10 inoculated and 10 mock-inoculated plants were har-vested, with three independent biological replicates. Roots were washed, gently dried and sectioned 1~2cm above the growth tip, snap-frozen in liquid nitrogen, and stored at –80℃ for future use.

Construction of the SSH cDNA library

Total RNA was isolated according to the manufactur-er's instructions using Trizol (Invitrogen, Paisley, UK). Poly(A) RNAs were purified from total RNA using a mRNA isolation system (Promega, USA). The cDNAs were reverse-transcribed from ~2μg purified mRNA of each sample. Double-stranded cDNAs were synthesized and amplified using the BD SMART PCR cDNA Synthesis Kit (Takara, Japan). A cDNA sample from root tips inoculated with RKN was used as a tester, while another sample from root tips mock-inoculated with water was used as a driver; both of these were used to constructed a SSH cDNA library. The cDNA subtractive hybridization and selective amplification of cDNA fragments were performed according to the user manual for the PCR-Select cDNA Subtractive Kit (Takara, Japan). The cDNA fragments specific to the tester were then amplified by a primary PCR consisting of 26 cycles with PCR primer 1 and a secondary PCR of 11 cycles using nested primers 1 and 2R (Table supplement 1, S1). The amplified cDNA fragments, purified with the QIA-quick PCR Purification Kit (Qiagen, USA), were ligated into the pGEM T-easy vector (Promega, USA). Subsequently, the products were introduced into *Escherichia coli* strain Top10 (Tiangen, China). The subtracted cDNA library of HDA149 was constructed. Dot blot hybridization was carried out according to the manufacturer's protocol (DIG Nonradioactive Nucleic Acid Labeling and Detection System kit, Roshi, USA). The differential screening of clones was performed according to the recommended protocol.

Microarray hybridization and signal analysis were carried out as described previously (González-Candelas et al., 2010). Only signal values 1.3 times greater than the corresponding background and derived from at least two replicate hybridizations were taken as valid measurements (López-pérez et al., 2015). Using Sanger dideoxy sequencing technology, these positive clones were sequenced by the Chinese National Human Genome Center (Sino Geno

Max Co., Ltd, Beijing, China). All of the expressed sequence tags (ESTs) were submitted to the National Center of Biotechnology Information (NCBI) database of expressed sequence tags (dbEST) and published.

Isolation of CaRKNR and sequence analysis

The sequence of the full-length cDNA of CaRKNR was obtained by 5′ and 3′ rapid amplification of cDNA ends (RACE), using the 5′, 3′ -RACE System for Rapid Amplification of cDNA Ends kit (Invitrogen,UK). In the 3′-RACE procedure, mRNAs are converted into cDNAs using reverse transcriptase and an oligo-dT adapter primer (AP). Specific cDNA is then amplified by PCR using a gene-specific primer (GSP3) that anneals to a region of known exon sequences and an AP that targets the poly(A) tail region (3′ -AUAP). 5′-RACE uses an antisense gene-specific primer (GSP2) for the synthesis of specific cDNA by reverse transcriptase. Prior to PCR, a dT-tailing step attaches an adapter sequence to the unknown 5′ sequences of the cDNA. Specific cDNA is then amplified by PCR using a nest GSP (GSP1) that anneals in a region of known exon sequences and an AP that targets the 5′ terminus (5′ -AUAP). The anchor and APs were selected based on the manufacturer's recommendations.

The entire nucleotide sequences of CaRKNR clones were determined using an automatic DNA sequencer (ABI Prism, USA). With the complete ORF primers, CaRKNR-F and CaRKNR-R, the full-length sequence of CaRKNR cDNA was amplified. The GSP1-3, CaRKNR-F, and CaRKNR-R primer sequences are supplied in Table S1.

A phylogenetic analysis, including distance, parsi-mony, and bootstrap analyses, was performed using Mega (version 6.01). Neighbor-joining (NJ) was the primary method to infer phylogenetic relationships between the NBS genes (Meyers et al., 2003). Numbers on branches indicate the percentage of 1000 bootstrap replicates that support the adjacent node.

RT-qPCR

RT-qPCR was performed to determine the expression pattern of CaRKNR in resistant pepper line HDA149. Total RNA samples from root tips, stems, leaves, buds, and young fruits of HDA149 were reverse-transcribed using an oligo-dT nucleotide and the Super Script III Reverse Transcriptase (Invitrogen,UK). qPCR was performed using a CFX96 Real-Time PCR Detection System (Bio-Rad Laboratories, USA) with 1.1 software. The amplification program was as follows: 95℃ for 30s, followed by 40 cycles of 95℃ for 5s, 60℃ for 30s and 72℃ for 30s, using qPCR SYBR Premix Ex *Taq* II for the fluorophore SYBR green with fluorescein (Takara, Japan). Stan-dard curves were established with five serial dilutions of first-strand cDNA, ranging from 1 to 1/10,000. As a reference, the β-actin cDNA was amplified using the primers b-actin F1 and R2 (Table S1). The CaRKNR gene-specific primers used for qPCR are provided in Table S1. The relative abundance of transcripts was calculated by the comparative threshold cycle (CT) method (Applied Bio-systems, USA). RT-qPCR was carried out in triplicate for each sample.

Pathogen inoculations

To reveal the CaRKNR expression-level changes in pepper roots, 6-week-old pepper plants were chal-lenged by different pathogens, RKN (*M. incognita*), tobacco mosaic virus (TMV), *Ralstonia solanacearum*, and *Phytophthora capsici* Leonian. These plant pathogens were stored in the disease lab of the Institute of Vegetables and Flowers, Chinese Acade-my of Agricultural Science.

Meloidogyne incognita (1000 J2) were inoculated into the rhizosphere soil of each pepper seedling. The TMV inoculum, 1mg TMV-infected tobacco leaves, were suspended in 5ml phosphate buffer (50mmol/L) and then applied to the surface of fully expanded pepper plant leaves and rubbed with *Carborundum*. *Ralstonia solanacearum* was cultured in triphenyl tetrazolium chloride (TTC) liquid medium at 28 LC. The inocula were collected by centrifuge, re-suspended in sterilized water to 10^6CFU/ml, and then infiltrated into the leaves by needleless syringe. Phytophthora capsici was cultured on V8 agar medium for 5 days at 25℃, the cultures were flooded with sterilized water, incubated at 25℃ for 45min, refrigerated at 5℃ for 15min, and then kept at room temperature. The suspension was passed through miracloth to separate the fungal material from pieces of agar, homogenized in a low-speed Warren blender for 5min, and filtered through a double-layer cheesecloth to collect *P. capsici* zoospores (10^5 spores/ml); these zoospores were used as inocula to spray on the leaves. The pathogens inoculation test included three independent replicates. These inoculated plants were incubated under 100% relative humidity (Zheng et al., 2011). Plants mock-inoculated with sterile distilled water were controls. These pots were placed in growth chambers programmed to maintain a tem-perature of 22℃, with a 16/8h (light/dark) cycle (Thies and Fery, 1998). At 36h post-inoculation, sections of root tips (1~2cm) were taken as samples for CaRKNR expression-level analysis, and total RNA isolation, DNAase treatment, cDNA synthesis, and RT-qPCR were performed as described above.

VIGS for CaRKNR

Using PCR (primers in Table S1), restriction enzymes and ligase, the CaRKNR cDNA fragments CaRKNR-1 (657bp) and CaRKNR-2 (416bp) were cloned into the *Bam*H Ⅰ-*Kpn* Ⅰ site of the pTV00 vector. pTV-CaRKNR1, pTV-CaRKNR2, and pTV00 (empty vector) were transformed into *Agrobacterium tumefaciens* strain GV3101, and the transformed cells were selected on YEB media containing 50mg/L kanamycin, 15mg/L tetracycline, and 50mg/L rifampicin. These transformants were grown at 28℃, centrifuged, re-suspended to an OD_{600} = 0.5 in buffe Lr (10mmol/L $MgCl_2$, 10mmol/L MES, and 200μm acetosyringone), and shaken at 22~25℃ for 5h. Transformant cultures were mixed at a 1∶1 ratio with A. tumefaciens contain-ing the tobacco rattle virus vector (TRV1, pBINRA6, OD_{600} = 0.5) (Liu et al., 2002).

The mixture was infiltrated into cotyledons of 6-week-old HDA149 pepper seedlings using a 5ml needleless syringe. At the same time, mock inocula-tions using distilled water were performed as controls. The inoculated plants were transferred to a growth chamber maintained at 16℃ for 1 day with 60% relative humidity, and then placed in a growth room at 25℃ with a light intensity of *400lmol/(m^2·s) in a 16/8h light/dark cycle. For each experiment treat-ment, 10 chili pepper plants were inoculated and with three biological repeats. Ten days after infiltration, 90 positive silenced plants were selected by PCR (primers are listed in Table S1), and inoculated with 3000J2 M. incognita per plant. Of these, 45 plants were used to measure the numbers of root knots and egg masses 8 weeks after nematode inoculation, and the other 45 were used for real-time qPCR analysis of the CaRKNR expression level. The VIGS test for CaRKNR was performed with three repeats. The numbers of galls and egg masses were analyzed using Duncan's new multiple range method, available in the ANOVA section of the SAS9.1 software.

Results and analysis

Full length of CaRKNR cDNA

Using SSH, a smeared PCR product was produced, ranging largely from 200 to 700bp. Differential screening resulted in 1200 positive clones from the library. Based on the blot and sequencing, 211 ESTs were identified as either submergence-induced or highly expressed after differential screening of the HDA149 SSH cDNA library. These EST sequences were published on the NCBI dbEST database (JZ820466-JZ820676). The EST H-634 (JZ820592) was homologous to the nematode-resistance gene Mi-1 copy 2 (U65668.1) (Fig. S1), with 100% coverage and 85% identity. Thus, H-634 was confirmed as a candidate pepper nematode-resistance gene and named CaRKNR.

Based on the 610bp nucleotide sequence of the CaRKNR gene fragment, the full-length cDNA sequence was obtained using RACE technology (GenBank accession number FJ231739). The full-length cDNA of the CaRKNR is 4697bp long, and includes a putative transcription start site, a potential open reading frame of 3600bp, 123bp 5′ - and 974bp 3′ - untranslated regions, and a poly(A) tail. The potential open reading frame encodes 1199 amino acid residues (ACI43068.1).

Sequence alignment and phylogenetic analysis

The protein family (Pfam) blast (http://pfam.sanger.ac.uk/search) identified two Pfam-A matches to the CaRKNR sequence, a NB-ARC domain (467–747) and a LRR domain (894~954), which belonged to the gene families NB-ARC (PF00931) and LRR 8 (PF13855), respectively.

The CaRKNR protein sequence was blasted in NCBI (www.ncbi.nlm.nih.gov) using the BlastP pro-gram, and the first 38 proteins with maximum *E* values of 0, and 61 proteins with E values more than 2e-101, belonged to the AAA superfamily, which included a conserved NB-ARC domain. From these proteins, 23 were selected to construct a phylogenetic tree, which showed that CaRKNR and the disease resistance ho-molog Mi1-2 (AAC32252.1) in tomato (*S. lycopersicum*) were clustered together (Fig. 1). The homolog analysis (DNAman 6.0) showed that the protein sequence of CaRKNR was 70.45%, identical to that of the RKN-resistance protein Mi-1.2. The motifs of 10 homologous genes were analyzed by MEME (version 4.9.1, http://meme.nbcr.net/), which identified three common motifs among these genes. The locations of motifs 1 and 2 overlapped with the conserve domains NB-ARC and LRR (Figs. 2, S2). This revealed that the CaRKNR gene belonged to the NBS-LRR gene family.

Expression pattern analysis of CaRKNR

RT-qPCR was used to analyze CaRKNR expression levels in different tissues of resistant pepper line HDA149. The results indicated that CaRKNR was highly expressed in the bud, *4.9 times greater than the reference gene β-actin, was weakly expressed in fruit, stem and root (0.2, 0.5 and 0.6 times the reference gene, respectively), and was undetectable in the leaves (Fig. 3).

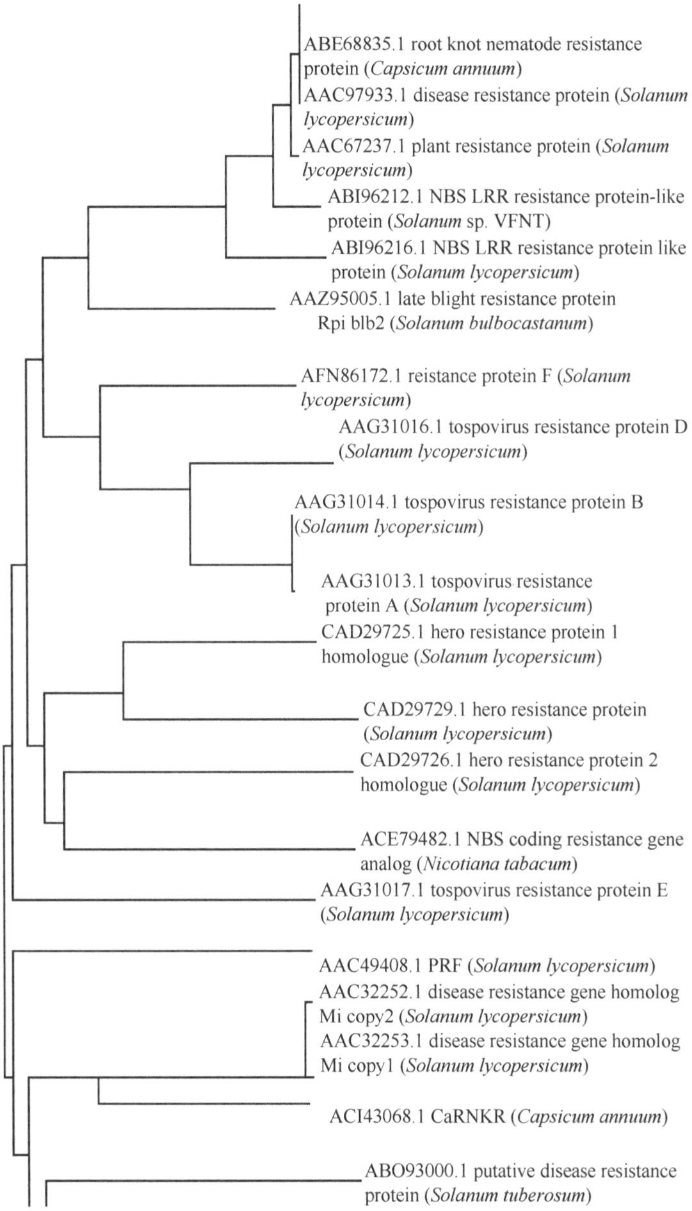

Fig. 1 Phylogenetic tree analysis of a nucleotide-binding site and leucine-rich repeat (NBS-LRR) family protein from pepper (*Capsicum annuum* L.), CaRKNR, and some resistance proteins. A total of 23 proteins encoded by resistance genes were analyzed in this phylogenetic tree. The red dot indicates CaRKNR (ACI43068), and the other protein sequences were downloaded from NCBI (www.ncbi.nlm.nih.gov). *Solanum lycopersicum* sequences: AAC97933.1, AAC32252.1, AAC67238.1, AAC67237.1, AAC32253.1, ABI96216.1, CAD29725.1, CAD29726.1, CAD29729.1, AAG31014.1, AAG31013.1, AAG31017.1, AFN 86172.1, AAG31016.1 and AAC49408.1; *Capsicum annuum*, ABE68835.1; *Solanum bulbocastanum*, AAZ95005.1; *Solanum* sp. VFNT, ABI96212.1; *Solanum demissum*, AAT39951.2; *Solanum tuberosum*, ABO93000.1; *Nicotiana tabacum*, ACE79482.1; and *Solanum demissum*, AAT40487.1. The bar shows 0.2 scale length

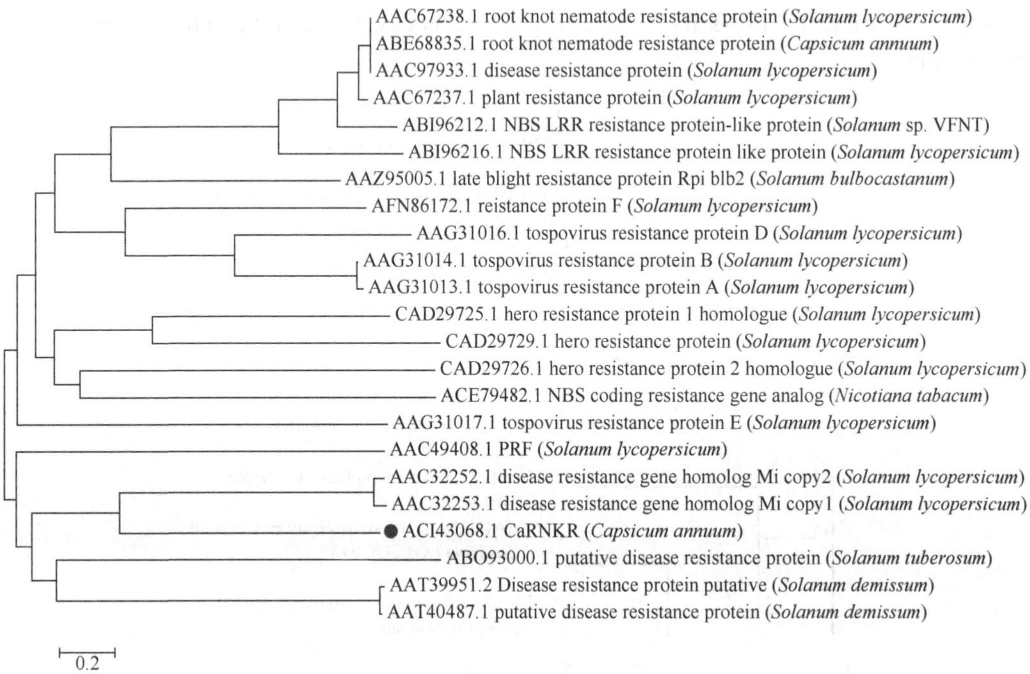

Fig. 2 Analysis of three conserved motifs among the ho-mologous proteins identified by MEME. Rectangles shaded with diagonal lines, spots, and grids indicate the locations of motifs 1–3, respectively. The line represents the sequences of homologous proteins and the ruler shows the lengths of the sequences. Protein sequences AAC97933.1, AAC32252.1, AAC67238.1, AAC67237.1, AAC32253.1, and ABI96216.1 are from Solanum lycopersicum, CaRKNR (ACI43068) and ABE68835.1 are from *Capsicum annuum*, AAZ95005.1 is from *Solanum bulbocastanum*, and ABI96212.1 is from *Solanum* sp. VFNT

The pepper HDA149 was challenged by different pathogens, RKN (*M. incognita*), TMV, *R. solanacearum*, and *P. capsici* Leonian. The RT-qPCR revealed that the CaRKNR transcript level of the control was 0.467 time, while that of the RKN treatment was 1.523, 3.26 times higher than the control. The CaRKNR transcript levels after TMV, R. *solanacearum*, and *P. capsici* treatments were 0.492, 0.467 and 0.375 time, respectively (Fig. 4), and Duncan's new multiple range method showed that the ANOVA sum of squares and mean square were 2.861 and 0.715, respectively (F = 91.65, P<0.0001). The CaRKNR tran-script level in RKN plants was significantly higher than in plants receiving other treatments, but the differences among the control, TMV, *R. solanacearum*, and *P. capsici* treatments were not significant, indicating that the CaRKNR gene responded to RKN.

VIGS of CaRKNR

8 weeks after nematode inoculation, CaRKNR VIGS effects were detected (Fig. 5). In the controls with mock Agrobacterium buffer and the pTV00 empty vector (negative control), the gall numbers were only 0.13 and 0.18, respectively. However, for the pTV-CaRKNR1 and pTV-CaRKNR2 treatments, the average numbers of galls were 50.22 and 38.56, respectively (Fig. 6). Compared with the control, the galls of CaRKNR-silenced seedlings were significantly increased (F = 71.31 and P<0.0001). In addition, there was also a significant difference between the VIGS pTV-CaRKNR1 and pTV-CaRKNR2 treatments. The statis-tics

of egg masses for VIGS treatments had a similar results with galls (F = 118.62 and P<0.001). These showed that different cDNA fragments caused different VIGS effects. The VIGS effects revealed that CaRKNR has a RKN-resistance function.

The effect of VIGS was analyzed at the RNA level by real-time RT-qPCR. After agro-infiltration, the normalized CaRKNR mRNA levels of the pTV00 and control plants were 0.63 and 0.57 times, respectively, but for the pTV-CaRKNR1 and pTV-CaRKNR2 treatments the levels were 0.27 and 0.41 times, respectively, reflecting decreases of 57.1 and 34.7% compared with the controls. After RKN inoculation from 0 to 7 days, the CaRKNR mRNA level of control plants was increased significantly from 0.63 to 2.16. However, in silencing plants, the CaRKNR mRNA level showed only a slow increase (Fig. 7). These RT-qPCR results revealed that the CaRKNR mRNA in VIGS plants was silenced effectively.

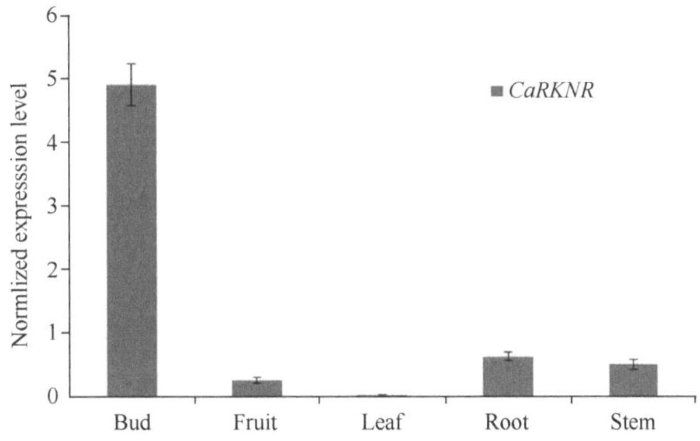

Fig. 3 RT-qPCR analysis of the CaRKNR expression level in different tissues of pepper HDA149. In this diagram, five bar graphs indicate the CaRKNR expression levels in bud, fruit, leaf, root, and stem samples of the pepper HDA149. Each bar graph represents the mean ± SD of three independent biological replicates

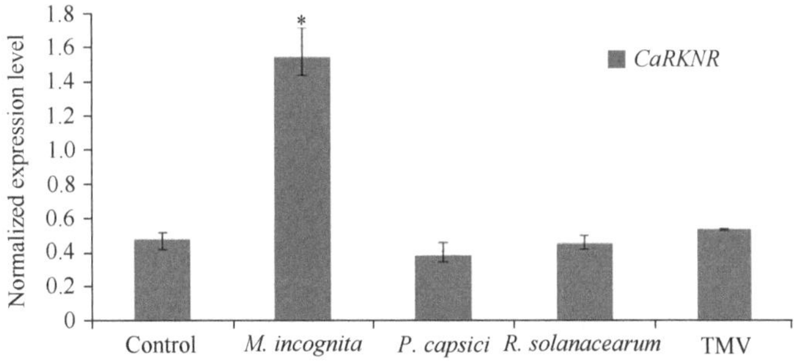

Fig. 4 qPCR analysis of the CaRKNR expression level in pepper HDA149 challenged by four pathogens. Five bar graphs indicate the CaRKNR expression levels in pepper HDA149 root tissues and in the same tissue after the pepper plants were challenged by the pathogens *Meloidogyne incognita*, tobacco mosaic virus (TMV), *Ralstonia solanacearum*, and *Phytophthora capsici* Leonian. Each bar graph represents the mean ± SD of three independent biological replicates. The asterisk indicates significant difference at the P = 0.05 level by an ANOVA statistical analysis, the F = 91.65, P<0.0001

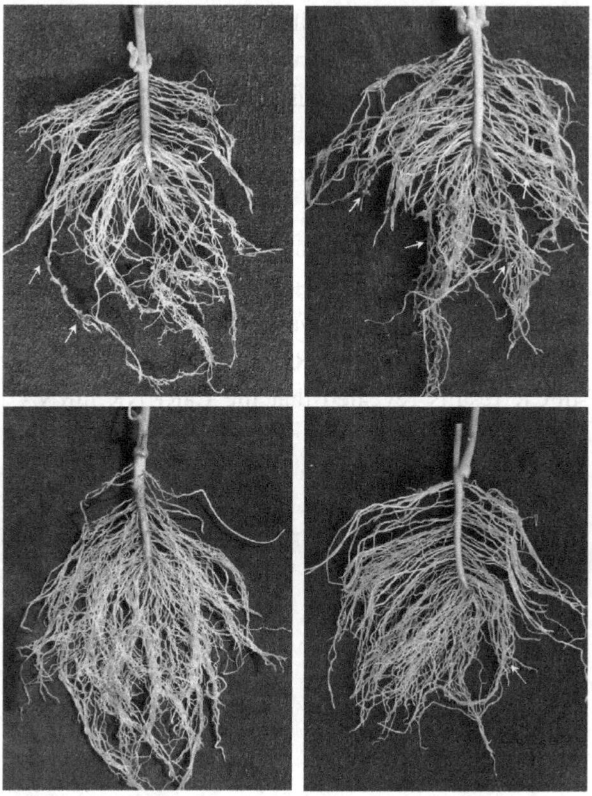

Fig. 5 Root galls and egg masses on pepper HDA149 seedlings after virus-induced gene silencing (VIGS) treatments. The numbers of galls and egg masses on the VIGS-treated seedlings (part a, pTV-CaRKNR1 and part b, pTV-CaRKNR2) were significantly greater than on the negative control (part c, emptye pTV00) and mock (part d, buffer). The *arrows* indicate the gall and egg masses. CaRKNR: a nucleotide-binding site and leucine-rich repeat (NBS-LRR) family gene fragment from pepper (*Capsicum annuum* L.)

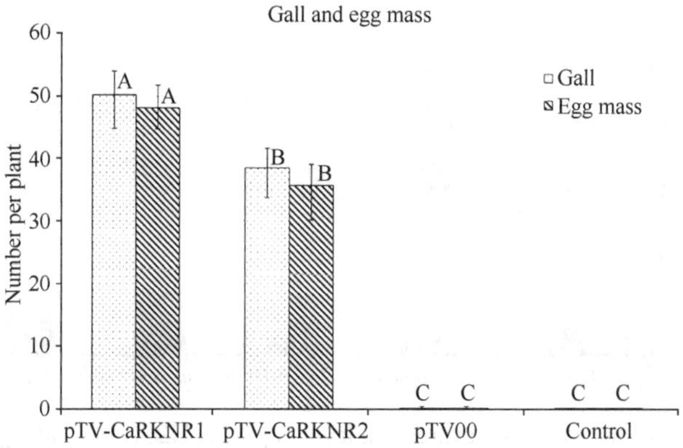

Fig. 6 Gall and egg mass statistical analysis for different treatments in the CaRKNR VIGS test. Bar graphs indicate the numbers of galls and egg masses after different VIGS treatments, pTV-CaRNR1, pTV-CaRNR2, pTV00 and a mock control. The bar graphs shaded with spots indicate the gall quantity, and the bar graphs shaded with diagonals indicate the egg mass quantity. Each bar graph represents the mean ± SD of three independent biological replicates. The capital letters (A, B, C) on each bar graph indicate significant difference at P = 0.01 by ANOVA statistical analysis (Gall $F = 1097.70$, $P<0.0001$; Egg mass $F = 905.14$, $P<0.0001$), and the same letters are not significantly different.

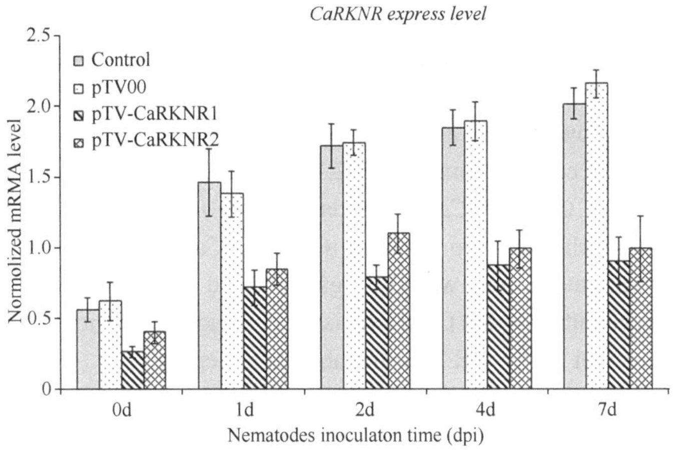

Fig. 7 Pepper HDA149 CaRKNR mRNA level analysis in different VIGS treatments. The bar graphs in the diagram indicate the CaRKNR expression levels from 0 to 7 days after RKN inoculation; bars shaded with gray, spots, diagonal lines, and a grid indicate the control, pTV00, pTV-CaRKNR1 and pTV-CaRKNR2 treatments, respectively.

Discussion

CaRKNR is a novel resistance gene belonging to the NBS-LRR family

Using SSH technology, CaRKNR was isolated and cloned from the nematode-resistant pepper HDA149. Its encoded protein has a domain structure, including a central conserved region with NBS and C-terminal LRR domains, which are characteristics of the NBS-LRR family of resistance genes (Belkhadir et al., 2004). NBS-LRR motifs are common in nematode R genes, such as *Mi-1*, *Hero A*, *Gpa2*, *Gro1*, and *Ma* (Milligan et al., 1998; Ernst et al., 2002; Van der Vossen et al., 2000; Paal et al., 2004; Claverie et al., 2004; Chen et al., 2007). The CaRKNR protein was homologous to the Mi-1.2 protein, and 70.45% of the sequence was identical. Mi-1.2 from tomato is a member of the NBS-LRR family that has been cloned and is located on chromosome 6 (Ammiraju et al., 2003). It offers resistance to the RKNs *M. javanica*, *M. incognita*, and *M. arenaria*, and triggers a localized tissue necrosis or hypersensitive response (Milligan et al., 1998). At present, nine genes of the Mi family have been reported in tomato (Jablonska et al., 2007). Mi-1 was the first RKN-resistance gene to be cloned (Milligan et al., 1998), and was used exclusively for 60 years in breeding tomatoes resistant to RKN. Thus, finding and exploiting novel nematode-resistant genes is impor-tant to control RKNs.

In pepper, six Me genes have been reported, and they cluster in a single genomic region within a 28cM interval on chromosome P9. This genomic area is colinear to chromosome T12 of tomato and chromo-some XII of potato (Djian-Caporalino et al., 2007). Not all of the *Me* genes have been cloned, but it was reported that HDA149 had a single dominant nematode resis-tance gene *Me3* that induced localized cell necrosis in infected plants (Bleve-Zacheo et al., 1998). *CaRKNR* was cloned from HDA149, but it was necessary to determine whether it was a homolog of *Me3* or another *Me* gene in pepper. Recently, the genome sequences of pepper were published, providing an important basis for *CaRKNR* gene mapping to determine the relationships among the pepper's nematode-resistant genes (Kim et al., 2014; Qin et al., 2014). With the program Blast, CaRKNR was searched in the pepper Zunla1 (*Capsicum annuum* L.) genome database (accession ASJU00000000, release 2.0) (http://peppersequence.genomics.cn), results showed that CaRKNR was mapped on the chromosome 6, the Expect = 0.0, Identities = 99.5%, covered from 219,292,195 bp to 219,295,794 bp of chro-mosome 6. Similar, in the Pepper CM334 (*Capsicum annuum* cv.) genome (AYRZ00000000) CDS database (V1.55) and chromosome database (V1.55), CaRKNR was also mapped on the chromosome 6, the alignmen gene was CA00g56860, and Expect = 0.0, Identi-ties = 99.7%. From these results we putative that CaRKNR is on chromosome 6, not 9, don't belong to Me family genes, but a novel NBS-LRR gene member from pepper.

CaRKNR is involved in *M. incognita* resistance

VIGS is an effective technology for the functional characterization analysis of genes involved in nema-tode resistance. *Mi* silencing correlated with the resistance-breaking phenotype and successful nema-tode development (Valentine et al., 2004). The study of a TRV-Mi construct indicated that the heat-stable resistance gene *Mi-9* is mediated by a homolog of *Mi-1* (Jablonska et al., 2007). Using VIGS, we found that the gene silencing of CaRKNR resulted in increased production of galls and egg masses in the pepper HDA149. The average number of galls after the two VIGS treatments (pTV-CaRKNR1 and pTV-CaRKNR2) was 44.39, and the egg mass was 42.01, which was significantly more than the empty vector control (0.13) or mock control (0.18), indicating that the resistance of pepper HDA149 against nematodes was weakened. At the same time, real-time RT-qPCR showed that the normalized mRNA level of CaRKNR was decreased in the silenced plants. At 7 days post-RKN inoculation, the average level was 0.95 time, but the control was 2.16 times, indicating that the VIGS treatments were effective in decreasing the CaRKNR expression level. The results of the VIGS tests and qPCR analysis demonstrated that CaRKNR functions are involved in the pepper's *M. incognita* resistance.

The expression characteristics analysis showed that the CaRKNR gene responds to RKN and that after the inoculation of nematodes, the expression level was significantly increased. However, the qPCR data indicated that *CaRKNR* was more highly expressed in the bud tissue than in the root tissue, which is interesting. Since the bud tissue undergoes active growth and metabolism, the high *CaRKNR* expression level could be related to this activity. Mi-1 conferred resistance to RKNs, and the *Mi* gene was also involved in resistance to some potato aphids (*Macrosiphum euphorbiae*) and the sweet potato whitefly (*Bemisia tabaci*) (Rossi et al., 1998; Nombela et al., 2003). Whether the *CaRKNR* gene's high expression level in buds has a resistance function remains to be determined.

Conclusion

CaRKNR, a novel NBS-LRR family gene, was cloned from the nematode-resistant pepper HDA149. A RT-qPCR analysis showed that the expression of *CaRKNR* was induced by *M. incognita* in pepper roots. The VIGS tests indicated that *CaRKNR* expression levels were decreased effectively in root, and that the numbers of galls and egg masses were significantly increased compared with the control. Thus, the pepper resistance to nematodes was weakened. This study revealed that *CaRKNR* was involved in pepper resis-tance against *M. incognita*, which may be important in pepper breeding.

Acknowledgments

We thank INRA Versailles for providing the pepper HDA149. This work was supported by the National Science Foundation of China (30971905, 31101425), Agro-scientific Research in the Public Interest (201103018) and the China Agriculture Research System (CARS-25).

References

Abad P, Gouzy J, Aury JM, et al. 2008. Genome-sequence of the metazoan plant-parasitic nematode Meloidogyne incognita. Nat Biotechnol 26: 909-915

Ammiraju JS, Veremis JC, Huang X, et al. 2003. The heat-stable root-knot nematode resistance geneMi-9 from *Lycopersicon peruvianum* is localized on the short arm of chromosome 6. Theor Appl Genet, 106:478-484

Belkhadir Y, Subramaniam R, Dangl JL. 2004. Plant disease resistance protein signaling: NBS-LRR proteins and their partners. Curr Opin Plant Biol, 7: 391-399

Bleve-Zacheo T, Bongiovanni M, Melillo MT, et al. 1998. The pepper resistance genes *Me1* and *Me3* induce differential penetration rates and temporal se-quences of root cell ultrastructural changes upon nematode infection. Plant Sci, 133: 79-90

Chen R, Li H, Zhang L, et al. 2007. CaMi, a root-knot nematode resistance gene from hot pepper (*Capsium annuum* L.) confers nematode resistance in tomato. Plant Cell Rep, 26: 895-905

Claverie M, Dirlewanger E, Cosson P, et al. 2004. High-resolution mapping and chromosome landing at the root-knot nematode resistance locus *Ma* from *Myrobalan plum* using a large-insert BAC DNA library. Theor Appl Genet, 109: 1318-1327

Djian-Caporalino C, Fazari A, Arguel M, et al. 2007. Root-knot nematode (*Meloidogyne* spp.) Me resistance genes in pepper (*Capsicum annuum* L.) are clustered on the P9 chromosome. Theor Appl Genet, 114: 473-486

Djian-Caporalino C, Pijarowski L, Fazari A, et al. 2001. High-resolution genetic mapping of the pepper (*Capsicum annuum* L.) resistance loci Me3 and Me4 con-ferring heat-stable resistance to root-knot nematodes (*Meloidogyne* spp.). Theor Appl Genet, 103: 592-600

Ernst K, Kumar A, Kriseleit D, et al. 2002. The broad-spectrum potato cyst nematode resistance gene (*Hero*) from tomato is the only member of a large gene family of NBS-LRR genes with an unusual amino acid repeat in the LRR region. Plant J, 31: 127-136

Gilbert JC, McGuire DC. 1956. Inheritance of resistance to severe root knot from Meloidogyne incognitain commer-cial type tomatoes. Proc Am Soc Hortic Sci, 68: 437-442

González-Candelas L, Alamar S, Sánchez-Torres P, et al. 2010. A transcriptomic approach highlights in-duction of secondary metabolism in citrus fruit in response to *Penicillium digitatum* infection. BMC Plant Biol, 10: 194-211

Huang X, McGiffen M, Kaloshian I, et al. 2004. Reproduction of Mi-virulent *Meloidogyne incognita* isolates on *Lycopersicon* spp. J Nematol, 36(1): 69-75

Jablonska B, Ammiraju JS, Bhattarai KK, et al.2007. The *Mi-9* gene from *Solanum arcanum* conferring heat-stable resistance to root-knot nematodes is a homolog of *Mi-1*. Plant Physiol, 143: 1044-1054

Kim S, Park M, Yeom SI, et al. 2014. Genome sequence of the hot pepper provides insights into the evolution of pungency in *Capsicum* species. Nat Genet, 46(3): 270-278

Liu Y, Schiff M, Dinesh-Kumar S. 2002. Virus-induced gene silencing in tomato. Plant J, 31: 777-786

López-pérez M, Ballester AR, González-Candelas L. 2015. Identification and functional analysis of Penicillium digitatum genes putatively involved in virulence towards citrus fruit. Mol Plant Pathol, 16(3):

262-275

Meyers BC, Kozik A, Griego A, et al. 2003. Genome-wide analysis of NBS-LRR encoding ge-nes in *Arabidopsis*. Plant Cell Online, 15: 809-834

Milligan SB, Bodeau J, Yaghoobi J, et al. 1998. The root knot nematode resistance gene *Mi* from tomato is a member of the leucine zipper, nucleotide binding, leucine-rich repeat family of plant genes. Plant Cell Online, 10: 1307-1319

Nombela G, Williamson VM, Muniz M. 2003. The root-knot nematode resistance gene *Mi-1.2* of tomato is responsible for resistance against the whitefly *Bemisia tabaci*. Mol Plant Microbe Interact, 16: 645-649

Paal J, Henselewski H, Muth J, et al. 2004. Molecular cloning of the potato *Gro1-4* gene conferring resistance to pathotype Ro1 of the root cyst nematode *Globodera rostochiensis*, based on a candidate gene approach. Plant J, 38: 285-297

Qin C, Yu C, Shen Y, et al. 2014. Whole-genome sequencing of cultivated and wild peppers provides insights into *Capsicum* domestication and specialization. PNAS, 111(14): 5135-5140

Rossi M, Goggin FL, Milligan SB, et al. 1998. The nematode resistance gene *Miof* tomato confers resistance against the potato aphid. Proc Natl Acad Sci USA, 95: 9750-9754

Thies JA, Fery RL. 1998. Modified expression of the *N* gene for southern root-knot nematode resistance in pepper at high soil temperatures. J Am Soc Hortic Sci, 123: 1012-1015

Tytgat T, Meutter JD, Gheysen G, et al. 2000. Sedentary endoparasitic nematodes as a model for other plant para-sitic nematodes. Nematology, 2: 113-121

Valentine T, Shaw J, Blok VC, et al. 2004. Efficient virus-induced gene silencing in roots using a modified tobacco rattle virus vector. Plant Physiol, 136: 3999-4009

Van der Vossen EA, Der Voort V, Rouppe JN, et al. 2000. Homologues of a single resistance-gene cluster in potato confer resistance to distinct pathogens: a virus and a nematode. Plant J, 23: 567-576

Zheng J, Zou X, Mao Z, et al. 2011. A novel pepper (*Capsicum annuum* L.) *WRKY* gene, CaWRKY30, is involved in pathogen stress responses. J Plant Biol, 54: 329-337

辣椒抗南方根结线虫相关基因 *CaRKNR* 的克隆及功能分析

茆振川[1]，朱萍萍[1]，刘　峰[2]，黄永红[1]，凌　键[1]，陈国华[1]，
杨宇红[1]，冯东昕[1]，谢丙炎[1]

（[1]中国农业科学院蔬菜花卉研究所，北京　100081；
[2]湖南省农业科学院蔬菜研究所，长沙　410125）

摘要：南方根结线虫（*Meloidogyne* spp.）是作物一种重要病害，辣椒（*Capsicum annuum* L.）含有抗南方根结线虫基因。本研究采用抑制相减杂交及 RACE 技术从抗根结线虫辣椒 HDA149 株系中分离得到一个 NBS 基因 CaRKNR（FJ231739），*CaRKNR* 是一个新的 *NBS-LRR* 基因，该基因拥有 3600bp 的开放阅读框，与 *Mi-1.2* 基因具有 70.45%的同源性。在辣椒接种南方根结线虫后，通过 QPCR 检测发现，*CaRKNR* 基因表达量从 0.63 增加到 2.16 倍。利用 VIGS 系统研究表明，辣椒转化植株中的 *CaRKNR* 表达量比对照显著下降，其幼苗的根结数和线虫卵块数为 44.39 和 42.01，而抗性材料则为 0.13。本研究结果表明，*CaRKNR* 基因能被南方根结线虫诱导，其表达量与辣椒抗根结线虫具有相关性。

关键词：辣椒，南方根结线虫，抗性基因，克隆，功能分析

A novel pepper (*Capsicum annuum* L.) WRKY gene, *CaWRKY30*, is involved in pathogen stress responses*①

Zheng Jingyuan, Zou Xuexiao, Mao Zhenchuan, Xie Bingyan

Abstract: WRKY proteins are a superfamily of transcription factors involved in many plant processes including plant defense responses to biotic and abiotic stresses. We isolated a WRKY gene from pepper during the incompatible interaction between the pepper cultivar HDA149 and *Meloidogyne incognita*. The full-length gene, named as *CaWRKY30*, has a 1,533bp cDNA sequence and contains an open reading frame of 1,095bp, encodes a putative polypeptide of 364 amino acids with a theoretical protein size of 41.2kDa, and contains one WRKY domain followed by a zinc finger motif. The genomic sequence of *CaWRKY30* contains three exons and two introns. Southern blot analysis confirmed that *CaWRKY30* exists as a single copy in the pepper cultivar HDA149 genome. Quantitative RT-PCR showed that *CaWRKY30* is up-regulated by application of various pathogens including avirulent *M.incognita*, tobacco mosaic virus, *Ralstonia solanacerum* and *Phytophthora capsici* Leonian. Furthermore, the transcripts of *CaWRKY30* were rapidly induced after treatment with phytohormones salicylic acid (SA). However, the expression of *CaWRKY30* was down-regulated by virulent *M. incognita* and phytohormones methyl jasmonic acid (MeJA). In addition, the nuclear localization of CaWRKY30 was determined when a CaMV35s::*CaWRKY30*-eGFP fusion construct was expressed in onion epidermal cells. These results suggested that *CaWRKY30* might be involved in plant defense mechanisms against to diverse pathogen infection.

Key words: WRKY transcription factor; pepper; root-knot nematode; expression analysis

Introduction

Pepper (*Capsicum annuum* L.) is an economically important vegetable in China and other temperate regions, and it is susceptible to the adverse effects plant-parasitic nematodes (PPNs). Among the PPNs, *Meloidogyne incognita* can stimulate the hyperplasia and hypertrophy of the surrounding cells, leading to the formation of the typical root gall. Plant nutrient and water uptake are substantially reduced because of the resulting damage to the root system; the infested plants are therefore weak and give low yields. Considerable efforts

---

* 基金项目：国家基础研究发展计划(2009CB11900)；国家自然科学基金 (30671412，30971905)。

① 本文原载 *Journal of Plant Biology*，2011，(54): 329-337。

are underway to develop pepper varieties more tolerant to PPNs pathogens.

Plants have evolved a variety of defense mechanisms to protect themselves from microbial pathogen infections. A common feature of plant defense responses is the transcriptional control of expression of stress-responsive genes (Rushton and Somssich, 1998). Key factors in the plant defense response include the timely recognition of the invading pathogens and the effective activation of the host defense mechanism through complex signal transduction pathways (Yang Y et al., 1997). The latter comprise a number of transcription factors (TFs) whose abundance is altered as a result of the pathogen attack. The TFs are presumably involved in regulating the expression of defense-related genes; examples of TFs include the ethylene response factor (ERF), basic-domain leucine zipper (bZIP), MYB, WRKY protein and other zinc-finger factors, all of which have been observed to increase in response to various pathogen infections (Singh et al., 2002).

The name of the WRKY family is derived from the most prominent feature of these proteins, namely the WRKY domain, a 60-amino-acid region that contains the amino-acid sequence WRKYGQK; this domain is highly conserved amongst family members, and it is usually followed by a C_2-H_2 or C_2-HC zinc finger motif (Eulgem et al., 2000). WRKY transcription factors contain one or two conserved WRKY domains, which can recognize and bind to the TTGAC(C/T) W-box elements found in the promoters of a large number of plant defense-related genes (Eulgem et al., 1999; Yang et al., 1999). WRKY TFs can be classified into three groups based on both the number of WRKY domains and the features of their zinc-finger motif. Group I WRKY TFs contains two WRKY domains, whereas most proteins with one WRKY domain belong to group II. The group II proteins can be further divided into five subgroups based on the structure of the WRKY domain. Proteins containing only one WRKY domain and the zinc-finger motif C_2-HC instead of C_2-H_2 have been assigned to the group III (Eulgem et al., 2000).

Previous studies have demonstrated that WRKY family members appear to be involved in the regulation of various physiological programs that are unique to plants, such as pathogen defense, senescence, embryogenesis, seed coat, trichome development, regulation of biosynthetic pathways and hormone signaling (Rushton et al., 2010; Zhang et al., 2004). They have also been demonstrated to be involved in the defense against phytopathogens such as fungi, bacteria and viruses (Fan et al., 2011; Park et al., 2006). These responses to pathogen attack require large-scale transcriptional reprogramming and require transcription factor families such as WRKY genes (Eulgem, 2005; Naoumkina et al., 2008).

An increasing number of WRKY proteins have been identified in responses to pathogen infections and hormone signaling (Li et al., 2006; Marchive et al., 2007). However, few reports describe WRKY proteins with essential roles in mediating defense responses to root-knot nematode (RKN) attacks in pepper. In this study, we isolated the WRKY transcription factor *CaWRKY30* during the incompatible interaction between *C. annuum* (HDA149) and *M. incognita*. We analyzed the structure of *CaWRKY30* and studied the expression of the gene during the interaction of pepper plants with avirulent/virulent *M. incognita* and following infections with diverse pathogens and treatments with two phytohormone, SA and JA. The subcellular localization of CaWRKY30 protein was examined using green fluorescent protein (GFP). We suggest that *CaWRKY30* is induced by pathogen infection and might play an important role during the pathogen stresses.

Material and Methods

Plant and Nematode Materials

The pepper (*Capsicum annuum* L.) cultivar HDA149 contains a single dominant resistance gene (*Me3*, which confers resistance to pepper plants against to the RKN *M. incognita*) and was developed by Dr. Alain Palloix (INRA Montravet, France). The plants were grown in a greenhouse with a 16h light and 8h dark photoperiod at (25±2)℃. The *Me3* avirulent culture of RKN, *M. incognita*, was maintained on the susceptible pepper cultivar Qiemen in a greenhouse, and the *Me3* virulent culture of RKN was maintained on pepper HDA149.

Isolation of *CaWRKY30*

The rhizosphere soil of six-week-old pepper seedlings was inoculated with 800 J2 of avirulent *M. incognita*. The plant root tips were harvested 12h, 24h, and 48h post-inoculation and mixed for total RNA extraction. Nematode inocula were collected from a large number of juveniles freshly hatched from egg masses derived from a population of *M. incognita* that were reproduced in a greenhouse.

A 259 bp fragments of cDNAs, which putatively encodes a WRKY transcription factor, was screened from a transcriptome database by Solexa high-throughput deep-sequencing during the incompatible interaction between pepper HDA149 and the avirulent *M. incognita* (data was not shown). Special primers (Table 1) used for RACE amplification were designed according to the fragments using the Primer Premier 5.0 software. For 3′ RACE amplification, first-strand cDNA was synthesized from 5μg of total RNA using Superscript III (Invitrogen) according to the instruction manual (Invitrogen) and diluted 5-fold. The reactions were performed in a final volume of 20 μl, and each contained 1 μl of diluted cDNA. PCR amplification was carried out at an initial denaturation of 94℃ for 3min, followed by 30 cycles of 94℃ for 30s, 60℃ for 30s, 72℃ for 1min, with a final extension at 72℃ for 10min using the 3′ RACE primer (Table 1). For 5′ RACE amplification, first-strand cDNA was synthesized from 10 μg of total RNA using M-MLV Reverse Transcriptase according to FirstChoice® RLM-RACE Kit protocol (Ambion, Inc. USA). The 5′ RACE outer primer and 5′ RACE inner primer were synthesized to carry out nested PCR according to the 5′ RLM-RACE protocol (Ambion, Inc. USA). PCR products of both the 3′ RACE and 5′ RACE were purified, cloned into the pGEM-T vector (Tiangen Co. Ltd, Beijing) and sequenced. The sequences were analyzed and translated using DNAman and Primer 5.0. Based on the sequenced cDNA sequences from the 3′ RACE and 5′ RACE, a pair of primers (*CaWRKY30*-F and *CaWRKY30*-R; Table 1) was designed to clone the full-length cDNA of the *CaWRKY30* gene.

The genomic sequence of *CaWRKY30* was also cloned using the same primer that was used to clone the full-length cDNA. The exon-intron distribution was determined by comparing the genomic and cDNA sequences of *CaWRKY30* use the Spidey program (http://www.ncbi.nlm.nih.gov/IEB/Research/Ostell/Spidey/). The molecular weight, structural analysis and isoelectric point determination of the deduced CaWRKY30 protein were predicted on the ExPASy Proteomics Server (http://www.expasy.ch/tools/).

Table 1 Primer names and sequences

Primers	Primer sequences (5′-3′)
5′RACE GS-w1	AAAGACGCTGAATAGCCGCTACCT
5′RACE GS-w2	ACATGCTGCTTGCTCATTCTTGTC
3′RACE GS-w3	GCGTTGATGAGTTTGAGAGC
CaWRKY30 -F	GCGATGGATTGTGCAGTTAACTGG
CaWRKY30 -R	CAGTCATGAGAAAAAATTTGGATT
CaWRKY30-GFPF	CTCGGGATGGATTGTGCAGTTAAC
CaWRKY30-GFPR	GGATCCTGAGAAAAAATTTGGATTG’
CaWRKY30 -qF	AATGTTGCGTTGGTGGCTCG
CaWRKY30 -qR	AACTCCGTTTCTTGTCATCGC
β-actin qF	TGCAGGAATCCACGAGACTAC
β-actin qR	TACCACCACTGAGCACAATGTT

Southern blot analysis

Genomic DNA was isolated from pepper leaves as described by Lee et al. (2002). Briefly, 20 μg of genomic DNA was digested with *Hin*dIII, *Eco*RV and *Bam*HI, separated by electrophoresis on a 0.8% agarose gel, denatured and blotted onto a Nylon membrane (Amersham, USA). The full-length cDNA of *CaWRKY30* was used as a probe and labeled with DIG-labeled. Hybridization and detection were performed with the DIG system under standard conditions according to the manufacturer’s instructions (Roche, Gemany).

Hormone treatments

For the hormone treatments, leaves of intact plants were sprayed with 0.1mmol/L MeJA or 5mmol/L SA prepared in water. MeJA was first dissolved in absolute ethanol to prepare a 100mmol/L stock solution, which was then diluted with sterile water to a final concentration of 0.1mmol/L. Mock plants treated with water containing 0.1% (*V/V*) ethanol were placed in a separate chamber. Leaves from mock and hormone-treated plants were harvested at 2hpi, 6hpi, 9hpi, 12hpi, 16hpi, 24hpi, and 48hours post-inoculation (hpi), immediately frozen in liquid nitrogen and stored at –80℃ until qRT-PCR was performed.

Infections using different pathogens

Six-week-old pepper plants (*Capsicum annuum* L. HDA149) were used for the inoculations with different pathogens. HDA149 is susceptible to the Tobacco mosaic virus (TMV); in fact, we used some TMV strains in this study. The TMV inoculation, which consisted of a suspension in phosphate buffer (50mmol/L) containing 1mg of tobacco TMV leaf per 5ml phosphate buffer, was applied to the surface of fully expanded leaves of pepper plants and rubbed with carborundum. Mock-inoculated plants were rubbed with phosphate buffer and carborundum only. The bacterial strain used in this study was *Ralstonia solanaearum* TM60, which causes wilt disease on pepper plants, was cultured in TTC medium (10g/L peptone, 3g/L beef extract, 5g/L NaCl and 10mg/L TTC, pH 7.4), and the *R. solanaearum* inocula (10^6CFU/ml) were infiltrated into leaves; mock plants were treated with TTC medium. *Phytophtora capsici* Leonian Phyc-CS, which causes pepper phytophthora blight, was grown on oatemeal agar at 25℃, and then placed at 28℃ with fluorescent illumination to induce sporangium production. Spores were collected with sterilized water and the suspension was passsed through miracloth to separate the fungal material from pieces of agar. To infect plants, pathogen inoculations were conducted by spraying the seedlings with *P. capsici* spore suspension (10^5 spores/ml) on the leaves. Plants infected with *P. capsici* were incubated under 100% relative humidity. Control plants were treated in the same way but with sterile distilled water instead. Leaves from pathogen- and control-treated plants were harvested at 3hpi, 6hpi, 9hpi, 12hpi, 16hpi, 24hpi, and 48 hours post-inoculation (hpi), immediately frozen in liquid nitrogen, and stored at –80℃ until further processing.

For avirulent *M. incognita* infection, the inoculation of J2 nematodes was performed as described previously. Root tips were collected at 3h, 6h, 12h, 24h, 48h, 72h, 7d and 10d post-inoculation (hpi/dpi). For virulent *M.incognita* treatment, root tips were collected as detailed for avirulent *M. incognita*. Mock plants were inoculated with water. All of the samples were immediately frozen in liquid nitrogen and stored at –80℃ until qRT-PCR was performed.

Subcellular localization of CaWRKY30

The coding region (CDS) of *CaWRKY30* without the termination codon was amplified by RT-PCR from pepper cDNA using the primers *CaWRKY30*-GFPF and *CaWRKY30*-GFPR (Table 1). The PCR amplification products containing the *Ava*I and *Bam*HI sites were digested with *Ava*I and *Bam*HI. After purification, the PCR products were cloned into the pCaMV35S-eGFP vector (Zhang et al. 2008) that had been digested with *Ava*I and *Bam*HI. The pCaMV35S::eGFP empty vector was used as the control. In transient expression analysis, inner epidermal peels from onion (*Allium cepa*) bulbs were placed on basic MS media and cultured for 24h in a dark environment. Then, the plasmid DNA of the appropriate fusion construction (2.5 μg of pCaMV35S::*CaWRKY30*-eGFP or pCaMV35S::eGFP) was transformed into the onion cells using a particle gun (PDS-1000/He; Bio-Rad) according to the manufacturer's instructions. After bombardment, the epidermises were cultured for 24h at 25℃ in the dark. Finally, the peels were mounted on slides for GFP observation under a confocal fluorescence microscope (Olympus, Japan).

Real-time RT-PCR analysis

Total RNA was extracted from hormone- and pathogen-treated leaf tissue and nematode-inoculated root tip tissue using the TRIzol method (Invitrogen). The integrity of the RNA was assessed on a 1% agarose gel. Total RNA (2 μg) was reverse-transcribed with SuperScript® III First-Strand Synthesis System (Invitrogen, USA) using an oligo(dT) primer according to the manufacturer's instructions. The cDNA synthesis reactions were treated with RNAse H, diluted 40-fold in sterile double distilled water and 1.6 μl of the diluted cDNA served as the template for PCR. For quantitative PCR, 2×SYBR® Premix Ex *Taq*™ II (Takara) was used according to the manufacturer's recommendations on a CFX96 Real-Time PCR Detection System (Bio-Rad, USA). Specific primer pairs (*CaWRKY30*-qF and *CaWRKY30*-qR, Table 1) targeting a 123 bp amplified fragment were designed using the Oligo 5.0 software packages. The expression level of *CaWRKY30* was measured in leaf samples treated with hormones and root samples inoculated with nematodes. Quantitative PCR was carried out in a final volume of 20μl containing 0.4μmol/L of each primer and 1×SYBR® Premix Ex *Taq*^{TM} II (Takara). The conditions of amplification were as follows: 95℃ for 3min, then 40 cycles of 95 ℃ for 10s, 57℃ for 30s and 72℃ for 10s. All samples were tested in quadruplicate and three independent biological replicates; β-actin transcripts were used as internal controls. Differences were considered significant when the *P*-values were < 0.05 (Student's *t*-test).

Results and Disscussion

Cloning and sequence analysis of the *CaWRKY30* gene

ESTs corresponding to 17 putative transcription factors were selected from a pepper transcriptome sequence database by Solexa high-throughput sequencing after the pepper plants were infected with avirulent *M. incognita* (data not shown). Genes that were either induced or repressed by avirulent *M. incognita* were chosen, and their expression levels analyzed (data not shown). Sequences encoding several putative transcription factors that were induced by avirulent *M. incognita* inoculation were screened. A 259 bp fragment representing the partial cDNA sequence of *CaWRKY30* gene can act as a putative transcription factor in response to an avirulent *M. incognita* attack. Based on the 259 bp EST sequence, specific oligonucleotide primers were designed used for 5′RACE and 3′RACE cloning experiments. The N′- and C′-ends of the cDNAs encoding putative WRKY proteins were obtained, and the full-length WRKY cDNAs were then amplified by PCR using primers designed to anneal to either end of the gene sequence. Then, a WRKY transcription we named *CaWRKY30* (FJ360844) was isolated. The nucleotide sequence of *CaWRKY30* cDNA is 1,533 bp long and contains an open reading frame encoding a polypeptide of 364 amino acids. The molecular mass of the predicted protein is 41.2kDa, and the isoelectric point was calculated to be 6.57. Sequence analysis showed that *CaWRKY30* has one WRKY domain, which is highly conserved among all WRKY proteins, and one C_2HC zinc-finger-like motif consisting of three cysteines and one histidines in the central and C-terminal regions (Fig. 1). The *Arabidopsis* WRKY TFs *AtWRKY41* (NP_192845) and *AtWRKY30* (NP_568439), which contains one WRKY domain belonging to group III like *CaWRKY30*, share relatively high homology with *CaWRKY30* and have about 39% and 33.3% identity to the deduced amino acid of *CaWRKY30*, respectively. *AtWRKY41* is known to be a key regulator in the cross talk of the salicylic acid and jasmonic acid pathways (Higashi et al., 2008). *CaWRKY30*, a *Arabidopsis* WRKY transcription factor ortholg, and *AtWRKY41* each have a similar putative zinc finger motif ($C-X_7-C-X_{23}-H-X_1-C$) and a nuclear localization signals (Fig. 1). These data indicate that *CaWRKY30* is a group III member of the WRKY superfamily.

When pepper HDA149 genomic DNA was digested with three different restriction enzymes and hybridized with a cDNA fragment of *CaWRKY30*, only one hybrid band were detected in three different lanes which contains the DNA digested with *Ecor*V, *Bam*HI and *Hin*dIII, respectively (Fig. 2a). This result confirmed that the *CaWRKY30* gene is present as a single copy in the genome of pepper HDA149. Interestingly, all *Arabidopsis* WRKY genes might be present as single copy (Eulgem et al., 2000), suggesting that WRKY genes may be have a common feature exist in plant genome.

```
1       ATCATCTCCTACAAAAATAAAATCCAAAAATCCAAAAAAAAAAAATAAAAAAAAAATCCTGT
61      TTTTTTTTCGAGTTGTTCATTGATGACATTCCGCTCATAAATAGGTTCACATCGAGCAAG
121     AAACTCAGAGCGTTACGTCGGTAGAAAGAGTTTTAAATAGCTCTGTGTTTTTCGAT
177     ATGGATTGTGCAGTTAACTGGGAATATAAGACACTTATAAATGAGTTAACTCAAGGTATT
1       M  D  C  A  V  N  W  E  Y  K  T  L  I  N  E  L  T  Q  G  I
237     GAACACACAAAACAACTTAGAGCTCATTTCAGCTCTGTTGATTCGACTATCCAAAATCAA
21      E  H  T  K  Q  L  R  A  H  F  S  S  V  D  S  T  I  Q  N  Q
297     GAGCTGCTACTTCAGAAGATACTTTCATCTTATGAGCAATCTTTGTTGATTCTCAAATGT
41      E  L  L  L  Q  K  I  L  S  S  Y  E  Q  S  L  L  I  L  K  C
357     TGCGTTGGTGGCTCGATGGTTCAATCATCGTCGGCTATGATGCCGACGTGTGGTGTCATT
6       C  V  G  G  S  M  V  Q  S  S  S  A  M  M  P  T  C  G  V  I
417     GAATCATCAGTGGTGTCTGTCTATGGAAGTCCAAAGAGCGATGGCGAGAAACGGAGTTTC
81      E  S  S  V  V  S  V  Y  G  S  P  K  S  D  G  E  K  R  S  F
477     CAAGATCATCATGAGGTTATCGATATTTCAAAGAAGAGAAAATTGCAGCCCACGTGGACC
101     Q  D  H  H  E  V  I  D  I  S [K  K  R  K] L  Q  P  T  W  T
537     GAACAAGTCAAAGTCAGCCCAAAGAGCGGATTTGAAGGTCCTACCGATGACGGATATAGC
121     E  Q  V  K  V  S  P  K  S  G  F  E  G  P  T  D  D  G  Y  S
597     TGGAGAAAGTACGGCCAGAAGGATATTCTTGGAGCTAAATATCCGAGAAGCTACTACAGA
141     W  R  K  Y  G  Q  K  D  I  L  G  A  K  Y  P  R  S  Y  Y  R
657     TGCACGTATCGTCACATGCAAAATTGTTGGGCAACGAAACAAGTGCAGAGGTCAGACGAT
161     C  T  Y  R  H  M  Q  N  C  W  A  T  K  Q  V  Q  R  S  D  D
717     GATCCGACTGTATTCGATGTCACATACAGAGGCTCTCATAGCTGTCATCACGCTACTTAT
181     D  P  T  V  F  D  V  T  Y  R  G  S  H  S  C  H  H  A  T  Y
777     TACGTACAACAATCAACATCGCCAGAGAAACGAGAATTCAAGAAAGAGGCCGTTTATCAA
201     Y  V  Q  Q  S  T  S  P  E  K  R  E  F  K  K  E  A  V  Y  Q
837     AACAGGCAGAATTATTCAACTCAAGCGTTGATGAGTTTGAGAGCAAACCTGAGAGTCGAT
221     N  R  Q  N  Y  S  T  Q  A  L  M  S  L  R  A  N  L  R  V  D
897     ACGAACGACTTGGACAAGAATGAGCAAGCAGCATGTCATTTCTCCTTTCCTCCAACATTT
241     T  N  D  L  D  K  N  E  Q  A  A  C  H  F  S  F  P  P  T  F
957     TCTTCTGGTTTGACAGACGAAAATCATCGACGTTTCCAGATTTCCCATGTCGATGAAAAT
261     S  S  G  L  T  D  E  N  H  R  R  F  Q  I  S  H  V  D  E  N
1017    CTGATAGGTAGCGGCTATTCAGCGTCTTTTGTCTCTCCTACAACTCCTGAATCGAACTAC
281     L  I  G  S  G  Y  S  A  S  F  V  S  P  T  T  P  E  S  N  Y
1077    TTCTCAGTGTCGAGCAGCAGCCAGATGAATGGTTACGGAATGATTCATAACTTGAACCAT
301     F  S  V  S  S  S  S  Q  M  N  G  Y  G  M  I  H  N  L  N  H
1137    TCGGAATCAGACCTCACCGATATATTCTCAGCCAACACTTCCACAACGAGTTCTCCAATT
321     S  E  S  D  L  T  D  I  F  S  A  N  T  S  T  T  S  S  P  I
1197    GTTGGCGATTTTTCACTCGACAATTTGGAGCTAGATACAAACTTTCCATTCAACAATCCA
341     V  G  D  F  S  L  D  N  L  E  L  D  T  N  F  P  F  N  N  P
1257    AATTTTTTCTCATGAACCTTAGCTAGTACCCTCGAAAAAGGACAATAAACACGAGTAGTT
361     N  F  F  S  *
1317    CGGATGTTATCACCGAGTTACTTTACTGAGGTTGATGAAATTAGTATAGATATGATTGTA
1377    AAAATTAACAACGTACTAGCCACGGATTAGAGACTAGCTATGATATTTGTATCGATAGTC
1437    TATTATGTCAACGGCTGAAATTTCCAGTCACTTGACATCAAGCTGCAAAGTGAAATAAAA
1497    ACATATTCTTGGTTGTTGTAAAAAAAAAAAAAAAAAAA
```

Fig. 1 Nucleotide and deduced amino acid sequences of the pepper *CaWRKY30* cDNA clone. The nucleic acids are presented in the top line and the deduced amino acid sequence is shown below it. The stop codon is indicated by the asterisk. The WRKY domain is shown in bold and WRKY sequences are underlined. The cysteines and histidines of the zinc-finger-like motif are double underlined. The putative nucleic localization signal sites are boxed

The *CaWRKY30* genomic sequences were obtained from *C. annuum* DNA, and *CaWRKY30* consisted of two introns and three exons (Fig. 2b). The WRKY domain-encoding region in *CaWRKY30* was interrupted by an intron. Interestingly, in *Arabidopsis*, the existence of an intron within the region encoding the C-terminal WRKY domain of group I members or the single WRKY domain of group II and III members is a common feature (Eulgem et al., 2000).

CaWRKY30 localizes to the plant nucleus

CaWRKY30 is likely to be localized in the nucleus since it is a putative transcription factor. Our sequence analysis results showed that *CaWRKY30* contains a putative NLS sequence (^{111}KKRK^{114}), which is identical to consensus sequences found in spinach

SoWRKY1 (Huang et al., 2010). In addition, the presence of putative nuclear localization signals predicted by the BaCelLo predictor program (http://gpcr.biocomp.unibo.it/bacello/pred.htm) is consistent with this possibility. To confirm that the CaWRKY30 is indeed targeted to the nucleus, we constructed a green fluorescent protein (GFP) fusion of this WRKY protein. Then, we demonstrated that the transiently expressed WRKY::GFP fusion protein was localized exclusively to the nuclei of onion epidermal cells. With the control vector alone, the GFP signal was distributed in both the nucleus and cytoplasm (Fig. 3). The nuclear localization of CaWRKY30 protein supports its role as a transcriptional regulator.

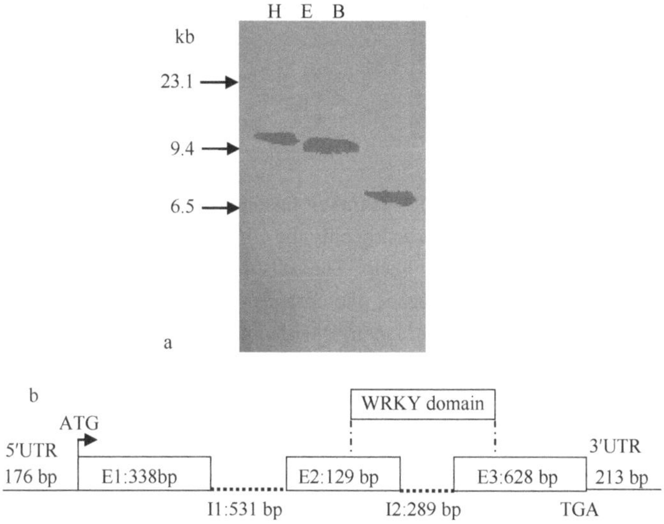

Fig. 2 (a) Southern blot analysis of *CaWRKY30* in the leaves of *Capsicum annuum* (HDA149) (H, *Hin*dIII; E, *Eco*RV; B, *Bam*HI). Pepper genomic DNA (20 μg) was digested with *Eco*RV, *Bam*HI and *Hin*dIII and hybridized with the full-length *CaWRKY30* cDNA labeled with DIG. The sizes of the molecular weight markers are indicated on the left (b) Characterization of the *C. annuum CaWRKY30* genomic structure. Exons are indicated by the boxes and introns are shown as dotted lines. Arrows indicate the transcription initiation site. The bold lines show the 5′UTR and 3′UTR, respectively. Interestingly, the WRKY domain is interrupted by an intron

Expression analysis of *CaWRKY30* genes in response to the RKN *Meloidogyne incognita*

To investigate whether *CaWRKY30* transcripts are induced after inoculation with *M. incognita*, we used quantitative reverse transcription polymerase chain reaction (qRT-PCR) to monitor the *CaWRKY30* expression pattern in pepper HDA149. The *CaWRKY30* transcripts were suppressed during the early stages upon infection with the compatible virulent *M. incognita* pathogen, lower transcript levels were detected at all of the investigated time points, i.e., at 3h, 6h and 12h, compared to the control, and the effect was more obvious after 48h of inoculation (Fig. 4a). However, the transcripts of *CaWRKY30* was induced by inoculation with the incompatible avirulent *M.incognita* pathogen at 3h after inoculation, the transcript levels were maintained for 48h and reached its highest levels at 24h after inoculation (Fig. 4b). By 72h and 7d after inoculation, the level of expression had decreased, implying that *CaWRKY30* may play a role at the early stage during the incompatible interaction of

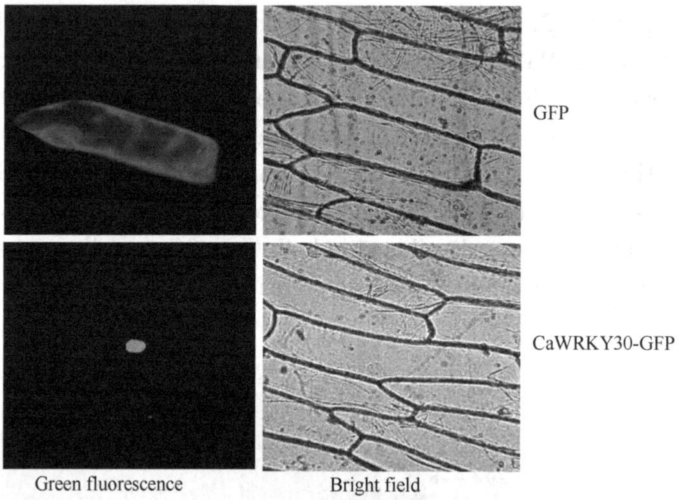

Fig. 3 Subcellular localization of the CaWRKY30 GFP fusion protein in onion epidermal cells. The images in the top row show the control plasmid expressing only the GFP. The second row shows the WRKY30-GFP fusion protein expressed in onion epidermal cells. The cells were examined under bright field (right) and fluorescence (left) exposures. The fluorescence photographs of onion epidermal cells were taken using a confocal fluorescence microscope (Olympus, Japan) fitted with fluorescein isothiocyanate filters (excitation 480nm, emission 530nm, dichroic beamsplitter 510nm)

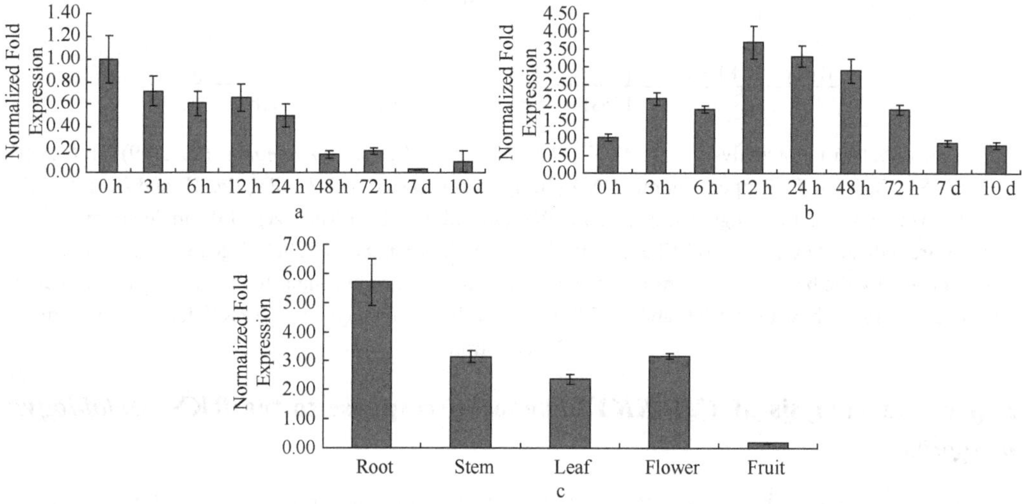

Fig. 4 Expression analyses of *CaWRKY30* in response to *M. incognita*. The expression level of *CaWRKY30* was calculated relative to that of noninoculated (ck) pepper plants. The β-actin gene was used as an internal reference. The normalized fold expression of the *CaWRKY30* gene 0h was set equal to 1.0. Each bar graph represents the mean±SD of three independent biological replicates (a) virulent M. incognita inoculation (b) avirulent M. incognita inoculation (c) Tissue-specific expression of *CaWRKY30* in different tissues of pepper plants under normal conditions

nematode and pepper plants. A number of previous studies have demonstrated that WRKY genes are induced by various pathogens. The expression profiles of all 13 WRKY group III transcription factors in *Arabidopsis* have been investigated, and the results indicated that the expression of almost all 13 genes was attributable to pathogen infection and SA production

(Kalde et al., 2003). During the compatible interaction of the root-knot nematode and *Arabidopsis*, global analysis has shown that the successful establishment of RKN infestation is associatied with the suppression of plant defense responses (Jammes et al., 2005). Thus, most of the nematode-regulated genes involved in defense pathways were repressed, and 17 of the 21 WRKY genes identified are downregulated in nematode-infected root tissues (Jammes et al., 2005), whereas the accumulation of WRKY transcripts appears to be a general characteristic of plant defenses in response to pathogens (Eulgem, 2005). *AtWRKY23* is up-regulated almost immediately upon nematode infection and knockdown lines show increased resistance to the cyst nematode *Heterodera schachtii* (Grunewald et al., 2008). Along with previous studies, our results indicate that expression of *CaWRKY30* is induced upon infection with the avirulent nematode *M.incognita* but repressed by the virulent *M. incognita*, this suggests that *CaWRKY30* associated with the *Me3* gene-mediated root-knot nematode resistance in pepper plants.

Moreover, to investigate the expression levels of the *CaWRKY30* gene in different organs of the pepper plants under normal conditions, total RNA was extracted from roots, stems, leaves, flowers, and young fruits. Quantitative PCR showed that a high level of *CaWRKY30* transcripts was detected in roots; the lowest was in young fruits, and similar transcripts were detected in stems, leaves, and flowers (Fig. 4c). Previous studies have shown that the organ-specific expression of WRKY genes from pepper plants is induced by various biotic and abiotic stresses (Oh et al., 2008; Park et al., 2006). The relative high expression of *CaWRKY30* in roots suggest that *CaWRKY30* may be associated with defense responses in roots.

Expression of *CaWRKY30* upon salicylic acid and methyl jasmonic acid inoculation

As indicated earlier, JA and SA are important signaling molecules that are implicated in plant defense responses against pathogen attacks (Bostock, 2005; Reymond and Farmer 1998). When pepper plants were sprayed with 5mmol/L SA, the expression of *CaWRKY30* expression was induced dramatically. The *CaWRKY30* transcripts accumulated as early as 2 hours after treatment, and the transcripts levels increased to 19-fold that of the control in 9h; then we observed a gradual decrease to about normal levels at 48h after the inoculation, which was the last observed time point (Fig. 5a), indicated that *CaWRKY30* expression was considerably induced or up-regulated by the signal molecule SA. To investigate whether *CaWRKY30* gene expression is induced in response to methyl jasmonate (MeJA) treatment, 0.1mM MeJA was applied by the same method used for the SA treatment. The RT-PCR analysis showed that the *CaWRKY30* transcripts were suppressed as early as 2h after treatment, but they decreased to the lowest levels 16h and 48h after treatment (Fig. 5b), suggested that *CaWRKY30* expression was suppressed or down-regulated after treatment with MeJA. In *Arabidopsis*, *AtWRKY70* belongs to group III and is a common component in the SA- and JA-mediated signal pathways; the expression of *AtWRKY70* is activated by SA and repressed by JA, and *AtWRKY70* seems to act as an activator of SA-induced genes and a repressor of JA-response genes (Li et al., 2004). Recent research showed that *AtWRKY70* not only acts as a convergence point that determines the balance between the SA- and JA-dependent defense pathways, but it is also required for R-gene mediated resistance (Knoth et al., 2007; Li et al., 2006). Thus, *CaWRKY30* may play roles that are similar to those *AtWRKY70*, but these need to be further elucidated. In sunflower, MeJA did not induce *HaWRKY* expression, but most of the *HaWRKY* genes were induced by SA, among of them, *HaWRKY76* was up-regulated by SA, but repressed by MeJA (Giacomelli et al., 2010). In cotton, *GhWRKY3* is up-regulated by SA, and might be play an important role in plant defense responses (Guo et al., 2011). In pepper plants, the expression of *CaWRKY1* transcripts was detected at 1.5h after SA treatment, but the MeJA did not induce the expression of *CaWRKY1* (Oh et al., 2008). These results indicate that *CaWRKY30* may participate in the early stages of the SA responses.

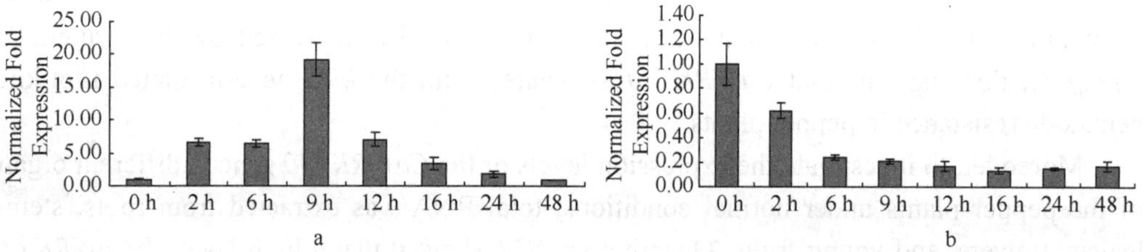

Fig. 5 Expression of the CaWRKY30 gene after salicylic acid (SA) and methyl jasmonate (MeJA) treatments (a) SA treatment (b) MeJA treatment. The expression level of CaWRKY30 was calculated relative to that of noninoculated (ck) pepper plants. The β-actin gene was used as an internal reference. The normalized fold expression of the *CaWRKY30* gene 0h was set equal to 1.0. Each bar graph represents the mean ± SD of three independent biological replicates

Expression of the *CaWRKY30* gene in response to various pathogens

To investigate whether *CaWRKY30* was induced by other stimuli, pepper leaves treated with various pathogens were harvested for RNA extraction at the time points indicated. After plants were challenged with the bacterial pathogen *Ralstonia solanacerum*, the *CaWRKY30* transcript abundance was significantly increased and reached its maximal level 3h after treatment (Fig. 6).

We then examined the expression patterns of *CaWRKY30* in the leaves of pepper (HDA149) in response to infection with the fungal pathogen *Phytophthora capsici*. As shown in Fig. 6, the *CaWRKY30* transcripts were significantly affected by *P. capsici* and were significantly up-regulated at all of the time points (Fig. 6).

The levels of *CaWRKY30* gene expression in response to a viral pathogen attack were also monitored. Tobacco mosaic virus (TMV) is an important pathogen, which often causes pepper virus disease and then affects the yield and quality. Highest levels of the *CaWRKY30* transcript were detected in pepper leaves 3h after inoculation with TMV, and the expression level was highest at 48h and then decreased to lower levels at 72h, which was the last time point we monitored (Fig. 6). In summary, our results indicate that *CaWRKY30* was induced by *R. solanacerum*, *P. capsici* and TMV. Furthermore, a similar temporal pattern in the transcript abundance of *CaWRKY30* was observed upon inoculation with *R. solanacerum* and *P. capsici*.

A large number of WRKY genes are known to be induced by various pathogens, such as viruses (Chen and Chen, 2000; Park et al., 2006), fungi (Chujo et al., 2007), bacteria (Chen and Chen, 2002) and nematodes (Jammes et al., 2005). WRKY factors appear to play a major role in transcriptional reprogramming during a variety of immune responses (Eulgem, 2005).

In *Arabidopsis*, 49 of the 72 WRKY genes investigated were differentially regulated in plants after infection with an avirulent strain of *P.syringae* or with SA treatment (Dong et al. 2003). *AtWRKY33* is required for resistance to necrotrophic fungal pathogens, and its transcripts were induced in response to pathogen infection (Zheng et al., 2006). In canola, a set of 10 *BnWRKY* genes are induced by the fungal pathognes *Sclerotinia sclerotiorum* and *Alternaria brassicae* (Yang et al., 2009). The cotton WRKY gene, *GnWRKY3* is up-regulated after infection with *Rhizoctonia solani*, *Colletotrichum gossypii*, and *Fusarium oxysporum* f. sp. *vasinfectum* (Guo et al., 2011). The pepper WRKY protein, *CaWRKY1* is a negative regulator of pathogen defense, and the expression of *CaWRKY1* is rapidly induced by incompatible and compatible pathogen inoculations (Oh et al., 2008). When considering these previous studies, our results indicate that expression of *CaWRKY30* is very rapidly induced upon pathogen infection, and suggesting that *CaWRKY30* might be play an important role in the plant defense response to pathogens.

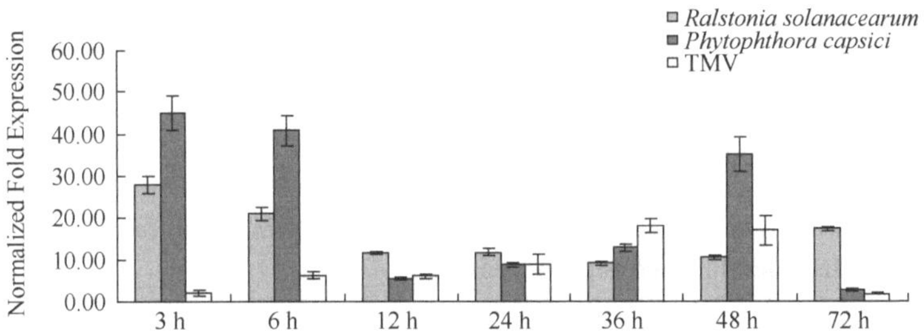

Fig. 6 Relative expression level of the *CaWRKY30* gene in the leaves of pepper plants after inoculation with *R. solanacerum*, *P. capsici* and tobacco mosaic virus (TMV). The expression level of *CaWRKY30* was calculated relative to that of noninoculated (ck) pepper plants. The *β-actin* gene was used as an internal reference. The normalized fold expression of the CaWRKY30 gene 0h was set equal to 1.0. Each bar graph represents the mean ± SD of three independent biological replicates

The plant defense mechanisms against pathogen infections are complex. What has become unequivocal, however, is that plants undergo extensive transcriptomic reprogramming in a highly dynamic and temporal manner. This process involves the induction and up-regulation as well as the down-regulation of a large number genes in plants. This regulated response is represented by a network of various transcription factors. WRKY transcription factors are the main regulatory proteins forming such a network (Eulgem and Somssich, 2007). In this study, a WRKY TF named *CaWRKY30*, which was rapidly induced upon inoculation with avirulent *M. incognita* and several pathogens, was isolated from pepper plants. Transgenic pepper plants or heterologous plants that overexpress the *CaWRKY30* gene, and/or loss-of-function studies by RNAi or virus-induced gene silencing of *CaWRKY30*, as well as the identification of the target gene, might be used to elucidate the role(s) of *CaWRKY30* in the defense against pathogen infections.

References

Bostock RM. 2005. Signal crosstalk and induced resistance: straddling the line between cost and benefit. Annu Rev Phytopathol, 43: 545-580.

Chen C, Chen Z. 2000. Isolation and characterization of two pathogen- and salicylic acid-induced genes encoding WRKY DNA-binding proteins from tobacco. Plant Mol Biol, 42: 387-396.

Chen C, Chen Z. 2002. Potentiation of developmentally regulated plant defense response by *AtWRKY18*, a pathogen-induced *Arabidopsis* transcription factor. Plant Physiol, 129: 706-716.

Chujo T, Takai R, Akimoto-Tomiyama C, Ando S, Minami E, et al. 2007. Involvement of the elicitor-induced gene *OsWRKY53* in the expression of defense-related genes in rice. Biochim Biophys Acta, 1769: 497-505.

Dong J, Chen C, Chen Z. 2003. Expression profiles of the *Arabidopsis* WRKY gene superfamily during plant defense response. Plant Mol Biol, 51: 21-37.

Eulgem T, Rushton PJ, Robatzek S, et al. 2000. The WRKY superfamily of plant transcription factors. Trends Plant Sci, 5: 199-206.

Eulgem T, Rushton PJ, Schmelzer E, et al. 1999. Early nuclear events in plant defence signalling: rapid gene activation by WRKY transcription factors. Embo J ,18: 4689-4699.

Eulgem T, Somssich IE. 2007. Networks of WRKY transcription factors in defense signaling. Curr Opin Plant Biol, 10: 366-371.

Eulgem T. 2005. Regulation of the Arabidopsis defense transcriptome. Trends Plant Sci, 10: 71-78.

Fan H, Wang F, Gao H, et al. 2011. Pathogen-induced *MdWRKY1* in 'Qinguan' apple enhances disease resistance. Journal of Plant Biology, 54(3): 150-158.

Giacomelli JI, Ribichich KF, Dezar CA, et al. 2010. Expression analyses indicate the involvement of sunflower WRKY transcription factors in stress responses, and phylogenetic reconstructions reveal the existence of a novel clade in the Asteraceae. Plant Science, 178: 398-410.

Grunewald W, Karimi M, Wieczorek K, et al. 2008. A role for *AtWRKY23* in feeding site establishment of plant-parasitic nematodes. Plant Physiol,148: 358-368.

Guo R, Yu F, Gao Z, et al. 2011. GhWRKY3, a novel cotton (*Gossypium hirsutum* L.) *WRKY* gene, is involved in diverse stress responses. Mol Biol Rep, 38: 49-58.

Higashi K, Ishiga Y, Inagaki Y, et al. 2008. Modulation of defense signal transduction by flagellin-induced *WRKY41* transcription factor in *Arabidopsis thaliana*. Mol Genet Genomics, 279: 303-312.

Huang S, Yamamoto H, Ide N, et al. 2010. Isolation and molecular characterization of a *SoWRKY1* transcription factor from spinach (*Spinacia oleracea*). Plant Biotechnology 27: 121-129.

Jammes F, Lecomte P, de Almeida-Engler J, et al. 2005. Genome-wide expression profiling of the host response to root-knot nematode infection in *Arabidopsis*. Plant J, 44: 447-458.

Kalde M, Barth M, Somssich IE, et al. 2003. Members of the *Arabidopsis* WRKY group III transcription factors are part of different plant defense signaling pathways. Molecular Plant Microbe Interact, 16: 295-305.

Knoth C, Ringler J, Dangl JL, et al. 2007. Arabidopsis *WRKY70* is required for full RPP4-mediated disease resistance and basal defense against Hyaloperonospora parasitica. Mol Plant Microbe Interact, 20: 120-128.

Lee SJ, Lee MY, Yi SY, et al. 2002. PPI1: a novel pathogen-induced basic region-leucine zipper (bZIP) transcription factor from pepper. Mol Plant Microbe Interact, 15: 540-548.

Li J, Brader G, Kariola T, et al. 2006. *WRKY70* modulates the selection of signaling pathways in plant defense. Plant J 46: 477-491.

Li J, Brader G, Palva ET. 2004. The *WRKY70* transcription factor: a node of convergence for jasmonate-mediated and salicylate-mediated signals in plant defense. Plant Cell, 16: 319-331.

Marchive C, Mzid R, Deluc L, et al. 2007. Isolation and characterization of a *Vitis vinifera* transcription factor, *VvWRKY1*, and its effect on responses to fungal pathogens in transgenic tobacco plants. J Exp Bot, 58: 1999-2010.

Naoumkina MA, He X, Dixon RA. 2008. Elicitor-induced transcription factors for metabolic reprogramming of secondary metabolism in *Medicago truncatula*. BMC Plant Biol, 8: 132.

Oh SK, Baek KH, Park JM, et al. 2008. *Capsicum annuum* WRKY protein *CaWRKY1* is a negative regulator of pathogen defense. New Phytol, 177: 977-989.

Park CJ, Shin YC, Lee BJ, et al. 2006. A hot pepper gene encoding WRKY transcription factor is induced during hypersensitive response to Tobacco mosaic virus and *Xanthomonas campestris*. Planta, 223: 168-179.

Reymond P, Farmer EE. 1998. Jasmonate and salicylate as global signals for defense gene expression. Curr Opin Plant Biol, 1: 404-411.

Rushton PJ, Somssich IE, Ringler P, et al. 2010. WRKY transcription factors. Trends Plant Sci, 15: 247-258.

Rushton PJ, Somssich IE. 1998. Transcriptional control of plant genes responsive to pathogens. Curr Opin Plant Biol, 1: 311-315.

Singh K, Foley RC, Onate-Sanchez L. 2002. Transcription factors in plant defense and stress responses. Curr Opin Plant Biol, 5: 430-436.

Yang B, Jiang Y, Rahman MH, et al. 2009. Identification and expression analysis of WRKY transcription factor genes in canola (*Brassica napus* L.) in response to fungal pathogens and hormone treatments. BMC Plant Biol, 9: 68

Yang P, Chen C, Wang Z, et al. 1999. A pathogen-and salicylic acid-induced WRKY DNA-binding activity recognizes the elicitor response element of the tobacco class I chitinase gene promoter. The Plant Journal, 18: 141-149

Yang Y, Shah J, Klessig D. 1997. Signal perception and transduction in plant defense responses. Genes & development, 11: 1621.

Zhang J, Peng Y, Guo Z. 2008. Constitutive expression of pathogen-inducible *OsWRKY31* enhances disease resistance and affects root growth and auxin response in transgenic rice plants. Cell research, 18: 508-521.

Zhang ZL, Xie Z, Zou X, et al. 2004. A rice WRKY gene encodes a transcriptional repressor of the gibberellin signaling pathway in aleurone cells. Plant Physiol, 134: 1500-1513.

Zheng Z, Qamar SA, Chen Z, et al. 2006. *Arabidopsis WRKY33* transcription factor is required for resistance to necrotrophic fungal pathogens. Plant J, 48: 592-605.

辣椒（*Capsicum annuum* L.）中一个新的病原胁迫应答相关 WRKY 基因—*CaWRKY30*

摘要：WRKY 蛋白是一个转录因子超家族，参与调控植物生长发育的许多过程，包括植物应对生物和非生物胁迫的防卫应答反应。我们从辣椒品种 HDA149 与南方根结线虫（*Meloidogyne incognita*）不亲和互作的辣椒中分离了一个 WRKY 类型的基因。命名为 *CaWRKY30* 的 WRKY 新基因 cDNA 全长 1533bp，含有一个 1095bp 开放阅读框，编码 364 个推定的氨基酸序列，蛋白大小 41.2kDa，具有一个典型的其后紧跟着一个锌指结构基序的 WRKY 结构域。*CaWRKY30* 的 DNA 序列包含有 3 个外显子和两个内含子。Southern Blot 分析表明 *CaWRKY30* 基因在辣椒品种 HDA149 中是一个单拷贝基因。实时荧光定量 PCR 分析显示，辣椒品种 HDA149 接种不同的病原物（非毒性南方根结线虫、TMV、青枯病菌、辣椒疫霉病菌）后，*CaWRKY30* 基因表达上调。*CaWRKY30* 基因在接种水杨酸（salicylic acid, SA）后被快速诱导，然而用茉莉酸处理和接种毒性南方根结线虫之后，*CaWRKY30* 基因的表达则显著受到抑制而下调表达。此外，用 CaMV35S::*CaWRKY30*-eGFP 的融合表达载体轰击洋葱表皮细胞显示 *CaWRKY30* 基因定位于细胞核。这些结果表明 *CaWRKY30* 基因可能在植物应对不同病原微生物胁迫的过程中发挥重要作用。

关键词：WRKY 转录因子；辣椒；根结线虫；表达分析

Effects of low temperature and weak light on the physiological characteristics and related genes' expression of different pepper species*①

Ou Li-jun, Wei Ge, Zhang Zhu-qing, Dai Xiong-ze, Zou Xue-xiao

(Vegetable Institution of Hunan Academy of Agricultural Science, Hunan Changsha 410125, China)

Abstract: Pepper is a thermophilous and heliophilic vegetable. It is cultivated in greenhouse in China's most regions during winter and spring, when low temperature and weak light often severely affect its production. In this study, we investigated the effects of low temperature and weak light on the physiological characteristics and the expression of related genes of five pepper species, *Capsicum annuum* L. (CA), *Capsicum baccatum* L. (CB), *Capsicum chinense* Jacquin. (CC), *Capsicum frutescens* L. (CF), and *Capsicum pubescens* Ruiz & Pavon (CP) in order to screen for greenhouse species that is resistant to such adverse conditions. We observed significant reductions not only in photosynthetic pigments and stomatal conductance but also in proline, total soluble sugar, enzyme activity, and root activity; disordered arrangements of leaf palisade and spongy tissues; and first rising and then falling expression of c-repeat binding factor (*CBF3*) and cold-regulatedgenes (*CORc410*). These results indicate that pepper is usually not resistant to low temperature and weak light. We also found that CP had significantly higher photosynthetic activity, more proline and total soluble sugar, higher enzyme activity, higher root activity, higher *CBF3* and *CORc410* expression levels, more tightly packed leaf palisade and spongy tissues, and thicker bundle sheath than the other four species did under low temperature and weak light, while CF showed the lowest values for these indicators. It demonstrated significant differences in the ability of resisting low temperature and weak light among different species, with CP showing the strongest resistance, followed by CB. Therefore, we recommend the introduction of CP and CB to greenhouse cultivation to further screen for low temperature and weak light-resistant pepper varieties to increase pepper production by strengthening inter-variety hybridization.

Key words: enzyme activity; gene expression; low temperature and weak light; pepper; photosynthesis; osmotic substances

---

* 基金项目：现代农业产业技术体系专项资金资助(CARS-25-A-8)。

① 本文原载 *Photosynthetica*，2015, 53 (1): 85-94。

Low temperature and weak light stresses are adverse conditions for many plants, especially for thermophilous plants. Under these conditions, plants have reduced capacity of light energy conversion, which severely affects their growth, development, survival, and distribution. These stresses are an important factor that limits crops' geographic distribution and reduces their yield and quality (Thomashow, 1999). Light suppression under low temperature is called low temperature-induced photoinhibition or low temperature photoinhibition, and severe low temperature photoinhibition may lead to photooxidation damages (Hodgson and Raison, 1989). Under low temperature and weak light, plants usually show decreased photosynthetic rate (P_N) (Fan et al., 2010), elevated water use efficiency (WUE) (Tsuneo et al., 2012), changed antioxidant enzyme activity (Aya and Keńichi), and damaged PSI and PSII functions (Liang et al., 2010; Liu et al., 2009; An et al., 2010), and different varieties of the same species can have different tolerance of low temperature and weak light (Deng et al., 2011; Xu et al., 2010). In order to adapt and resist the low temperature stress, plants have developed "low temperature acclimation" response and protection mechanism during evolution (Thomashow, 1990). After sensing low temperatures, plants initiate defense mechanisms that include physical structure adaptation (changes in plasma membrane composition and rearrangement of cytoskeleton), intracellular osmoregulation substance increases (fatty acid, betaine and free amino acids), antioxidant (ROS scavenger) synthesis increases (ascorbic acid reductase), and changes in low-temperature stress protein expression and hormone contents. These changes help plants create a new balance of materials and energy metabolism to survive colder environments (Onyango et al., 2012; Lin et al., 2012; Guy, 1990; Thomashow, 1999; Xin and Browse, 2000).

Pepper is a widely accepted thermophilous vegetable that originated in the tropical regions of Central and South America. It is a major crop cultivated in the winter and spring, when low temperature and weak light can severely affect the growth and development of pepper plants. As a result, severe shattering may occur, which significantly reduces pepper production. Therefore, it has become a major goal in pepper breeding to screen for pepper varieties that are resistant to low temperature and weak light and suitable for facility cultivation, especially for that with energy-saving solar greenhouse in China. International Plant Genetic Resources Board (IBPGR) has classified pepper cultivars into five species: *Capsicum annuum* L., *Capsicum baccatum* L., *Capsicum chinense* Jacquin, *Capsicum frutescens* L. and *Capsicum pubescens* Ruiz & Pavon. Studies on peppers' physiological changes and related gene expression under low temperature and weak light have been focusing on the *Capsicum annuum* L. (Xie et al., 2009, 2011; Zhang and Shang, 2010; Chai et al., 2010). Although they are less used, the other four species possess some good traits, such as *Capsicum frutescens* L.'s resistance to blights and verticillium wilt, *Capsicum chinense* Jacquin's resistance to verticillium wilt, *Capsicum baccatum* L.'s resistance to TMV, CMV and blights. These less-cultivated species may be a good source to find resistance genes that can improve the production of the more-cultivated variety of *Capsicum annuum* L. under low temperature and weak light. In this study, we investigated the changes in photosynthesis, proline and soluble sugar, enzyme activity, root system, and related gene expression in different pepper species under a simulated environment of low temperature and weak light. We also analyzed the differences in the resistance to low temperature and weak light of these pepper species. Our study not only provides theoretical bases for screening for pepper species suitable for winter-spring cultivation but also lays foundation for the expansion of pepper cultivation and parental sources for hybridization.

1 Materials and methods

Materials: Five cultivated pepper species were used in this study, which were *Capsicum annuum* L., *Capsicum baccatum* L., *Capsicum chinense* Jacquin., *Capsicum frutescens* L., and *Capsicum pubescens* Ruiz & Pavon, and their abbreviations are CA, CB, CC, CF, and CP, respectively.

Experiment design: The five pepper species were pot-planted from April–May at the seedling stage. Each pot contained 5,750g soil with 110.9mg/kg rapidly available nitrogen, 4.1mg/kg rapidly available phosphorus, 207.5mg/kg rapidly available potassium, and 1.3g/kg organic matters. All pots were maintained in the Huaihua University germplasm nursery with regular water and fertilizer management. The treatments of low temperature and weak light simulated the actual conditions in energy-saving solar greenhouses during winter and spring, and the temperatures were set at 15/5℃ (day/night). The relative humidity was kept at 60% in climate chambers with 100μmol/(m^2·s) light intensity and a photoperiod of 12/12h (day/night). Fifteen plants of each pepper species were randomly selected for analysis. Varied measurements were performed 5d, 10d, 15d, 20d and 25d post-treatment, and some plants were randomly selected as negative controls at the beginning of treatments when the atmospheric temperature was (35 ± 2) ℃. 25d after treatments, the photosynthetic characteristics were determined. The treatments were repeated 3 times and observed for three consecutive years.

Pigment analysis: Leaf samples were extracted in 95% acetone and measured by spectrophotometric method (*Ruili UV-2100*, Beijing, China) at wavelengths of 663nm, 645nm, and 470nm. Contents of chlorophyll (Chl) *a* and *b*, carotenoids, and carotene (Car) were calculated using the equations of Arnon (1949): Chl a = 12.21 OD_{663} – 2.81 OD_{645}; Chl b = 20.13 OD_{645} – 5.03 OD_{663}; Car = (1000 OD_{470} – 3.27 Chl a – 104 Chl b)/229.

Gas exchange: It was determined during 09:00–11:00 (Beijing time) in mid~August (flowering stage) using *Licor-6400* portable photosynthesis system (*LICOR*, USA). The net photosynthetic rate (P_N), stomatal conductance (g_s), and transpiration rate (E) were measured at the irradiance of 1,000μmol/(m^2·s), temperature of (32±0.5)℃, and the natural CO_2 concentration. Water-use efficiency (WUE) was calculated according to WUE =P_N/E.

Chlorophyll (Chl) fluorescence kinetics: The minimal initial fluorescence (F_0) and maximal fluorescence (F_m) were determined after dark adaptation for 20min. Then minimal fluorescence (F_0') maximal fluorescence under light (F_m') and fluorescence in stable state (F_s) were measured after a 1h irradiation (Li et al., 2007). Other fluorescence parameters were calculated according to below: photochemical quenching (q_P) = (F_m' – F_s)/(F_m' – F_0'); non-photochemical quenching, (q_N) = (F_m – F_m')/(F_m – F_0); actual photochemical efficiency of PSII in the light, (Φ_{PSII}) = (F_m' – F_s)/F_m'. All these parameters were measured using *Licor-6400* portable photosynthesis system (LICOR, USA).

Proline determination: The fresh leaves were washed and dried with paper towel. After the removal of rim and vein, about 0.5g of leaves were cut into pieces, mixed with 5mL of 3% sulfosalicylic acid solution in a large tube, and boiled for 10min with shaking. After cooling down, the extract was filtered with a funnel into a clean tube. Two mililiter of the filtered extract was mixed with 2mL of acetic acid and 2mL of acid ninhydrin, sealed with plastic wrap, and boiled for 30min. After cooling down, 4mL of toluene was added into the tube and fully oscillated. The upper red solution was collected and its absorption at 520nm was measured using toluene by spectrophotometric (*Ruili UV-2100*, Beijing, China). Proline content (μg/mL) in the 2mL tested samples was obtained from the standard curve, and the proline concentration in fresh leaves was calculated based on the following formula: proline content (μg/g) = ($x \times 5/2$)/ fresh leaf mass (g).

Total soluble sugars: They were measured with anthrone colorimetry. In detail, 0.1g sample was placed in a ground glass weighing bottle, mixed with 20mL distilled water, and extracted twice in boiling water for 30min; the extract was filtered into a 50mL volumetric flask, and the weighing bottle and residues were washed repeatedly before being filled to constant volume. 0.5mL sample extract was mixed thoroughly with 1.5mL distilled water, 0.5mL anthrone ethyl acetate solution and 5mL concentrated sulfuric acid, before being immediately placed in boiling water bath for 1min. The heated sample extract was cooled naturally to room temperature to determine the absorbance at 630nm by spectrophotometric (*Ruili UV-2100*, Beijing, China). The final total soluble sugar contents were calculated from the standard curve: total soluble sugar [μg/g (FM)] = [corresponding sucrose content from standard curve (μg) × total extract volume (mL)/measurement volume (mL)/fresh mass of the sample (g).

Enzyme activity: The activity of superoxide dismutase (SOD, EC 1.15.1.1) (hydroxylamine method), peroxidase (POD, EC 1.11.1.7) (colorimetric method), catalase (CAT, EC 1.11.1.6) (ammonium molybdate method), and glutathione reductase (GR, EC 1.6.4.2) (colorimetric method) was measured using commercial kits (*Nanjing Jiancheng Bioengineering Institute*, Nanjing China) following the manufacturer's instructions. The absorbances were measured by spectrophotometric (*Ruili UV-2100*, Beijing, China).

Determination of adventitious root number and root activity: The number of adventitious roots was measured directly. Root activity was measured by triphenyl tetrazolium chloride (TTC) method. In detail, roots were collected and washed. Their surfaces were dried carefully with absorbent papers. 0.5g of root tip was selected, cut into 1cm pieces, placed in a small beaker, incubated with 10mL 1∶1 (*V/V*) mixture of 1% TTC solution and 0.1 mol/L phosphate buffer at 37℃ for 1h in dark and then mixed with 2mL of 1mol/L sulfuric acid. Control was similarly performed except adding sulfuric acid first, root sample second, and the mixture last. The roots were then collected and ground with 3~5mL of ethyl acetate and quartz sand in a mortar after removal of moisture to extract trityl hydrazone (TTF). The remaining roots were further extracted with ethyl acetate for 3 times. All the red extractions were collected, transferred into a new tube and diluted with ethyl acetate to 10mL. Absorption of the diluted extraction at 485nm was measured. The blank solution was obtained similarly without adding root. Reduced TCC amount (mg) was obtained from the standard curve and its intensity in root tip was calculated as follows: TTC reduction intensity [mg/(g· h)] = Reduced TTC amount/FM/h, Where FM was fresh root mass (g), and h is the incubation time.

Light microscopy: Leaves were fixed in formalin/alcoholacetate mixed solution (FAA solution) (37% formalin : glacial acetic acid : 50% ethanol = 5 : 5 : 90). The samples were initially infiltrated under a vacuum at room temperature for 2h and then preserved in FAA at room temperature. Samples were pre-stained with Ehrlichs haematoxylin, dehydrated in a graded ethanol series, embedded in paraffin, and then sectioned (8mm in thickness) using a rotary microtome (*Leica RM-2016*, *Leica Microsystems*, Germany). All sections were photographed using an *Olympus BH60* microscope equipped with charge-coupled device (*Olympus Corporation*, Japan).

Semi-quantitative gene expression analysis: The leaves of CA from 0 to 25th d and other pepper species on 25th d were collected with the treatment of low temperature and weak light and their total mRNA were isolated using a RNA extraction kit (*Ambiogen Life Science Technology Ltd.*, Changsha, China). cDNA were synthesized using first strand cDNA synthesis kit (*Tiangen Biotech (Beijing) Co., Ltd.*, Beijing, China) and used for semi-quantitative PCR analysis. C-repeat binding factor (*CBF3*) was according to Yang (2011): 5′-GGATCCATGAACATCTT TAGAAGCTATTAT-3′ and 5′-GTCGACTACTTATA GGGAAGATCATAGC-3′, Cold-regulated genes (*CORc410*) was according to He (2010): 5′-GCTAGGACTTGTCGTGGAGCTTG-3′ and 5′-GTGAAGAGTAGAAGAGAAAATGG-3′. PCR reaction was conducted in a 50mm^3 system containing 5.0mm^3 10 × PCR buffer, 10 pmol forward and reverse primers, 0.3mm^3 10mmol/L dNTPs, 2 U Taq (*Ferments*, USA) and 60ng template at the following conditions: 5min at 94℃ followed by 35 cycles of 60s at 94℃, 50s at 52℃ (*CBF3*) or 60℃ (*CORc410*), and 50s at 72℃ and 10min at 72℃. PCR reactions were terminated before the reaction reached platform and the amplicons were examined with gel electrophoresis.

Statistical analysis: For parametric data, an analysis of variance (*ANOVA*) was used by Excel (2003). The *t*-test significance was set at $\alpha = 0.05$ for all tests.

2 Results

2.1 Photosynthetic characteristics

The contents of photosynthetic pigments displayed a downward trend under low temperature and weak light. Significant differences were observed among the five pepper species with CP showing the smallest decrease (Chl *a*, Chl *b*, and car decreased by 8.83%, 8.01%, and 22.32%, respectively) and CF showing the largest decrease (Chl *a*, Chl *b*, and Car decreased by 31.56%, 27.28%, and 26.41%, respectively) (Table 1). Overall, our results indicated significant reduction in photosynthetic pigments in peppers under low temperature and weak light.

Under normal conditions, the five pepper species did not show significantly different photosynthetic rates. However, the P_N of all five pepper species was significantly affected by low temperature and weak light, with CP showing the smallest reduction for 70.15%, followed by CB's 84.66% (Table 2). Both E and g_s of all pepper species but CP were significantly decreased by low temperature and weak light treatments. However, only CP showed significantly increased WUE (Table 2).

Table 1 Photosynthetic pigment content [g/kg^{-1}(DM)] in different pepper species. Chl – chlorophyll. lowercase mean significance at 0.05 levels. Means of 5 replications ± SE.

Pepper species	Pigment content [mg/g (DW)]								
	Chl *a*			Chl *b*			*Car*		
	0d	25d	–%	0d	25d	–%	0d	25d	-%
CA	9.83±0.58	7.58±0.25	22.88^b	4.28±0.12	3.64±0.22	14.95^c	1.51±0.11	0.78±0.11	48.34^a
CB	9.31±0.42	7.36±0.36	26.49^b	4.45±0.21	3.55±0.25	20.22^b	1.19±0.23	0.70±0.21	41.17^a
CC	8.05±0.78	6.44±0.50	20.00^b	3.59±0.25	2.83±0.47	21.16^b	1.09±0.10	0.70±0.31	35.77^b
CF	11.15±1.0	7.63±0.64	31.56^a	5.35±0.53	3.98±0.35	27.28^a	1.06±0.08	0.78±0.25	26.41^b
CP	7.92±0.74	7.22±0.25	8.83^c	3.87±0.14	3.56±0.33	8.01^d	1.12±0.14	0.67±0.12	40.18^a

Table 2 Photosynthetic rate (P_N), transpiration rate (E), stomatal conductance (g_s) and water use efficiency (WUE) of different pepper species. lowercase mean significance at 0.05 levels. Means of 5 replications ± SE.

	P_N			E [mmol/(m^2·s)]			g_s [mol(H_2O)/(m^2·s)]			WUE [%]		
	0d	25d	–%	0d	25d	–%	0d	25d	–%	0d	25d	+%
CA	17.73±0.86	2.31±0.21	86.97^a	3.26±0.45	0.45±0.14	86.19^a	0.47±0.08	0.17±0.02	63.82^a	0.544±0.75	0.513±0.14	–5.69^c
CB	16.49±2.53	2.53±0.49	84.66^a	3.79±0.26	0.57±0.17	84.96^a	0.43±0.08	0.21±0.04	51.16^a	0.435±0.68	0.444±0.36	2.06^b
CC	17.17±2.37	2.37±0.27	86.20^a	3.36±0.49	0.50±0.14	85.11^a	0.43±0.08	0.18±0.03	58.13^a	0.511±0.71	0.474±0.33	–7.24^c
CF	21.77±2.91	2.91±0.14	86.63^a	3.21±0.47	0.46±0.11	85.66^a	0.55±0.02	0.19±0.03	65.45^a	0.678±1.21	0.633±0.18	–6.63^c
CP	15.78±2.71	4.71±0.52	70.15^b	4.05±0.58	0.86±0.12	78.76^b	0.34±0.02	0.25±0.07	26.47^b	0.389±0.55	0.548±0.13	40.87^a

Chlorophyll fluorescence analysis revealed that low temperature and weak light significantly affected PSII, including significantly reduced capture efficiency of reaction center excitation energy (F_v'/F_m'), Φ_{PSII}, and q_P but significantly increased q_N. Among the five pepper species, only minor changes in fluorescence parameters were observed for CP while the other four's changes were much larger (Table 3).

Table 3 Chlorophyll fluorescence kinetics of different pepper species. lowercase mean significance at 0.05 levels. Means of 5 replications ± SE.

Pepper species	F_v'/F_m'			qP			qN			Φ_{PSII}		
	0d	25d	–%	0d	25d	–%	0d	25d	–%	0d	25d	–%
CA	0.55±0.01	0.33±0.03	40.00^a	0.61±0.01	0.36±0.02	40.98^a	0.60±0.002	0.70±0.001	16.67^a	0.44±0.007	0.33±0.06	25.00^a
CB	0.51±0.01	0.30±0.05	41.18^a	0.53±0.02	0.33±0.03	37.74^a	0.66±0.002	0.77±0.002	16.67^a	0.41±0.006	0.30±0.06	24.39^a
CC	0.52±0.01	0.30±0.08	42.31^a	0.57±0.01	0.30±0.08	47.37^a	0.63±0.004	0.73±0..005	15.87^a	0.45±0.002	0.32±0.05	28.89^a
CF	0.63±0.01	0.40±0.08	36.51^a	0.65±0.02	0.39±0.05	40.00^a	0.55±0.002	0.69±0.003	25.45^a	0.50±0.002	0.37±0.04	26.00^a
CP	0.50±0.01	0.36±0.10	28.00^b	0.51±0.01	0.36±0.11	29.41^b	0.68±0.002	0.80±0.006	17.65^a	0.37±0.002	0.32±0.03	13.51^b

2.2 Structure

Low temperature and weak light significantly affected the development of leaf palisade and spongy tissue by thinning the leaves but thickening the bundle sheaths. Among the five pepper species, CP showed clear morphology of tightly packed leaf palisade tissue and spongy tissue and obviously thickened bundle sheaths (Fig. 1*E2*), while CF and CA displayed obscure morphology of almost disintegrated palisade and spongy tissues and obviously thickened bundle sheaths (Fig. 1*A2,D2*).

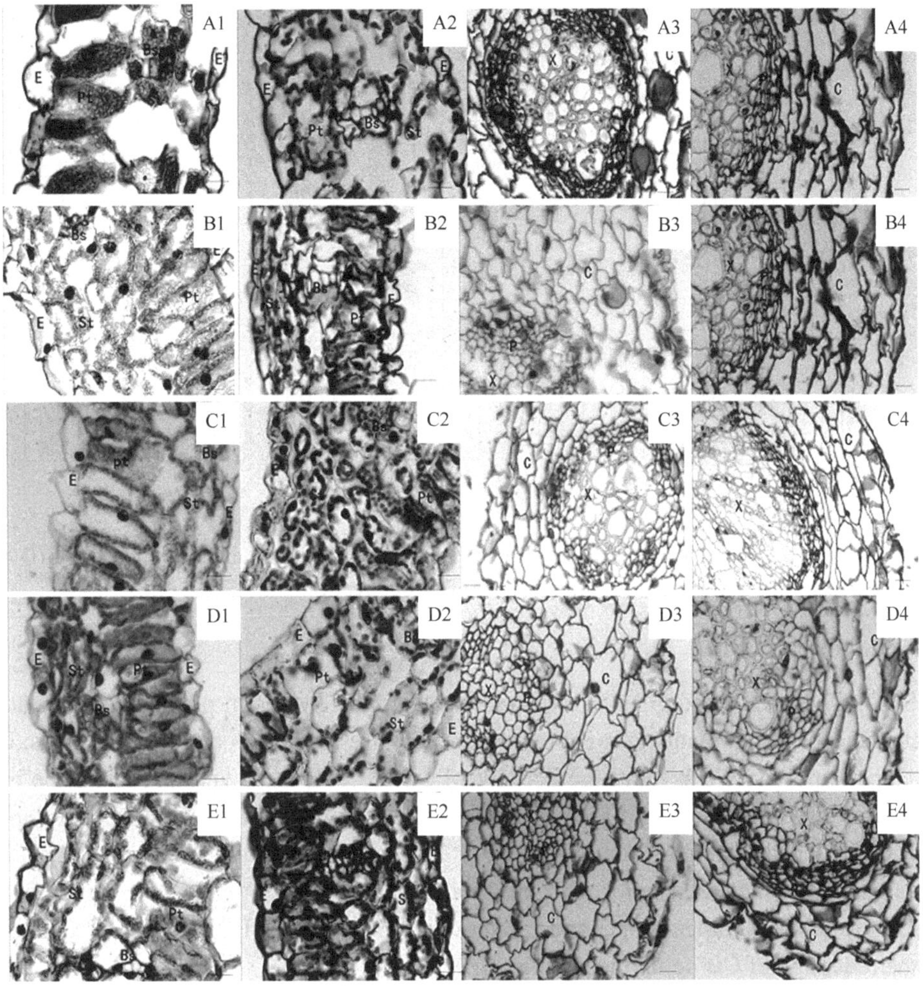

Fig. 1 Microscopic structure of leaf (1,2) and root (3,4) under low temperature and weak light. Means of 5 replications ± SE.

Note: Pt-palisade tissue, St - spongy tissue, Bs - bundle sheath, E-epidermal cells, C-cortical cells, X-xylem, P-phloem; *A*-CA, *B*-CB, *C*-CC, *D*-CF, *E*-CP; 1,3- normal, 2,4-low temperature and weak light; Scar Bar: 10 μm

2.3 Proline and total soluble sugar

Environmental stresses can cause substantial accumulation of proline, an important cytoplasmic osmotic adjustment substance in plants. Under low temperature and weak light, the contents of proline in CP kept increasing, while those of the other four peppers pecies were first increasing then decreasing with CF and CB showing the most and the least significant decreases, respectively (Fig. 2*A*).

The pepper leaves from different species displayed different trends of changes in the contents of total soluble sugars after low temperature and weak light treatments. The contents of total soluble sugars of CA, CC and CF reached the maximum on the 15th d with CF showing the lowest contents on the 25th d; CB's total soluble sugar contents reached the maximum on the 20th d then declined; CP's total soluble sugar contents kept increasing and reached the maximum on the 25th day, which were significantly higher than those of other species (Fig. 2*C*).

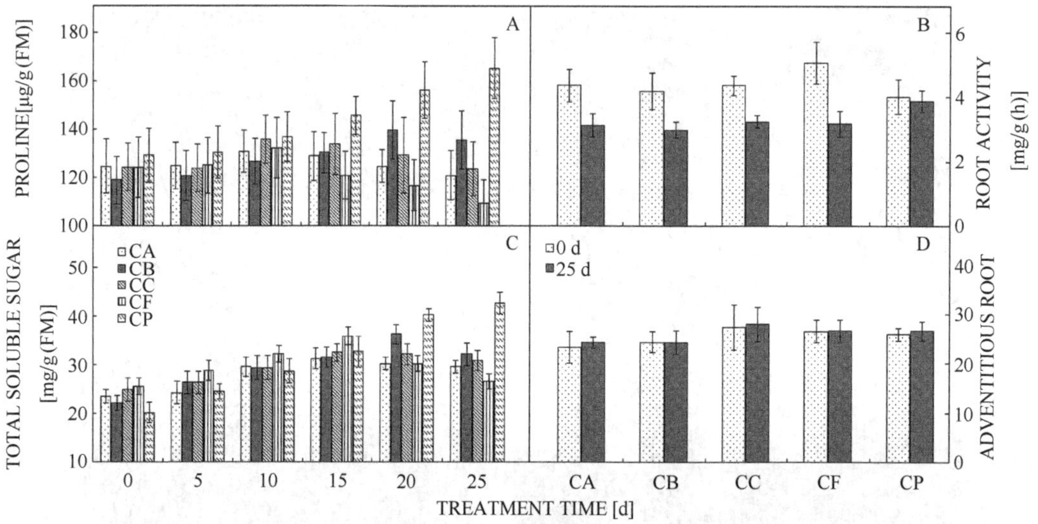

Fig. 2 Proline(A), Root activity (B), total soluble sugar (C) and number of adventitious roots (D) of different pepper species. Means of 5 replications ± SE.

2.4 Enzyme activity

SOD, CAT, POD, and GR are important protective enzymes in plants, and their activity reflects the capacity of plants to resist environmental stresses and to clear free radicals. Under low temperature and weak light, the activity of SOD, CAT, POD and GR of all the pepper species was first increased, and then decreased. The enzyme activity of all pepper species, except CP, reached the highest on the 15th d or 20th d. The activity of SOD, POD and GR of CP was slightly increased after 25d of treatment for 127.62%, 50.97% and 154.27%, respectively, while all other pepper species showed reduced SOD, POD, CAT and GR activity, with the reduction of CB being the smallest one (Fig. 3).

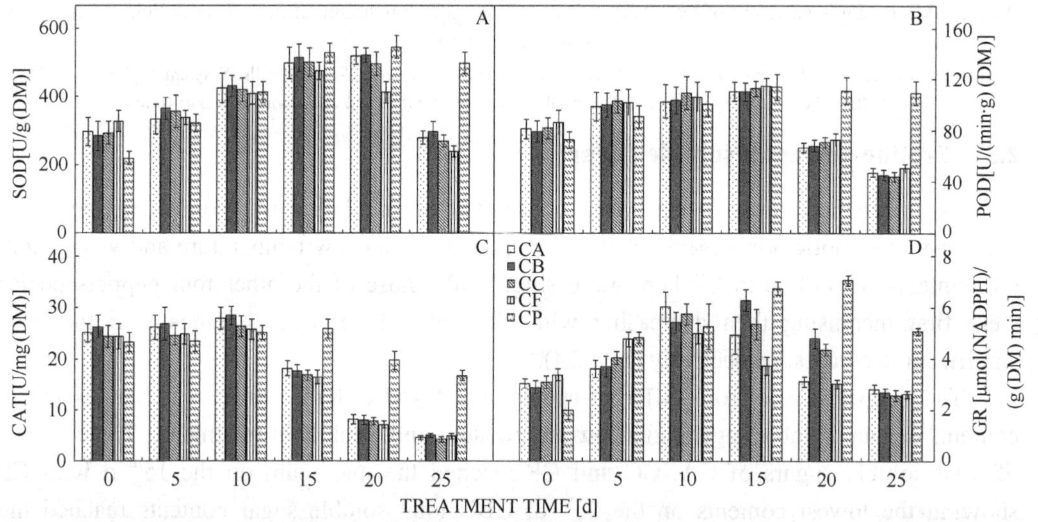

Fig. 3 Superoxide dismutase (SOD) (A), peroxidase (POD) (B), catalase (CAT) (C) and Glutathione reductase (GR) (D) of different pepper species. Means of 5 replications ± SE.

2.5 Root characteristics

Root activity reflects not only the growth and development conditions of the root system but also the dynamic relationship between the root's growth and its surrounding environment, especially soil moisture. Under the stresses of low temperature and weak light, all five pepper species showed reduced root activity to different degrees, with CF and CP showing the largest and smallest reductions, respectively (Fig. 2*B*). After 25days of treatments, the numbers of adventitious roots of CA, CC and CP were increased, while that of CB remained the same and that of CF was reduced (Fig. 2*D*).

Low temperature and weak light promoted the division of root phloem cells and thickened the xylem to withstand environmental adversity. Among the five pepper species, CP displayed the most significant acceleration in phloem cell division and thickening of the xylem, while both CA and CF showed reduced numbers of phloem cells, tapered xylem, and blocked development of both phloem and xylem (Fig. 1 *A4,D4*).

2.6 Gene expression

Along with the treatments of low temperature and weak light, the expression of both *CBF3* and *CORc410* in CA showed a first increasing then decreasing pattern. *CBF3*'s expression rapidly responded to low temperature and weak light, and it reached the maximum on the 5th d and declined later. The increases in *CORc410*'s expression started from 0d to 15th d, and reductions were observed later (Fig. 4A).

25days after low temperature and weak light treatments, the expression of both *CBF3* and *CORc410* was reduced in all five pepper species to different degrees. CP had the highest expression levels of *CBF3* and *CORc410*, followed by CB, and CF's expression of the two genes was the lowest (Fig. 4B).

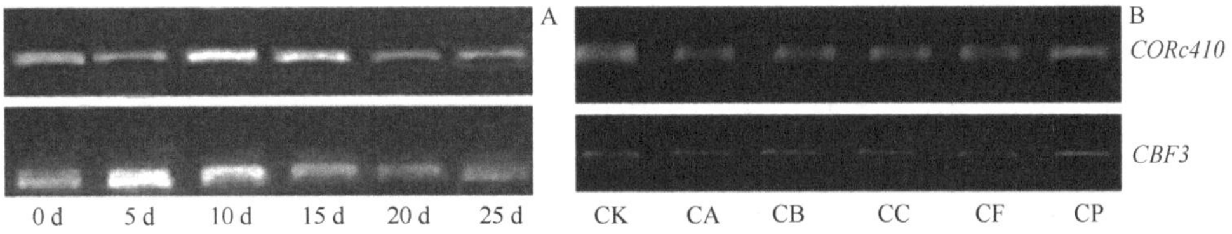

Fig. 4 Semi-quantitative RT-PCR analysis of *CBF3* and *CORc*410 of CA in different pepper species after 25d treatment of low temperature and weak light. Means of 5 replications ± SE.

3 Discussion

The leaf is the main organ for plant photosynthesis and transpiration. Leaf morphology is closely correlated with surrounding environments and has great plasticity (Bai et al., 2010). Therefore, the structural characteristics of leaves reflect the impacts of environmental factors on plants or the adaptability of plants to environments (Cai and Song, 2001; Peng et al., 2003). Low temperature and weak light can affect leaf structures by significantly changing the blade mesophyll tissues (Yu et al., 2011; An et al., 2011). Chloroplasts are highly sensitive to low temperatures, a cause of the sensitivity of photosynthesis. The reduction in chlorophyll contents at low temperatures may be caused by damaged original chlorophyll (Hasselt, 1972) or by blocked chlorophyll synthesis (Friend, 1960). In this study, we found that low temperature and weak light caused disarranged leaf palisade and spongy tissues, thinned leaves, decreased contents of photosynthetic pigments, and reduced photosynthesis. These changes indicate that low temperature and weak light damaged pepper chloroplast structure to block chlorophyll synthesis and affect the photosynthetic characteristics. Furthermore, it has been shown that carotenoids may protect the photosynthetic membrane from light damage by dissipating excessive excitation energy through the xanthophyll cycle; β-carotenoids are also quenching agents for reactive oxygen and free radicals preventing photooxidation-induced destruction of chloroplasts (Britton, 1995; Bartley, 1995). However, another study reported that the species with lower contents of carotenoids were more resistant to low temperature and weak light (Xie et al., 2010). In this study, we found that the cultivar with low carotenoid levels, CP, showed the highest resistance to low temperature and weak light, confirming the notion that lower carotenoid contents render stronger resistance to low temperature and weak light to plants. This may be because higher levels of carotenoids result in more energy absorption, which is more harmful to plants under these adverse conditions. Therefore, lower contents of carotenoids were observed in all five species after low temperature and weak light treatments, with the resistance to such adverse conditions being inversely correlated with carotenoids contents. This is consistent with a previous report that low temperatures significantly inhibited the enzymes in the dark reactions of photosynthesis to generate excessive light energy and seriously harm plants' photosynthesis system (Liu et al., 2001). In addition, low temperature and weak light promote the growth of root phloem and stimulate xylem cell division and differentiation, which may prompt the formation of advanced catheter system. At the same time, low temperature and weak light also make the cortex thinner to increase the root's efficiency of nutrient absorption, which resist the deceleration in cell metabolism and the root absorption caused by low temperature and weak light.

Recent studies on the mechanisms of cold-resistance in plants have indicated that *CBF* is a "master switch" of gene expression in response to low temperatures. Specifically, *CBF* activates the expression of downstream *COR* genes for the synthesis of cold-resistant materials and proteins, thereby enhancing the tolerance of plants to low temperatures (Thomashow et al., 2001; Fowler and Thomashow, 2002; Chinnusamy et al., 2007; Yang et al., 2011; Kendall et al., 2011; Carvallo et al., 2011). Subsequently, a series of physiological and biochemical reactions occur, including the accumulations of soluble sugars and prolines (Gilmour et al., 2000; Ma, 2000). In this study, we observed first increasing then decreasing contents of soluble sugars and prolines under low temperature and weak light; *CBF3*'s expression was rapidly elevated before declining; the response of *CORc410*'s expression was slower than that of *CBF3* but lasted longer, indicating that *CORc410* is the main target gene of *CBF3* to be activated in response to low temperature and weak light; prolonged treatments with low temperature and weak light resulted in reduced *CBF3* and *CORc410* expression levels, which caused the damages to plants.

It has been previously reported that different varieties or species of the same plant may have significantly different resistance to environmental stresses, which are mainly due to the differences in photosynthesis rate reduction, water use efficiency increases, and related enzymatic activity increases (Liu et al., 2001; Wang et al., 2011; He et al., 2011; Peng et al., 2011). Pepper breeding has been focused on the cultivar CA (Pickersgill, 1997). In this study, we observed distinct responses to low temperature and weak light, including photosynthesis, active substances, and gene expression. This indicates that different pepper species have different resistance capacities to the low temperature and weak light stress. In recent years, more than 100 new pepper species have been developed in China, and the main species in the pepper-producing areas have been updated for 4~5 times, which have played an important role in improving pepper production and quality. It also demonstrates the apparent heterosis of peppers. However, CA's genetic basis is relative narrow, which limits further improvement in pepper yield and quality (Prince et al., 1995, Ou et al., 2012). Therefore, more species are needed in the research of pepper breeding to solve the bottleneck pepper breeding by significantly expanding pepper parental sources to effectively exploit pepper germplasm resources. Pepper is cultivated mainly in late spring/early summer, when dramatic weather changes may occur, such as sudden drops in temperature; and greenhouse pepper cultivation during spring and winter is more widely carried out. Therefore, choosing parental varieties with strong resistance to low temperature and weak light to breed for highly resistant species is an effective method to deal with such adverse conditions in greenhouse cultivation. In this study, we found that CA had low resistance capacity to low temperature and weak, while CP and CB showed significantly stronger resistance. Therefore, we recommend the introduction of the stress-resistant genes in CP and CB to the breeding process of CA to improve the resistance capacity and heterosis by expanded gene exchanges.

References

An F Q, Yu L F, Li F H. 2011. Influence of low light and low temperature on microstructure of summer squash's leaves. Crops, 27: 45-47.

An L H, Chen L Z, Hu Q Q, et al. 2010. Effects of cold stress to three non-heading chinese cabbage OguCMS and biochemical indexes of its maintaining line. Chin Vege, 30: 19-23.

Arnon D I. 1949. Copper enzymes inisolated chloroplasts phenoloxidases in *Beta vulgaris*. Plant Physiol, 24: 1-15.

Aya H I, Keńichi O. 2012. Overexpression of *GSH1* gene mimics transcriptional response to low temperature during seed vernalization treatment of *Arabidopsis*. Plant Cell Physiol, 53: 1195-1203.

Bai C Y, Gao S F, Zhang Y, et al. 2010. Analysis of Anatomical Leaf Structure and Drought Resistance in 12 Varieties of Walnut. Acta Agric Boreali-Occident Sin, 19: 125-128.

Bartley G E, Scolnik P A. 1995. Plant carotenoids: pigments for photoprotection, visual attraction, and human health. Plant Cell, 7: 1027-1038.

Britton G. 1995. Structure and properties of carotenoids in relation to function. FASEB J, 9: 1551-1558.

Cai Y L, Song Y C. 2001. Adaptive characteristics and behavior of *Dalbergia millettii* liana in subtropical evergreen broad-leaved forest of eastern China. Acta Ecol Sin, 25: 90-98.

Carvallo M A, Pino M T, Jeknić Z, et al. 2011. A comparison of the low temperature transcriptomes and CBF regulons of three plant species that differ in freezing tolerance: *Solanum commersonii*, *Solanum tuberosum*, and *Arabidopsis thaliana*. J Exp Bot, 62: 3807-3819.

Chai W C, Ma R L, Jiao Y S, et al. 2010. Influences of low temperature stress on pepper's growth index and physiological index. Acta Bot Boreal Occident Sin, 25: 168-171.

Chinnusamy V, Zhu J, Zhu K. 2007. Cold stress regulation of gene expression in plants. Trends Plant Sci, 12: 444-451.

Deng H B, Che F L, Xiao Y H, et al. 2011. Effects of low temperature stress during flowering period on pollen characters and flag leaf physiological and biochemical characteristics of rice. Chin J Appl Ecol, 22: 66-72.

Fan P G, Li L S, Duan W, et al. 2010. Photosynthesis of young apple trees in response to low sink demand under different air temperatures. Tree Physiol, 30: 313-325.

Fowler S, Thomashow M F. 2002. Arabidopsis transcriptome profiling indicates thatmultiple regulatory pathways are activated during cold acclimation in addition to the *CBF* cold response pathway. Plant Cell, 14: 1675-1690.

Friend D J C. 1960. The control by state transition of the distribution of excition energy in photosythesis. Physiol Plant, 13: 776-785.

Gilmour S J, Sebolt A M, Salazar M P, et al. 2000. Overexpression of the Arabidopsis *CBF*3 transcriptional activator mimics multiple biochemical changesassociated with cold acclimation. Plant Physiol, 124: 1854-1865.

Guy C L. 1990. Cold acclimation and freezing stress tolerance: Role of protein metabolism. Annu Rev Plant Physiol Plant Mol Biol, 41: 187-223.

Hasselt P R V. 1972. Photoinhibition at low temperature in chilling-sensitive and resistant plants. Plant Physiol, 21: 539-548.

He H J, Kou S R, Wang X J. 2011. Effects of drought stress on photosynthetic characteristics and yield components of different plant types of corn. Agric Res Arid Areas, 29: 63-66.

He L G. 2010. Expression and analysis of cold-responsive *CBF*-like genes in citrus and related species under low temperature. Wuhan: Ph D Dissertation, Huazhong Agric Univ.

Hodgson R A J, Raison J K. 1989. Inhibition of photosynthesis by chilling in moderate light: a comparison of plants sensitive and insensitive to chilling. Planta, 178: 545-552.

Kendall S L, Hellwege A, Marriot P, et al. 2011. Induction of dormancy in arabidopsis summer annuals requires parallel regulation of *DOG1* and hormone metabolism by low temperature and *CBF* transcription factors. Plant Cell, 23: 2568-2580.

Li M, Yang D, Li W. 2007. Leaf gas exchange characteristics and chlorophyll fluorescence of three wetland plants in response to long-term soil flooding. Photosynthetica, 45: 222-228.

Liang F, Zheng C S, Sun X Z, et al. 2010. Effects of low temperature-and weak light stress and its recovery on the photosynthesis and chlorophyll fluorescence parameters of cut flower chrysanthemum. Chin J Appl Ecol, 21: 29-35.

Lin C, Wang L H, Fan T Y, et al. 2012. Lipid content and composition during the oocyte development of two gorgonian coral species in relation to low temperature preservation. PLoS one, 7: 1-6.

Liu H S, Han J F, Meng F T, et al. 2001. Effects of several physiological index related to resistance in sesame leaves under waterlogging stress in soil. Plant Physiol Commun, 37:106-108.

Liu P, Meng Q W, Zhao S J, et al. 2001. Effects of cold-hardening on chilling-induced photoinhibition of photosynthesis and on xanthophyll cycle pigments in sweet pepper. Photosynthetica, 39: 467-472.

Liu W, Ai X Z, Liang W J, et al. 2009. Effects of salicylic acid on the leaf photosynthesis and antioxidant enzyme activities of cucumber seedlings under low temperature and light intensity. Chin J Appl Ecol, 20: 441-445.

Ma Z R. 1994. Study on free proline accumulation of seedling in many spcies of plant under water stress. Prata Sci, 11:15-18.

Onyango L A, Dunstan R H, Gottfries J, et al. 2012. Effect of low temperature on growth and ultra-structure of *Staphylococcus* spp. PLoS one, 7: 1-10.

Ou L J, Zhang Z Q, Dai X Z, et al. 2012. Molecular characteristics and expression of cytoplasmic genes in cytoplasmic male sterility of pepper (*Capsicum annuum* L.). Acta Physiol Plant, 34: 2033-2037.

Peng S Q, Liu Y L, Xie S X. 2011. Response of water using efficiency and membrane permeability to drought stress in different varieties of *Flos lonicerace*. North Hortic, 35: 156-158.

Peng W X, Wang W Q, Liang Y H, et al. 2003. The effect of water stress on the microstructure of *Glycyrrhica uralensis*. J Agric Univ Hebei, 26: 46-48.

Pickersgill B. 1997. Genetic resources and breeding of *Capsicum* spp. Euphytica, 96: 129-133.

Prince J P, Lackney V K, Angeles C, et al. 1995. A survey of DNA polymorphism within the genus *Capsicum* and the fingerprinting of pepper cultivars . Genome, 38:224-231.

Thomashow F. 1990. Molecular genetics of cold acclimation in higher plant. Adv Genet, 28: 99-131.

Thomashow M F, Gilmour S J, Stoekinger E J, et al. 2001. Role of the *Arabidopsis CBF* transeriptional activators in cold acelimation. Physiol Plant, 112: 171-175.

Thomashow M F. 1999. Plant cold acclimation: freezing tolerance genes and regulationary. Plant Mol Biol, 50: 571-599.

Tsuneo K, Junko I S, Hidehiro H, et al. 2012. Influence of low air humidity and low root temperature on water uptake, growth and aquaporin expression in rice plants. Plant Cell Physiol, 53: 1418-1431.

Wang Z H, Guo X P, Lv S F, et al. 2011. Effects of soil drought on starch accumulation of grain and activity of corresponding starch synthesis enzymes in different winter wheat varieties. Agric Res Arid Areas, 29: 67-74.

Xie J M, Yu J H, Huang G B, et al. 2010. Relationship between carotenoid content and low-light-tolerance or chilling- and low-light-tolerance of pepper varieties. Sci Agric Sin, 43: 4036-4044.

Xie J M, Yu J H, Huang G B, et al. 2011. Correlations between changes of absorption and transformation of light Energy by PSII in pepper leaves and the variety tolerance under low temperature and weak light. Sci Agric Sin, 44: 1855-1862.

Xie J M, Yu J H, Xie M H, et al. 2009. Changes of three osmotic regulatory metabolites in leaves of pepper under low temperature and poor light stress and relations between its and varietal tolerance. Acta Bot Boreal Occident Sin, 29: 105-110.

Xin Z G, Browse J. 2000. Cold comfort farm: the acclimation of plants to freezing temperatures. Plant Cell Environ, 23: 893-902.

Xu R, Miao M M, Cao P S. 2010. Effect of low temperature and pollination on cucumber yield formation. Chin Vege, 30: 53-56.

Yang S, Tang X F, Ma N N et al. 2011. Heterology expression of the sweet pepper CBF3 gene confers elevated tolerance to chilling stress in transgenic tobacco. J Plant Physiol, 168: 1804-1812.

Yang S. 2011. Expression and functional analysis of the *CBF3* in sweet pepper under chilling stress. Ringdao: Ph D Dissertation, Shandong Agric Univ.

Yu L F, An F Q, Li F H, et al. 2011. Effect of low light and low temperature on anatomical structure of summer squash leaves. J Changjiang Vege, 25: 44-46.

Zhang Z G, Shang Q M. 2010. Photosynthetic characteristics of pepper leaves under low temperature, weak light and salt stress. Sci Agric Sin, 43: 123-131.

低温弱光对不同辣椒栽培种生理特性和相关基因表达的影响

欧立军，危　革，张竹青，戴雄泽，邹学校

（湖南省农科院蔬菜研究所，湖南长沙　410125）

摘要：辣椒是一种喜温好光的蔬菜，我国大部分地区冬春季以大棚栽培为主。早春和秋冬的低温弱光经常造成辣椒植株枯萎死亡，果实凋落，严重影响和制约了辣椒的周年生产。为筛选耐低温的大棚栽培品种，本文研究了低温弱光对辣椒5个栽培种 *Capsicum annuum* L.（CA），*Capsicum baccatum* L.（CB），*Capsicum chinense* Jacquin.（CC），*Capsicum frutescens* L.（CF）和 *Capsicum pubescens* Ruiz & Pavon（CP）的生理特性及相关基因表达的影响。结果发现，低温弱光下，辣椒的光合色素、气孔导度、活性物质和根系活力明显下降；叶片栅栏组织和海绵组织排列紊乱；*CBF3* 和 *CORc410* 基因的表达呈现先上升而后下降的趋势；以上这些结果表明辣椒不耐低温弱光逆境。研究同时发现，低温弱光下，CP的光合特性、活性物质、根系活力及 *CBF3* 和 *CORc410* 基因表达量显著高于其他4个栽培种，叶栅栏组织和海绵组织排列紧密，维管束鞘明显变粗，CF 的这些指标则明显低于其他栽培种。研究结果表明，不同栽培种的抗低温弱光能力存在一定差异，CP 的抗低温弱光能力明显高于其他 4 个栽培种，CB 次之，CF 的抗低温弱光能力最弱；研究认为，筛选耐低温的大棚栽培品种应该引入 CP 和 CB 栽培种，加强栽培种间的杂交，达到提高产量和品种的抗逆能力的目的。

关键词：酶活力；基因表达；低温弱光；辣椒；光合作用；渗透调节物质

Molecular Characteristics and Expression of Cytoplasmic Genes in Cytoplasmic Male Sterility of Pepper (*Capsicum annuum* L.)*①

Ou Li-jun[1, 2, 3], Zhang Zhu-qing[1], Dai Xiong-ze[1], Zou Xue-xiao[1]

([1] Vegetable Institution of Hunan Academy of Agricultural Science, Hunan Changsha 410125, China; [2] Key Laboratory of Hunan Province for Study and Utilization of Ethnic Medicinal Plant Resources, Huaihua University, Hunan Huaihua 418008, China; [3] Department of Life Sciences, Huaihua University, Hunan Huaihua 418008, China)

Abstract: In this study, we compared the sequence and expression patterns of 12 chloroplastic genes and 8 mitochondrial genes in three pepper (*Capsicum annuum* L.) cytoplasmic male sterile (CMS) lines, their maintainers and two control cultivars. The results showed that the sequences of the chloroplastic and mitochondrial genes are highly similar among the three CMS lines with average similarity of 96.81% and 98.73%, respectively, while chloroplastic *trn*H-*psb*A and (*psb*B) genes, and mitochondrial apocytochrome b (*cob*) and *RNAD* genes have 1, 9, 8 and 7 distinct sites between CMS and their corresponding maintainer lines, respectively, suggesting these sites could be used as informative sites to distinguish CMS lines from their maintainer lines. In addition, the expression level of mitochondrial *cob*, *RNAD* and *pvs* in the reproductive organs (flowers), but not in the vegetative organs (roots and leaves), is different between CMS and maintainer lines, indicating that cytoplasmic DNA polymorphisms are rare in CMS lines and mitochondrial *cob*, *RNAD* and *pvs* genes are closely related with pollen abortion.

Key words: *Capsicum annuum* L., cytoplasmic male sterility, gene expression, genetic polymorphism

Cytoplasmic male sterility (CMS), a maternally inherited trait characterized by the inability of the plant to produce viable pollen, has been studied extensively. Mitochondrial DNA (mtDNA) polymorphism of CMS lines is often associated with

CMS (Hanson, 1991). These mutations often create novel open reading frames that are expressed. Unusual mitochondrial sterility associated sequences apparently are derived by DNA recombinations, insertions, and rearrangements(Yao et al., 2001; Lin et al., 2000). Some fragments of mitochondria are reported to associated with sterility such *atp*A gene in *Brassica juncea* which male sterile flowers has longer *atp*A transcripts than male fertiles (Ashutosh et al., 2008), DCW11, down-regulated gene 11 in CMS of rice (Fujii and Toriyama, 2008), *pvs*

* 基金项目：现代农业产业技术体系专项资金资助(CARS-25-A-8)。

① 本文原载 *Acta Physiol Plant*，2012, 34: 2033-2037。

sequence in bean that *pvs* is present in CMS and absent in fertility restoration (Johns et al., 1992), And also, some chloroplastic fragments are highly variable regions in plant chloroplast genomes such the intron of ribosomal protein s16 (rps16) and the spacer of TrnT^{UGU}-TrnL^{UAA} (Shaw et al., 2005) and used as molecular markers to distinguish CMS (Ou et al., 2009) or DNA barcoding with *trn*H-*psb*A sequnece (Kress et al., 2005).

Pepper (*Capsicum annuum* L.) is a very nutrient-rich vegetable with the most abundant vitamin C among vegetables. Promoting its production replies on its breeding using male sterile lines. CMS in pepper is mainly from natural mutations, but artificial mutagenesis using physical and chemical methods become an increasingly important source. Researches on genetic materials of CMS in pepper have been focused on the nucleus (Wang et al., 2004; Kim et al., 2006). Wu et al. (2009) compared the gene expression at bud stage between pepper CMS and maintainer lines using cDNA-AFLP differential display technology and obtained 19 differentially expressed fragments. Among them, A19T72 S and A8T72 S have high homology with *Solanum lycopersicum* mitochondrial genome. However, there is less report directly on cytoplasmic genomes in pepper up to now. In this paper, we compared the cytoplasmic genetic differences between pepper CMS and their maintainer lines, established their cytoplasmic markers, and clarified the differential expression of related genes in different organs at different developmental stages, hoping present evidence that suggests its association with pollen abortion.

1 Materials and Methods

Materials: Three pepper CMS lines 9704A, PBC362A and Co4761A, their corresponding maintainer lines 9704B, PBC362B and Co4761B, and two normal pepper varieties PI439378-Jamaica and PI640507-Salvador were used in this study. They were from the United States Department of Agriculture (USDA), and the Vegetable Institution of Hunan Academy of Agricultural Science, China.

Genome DNA extraction, primer design and polymorphism analysis: Genomic DNA were extracted using CTAB method and used in semi-qantitive analysis of gene expression. A total of twelve chloroplastic primer pairs and eight mitochondrial primer pairs were designed based on the sequences of genes with high polymorphism or related with pollen abortion including rps16 gene intron, TrnTUGU -TrnLUAA, *trn*H-*psb*A, cob and pvs published on literatures and rice genomc database (Table 1). PCR reaction was conducted in a 50μL system containing 5.0μL 10× PCR buffer, 10 pmol forward and reverse primers, 0.3μL 10mmlo/L dNTPs, 2 U *Taq* (Ferments, USA) and 60ng template at the following conditions: 94℃ for 5min followed by 32 cycles of 94℃ 60s, 50℃ 40s, and 72℃ 50s and 72℃ for 10min. The PCR products were fractionated on 1% agarose gels, visualized and photographied with a GelLogic 100 image system. The target fragments were isolated from the gels under UV radiation, recovered and purified with a reagent kit (Tiangel midi purification kit), and then directly sequenced for three times. Sequence analysis was performed using MEGA 4.1.

Semi-quantitative gene expression analysis: Based on the sequence alignments, mitochondrial *cob*, *pvs* and *RNAD* were selected for gene expression analysis. The buds, flowers, leaves and roots of 9704A and 9704B were collected and their total mRNA were isolated using a RNA extraction kit (Ambiogen Life Science Technology Ltd.). cDNA were synthesized using a first strand cDNA synthesis kit [Tiangen Biotech (Beijing) Co., Ltd.] and used for semi-quantitative PCR analysis as described above. β-actin gene was used as an internal control. PCR reactions were terminated prior to the reaction reached plateus and the amplicons were examined with gel electrophoresis.

Table 1 Primer sequences and target fragments

Primer	Forward sequence (5′—3′)	Reverse sequence (5′—3′)	Target fragment
C1	TTTTCTCCTCATACGGCT	TAGTCTGTTCTATTCGTCCC	*rps16* gene intron
C2	AGTGGGCTTACATAACAGAAA	ACCAAGGCTCAATACAATCA	$TrnT^{UGU}$-$TrnL^{UAA}$
C3	AGTCTTTGCCAATGCGATAA	GTTGCTGACCCATACCAC	*psb*B
C4	TAGCAACACTTTTCCCACA	GCTCATTCCAATCCTCAA	*rpoc*2
C5	TCAAGCATCTCGGTTCG	CGCCTCATTAGCCCATAC	*ccs*A
C6	TTCCCAGTAAGAGGGTCAA	CTTCTCACTTGTTATGGCTTG	*ndh*H
C7	AGAGGGAAGTTGTGAGCATT	CGTCTGGGTATGCGTCCT	*psb*A
C8	CGAAATCGGTAGACGCTACG	ATTTGAACTGGTGACACGAG	*trn*L-F
C9	ATGTCACCACAA ACGGAGAC	GCAGCTAATTC AGGACTCC	*rbc*L
C10	GGGTAGAGAATCGTTGCCTC	CCAATCGCGGTCTTTCCCTA	*DEL*A
C11	GGCGAACAATTCGACAGACC	CGAGTCCGTATAGCCCTAAC	*DEL*B
C12	GTTATGCATGAACGTAATGCTC	CGCGCATGGTGGATTCACAATCC	*trn*H-*psb*A
M1	ATGAAAATGGTTTATCCG	GAAGACAACGAAAATGAC	*RNAA*
M2	TACAGCGAAACTGCGAATG	CACCAGACTTGCCCTCCA	*RNAB*
M3	CCTTCAGTGGTCGGCTAG	CACCCATAGAATCAAGAAAGAG	*RNAC*
M4	CGTTCTTAGTTGGTGGAG	CCTACGGAAACCTTGTTA	*RNAD*
M5	CAACTTATTACGAGGCTGATGC	AGTTCGTCCCATATACCCGTAC	*CMSS*
M6	TGGAATTCCTCTTCCAACT	ATGACTATAAGGAACCAAC	*Cob*
M7	TCTTCTTCGGACTTGATGCAC	GCGCCCTTGAAATCATCTTA	SSV-500/6
M8	TGGAATTCCTCTTCCAACT	CCATGGTCCTCCCATCAAC	*PVS*

2 Results

Cytoplasmic genetic polymorphism

The sequences of chloroplastic and mitochondrial DNA fragments of the three pepper CMS lines were highly similar. The average similarity of the 12 chloroplastic and 8 mitochondrial DNA fragments were 96.81% and 98.73% (Table 2), respectively, indicating pepper CMS lines have very low sequence diversity.

Table 2 The sequence similarity of the amplified chloroplastic and mitochondrial fragments

Primer	Similarity (%)	Primer	Similarity (%)	Primer	Similarity (%)	Primer	Similarity (%)
C1	92.36	C6	94.75	C11	100	M4	98.93
C2	93.54	C7	99.96	C12	96.87	M5	100
C3	89.37	C8	99.36	M1	98.21	M6	98.66
C4	96.62	C9	100	M2	99.21	M7	98.38
C5	98.86	C10	100	M3	100	M8	96.47

Analysis of chloroplast informative site

Among the 12 chloroplastic fragments of CMS, two fragments contain informative sites. One is *trn*H-*psb*A fragment, which has a single nucleotide polymorphic (SNP) site with a T at position 12 in the CMS lines and a C in the maintainer lines and control cultivars. The other one is *psb*B, which contains 9 informative sites, including two SNP loci (Table 3).

Table 3 The informative sites of chloroplast fragments

materials	*trn*H-*psb*A	*psb*B								
	12	737~743	746	749~751	753~754	759~761	766	777~786	801~802	804~805
9704A	T	TGCGTAT	G	ATA	TG	CGT	T	TGCTGCTGTG	TG	TG
PBC362A	T	TGCGTAT	G	ATA	TG	CGT	T	TGCTGCTGTG	TG	TG
Co4761A	T	TGCGTAT	G	ATA	TG	CGT	T	TGCTGCTGTG	TG	TG
9704B	C	GCGTATG	A	TAT	GA	GTC	C	GCTGCTGTCT	GT	GT
PBC362B	C	GCGTATG	A	TAT	GA	GTC	C	GCTGCTGTCT	GT	GT
Co4761B	C	GCGTATG	A	TAT	GA	GTC	C	GCTGCTGTCT	GT	GT
PI439378	C	GCGTATG	A	TAT	GA	GTC	C	GCTGCTGTCT	GT	GT
PI640507	C	GCGTATG	A	TAT	GA	GTC	C	GCTGCTGTCT	GT	GT

Analysis of mitochondrial informative sites

Among the 8 mitochondrial fragments, 2 fragments contain informative sites. One is *cob*, which has 8 informative sites, mainly consisting of SNPs. The other is *RNAD*, which has 7 informative sites, mainly consisting of different small fragments (Table 4).

Table 4 The informative sites of mitochondrial fragments

materials	*Cob*								*RNAD*						
	6	8	17~18	21	27	819	864	877	8~9	13~16	18~22	24~25	28~32	34~45	58~60
9704A	T	G	GT	A	G	G	A	C	GG	GAGA	GAGAC	CA	CTGCT	CTAGCTATGCGG	G--
PBC362A	T	G	GT	A	G	G	A	C	GG	GAGA	GAGAC	CA	CTGCT	CTAGCTATGCGG	G--
Co4761A	T	G	GT	A	G	G	A	C	GG	GAGA	GAGAC	CA	CTGCT	CTAGCTATGCGG	G--
9704B	G	T	AG	T	C	-	-	G	TC	ATGC	ATCGA	TT	TTACC	GGTATCGCTGGT	TGT
PBC362B	G	T	AG	T	C	-	-	G	TC	ATGC	ATCGA	TT	TTACC	GGTATCGCTGGT	TGT
Co4761B	G	T	AG	T	C	-	-	G	TC	ATGC	ATCGA	TT	TTACC	GGTATCGCTGGT	TGT
PI439378	G	T	AG	T	C	-	-	G	TC	ATGC	ATCGA	TT	TTACC	GGTATCGCTGGT	TGT
PI640507	G	T	AG	T	C	-	-	G	TC	ATGC	ATCGA	TT	TTACC	GGTATCGCTGGT	TGT

Gene expression analysis

The expression of three mitochondrial genes *RNAD*, *cob*, and *pvs* is similar in leaves and roots, but different in flower buds and flowers, among CMS and their maintainer lines. In detail, flower buds and flowers of CMS lines have lower expression of *RNAD* and *pvs* genes, but higher expression of *cob* genes compared to their maintainer lines. In addition, the expression of these three genes in flower buds and flowers are similar among different CMS lines (Fig.1).

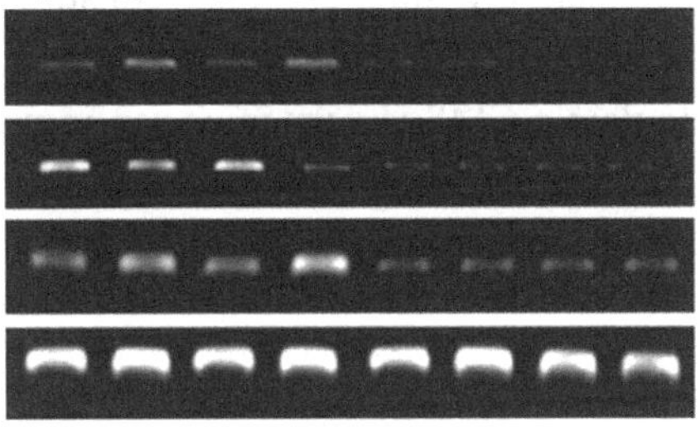

Fig. 1 Semi-quantitative RT- PCR analysis of differentially expressed genes

Note: S- CMS, N- maintainer

3 Discussions

Cytoplasmic male sterility (CMS) is a prevail phenomenon in plants. Utilizing CMS in hybrid seed production has become a major international trend in seeding industry. It does not need artificial emasculation, thus can improve the purity of hybrid seeds, especially in some special species (Saxena et al., 2010). CMS is a trait associated with mitochondrial DNA rearrangement. At present, no identical CMS mutations have been found (Hanson and Bentolila, 2004). *Pvs* fragment it has been reportedly associated with CMS and is not present in maintainer lines of some plants (Liu et al., 2001; Gehlhar et al., 2005). In this study, we did not find any deletion in these two fragments. Although both of them are present in pepper CMS and maintainer line, their expression levels are different in the reproductive organs (flowers), not in the vegetative organs (roots and leaves), indicating that th fragment is related to sterility of pepper. Based on the analysis of expression level in CMS and maintainer line, decreased expression of the fragment is correlated with reduced pollen sterility. Satoh et al. (1989) found that the fragments of mitochondrial genes *cob* is different in the CMS and maintainer lines of onion. In this study, we found that the length of *cob* fragments are similar in pepper CMS and maintainer lines, but their sequence is different and have eight informative sites in CMS and maintainer lines. In addition, they are differentially expressed in flowers between CMS and maintainer lines, indicating that the fragment is might associated with the fertility of plants, and can be used to distinguish CMS from maintainer lines. Liu et al. (2002) found that three fragments can be used to rapidly distinguish maize CMS, maintainer lines and restorer lines, and named them as CMST, CMSC and CMSS. In this paper, we simultaneously amplified these three fragments, but found that CMST and CMSC fragments cannot be amplified. CMSS sequencing showed exact same sequences in both CMS and maintainer lines, meaning that these three fragments cannot be used to distinguish pepper CMS from maintainer and restorer lines.

Chloroplastic and mitochondrial DNA sequence analysis of pepper CMS and maintainer lines found four genes are differentially expressed at base level in CMS and maintainer lines. These differences are regularly related to sterile lines and maintainer lines, thus can be used as informative sites to distinguish pepper CMS from maintainer lines. In addition, the sequences of the twelve chloroplastic and eight mitochondrial genes have average similarity of 96.81% and 98.73%, respectively, in CMS and maintainer lines, indicating that the genetic background of pepper CMS is relatively simple. Thus, constrained by the current CMS resource, the potential to further improve the yield of pepper hybrid is getting smaller and smaller. Excavation of new cytoplamic CMS is very importan in promoting the development of genetic diversity of pepper, and would protect biological diversity of pepper and provide an important developmental direction for solving the bio-security problem of agricultural production.

References

Ashutosh K P, Kumar V D, Sharma P C, et al. 2008. A novel or f108 co-transcribed with the atpA gene is associated with cytoplasmic male sterility in Brassica juncea carrying moricandia arvensis cytoplasm. Plant Cell Physiol, 49: 284-289.

Fujii S, Toriyama K. 2008. DCW11, down-regulated gene 11 in cw-type cytoplasmic male sterile rice, encoding mitochondrial protein phosphatase 2C is related to cytoplasmic male sterility. Plant Cell Physiol, 49: 633-640.

Gehlhar S B, Simons K J, Maan S S, et al. 2005. Genetic analysis of the species cytoplasm specific gene (SCSD) derived from durum wheat. J Hered, 96: 404-409.

Hanson M R, Bentolila S. 2004. Interactions of mitochondrial and nuclear genes that affect male gametophyte development. Plant Cell, 16:154-169.

Hanson M R. 1991. Plant mitochondrial mutations and male sterility. Annu Rev Genet, 25: 461-486.

Johns C, Lu M Q, Lyznik A, et al. 1992. mitochondrial DNA sequence is associated with abnormal pollen development in cytoplasmic male sterile bean plants. Plant Cell, 4:435-449.

Kim D S, Kim D H, Yoo J H, et al. 2006. Cleaved amplified polymorphic sequence and amplified fragment length polymorphism markers linked to the fertility restorer gene in chili pepper (*Capsicum annuum* L.). Mol Cells, 21: 135-140.

Kress W J, Wurdack K J, Zimmer E A, et al. 2005. Use of DNA barcodes to identify flowering plants. PNAS, 102: 8369-8374.

Lin X Y, Zhou P J, Hang Q Y, et al. 2000. Isolation and sequence analysis of a mitochondrial DNA fragment associated with CMS in Hong Lian type rice. Acta Biol Exp Sin, 33: 151-155.

Liu F, Cui X Q, Horner H T, et al. 2001. Mitochondrial aldehyde dehydrogenase activity is required for male fertility in maize. Plant Cell, 13: 1063-1078.

Liu Z Y, Peter S O, Long M H, et al. 2002. A PCR assay for rapid discrimination of sterile cytoplasm types in maize. Crop Sci, 42: 566-569.

Ou L J, Huang G W, Li W J, et al. 2009. Chloroplast DNA polymorphism in different types of cytoplasmic male sterile rice. Biol Plantarum, 53: 593-596.

Satoh Y, Ito K, Mikami T. 1989. PCR amplification of the mitochondrial DNA sequence specific to the malc-sterile and normal cytoplasm in onion. J Hered, 80: 143-145.

Saxena K B, Ravikoti V K, Dalvi V A, et al. 2010. Development of cytoplasmic–nuclear male sterility, its inheritance, and potential use in hybrid pigeonpea breeding. J Hered, 101: 497-503.

Shaw J, Lickey E B, Beck J T, et al. 2005. The tortoise and the hare II: relative utility of 21 non-coding chloroplast DNA sequences for phylogenetic analysis. Amer J Bot, 92: 142-166.

Wang L H, Zhang B X, Lefebvre V, et al. 2004. QTL analysis of fertility restoration in cytoplasmic male sterile pepper. Theor Appl Genet, 109: 1058-1063.

Wu Z M, Hu K L, Qiao A M. 2009. Differential expression analysis in flower buds of CMS and its maintainer line of *Capsicum annuum* L. Acta Hort Sin, 36: 1311-1316.

Yao F Y, Li G X, Zhu C X, et al. 2001. RAPD analysis for mitochondrial DNAs of the BT cytoplasmic male sterile (CMS) line and its associated lines in rice (*Oryza sativa*). Acta Bot Boreal Occident Sin, 21: 839-843.

辣椒雄性不育系细胞质分子遗传特点及部分基因表达分析

欧立军[1,2,3]，张竹青[1]，戴雄泽[1]，邹学校[1]

([1]湖南省农业科学院蔬菜研究所，湖南长沙 410125, China；[2]民族药用植物资源研究与利用湖南省重点实验室，怀化学院，湖南怀化 418008, China；[3]怀化学院生命科学系，湖南怀化 418008)

摘要：以 2 个 *Capsicum annuum* L 品种为对照，对 3 个辣椒雄性不育系的 12 个叶绿体和 8 个线粒体基因进行序列变异和表达分析。结果发现，辣椒雄性不育系的叶绿体和线粒体片段高度相似，平均相似度分别为 96.81%和 98.73%；不育系叶绿体的 *trn*H-*psb*A 和 *psb*B 基因、线粒体的 *cob* 和 *RNAD* 片段分别发现 1、9、8 和 7 个信息位点，这些位点可以作为区分雄性不育系和保持系的特异位点；*psb*B 基因在雄性不育系和保持系中的表达量相同，线粒体的 *cob*、*RNAD* 和 *pvs* 在雄性不育系和保持系的生殖器官（花）中存在表达差异，在营养器官（根和叶）中的表达量相同。结果表明，线粒体的 *cob*、*RNAD* 和 *pvs* 基因与辣椒的育性存在较大的关系；不育系细胞质 DNA 多态性水平非常低，即不育系细胞质源较匮乏，创新不育系细胞质源是杂交辣椒研究的重要任务。

关键词：辣椒，细胞质雄性不育，遗传多态性，基因表达

Molecular cloning, sequence characterization of a novel pepper gene *NADP-ICDH* and the relationship with cytoplasmic male sterility*①

M.H. Deng[1, 2, *], J.F. Wen[3, *], J.L. Huo[4*], H.S. Zhu[2], X.Z. Dai[1], Z.Q. Zhang[1], H. Zhou[2], X.X. Zou [1]

([1] Institute of Vegetable Crops, Hunan Academy of Agricultural Science, Changsha 410125, China; [2] College of Horticulture and Landscape, Yunnan Agricultural University, Kunming 650201, China; [3] Faculty of Modern Agricultural Engineering, Kunming University of Science and Technology, Kunming 650224, China; [4] Faculty of Animal Science and Technology, Yunnan Agricultural University, Kunming 650201, China)

Abstract: NADP-dependent isocitrate dehydrogenase is an important enzyme involved in energy metabolism. The complete CDS sequence of pepper gene *NADP-ICDH* was amplified using the reverse transcriptase polymerase chain reaction based on the conserved sequence information of the tomato or other Solanaceae plants and known highly homologous pepper ESTs. The nucleotide sequence analysis revealed that pepper *NADP-ICDH* gene encodes a protein of 415 amino acids that has high homology with the proteins of seven species—*Solanum tuberosum* (100%), *Citrus limon* (98%), *Daucus carota* (98%), *Nicotiana tabacum* (98%), *Vitis vinifera* (99%), *Arabidopsis thaliana* (97%), *Oryza sativa* (98%). The tissue expression analysis indicated that the pepper *NADP-ICDH* gene was over-expressed in flower, pericarp and seed, moderately in placenta, weakly in stem and leaf, hardly expressed in root. At the abortion stages, activities and expression level of *NADP-ICDH* in anthers of sterile line obviously reduced, while those in hybrid F_1 kept normal with the maintainer. Activities and expression level of *NADP-ICDH* were too low to keep balance of the energy metabolism in sterile line, which indicated that stable transcripts of *NADP-ICDH* are beneficial to keep the energy metabolism with a normal level. But when the restorer gene was transferred into CMS line, activities and expression level of *NADP-ICDH* could be regulated by the restorer gene and kept stably. The restorer gene likely plays an important role in keeping the balance of the energy metabolism with a normal level during the microspore development.

---

* 基金项目：现代农业产业技术体系专项资金(CARS-25-A-8)，国家公益性行业科技(200903025)，国家高技术研究与发展计划（863 计划）(2006AA100108-4-10，2006AA10Z1A6-3)，国家自然科学基金（31160394）和云南省自然科学基金项目(2009CD055)资助。

① 本文原载 *Genetics and Molecular Research*，2012，11（3）：3020-3031。

Key words: *Capsicum annuum L.*; NADP-isocitrate dehydrogenase; cloning; characterization; cytoplasmic male sterility

INTRODUCTION

Cytoplasmic male sterility (CMS) is a type of genetic phenomenon of not producing or releasing viable pollen; it has been reported in >150 species of plants and plays an important role in utilization of hybrid vigor (Wise and Pring, 2002). Numerous studies have shown that CMS is related to abnormal mitochondrial gene reorganization (Touzet and Buda, 2004; Linke and Börner, 2005). The reorganization of mitochondria often leads to abnormality of CMS respiratory metabolism (Connettm and Hanson, 1990).

In aerobic tissues, mitochondria provide energy for cell activities (Bartoli et al., 2000; Gueguen et al., 2000; Balk and Leaver, 2001; Sweetlove et al., 2002). Numerous studies have shown that inadequacy of energy metabolism is related to CMS (Sun et al., 2009; Yui et al., 2003; Bergman et al., 2000; Ducos et al., 2001; Teixeira et al., 2005; Sabar et al., 2003; Carlsson et al., 2007; Fujii et al., 2007).

The tricarboxylic acid (TCA) cycle is the central metabolic pathway for all aerobic processes in living organisms (Corpas et al., 1999). NADP-isocitrate dehydrogenase (NADP-ICDH) catalyses the first oxidative decarboxylation reaction of the TCA cycle, yielding 2-oxoglutarate, CO_2 and NADPH from isocitrate in a two-step reaction (Sienkiewicz-Porzuceka et al., 2010). NADPH can be used for reductive biosynthetic reactions, and 2-Oxoglutarate can be further oxidised within the cycle or reductively aminated to glutamate. NADP-ICDH thus supplies the cell with a most important intermediate of energy metabolism, as well as with precursors and reducing power for anabolic pathways (Sassi et al., 2008). The gene encoding isocitrate dehydrogenase has been cloned and sequenced from a variety of living organisms (Fieuw et al., 1995; Gálvez et al., 1998; Camacho et al., 2002; Kirimura et al., 2002).

In present experiment, we will isolate the complete coding sequences of pepper *NADP-ICDH* gene based on the conserved gene sequences information of tomato or other Solanaceae plant species, subsequently perform some necessary sequence analysis, we will also study the tissue expression distribution of the gene, and finally we will also study the activity and expression level of *NADP-ICDH* gene in anthers of pepper CMS-9704A, its maintainer line 9704B and F_1, in order to establish the primary foundation of further understanding of the pepper gene *NADP-ICDH* and the relationship with the CMS.

MATERIALS AND METHODS

Samples collection, RNA extraction and first-strand cDNA synthesis a typical CMS line, 9704A, its fertile maintainer line, 9704B and a F_1 hybrid line were grown in experimental fields of Yunnan Agricultural University on campus in the summer of 2011. Flowers at four developmental stages were picked out from the corresponding young flowers and collected for experiments. The whole flower development was divided into four stages according to the microsporogenesis progress by checking under the microscope, i.e. (stage 1) sporogenous cell division stage, (stage 2) pollen mother cell (PMC) meiosis stage, (stage 3) uninucleate microspore stage and (stage 4) mature pollen stage. Fresh tissues (root, stem, leaf, flower, pericarp, placenta and seed) for RNA isolations were frozen in liquid nitrogen and stored at −80℃ until further use.

Total RNA was extracted using the RNAiso Plus (TaKaRa, Dalian) according to the manufacturer's instructions. To remove genomic DNA contamination, total RNA was digested with RNase-free DNase I (TaKaRa, Dalian). Three micrograms of RNA were reverse transcribed with oligo $(dT)_{18}$ primer and M-MLV reverse transcriptase (Invitrogen, USA). The efficiency of reverse transcription was checked on 2% agarose gels stained with ethidium bromide.

Isolation of the pepper *NADP-ICDH* gene

The RT-PCR was performed to isolate the pepper gene using the cDNAs of CMS line and maintainer line from different tissues above. The 20-μl reaction system was: 1.5 μl of (25 ng/μl) cDNA, 1μl of 2.5mmol/L mixed dNTPs, 2 μl of 10 × *Taq* DNA polymerase buffer ($MgCl_2$ plus), 0.4μl of 10μmol/L forward and reverse primer, 0.3 μl of 5 U/μl *Taq* DNA polymerase and 13.4μl of sterile water. The PCR program initially started with 94℃ for 4min, followed by 35 cycles of 94℃ for 1min, 57℃ for 45s, 72℃ for 90s, and then 72℃ extension for 10min, and finally 4℃ to terminate the reaction. The primers for pepper *NADP-ICDH* gene isolation was designed based on the conserved coding sequences information from tomato, tobacco, potato *SCS* genes and their highly homologous pepper ESTs sequences. The primers for pepper *NADP-ICDH* were: 5'-TCTTCCTCCCACTTC TCAT-3' and 5'- ACTGTCCTCTTGTCTACCG -3'. After the PCR the gene product was cloned into pMD18-T vector (TaKaRa, Dalian) and sequenced bidirectionally with the commercial fluorometric method. At least five independent clones were sequenced.

Bioinformatics analysis

Sequence analysis of pepper *NADP-ICDH* gene was performed using software in NCBI (http://www.ncbi.nlm.nih.gov) and ExPaSy (http://www.expasy.org). The cDNA sequences were predicted using the GenScan software (http://genes.mit.edu/ GENSCAN.html). Putative protein theoretical molecular weight (Mw) and isoelectric point (pI) prediction, signal peptide prediction, subcellular localization prediction and transmembranc topology prediction were performed using the Compute pI/Mw Tool (http://us.expasy.org/tools/pi_tool.html), SignalP 3.0 server (http://www.cbs.dtu.dk/services/SignalP/), PSort II (http://psort.hgc.jp/), TMHMM-2.0 server (http://www.cbs.dtu.dk/services/TMHMM-2.0/), respectively. The Blastp program and Conserved Domain Architecture Retrieval Tool were used to search for similar proteins and conserved domain, respectively (http://www.ncbi.nlm.nih.gov/Blast). The alignment of the nucleotide sequences and deduced amino acid sequences were computed using ClusterX, and the phylogenetic trees were computed using the ClustalX and Mega 4.0 software with standard parameters. Secondary structures of deduced amino acid sequences were predicted with SOPMA (http://npsa-pbil.ibcp.fr/). The 3D structure was predicted based on the existed 3D structure by the amino acids homology modeling on swiss server (http://swissmodel.expasy.org/).

Semi-quantitative RT-PCR

RT-PCR was conducted to determine its expression in seven pepper tissues to characterize the *NADP-ICDH* gene further. RT-PCR was also conducted using cDNA from the flowers in various developmental stages of CMS-9704A, maintainer lines and F_1 as templates to study relationship of *NADP-ICDH* gene expression with CMS. To eliminate the effect of cDNA concentration, we repeated the RT-PCR five times using 1μl, 2μl, 3μl, 4μl and 5μl cDNA as templates. We selected the housekeeping gene *Actin* as a positive control. The control primers used were: 5'-TGCAGGAATCCACGAGACTAC -3' and 5'-TACCACCACT-GAGCACAATGTT-3'. The pepper primers which were used to perform the semi-quantitative RT-PCR for tissue expression profile analysis were the same as the primers for isolation RT-PCR above. The PCR reactions were optimized for a number of cycles to ensure product intensity within the linear phase of amplification.

Enzyme activity determinations

NADP-ICDH activity was assayed as described in Gibon et al. (2004).

Statistical analyses

The experiments were carried out in three independent series with three replicates. Values are the mean ± SD.

RESULTS

Cloning and identification of pepper *NADP-ICDH* cDNA

Through RT-PCR with different tissue cDNAs, for pepper *NADP-ICDH* gene, the resulting PCR product was 1298bp (Figure 1). These cDNA nucleotide sequence analysis using the BLAST software at NCBI server revealed that pepper *NADP-ICDH* gene was not homologous to any of the known pepper genes and they were then deposited into the GenBank database (Accession No. JN885192). The sequence prediction was carried out using the GenScan software and results showed that the 1248bp cDNA sequences represent a single gene which encoded 415 amino acids. The cDNA sequences in CMS line and maintainer line are exactly the same. It indicated that the *NADP-ICDH* gene CMS line wasn't reorganized. The complete CDS and the encoded amino acids were presented in Figure 2.

Physical and chemical characteristics of pepper *NADP-ICDH*

The theoretical isoelectric point (pI) and molecular weight (Mw) were computed using the Compute pI/Mw Tool. The pI and Mw of pepper *NADP-ICDH* were 6.54 and 46705.51 respectively. The signal peptide prediction performed by SignalP 3.0 on the basis of a combination of several artificial neural networks and hidden Markov models revealed that pepper *NADP-ICDH* did not contain a potential signal peptide (Bendtsen et al., 2004). Using a hidden Markov model algorithm, transmembrane topology prediction made by TMHMM program (Moller et al., 2001), showed that pepper *NADP-ICDH* was not potential membrane protein. For subcellular localization analysis, the amino acid sequence was submitted to the

PSORT program, and Reinhardt's method showed pepper *NADP-ICDH* was probably located in the peroxisome with up to 52.4% probability (Nakai and Horton, 1999).

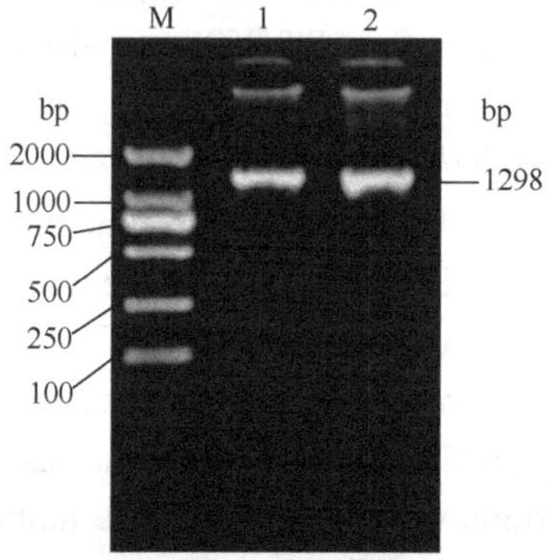

Figure 1 RT-PCR result for pepper *NADP-ICDH* gene.

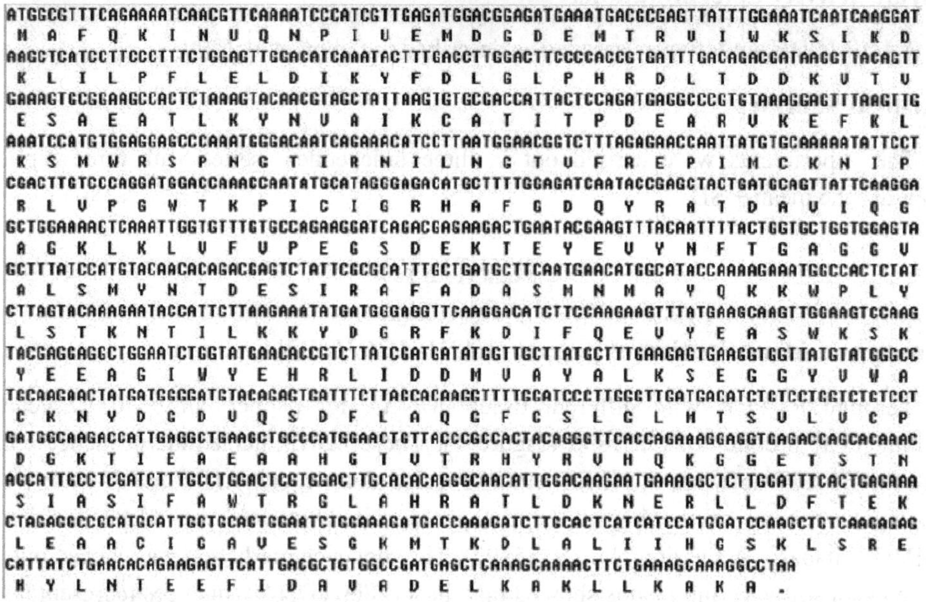

Figure 2 The complete cDNA sequence and amino acid sequence of the protein encoded by *NADP-ICDH* (GenBank accession number: JN885192).

Prediction and analysis of structures and conserved domains of pepper *NADP-ICDH*

Proteins often contained several domains, each of which had their own evolutionary origins and functions. Examined using the Conserved Domain Architecture Retrieval Tool of Blast at the NCBI server (http://www.ncbi.nlm.nih.gov/BLAST) indicated that pepper *NADP-ICDH* contains one separated conserved domain—Iso-dh superfamily (Figure 3).

The prediction of secondary structure by SOPMA indicates that the deduced pepper *NADP-ICDH* contains 172 alpha helices, 84 extended strands, 32 beta turn and 127 random coils (Figure 4).

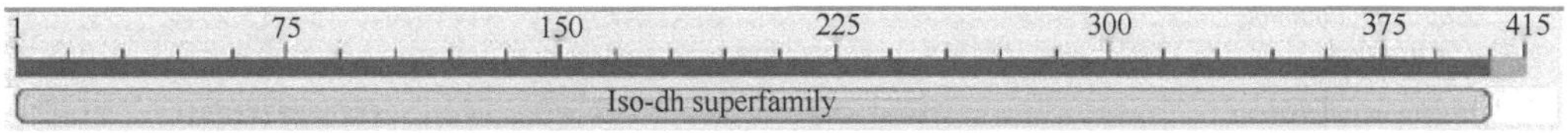

Figure 3 The putative domains of the protein encoded by pepper *NADP-ICDH*

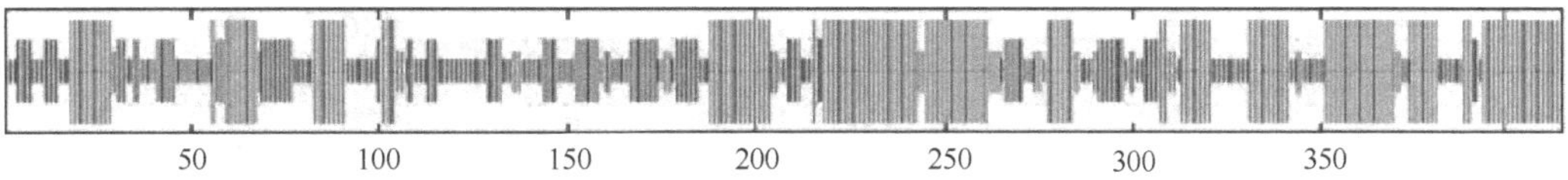

Figure 4 The secondary structure of the pepper *NADP-ICDH* protein predicted by SOPMA.

Homology modeling

In order to better understand the detailed structures of pepper *NADP-ICDH*, the homology modeling of *NADP-ICDH* was performed to estimate their 3D structure (Wang et al., 2007; Benkert et al., 2011). The 3D structure of the *NADP-ICDH* (2-410AA) by homology modeling was similar to that of the *NADP-ICDH* (1euc Chain: A). The 3D structure analysis may provide a basis for further studying the relationship between structure and function of *NADP-ICDH*.

Analysis of sequence identity and evolutionary relationships of pepper *NADP-ICDH*

The deduced protein sequence of pepper *NADP-ICDH* was submitted to generate BLAST reciprocal best hits, and similarity comparison revealed that pepper *NADP-ICDH* protein has high homology with the *NADP-ICDH* proteins of seven other species—*Solanum tuberosum* (100%), *Vitis vinifera* (99%), *Nicotiana tabacum* (98%), *Citrus limon* (98%), *Daucus carota* (98%), *Oryza sativa* (98%), *Arabidopsis thaliana* (97%) (Figure 5).

To evaluate the evolutionary relationships of pepper *NADP-ICDH* with other species, then we constructed a phylogenetic tree using DNAstar, Cluster, Mega and DNAman software on the basis of the *NADP-ICDH* amino acid sequences respectively. The phylogenetic tree analysis revealed that the pepper *NADP-ICDH* gene has a closer genetic relationship with the *NADP-ICDH* genes of *Solanum tuberosum* than with those of *Citrus limon*, *Daucus carota*, *Nicotiana tabacum*, *Vitis vinifera*, *Arabidopsis thaliana* and *Oryza sativa* (Figure 6).

mRNA tissue-specific expression profile

To check the relative expression levels of pepper *NADP-ICDH* mRNA in various pepper tissues, semi-quantitative RT-PCR was performed in seven pepper tissues mentioned above. The continuously expressed gene, *actin*, was used and served as an endogenous reference for determination of targeted mRNA profiles. Results revealed that pepper *NADP-ICDH* gene was over-expressed in flower, pericarp and seed, moderately in placenta, weakly in stem and leaf, hardly expressed in root (Figure 7).

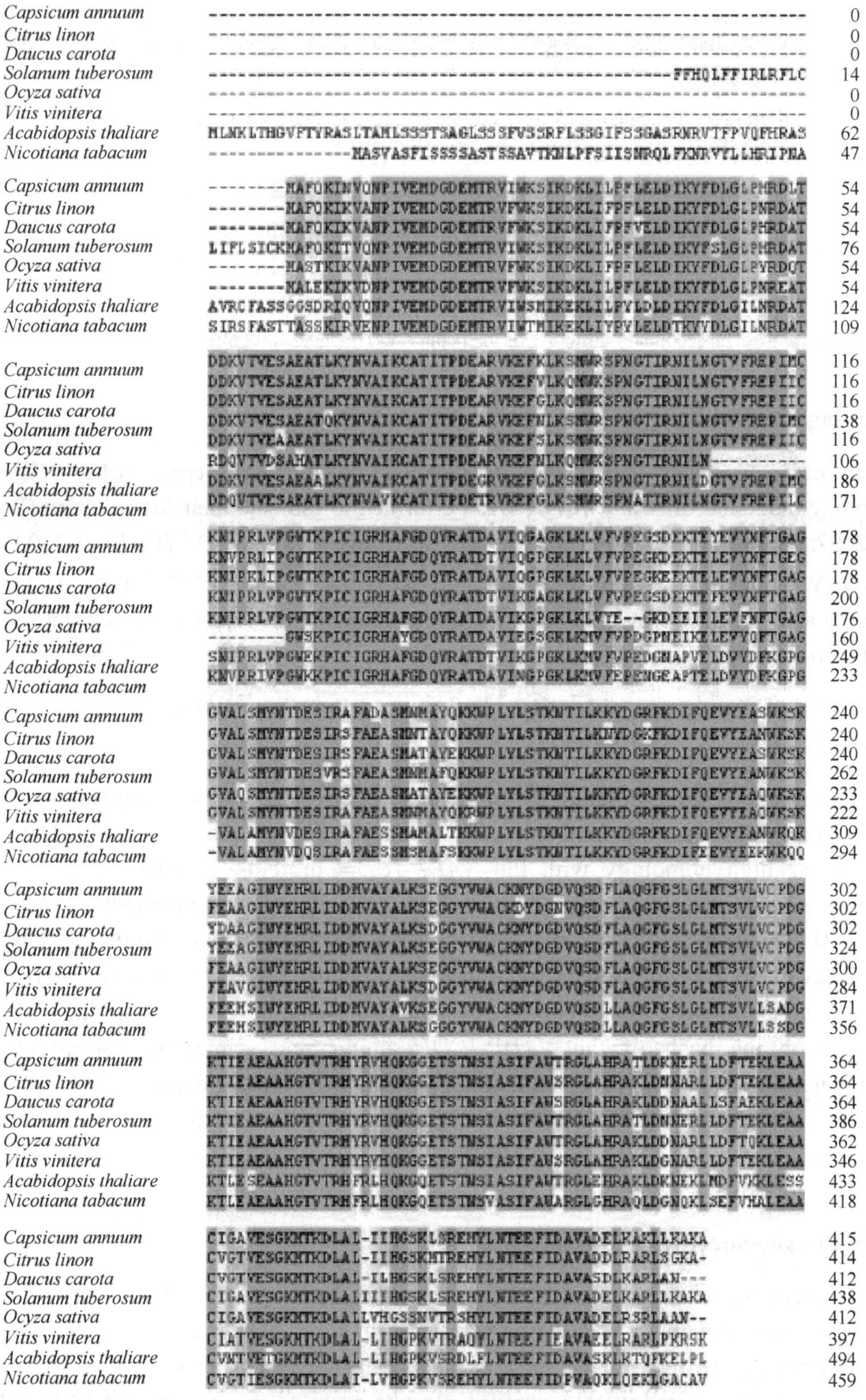

Figure 5 Alignment of the protein encoded by the pepper *NADP-ICDH* and seven other types of *NADP-ICDH* from *Solanum tuberosum* (CAA53300), *Citrus limon* (AF176669_1), *Daucus carota* (BAA34112), *Nicotiana tabacum* (CAA65504), *Vitis vinifera* (CAN83081), *Arabidopsis thaliana* (NP_196963) and *Oryza sativa* (NP_001056381)

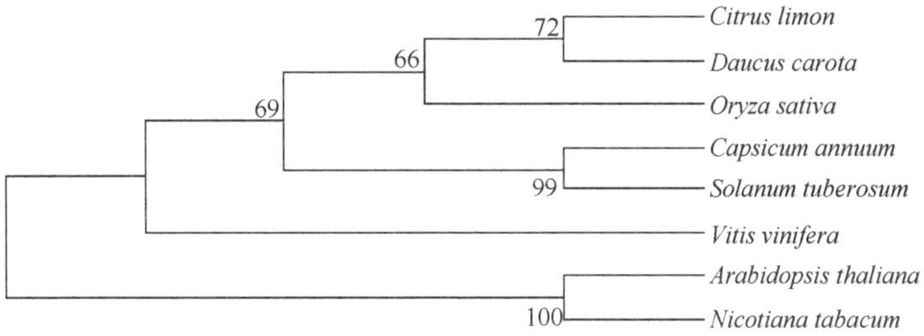

Figure 6 Phylogenetic tree for pepper *NADP-ICDH* gene.

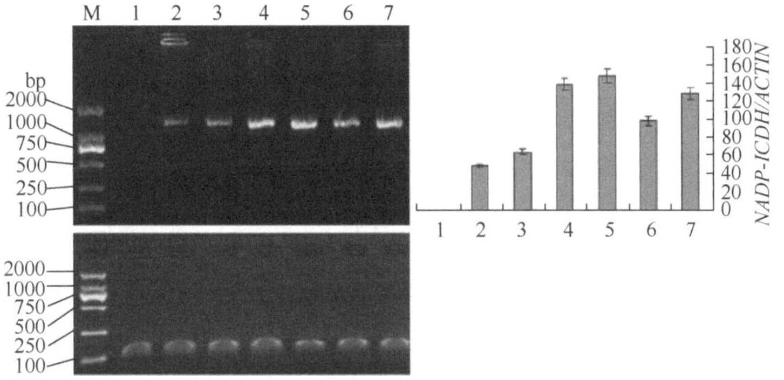

Figure 7 Tissue expression profile of pepper *NADP-ICDH* gene.

Activities and expression level

The activity and expression level of *NADP-ICDH* was investigated in this paper (Figure 8). Assay of *NADP-ICDH* activity showed that there were no more changes in sterile line, maintainer and F_1 in the stage 1. On the contrary, in the stage 2, 3 and 4, the *NADP-ICDH* activity in sterile line was 35.3%, 58.1% and 75.0% to that of maintainer, respectively, and was 30.0%, 55.3% and 70.8% to that of F_1, respectively.

Transcriptional analysis of *NADP-ICDH* gene by RT-PCR method was used to test the gene expression difference in the process of flower development among the sterile and fertile anthers. The results showed that expression of *NADP-ICDH* had no significant difference in the anthers of sterile line, maintainer and hybrid F_1 in the stage 1. At the stage 2, 3 and 4, expression of *NADP-ICDH* mRNA in anthers of sterile line obviously reduced, relative to the anthers of maintainer and F_1. As could be seen in Fig. 4, the levels of *actin* mRNA were relatively constant in all of the RNA samples analyzed.

DISCUSSION

It has been reported that there are very highly energy demands during pollen development in higher plants (Tedege and Kuhlemeier, 1997). A widely accepted hypothesis on the mechanism of CMS is that the increased demand for respiratory function and cellular energy in the form of ATP during anther development may be compromised by expression of the aberrant mitochondria genes.

In aerobic tissues, mitochondria provide energy for cell activities. Numerous studies have shown that CMS is related to abnormal mitochondrial gene reorganization (Touzet and

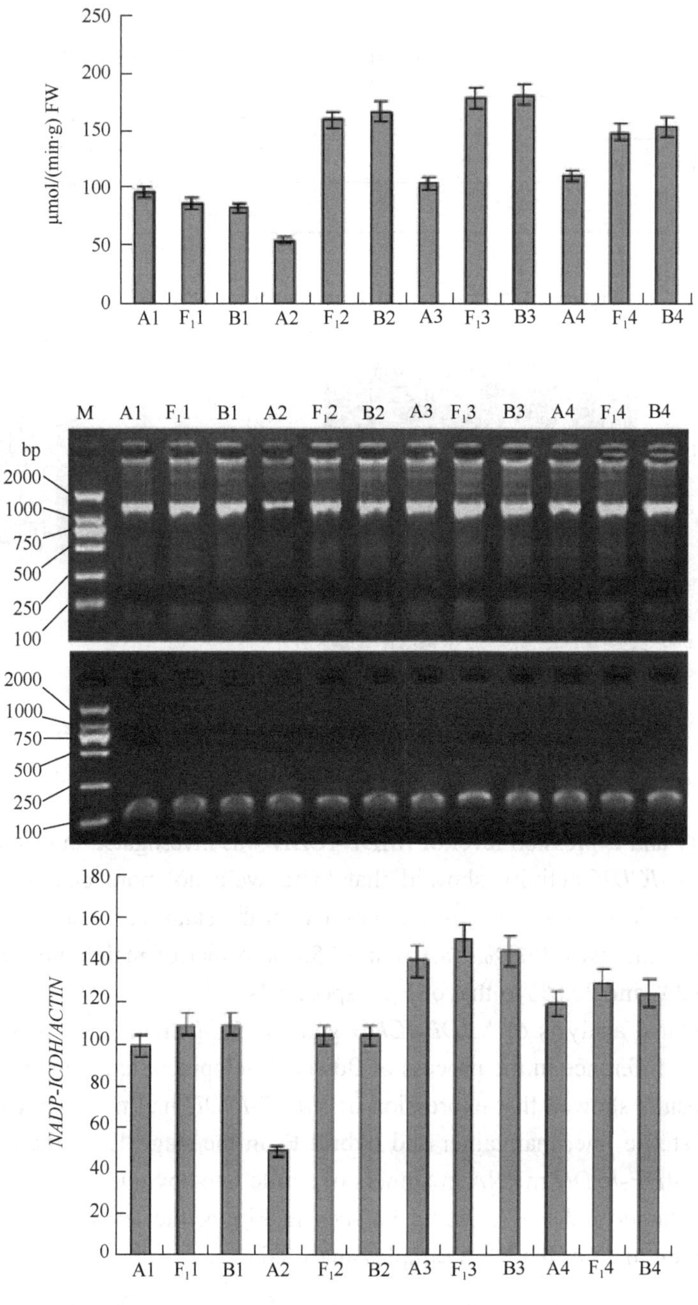

Figure 8 Activities and expression level of pepper *NADP-ICDH* gene.

Buda, 2004; Linke and Börner, 2005).

The citric acid cycles a series of enzyme-catalyses chemical reactions, which is of central importance in all living cells, especially those that use oxygen as part of cellular respiration. In eukaryotic cells, the citric acid cycle occurs in the matrix of the mitochondrion.

NADP-ICDH catalyzes the oxidative decarboxylation of isocitrate to 2-oxoglutarate and produces the reduced coenzyme NADPH (Gálvez and Gadal, 1995). It is the main cellular source of NADPH (Gálvez and Gadal, 1995).

Our results above showed that during the abortion stage (stage 2, 3 and 4), the transcripts and protein activities of *NADP-ICDH* were too low to keep balance of the energy metabolism in sterile line, but they were significantly higher in the anthers of maintainer and hybrid F_1, which indicated that stable transcripts of *NADP-ICDH* are beneficial to keep the energy metabolism with a normal level.

Large quantities of literature have revealed that nucleus gene expression can regulate mitochondrial gene expression through mitochondria-to-nucleus signaling (Dutilleul et al., 2003; Karpova et al., 2002; Maxwell et al., 2002; Rhoads et al., 2006). In our study, there was an interesting finding that during the anther abortion, not like the sterile line, hybrid F_1 always kept stable transcripts and protein activities of *NADP-ICDH* with the maintainer. There are not many reports about this phenomenon up to date. We presume that during the stage of anther abortion, the transcripts and protein activities of *NADP-ICDH* in hybrid F_1 keeping consistent with the maintainer likely result from the regulation of nuclear restorer gene.

ACKNOWLEDGEMENTS

This study was supported by the Earmarked Fund for Modern Agro-industry Technology Research System, National Department Public Benefit Research Foundation (200903025), the National High Technology Research and Development Program of China (863 Program, 2006AA100108-4-10, 2006AA10Z1A6-3), National Natural Science Foundation of China (Grant No. 31160394), the Foundation of Natural Science of Yunnan Province, China (2009CD055).

References

Balk J, Leaver CJ. 2001. The PET1-CMS mitochondrial mutation sunflower is associated with premature programmed cell death and cytochrome crelease. *Plant Cell*, 13: 1803-1818.

Bartoli CG, Pastori GM, Foyer CH. 2000. Ascorbate biosynthesis in mitochondria is linked to the electron transport chain between complexes III and IV. *Plant Physiol*, 123: 335-344.

Bendtsen JD, Nielsen H, von Heijne G, et al. 2004. Improved prediction of signal peptides: SignalP 3.0. *J Mol Biol*, 340: 783-795.

Benkert P, Biasini M, Schwede T. 2011. Toward the estimation of the absolute quality of individual protein structure models. *Bioinformatics*, 27: 343-350.

Bergman P, Edqvist J, Farbos I, et al. 2000. Male-sterile tobacco displays abnormal mitochondrial *atp1* transcript accumulation and reduced floral ATP/ADP ratio. *Plant Mol Biol*, 42(3): 531-544.

Camacho M, Rodríguez-Arnedo A, Bonete M J. 2002. NADP-dependent isocitrate dehydrogenase from the halophilic archaeon Haloferax volcanii: cloning, sequence determination and overexpression in *Escherichia coli*. *FEMS Microbiol Lett*, 209: 155-160.

Carlsson J, Lagercrantz U, Sundström J, et al. 2007. Microarray analysis reveals altered expression of a large number of nuclear genes in developing cytoplasmic male sterile *Brassica napus* flowers. *Plant J*, 49(3): 452-462.

Connettm B, Hanson MR. 1990. Differential mitochondrial electron transport through the cyanidesensitive and cyanide-insensitive pathways in isonuclear lines of cytoplasmic male sterile, male fertile, and restored petunia. *Plant Physiol*, 93: 1643-1640.

Corpas FJ, Barroso JB, Sandalio LM, et al. 1999. Peroxisomal NADP-dependent isocitrate dehydrogenase. characterization and activity regulation during natural senescence. *Plant Physiol*, 121: 921-928.

Ducos E, Touzet P, Boutry M. 2001. The male sterile G cytoplasm of wild beet displays modified mitochondrial respiratory complexes. *Plant J*, 26(2): 171-180.

Dutilleul C, Garmier M, Noctor G, et al. 2003. Leaf mitochondria modulate whole cell redox homeostasis, set antioxidant capacity, and determine stress resistance through altered signaling and diurnal regulation. *Plant Cell*, 15: 1212-1226.

Fieuw S, Müller-Rober B, Cálvez S, et al. 1995. Cloning and expression analysis of the cytosolic $NADP^+$-dependent isocitrate dehydrogenase from potato. *Plant Physiol*, 107: 905-913.

Fujii S, Komatsu S, Toriyama K. 2007. Retrograde regulation of nuclear gene expression in CW-CMS of rice. *Plant Mol Biol*, 63: 405-417.

Gálvez S, Gadal P. 1995. On the function of the NADP-dependent isocitrate dehydrogenase isoenzymes in living organisms. *Plant Sci*, 105: 1-14.

Gálvez S, Roche O, Bismuth E, et al. 1998. Mitochondrial localization of a NADP-dependent isocitrate dehydrogenase isoenzyme by using the green fluorescent protein as a marker. *Proc Natl Acad Sci USA*, 95: 7813-7818.

Gibon Y, Blaesing OE, Hannemann J, et al. 2004. A robot-based platform to measure multiple enzyme activities in *Arabidopsis* using a set of cycling assays: comparison of changes of enzyme activities and transcript levels during diurnal cycles and in prolonged darkness. *Plant Cell*, 16: 3304-3325.

Gueguen V, Macherel D, Jaquinod M, et al. 2000. Fatty acid and lipoic acid biosynthesis in higher plant mitochondria. *J Biol Chem*, 275: 5016-5025.

Karpova OV, Kuzmin EV, Elthon TE, et al. 2002. Differential expression of alternative oxidase genes in maize mitochondrial mutants. *Plant Cell*, 14: 3271-3284.

Kirimura K, Yoda M, Kumatani M, et al. 2002. Cloning and expression of *Aspergillus niger icd*A gene encoding mitochondrial $NADP^+$-specific isocitrate dehydrogenase. *J Biosci Bioeng*, 93: 136-144.

Linke B, Börner T. 2005. Mitochondrial effects on flower and pollen development. *Mitochondrion*, 5: 389-402.

Maxwell DP, Nickels R, McIntosh L. 2002. Evidence of mitochondrial involvement in the transduction of signals required for the induction of genes associated with pathogen attack and senescence. *Plant J*, 29: 269-279.

Moller S, Croning MD, Apweiler R. 2001. Evaluation of methods for the prediction of membrane spanning regions. *Bioinformatics*, 17: 646-653.

Nakai K, Horton P. 1999. PSORT: a program for detecting the sorting signals of proteins and predicting their subcellular localization. *Trends Biochem Sci*, 24: 34-35.

Rhoads DM, Umbach AL, Subbaiah CC, et al. 2006. Mitochondrial reactive oxygen species. Contribution to oxidative stress and interorganellar signaling. *Plant Physiol*, 141: 357-366.

Sabar M, Gagliardi D, Balk J, et al. 2003. ORFB is a subunit of F_1F_0-ATP synthase: insight into the basis of cytoplasmic male sterility in sunflower. *EMBO Rep*, 4(4): 381-386.

Sassi S, Gonzalez EM, Aydi S, et al. 2008. Tolerance of common bean to long-term osmotic stress is related to nodule carbon flux and antioxidant defenses: evidence from two cultivars with contrasting tolerance. *Plant Soil*, 312: 39-48,.

Sienkiewicz-Porzuceka A, Sulpicea R, Osorioa S, et al. 2010. Mild Reductions in Mitochondrial NADDependent Isocitrate Dehydrogenase Activity Result in Altered Nitrate Assimilation and Pigmentation But Do Not Impact Growth. *Mol. Plant*, 3: 156-173.

Sun Q, Hu C, Hu J, et al. 2009. Quantitative proteomic analysis of CMS-related changes in Honglian CMS rice anther. *Protein J*, 28: 341-348.

Sweetlove LJ, Heazlewood JL, Herald V, et al. 2002. The impact of oxidative stress on *Arabidopsis mitochondria*. *Plant J*, 32: 891-904.

Tedege M, Kuhlemeier C. 1997. Aerobic fermentation during tobacco pollen development. *Plant Mol Bio*, 35: 3433-3454.

Teixeira RT, Knorpp C, Glimelius K. 2005. Modified sucrose, starch, and ATP levels in two alloplasmic male-sterile lines of *B. napus*. *J Exp Bot*, 56(414): 1245-1253.

Touzet P, Buda RF. 2004. Unveiling the molecular arms race between two conflicting genomes in cytoplasmic male sterility. *Trends Plant Sci*, 9: 568-570.

Wang Y, Addess KJ, Chen J, et al. 2007. MMDB: annotating protein sequences with Entrez's 3D-structure

database. *Nucleic Acids Res*, 35: 298-300.
Wise RP, Pring DR. 2002. Nuclear-mediated mitochondrial gene regulation and male fertility in higher plants: Light at the end of the tunnel. *Proc Natl Acad Sci USA*, 99(16): 10240-10242.
Yui R, Iketani S, Mikami T, et al. 2003. Antisense inhibition of mitochondrial pyruvate dehydrogenase E1α subunit in anther tapetum causes male sterility. *Plant J*, 34(1): 57-66.

辣椒 *ICDH* 基因的 cDNA 克隆、序列分析及其与细胞质雄性不育的关系

邓明华[1,2,*]，文锦芬[3,*]，霍金龙[4*]，朱海山[2]，戴雄泽[1]，张竹青[1]，周惠[2]，邹学校[1]

（[1]湖南省农业科学院蔬菜研究所，湖南长沙，410125；[2]云南农业大学园艺学院，云南昆明 650201；[3]昆明理工大学现代农业工程学院，云南昆明 650224；[4]云南农业大学动物科学技术学院，云南昆明 650201）

摘要：NAPD-依赖的异柠檬酸脱氢酶（NADP-ICDH）是能量代谢中一个十分重要的酶。根据西红柿和其他茄科植物的以及高度同源的辣椒 EST，设计特异引物，用反转录 PCR（RT-PCR）技术获得辣椒 NADP-ICDH 基因的全序列。核苷酸序列分析表明辣椒 *NADP-ICDH* 基因编码一个由 415 个氨基酸组成的蛋白质，该蛋白质与些列七个物种的 NADP-ICDH 蛋白质高度同源：马铃薯（100%）、柠檬（98%）、胡萝卜（98%）、烟草（98%）、葡萄（99%）、拟南芥（97%）和水稻（98%）。组织表达分析表明辣椒 *NADP-ICDH* 基因在花、果皮和种子种超表达、在胎座中中等表达，在茎和页中弱表达，在根中几乎不表达。在不育系败育阶段，不育系花药的 NADP-ICDH 的活性和基因表达量都受到抑制，然而在 F1 中保持正常。不育系花药的 NADP-ICDH 的活性和基因表达太低不能保持不育系正常的能量供应，暗示 *NADP-ICDH* 基因的稳定转录对于保持正常的能量供应是必需的。当恢复基因引入不育系，由于恢复基因的调控作用，不育系的 *NADP-ICDH* 的活性基因表达又恢复正常，进而表现出可育。恢复基因或许在小孢子发育过程维持能量代谢的平衡方面有重要作用。

关键词：辣椒；NAPD-异柠檬酸脱氢酶；克隆；分析；细胞质雄性不育

Molecular Characterization and Prokaryotic Expression of *orf507* Sterility-Associated Gene in Chilli Pepper (*Capsicum annum* L.) Cytoplasmic Male Sterility*①

Ming-hua DENG[1, 2†], Jin-fen WEN[3†], Jin-long HUO[4†], Hai-shan ZHU[2], Pei WANG[4], Xiong-ze DAI[1], Zhu-qing ZHANG[1], Hui ZHOU[2] and Xue-xiao ZOU[1*]

([1] Institute of Vegetable Crops, Hunan Academy of Agricultural Science, Changsha 410125, China; [2] College of Horticulture and Landscape, Yunnan Agricultural University, Kunming 650201, China; [3] Faculty of Modern Agricultural Engineering, Kunming University of Science and Technology, Kunming 650224, China [4]Faculty of Animal Science and Technology, Yunnan Agricultural University, Kunming 650201, China)

[†]All these authors contributed equally to this work

[*]Corresponding author's: e-mail: zou_xuexiao@163.com

Abstract: 9704A is a cytoplasmic male sterility (CMS) of chilli pepper (*Capsicum annuum* L.) that has been commercially used in chilli pepper hybrid production in China. However, little is known about the CMS-associated gene in chilli pepper 9704A.In this study, according to the sequence of relative references, a fragment of 593bp including a 507bp single-coding exon, *orf507* (GenBank accession No. GU357841) was cloned from leaves of chilli pepper CMS-9704A. Results revealed that the *orf507* had one nucleotide deleted in codon 150 (nt450delC) and consists of a 507bp single-coding exon which encodes 168 amino acid compared with the original sequence data of *orf456*. RT-PCR results showed that the *orf507* was transcribed in buds and leaves at all developmental stages of CMS-9704A and a hybrid F_1, while no band was detected in the maintainer line. The nuclear restorer gene may restore fertility by post-transcriptional processing or translational/post-translational modification, but did not interfere with transcription of *orf507* directly. The entire coding region of the *orf507* was inserted into an expression vector pET32α(+) and transformed into *Escherichia coli* Rosetta. Expression of the fusion protein was successfully induced by isopropyl-β-D-thiogalactopyranoside. This study could establish a basis for understanding the molecular mechanism of chilli pepper CMS.

* 基金项目：现代农业产业技术体系专项资金（CARS-25-A-8），国家公益性行业科技（200903025），国家高技术研究与发展计划（863 计划）（2006AA100108-4-10，2006AA10Z1A6-3），云南省自然科学基金项目（2009CD055）。

① 本文原载 *Pak. J. Bot*，2015，47（3）：1087-1093。

Introduction

Cytoplasmic male sterility (CMS), a maternally inherited trait resulting in the inability to produce or release functional pollen, has been identified and characterized in many crop species (Geiger & Schnell, 1970; Kaul, 1988; Bonhomme, 1992; Khan et al., 2008; Saxena et al., 2010; Mei et al., 2011; Nasreen et al., 2011). Discovery and introgression of CMS cytoplasm in crop plants enables the production of high purity F_1 seed without laborious emasculation (Hanson & Bentolila, 2004). At the same time, the studying of the sterility-associated gene is helpful for studying the interaction between nuclear and mitochondrial genetic systems and the regulation of mitochrondrial gene expression. Numerous studies have shown that CMS is related to abnormal mitochondrial gene reorganization (Touzet & Buda, 2004; Linke & Börner, 2005).

CMS in chilli pepper (*Capsicum annuum* L.) was first documented by Martin & Grawford (1951) and has been utilized worldwide for the production of F_1 hybrids. However, little attention has been paid to the molecular analysis of CMS genes in chilli pepper, and during recent decades only some CMS-related fragments have been isolated and characterized in chilli pepper (Kim & Kim, 2005; Kim et al., 2007; Deng et al., 2010a, 2010b; Jo et al., 2009).

CMS is restored by the specific dominant nuclear gene restorer-of-fertility (*Rf*), which is often able to alter the expression of the CMS-associated gene (Hanson & Bentolila, 2004). Recently, several *Rf* genes have been isolated Kazama & Toriyama, 2003; Komori et al., 2004). Most *Rf* genes encode pentatricopeptide repeat proteins which have a repeated motif composed of a degenerative array of 35 amino acids that binds RNA and edits CMS-associated genes (Liu et al., 2001; Small & Peeters, 2000; Kotera et al., 2005; Wang et al., 2006). The first *Rf* gene was reported in the chilli pepper CMS line by Peterson (1958). Many attempts have been made both to determine the number of *Rf* genes and to find these genes. Dominant restorer alleles have been found in several hot and small-fruited chilli pepper genotypes (Woong, 1990; Zhang et al., 2000; Wang et al., 2004; Jo et al., 2010).

The line CMS-9704A bred and selected from a natural chilli pepper mutant of CMS by Institute of Vegetable Crops, Hunan Academy of Agricultural Science, has been used extensively in hybrid chilli pepper production in China (Zou, 2002). However, little is known about the CMS-associated gene in chilli pepper 9704A.

In the present study characterization of CMS-9704A *Orf507* DNA and cDNA sequences is reported. RT-PCR was conducted in different developmental stages of buds to verify the transcription of *orf507* and to elucidate the effect of modifying *Orf507* expression of the restorer gene. At the same time, *orf507* was cloned into pET32α (+) and the recombination proteins of *orf507* were effectively expressed in *Escherichia coli* Rosetta (DE3).

Materials and Methods

Plant materials: A typical CMS line (9704A), a maintainer line (9704B) and a F_1 hybrid line were grown in experimental fields of Yunnan Agricultural University. Leaves and buds for DNA and RNA isolations were frozen in liquid nitrogen and stored at –80℃ until further use.

Plasmid and chemical reagents: Vector pET32α(+), His·Bind® Purification Kits, and *E. coli* Rosetta (DE3) used as the host were purchased from Novagen, USA. The *E. coli* DH5α, vector pMD18-T, Genomic DNA Extraction Kit, Trizol, High Fidelity PrimeScrip® RT-PCR Kit, *Hin*d III, *Eco*R I, dNTPs and T4 DNA ligase were purchased from TaKaRa, China. Ampicillin and isopropyl-β-D-thiogalactopyranoside (IPTG) were purchased from Sigma, USA. The other reagents were purchased from Chinese companies.

Nucleic acid isolation and PCR amplification: Genomic DNA was extracted using a Universal Genomic DNA Extraction Kit. A CMS-associated gene fragment was amplified with the forward primer: P1, 5'-CCG**GAATTC**CAGCCTAGCTCGACCCAA-3' (*Eco*R I restriction site in bold) and reverse primer: P2, 5'-CCC**AAGCTT**GCCTCCATCCTCCG TTAT-3' (*Hin*d III restriction site in bold) designed according to Kim et al. (2007). The 20μl reaction system was: 1.5μl of (25ng/μl) DNA, 1μl of 2.5mmol/L mixed dNTPs, 2μl of 10 × *Taq* DNA polymerase buffer ($MgCl_2$ plus), 0.4μl of 10μmol/L forward and reverse primer, 0.3μl of 5U/μl Taq DNA polymerase and 13.4μl of sterile water. The PCR program initially started with 94℃ for 4min, followed by 35 cycles of 94℃ for 1min, 57℃ for 45s, 72℃ for 90s, and then 72℃ extension for 10min, and finally 4℃ to terminate the reaction.

mRNA isolation and CMS-associated gene transcription by semi-quantitative PCR assays: Total RNA from buds and leaves of CMS-9704A, 9704B and F_1, was extracted by the Trizol procedure and cDNA was synthesized using a High Fidelity PrimeScrip® RT-PCR Kit according to the manufacturer's protocol. A pair of primers (P3: 5'-ATGCCCAAAAG TCCCATGT-3'; P4: 5'-TTAAAAAGCGCTAAACAAATTG-3') designed according to the chilli pepper *orf507* was used to amplify the full-length cDNA and to assay *orf507* expression levels. We selected the housekeeping gene *Actin* as the control. The control primers used were: 5'-TGCAGGAATCCACGAGACTAC-3' (Actin-F) and 5'-TACCACCACT GAGCACAATGTT-3' (Actin-R). The 20μl reaction system was 4μl of 5 × PrimeSTAR PCR Buffer, 0.4μl dNTP Mixture (10mmol/L each), 0.2μl of forward and reverse primer (10μmol/L), 0.2μl of PrimeSTAR HS DNA polymerase (2.5U/μl), 2μl of cDNA and 13μl of RNase-free dH_2O. The products of amplification were checked on a 1.5% agarose gel and visualized with ethidium bromide. After the densitometric analysis of three independent gels, the relative transcript amount was expressed as a percentage of control (CMS). A pair of primers for the *Apx* gene (P5, 5'-TCCTATTATGCTCCGTCTCG-3'; and P6, 5'-AACAGGT-GGTTCTGGCTTG-3') was designed according to DQ002888 and AY078080 to exclude the possibility of DNA pollution in the transcription profile of *orf507*.

Construction of the expression vector pET32α(+)–*Orf507*: The amplified product (593bp) was cloned into the plasmid pET32α(+). Then the positive clones were transformed into a competent *E. coli* strain DH5α according to the manufacturer's instructions.

Expression of recombinant Orf507 protein in *E. coli* Rosetta (DE3): Expression of the recombinant Orf507 protein in *E. coli* Rosetta (DE3) was performed according to Zhao et al. (2011). Protein expression was induced by addition of 0.5mmol/L IPTG. After induction for 1.5h, 3.0h and 4.5h at 37℃, the cells were collected by centrifugation.

SDS-polyacrylamide gel electrophoresis (SDS-PAGE) and western-blotting analysis:

SDS-PAGE was performed according to Laemmli (1970) with 15% separating gel, and western blot according to Towbin et al. (1979) with 1∶5000 dilution of each antibody.

Sequence and bioinformation analysis: The products were cloned into pMD18-T vector and sequenced bidirectionally. At least 10 independent clones were sequenced for each PCR product. Sequencing data were edited and aligned using DNASTAR software (DNASTAR Inc, Madison, USA). The DNA sequence prediction was conducted using GenScan software (http://genes.mit.edu/GENSCAN.html). The theoretical isoelectric point (pI) and molecular weight (Mw) of proteins was computed using Compute pI/Mw tool (http://www.expasy.org/tools/pi_tool.html). The secondary structure of the deduced amino acid sequences was predicted with SOPMA (http://npsa-pbil.ibcp.fr/).

Results and Discussion

PCR result and sequence analysis: PCR was used to clone a fragment of *orf456* using total DNA extracted from CMS-9704A and 9704B. A single PCR product of the expected size (about 600bp) was obtained in CMS-9704A, while no band was detected in 9704B. The PCR products were cloned and sequenced. The sequence analysis and comparison with *orf456* revealed the presence of a single nucleotide deletion mutation in the coding regions of *orf456*. The mutation "C" deleted in codon 150 (nt450delC) caused a frameshift mutation, which made the original stop codon changed to asparagine (N), so the translated fragment was extended, ending with a new termination codon, giving a total length of 507bp (Fig. 1). The newly predicted ORF, *orf507* which was homologous to *orf456* in chilli pepper, has been deposited in GenBank with accession numbers GU357841. The RT-PCR for the full-length cDNA confirmed that the *orf507* was transcripted in the CMS and F_1 as both of these carried the S-cytoplasm, while no band was detected in the maintainer line. The theoretical isoelectric point and molecular weight of the putative proteins were 5.42 and 19555.52 respectively computed using the compute pI/Mw Tool. The secondary structure predicted with SOPMA(Combet et al., 2000) indicates that the deduced *orf507* contains 70 α-helices, 52 extended strands, 15 β-turns and 31 random coils.

Transcription profile of *orf507* by semi-quantitative PCR assays: To verify the transcription of *orf507* and to elucidate the effect of the *Rf* gene, RT-PCR was conducted using cDNA from the leaves and buds in various developmental stages of CMS-9704A, maintainer lines and F_1 as templates (Fig. 2). A 507bp band was amplified at all stages for the CMS line and the F_1, as both of these carried the Sterility-cytoplasm, while no band was observed in any stages for the maintainer line. At the same time, there was little difference in the banding patterns of the *orf507* transcripts between the CMS and F_1. Amplification of the *APX* gene verified that the cDNA was not polluted by DNA. This suggested that the *Rf* gene did not interfere with transcription of *orf507* genes. Nuclear restoration by the *Rf* gene may be mediated at the post-transcriptional or translational/post-translational level (Bentolila et al., 2002; Kazama & Toriyama, 2003; Komori et al., 2004). Due to the complexity of such processes, a more intense study is required to clarify the interaction between *Rf* genes and the *orf507* transcript.

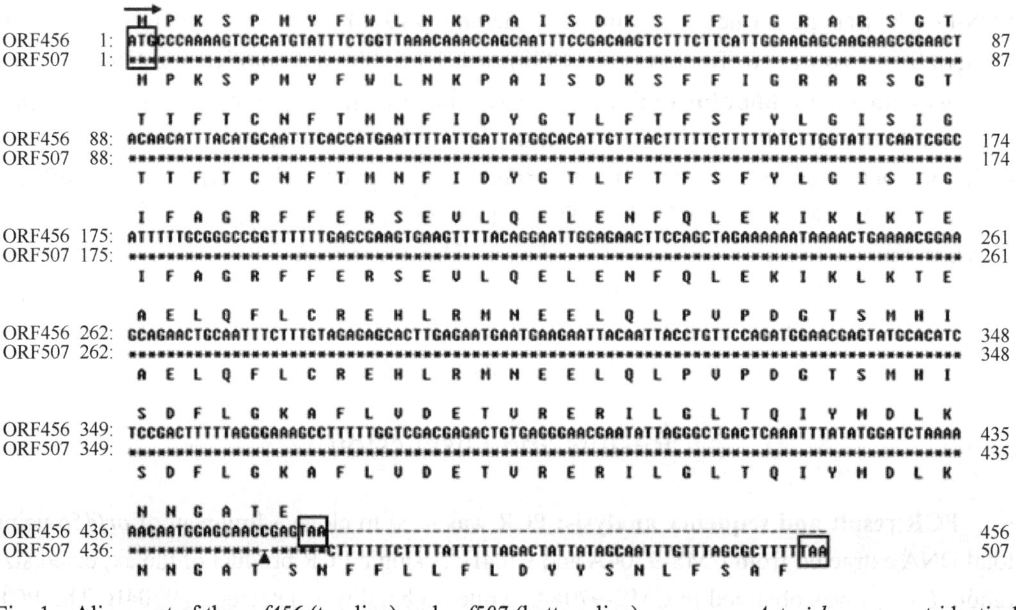

Fig. 1 Alignment of the *orf456* (top line) and *orf507* (bottom line) sequences. *Asterisks* represent identical nucleotides. *boxed nucleotides* indicate the position of the initiation (*horizontal arrow*) and termination codons. The mutation "C" deleted at the +450nt (*with black arrowhead*) caused a frameshift mutation, which made the original stop codon changed to asparagine (N), so the translated fragment was extended, ending with a new termination codon, giving a total length of 507 bp.

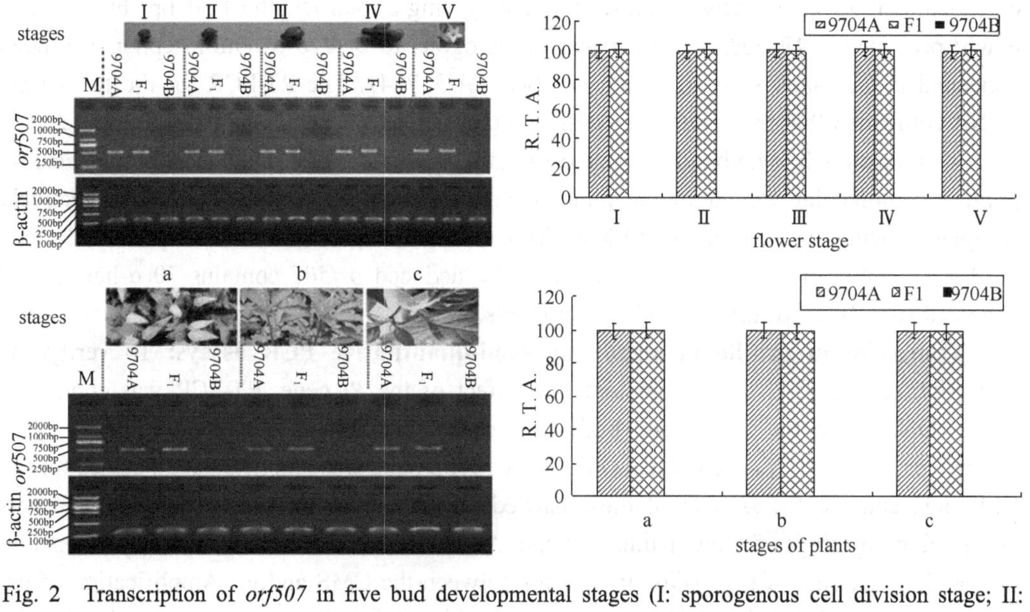

Fig. 2 Transcription of *orf507* in five bud developmental stages (I: sporogenous cell division stage; II: pollen mother cell meiosis stage; III: uninucleate microspore stage; IV: mature pollen stage; V: Open buds) and in three leaves developmental stages (a: cotyledon period; b: 7-to 9- full leaf stage; c: full buding stage). Band was detected in CMS-9704A and F_1 as both of these carried the sterile (S) cytoplasm in all stages and tissues, while appeared no band in 9704B (Mt). There was little difference in the banding patterns of the *orf507* transcripts between the CMS and F_1. Representative gel from 3 independent experiments and their densitometric analysis. Relative transcription amount (R.T.A.) is expressed as a percentage of control [CMS-9704A(I or a)] that represents 100%. Mean values ± SD (n=3).

Expression of recombinant chilli pepper CMS-9704A *orf507* in *E. coli* Rosetta (DE3): The PCR product was purified by kits. After purification, the PCR product was ligated into the pMD18-T vector, and the recombinant plasmid pMD18–*orf507* was constructed and then transformed into *E. coli* DH5α for identifying the recombinants.

After digestion with *Eco*R I and *Hin*d III and purification, the *orf507* and pET32α (+) plasmid were ligated into a recombinant pET32–*orf507* with T4 DNA ligase. The recombinant was identified by restriction enzyme and PCR analysis. The products of double restriction enzyme digestion were a pET32α linear fragment of about 5.8kb and an inserted fragment of about 580bp. A 593bp band was detected by PCR analysis. The sequencing results showed that the ORF of *orf507* was completely inosculated to the coding frame of pET32α (+) protein, and no reading frame displacement was found; and the identity of PCR products and *orf507* was 100%. The detection result showed that the prokaryotic expression recombinant plasmid of *orf507* had been successfully constructed.

The *E. coli* Rosetta (DE3), which contained recombinant plasmid pET32α–*orf507*, was induced by 0.5mmol/L IPTG for 0h, 1.5h, 3h and 4.5h at 37℃, and the recombinant protein expressed (Fig. 3). The protein of the host strain, which contained the pET32α–*Orf507* recombinant plasmid, had a band of Mw of about 38 kDa compared with the control strain into which a blank vector was transferred. This protein Mw was basically the same as the theoretical value of 38kDa for the *orf507* recombinant protein (Mw of *orf507* is 18kDa, and of His label protein is 20kDa). After transformation of *E. coli* Rosetta (DE3) and induction by 0.5mmol/L IPTG for 3h, proteins separated by SDS-PAGE were electrotransferred onto nitrocellulose membranes. The results of western blot demonstrated that the fusion protein (6x–His–Orf507) could be recognized by anti-6x–His monoclonal antibody (Fig. 3).

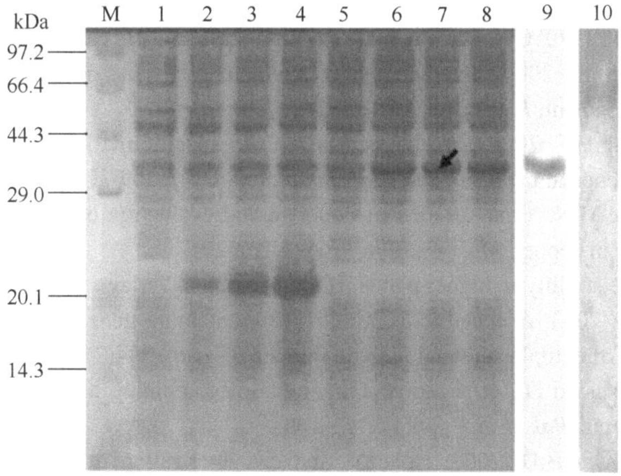

Fig. 3 SDS-PAGE and Western blot of the pET32-Orf507 proteins.

M, Marker proteins with molecular masses in kilodaltons; lane 1, Total protein of *E. coli* Rosetta (DE3) harboring pET32α(+) before IPTG induction; lane 2~4h, Total protein of *E. coli* Rosetta (DE3) harboring pET32α(+) induced by 0.5 mM IPTG at 37℃ for 1.5h, 3.0h and 4.5h, respectively; lane 5, total protein of *E. coli* Rosetta (DE3) harboring pET32α(+)-Orf507 before IPTG induction; lane 6-8, Total protein of *E. coli* Rosetta (DE3) harboring pET32α(+)-Orf507 induced by 0.5mmol/L IPTG at 37℃ for 1.5h, 3.0h and 4.5h, respectively; lane 9, Detection of recombinant protein 6xHis-Orf507 (pET32α(+)-Orf507 induced by 0.5mmol/L IPTG at 37℃ for 3.0h) by Western blotting assay; lane 10, Detection of recombinant protein 6x-His-Orf507 (empty vector PET32α(+) induced by 0.5mmol/L IPTG at 37℃ for 3.0h) by Western blotting assay.

Acknowledgements

This study was supported by the Earmarked Fund for Modern Agro-industry Technology Research System, National Department Public Benefit Research Foundation (200903025), the National High Technology Research and Development Program of China (863 Program, 2006AA100108-4-10, 2006AA10Z1A6-3), the Foundation of Natural Science of Yunnan Province, China (2009CD055).

References

Bentolila S., Alfonso A.A., Hanson M.R. 2002. A pentatricopeptide repeat-containing gene restores fertility to cytoplasmic male-sterile plants. *Proc. Natl. Acad. Sci. USA*, 99(16): 10887-10892.

Bonhomme S. 1992. Sequence and transcript analysis of the Nco2.5 Ogura-specific fragment correlated with cytoplasmic male sterility in *Brassica cybrids*. *Mol. Gen. Genet.*, 235: 340-348.

Combet C., Blanchet C., Geourjon C., et al. 2000. NPS: Network protein sequence analysis. *Trends Biochem. Sci.*, 25: 147-150.

Deng M.H., Wen J.F., Zou X.X., et al. 2010b. Analysis of mitochondrial DNA fragment related to cytoplasmic male sterile in pepper (*Capsicum annuum* L.). *Acta Hortic. Sin.*, 37(S): 1988 (in Chinese).

Deng M.H., Zou X.X., Wen J.F., et al. 2010a. Clone and sequence analysis of the specific mitochondrial Genes *Cox II* and *atp6* related to cytoplasmic male sterility in pepper. *Acta Bot. Boreal-Occident. Sin.*, 30(10): 1935-1940 (in Chinese).

Geiger H.H., Schnell F.W. 1970. Cytoplasmic male sterility in rye (*Secale cereale* L.). *Crop Sci.*, 10: 590-593.

Hanson M.R., Bentolila S. 2004. Interactions of mitochondrial and nuclear genes that affect male gametophyte development. *Plant Cell,* 16: 154-169.

Jo Y.D., Jeong H.J., Kang B.C. 2009. Development of a CMS-specific marker based on chloroplast- derived mitochondrial sequence in pepper. *Plant Biotechnol. Rep.*, 3(4): 309-315.

Jo Y.D., Kim Y.M., Park M.N., et al. 2010. Development and evaluation of broadly applicable markers for *Restorer-of-fertility* in pepper. *Mol. Breeding,* 25(2): 187-201.

Kaul, M.L.H. 1988. Male sterility in higher plants. Berlin: Springer-Verlag.

Kazama T., Toriyama K. 2003. A pentatricopeptide repeat-containing gene that promotes the processing of aberrant *atp6* RNA of cytoplasmic male-sterile rice. *FEBS Lett.*, 544(2): 99-102.

Khan H., Rahman H., Ahmad H., et al. 2008. Magnitude of combining ability of sunflower genotypes in different environments. *Pak. J. Bot.*, 40(1): 151-160.

Kim D.H., Kang J.G., Kim B.D. 2007. Isolation and characterization of the cytoplasmic male sterility-associated *orf456* gene of chili pepper (*Capsicum annuum* L.). *Plant Mol. Biol.*, 63: 519-532.

Kim D.H., Kim B.D. 2005. Development of SCAR markers for early identification of cytoplasmic male sterility genotype in chili pepper (*Capsicum annuum* L.). *Mol. Cells,* 20: 416-422.

Komori T., Ohta S., Murai N., et al. 2004. Map-based cloning of a fertility restorer gene, Rf-1, in rice (*Oryza sativa* L.). *Plant J.*, 37: 315-325.

Kotera E., Tasaka M., Shikanai T. 2005. A pentatricopeptide repeat protein is essential for RNA editing in chloroplasts. *Nature,* 433: 326-330.

Laemmli U.K. 1970. Cleavage of structural proteins during the assembly ofthe head of bacteriophage T4. *Nature,* 227: 680-684.

Linke B., Börner T. 2005. Mitochondrial effects on flower and pollen development. *Mitochondrion,* 5: 389-402.

Liu F., Cui X., Horner H.T., et al. 2001. Mitochondrial aldehyde dehydrogenase activity is required for male fertility in maize. *Plant Cell,* 13: 1063-1078.

Martin J., Grawford J.H. 1951. Several types of sterility in *Capsicum frutescens. Proc. Am. Soc. Hortic. Sci.*, 57: 335-338.

Mei Q., Xie R., Liu C., et al. 2011. Breeding and characterization of *Homokaryotic heteroplasmic* male sterile lines in rice (*Oryza sativa*). *Pak. J. Bot.*, 43(3): 1691-1694.

Nasreen S., Fatima Z., Ishaque M., et al. 2011. Heritability analysis for seed yield and yield related components in sunflower (*Helianthus annuus* L.) Based on genetic difference. *Pak. J. Bot.*, 43(2): 1295-1306.

Peterson P.A. 1958. Cytoplasmically inherited male sterility in *Capsicum. Am. Nat.*, 92: 111-119.

Saxena K.B., Sultana R., Mallikarjuna N., et al. 2010. Male-sterility systems in pigeonpea and their role in enhancing yield. *Plant Breeding*, 129: 125-134.

Schmitz-Linneweber C., Williams-Carrier R., Barkan A. 2005. RNA immunoprecipitation and microarray analysis show a chloroplast pentatricopeptide repeat protein to be associated with the 5-region of mRNAs whose translation it activates. *Plant Cell,* 17: 2791-2804.

Small I.D., Peeters N. 2000. The PPR motif--a TPR-related motif prevalent in plant organellar proteins. *Trends Biochem. Sci.,* 25: 46-47.

Touzet P., Buda F. 2004. Unveiling the molecular arms race between two conflicting genomes in cytoplasmic male sterility. *Trends Plant Sci.,* 9: 568-570.

Towbin H., Staehelin T., Gordon J. 1979. Electrophoretic transfer of proteins from polyacrylamide gels to nitrocellulose sheets: Procedure and some applications. *Proc. Natl. Acad. Sci. USA,* 76: 4350-4354.

Wang Z., Zou Y., Li X., et al. 2006. Cytoplasmic male sterility of rice with boro II cytoplasm is caused by a cytotoxic peptide and is restored by two related PPR motif genes via distinct modes of mRNA silencing. *Plant Cell,* 18: 676-687.

Wang, L.H., Zhang B.X., Lefebvre V., et al. 2004. QTL analysis of restoration in cytoplasmic male sterile pepper. *Theor. Applied. Genet.,* 109: 1058-1063.

Woong Y.L. 1990. The inheritance of male-sterility and its utilization for breeding in pepper (C*apsicum annuum* L.). Dissertation: Kyung Hee University.

Zhang B.X., Huang S., Yang G., et al. 2000. Two RAPD markers linked to a major fertility restorer gene in pepper. *Euphytica,* 113: 155-161.

Zhao X., Zhang L., Yan D., et al. 2011. Phylogenetic analysis and prokaryotic expression of NMAAP1 derived from BCG-activated murine macrophages. *Comp. Immunol. Microb.*, 34: 123-128.

Zou X.X. 2002. China *Capsicum*. Beijing: China Agricultural Press (in Chinese).

辣椒细胞质雄性不育系不育相关基因 *Orf507* 的分子特性与原核表达

邓明华[1,2†]，文锦芬[3†]，霍金龙[4†]，朱海山[2]，王　配[4]，
戴雄泽[1]，张竹青[1]，周　惠[2]，邹学校[1*]

（[1]湖南省农业科学院蔬菜研究所，湖南长沙　410125；[2]云南农业大学园艺学院，云南昆明　650201；[3]昆明理工大学现代农业工程学院，云南昆明　650224；[4]云南农业大学动物科学技术学院，云南昆明　650201）

摘要：辣椒雄性不育系 9704A 是一个已经在中国辣椒杂交种子生产中得到广泛应用的雄性不育系。然而，对于其雄性不育基因还未见报道。本研究参考其他的相关资料，从雄性不育系 9704A 叶片 DNA 中扩增到一个长度为 593bp，包含一个 507 个碱基的单一外显子，*orf507*（Genbank 登录号：GU357841）.结果表明相对于已经报道的辣椒雄性不育相关基因 *orf456*，*orf507* 在 150 个密码子处存在一个碱基的缺失（第 450 个碱基 C 缺失），导致发生移码突变，形成一个含 507 个碱基，编码 168 个氨基酸残基组成的新的 ORF。RT-PCR 记过显示 *orf507* 在雄性不育系和 F_1 的不同发育阶段的叶片和花蕾中均表达。而在保持系中却未能检测到。核恢复基因可能通过转录后处理或翻译水平对雄性不育基因进行调控使 F_1 的育性得到恢复，而不影响 *orf507* 的正常转录。*orf507* 的完全编码区克隆到表达载体 pET32α（+）并转入大肠杆菌 Rosetta。利用异丙基-β-D 硫代半乳糖苷（isopropyl-β-D-thiogalactopyranoside）成功获得了融合蛋白。本研究为研究辣椒雄性不育的分子机制打下了基础。

cDNA cloning, sequence characterization and expression analyses of a novel pepper gene-*TPI*[*①]

Ming-hua DENG[1, 2, *], Jin-fen WEN[3, *], Jin-long HUO[4*], Hai-shan ZHU[2], Xiong-ze DAI[1], Zhu-qing ZHANG[1], Hui ZHOU[2], Xue-xiao ZOU [1]

([1]Institute of Vegetable Crops, Hunan Academy of Agricultural Science, Changsha 410125, China;
[2]College of Horticulture and Landscape, Yunnan Agricultural University, Kunming 650201, China;
[3]Faculty of Modern Agricultural Engineering, Kunming University of Science and Technology, Kunming 650224, China;
[4]Faculty of Animal Science and Technology, Yunnan Agricultural University, Kunming 650201, China)

Abstract: The complete CDS sequence of the pepper gene triose phosphate isomerase (*TPI*) was amplified using the reverse transcriptase polymerase chain reaction based on the conserved sequence information of some Solanaceae plants and known highly homologous pepper ESTs. The results showed the pepper *TPI* gene encodes a protein of 254 amino acids that has high homology with the proteins of six other species—*Solanum tuberosum* (95%), *Arabidopsis thaliana* (87%), *Ricinus communis* (87%), *Vitis vinifera* (87%) and *Oryza sativa* (87%), *Zea mays* (85%). The pepper *TPI* gene was expressed in root, stem, leaf, flower, pericarp, placenta and seed. At the abortion stages, the ATP and NADH pool in male-sterile line were distinctly lower than those in the maintainer; The activities and expression levels of *TPI* in anthers of sterile line were obviously reduced, while levels in F_1 hybrid and maintainers kept normal, which indicated that stable transcripts of *TPI* are beneficial to keep the energy metabolism with a normal level. But when the restorer gene was transferred into CMS line, activities and expression level of *TPI* could be regulated by the restorer gene and kept stably. The restorer gene likely plays an important role in keeping the balance of the energy metabolism with a normal level during the microspore development.

Key words: Pepper (*Capsicum annuum* L.); triose phosphate isomerase; cloning; characterization; cytoplasmic male sterility

Introduction

Cytoplasmic male sterility (CMS), a maternally inherited trait resulting in the inability to

---

* 基金项目：现代农业产业技术体系专项资金（CARS-25-A-8），国家公益性行业科技（200903025），国家高技术研究与发展计划（863 计划）（2006AA100108-4-10，2006AA10Z1A6-3），国家自然科学基金（31160394），云南省自然科学基金项目（2009CD055）和云南农业大学博士学位科研启动项目。
① 本文原载 *Journal of Medicinal Plants Research*，2012，6（10）：1997-2003。

produce or release functional pollen, has been identified and characterized in many crop species (Wise and Pring, 2002). Numerous studies have shown that CMS is related to abnormal mitochondrial gene reorganization (Touzet and Buda, 2004; Linke and Börner, 2005). The reorganization of mitochondria often leads to abnormality of CMS energy metabolism (Connettm and Hanson, 1990). In aerobic tissues, mitochondria provide energy for cell activities (Bartoli et al., 2000; Gueguen et al., 2000; Balk and Leaver, 2001; Sweetlove et al., 2002). Numerous studies have shown that inadequacy of energy metabolism is related to CMS (Sun et al., 2009; Carlsson et al., 2007; Fujii et al., 2007; Teixeira et al., 2005).

Triose phosphate isomerase (TPI) (Lolis et al., 1990) is the glycolytic enzyme (EC: 5.3.1.1) that catalyses the reversible interconversion of glyceraldehyde 3-phosphate and dihydroxyacetone phosphate. TPI plays an important role in several metabolic pathways and is essential for efficient energy production. It is present in eukaryotes as well as in prokaryotes. TPI is generally considered as an extremely efficient enzyme, and is even referred to as a perfect catalyst (Albery and Knowles, 1976).

There is an abundance of literature on the role, structure and regulation of animal TPIs (Oláh et al., 2002; Ahmed et al., 2003). This situation is in sharp contrast to the current research on plant TPIs. In fact that TPI catalyzes a very important step in carbohydrate metabolism, and TPI activity could play a role in the balance of metabolic fluxes in plant primary metabolism. In vascular plants, a small number of studies have been conducted on TPI expression (Xu and Hall, 1993; Zhang and Chinnappa, 1994; Henze et al., 1994; Dorion et al., 2005), but until today the pepper *TPI* gene has not been reported yet.

In present experiment, we will isolate the complete coding sequences of the pepper (*Capsicum annuum* L.) *TPI* gene based on the conserved gene sequences information of tomato or other Solanaceae plant species, subsequently perform some necessary sequence analysis, we will also study the tissue expression distribution of the gene, and finally we will also study the activity and expression level of *TPI* gene in anthers of pepper CMS-9704A, its maintainer line 9704B and F_1, in order to establish the primary foundation of further understanding of the pepper gene *TPI* and the relationship with the CMS.

Materials and methods

Samples collection, RNA extraction and first-strand cDNA synthesis

A typical CMS line, 9704A, its near-isogenic fertile maintainer line, 9704B and a F_1 hybrid line were grown in experimental fields of Yunnan Agricultural University on campus in the summer of 2011. Flowers at four developmental stages were picked out from the corresponding young flowers and collected for experiments. The whole flower development was divided into four stages according to the microsporogenesis progress by checking under the microscope, i.e. (stage 1) sporogenous cell division stage, (stage 2) pollen mother cell (PMC) meiosis stage, (stage 3) uninucleate microspore stage and (stage 4) mature pollen stage. Fresh tissues (root, stem, leaf, flower, pericarp, placenta and seed) in the full bloom stage for RNA isolations were frozen in liquid nitrogen and stored at −80℃ until further use.

Total RNA and first-strand cDNA synthesis for those samples were performed as the methods described by us before (Deng et al., 2012)

Isolation of the pepper TPI gene

The Reverse Transcription PCR (RT-PCR) was performed to isolate the pepper gene using the cDNAs of CMS line and maintainer line from different tissues above. The primers for pepper *TPI* gene isolation was designed based on the conserved coding sequences information from tomato, tobacco, potato *TPI* genes and their highly homologous pepper ESTs sequences. The primers for pepper *TPI* were: 5'- GTTCATCTACATCATATCCAAA -3' and 5'- CTGCAAAATTACAATCGC -3'. RT-PCR was carried out as previously described (Deng et al., 2012). After the PCR the gene product was cloned into pMD18-T vector (TaKaRa, Dalian) and sequenced bidirectionally with the commercial fluorometric method. At least five independent clones were sequenced.

Bioinformatics analysis

Sequence analysis of pepper *TPI* gene was performed using software in NCBI (http://www.ncbi.nlm.nih.gov) and ExPaSy (http://www.expasy.org). The cDNA sequence was predicted using the GenScan software (http://genes.mit.edu/GENSCAN.html). Putative protein theoretical molecular weight (Mw) and isoelectric point (pI) prediction, signal peptide prediction, subcellular localization prediction and transmembrane topology prediction were performed using the Compute pI/Mw Tool (http: //us.expasy.org/tools/pi_tool.html), SignalP 3.0 server (http://www.cbs.dtu.dk/services/SignalP/), PSort II (http://psort.hgc.jp/), TMHMM-2.0 server (http://www.cbs.dtu.dk/services/TMHMM-2.0/), respectively. Web-based microRNA (miRNA) predicting program was used to locate conserved potential miRNA targets (http://www.mirbase.org/). The Blastp program and Conserved Domain Architecture Retrieval Tool were used to search for similar proteins and conserved domain, respectively (http: //www.ncbi.nlm.nih.gov/Blast). The alignment of the nucleotide sequences and deduced amino acid sequences were computed using ClusterX, and the phylogenetic trees were computed using the ClustalX and Mega 4.0 software with standard parameters. Secondary structures of deduced amino acid sequences were predicted with SOPMA (http://npsa-pbil.ibcp.fr/). The 3D structure was predicted based on the existed 3D structures by the amino acids homology modeling on Swiss server (http://swissmodel.expasy.org/).

Semi-quantitative RT-PCR

Semi-quantitative RT-PCR was performed as previously reported (Deng et al. 2011). We selected the housekeeping gene Actin as a positive control. The control primers used were: 5'- TGCAGGAATCCACGAGACTAC -3' and 5'- TACCACCACTGAGCACAATGTT -3'. The pepper primers which were used to perform the semi-quantitative RT-PCR for tissue expression profile analysis were the same as the primers for isolation RT-PCR above.

Enzyme activity determinations

Enzyme activity was measured at 20℃ and monitored spectrophotometrically at 334 nm in a total volume of 1 ml. One unit (U) of enzyme activity corresponds to the disappearance of 1μmol GAP per minute. TPI activity assayed as described in Tomlinson and Turner (1979) and Dorion et al. (2005).

Isolation of mitochondria

Mitochondria were isolated according to the methods described by Bergman et al. (1980) and us before (Deng et al., 2010).

Measurement of NAD^+-NADH pool and ATP

The amount of ATP was measured by the luciferin–luciferase method (St. John, 1970; Tiwari et al., 2002; Wan et al., 2007). NAD^+–NADH content in mitochondria was measured as described by Tretter and Adam-Vizi (2000) and Wan et al. (2007).

Statistical analyses

The experiments were carried out in three independent series with three replicates. Values are the mean±SD.

Results and discussion

Cloning and identification of pepper *TPI* cDNA

Through RT-PCR with different tissue cDNAs, for pepper *TPI* gene, the resulting PCR product was 818 bp (Fig. 1). These cDNA nucleotide sequence analysis using the BLAST software at NCBI server revealed that pepper *TPI* gene was not homologous to any of the known pepper genes and they were then deposited into the GenBank database (Accession No. JN885195). The sequence prediction was carried out using the GenScan software and results showed that the 765 bp cDNA sequences represent a single gene which encoded 254 amino acids. The cDNA sequences in CMS line and maintainer line are exactly the same. It indicated that the *TPI* gene CMS line wasn't reorganized. The complete CDS and the encoded amino acids were presented in Fig. 2.

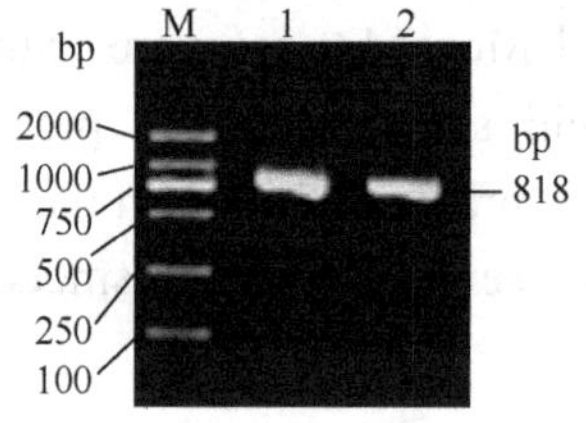

Fig. 1 RT-PCR result for pepper *TPI* gene. M: DL2000 DNA marker, 1: PCR product for pepper *9704A*; 2: PCR product for pepper *9704B*.

Physical and chemical characteristics of pepper *TPI*

The pI and Mw of pepper *TPI* were 5.72 and 27094.09 respectively. The signal peptide prediction revealed that pepper *TPI* did not contain a potential signal peptide (Bendtsen et al., 2004). Transmembrane topology prediction showed that pepper *TPI* was not potential membrane protein. For subcellular localization analysis showed pepper *TPI* was probably located in the cytoplasm with up to 45% probability (Nakai and Horton, 1999).

Prediction and analysis of structures and conserved domains of pepper *TPI*

Proteins often contained several domains, each of which had their own evolutionary

```
ATGGGCAGAAAATTCTTCGTCGGCGGCAACTGGAAATGCAATGGAACCAGTGACGAGATCAAGAAGATAATATCAACACTCAATGCTGGT
 M  G  R  K  F  F  V  G  G  N  W  K  C  N  G  T  S  D  E  I  K  K  I  I  S  T  L  N  A  G
CAAGTGCCATCACAAGATGTTGTTGAGGTTGTTGTGAGCCCCCCATTTGTATTTCTTCCTCTGGTCAAGAATGAGCTGCGACCTGATTTT
 Q  V  P  S  Q  D  V  V  E  V  V  V  S  P  P  F  V  F  L  P  L  V  K  N  E  L  R  P  D  F
CATGTTGCCGCCCAAAATTGTTGGGTTAAGAAAGGCGGTGCTTTCACCGGGGAAGTTAGTGCTGAGATGCTTGTTAATCTGAGCATTCCT
 H  V  A  A  Q  N  C  W  V  K  K  G  G  A  F  T  G  E  V  S  A  E  M  L  V  N  L  S  I  P
TGGGTCATTTTGGGTCACTCTGAAAGGAGAGCCCTTTTGGGTGAATCAAACGAGTTCGTTGGAGACAAGGTAGCATATGCTCTTTCTCAA
 W  V  I  L  G  H  S  E  R  R  A  L  L  G  E  S  N  E  F  V  G  D  K  V  A  Y  A  L  S  Q
GGTTTGAAGGTAATTGCATGTGTTGGGGAGACTCTTGAGCAAAGAGAATCAGGATCCACAATGGATGTTGTTGCTGCACAAACGAAGGCT
 G  L  K  V  I  A  C  V  G  E  T  L  E  Q  R  E  S  G  S  T  M  D  V  V  A  A  Q  T  K  A
ATTGCAGATCTAGTAAAAGATTGGACAAATGTTGTGATAGCTTATGAGCCTGTTTGGGCTATTGGTACTGGAAAGGTTGCAACCCCTGCA
 I  A  D  L  V  K  D  W  T  N  V  V  I  A  Y  E  P  V  W  A  I  G  T  G  K  V  A  T  P  A
CAAGCTCAGGAAGTACATGCTGAATTGAGGAAATGGCTTCAAGCAAATGTTAGCGCTGAAGTGGCTGCCTCAACCAGGATCATCTATGGA
 Q  A  Q  E  V  H  A  E  L  R  K  W  L  Q  A  N  V  S  A  E  V  A  A  S  T  R  I  I  Y  G
GGATCTGTAAGCGGTGCAAACTGCAAGGAGTTGGCTGGACAGCCAGATGTTGACGGTTTTCTTGTAGGTGGAGCTTCTTTGAAGCCGGAG
 G  S  V  S  G  A  N  C  K  E  L  A  G  Q  P  D  V  D  G  F  L  V  G  G  A  S  L  K  P  E
TTCATTGACATCATCAAGGCTGCTGAGGTGAAGAAAAGTGCCTGA
 F  I  D  I  I  K  A  A  E  V  K  K  S  A  .
```

Fig. 2 The complete cDNA sequence and amino acid sequence of the protein encoded by *TPI* (GenBank accession number: JN885195).

origins and functions. Examined using the Conserved Domain Architecture Retrieval Tool of Blast at the NCBI server (http://www.ncbi.nlm.nih.gov/BLAST) indicated that pepper *TPI* contains one separated conserved domain—TIM-phosphate_binding superfamily (Fig. 3). The prediction of secondary structure by SOPMA indicates that the deduced pepper *TPI* contains 126 alpha helices, 43 extended strands, 12 beta turn and 73 random coils (Fig. 4).

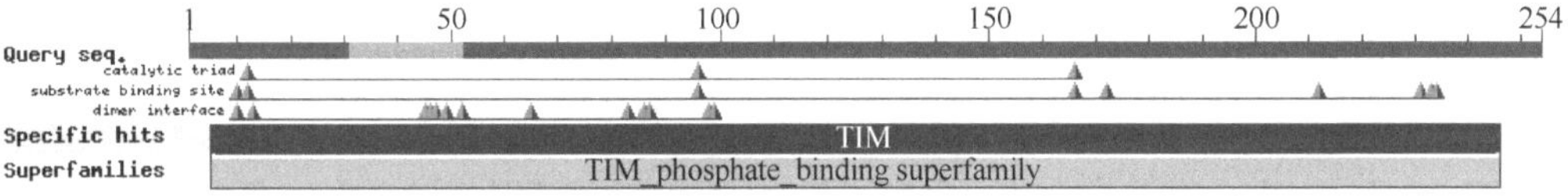

Fig. 3 The putative domains of the protein encoded by pepper *TPI*

Fig. 4 The secondary structure of the pepper *TPI* protein predicted by SOPMA. Helices, strands and coils are indicated, respectively, with long, middle and short vertical lines.

Homology modeling

In order to better understand the detailed structures of pepper *TPI*, the homology modeling of *TPI* was performed to estimate their 3D structure (Wang et al., 2007; Benkert et al., 2011). The 3D structure of the *TPI* (3-249AA) by homology modeling was similar to that of the rabbit *TPI* (1r2r: C). The 3D structure analysis may provide a basis for further studying the relationship between structure and function of *TPI*.

Analysis of sequence identity and evolutionary relationships of pepper *TPI*

The deduced protein sequence of pepper *TPI* was submitted to generate BLAST reciprocal best hits, and similarity comparison revealed that pepper *TPI* protein has high homology with the *TPI* proteins of six other species—*Solanum tuberosum* (95%), *Arabidopsis thaliana* (87%), *Ricinus communis* (87%), *Vitis vinifera* (87%), *Oryza sativa* (87%) and *Zea mays* (85%) (Fig. 5).

Fig. 5 Alignment of the protein encoded by the pepper *TPI* and six other types of *TPI* from *Solanum tuberosum* (ABB02628), *Arabidopsis thaliana* (NP_191104), *Ricinus communis* (XP_002533147), *Vitis vinifera* (XP_002283693), *Oryza sativa* (AAB63603) and *Zea mays* (ACG24648).

To evaluate the evolutionary relationships of pepper *TPI* with other species, then we constructed a phylogenetic tree using DNAstar, Cluster, Mega and DNAman softwares on the basis of the *TPI* amino acid sequences respectively. The phylogenetic tree analysis revealed that the pepper *TPI* gene has a closer genetic relationship with the *TPI* genes of *Solanum tuberosum* than with those of *Arabidopsis thaliana*, *Ricinus communis*, *Vitis vinifera*, *Oryza sativa* and *Zea mays* (Fig. 6).

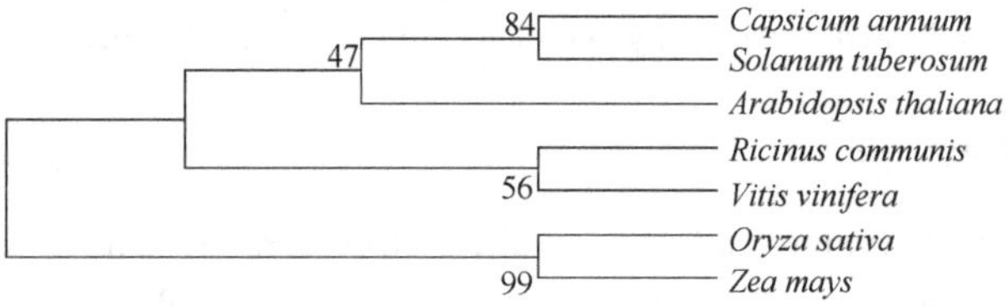

Fig. 6 Phylogenetic tree for pepper *TPI* gene.

mRNA tissue-specific expression profile

To check the relative expression levels of pepper *TPI* mRNA in various pepper tissues, semi-quantitative RT-PCR was performed in seven pepper tissues mentioned above. The continuously expressed gene, *actin*, was used and served as an endogenous reference for determination of targeted mRNA profiles. Results revealed that pepper *TPI* gene was expressed in root, stem, leaf, flower, pericarp, placenta and seed (Fig. 7).

ATP and NAD^+-NADH content in isolated mitochondria

The ATP levels in CMS line, 9704A, its maintainer line, 9704B and a F_1 hybrid line

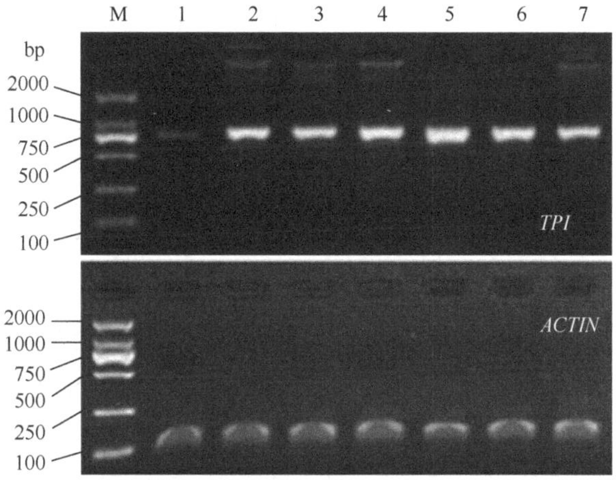

Fig. 7 Tissue expression profile of pepper *TPI* gene.
1-root; 2-stem; 3-leaf; 4-flower; 5-pericarp; 6-placenta; 7-seed. The *actin* expression level is used for the internal control. M: DL2000 DNA mark

preserved a durative uptrend, but the ATP levels in 9704A were significantly lower than that in 9704B and F_1 at each of the developmental stage (Fig. 8a). The NAD^+-NADH levels in the extracted mitochondria were also investigated, and a gradual rise was found in maintainer line, 9704B and a F_1 hybrid line. However, except a notable decline at the stage 2, no distinct change was observed in other three stages in 9704A (Fig. 8b). At the same time, the ATP and NAD^+-NADH levels were no more difference in maintainer line, 9704B and a F_1 hybrid line at every stage (Fig. 8).

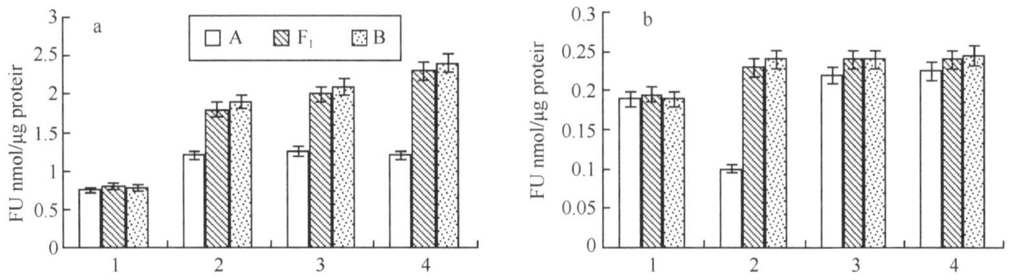

Fig. 8 ATP and NAD^+-NADH content in isolated mitochondria during flowers development. a Generation of ATP in isolated mitochondria from the anthers. b Content of NAD^+-NADH in the mitochondria.

Activities and expression level

The activity and expression level of *TPI* was investigated in this paper (Fig. 9). Results showed the activity of TPI had no significant difference in maintainer and F_1 in the all stages. But the activities of TPI were obviously reduced, relative to the anthers of maintainer and F_1 especially in the stage 2.

Transcriptional analysis of *TPI* gene by semi-quantitative RT-PCR method was used to test the gene expression difference in the process of flower development among the sterile and fertile anthers. The amplification results showed that the expressions of *TPI* were very similar to the activities of TPI. As could be seen in Fig. 4, the levels of *actin* mRNA were relatively constant in all of the RNA samples analyzed.

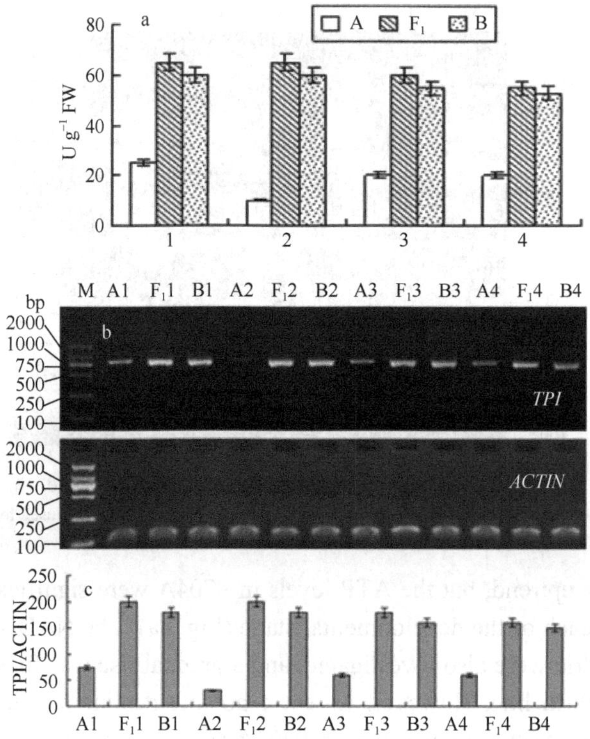

Fig. 9 Activities and expression level of pepper *TPI* gene.

Discussion

It has been reported that there are very highly energy demands during pollen development in higher plants (Tedege and Kuhlemeier, 1997). A widely accepted hypothesis on the mechanism of CMS is that the increased demand for respiratory function and cellular energy in the form of ATP during another development may be compromised by expression of the aberrant mitochondria genes.

In aerobic tissues, mitochondria provide energy for cell activities. Numerous studies have shown that CMS is related to abnormal mitochondrial gene reorganization (Touzet and Buda, 2004; Linke and Börner, 2005).

The citric acid cycles a series of enzyme-catalyses chemical reactions, which is of central importance in all living cells, especially those that use oxygen as part of cellular respiration. In eukaryotic cells, the citric acid cycle occurs in the matrix of the mitochondrion.

TPI is an enzyme in the Embden-Meyerhof pathway which catalyzes the reversible conversion of dihydroxyacetone phosphate to glyceraldehyde-3-phosphate and is essential for efficient energy production. TPI has been found in nearly every organism searched for the enzyme, including animals such as mammals and insects as well as in fungi, plants, and bacteria.

Our results (Fig. 8) showed that the ATP and NADH pool in male-sterile line were distinctly lower than that in the male fertile (maintainer and F_1). This indicates that the CMS plants are in a sub-hungriness state and the reduced availability of energy. At the same time, the low the transcripts and protein activities of TPI were checked in the in male-sterile line (Fig. 9). So we can speculate that the transcripts and protein activities of TPI were too low to keep balance of the energy metabolism in sterile line, but they were significantly higher in the anthers of maintainer and hybrid F_1, which indicated that stable transcripts of TPI are beneficial to keep the energy metabolism with a normal level.

Large quantities of literature have revealed that nucleus gene expression can regulate mitochondrial gene expression through mitochondria-to-nucleus signaling (Dutilleul et al., 2003; Karpova et al., 2002; Maxwell et al., 2002; Rhoads et al., 2006). In our study, there was an interesting finding that during the anther abortion, not like the sterile line, hybrid F_1 always kept stable transcripts and protein activities of *TPI* with the maintainer. There are not many reports about this phenomenon up to date. We presume that during the stage of anther abortion, the transcripts and protein activities of *TPI* in hybrid F_1 keeping consistent with the maintainer likely result from the regulation of nuclear restorer gene.

Acknowledgements

This study was supported by the Earmarked Fund for Modern Agri-industry Technology Research System, National Department Public Benefit Research Foundation (200903025), National Natural Science Foundation of China (Grant No. 31160394), the Foundation of Natural Science of Yunnan Province, China (2009CD055), and specialized Research Fund for the Doctoral Owner of Yunnan Agricultual University.

Reference

Ahmed N, Battah S, Karachalias N, et al. 2003. Increased formation of methylglyoxal and protein glycation, oxidation and nitrosation in triose phosphate isomerase deficiency. Biochim Biophys Acta, 1639: 121-132.

Albery WJ, Knowles NR. 1976. Evolution of enzyme function and the development of catalytic efficiency. Biochemistry, 15: 5631-5640.

Balk J, Leaver CJ. 2001. The PET1-CMS mitochondrial mutation sunflower is associated with premature programmed cell death and cytochrome c release. Plant Cell, 13: 1803-1818.

Bartoli CG, Pastori GM, Foyer CH. 2000. Ascorbate biosynthesis in mitochondria is linked to the electron transport chain between complexes III and IV. Plant Physiol, 123: 335-344.

Bendtsen JD, Nielsen H, von Heijne G, et al. 2004. Improved prediction of signal peptides: SignalP 3.0. J Mol Biol, 340: 783-795.

Benkert P, Biasini M, Schwede T. 2011. Toward the estimation of the absolute quality of individual protein structure models. Bioinformatics, 27: 343-350.

Bergman A, Gardeström P, Ericson I. 1980. Method to obtain a chlorophyll-free preparation of intact mitochondria from spinach leaves. Plant Physiol, 66: 442-445.

Carlsson J, Lagercrantz U, Sundström J, et al. 2007. Microarray analysis reveals altered expression of a large number of nuclear genes in developing cytoplasmic male sterile *Brassica napus* flowers. Plant J, 49(3): 452-462.

Connettm B, Hanson MR. 1990. Differential mitochondrial electron transport throungh the cyanidesensitive and cyanide-insensitive pathways in isonuclear lines of cytoplasmicmale sterile, male fertile, and restored petunia. Plant Physiol, 93: 1643-1640.

Deng MH, Wen JF, Huo JL, et al. 2011. Relationship of metabolism of reactive oxygen species with cytoplasmic male sterility in pepper (*Capsicum annuum* L.). Sci Hortic-Amsterdam, 134(2): 232-236.

Deng MH, Wen JF, Zou XX, et al. 2010. Analysis of mtDNA of cytoplasmic male sterility (CMS) line, its maintainer line and restorer line of pepper (*Capsicum annuum* L.) by RAPD. J. Yunnan AgricUniv, 25(4): 541-544 (in Chinese).

Dorion S, Parveen, Jeukens J, et al. 2005. Cloning and characterization of a cytosolic isoform of triosephosphate isomerase developmentally regulated in potato leaves. Plant Sci, 168: 183-194.

Dutilleul C, Garmier M, Noctor G, et al. 2003. Leaf mitochondria modulate whole cell redox homeostasis, set antioxidant capacity, and determine stress resistance through altered signaling and diurnal regulation. Plant Cell, 15: 1212-1226.

Fujii S, Komatsu S, Toriyama K. 2007. Retrograde regulation of nuclear gene expression in CW-CMS of rice. Plant Mol Biol, 63: 405-417.

Gueguen V, Macherel D, Jaquinod M, et al. 2000. Fatty acid and lipoic acid biosynthesis in higher plant mitochondria. J Biol Chem, 275: 5016-5025.

Henze K, Schnarrenberger C, Kellermann J, et al. 1994. Chloroplast and cytosolic triosephosphate isomerases from spinach: purification, microsequencing and cDNA cloning of the chloroplast enzyme. Plant Mol Biol, 26: 1961-1973.

Karpova OV, Kuzmin EV, Elthon TE, et al. 2002. Differential expression of alternative oxidase genes in maize mitochondrial mutants. Plant Cell, 14: 3271-3284.

Linke B, Börner T. 2005. Mitochondrial effects on flower and pollen development. Mitochondrion 5: 389-402.

Lolis E, Alber T, Davenport RC, et al. 1990. Structure of yeast triosephosphate isomerase at 1.9-A resolution. Biochemistry, 29 6609-6618..

Maxwell DP, Nickels R, McIntosh L. 2002. Evidence of mitochondrial involvement in the transduction of signals required for the induction of genes associated with pathogen attack and senescence. Plant J, 29: 269-279.

Nakai K, Horton P. 1999. PSORT: a program for detecting the sorting signals of proteins and predicting their subcellular localization. Trends Biochem Sci, 24: 34-35.

Oláh J, Orosz F, Keserü GM, et al. 2002. Triosephosphate isomerase deficiency: a neurodegenerative misfolding disease. Biochem Soc Trans, 30: 30-38.

Rhoads DM, Umbach AL, Subbaiah CC, et al. 2006. Mitochondrial reactive oxygen species. Contribution to oxidative stress and interorganellar signaling. Plant Physiol, 141: 357-366.

St. John JB. 1970. Determination of ATP in Chlorella with the luciferin–luciferase enzyme system. Anal Biochem, 37: 409-416.

Sun Q, Hu C, Hu J, et al. 2009. Quantitative proteomic analysis of CMS-related changes in Honglian CMS rice anther. Protein J, 28: 341-348.

Sweetlove LJ, Heazlewood JL, Herald V, et al. 2002. The impact of oxidative stress on Arabidopsis mitochondria. Plant J, 32: 891-904.

Tedege M, Kuhlemeier C. 1997. Aerobic fermentation during tobacco pollen development. Plant Mol Bio, 35: 3433-3454.

Teixeira RT, Knorpp C, Glimelius K. 2005. Modified sucrose, starch, and ATP levels in two alloplasmic male-sterile lines of *B. napus*. J Exp Bot, 56(414): 1245-1253.

Tiwari BS, Belengh B, Levine A. 2002. Oxidative stress increased respiration and generation of reactive oxygen species, resulting in ATP depletion, opening of mitochondrial permeability transition, and programmed cell death. Plant Physiol, 128: 1271-1281.

Tomlinson JD, Turner JF. 1979. Pea seed triose phosphate isomerase. Phytochemistry, 18: 1959–1962

Touzet P, Buda RF. 2004. Unveiling the molecular arms race between two conflicting genomes in cytoplasmic male sterility. Trends Plant Sci, 9: 568-570.

Tretter L, Adam-Vizi V. 2000. Inhibition of Krebs cycle enzymes by hydrogen peroxide: a key role of a-ketoglutarate dehydrogenase in limiting NADH production under oxidative stress. J Neurosci, 20: 8972-8979.

Wan C, Li S, Wen L, et al. 2007. Damage of oxidative stress on mitochondria during microspores development in Honglian CMS line of rice. Plant Cell Rep, 26: 373-382.

Wang Y, Addess KJ, Chen J, et al. 2007. MMDB: annotating protein sequences with Entrez's 3D-structure database. Nucleic Acids Res, 35: 298-300.

Wise RP, Pring DR. 2002. Nuclear-mediated mitochondrial gene regulation and male fertility in higher plants: Light at the end of the tunnel. Proc Natl Acad Sci U.S.A., 99(16): 10240-10242.

Xu Y, Hall TC. 1993. Cytosolic triosephosphate isomerase is a single gene in rice. Plant Physiol, 101: 683-687.

Zhang XH, Chinnappa CC. 1994. Triose phosphate isomerase of *Stellaria longipes* (Caryophyllaceae). Genome, 37(1): 148-156.

辣椒 *TPI* 基因的 cDNA 克隆、序列特性和表达分析

邓明华[1,2,*]，文锦芬[3,*]，霍金龙[4*]，朱海山[2]，戴雄泽[1]，
张竹青[1]，周　惠[2]，邹学校[1]

（[1]湖南省农业科学院蔬菜研究所，湖南长沙　410125；[2]云南农业大学园艺学院，云南昆明　650201；[3]昆明理工大学现代农业工程学院，云南昆明　650224；[4]云南农业大学动物科学技术学院，云南昆明　650201）

摘要：根据一些茄科植物的磷酸丙糖异构酶（TPI）基因及高度同源的辣椒 EST，我们用 RT-PCR 技术获得了辣椒 TPI 基因的全序列。结果显示辣椒 TPI 基因编码 254 个氨基酸，并与其他 6 中植物的 TPI 基因高度同源：马铃薯 *Solanum tuberosum*（95%）、拟南芥 *Arabidopsis thaliana*（87%）、蓖麻 *Ricinus communis*（87%）、葡萄 *Vitis vinifera*（87%）、水稻 *Oryza sativa*（87%）和玉米 *Zea mays*（85%）。辣椒 *TPI* 基因在根、茎、叶、花、果皮、胎座、种子种均有表达。在花粉败育阶段，雄性不育系花蕾的 ATP 和 NADH 含量要显著低于保持系。雄性不育系 *TPI* 基因的表达量和酶活性也要显著降低，而保持系和 F_1 则保持在一个正常的水平。意味着 *TPI* 基因的稳定表达对于保证能量代谢在一个合理水平十分重要。当核恢复基因导入雄性不育系，*TPI* 基因的表达受到回复基因的调控又恢复到正常水平。在小孢子发育阶段，恢复基因在保持能量代谢的平衡发面发挥了重要作用。

关键词：辣椒；丙糖磷酸异构酶；克隆；特征；细胞质雄性不育

Cloning and characterization of two noval purple pepper genes—*CHS* and *F3H*[*①]

Ming-hua DENG[1, 2, *], Jin-fen WEN[3, *], Hai-shan ZHU[2], Jin-long HUO[4], Xiong-ze DAI[1], Zhu-qing ZHANG[1], Hui ZHOU[2], Xue-xiao ZOU[1]

([1]Institute of Vegetable Crops, Hunan Academy of Agricultural Science, Changsha 410125, China; [2]College of Horticulture and Landscape, Yunnan Agricultural University, Kunming 650201, China; [3]Faculty of Modern Agricultural Engineering, Kunming University of Science and Technology, Kunming 650224, China; [4]Faculty of Animal Science and Technology, Yunnan Agricultural University, Kunming 650201, China)

Abstract: The complete CDS sequence of "Yunnan Purple Pepper No.1" genes *CHS* and *F3H* were amplified using the reverse transcriptase polymerase chain reaction based on the conserved sequence information of the tomato or other Solanaceae plants and known highly homologous pepper ESTs. The nucleotide sequence analysis of these two genes revealed that pepper *CHS* gene encodes a protein of 402 amino acids that has high homology with the CHS-like protein of six species—*Nicotiana tabacum* (92%), *Rhododendron simsii* (91%), *Petunia* × *hybrida* (91%), *Solanum tuberosum* (90%), *Vitis vinifera* (90%), *Camellia chekiangoleosa* (96%). Sequence analysis revealed that the pepper *F3H* encodes a protein of 365 amino acids that has high homology with the proteins of eight species—*Nicotiana tabacum* (89%), *Petunia* × *hybrida* (88%), *Solanum tuberosum* (87%), *Solanum lycopersicum* (88%), *Litchi chinensis* (82%), *Actinidia chinensis* (81%), *Citrus maxima* (81%), *Vitis vinifera* (82%). The tissue expression analysis indicated that the pepper *CHS* gene was over-expressed in pericarp, moderately in stem and flower, weakly in leaf and placenta, and hardly expressed in root and seed. The pepper *F3H* gene was over-expressed in pericarp, moderately in leaf and flower, weakly in seed, and hardly expressed in root, stem and placenta. Our experiment established the primary foundation for further research on these two pepper genes.

Key words: pepper; *CHS*; *F3H*; tissue expression analysis

---

* 基金项目：现代农业产业技术体系专项资金（CARS-25-A-8），国家公益性行业科技（200903025），国家高技术研究与发展计划（863 计划）（2006AA100108-4-10，2006AA10Z1A6-3），国家自然科学基金（31160394）和云南省自然科学基金项目（2009CD055）。

① 本文原载 *Afr J Biotechnol*，2012，11（9）：2389-2397。

Introduction

The chalcone synthase (CHS) is an important enzyme in anthocyanidins biosynthesis. It catalyzes the first committed step of the condensation of one molecule of 4-coumaroyl-COA with three molecules of malonyl-COA to form naringenin chalcone. Naringenin chalcone is the central intermediate to give a flavonoids (Holton and Cornish, 1995; Schröder, 1997; Shirley, 2002), which are important for the pigmentation of flowers and other parts of plants. Several *CHS* cDNA and genomic clones have been isolated from a number of plant species, and the structure and reaction mechanism of higher plant *CHSs* have been extensively studied (Ferrer et al., 1999; Suh et al., 2000; Jez and Noel, 2000; Niesbach-Klosgen et al., 1987; Koes et al., 1989).

Flavanone 3-hydroxylase (F3H) is one of the 'key' enzymes acting at the bifurcation of the anthocyanin and flavonols branches, which catalyzes the stereospecific hydroxylation of (2*S*)-eriodictyol and (2*S*)-naringenin to form (2*R*, 3*R*)-dihydroquercetin and (2*R*, 3*R*)-dihydrokaempferol, respectively (Britsch and Grisebach, 1986; Forkmann et al., 1980; Britsch et al., 1981; Heller and Forkmann, 1993). These dihydroflavonols serve as intermediates for the biosynthesis of anthocyanidins (Holton and Cornish, 1995). F3H is classified as a soluble 2-oxoglutarate-dependent dioxygenase based on its requirements for 2-oxoglutarate, molecular oxygen, ferrous iron (Fe^{2+}) and ascorbate. More *F3H* genes have been cloned and characterized from a variety of plant species, such as from *Arabidopsis thaliana* (Pelletier and Winkel-Shirley, 1996), *Ginkgoales* (Shen et al., 2006), *Hordeum vulgare* (Meldgaard, 1992), *Malus* (Davies, 1993), *Medicago sativa* (Charrier et al., 1995), *Perilla frutescenes* (Gong et al., 1997) and *Zea mays* (Deboo et al., 1995).

Based on above described of these two genes, it is essential to isolate these two genes from pepper for they are associated with anthocyanidins, which are involved in different biological activities including ultraviolet radiation protection, flower coloration, antimicrobial activity, interspecies interactions, plant defense and medicinal properties. "Yunnan Purple Pepper No.1" is a pepper variety with high anthocyanidins, which was selected from a Yunnan local pepper resourcces. But until today the pepper *CHS* and *F3H* genes associated with the biosynthesis anthocyanidins have not been reported yet.

In present experiment, we will isolate the complete coding sequences of pepper *CHS* and *F3H* genes based on the conserved gene sequences information of tomato or other Solanaceae plant species, subsequently perform some necessary sequence analysis, and finally we will also study the tissue expression distribution of these genes, in order to establish the primary foundation of further understanding of these pepper genes.

Materials and Methods

Samples collection, RNA extraction and first-strand cDNA synthesis

Yunnan Purple Pepper No.1 were grown in experimental fields of Yunnan Agricultural University. Fresh tissues (root, stem, leaf, flower, pericarp, placenta and seed) for RNA isolations were frozen in liquid nitrogen and stored at −80℃ until further use. Total RNA was extracted using the RNAiso Plus (TaKaRa, Dalian) according to the manufacturer's instructions. To remove genomic DNA contamination, total RNA was digested with RNase-free DNase I (TaKaRa, Dalian). Three micrograms of RNA were reverse transcribed with oligo $(dT)_{18}$ primer and M-MLV reverse transcriptase (Invitrogen, USA). The efficiency of reverse transcription was checked on 2% agarose gels stained with ethidium bromide.

Isolation of the pepper CHS and F3H genes

The RT-PCR was performed to isolate these two pepper genes using the cDNAs from different tissues above. The 20μl reaction system was: 1.5μl of (25 ng/μl) DNA, 1μl of 2.5mmol/L mixed dNTPs, 2μl of 10 × Taq DNA polymerase buffer ($MgCl_2$ plus), 0.4μl of 10μmol/L forward and reverse primer, 0.3μl of 5U/μl *Taq* DNA polymerase and 13.4μl of sterile water. The PCR program initially started with 94℃ for 4min, followed by 35 cycles of 94℃ for 1min, 57℃ for 45s, 72℃ for 90s, and then 72℃ extension for 10 min, and finally 4℃ to terminate the reaction. The primers for pepper *CHS* gene isolation were designed based on the conserved coding sequences information from tomato, tobacco, potato CHS genes and their highly homologous pepper ESTs sequences. The primers for pepper *CHS* were: 5'- CCAGCTAGTTGGTATTTCT -3' and 5'- TAGTCACCCAGTTTATTCG -3'. Similarly, the primers for pepper *F3H* gene isolation were designed based on the conserved coding sequences information from tomato, tobacco, potato *F3H* genes and their highly homologous pepper ESTs sequences.The primers for pepper *F3H* gene were: 5'- ATA GAA ATG CCA CCT TCA T -3' and 5'- TTA AGC AAG AAT TTC CTC AAT -3'. After the PCR the gene product was cloned into pMD18-T vector (TaKaRa, Dalian) and sequenced bidirectionally with the commercial fluorometric method. At least five independent clones were sequenced.

Bioinformatics analysis

Sequence analysis of pepper *CHS* and *F3H* genes were performed using softwares in NCBI (http://www.ncbi.nlm.nih.gov) and ExPaSy (http://www.expasy.org). The cDNA sequence were predicted using the GenScan software (http://genes.mit.edu/GENSCAN.html). Putative protein theoretical molecular weight (Mw) and isoelectric point (pI) prediction, signal peptide prediction, subcellular localization prediction and transmembrane topology prediction were performed using the Compute pI/Mw Tool (http://us.expasy.org/tools/pi_tool.html), SignalP 3.0 server (http://www.cbs.dtu.dk/services/SignalP/), PSort II (http://psort.hgc.jp/), TMHMM-2.0 server (http://www.cbs.dtu.dk/services/TMHMM-2.0/), respectively. Web-based microRNA (miRNA) predicting program was used to locate conserved potential miRNA targets (http://www.mirbase.org/). The Blastp program and Conserved Domain Architecture Retrieval Tool were used to search for similar proteins and conserved domain, respectively (http://www.ncbi.nlm.nih.gov/Blast). The alignment of the nucleotide sequences and deduced amino acid sequences were computed using ClusterX, and the phylogenetic trees were computed using the ClustalX and Mega 4.0 softwares with standard parameters. Secondary structures of deduced amino acid sequences were predicted with SOPMA (http://npsa-pbil.ibcp.fr/). The 3D structures was predicted based on the existed 3D structures by the amino acids homology modeling on swiss server (http://swissmodel.expasy.org/).

Semi-quantitative RT-PCR

To characterize the *CHS* and *F3H* genes further, RT-PCR was conducted to determine its expression in seven pepper tissues. To eliminate the effect of cDNA concentration, we repeated the RT-PCR five times using 1μl, 2μl, 3μl, 4μl and 5μl cDNA as templates. We selected the housekeeping gene Actin as a positive control. The control primers used were: 5′-TGCAGGAATCCACGAGACTAC -3′ and 5′-TACCACCACTGAGCACAATGTT-3′. The pepper *CHS* and *F3H* primers which were used to perform the semi-quantitative RT-PCR for tissue expression profile analysis were the same as the primers for isolation RT-PCR above. The PCR reactions were optimized for a number of cycles to ensure product intensity within the linear phase of amplification.

Results

Cloning and identification of pepper *CHS* and *F3H* cDNA

Through RT-PCR with different tissue cDNAs, for pepper *CHS* and *F3H* gene, the resulting PCR products were 1296 bp and 1104 bp (Fig. 1). These cDNA nucleotide sequence analysis using the BLAST software at NCBI server revealed that pepper *CHS* and *F3H* genes were not homologous to any of the known pepper genes and they were then deposited into the GenBank database (Accession No. JN808444 and JN808445). The sequence prediction were carried out using the GenScan software and results showed that the 1209 bp and 1098 bp cDNA sequence represent two single genes which encoded 402 and 365 amino acids, , respectively. The complete CDS and the encoded amino acids were presented in Fig. 2, Fig. 3.

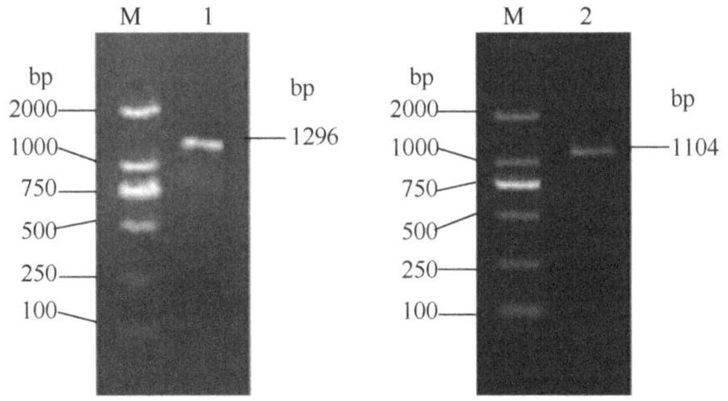

Fig. 1 RT-PCR result for pepper *CHS* and *F3H* genes. M: DL2000 DNA marker, 1: PCR product for pepper *CHS* gene; 2: PCR product for pepper *F3H* gene.

Physical and chemical characteristics of pepper *CHS* and *F3H*

The theoretical isoelectric point (pI) and molecular weight (Mw) were computed using the Compute pI/Mw Tool. The pI of pepper *CHS* and *F3H* were 5.81 and 5.31. The molecular weight of these two putative protein were 44317.19 and 41108.95. The signal peptide prediction performed by SignalP 3.0 on the basis of a combination of several artificial neural networks and hidden Markov models revealed that pepper *CHS* and *F3H* did not containe a potential signal peptide with 0.7% and 0.3% probability respectively (Bendtsen et al., 2004). Using a hidden Markov model algorithm, transmembrane topology prediction made by

```
ATGGTGACCGTGGAGGAGGTTCGAAGGGAACAACGCGCAAAGGGACCAGCCACCATCATGGCCATTGGCACGGCGACTCCTTCAAACTGT
 M  V  T  V  E  E  V  R  R  E  Q  R  A  K  G  P  A  T  I  M  A  I  G  T  A  T  P  S  N  C
GTTGATCAAGCCACCTATCCTGATTATTACTTTCGAATCACTAATAGCGAACATATGACTGAGCTTAAGGAAAAATTTCAACGCATGTGT
 V  D  Q  A  T  Y  P  D  Y  Y  F  R  I  T  N  S  E  H  M  T  E  L  K  E  K  F  Q  R  M  C
GATAAATCAATGATTAAGAAGAGGTATATGCATTTAACAGAAGAAATTCTTAAAGAAAATCCTAATATTTGTGAATATATGGCTCCTTCT
 D  K  S  M  I  K  K  R  Y  M  H  L  T  E  E  I  L  K  E  N  P  N  I  C  E  Y  M  A  P  S
CTTGATGCTAGGCAAGATATAGTGGTGGTTGAAATTCCAAAACTTGGCAAAGAAGCAGCCAAAAAGGCTATTAAAGAATGGGGCCAGCCC
 L  D  A  R  Q  D  I  V  V  V  E  I  P  K  L  G  K  E  A  A  K  K  A  I  K  E  W  G  Q  P
AAATCGAAGATTACCCATTTGGTGTTTTGCACTACTAGTGGTGTGGACATGCCCGGGGCTGACTACCAGCTCACTAAGCTTCTTGGGCTT
 K  S  K  I  T  H  L  V  F  C  T  T  S  G  V  D  M  P  G  A  D  Y  Q  L  T  K  L  L  G  L
CGACCCTCAGTCAAACGACTCATGATGTACCAACAAGGTTGCTTTGCTGGTGGAACCGTTATCCGACTAGCAAAAGACTTGGCTGAAAAC
 R  P  S  V  K  R  L  M  M  Y  Q  Q  G  C  F  A  G  G  T  V  I  R  L  A  K  D  L  A  E  N
AACAAGGGAGCTCGAGTCCTTGTTGTTTGCTCTGAAATAACTGCAGTTACTTTCCGTGGCCCAAGTGATACACACTTAGATAGTATGGTT
 N  K  G  A  R  V  L  V  V  C  S  E  I  T  A  V  T  F  R  G  P  S  D  T  H  L  D  S  M  V
GGACAAGCACTCTTTGGTGATGGGGCAGCCGCACTCATTGTAGGTTCAGATCCATTACCAGAGGTTGAAAgGCCTTTGTTTGAGCTTGTT
 G  Q  A  L  F  G  D  G  A  A  A  L  I  V  G  S  D  P  L  P  E  V  E  R  P  L  F  E  L  V
TCTGCGGCCCAAACTCTTCTCCCTGATAGCGAAGGCGCTATAGATGGTCACCTTCGTGAAGTTGGGCTAACATTTCACTTACTCAAAGAT
 S  A  A  Q  T  L  L  P  D  S  E  G  A  I  D  G  H  L  R  E  V  G  L  T  F  H  L  L  K  D
GTTCCTGGATTGATCTCAAAGAATATCGAGAAGAGTTTGATAGAAGCATTCCAACCATTGGGGATTTCTGATTGGAACTCTATCTTCTgG
 V  P  G  L  I  S  K  N  I  E  K  S  L  I  E  A  F  Q  P  L  G  I  S  D  W  N  S  I  F  W
ATCGCTCACCCTGGCGGGCCAGCAATCCTCGACCAAGTTGAATTAAAGTTGGGCCTAAAGCTCGAAAAACTTCGAGCTACTAGGCAAGTC
 I  A  H  P  G  G  P  A  I  L  D  Q  V  E  L  K  L  G  L  K  L  E  K  L  R  A  T  R  Q  V
TTGAGTGACTATGGAAACATGTCTAGTGCTTGTGTTCTATTCATTTTGGATGAAATGAGAAAGGCCTCAGCCAAAGAAGGACTTAATACT
 L  S  D  Y  G  N  M  S  S  A  C  V  L  F  I  L  D  E  M  R  K  A  S  A  K  E  G  L  N  T
ACTGGTGAAGGCCTTGATTGGGGTGTGCTTTTCGGATTTGGGCCTGGGCTTACAGTTGAGACTGTTGTACTCCATAGTGTCTCTACTAAT
 T  G  E  G  L  D  W  G  V  L  F  G  F  G  P  G  L  T  V  E  T  V  V  L  H  S  V  S  T  N
CTCGAGCACCCTAGGGTGCAAGAGAAAGAGTTCGAATAA
 L  E  H  P  R  V  Q  E  K  E  F  E  .
```

Fig. 2 The complete cDNA sequence and amino acid sequence of the protein encoded by *CHS* (GenBank accession number: JN808444).

```
ATGCCACCTTCATCCCTAACGTCTCTGGCGAACGAAACTACCGTTCCAACAAGTTTCATTAGGGATGAACAAGAGCGTTCTAAAGTGGCT
 M  P  P  S  S  L  T  S  L  A  N  E  T  T  V  P  T  S  F  I  R  D  E  Q  E  R  S  K  V  A
TACAACAACTTCAGTGATGACATTCCAGTCATATCGTTGAAGGATATTGATGAGATTGGAACAAGAGGTGAAATATGTGAAAAAATTGTA
 Y  N  N  F  S  D  D  I  P  V  I  S  L  K  D  I  D  E  I  G  T  R  G  E  I  C  E  K  I  V
GAGGCATGCGAAGATTGGGGCATTTTCCAGGTAGTTGATCATGGGGTAGACCCACAATTAATCTCACAAATGACAAAATTTGCTAAAGAA
 E  A  C  E  D  W  G  I  F  Q  V  V  D  H  G  V  D  P  Q  L  I  S  Q  M  T  K  F  A  K  E
TTCTTCGCGTTGCCCTCTGAGGAAAAGCTTCGATTTGACATGTCCGGCGGTAAGAAAGGTGGTTTCATAGTCTCTAGCCATCTTCAGGGT
 F  F  A  L  P  S  E  E  K  L  R  F  D  M  S  G  G  K  K  G  G  F  I  V  S  S  H  L  Q  G
GAAGTGGTCCAAGATTGGCGTGAAATAGTGACCTATTTCTCATACCCAATTCGAGCTAGAGATTACTCTAGATGGCCAGACAAACCGCAC
 E  V  V  Q  D  W  R  E  I  V  T  Y  F  S  Y  P  I  R  A  R  D  Y  S  R  W  P  D  K  P  H
GGATGGATAGCTGTAACTGAGAAGTACAGTGAAAAGTTAATGGAGTTGGCTTGCAAATTATTAGAAGTACTATCAGAAGCAATGGGTTTG
 G  W  I  A  V  T  E  K  Y  S  E  K  L  M  E  L  A  C  K  L  L  E  V  L  S  E  A  M  G  L
GAGAAGGAGGCCTTAACCAAGGCATGTGTGGATATGGACCAAAAAGTTGTTGTCAATTTTTACCCAAAGTGTCCACAGCCTGATCTTACC
 E  K  E  A  L  T  K  A  C  V  D  M  D  Q  K  V  V  V  N  F  Y  P  K  C  P  Q  P  D  L  T
CTTGGGTTGAAAAGGCACACTGATCCTGGAACCATCACCCTCTTGTTACAAGACCAAGTTGGTGGTCTTCAAGCCACTAAAGATAATGGC
 L  G  L  K  R  H  T  D  P  G  T  I  T  L  L  L  Q  D  Q  V  G  G  L  Q  A  T  K  D  N  G
AAAACTTGGATCACGGTTAAGCCCATTGAAGGCGCTTTTGTTGTTAATCTTGGTGATCATGGTCATTATTTGAGCAACGGGAGGTTCAAG
 K  T  W  I  T  V  K  P  I  E  G  A  F  V  V  N  L  G  D  H  G  H  Y  L  S  N  G  R  F  K
AACGCTGATCATCAAGCAGTGGTGAACTCGAATAGCAGCAGATTATCGATAGCCACATTTCAGAATCCAGCACCGGAGGCAATAGTGTAT
 N  A  D  H  Q  A  V  V  N  S  N  S  S  R  L  S  I  A  T  F  Q  N  P  A  P  E  A  I  V  Y
CCATTAAAAATACGAGAAGGAGAGAAGGCAGTAATGGATGAGCCCATTACATTTGCAGAAATGTATAGGAGGAAAATGAGTAAGGATCTT
 P  L  K  I  R  E  G  E  K  A  V  M  D  E  P  I  T  F  A  E  M  Y  R  R  K  M  S  K  D  L
GAGGCTGCTAGATTCAAAAAGCTGGCCAAGGAGCAGCAGATACAAGCTGAAGAGGTTGCCGAAAAGGCCAAGTTGGAATCCATGCCCATT
 E  A  A  R  F  K  K  L  A  K  E  Q  Q  I  Q  A  E  E  V  A  E  K  A  K  L  E  S  M  P  I
GAGGAATTCCTTGCTTAA
 E  E  F  L  A  .
```

Fig. 3 The complete cDNA sequence and amino acid sequence of the protein encoded by *F3H* (GenBank accession number: JN808445).

TMHMM program (Moller et al., 2001), showed that pepper *CHS* and *F3H* were not potential membrane protein. For subcellular localization analysis, the amino acid sequence was submitted to the PSORT Ⅱ program, and Reinhardt's method showed pepper *CHS* and *F3H* were probably located in the cytoplasm with up to 45% and 73.9% probability respectively (Nakai and Horton, 1999).

Prediction and analysis of structures and conserved domains of pepper *CHS* and *F3H*

Proteins often contained several domains, each of which had their own evolutionary origins and functions. Examined using the Conserved Domain Architecture Retrieval Tool of Blast at the NCBI server (http: //www.ncbi.nlm.nih.gov/BLAST) indicated that pepper *CHS* contains one separated conserved domain-*CHS-like* and pepper *F3H* contains one separated conserved domain-PLN03176 superfamily (Fig. 4).

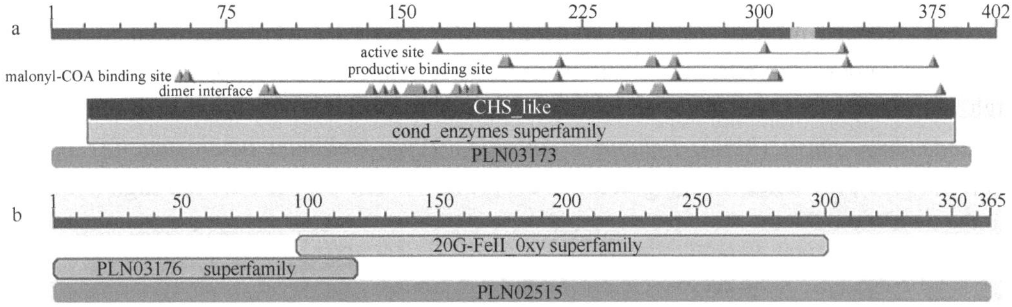

Fig. 4 The putative domains of the protein encoded by pepper *CHS* and *F3H*. a: *CHS*; b: *F3H*

The prediction of secondary structure by SOPMA indicates that the deduced pepper *CHS* contains 181 alpha helices, 63 extended strands, 27 beta turn and 131 random coils and pepper *F3H* contains 138 alpha helices, 55 extended strands, 20 beta turn and 152 random coils (Fig. 5).

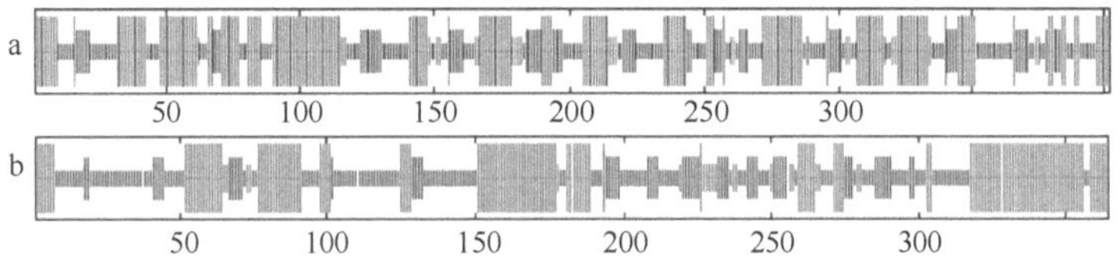

Fig. 5 The secondary structure of the pepper *CHS* and *F3H* protein predicted by SOPMA. Helices, strands and coils are indicated, respectively, with long, middle and short vertical lines; a: *CHS*; b: *F3H*

Homology modeling

In order to better understand the detailed structures of pepper *CHS* and *F3H*, the homology modeling of *CHS* and *F3H* were performed to estimate their 3D structure (Wang et al., 2007; Benkert et al., 2011). The 3D structure of the *CHS* (1-388AA) by homology modeling was similar to that of the alfalfa *CHS* (1bi5A, Single chain) and the 3D structure of the *F3H* (6-329AA) by homology modeling was similar to that of the Arabidopsis thaliana PLN03176 superfamily (1gp6A, Single chain) (Fig. 6). The 3D structure analysis may provide a basis for further studying the relationship between structure and function of *CHS* or *F3H*.

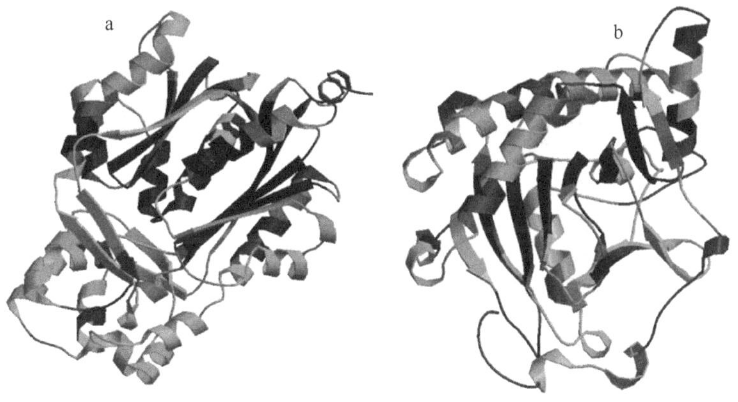

Fig. 6 The tertiary structure of pepper *CHS* and *F3H*. a: *CHS*; b: *F3H*

Analysis of sequence identity and evolutionary relationships of pepper *CHS* and *F3H*

The deduced protein sequence of pepper *CHS* and *F3H* were submitted to generate BLAST reciprocal best hits, and similarity comparison revealed that pepper *CHS* protein has high homology with the *CHS* proteins of six other species—*Nicotiana tabacum* (92%), *Rhododendron simsii* (91%), *Petunia* × *hybrida* (91%), *Solanum tuberosum* (90%), *Vitis vinifera* (90%), *Camellia chekiangoleosa* (92%) (Fig. 7). The pepper *F3H* has high homology

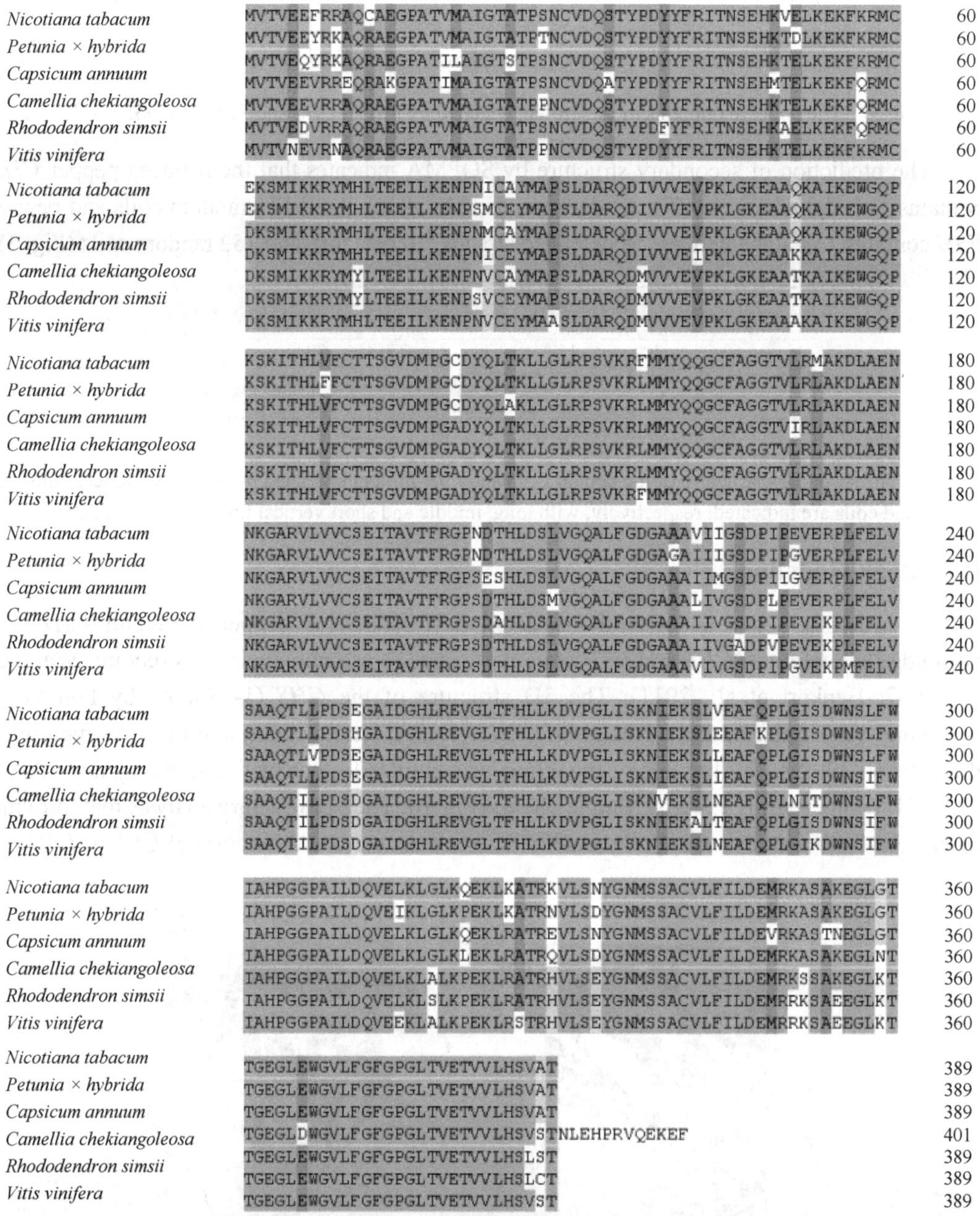

Fig. 7 Alignment of the protein encoded by the pepper *CHS* and six other types of *CHS* from *Nicotiana tabacum* (AAK49457), *Camellia chekiangoleosa* (ADW11243), *Solanum tuberosum* (AEN83501), *Petunia* × *hybrida* (CAA32731), *Rhododendron simsii* (CAC88858) and *Vitis vinifera* (XP_002264019)

with the proteins of eight other species—*Nicotiana tabacum* (89%), *Petunia × hybrida* (88%), *Solanum tuberosum* (87%), *Solanum lycopersicum* (88%), *Litchi chinensis* (82%), *Actinidia chinensis* (81%), *Citrus maxima* (81%), *Vitis vinifera* (82%) (Fig. 8).

Citrus maxima	MAP.STLTALAAEKTLNPSFVRFQDERPKVAYNEFSNEIPVISLAGIDDVGG...KRAEICK	58
Litchi chinensis	MAL.ATLTALAQEKTLNASFVRDEDERPKVAYNEFSNEIPVISLAGIDEVDG...RRAEICQ	58
Actinidia chinensis	MAPTTTLTALAEEKTLQSKFVRDEDERPKVAYNVFSSEIPVISLAGIDEVDG...RRSEICR	59
Vitis vinifera	MAP.TTLTALAGEKTLQSSFVRDEDERPKVAYNDFSNEIPVISLEGIDEVGG...RRDEICR	58
Solanum lycopersicum	TSFIRDEEERPKVAYNKFSDEIPVISLQGIDDVNG...RRSEICE	42
Solanum tuberosum	MA.STLTALANEKTLQTSFIRDEEERPKVAYNKFSDEIPVISLQGIDDING...RRSEICE	57
Capsicum annuum	MPP.SSLTSLANETTVPTSFIRDEQERSKVAYNNFSDDIPVISLKDIDEIG....TRGEICE	57
Petunia × hybrida	MAP.STLTALAEEKTLQTSFIRDEDERPKVAYNQFSNEIPIISLEGIDDET...GKRAEICD	58
Nicotiana tabacum	MAP.STLTALAEEKTLQTSFIRDEDERPKVAYNQFSDEIPIISLKGIDDESGINGKRGEICE	61
Citrus maxima	KIVEACEDWGIFQVVDHGVDAKLISDMTRLATEFFALPPEEKLKFDMSGGKKGGFIVSSHLQ	120
Litchi chinensis	KIVEACEDWGIFQVIDHGVDTKLISDMTRLAREFFALPPEEKLRFDMSGGKKGGFIVSSHLQ	120
Actinidia chinensis	KIVEACEDWGIFQVVDHGVDAKLVGEMTRLARDFFALPPEEKLRFDMSGGKKGGFIVSSHLQ	121
Vitis vinifera	KIVEACEDWGIFQVVNHGVDSNLISEMTRLAREFFALPPEEKLRFDMSGGKKGGFIVSSHLQ	120
Solanum lycopersicum	RIVNACEDWGVFQVIDHGVDAQLISQMTKLAKEFFELPPEEKLRFDMSGGKKGGFIVSSHLQ	104
Solanum tuberosum	KIVNACEDWGVFQVIDHGADAQLISEMTKLAKEFFELPPDEKLRFDMSGGKKGGFIVSSHLQ	119
Capsicum annuum	KIVEACEDWGIFQVVDHGVDPQLISQMTKFAKEFFALPSEEKLRFDMSGGKKGGFIVSSHLQ	119
Petunia × hybrida	KIVKACEDWGVFQVVDHGVDAELISQMTTFAKEFFALPPEEKLRFDMSGGKKGGFIVSSHLQ	120
Nicotiana tabacum	KIVKACEDWGIFQVVDHGVDAQLISQMTTLAKQFFALPPEEKLRFDMSGGKKGGFIVSSHLQ	123
Citrus maxima	GEVVKDWREIVTYFSYPKQSRDYSRWPDKPEGWMEVTKEYSDQLMGVACKLLEVLSEAMGLE	182
Litchi chinensis	GEAVQDWREIVTYFSYPMRTRDYSRWPDKPQGWIDVTKEYSDKLMGLACKLLEVLSEAMGLE	182
Actinidia chinensis	GEAVQDWREIVTYFSYPIRARDYSRWPDKPDGWRAVTQAYSENLMGLACKLLEVLSEAMGLE	183
Vitis vinifera	GEAVQDWREIVTYFSYPLRTRDYSRWPDKPEGWRSVTQEYSEKLMGLACKLLEVLSEAMDLD	182
Solanum lycopersicum	GEVVQDWREIVTYFSYPIRARDYSRWPDKPQGWIGVTEQYSEKLMDLACKLLEVLSEAMGLE	166
Solanum tuberosum	GEVVQDWREIVTYFSYPIRARDYSRWPDKPQGWIAVTEKYSEKLMDLACKLLEVLSEAMGLE	181
Capsicum annuum	GEVVQDWREIVTYFSYPIRARDYSRWPDKPHGWIAVTEKYSEKLMELACKLLEVLSEAMGLE	181
Petunia × hybrida	GEVVQDWREIVTYFSYPTRARDYSRWPDKPEGWIAVTQKYSEKLMELACKLLDVLSEAMGLE	182
Nicotiana tabacum	GEVVQDWREIVTYFSYPIRARDYSRWPDKPDGWIGVTQKYSEKLMELACKLLEVLSEAMGLE	185
Citrus maxima	KEALTKACVDMDQKIVVNYYPKCPQPDLTLGLKRHTDPGTITLLLQDQVGGLQATKDNGKTW	244
Litchi chinensis	KEALTNACVDMDQKVVVNYYPKCPQSDLTLGLKRHTDPGTITLLLQDQVGGLQATRDNGKTW	244
Actinidia chinensis	KEALTKACIDMDQKVVVNFYPKCPQPDLTLGLKRHTDPGTITLLLQDQVGGLQATRDGGKTW	245
Vitis vinifera	KDALTNACVDMDQKVVVNFYPQCPQPDLTLGLKRHTDPGTITLLLQDQVGGLQATRDGGKTW	244
Solanum lycopersicum	KEALTKACVDMDQKVVVNFYPKCPEPDLTLGLKRHTDPGTITLLLQDQVGGLQATKDNGKTW	228
Solanum tuberosum	KEALTKACVDMDQKVVVNFYPKCPEPDLTLGLKRHTDPGTITLLLQDQVGGLQATKDNGKTW	243
Capsicum annuum	KEALTKACVDMDQKVVVNFYPKCPQPDLTLGLKRHTDPGTITLLLQDQVGGLQATKDNGKTW	243
Petunia × hybrida	KEALTKACVDMDQKVVVNFYPKCPEPDLTLGLKRHTDPGTITLLLQDQVGGLQATKDNGKTW	244
Nicotiana tabacum	KEALTKACVDMDQKVVVNFYPKCPQPDLTLGLKRHTDPGTITLLLQDQVGGLQATKDNGKTW	247
Citrus maxima	ITVQPIEGAFVVNLGDHGHYLSNGRFKNADHQAVVNSNSSRLSIATFQNPAPEATVYPLKIR	306
Litchi chinensis	ITVQPVDGAFVVNLGDHGHYLSNGRFKNADHQAVVNSNCSRLSIATFQNPAPEATVYPLKIR	306
Actinidia chinensis	ITVQPVDGAFVVNLGDHGHYLSNGRFKNADHQAVVNSNCSRLSIATFQNPAPEATVYPLAIQ	307
Vitis vinifera	ITVQPVEGAFVVNLGDHGHYLSNGRFKNADHQAVVNSNHSRLSIATFQNPAPEATVYPLKIR	306
Solanum lycopersicum	ITVQPVEGAFVVNLGDHGHYLSNGRFKNADHQAVVNSNSSRLSIATFQNPAPDAKVYPLKIR	290
Solanum tuberosum	ITVQPVEGAFVVNLGDHGHYLSNGRFKNADHQAVVNSNSSRLSIATFQNPAPDAKVYPLKIR	305
Capsicum annuum	ITVKPIEGAFVVNLGDHGHYLSNGRFKNADHQAVVNSNSSRLSIATFQNPAPEAIVYPLKIR	305
Petunia × hybrida	ITVQPVEGAFVVNLGDHGHFLSNGRFKNADHQAVVNSNSSRLSIATFQNPAPEAIVYPLKIR	306
Nicotiana tabacum	ITVQPVEGAFVVNLGDHGHFLSNGRFKNADHQAVVNSNSSRLSIATFQNPAPEAIVYPLKIR	309
Citrus maxima	EGEKPVLEEPIPFSEMYRRKMSKDLELARLKKLANE...KHQ.DSEKAKLDTKPIEEIL	361
Litchi chinensis	EGEKPILEQPITFAEMYRRKMSKDLELARLKKLAKE...QQQQDTEKSKLEAKPIEEIL	362
Actinidia chinensis	EGEKPVLEEPITFAEMYRRKMSKDLELARLKKLAKETQ.LQEQELEKAKLGAKGVEEIF	365
Vitis vinifera	EGEKAVLEGPITFAEMYRRKMSKDLELARLKKLAKEQQ.LQD..VEKAKLESKPIDQIL	362
Solanum lycopersicum	EGEKSIMDEPITFADMYRRKMSKDLELARLKKLAKEEKIQTEEA....KLESKPIEEIL	345
Solanum tuberosum	EGEKAIMDEPITFAEMYRRKMSKDLELARLKKLAKE...QTEEA....KLESKPIEEIL	357
Capsicum annuum	EGEKAVMDEPITFAEMYRRKMSKDLEAARFKKLAKEQQIQAEEVAEKAKLESMPIEEFL	364
Petunia × hybrida	EGEKSIMDEPITFAEMYRRKMSKDLELARLKKQAKEQQLQAEVAAEKAKLESKPIEEIL	365
Nicotiana tabacum	EGEKAVMDEPITFAEMYRRKMSKDLELARLKKLAKEHQIQAEKAAEKAKLKTKPIEEIL	368

Fig. 8 Alignment of the protein encoded by the pepper *F3H* and eight other types of *F3H* from *Petunia × hybrida* (AAC49929), *Solanum tuberosum* (AAM48289), *Actinidia chinensis* (ACL54955), *Citrus maxima* (ADB92595), *Litchi chinensis* (ADO95201), *Solanum lycopersicum* (AEK99074), *Nicotiana tabacum* (BAF96938), *Vitis vinifera* (XP_002267640)

To evaluate the evolutionary relationships of pepper *CHS* and *F3H* with other species, then we constructed a phylogenetic tree using DNAstar, Cluster, Mega and DNAman softwares on the basis of the *CHS* and *F3H* amino acid sequences respectively. The phylogenetic tree analysis revealed that the pepper *CHS* gene has a closer genetic relationship with the *CHS* genes of *Camellia chekiangoleosa*, *Rhododendron simsii* and *Vitis vinifera* than with those of *Solanum tuberosum*, *Nicotiana tabacum* and *Petunia* × *hybrida* (Fig. 9). The pepper *F3H* gene has a closer genetic relationship with the *F3H* genes of *Petunia* × *hybrida* and *Nicotiana tabacum* than with those of *Solanum lycopersicum*, *Solanum tuberosum*, *Citrus maxima*, *Litchi chinensis*, *Actinidia chinensis* and *Vitis vinifera* (Fig. 9).

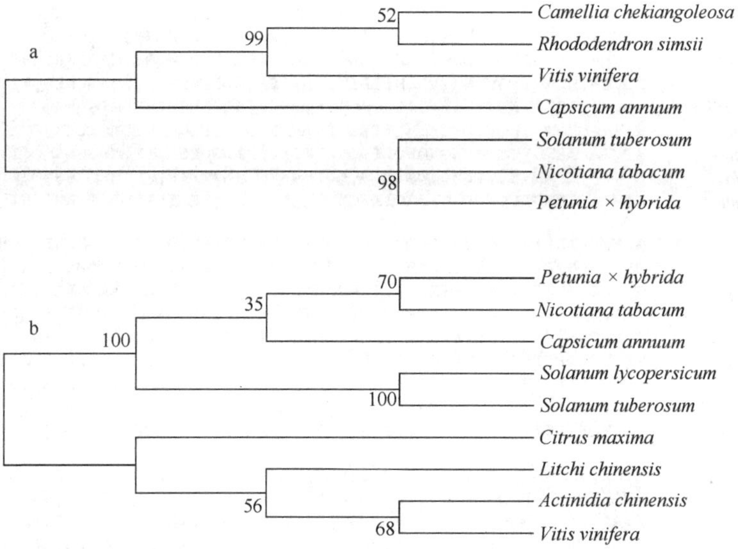

Fig. 9 Phylogenetic tree for pepper *CHS* and *F3H* genes. a: *CHS*; b: *F3H*

mRNA tissue-specific expression profile

To check the relative expression levels of pepper *CHS* and *F3H* mRNA in various pepper tissues, semi-quantitative RT-PCR was performed in seven pepper tissues mentioned above. The continuously expressed gene, *actin*, was used and served as an endogenous reference for determination of targeted mRNA profiles. Results revealed that pepper *CHS* gene was was over-expressed in pericarp, moderately in stem and flower, weakly in leaf and placenta, and hardly expressed in root and seed. The pepper *F3H* gene was over-expressed in pericarp, moderately in leaf and flower, weakly in seed, and hardly expressed in root, stem and placenta (Fig. 10).

Discussion

Comparative genomics determines the relationship of genome structure and function of different species (Hardison, 2003). Several researchers have learned that *CHS* or *F3H* proteins from different species are highly conserved (Suh et al., 2000; Davies, 1993; Charrier et al., 1995; Gong et al., 1997; Deboo et al., 1995). Therefore, we can use tomato, potato or tobacco as model organisms to study the pepper *CHS* and *F3H* or use pepper as a model organism to study the tomato, potato or tobacco *CHS* and *F3H* genes.

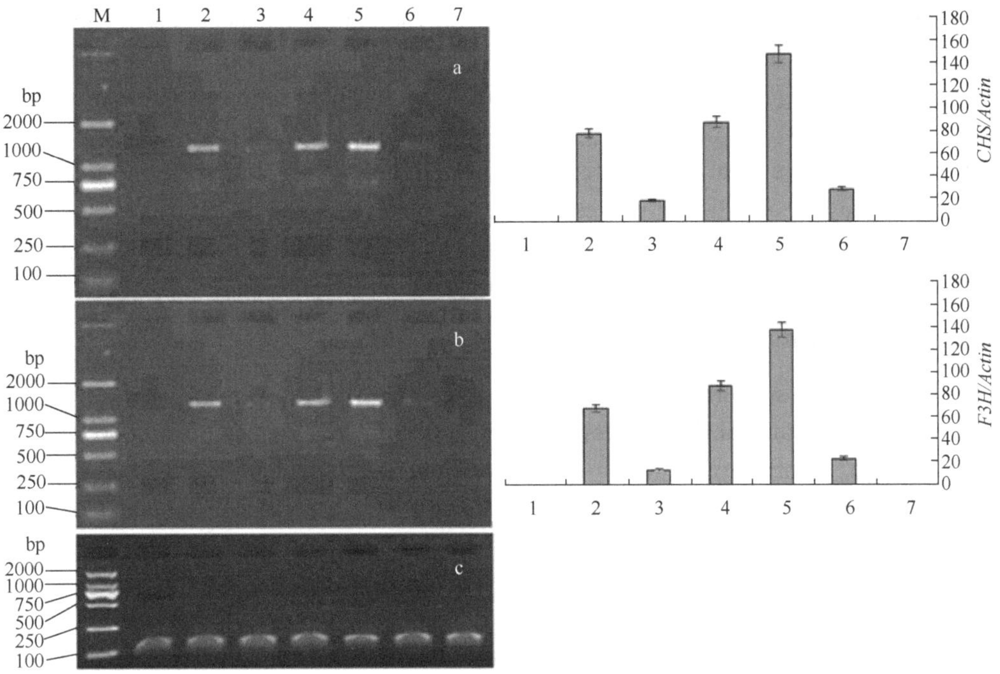

Fig. 10 Tissue expression profile of pepper *CHS* and *F3H* genes.
1-root; 2-stem; 3-leaf; 4-flower; 5-pericarp; 6-placenta; 7-seed. The *Actin* expression level is used for the internal control.
M: DL2000 DNA marker; a: *CHS*; b: *F3H*; c: Actin.

In this study, pepper *CHS* and *F3H* genes were isolated and characterized. Many genes encoding *CHS* and *F3H* from several plant species have been isolated and characterized at the genetic, chemical, and enzymological levels (Ferrer et al., 1999; Jez and Noel, 2000; Niesbach-Klosgen et al., 1987; Koes et al., 1989; Pelletier and Winkel-Shirley, 1996; Shen et al., 2006; Meldgaard, 1992). However, cloning of *CHS* and *F3H* genes from pepper has not yet been reported. This work verifies for the first time the presence of *CHS* and *F3H* in pepper.

The isolated *CHS* cDNA is 1209 bp long and encodes 402 amino acids. Our comparison of its amino acid sequence showed high homologies (90%) to *Nicotiana tabacum*, *Rhododendron simsii*, *Petunia* × *hybrida*, *Solanum tuberosum*, *Vitis vinifera*, *Camellia chekiangoleosa*. The isolated *F3H* cDNA is 1098 bp long and encodes 365 amino acids. Sequence analysis revealed that the pepper *F3H* has high homology (more than 81%) with the proteins of eight species—*Nicotiana tabacum*, *Petunia* × *hybrida*, *Solanum tuberosum*, *Solanum lycopersicum*, *Litchi chinensis*, *Actinidia chinensis*, *Citrus maxima*, *Vitis vinifera*. From the alignment analyses for pepper *CHS* and *F3H* proteins we also find pepper *CHS* and *F3H* proteins were not completely identity to tomato or other Solanaceae plants. This implied that pepper *CHS* and *F3H* will have some differences in functions to those of tomato and other Solanaceae plants.

In this study, we not only cloned the CDS sequences of the pepper *CHS* and *F3H* genes but also conducted the sequence analysis and tissue expression profiles analysis. From the tissue expression profile analysis it can be seen that the genes were obviously differentially expressed in various tissues. As the researchers did not study functions at protein levels, there might be many possible reasons for differential expression of these pepper genes. The suitable explanation for this under current conditions is that the biological activities associated with the functions of the genes were demanded to a different extent in different tissues at the same time.

In summary, we first isolated pepper *CHS* and *F3H* genes and performed necessary functional analysis and tissue expression profile analysis. The cDNA clone, sequence information and function analysis of pepper *CHS* and *F3H* genes will be extremely important in elucidating the molecular mechanism of anthocyanidins biosynthesis.

Acknowledgements

This study was supported by the Earmarked Fund for Modern Agro-industry Technology Research System, National Department Public Benefit Research Foundation (200903025), the National High Technology Research and Development Program of China (863 Program, 2006AA100108-4-10, 2006AA10Z1A6-3), National Natural Science Foundation of China (Grant No. 31160394), the Foundation of Natural Science of Yunnan Province, China (2009CD055).

References

Bendtsen JD, Nielsen H, von Heijne G, et al. 2004. Improved prediction of signal peptides: SignalP 3.0. J. Mol. Biol., 340: 783-795.

Benkert P, Biasini M, Schwede T. 2011. Toward the estimation of the absolute quality of individual protein structure models. Bioinformatics, 27: 343-350.

Britsch L, Grisebach H. 1986. Purification and characterization of (2S)-flavanone 3-hydroxylase from *Petunia hybrida*. Eur. J. Biochem., 156: 569-577.

Britsch L, Heller W, Grisebach H. 1981. Conversion of flavanone to flavone, dihydroflavonol and flavonol with an enzyme system from cell cultures of parsley. Z. Naturforsch. Sect. C. Biosci., 36: 742-750.

Charrier B, Coronado C, Kondorosi A, et al. 1995. Molecular characterization and expression of alfalfa (*Medicago sativa* L.) flavanone-3-hydroxylase and dihydroflavonol-4-reductase encoding genes. Plant Mol. Biol., 29: 773-786.

Davies KM. 1993. A cDNA clone for flavanone 3-hydroxlase from Malus. Plant Physiol., 103: 291.

Deboo GB, Albertsen MC, Taylor LP. 1995. Flavanone 3-hydroxylase transcripts and flavonol accumulation are temporally coordinate in maize anthers. Plant J., 7: 703-713.

Ferrer JL, Jez JM, Bowman ME, et al. 1999. Structure of chalcone synthase and the molecular basis of plant polyketide biosynthesis. Nat. Struct. Biol., 6: 775-784.

Forkmann G, Heller W, Grisebach H. 1980. Anthocyanin biosynthesis in flowers of *Matthiola incana*. Flavanone 3- and flavonoid 3β-hydroxylases. Z Naturforsch Sect C. Biosci., 35: 691-695.

Gong Z, Yamazaki M, Sugiyama M, et al. 1997. Cloning and molecular analysis of structural genes involved in anthocyanin biosynthesis and expressed in 13 forma-specific manner in Perilla frutescenes. Plant Mol. Biol., 6: 915-927.

Hardison RC. 2003. Comparative genomics. PloS. Biol., 1: 58.

Heller W, Forkmann G. 1993. Biosynthesis of flavonoids. *In*: Harborne JB. The Flavonoids, Advances in Research Since 1986. London: Chapman & Hall: 399-425.

Holton TA, Cornish EC. 1995. Genetics and biochemist ry of anthocyanin biosynthesis. Plant Cell, 7: 1071-1083.

Jez JM, Noel JP. 2000. Mechanism of chalcone synthase. pKa of the catalytic cysteine and the role of the conserved histidine in a plant polyketide synthase. J. Biol. Chem., 275: 39640-39646.

Koes RE, Spelt CE, van den Elzen PJM, et al. 1989. Cloning and molecular characterization of the chalcone synthase multigene family of *Petunia hybrida*. Gene, 81: 245-257.

Meldgaard M. 1992. Expression of chalcone synthase, dihydroflavonol reductase and flavanone-3-hydroxylase in mutants of barley deficient in anthocyanidin and proanthocyanidin biosynthesis. Theor. Appl. Genet., 83: 695-706.

Moller S, Croning MD, Apweiler R. 2001. Evaluation of methods for the prediction of membrane spanning regions. Bioinformatics, 17: 646-653.

Nakai K, Horton P. 1999. PSORT: a program for detecting the sorting signals of proteins and predicting their subcellular localization. Trends Biochem. Sci., 24: 34-35.

Niesbach-Klosgen U, Barzen E, Bernhardt J, et al. 1987. Chalcone synthase genes in plants: A tool to study evolutionary relationships. J. Mol. Evol., 26: 213-225.

Pelletier MK, Winkel-Shirley B. 1996. Analysis of flavanone 3-hydroxylase in Arabidopsis seedlings. Plant Physiol., 111: 339-345.

Schröder J. 1997. A family of plant-specific polyketide synthases: facts and predictions. Trends Plant Sci., 2: 373-378.

Shen G, Pang Y, Wu W, et al. 2006. Cloning and characterization of a flavanone 3-hydroxylase gene from *Ginkgo biloba*. Biosci. Rep., 26: 19-29.

Shirley BW. 2002. Biosynthesis of flavonoids and effects of stress. Curr. Opin. Plant Biol., 5: 218-223.

Suh D-Y, Fukuma K, Kagami J, et al. 2000. Identification of amino acid residues important in the cyclization reactions of chalcone and stilbene synthases. Biochem. J., 350: 229-235.

Wang Y, Addess KJ, Chen J, et al. 2007. MMDB: annotating protein sequences with Entrez's 3D- structure database. Nucleic. Acids Res., 35: D298-D300.

紫色辣椒中 *CHS* 和 *F3H* 基因的克隆与分析

邓明华[1,2,*]，文锦芬[3,*]，朱海山[2]，霍金龙[4]，戴雄泽[1]，
张竹青[1]，周　惠[2]，邹学校[1*]

([1]湖南省农业科学院蔬菜研究所，湖南长沙　410125；[2]云南农业大学园艺学院，云南昆明　650201；[3]昆明理工大学现代农业工程学院，云南昆明　650224；[4]云南农业大学动物科学技术学院，云南昆明　650201)

摘要：根据一些茄科植物和已知的与之高度同源的辣椒 EST 设计引物，利用 RT-PCR 技术从“云南紫椒 1 号”获得 CHS 和 F3H 基因的全序列。核酸序列分析表明 *CHS* 基因编码 402 个氨基酸残基，与 6 个植物的 CHS 蛋白高度同源：烟草（*Nicotiana tabacum*）（96%）、杜鹃（*Rhododendron simsii*）（96%）、矮牵牛（*Petunia* × *hybrida*）（96%），马铃薯（*Solanum tuberosum*）（96%），葡萄（*Vitis vinifera*）（96%）和山茶（*Camellia chekiangoleosa*）（96%）。*F3H* 基因编码 365 个氨基酸残基与 8 个植物的 FSH 蛋白高度同源：烟草（*N. tabacum*）（100%）、矮牵牛（*Petunia* × *hybrida*）（100%）、马铃薯（*S. tuberosum*）（99%）、番茄（*Solanum lycopersicum*）（95%）、荔枝（*Litchi chinensis*）（100%），中华猕猴桃（*Actinidia chinensis*）（99%）、柚（*Citrus maxima*）（100%）和葡萄（*V. vinifera*）（100%）。组织表达分析表明：辣椒 *CHS* 基因在果皮中超表达，在茎和花种中等表达，在叶片和胎座中弱表达，在根和种子中几乎不表达。辣椒 *F3H* 基因在果皮中过表达，在叶片、花和种子中弱表达，在根、茎和胎座中几乎不表达。我们的实验为研究辣椒这两个基因打下一定的基础。

关键词：辣椒；*CHS*；*F3H*；组织表达分析

Cloning and sequence characterization of a novel pepper gene – *SCS* and the relationship with cytoplasmic male sterility*①

Ming-hua DENG[1, 2], Jin-fen WEN[3], Jin-long HUO[1], Hai-shan ZHU[1], Xiong-ze DAI[2], Zhu-qing ZHANG[2], Hui ZHOU[1] and Xue-xiao ZOU[2]

([1]Yunnan Agricultural University, Kunming 650201, China;
[2]Hunan Academy of Agricultural Science, Changsha 410125, China;
[3]Kunming University of Science and Technology, Kunming 650224, China)

Abstract: Based on the information on tomato (*Solanum lycopersicum*) succinyl-CoA synthetase (*SCS*) gene and some highly homologous pepper (*Capsicum annuum* L.) ESTs. The complete CDS sequence of the pepper *SCS* gene was amplified using the Reverse Transcriptase-Polymerase Chain Reaction. The results showed the pepper *SCS* gene cDNA is 981 bp long, contained a 326 amino acids polypeptide. The sequence of reduced protein was highly homologous with the protein sequences of other five plant species – *S. lycopersicum* (Tomato) (94%), *Vitis vinifera* (Grape) (87%), *Sorghum bicolor* (Broomcorn) (85%), *Zea mays* (Maize) (85%) and *Arabidopsis thaliana* (Arabidopsis) (82%). The pepper *SCS* gene expression in pericarp was over-expressed; expression in stem and flower was moderate; and expression in root, leaf, placenta and seed was weak. At the abortion stages, the ATP and NADH pools in the maintainer buds were significantly higher than those in the cytoplasmic male sterility (CMS) buds. The activities and expression levels of *SCS* in buds of the CMS line were obviously reduced, while levels in the F_1 hybrid and maintainer buds remained normal, indicating that stable transcripts of *SCS* were beneficial in maintaining energy metabolism at a normal level.

Key words: *Capsicum annuum* L.; succinyl-CoA synthetase; cloning; characterization; cytoplasmic male sterility

1 INTRODUCTION

Cytoplasmic male sterility (CMS) has been reported in more than 150 plant species as a

* 基金项目：现代农业产业技术体系专项资金（CARS-25-A-8），国家公益性行业科技（200903025），国家高技术研究与发展计划（863 计划）（2006AA100108-4-10，2006AA10Z1A6-3），国家自然科学基金（31160394），云南省自然科学基金项目（2009CD055）和云南农业大学博士学位科研启动项目。
① 本文原载 *J Anim Plant Sci*，2013，17（3）：2581-2600。

genetic characteristic. CMS involves not producing or releasing viable pollen and has been widely used in hybrid seeds production (Wise and Pring, 2002). Many researchers have elucidated that the mitochondrion of CMS line was reorganized And this recombination maybe disturbs the energy metabolism of the CMS (Connettm and Hanson, 1990; Touzet and Buda, 2004; Linke and Börner, 2005).

In plants, succinyl-CoA synthetase (SCS; EC6.2.1.5) catalyzes the reversible thioesterification of succinate:

$$\text{Succinate+CoA+ATP} \underset{}{\overset{Mg^{2+}}{\rightleftharpoons}} \text{Sccinyl-CoA+ADP+P}_i$$

SCS is an important mitochondrial enzyme. In the absence of oxygen, it can produce ATP though substrate level phosphorylation. SCS also plays a vital role in ketone metabolism and the citric acid cycle. It has the important functions of generation succinyl-CoA from succinate for anabolic purposes (Kaufman et al., 1953; Labbe et al., 1965).

In aerobic organisms, energy for cell activities is provided by mitochondria. Many researchers have reported that there is relationship between CMS and inadequate energy metabolism (Balk and Leaver, 2001; Sweetlove et al., 2002; Teixeira et al., 2005; Fujii et al., 2007; Carlsson et al., 2007; Sun et al., 2009). Due to the key role of SCS in energy metabolism, it is very important to study the *SCS* gene for enriching the molecular mechanism of CMS.

The *SCS* genes have been cloned and characterized from a variety of species (Bush, 1969; David et al., 1986; Studart-Guimaraes et al., 2005; Phillips et al., 2009). However, up to now the pepper (*Capsicum annuum* L.) SCS gene has not been reported. In this paper, the pepper *SCS* gene were cloned and analyzed, and the relationship of the *SCS* gene with the CMS were primary studied.

2 MATERIALS AND METHODS

2.1 Buds collection

A pepper CMS line (9704A), its near-isogenic maintainer line (9704B) and a F_1 hybrid line were used in this study. Young buds at four developmental stages were collected from each line for the experiments. Buds development stages were divided according to development process of microsporogenesis by a microscopic examination: stages 1~4 were sporogenous cell division, pollen mother cell meiosis, uninucleate microspore and mature pollen stages, respectively. Liquid nitrogen was used to preserve the fresh tissues (root, stem, leaf, bud, pericarp, placenta and seed) collected in the full bloom stage for RNA isolations.

2.2 RNA extraction and first-strand cDNA synthesis

Total RNA and first-strand cDNA synthesis for samples were carried out according to the methods described by Deng et al. (2012).

Isolation of the pepper *SCS* gene

Using the cDNAs of the 9704A and 9704B from the different tissues mentioned above, Reverse Transcription PCR (RT-PCR) was performed to isolate the full length cDNA of pepper *SCS* gene. The primers (5'-3') for pepper *SCS* isolation were: up primer: AAAACCTAAACGGGACG and down primer: GCATAATGAGGGTAAACTGA based on the information of *Solanum lycopersicum SCS* gene and some highly homologous pepper ESTs. RT-PCR was performed according to the methods of Deng et al. (2012). After PCR, the products were linked into pMD18-T vector (TaKaRa). At last five independent clones were sequenced.

Bioinformatics analysis

Software from NCBI (Blast, 2013) and ExPaSy (Protscale. 2013) was used for analysis sequence of pepper *SCS* gene; GenScan software (GenScan 2013) was used for prediction the cDNA sequences. Software from expasy (ProtParam 2013) was used for Putative protein theoretical molecular weight (Mw) and isoelectric point (pI) prediction; SignalP 3.0 server (SignalP 3.0 server 2013) was used for signal peptide prediction; Software from PSort www server (PSort II 2013) was used for subcellular localization prediction; TMHMM-2.0 server (TMHMM-2.0 server 2013) was used for transmembrane topology prediction; Conserved domains and similar proteins was performed using the software from NCBI (Blast, 2013); Software from Clustal (ClustalX 2013) and from megasoftware (Mega 4.0 2013) with standard parameters was used for the alignment of the nucleotide sequences and deduced amino acid sequences; Software from NPS (sopma 2013) was used for secondary structures of deduced amino acid sequences prediction; Software from ExPaSy (swissmodel 2013) was used for the 3D structure prediction based on existing 3D structures by the amino acids homology modeling.

Semi-quantitative RT-PCR

Semi-quantitative RT-PCR was performed according to the method of Deng et al. (2012). *Actin*, a housekeeping gene as a positive control was selected and the primers were 5'-TGC AGG AAT CCA CGA GAC TAC-3' and 5'-TAC CAC CAC TGA GCA CAA TGT T-3'. The primers of pepper *SCS* gene expression were the primers used in SCS gene isolation.

Enzyme activity determinations

SCS activity was measured using the method of Alarcon et al. (2002) at 25℃. The content of protein was measured according to the Bradford (1976).

Mitochondria isolation

Mitochondria were isolated from pepper buds using the method described by Bergman et al. (1980) and in our previous study (Deng et al., 2010).

Measurement of NAD^+–NADH pool and ATP

The amount of ATP was determined using the method described by St. John (1970) and Wan et al. (2007). The content of NAD^+–NADH was determined using the method described by Tretter and Adam-Vizi (2000) and Wan et al. (2007).

Statistical analyses

The experimentations were performed in three independent series with 3 replications. Values given are the mean ± standard deviation (SD).

3 Results

Cloning and identification of pepper *SCS* cDNA

Using different tissue cDNAs, the RT-PCR product for the pepper *SCS* gene was 1194 bp (Fig. 1). The cDNA sequence of the pepper *SCS* gene was analyzed. The result showed the cDNA sequence was not identical to any known pepper genes. The gene was submitted to the genebank and JN885190 is accession number. The result of sequence prediction revealed that the 981bp long cDNA sequences represented a single gene that encoding 326 amino acids. The cDNA sequences in maintainer l and CMS lines were exactly the same, indicating that the *SCS* gene in the CMS line had not been reorganized. The complete CDS nucleotide sequence and the deduced amino acids of the pepper *SCS* gene are presented in Fig. 2.

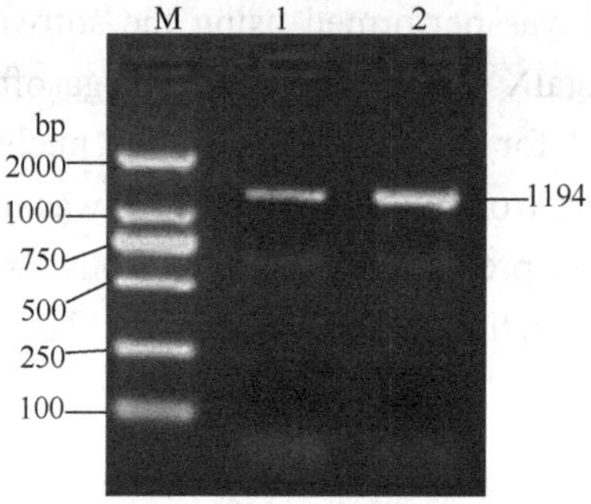

Fig. 1 RT-PCR result for pepper *SCS* gene. M: DL2000 DNA marker, 1: PCR product for pepper 9704A; 2: PCR product for pepper 9704B.

```
ATGGCTCGTCAAGCGACAAGAGTGATCTCAAAGTGGAGTACAAAGCTTAACCCTAATGAGTATCGCTACTTTGGATCGTCAGCACCACCG
 M  A  R  Q  A  T  R  V  I  S  K  W  S  T  K  L  N  P  N  E  Y  R  Y  F  G  S  S  A  P  P
CCCGCTGTTTTCGTTGATAAGAACACCCGCGTCATCTGTCAAGGCATCACCGGCAAAAACGGCACTTTCCACACTGAACAAGCCATTGAA
 P  A  V  F  V  D  K  N  T  R  V  I  C  Q  G  I  T  G  K  N  G  T  F  H  T  E  Q  A  I  E
TACGGTACTAAAATGGTTGGTGGAGTGACCCCCAAGAAGGGTGGAACAGAACATTTGGGGCTTCCTGTTTTCAATACTGTTGCAGAGGCA
 Y  G  T  K  M  V  G  G  V  T  P  K  K  G  G  T  E  H  L  G  L  P  V  F  N  T  V  A  E  A
AAAGCAGAGACAAAGGCTAATGCTTCAGTGGTTTATGTCCCTCCACCATTTGCTGCAGCAGCTATTATGGAGGCCATGGAAGCTGAGTTG
 K  A  E  T  K  A  N  A  S  V  V  Y  V  P  P  P  F  A  A  A  A  I  M  E  A  M  E  A  E  L
GACTTAGTTGTCTGCATAACGGAGGGAATTCCTCAGCATGATATGGTTCGCGTAAAAGCTGCTCTTAAGAAGCAATCAAGAACTCGGCTG
 D  L  V  V  C  I  T  E  G  I  P  Q  H  D  M  V  R  V  K  A  A  L  K  K  Q  S  R  T  R  L
ATTGGGCCAAATTGTCCAGGTATTATCAAACCAGGAGAGTGCAAAATTGGAATTATGCCTGGATACATTCACAAACCTGGGCGTATTGGA
 I  G  P  N  C  P  G  I  I  K  P  G  E  C  K  I  G  I  M  P  G  Y  I  H  K  P  G  R  I  G
ATTGTTTCTCGATCTGGTACATTGACATATGAAGCAGTTTTTCAGACAACTGCTGTTGGTCTTGGACAGTCAACTTGTGTAGGGATTGGT
 I  V  S  R  S  G  T  L  T  Y  E  A  V  F  Q  T  T  A  V  G  L  G  Q  S  T  C  V  G  I  G
GGTGATCCTTTTAATGGTACAAATTTTGTCGATTGCTTAGAGAGATTTATTGCTGATCCACAGACAGAAGGTATTGTTCTTATTGGTGAG
 G  D  P  F  N  G  T  N  F  V  D  C  L  E  R  F  I  A  D  P  Q  T  E  G  I  V  L  I  G  E
ATCGGTGGTACAGCAGAAGAAGATGCTGCAGCCTTGATAAAGGAAAGTGGAACTCAAAAGCCTGTTGTTGCATTTATTGCTGGACTAACT
 I  G  G  T  A  E  E  D  A  A  A  L  I  K  E  S  G  T  Q  K  P  V  V  A  F  I  A  G  L  T
GCTCCTCCTGGACGACGAATGGGTCATGCTGGAGCCATTGTATCGGGTGGAAAGGGAACAGCACAGGACAAGATCAAGGCTCTCAAGGAA
 A  P  P  G  R  R  M  G  H  A  G  A  I  V  S  G  G  K  G  T  A  Q  D  K  I  K  A  L  K  E
GCTGGGGTTACAGTATGCGAGTCTCCTGCTAAAATTGGGATCACAATGCTTGATGTGTTCAAACAGAGGGGTCTTGCGTAA
 A  G  V  T  V  C  E  S  P  A  K  I  G  I  T  M  L  D  V  F  K  Q  R  G  L  A  .
```

Fig. 2 The complete cDNA sequence and amino acid sequence of the protein encoded by *SCS* (GenBank accession number: JN885190).

Physical and chemical characteristics of pepper SCS

Some of the physical and chemical characteristics of pepper *SCS* gene were predicted. The pI was 8.99 and the Mw was 34204; Pepper *SCS* gene did not contain a potential signal peptide (Bendtsen et al., 2004; Comlekcioglu et al., 2010) and was not potential membrane protein (Moller et al., 2001); pepper SCS was probably located in the mitochondrial matrix space (Nakai and Horton, 1999).

Prediction and analysis of structures and conserved domains of pepper SCS

Proteins often contain several domains, each with their own evolutionary origins and functions. Examination indicated that pepper SCS protein contained one conserved domain – PLN00125 (Fig. 3). The result of secondary structure prediction showed that deduced pepper SCS protein contained 28.8% alpha helices, 20.6% extended strands, 8.3% beta turns and 42.3% random coils (Fig. 4). The 3D structure of pepper SCS protein was similar to that of pig SCS (1euc Chain: A) (Wang et al., 2007; Benkert et al., 2011).

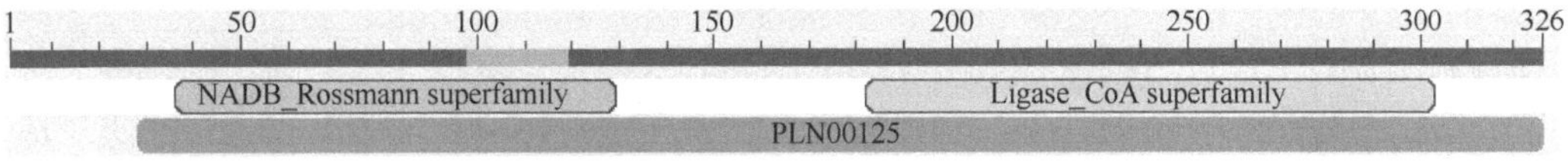

Fig. 3 The putative domains of the protein encoded by pepper *SCS*

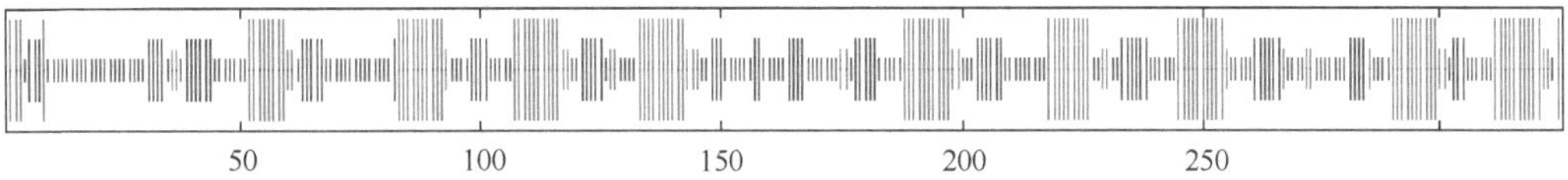

Fig. 4 The secondary structure of the pepper *SCS* protein predicted by SOPMA. Helices, strands and coils are indicated, respectively, with long, middle and short vertical lines.

Analysis of sequence identity and evolutionary relationships of pepper SCS

The homology of the pepper *SCS* gene were performed and analyzed. The result showed that the pepper SCS protein had high homology with this gene of five other plant species: *S. lycopersicum* (94%), *Vitis vinifera* (87%), *Sorghum bicolor* (85%), *Zea mays* (85%) and *Arabidopsis thaliana* (82%) (Fig. 5).

Evolutionary relationships analysis revealed a closer genetic relationship between the pepper *SCS* gene and that of *S lycopersicum* than with those of *A. thaliana*, *Z. mays*, *S. bicolor* and *V. vinifera* (Fig. 6).

mRNA tissue-specific expression profile

Using semi-quantitative RT-PCR, relative expression levels of pepper *SCS* mRNA in seven pepper tissues were checked. Results revealed that pepper *SCS* gene was over-expressed in pericarp; moderately expressed in stem and flower; and weakly expressed in root leaf, placenta and seed (Fig. 7).

ATP and NAD^+–NADH content in isolated mitochondria

The ATP levels in CMS (9704A), its maintainer (9704B) and F_1 hybrid buds preserved a continuous uptrend, but ATP levels in CMS were remarkably lower than those in maintainer and F_1 buds in all stages (Fig. 8a). The NAD^+–NADH levels showed a gradual rise in maintainer and F_1 buds. However, there were no distinct changes in the other three stages for the CMS buds except for a clear decline at stage 2 (Fig. 8b). At the same time, the ATP and NAD^+–NADH levels were no more difference in maintainer and F_1 buds at all stages (Fig. 8).

Capsicum annuum	----MARÇATRVISKW---------STKLNP-----------NEYRYFGSSAPPP-AVFV	35
Solanum lycopersicum	----MARÇATRLISNL---------STKLNPSSPTMSASPLWHQYRYFGSPPPPP-AVFV	46
Arabidopsis thaliana	----MSRÇVTRLLGSLRHSGGGCSGSSKVCS-------LTSLVQSRSFGTTPPPPAAVFV	49
Vitis vinifera	----MVGÇVRRLIPYV---------VSRIKS-------PLAPP-SRHLGTTAPP--AVFV	37
Sorghum bicolor	MAAASSRRASQLLGSA---------ASRLLHA----------RGFAAAAAAAPSP-AVFV	40
Zea mays	-MAASSRRASQLLGSA---------ASRLLIG----------RGFAAAAAAAPSP-AVFV	39
		13
Capsicum annuum	DKNTRVICQGITGKNGTFHTEQAIEYGTKMVGGVTPKKGGTEHLGLPVFNTVAEAKAETK	95
Solanum lycopersicum	DKNTRVICQGITGKNGTFHTEQAIEYGTKMVGGVTPKKGGTEHLGLPVFNTVAEAKVETK	106
Arabidopsis thaliana	DKNTRVICQGITGKNGTFHTEQAIEYGTKMVAGVTPKKGGTEHLGLPVFNTVAEAKAETK	109
Vitis vinifera	DKNTRVICQGITGKNGTFHTEQAIEYGTKMVGGVTPKKGGMEHLGLPIFNTVAEAKAETR	97
Sorghum bicolor	DKSTRVICQGITGKNGTFHTEQAIEYGTNMVGGVTPKKGGTEHLGLPVFNSVAEAKAETK	100
Zea mays	DKSTRVICQGITGKNGTFHTEQAIEYGTNMVGGVTPKKGGTEHLGLPVFNSVAEAKAETK	99
Capsicum annuum	ANASVVYVPPPFAAAAIMEAMEAELDLVVCITEGIPQHDMVRVKAALKKQSRTRLIGPNC	155
Solanum lycopersicum	ANASVVYVPPPFAAAAIMEAMEAELDLVVCITEGIPQHDMVRVKAALKKQLRTRLIGPNC	166
Arabidopsis thaliana	ANASVIYVPAPFAAAAIMEGLAAELDLIVCITEGIPQHDMVRVKAALNSQSKTRLIGPNC	169
Vitis vinifera	ANASVIYVPPPFAAAAIMEAVEAELDLVVCITEGIPQHDMVKVKAALNRQSKTRLIGPNC	157
Sorghum bicolor	ANASVIYVPPPFAAAAIMEAMDAELDLVVCITEGIPQHDMVKVKAALNRQSKTRLIGPNC	160
Zea mays	ANASVIYVPPPFAAAAIMEAMEAELDLVVCITEGIPQHDMVKVKAALNRQSKTRLIGPNC	159
Capsicum annuum	PGIIKPGECKIGIMPGYIHKPGRIGIVSRSGTLTYEAVFQTTAVGLGQSTCVGIGGDPFN	215
Solanum lycopersicum	PGIIKPGECKIGIMPGYIHKPGRIGIVSRSGTLTYEAVFQTTAVGLGQSTCVGIGGDPFN	226
Arabidopsis thaliana	PGIIKPGECKIGIMPGYIHKPGKIGIVSRSGTLTYEAVFQTTAVGLGQSTCVGIGGDPFN	229
Vitis vinifera	PGIIKPGECKIGIMPGYIHKPGRVGIVSRSGTLTYEAVFQTTAVGLGQSTCVGIGGDPFN	217
Sorghum bicolor	PGIIKPGECKIGIMPGYIHKPGRIGIVSRSGTLTYEAVFQTTAVGLGQSTCVGIGGDPFN	220
Zea mays	PGIIKPGECKIGIMPGYIHKPGRIGIVSRSGTLTYEAVFQTTAVGLGQSTCVGIGGDPFN	219
Capsicum annuum	GTNFVDCLERFIADPÇTEGIVLIGEIGGTAEEDAAALIKESGTQKFVVAFIAGLTAPPGR	275
Solanum lycopersicum	GTNFVDCLERFIADPÇTEGIVLIGEIGGTAEEDAAALIKESGTQKFVVAFIAGLTAPPGR	286
Arabidopsis thaliana	GTNFVDCLEKFFVDPÇTEGIVLIGEIGGTAEEDAAALIKENGTDKFVVAFIAGLTAPPGR	289
Vitis vinifera	GTNFVDCVKKFLADPÇTEGIILIGEIGGTAEEDAAALIKESGTEKFVVAFIAGLTAPPGR	277
Sorghum bicolor	GTNFVDCLEKFVDDPÇTEGIVLIGEIGGTAEEDAATFIÇESKTQKFVVAFIAGLTAPPGR	280
Zea mays	GTNFVDCLEKFVDDPÇTEGIVLIGEIGGTAEEDAATFIÇESKTQKFVVAFIAGLTAPPGR	279
Capsicum annuum	RMGHAGAIVSGGKGTAQDKIKALKEAGVTVCESPAKIGITMLDVFKQRGLA	326
Solanum lycopersicum	RMGHAGAIVSGGKGTAQDKIKALKEAGVTVCESPAKIGVTMLDVFKQRGLA	337
Arabidopsis thaliana	RMGHAGAIVSGGKGTAQDKTKSLRDAGVKVVESPAKIGAAMFELFÇERGLL	340
Vitis vinifera	RMGHAGAIVSGGKGTAQDKIKTLRDVGATVVESPAKIGVAMLDVFKQRGLV	328
Sorghum bicolor	RMGHAGAIVAGGKGTAQDKIKALREAGVTVVESPAKIGSTMFEIFKQRGMV	331
Zea mays	RMGHAGAIVAGGKGTAQDKIKALREAGVTVVESPAKIGSTMFEIFKQRGMV	330

Fig. 5 Alignment of the protein encoded by the pepper *SCS* and five other types of *SCS* from S*olanum lycopersicum* (AAT67464), *Arabidopsis thaliana* (AAM65450), *Zea mays* (NP_001136494) and *Sorghum bicolor* (XP_002460917), *Vitis vinifera* (XP_002271746)

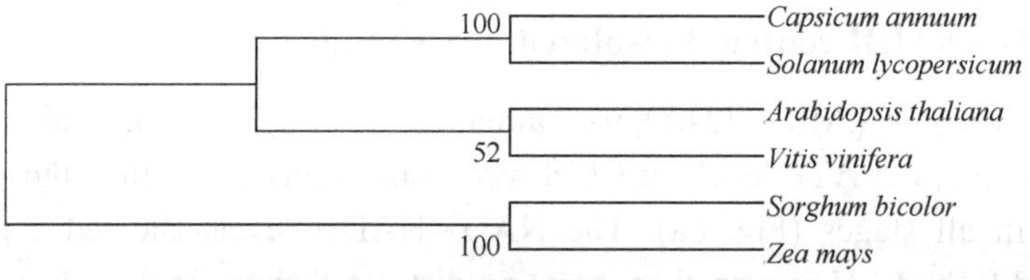

Fig. 6 Phylogenetic tree for pepper *SCS* gene.

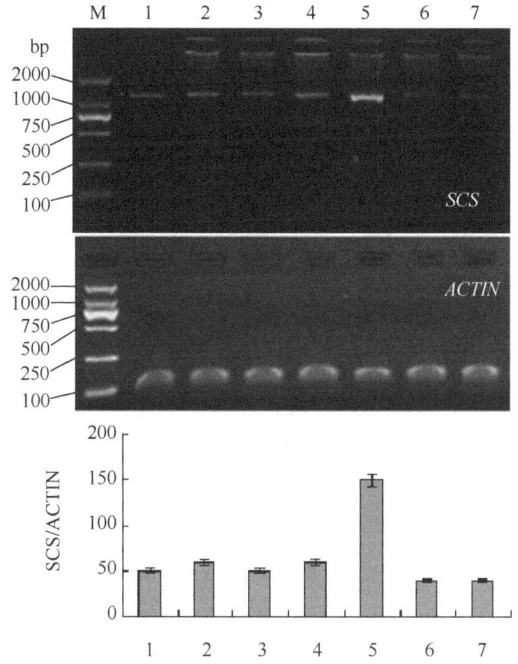

Fig. 7 Tissue expression profile of pepper *SCS* gene.
1-root; 2-stem; 3-leaf; 4-flower; 5-pericarp; 6-placenta; 7-seed. The *Actin* expression level is used for the internal control.
M: DL2000 DNA mark

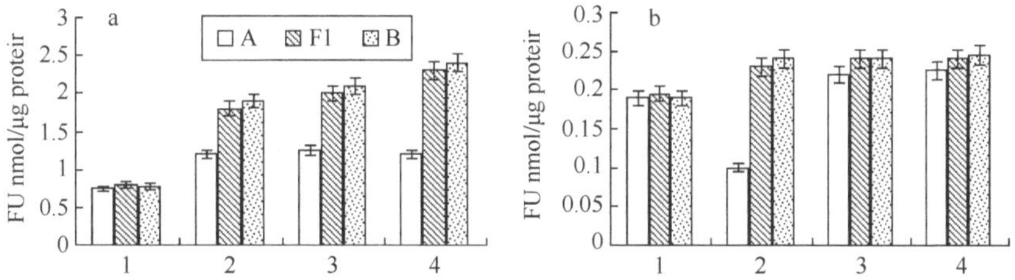

Fig. 8 ATP and NAD^+-NADH content in isolated mitochondria during flowers development. a Generation of ATP in isolated mitochondria from the anthers. b Content of NAD^+-NADH in the mitochondria.

Activities and expression level

The assay of SCS activity showed that in stage 1 there were no more changes in CMS, maintainer and F_1 buds (Fig. 9). In contrast, in stages 2~4, the SCS activity in the CMS buds was 48.7%, 30.0% and 34.8% lower than in the maintainer buds, respectively, and correspondingly 49.0%, 33.3% and 31.8% lower than the F_1.

Transcriptional analysis of the *SCS* gene was used to test differences in gene expression between the sterile and fertile buds during buds development. During stage 1 there were no significant differences in *SCS* expression in buds of CMS, maintainer and F_1 lines. At stages 2~4, expression of *SCS* mRNA in buds of the CMS line was clearly lower than in the buds of maintainer and F_1 lines. The levels of *Actin* mRNA remained relatively constant in all RNA samples analyzed (Fig. 9).

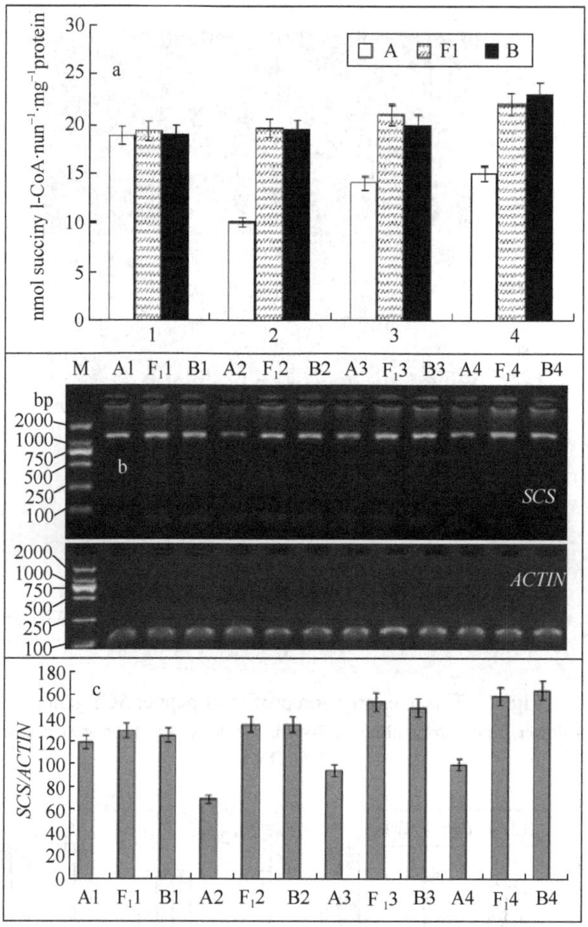

Fig. 9 Activities and expression level of pepper *SCS* gene in anthers of 9704A (CMS), 9704B (maintainer) and F_1 during different development stages. a Activities of pepper *SCS* gene. b Semi-quantitative RT-PCR of pepper *SCS* gene. c Relative transcript amount of pepper *SCS* gene.

4 Discussion

Pollen will consume very high energy during development in higher plants (Tedege and Kuhlemeier, 1997; Heydari et al., 2010). A hypothesis on the mechanism of CMS has been widely accepted. The hypothesis is that expression of the aberrant mitochondria genes will affect the energy supply and disturb the normal development of pollen.

In aerobic organisms, the energy for all activities is provided by the mitochondria. A great deal of research has revealed that abnormal mitochondrial gene reorganization is related to CMS (Touzet and Buda, 2004, Linke and Börner, 2005). There are a series of enzymes in the citric acid cycle, such as *SCS*, and these enzymes catalyze enzyme-catalyzed chemical reactions. The enzyme-catalyzed reactions play most important role in the living cells of aerobic respiration.

Succinyl-CoA synthetase (SCS) catalyzes the substrate-level phosphorylation, an important reaction, in aerobic metabolism (Park et al., 1997). The enzyme have two various subunits - α and β. The SCS consists 2 isoforms, one is the GTP-specific (G-SCS) and the other is ATP-specific (A-SCS) (Fraser et al., 1999). It is well-known that the 2 SCS isoforms have the same α-subunit and different β-subunit (Labbe et al., 1965).

The ATP and NADH pools in the CMS buds were significantly lower than those in the male fertile buds (i.e. maintainer and F_1), indicating that the CMS buds were in a insufficient energy supply state and had reduced availability of energy. At the same time, the low level of SCS transcripts and SCS protein activities were checked in the CMS buds. Due to the importance of ATP production by SCS, we speculate that the SCS transcripts and SCS protein activities were too low to maintain energy metabolism in the CMS buds; however, they were significantly higher in the buds of maintainer and F_1 lines, indicating that stable transcripts of SCS were beneficial in keeping energy metabolism at a normal level.

5 Acknowledgements

The research was supported by National Natural Science Foundation of China (31160394), the Earmarked Fund for Modern Agri-industry Technology Research System, National Department Public Benefit Research Foundation (200903025), the National High Technology Research and Development Program of China (2006AA10Z1A6-3, 2006AA100 108-4-10), the Foundation of Natural Science of Yunnan Province (2009CD055), and Specialized Research Fund for the Doctoral Owner of Yunnan Agricultural University.

Reference

Alarcon C., Wicksteed B., Prentki M., et al. 2002. Succinate is a preferential metabolic stimulus- coupling signal for glucose-induced proinsulin biosynthesis translation. Diabetes, 51: 2496-2504.

Balk J., Leaver C. J. 2001. The PET1-CMS mitochondrial mutation in sunflower is associated with premature programmed cell death and cytochrome c release. Plant Cell, 13: 1803-1818.

Bendtsen J. D., Nielsen H., von Heijne G., et al. 2004. Improved prediction of signal peptides: SignalP 3.0. J. Mol. Biol., 340: 783-795.

Benkert P., Biasini M., Schwede T. 2011. Toward the estimation of the absolute quality of individual protein structure models. Bioinformatics, 27: 343-350.

Bergman A., Gardeström P., Ericson I. 1980. Method to obtain a chlorophyll-free preparation of intact mitochondria from spinach leaves. Plant Physiol, 66: 442-445.

Blast. Accessed. 2013. http://www.ncbi.nlm.nih.gov.

Bradford M. M. 1976. A rapid and sensitive method for the quantitation of microgram quantities of protein utilizing the principle of protein-dye binding. Analyt. Biochem, 72: 248-254.

Bush, L. P. 1969. Influence of certain cations on activity of succinyl CoA synthetase from tobacco. Plant Physiol, 44: 347-350.

Carlsson J., Lagercrantz U., Sundström J., et al. 2007. Microarray analysis reveals altered expression of a large number of nuclear genes in developing cytoplasmic male sterile *Brassica napus* flowers. Plant J, 49: 452-462.

ClustalX. Accessed. 2013. http://www.clustal.org/

Comlekcioglu U., Ozkose E., Tutus A., et al. 2010. Cloning and characterization of cellulase and xylanase coding genes from anaerobic fungus *Neocallimastix* sp. GMLF1. Int. J. Agric. Biol, 12: 691-696.

Connettm B., Hanson M. R. 1990. Differential mitochondrial electron transport through the cyanidesensitive and cyanide-insensitive pathways in isonuclear lines of cytoplasmic male sterile, male fertile, and restored petunia. Plant Physiol, 93: 1643-1640.

David B., Spencer M. E., Guest J. R. 1986. Cloning and expression of the succinyl-CoA synthetase genes of

Escherichia coli K12. J. Gen. Microbiol, 132: 1753-1762.

Deng M. H., Wen J. F., Huo J. L, et al. 2012. Relationship of metabolism of reactive oxygen species with cytoplasmic male sterility in pepper (*Capsicum annuum* L.) Scientia Horticulturae. 134: 232-236.

Deng, M. H., J. F. Wen, X. X. Zou, et al. 2010. Analysis of mtDNA of cytoplasmic male sterility (CMS) line, its maintainer line and restorer line of pepper (*Capsicum annuum* L.) by RAPD. J. Yunnan Agric. Univ, 25: 541-544.(in Chinese).

Fraser M. E., James M. N., Bridger W. A., et al. 1999. A detailed structural description of Escherichia coli succinly-CoA synthetase. J. Mol. Biol, 285: 1633-1653.

Fujii S., Komatsu S., Toriyama K. 2007. Retrograde regulation of nuclear gene expression in CW-CMS of rice. Plant Mol. Biol, 63: 405-417.

GenScan. Accessed 2013. http://genes.mit.edu/GENSCAN.html

Heydari A., Shayesteh K., Eghbalifam N., et al. 2010. Studies on the respiration rate of banana fruit based on enzyme kinetics. Int. J. Agric. Biol, 12: 145-149.

Kaufman S., Gilvarg C., Cori O., et al. 1953. Enzymatic oxidation of alpha-ketoglutarate and coupled phosphorylation. J. Biol. Chem, 203: 869-888.

Labbe R. F., Kurumada T., Onisawa J. 1965. The role of succinyl-CoA synthetase in the control of heme biosynthesis. Biochim. Biophys. Acta, 111: 403-415.

Linke B., Börner T. 2005. Mitochondrial effects on flower and pollen development. Mitochondrion, 5: 389-402.

Mega 4.0. Accessed 2013. http: //www.megasoftware.net/

Moller S., Croning M. D., Apweiler R. 2001. Evaluation of methods for the prediction of membrane spanning regions. Bioinformatics, 17: 646-653.

Nakai K., Horton P. 1999. PSORT: a program for detecting the sorting signals of proteins·and predicting their subcellular localization. Trends Biochem. Sci., 24: 34-35.

Park S. J., Chao G., Gunsalus R. P. 1997. Aerobic regulation of the sucABCD genes of *Escherichia coli*, which encode alpha-ketoglutarate dehydrogenase and succinyl coenzyme A synthetase: roles of ArcA, Fnr, and the upstream sdhCDAB promoter. J. Bacteriol, 179: 4138-4142.

Phillips D., Aponte A. M., French S. A., et al. 2009. Succinyl-CoA synthetase is a phosphate target for the activation of mitochondrial metabolism. Biochemistry, 48: 7140-7149.

ProtParam. Accessed 2013. http://us.expasy.org/tools/pi_tool.html

Protscale. Accessed 2013. http://www.expasy.org

PSort II. Accessed 2013. http://psort.hgc.jp/

SignalP 3.0 server. Accessed 2013. http://www.cbs.dtu.dk/services/SignalP/

Sopma. Accessed 2013. http://npsa-pbil.ibcp.fr/

St. John J. B. 1970. Determination of ATP in chlorella with the luciferin–luciferase enzyme system. Anal. Biochem., 37: 409-416.

Studart-Guimaraes C., Gibon Y., Frankel N., et al. 2005. Identification and characterisation of the alpha and beta subunits of succinyl CoA ligase of tomato. Plant Mol. Biol., 59: 781-791.

Sun Q., Hu C., Hu J., et al. 2009. Quantitative proteomic analysis of CMS-related changes in Honglian CMS rice anther. Protein J., 28: 341-348.

Sweetlove L. J., Heazlewood J. L., Herald V., et al. 2002. The impact of oxidative stress on *Arabidopsis* mitochondria. Plant J, 32: 891-904.

Swissmodel. Accessed 2013. http://swissmodel.expasy.org/

Tedege M., Kuhlemeier C. 1997. Aerobic fermentation during tobacco pollen development. Plant Mol. Bio., 35: 3433-3454.

Teixeira R. T., Knorpp C., Glimelius K. 2005. Modified sucrose, starch, and ATP levels in two alloplasmic male-sterile lines of *B. napus*. J. Exp. Bot., 56: 1245-1253.

TMHMM-2.0 server. Accessed 2013. http://www.cbs.dtu.dk/services/TMHMM-2.0/

Touzet P., Buda R. F. 2004. Unveiling the molecular arms race between two conflicting genomes in cytoplasmic male sterility. Trends Plant. Sci., 9: 568-570.

Tretter L., Adam-Vizi V. 2000. Inhibition of Krebs cycle enzymes by hydrogen peroxide: a key role of a-ketoglutarate dehydrogenase in limiting NADH production under oxidative stress. J. Neuro. Sci., 20: 8972-8979.

Wan C., Li S., Wen L., et al. 2007. Damage of oxidative stress on mitochondria during microspores development in Honglian CMS line of rice. Plant Cell Rep., 26: 373-382.

Wang Y., Addess K. J., Chen J., et al. 2007. MMDB: annotating protein sequences with Entrez's 3D-structure database. Nucleic. Acids. Res., 35: 298-300.

Wise R. P., Pring D. R. 2002. Nuclear-mediated mitochondrial gene regulation and male fertility in higher plants: Light at the end of the tunnel. Proc. Natl. Acad. Sci. USA, 99: 10240-10242.

辣椒*SCS*基因的克隆、序列分析及其与细胞质雄性不育的关系

邓明华[1,2,*]，文锦芬[3,*]，霍金龙[1,*]，朱海山[1]，戴雄泽[2]，
张竹青[2]，周　惠[1]，邹学校[2]

（[1]云南农业大学，昆明　650201；[2]湖南农业科学院，长沙　410125；
[3]昆明理工大学，昆明　650224）

摘要：根据一些茄科植物的琥珀酰-CoA合成酶（*SCS*）基因及高度同源的辣椒EST，我们用RT-PCR技术获得了辣椒*SCS*基因的全序列。结果显示辣椒*SCS*基因cDNA全长981bp，编码326个氨基酸，并与其他5中植物的*SCS*基因高度同源：马铃薯（Tomato）（94%）、葡萄（Grape）（87%）、高粱（Broomcorn）（85%）、玉米（Maize）（85%）和拟南芥（Arabidopsis）（82%）。辣椒*SCS*基因在果皮中过表达，在茎、花中是中等程度表达，在根、叶、胎座、种子种为弱表达。在花粉败育阶段，雄性不育系花蕾的ATP和NADH含量要显著低于保持系。雄性不育系*SCS*基因的表达量和酶活性也要显著降低，而保持系和F_1则保持在一个正常的水平。意味着*SCS*基因的稳定表达对于保证能量代谢在一个合理水平十分重要。

关键词：辣椒；琥珀酰-CoA合成酶；克隆；特征；细胞质雄性不育

Relationship of Ascorbic Acid Metabolism with the Cytoplasmic Male Sterility in Pepper (*Capsicum annuum* L.)*①

Jinfen WEN[1†], Minghua DENG[1, 2†], Jinlong HUO[2†], Haishan ZHU[2], Xiongze DAI[3], Zhuqing ZHANG[3], Junheng LV[2], Xuexiao ZOU[3*]

([1]Kunming University of Science and Technology, Kunming 650224, China
[2]Yunnan Agricultural University, Kunming 650201, China
[3]Hunan Academy of Agricultural Science, Changsha 410125, China)

Abstract: To elucidate the metabolic mechanism of Ascorbic Acid (ASA) in the CMS-pepper anthers, the metabolism changes in the reactive oxygen species (ROS) contents, antioxidants contents and ROS scavenging enzymatic activities were investigated in the anther mitochondria of CMS-9704A and maintainer-9704B. At the abortion stage, anthers of CMS-9704A had higher contents of ROS than those of the maintainer. Simultaneously, there were lower contents of ASA and glutathione (GSH) in stage 2 and 3, and the lower activities of ascorbate peroxidase (APX) and glutathione perodixase (GPX) in stage 3 in scavenging ROS in the anthers of the CMS line than maintainer. The expression level of *APX* and *GPX* in stage 3 in anthers of CMS-9704A was obviously inhibited when ROS produced with a great deal during anther stage; however the gene expression kept normal in the maintainer. Excessive accumulation of ROS, significant reduction activities and gene expression level of ROS-scavenging enzyme were coinstantaneous with CMS.

Key words: *Capsicum annuum* L.; mitochondrion; cytoplasmic male sterility; metabolism of ascorbic acid; gene expression

Introduction

In aerobic tissues, mitochondria provide energy for cell activities and response to cell signaling such as reactive oxygen species (ROS) stress (Bartoli et al., 2000; Gueguen et al., 2000; Balk & Leaver, 2001; Sweetlove et al., 2002). At the same time, mitochondria are the main source of forming ROS (Green & Reed, 1998). *In vivo*, if ROS are not promptly cleared,

* 基金项目：现代农业产业技术体系专项资金（CARS-25-A-8），国家公益性行业科技（200903025），国家高技术研究与发展计划（863 计划）（2012AA100105），国家自然科学基金（31160394）和云南省自然科学基金项目（2009CD055，2013FB038）。

① 本文原载于 *Pak J Bot*，2015，47（3）：1087-1093。

the organism will suffer oxidative stress, resulting in protein and nucleic acid damage, lipid peroxidation and even necrocytosis (Foyer & Noctor, 2000; Esposito et al., 1999). Living tissues have antioxidant defense systems for protection against oxidative stress.

Ascorbate (ASA) is the most important antioxidant compound played vital role in inactivating most of the ROS (Noctor & Foyer, 1998). Glutathione (GSH) is the major low molecular weight thiol compound in most plants, which regenerates ascorbate. Furthermore reacts with single oxygen and hydroxyl radicals, acting as disulphide reductant to protect thiol groups on enzymes, (Noctor & Foyer, 1998). Ascorbate peroxidase (APX) reduced H_2O_2 into H_2O (Jiménez et al., 2002). Similarly glutathione perodixase (GPX) transformed H_2O_2 into H_2O and lipid peroxides into their respective alcohols (Flohe & Gunzler, 1984). Glutathione reductase (GR) catalyzed the oxidized form of glutathione to reduced form of glutathione using NADPH (Foyer & Halliwell, 1976).

Cytoplasmic male sterility (CMS), a maternally inherited trait that is associated with abnormal recombination of mitochondrial genome (Schnable & Wise, 1998; Budar & Pelletier, 2001; Touzet & Budar, 2004; Linke & Börner, 2005). CMS unable to produce or release functional pollens has been described over 150 plants species which plays an important role in utilization of hybrid vigor. The CMS-9704A bred selected from a natural pepper mutant of cytoplasmic male-sterility by Institute of Vegetable Crops, Hunan Academy of Agricultural Science. It has been known as one of the three types of CMS in pepper and has also been used extensively in hybrid pepper production in China (Zou, 2002). Our previous results showed that anthers of CMS line had higher contents of $O_2^{\cdot-}$, H_2O_2 and MDA than those of maintainer during the abortion stage (Fig. 1) (Deng et al., 2012). In order to further understand the roles of ROS on the damage of mitochondria in CMS-9704A line of pepper, we studied the dynamic changes on the antioxidants contents and ROS scavenging enzymic activities in the anther mitochondria of CMS line and maintainer.

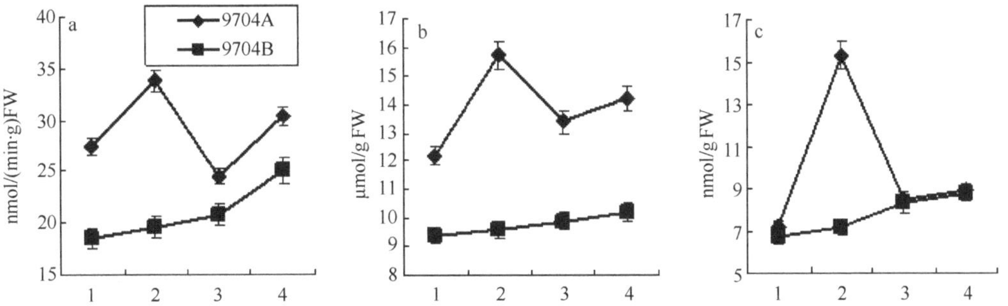

Fig. 1 Change of the generation rate of superoxide ($O_2^{\cdot -}$), contents of malondialdehyde (MDA) and content differences of hydrogen peroxide (H_2O_2) in the anther mitochondria of 9704A (CMS) and 9704B (maintainer) during different development stages. a: the generation rate of $O_2^{\cdot -}$; b: contents of MDA; content of H_2O_2. 1: sporogenous cell division stage; 2: pollen mother cell (PMC) meiosis stage; 3: uninucleate microspore stage; 4: mature pollen stage (the same below).

Materials and Methods

Plant materials: A typical CMS line, 9704A and its fertile maintainer line, 9704B were grown in experimental fields of Yunnan Agricultural University on campus in the summer.

Anthers at four developmental stages were picked out from the corresponding young bud and collected for experiments. The whole anther development was divided into four stages according to the microsporogenesis progress by checking under the microscope, i.e., (stage 1) sporogenous cell division stage, (stage 2) pollen mother cell (PMC) meiosis stage, (stage 3) uninucleate microspore stage and (stage 4) mature pollen stage.

Isolation of mitochondria: Mitochondria were isolated according to the method of Bergman et al. (1980) and the protein concentration was determined using the method of Bradford (1976).

Determination of Non-enzymatic antioxidants: Ascorbate (ASA) and dehydroascorbate (DHA) were assayed according to the method of de Pinto et al. (1999). The concentrations of reduced and oxidized forms of glutathione were determined spectrophotometrically using an enzymatic cycling assay (Griffith, 1980).

Enzyme activity determinations: Ascorbate peroxidase was spectrophotometrically assayed following a decrease in the absorbance at 265 nm (Chen & Asada, 1989). Glutathione peroxidase activity was measured over a fixed time by means of glutathione (GSH) consumption (Flohe & Gunzler, 1984). Glutathione reductase activity was determined by following the rate of NADPH oxidation as measured by the decrease in the absorbance at 340 nm (Foyer & Halliwell, 1976). γ-Glutamylcysteine synthetase (γ-GCS) activity was determined as previously described (Seelig & Meister, 1985; Lee et al., 2003).

Expression level of *APX*, *GPX*, *GR* and *γ-GCS* gene by Semi-quantitative PCR assays: For RNA isolation, anthers were harvested at 4℃ and ground in liquid nitrogen. Total RNA was extracted by Trizol procedure (TaKaRa, CHINA). cDNA synthesis was prepared using High Fidelity PrimeScrip® TR-PCR Kit (TaKaRa, CHINA) according to the manufacturer's protocol. Gene-specific RT-PCR primers are designed by Primer 5.0 for RT-PCR analysis. Prime pairs were shown in Table 1. The RT-PCR mixture consisted of 4μl 5×PrimeSTAR PCR Buffer, 0.4μl dNTP mixture (10mmol/L each), 0.2μl of forward and reverse primer (10μmol/L), 0.2μl of PrimeSTAR HS DNA Polymerase (2.5U/μl) (TAKARA), 2μl cDNA, and 13μl RNase Free dH_2O water. The products of amplification were checked on a 1.5% agarose gel and visualized with ethidium bromide. After the densitometric analysis of three independent gels, the relative transcript amount was expressed as a percentage of control (*β-ACTIN*) that represents 100%.

Table 1 Specific primers used for RT-PCR

Gene	Primer Sequence	T_a	GenBank accession number
APX	F: TCC TAT TAT GCT CCG TCT CG R: AAC AGG TGG TTC TGG CTT G	57℃	DQ002888, AY078080
GPX	F: CTG ACT AAT TCA AAC TAC ACC GAC AT R: ACC ATC ACC AAA GAA CCC ACC T	60℃	AJ973135
GR	F: ATG GAT GGG AAG TGA ATG AGA R: TTA GAA TGT GCT TTG CCG AAT	57℃	AY547351
γ-GCS	F: GAT GTC TCA GGC AGG TTC TT R: ATC AAA TCG CTC GGC AAT AC	60℃	DQ444219
β-ACTIN	F: TGC AGG AAT CCA CGA GAC TAC R: TAC CAC CAC TGA GCA CAA TGT T	57℃	DQ252512

Statistical analyses: Each treatment was analyzed with at least three replicates andstandard deviation (S.D.) was calculated. Statistical analysis was performed using the Student's *t*-test; $P<0.05$ and $P<0.01$ were con-sidered statistically significant and highly significant, respectively.

Results

Contents of Non-enzymatic antioxidants: The contents of ASA, DHA and total of ASA (ASA+DHA), were determined during the four stages of anther development in the CMS and maintainer lines (Fig. 2). Anthers of the CMS lines had a remarkably lower total of ASA contents compared to the maintainer lines at all four stages ($P<0.05$) (Fig. 2 a). Among the four stages in the CMS lines, stage 2 revealed least total of ASA contents which are 33% less than that of the maintainer. Furthermore ASA contents in stage 1 were highest in CMS while was the lowest in maintainer lines at all four stages of anther development (Fig. 2 b). ASA contents in the CMS line were the lowest of the four stages, at 29% and 19% more than that of the maintainer respectively in stage 2 and 3. The anthers of the CMS line had a noticeable lower DHA content than those of maintainer at all four stages ($P<0.05$) (Fig.2 c). The present results showed that the variation trends of ratio of ASA/ (ASA+DHA) were different inCMS lines and maintainer line at the four watched stages (Fig. 2 d). The ratio of ASA/ (ASA+DHA) in CMS lines increased and then gently decreased, a peak occurred at stage 2. While the ratio in maintainer line firstly declined and then followed by a slight rise.

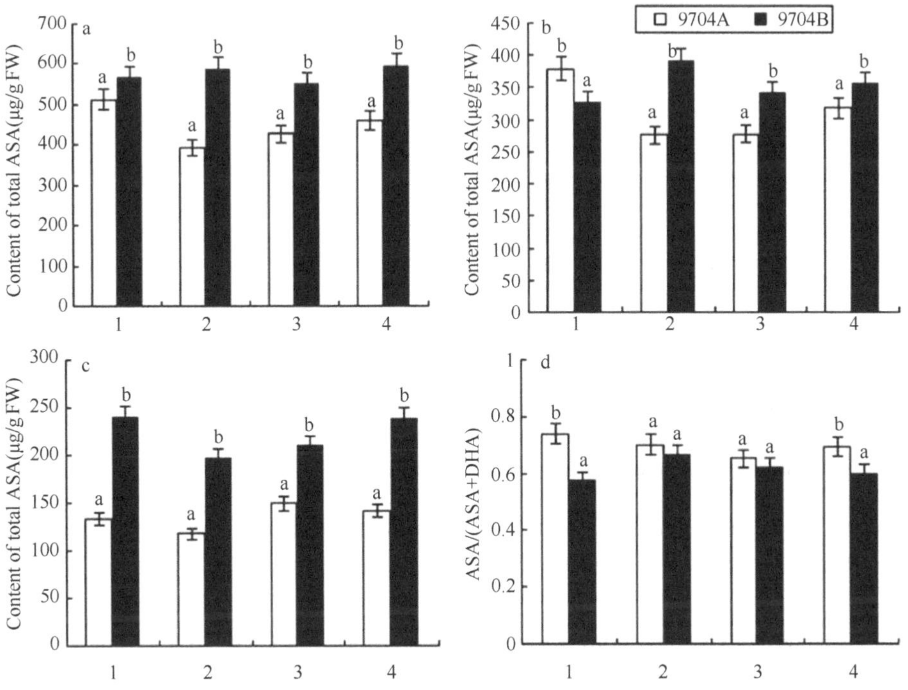

Fig. 2 Changes of total ascorbate (ASA+DHA), reduced ascorbate (ASA), oxidized ascorbate (DHA) and ASA/(ASA+DHA) ratio in the anther mitochondria of 9704A (CMS) and 9704B (maintainer) during different development stages. a: ASA+DHA; b: ASA; c: DHA; d: ASA/(ASA+DHA) ratio.

The abundance of GSH, GSSH and total of GSH (GSH+GSSH) in isolated mitochondria were analyzed (Fig. 3). Our results showed that the content of GSH reduced continuously in anthers of the CMS and maintainer lines in all four stages (Fig. 3 a). CMS was only able to produce high GSH contents at 1st stage of anther development as compare to maintainer. During the four stages of anther development, content of GSSH increased in the first two stages but decreased in the last two stages in CMS lines, while in maintainer lines, content of GSSH at 2nd was the lowest and at 4th was the highest (Fig. 3 b). At stage 2, GSSH content was the highest of the four stages in CMS lines, at 42% more than that of the maintainer liners. Total GSH content decreased at all stages in two different genotypes (Fig. 3 c). The abundances of total GSH in CMS lines kept higher than those in maintainer lines at the first two stages, but opposite results were watched at the next two stages. The anthers of the CMS line had a noticeable lower the ratio of GSH/ (GSH+GSSH) than those of maintainer at stage 2 and 3 (Fig. 3 d).

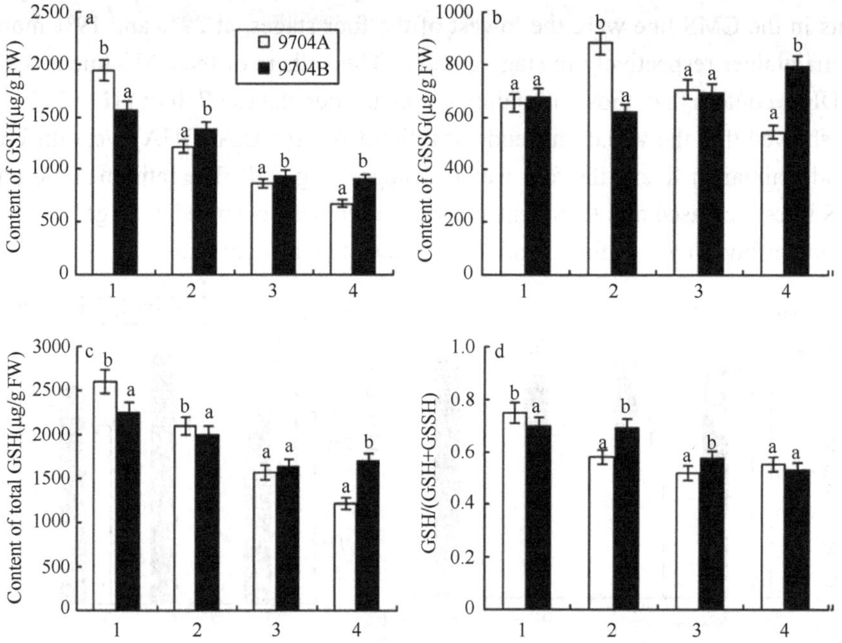

Fig. 3 Change of reduced glutathione (GSH), oxidized glutathione (GSSH), total glutathione (GSH+GSSH) and GSH/(GSH+GSSH) ratio in the anther mitochondria of 9704A (CMS) and 9704B (maintainer) during different development stages. a: GSH; b: GSSH; c: GSH+GSSH; d: GSH/(GSH+GSSH) ratio.

Activities of APX, GPX, GR and γ-GCS enzymes: There were differences in APX, GPX, GR and γ-GCS activities among the anthers of the CMS and maintainer lines (Fig. 4).

APX activities reduced continuously in anthers of the CMS in all four stages (Fig. 4 a). In maintainer lines, reduced activities for APX were only noted at 1st stage of anther development while all other stages behaved alike (Fig. 4 a). APX activity in the CMS line was significantly higher than that in maintainer line at stage 1 and lower than that in maintainer line at last two stages. There were no differences in APX activities in stage 2 between the two lines.

GPX activities continuously increased and dropped at 4th stage but still higher than the 1st and 2nd stages, while in CMS lines kept decreasing (Fig. 4 b). At first two stages, GPX activities in CMS lines was significantly higher than maintainer line, but was noticeable lower than that in maintainer line at last two stages.

GR activities in maintainer's anthers reached a peak at 2nd stage and then declined gradually (Fig. 4 c). The general trend for GR activities in CMS was a significant decrease in the early phase (1st and 2nd) and gradual increase in the late stage. GR activity in maintainer was a maximum value of 268% of CMS at 2nd stage.

At stage 3, γ-GCS activities was highest of the four stages in the CMS line, at 180% more than that of the maintainer (Fig. 4 d). γ-GCS activities at stage 3 were lowest in the maintainer line. At stage 4, γ-GCS activities CMS was lower than that in the maintainer line. At first two stages γ-GCS activities of CMS and maintainer lines behaved similar.

Expression level of *APX*, *GPX*, *GR* and *γ-GCS* gene by Semi-quantitative PCR assays: To test the expression of the *APX*, *GPX*, *GR* and *γ-GCS* genes, primers were designed according to the cDNA sequences of the enzymes and quantitative RT-PCR was carried out. The amplification results showed that the expressions of *APX*, *GPX*, *GR* and *γ-GCS* were very similar to the activities of their related enzymes (Fig. 5).

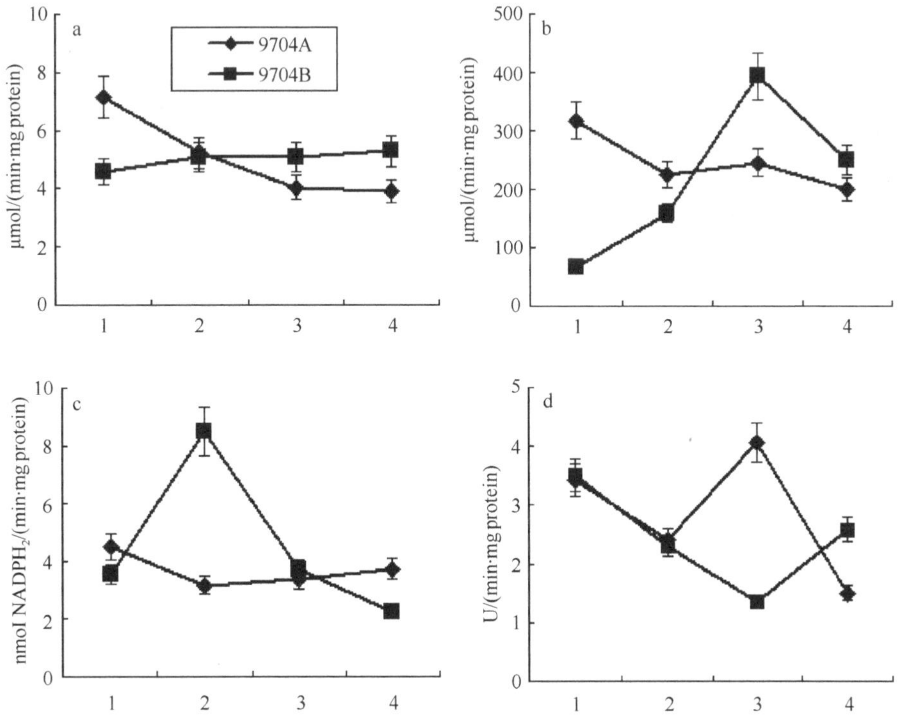

Fig. 4 Change of antioxidase activitiesin the anther mitochondria of 9704A (CMS) and 9704B (maintainer) during different development stages. a: ascorbate peroxidase (APX); b: glutathione peroxidase (GPX); c: glutathione reductase (GR); d: γ-Glutamylcysteine synthetase (γ-GCS).

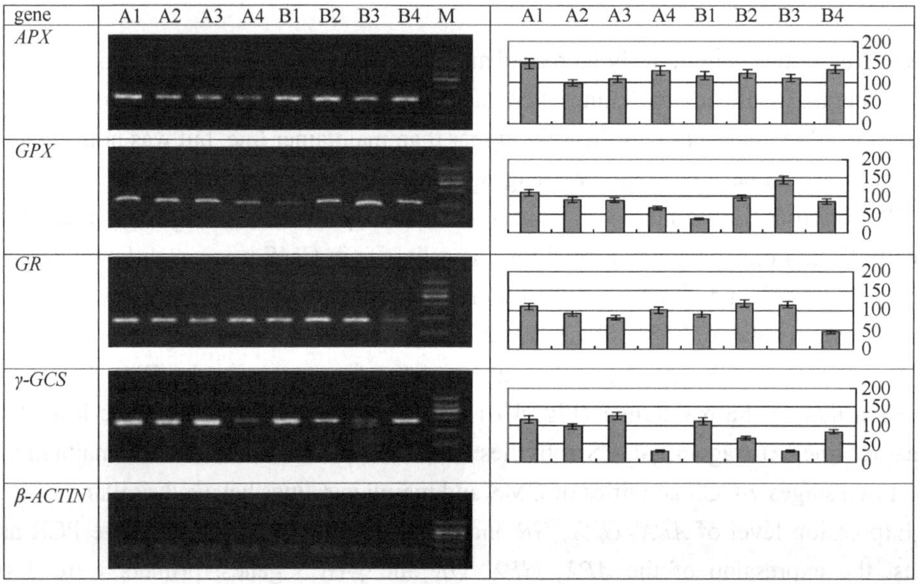

Fig. 5 Expression level of *APX*, *GPX*, *GR* and *β-ACTIN* gene in anthers of 9704A (CMS) and 9704B (maintainer) at different development stages by RT-PCR assays. A: CMS line (9704A); B: maintainer (9704B).

Discussion

It is well known that ROS production by the mitochondrial respiratory chain is a physiological and continuous process in aerobic organisms (Møller, 2001; Sweetlove & Foyer, 2004). ROS damage cellular macromolecules (Asada, 1996). To avoid the damage, it requires multiple mechanisms for keeping ROS accumulation under control by the operation of an antioxidant defense system that is comprised of enzymic (SOD, CAT, GR, APX) and nonenzymic (ascorbate, α-tocopherol, carotenoids, glutathione) components (Van der Mescht et al., 1998; Shigeoka et al., 2002; Tewari et al., 2002). In our study, ROS contents in CMS 9704A showed a little increase compared with the maintainer during the anther abortion preliminary stage (Fig. 1), which is in accordance with the result of Li et al. (2004), Wan et al. (2007) and Jiang et al. (2007).

Subtle contents of ROS are essential to cell metabolism. However, they would cause a series of damage to cells, including proteins and nucleic acids, chlorophyll and membrane function when ROS generation exceeds normal levels despite the operation of these protective mechanisms (Forsmark-Andree et al., 1997; Kellogg and Fridovich, 1975; Helbock et al., 1998; Li et al., 2004). Plants have developed a set of defense system to keep the balance of ROS (Møller, 2001).The small-molecule antioxidants, such as alpha-tocopherol, beta-carotene, ascorbate acid (ASA) and reduced glutathione (GSH) is an important part of the antioxidant defense system inside cells. amonth theses antioxidants, GSH and ASA are two of the most important reducing substrates for ROS detoxification (Mehlhorn et al., 1996). ASA can be effective to directly scavenge a wide array of ROS and free radicals such as superoxide, hydroxyl radicals single oxygen and reduce H_2O_2 to H_2O via ascorbate peroxidase reaction (Noctor & Foyer, 1998). GSH is the most important nonprotein thiol and a major antioxidant in plant cells. The central role of GSH in the antioxidative defense is due to its ability to regenerate another powerful antioxidant-ASA via the ascorbate- glutathione cycle.

In our study, ROS contents in CMS 9704A sharply increased with a large scope compared with the maintainer 9704B, which greatly exceeded the normal level during the abortion stage (in stage 2 and 3). The content of ASA and GSH in stage 2 and 3, the transcripts and protein activities of APX GPX and GR in stage 3 were too low to scavenge the toxicity of excessive ROS in sterile line, but they were significantly higher in the anthers of maintainer, which indicated that stable content of ASA, GSH, and stable transcripts of APX and GPX are beneficial to keep the ROS metabolism with a normal level.

Acknowledgements

This study was supported by the Earmarked Fund for Modern Agro-industry Technology Research System, National Department Public Benefit Research Foundation (200903025), the National High Technology Research and Development Program of China (863 Program, (2012AA100105), National Natural Science Foundation of China (Grant No. 31160394), and the Foundation of Natural Science of Yunnan Province, China (2009CD055, 2013FB038).

References

Asada K. 1996. Radical production and scavenging in chloroplasts. *In*: Baker N.R. *Photosynthesis and environment*. Kluwer Academic Publisher, Dordrecht, The Netherlands: 123-150.

Balk J., Leaver C.J. 2001. The PET1-CMS mitochondrial mutation sunflower is associated with premature programmed cell death and cytochrome c release. *Plant Cell,* 13: 1803-1818.

Bartoli C.G., Pastori G.M., Foyer C.H. 2000. Ascorbate biosynthesis in mitochondria is linked to the electron transport chain between complexes III and IV. *Plant Physiol.,* 123: 335-344.

Bergman A., Gardeström P., Ericson I. 1980. Method to obtain a chlorophyll-free preparation of intact mitochondria from spinach leaves. *Plant Physiol.*, 66: 442-445.

Bradford M.M. 1976. A rapid and sensitive method for the quantitation of microgram quantities of protein utilizing the principle of protein-dye binding. *Anal. Biochem.*, 72: 248-254.

Budar F., Pelletier G. 2001. Male sterility in plants: occurrence, determinism, significance and use. *C. R. Acad. Sci.* III., 324: 543-550.

Chen G.X., Asada K. 1989. Ascorbate peroxidase in tea leaves: occurrence of two isozymes and the differences in their enzymatic and molecular properties. *Plant Cell Physiol.*, 30: 987-998.

De Pinto M.C., Francis D., De Gara L. 1999. The redox state of the ascorbate–dehydroascorbate pair as a specific sensor of cell division in tobacco TBY2 cells. *Protoplasma,* 209: 90-97.

Deng M.H., Wen J.F., Huo J.L., et al. 2012. Relationship of metabolism of reactive oxygen species with cytoplasmic male sterility in pepper (*Capsicum annuum* L.). *Scientia Horticulturae*, 134: 232-236.

Esposito L.A., Melov S., Panov A., et al. 1999. Mitochondrial disease in mouse results in increased oxidative stress. *Proc. Natl. Acad. Sci. USA,* 96: 4820-4825.

Flohe L., Gunzler W.A. 1984, Assays of glutathione peroxidase. *Methods Enzymol.,* 105: 114-121.

Forsmark-Andree P., Lee C.P., Dallner G., et al. 1997. Lipid peroxidation and changes in the ubiquinone content and the respiratory chain enzymes of submitochondrial particles. *Free Radic. Biol. Med.,* 22: 391-400.

Foyer C.H., Halliwell B. 1976. The presence of glutathione and glutathione reductase in chloroplasts: a proposed role in ascorbic acid metabolism. *Planta,* 133: 21-25.

Foyer C.H., Noctor G. 2000. Oxygen processing in photosynthesis: regulation and signaling. *New Phytol.,* 146: 359-388.

Green D.R., Reed J.C. 1998. Mitochondria and apoptosis. *Science,* 281: 1309-1312.

Gueguen V., Macherel D., Jaquinod M., et al. 2000. Fatty acid and lipoic acid biosynthesis in higher plant mitochondria. *J. Biol. Chem.*, 275: 5016-5025.

Helbock H.J., Beckman K.B., Shigenaga M.K., et al. 1998. DNA oxidation matters: the HPLC electrochemical detection assay of 8-oxo-deoxyguanosine and 8- oxo-guanine. *Proc. Natl. Acad. Sci. USA,* 95: 288-293.

Jiang P., Zhang X., Zhu Y., et al. 2007. Metabolism of reactive oxygen species in cotton cytoplasmic male sterility and its restoration. *Plant Cell Rep.*, 26: 1627-1634.

Jiménez A., Creissen G., Kular B., et al. 2002. Changes in oxidative processes and components of the antioxidant system during tomato fruit ripening. *Planta,* 214: 751-758.

Kellogg E.W.I., Fridovich I. 1975. Superoxide, hydrogen peroxide, and singlet oxygen in lipid peroxidation by a xanthine oxidase system. *J. Biol. Chem.*, 250: 8812-8817.

Lee Y.Y., Kim S.J., Park E.H., et al. 2003. Glutathione content and the activities of glutathione- synthesizing enzymes in fission yeast are modulated by oxidative stress. *J. Microbiol.,* 41: 248-251.

Li S.Q., Wan C.X., Kong J., et al. 2004. Programmed cell death during microgenesis in a Honglian CMS line of rice is correlated with oxidative stress in mitochondria. *Funct. Plant Biol.*, 31: 369-376.

Linke B., Börner T. 2005. Mitochondrial effects on flower and pollen development. *Mitochondrion,* 5: 389-402.

Mehlhorn H., Lelandais M., Korth H.G., et al. 1996. Ascorbate is the natural substrate for plant peroxidases. *F. E. B. S. Lett.*, 378: 203-206.

Møller I.M. 2001. Plant mitochondria and oxidative stress: electron transport, NADPH turnover, and metabolism of reactive oxygen species. *Annu. Rev. Plant Physiol. Plant Mol. Biol.,* 52: 561-591.

Noctor G., Foyer C.H. 1998. Ascorbate and glutathione: keeping active oxygen under control. *Annu. Rev. Plant Physiol. Plant Mol. Biol.,* 49: 249-279.

Schnable P.S., Wise R.P. 1998. The molecular basis of cytoplasmic male sterility and fertility restoration. *Trends Plant Sci.,* 3: 175-180.

Seelig G.F., Meister A. 1985. γ-Glutamylcysteine synthetase from erythrocytes. *Methods Enzymol.,* 113: 390-392.

Shigeoka S., Ishikawa T., Tamoi M., et al. 2002. Regulation and function of ascorbate peroxidase isoenzymes. *J. Exp. Bot.,* 53: 1305-1319.

Sweetlove L.J., Foyer C.H. 2004. Roles for reactive oxygen species and antioxidants in plant mitochondria. *In*: Day D.A., Millar A.H., Whelan J. *Plant mitochondria: from genome to function, advances in photosynthesis and respiration*. vol 1. Kluwer, Dordrecht: 307-320.

Sweetlove, L.J., Heazlewood J.L., Herald V., et al. 2002. The impact of oxidative stress on Arabidopsis mitochondria. *Plant J.,* 32: 891-904.

Tewari R.K., Kumar P., Sharma P.N., et al. 2002. Modulation of oxidative stress responsive enzymes by excess cobalt. *Plant Science,* 162: 381-388.

Touzet P., Budar F. 2004. Unveiling the molecular arms race between two conflicting genomes in cytoplasmic male sterility. *Trends Plant Sci.,* 9: 568-570.

Van der Mescht A., De Ronde J.A., Rose F.T. 1998. Cu/Zn superoxide dismutase, glutathione reductase and ascorbate. *S. Afr. J. Sci.,* 94: 496-409.

Wan C., Li S., Wen L., et al. 2007. Damage of oxidative stress on mitochondria during microspores development in Honglian CMS line of rice. *Plant Cell Rep.*, 26: 373-382.

Zou X.X. 2002. China Capsicum. Beijing: China Agricultural Press. (in Chinese)

辣椒 *ICDH* 基因的 cDNA 克隆、序列分析及其与细胞质雄性不育的关系

文锦芬[1]，邓明华[1,2]，霍金龙[2]，朱海山[2]，戴雄泽[3]，
张竹青[3]，吕俊恒[2]，邹学校[3*]

（[1]昆明理工大学，昆明　650224；[2]Y 云南农业大学，昆明　650201；
[3]湖南省农业科学院，长沙　410125）

摘要：为了评价辣椒和纸糊作雄性不育花药中的抗坏血酸代谢，实验调查了辣椒雄性不育系和保持系花药活性氧（ROS）含量的变化，抗氧化物质的含量以及 ROS 清除酶活性的变化。在花粉败育阶段，辣椒雄性不育系 ROS 的含量高于保持系。同时在花粉发育的第 2 和第 3 阶段，不育系中 ASA 和 GSH 的含量也低于保持系，此外在第 3 个阶段，ROS 清除酶 APX 和 GPX 的活性也低于保持系。不育系中 *APX* 和 *GPX* 基因的表达在花粉发育的第 3 个阶段受到明显的抑制，但此时 ROS 的却异常积累，但这些基因在保持系中的表达式正常的。过量的 ROS 积累，显著抑制的 ROS 清除酶活性与基因表达可能与雄性不育有关。

关键词：辣椒；线粒体；细胞质雄性不育；抗坏血酸代谢；基因表达

南方根结线虫诱导辣椒基因 *CaRKNIF2* 的克隆与分析*①

郑井元[1,2]，邹学校[1]，茆振川[2]，陈国华[2]，谢丙炎[2]

（[1]中南大学研究生院隆平分院，湖南长沙 410125；
[2]中国农业科学院蔬菜花卉研究所，北京 100081）

摘 要：【目的】明确辣椒（*Capsicum annuum* L. HDA149）中与南方根结线虫（*Meloidogyne incognita*）不亲和互作过程中抗性相关 WRKY 转录因子的基因结构及其表达模式。**【方法】**采用 RACE 结合 RT-PCR 方法克隆 cDNA 序列，并根据 cDNA 序列设计特异引物扩增 DNA 序列，Southern 杂交确定基因拷贝数，实时荧光定量 PCR 方法分析该基因在线虫侵染后辣椒的不同组织和不同时间点的表达。**【结果】**从辣椒中克隆到一个 WRKY 转录因子基因 *CaRKNIF2*（GenBank 登录号：GQ253367），该基因编码区全长 1662bp，编码 553 个推定的氨基酸，为单拷贝基因。*CaRKNIF2* 基因编码区全长 DNA 序列 2530bp，包含 5 个内含子和 6 个外显子。在线虫接种诱导处理时，该基因表达具有组织特异性，根尖组织中的表达量最高；接种 3h 后在根尖组织中的表达量开始升高，12h 最高，此时相对表达量约为 3.1 倍。**【结论】***CaRKNIF2* 基因在线虫接种处理后的表达上调，表明该基因参与了抗性基因 *Me3* 介导的辣椒与根结线虫的不亲和互作，可能在此过程中具有重要功能。

关键词：WRKY 转录因子；*CaRKNIF2;* cDNA；Southern 杂交；基因表达

0 引 言

【研究意义】辣椒是一种重要的茄科类蔬菜作物，近年来，由根结线虫侵染引起的辣椒根结线虫病已日趋严重，对辣椒的产量和品质均造成严重影响。利用抗线虫品种来防治根结线虫病是一种经济有效的途径。目前，从分子水平上研究植物的免疫应答反应机制，特别是从转录水平上探索和解析植物免疫应答信号转导中的关键基因调控网络及其机制，已成为这一领域研究的新热点（Eulgem et al.，2007）。WRKY 转录因子是一种在植物中广泛存在的转录因子超家族，参与植物的生物与非生物胁迫应答反应、植物衰老、种皮和毛状体发育以及果实发育等一系列生理活动（Eulgem et al.，2000）。

【前人研究进展】自第一个 WRKY 转录因子 *SPF1* 发现后（Ishiguro et al.，1994），不久就在燕麦（Rushton et al.，1995）、大麦（Sun et al.，2003）、拟南芥（De Pater et al.，

---

* 基因项目：国家重点基础研究发展计划（2009CB119000）；国家自然科学基金项目（30671412）；农业公益性行业科研专项（nyhyzx07-050）。

① 本文原载《中国农业科学》，2010，43（24）：5046-5054。

1996）、葡萄（Marchive et al.，2007）等植物中发现 WRKY 基因，目前已在具有基因组信息的植物中发现了大量的 WRKY 转录因子家族成员，包括拟南芥 74 个（Dong et al.，2003），水稻 109 个（Ross et al.，2007），黄瓜 58 个等。Dong 等对拟南芥中 74 个 WRKY 基因在防御应答反应中的表达研究发现，49 个 WRKY 基因在病原物侵染或者信号分子处理时，表达水平变化显著，第三类家族的几乎所有成员都与生物胁迫应答相关，推测 WRKY 基因参与了抗病应答反应（Dong et al.，2003）。*AtWRKY48* 基因在介导植物对毒性丁香假单胞菌（*Pseudomonas syringae*）的抗性反应中具有负调控作用（Xing et al.，2008）；*AtWRKY3* 的突变体植株在应对灰葡萄孢酶（*Botrytis cinerea*）侵染时更加敏感，而 *AtWRKY3* 的超表达植株能显著增强 *P. syringae* 侵染时的耐性（Lai et al.，2008），AtWRKY3 在介导植物的抗性应答反应中具正调控作用。水稻中，*OsWRKY13* 基因超表达植株能显著增强对白叶枯病菌［*Xanthomonas oryzae pv. oryzae*（Xoo）］和稻瘟病菌（*Magnaportha grisea*）的抗性（Qiu et al.，2007）。在辣椒中，*CaWRKYa* 基因参与了辣椒与 TMV 和野油菜黄单胞菌（*X. campestris*）的不亲和互作，该基因可能在植物防御相关的信号通路中扮演调节子功能（Park et al.，2006）；*CaWRKY2* 基因在辣椒应对生物和非生物胁迫的早期应答反应中具有重要功能（Oh et al.，2006）；*CaWRKY1* 基因则在辣椒应对 TMV 等病原物的免疫应答反应中起负调控作用（Oh et al.，2008）。本实验室在前期的研究工作中曾以根结线虫诱导处理的辣椒根尖组织为材料，利用 WRKY 基因 WRKY 结构域的保守性特征，克隆到了一个辣椒根结线虫诱导因子（*Capsicum annuum* Root-Knot Nematode Induced Factor：CaRKNIF）*CaRKNIF1*（尚未发表）。

【本研究切入点】 在辣椒中已有成功克隆 WRKY 基因并对其功能进行研究的报道，多数研究都是关于辣椒与病毒或者细菌的分子互作，而从辣椒与南方根结线虫（*Meloidogyne incognita*）早期侵染的不亲和互作体系出发，获取目标 WRKY 转录因子基因并进行相关的研究，尚未见报道。

【拟解决的关键问题】 获取辣椒与南方根结线虫不亲和互作过程中的抗性相关 WRKY 转录因子，了解其结构特征以及在南方根结线虫侵染诱导下的表达模式，为阐明 WRKY 基因在辣椒应对南方根结线虫早期侵染的防御应答调控网络中的作用机理奠定基础。

1 材料与方法

1.1 植物材料

含有单显性抗根结线虫基因 *Me3* 的辣椒（*Capsicum annuum* L.）双单倍体材料 HDA149，由法国农业科学院的 Alain Palloxin 博士惠赠，并在中国农业科学院蔬菜花卉研究所温室扩繁。

1.2 方法

1.2.1 RNA 的提取与第一链 cDNA 的合成

辣椒幼苗长至 4 片真叶期时移栽，10 天后接种南方根结线虫（*M. incognita*）生理小种 1（茆振川等，2007）的二龄幼虫，在接种之后的 12h、24h、36h 取 1.0~2.0cm 长的根尖样品，置于–80℃冰箱中保存，取用时混合磨样。根尖样品总 RNA 采用 Invitrogen 公司的 TRIZOL 试剂盒提取，第一链 cDNA 的合成、3′RACE cDNA 的合成、5′RACE cDNA 的合成分别采用 Invitrogen 公司的 Super-Script^{TM} First-Strand Synthesis System for RT- PCR、3'RACE System for Rapid Amplification of cDNA Ends 和 Ambion 公司的 FirstChoice® RLM-RACE Kit 的试剂盒。

1.2.2 *CaRKNIF2* 全长 cDNA 的克隆和同源性分析

依据本实验室构建的 SSH 文库筛选出的 WRKY 相关转录因子 EST 序列 H706（茆振川等，2007），分别设计 3′RACE 和 5′RACE 的基因特异性引物（表 1），3′RACE 采用 3′RACE GS-F3 引物扩增，5′RACE 先用 5′RACE GS-F2 进行第一轮扩增，后用 5′RACE GS-F1 引物，并以第一轮扩增的产物为模板进行巢式 PCR 扩增，得到的序列克隆到 pGEM-T 载体，样品送北京三博远志公司测序，随后进行拼接和分析。根据拼接获取的序列，设计全长扩增引物 *CaRKNIF2*-F 和 *CaRKNIF2*-R，扩增全长 *CaRKNIF2* 基因，扩增程序为：94℃预变性 3min；94℃ 30s，62℃ 30s，72℃ 110s，35 循环；72℃延伸 10min。回收扩增产物，并连接、克隆，最后送样到北京三博远志公司测序。测序结果利用生物信息分析软件 Primer Premier 5.0 和 DNAman 以及 NCBI 网站的 nucleotide blast 和 protein blast 程序进行分析和比较。蛋白质二级结构利用 Predict protein（www.predictprotein.arg）分析软件预测。蛋白信号肽用软件 SignalIP 3.0 Server（http://www.cbs.dtu.dk/services/SignalP/）在线预测。跨膜结构用软件 TMHMM Server v.2.0（http://www.cbs.dtu.dk/services/TMHMM/）在线预测。蛋白的亚细胞定位在 BaCelLo predictor（http://gpcr.biocomp.unibo.it/bacello/pred.htm）预测。

表 1 引物序列

Table 1 Primer sequences

引物名称 Primers	引物序列 Primer sequences
5′RACE GS-F1	5′-TGTAACCGTTGGAAATGGAGCAG-3′
5′RACE GS-F2	5′-TTGGGATGAGAACCACAACCTAT-3′
3′RACE GS-F3	5′-CGGGTTTACAAGTTTCTCAG-3′
CaRKNIF2-F	5′-ATGGACAAAGGATGGGGTCTTAC-3′
CaRKNIF2-R	5′-TTAGTTCCCTGGGAAACTGCTAG-3′
CaRKNIF2-SF	5′-GCAATGGCATCCACTACATC-3′
CaRKNIF2-SR	5′-AGGGCGGCAGTGAAGTTAGG-3′
CaRKNIF2-qF	5′-ATGACACACTCTCCGCTGC-3′
CaRKNIF2-qR	5′-GCCGTTGTTGTTGGGATGAG-3′
β-actin qF	5′-TGCAGGAATCCACGAGACTAC-3′
β-actin qR	5′-TACCACCACTGAGCACAATGTT-3′

1.2.3 *CaRKNIF2* 的 Southern 杂交分析

在基因的非保守区域设计特异性引物 *CaRKNIF2*-SF 和 *CaRKNIF2*-SR，以 1.2.1 中合成的第一链 cDNA 为模板，扩增出 461bp 长的 cDNA 序列，测序正确后，用 DIG High

Prime Labeling and Detection Starter Kit I（Roche）标记序列，作为 cDNA 探针；同时利用 SDS 法提取辣椒 HDA149 基因组 DNA，用限制性内切酶 *Hind*III、*Eco*RV、*Dra*I 分别对基因组进行酶切，酶切产物电泳后转移至尼龙膜上。之后将转移到尼龙膜上的已完全酶切的基因组 DNA 与 cDNA 探针杂交，经放射自显影后，观察，拍照。

1.2.4 *CaRKNIF2* 的 DNA 序列克隆与分析

以提取的基因组 DNA（见 1.2.3）为模板，用引物对 *CaRKNIF2*-F 和 *CaRKNIF2*-R、高保真聚合酶 *TransTaq* DNA Polymerase High Fidelity（北京全式金公司）进行 PCR 扩增，扩增程序为：94℃预变性 3min；94℃ 30s，57℃ 30s，72℃ 3min，35 循环；72℃延伸 10min。将扩增产物回收、连接、克隆及测序。测序结果利用 DNAman 和 NCBI 网站的（http://www.ncbi.nlm.nih.gov/spidey/）进行比较分析。

1.2.5 *CaRKNIF2* 的 Real-time RT-PCR 表达分析

4 片真叶期的辣椒幼苗移栽 10 天后接种南方根结线虫（*M. incognita*），同时以不接种南方根结线虫的辣椒为对照，设置取样时间点为 0h、3h、6h、12h、24h、36h、48h、72h，根、茎、叶单独取样，并在辣椒长至一定程度时，取花和果样，液氮速冻后于–80℃冰箱保存。RNA 提取及 cDNA 反转录见 1.2.1。

根据 *CaRKNIF2* 基因的 cDNA 序列和 DNA 序列设计 PCR 引物 *CaRKNIF2*-qF 和 *CaRKNIF2*-qR，辣椒*β-actin* 基因作为参照基因，设计扩增引物为*β-actin* qF 和*β-actin* qR。以各个取样时间点根样的 cDNA 为模板，在 CFX96^{TM} Real-Time PCR Detection System（Bio-Rad）上进行 PCR 扩增。扩增体系为：10μL 2×SYBR$^{®}$ Premix Ex *Taq*^{TM} II（TaKaRa），正反向引物各 0.8μL（10μmol/L），cDNA（稀释 40 倍）1.6μL，补 ddH_2O 至总体积 20μL。反应过程为：94℃预变性 30s；94℃ 30s，57℃ 30s，72℃ 10s，40 循环；反应完成后分析溶解曲线以及荧光值变化曲线，实验重复三次。

2 结　　果

2.1 *CaRKNIF2* 全长 cDNA 克隆与分析

在 SSH 文库中筛选出的辣椒 EST 序列 H-706 含有 555bp 的碱基序列，经 Blast 同源比对后发现该序列与已知 WRKY 蛋白的相似性较高，期望值为 $6e^{-16}$（茆振川等，2007），推测编码该 EST 序列的基因为 WRKY 基因。利用 Oligo 和 Primer Premier5.0 软件设计特异的 RACE 扩增引物，进行 RT-PCR 扩增（图 1），扩增片段测序后用 DNAman 软件拼接获取全长 cDNA 序列，之后再设计特异引物进行全长 RT-PCR 扩增和验证，由于克隆的是新基因，我们将克隆到的 WRKY 基因取“辣椒根结线虫诱导因子（*Capsicum annuum* Root-Knot Nematode Induced Factor：CaRKNIF）”的首字母进行命名），由于本实验室已克隆到一个相关基因 *CaRKNIF1*，因此，本实验将验证后的 cDNA 序列命名为 *CaRKNIF2*，并在 GenBank 中登录，登录号为：GQ253367。*CaRKNIF2* 基因包含了 5′UTR 和 3′UTR 的 cDNA 全长 1944bp，编码区（CDs）全长 1662bp，编码 553 个氨基酸，分子质量大小约为 60.18kDa，蛋白等电点 6.96。

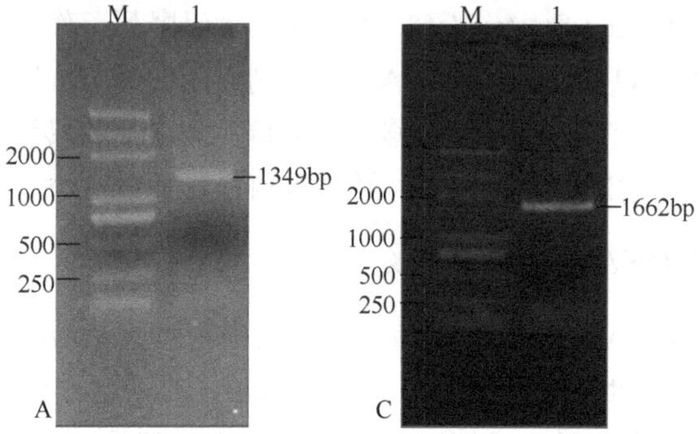

图 1　*CaRKNIF2* 基因的 5′RACE、3′RACE 和编码区 cDNA 的 PCR 扩增产物

Fig. 1　The PCR products of *CaRKNIF2* 5′RACE，3′RACE and CDs

CaRKNIF2 基因编码蛋白的一级结构（图 2），具有一个典型的 WRKYGQK 结构域，锌指结构类型为 $CX_5CX_{23}HX_1H$，在分类上属于第 II 类 WRKY 蛋白家族。根据 Eulgem 的 WRKY 蛋白分类方法，*CaRKNIF2* 基因属于第 II 家族的 b 亚族，即 II-b 亚族（Eulgem 等，2000）。WRKY 结构域由近 60 个氨基酸组成，见图 2 中的粗斜体字。蛋白二级结构分析表明，该基因的螺旋结构占 10.49%、片状结构占 9.04%、环状结构占 80.47%。Signal IP3.0 预测该蛋白不存在信号肽。TMHMM Server v.2.0 预测该蛋白没有跨膜结构，属于非跨膜蛋白。蛋白亚细胞定位分析表明，*CaRKNIF2* 蛋白定位于细胞核，推测 *CaRKNIF2* 是一个在核内发挥转录激活作用的转录因子。

1　GTTCCCTTTGCCTTCATCTTCTAATATATAGCACTGCTCTATATTAGTATTTTCCAACTTTGATATTTT

70　**ATG**GACAAAGGATGGGGTCTTACCCTTGAAAGTTCTTCTTCTTCTGATAAAGTTGGTTTCTTCATGAACAAGCCTGTTTTTGGT

1　**M** D K G W G L T L E S S S S S D K V G F F M N K P V F G

154　TTTAATTTAAGTCCAAGATTGAACCCTGCTGAAATGTTTCCCAGCTCCGATGATAAACGTGCCATCGTTAATGAAGTTGACTTC

29　F N L S P R L N P A E M F P S S D D K R A I V N E V D F

238　TTCTCTGAGAAAAAGCCTATTGTAAAGAAGGAGAATTCTCAGGGTGACAGGACTGATCAATGTGTTGTAAATACTGGATTACAA

57　F S E K K P I V K K E N S Q G D R T D Q C V V N T G L Q

322　CTTGTGATTGCAAACGCTGGAAGTGATCAATCAACAGTAGATGATGGGATTTCATCGGAATTAGTACTTGAAGATAAACGAGCT

85　L V I A N A G S D Q S T V D D G I S S E L V L E D K R A

406　AAAATTCAGTTGGCGCAATTGCAAGTTGAGCTTCAGAGGATGAATTCCGAAAATCAGCGTTTAAAAGGGATGCTTACTCAAGTT

113　K I Q L A Q L Q V E L Q R M N S E N Q R L K G M L T Q V

490　AATAACAGTTATTCTGCACTTCAGATGCATCTTGTTACACTCATGCAACAGCAGCAGCAACAACAACAGCAGCAACAAATGATT

141　N N S Y S A L Q M H L V T L M Q Q Q Q Q Q Q Q Q Q Q M I

574　TCAAGAACTGAAAGTACACATGCCCATGAGGTTGTCGAAGCCAAGTTTAATGACGAAAAGAAGCAAGAGAAAGAAGGGACCATA

169　S R T E S T H A H E V V E A K F N D E K K Q E K E G T I

658　GTTCCAAGACAATTCATGGAGCTGGGCCCAAGTGGTTCCAAAGCTGATCCACTGGATGAGCCATCTAATTCCCATACTTCATCA

197　V P R Q F M E L G P S G S K A D P L D E P S N S H T S S

742　GAAGAAAGAACGCTTTCTGGATCACCTCGCAACAATATGGAATTATTGTCAAGGGATAAGGCAATTGGCCGCGAAGAGAGTCCA

225　E E R T L S G S P R N N M E L L S R D K A I G R E E S P

826　GAATCTGAAAGTTGGGCTCCAAATAAGGTCCCTAAATTAATGAATTCATCAAAACCTGTTGAGCAACCAACCGAAGCAACTATG

253　E S E S W A P N K V P K L M N S S K P V E Q P T E A T M

910　AGGAAAGCTCGTGTCTCCGTCCGTGCCCGATCAGAAGCTCCTATGATTAGTGATGGCTGCCAGTGGAGAAAATATGGTCAAAAG

281　R K A R V S V R A R S E A P M ***I S D G C Q W R K Y G Q K***

994　ATGGCTAAAGGCAATCCGTGTCCACGTGCTTATTATCGTTGCACGATGGCTGTTGGTTGTCCAGTGCGCAAACAGGTGCAAAGG

309　***M A K G N P C P R A Y Y R C T M A V G C P V R K Q V Q R***

1078　TGTGCGGAGGACAGGACAATCTTAATAACAACATACGAAGGTACACATAACCACCCCCTACCACCAGCAGCCATGGCAATGGCA

337 *C A E D R T I L I T T Y E G T H N H P* L P P A A M A M A
1162 TCCACTACATCAGCAGCAGCAAACATGTTGCTCTCTGGTTCCATGCCAAGTGCTGATGGACTTATGAACACAAATTTCCTAGCC
365 S T T S A A A N M L L S G S M P S A D G L M N T N F L A
1246 AGGGCCATGCTTCCATGTTCATCAAACATGGCAACTATTTCAGCATCTGCTCCATTTCCAACGGTTACATTGGACCTCACAGCC
393 R A M L P C S S N M A T I S A S A P F P T V T L D L T A
1330 CAAAATTCAAATGCTGCACTGCCTAATTATCACCAAAGAGTTAACCACGCTAATAATGCTCAATTCCAATTCCCTTTACCAGCT
421 Q N S N A A L P N Y H Q R V N H A N N A Q F Q F P L P A
1414 GGACTTAATCACCCGAATTTCATCGCTTCAATGTCAGCTCCACAAATGCCTCAGGTTTTAGGCCAGGCTATGTATAACCAGTCA
449 G L N H P N F I A S M S A P Q M P Q V L G Q A M Y N Q S
1498 AAATTTTCGGGTTTACAAGTTTCTCAGGACAATATTCACCACCCATCAATTTCTCATGACACACTCTCCGCTGCCACGGCTGCG
477 K F S G L Q V S Q D N I H H P S I S H D T L S A A T A A
1582 ATCACTGCTGACCCTAACTTCACTGCCGCCCTTGCCGCGGCCATCTCCTCCATCATAGGTTGTGGTTCTCATCCCAACAACAAC
505 I T A D P N F T A A L A A A I S S I I G C G S H P N N N
1666 GGCAACAGTACCATGTCTGGTCCATCAAGCAATAACAACAACACTAGCAGTTTCCCAGGGAAC**TAA**
533 G N S T M S G P S S N N N N T S S F P G N *
1732 AGAATATATTACTGTATCTTGTTTTGTAAAATTTGCTGTCAATTACCCAATAGTTTTCTTTTATTCATTTTTTTTTTTAT
1812 AACAATCCTTTTCTTAGGAGATTAGGGGCTGAAACTAGAATGAATTTACATGTTCATAGCTTTTTGCGTTGTATTATT
1890 ACGATGGAGAAAAGGTATAGGCAAAAAAAGAACGTTGTTTTAAAAAAAAAAAAAA

WRKY 结构域用斜体字标示，WRKY 序列用下划线标示，锌指结构中的两个半胱氨酸和两个组氨酸用双下划线标示，起始密码子用粗体字标示，终止密码子用*标示

The WRKY domain is shown in italic and WRKY sequences are underlined. The two cysteins and two histidines in the zinc-finger motif are doubly underlined. The initial codon is indicated by bold and the stop codon is shown by the asterisk.

图 2 *CaRKNIF2* 基因的全长 cDNA 序列和推定的氨基酸序列

Fig. 2 Nucleotide and deduced amino acid sequences of *CaRKNIF2* cDNA clone.

为进一步比较分析辣椒的 *CaRKNIF2* 基因与其他植物种类的 WRKY 基因的相似性，选择了在 NCBI 网站中 Blast 后同源性较高的拟南芥（*AtWRKY6*，GenBank：NP564792）、马铃薯（*SoWRKY*，GenBank：ABN69038）、白杨（*PtWRKY*，GenBank：ACV92030）、黄连（*PkWRKY*，GenBank：ACI90292）四个物种中的 WRKY 蛋白进行多重氨基酸序列比对，比对采用 MeAlign 软件（DNASTAR，USA）中的 Clustal V 程序，比对结果见图 3。比较分析的 5 个 WRKY 蛋白均属于 II 家族，其中 *CaRKNIF2* 基因编码的氨基酸序列与同为茄科的 SoWRKY 蛋白的相似性最高，达 83.1%，与 PkWRKY 为 53.9%，与 PtWRKY 为 48.6，与 AtWRKY6 为 45.4%。图 3 中完全相同的氨基酸序列区域背景为黑色，其次为灰色。

2.2 *CaRKNIF2* 的 Southen 杂交分析

从杂交膜结果可以看出，经三个不同内切酶充分酶切的辣椒 HDA149 基因组分别与 *CaRKNIF2* 的 cDNA 探针杂交，每一条泳道只有 1 条清晰的杂交带（见图 4），说明 *CaRKNIF2* 基因以单拷贝的形式存在于辣椒 HDA149 基因组中。本实验中采用 3 种不同的限制性内切酶（*Hin*dIII、*Eco*RV、*Dra*I）对辣椒 HDA149 基因组进行充分酶切，说明实验结果可靠。

2.3 *CaRKNIF2* 的 DNA 克隆序列分析

在 *CaRKNIF2* 基因编码区设计上下游引物，以基因组为模板进行 PCR 扩增，随后对扩增产物克隆和测序，测序结果发现 *CaRKNIF2* 基因 DNA 全长编码 2530bp。进一步

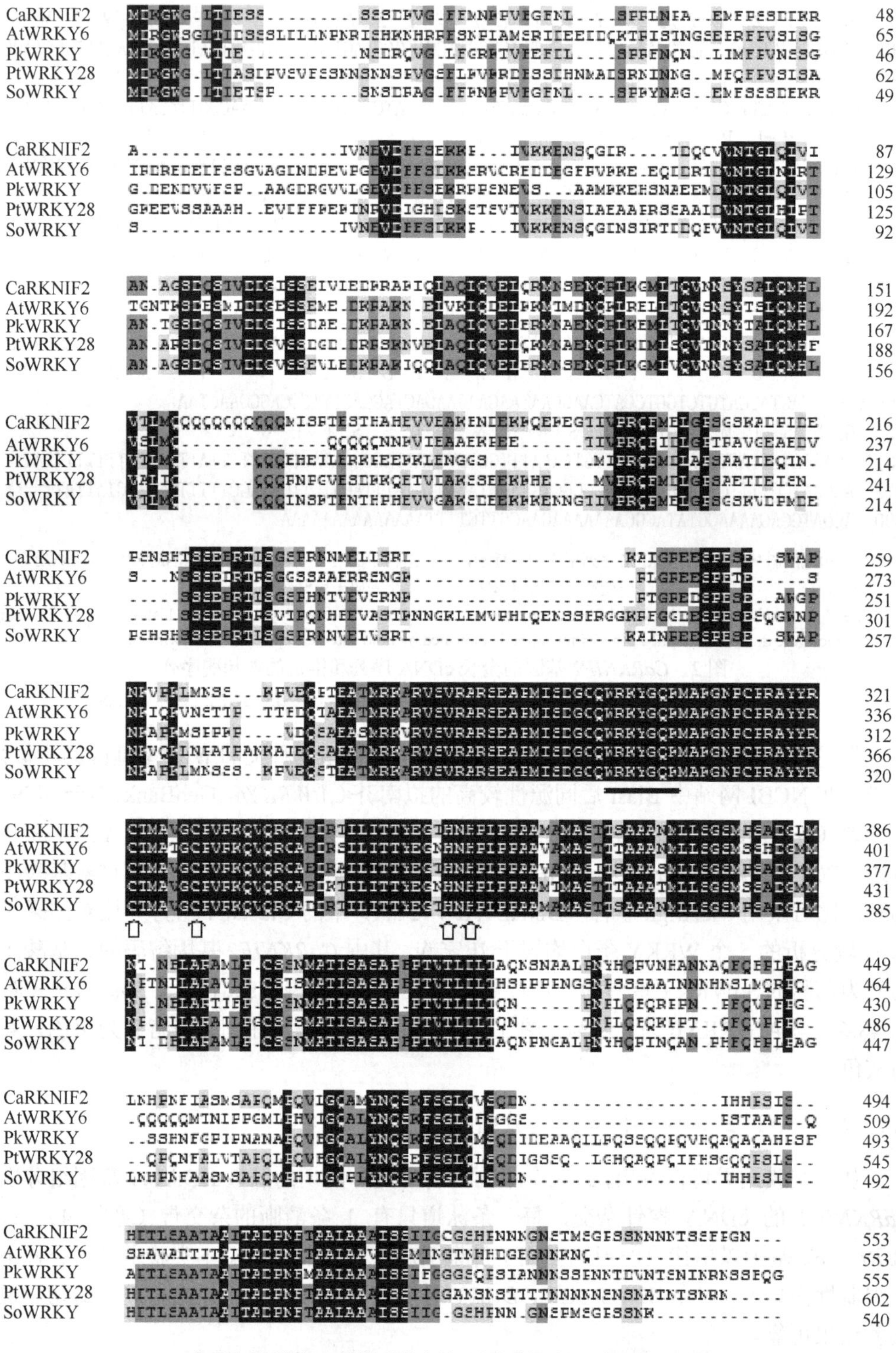

WRKY 序列用下划线表示，锌指结构中的两个半胱氨酸和两个组氨酸用箭头标示

The WRKY sequences are underlined and the two cysteins and two histidines in the zinc-finger motif are indicated by arrow

图 3 *CaRKNIF2* 蛋白与其他 4 种 WRKY 蛋白一级结构的比较

Fig. 3 Comparision of the primary structure of *CaRKNIF2* with other four WRKY poteins

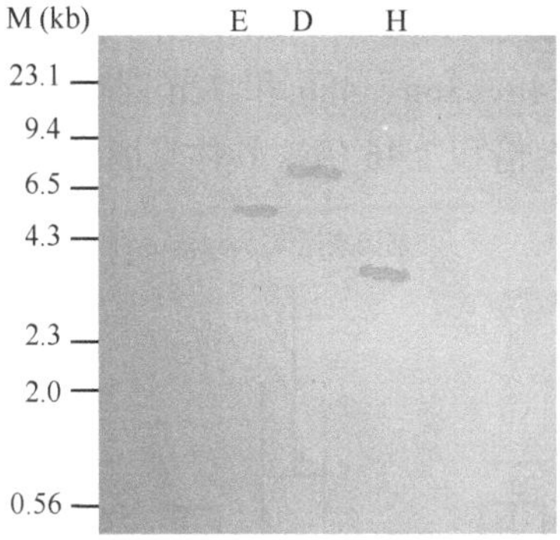

左边 M 表示 DNA 在琼脂糖凝胶中迁移的标准大小（M：λDNA/*Hind*III，E：*Eco*RV，D：*Dra*I，H：*Hind*III
the migration positions of the DNA size standards in agarose gel are shown in the left with M（M：λDNA/*Hind*III，E：*Eco*RV，D：*Dra*I，H：*Hind*III

图 4　*CaRKNIF2* Southern 杂交分析）

Fig. 4　The Southern blot analysis of the *CaRKNIF*）

对 *CaRKNIF2* 基因全长 cDNA 和全长 DNA 序列比较分析发现，该基因含有 6 个外显子，5 个内含子，内含子长度大小不一，分为为 I_1：171bp（241~411bp）、I_2：192bp（517~709bp）、I_3：289bp（899~1187bp）、I_4：95bp（1539~1634bp）和 I_5：119bp（1749~1867bp），外显子在基因组中的分布位点见图 5。在 I_1 内含子和 I_3 内含子中存在 4 个类似于启动子（TATAA）框的序列结构，其中 I_1 含 1 个，I_3 含 3 个。

	Genomic coordinates	mRNA coordinates	length	identity	mismatches	gaps	Donor site	Acc. site
Exon 1	1~240	1~240	240	100.0%	0	0	d	
Exon 2	412~516	241~345	105	100.0%	0	0	d	a
Exon 3	710~898	346~534	189	100.0%	0	0	d	a
Exon 4	1188~1538	535~885	351	100.0%	0	0	d	a
Exon 5	1635-1748	886~999	114	100.0%	0	0	d	a
Exon 6	1868-2530	1000~1662	663	100.0%	0	0		a

E_1~E_6：外显子 1~6；I_1-I_5：内含子 1~5 E_1~E_6：Exon 1~6；I_1-I_5, Intron: 1~5

图 5　辣椒 *CaRKNIF2* 基因内含子分布

Fig. 5　The distribution of *CaRKNIF2* gene introns

2.4　*CaRKNIF2* 的表达分析

用南方根结线虫二龄幼虫接种辣椒 HDA149，取不同时间点的根尖组织，实时荧光定量 PCR 分析了 *CaRKNIF2* 基因在线虫侵染下的表达模式。结果显示，该基因的表达量从 3h 开始上升，相对表达量约为 2 倍，6h 有所下降，为 1.4 倍，到 12h 时又上升，并达到最大值，为 3.1 倍，24h、36h、48h 和 72h 四个时间点的变化幅度不大，表达量分别为 1.57 倍、1.71 倍、1.5 倍和 1.46 倍，具体见图 6。

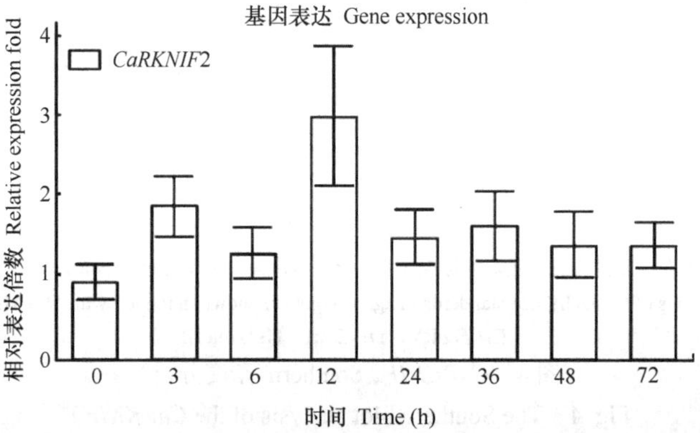

图 6　*CaRKNIF2* 基因在南方根结线虫接种的辣椒中表达的实时荧光定量 PCR 分析

Fig. 6　Real-time RT-PCR analysis of *CaRKNIF2* gene expression in *Capsicum annuum* inoculated with *Meloidogyne incognita*

为获取 *CaRKNIF2* 基因在各组织中的表达情况，在接种线虫后以根、茎、叶、花、果为材料，进行了荧光定量 PCR 分析。结果显示，*CaRKNIF2* 基因在根尖组织中的表达量最高，其次为花，其次为叶和果，在茎组织中的表达量最低，见图 7。

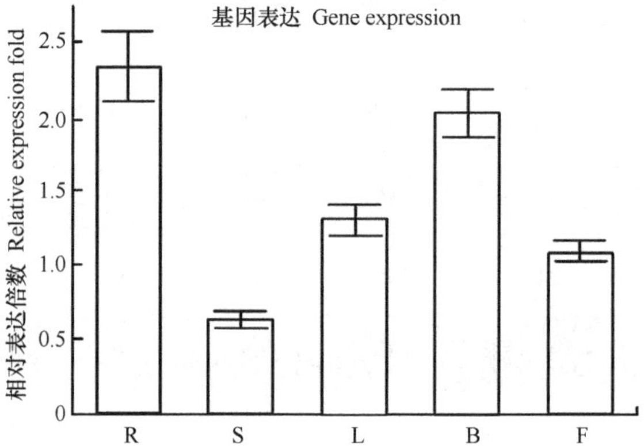

R：根，S：茎，L：叶，B：花，F：果

R：root，S：stem，L：leaf，B：blossom，F：fruit

图 7　*CaRKNIF2* 基因在南方根结线虫接种的辣椒不同组织中的荧光定量 PCR 分析

Fig. 7　Real-time PCR analysis of *CaRKNIF2* gene expression in different tissue of *Capsicum annuum* inoculated with *Meloidogyne incognita*

3　讨　　论

WRKY 蛋白是一类参与植物生物与非生物胁迫应答反应相关的转录因子，最初认为是植物所特有的，近来的研究表明，真核生物中的 WRKY 基因有更为原始的起源（Zhang and Wang，2005），植物中有更为广泛的分布。拟南芥中，大部分的 WRKY 基因在病原物侵染或在信号分子水杨酸（Salicylic Acid，SA）处理时其表达都是上调的，推测该家族基因的主要功能为调控植物防御应答相关基因的表达（Dong et al.，2003）。在寄主植物与根结线虫的不亲和互作中，WRKY 转录因子与抗线虫基因联系密切。在拟南芥与根结线虫不亲和互作的宏基因组表达谱分析中，Jammes 等（2005）在有线虫侵染的组织中分析了 21 个 WRKY 基因，其中 17 个基因的表达是下调的，这说明 WRKY 基因在拟南芥与根结线虫的不亲和互作中发挥重要作用。

辣椒 HDA149 含单显性抗根结线虫基因 *Me3*，在辣椒与根结线虫早期侵染的不亲和互作中 WRKY 基因在 Me3 基因介导的过敏性应答反应（Hypersensitive Response，HR）和系统获得抗性（Systemic Acquired Resistance，SAR）应答反应中具有重要功能（茆振川等，2007）。本研究根据辣椒与南方根结线虫不亲和互作这一现象，利用 SSH 杂交文库筛选的 EST 序列，结合当前基因克隆的新方法——RACE 技术，克隆出一个辣椒在早期应答南方根结线虫侵染时的抗性相关转录因子 *CaRKNIF2*。实时荧光定量 PCR 分析表明，该基因在线虫侵染 3h 后表达量即明显上升，到 12h 时，表达量达到最大，而植物防卫应答所具有的一个基本特征就是 WRKY 转录因子表达量的上升和积累（Eulgem，2005），表明，*CaRKNIF2* 参与了辣椒与南方根结线虫的不亲和互作，可能在此过程中具有重要的调控功能。随后在不同组织进行的实时荧光定量 PCR 分析显示，该基因在根尖组织中的表达量最高，具有组织特异性，推测该基因与根结线虫在根尖组织的侵染有密切联系。这与烟草伤害实验和辣椒在病原菌侵染条件下 WRKY 转录因子参与的早期应答防御反应具有相似性（Hara et al.，2000）。进一步分析发现，在茎、叶及果实中 *CaRKNIF2* 基因的表达量则明显比根尖组织中的少，推测根结线虫侵染根尖后，*CaRKNIF2* 基因在参与根尖组织的应急反应中具有重要功能。但 *CaRKNIF2* 基因在此过程中的作用机制、调控靶标及参与的抗病信号转导途径仍需更深一步的研究。

拟南芥中绝大多数 WRKY 基因都以单拷贝的形式存在（Eulgem et al.，2000），这可能与 WRKY 基因在信号转导中的转录调控紧密相关。而在基因组中单拷贝基因大多都是具有各种不同功能的结构基因，因此了解某一基因在基因组中的拷贝数，对于深入了解该基因的生物学功能具有重要意义。本研究结果表明，*CaRKNIF2* 基因以单拷贝形式存在于辣椒基因组中。

植物功能基因的内含子能以多种不同方式影响基因的表达，在维持 mRNA 前体稳定性以及翻译和转录过程的调节中发挥重要作用。有些内含子在基因表达的过程中扮演增强子的角色，对基因表达具有增强作用，有时也起抑制作用（Rose，2008，2004；Fedorov et al.，2002）。内含子中也有类似于启动子的碱基序列和转录起始位点，而这些结构和位点有助于基因的起始转录（Salgueiro et al.，2000；Scieglinska et al.，2001）。本研究克隆得到了 5 个 *CaRKNIF2* 基因内含子，存在 4 个类似于启动子框的碱基序列，推测这些内含子在 *CaRKNIF2* 基因的转录过程中可能发挥重要功能，但具体的功能和作用机制有待深入研究。

4 结　　论

从辣椒与南方根结线虫不亲和互作体系中克隆到了一个 WRKY 相关转录因子 *CaRKNIF2*，该基因 cDNA 编码区全长 1662bp，编码 553 个氨基酸。同时在基因组水平

上克隆到了 *CaRKNIF2* 基因编码区的 2530bp 的 DNA 序列，该 DNA 序列包含了 6 个外显子和 5 个内含子。Southern 杂交表明 *CaRKNIF2* 为一单拷贝基因。该基因在线虫诱导下不同时间点的表达存在一定的变化，基因表达量具有差异。*CaRKNIF2* 基因在不同组织中均可诱导表达，但表达具有组织特异性，根尖组织中的表达量最高。

参考文献

茆振川, 谢丙炎, 杨宇红, 等. 2007. 辣椒 Me3 基因介导抗根结线虫相关基因的 SSH 分析. 园艺学报, 34(006): 1453-1458.

De Pater S, Greco V, Pham K, et al. 1996. Characterization of a zinc-dependent transcriptional activator from *Arabidopsis*. Nucleic acids research, 24(23): 4624.

Dong J, Chen C, Chen Z. 2003. Expression profiles of the *Arabidopsis* WRKY gene superfamily during plant defense response. Plant Molecular Biology, 51(1): 21-37.

Eulgem T. 2005. Regulation of the *Arabidopsis* defense transcriptome. Trends in Plant Science, 10(2): 71-78.

Eulgem T, Rushton P J, Robatzek S, et al. 2000. The WRKY superfamily of plant transcription factors. Trends in Plant Science, 5(5): 199-206.

Eulgem T, Somssich I E. 2007. Networks of WRKY transcription factors in defense signaling. Current Opinion Plant Biology, 10(4): 366-371.

Fedorov A, Merican A F, Gilbert W. 2002. Large-scale comparison of intron positions among animal, plant, and fungal genes. Proceedings of the National Academy of Sciences of the United States of America, 99(25): 16128-33.

Hara K, Yagi M, Kusano T, et al. 2000. Rapid systemic accumulation of transcripts encoding a tobacco WRKY transcription factor upon wounding. Molecular and General Genetics MGG, 263(1): 30-37.

Ishiguro S, Nakamura K. 1994. Characterization of a cDNA encoding a novel DNA-binding protein, SPF1, that recognizes SP8 sequences in the 5′ upstream regions of genes coding for sporamin and *β*- amylase from sweet potato. Molecular and General Genetics MGG, 244(6): 563-571.

Jammes F, Lecomte P, Almeida-Engler J, et al. 2005. Genome-wide expression profiling of the host response to root-knot nematode infection in *Arabidopsis*. Plant Journal, 44(3): 447.

Lai Z, Vinod K, Zheng Z, et al. 2008. Roles of Arabidopsis WRKY3 and WRKY4 transcription factors in plant responses to pathogens. BMC Plant Biology, 8: 68.

Marchive C, Mzid R, Deluc L, et al. 2007. Isolation and characterization of a *Vitis vinifera* transcription factor, VvWRKY1, and its effect on responses to fungal pathogens in transgenic tobacco plants. Journal Experiment Botany, 58(8): 1999-2010.

Oh S K, Baek K H, Park J M, et al. 2008. *Capsicum annuum* WRKY protein CaWRKY1 is a negative regulator of pathogen defense. New Phytologist, 2008, 177(4): 977-989.

Oh S K, Yi S Y, Yu S H, et al. 2006. CaWRKY2, a chili pepper transcription factor, is rapidly induced by incompatible plant pathogens. Molecular Cell , 22(1): 58-64.

Park C J, Shin Y C, Lee B J, et al. 2006. A hot pepper gene encoding WRKY transcription factor is induced during hypersensitive response to Tobacco mosaic virus and *Xanthomonas campestris*. Planta, 223(2): 168-179.

Qiu D, Xiao J, Ding X, et al. 2007. OsWRKY13 mediates rice disease resistance by regulating defense-related genes in salicylate- and jasmonate-dependent signaling. Molecular Plant- Microbe Interaction, 20(5): 492-499.

Rose A B. 2004. The effect of intron location on intron-mediated enhancement of gene expression in *Arabidopsis*. The Plant Journal, 40(5): 744-751.

Rose A B. 2008. Intron-mediated regulation of gene expression. Nuclear Pre-Mrna Processing in Plants, 277-290.

Ross C A, Liu Y, Shen Q J. 2007. The WRKY gene family in rice (*Oryza sativa*). Journal of Integrative Plant Biology, 49(6): 827.

Rushton P J, Macdonald H, Huttly A K, et al. 1995. Members of a new family of DNA-binding proteins bind to a conserved *cis*-element in the promoters of *α*-Amy2 genes. Plant molecular biology, 29(4): 691-702.
Salgueiro S, Pignocchi C, Parry M. 2000. Intron-mediated gusA expression in tritordeum and wheat resulting from particle bombardment. Plant Molecular Biology, 42(4): 615-622.
Scieglinska D, Widak W, Konopka W, et al. 2001. Structure of the 5'region of the Hst70 gene transcription unit: presence of an intron and multiple transcription initiation sites. Biochemical Journal, 359: 129.
Sun C, Palmqvist S, Olsson H, et al. 2003. A novel WRKY transcription factor, SUSIBA2, participates in sugar signaling in barley by binding to the sugar-responsive elements of the iso1 promoter. Plant Cell, 15(9): 2076-2092.
Xing D H, Lai Z B, Zheng Z Y, et al. 2008. Stress- and Pathogen-Induced *Arabidopsis* WRKY48 is a Transcriptional Activator that Represses Plant Basal Defense. Molecular Plant, 1(3): 459-470.
Zhang Y, Wang L. 2005. The WRKY transcription factor superfamily: its origin in eukaryotes and expansion in plants. BMC Evolutionary Biology, 5(1): 1.

Cloning and Analysis of gene *CaRKNIF2* isolated from *Capsicum annuum* induced by *Meloigogyne incognita*

ZHENG Jingyuan[1,2], ZOU Xuexiao[1], MAO Zhenchuan[2], CHEN Guohua[2], XIE Bingyan[2]

([1] Branch of Longping, Graduate School of Central South University, Changsha, 410125;
[2] Institude of Vegetables and Flowers, Chinese academy of Agricultural Sciences, Beijing, 100081)

Abstract: **【Objective】** In order to clarify the characterization and expression of one WRKY transcription factor in pepper (*Capsicum annuum* L. HDA149) during the incompatible interaction between HDA149 and *Meloidogyne incognita.* **【Method】** The combination of RACE and RT-PCR was used to clone the cDNA of a WRKY transcription factor named *CaRKNIF2* from pepper inoculated with nematode, and the coding sequences of DNA were amplified with specific primers designed according to the cDNA sequence, copy number of the gene was identified by Southern blot, and the gene expression in various tissue and in different time point after inoculation with nematode were analysed by real-time RT-PCR. **【Result】** The cDNA of *CaRKNIF2* (GenBank Accession No: GQ253367) contained an open reading frame of 1662bp and encoded 553 amino residues. The genome DNA length of *CaRKNIF2* was 2530bp, and contained 5 introns and 6 exons. *CaRKNIF2* was a single copy gene in genome identified by Southern blot. The real-time RT-PCR revealed the gene expressed tissue-specific with the expression level was the highest in tissue of root tips after inoculation with *M.incognita*. The expression level of gene *CaRKNIF2* in root tips of pepper was increased gradually from 3h to 12h after inoculation with *M. incognita* and reached a peak at 12h. The relative gene expression level at 12 h after nematode inoculation was 3.1 times higher than that of the control. **【Conclusion】** The expression of *CaRNIF2* was up-regulated by the nematode inoculation, which implied that the gene might play an important role in the process of incompatible interaction between *M. incognita* and *C. annuum* variant HDA149 mediated by resistant gene *Me3*.

Key word: WRKY transcription factor; *CaRKNIF2*; cDNA; Southern blot; Gene expression

辣椒核质互作雄性不育系线粒体不育基因 *Cox II* 和 *atp6* 的克隆与序列分析*①

邓明华[1,2]，邹学校[1,3**]，霍金龙[4]，文锦芬[5]，朱海山[2]，张竹青[3]，赵　凯[2]

([1]中南大学 隆平分院，长沙　410125；[2]云南农业大学 园林园艺学院，昆明　650201；[3]湖南省农业科学院 蔬菜研究所，长沙　410125；[4]云南农业大学 动物科学与技术学院，昆明　650201；[5]昆明理工大学 现代农业工程学院，昆明　650224)

摘要：以辣椒核质互作雄性不育系 9704A、保持系 9704B 和恢复系 9701（简称“三系”）为材料，根据 GenBank 报道的茄科作物线粒体 *Cox II* 和 *atp6* 基因编码序列分别设计引物，PCR 扩增辣椒“三系”线粒体 DNA 目的基因片段，研究辣椒“三系”线粒体 DNA *Cox II* 和 *atp6* 基因的差异及与雄性不育的关系。结果表明：从辣椒核质互作雄性不育系中扩增到两个基因的部分序列 *atp6*-706 和 *Cox II*-708，GenBank 登录号为 FJ986191 和 FJ986190，生物信息学分析发现分离的 *atp6*-706 和 *Cox II*-708 片段与 GenBank 报道的茄科作物线粒体 Cox II 和 *atp6* 基因的相似性高达 95%以上；在保持系和恢复系中均未能扩增到任何序列，说明辣椒雄性不育系的 *Cox II* 和 *atp6* 基因与保持系和恢复系在线粒体 DNA 水平上存在差异，这种结构上的变化暗示可能与辣椒雄性不育相关。

关键词：辣椒；核质互作雄性不育；*Cox II* 基因；*atp6* 基因；线粒体 DNA

高等植物的胞质雄性不育（Cytoplasmic Male Sterile，CMS）与其线粒体遗传系统关系密切（Sehnable and Wise，1998）。1976 年 Levings 等发现了玉米 T 型 CMS 系（cms-T）和正常品系的线粒体 DNA（Mitochondrial DNA，mtDNA）的酶切电泳图谱差异，并提出 CMS 的形成可能与线粒体的结构变异有关。随后大量研究结果表明 CMS 与线粒体基因组的结构变化和新嵌合基因的产生有关，其中已鉴定的 CMS 相关嵌合基因大多与 ATP 合成酶（ATPase）或细胞色素 c 氧化酶有关（Hanson and Bentolia，2004）。ATPase 是为主动运输提供能量的专一性酶，位于植物线粒体内膜上的 ATP 合成酶由 F（0）和 F（1）两部分构成，在能量形成过程中起重要作用，F（0）部分由亚基 6（*atp6*）等四个亚基构成；线粒体细胞色素氧化酶亚基 II 基因（*Cox II*）能将植物呼吸作用中产生的氧还原成水分子。目前，已经发现玉米（*Zea mays* L.）（Dewey et al.，1991）、矮牵牛（*Petunia*

* 基金项目：国家科技支撑计划（2008BADB1B04-02）；国家大宗蔬菜产业技术体系建设（nycytx-35-gwzj）；农业部公益性行业（农业）科研专项（200903025）；云南省“十一五”科技攻关项目（2006NG17）；云南省应用基础研究基金（2009CD055）。

① 本文原载《西北植物学报》2010，30（10）：1935-1940。

hybrida Vilm)(Pruitt and Hanson，1991)、水稻(*Oryza sativa* L.)(Kadowaki and Harada，1989)、小麦(*Triticum aestivum* L.)(Walbot，1991)、高粱[*Sorghum bicolor*(L.) Moench](Tang et al.，1998)、油菜(*Brassica napus* L.)(Landgren et al.，1996)等细胞质雄性不育系中的 *CoxI*、*CoxII*、*atp6*、*atp9*、*atpA* 等与线粒体能量代谢相关的基因在基因编码区域、基因结构或拷贝数等方面与正常可育保持系有明显差异，因此推测这些基因可能与细胞质雄性不育有关。

辣椒（*Capsicum annuum* L.）是一种十分重要的、具有强杂交优势的蔬菜作物，目前生产上用种大部分为杂交种。但我国辣椒杂交种子的生产大多采用直接配组的方式，制种成本高、种子纯度难以保证，限制了杂交品种在生产上的应用。利用雄性不育系作母本生产杂交一代种子是降低制种成本和提高种子纯度的有效途径之一（邹学校，2002）。因此辣椒雄性不育系的选育和应用研究一直受到育种单位的高度重视，目前已经选育出了一批雄性不育系，并在生产上得到应用，效果良好。1951 年 Martin 和 Grawford 首次报道了辣椒雄性不育现象，此后相继出现一些关于辣椒雄性不育系选育、生理生化及分子生物学方面的研究报道（李莹莹等，2006；邓明华等，2002）。与玉米、水稻等作物雄性不育机制的研究相比，国内外对辣椒雄性不育分子机制的研究还相对较少。本研究所用的辣椒核质互作雄性不育系 9704A 及其保持系 9704B 是以 21 号牛角椒田间自然突变雄性不育株为不育源，经过连续多代回交和选择培育而成。9704A 和 9704B 均表现为中熟，第一朵花 12 节左右，株高中等，分枝多，叶色深绿，抗逆性较强，较抗病毒病、炭疽病，耐疫病、疮痂病，果实辣味较强。不育系 9704A 不育度高达 100%，不育性十分稳定，对环境不敏感，已在辣椒杂交制种中得到了广泛应用（邹学校，2002）。本研究以辣椒核质互作雄性不育系 9704A、保持系 9704B 和恢复系 9701 为材料，根据 GenBank 上已报道的一些茄科植物与雄性不育相关的 *Cox II* 和 *atp6* 基因序列，设计特异性引物，分别扩增辣椒 *Cox II* 和 *atp6* 基因片段，为揭示辣椒胞质雄性不育性与 mtDNA 之间的关系积累数据资料。

1　材料与方法

1.1　材料

供试材料辣椒核质互作雄性不育系 9704A、保持系 9704B 及恢复系 9701 均由湖南省蔬菜研究所提供。

1.2　方法

1.2.1　线粒体 DNA 的提取

辣椒线粒体 DNA 的提取参考张方东（1999）和陈学军等（2000）的方法进行。

1.2.2　特异性引物设计

根据 GenBank 上已报道的茄科植物与雄性不育相关的 *Cox II* 和 *atp6* 的基因序列，分别设计辣椒 *Cox II* 和 *atp6* 基因的特异引物，序列信息见表 1。引物序列由上海生物工程技术服务有限公司合成。

表 1　引物序列

Table 1　Primer sequences

基因 Gene	序列 Sequence（5′-3′）	产物大小 Product size（bp）	GenBank 登录号 GenBank accession number
Cox Ⅱ	Forward：GTCGGGAGAACTACCTAACTA Reverse：GGCTACCTAGTGATTTACAAGCA	708	EU150124，EU150125，DQ126683，BA000042
atp6	Forward：AGTCCACTTGAACAATTTGAAATAATC Reverse：GTTCCGTACTTTACTTACGAGC	607	DQ126680，DQ126681，DQ126682，S75449，BA000042

1.2.3　PCR 扩增

PCR 反应体系 25μL，含模板 DNA（25ng/μL）2μL，10×PCR buffer（含 $MgCl_2$）2.5μL，dNTP（10μmol/L）0.5μL，*Taq* 酶（TaKaRa，5U/μL）0.25μL，上、下游引物（8pmol/μL）各 1μL，灭菌去离子水 17.75μL。PCR 扩增程序：95℃预变性 2min；94℃变性 45s，51℃退火 1min，72℃延伸 70s，40 个循环；72℃延伸 70s，4℃终止反应。PCR 产物用 1.0% 的琼脂糖凝胶凝胶电泳检测。

1.3　序列测定与分析

PCR 产物序列测定由上海生工生物技术有限公司完成，每个样品重复 5 次。测序结果使用 DNASTAR 软件初步编辑、比对，人工校对。使用 DNASTAR 中的 MegAlign 把辣椒 *Cox Ⅱ*和 *atp6* 基因片段序列和 GenBank 下载的其他辣椒 *Cox Ⅱ*和 *atp6* 基因序列分别转化为 Fasta 格式，通过 ClustalX 软件完全比对，Bioedit 软件编辑，运行 MEGA4 软件分别获得辣椒 *Cox Ⅱ*和 *atp6* 基因之间的变异情况，经 EditPlus 软件编辑输出结果。

2　结果与分析

2.1　*Cox Ⅱ*、*atp6* 基因片段的克隆结果

以辣椒核质互作雄性不育系 9704A 和保持系 9704B 及其恢复系 9701 的线粒体 DNA 为模板，用特异引物在不育系 9704A 中扩增出一条长度约 700bp 的 *Cox Ⅱ*基因片段和一条长度约为 600bp 的 *atp6* 基因片段（图 1），而在保持系和恢复系中未能获得任何长度的基因片段。

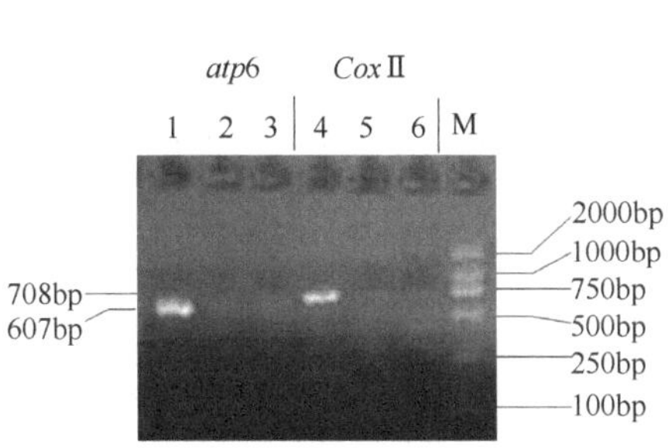

图 1　*Cox Ⅱ*和 *atp6* 基因片段琼脂糖凝胶电泳检测结果

1、4. 9704A；2、5. 9704B；3、6. 9701；M．DNA marker

Fig. 1　The PCR results of *Cox Ⅱ* and *atp6* gene by agarose gel electrophoresis

1 and 4. 9704A；2 and 5. 9704B；3 and 6. 9701；M．DNA marker

2.2 *Cox Ⅱ*、*atp6* 与其他茄科植物序列比较

对所获得的线粒体 *Cox Ⅱ*基因片段进行双向测序。结果表明，所获得基因片段的长度为 708bp，命名为 *Cox Ⅱ*-708。BLAST 分析表明，该片段序列与烟草（*Nicotiana tabacum* L.）（GenBank 登录号：BA000042）、辣椒（GenBank 登录号：EU150125、DQ126683、EU150124）等多种植物的线粒体 *Cox Ⅱ*基因一致性高达 95%以上（图 2）。该序列已提交 GenBank（登录号：FJ986190）。将获得的 *Cox Ⅱ*-708 序列与已知的辣椒 *Cox Ⅱ*基因序列进行比较，发现 *Cox Ⅱ*-708 的+1~+502 与 DQ126683 的+1181~+1682 有三个碱基的差异：DQ126683 的 1404bp、1430bp 和 1473bp 处分别为 A、C 和 G，而 *Cox Ⅱ*-708 的 214bp、250bp 和 293bp 处分别为 T、A 和 C，前面两个突变为同义突变，而第三个突变则使 DQ126683 和 *Cox Ⅱ*-708 编码的氨基酸分别为谷氨酸和组氨酸；*Cox Ⅱ*-708 的+1~+496 与 EU150125 的+1178~+1673 完全相同，和 EU150124 的+1171~+1666 只有两个碱基的差异，即 EU150124 的 1556bp 和 1632bp 处分别为 C 和 G，而 *Cox Ⅱ*-708 的 386bp 和 462bp 处分别为 T 和 A，相应碱基参与编码的氨基酸 EU150124 分别为酪氨酸和精氨酸，而 *Cox Ⅱ*- 708 则分别为组氨酸和赖氨酸。*Cox Ⅱ*-708 的+497~+505 与 EU150124 的+1668~+1676 和 EU150125 的+1675~+1683 存在很大的差异，且 *Cox Ⅱ*-708 有三个碱基的缺失，终止密码子为 TAA（EU150124 和 EU150125 的终止密码子为 TAG）。图 2 只列出了辣椒核质互作雄性不育系 9704A 与其他辣椒 *Cox Ⅱ*终止密码子以前的部分，终止密码子以后的非编码序列部分则省略。

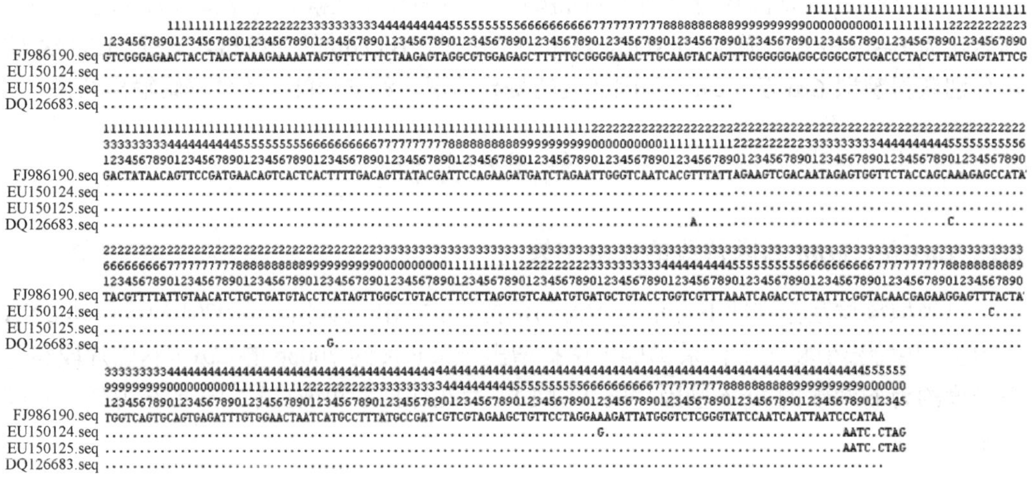

图 2　*CoxⅡ*-607（FJ986190）与 EU150124、EU150125、DQ126683 的核苷酸序列一致性比较

图中点“·”表示与辣椒核质互作雄性不育系 9704A 的核苷酸相同。FJ986190. 9704A 序列（辣椒雄性不育系）；EU150124. CMS A 序列（辣椒）；EU150125. CMS B 序列（辣椒）；DQ126683. Milyang 序列（辣椒）

Fig. 2　Homologous comparison of *CoxⅡ*-607（FJ986190）and EU150124，EU150125，DQ126683 related to male sterile

Dots indicate identical nucleotide. GenBank accession number FJ986190. Sequence from 9704A（male sterile，*Capsicum annuum* L.）; EU150124. Sequence from CMS A（*C. annuum* L.）; EU150125. Sequence from CMS B（*C. annuum* L.）; DQ126683.Sequence from Milyang（*C. annuum* L.）

对所获得的线粒体 *atp6* 基因片段进行双向测序。结果表明，所获得的基因片段的长度为 607bp，命名为 *atp6*-706，BLAST 分析表明该片段序列与辣椒（GenBank 登录号：DQ126680、DQ126682、DQ126681）等多种植物的线粒体 *atp6* 基因一致性高达 95%以上（图 3）。

图 3　*atp*-607（FJ986191）与 DQ126680、DQ126681、DQ126682 的核苷酸序列一致性比较

图中点“·”表示与辣椒核质互作雄性不育系 9704A 的核苷酸相同。GenBank 登录号 FJ986191：9704A 序列（辣椒雄性不育系）；DQ126680：Milyang 序列（辣椒）；DQ126681：Milyang 序列（辣椒）；DQ126682：Milyang 序列（辣椒）；

Fig. 3　Homologous comparison of *atp*-607 and DQ126680，DQ126681，DQ126682 related to male sterile

Dots indicate identical nucleotide；GenBank accession number FJ986191. Sequence from 9704A（male sterile，*C. annuum* L.）；DQ126680. Sequence from Milyang（*C. annuum* L.）；DQ126681. Sequence from Milyang（*C. annuum* L.）；DQ126682. Sequence from Milyang（*C. annuum* L.）

该序列已在 GenBank 注册（登录号为 FJ986191），将获得的辣椒雄性不育 *atp6* 基因的部分序列 *atp6*-706 与已知的辣椒 *atp6* 基因序列进行比对，发现 *atp6*-706 的+1~+447 与 DQ126680 只有一个碱基的差异，即 DQ126680 的 640bp 处为 A，*atp6*-706 为的 142bp 处为 G，编码的氨基酸分别为精氨酸和甘氨酸两个性质不同的氨基酸；DQ126680 为一个辣椒雄性不育的 *atp6-2* 基因的全序列，总共有 945 个氨基酸，编码 314 个氨基酸残基；同时 *atp6*-706 的+1~+433 与 DQ126682 的+58~+490、DQ126681 的+499~+931 完全一致。图 3 只列出了辣椒核质互作雄性不育系 9704A 与其他辣椒 *atp6* 终止密码子以前的部分，终止密码子以后的非编码序列部分则省略。

3　讨　　论

高等植物线粒体基因组的编码序列保守性很强，因此可利用某些植物的已知线粒体基因研究其它植物线粒体基因的多态性变化（黄培堂，2002）。通过比较多种茄科植物线粒体 *CoxII* 和 *atp6* 基因的开放阅读框，发现两个基因内都存在着一个保守的核心编码区。本研究根据 GenBank 中已经报道的茄科植物线粒体与雄性不育相关的 *Cox II*和 *atp6* 基因编码序列，依据 Primer 设计优化原则，分别设计辣椒 *Cox II*和 *atp6* 基因的特异引物，通过 PCR 技术对辣椒雄性不育系 9704A、保持系 9704B 和恢复系 9701 线粒体 DNA 进行扩增，仅从不育系中获得了 *Cox II*和 *atp6* 基因片段，序列测定和 BLAST 分析表明，所获得的 *Cox II*和 atp6 基因片段与茄科植物的辣椒、烟草、矮牵牛等茄科植物雄性不育株的 *Cox II*和 *atp6* 基因的一致性高达 95%以上。

大量的研究结果表明，CMS 与线粒体基因组的结构变化和新的嵌合基因的产生有关，而其中已经鉴定的与 CMS 相关的嵌合基因大多与 ATP 合成酶或细胞色素 C 氧化酶有关，在很多植物中，构成 ATP 合成酶的 *atpA* 亚基和构成细胞色素 C 氧化酶的 Cox 亚基 2（*CoxII*）的基因位点及它们上、下游 DNA 序列的变化与雄性不育密切相关（危文亮等，2005）。本研究通过分别设计辣椒雄性不育相关基因 *Cox II*和 *atp6* 的特异引物，只在不育系中扩增出特异片段，说明辣椒雄性不育系的 *Cox II*和 *atp6* 基因与保持系和恢复系在线粒体 DNA 水平上存在差异。序列分析发现，*Cox II*-708 与 EU150125、DQ126683 和 EU150124，*atp6*-706 与 DQ126680 有部分碱基存在差异，且导致了所编码的氨基酸发生改变，使其编码的蛋白质在一级结构（氨基酸序列）、二级结构上存在差异，推测其功能亦有差异。许多研究者发现，在线粒体 DNA 水平、转录和翻译调控水平，以及线粒体翻译产物-蛋白质水平上都有可能产生雄性不育（Homn et al.，1991；Mart et al.，1994；Edqbist and Bergman，2002）。本研究发现辣椒雄性不育系 9704A 与保持系 9704B 和恢复系 9701 在 DNA 和蛋白质水平上存在差异，因此可以推测辣椒雄性不育系的 *Cox II*和 *atp6* 基因序列差异引起翻译产物的差异影响了细胞能量代谢，干扰了不育系小孢子的正常发育，造成育性异常。

参 考 文 献

黄培堂. 2002. 分子克隆实验指南[M]. 3 版. 北京：科学出版社: 96-105.

张方东. 1999. 玉米 S 组 CMS 胞质育性相关基因的克隆与结构分析[D]. 武汉：华中农业大学博士学位论文.

邹学校. 2002. 中国辣椒[M]. 北京：中国农业出版社.

AKAGI H, SAKAMOTO M, SHINJYO C. 1994. A unique sequence Iocated downstream from the rice mitochondrial atp6 may cause male sterility[J]. *Theor Appl Genet*, 25(4): 52-58.

CHEN X F(陈晓峰), HOU X L(侯喜林), LIU J B(刘金兵), et al. 2007. Relationship between new cytoplasmic male sterility and reactive oxygen species metabolism in sweet pepper buds[J]. *Journal of NanjingAgricultural University*(南京农业大学学报), 30(4): 26-29(in Chinese).

CHEN X J(陈学军), CHEN ZH J(陈竹君), ZHANG Y ZH(张耀洲), et al. 2000. Extraction of mitochondria l DNA from cytoplasmic male sterile and maintainer lines of tuber mustard[J]. *Journal of Zhejiang University* (*Agric. & Life Sci.*) [浙江大学学报(农业与生物科学版)], 26(3): 321-24(in Chinese).

DENG M H(邓明华), ZOU X X(邹学校), ZHOU Q CH(周群初), et al. 2002. A study on some biochemical characters in cytoplasmic male-sterile lines and their maintainer lines of hot pepper[J]. *Journal of Hunan Agricultural University(Natural Science)* [湖南农业大学学报(自然科学版)], 28(6): 492-494(in Chinese).

DEWEY R E, TIMOTHY D H, LEVINGS III C S. 1991. Chimeric mitochondrial genes expressed in the C made-sterile cytoplasm of maize[J]. *Current Genetics*, 20(6): 475-582.

EDQBIST J, BERGMAN E. 2002. Nulcear identity specifies transcriptional initiation in plant mitochondria[J]. *Plant MoIecHlnr Biology*, 49(1): 59-68.

GULYAS G, SHIN Y, KIM H, et al. 2010. Altered transcript reveals an Orf507 sterility-related gene in Chili pepper (*Capsicum annuum* L.)[J]. *Plant Mol Biol Rep*, 28(4): 605-612.

HANSON M R, BENTOLIA S. 2004. Interactions of mitochondrial and nuclear genes that affect male gametophyte development[J]. *Plant Cell*, 16(Suppl): S154-S169.

HOMn R, KOER R H, ZETSCHE K. 1991. A mitochondrial 16kDa protein is associated with cytoplasmic male sterility in sunflower[J]. *Plant Molecular Biology*, 17(1): 29-36.

KADOWAKI K, HARADA K. 1989. Differential organization of mitochondrial genes in rice with normal and male sterile cytoplasm[J]. *Jpn J Breed*, 39: 179-186.

KIM D H, KANG J G, KIM B D. 2007. Isolation and characterization of the cytoplasmic male sterilityas-sociated orf456 gene of chili pepper (*Capsicum annuum* L.)[J]. *Plant Mol Biol*, 63: 519-532.

LANDGREN M, ZETTERSTRAND M, SUNBERG E, et al. 1996. Alloplasmic male-sterile Brassica lines containing B. tournefortii mitochondria express an ORF 3' of the atp6 gene and a 32 kDa protein[J]. *Plant Mol Biol*, 32(5): 879-890.

LEVINGS III C S, PRING D R. 1976. Restriction endonuclease analysisof mtDNA from normal and Texas male sterile maize[J]. *Science*, 193(4248): 158-16.

LI Y Y(李莹莹), WEI Y Y(魏佑营), ZHANG R H(张瑞华), et al. 2006. Studies on the metabolism of male sterile pepper in the development of microspore[J]. *Acta Agriculturae Boreali-occidentalis Sinica*(西北农业学报), 1 5(3): 134-137 (in Chinese).

LU H D(逯红栋), GONG ZH H(巩振辉), HUANG W(黄炜), et al. 2006. Physioological and biochemical characteristics of flower buds in nine male sterile lines of pepper (*Capsicum annuum*)[J]. *Acta Bot. Boreal. Occident. Sin* (西北植物学报), 26(4): 0832-0835 (in Chinese).

MA J P(马继鹏), GONG ZH H(巩振辉), HUANG W(黄炜). 2008. Cloning and sequence analysis of the specific mitochondrial DNA fragment related to cytoplasmic male sterility in pepper[J]. *Journal of Northwest A & F University* (Nat. Sei. Ed.) [西北农林科技大学学报(自然科学版)], 36(2): 124-128 (in Chinese).

MART C J, MONEGER E, LEAVER C J. 1994. Cell-specific regulation of gene expression in mitochondria dunng anther development in sunflower[J]. *The Plant Cell*, 6(6): 811-825.

MARTIN J A, GRAWFORF I H. 1951. Sevreral types of sterility in *Capsicum frutescens*[J]. *Prot Am Soc Hort Sci*.57: 335-338.

PRUITT K D, HANSON M R. 1991. Transcription of the petnnia mitochnodrial CMS-associated Pcf locus in male sterile and fertility-restored line[J]. *Mol Gen Genet*, 227(3): 348-355.

SEHNABLE P S, WISE R P. 1998. The molecular basis of cytoplasmic male sterility and fertility restoration[J]. *Trends Plant Sci*, 3(5): 175-180.

TANG H V, CHANG R, PRING D R. 1998. Cosegregation of single genes associated with fertility restoration and transcrip processing of sorghum mitochnodrial orf107 and urf209[J]. *Genetics*, 150(1): 383-391.

WALBOT V. 1991. RNA editing fixes problems in plant mitochondrial transcripts[J]. *Trends Genet*, 7(2): 37-39.

WANG SH B(王述彬), LIU J B(刘金兵), PAN B G(潘宝贵). 2008. RAPD analysis of genomic DNAs between CMS line of hot pepper and its maintainer line[J]. *Acta Agriculturae Shanghai*(上海农业学报), 24(1): 8-10(in Chinese).

WANG SH G(王世刚), WANG Y(王宇), TANG Y(唐咏), et al. 2007. Leaf proteomic analysis of pepper cytoplasmic male sterility and maintainer lines during flowering[J]. *China Vegetables* (中国蔬菜), (2): 13-16(in Chinese).

WEI W L(危文亮), WANG H ZH(王汉中), LIU G H(刘贵华). 2005. Advanced biological studies on the cytoplasmic male sterility and its fertility restoration in plants[J]. *Hereditas*(遗传), (4): 651-658(in Chinese).

ZHANG Z X(张子学), HOU X L(侯喜林). 2005. Relation between cytoplasmic male sterility and reactive oxygen species metabolism in Pepper[J]. *Acta Bot. Boreal. Occident. Sin* (西北植物学报), 25(4): 799-802(in Chinese).

ZHANG Z X(张子学), SUI Y H(隋益虎), CUI G R(崔广荣), et al. 2005. RAPD system optimization and genetic marker filtration of cytoplasmic male sterile lines in pepper[J]. *Seed*(种子), (2): 24-26(in Chinese).

Clone and sequence analysis of the specific mitochondrial Genes *Cox II* and *atp6* related to cytoplasmic male sterile in pepper

DENG Ming-hua[1, 2], ZOU Xue-xiao[1, 3**], HUO Jin-long[4], WEN Jin-fen[5], ZHU Hai-shan[2], ZHANG Zhu-qing[3], ZHAO Kai[2]

([1] Branch of Longping, Central South University, Changsha 410125, China; [2] College of Horticulture and Landscape, Yunnan Agricultural University, Kunming 650201, China; [3] Institute of Vegetable Crops, Hunan Academy of Agricultural Science, Changsha 410125, China; [4] Faculty of Animal Science and Technology, Yunnan Agricultural University, Kunming 650201, China; [5] Faculty of Modern Agricultural Engineering, Kunming University of Science and Technology, Kunming 650224, China)

Abstract: In order to study the relation between cytoplasmic male sterile (CMS) and the variation in DNA sequence of *Cox II* and *atp6* gene in the cytoplasmic male- sterile (CMS) line, pepper CMS line 9704A, its maintainer, 9704B and restorer lines, 9701 were used as experimental materials. The primers were designed according to the reserved sequences in the encoding region of mitochondrial genes *Cox II* and *atp6*, associated with cytoplasmic male sterility (CMS), in some Solanaceae from GenBank. The *Cox II* and *atp6* gene fragments , *Cox II*-708 and *atp6*-706 (GenBank accession numbers: FJ986190 and FJ986191), associated with cytoplasmic male sterility (CMS) were cloned from the mitochondrial DNA of a pepper (*Capsicum annuum* L.) cytoplasmic male sterile line using PCR. These fragments did not have complete encoding region but showed the homology of 95% with *Cox II* and *atp6* genes from the referred Solanaceae in GenBank. No band were cloned from the mitochondrial DNA of maintainer and restorer lines. The result suggested a close relationship of pepper CMS with the variation in DNA sequence of *Cox II* and *atp6* gene in CMS line.

Key words: pepper (*Capsicum annuum* L.); cytoplasmic male sterile; *atp6* gene; *Cox II* gene; mitochondrial DNA

辣椒 *CaRKNIF2* 基因的诱导表达特征及 RNAi 效应分析*①

郑井元[1,2]，茆振川[2]，邹学校[1]，谢丙炎[2*]

（[1] 中南大学研究生院隆平分院，湖南省农业科学院蔬菜研究所，长沙 410125；
[2] 中国农业科学院蔬菜花卉研究所，北京 100081）

摘要：【目的】 明确在多种植物病原物和植物激素处理下，辣椒 *CaRKNIF2* 基因的诱导表达特征，分析 *CaRKNIF2* 基因的抗根结线虫功能。**【方法】** 以辣椒“HDA149”为试材，分别接种南方根结线虫毒性群体、烟草花叶病毒（TMV）、辣椒青枯病菌、辣椒疫霉病菌以及信号分子水盐酸（SA）和茉莉酸甲酯（MeJA），采用实时荧光定量 PCR（qRT-PCR）方法，分析了辣椒 *CaRKNIF2* 基因的诱导表达模式和特征；构建了含 *CaRKNIF2* 基因片段的 RNAi 载体，通过烟草脆裂病毒介导的基因沉默（VIGS）同源敲低 *CaRKNIF2* 基因的表达，来评价 *CaRKNIF2* 敲低植株对线虫侵染的应答效应。**【结果】** 信号分子 MeJA 显著抑制 *CaRKNIF2* 的表达，但 TMV、辣椒青枯病菌、辣椒疫霉病菌以及信号分子水盐酸（SA）能快速而显著的诱导 *CaRKNIF2* 的表达，而毒性南方根结线虫对 *CaRKNIF2* 的表达则基本不受影响；*CaRKNIF2* 基因沉默的辣椒植株接种南方根结线虫后根部卵块数显著增加。**【结论】** 这些结果为进一步解析 *CaRKNIF2* 的调控功能提供了重要的证据。

关键词： 辣椒；*CaRKNIF2*；定量 PCR

辣椒中 *CaRKNIF2* 基因受南方根结线虫诱导，参与辣椒与南方根结线虫的早期不亲和互作（郑井元等，2010），由于其氨基序列中含有一端高度保守的 WRKYGQK 序列，根结 Elugem 等的分类方法（Eulgem et al.，2000），*CaRKNIF2* 属于 WRKY 转录因子家族成员。WRKY 转录因子是植物中广泛存在的一类转录因子，广泛参与植物的生物与非生物胁迫应答反应、植物衰老、种皮和毛状体发育以及果实发育等一系列生理（Eulgem et al.，2000）。WRKY 转录因子以含有保守的 WRKYGQK 为特征，其后紧随一个由大约 60 个氨基酸组成的锌指结构基序，在植物的免疫应答反应中形成了一个高度复杂而又紧密联系的抗病信号转导网络（Eulgem and Somssich，2007）。WRKY 转录因子主要通过与防卫基因（靶标基因）的特异性互作，激活或抑制防卫基因的转录，从而介导植物对病原物入侵的防卫应答反应。

现有研究表明，在根结线虫与寄主植物的互作反应中，WRKY 转录因子可能具有

* 基金项目：国家重点基础研究发展计划（2009CB119000）；国家自然科学基金项目（30671412）；公益性行业（农业）科研专项（2011303018）。

① 本文原载《植物保护》，2012，38（2）：18-22。

重要的调控作用（Jammes et al.，2005）。茆振川等（2007）利用抑制消减杂交（SSH）方法，从辣椒与南方根结线虫不亲和互作的 SSH 文库中筛选到了 4 个 WRKY 相关转录因子 EST 序列，并发现这些转录因子参与了 *Me3* 基因介导的抗根结线虫作用。本研究在前期研究工作的基础上，采用病毒诱导的基因沉默（Virus-Induced Gene Silence，VIGS）对 *CaRKNIF2* 基因的转录调控功能进行了分析，同时研究了 *CaRKNIF2* 基因在不同病原物侵染和激素处理时的诱导表达特征，为深入解析这一基因的转录调控机制提供了直接的证据。

1 材料与方法

1.1 材料

辣椒 HDA149（*Capsicum annuum* L. HDA149）为 Alain Palloxin 博士赠送的含有单显性抗线虫基因 *Me3* 的双单倍体品种，在中国农科院蔬菜所扩繁。南方根结线虫（*Meloidogyne incognita*）毒性群体（相对于 *Me3* 基因，与辣椒互作时表现为亲和）从单卵块中筛选出来，并用辣椒 HDA149 扩繁；南方根结线虫非毒性群体（相对于 *Me3* 基因，与辣椒互作时表现为不亲和）用感病品种‘茄门’扩繁。烟草花叶病毒（*Tobacco mosaic virus*，TMV）、辣椒疫霉菌（*Phytophthora capsici*）和青枯病菌（*Ralstonia solanacearum*）均为中国农业科学院蔬菜花卉研究所病害课题组保存和培养。

1.2 方法

1.2.1 不同病原物的接种处理

CaRKNIF2 基因的表达受线虫诱导，为了分析 *CaRKNIF2* 是否受其他病原物的诱导，6 周大小的 HDA149 苗子分别接种烟草花叶病毒、辣椒青枯病菌、辣椒疫霉菌以及南方根结线虫毒性群体。烟花叶病毒接种物为每 5mL 磷酸盐缓冲液中含有 1mg 烟草花叶病毒叶病叶的研磨液；烟草青枯病菌接种物为 10^6CFU/mL；辣椒疫霉菌接种物为 10^3 孢子/mL；毒性南方根结线虫为 J2 龄幼虫，每株接种 1000 条；以接种清水为对照；烟草花叶病毒、辣椒青枯病菌、辣椒疫霉菌处理完成后分别在 3h、6h、12h、24h、48h、72h 取叶样，液氮速冻，–80℃保存备用；毒性南方根结线虫处理后分别在 3h、6h、12h、24h、48h、72h、7d 取根样，液氮速冻，–80℃保存备用。所有样品处理与对照同时取样。

1.2.2 激素处理

6 周大小的 HDA149 分别用 0.1mmol/L 的茉莉酸甲酯（MeJA）和 5mmol/L 的水杨酸（SA）均匀喷洒到辣椒叶面。MeJA 首先溶于无水乙醇中配成 100mmol/L 的母液，用蒸馏水稀释到工作液。对照用含有 0.1%（*V*/*V*）乙醇的蒸馏水喷洒，处理与对照在不同的温室中分别培养。处理完成后分别在 2h、6h、9h、12h、24h、48h 取叶部样品，液氮速冻，–80℃保存备用。

1.2.3 实时荧光定量 PCR

用 Trizol 方法（Invitrogen）提取各种处理叶样和根样的总 RNA，总 RNA 的完整性用 1%琼脂糖胶进行电泳鉴定。总 RNA 用 SuperScript® III First-Strand Synthesis System（Invitrogen）合成第一链 cDNA，每一处理每一时间点的 cDNA 稀释 40 倍待用。

根据 *CaRKNIF2*（GenBank 登录号 GQ253367）基因的 cDNA 序列设计实时荧光定量 PCR 引物 *CaRKNIF2*-qU（5′- ATGACACACTCTCCGCTGC-3′）和 *CaRKNIF2*-qL（5′-GCCGTTGTTGTTGGGATGAG-3′），以辣椒 *β*-actin 基因为参照基因，扩增引物为 *β*-actin qU（5′-TGCAGGAATCCACGAGACTAC-3′）和 *β*-actin qL（5′-TACCACCACTGAGCA CAATGTT-3′）。以各个取样时间点样本 cDNA 为模板，在 CFX96™ Real-Time PCR Detection System（Bio-Rad）仪器上进行 PCR 扩增。扩增体系为：10μL 2×SYBR® Premix Ex *Taq*™ II（TaKaRa），上下游引物各 0.8μL（10μmol/L），cDNA 1.6μL，补 ddH_2O 至总体积 20μL。反应程序为：94℃预变性 1min；94℃ 10s，57℃ 30s，72℃10s，40 循环；以溶解曲线和荧光值变化曲线判断反应体系的特异性，实验重复 3 次。

1.2.4 RNAi 载体的构建

根据 *CaRKNIF2* 基因的 cDNA 序列（郑井元等，2010），参考 WRKY 基因的结构特征，设计一对特异引物（TRV-F：5′-ACGGATCCCGCTGGAAGTGA-3′；TRV-R：5′-CCCAAGCTT TGTTGCGAGGTG-3′），上游引入 *Bam*HI，下游引入 *Hin*dIII，以辣椒 HDA149 cDNA（cDNA 的合成参考郑井元等 2010）为模板，进行 PCR 扩增，得到一 440bp 的 cDNA 片段，将片段克隆到 pEASY-T1 sample（全式金）载体，经测序，比对正确后将含有目的片段的 pEASY-T1-F2 重组质粒用 *Bam*HI 和 *Hin*dIII 进行双酶切，获得目的片段；同时将干扰载体 pTV00 用 *Bam*HI 和 *Hin*dIII 进行双酶切，并回收酶切质粒。然后将经同样双酶切的目的片段和 pTV00 载体连接，克隆并再一次测序验证，获得重组载体 pTV00- *CaRKNIF2*-F；最后将重组质粒 pTV00-*CaRKNIF2*-F 转化到农杆菌 GV3101 中，并在 YEP 培养基（含 100mg/L 利福平，50mg/L 卡那霉素，5.0mg/L 四环素）中筛选阳性克隆。同时以空载体 pTV00 转化到 GV3101 的菌株为对照。至此，成功构建含有 pTV00-*CaRKNIF2*-F 质粒的农杆菌菌株。

1.2.5 农杆菌侵染辣椒及效应评价

挑取含有 pTV00-*CaRKNIF2*-F 质粒的农杆菌单菌落和含有 pBINTR6 载体的农杆菌单菌落在 28℃下震荡培养至 *A* 值为 0.5 左右时分别离心收集菌体，随后将菌体用分别用 MMA（10mmol/L MES，10mmol/L $MgCl_2$，200μmmol/L 乙酰丁香酮）缓冲液悬浮，并在 25℃下震荡培养 5h。最后将含有两种质粒的菌体悬浮液等比例混合，形成侵染悬浮液。采用伤根浸泡结合叶脉注射的方法将侵染物导入 8 周大小的辣椒 HDA149 植株中，侵染植株在 60%相对湿度、16℃低温、黑暗的条件下处理 24h 后转入（25±4）℃，16h 光照/8h 黑暗的环境中继续生长。以空载和水接种作为对照，实验重复 3 次，每个处理接种 30 株辣椒。10 天后每个处理取 15 株辣椒用于 RNA 的提取和 RT-PCR 验证，剩余的 15 株用于接种南方根结线虫（非毒性群体）。8 周后调查每株辣椒的根结和卵块数量。

2 结果与分析

2.1 亲和互作下的诱导表达特性

对毒性南方根结线虫侵染辣椒 HDA149 后不同时间点的样本进行实时荧光定量 PCR 分析，结果表明，*CaRKNIF2* 基因在辣椒与毒性南方根结线虫的亲和互作中，基因的表达量变化不大，在监测的 7 个时间点中，基本与对照保持在一比较稳定的水平上，其中 3h、6h、12h、24h 的表达量在 0.8 与 1 之间，48h 与 72h 的表达量在 1.0 与 1.1 之间（图 1）。这些结果说明，毒性南方根结线虫在与辣椒的早期亲和互作中，*CaRKNIF2* 基因的表达基本不受影响。而接种 7 天后，表达量明显下降，推测可能与此时间段中辣椒根部巨大细胞的形成密切相关。

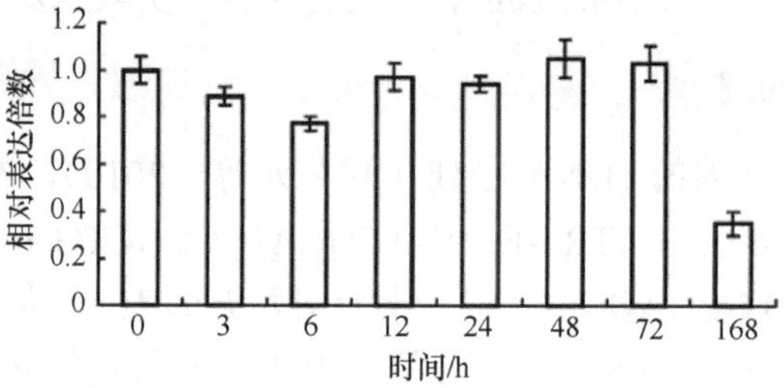

图 1 *CaRKNIF2* 在接种毒性南方根结线虫的辣椒中表达的实时荧光定量 PCR 分析

2.2 不同病原物侵染的诱导表达特性

分别用辣椒疫霉病菌、辣椒青枯病菌和烟草花叶病毒接种辣椒 HDA149，取不同时期的叶样组织进行实时荧光定量 PCR 分析。结果表明，3 种病原物均快速而显著的激活 *CaRKNIF2* 基因的表达，只是诱导表达的时间有差异。辣椒疫病菌接种处理时，*CaRKNIF2* 在病原物接种后的 6~12h 里，表达量最高，达 44 倍左右，随后表达量开始下降，但到 72h 时表达量仍然在 16 倍左右；烟草花叶病毒的诱导表达趋势与辣椒疫霉病菌的诱导表达趋势相似，但在处理 3h 后表达量即达到最大值，随后逐步下降到 72h 的 6 倍左右；而辣椒青枯病菌对 *CaRKNIF2* 基因的诱导表达则从 3h 的大约 4.8 倍逐步增加到 36h 和 48h 的 55 倍左右，为 7 个调查时间点的最大值，而到 72h 则又下降到 5.6 的水平上（图 2）。这些结果说明，*CaRKNIF2* 基因受辣椒疫霉病菌、辣椒青枯病菌和烟草花叶病毒诱导，表达量上调明显。

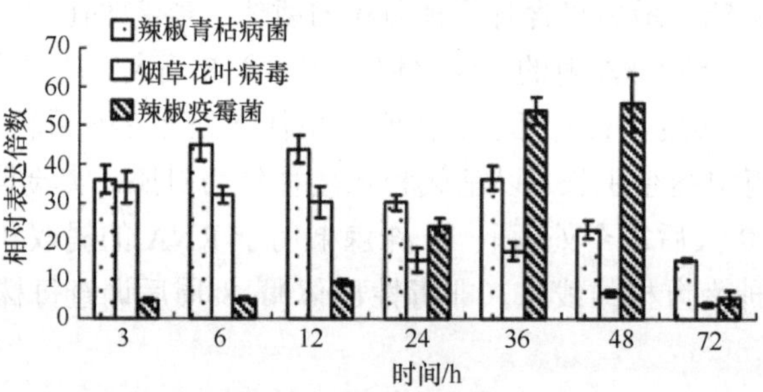

图 2 *CaRKNIF2* 在接种不同病原的辣椒中表达的实时荧光定量 PCR 分析

2.3 不同激素处理的诱导表达特性

为了明确 *CaRKNIF2* 基因的表达是否受茉莉酸或者水盐酸的影响，我们用分别用茉莉酸和水盐酸处理辣椒 HDA149 植株。定量 PCR 结果表明，用 MeJA 处理辣椒 HDA149 后，*CaRKNIF2* 表达量在 7 个调查时间点都受到了抑制，表达量均为对照的 0.1 倍以下（图 3a）；而以 SA 处理辣椒时，*CaRKNIF2* 被快速激活，在处理后的 2h 就达到了所调查时间点的最高值 19 倍。随后随着时间的延长，表达量开始下降，从 6h 的 16 倍和 9h 时的 17 倍，下降到 48h 的 3.8 倍左右（图 3b）。此外从图中可以看出 *CaRKNIF2* 基因在 SA 处理的起初的几个时间点中（3h、6h、9h），表达量都维持在较高的位置，说明 SA 不仅能快速的诱导 *CaRKNIF2* 的表达，而且在一定的时间范围内能使 *CaRKNIF2* 的表达量维持在一个稳定水平。

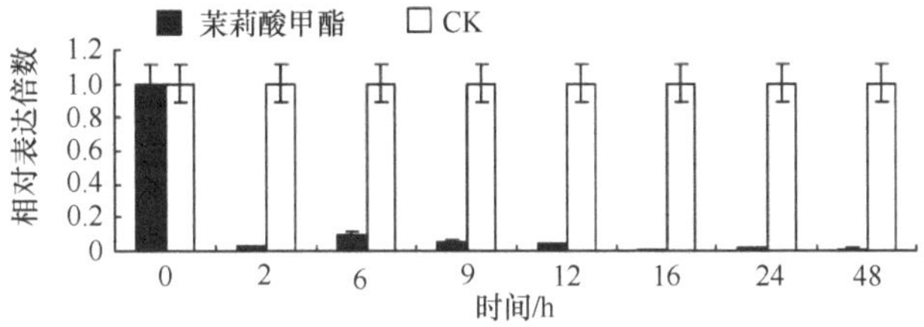

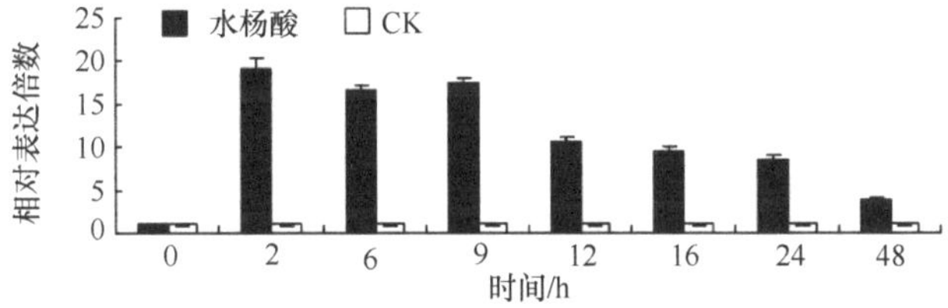

图 3 *CaRKNIF2* 在信号分子茉莉酸甲酯和水杨酸处理的辣椒中表达的实时荧光定量 PCR 分析

2.4 *CaRKNIF2* 的 RNAi 效应

根据 *CaRKNIF2* 基因的结构特点，通过 RT-PCR 将位于 *CaRKNIF2* 基因 N 末端的一段 440bp 长的特异性 cDNA 片段连接至病毒载体 pTV00 中，成功构建了重组质粒 pTV00-*CaRKNIF2*-F（载体结构特点及重组质粒构建图见图 4a）。将携带有重组质粒的农杆菌侵染辣椒 10 天后，提取辣椒叶部组织的总 RNA，采用半定量 RT-PCR 验证 *CaRKNIF2* 基因的沉默效应，结果表明 *CaRKNIF2* 基因的表达水平相比对照有了显著的减少，而参考基因β-actin 基因的表达水平在对照和处理的样品中非常稳定（图 4b），说明辣椒接种病毒载体后，*CaRKNIF2* 基因的表达量有了明显减少。然而 *CaRKNIF2* 基因沉默植株的表型与对照相比基本没有任何显著性差异，说明低 *CaRKNIF2* 基因沉默的植株辣椒的表型基本没有影响。

随后我们将与辣椒 HDA149 表现为不亲和互作的非毒性南方根结线虫（avirulent *M. incognita*）接种到 *CaRKNIF2* 基因沉默的辣椒中，8 周后，调查辣椒根系的根结数量和根结线虫的卵块数量，结果表明，*CaRKNIF2* 表达受到抑制的辣椒植株与对照相比，根结和卵块的数量增多，症状表型可以较明显的区分开来（图 4c），特别是南方根结线

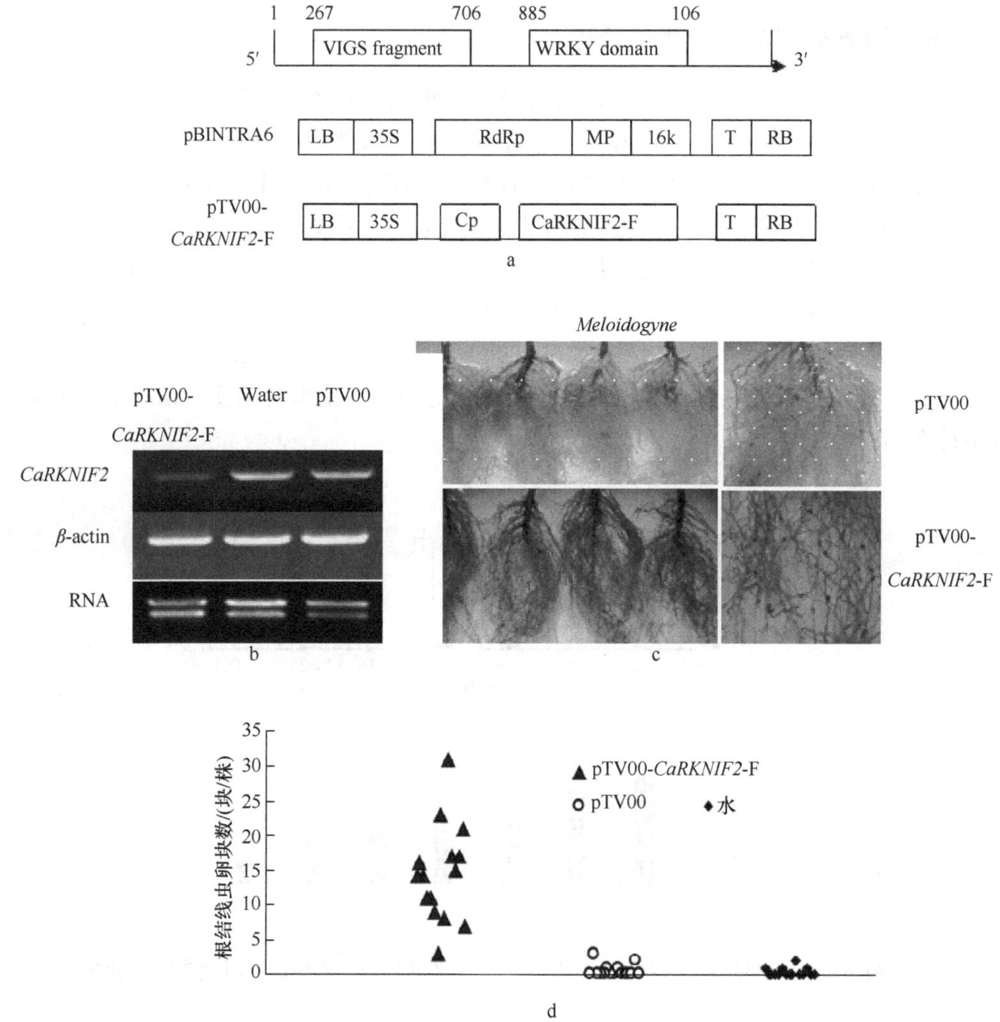

a.VIGS 片段在 *CaRKNIF2* 基因中的位置图，pBINTRA6 载体图和 pTVOO-*CaRKNIF2*-F 载体构建结果图；b.半定量 RT-PCR 分析 *CaRKNIF2* 基因的表达水平；c. *CaRKNIF2* 基因沉默的辣椒植株接种非毒性南方根结线虫（avirulent *M.incognita*）8 周后根部组织图片；d.非毒性南方根结线虫接种在 *CaRKNIF2* 沉默的辣椒植株中 8 周后的卵块分布散点图

图 4　*CaRKNIF2* 基因沉默分析

虫卵块的数量有显著的增加，且每一株辣椒根系中根结线虫卵块数量多集中在 8~25（图 4d），而用水和空载体接种的的辣椒根系则不见卵块（图 4c），说明 *CaRKNIF2* 基因的沉默增加了南方根结线虫在抗性辣椒品种 HDA149 中定殖和扩繁的概率，从这方面来说，*CaRKNIF2* 基因在辣椒与南方根结线虫的不亲和互作中具有正调控作用。

3 讨　论

CaRKNIF2 基因是一受南方根结线虫（*M. incognita*）诱导表达的 WRKY 类型转录因子（郑井元等，2010）。现有的研究表明，WRKY 类型转录因子广泛参与了植物的生物与非生物胁迫应答反应，其表达也受各种环境因素如病原物、信号分子及其类似物等各种生物与非生物胁迫的诱导（Dong et al.，2003；Eulgem，2005）。本研究利用实时荧

光定量 PCR 技术，研究了 3 种病原物、2 种激素以及一种与辣椒亲和互作的南方根结线虫处理辣椒后，*CaRKNIF2* 基因表达水平的变化特征。结果表明，3 种病原物及水盐酸均显著诱导 *CaRKNIF2* 基因的上调表达，另一信号分子茉莉酸甲酯（MeJA）则显著抑制 *CaRKNIF2* 基因的表达，而与辣椒表现为亲和互作的南方根结线虫则对 *CaRKNIF2* 基因的表达影响效果不明显。这些结果说明，*CaRKNIF2* 基因的表达与生物胁迫特别是病原物的入侵具有紧密的联系，是一受病原物诱导表达的转录因子。本研究发现信号分子水盐酸（SA）能快速诱导 *CaRKNIF2* 的上调表达，而水杨酸（SA）介导的植物防卫反应信号传导一般受活体营养病原物的激发（Eulgem et al.，2009），结合 *CaRKNIF2* 基因的病原物诱导表达特性，作者认为 *CaRKNIF2* 基因参与了防卫反应的 SA 信号传导途径，可能在植物应对生物胁迫特别是病原微生物侵染的信号传导中发挥重要的功能。已有研究表明转录因子在植物防卫反应基因的表达调控中起着关键的作用（Glazebrook，2001；Singh et al.，2002），WRKY 转录因子主要通过与抗病基因启动子中的 W 盒的结合，从而激活下游防卫基因的表达，最终启动植物的防卫反应系统（Eulgem et al.，2000）。因此利用 *CaRKNIF2* 的特异性诱导表达特性，来改良辣椒的综合抗病性，不失为一种快速有效的方法。

病毒诱导的基因沉默（VIGS）也称为 RNA 干扰（RNA interference，RNAi），已广泛应用于基因的功能研究（Lu et al.，2003；Purkayastha and Dasgupta，2009）。本实验采用一种最新的由烟草脆裂病毒（Tobaco Rattle Virus，TRV）改造而成的 VIGS 载体，成功构建了含有目的片段的表达载体，使用农杆菌介导法，通过注射和伤口侵入辣椒植株同源沉默目的基因来推测 *CaRKNIF2* 的功能。试验结果表明，与对照相比，*CaRKNIF2* 基因沉默的植株在南方根结线虫接种 8 周后能较明显的区分症状，在辣椒根部产生的根结和卵块也明显增多（图 4）。说明 *CaRKNIF2* 基因不仅参与了辣椒与南方根结线虫早期侵染的不亲和互作，而且在辣椒 *Me3* 基因介导的抗根结线虫过程中也可能起着关键的作用。由于 WRKY 转录因子主要通过与抗病基因启动子中 W 盒的结合来激活下游基因的表达，从而启动植物的防卫反应系统（Singh et al.，2002）。因此，一旦 *CaRKNIF2* 的调控功能在未来得到深入而系统的研究和验证，就可以利用 *CaRKNIF2* 这一特性，通过转基因超表达提高作物的抗线虫能力，为温室蔬菜栽培防治根结线虫病危害提供一种低碳、环保、高效的新方法。

参 考 文 献

茆振川, 谢丙炎, 杨宇红, 等. 2007. 辣椒 *Me3* 基因接到抗根结线虫相关基因的 SSH 分析. 园艺学报, 34: 1453-1458.

郑井元, 邹学校, 茆振川, 等. 2010. 南方根结线虫诱导辣椒基因 *CaRKNIF2* 的克隆与分析. 中国农业科学, 43: 5046-5054.

Bostock R M. 2005. Signal crosstalk and induced resistance: straddling the line between cost and benefit. Annu Rev Phytopathol, 43: 545-580.

Dong J, Chen C, Chen Z. 2003. Expression profiles of the *Arabidopsis* WRKY gene superfamily during plant defense response. Plant Mol Biol, 51: 21-37.

Durrant W E, Dong X. 2004. Systemic acquired resistance. Annu Rev Phytopathol, 42: 185-209.

Eulgem T, Rushton P J, Robatzek S, et al. 2000. The WRKY superfamily of plant transcription factors. Trends

Plant Sci, 5: 199-206.

Eulgem T, Somssich I E. 2007. Networks of WRKY transcription factors in defense signaling. Curr Opin Plant Biol, 10: 366-371.

Eulgem T. 2005. Regulation of the *Arabidopsis* defense transcriptome. Trends Plant Sci, 10: 71-78.

Glazebrook J. 2001. Genes controlling expression of defense responses in *Arabidopsis*. Curr Opin Plant Biol, 4: 301-308.

Jammes F, Lecomte P, de Almeida-Engler J, et al. 2005. Genome-wide expression profiling of the host response to root-knot nematode infection in *Arabidopsis*. Plant J, 44: 447-458.

Lu R, Malcuit I, Moffett P, et al. 2003. High throughput virus-induced gene silencing implicates heat shock protein 90 in plant disease resistance. EMBO J, 22: 5690-5699.

Lu R, Martin-Hernandez A M, Peart J R, et al. 2003. Virus-induced gene silencing in plants. Methods, 30: 296-303.

Pandey S P, Somssich I E. 2009. The role of WRKY transcription factors in plant immunity. Plant Physiol, 150: 1648-1655.

Purkayastha A, Dasgupta I. 2009. Virus-induced gene silencing: a versatile tool for discovery of gene functions in plants. Plant Physiol Biochem, 47: 967-976.

Singh K, Foley R C, Onate-Sanchez L. 2002. Transcription factors in plant defense and stress responses. Curr Opin Plant Biol, 5: 430-436.

Characterization of inducible expression of *CaRKNIF2* in pepper plants (*Capsicum annuum* L.) and silence effect of RNAi

Zheng Jingyuan[1,2], Mao Zhenchuan[2], Zou Xuexiao[1], Xie Bingyan[2*]

([1] Branch of Longping, Graduate School Central South University, Changsha, 410125, China;
[2] Institute of Vegetables and Flowers, Chinese Academy of Agricultural Sciences, Beijing, P.R. China, 100081)

Abstract: **【Objective】** The aim of the study was to clarify the expression patterns of *CaRKNIF2* gene in pepper plants (*Capsicum annuum* L. HDA149) inoculated with different phytopathogens and analysis of the function of *CaRKNIF2* gene against the root-knot nematode. **【Method】** Pepper plants were inoculated with virulent *Melodidoyne incognita*, *Tobacco mosaic virus* (TMV), *Ralstonia solanaearum*, *Phytophtora capsici* Leonian, signal salicylic acid (SA) and methyl jasmonic acid (MeJA), respectively, and the induced expression of *CaRKNIF2* was characterized by real-time RT-PCR. The response of pepper plants to avirulent *M. incognita* infection was estimated after the *CaRKNIF2* were silenced by the VIGS method. **【Result】** The results showed that the transcripts of *CaRKNIF2* was repressed by MeJA, but TMV, *R.solanacerum*, *P.capsici* and signal molecule SA dramatically upregulated the expression of *CaRKNIF2*. However, the transcripts of *CaRKNIF2* was at a relatively stable level after inoculated with virulent *Meloidogyne incognita*. Moreover, virus-induced gene silencing (VIGS) of *CaRKNIF2* in pepper plants cultivar HDA149 resulted increased numbers of egg masses of avirulent *M.incognita*. **【Conclusion】** These results provide an important evidence to elucidate the regulation function of *CaRKNIF2*.

Key words: pepper; *CaRKNIF2*; real-time RT-PCR

辣椒 9704A 雄性不育特异基因 *hsf* 的克隆及表达分析*①

胡双发[1]，彭 彦[1]，赵 燕[1]，刘 峰[2*]，张学文[1]

（[1] 湖南农业大学生物科学技术学院，湖南 长沙 410128；
[2] 湖南省农业科学院蔬菜研究所，湖南 长沙 410125）

摘要：对辣椒细胞质雄性不育系 9704A 和其同核保持系 9704B 早期花蕾转录组的 Solexa 测序结果进行分析，发现 1 个差异性表达基因，其在不育系中的表达比在保持系中的表达高 10 倍，该基因与番茄、葡萄、拟南芥中的 *hsf* 基因同源性分别为 87%、73%和 70%，推测该基因为辣椒的 *hsf* 基因。根据该基因序列设计引物，从辣椒 9704A 中克隆该基因的全长及核心 cDNA 序列，克隆到的 *hsf* 全长与核心序列与转录组测序获得的序列一致，进一步分析表明，该基因属于 *hsf* 基因家族成员。用定量 PCR 分析 *hsf* 基因在 9704A 和 9704B2 种辣椒的根、茎、叶和晚期花蕾中的表达情况，结果表明，该基因在不育系叶组织的表达量为其在保持系叶组织表达量的 13.7 倍，在不育系晚期花蕾中的表达量也为其在保持系晚期花蕾的 3 倍，而在 2 种辣椒系的茎中的表达量都很低，在 2 种辣椒系的根中的表达量均较高。

关键词：辣椒；雄性不育；热激转录因子；定量分析

辣椒细胞质雄性不育系 9704A 是湖南省蔬菜研究所培育的一个不育性状稳定、在杂交育种中有良好应用的辣椒不育品系（邹学校等，2004）。何长征等（2008）从细胞水平对其进行了研究，观察到 9704A 属于孢子体败育型，花粉母细胞不能完成减数分裂形成正常四分体。为从分子水平研究 9704A 不育的机理，湖南省农业科学院蔬菜研究所采用 Solexa 高通量测序法，对辣椒不育系 9704A 和其同核保持系 9704B 早期花蕾总 RNA 进行了转录组测序（数据未发表）；陈遥等（2013）根据转录组数据，从不育系中鉴定了一个差异表达的 *chs* 基因。本研究对转录组测序数据进行进一步分析，选择表达差异显著的另一基因进行克隆，并分析该基因在辣椒不育系 9704A 和保持系 9704B 的根、茎、叶以及晚期花蕾中的表达情况，以进一步探讨辣椒雄性不育的分子机制。

* 基金项目：国家自然科学基金（31101425）。

① 本文原载《湖南农业大学学报》，2014，40（3）：257-261。

1 材料与方法

1.1 材料

1.1.1 供试辣椒

试验辣椒（*Capsicum annuum* L.）不育系 9704A 和同核保持系 9704B 为湖南省农业科学院蔬菜研究所培育的辣椒品系。材料种植于蛭石、黑土、沙子体积比为 1∶1∶1 的营养钵中，置于白天 24℃、夜晚 18℃，每天光照时间为 16h 的培养室中生长。

1.1.2 菌株

大肠杆菌（*E.coli*）DH5α 为湖南农业大学细胞生物学实验室保存。

1.1.3 主要试剂

Trizol 试剂（Invitrogen 公司）；RevertAid^{TM} First Strand Synthesis Kit 反转录试剂盒（Fermentas 公司）；琼脂糖凝胶回收试剂盒（维尔生物公司）；pMD18–T 载体（Takara 公司）；荧光定量试剂盒（Takara 公司）；质粒提取试剂盒（长沙天根生物技术公司）；限制性内切酶 *Pst* Ⅰ和 *Sac* Ⅰ（Fermentas 公司）。

1.2 方法

1.2.1 表达差异显著基因生物信息学分析

利用 Stekel 等[4]的 R 统计值分析 9704A 和 9704B 中的表达差异基因，通过 NCBI 对表达差异显著基因进行 BLAST 同源性比对分析。

1.2.2 辣椒 RNA 的提取

Trizol 试剂，按照其说明书分别提取 9704A 和 9704B 辣椒系的根、茎、叶及晚期花蕾的总 RNA，并将提取好的 RNA 溶于 DEPC 处理过的水中，按照反转录试剂盒说明书对 RNA 进行反转录，获得 cDNA。

1.2.3 表达差异显著基因克隆

根据表达差异显著基因序列，设计克隆核心区域和全长基因的引物。扩增全长的引物为 Up1（5′–GAAGTCTAGAACCTTCCACCTA–3′）和 Dn1（5′–AAACAAGAAG GGGATTTTC–3′)。扩增核心区域序列的引物为 Up2（5′–GCTCTAGAATGATGAA TAATA ATCCATTG–3′）和 Dn2（5′–AACTGCAGACTAAGG GCTCGAATCC–3′)。PCR 反应总体系均为 25μL，其中 9704A cDNA 模板 1μL，10μmol/L 上、下游引物（Up1/Dn1 或 Up2/Dn2）各 1μL，10mmol/L dNTPs 0.5μL，5 U/μL Taq 酶 0.25μL，10×Buffer 2.5μL，ddH$_2$O 18.75μL。PCR 反应程序为：95℃预变性 5min；94℃变性 1min，55℃退火 1min（全长基因 53℃退火），72℃延伸 90s（全长基因延伸 150s），25 个循环；最后 72℃延伸 10min。

扩增的全长和核心序列 PCR 产物分别经 1%琼脂糖凝胶电泳，利用琼脂糖凝胶回收试剂盒对 PCR 扩增产物进行回收和纯化。将回收的两段 PCR 扩增片段克隆到 pMD18–T，转化 E.coli DH5α 感受态细胞，均匀涂布在含 Amp（氨苄青霉素）LB 平板，37℃ 过夜培养，挑取阳性克隆菌，经 LB 液体培养基小量摇菌培养，常规提取质粒，进行酶切检测。全长序列和核心序列双酶切体系一致，均为 20μL，其中质粒模板 13μL，Pst Ⅰ 酶 0.5μL，Sac Ⅰ 酶 0.5μL，10×Buffer（Y）2μL，ddH_2O 4μL。将双酶切检测呈阳性质粒送铂尚生物公司测序。

测序结果用 NCBI 的 ORF finder、ExPASy 网站、SignalP 4.1、DNAman 进行分析。

1.2.4 荧光定量 RT–PCR 检测表达差异显著基因

以辣椒不同组织的 cDNA 为模板，辣椒 actin 基因为内标基因进行荧光定量 PCR 反应，以检测辣椒 hsf 基因的表达情况。辣椒 hsf 基因荧光定量检测引物为 Up（5′–AGTGGTCGTACAACTGGTATTG–3′）和 Dn（5′–GCAAGATCCAAACGAAGAAT GG–3′）。辣椒 actin 扩增引物为 actin–up（5′–GAAGCACCTCT CAACCCTAAG–3′）和 actin–down（5′–GACCACTAG CATACAAGGAAAGA–3′）。定量 PCR 的反应体系的配置及反应程序设置均按照荧光定量试剂盒的说明进行。

2 结果与分析

2.1 表达差异显著基因同源性分析

利用 R 统计值分析 9704A 和 9704B 中的 Solexa 测序数据，发现具有表达显著的基因中，有一个基因在不育系 9704A 中的表达量为保持系 9704B 的 10 倍。结合 BLAST 分析表明，该表达差异显著基因属于热激转录因子家族，与番茄 hsf（GenBank 登录号 XM 004247151）、葡萄 hsf（GenBank 登录号 XM 002280582）和拟南芥 hsf（GenBank 登录号 NM113182）的同源性分别为 87%、73%和 70%，因此，推测该基因为辣椒的 hsf 基因。

2.2 *hsf* cDNA 克隆与分析

用辣椒 hsf 基因全长及核心序列引物从辣椒 9704A 中分别扩增到 2 000bp 左右的全长 cDNA 片段和 1 000bp 左右的核心 cDNA 片段。将全长及核心片段进行 TA 克隆及测序。测序结果表明克隆的辣椒 hsf 基因全长及核心序列与 9704A 转录组 Solexa 测序中的全长和核心序列结果一致，说明该基因在 Solexa 测序中拼接获得的全长及核心序列是正确的。克隆得到的 hsf 基因（GenBank 登录号 KC1638907） 全长 cDNA 为 2 018bp，包含 1 个 1 083bp 的核心序列开放阅读框（ORF）、1 个 207bp 未正常剪切的内含子序列、1 个 339bp 的 5′UTR 和 1 个 389bp 的 3′UTR。

根据蛋白质库中登录的 Hsf 序列，通过 Mega 软件分析了该 Hsf 同源性关系（图 1），结果显示辣椒热激转录因子在蛋白质水平上与黄瓜（Cucumis sativus）XM_004146947.1 的亲缘关系最近，可分为 1 个分支。这一分支与毛果杨（Populus trichocarpa）、高粱（Setaria italic）及番茄（Solanum lycopersicum）中的 Hsf 聚成一类。

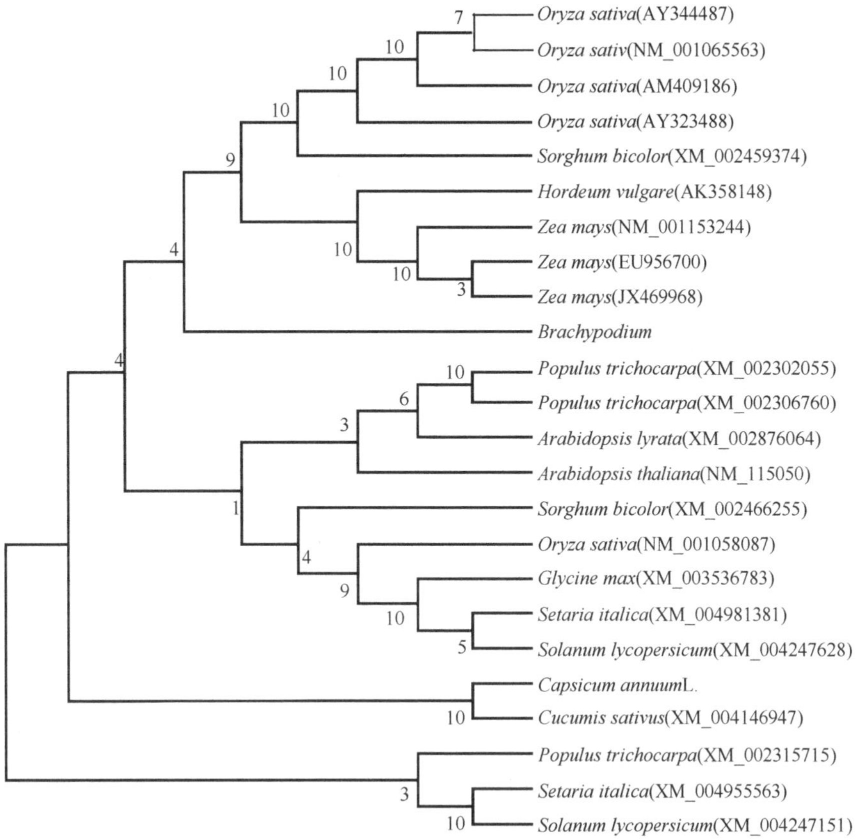

图 1　辣椒热激转录因子（Hsf）氨基酸序列的同源性分析结果

Fig. 1　Phylogenetic analysis of amino acid sequence of Hsf protein

2.3　*hsf* 基因在辣椒不同组织中的表达分析

荧光定量表达结果（图 2）显示，在 2 种辣椒的茎中 hsf 基因的表达的水平都很低；在 2 种辣椒的根中，hsf 基因的表达水平均较高。在 2 种辣椒叶组织中 *hsf* 基因的表达存在显著性差异，即在不育系 9704A 的表达量是保持系 9704B 的 13.7 倍。在 2 种辣椒的晚期花蕾中，*hsf* 基因的表达也存在显著性差异，在不育系中的表达量约为保持系

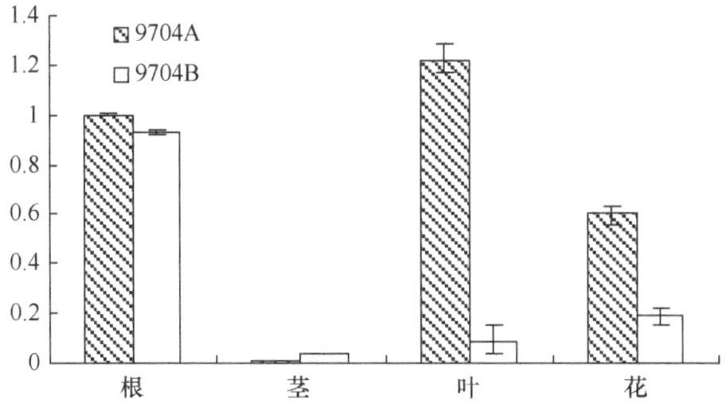

图 2　*hsf* 在 2 种辣椒根、茎、叶和晚期花蕾组织中表达 的实时荧光定量 RT–PCR 分析

Fig. 2　The RT–PCR analysis of the *hsf* expression in root，stem，leaf and later flower bud in 9704A and 9704B

的 3 倍。而 Solexa 测序结果中，*hsf* 基因在不育系早期花蕾中的表达量为保持系的 10 倍，说明 *hsf* 基因随着花蕾的发育，表达量也发生了显著的变化。*Hsf* 基因在不育系叶和花蕾中的异常表达，推测 *hsf* 基因与辣椒雄性不育相关。

3 讨　论

辣椒的杂种优势体现在增强长势、提高种子活力和抗病性等方面，而且杂交能改善果实品质、增加产量。但在维持杂种优势的稳定性方面，母本花粉授粉的自交会导致种子严重混杂，人工去雄是辣椒杂交制种的方式，但难以避免自交混杂。利用雄性不育系进行杂交育种可以省去人工去雄的高额成本并阻断其自交，因此，研究辣椒雄性不育机制对选育不育亲本和杂交制种都有非常重要的意义。

目前分子生物学揭示的一些不育基因主要集中在线粒体中，已经报道的辣椒线粒体不育相关基因有 *atp6–706*（邓明华等 *2010*）、*coxII–708*（邓明华等 *2010*）、*orf168*（邓明华等 2011）、*orf456– 330*（邓明华等 2010）、*orf507*（Deng M H，2012）等，但这些基因与 9704A 的不育都没有直接关联，因此，9704A 的雄性不育可能有其独特的机制。

热激转录因子基因 *hsf* 首先在酵母中被发现（Wiederroeht G 1988），随后在番茄（Scharf K D 1990）、果蝇（Clos J，1990）、哺乳动物（Rabindran S K 1991；Sarge K D 1991.）以及拟南芥（Huhel A 1994）、水稻（Yamanouchi U 2002）等模式作物中相继发现了 *hsf* 基因。在酵母和果蝇中均只发现一个 *hsf*，植物作为不可移 动生长生物，在热激响应方面可能远比动物中复杂，具有更大的 *hsf* 基因家族，在拟南芥、番茄、水稻等植物中分别鉴定出 21、18 和 23 个不等的 *hsf* 基因（Nover L 1996）。这表明植物热激转录因子的多样化能使植物更好适应外界环境，也可能使其参与更多的遗传 现象，如 CMS（Kotak S 2004）。

植物中的光温敏雄性不育现象间接证明雄性 不育和热胁迫之间存在着密切关系（宋亚珍等 2003）。之后，陈建南等（陈建南等 1997）将 *hsp70* 基因反义注入高粱，使可育花粉变成了不育；苏晴等（苏晴等 2013）发现 *hsp23.5* 基因在不育系小麦花药不育产生的 3 个关键时期表达量存在显著差异。这些研究表明 *hsp* 可参与不育性状调控，但辣椒 *hsp* 基因与不育的相关性尚未见报道。

辣椒在受到高温胁迫时，叶片作为主要响应器官，在热激转录因子表达后，可以启动受该因子调控的相关基因表达。而热激转录因子启动的下游基因为热激蛋白（Hsp）基因，这些蛋白多为小分子的分子伴侣，参与功能性蛋白的正确折叠和正常功能维护（Pelham H R. 1982）。本试验中获得的辣椒 *hsf* 基因不仅在 9704A 不育系叶中高水平表达，且与保持系的差异非常明显，而且在花中随着花蕾的发育 *hsf* 基因的表达量 也存在显著差异。这些显著差异表达，可能启动下游（如细胞器靶向）的 Hsp 的表达，这些 Hsp 又可能在细胞器如叶绿体和线粒体中发挥功能，从而关联 细胞质决定的性状 CMS（Liu F 2001）。

参考文献

陈建南，傅鸿仪，路子显，等. 1997. 反义 hsp70 反义 RNA 对高粱花粉的正常形成的影响[J]. 科学通报, 42(18): 1994-1997.

陈遥, 彭彦, 刘峰, 等. 2013. 辣椒 *CHS* 基因表达的定量分析及与雄性不育的相关性[J]. 湖南农业大学学报: 自然科学版, 39(3): 259-264.

邓明华, 文锦芬, 邹学校, 等. 2010. 辣椒核质互作雄性不育系 9704A 线粒体雄性不育基因片段分析[J]. 园艺学报, 37(增刊): 2169.

邓明华, 邹学校, 霍金龙, 等. 2010. 辣椒核质互作雄性不育系线粒体不育基因 *coxII* 和 *atp6* 的克隆与序列分析[J]. 西北植物学报, 30(10): 1935-1940.

邓明华. 2011. 辣椒胞质雄性不育的分子生理机制及亲缘关系研究[D]. 长沙: 中南大学隆平分院.

何长征, 刘志敏, 熊兴耀, 等. 2008. 辣椒细胞质雄性不育系 9704A 花药发育的细胞学观察[J]. 园艺学报, 35(4): 521-528.

宋亚珍, 陈天佑, 雷国材, 等. 2003. 普通小麦 PTS 关温敏雄性不育的遗传分析[J]. 西北农林科技大学: 自然科学版, 31(3): 47-50.

苏晴, 茹振刚, 秦志英, 等. 2013. 小热激蛋白基因(hsp23.5)在小麦 BNS 雄性不育和转换系差异表达[J]. 农业生物技术学报, 21(1): 29-37.

邹学校, 侯喜林, 刘荣云, 等. 2004. 辣椒细胞质雄性不育基因对不育系及杂交一代农艺性状和生化特性的影响[J]. 园艺学报, 31(6): 732-736.

Clos J, Westwocd J T, Becker P B, et al. 1990.Molecular cloning and expression of a heaxameric drosophila heat stress factor subject to negative regulation[J]. Cell, 63(5): 1085-1097.

Deng M H, Wen J F, Huo J L, et al. 2012. Molecular characterization and prokaryotic expression of *orf507* sterility-associated gene in chilli pepper cytoplasmic male sterility[J]. Pak J Bot, 44(5): 1497-1502.

Huhel A, Schottl F. 1994. *Arabidopsis* heat shock factor: Isolation and characterization of the gene and the recombinant protein[J]. Plant Mol Biol, 26(1): 353-362.

Kotak S, Port M, Ganguli A, et al. 2004. Characterization of C-terminal domains of Arabidopsis heat stress transcription factors (hsfs) and identification of a new signature combination of plant class A *hsfs* with AHA and NES motifs essential for activator function and intracellular localization[J]. Plant J, 39(1): 98-112.

Liu F, Cui X, Horner H T, et al. 2001.Mitochondrial aldehyde dehydrogenase activity is required for male fertility in maize[J]. Plant Cell, 13(5): 1063-1078.

Nover L, Scharf K D, Cagliardi D, et al. 1996. The *hsf* world: Classification and properties of plant heat stress transcription factors[J]. Cell Stress Chaperones, 1(4): 215-223.

Pelham H R. 198. A regulatory upstream promoter element in the *Drosophila* hsp70 heat-shock gene[J]. Cell, 30(2): 517-528.

Rabindran S K, Giorgi G, Clos J, et al.1991.Molecular cloning and expression of a human heat stress factor[J]. Proc Natl Acad Sci, 88(16): 6906-6910.

Sarge K D, Zimarino V, Holm K, et al. 1991.Cloning and characterization of two mouse heat stress factors with distinct inducible and constitutive DNA binding ability[J]. Genes Dev, 5(10): 1902-1911.

Scharf K D, Rose S, Zott W, et al. 1990. Three tomato genes code for heat stress transcription factors with a region of remarkable homology to the DNA-binding domain of the yeast *hsf*[J]. EMBO J, 9 (13): 4495-4501.

Stekel D J, Git Y, Falciani F. 2000. The comparison of gene expression from multiple cDNA libraries[J]. Genome Research, 10(12): 2055-2061.

Wiederroeht G, Seto D, Parker C S. 1988. Isolation of the gene encoding the *S. cerevisiae* heat stress transcription factor[J]. Cell, 54(6): 841-853.

Yamanouchi U, Yano M, Lin H, et al. 2002. A rice spotted leaf gene, *Spl7*, encodes a heat stress transcription factor protein[J]. Proc Natl Aead Sci, 99(11): 7530-7535.

Cloning and expression analysis of a CMS specific *hsf* in *Capsicum annuum* L. 9704A

HU Shuang-fa[1], PENG Yan[1], ZHAO Yan[1], LIU Feng[2*], ZHANG Xue-wen[1*]

([1] College of Bioscience and Biotechnology, Hunan Agricultural University, Changsha 410128, China; [2] Institute of Vegetables, Hunan Academy of Agricultural Sciences, Changsha 410125, China)

Abstract: Transcriptom Solexa sequencing was conducted on pepper early flower buds of the CMS line 9704A and its correspondence homonuclear maintainer line 9704B previously. A gene that expressed 10 times higher in pepper cytoplasm male sterile (CMS) line 9704A than it is in the maintainer line 9704B was identified. Gene homology analysis of the cloned *hsf* gene showed that the gene shares 87% homology with the *hsf* in *Solanum lycopersicum*, 73% in *Vitis vinifera* and 70% in *Arabidopsis thaliana*. According to the gene sequence we designed the primers and cloned the core sequence and *hsf* cDNA in pepper 9704A. Sequence analysis showed that the cloned *hsf* cDNA was consistent with transcriptom Solexa sequencing. Gene analysis showed that the gene is one of the plants *hsf* gene family members. The real-time fluorescence quantitative RT-PCR primers were designed and the RT-PCR of the gene was carried out with the compared tissues in 9704A and 9704B, using actin as reference gene. The result showed that the *hsf* gene expression in 9704A leaf is 13.7 times higher than it is in the maintainer line and in 9704A later flower bud is 3 times higher. The gene expressed very low in the stems of the two materials while high in the roots.

Key words: *Capsicum annuum* L.; male sterility; heat shock transcription factor; quantitative analysis

辣椒 *CHS* 基因表达的定量分析及与雄性不育的相关性*①

陈　遥[1]，彭　彦[1]，刘　峰[2*]，张学文[1*]

（[1]湖南农业大学生物科学技术学院，湖南 长沙　410128；

[2]湖南省农业科学院蔬菜研究所，湖南 长沙　410125）

摘要：为了揭示辣椒胞质雄性不育（CMS）机制，以辣椒胞质雄性不育系 9704A 和其相应保持系 9704B 为材料，对其花蕾转录组进行了 Solexa 测序，经过生物信息学分析鉴别出 1 个花药特异性表达的查尔酮合酶基因（*CHS*），该基因在保持系 9704B 中的表达水平为其对应不育系 9704A 的 16 倍；克隆后的序列比对分析表明，该基因属于 *CHS* 基因家族，与烟草花药特异表达的同源基因 *CHSLK* 的同源性达 90%；用实时荧光定量 RT–PCR 对 9704A 和 9704B 的根、茎、叶中 *CHS* 基因的表达进行了定量分析，结果表明该基因在 2 种材料的茎中几乎不表达，在 9704B 的根和叶中表达量也极低，证实了在正常情况下该基因只在辣椒花药中有较高水平的表达；对不育系的定量 PCR 结果表明，*CHS* 基因在 9704A 的根和叶中有异常的较高水平表达，结合其在花药中的低表达，推测辣椒不育系中 *CHS* 的异常表达可能与其 CMS 性状相关。

关键词：辣椒；查尔酮合酶基因（*CHS*）；定量分析；雄性不育

辣椒是中国的一种重要的蔬菜。利用辣椒雄性不育进行制种是提高辣椒制种效率和降低成本的有效途径。胞质雄性不育（CMS）是细胞质内的遗传物质决定的不育现象，是高等植物不能形成有功能花粉的遗传方式。由于 CMS 并不影响植株的整体发育，且这种不育性能被逆转（Hanson M R et al，2004），因此被广泛应用到杂交育种中。在植物雄性不育配套系统中，不育系与保持系具有一致的核遗传背景，因此，两者细胞质遗传成分的差异便能解释 CMS 的原因。运用这一原理，目前已鉴定出线粒体中的 *coxII*、*atp6*、*orf456*、*orf507*（Kim D et al，2001；Kim D H et al，2006；Kim D H et al，2007）等与辣椒不育系不育性状相关的基因，但是这些基因如何与核基因相互作用、如何躲避不育恢复基因（唐冬英等 2004）的控制、如何使得雄配子失活等具体分子机制还不清楚。

根据不育系与保持系的基因差异可以找出许多植物不育性状的基因，但还有很多植物的不育性状的相关基因未能根据不育系与保持系基因的差异被找到，可能不育性状还与基因表达的差异或表达调控的差异相关。为了深入阐述辣椒 CMS 的分子机制，笔者分别从辣椒不育系 9704A 与其同核保持系 9704B 的花蕾中分离总 RNA，采用 Solexa 法完成了转录组测序。经过序列分析，从不育系和保持系中查找表达差异较大的基因，其中 1 种类似于查尔酮合酶（CHS）的基因在 9704B 中的表达量是 9704A 中的 16

* 基金项目：国家自然科学基金项目（31101425）。

① 本文原载《湖南农业大学学报》，2013，39（3）：259-264。

倍。根据其序列设计特异引物，采用 RT–PCR 方法从辣椒中克隆了该基因的 cDNA，同时利用特异引物进行实时荧光定量 RT–PCR 对 2 种辣椒材料不同组织中该基因的表达进行了定量分析，现将结果报道如下。

1　材料与方法

1.1　材料

1）供试作物。供试辣椒品种为湖南省农业科学院蔬菜研究所选育的辣椒（Capsicum annuum L.）不育系 9704A 和同核保持系 9704B。将种子置于黑土、沙子、蛭石体积比为 1∶1∶1 的营养钵中，于室内培养，白天 24℃，夜晚 18℃，周期变温，每天光照时间为 16h。在植株开花期，取根、茎、叶以及成熟即将开放的花蕾，清洁后置液氮中，用于 RNA 提取。

2）菌株。大肠杆菌 E.coli DH5α，为湖南农业大学细胞生物学实验室提供。

3）主要试剂。RNA 提取试剂 Trizol 购于 Invitrogen 公司；cDNA 第一链反转录试剂盒购于 Fermentas 公司；琼脂糖凝胶回收试剂盒购于维尔生物公司，pMD18–T 载体购自全式金有限公司。

1.2　方法

1.2.1　辣椒 RNA 的提取

1）Trizol 试剂，按照说明提取辣椒花蕾的 RNA 及根、茎、叶的 RNA。用 DEPC 处理过的水溶解干燥的 RNA，并用光谱检测总 RNA 的完整性。从总 RNA 样品中取 8μL，采用 2010 生物分析仪检测 RNA 的完整性。

2）Trizol 法提取辣椒根、茎、叶的总 RNA，分别 取 12μL 用 Oligo（dT）为引物按照说明书进行反转录。

1.2.2　Solexa 测序及拼接

利用 Dynabeads Oligo（dT）将辣椒花蕾 mRNA 从总 RNA 中分离出来，在高温下用二价阳离子将 mRNA 打碎成小片段。这些小片段 RNA 用逆转录酶和随机性引物各自单独反转录成第一链 cDNA，第二链合成用 DNA 聚合酶 I 和 RNaseH。最后，这些小 cDNA 片段用 Illumina 基因组分析仪进行 Solexa 测序。

测序得到的序列通过 GenBank 和 UniProt 数据库比对，去掉了 e 值为 10–5 的序列，得到辣椒的非重复序列。这些非重复序列用 EST Sca（Iseli C et al，1999）翻译成蛋白质，将翻译出的蛋白质在数据库 InterPro 和 Pfam domain 进行比对。

非重复序列在花蕾中的表达量根据 RPKM 算法（Mortazavi A，et al .2008）进行计算。

1.2.3　基因表达差异分析

Stekel 等（2000）发明的 R 统计值分析 9704A 和 9704B 中表达差异显著的基因。

1.3　表达差异显著基因的克隆

根据表达差异显著基因的序列，设计扩增核心区域和全长基因的引物。扩增核心区域的引物为 A–s up（5'–ATGTCAGAGAACAACAAGAATG–3'）；A–s down（5'–TTAGA

GACTCCTAAGGAGTATGC–3')。扩增全长序列的引物为 A–s outup（5'–CAACACAAT TATACCAACTTTTC–3'），A–s outdown（5'–TGGGAT GGTAATTTTAAGAAA–3'）。PCR 反应总体系为 25μL，其中 cDNA 模板 1μL，10μmol/L 上下游引物（A–s up/ A–s down 或 A–s outup/ A–s outdown）各 1μL，10mmol/L dNTPs 0.5μL，5 U/μL Taq 酶 0.25μL，10×Buffer 2.5μL，ddH2O 18.75μL。PCR 反应 程序：94℃ 预变性 5min；30 个热循环的参数为 94℃ 变性 1min，54℃ 退火 1min（全长基因 50℃ 退火），72℃ 延伸 72s（全长基因延伸 101s）；最后 72℃ 延伸 10min。PCR 产物放 4℃ 保存。

扩增的 PCR 产物经 1%琼脂糖凝胶电泳检测后用试剂盒回收，将回收的片段 TA 克隆到 pUC18–T，转化 E.coli DH5α 感受态细胞，用蓝白斑筛选，选取白色克隆菌进行 PCR 检测后，摇菌提质粒做酶切检测，最后将阳性质粒送博尚测序公司进行测序。

1.4 辣椒表达差异显著基因的 RT–PCR 检测

以辣椒不同组织的 cDNA 为模板，以辣椒 actin 基因作为内标基因同时进行荧光定量 PCR 反应。用于辣椒 CHS 基因扩增的引物为 Up（5′–GGACGCGT AATGCTC TACTT–3′）和 Dn（5′–AGAACTCTGCTT CCTGGATTG–3′）。用于辣椒 actin 扩增的引物为 actin–up（5′–GAAGCACCTCTCAACCCTAAG–3′），actin–down（5′–GACCACTAGC ATACAAGGA AAGA–3′）。

2 结果与分析

2.1 序列拼接分析

高通量测序共测出 9.6×107 个序列。这些序列 被拼接成了 60 497 个非重复序列，平均长度为 520bp。经过同源性比对，有 35 733 个非重复序列翻译出的蛋白质功能研究比较清楚。进一步计算分析表明，有 1 203 个基因在不育系和保持系的花蕾中表达差异显著，其中 521 个基因在不育系中表达较高，另外 682 个基因在保持系中表达较高，这说明辣椒 CMS 可能具有更复杂的机制。

通过计算，一种基因在 9704A 的花蕾的 RPKM（A）值为 12.78，然而在 9704B 的花蕾的 RPKM（B）值 205.58，其 e 值为 0，并且 log2（RPKM（A）/PRKM（B））为－4.01，差异有统计学意义。数据表明，在花蕾中，这种基因在保持系的表达量是不育系表达量的 16 倍。即这一基因在不育系中的表达显著低于保持系。将此基因序列在 Genbank 上进行同源性比对，发现这个基因为 CHS 基因家族的花药特异性表达基因。

2.2 *CHS* 基因的克隆结果

RT–PCR 扩增得到全长为 1 675bp 的 cDNA 序列。 该序列包含 1 个 1 191bp 的开放阅读框（ORF）、1 个 148bp 的 5'UTR 和 1 个 336bp 的 3'UTR。BLAST 显示，克隆得到的 cDNA（GenBank 登录号为 KC771254）的核心序列与菸草（Nicotiana sylvestris）CHSLK 基因（GenBank 登录号为 Y14506 及 Y14507）、番茄 CHS 基因（GenBank 登录号为 AC239649）的同源性分别达 90%和 88%。

2.3 蛋白质预测结果

NCBI 上的 ORF finder（http://www.ncbi.nlm. nih.gov/gorf/gorf.html）对辣椒花药特

异表达基因 CHS 进行了分析，预测的蛋白质序列见图 1。

CHS 基因编码 1 个由 396 个氨基酸组成的蛋白质，其相对分子质量为 43 800，等电点为 5.65。采用 SignalP 4.1 软件分析得出该蛋白没有信号肽，说明该蛋白滞留在合成的细胞内。对该蛋白在细胞内的定位分析显示，叶绿体靶向肽值（cTP）为 0.346，线粒体靶向肽值（mTP）为 0.171，说明该 CHS 蛋白更多的定位在叶绿体中。而 CHS 也是一种色素合成酶，说明辣椒花药特异性表达蛋白 CHS 可能还参与辣椒的色素合成。

```
   1 atgtcagagaacaacaagaatgttgatggtgcaactaaccactttttcaaccatcgcga
     M  S  E  N  N  K  N  V  D  G  A  T  N  H  F  F  Q  P  S  R
  61 cgccttcctactccaggaaaggccactatacttgccatgggcaaggcttttccttcacaa
     R  L  P  T  P  G  K  A  T  I  L  A  M  G  K  A  F  P  S  Q
 121 ctcgtccctcaggattgcttggttgaaggctacatgcgcgataccaactgtcaagatatg
     L  V  P  Q  D  C  L  V  E  G  Y  M  R  D  T  N  C  Q  D  M
 181 gcaattaaggagaaattggagcgcctttgcaaaactactactgtgaagacaagatacaca
     A  I  K  E  K  L  E  R  L  C  K  T  T  T  V  K  T  R  Y  T
 241 gtaatgtcaaaagaaatttggacaagtatccggaactagcggttgaaggcacaccaaca
     V  M  S  K  E  I  L  D  K  Y  P  E  L  A  V  E  G  T  P  T
 301 atcaatcaaaggctagaaatcgcgaatccagcagttgttgaaatggcaaaacaagcaagc
     I  N  Q  R  L  E  I  A  N  P  A  V  V  E  M  A  K  Q  A  S
 361 ttagcttgcattaaggaatggggaagatcaactgatgaaatcactcacattgtttatgtt
     L  A  C  I  K  E  W  G  R  S  T  D  E  I  T  H  I  V  Y  V
 421 tcatcaagcgaaatacgcttaccaggaggtgatcttcaccttgctactgagcttggattg
     S  S  S  E  I  R  L  P  G  G  D  L  H  L  A  T  E  L  G  L
 481 aggagtgacattggacgcgtaatgctctactttttgggatgttatggtggtgtcacagga
     R  S  D  I  G  R  V  M  L  Y  F  L  G  C  Y  G  G  V  T  G
 541 cttagagttgccaaagatatagctgaaaacaatccaggaagcagagttctgttgacaact
     L  R  V  A  K  D  I  A  E  N  N  P  G  S  R  V  L  L  T  T
 601 tctgaaactacaattcttggttttaggccacctaataatgctagaccatacgatctcgtt
     S  E  T  T  I  L  G  F  R  P  P  N  N  A  R  P  Y  D  L  V
 661 ggcgctgcactttttggcgatggcgctggtgctgtcatagttggaacagaaccaattgtt
     G  A  A  L  F  G  D  G  A  G  A  V  I  V  G  T  E  P  I  V
 721 gggacagaatctcctttcatggaactgaattttgcattgcagcaattcttgccaggaaca
     G  T  E  S  P  F  M  E  L  N  F  A  L  Q  Q  F  L  P  G  T
 781 aagaacgtgatcgatgggaggcttacagaagaagggataaacttcaaattaggcagggac
     K  N  V  I  D  G  R  L  T  E  E  G  I  N  F  K  L  G  R  D
 841 ctccctgagaaaatccaggacaacattgaggagttttgcaagaaactgatagaaaaaggt
     L  P  E  K  I  Q  D  N  I  E  E  F  C  K  K  L  I  E  K  G
 901 gatcaactgaaggagaccaagtacaatgacttgttttgggctgttcatcccggcggaccg
     D  Q  L  K  E  T  K  Y  N  D  L  F  W  A  V  H  P  G  G  P
 961 gctatacttgacagattggaaaggacactcaagttacaaagtgggaaattggattgtagc
     A  I  L  D  R  L  E  R  T  L  K  L  Q  S  G  K  L  D  C  S
1021 agaagggcattgatggattatgggaatgtgagtagcaatactatattctatgtgattgaa
     R  R  A  L  M  D  Y  G  N  V  S  S  N  T  I  F  Y  V  I  E
1081 tatatgagacaagagttgcagaataagaaagatggtggtgaagaatggggacttgcatta
     Y  M  R  Q  E  L  Q  N  K  K  D  G  G  E  E  W  G  L  A  L
1141 gcatttggtcctggcattacttttgaaggcatactccttaggagtctctaa
     A  F  G  P  G  I  T  F  E  G  I  L  L  R  S  L  *
```

图 1　辣椒 *CHS* DNA 序列以及推导的氨基酸序列

Fig. 1　DNA sequence of chili pepper *CHS* and its deduced amino acid sequence

利用 DNAman 对辣椒 CHS 的氨基酸序列进行了疏水性分析，发现在整个多肽中亲水性氨基酸占的比 例较疏水性氨基酸高，说明该蛋白质为亲水性蛋白。而在 CHS 蛋白家族中，CHS 蛋白属于亲水性蛋白。

对辣椒 CHS 基因编码的蛋白质保守结构域的分析表明，该蛋白属于 CHS 蛋白家族，其 N 端和 C 端都与 CHS 蛋白家族有极高的同源性，蛋白的活性位点和结合位点靠近 C 端。

系统进化关系(图 2)显示，辣椒花药特异性蛋白 CHS 与来源于双子叶植物的 CHS 蛋白家族成员亲缘关系更近，其中与菸草(Nicotiana sylvestris)的亲缘关系最近。NCBI 比对结果显示，该蛋白与其他植物的 CHS 蛋白差异也不大，同源性在 74%~92%，进一步说明该蛋白质属于 CHS 蛋白质族，同时说明 CHS 蛋白质族在进化上是比较保守的。

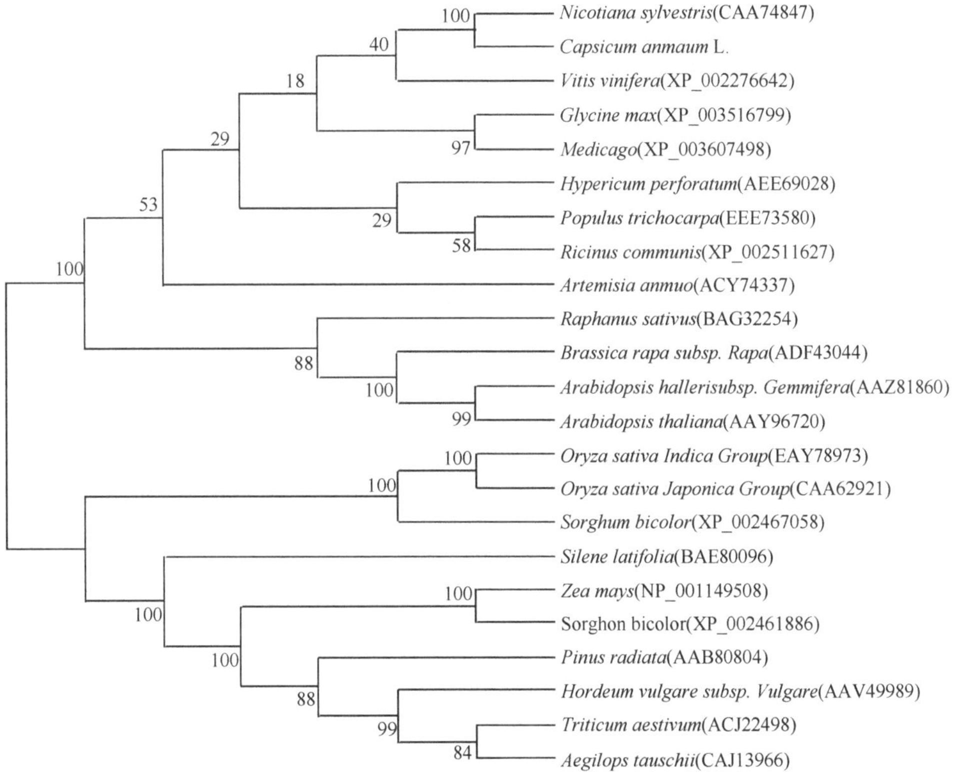

图 2 植物 CHS 蛋白质氨基酸序列的进化分析结果

Fig. 2 Phylogenetic analysis of amino acid sequences of plant CHS proteins

2.4 辣椒 *CHS* 基因在不同组织中的表达

从辣椒不育系 9704A 和保持系 9704B 不同组织中提取总 RNA，进行 RT–PCR。结果表明，在辣椒的根、茎、叶中都能检测到 *CHS* 基因片段，表明该基因在 2 种辣椒的不同组织中都能表达。

从不育系和保持系辣椒的不同组织中提取细胞总 RNA，荧光定量 RT–PCR 分析表明，2 种辣椒的茎中 *CHS* 几乎不表达，而在保持系的根和叶中，*CHS* 基因的表达水平也很低，结合基因表达差异分析，得出正常情况下该基因在花药中特异性高表达，但在不育系的根和叶中的表达却异常升高，不育系根中 *CHS* 的表达是保持系的 4.5 倍；不育系叶中 *CHS* 的表达是保持系的 9 倍（图 3）。

结合 Solexa 测序分析结果可知，*CHS* 基因具有一定的表达非特异性，除在花药中具有高表达外，在叶和根中也有低水平表达，而茎中则几乎不表达。但 *CHS* 在不育系根、叶中的表达量则显著高于其在保持系相应组织中的表达，但在花中的表达量却显著低于保持系；因此 *CHS* 基因在不育系中的表 达是异常的，进而推测 *CHS* 基因在不育系中的异常表达与辣椒雄性不育性状相关。

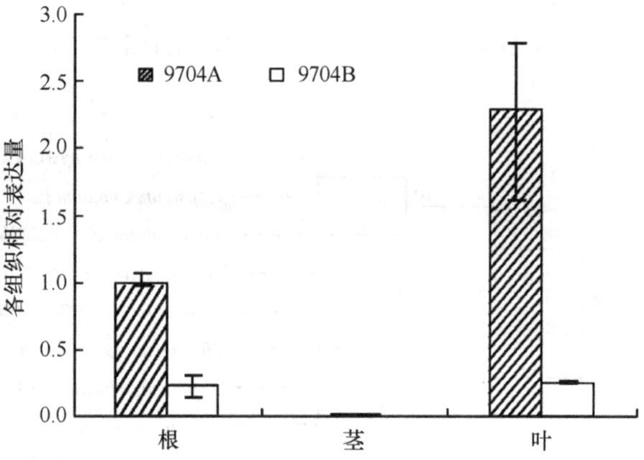

图 3　CHS 基因在 2 种辣椒根、茎和叶中表达的荧光定量 RT–PCR 分析

Fig. 3　The RTFQ RT–PCR analysis of the expression of CHS in the root，stem and leaf of 9704A and 9704B

3　讨　　论

本试验获得的辣椒 CHS 基因与查尔酮合酶基因家族（CHS gene family）的成员有很高的同源性，尤其与菸草花药特异表达基因 CHSLK 同源性最高，但其表达并不只特异性地局限于花药，在辣椒的根、叶中都具有一定的表达量，但在茎中的表达量极低，几乎不能检出。有意义的是该基因的表达在不育系和保持系间具有表达模式和水平的差异，保持系花中的表达量是不育系的 16 倍，而不育系根和叶中的表达量分别是保持系的 4.5 和 9 倍，表明该基因与辣椒的 CMS 有关。

查尔酮合酶是形成黄酮类物质起始第一步的催化酶（Austin M B et al.，2003）。玉米和矮牵牛查尔酮合酶基因突变体都是自交不可育的，添加小剂量的山奈酚黄酮醇在培养基上或涂抹柱头都能使得植株恢复育性（Mo Y et al，1992；Pollak P E et al，1993；Taylor L P et al，2005），说明黄酮醇的生物合成及代谢对花粉的发育起了重要作用。黄酮醇是在花药绒毡层细胞合成的（Koes R E et al.，1994），*CHS* 突变体中黄酮醇前体物质累积减少，黄酮类物质在花粉发育过程中补给不足，导致花粉败育（Napoli C A et al.，1999）。目前，在小麦（Wu S et al.，2008）、矮牵牛（Napoli C A et al，1999；Walden A R et al，1999；Meer I M et al，1992）、（Ylstra B et al，1995；Yang S et al，2001；Atanassov I et al.，1998）、水稻（郑宏红等 2000）中都相继鉴定出了类查尔酮合酶基因，这类基因都能影响花药黄酮类物质的合成，并特异性地在花药中表达。

本试验分离得到的辣椒 *CHS* 基因是 *CHS* 家族中的一个基因，根据蛋白结构和表达进化特征，推测该基因在辣椒花药发育过程中起重要作用，但其生理功能和引起不育的具体机制还有待进一步验证。

参 考 文 献

唐冬英, 邹学校, 刘志敏, 等. 2004. 辣椒胞质雄性不育恢复基因的 RAPD 标记[J]. 湖南农业大学学报: 自然科学版, 30(4): 307-309.

郑宏红, 瞿礼嘉, 刘美华, 等. 2000. 花药特异性表达的类查尔酮合酶基因 *D5* 与水稻花粉发育相关[J]. 科学通报,45(11): 1132-1138.

Atanassov I, Russinova E, Antonov L, et al. 1998. Expression of an anther-specific chalcone synthase- like gene is correlated with uninucleate microspore development in *Nicotiana sylvestris*[J]. Plant Molecular Biology, 38: 1169-1178.

Austin M B, Noel J P. 2003. The chalcone synthase superfamily of type III polyketide synthases[J]. Natural Product Reports, 20(1): 79-110.

Chase C D. 2007.Cytoplasmic male sterility: A window to the world of plant mitochondrial–nuclear interactions[J]. Trends in Genetics, 23(2): 81-90.

Hanson M R, Bentolila S. 2004. Interactions of mitochondrial and nuclear genes that affect male gametophyte development[J]. The Plant Cell Online, 16: 154-169.

Iseli C, Jongeneel C V, Bucher P. 1999. EST Scan: A program for detecting, evaluating, and reconstructing potential coding regions in EST sequences[J]. ISMB-99 Proceed-ings, 138-148.

Kim D H, Kang J G, Kim B D. 2007. Isolation and characteriza-tion of the cytoplasmic male sterility-associated *orf456* gene of chili pepper (*Capsicum annuum* L.)[J]. Plant Mol Biol, 63(4): 519-532.

Kim D H, Kim B D. 2006. organization of mitochondrial *atp6* gene region in male fertile and CMS lines of pepper (*Capsicum annuum* L.)[J]. Curr Genet 49(1): 59-67.

Kim D, Kang J G, Kim S, et al. 2001. Identification of *coxII* and *atp6* regions as associated to CMS in *Capsicumannuum* by using RFLP and long accurate PCR[J].Korean Society for Horticultural Science, 42(2): 121-127.

Koes R E, Quattrocchio F, Mol J N M. 1994.The flavonoid biosynthetic pathway in plants: function and evolution[J]. Bio Essays, 16(2): 123-132.

Meer I M, Stam M E, Tunen A J, et al. 1992.Antisense inhibition of flavonoid biosynthesis in petunia anthers results in male sterility[J]. The Plant Cell, 4: 253-262.

Mo Y, Nagel C, Taylor L P. 1992. Biochemical complementa-tion of chalcone synthase mutants defines a role for flavonols in functional pollen[J]. Plant Biology, 89: 7213-7217.

Mortazavi A, Williams B A, Mccue K, et al. 2008.Mapping and quantifying mammalian transcriptomes by RNA-Seq[J]. Nature Methods, 5(7): 621-628.

Napoli C A, Fahy D, Wang H Y, et al. 1999. White anther: A petunia mutant that abolishes pollen flavonol accumula-tion, induces male sterility, and is complemented by a chalcone synthase transgene[J]. Plant Physiology, 120(2): 615-622.

Pollak P E, Vogt T, Mo Y, et al. 1993. Chalcone synthase and flavonol accumulation in stigmas and anthers of *Petuniahybrida*[J]. Plant Physiol, 102: 925-932.

Stekel D J, Git Y, Falciani F. 2000. The comparison of gene expression from multiple cDNA libraries[J]. Genome Research, 10(12): 2055-2061.

Taylor L P, Grotewold E. 2005. Flavonoids as developmental regulators[J]. Current Opinion in Plant Biology, 8(3): 317-323.

Walden A R, Walter C, Gardner R C. 1999. Genes expressed in *Pinus radiata* male cones include homologs to anther-specific and pathogenesis response genes[J]. Plant Physiology, 121: 1103-1116.

Wu S, O'Leary S J B, Gleddie S, et al. 2008. A chalcone synthase-like gene is highly expressed in the tapetum of both wheat (*Triticum aestivum* L.) and triticale (×*Triticosecale* Wittmack) [J]. Plant Cell Rep, 27: 1441-1449.

Yang S, Sweetman J P, Amirsadeghi S, et al. 2001. Novel anther-specific *myb* genes from tobacco as putative regulators of phenylalanine ammonia-lyase expression[J]. Plant Physiology, 126: 1738-1753.

Ylstra B, Touraev A, Brinkmann A O, et al. 1995.Steroid hormones stimulate germination and tube growth of in vitro matured tobacco pollen[J]. Plant Physiol, 107: 639-643.

The quantitative analysis of *CHS* in *Capsicum annuum* L. and its correlation to male sterility

CHEN Yao[1], PENG Yan[1], LIU Feng[2*], ZHANG Xuewen[1*]

([1] College of Bioscience and Biotechnology, Hunan Agricultural University, Changsha 410128, China; [2] Institute of Vegetables, Hunan Academy of Agricultural Sciences, Changsha 410125, China)

Abstract: To investigate the molecular mechanism of cytoplasmic male sterile (CMS) in *Capsicum annuum* L., transcriptome Solexa sequencing was conducted on pepper flower buds of the CMS line 9704A and its correspondence homonuclear maintainer line 9704B. A gene that expressed 16 times higher in the maintainer liner 9704A than it is in the CMS line 9704B was identified. The cloned cDNA of this gene showed similarity to Chalcone Synthase Family genes with an overall sequence identity of 90% to *Nicotiana sylvestris* anther-specific gene-*CHSLK*. The expression of the gene in root, stem and leaf of the two peppers are tested by real-time fluorescence quantitative (RTFQ) RT–PCR. The result showed that the expression level of the gene in the stems of the two peppers was barely detectable, and in the root and leaf of the maintainer liner was very low, which confirmed that the gene is highly expressed specifically only in anther under normal condition. But the expression of this gene in roots and leaves of the CMS line 9704A is abnormally high, thus the abnormal *CHS* expression pattern in the CMS line may correlate to the male sterility.

Key words: *Capsicum annuum* L.; chalcone synthase gene (*CHS*); quantitative analysis; male sterility

辣椒素生物合成相关基因研究进展*①

邓明华[1]，文锦芬[2]，朱海山[1]，马春花[1]，邹学校[3*]

（[1]云南农业大学园林园艺学院，昆明 650201；[2]昆明理工大学现代农业工程学院，昆明 650224；[3]湖南省农业科学院湖南省蔬菜研究所，长沙 410125）

摘要：辣椒素是一种十分重要的次生代谢产物，仅在辣椒属植物中合成。辣椒中辣椒素含量的高低决定辣度的大小。辣椒素的生物合成受遗传和环境的双重影响。辣椒素类物质是由香草基胺与 C_9~C_{11} 支链脂肪酸合成，前者来源苯丙氨基酸途径，后者来源于缬氨酸或亮氨酸。参与辣椒素合成途径中目前已知的酶有：苯丙氨酸裂解酶（PAL）、肉桂酸水解酶（Ca4H）、对香豆酸水解酶（C3H）、咖啡酸转甲氧基酶（COMT）、氨基转移酶（pAMT）、支链氨基酸转移酶（BCAT）、β-酮脂酰-ACP 合酶（KAS）、酰基运载蛋白（ACL）、酰基-ACP-硫酯酶（FAT）、去饱和酶、酰基 CoA 合成酶（ACS）和辣椒素合成酶（capsaicin synthase，CS）等。目前，参与辣椒素类物质生物合成的 *PAL*、*Ca4H*、*COMT*、*pAMT*、*KAS*、*ACL*、*FAT*、*ACS* 和 *CS* 基因已经克隆出来，相应功能也做了初步的研究。综述了辣椒素生物合成相关基因的克隆和特性研究的最新进展，并探讨了辣椒素基因研究存在的问题和今后研究的方向。

关键词：辣椒素；生物合成；基因

辣椒是一种风味蔬菜，因其独特的辣味而深受消费者欢迎。辣椒果实中的辣味主要成分是辣椒素。辣椒素是一种具有较强生物活性的天然产物，对带状疱疹、遗传性神经痛、风湿性关节炎、糖尿病性神经痛和银屑病有很好的临床治疗效果（Tsuchiya，2001；Appendino et al.，2002；Chu et al.，2003；Huang et al.，2002）；并有望成为下一代国际抗癌药物的核心成分（Bates，2007），同时辣椒素也是一种新型可供开发的绿色环保农药（邹学校，2002）。辣椒素类物质只在辣椒属中合成和积累，研究辣椒中辣椒素的形成机制，对提高辣椒素产量具有重要意义。

辣椒果实中辣椒素含量受到其自身生物合成能力的高度调控。同位素示踪技术表明，辣椒素的生物合成路径由香草基胺和 C_9~C_{11} 支链脂肪酸两部分组成（图 1）（Iwai et al.，1979；Curry et al.，1999）。目前所涉及的酶大都被检测、纯化或克隆（Ochoa-alejo et al.，1993；Perucka et al.，2001），但对于它们在辣椒素积累过程中的调控作用目前尚不清楚，不能确定哪一个酶基因是辣椒素合成中的限速因子，也不能确定哪一个或几个

* 基金项目：国家自然科学基金（31160394），国家公益性行业科技（200903025），“863”计划（2012AA100105）。

① 本文原载《辣椒杂志》，2012，(3)：1-5。

酶基因导致了不同种（品种）之间辣椒素含量的极显著差异。

辣椒素的合成和积累仅限于辣椒属，是受遗传因素控制的。辣椒素的积累与辣椒品种有着密切关系。研究发现，*Capsicum annuum* L.中的变化范围为 0.05%~0.33%，*C. frutescens* L.中变化范围在 0.35%~0.85%（邹学校，2002）。

辣椒素的生物合成主要是通过苯丙氨酸途径由苯丙氨酸合成香草基胺和支链脂肪酸合成途径将缬氨酸催化 8-甲基-6-癸烯酰 CoA，再由 CS 将两者合成辣椒素（Iwai et al.，1979）。该途径涉及苯丙氨酸裂解酶（PAL）、肉桂酸水解酶（Ca4H）、咖啡酸转甲氧基酶（COMT）、氨基转移酶（pAMT）、β-酮脂酰-ACP 合酶（KAS）、酰基运载蛋白（ACL）、酰基-ACP-硫酯酶（FAT）、酰基 CoA 合成酶（ACS）及辣椒素合成酶（CS）（Prasad et al.，2006；Tu et al.，2010；Aluru et al.，2003；Abraham-Juarez et al.，2008；李莉等，2007）。

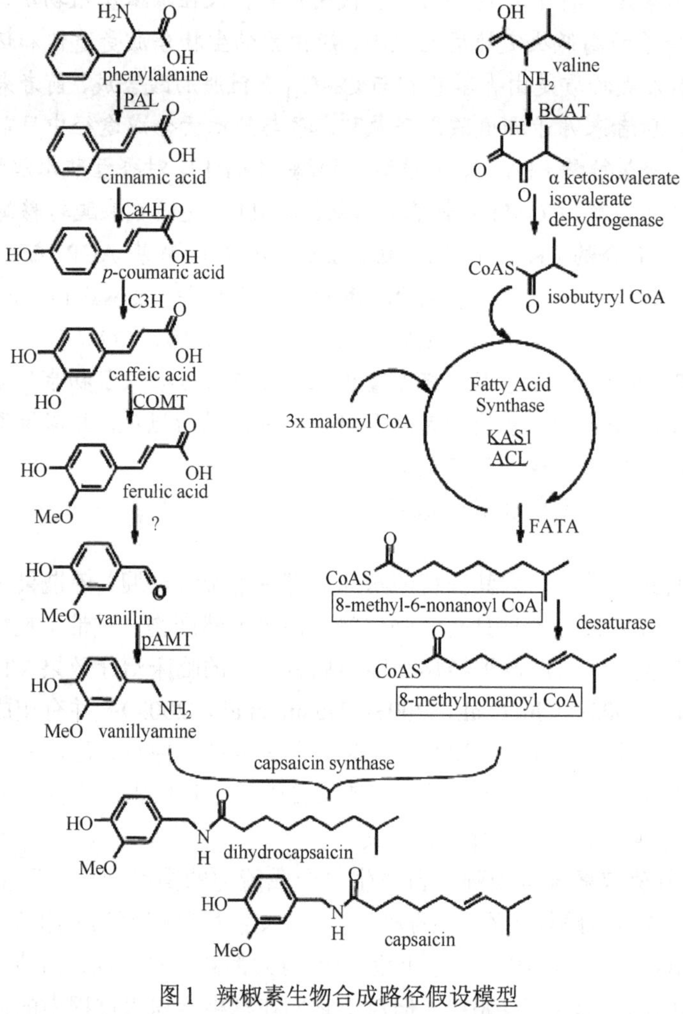

图 1　辣椒素生物合成路径假设模型

Fig. 1　Putative model of capsaicin biosynthesis pathway

1　辣椒素生物合成苯丙氨酸分支相关基因研究进展

PAL 催化 L-苯丙氨酸非氧化性脱氨生成反式肉桂酸，反式肉桂酸是植物一大类生物活性及功能显著的苯丙烷类次生物质如黄酮、香豆素等的生物合成起始物，PAL 活性的高低直接决定以后一系列次生物质合成步骤中生物活性的高低（Diaz et al.，1998；Hall and Yeoman，1991）。该酶基因的全序列或部分序列已经在烟草（M84466）、番茄（M83314）、马铃薯（X63103）、辣椒（AF081215）中得到克隆，该酶分子质量为 240~330kDa，全酶为 4 个相同亚基构成的四聚体，行使功能时不需要辅助因子参与，最适 pH 8.8。研究表明辣椒中 *PAL* 的转录水平与酶活性及辣椒素的含量呈正相关，证明该酶在植物次生代谢产物的生物合成中具有重要作用（Curry et al.，1999；Perucka and Materska，2001）。

Ca4H 是细胞色素单加氧酶 P450 超家族的成员之一，处在细胞溶质中的苯丙烷途径酶复合物和定位于膜上的电子传递链之间的交接处，将苯丙烷途径的合成酶复合物固定在内质网上。Ca4H 是公共苯丙烷途径中的第二个关键酶，催化反式肉桂酸转变为 ρ-羟基肉桂酸（李莉等，2007）。ρ-羟基肉桂酸进一步羟化产生咖啡酸（Curry et al.，1999），然后在邻位转甲基酶作用下形成阿魏酸，阿魏酸进一步形成香草醛，并进一步催化成香草基胺而参与辣椒素的合成。该酶基因的全序列或部分序列已从烟草（AJ937847）、土豆（DQ341174）、辣椒（AF212318）等植物中得到克隆。基因表达实验表明：*Ca4H* 的表达水平与辣椒素的积累有相似的趋势（Curry et al.，1999）。

COMT 催化咖啡酸等甲基化生成阿魏酸等，参与辣椒素等次生代谢产物的合成。目前已经从茄科植物中的烟草（AF484252）、辣椒（AF12316）等中分离了 *COMT* 基因的全序列或部分序列。在转基因烟草、玉米和高羊茅实验中，下调 *COMT* 的表达均能造成下游物质生成量的减少（Louie et al.，2010），辣椒转 *COMT* 基因研究发现：上调 *COMT* 的表达水平可以提高辣椒素含量，而沉默该基因则导致果实中辣椒素含量的显著降低（Prasad et al.，2006；Abraham-Juarez et al.，2008），因此，其在辣椒素等次生代谢产物合成中的甲基化反应十分重要。

pAMT 是辣椒素生物合成苯丙氨酸分支最后一步的催化酶，催化香草醛为香草基胺。该酶的基因已从拟南芥（HM638413）、玉米（EU960144）、水稻（EF575981）、辣椒（AF085149）等植物中得到克隆。Curry 等研究表明，在辣椒未成熟果实胎盘组织中，*pAMT* 的转录水平与辣度正相关；转基因实验表明：下调或沉默 pAMT 导致果实辣椒素含量的显著下降（Abraham-Juarez et al.，2008），因此认为 pAMT 是辣椒素合成的关键酶之一。而最近的研究表明，突变的 *pAMT* 基因造成辣椒中无辣味的辣椒素脂类物质的合成（Lang et al.，2009）。

2 辣椒素生物合成支链脂肪酸合成分支相关基因研究进展

KAS 是脂肪酸合成酶（FAS）的重要组成部分，催化碳链的脂酰-ACP 的缩合。该酶的基因已从烟草（EF636813）、番茄（EU253956）、辣椒（AF085148）等植物中得到克隆。Kim 等（2001）利用抑制差减杂交（SSH）方法获得 *KAS* 片段，在辣椒果实胎座中特异表达，表达水平与辣椒素积累具有相同的模式；Aluru 等（2003）研究表明 *KAS* 基因的转录与辣味正相关。Prasad 等（2006）则证明 *KAS* 基因直接与辣椒素积累相关。转基因实验表明，*KAS* 基因的沉默导致辣椒素含量的急剧减少，说明 *KAS* 基因是辣椒素合成途径的一个关键酶（Abraham-Juarez et al.，2008）。

ACL 是一类具有保守的丝氨酸残基的小分子质量的酸性蛋白质。在脂肪酸合成过程中，ACP 携带酰基链完成缩合、还原和脱氢等酶促反应。它还是不同长度酰基链的脂肪酸的酰基 ACP 去饱和反应和质体类酰基转移酶作用的辅助因子（李孟军等，2010）。ACP 作为一低分子质量（Mr 9×10^3~10×10^3）、相对简单的、可溶的酸性蛋白质，因此被作为研究脂类代谢的基因调控机理的适宜对象。该酶基因的全序列或部分序列已从玉米（EU976754）、拟南芥（AY081661）、番茄（AY568716）、辣椒（AF127796）等植物中得到克隆。对拟南芥等（李孟军等，1993；Perucka and Materska，2001）的研究表明 ACP 在植物脂肪酸合成中有着重要的调节作用。基因表达实验表明 *ACL* 的表达水平与辣椒素的积累正相关（Curry et al.，1999）。

FAT 催化 FAS 循环的终止，能催化脂酰-ACP 脱去 ACP，产生游离的脂肪酸。植物酰基-ACP 硫酯酶是一类由细胞核基因编码的质体球蛋白，以二聚体的形式存在（元冬娟等，2009）。酰基-ACP 硫酯酶包含一个预测的 60 个氨基酸残基组成的运输肽和一个 210 个残基组成的核心区域（元冬娟等，2009）。已从多种植物中纯化，编码基因也已从马铃薯（AJ003221）、油菜（DQ847275）、拟南芥（AK176105）和辣椒（AF318228）等多种植物中克隆。FAT 具有底物特异性，不同的脂酰-ACP 需要不同的酶。基因表达实验表明，*FAT* 表达水平与辣椒素的积累呈正相关（Aluru et al.，2003）。

ACS 是辣椒素生物合成 C9~C10 支链脂肪酸分支的最后一个催化酶，催化 8-甲基癸酸生成 8-甲基癸烯酸。ACS 是酰基激活酶（AAE）基因家族中的一员，在 ATP、CoASH、Mg^{2+}参与下，其催化的反应具有共同的两步机制：①游离脂肪酸同 ATP 反应生成腺苷化的中间体；②该中间体和 CoA 的硫酯键结合，生成脂酰-CoA（Lee et al.，2001）。按照特异性脂肪酸底物碳链长度的不同，ACS 被分成以下几类：短链脂酰-CoA 合成酶（C_2~C_4）、中链脂酰-CoA 合成酶（C_4~C_{12}）、长链脂酰-CoA 合成酶（C_{10}~C_{22}）和超长链脂酰-CoA 合成酶（$>C_{20}$）（张士花等，2010）。该酶基因的全序列或部分序列已从水稻（AP008218）、拟南芥（AF503770）、辣椒（AF354454）等植物中得到克隆。

3 辣椒素生物合成最后一个酶——辣椒素合成酶（CS）研究进展

CS 催化辣椒素合成过程最后一步反应，即 8-甲基-6-癸烯酰 CoA 与香草基胺合成辣椒素，被认为是辣椒素合成调控的关键酶，定位于辣椒果实胎座表皮细胞的液泡膜上（Stewart et al.，2005）。在辣椒素的合成反应中，CS 首先催化支链脂肪酸与辅酶 A（CoA）形成 isoC10-CoA 复合体，然后在 ATP 和 Mg^{2+}辅因子的作用下，isoC10-CoA 与香草基胺合成辣椒素，反应的最适 pH 约为 9.0（Fujiwake et al.，1980），因此 CS 能否在辣椒素合成过程中充分发挥活性是果实中辣椒素含量多少的重要因素。目前已有包括云南涮辣在内的多个辣椒资源的 *CS* 基因全序列或部分序列得到克隆（Stewart et al.，2005；Prasad et al.，2006；Lee et al.，2005；龙笛笛等，2010；王岩等，2007），序列比对表明各基因间存在较高的一致性。无辣味辣椒的 *CS* 基因在 5′端发生长片段的缺失是造成辣椒素缺失的主要原因（龙笛笛等，2010；王岩等，2007）。

4 辣椒素生物合成关键酶基因研究存在的问题及以后研究的方向

目前研究中存在的主要问题是：①目前虽已系统地了解了辣椒素在辣椒中的合成及其代谢机理，但对于辣椒素生物合成的调控机理认识还有限，尚不能解释辣椒属不同种及品种间辣椒素含量存在巨大差异的原因；②对辣椒素合成酶基因的研究上，虽然所有基因的全序列或部分序列已得到克隆和定性，但目前对于这些合成酶对辣椒素含量调控作用的研究，都仅研究了一个或两个基因的调控作用，未能同时系统研究所有关键合成酶的作用，以致不能确定哪些酶是辣椒素合成关键调控点；③在辣椒素合成酶特性的研究上，过去主要为单一基因或蛋白的分析，而对于辣椒素水平差异较大的不同种或品种同一基因的对比研究尚无报道，对合成酶基因的分子和生化特性与辣椒素含量的关系了解甚少。

针对以上存在的问题，今后应该从以下几个方面进行深入的研究：①利用多个不同辣椒素含量的材料，从基因序列、基因转录水平、酶活性水平等方面，研究它们与果实辣椒素含量的关系；②利用不同的环境条件，研究基因转录水平、酶活性水平与果实辣椒素含量的关系；③同时系统研究辣椒素生物合成所有关键合成酶的作用，确定哪些酶是辣椒素合成关键调控点。

参考文献

李莉, 赵越, 马君兰. 2007. 苯丙氨酸代谢途径关键酶: PAL、C4H、4CL 研究新进展[J]. 生物信息学, 5(4): 187-189.

李孟军, 史占良, 郭进考, 等. 2010. 植物酰基载体蛋白基因家族序列分析[J]. 华北农学报, 25(z1): 1-6.

龙笛笛, 成善汉, 王玲, 等. 2010. 海南黄灯笼椒辣椒素合成酶基因克隆及表达研究[J]. 中国农学通报, 26(20): 61-64.

王岩, 张宝玺, 张延国, 等. 2007. 辣椒 C 基因全长序列比较分析[J]. 园艺学报, 34(1): 143-146.

元冬娟, 吴湃, 江黎明. 2009. 高等植物的酰基-ACP 硫酯酶研究进展[J]. 中国油料作物学报, 31(1): 103-108.

张士花, 邹恩强, 杜希华. 2010. 植物脂酰-CoA 合成酶基因家族研究进展[J]. 山东师范大学学报(自然科学版), 25(3): 119-123.

邹学校. 2002. 中国辣椒[M]. 北京: 中国农业出版社.

Abraham-Juarez M D, Rocha-Granados M D, Lopez MG, et al. 2008.Virus-induced silencing of Comt, pAmt and Kas genes results in a reduction of capsaicinoid accumulation in chili pepper fruits[J]. Planta, 227: 681-695.

Aluru M R, Mazourek M, Landry L G, et al. 2003. Differential expression of fatty acid synthase genes, Acl, Fat and Kas, in capsicum fruit[J]. J. Exp. Bot., 54: 1655-1664.

Appendino G, Minnasi A, Morello A, et al. 2002. N-acylvanillylamides: development of an expeditious synthesis and discovery of new acyl templates for powerful activation of the vanilloid receptor[J]. J. Med. Chem., 45: 3739-3745.

Bates T. 2007. Non-prescription coumpound found in chilies destroys cancer tumours safety[J]. Biochem. Bioph. Res. Co., 347(1): 323-329.

Chu C J, Huang S M, De Petrocellis L, et al., 2003. N-oleoyldopamine, a novel endogenous capsaicin-like lipid that produces hyperalgesia[J]. J. Biol. Chem., 278: 13633-13639.

Curry J, Aluru M, Mendoza M, et al. 1999. Transcripts for possible capsaicinoid biosynthetic genes are differentially accumulated in pungent and non-pungent *Capsicum* spp.[J]. Plant Sci., 148: 47-57.

Diaz J, Bernal A, Merino F, et al. 1998. Phenolic metabolism in *Capsicum annuum* L.[J]. Rec. Res. Dev. in Phytochem., 2: 155-169.

Fujiwake H, Suzuki T, Oka S, et al. 1980. Enzymatic formation of capsaicinoid from vanillylamine and iso-type fatty acids by cell-free extracts of *Capsicum annuum* var. *annuum* cv. Karayatsubusa[J]. Agric. Biol. Chem., 44, 2907-2912.

Hall R D, Yeoman M M. 1991. The influence of intracellular pools of phenylalanine derivatives upon the synthesis of capsaicin by immobilized cell cultures of the chili pepper *Capsicum frutescens* [J]. Planta, 185: 72-80.

Huang S M, Bisogno T, Trevisani M, et al. 2002. An endogenous capsaicin-like substance with high potency at recombinant and native vanilloid VR1 receptors[J]. Proc. Natl. Acad. Sci. USA, 99: 8400-8405.

Iwai K, Susuki T, Fujiwaiki H. 1979. Formation and accumulation of pungent principle of hot pepper fruits, capsaicin and its analogues, in *Capsicum annuum* var. *annuum cv*. Karayatsubuse at different growth stages after flowering[J]. Agric. Biol. Chem., 43: 2493-2498.

Kim M, Kim S, Kim B D. 2001. Isolation of cDNA clones diferentially accumulated in the placenta of pungent pepper by suppression subtractive hydridization[J]. Molecular Cells, 11(2): 213-219.

Lang Y, Kisaka H, Sugiyama R, et al. 2009. Functional loss of pAMT results in biosynthesis of capsinoids, capsaicinoid analogs, in *Capsicum annuum* cv. CH-19 Sweet [J]. Plant J., 59(6): 953-961.

Lee C J, Yoo E Y, Shin J H, et al.. 2005. Non-pungent capsicum contains a deletionin the capsaicinoid synthetase gene, which allows early detection of pungency with SCAR markers[J]. Molecular Cells, 19(2): 262-267.

Lee S J, Suh M C, Kim S, et al. 2001. Molecular cloning of a novel pathogen-inducible cDNA encoding a putative acyl-CoA synthetase from *Capsicum annuum* L[J]. Plant Mol. Biol., 46: 661-671.

Louie G V, Bowman M E, Tu Y, et al. 2010. Structure-function analyses of a caffeic acid O-methyltransferase from perennial ryegrass reveal the molecular basis for substrate preference[J]. The Plant Cell, 22: 4114-4127.

Ochoa-alejo N, Gómez-peralta J. 1993. Activity of enzymes involved in capsaicin biosynthesis in callus tissue and fruits of chili pepper(*Capsicum annuum* L.)[J]. J. Pl. Physiol., 141: 147-152.

Perucka I, Materska M. 2001. Phenylalanine ammonialyase and antioxidant activities of lipophilic fraction of fresh pepper fruits *Capsicum annum* L.[J]. Innov. Food Sci. Emerg., 2: 189-192.

Prasad B C, Gururaj H B, Kumar V. 2006. Influence of 8-Methyl·nonenoic acid on capsaicin biosynthesis in *in-vivo* and *in-vitro* cell cultures of *Capsicum* spp.[J]. J. Agric. Food Chem., 54(5): 1854-1859.

Prasad B C, Kumar V, Gururaj H B, et al. 2006. Characterization of capsaicin synthase and identification of its gene (*csy1*) for pungency factor capsaicin in pepper (*Capsicum* sp.)[J]. Proc. Nat1. Acad. Sci. USA, 103: 13315-13320.

Stewart C J, Kang B C, Liu K, et al. 2005. The Pun1 gene for pungency in pepper encodes a putative acyltransferase[J]. Plant J., 42: 675-688.

Tsuchiya H. 2001. Biphasic membrane effects of capsaicin, an active component in *Capsicum* species[J]. J. Ethnopharmacol, 75: 295-299.

Tu Y, Rochfort S, Liu Z, et al. 2010. Functional Analyses of caffeic acid O-methyltransferase and cinnamoyl-CoA-reductase genes from perennial ryegrass (*Lolium perenne*)[J]. The Plant Cell, 22: 3357-3373.

Research Advances in Capsaicin Biosynthesis Genes

Deng Minghua[1], Wen Jinfen[2], Zhu Haishan[1], Ma Chunhua[1], Zou Xuexiao[3]

([1] College of Horticulture and Landscape, Yunnan Agricultural University, Kunming 650201, China; [2] Faculty of Modern Agricultural Engineering, Kunming University of Science and Technology, Kunming 650224, China; [3] Institute of Vegetable Crops, Hunan Academy of Agricultural Sciences, Changsha 410125, China)

Abstract: Capsaicin is a very important secondary metabolite that is unique to capsicum. The content of capsaicin would determine the degree of hot pepper pungency. Capsaicin biosynthesis is regulated by genetics and environment in hot pepper. It has been proposed that capsaicinoids are synthesized by the condensation of vanillylamine with C_9 to C_{11} isotype branched-chain fatty acids; the former is derived from phenylpropanoid pathway, the latter from valine or leucine. 11 enzymes which putatively catalyze different reactions involved in capsaicinoids production have been described, i.e., phenylalanine ammonialyase (PAL), cinnamic acid 4-hydroxylase (Ca4H), coumaroyl shikimate/quinate 3-hydroxylase (C3H), caffeic acid O-methyl transferase (COMT), putative aminotransferase (pAMT), branched-chain amino acid transferase (BCAT), β-ketoacyl ACP synthase (KAS), acyl carrier protein (ACL), acyl-ACP thioesterase (FAT), acyl-CoA synthetase (ACS) and capsaicin synthase (CS). The genes encoding the *PAL*、*Ca4H*、*COMT*、*pAMT*、*KAS*、*ACL*、*FAT*、*ACS* and *CS* have been cloned and some of them have been functionally characterized. In this review, the cloning and characterization of several genes related to capsaicinoid biosynthetic pathway were summarized; some problems and tendency of gene research about capsaicin biosynthesis were also discussed.

Key words: capsaicin; biosynthesis; gene

第三部分　分子标记辅助选择

Identification and development of polymorphic EST-SSR markers by sequence alignment in pepper; *Capsicum annuum* (Solanaceae)*①

Qiusheng KONG [1, 2], Guangping ZHANG [1, 3], Wenchao CHEN [1],
Zhuqing ZHANG[1], Xuexiao ZOU [1, 3]

([1] Hunan Vegetable Research Institute, Changsha 410125, Hunan, China; [2] Key Laboratory of Horticultural Plant Biology(Huazhong Agricultural University), Ministry of Education, Wuhan 430070, Hubei, China; and [3] Central South University, Changsha 410083, Hunan, China)

Premise of the study: The redundancies in expressed sequence tags (ESTs) in the National Center for Biotechnology Information sequence database were used to identify and develop polymorphic simple sequence repeat (SSR) markers for pepper (*Capsicum annuum*).

Methods and Results: Sixty-eight polymorphic SSR loci were identified in the contigs (containing redundant ESTs) generated by assembling 118 060 pepper ESTs from the public sequence database. Thirty-three SSR markers exhibited polymorphism among 31 pepper varieties, with alleles per SSR marker ranging from two to six. The mean observed and expected heterozygosity were 0.28 and 0.39, respectively. There were 18 SSR markers with a motif repeat number of less than five, accounting for 55% of the total.

Conclusions: We demonstrated the value of mining the redundant sequences in public sequence databases for the development of polymorphic SSR markers, which can be used for marker-assisted breeding in pepper.

Key words: *Capsicum annuum*; expressed sequence tags; sequence alignment; simple sequence repeat markers; Solanaceae.

Pepper (*Capsicum annuum* L., Solanaceae) is a major staple vegetable crop and has significant economic value. Simple sequence repeat (SSR) markers are a powerful tool for genetic studies and breeding of pepper. More than 500 SSR markers have been developed for pepper on the basis of genomic DNA libraries (Lee et al., 2004; Minamiyama et al., 2006; Nagy et al., 2007) and expressed sequence tags (ESTs) (Yi et al., 2006; Portis et al., 2007; Ince et al., 2010), nearly 60% of which are EST-SSRs. Many genetic maps have been constructed for pepper. Of them, FA03 covering 1358.7 cM and containing 489 SSR markers is the map containing the largest number of SSR markers up to now (Ben-Chaim et al., 2006).

---

* 基金项目：现代农业产业技术体系建设（nycytx-35）专项。

① 本文原载《Amerrican Journal of botany 》e59-e61.2012。

However, most of the SSRs on FA03 are proprietary markers. The genus *Capsicum* L. has a large genome size and a narrow genetic background. Therefore, more SSR markers should be developed for constructing high-density genetic linkage maps in pepper.

The development of SSR markers by using EST sequences offers the advantages of high efficiency and low cost. This approach has accordingly been widely used in many crops. In the process of EST-SSR development, the EST sequences are usually assembled into unigenes to remove redundancy. The unigenes are then screened for potential SSR loci by specific software using the criterion that the motif repeat number be larger than five (Kong et al., 2006). This method can identify a large number of potential SSR loci that might be validated by subsequent PCR amplifications. However, this approach omits the valuable information in sequences of different alleles at the same locus. The ESTs deposited in public sequence databases are heterogeneous because they might be from different laboratories and derived from different genotypes or hybrid varieties. As a result, the redundant sequences, potentially harboring polymorphisms, can be aligned for the identifi cation of polymorphic SSR loci in silico. To date, a large number of pepper ESTs have been deposited in various public sequence databases. However, only a limited number of them have been used for SSR development. In this study, we focused on the redundant EST sequences derived from pepper and identified polymorphic SSR loci directly through sequence alignment. The polymorphisms were subsequently validated by PCR amplify- cations, with the aim of offering more SSR markers for genetic studies of pepper.

METHODS AND RESULTS

A total of 118060 EST sequences were retrieved from the National Center for Biotechnology Information (NCBI) database using the query "*Capsicum annuum* [orgn] and EST" and downloaded to a local computer. The EST sequences were then assembled with the CAP3 software program (Huang and Madan, 1999) using the default value. This resulted in 30759 unigenes, which included 12 292 contigs and 18 464 singletons. The 12292 contigs, containing the redundant sequences, were mined for polymorphic SSR loci. In the file titled *CAP3 out* generated by the CAP3 software program, the detailed display of the contigs were searched manually for the symbol "—" to find the gaps in the alignments. When a gap was found, the corresponding sites and the adjoining sequences of other ESTs in the contig were checked to identify if they had the characteristics of an SSR, with the criteria of (1) a motif in the range of 2~6bp and (2) a motif repeat number greater than 2. Any locus fulfilling these criteria was considered a putative polymorphic SSR locus when differences in the number of repeat motifs among homologs were found in the contig. Through this approach, 68 polymorphic SSR loci were identified and for 65 of them primers could be designed using Primer3 (Rozen and Skaletsky, 2000; http://frodo.wi.mit.edu/primer3/), with the expected size ranging from 100 to 300bp.

Thirty-one pepper varieties were used to validate the polymorphisms of the SSR loci. DNA was isolated from the young leaves of seedlings from each cultivar by using a DNA Isolation Kit (Tiangen Biotech, Beijing, China) (Appendix 1). PCR reactions were carried out in a total volume of 10μL containing 1 × buffer, 2mmol/L of $MgCl_2$, 200μmol/L of each dNTPs, 0.2μmol/L of each primer, 0.5 U of *Taq* DNA polymerase (Tiangen Biotech), and 10ng of DNA template (Table 1).

Table 1 Description of 33 polymorphic EST-SSRs in pepper (*Capsicum annuum*), including locus name, GenBank accession no. of associated ESTs, repeat motif, primer sequence, expected size, allele number, observed heterozygosity, and expected heterozygosity, as determined by genotyping 31 pepper genotypes.

LOCUS	GenBank accession no.	Repeat motif	Primer sequences (5′-3′)	Size(bp)	N_1	H_O	H_e	Putaive function[a]
CAK6	CO908011 GD078211	$(GCC)_6$ $(GCC)_3$	F;GCATTCAAAGCCACACAAAA R:GACGGATAACGACCTGGTGA	141	2	0.258	0.465	Seed matunation like proteim
CAK7	GD071512 GD096755	$(ACATICA)_3$ $(ACATICA)_3$	F:TGTTGACTCTGGCCATAGTGATC R:AAACCACGTCCACATTGGTC	149	2	0.065	0.064	Putative serine protease-like protein
CAK10	GD122697 GD113910	$(CCAAAC)_2$ $(CCAAAC)_2$	F:GCTCCAGTCFRROCAAAAAT R:CTOCGTTTCCAATGAATGCT	183	3	0.129	0.336	Linpid transfer protein
CAK12	CA524064 GD132489	$(TG)_7$ $(TG)_6$	F;CAOCGTTGAACTGTCCAGTG R: TGCTGTACCCAATGGTTGTG	165	3	0.613	0.515	Water channel-like prctein
CAK13	GD111228 GD078105	$(TCT)_8$ $(TCT)_7$	F;CCOGCATAAGCATCAAACAT R:AGCACTGAAGGTTGTCAGCA	178	2	0.032	0.032	60S ribosomal protein 123m
CAK14	CK901609 CA517572	$(ACA)_3$ $(ACA)_2$	F:TGATGGAGCTGTTCTTGGAC R:GTGCCGTTTCAGGTCCAGTT	175	2	0.097	0.432	Bictin carboxyl carrier protein of acetyl-CoA carboxy lase
CAK15	GD097925 GD129888	$(TCGTCA)_3$ $(TCGTCA)_2$	F:GGCTTGTTTACAAGCCGAAA R:ACACCCTCGCTCAAGTAACC	206	2	0.419	0.432	Ribonuclease t2
CAK18	GD103373 BM061457	$(GAG)_{20}$ $(GAG)_8$	F:ACGGCAGGTTGTTGACAACT R:ATGCCACAATCGACAAACAA	172	3	0.484	0.585	KELP
CAK19	GD098891 GD093005	$(AT)_{13}$ $(AT)_9$	F:CAACCACAATGAOGAATGTT R:TATGCCGGTAATTCCAGGTC	173	3	0.903	0.630	Avr9VCf-9 rapdly elicited of acetyl-CoA carboxy lase
CAK20	GD345463 GD119991	$(TCGTCA)_3$ $(TCGTCA)_2$	F:GGTGGCCACAAAAGTAATCC R:AGCCCTAACATGGCTCCTAA	166	2	0.323	0.275	ArGDU3
CAK21	GD119232 GD107906	$(ACA)_3$ $(ACA)_3$	F:TTGTTGCCCTGACTTTTGAA R:AAAATCGATCGTGAGTTCG	163	2	0.097	0.094	PP2C family prctein
CAK22	CA524913 CO776771	$(ATC)_3$ $(ATC)_3$	F:TGGGATCTAAACATCAAGG R:CATGTGGGATCATGAATGGA	235	2	0.613	0.432	No hit
CAK24	GD110370 BM062080	$(CACCAT)_3$ $(CACCAT)_3$	F:AAACGTCATCACAGCCATTA R:CGTAACGCACCCTCTAGGAA	159	5	0.161	0.434	Auxin-responxive family proteim
CAK28	GD064883 GD073437	$(AGA)_3$ $(AGA)_2$	F:TGGATTCGTCATGGTTCAAG R:CGOGAATCTCATCTGATCCT	215	2	0.226	0.474	SOS2-like protein kinuse
CAK30	GD056348 CA516988	$(CA)_{34}$ $(CA)_{30}$	F:ATTCTCTTCCACCGCCTTTT R:TCCGTTAAAGCACCATTTCC	143	5	0.677	0.750	Pyridnoxal bicsynthesis prctein
CAK31	GD066318 GD093901	$(GAG)_7$ $(GAG)_5$	F:TAAGAGCAAGGAGGCTCTGC R:GACATGATCCAACCCAATCC	196	3	0.226	0.608	Conserved hypothetical prctein
CAK33	GD132221 CO910120	$(TC)_{10}$ $(TC)_2$	F:CCTTCCTAGCCACACACCTC R:GAAGGAATAACCCGCAGGTA	147	6	0.871	0.698	Plastd thicredoxin M precten
CAK35	CO909840\ GD128167	$(AAACA)_6$ $(AAACA)_2$	F:TCCCACGAGTCTTTTTGAGG R:TCTGGTCTTCTTGGGAATCAA	229	3	0.000	0.328	Cakium ATPase
CAK36	GD116041 GD073706	$(TTAA)_4$ $(TTAA)_3$	F:CGAGGCTTCCCTTTTCTCTC R:TCGCCAAGGACGATAATTT	175	2	0.000	0.064	Small GTPase Rab2
CAK40	CA524382 EL819371	$(CTG)_{20}$ $(CTG)_8$	F:AACCTCGGAGGACCATTTTT R:TTCAACCTCAACAGCAGCAG	155	3	0.097	0.402	No hit
CAK41	GD121186 CA517975	$(ATTTG)_3$ $(ATTTG)_2$	F:CAGCACGCTACTTGCTCACCTT R:CCGAGAGGACATATGGTGGA	157	2	0.065	0.275	Thaumatin-like proteim
CAK43	GD078806 GD075302	$(GTAT)_3$ $(GTAT)_2$	F:TCCTGAAGCGCTTTTTAACG R:AGCCTCCATTGTTAGCTTGTTG	217	3	0.936	0.579	No hit
CAK45	CA513797 CO908813	$(AG)_6$ $(AG)_3$	F:CACTTGCCAGACCCAATACA R:CTCTCAACTCTCGGCACACA	161	2	0.323	0.275	ATFP3
CAK46	CA524998 CO906621	$(GGAATT)_3$ $(GGAATT)_2$	F:GGGCCATTTCATACTCAGGA R:GGGTTTCAACCTTGAAGGAA	222	3	0.161	0.588	No hit
CAK47	GD128754 CA515842	$(TGGGTA)_3$ $(TGGGTA)_2$	F:TGGAGGCTATGGAATCACC R:AAGCTGCTGTTGCCCTGAT	199	2	0.194	0.178	No hit
CAK52	GD088786 BM065973	$(AT)_3$ $(AT)_6$	F:AAGCAAACTTGCCCTTGGTA R:TACACGCCACTTGAACCAGA	150	3	0.097	0.263	Gibberellin-induced protein 3
CAK54	GD109632 CA517742	$(CICC)_3$ $(CICC)_2$	F:CGAAAACAGAACGACGGACT R:CTTCACCATCTCACCCAACC	164	3	0.032	0.423	No hit
CAK55	BM065349 GD084186	$(ATTTGG)_2$ $(ATTTGG)_1$	F:TCCGCTCGTGAAGCATCTAGC R:TTTCAAACCCGTGACACAGA	208	3	0.258	0.423	No hit

Continued

LOCUS	GenBank accession no.	Repeat motif	Primer sequences (5′-3′)	Size(bp)	N_1	H_O	H_e	Putative function[a]
CAK56	GD071260 CA514714	$(CT)_{14}$ $(CT)_9$	F:GCACGGCTCTATATCTCTCTATCTT R:TCAACATCTCACCGAAGCTG	164	3	0.258	0.550	Fructokinase-2
CAK58	CO776923 CK901965	$(TTGGCA)_2$ $(TTGGCA)_1$	F:GTGAACCACGAGCGGATTAT R:CGGACTCAAAAGGACCTTCA	224	3	0.323	0.484	Cold and salt response protein
CAK59	GD072399 BM062897	$(CAAA)_7$ $(CAAA)_4$	F:AATTGTTGACCATCCCCAAA R:AATGTGCATGAATAGCAAGAA	226	2	0.195	0.355	Aminophospholipid ATpase
CAK61	BM063986 CD055583	$(ACGACC)_4$ $(ACGACC)_3$	F:GAAAGTGGCACATGAGGGAAA R:AGGTGGTGGAGGACATGGT	177	3	0.129	0.497	Exteain-like pretein
CAK64	GD345374 GD123276	$(TCT)_3$ $(TCT)_2$	F:GAGAGGCGATTGCGTTGTAT R:TCCAGAAATGGGAAAACAGC	208	2	0.161	0.204	F-box farmily protein-like

Note : H_e = expected heterozygosity; H_o = observed heterozygosity; N_a = allele number. a_{The} putative functions were acquired by searching the NCBI nonredundant database with BLASTX using a threshold *E* -value of 1.00E-07.

The PCR was performed on a PTC-100 Peltier Thermal Cycler (MJ ResearchInc., Waltham, Massachusetts, USA) under the following conditions: 94℃ for 5min; 30 cycles of 30s at 94℃, 30s at 55℃, and 45s at 72℃; and a final extension of 5min at 72℃. The amplification products were resolved on 8% native poly-acrylamide gels with a constant voltage of 10 V/cm for 2h and visualized by silver staining. Eight loci yielded nonspecific products, three loci produced larger products than expected, and two loci yielded no products. The remaining 52 loci generated products of the expected size, including 19 loci that exhibited monomorphism and 33 loci that displayed polymorphism among the tested pepper cultivars. Two to six alleles per locus (mean, 2.76 alleles per locus) were detected by the polymorphic SSR markers. Population genetic parameters were estimated with POPGENE (Yeh and Boyle, 1997). The mean observed heterozygosity and expected heterozygosity were 0.29 and 0.39, respectively. The motif repeat number for the polymorphic loci ranged from two to 10. There were 18 loci with a motif repeat number of less than five, accounting for 55% of the total loci. The putative functions of the ESTs containing the polymorphic SSRs were determined by a similarity search, with 27 of the SSR loci showing significant similarities to known genes. A detailed description of the SSR loci is presented in Table 1. These informative EST-SSR markers will be valuable for genetic variation analysis and marker-assisted selection in pepper breeding programs.

CONCLUSIONS

EST redundancies in the NCBI database were successfully used to develop 33 SSR markers for pepper, which will be valuable for marker-assisted breeding because they are located in transcript regions and might therefore exhibit functional diversity. The rapidly increasing volumes of DNA and complementary DNA (cDNA) sequences in public sequence databases make this approach a promising one for efficiently developing SSR markers in preliminary screenings for polymorphic SSR loci in redundant sequences.

References

BEN-CHAIM A., BOROVSKY Y., FALISE M., et al. 2006. QTL analysis for capsaicinoid content in *Capsicum*. *Theoretical and Applied Genetics*, 113: 1481-1490.

HUANG X., MADAN A. 1999. CAP 3: A DNA sequence assembly program. *Genome Research*, 9: 868-877.

INCE A. G., KARACA M., ONUS A. N. 2010. Polymorphic microsatellite markers transferable across *Capsicum* species. *Plant Molecular Biology Reporter*, 28: 285-291.

KONG Q., IANG C. X, YU Z. 2006. Development of EST-SSRs in *Cucumis sativus* from sequence database. *Molecular Ecology Notes*, 6: 1234-1236.

LEE J. M., NAHM S. H., KIM Y. M. et al. 2004. Characterization and molecular genetic mapping of microsatellite loci in pepper.*Theoretical and Applied Genetics*, 108: 619-627.

MINAMIYAMA Y., TSURO M., HIRAI M. 2006. An SSR-based linkage map of *Capsicum annuum*. *Molecular Breeding*, 18: 157-169.

NAGY I., STAGEL A., SASVARI Z., et al. 2007. Development, characterization, and transferability to other Solanaceae of microsatellite markers in pepper (*Capsicum annuum* L.). *Genome*, 50: 668-688.

PORTIS E., NAGY I., SASVARI Z., et al. 2007. The design of *Capsicum* spp. SSR assays via analysis of insilico DNA sequence, and their potential utility for genetic mapping. *Plant Science*, 172: 640-648.

ROZEN S., AND SKALETSKY H. J. 2000. Primer3 on the WWW for general users and for biologist programmers. *In:* Krawetz S., Misener S. Bioinformatics Methods and Protocols: Methods in Molecular Biology Humana Press, Totowa, New Jersey, USA: 365-386.

YEH F. C., BOYLE T. J. B. 1997. Population genetic analysis of co-dominant and dominant markers and quantitative traits. *Belgian Journal of Botany*, 129: 157.

YI G. B., LEE J. M., LEE S., et al. 2006. Exploitation of pepper EST-SSRs and an SSR-based linkage map. *Theoretical and Applied Genetics*, 114: 113-130.

APPENDIX 1 Names and sources of pepper (*Capsicum annuum*) germplasm used in this study

Material type	Name	Source
Commercial hybrid	Fuxiang No. 4, Fuxiang No. 2, Xingshu No. 16, Xiangyan No. 16, Zaoshuai, Fuxiang No. 1, Bolahongshuai, Bolahongniu, Xingshu No. 301, Bola No. 1, Hongxiu	Hunan Xingshu Seed Industry Co., Ltd
Inbred line	SJ06-28, SJ07-1, SJ05-48, SJ09-52, SJ05-47, SJ05-49, D70-2, 08HN1, J04-46-1, SJ18-7	Hunan Vegetable Research Institute
Land race	Jizhuajiao, Fudijian, Tedaniujiaojie, Xiangtanwan, Luxijiao, Qiemen sweet pepper, Sichuanhaijiao, Ziselajio, Guangxibaipilajiao, Luodianlajiao	Hunan Vegetable Research Institute

利用序列比对的方法鉴定和开发辣椒的多态性 EST-SSR 标记

孔秋生[1,2]，张广平[1,3]，陈文超[1]，张竹青[1]，邹学校[1,3]

（[1]湖南蔬菜研究所，长沙 410125，湖南；[2]华中农业大学园艺植物生物学教育部重点实验室，武汉 430070，湖北；[3]中南大学，长沙 410083，湖南）

研究的前提：利用 NCBI 数据库中辣椒 EST 序列的冗余性来鉴定和开发多态性 SSR 标记。

方法和结果：从公共序列数据库中获得了 118060 个辣椒的 EST 序列，对这些序列进行了拼接，在产生的含有冗余 EST 序列的 contig 中鉴定出 68 个多态性 SSR 位点。有 33 个 SSR 标记在 31 个辣椒品种之间检测出多态性，其等位基因数量为 2~6 个。平均观测杂合度和期望杂合度分别为 0.28 和 0.39。有 18 个 SSR 标记的基序重复次数小于 5 次，占总标记数量的 55%。

结论：通过挖掘公共序列数据库中冗余的 EST 序列信息，可以高效地开发出多态性 SSR 标记。本研究开发的 SSR 标记可用于辣椒的分子标记辅助选择育种等研究。

关键词：辣椒属；EST；序列比对；SSR；茄科

Inter Simple Sequence Repeat Analysis of Genetic Diversity of Five Cultivated Pepper Species*①

Ou Li-jun[1,2,3], Zou Xue-xiao[1,3]

([1] School of Biological Science and Technology, Central South University, Hunan Changsha 410083, China; [2] Department of Life Sciences, Huaihua University, Hunan Huaihua 418008; China; [3] Vegetable Institution of Hunan Academy of Agricultural Science, Hunan Changsha 410125, China)

Abstract: The current paper studied the genetic diversity of five cultivated pepper species using inter simple sequence repeat (ISSR) analysis. The amplicons of thirteen out of fifty designed primers were stable polymorphic and therefore used as genetic biomarkers. Total 135 clear bands were obtained, of which 102 were polymorphic bands with an average polymorphism rate of 75%. The cultivated species *Capsicum annuum* L. had less specific genotype bands compared with two wildtype species; its Nei's gene diversity index, Shannon's diversity index and genetic differentiation index were 0.21, 0.33, and 0.8306, respectively. The genetic variations of these five species mainly presented interspecifically rather than intraspecifically. Cluster analysis showed they belonged to different branches: *Capsicum annuum* L., *Capsicum chinense* Jacquin. and *Capsicum frutescens* L. were in one cluster, whereas *Capsicum baccatum* L. and *Capsicum pubescens* Ruiz & Pavon in another cluster. *Capsicum annuum* L. had least genetic polymorphism. Our results suggested that ISSR markers be valid tags in studies on pepper genetic diversity and cultived species identification, and gene exchange between cultivated and wild species should be strengthened in pepper breeding to improve heterosis.

Key words: pepper; ISSR; cultivated species; genetic diversity

Pepper is an important vegetable and condiment. It is widely planted in Southeast Asia, South Asia, Korean Peninsula and Latin America. International Plant Genetic Resources Board (IBPGR) has classified pepper cultivars into five species: *Capsicum annuum* L., *Capsicum baccatum* L., *Capsicum chinense* Jacquin, *Capsicum frutescens* L. and *Capsicum pubescens* Ruiz & Pavon. The near continuous overlap in morphological characteristics among the *C. annuum* L., *C. chinense* Jacquin and *C. frutescens* L. led various authors to recognize them as a species complex (Pickersgill, 1971; McLeod et al., 1982). Among them, *Capsicum annuum* L. is the most differentiated, widely cultivated one and the focus in pepper breeding worldwide (Pickersgill, 1997). However, its genetic basis is relatively narrow

* 基金项目：现代农业产业技术体系专项资金资助（CARS-25-A-8）。

① 本文原载 *African Journal of Biotechnology*，2012，11（4）：752-757。

(Prince et al., 1995) and barely contains outstanding characteristics of other cultived speices, which significantly constrained the progress of pepper breeding. Since the 80s of the 20th century, China has bred 100 new pepper cultivars and updated cultivars in the major pepper-producing areas four to five times, by which improved pepper yield and quality. The heterosis in pepper is very obvious that the yield of elite hybrids normally is 50% higher than that of traditional cultivars. Therefore, study on the genetic relationship of different cultivated pepper species to find new parental cultivars and extend gene pool is of importance in effective utilization of pepper germplasm and an effective way to resolve the bottleneck of pepper breeding.

Molecular marker-assisted breeding is an important component of modern breeding technology, by which Wang et al. (2004) have clearly demonstrated that pepper CMS restoration is controlled by one major gene and four minor genes and further located them on pepper molecular genetic map. Many genetic markers have been used in pepper breeding. For example, Tang et al. (2004) developed a molecular marker OPL09-763 that is closely linked to CMS restorer gene (major) by using RAPD-BSA method. Wang et al. (2005) developed two RAPD markers possibly linked with sterile genes. These markers have accelerated pepper hybrid breeding to certain extent. Inter simple sequence repeat (ISSR) labeling is a PCR-based molecular biology technique. It requires very small amount of template and is convenient in result recording and highly reproducible (Zietkiewicz et al., 1994), therefore is widely used in species identification, genetic mapping, gene locating, phylogeny and evolution (Laura et al., 2008; Zamani et al., 2011; Dong et al., 2011). In this study, the genetic polymorphisms and relationships of 40 varieties from five cultivated pepper speices were evaluated by using ISSR-PCR technology and compared with those of two wild pepper species in order to understand their intra- and inter-species variations, clarify the phylogenetic among the species and provide theoretical support for the accurate identification of pepper germplasm resources and their further appication.

1 Materials and Methods

Materials: Total twenty-eight plants, four of each, of the two wild and five cultivated pepper species were from the United States Department of Agriculture and the Vegetable Institution of Hunan Academy of Agricultural Science (Table 1).

ISSR primer screening: A total of 50 primers with length of 17~18bp synthesized by the Sangon Biotec (Shanghai) Co., Ltd. were used in ISSR-PCR reaction. Among them, 13 had clear, repeatable, amplified polymorphic bands under optimal conditions and used to analyze polymorphrism of pepper cultivars. Each experiment was performed at least twice. The optimal annealing temperature of each primer pairs was explored separately (Table 2).

PCR amplification and product detection

Genomic DNAs of all plants were extracted using CTAB method (Rogers and Bendich, 1988) and used as PCR templates. ISSR-PCR were performed in 25 μL reaction system containing 2.5 μL of 1 × PCR buffer, 1.25mmol/L Mg^{2+}, 0.32mmol/L dNTPs, 1.2μmol/L primer, 1.5 U Taq enzyme and 40 ng template under the following conditions: 95℃ denaturation for 5min, followed by 40 cycles of 94℃ denaturation for 1min, 50℃ annealing

Table 1 Source and category of peppers

Item	Accession or name	Country	Category
1	PI171565①	Turkey	*Capsicum annuum* L.
2	PI193472①	Ethiopia	
3	PI407450①	South Africa	
4	PI555649①	Sudan	
5	Grif 9284①	Costa Rica	*Capsicum annuum* var. *glabriusculum*
6	PI311126①	Nicaragua	
7	PI566812①	Mexico	
8	PI631139①	Guatemala	
9	PBC1752②	Unknown	*Capsicum baccatum* L.
10	Co4393B②	Unknown	
11	PBC80②	Unknown	
12	PBC81②	Unknown	
13	PI260434①	Boliva	*Capsicum baccatum* var. *baccatum*
14	PI281408①	Peru	
15	PI439369①	Bulgaria	
16	PI263258①	India	
17	PI152225①	Peru	*Capsicum chinense* Jacquin
18	PI645555①	Niger	
19	PI281305①	Boliva	
20	PI406987①	Panama	
21	PI195301①	Guatemala	*Capsicum frutescens* L.
22	PI257062①	Colombia	
23	PI263109①	Former Soviet Union	
24	PI631151①	Nepal	
25	PI593620①	Guatemala	*Capsicum pubescens* Ruiz & Pavon
26	PI593639①	Guatemala	
27	Co0709②	Unknown	
28	Co4895②	Unknown	

Note: ① was provided by United States Department of Agriculture, ② was provided by Vegetable Institution of Hunan Academy of Agricultural Science

Table 2 ISSR Primers and optimal annealing temperature (Tm)

Primer	sequences	Tm(℃)	Primer	sequences	Tm(℃)
ISSR-807	$(AG)_8T$	50.6	ISSR-849	$(GT)_8YA$	50.7
ISSR-811	$(GA)_8C$	52.2	ISSR-851	$(GT)_8YG$	52.1
ISSR-815	$(CT)_8G$	51.9	ISSR-853	$(TC)_8RT$	50.3
ISSR-823	$(TC)_8C$	52.5	ISSR-857	$(AC)_8YG$	51.8
ISSR-825	$(AC)_8T$	50.5	ISSR-861	$(ACC)_6$	60.2
ISSR-827	$(AC)_8G$	51.5	ISSR-892	$HVH(TG)_7$	59.5
ISSR-843	$(CT)_8RA$	50.3			

for 70s and 72℃ extension for 1.5min and a final extension at 72℃ for 10min. Amplicons were separated by 2.0% agarose gel electrophoresis at 5 V/cm for 1.5h and photographed by Tanon 4100 gel imaging system.

Statistical Analysis and Data Processing: Each experiment was performed in duplicates, those with stable and clear bands were analyzed. Every DNA fragment, regardless strong or weak, was considered as one molecular marker that represented one primer binding site. Existence of binding site (dominant) was quantified as 1 and no band (hidden) was considered as 0. The populations of polymorphic loci (PPL), Nei's genetic diversity index (*H*), Shannon's information index (I), genetic differentiation coefficient (Gst), total gene diversity (Ht) of cultivated species and genetic diversity within cultivated species (Hs) were calculated by POPGEN32 software. Nei's genetic distances were used to perform UPGMA cluster analysis and construct phylogenetic trees.

2 Results

2.1 Genetic diversity of the five cultivated pepper species

A total of 135 amplicons were obtained in 28 pepper plants by ISSR-PCR using 13 primers. These amplicons had molecular weights between 100bp and 2000bp (such as ISSR-825, Fig. 1) and 102 polymorphic loci, accounting for 75% of total loci. Each primer amplified average 10.38 bands, among which, 8.50 were polymorphic bands with Nei's gene diversity index *H* of 0.21 and Shannon's information index I of 0.33.

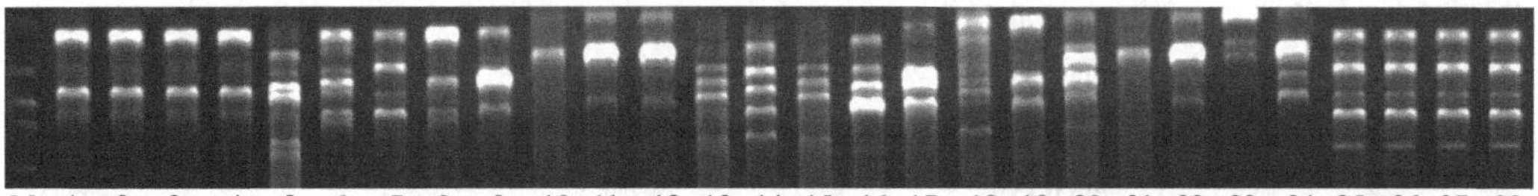

Fig. 1 Amplification map of ISSR-825

Note: M- marker, 1~24 means materials and orders refer to materials

The percentages of polymorphic loci within cultived species were between 12.21% and 25.08%. In detail, that of *Capsicum chinense* Jacquin was 25.08%, the highest, followed by 24.12% of *Capsicum frutescens* L.; that of *Capsicum baccatum* L. was 12.21%, the lowest, followed by 12.58% of *Capsicum annuum* L. The Nei's genetic diversity indices (*H*) were between 0.03 and 0.08, and Shannon's information indices (I) were between 0.06 and 0.13. The percentages of polymorphic loci of the two wild species were 34.8% for *Capsicum annuum* var. *glabriusculum* and 38.9% for *Capsicum baccatum* var. *baccatum*, much higher than those of the five cultivated species, indicating that two wild species have higher genetic diversity.

2.2 Specific band analysis of the five cultivate pepper species

Comparative analysis of the PCR specific bands of the five cultivated pepper species found that each species had 1 to 3 specific bands, which can be used as molecular markers to label and identify different cultivated species, as listed in Table 3. Wildtype *Capsicum annuum* var. *glabriusculum* and *Capsicum baccatum* var. *baccatum* had 4 and 6 specific bands, respectively.

Table 3 Specific bands of different population

Category	numbers of specific bands	primer	fragment size(bp)
Capsicum annuum L.	2	807	300, 350
		823	420
Capsicum annuum var. *glabriusculum*	4	857	1250
		892	240
		861	300
		853	400
Capsicum baccatum L.	3	811	240
		827	410
		853	130
Capsicum baccatum var. *baccatum*	6	861	250
		827	200
		851	160
		851	500
		815	200
		843	400
Capsicum chinense Jacquin	1	853	200
Capsicum frutescens L.	2	849	420
		857	340
Capsicum pubescens Ruiz & Pavon	3	815	300
		823	430

2.3 Genetic differentiation the five cultivated pepper species

Genetic differentiation coefficient (Gst) is the ratio of genetic differences between cultivated species to total genetic variation and was calculated according to genetic diversity of cultivated species (Hs) and the total genetic diversity (Ht). The total gene diversity (Ht) of the five cultivated pepper species was 0.35 and the genetic diversity within cultivated species (Hs) was 0.11. The genetic differentiation coefficient between within the cultivated species (Gst) was 83.06% and 16.94%, respectively, indicating that genetic differentiation within the cultivated species is relatively low and that between the cultivated species is relatively high.

UPGMA dendrogram showed that the five cultivated pepper species could be divided into two large branches. Cluster *Capsicum annuum* L. and *Capsicum annuum* var. *glabriusculum* and cluster *Capsicum chinense* Jacquin and *Capsicum frutescens* L. merged into one branch; Cluster *Capsicum baccatum* L. and *Capsicum baccatum* var. *baccatum* and cluster *Capsicum pubescens* Ruiz & Pavon constituted the other branch (Fig. 2). These results indicated a clear difference in genetic relationship between cultivated species: species with closer genetic relationships will cluster first and that with distant genetic relationship will cluster later.

3 Discussions

The genetic diversity and relationship of the five cultivated pepper species have been

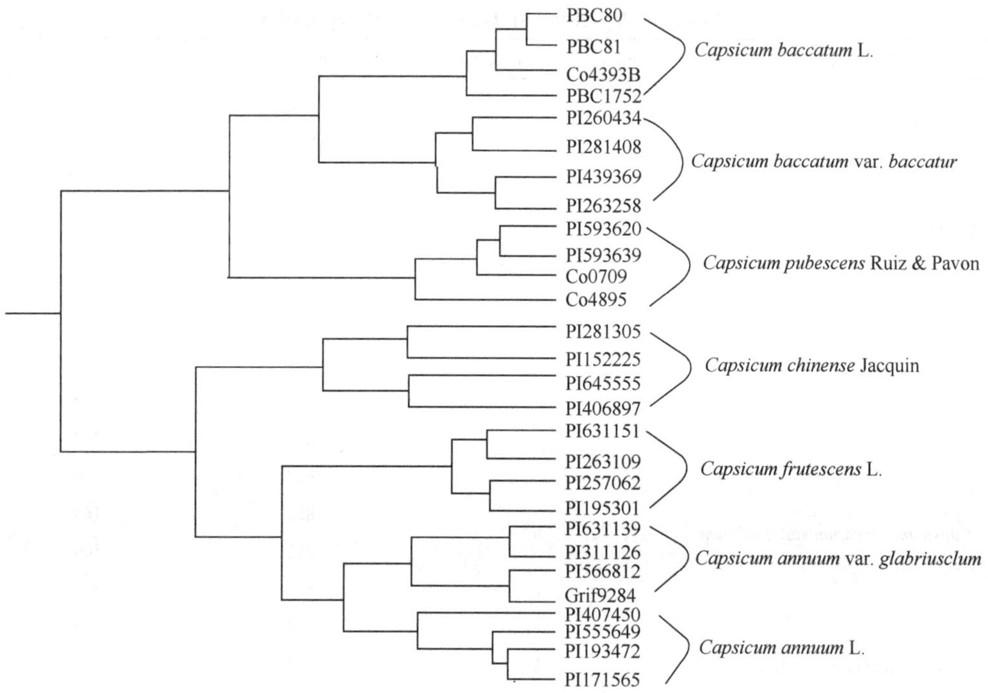

Fig. 2 Homologous tree of peppers based ISSR markers

extensively studied previously based on morphology and cytology. Egawa (1985, 1986) studied the chromosome pairing of interspecific pepper hybrids during meiosis. He observed a very small number of univalents during meiosis of the interspecific hybrids of *Capsicum chinense* Jacquin and *Capsicum frutescens* L., indicating that their chromosomes were highly homologous. *Capsicum frutescens* L. was closest to *Capsicum chinense* Jacquin, followed next by *Capsicum annuum* L. and then by *Capsicum baccatum* L. Bahadur (2003) has found that pollen fertile rate of hybrid of *Capsicum frutescens* L. and *Capsicum chinense* Jacquin was only 28%, whereas that of intraspecific hybrid was 75%. Thus they concluded that *Capsicum frutescens* L. and *Capsicum chinense* Jacquin were distant relatives. Levebvre et al (Lefebvre et al., 1993) studied genomic DNA polymorphism of 13 cultivars of *Capsicum baccatum* L. and one cultivar of *Capsicum annuum* L. by RFLP technology and found that interspecific genetic variation of *Capsicum annuum* L. and *Capsicum baccatum* L. was great. Prince et al. (1995) analyzed Southern hybridization bands of total 21 cultivars of the five cultivated pepper species *Capsicum annuum* L., *Capsicum baccatum* L., *Capsicum chacoense*, *Capsicum chinense* Jacquin and *Capsicum frutescens* L. by RFLP technology and found that these 21 cultivars had 4 distinct clusters, three of which were closely connected clusters presented in *Capsicum annuum* L., *Capsicum frutescens* L. and *Capsicum baccatum* L., and the other one only presented in *Capsicum chinense* Jacquin and *Capsicum chacoens*, indicating a closer relationship among the former three species and between the latter two species. The current study showed that *Capsicum annuum* L., *Capsicum frutescens* L. and *Capsicum chinense* Jacquin were closely related and had distant relationship to the other two species, in agreement with Egawa's conclusions. ISSR markers have been widely used to analyze plant genetic diversity because of their good stability and high genetic polymorphisms.

Therefore our results can reveal the phylogenetic relationships of the five cultivated species more authentically.

The current study found the genetic diversities of all the five cultivated species are less than those of the two wild species. It is known that *Capsicum frutescens* L. is resistant to blight and *Verticillium wilt*, *Capsicum chinense* Jacquin is resistance to *Verticillium wilt*, and *Capsicum baccatum* L. is resistant to TMV, CMV and blight. Therefore, the data suggest that a large number of pepper genes were lost during domestication process.

The major cultivated species currently used in pepper production is *Capsicum annuum* L. However, further studies on cross breeding found this species lacks genetic polymorphism and heterosis is hardly obtained. For examples, Levebvre et al. (1993) concluded based on RFLP results that the sweet pepper cultivars in *Capsicum annuum* L. have homogenous genetic background and lack genetic polymorphism. Heras et al. (1996) analyzed eleven pepper cultivars using RAPD analysis and concluded that *Capsicum annuum* L. has uniformed genetic background and lack genetic diversity. Using RAPD marker analysis, Wang et al. (2003) tested genetic diversity of inbred and hybrid lines of *Capsicum annuum* L. including bell pepper, long pepper, cone pepper and tufted pepper and found that less than 50% of the bands are polymorphic, indicating narrow genetic base among the tested peppers. Consistent with those findings, the current study also shows low genetic polymorphism within *Capsicum annuum* L. Therefore, breakthrough in breeding is more difficult to achieve by croos breed among cultivated species. Gene exchange between cultivated and wild species should be strengthened in pepper breeding to improve heterosis.

References

Bahadur B J. 2003. Studies on interspecific and intraspecific genetic relationships in Capsicum using randomly amplified polymorphic DNA markers and chloroplast DNA sequences, PhD, New Mexico State University.

Egawa Y. 1985. Cytogenetical relationships between wild and cultivated *Capsicum* peppers and their phylogenetic differentiation. Ph. D. thesis, Department of Genetic resources, National institute of Agrobiological Resources, Tsukuba Science City, Ibaraki-keu 305, Japan.

Egawa Y, Tanaka M. 1986. Cytogenetical study of the interspecific hybrid between *Capsicum annuum* and *C. baccatum*. Japan J Breed, 36: 16-21.

Heras V F J L, Jimenez J M C, Vico F R. 1996. RAPD fingerprinting of pepper (*Capsium annuum* L.) breeding lines. Cap Eggt News, 15: 37-40.

Laura T, Giuseppe M, Fulvia R, et al. 2008. ISSR and isozyme characterization of androgenetic dihaploids reveals tetrasomic inheritance in tetraploid somatic hybrids between solanum melongena and solanum aethiopicum group gilo. J Hered, 99(3): 304-315.

Lefebvre V, Palloix A, Max R. 1993. Nuclear RFLP between pepper cultivars(*Capsicum annuum* L.). Euphytica, 71: 189-199.

Marilena M, Davide P, Rossella F, et al. 2006. Genetic variation in five mediterranean populations of juniperus phoenicea as revealed by inter-simple sequence repeat (ISSR) markers. Ann Bot, 97: 299-304.

Pickersgill B. 1997. Genetic resources and breeding of *Capsicum* spp. Euphytica, 96: 129-133.

Prince J P, Lackney V K, Angeles C, et al. 1995. A survey of DNA polymorphism within the genus *Capsicum* and the fingerprinting of pepper cultivars. Genome, 38: 224-231.

Rogers O S, Bendich A J. 1988. Extraction of DNA plant tissue, plant molecular. *In*: Gelvin SB, Schilpe RA, Verna DS Plant Molecular Biology Manual. Dordecht: Kluwer Academic Publishers: 1-10.

Tang D Y, Zou X X, Liu Z M, et al. 2004. Identification of rapid marker linked to a restorer gene for

cytoplasmic male sterility in pepper. J Hunan Agric Univ, 30(4): 307-309.
Theresam C, Sarahj S, Anne W. 2007. Population genetic effects of urban habitat fragmentation in the perennial herb viola pubescens (Violaceae) using ISSR markers. Ann Bot, 100: 91-100.
Wang D Y, Wang M, Zheng X Q. 2005. RAPD Anlysis associated with cytoplasm male sterility in hot pepper (*Capsicum annuum* L.). Acta Agric Nuc Sin, 19 (2): 99-102.
Wang L H, Zhang B X, Lefebvre V, et al. 2004. QTL analysis of fertllity restoration in cytoplasmic male sterile pepper. Thero Appl Gene, 109: 1058-1063.
Wang L, Zheng J G, Lai Z X, et al. 2003. RAPD analysis of genetic diversity in *Capsicum annuum* L. Journal of Fujian Agriculture and Forestry University (Natural Science Edition), 32(2): 213-216.
Zietkiewicz E, Rafalski A, Labuda D. 1994. Genome fingerprinting by simple sequence repeat (SSR) anchored polymerase chain reaction amplification. Genomic, 20 (2): 176-183.

5 个辣椒栽培种遗传多样性的 ISSR 分析

欧立军[1,2,3]，邹学校[1,3]

（[1]中南大学生物科学技术学院，湖南长沙　410083；[2]怀化学院生命科学系，湖南怀化　418008；[3]湖南省农业科学院蔬菜研究所，湖南长沙　410125）

摘要：以 2 个野生种为对照，从 50 个 ISSR 引物中筛选出扩增稳定、多态性好的 13 个引物对 5 个辣椒栽培种的遗传多样性进行分析。结果发现，13 个随机引物共扩增出 135 条清晰条带，其中 102 条具多态性，平均多态性位点比率为 73%；建立了 5 个辣椒栽培种的 ISSR 标记，*Capsicum annuum* L.基因型的栽培种的特异条带数目较少，2 个野生种的特异条带数目较多；Nei's 基因多样性指数 $H = 0.21$，Shannon's 多样性指数 $I = 0.33$，遗传分化指数 $G_{st} = 0.8306$；聚类分析发现，5 个栽培种的材料各自单独成支，同时 *Capsicum annuum* L.、*Capsicum chinense* Jacquin.和 *Capsicum frutescens* L.的材料聚为一大支，*Capsicum baccatum* L.和 *Capsicum pubescens* Ruiz & Pavon 的材料聚为另一大支。实验结果认为，*Capsicum annuum* L.的遗传多态性较低，遗传变异主要存在于栽培种间，栽培种内的基因趋向同化，辣椒的育种应加大种间及与野生种的交流，扩大基因源；同时认为 ISSR 标记是研究辣椒遗传多样性及栽培种鉴定的有效标记。

关键词：辣椒；ISSR；栽培种；遗传多样性

辣椒转录组 SNP 挖掘及多态性分析*①

刘　峰[1,3]，谢玲玲[2]，弭宝彬[1]，欧阳娴[1]，茆振川[3]，邹学校[1]，谢丙炎[3]

（[1]湖南农业科学院蔬菜研究所，长沙　410125；[2]湖南省农业科学院西瓜甜瓜研究所，长沙　410125；[3]中国农业科学院蔬菜花卉研究所，北京　100081）

摘要：利用 SNP 分析软件从辣椒（*Capsicum annuum* L.）251 068 条 Unigenes 中筛选出 18 159 个 SNP，其中有 1781 个 SNP 位点被匹配在 1291 个注释基因上，基因功能分类和代谢途径分析表明，其中 有 853 个基因参与初生代谢（28.7%）、细胞代谢（17.3%）、生物合成过程（15.7%），另有 125 个（9.7%）基因序列参与新陈代谢途径，53 条（4.1%）序列参与次生代谢产物合成途径，31 条（2.4%）序列参与植物激素合成途径。EST-SNP 序列中 4172 条（22.9%）满足设计 CAPS 引物条件，为了验证 EST-SNP 正确性，并选取了 15 对 CAPS 引物对 5 份辣椒材料进行扩增，结果发现有 8 对（53.3%）引物表现出多态性。表明筛选出这些 EST-SNP 标记可作为辣椒基因分型、图谱构建等的候选分子标记。

关键词：辣椒；转录组；EST-SNP；CAPS

DNA 分子标记技术是基因定位克隆，遗传图谱构建等研究工作的重要工具，目前已广泛应用于作物分子辅助育种及种质资源多样性分析等领域（Chao et al.，2008），特别是单核苷酸多态性（Single Nucleotide Polymorphism，SNP）研究备受关注（Gunderson et al.，2005；Syvanen，2005）。研究发现，生物个体中 SNP 数量比其他类型分子标记更为丰富、更具有多态性，如玉米基因组中 SNP 频率为每 100bp 就出现一个 SNP（Tenaillon et al.，2001），水稻为 89bp（Nasu et al.，2002），葡萄为 47bp （Lijavetzky et al.，2007）。这些海量的 SNP 将成为基因分型及遗传关联分析更为理想的分子标记（Syvanen，2005；Karchin，2009）。

随着测序技术的发展，转录组测序已成为研究生物发育阶段、细胞类型、环境互作等复杂分子机制的重要手段，同时也是鉴定多态性 SNP 分子标记的重要数据源。基于转录组挖掘 SNP 分子标记还具有两个显著优点，一是公共数据库 EST 序列丰富；二是这些潜在的 SNP 变异位于功能基因上可能直接与植物表型相关（Ganal et al.，2009）。目前基于转录组及其他 EST 序列开发的 SNP 标记已被广泛运用于玉米、大豆、水稻等（Li et al.，2009；Blair et al.，2013；Frascaroli et al.，2013）作物的遗传图谱构建和遗传

---

* 基金项目：国家自然科学基金项目（31101425）；国家重点基础发展计划项目（2009CB119000）；国家现代产业技术体系建设专项资金项目（CARS-25-B-01）；公益性行业（农业）科研专项（2011303018）

① 本文原载《园艺学报》，2014，41（2）：343-348。

多样性分析中。

辣椒（*Capsicum annuum* L.）是我国重要蔬菜之一，其 SNP 分子标记的开发日益受研究者们重视，如 Jung 等（2010）基于 COSII 引物扩增测序挖掘辣椒 SNP，Nicolaï 等（2012）利用 Roch 454 Yolo Wonder 转录组测序和 CM334 Illumina GA II 测序数据挖掘辣椒 SNP。为了进一步丰富辣椒分子标记 类型及数量，本研究中利用甜椒 HDA149 与辣椒 9704A 转录组测序数据以及公共数据库辣椒 EST 序列进行 SNP 分析，并基于 CAPS（Cleaved Amplified Polymorphic Sequence）对不同辣椒材料 进行 SNP 多态性分析。

1 材料与方法

1.1 植物材料及其 DNA 提取

选用甜椒 HDA149（法国 INRA）、牛角椒 9704B（湖南省蔬菜研究所）、湘研 1 号（湖南省蔬菜研究所）、博辣 5 号（湖南省蔬菜研究所）、CM334（墨西哥 INIA）为试料。每份材料选 20 粒种子，30℃恒温箱中育苗，用 CTAB 法提取供试材料 DNA，–80℃保存备用。

1.2 辣椒 EST-SNP 数据分析

利用 HDA149 幼根组织和 9704B 花蕾组织转录组数据以及 NCBI（http://www.ncbi.nlm.nih.gov）All database 数据库中所有辣椒 EST 序列，使用 Trilily 软件首先对所有序列进行拼接，然后使用 Samtools 工具分析上述两个转录组序列 SNP 位点（http://samtools.sourceforge.net/）。

1.3 辣椒多态性 SNP-EST 序列功能分析

利用 Blast2go（http://www. blast2go.org）程序，对多态性 SNPEST 序列进行功能注释（$E < 10^{-10}$）和 GO 分类（geneontology，http://www.geneontology.org）及 KEGG 分析（kyoto encyclopedia of genes and genomes，http://www.genome.jp/kegg）。

1.4 辣椒 SNP 位点 CAPS 标记引物设计与扩增

利用 perl 脚本程序查找 EST-SNP 突变位点的内切酶识别位点，对于没有酶切位点的 EST-SNP 序列运用 SNP2CAPS 程序进行酶切识别位点碱基转换，并设计引物。引物设计标准：①PCR 产物 大小为 90~600bp；②引物长度为 23~25bp；③退火温度为 55~63℃，上、下游引物退火温度相差不大于 5℃；④GC 含量为 40%~60%；尽量避免引物 Hairpin、Dimer、False Priming、Cross Dimer 情况出现。

PCR 扩增反应体系：2.5mmol/L $MgCl_2$、1 U *Taq* 酶、800μmol/L dNTP、10mmol/L 10×PCR buffer、0.2μmol/L 引物、模板 DNA 50ng，补 ddH_2O 至 25μL。PCR 扩增程序：94℃预变性 3min；94℃变性 30s，最佳退火温度退火 30s，72℃延伸 30s，35 个循环；72℃延伸 5min。

1.5 SNP 酶切与电泳检测及扩增产物测序

用限制性核酸内切酶酶切 PCR 产物，酶切体系包括 10U/μL 限制酶 0.5μL、1μL buffer、5.5μL ddH_2O、3μL PCR 产物，置于酶切最适温度 8~10h，酶切完全后用 2%~4%的琼脂胶对酶切产物进行电泳检测。回收 PCR 产物纯化后连接到 PMD-18T 载体上，转化 TOP10 感受态细胞，经阳性检测后送测序公司测序。

2 结果与分析

2.1 辣椒转录组序列组装及 SNP 在 EST 序列中的特征

两个辣椒材料 HDA149、9704B 经 Illumina 转录组测序分别获得 4.5 G、5 G 原始 reads（表 1），NCBI 上共获得辣椒 EST 序列约 150Mb，经 Trilily 软件组装共获得 251 068 条 Unigenes，总覆盖长度为 110.5 Mb，其中，HDA149、9704B 分别占总数据量的 41.2%和 38.7%，NCBI 数据占 20.1%。拼接的所有 Unigenes 平均长度为 450bp，较大的 Unigenes（> 500bp）平均长度为 820bp，而最大的拼接序列达到了 4030bp。经 Samtools SNP 软件分析，共检测到 18 159 个 SNP 位点，其中 1 384 个变异位点超过两个核苷酸变异，约占 13.1%。4 种碱基变异频率以 T/C、G/A 最高，分别占 30.3%、23.5%，而 A/T、G/C、G/T、A/C 变异频率分别为 13.6%、11.5%、10.8%、10.3%。

表 1 HDAA149 与 9704B 辣椒转录组测序数据

Table 1 Data summary of HDA149 and 9704B transcriptome sequencing

高通量测序数据 Illumina sequence terms	原始序列读数 Raw reads	总碱基数 Total nucleotides	重叠群 Contigs	非重复序列 Unigenes
HDA149	45 360 970	4 092 579 900	574 820	103 440
9704B	50 459 344	4 541 340 960	552 794	97 613

2.2 EST-SNP 序列功能分析

NCBI 数据库基因注释为参考对 18 159 个含有的 EST-SNP 序列进行 BLAST 比对，共有 5483 条（30.1%，*E*<–10）EST 序列被匹配，其中有 1781 个 SNP 位点匹配到 1291 个注释基因上，并有 853 个基因被 GO（Gene Ontology）分类（图 1），功能分析发现其主要参与初生代谢（28.7%）、细胞代谢（17.3%）、生物合成过程（15.7%）。

另外一部分 EST-SNP 功能还涉及各种生物（非生物）胁迫（刺激）反应，信号转导、次生代谢以及一些特异的细胞过程，如蛋白质折叠修饰等。在 KEGG 分析中，有 125 个基因序列（9.7%）参与新陈代谢途径，53 条序列（4.1%）参与次生代谢产物合成途径，另外还有 31 条序列（2.4%）参与植物激素合成途径。

2.3 EST-SNP CAPS 标记引物设计及多态性分析

利用程序共获得 EST-SNP 酶切位点 7034 个，约占总 EST-SNP 的 38.7%，其中可以直接酶切 EST-SNP 位点 1183 个，约占 6.5%，经 EST-SNP 位点两边碱基转换后可酶切的 SNP 位点 5851 个约占 32.2%，其中能满足设计 CAPS 引物条件的 EST-SNP

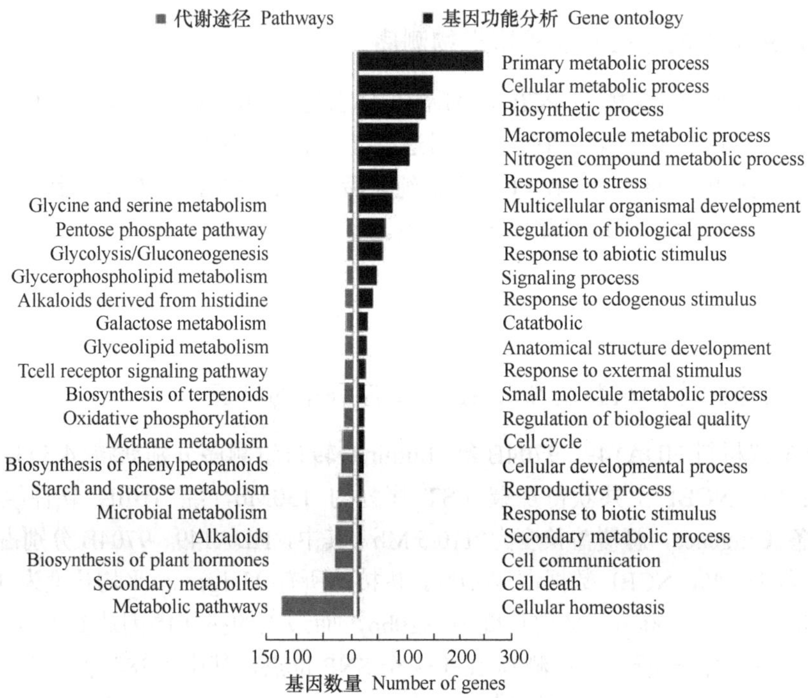

图 1　辣椒 EST-SNP GO 分析及代谢途径

Fig. 1　Gene Ontology and pathways of EST SNP in pepper

序列为 4172 条，约占总 EST-SNP 的 22.9%。为了进一步验证 CAPS 引物的有效性以及在不同材料中的多态性，共选取了 15 对 EST-SNP CAPS 引物对 5 份辣椒材料进行扩增。电泳检测表明有 12 对引物具有单一条带的扩增产物，随后扩增产物经酶切检测发现其中 8 对引物表现出多态性（表 2，图 2）。基因注释表明这些多态性 EST-SNP 涉及植物的生长发育和抗逆等过程。为了进一步验证 CAPS 引物的正确性，对部分 EST-SNP 酶切后 DNA 带型为野生型（Wt）、突变型（Hm）、杂合型（Hz）的扩增产物进行了测序。其中图 3 为 Unigene28451 CAPS 引物扩增 9704B、HDA149、CM334 材料获得的 3 种基因型产物测序峰图，测序分型结果与扩增产物酶切分型结果相吻合（图 2，Ⅶ），表明本研究筛选出 EST-SNP 及其转化的 CAPS 标记能准确地进行基因分型。

3 讨　　论

本研究中从辣椒转录组和 EST 公共数据库产生的 251 068 条 Unigenes 中共鉴定出 18 159 个 SNP，总覆盖长度为 110.5Mb，SNP 频率为 1/5.8kb，与 YCM334/Taean 辣椒之间的 SNP 频率（1/6.2kb）（Lu et al.，2011）相当，但比其他物种的 SNP 频率低（Lijavetzky et al.，2007），这种频率差异主要与研究材料的遗传背景差异有关，当 SNP 频率越高表明遗传背景差异越大（van Tassell et al.，2008）。本研究中 SNP 位点碱基变异类型以 T/C 最高占 30.3%，与人、大豆、玉米、大麦、小麦等物种中的 SNP 碱基变异类型相似（Huang and Madan，1999；Chao et al.，2008；Sato et al.，2011）。

表 2 EST-SNP CAPS 引物及基因注释

Table 2 Annotation and CAPS marker of EST-SNP

编号 ID	基因 ID Unigene ID	引物 Primers	内切酶 Enzyme	基因注释 Annotation
Ⅰ	Unigene17576	GATTCCCCATATTCAGGAACGA	*Hinf*Ⅲ	乙烯受体
		GAAGGCTTGAGCTTCACTGTGT		Ethylene receptor
Ⅱ	Unigene19983	ATTATTTCAAATTGTTCAAGTCGA	*Hinf*Ⅲ	ATP 合成酶亚基
		TTCTTCACTACTCCTACAGGCTTG		ATP synthase subunit
Ⅲ	Unigene21587	GCGGTGAACAGTTACAAAAGGA	*Bam*HⅠ	受光调控的短下胚轴发育蛋白
		ACCTTAGTCTTCCCGAACTGGTC		LSH10
Ⅳ	Unigene23269	GCTAATCCAGAGGATCAAGTCGA	*Sal*Ⅰ	热激蛋白
		ATGCACCTCTCTTACCCTTTTCGC		Heat shock protein
Ⅴ	Unigene25494	TACATCGGGGCTGTGACACTGCA	*Pst*Ⅰ	胁迫诱导受体
		GTAACCCATTGTCCCTCTTGCTGC		Stress-induced receptor
Ⅵ	Unigene25924	GCATGATCAGGTGCTTCATCGAT	*Pvu*Ⅰ	盐诱导蛋白
		GAACAAAGCACTTGAAAGTGGG		Salt-inducible protein
Ⅶ	Unigene28451	GTGGTTCATGAGTTCAGACTGCA	*Pst*Ⅰ	PPR 重复蛋白
		AGTAGCTGCTCTTTCTGTTCCTCC		PPR repeat protein
Ⅷ	Unigene32387	GATCCAAATAGAAGGCCGTCATA	*Nde*Ⅰ	NBS 抗病蛋白
		CTAGATTCAAGCTTGCCGTTGGT		NBS resistance protein

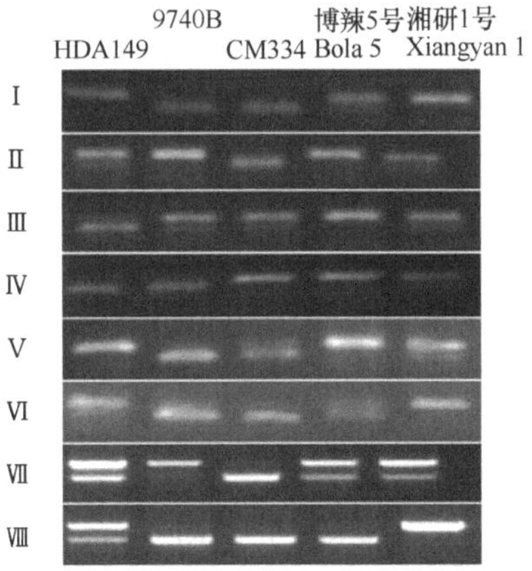

图 2 不同 CAPS 引物在辣椒材料中的扩增酶切结果

Fig. 2 Results of enzyme digestion of PCR product in different peppers

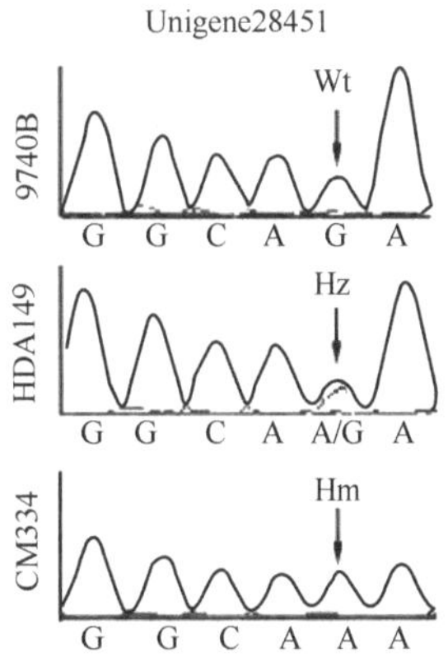

图 3 CAPS 引物Ⅶ SNP 位点测序结果

Fig. 3 Sequence results of CAPS marker in different genotypes

对 18 159 条含有的 EST-SNP 序列进行 NCBI 数据库比对，共有 5483 条 EST 序列被匹配约占 30%，还有大约 2/3 的序列未被匹配，主要源于数据库中没有辣椒转录组同源性序列或序列过短因匹配度过低而被过滤，其他有关辣椒转录组研究也得到了类似的结果（Lu et al., 2011; 刘峰 等, 2012）。筛选的 SNP 中有 1781 个位点被注释到 1291 个基因上，未被注释的序列多为未知功能基因。经 GO 分类和 KEGG 代谢途径分析发现大部分参与初生代谢、细胞代谢、生物合成过程，以及其他各种生物（非生物胁迫（刺激）反应，信号转导、次生代谢和植物激素合成等，表明这些 EST-SNP 基因广泛地参与辣椒各种代谢反应过程，并影响着辣椒各种农艺性状的建成，可能正是因为功能基因 SNP 变异的丰富性导致其种类形态的多态性。

目前 SNP 作为分子标记发展了出多种 SNP 检测方法：Taqman 法、质谱法、芯片发、测序法、酶切法等（Kim and Misra，2007）。这些检测方法各有优缺点，在分子育种领域如何高效、简单、快速的进行 SNP 检测显得十分重要。在辣椒 SNP 检测中 Jung 等（2010）选用了是 AS-PCR 法进行基因分型，该方法虽然简单易行，但稳定性欠佳，易产生假阳性结果。因此，本研究中以 PCR 扩增、限制性内切酶酶切和琼脂糖电泳为检测手段的 CAPS（dCAPS）（Thiel et al.，2004）方法对 SNP 检测。本研究中能满足 CAPS 引物条件的 EST-SNP 序列有 4172 条(22.9%)，大部分序列未被成功设计成 CAPS 标记引物，主要因为 EST 序列过短或无法满足引物设计预设条件而被过滤掉，当研究需要时可以适当放宽引物设计条件以达到研究目的。测试的 15 对 CAPS（dCAPS）引物中有 12 引物能在 5 种不同辣椒材料中进行有效扩增，并有 8 对引物表现出多态性，CAPS 标记转化成功率为 53.3%。表明本研究中开发的 SNP 转化为 CAPS 标记后可以相对稳定、经济地在辣椒分子遗传育种、基因定位等研究中应用。随着辣椒基因组、转录组测序研究的不断深入，辣椒 SNP 资源将更加丰富，对辣椒遗传育种、遗传图谱构建等研究具有更积极的促进作用。

参 考 文 献

刘峰, 王运生, 田雪亮, 等. 2012. 辣椒转录组 SSR 挖掘及其多态性分析. 园艺学报, 39 (1): 168-174.

Blair M W, Cortes A J, Penmetsa R. V, et al. 2013. A high-throughput SNP marker system for parental polymorphism screening, and diversity analysis in common bean(*Phaseolus vulgaris* L.). Theor Appl Genet, 126 (2): 535-548.

Chao S, Zhang W, Akhunov E, et al. 2008. Analysis of gene-derived SNP marker polymorphism in US wheat (*Triticum aestivum* L.) cultivars. Molecular Breeding, 23 (1): 23-33.

Frascaroli E, Schrag T A, Melchinger A E. 2013. Genetic diversity analysis of elite European maize (*Zea mays* L.)inbred lines using AFLP, SSR, and SNP markers reveals ascertainment bias for a subset of SNPs. Theor Appl Genet, 126 (1): 133-141.

Ganal M W, Altmann T, Roder M S. 2009. SNP identification in crop plants. Curr Opin Plant Biol, 12 (2): 211-217.

Gunderson K L, Steemers F J, Lee G, et al. 2005. A genome-wide scalable SNP genotyping assay using microarray technology. Nat Genet, 37 (5): 549-554.

Huang X, Madan A. 1999. CAP3: A DNA sequence assembly program. Genome Research, 9 (9): 868-877.

Jung J K, Park S W, Liu W Y, et al. 2010. Discovery of single nucleotide polymorphism in *Capsicum* and SNP markers for cultivar identification. Euphytica, 175 (1): 91-107.

Karchin R. 2009. Next generation tools for the annotation of human SNPs. Briefings in Bioinformatics, 10 (1): 35-52.

Kim S, Misra A. 2007. SNP genotyping: Technologies and biomedical applications. Annu Rev Biomed Eng, 9: 289-320.

Li R, Li Y, Fang X, et al. 2009. SNP detection for massively parallel whole-genome resequencing. Genome Research, 19 (6): 1124-1132.

Lijavetzky D, Cabezas J A, Ibáñez A, et al. 2007. High throughput SNP discovery and genotyping in grapevine (*Vitis vinifera* L.) by combining a re-sequencing approach and SNPlex technology. BMC Genomics, 8 (1): 424.

Liu F, Wang Y S, Tian X L, et al. 2012. SSR mining in pepper(*Capsicum annuum* L.) transcriptome and the polymorphism analysis. Acta Horticulturae Sinica, 39 (1): 168-174.

Lu F H, Yoon M Y, Cho Y I, et al. 2011. Transcriptome analysis and SNP/SSR marker information of red pepper variety YCM334 and Taean. Scientia Horticulturae, 129 (1): 38-45.

Nasu S, Suzuki J, Ohta R, et al. 2002. Search for and analysis of single nucleotide polymorphisms (SNPs) inrice (*Oryza sativa*, *Oryza rufipogon*) and establishment ofSNP markers. DNA Research, 9 (5): 163-171.

Nicolaï M, Pisani C, Bouchet J, et al. 2012. Discovery of a large set of SNP and SSR genetic markers by high-throughput sequencing of pepper (*Capsicum annuum*). Genetics and Molecular Research, 11 (3): 2295-2300.

Sato K, Close T J, Bhat P, et al. 2011. Single nucleotide polymorphism mapping and alignment of recombinant chromosome substitution lines in barley. Plant Cell Physiol, 52 (5): 728-737.

Syvanen A C. 2005. Toward genome-wide SNP genotyping. Nat Genet, 37 (Suppl): 5-10.

Tenaillon M I, Sawkins M C, Long, A D, Gaut R L, Doebley J F, Gaut B S. 2001. Patterns of DNA sequence polymorphism along chromosome 1 of maize (*Zea mays* ssp. *mays* L.). Proceedings of the National Academy of Sciences, 98 (16): 9161-9166.

Thiel T, Kota R, Grosse I, et al. 2004. SNP2CAPS: A SNP and INDEL analysis tool for CAPS marker development. Nucleic Acids Research, 32 (1): e5.

van Tassell, Smith C P T P, Matukumalli L K, et al. 2008. SNP discovery and allele frequency estimation by deep sequencing of reduced representation libraries. Nat Methods, 5 (3): 247-252.

SNP Mining in Pepper Transcriptome and the Polymorphism Analysis

LIU Feng[1, 3], XIE Ling-ling[2], MI Bao-bin[1], OUYANG Xian[1], MAO Zhen-chuan[3], ZOU Xue-xiao[1, *], and XIE Bing-yan[3, *]

([1] Institute of Vegetables, Hunan Academy of Agricultural Sciences, Changsha 410125, China; [2] Institute of Wa-termelon and muskmelon Hunan Academy of Agricultural Sciences, Changsha 410125, China; [3] Institute of Vegetables and Flowers, Chinese Academy of Agricultural Sciences, Beijing 100081, China)

Abstract: In this study, we investigated 251 068 unigenes from two transcriptome in pepper (*Capsicum annuum* L.)using SNP finding soft. In total, 18 159 SNP were identified from these SNP-containing unique ESTs. Among, 1781 SNP located at 1 291 annotation genes, analysis of GO (Gene Ontology) showed that 853 ESTs were classified, among primary metabolic process (28.7%), cellular metabolic process (17.3%), biosynthetic process (15.7%) being main. In KEGG map, 125 ESTs involved in taken part in metabolic pathways, and 53 participated in biosynthesis of second metabolites, and 31 involved in biosynthesis of plant hormones. Moreover, a total of 4172 (22.9%) sequences were successfully designed primers of CAPS marker. Eight out of 15 primer pairs selected at random showed polymorphism among 5 different pepper varieties. The results indicated that those CAPS markers from EST-SNP will be more usable in map structure, analysis of genetic polymorphism in pepper.

Key words: pepper; *Capsicum annuum* L.; transcriptome; EST-SNP; CAPS

辣椒转录组 SSR 挖掘及其多态性分析*①

刘 峰[1,3]，王运生[2,3]，田雪亮[3,4]，茆振川[3]，邹学校[1]，谢丙炎[3]

（[1]湖南省农业科学院蔬菜研究所，长沙 410125；[2]湖南农业大学生物安全科学技术学院，长沙 410128；[3]中国农业科学院蔬菜花卉研究所，北京 100081；[4]河南科技学院，河南新乡 453003）

摘要：利用 SSR 检索程序从两个辣椒转录组共 221 037 条 unigenes（97.3 Mb）中筛选得到 17 319 个 SSR 位点（7.83%），其发生频率为 1/56kb。其中以单核苷重复基序为主导类型，占总 SSR 的 56.30%；其次是二、三核苷酸重复基序，其出现频率分别为 19.16%和 23.18%。对所有含 SSR 位点 EST 序列设计的 10 468 对引物进行 E-PCR 多态性检测，获得 1538 对 E-PCR 多态性引物。随机选取 20 对引物进行验证，其中 7 对（36.84%）在 10 个不同类型辣椒材料中表现出多态性，PIC 值范围为 0.33~0.89，平均为 0.67，将 10 个辣椒材料分为三类。这些潜在的多态性 EST-SSR 的开发为辣椒遗传多样性分析、图谱构建提供了更丰富的候选分子标记。

关键词：辣椒；转录组；EST-SSR

SSR（Simple sequence repeats）分子标记具有信息量高、多等位性、共显性等特点（吕婧等，2011），且试验成本低，结果相对稳定，操作简单，已广泛用于作物遗传育种研究中（Katti et al.，2001；Gupta et al.，2003；Thiel et al.，2003）。采取实验室手段开发 SSR 引物费时、耗力、成本高、试验复杂，基于现有转录组数据库信息进行 SSR 引物开发将是一种既经济又有效的方法。表达序列标签（EST）直接反映生物个体基因表达信息，在植物转录组序列中含有较多可用于建立标记的 SSR。最近许多物种中已有基于 EST 数据库成功开发 SSR 标记的报道，如葡萄（Scott et al.，2000）、核桃（齐建勋等，2011）、苜蓿（Eujayl et al.，2004）、大豆（Gao et al.，2003）、甘蔗（Morgante et al.，2002）、玉米（Morgante et al.，2002）、水稻（Cho et al.，2000）、黑麦（Varshney et al.，2005）、小麦（Gao et al.，2004）等。

辣椒（*Capsicum annuum* L.）基因组在 3753~4763Mb（Bennett & Leitch，2005），目前已定位到辣椒遗传图谱的各类分子标记约 1000 个（Paran et al.，2004），平均每 3.753~4.763 Mb 一个分子标记，远不能满足辣椒高密度作图的需要。最近几年已有研究者基于公共数据库有限的辣椒 EST 序列开发了一些引物，并在实践中得到了应用

* 基金项目：国家重点基础发展计划项目（2009CB119000）；国家自然科学基金项目（31101425）；国家大宗蔬菜产业技术体系项目（CARS-25-B-01）；公益性行业（农业）科研专项（201103018）。

① 本文原载《园艺学报》，2012，39（1）：168-174。

(Portis et al.，2007；Ince et al.，2010；Patel et al.，2011；许小艳等，2011)。为了进一步挖掘辣椒 EST-SSR 位点，对当前已公布的辣椒 EST 序列（约 119 751 条）和本实验室两个辣椒转录组序列（约 230 000 条）进行 SSR 分布及频率分析，并在 10 个辣椒材料中进行 EST-SSR 遗传多样性分析。

1 材料与方法

1.1 植物材料与 DNA 提取

2011 年在中国农业科学院蔬菜花卉研究所温室内，选用 10 个具有不同表型特征（生长习性、辣味、果型）的辣椒材料（表 1），每个辣椒材料选 20 粒种子，30℃恒温箱中育苗，当子叶平展时用 CATB 法分别提取幼苗 DNA，–20℃保存备用。

表 1 辣椒 SSR 多态性分析材料

Table 1 List of accessions used in assessing the level of SSR in the species *Capsicum annuum*

序号 No.	名称或编号 Name or code	来源 Source
1	PI201234	美国加利福尼亚大学 University of California
2	PBC137	中国台湾亚洲蔬菜研究与发展中心 AVRDC
3	PBC602	中国台湾亚洲蔬菜研究与发展中心 AVRDC
4	HDA149	法国农业科学院 INRA
5	Early Calwonder	美国康奈尔大学 Cornell University
6	茄门 Qiemen	德国 Germany
7	9704B	中国湖南蔬菜研究所 HAAS
8	湘研 1 号（F_1）Xiangyan 1	中国湖南蔬菜研究所 HAAS
9	博辣 5 号（F_1）Bola 5	中国湖南蔬菜研究所 HAAS
10	CM 334	墨西哥国家农业研究所 INIA

1.2 辣椒转录组 SSR 位点检索

下载 NCBI(http://www. ncbi. nlm. nih. gov)All database 数据库中辣椒所有 EST 序列。利用 iAssembler 将本实验室 HDA149（铃形椒）和 9704B（牛角椒）两个转录组数据与下载的 ESTs 数据分别构建 3 个 unigene 库（表 2）。用 est_timmer.perl 程序去除 EST 序列中过短序列（< 100bp）以及 mRNA 的“帽子”和“尾巴”。利用 MISA 程序对辣椒拼接序列进行 SSR 位点搜索（Guo et al.，2010）。

表 2 辣椒 EST 数据来源

Table 2 EST source in pepper

数据来源 Data source	组织部位 Tissue	数据类型 Type	序列拼接长度/bp Average length of EST	数据量/条 Unigenes
HDA149（铃形椒 Bell pepper）	幼根 Young root	转录组 Transcriptome	500	105 000
9704B（牛角椒 Chili pepper）	花蕾 Bud	转录组 Transcriptome	520	90 000
NCBI（公共数据库 Multiple types）	多个组织 Multiple tissues	EST	750	31 000

1.3 SSR 引物设计与 PCR 扩增

调用 Primer 3.0 引物批量设计程序对含有 SSR 位点的两端序列设计引物（Liang et al.，2009a），引物设计标准：（A）退火温度（T_m）在 55~63℃，上、下游引物的 T_m 值相差不大于 5℃；（B）PCR 产物大小在 100~500bp；（C）引物长度在 18~24bp；（D）GC 含量在 40%~60%；尽量避免引物二级结构如发卡结构（Hairpin）、二聚体（Dimer）、错配（False Priming）、引物二聚体（Cross Dimer）的出现。对批量设计的 SSR 引物在 3 个 unigene 库中进行 E-PCR（Lu et al.，2011），选取具有多样性的 SSR 引物进行试验验证。

PCR 扩增反应体系 20μL：10mmol/L dNTP 1μL，1 U *Tap* 酶 1μL，10mmol/L 10 × PCR buffer（Mg^{2+}）2μL，10ng/μL DNA 1μL，10μmol/L 上、下游引物各 1μL，其余用 ddH_2O 水补充至 20μL。PCR 扩增程序：94℃预变性 3min；94℃变性 30s，最佳 T_m 退火 1min，72℃延伸 1min，35 个循环；72℃延伸 5min。扩增后的产物用 2%琼脂糖检测，8%非变性聚丙烯酰胺凝胶检测，220V 电压，80min，银染显色。

1.4 数据处理

采用人工读带的方法，将电泳图上可重复的、清晰的条带记为“1”，同一位置无带或不易分辨的弱带计为“0”，建立原始数据矩阵。利用软件 PowerMarker V3.25（Liu & Muse，2005）计算每对引物扩增位点的等位位点数、多态性信息量、遗传距离，按 UPGMA 进行聚类绘图。

2 结果与分析

2.1 EST-SSR 类型及频率

利用 iAssembler 拼接软件对辣椒所有转录组数据进行混合拼接，共获得 221 037 条 unigenes，总覆盖长度 97.3 Mb。随后对其进行 SSR 位点搜索，共检测 17 319 个 SSR 位点（7.83%），其发生频率为 1/56kb。这些 SSR 分布在 13 830 条序列上，超过 1 个 SSR 位点的共 2 343 条（16.94%），其中复合 SSR 约 1967 条（11.35%）。从表 3 可以看出，辣椒 EST-SSR 序列主要以 10~20 次重复为主，共 9218 个，占总 EST-SSR 的 53.59%；其次是 5~9 次重复，共 6782 个，占 39.16%；20 次以上重复较少，共 1256 个，占 7.25%。

从辣椒 EST-SSR 核苷酸基序类型来看（表 4），EST-SSR 以单核苷 A/T 和 G/C 重复基序为主要类型，约 9750 个，占总 SSR 的 56.30%，其基序重复主要分布在 10~20 次重复，约占单核苷重复序列的 97.2%，最长的达单核苷酸重复为 146bp；其次是二、三核苷酸重复基序，其出现频率分别为 19.16%和 23.18%，以 5~11 次重复为主。二核苷酸重复序列长度集中在 12~16bp 范围内，约占二核苷酸重复序列的 70.60%，其中以 AG/CT 最多，约占二核苷酸重复序列的 58.02%，CG/CG 二核苷重复序列最少，约占 0.39%；三核苷酸重复序列主要集中在 15~18bp 范围，约占三核苷酸重复序列的 85.32%，其中以 AAC/GTT 最多，约占 27.80%，AAG/CTT 次之，约占 21.49%，

表 3 辣椒 EST-SSR 不同基序长度和重复次数的数量分布

Table 3 Distribution of EST-SSR with different motif types and repeat numbers in pepper

基序长度/bp Motif length	重复次数 Repeat number							总计 Total	比例/% Ratio
	5	6	7	8	9	10~20	> 20		
1	0	0	0	0	0	8800	950	9750	56.30
2	0	1331	635	391	239	418	305	3319	19.16
3	2524	901	342	134	51	61	1	4014	23.18
4	98	29	14	3	0	1	0	145	0.84
5	25	6	0	0	0	1	0	32	0.18
6	48	5	2	2	2	0	0	59	0.34
总计 Total	2695	2272	993	530	292	9281	1256	17319	–
比例/% Ratio	15.56	13.12	5.73	3.06	1.69	53.59	7.25		

表 4 辣椒 EST-SSR 基序类型分布

Table 4 The distribution of types for EST-SSR in pepper

SSR 基序 SSR motif	重复次数 Repeat number	SSR 基序 SSR motif	重复次数 Repeat number
A/T	7878	AAT/ATT	326
C/G	1872	ACC/GGT	370
AC/GT	683	ACG/CGT	25
AG/CT	1926	ACT/AGT	140
AT/AT	697	AGC/CTG	276
CG/CG	13	AGG/CCT	335
AAC/GTT	1116	ATC/ATG	471
AAG/CTT	863	CCG/CGG	92

ACG/CGT 三核苷酸重复序列最少，约占 0.62%；四、五、六核苷酸占总 SSR 重复序列的 0.13%。

2.2 EST-SSR 引物筛选与验证

对含 SSR 位点的 13 830 条 EST 序列进行引物设计，共设计了 10 468 对 SSR 位点特异引物，占总 SSR 位点的 60.44%。为验证引物的多态性，对 3 个不同来源的数据分别建库，首先利用 iAssembler 拼接软件对辣椒两个转录组原始 reads 分别进行组装，9704B 与 HDA149 分别产生 553 000 contigs、758 000 contigs，其进一步被组装 scaffolds，分别达到 132 311 和 152 710 条，最后拼接分别获得 90 000 和 105 000 uningenes，序列平均长度分别为 500 和 520bp；公共数据库单独拼接获得 31 000 unigenes，序列平均长度 750bp。

采用 E-PCR 对 3 个不同来源的数据库进行引物的多态性电子扩增，共产生 1758 对多态性候选引物，剔除来源于同一数据库的非特异扩增引物，最后得到 1538 对理论上存在多态性的引物。分析发现其中有 579（37.64%）对多态性 SSR 位于 5′非转录区（UTR），多为二、三核苷酸重复基序。为了验证其引物的有效性，随机挑选 20 对不同重复单元（二、三、四、五、六核苷酸）的引物对辣椒（9704B）DNA 进行扩增，结果表明，19 对引物（95%）在辣椒中能扩增出清晰条带，1 对引物没有扩增产物。在 19 对特异性引物中，15 对（78.94%）PCR 扩增产物与预期大小相符合，有 3 对（15.78%）扩增产物长度超过预期，1 对引物（5.26%）扩增产物小于预期。

2.3 EST-SSR 多态性分析

利用 19 对已验证的 EST-SSR 引物对 10 个不同辣椒材料进行多态性分析，其中 7 对（36.84%）SSR 引物在 10 个不同辣椒材料中存在多态性差异（表 5），如 ESSR6、ESSR10、ESSR14（图 1）。7 对引物共检测到 31 个等位基因，平均没对引物能检测到 4.42 个等位基因，多态性信息量（PIC）范围为 0.33~0.89，平均为 0.67。利用 SSR 多态性对 10 个辣椒材料进行聚类分析，10 个辣椒材料被分为 3 类，第 1 类为湖南地方品种 9704B，果实属于牛角椒类型；第 2 类是博辣 5 号和 CM334，果实属于尖椒类型；第 3 类为甜椒类型或具有甜椒血统类型，如茄门和 Early Calwonder，HDA149 与 PBC602 等聚到一起（图 2）。

表 5　部分 E-PCR 筛选引物

Tabe 5　Part of filtering primers with E-PCR

引物号 Primer ID	来源 Source	上游引物 Forward primer	下游引物 Reverse primer
ESSR1	CL12306Contig1_1_1	GGTGGTCATGCCAAAGTTCT	TGTGAGAGGGTGGTTCTTGA
ESSR6	CL12382Contig1_2_1	ACATGGTTCAATGCCAACAA	GCATCAGAATCAGTTGAGGAGA
ESSR9	CL1452Contig2_1_1	CCGTCTTTACCAGACCGAAG	TTCATCATCCGGCATCAATA
ESSR10	CL15540Contig1_1_1	TTTGTGGGTCAAATTGTTGG	AGCCATTTTTCGGCCTTATT
ESSR14	CL3855Contig1_1_1	AGAAGAGGTAGAGGCGGAGG	TGAGCGAACTTGATCCTTGA
ESSR16	CL5892Contig1_1_1	GGAGCAGAATTTTTCCACCC	GCGCCATATTCTTTCTTGGA
ESSR17	CL6893Contig1_1_1	GTTCTCTCAACGAAGGCCAG	ACCACCATCACCATACCCAT

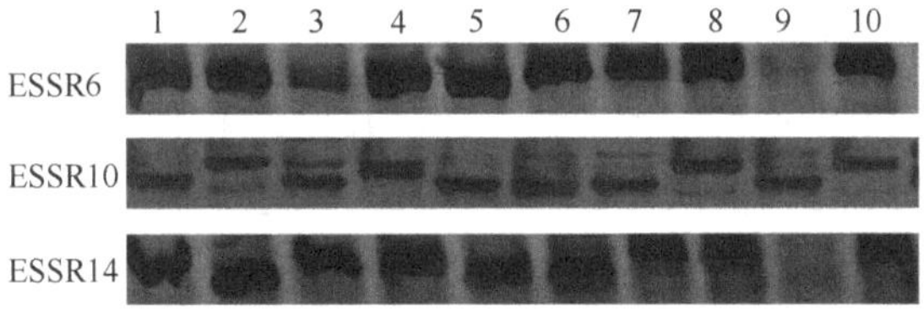

图 1　多态性引物在不同辣椒材料中的扩增

1：PI201234；2：PBC137；3：PBC602；4：HDA149；5：Early Calwonder；6：茄门；7：9704B；8：湘研 1 号；9：博辣 5 号；10：CM334

Fig. 1　PCR product of polymorphism of EST-SSR primers in different pepper varieties

1：PI201234；2：PBC137；3：PBC602；4：HDA149；5：Early Calwonder；6：Qiemen；7：9704B；8：Xiangyan 1；9：Bola 5；10：CM334

3 讨　　论

随着高通量测序技术的发展，EST 数据不断增加，使得 EST-SSR 标记将更加丰富。近些年已有不少研究者基于公共数据库挖掘 EST-SSR，并在品种鉴定及改良、资源分析、遗传图谱构建、功能 基因发掘等方面得到了广泛应用（Yi et al.，2006；Portis et al.，2007；Yang et al.，2009）。

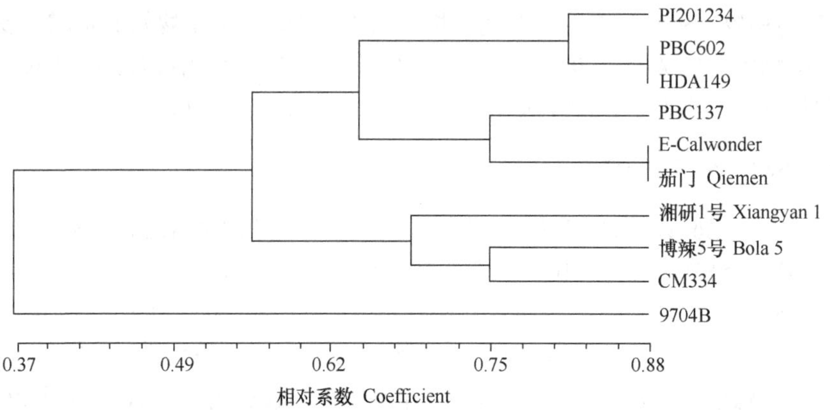

图 2 供试辣椒材料的 UPGMA 聚类图

Fig. 2 Cluster diagram for tested pepper cultivars by UPGMA method

对辣椒 221 037 条 unigenes(97.3 Mb)序列进行 SSR 搜索,筛选到 17 319 个 SSR 位点(7.83%),其发生频率为 1/56kb,其 SSR 出现频率相对比小麦(3.2%)、高粱(3.6%)、水稻(4.7%)等作物高(Kantety et al., 2002),这种差异可能与 SSR 搜索标准、数据库大小及物种等有关。在各物种 EST-SSR 中,一般三核苷酸频率最高(Liang et al., 2009b),少数几种双子叶植物的 EST-SSR 以二核苷酸重复为主要类型(Kumpatla & Mukhopadhyay, 2005)。本研究中,辣椒 EST-SSR 除单核苷酸重复序列外,最多的是三核苷酸重复序列,其次是二核苷酸重复序列。在二核苷酸重复序列中,AG/GA/CT/TC 二核苷酸重复为主要类型,出现频率最高(占 99.61%),CG/GC 仅出现 13 次约占 0.39%。三核苷酸重复序列中,主要以 AAC/GTT、AAG/CTT 三核苷酸重复为主要基元,不同于玉米(CCG/GGC)、水稻(AGG/TCC)、大麦(CCG/GGC)、高粱和大豆(AAG/ TTC)、番茄(AAT/ATT)的三核苷酸重复主导类型(Areshchenkova & Ganal, 2002; Kantety et al., 2002),这种差异可能与植物本身 EST-SSR 特点、EST 数据来源和数量等有关。

根据 13 830 条 EST 序列进行引物设计,共设计了 10 468 对 SSR 位点特异引物,利用 E-PCR 筛选出多态性引物 1538 对,在随机挑选的 20 对引物中,有 19 对引物实现有效扩增,较高的扩增效率得益于 EST 数据量大和拼接质量较高。19 对有效扩增引物中,有 7 对引物在 10 个特定的辣椒材料中存在明显多态性,占 36.84%。这说明辣椒 EST 序列中 SSR 位点多,EST-SSR 扩增率较高,但是其多态性相对较低,主要源于其 DNA 转录序列的保守性。因此,EST-SSR 标记可用于亲缘关系相对较远的物种(Yi et al., 2006; Simko, 2009; Ting et al., 2010)。

7 对引物共检测到 31 个等位基因,平均每对引物 4.42 个,多态性信息量(PIC)范围为 0.33~0.89,平均为 0.61。PIC 是衡量基因变异程度高低的多态信息含量的指标:当 $PIC > 0.5$ 时,该位点为高度多态性位点;当 $0.25 < PIC < 0.5$ 时,该位点为中度多态性位点;当 $PIC < 0.25$ 时,为低度多态性位点(Botstein et al., 1980)。本研究中选用的 7 对 SSR 引物多态性位点相对较高,是进行各种遗传操作的有效 SSR 标记位点。这 7 对引物目前还尚未报道,同时也是对辣椒 SSR 数据库的有效补充。另外,10 个辣椒材料可被 UPGMA 聚为 3 类,其聚类结果与前人研究结果基本一致(Lefebvre et al.,

1993），这表明所研究的 SSR 位点能比较准确的反映 10 个辣椒材料之间的差异，然而更多了解辣椒资源之间的遗传信息和遗传关系，还需要使用更多的 SSR 标记。

目前，辣椒可以利用的 SSR 标记数量非常有限（Paran & Fallik，2011），辣椒 EST 序列的增加为挖掘新的 SSR 提供了丰富的资源。

参 考 文 献

吕婧, 时秋香, 任毅,等. 2011. 黄瓜 23 对高多态性 SSR 标记的筛选与评价. 园艺学报, 38 (11): 2140-2148.

齐建勋, 郝艳宾, 朱艳, 等. 2011. 核桃属种质资源的 EST-SSR 标记研究. 园艺学报, 38 (3): 441-448. Scott.

许小艳, 刘峰, 康厚祥, 等. 2011. 辣椒抗根结线虫基因 *Me3* 的精细定位. 园艺学报, 38 (2): 288-294.

Areshchenkova T, Ganal M. 2002. Comparative analysis of polymorphism and chromosomal location of tomato microsatellite markers isolated from different sources. TAG Theoretical and Applied Genetics, 104: 229-235.

Bennett M, Leitch I. 2005. Nuclear DNA amounts in angiosperms: Progress, problems and prospects. Annals of Botany, 95: 45-50.

Botstein D, White R L, Skolnick M, et al. 1980. Construction of a genetic linkage map in man using restriction fragment length polymorphisms. American Journal of Human Genetics, 32: 314-324.

Cho Y G, Ishii T, Temnykh S, et al. 2000. Diversity of microsatellites derived from genomic libraries and GenBank sequences in rice (*Oryza sativa* L.). TAG Theoretical and Applied Genetics, 100: 713-722.

Eujayl I, Sledge M, Wang L, et al. 2004. Medicago truncatula EST-SSRs reveal cross-species genetic markers for *Medicago* spp. TAG Theoretical and Applied Genetics, 108: 414-422.

Gao L, Jing R, Huo N, et al. 2004. One hundred and one new microsatellite loci derived from ESTs (EST-SSRs) in bread wheat. TAG Theoretical and Applied Genetics, 108: 1392-1400.

Gao L, Tang J, Li H, et al. 2003. Analysis of microsatellites in major crops assessed by computational and experimental approaches. Molecular Breeding, 12: 245-261.

Guo S, Zheng Y, Joung J G, et al. 2010. Transcriptome sequencing and comparative analysis of cucumber flowers with different sex types. BMC Genomics, 11: 384-391.

Gupta P K, Rustgi S, Sharma S, et al. 2003. Transferable EST-SSR markers for the study of polymorphism and genetic diversity in bread wheat. Mol Genet Genomics, 270: 315-323.

Ince A G, Karaca M, Onus A N. 2010. Polymorphic microsatellite markers transferable across *Capsicum* species. Plant Molecular Biology Reporter, 28: 285-291.

K D, Eggler P, Seaton G, et al. 2000. Analysis of SSRs derived from grape ESTs. TAG Theoretical and Applied Genetics, 100: 723-726.

Kantety R V, La Rota M, Matthews D E, et al. 2002. Data mining for simple sequence repeats in expressed sequence tags from barley, maize, rice, sorghum and wheat. Plant Molecular Biology, 48: 501-510.

Katti M V, Ranjekar P K, Gupta V S. 2001. Differential distribution of simple sequence repeats in eukaryotic genome sequences. Molecular Biology and Evolution, 18: 1161-1173.

Kumpatla S P, Mukhopadhyay S. 2005. Mining and survey of simple sequence repeats in expressed sequence tags of dicotyledonous species. Genome, 48: 985-998.

Lefebvre V, Palloix A, Rives M. 1993. Nuclear RFLP between pepper cultivars (*Capsicum annuum* L.). Euphytica, 71: 189-199.

Liang X, Chen X, Hong Y, et al. 2009a. Utility of EST-derived SSR in cultivated peanut (*Arachis hypogaea* L.) and *Arachis* wild species. BMC Plant Biology, 9: 35: 2723-2730.

Liang X, Chen X, Hong Y, et al. 2009b. Utility of EST-derived SSR in cultivated peanut (*Arachis hypogaea* L.) and *Arachis* wild species. BMC Plant Biol, 9: 35-48.

Liu K, Muse S V. 2005. PowerMarker: An integrated analysis environment for genetic marker analysis. Bioinformatics, 21: 2128-2129.

Lü Jing, Shi Qiu-xiang, Ren Yi, et al. 2011. Screening and evaluation of 23 high polymorphism SSR markers in cucumber. Acta Horticulturae Sinica, 38 (11): 2140-2148(in Chinese).

Lu Y, Li H, Jia Q, et al. 2011. Identification of SSR loci in *Betula luminifera* using birch EST data. Journal of Forestry Research, 22: 2011-2014.

Morgante M, Hanafey M, Powell W. 2002. Microsatellites are preferentially associated with nonrepetitive DNA in plant genomes. Nature Genetics, 30: 194-200.

Paran I, Fallik E. 2011. Breeding for fruit quality in pepper (*Capsicum* spp.). Breeding for Fruit Quality, 307-322.

Paran I, van der Voort J R, Lefebvre V, et al. 2004. An integrated genetic linkage map of pepper (*Capsicum* spp.). Molecular Breeding, 13: 251-261.

Patel A S, Sasidharan N, Vala A G. 2011. Research article genetic relation in *Capcicum annum* L. cultivars through microsatellite markers: SSR and ISSR. Electronic Journal of Plant Breeding, 2: 67-76.

Portis E, Nagy I, Sasvari Z, et al. 2007. The design of *Capsicum* spp. SSR assays via analysis of in silico DNA sequence, and their potential utility for genetic mapping. Plant Science, 172: 640-648.

Qi J X, Hao Y B, Zhu Y, et al. 2011. Studies on germplasm of *Juglans* by EST-SSR markers. Acta Horticulturae Sinica, 38 (3): 441-448. (in Chinese).

Simko I. 2009. Development of EST-SSR markers for the study of population structure in lettuce (*Lactuca sativa* L.). J Hered, 100: 256-262.

Thiel T, Michalek W, Varshney R K, et al. 2003. Exploiting EST databases for the development and characterization of gene-derived SSR-markers in barley (*Hordeum vulgare* L.). Theor Appl Genet, 106: 411-422.

Ting N C, Zaki N M, Rosli R, et al. 2010. SSR mining in oil palm EST database: Application in oil palm germplasm diversity studies. J Genet, 89: 135-145.

Varshney R K, Sigmund R, Borner A, et al.2005. Interspecific transferability and comparative mapping of barley EST-SSR markers in wheat, rye and rice. Plant Science, 168: 195-202.

Xu X Y, Liu F, Kang H X, et al. 2011. Fine mapping of the root-knot nematode resistance gene *Me3* in pepper. Acta Horticulturae Sinica, 38 (2): 288-294. (in Chinese).

Yang H B, Liu W Y, Kang W H, et al. 2009. Development of SNP markers linked to the L locus in *Capsicum* spp. by a comparativegenetic analysis. Molecular Breeding, 24: 433-446.

Yi G, Lee J M, Lee S, et al. 2006. Exploitation of pepper EST-SSRs and an SSR-based linkage map. TAG Theoretical and Applied Genetics, 114: 113-130.

SSR Mining in Pepper(*Capsicum annuum* L.) Transcriptome and the Polymorphism Analysis

LIU Feng[1, 3], WANG Yun-sheng[2, 3], TIAN Xue-liang[3, 4], MAO Zhen-chuan[3], ZOU Xue-xiao[1, *], and XIE Bing-yan[3, *]

([1] Institute of Vegetables Hunan Academy of Agricultural Sciences, Changsha 410125, China; [2] College of Bio-Safety Science and Technology, Hunan Agricultural University, Changsha 410128, China; [3] Institute of Vegetables and Flowers Chinese Academy of Agricultural Sciences, Beijing 100081, China; [4] College of Henan Institute of Science and Technology, Xinxiang, Henan 453003, China)

Abstract: In this study, we investigated 221 037 unigenes (97.3Mb) from two transcriptome in pepper using SSR finding soft. In total, 17 319 (7.83%) SSRs were identified from these SSR-containing unique ESTs with the occurring frequency of 1/56kb. Among, single nucleotide type (56.30%) is the most abundant, followed by di-(19.16%), tri-(23.18%). A total of 10 468 primer pairs were successfully designed and 1538 primer pairs exhibited polymorphism by E-PCR 19 out of 20 primer pairs selected at random yielded amplification products, of which 7 primer pairs showed polymorphism among 10 different pepper varieties, PIC ranged from 0.33~0.89, average 0.67, and 10 pepper breeds were grouped into three classes. This results indicate that molecular markers will be more usable in map structure, analysis of genetic polymorphism in pepper.

Key words: pepper (*Capsicum annuum* L.); transcriptome; EST-SSR

辣椒抗根结线虫基因 *Me3* 的精细定位*①

许小艳[1,2]，刘　峰[1,2]，康厚祥[1]，张竹青[2]，邹学校[2]，谢丙炎[1]

（[1]中国农业科学院蔬菜花卉研究所，北京　100081；
[2]湖南省农业科学院蔬菜研究所，长沙　410128）

摘要：以含 *Me3* 基因的抗根结线虫辣椒自交系 HDA149 为父本，感根结线虫辣椒自交系 8214 为母本，构建了一个 2133 株的 F_2 作图群体。采用群体分离分析法（Bulked Segregant Analysis，BSA），构建抗、感病两个 DNA 池，对由两亲本筛选出来的 285 对引物进行扩增分析，发现引物 SSCP_B322 和 EPMS658 在抗、感池间具有稳定的多态性。继续用这两对引物对 F_2 单株进行扩增，以 JoinMap 3.0 软件分析发现 SSCP_B322 和 EPMS658 标记位于 *Me3* 基因两侧，遗传图距分别为 0.56cM 和 1.33cM。运用回交群体 BC_1 和 F_3 群体验证实了这两个标记，可有效用于辣椒抗线虫分子标记辅助育种，也为图位克隆 *Me3* 基因奠定了基础。

关键词：辣椒；根结线虫；*Me3* 基因；精细定位

根结线虫（*Meloidogyne* spp.）是当前中国乃至世界最重要的农作物病原线虫之一，最常见的有南方根结线虫（*M. incognita*）、花生根结线虫（*M. arenaria*）、爪哇根结线虫（*M. javanica*）及北方根结线虫（*M. hapla*），其中以南方根结线虫对辣椒的为害最重，尤以长期重茬的保护地为重，而且根结线虫的侵染甚至是某些病害发生的先决条件（蒲金基等，2002）。由于缺乏高抗线虫的蔬菜品种，生产上主要采用甲基溴熏蒸土壤或化学杀线虫剂防治线虫，对蔬菜品质和环境均造成严重影响，导致温室土壤严重退化。因此，培育辣椒抗线虫品种是最为经济有效的方法。辣椒野生资源中广泛存在抗线虫基因，Hare（1957）首次在 *C. frutescens* L. Santanka XS 上发现了单显性抗根结线虫基因 *N*。目前在辣椒上已经发现并且命名的抗线虫基因至少有 10 个：*N*、*Me1*、*Me2*、*Me3*、*Me4*、*Me5*、*Me7*、*Mech1*、*Mech2*、*Cami*，这些基因的来源、抗谱范围、抗病机制、对温度的稳定性以及连锁情况等均不同。其中 *Me3* 为热稳定型，且抗谱较广，其研究利用价值较大（Bleve-Zacheo et al.，1998；Fery et al.，1998；Djian-Caporalino et al.，2001，2007；Souza-Sobrinhoet al.，2002；Chen et al.，2007）。Djian-Caporalino 等（2001，2007）运用双单倍体和 RAPD、AFLP 技术构建了对高温抗性稳定的辣椒抗线虫基因 *Me3* 和 *Me*4 的高密度遗传图谱，随后运用 3 个杂交组合 DH330 × DLL、DLL × PM702 和 PM687 × YW 的 F_2~F_3 群体以 4 个共有的标记作为参照，将 6 个 *Me* 基因整合在一张图

---

* 基金项目：国家大宗蔬菜产业技术体系（CARS-25-B-01）；公益性行业（农业）科研专项（2011303018）。

① 本文原载《园艺学报》，2011，38（2）：288-294。

谱上，并将其定位在 P9 染色体上。尽管 Djian-Caporalino 找到了多个与 *Me3* 连锁的标记，但是与 *Me3* 连锁较近的标记大多为 AFLP 标记和 SSCP（Single-standconformation polymorphism）标记，且遗传图距相对较远。因此，本研究旨在找到与 *Me3* 更紧密连锁的 SSR 标记，应用于分子标记辅助选择和 *Me3* 基因的图位分离，以加快辣椒抗线虫品种的选育及 *Me3* 基因的研究利用进程。

1 材料与方法

1.1 材料及抗性鉴定

以含 *Me3* 基因的抗病品种 HDA149 为父本（来自中国农业科学院蔬菜花卉研究所），高感南方根结线虫的感病品种 8214 为母本（来自湖南省农业科学院蔬菜研究所），二者杂交配制 F_2 群体，分别以两亲本为轮回亲本配制的回交群体及 F_3 群体为验证群体，以 F_1 群体为对照群体。以茄门甜椒（来自中国农业科学院蔬菜花卉研究所）为培养南方根结线虫的材料。本试验在中国农业科学院蔬菜花卉研究所病害组实验室进行。2009 年 2~5 月进行群体抗性鉴定，7~11 月进行重复鉴定。

从本课题组温室继代保存南方根结线虫的辣椒根结上挑出线虫卵块，于 24℃的恒温箱中孵化线虫后，接种于温室栽培的茄门甜椒上进行扩繁。

参照 Djian-Caporalino 等（1999，2007）的辣椒南方根结线虫鉴定方法对辣椒群体进行抗感病鉴定。辣椒种子催芽后播于育苗盘中，四叶期时移栽于 9cm 的营养钵中。五叶期时在紧邻根系周围打两个 2cm 深的小孔，每植株接种 600 条二龄南方根结线虫，整个生长期注意控水和控温（18~28℃）。接种 60d 后对植株进行抗性鉴定。先将辣椒根洗净，放入 0.1g/L 的伊红黄中染色 30min，卵块被染成红色，然后调查每根系的卵块数（egg masses，EM），EM≤5 时则为抗病单株；EM>5 时则为感病单株；当 EM<5，但根结数≥8 时，则为性状不确定植株，记录数据。从 F_2 抗病单株中挑取 20 株既没卵块也没根结的健壮植株，移栽到 15cm 的营养钵中，繁育 F_3 代。

1.2 基因组 DNA 提取及抗感池的构建

采用 CTAB 方法提取辣椒单株叶片总 DNA（李荣华等，2009）。紫外分光光度计测定 DNA 浓度和纯度，用 1%琼脂糖凝胶电泳检测其质量，将模板 DNA 浓度调整到工作液浓度 25~50ng/μL。

根据 F_2 单株的抗性鉴定结果，随机选取表现极抗和极感单株各 10 株，将 DNA 等量混合组成抗病池和感病池。

1.3 PCR 扩增

共筛选了 525 对引物（Huang et al.，2001；Lee et al.，2004；Ogundiwin et al.，2005；Yi et al.，2006；Minamiyama et al.，2006；Nagy et al.，2007）。采用 20μL 反应体系：10 × PCR buffer（含 Mg^{2+}）2μL，dNTPs（5mmol/L）0.8μL，primer 1（10μmol/L）0.8μL，primer 2（10μmol/L）0.8μL，模板 DNA（25~50ng/μL）1.5μL，*Taq* 酶（5U/μL）0.2μL，加 ddH_2O 至 20μL。扩增程序：94℃ 4min，（94℃ 45s，55℃ 40s，72℃ 90s，34 个循环），72℃

8min，4℃保存至电泳（胡勇胜等，2007）。将胶模夹在电泳槽上，用 1%的琼脂糖凝胶封底，室温放置 30min，制作 8%的非变性聚丙烯酰胺凝胶，室温放置 1h 使胶充分凝固，然后上样电泳，160V 电泳 2h，所用电泳缓冲液为 0.5 × TBE。电泳结束后，小心取下凝胶，硝酸银染色，观察结果并拍照（胡勇胜，2007；朱玉丽，2007）。

1.4 数据统计分析及标记验证

对 F_2 分离群体的抗感单株进行扩增电泳，分析电泳条带数据，a 表示条带与父本相同，b 表示条带与母本相同，h 表示条带是杂合型，u 表示条带不确定。利用 JoinMap 3.0 软件对条带数据进行连锁分析，计算标记与基因间的遗传图距，并按 Kosambi 系数将其转化为 Centi-Morgan（cM），构建抗线虫基因 *Me3* 基因的分子标记连锁图谱。运用筛选到的标记对 F_3 群体、回交群体 BC_1S 8214 × HDA149×8214 和 BC_1H 8214 × HDA149× HDA149 进行扩增分析，验证标记的有效性。

2 结果与分析

2.1 辣椒接种结果的统计与抗线虫的遗传分析

作为对照的 8214、HDA149 和 F_1 群体分别接种 30 株，接种 60d 后，观察统计结果。8214 全部表现感病，HDA149 和 F_1 群体全部表现抗病。F_2 群体接种 2133 株，其中 1499 株表现抗病，453 株表现感病，不能确定抗感性状的植株 181 株不进行统计分析。结果表明，在该群体中，抗感植株的分离比例为 3∶1（χ^2，3.35 < 3.84），表明辣椒抗根结线虫基因 *Me3* 为单显性抗性基因，进一步证实了原有研究结果的正确性（Djian-Caporalino et al.，2001）。用于验证的回交群体 BC1S 接种 59 株，其中 34 株表现抗病，21 株表现感病，4 株不能确定抗感性状，抗感单株比例为 1∶1（χ^2，3.07 < 3.84）；回交群体 BC_1H 接种 47 株，全部表现抗病；F_3 群体接种 95 株，其中 82 株表现抗病，13 株表现感病（表 1）。

表 1 辣椒接种南方根结线虫 60d 后的鉴定结果及分析

Table 1 The conclusion and analysis of *Capsicum annuum* progenies inoculated with *M. incognita* after sixty days

杂交组合 Cross	群体 Progeny	抗病植株数 Number of resistant plants	感病植株数 Number of susceptible plants	不确定的植株数 Number of uncertain plants	χ^2	*P*
8214×HDA149	F_1	30	0	0	-	-
8214×HDA149	F_2	1 499	453	181	3.35	>0.05
8214×HDA149	F_3	82	13	0	-	-
F_1×8214	BC_1S	34	21	4	3.07	>0.05
F_1× HDA149	BC_1H	47	0	0	-	-

2.2 亲本间多态性引物的筛选

共筛选了 520 对 SSR（Simple sequence repeat）引物，两对 SCAR（Sequence-characterized amplifiedregions）引物，两对 SSCP 引物和 1 对 CAPS（Cleave amplified polymorphic sequence）引物，其中 284 对 SSR 引物和 1 对 SSCP 引物在 HDA149 和 8214 两亲本间具有多态性，多态性比例为 54.29%。

2.3 Me3 基因分子标记连锁图谱的构建

将由亲本初次筛选到的引物对抗、感池进行扩增分析，重复 5 次，选取 3 次以上扩增均表现相同多态性的引物。结果显示，在抗病、感病池间仍表现有差异的引物有两对，SSCP_B322 和 EPMS658。进一步用这两对引物对 F_2 部分极抗、极感的单株进行扩增分析，结果显示与鉴定结果相一致，然后用这两对引物对全部 F_2 分离群体进行扩增分析（图 1，图 2）。分析电泳条带，用 JoinMap 3.0 软件对数据进行连锁分析，SSCP_B322 和 EPMS658 标记位于 *Me3* 基因两侧，遗传图距分别为 0.56cM 和 1.33cM（图 3）。

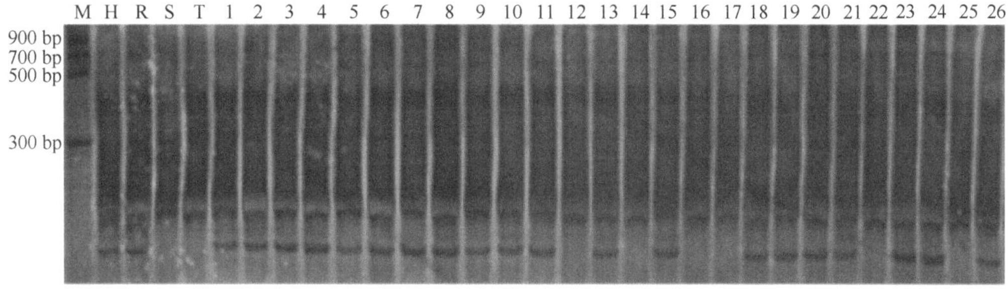

图 1　引物 SSCP_B322 在部分 F_2 群体中的扩增图

M：MarkerⅡ：H：HDA149：R：抗病池：S：感病池：T：8214；1~26：F2 群体上的部分单株扩增

Fig. 1　The PCR amplification pattern with primer SSCP_B322 in F_2 population

M：MarkerⅡ：H：HDA149：R：Resistant pool；S：Sensitive pool；

T：8214；1~26：The PCR amplification pattern in F_2 population

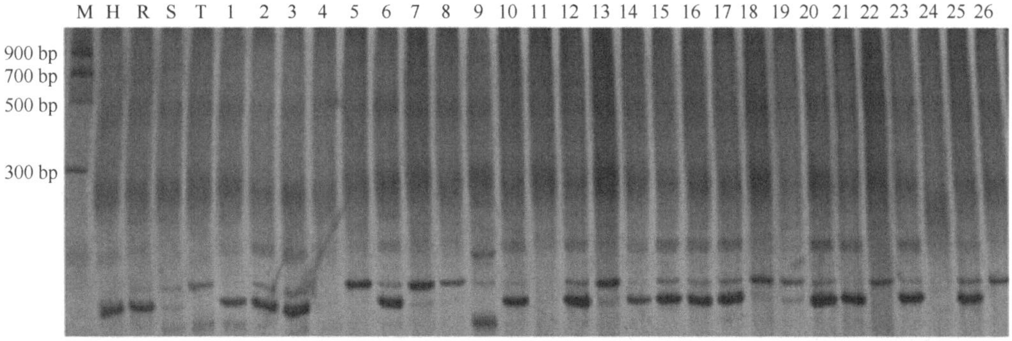

图 2　SSR 引物 EPMS658 在部分 F2 群体中的扩增图

M：MarkerⅡ：H：HDA149：R：抗病池：S：感病池：T：8214：1~26：F2 群体上的部分单株扩增

Fig. 2　The PCR amplification pattern with SSR primer EPMS658 in F2 population

M：MarkerⅡ：H：HDA149：R：Resistant pool；S：Sensitive pool；

T：8214；1~26：The PCR amplification pattern in F_2 population

2.4 分子标记的验证

利用 SSCP_B322 和 EPMS658 标记对 F_3 群体、回交群体 BC_1S 和 BC_1H 进行扩增分析。SSCP_B322 对 F_3 群体的扩增结果显示，除了 1 株与鉴定结果不相符外，其

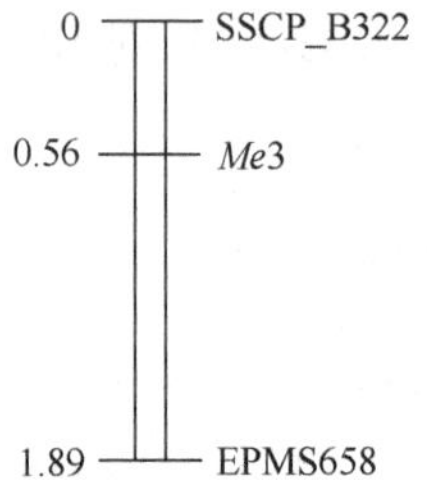

图 3　*Me3* 基因精细定位

Fig. 3　Fine mapping of *Me3* gene

他都与鉴定结果相一致；EPMS658 对 F_3 群体的扩增结果与鉴定结果完全符合。两对引物对回交群体 BC_1S 的扩增结果显示，除 1 株不能确定抗病性状的单株外，SSCP_ B322 对它的扩增结果表现为抗病，而 EPMS658 对它的扩增结果表现为感病外，其他单株都与鉴定结果相一致；两对引物对回交群体 BC_1H 的扩增结果与鉴定结果相一致，全部表现为抗病。验证结果表明：SSCP_B322 和 EPMS658 标记的鉴定效率较高，可以进行快速鉴定，有效用于辣椒抗线虫分子标记辅助选择育种。

3　讨　　论

根结线虫是极难防治的土传性病害，同时线虫的侵染又可加重枯萎病、根腐病等土传性真菌病害和部分细菌病害的发生。生产上常用的杀线虫药剂不仅费用昂贵而且严重污染环境，严重制约中国无公害蔬菜生产的可持续发展。

在作物野生资源中广泛存在抗线虫基因，如番茄、马铃薯、辣椒、大豆、棉花、禾谷类作物等多种植物的抗线虫基因已相继被发现或定位克隆。第 1 个被克隆的抗线虫基因是 *Hs1pro-1*，来源于甜菜，抗甜菜胞囊线虫（Cai et al.，1997），随后番茄抗南方根结线虫 *Mi* 基因被克隆（Milligan et al.，1998）。目前，*Mi* 基因家族共有 9 个，原来的 *Mi* 抗性位点表示为 *Mi-1*，新发现的抗性基因分别为 *Mi-2*、*Mi-3*、*Mi-4*、*Mi-5*、*Mi-6*、*Mi-7*、*Mi-8*、*Mi-9*（Ammiraju et al.，2003）。另一个来源于番茄的抗线虫基因 *Hero* 对马铃薯胞囊线虫具有广谱的抗性（Ernst et al.，2002）。在大豆上已经命名的抗胞囊线虫基因有 5 个，分别为 *rhgl*、*rhg2*、*rhg3*、*Rhg4* 和 *rhg5*。辣椒野生资源中也发现至少有 10 个抗线虫基因，其中在 *PM217* 和 *PM687* 的双单倍体群体中发现 5 个抗线虫基因（*Me1~Me5*）（Djian-Caporalino et al.，2001）。经过长期的栽培驯化，这些野生植物抗线虫基因已通过自然杂交渐渗到各类栽培品种中，形成了丰富的抗线虫种质资源，使利用抗线虫基因来控制线虫危害成为了可能。

在辣椒抗线虫基因家族中，*Me1*、*Me3* 为广谱抗性基因，能抗南方根结线虫、花生根结线虫、爪哇根结线虫等 3 种主要根结线虫，而 *Me2*、*Me4*、*Me5* 分别抗一种主要的根结线虫，或仅仅抗一种线虫的某些株系（Castagnone-Sereno et al.，1996；Bleve-Zacheo et al.，1998）。其中，*Me3* 为温度不敏感型，其抗性的表达发生在侵染的早期，幼虫与根接触时即刻产生过敏性坏死反应，超微结构观察证实 *Me3* 基因植株对线虫的侵染表现为侵染点附近的过敏性坏死，并在 42℃的高温下也能保持完全活性；而 *Me1* 类似于

番茄中的 *Mi-1* 基因，其抗性反应开始于幼虫在取食位点定居之后，反应较慢，主要发生在线虫侵染后巨细胞形成的过程中，高温条件下其抗性部分丧失，即为温敏型基因（Djian-Caporalino et al.，1999；Pegard et al.，2005）。因此，*Me3* 基因具有更广阔的应用前景。从辣椒抗线虫相关基因的分子遗传图谱中可以看出，*Me3* 与 *Me1*、*Me4*、*Me7*、*Mech1* 和 *Mech2* 同位于辣椒 *P9* 染色体上一个 28cM 的"抗线虫基因族区域"，在此区域已定位 10 个标记，其中离 *Me3* 基因最近的 AFLP 标记为 0.9cM（Kruijt et al.，2004；Djian-Caporalino et al.，2007）。本研究中采用 BSA 方法，在前人研究的基础上对 *Me3* 基因图谱进行加密，找到 2 个与 *Me3* 基因紧密连锁的分子标记 EPMS658 和 SSCP_B322，遗传图距分别为 0.56cM、1.33cM。SSCP_B322 在抗性单株上只扩增出一种带型，而 EPMS658 扩增出两种，可区分杂合子和显性纯合子。另外，还运用回交群体 BC1S、BC_1H 和 F_3 群体对 SSCP_B322 和 EPMS658 标记进行验证。验证结果显示：扩增结果与抗性鉴定结果相符，证实两标记可有效、快速的应用于辣椒抗线虫分子标记辅助选择。同时，也为下一步图位克隆 *Me3* 基因奠定了基础。

参 考 文 献

胡勇胜. 2007. 辣椒分子连锁图谱构建与抗疫病性状的 QTL 分析. 长沙: 湖南农业大学硕士学位论文.

胡勇胜, 毛胜利, 王立浩, 等. 2007. 辣椒 SSR 反应体系的优化. 辣椒杂志, 22: 17-19.

李荣华, 夏岩石, 刘顺枝, 等. 2009. 辣椒改进的 CTAB 提取植物 DNA 方法. 实验室研究与探索, 28 (9): 14-16.

蒲金基, 曾会才, 刘晓妹. 2002. 根结线虫对辣椒疫病发生及甲霜灵防效的影响. 热带农业科学, 22 (6): 7-19.

朱玉丽. 2007. 小麦抗白粉病基因 *Pm2* 和 *Pm5e* 的 SSR 分子标记研究. 泰安: 山东农业大学硕士学位论文.

Ammiraju J, Veremis J, Huang X, et al. 2003. The heat-stable root-knot nematode resistance gene *Mi-9* from *Lycopersiconperuvianum* is localized on the short arm of chromosome 6. Theor Appl Genet, 106: 478-484.

Bleve-Zacheo T, Bongiovanni M, Melillo M T, et al. 1998. The pepper resistance genes *Me1*and *Me3* induce differential penetrationrates and temporal sequences of root cell ultrastructural changes upon nematode infection. Plant Science(Limerick), 133 (1): 79-90.

Cai D, Kleine M, Kifle S, et al. 1997. Positional cloning of a gene for nematode resistance in sugar beet. Science, 275 (5301): 832-834.

Castagnone-Sereno P, Bongiovanni M, Palloix A, et al. 1996. Selection for Meloidogyne incognita virulence against resistance genes fromtomato and pepper and specificity of the virulence/resistance determinants. EUR J Plant Pathol, 102: 585-590.

Castagnone-Sereno P, Bongiovanni M, Wajnberg E. 2007. Selection and parasite evolution: a reproductive fitness cost associated with virulence inthe parthenogenetic nematode *Meloidogyne incognita*. Evolutionary Ecology, 21 (2): 259-270.

Chen Rugang, Li Hanxia, Zhang Liying, et al. 2007. *CaMi*, a root-knot nematode resistance gene from hotpepper (*Capsium annuum* L.) confers nematode resistance in tomato. Plant Cell Reports, 26 (7): 895-905.

De Souza-Sobrinho F, Maluf W R, Gomes L A A, et al. 2002. Inheritance of resistance to *Meloidogyne incognita* race 2 in the hot peppercultivar Carolina Cayenne (*Capsicum annuum* L.). Genet Mol Res, 1 (3): 271-279.

Djian-Caporalino C, Fazari A, Arguel M J, et al. 2007.Root-knot nematode (*Meloidogyne* spp.) *Me* resistance genes in pepper (*Capsicum annuum* L.) are clustered on the P9 chromosome. Theor Appl Genet, 114 (3): 473-486.

Djian-Caporalino C, Pijarowski L, Fazari A, et al. 2001. High-resolutiongenetic mapping of the pepper(*Capsicum annuum* L.)resistance loci *Me3* and *Me4* conferring heat-stable resistance to root-knot nematodes(*Meloidogyne* spp.). Theor Appl Genet, 103 (4): 592-600.

Djian-Caporalino C, Pijarowski L, Januel A, et al. 1999. Spectrum of resistance to root-knotnematodes and inheritance of heat-stable resistance in in pepper (*Capsicum annuum* L.). Theor Appl Genet, 99 (3): 496-502.

Ernst K, Kumar A, Kriseleit D, et al. 2002. The broad-spectrum potato cyst nematode resistance gene (*Hero*) from tomato is the only member of a large gene family of NBS-LRR genes with an unusual amino acid repeat in the LRR region. Plant Journal, 31 (2): 127-136.

Fery R L, Dukes P D Sr, Thies J A. 1998. 'Carolina Wonder' and 'Charleston Belle': Southern root-knot nematode-resistant bell peppers. HortScience, 33 (5): 900-902.

Hare W W. 1957. Inheritance of resistance to root-knot nematodes in pepper. Phytopathology, 47: 455-459.

Huang S X, Zhang B X, Dan M, et al. 2001. Development of pepper SSR markers from sequence databases.Euphytica, 117 (2): 163-167.

Kruijt M, Brandwagt B F, de Wit P J G M. 2004. Rearrangements in the *Cf-9* disease resistance gene cluster of wild tomato have resulted in threegenes that mediate Avr9 responsiveness. Genetics, 168: 1655-1663.

Lee J M, Nahm S H, Kim Y M, et al. 2004. Characterization and molecular genetic mapping of microsatellite loci in pepper. Theor Appl Genet, 108 (4): 619-627.

Milligan S B, Bodeau J, Yaghoobi J, et al. 1998. The root knot nematode resistance gene *Mi* from tomato is amember of the leucine zipper, nucleotide binding, leucine-rich repeat family of plant genes. Plant Cell, 10 (8): 1307-1319.

Minamiyama Y, Tsuro M, Hirai M. 2006. An SSR-based linkage map of *Capsicum annuum*. Molecular Breeding, 8 (2): 157-169.

Nagy I, Stágel A, Sasvári Z, et al. 2007. Development, characterization, and transferability to other Solanaceae of microsatellitemarkers.in pepper (*Capsicum annuum* L.). Genome, 50 (7): 668-688.

Ogundiwin E A, Berke T F, Massoudi M, et al. 2005. Construction of 2 intraspecific linkage mapsand identification of resistance QTLs for *Phytophthora capsici* root-rot and foliar-blight diseases of pepper (*Capsicum annuum* L.). Genome, 48 (4): 698-711.

Pegard A, Brizzard G, Fazari A, et al. 2005. Histological characterization of resistance to different root-knotnematode species related to phenolics accumulation in *Capsicum annuum*. Phytopathology, 95: 158-165.

Portis E, Nagy I, Sasvari Z, et al. 2007. The design of *Capsicum* spp. SSR assays via analysis of in silico DNA sequence, and their potential utility for genetic mapping. Plant Science, 172 (3): 640-648.

Yi G, Lee J M, Lee S, et al. 2006. Exploitation of pepper EST-SSRs and an SSR-based linkage map. Theor Appl Genet, 114 (1): 113-130.

Fine Mapping of the Root-knot Nematode Resistance Gene *Me3* in Pepper

XU Xiao-yan[1,2], LIU Feng[1,2], KANG Hou-xiang[1], ZHANG Zhu-qing[2], ZOU Xue-xiao[2,*], and XIE Bing-yan[1,*]

([1] Institute of Vegetables and Flowers, Chinese Academy of Agricultural Sciences, Beijing 100081, China; [2] Institute of Vegetable, Hunan Academy of Agricultural Sciences, Changsha 410128, China)

Abstract: The pepper (*Capsicum annuum*) resistant inbred line HDA149 with *Me3* was used as male parent, and the susceptible inbred line 8214 was used as female parent in the study. Mapping population included 2133 F_2 individuals. Bulked-segregant analysis with DNA pools, from susceptible or resistant F_2 progenies, was performed to identify markers linked to *Me3*. There were 285 pairs of primers with polymorphism between two parents, but just SSCP_B322 and EPMS658 were polymorphic between the two bulks. Then F_2 individuals were amplified with the two pairs of primers, recording data. Linkage analysis used JoinMap 3.0 software. The genetic distance of SSCP_B322 and EPMS658 was 0.56cM and 1.33cM respectively, and two markers were two sides of *Me3* gene. They had been verified in BC_1 group and F_3 families, which has been practically useful to marker-assisted selection in pepper breeding and *Me3* gene cloning.

Key words: Pepper; *Capsicum annuum* L.; *Meloidogyne incognita*; *Me3* gene; Fine map

辣椒种质遗传多样性的 EST-SSR 分析*①

陈文超，张竹青，邹学校

（湖南省蔬菜研究所，长沙　410125）

摘要：辣椒（*Capsicum annuum* L.）是一种重要的蔬菜作物，分析辣椒种质的遗传多样性对于辣椒种质的收集、鉴定和利用都有重要的意义。EST-SSR 标记是一种位于转录区的 SSR 标记，能够检测出转录区的多态性，进而能够反映出种质之间真实的遗传多样性。本研究利用 33 个 EST-SSR 标记分析了 31 份辣椒种质的遗传多样性。EST-SSR 标记在测试的辣椒种质上共检测出 91 个等位基因，平均每个位点扩增出 2.76 个等位基因，最多扩增出 6 个等位基因，多态性信息含量（*PIC*）最小为 0.03，最大 0.74，平均为 0.38。系统聚类分析将 31 份种质分为 2 大类，聚类结果表现出了与果实性状一定程度的相关性。主坐标分析的结果基本上与聚类分析的结果一致，但更加详细地表现了辣椒种质之间的遗传变异。

关键词：辣椒；遗传多样性；EST-SSR；聚类分析；主坐标分析

辣椒（*Capsicum annuum* L.）是主要的蔬菜作物之一，具有重要的经济价值（邹学校等，2008；张宝玺等，2005）。辣椒种质资源是发展辣椒生产和开展辣椒育种的物质基础。我国辣椒资源相对丰富，但遗传背景较狭窄（张宝玺等，2010）。进行辣椒种质遗传多样性研究，对于鉴别特异种质、确定核心亲本、提高育种效率等都具有重要意义。

分子标记已经成为种质资源研究的重要工具，RAPD（陈学军等，2006）、AFLP（贺洁等，2010）、SRAP（许先松等，2011；陈学军等，2012）、SSR（何建文等，2009）等标记都曾被用于辣椒种质遗传多样性的评价。在众多的分子标记中，SSR 标记因重复性好、多态性高、呈共显性遗传、数量丰富和遍布整个基因组等优点，已成为广泛使用的分子标记之一。

目前在辣椒上总共开发了 500 多个 SSR 标记，这些标记已经被广泛地应用于连锁图谱构建、分子标记辅助选择等研究（Yi et al.，2006；Nagy et al.，2007；Portis et al.，2007；李晶晶等，2008；Ince et al.，2010）。EST-SSR 标记是基于 EST 序列开发的 SSR 标记，除具有基因组 SSR 标记的优良特征外，还能够反映出转录区的差异，这使得 EST-SSR 在种质遗传多样性分析等研究中具有更高的使用价值（Kong et al.，2006）。因此，本研究以部分辣椒种质为材料，利用 EST-SSR 标记分析这些种质的遗传多样性，评价

* 基金项目：现代农业产业技术体系建设专项资金资助（nycytx-35）。

① 本文原载《植物遗传资源学报》，2013，14（6）：1137-1141。

EST-SSR 标记检测多样性的效率，为辣椒种质资源的鉴定和利用提供相关的理论依据。

1 材料与方法

1.1 植物材料

根据主要性状的差异，选取了 31 份不同类型的辣椒材料用于遗传多样性分析。31 份辣椒材料都来自于湖南省蔬菜研究所辣椒课题组，辣椒材料的编号及主要性状特征见表 1。

表 1 植物材料编号、名称和主要性状

Table 1 The code，name，and major traits of the plant materials

编号 Code	名称 Name	来源 Origin	主要性状 Major traits	编号 Code	名称 Name	来源 Origin	主要性状 Major traits
1	鸡爪椒	浙江杭州	早熟羊角	17	湘潭晚	湖南湘潭	晚熟长牛角
2	伏地尖	湖南衡阳	早熟羊角	18	博辣红帅	自选品种	中熟线椒
3	SJ06-28	自选品系	晚熟深绿色羊角	19	博辣红牛	自选品种	早熟线椒
4	SJ07-1	自选品系	中熟羊角	20	兴蔬 301	自选品种	早熟线椒
5	SJ05-48	自选品系	晚熟粗牛角	21	博椒一号	自选品种	早熟线椒
6	SJ09-52	自选品系	晚熟粗牛角	22	红秀	自选品种	晚熟线辣椒
7	SJ05-47	自选品系	晚熟粗牛角	23	08HN1	自选品系	晚熟线椒
8	SJ05-49	自选品系	晚熟粗牛角	24	泸溪椒	湖南湘西	中熟线椒
9	福湘四号	自选品种	早熟粗牛角	25	茄门甜椒	上海	早熟灯笼
10	福湘二号	自选品种	早熟粗牛角	26	四川海椒	四川成都	朝天单生圆形
11	兴蔬 16	自选品种	中熟长角椒	27	紫色辣椒	云南保山	晚熟朝天单生指形
12	湘研 16	自选品种	晚熟长牛角	28	J04-46-1	自选品系	簇生朝天椒
13	D70-2	自选品系	早熟牛角	29	罗甸辣椒	贵州罗甸	晚熟朝天圆形椒
14	特大牛角椒	内蒙古赤峰	早熟长牛角	30	广西白皮辣椒	广西桂林	晚熟白皮椒
15	早帅	自选品种	极早熟粗牛角	31	ICPN18-7	亚蔬中心	晚熟白皮椒
16	福湘一号	自选品种	极早熟粗牛角				

1.2 SSR 分析

辣椒材料采用基质育苗，按照常规方法进行管理。在 4 叶 1 心期，每份材料随机选取 5 株采集新鲜叶片，混合取样，然后用 2% CTAB 法提取 DNA（孔秋生等，2004），用 NanoDrop 2000 检测 DNA 的浓度和质量。将 A_{260} 与 A_{280} 比值大于 1.8 的 DNA 样本，稀释成 20ng/μL 工作液，用于 EST-SSR 分析。从本课题组开发的 65 个辣椒 EST-SSR 标记中，筛选出 33 个多态性标记进行遗传多样性分析，33 个多态性 EST-SSR 引物名称及序列信息见表 2。

PCR 反应的总体系为 10μL，含有 1 × Buffer，2mmol/L $MgCl_2$，200μmol/L dNTPs，0.2μmol/L primer，0.5 U *Taq* 酶，20ng DNA。PCR 扩增程序为：94℃预变性 5min；94℃变性 30s，55℃退火 30s，72℃延伸 45s，35 个循环；72℃延伸 5min；12℃保存。扩增产物用 8%非变性 PAGE 在 120 V 恒压下电泳 2h，然后银染染色。

1.3 数据分析

将电泳图谱上清晰且可重复出现的条带记为 1，同一位置没有出现的带记为 0，从而生成由 1 和 0 组成的原始矩阵。按照使用手册，用 NTSYS-pc 2.10e 软件进行聚类分析和主坐标分析。

根据公式 $PIC = 1 - \sum_{i=1}^{k} P_i^2$ 计算多态性信息含量（*PIC*，polymorphic information content）值，其中 k 是一个 SSR 所检测到的等位基因的数量，P_i 是第 i 个等位基因的频率。

2 结果与分析

2.1 EST-SSR 标记多态性分析

用伏地尖、早帅、红秀、茄门甜椒和罗甸辣椒共 5 个品种为材料，进行引物筛选试验。从 65 个 EST-SSR 标记中，筛选出 33 个具有多态性、扩增质量好的标记用于遗传多样性分析。33 个 EST-SSR 标记的多态性信息见表 2。由表 2 可知，33 对 EST-SSR 引物在 31 份辣椒种质材料中共扩增出 91 个等位基因，平均每个位点扩增出 2.76 个等位基因。检测到等位基因最多的是 CAK33，共检测出 6 个等位基因。EST-SSR 位点的平均多态性信息含量（*PIC*）为 0.38，其中 CAK13 位点的多态性信息含量最低，为 0.03；CAK30 的多态性信息含量最高，为 0.74。CAK61 在 31 份辣椒种质中的扩增结果见图 1。

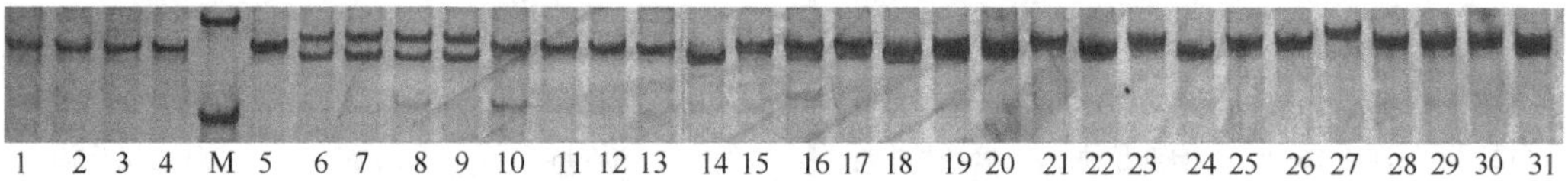

M：50bp DNA ladder marker；1~31：表 1 中 31 份辣椒种质材料编号

M：50bp DNA ladder marker，1~31：31 pepper varieties in table 1

图 1 CAK61 标记在 31 份辣椒品种扩增带型

Fig. 1 The PCR amplification pattern of CAK61 marker on the 31 pepper varieties

2.2 基于 EST-SSR 标记的聚类分析

33 个 EST-SSR 标记检测到 91 个多态性位点，按照带的有无，分别记为 1 或者 0，生成二向矩阵。根据原始矩阵计算 31 份辣椒种质两两之间的 Jaccard 相似系数，其分布范围为 0.28~0.96，平均为 0.55。广西白皮辣椒和 SJ09-52 之间的相似系数最小为 0.28，表明这两份种质之间的遗传差异最大。福湘一号和早帅之间的相似系数最大为 0.96，表明两者之间遗传差异最小，这与这两份辣椒品种有着相似的亲本有关。

基于 Jaccard 相似系数，利用 UPGMA 法进行聚类分析，将聚类结果转换为协表征矩阵（cophenetic matrix），对协表征矩阵和相似系数矩阵的相关性进行 Mantel 检验，结果表明两种矩阵极显著相关（$P<0.01$），相关系数为 0.85，表明聚类结果很好地体现了种质之间的遗传关系。辣椒种质的聚类结果见图 2。

由图 2 可知，在相似系数为 0.48 处，31 份辣椒种质被分为两大类。

第 I 类包含 SJ05-48 和福湘四号在内的 5 份种质，这些都为粗牛角椒类型的种质，除福湘四号具有早熟性外，其他种质都为晚熟品种。

第Ⅱ类包含鸡爪椒和广西白皮辣椒在内的共 26 份种质，这些种质又可以被细分为 6 个亚类。Ⅱ-1 亚类中包含了鸡爪椒和 ICPN18-7 等在内的 5 份种质，这些种质多为羊角椒或朝天椒类型。Ⅱ-2 亚类包括福湘二号和 J04-46-1 在内的 4 份种质，这一亚类的种质

表 2　EST-SSR 标记信息及多态性检测结果

Table 2　The information and polymorphic results of EST-SSR markers

编号 Code	引物序列 Primer sequence				基序 Motif	片段大小（bp） Product size（bp）	等位基因数量 No. of allele	多态性信息含量 *PIC*
CAK6	F	GCATTCAAAGCCACACAAAA	R	GACGGATAAGGAGGTGGTGA	$(GCC)_6$	141	2	0.46
CAK7	F	TGTTGAGTGGCCATAGTGATG	R	AAACCACGTCGAGATTGGTC	$(ACATTCA)_2$	149	2	0.06
CAK10	F	GCTGGAGTGGTTGCAAAAAT	R	GTGGGTTTCCAATGAATGCT	$(CCAAAC)_2$	183	3	0.33
CAK12	F	CACGCTTGAACTGTCCACTC	R	TGCTGTACCCAATGGTTGTG	$(TG)_7$	165	3	0.51
CAK13	F	CCGGCATAAGGATCAAACAT	R	AGCACTGAAGCTTGTCAGCA	$(TCT)_9$	178	2	0.03
CAK14	F	TGATGGAGCTGTTCTTGCAG	R	GTTCCGTTTCAGGTGCAGTT	$(ACA)_3$	175	2	0.09
CAK15	F	GGCTTGTTTACAAGGGGAAA	R	ACAGCCTCGCTCAAGTAACC	$(TGCTCC)_3$	206	2	0.43
CAK18	F	ACGGCAGGTTGTTGAGAAGT	R	ATGCGACAATCGACAAACAA	$(GAG)_{10}$	172	3	0.58
CAK19	F	CAAAGCACAATGACGAATGTT	R	TATGCCGGTAATTCGAGGTC	$(AT)_{13}$	173	3	0.62
CAK20	F	GGTGGCCAGAAAAGTAATCC	R	AGCCCTAACATGGCTGCTAA	$(TCGTCA)_3$	166	2	0.27
CAK21	F	TTGTTGGCCTGACTTTTGAA	R	AAAATCGATCGTGGAGTTCG	$(ACA)_5$	163	2	0.09
CAK22	F	TGGGGATCTAAACATGAAGG	R	CATGTGGGATGATGAATGGA	$(ATC)_4$	235	2	0.43
CAK24	F	AAACGTCATCACAGCCATCA	R	CGTAACGCACCCTCTAGGAA	$(CACCAT)_5$	159	5	0.43
CAK28	F	TGGATTCGTCATGGTTCAAG	R	CGCGAATCTCATCTGATCCT	$(AGA)_9$	215	2	0.47
CAK30	F	ATTCTCTTCCACCGCCTTTT	R	TCCGTTAAAGCACCATTTCC	$(CA)_{14}$	143	5	0.74
CAK31	F	TAAGAGCAAGGAGGCTCTGC	R	GACATGATCCAACCCAATCC	$(GAG)_7$	196	3	0.60
CAK33	F	CCTTCCTAGCCACACACCTC	R	GAAGGAATAACCGGCAGCTA	$(TC)_{10}$	147	6	0.69
CAK35	F	TCCCACGAGTCTTTTTGAGG	R	TCTGGTCTTCTTGGGAATCAA	$(AAACA)_6$	229	3	0.32
CAK36	F	CGAGGCTTCCCTTTTCTCTC	R	TCGCCAAGGACGATAACTTT	$(TTAA)_4$	175	2	0.06
CAK40	F	AACCTCGGAGGAGCATTTTT	R	TTCAACCTCAACAGCAGCAG	$(CTG)_{10}$	155	3	0.40
CAK41	F	CAGCAGCTACTTGCTCACCTT	R	CCGAGAGGAGATATGGTGGA	$(ATTTG)_3$	157	2	0.27
CAK43	F	TCCTGAAGCGCTTTTTAACG	R	AGCCTCCATTGTTAGCTTCTTG	$(GTAT)_3$	217	3	0.57
CAK45	F	CACTTGCCAGACCCAATACA	R	CTCTCAACTCTCGGCACACA	$(AG)_9$	161	2	0.27
CAK46	F	GGGCGATTTCATACTCAGGA	R	GGGTTTCAACCTTGAAGGAA	$(GGAATT)_2$	222	3	0.58
CAK47	F	TGGAGGCTATGGAACTCACC	R	AAGCTGCTGTTGTCCCTCAT	$(TGGGTA)_3$	199	2	0.17
CAK52	F	AAGCAAACTTGCCCTTGCTA	R	TACACGCCACTTGAACCAGA	$(AT)_8$	150	3	0.26
CAK54	F	CGAAAAGAGAACGACGGAGT	R	CTTCACCATCTCACCGAACC	$(CTCC)_3$	164	3	0.42
CAK55	F	TTGCTCGTGAAGCATGTAGC	R	TTTCAAACCCGTGACACAGA	$(ATTTGG)_2$	208	3	0.42
CAK56	F	GCACGGCTCTATATCTCTCTA TCTT	R	TCAACATCTCACCGAAGCTG	$(CT)_{14}$	164	3	0.54
CAK58	F	GTGAACCACGAGCGGATTAT	R	CGGAGTCAAAAGGACCTTCA	$(TTGGCA)_2$	224	3	0.48
CAK59	F	AATTGTTGACCATCCCCAAA	R	AATGTGCATGAATAGCAAAGAA	$(CAAA)_7$	226	2	0.35
CAK61	F	GAAGTGGCAGATGAGGGAAA	R	AGGTGGTGGAGGACATGGT	$(ACGACC)_4$	177	3	0.49
CAK64	F	GAGAGGCGATTGCGTTGTAT	R	TCCAGAAATGGGAAAACAGC	$(TCT)_3$	208	2	0.20

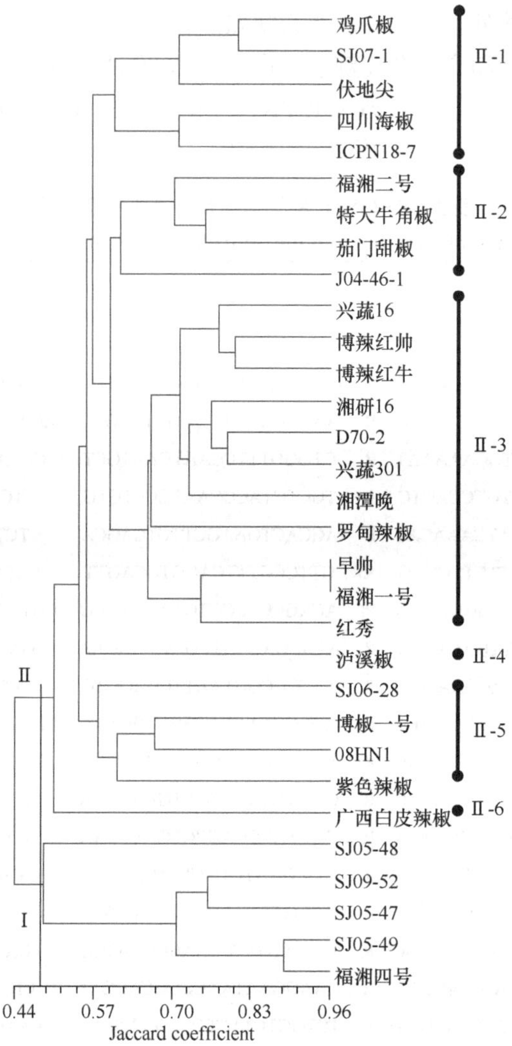

图 2　依据 EST-SSR 数据利用 UPGMA 算法获得的 31 份辣椒种质的聚类图

Fig. 2　UPGMA dendrogram of 31 pepper genotypes by EST-SSR marker

的果实类型比较复杂，不仅包括牛角椒，还包括线椒和灯笼形甜椒。Ⅱ-3 亚类包括兴蔬 16 和红秀在内的 11 份种质，这些种质主要是湖南省蔬菜研究所选育的辣椒品种以及湖南的地方辣椒品种，这些种质聚为一类也反映出在遗传背景上具有一定的相似性。Ⅱ-4 亚类仅泸溪椒 1 份种质。Ⅱ-5 亚类包括 SJ06-28 和紫色辣椒在内的 4 份种质，这些种质多为线椒类型，但在果实上又具有一定的差异。Ⅱ-6 亚类包仅包含广西白皮辣椒 1 份种质。广西白皮辣椒和泸溪椒都被单独聚为一个亚类，也反映出与其他种质之间存在的遗传差异。

2.3　基于 EST-SSR 标记的主坐标分析

主坐标分析以分类单元间的相似系数为基础，因此，分类单元在主坐标排序图中的位置能反映出之间的遗传相似性。种质间位置越接近表明遗传组成越相似，越远则表明种质间的遗传差异越大。

对辣椒 EST-SSR 标记所获得的结果进行主坐标分析，第一和第二主坐标分别解释了 15.44%和 10.02%的种质间变异。对 31 份种质做第一、二主坐标的二维图，结果见图 3。由图 3 可以看出，二维主坐标图的分析结果在第 I 类上与系统聚类分析结果完全一致，但是对于第 II 类种质而言，主坐标分析更加清楚地体现了这些种质的差异。在第二主坐标方向上，第 II 类种质散布在二维图的右侧，表明这些种质之间蕴藏着丰富的遗传多样性。

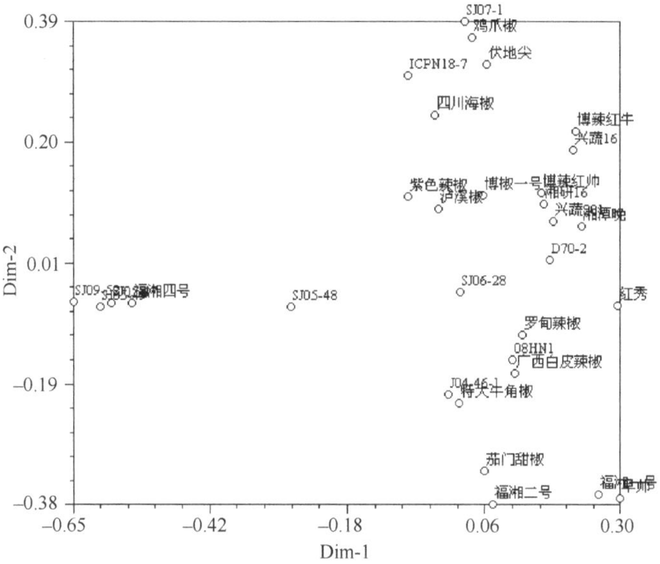

图 3　二维主坐标图

Fig. 3　The 2-dimension scatter plot of principle coordinate analysis

3　讨　　论

EST-SSR 与基于基因组序列开发的 SSR 标记的区别在于，EST-SSR 在基因组上的位置是确定的，即来自于转录区。因此，EST-SSR 检测的是转录区的序列变异，能够反映出功能上的多样性，更适用于种质资源遗传多样性的评价。本研究利用 33 个 EST-SSR 标记分析了 31 份辣椒种质的遗传多样性，平均每个标记扩增出 2.76 个等位基因。罗玉娣等（2006）利用 21 个 SSR 标记分析了 33 份辣椒材料，平均每对 SSR 引物检测到 2.6 个等位基因变异。周晶等（2009）用 109 对 SSR 引物对 89 份辣椒材料进行分析，平均每对引物可扩增出 2.66 条带。何建文等（2009）用 17 个 SSR 标记分析了 48 个贵州辣椒地方品种，平均每对引物可检测 3.8 个等位基因。本研究中 EST-SSR 位点检测到的平均等位基因数量与罗玉娣等（2006）、周晶等（2009）的结果相当，但低于何建文等（2009）的结果。EST-SSR 来自于基因组上的转录区，而转录区的序列通常都比较保守，因此，一般来讲 EST-SSR 所检测到的多态性要低于基因组 SSR。但多态性检测能力的评价也与所测试的植物材料有关，如果所用的植物材料遗传背景差异较大，则标记检测到的多态性就高，反之，则标记的多态性检测能力就会大大降低。本研究中所用的 EST-SSR 检测到的平均 *PIC* 值为 0.38，反映出 EST-SSR 具有中度偏低的多态性检测能力，但考虑到 EST-SSR 能够检测出转录区的变异，并进而反映出种质之间“真实的遗传多样性”，

EST-SSR 依然被认为是高效的评价遗传多样性的工具。

在种质聚类分析中，本研究将 31 份辣椒种质分为 2 个大类，其中第二类又可以被细分为 6 个亚类，分类结果表现出了与果实性状一定的相关性，但也并不完全一致，很多果实性状不同的品种也被分为了一个类或者一个亚类，这与周晶等（2009）的结果类似。这可能是因为供试材料多为育成品种，材料之间已经经过了人工杂交和选择，因此，会造成部分品种具有相似遗传背景的现象，从而导致不同果实类型的种质不能被区分出来。另外，使用的引物数量少、在基因组上的覆盖率低，也容易导致分子标记的结果与表型性状分类的结果不一致的现象。

参 考 文 献

陈学军, 陈劲枫, 耿红, 等. 2006. 辣椒属 5 个栽培种部分种质亲缘关系的 RAPD 分析.园艺学报, 33(4): 751-756.

陈学军, 周坤华, 方荣, 等. 2012. 辣椒 *C. frutescens* × *C. chinense* 种间杂种的获得与鉴定.植物遗传资源学报, 13(5): 907-911.

何建文, 杨文鹏, 韩世玉, 等. 2009. 贵州辣椒地方品种分子遗传多样性分析.贵州农业科学, 37(8): 15-18.

贺洁, 苏亚蕊, 张大乐, 等. 2010. 朝天椒遗传多样性的 AFLP 标记分析.河南大学学报: 自然科学版, 40(3): 278-282.

孔秋生, 李锡香, 向长萍, 等. 2004. 萝卜种质资源亲缘关系的 RAPD 分析. 植物遗传资源学报, 5(2): 156-160.

李晶晶, 王述彬, 刘金兵, 等. 2008. 辣椒 EST-SSR 标记的开发. 分子植物育种, 6(6): 1219-1222

罗玉娣, 李建国, 李明芳. 2006. 用 SSR 标记分析辣椒属种质资源的遗传多样性. 生物技术通报. (S1): 337-341.

许先松, 刘志钦, 林晓丹, 等. 2011. 基于形态及 SRAP 标记的辣椒资源遗传多样性及亲缘关系比较.福建农林大学学报: 自然科学版, 40(1): 48-53.

张宝玺, 王立浩, 毛胜利, 等. 2005. 优质抗疫病甜椒种质资源的选育.植物遗传资源学报, 6(3): 295-299.

张宝玺, 王立浩, 毛胜利, 等. 2010, “十一五”我国辣椒遗传育种研究进展.中国蔬菜, 12(24): 1-9.

周晶, 沈火林, 杨文才, 等. 2009. 辣椒遗传多样性的 SSR 分析. 华北农学报, 24(S1): 62-67.

邹学校, 张竹青, 陈文超, 等. 2008. 辣椒植株性状 Hayman 双列杂交分析. 植物遗传资源学报, 9(2): 234-238.

Ince A G, Karaca M, Onus A N. 2010. Polymorphic microsatellite markers transferable across capsicum species . Plant Mol Biol Rep, 28(2): 285-291.

Kong Q, Xiang C, Yu Z. 2006. Development of EST-SSRs in *Cucumis sativus* from sequence database . Mol Ecol Notes, 6(4): 1234-1236.

Nagy I, Stagel A, Sasvari Z, et al. 2007. Development, characterization, and transferability to other Solanaceae of microsatellite markers in pepper (*Capsicum annuum* L.) . Genome, 50(7): 668-688.

Portis E, Nagy I, Sasvari Z, et al. 2007. The design of *Capsicum* spp. SSR assays via analysis of *in silico* DNA sequence, and their potential utility for genetic mapping. Plant Sci, 172(3): 640-648.

Yi G .B, Lee J M, Lee S, et al. 2006. Exploitation of pepper EST-SSRs and an SSR-based linkage map. Theor Appl Genet, 114: 113-130.

Genetic Diversity of Pepper Germplasm Investigated by EST-SSR Markers

CHEN Wen-chao, ZHANG Zhu-qing, ZOU Xue-xiao

(Hunan Province Vegetable Research Institute, Changsha 410125)

Abstract: Pepper (*Capsicum annuum* L.) is one of the staple vegetable crops with significant economic value. Investigation of pepper genetic diversity is crucial for the collection, identification, and application of pepper germplasm resources. EST-SSR markers, derived from the transcript regions, can detect the polymorphism in the transcript regions on the genome and thus exhibit the 'true genetic diversity'. In the study, a total of 33 EST-SSR markers were employed to investigate the genetic diversity of 31 pepper varieties. A total of 91 alleles were detected among the tested pepper varieties by the EST-SSR markers. The maximum number of alleles and the average alleles per locus were 6 and 2.76, respectively. The polymorphic information content (*PIC*) per locus ranged from 0.03 to 0.74 with the average of 0.38. Systemic cluster analysis separated the tested pepper varieties into two major groups which showed certain correlation with the morphologic traits of the fruit. The result of principal coordinate analysis was similar to that of the systemic cluster analysis, exhibiting more thoroughly genetic variations among the tested pepper varieties.

Key words: pepper; genetic diversity; EST-SSR; systemic cluster analysis; principal coordinate analysis

辣椒 EST-SSR 位点的鉴定和特征分析*①

张广平[1,2]，孔秋生[3]，陈文超[2]，张竹青[2]，邹学校[1,2]

（[1]中南大学隆平学院，长沙 410125；[2]湖南省农业科学院，长沙 410125；
[3]华中农业大学园艺林学学院，武汉 430070）

摘要：公共序列数据库中辣椒的 EST 序列在急剧增长，为 SSR 标记开发提供了丰富的序列资源。本研究利用生物信息学手段和数据挖掘技术，分析了辣椒 EST-SSR 的发生和分布特征。对 118 060 条来自 NCBI 的辣椒 EST 序列进行处理和拼接，获得了 30 759 个 Unigene，覆盖基因组的长度为 23.12Mb。在 Unigene 上鉴定出 3 758 个 SSR 位点，其发生频率为 1/6.15kb。二核苷酸和三核苷酸重复基序的 SSR 位点分别占总数的 70.7%和 26.8%。83.5%的 SSR 位点的重复次数在 10 次以内。出现最多的基序类型是 AG/TC，占 EST-SSR 总数的 43.8%；AAG/TTC 是出现最多的三核苷酸重复基序，占总数的 6.8%。二核苷酸基序的 EST-SSR 在 5′UTR 的分布密度为 20/10kb，高于 CDS 区的 8/20kb。而三核苷酸基序的 EST-SSR 在 5′UTR 的分布密度为 4/10kb，与 CDS 区的 5/10kb 相当。这些结果为辣椒 SSR 标记的开发提供了有用的信息。

关键词：辣椒；EST；SSR；鉴定；特征分析

SSR（simple sequence repeats，简单序列重复）标记或者微卫星（microsatellite）标记因数量丰富、多态性高、重复性好、在基因组上分布均匀，以及呈共显性遗传等特点而被广泛地应用于遗传育种研究（Powell et al，1996）。但按照传统的方法，SSR 标记的开发需要构建基因组文库和筛选阳性克隆等操作，不仅费时费力而且成本高。

随着功能基因组学的发展，EST（expressed sequence tags，表达序列标签）被大规模测序，并存放在公共序列数据库中。这些 EST 为分子标记（如 SSR 和 SNP）的鉴定、开发及其进化规律等方面的研究提供了丰富的序列资源。基于 EST 序列开发的 SSR 标记（EST-SSR）同基于基因组文库开发的 SSR 标记相比有很多内在的优点，如；EST-SSR 标记在相关物种之间具有很高的可转移性，通常都代表着某种功能，开发过程简单成本低（Kong et al，2006）。此外，对拟南芥、水稻等模式作物基因组的全序列分析表明，SSR 位点在转录区的发生频率要远高于非转录区（Morgante et al，2002；Lawson & Zhang，2006），由此可见，基于转录区的序列开发 SSR 标记将会比基于全基因组序列开发 SSR 标记更加高效。

辣椒（*Capsicum annuum* L.）是一种重要的茄科蔬菜，在世界都有广泛的种植。已

* 基金项目：国家农业产业技术体系建设专项资金（CARS-25-A-8）。

① 本文原载《江苏农业学报》，2011，27（5）：1162-1164。

有一些研究利用基因组文库或公共数据库中的序列信息，开发了一些辣椒 SSR 标记（Huang et al，2000；Lee et al，2004；Minamiyama et al，2006；Yi et al，2006；Nagy et al，2007；Portis et al，2007；李晶晶等，2008；Ince et al，2010），但这些公开报道的 SSR 标记的仅有 500 多个。辣椒具有相对比较大的基因组，辣椒属不同种的基因组大小在 3753~4763Mb 之间（Bennett & Leitch，2005），而辣椒栽培种内 DNA 水平上的多态性也比较低。因此，目前已有的辣椒 SSR 标记，还远不能满足辣椒高密度作图的需要。

也有一些研究利用辣椒的 EST 序列开发了一些 EST-SSR 标记（Yi et al，2006；Nagy et al，2007；Portis et al，2007；李晶晶等，2008；Ince et al，2010），但在这些研究中，最多的也只利用了 2 万多条 EST 序列（Ince et al，2010），而目前公共数据库中保存的来自于辣椒的 EST 序列已经超过了 11 万条，可见当前对辣椒 EST 序列信息的利用还非常有限。因此，利用公共序列数据库中的 EST 序列信息，开发更多的 SSR 标记，对于构建辣椒的饱和遗传图谱和辅助选择育种都是非常必要的。

本研究旨在利用公共序列数据库中来自辣椒的 EST 序列序列信息，采用数据挖掘技术鉴定 EST 上的 SSR 位点，分析其发生和分布特征，研究结果不仅有助于揭示辣椒基因组的结构，同时还有助于提高辣椒 SSR 标记开发的效率。

1　材料与方法

1.1　辣椒 EST 序列的获得

登录 NCBI 的主页（http://www.ncbi.nlm.nih.gov/），在 All database 数据库中，利用“capsicum annuum [orgn] and EST”词条检索来自辣椒的 EST 序列。获得检索结果后，点击“Send to”菜单，在“Choose Destination”对话框中选择“File”，在“Format”中选择“FASTA”，然后点击“Create File”按钮，将辣椒的 EST 序列下载到本地计算机。

1.2　EST 序列的处理和拼接

用 Cross_Match 程序，将获得的 EST 序列同来自 NCBI 的 UniVec 数据库（ftp://ftp.ncbi.nih.gov/pub/UniVec/）进行比对，以检测并去除 EST 上的载体和接头序列。Cross_Match 程序的参数设置为：minmatch≥13，miniscore≥20。利用 CAP3（Huang & Madan，1999）软件对处理过的 EST 序列进行拼接。CAP3 的参数取默认值，其中，重叠一致百分比域值（Overlap percent identity cutoff）N>80；重叠长度域值（Overlap length cutoff）N>40。

1.3　EST-SSR 位点的鉴定和引物设计

利用 SSR Server（Blenda et al，2006）在组装后获得的 Unigene 上搜寻 SSR 位点。SSR 的标准为：重复单位长度为 2~6bp，最少重复次数为 5 次。为判断获得的 EST-SSR 是否能用于 PCR 扩增，利用 Primer3（http://frodo.wi.mit.edu/cgi-bin/primer3/primer3_www.cgi）软件设计 SSR 位点两侧引物。参数设置如下：产物长度范围设为 100~300bp；引物长度范围为 18~27bp，最佳为 20bp；退火温度范围为 57~63℃，最佳为 60℃。其他参数采用默认值。引物设计时先用中括号将 SSR 位点括起来，以确保产物序列中包括 SSR 位点。

2 结果与分析

2.1 辣椒 EST 序列的获得与拼接

截止到 2010 年 8 月 16 日，在 NCBI 数据库中共检索到 118 060 条来自辣椒的 EST 序列。在去除 EST 中载体、接头序列后，利用 CAP3 软件对来自于辣椒的 EST 序列进行拼接，以消除 EST 序列的冗余性和延长转录片段的长度。拼接后产生了 30 759 个 Unigene，其中包括 12 292 个 contig 和 18 467 个 singlet。用总序列数量减去总 Unigene 数量，再除以总序列数量的方式来估算 EST 的冗余率，辣椒 EST 的冗余率为 73.9%。辣椒 Unigene 总的覆盖长度为 23.12Mbp。

2.2 辣椒 EST-SSR 位点的发生频率

以重复基序长度范围为 2~6bp，最少 5 次重复为标准，利用 SSR Server 软件在辣椒的 30 759 个 Unigene 上搜寻到 3 758 个 SSR 位点。有 3 185 个 Unigene 含有 SSR 位点，最多时一个 Unigene 上含有 11 个 SSR 位点。平均每 100 个 Unigene 含有 12.2 个 SSR 位点，相当于 3.18%的 EST 含有 SSR 位点。就 Unigene 的总长度而言，辣椒 EST-SSR 位点的发生频率为 1/6.15kb。

在鉴定出的 SSR 位点中，有 2 515 个 EST-SSR 位点可以用 Primer3 软件设计引物，占总数的 67.0%，这些位点可进一步用于多态性 SSR 标记的开发。其他不能设计引物的 EST-SSR 位点主要是由于侧翼序列太短或者 GC 含量太低造成的。

2.3 辣椒 EST-SSR 特征分析

2.3.1 基序长度和重复次数分布

在辣椒的 Unigene 上共检测出 128 种不同的重复基序，这些基序的差异主要表现为长度和类型的不同，现对这些不同基序的分布做进一步分析。

分别统计不同基序长度和重复次数的 EST-SSR 位点数量，结果见表 1。由表 1 可知，二核苷酸重复基序的 SSR 位点发生次数最多，达到 70.7%。其次是三核苷酸重复基序的 SSR 位点，占总 SSR 位点的 26.8%。而四核苷酸、五核苷酸、六核苷酸基序的 SSR 位点出现的次数比较少，总共才有 91 个，占总 SSR 位点数的 2.5%。

在所有位点中，5 次重复的位点数最多，占总数的 48.5%，随着重复次数的增多，EST-SSR 的数量表现出了逐渐递减的趋势。在 10 次重复以内的 EST-SSR 位点中，二核苷酸基序位点占到了 77.4%，三核苷酸基序位点占到了 98.4%。而其他基序位点的重复次数几乎都在 10 次以内。二核苷酸基序 EST-SSR 的重复次数分布范围比较广，30 次以上重复的位点数达到 202 个，最高的重复次数达到 71 次。而这些重复次数达到 30 次以上的位点，绝大部分都不能设计引物，其在辣椒基因组中是否真实存在还需要进一步实验验证。

表 1 不同基序长度和重复次数的辣椒 EST-SSR 位点的数量分布

Table 1 Distribution of EST-SSR loci with different motif types and repeat numbers in pepper

基序长度 Motif length	重复次数 repeat number									总计 Total	比例 Ratio %
	5	6	7	8	9	10	11-20	21-30	>30		
2bp	1143	445	213	127	75	53	237	163	202	2658	70.7
3bp	618	208	94	42	21	10	15	0	1	1009	26.8
4bp	39	13	5	1	0	0	1	0	0	59	1.6
5bp	8	2	0	0	0	1	0	0	0	11	0.3
6bp	16	4	0	0	1	0	0	0	0	21	0.6
总计 Total	1824	672	312	170	97	64	253	163	203	3758	-
比例 Ratio%	48.5	17.9	8.3	4.5	2.6	1.7	6.7	4.3	5.5	-	-

2.3.2 基序类型分布

在统计重复基序类型时，将基序的所有可能的+1 移码及其互补序列都视为同一个基序类型。如对于二核苷酸重复基序 AC 而言，AC=CA=TG=GT，用 AC/TG 表示。由于二核苷酸和三核苷酸重复基序占了 SSR 总数的 97.58%，其他基序的 SSR 出现的次数很少，这里只统计二核苷酸和三核苷酸的基序类型并比较它们的分布（图 1）。

由图 1 可知，不同基序类型的次数分布并不均匀。就二核苷酸而言，出现最多的基序类型是 AG/TC，达到了 1645 次，占辣椒 EST-SSR 总数的 43.8%；其次是 AT/TA 基序，占总数的 17.3%。二核苷酸重复基序中，GC/CG 基序出现的次数最少，仅为 5 次。对于三核苷酸重复基序而言，出现次数最多的是 AAG/TTC，占 EST-SSR 位点总数的 6.8%。其次是 AAC/TTG、AAT/TTA、ACC/TGG 基序。

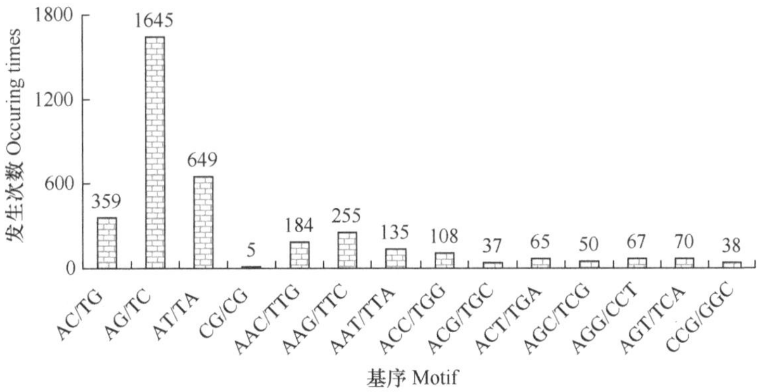

图 1 辣椒 EST-SSR 基序类型的分布

Fig. 1 The distribution of motif types for EST-SSR in pepper

2.3.3 EST-SSR 位点在 Unigene 上的分布

SSR Server 采用 FLIP 程序来确定 Unigene 上的开放读码框（open reading frame，ORF），并报告 SSR 所在的位置(Blenda et al，2006)。本研究根据含有 SSR 位点的 Unigene 的长度、ORF 的位置来确定 5′UTR、CDS 和 3′UTR 的长度，以及 SSR 在 Unigene 上的相对位置和数量，结果见表 2。

由表 2 可知，CDS 区分布的 EST-SSR 位点数最多，占到了总位点数的 54.5%，这与 CDS 的相对长度有关。相对于 5′UTR 和 3′UTR 而言，CDS 区是最长的。有 26.6%和 15.9%的 EST-SSR 位点分别分布在 5′UTR 和 3′UTR 区。另外有 115 个 SSR 位点（3.0%），由于序列太短等原因，其在 Unigene 上的位置无法确定。

表 2　EST-SSR 在辣椒 Unigene 上的分布特征

Table 2　The distribution characteristics of EST-SSR on Unigene in pepper

Unigene 上的位置 Locations on Unigene	不同长度基序 EST-SSR 的数量 Number of EST-SSR with different motifs in length					总计 total	比例% Ratio %	总长度 Total length（bp）	二核苷酸基序 EST-SSR 的密度 Density of EST-SSR with dinucleotide motifs（/10kb）	三核苷酸基序 EST-SSR 的密度 Density of EST-SSR with trinucleotide motifs（/10kb）
	2bp	3bp	4bp	5bp	6bp					
5′UTR	815	154	26	4	1	1 000	26.6	397 820	20	4
CDS	1 272	743	13	4	15	2 045	54.5	1 545 359	8	5
3′UTR	467	105	16	3	5	596	15.9	495 908	9	2
Unknown	104	7	4	0	0	115	3.0	-	-	-

不同长度基序的 EST-SSR 在 UTR 区和 CDS 区的选择压力会不同，因此，需要进一步分析不同长度基序 EST-SSR 在 Unigene 上的分布特征。同样，由于二核苷酸和三核苷酸基序占了 SSR 总数的 97.58%，这里只分析二核苷酸和三核苷酸基序 EST-SSR 的分布特征。去掉 91 个含 SSR 位点但无法确定 ORF 的 Unigene，分别统计剩下的 3094 个含 SSR 位点的 Unigene 的 5′UTR、CDS 和 3′UTR 的总长度，并计算 EST-SSR 的分布密度。由表 2 可知，二核苷酸基序 EST-SSR 在 5′UTR 的分布密度为 20/10kb，远高于 CDS 区的 8/20kb 和 3′UTR 的 9/20kb。而三核苷酸基序 EST-SSR 在 5′UTR 的分布密度为 4/10kb，与 CDS 去的 5/10kb 相当，但高于 3′UTR 的 2/20kb。

3　讨　　论

冗余性是 EST 序列的特征之一，其产生的原因主要是很多 EST 可能是来自于同一个高丰度表达的基因。EST 冗余性的存在会影响到对 EST-SSR 发生频率的准确估计，因此，在搜寻 SSR 位点之前需要对 EST 序列进行拼接或组装（Kong et al，2007）。EST 拼接不仅可以去除其冗余性，还可以延长转录片段的长度，这有利于后面的 SSR 引物设计。

SSR 的鉴定效率依赖于采用的标准，严谨的长度标准和非严谨的长度标准对结果会造成很大的影响。Lee 等（2004）利用 GenBank 中的辣椒序列鉴定 SSR 的发生频率为 1/6.7kb。Yi 等（2006）以 2~5bp 的基序和总长度超过 11bp 为标准，在 10 232 条辣椒 EST 检测出 EST-SSR 的发生频率为 1/3.8kb。Portis 等（2007）将单核苷酸基序包括在内，采用了非严谨的长度鉴定标准，发现辣椒 EST-SSR 的发生频率为 1/3.1kb。本研究得到的辣椒 EST-SSR 位点的发生频率为 1/6.15kb，低于 Yi 等（2006）和 Portis 等（2007）的结果，而与 Lee 等（2004）的结果相当，这可能与本研究去除了 EST 的冗余性、采用了较严谨的鉴定标准外，还与更多的 EST 序列有关。虽然本研究分析了 118 060 条 EST 序列，是目前研究中包含序列最多的，但其基因组覆盖长度也只有 23.12Mb，仅约为辣椒基因组的 1/20。因此辣椒 SSR 的发生频率尚需对更多的序列甚至是全基因组序列分析，才能获得更加准确的结果。

基序重复次数的变异引起位点序列长度的变化是 EST-SSR 产生多态性的主要原因，同时基序重复次数的分布也是 SSR 进化的表现和潜在动力。本研究发现重复次数在 10 次以内 SSR 位点数占到了 83.5%，这与转录区的保守性密切相关。转录区的保守性使 SSR 位点重复次数的变异，面临着更大的选择压力，同时其碱基的错配修复机制会更加严格。所以，使得 EST-SSR 的重复次数没有非转录区 SSR 的重复次数变异范围大。Morgante 等（2002）也证明了在转录区的 SSR 的平均长度要短于非转录区。然而，重复次数与 SSR 标记的多态性之间存在着一定的关系。Lee 等(2004)研究认为长度在 18bp 以上的 SSR 其多态性要高于 18bp 以下的 SSR。Ince 等（2010）认为具有 10 个以上重复单位的 EST-SSR 位点，其多态性要比 10 个以下重复的高。因此，在开发 EST-SSR 标记时应适当选择重复次数多的位点。

在辣椒 EST-SSR 位点中出现最多的基序类型是 AG/TC，三核苷酸重复基序中出现最多的是 AAG/TTC，这与 Yi 等（2006）的研究结果是一致的。同时，Lee 等（2004）利用小片段插入基因组文库开发辣椒的 SSR 标记时，也发现 AG 在辣椒基因组中发生的频率最高。Morgante 等（2002）证明在植物 EST 中，AG 基序是最频繁发生的二核苷酸基序。AG/TC 发生在（GAG）$_n$、（AGA）$_n$、（UCU）$_n$、（CUC）$_n$密码子中，分别翻译成 polyArg、Glu、Ala 和 Leu。Ala 和 Leu 在多肽中分别以 8%和 10%的频率存在，这也可能是为什么 AG/TC 基序在 EST 中发生频率高的原因（Kantety et al，2002）。

本研究对辣椒 EST-SSR 在 Unigene 上的分布分析表明，二核苷酸基序的 EST-SSR 在 5′UTR 的分布密度为 20/10kb，高于 CDS 区的 8/20kb。而三核苷酸基序的 EST-SSR 在 5′UTR 的分布密度为 4/10kb，与 CDS 区的 5/10kb 相当。SSR 是通过增加或减少一个或多个基序来产生长度上的变异，从而表现出序列长度上的多态性。对于二核苷酸基序而言，在 CDS 区，其增加或者减少一个基序将会改变读码框，产生移码突变，这个移码突变将会改变蛋白质产物，甚至是表型性状，而这个突变的性状将会面临着生物体自身、环境和人类活动的选择。相比之下，在 UTR 区，二核苷酸基序的增加或者减少并不改变读码框，不会产生移码突变。因此，对于二核苷酸基序而言，其在 CDS 区的选择压力要远大于 UTR 区，因此，在 CDS 区的二核苷酸基序的 SSR 的数量显著地少于在 UTR 区的数量是符合生物体自身生命活动规律的。对于三核苷酸基序而言，当其刚好位于读码框时，其在 CDS 区发生重复次数的变异不会影响到读码框，也不会产生移码突变，从而使其所面临的选择压力大大减少，这使得三核苷酸基序在编码区和非编码区都有着相同的分布。在 UTR 区，辣椒 SSR 位点在 5′UTR 的数量都要多于 3′UTR 的数量，这可能是因为大部分 EST 测序由于希望能反映蛋白质的特征而都采用 5′端测序，因此导致了 5′UTR 的 SSR 的数量多于 3′UTR。

辣椒的基因组相对较大，而且栽培种的遗传背景比较狭窄，目前可用的 SSR 标记数量有限，这极大地限制了辣椒高密度遗传图谱的构建和分子标记辅助选择育种的应用。因此，开发出更多的 SSR 标记，对于辣椒遗传育种研究具有十分重要的意义。本研究利用公共序列数据库中辣椒的 EST 序列信息，鉴定出 3 758 个 SSR 位点，并分析了其发生和分布特征，为今后辣椒 SSR 标记的高效开发打下了很好的基础。

参考文献

李晶晶, 王述彬, 刘金兵, 等. 2008. 辣椒EST-SSR标记的开发. 分子植物育种, 6(6): 1219-1222.

Bennett M D, Leitch I J. 2005. Nuclear DNA amounts in angiosperms: progress, problems and prospects. Annals of Botany, 95(1): 45-90.

Blenda A, Schezer J, Schezer B, et al. 2006. CMD: a cotton microsatellite database resource for *Gossypium genomics*. BMC Genomics, 7: 132.

Huang S, Zhang B, Milbourne D, et al. 2000. Development of pepper SSR markers from sequence databases. Euphytica, 117: 163-167.

Huang X, Madan A. 1999. CAP 3: a DNA sequence assembly program. Genome Research, 9: 868-877.

Ince A G, Karaca M, Onus A N. 2010. Polymorphic microsatellite markers transferable across *Capsicum* species. Plant Molecular Biology Reporter, 28: 285-291.

Kantety R V, La Rota M, Matthews D E, et al. 2002. Data mining for simple sequence repeats in expressed sequence tags from barley, maize, rice, sorghum and wheat. Plant Molecular Biology, 48: 501-510.

Kong Q, Xiang C, Yu Z, et al. 2007. Mining and charactering microsatellites in *Cucumis melo* ESTs from sequence database. Molecular Ecology Notes, 7: 281-283.

Kong Q, Xiang C, Yu Z. 2006. Development of EST-SSRs in *Cucumis sativus* from sequence database. Molecular Ecology Notes, 6: 1234-1236.

Lawson M J, Zhang L. 2006. Distinct patterns of SSR distribution in the *Arabidopsis thaliana* and rice genomes. Genome Biology, 7(2): R14.

Lee J M, Nahm S H, Kim Y M, et al. 2004. Characterization and molecular genetic mapping of microsatellite loci in pepper. Theoretical and Applied Genetics, 108: 619-627.

Minamiyama Y, Tsuro M, Hirai M. 2006. An SSR-based linkage map of *Capsicum annuum*. Molecular Breeding 18: 157-169.

Morgante M, Hanafey M, Powell W. 2002. Microsatellites are preferentially associated with nonrepetitive DNA in plant genomes. Nature Genetic, 30: 194-200.

Nagy I, Stagel A, Sasvari Z, et al. 2007. Development, characterization, and transferability to other Solanaceae of microsatellite markers in pepper (*Capsicum annuum* L.). Genome, 50, 668-688.

Portis E, Nagy I, Sasvari Z, et al. 2007. The design of *Capsicum* spp. SSR assays via analysis of in silico DNA sequence, and their potential utility for genetic mapping. Plant Science, 172: 640-648.

Powell W, Gordon C M, et al. 1996. Polymorphism revealed by simple sequence repeats. Trends in Plant Science, 1(7): 215-222.

Yi G .B, Lee J M, Lee S, et al. 2006. Exploitation of pepper EST-SSRs and an SSR-based linkage map. Theoretical and Applied Genetics, 114: 113-130.

Identification and Characteristic Analysis of Pepper EST-SSR Loci

ZHANG Guang-ping[1, 2], KONG Qiu-sheng[3], CHEN Wen-chao[2], ZHANG Zhu-qing[2], ZOU Xue-xiao[1, 2]

([1] Nongping College, Zhongnan University, Changsha 410125; [2] Hunan Academy of Agricultural Sciences, Changsha 410125; [3] College of Horticulture and Forestry, Huazhong Agricultural University, Wuhan 430070, China)

Abstract: The amount of EST derived form pepper in public available sequence database grows dramatically, which offers abundant sequence resource for the development of SSR markers. In the study, the bioinformatic tools and data mining methods were employed to analyze the occurring and distribution characteristics of EST-SSR in pepper. A total of 30 759 Unigenes covering 23.12 Mb were obtained after process and assembly of 118 060 pepper ESTs retrieved from NCBI. 3 758 EST-SSR loci were identified on the Unigenes with the occurring frequency of 1/6.15kb. The amount of EST-SSR loci with dinucleotide motif and trinucleotide motif took account of 70.7% and 26.8% of the total respectively. There were 83.5% EST-SSR loci with the repeat number no more than 10 times. AG/TC, taking account of 43.8% of the total, was the dominant motif type. AAG/TTC was the most frequent occurring trinucleotide motif, accounting for 6.8% of the total. The distribution density of EST-SSR with dinucleotide motif was 20/10kb in 5′UTR, which was higher than that of 8/20kb in CDS. However, as for the EST-SSR with trinucleotide motif, the occurring density was 4/10kb, which was comparable with the 5/10kb in CDS. The results offered valuable information for SSR marker development in pepper.

Key words: Pepper (*Capsicum annuum* L.); EST; SSR; Identification; Characteristic analysis

辣椒多态性 EST-SSR 标记开发及连锁图谱构建*①

刘 峰[1a,3]，谢玲玲[1b]，欧阳娴[1a]，王运生[2,3]，邹学校[1a*]

（[1]湖南省农业科学院 a. 蔬菜研究所；b. 西瓜甜瓜研究所，湖南 长沙 410125；[2]湖南农业大学 生物安全科学技术 学院，湖南 长沙 410128；[3]中国农业科学院蔬菜花卉研究所，北京 100081）

摘要：采用 SSR 检索程序，从辣椒 221 037 条 unigenes 中筛选到 17 319 个 SSR 位点，设计了 10 468 对引物，并对其进行 E-PCR 多态性检测。结果表明，1 538 对引物具有多态性，其中 554 条辣椒 EST 序列能匹配到番茄基因组上，构成了 12 条辣椒 EST-SSR 连锁群，平均每条连锁群含 45.75 个 EST-SSR。对匹配到番茄基因组上的 EST-SSR 进行 GO（gene ontology）分类，结果有 481 条 EST 序列被分类，其中以初生代谢、细胞代谢、生物合成过程为主，分别占 34.13%、28.35%、25.82%。在 KEGG map 中，91 条 EST 序列共涉及 76 条代谢途径（KEGG），约 67 条序列参与新陈代谢途径，32 条序列参与次生代谢产物合成途径。

关键词：辣椒；多态性；连锁图谱；表达序列标签技术；简单重复序列

目前，DNA 分子标记（SSR、RAPD、AFLP、RFLP）已成为遗传变异分析和作物分子辅助育种研究的重要工具（Thiel et al，2003）。SSR（simple sequence repeats）分子标记（Gupta et al，2003）由于具有信息量高、多等位性、共显性、结果稳定等特点而被认为是非常理想的分子标记系统，在连锁图谱的构建、基因定位、遗传多样性研究及进化等方面被广泛应用（van Zijll de Jong et al，2003；Liang et al，2009）。目前，公共序列数据库里有约 200 个植物物种的超过 3000 万条的 EST。这些 EST 序列源已被广泛应用于基因组和转录组分析（Yi et al，2006），特别是含 SSR 基序的 EST 序列（EST-SSR）在玉米、大豆、水稻、小麦等作物中已被大量开发，并应用于遗传图谱构建和遗传多样性分析（Liang et al，2009；Heesacker et al，2008）。

辣椒（*Capsicum annuum* L.）现有遗传图谱的 SSR 分子标记数量非常有限（Yi et al，2006；Djian-Caporalino et al，2001），远不能满足辣椒高密度作图的需要。笔者基于当前已公布的辣椒 EST 序列（约 119 751 条）和辣椒转录组序列（约 230 000 条）进行 SSR 挖掘、多态性分析和电子遗传图谱构建，现将结果报道如下。

---

* 基金项目：国家自然科学基金项目（31101425）。

① 本文原载《湖南农业大学学报》，2012，38（2）：162-167。

1 材料与方法

1.1 植物材料及其 RNA

供试辣椒品种为甜椒 HDA149（法国 INRA）和牛角椒 9704B（取自湖南省农业科学院蔬菜研究所）。每个辣椒材料选 20 粒种子，30℃恒温箱中育苗，用 TRIzol 法分别提取 HDA149 幼根和 9704B 幼蕾的 RNA，−80℃保存备用。

1.2 辣椒 EST-SSR 数据分析

HDA149 幼根组织和 9704B 花蕾组织进行 Illumina 转录组测序。另外将 NCBI All Database 数据库（http://www.ncbi.nlm.nih.gov）中所有辣椒 EST 序列下载到本地计算机，利用 iAssembler（http://bioinfo.bti.cornell.edu/tool/iAssembler/）首先对所有序列进行混合拼接，随后按来源分别拼接、建库。利用 est_ timmer.perl 程序去除拼接序列中过短（<100bp）的序列以及 mRNA 5′端的“帽子”和 3′端的“polyA 尾巴”结构。利用 MISA 程序（http://pgrc.ipk−gatersleben.de/misa/）对辣椒拼接序列进行 SSR 位点搜索。SSR 搜索条件为 1~6bp 重复基序，SSR 长度大于 10bp。

1.3 辣椒 EST-SSR 标记开发

对含有 SSRs 位点的所有拼接序列建立 fasta 文本，在服务器上调用 Primer 3 程序（http:// frodo.wi.mit.edu/primer3/）对其进行批量引物设计。引物设计标准：

1）PCR 产物大小为 80~500bp。

2）引物长度为 18~24bp。

3）退火温度为 55~63℃，上、下游引物的退火温度相差不大于 5℃。

4）GC 含量为 40%~60%；尽量避免引物二级结构 Hairpin、Dimer、False Priming、Cross Dimer 的出现。对批量设计的 SSR 引物在 3 个拼接序列库中进行 E−PCR（http://www.ncbi.nlm.nih.gov/sutils/e−pcr/）。E−PCR 条件为：允许引物 1 个碱基错配，1 个碱基 Indel；PCR 产物大小为 100~500bp。对 E−PCR 运行结 果进行多态性筛选，剔除没有扩增产物或在 3 个拼接 序列库中扩增产物均没有大小差异的 SSR 引物。

1.4 辣椒连锁图谱的构建

将多态性 SSR−EST 拼接序列建立 fasta 文本，与番茄基因组序列（http://solgenomics.net/）进行 BLAT 比对，保留长度大于 200bp、序列连续匹配大于其长度 50% 的 EST 序列。根据多态性 EST 序列，在番茄基因组上比对的位置，利用 Joinmap 软件构建连锁图谱。

1.5 辣椒多态性 SSR-EST 序列功能分析

利用 Blast2go 程序（http://www.blast2go.org），对匹配到番茄基因组上的多态性 SSR−EST 序列进行功能注释（$E<10^{-10}$）和 GO 分类（gene ontology，http://www.geneontology.org）及 KEGG 分析（kyoto encyclopedia of genes and genomes，http://www.

genome.jp/kegg)。

2 结果与分析

2.1 SSR 在辣椒 EST 序列中的分布

利用iAssembler拼接软件对所有辣椒转录组数 据进行unigene拼接，共获得221 037条unigenes，总 覆盖长度为97.3 Mb，其中，HDA149、9704B分别 占总数据量的42.3%、40.4%，NCBI数据仅占17.3%。对221 037条unigenes进行SSR位点搜索，共检测到17 319个SSR位点，占7.83%，其发生频率为1/56kb。这些SSR分布在13 830条序列上，超过1个SSR位点的共有2 343条，约占16.94%，其中复合SSRs约1 967条，约占11.40%。17 319个SSR位点中，单核苷酸重复占56.30%，二核苷酸重复占19.16%，三核苷酸占23.18%。

EST-SSR重复基序以单核苷A/T、G/C为主，最长的单核苷酸重复为146bp；其次为三核苷酸重复基序，其中以AAC/GTT最多（约占27.80%），AAG/CTT次之（约占21.49%），ACG/CGT最少（约占0.62%）；四、五、六核苷酸仅占总SSR重复序列的0.13%。

2.2 辣椒 EST-SSR 多样性分析及连锁图谱构建

对13 830条非冗余EST序列的SSR位点两侧进行引物设计，共获得了10 468对特异引物，占总SSR位点的60.44%。随后采用E-PCR对3个不同来源的数据库进行引物多态性电子扩增，剔除来源于同一数据库的非特异扩增引物和扩增产物大小一致的 引物，最后共产生1 538对多态性候选引物。

将1538对多态性候选引物所在EST序列与番茄基因组进行比对，剔除连续匹配值小于50%的EST序列，最后获得554条（36.02%）辣椒EST序列，构建了12条辣椒EST-SSR连锁群（图1），平均每条连锁群含45.75个EST-SSR。

12条辣椒EST-SSR连锁群中，番茄第2染色体上匹配的标记最多，为76个（约占13.71%），其次是1号染色体，为74个（约占13.35%）。从图1可以看出，辣椒多态性EST-SSR非均匀地分布在番茄染色体上，且主要集中在每条染色体的两端，中间较少，这可能是由于染色体末端更容易产生遗传交换而形成多态性的EST-SSR。

2.3 辣椒多样性 SSR-EST 序列功能分析

对匹配到番茄基因组上的554个含有SSR motif的EST序列进行BLAST比对（NCBI），共有547条EST序列（98.7%，$E<-10$）被匹配，481条序列（约占86.82%）被GO分类（图2），其中初生代谢、细胞代谢、生物合成过程占多态性EST序列的主要部分，分别为34.13%、28.35%、25.82%。另外一部分多态性EST功能还涉及各种生物（非生物）胁迫（刺激）反应，以及信号转导和次生代谢等。在KEGG中，91条序列（约占16.42%）共涉及76条代谢途径，约67条序列（约占73.62%）参与新陈代谢途径，32条序列（约占35.16%）参与次生代谢产物合成途径。另外，还有19条序列（约占20.87%）参与植物激素合成途径。

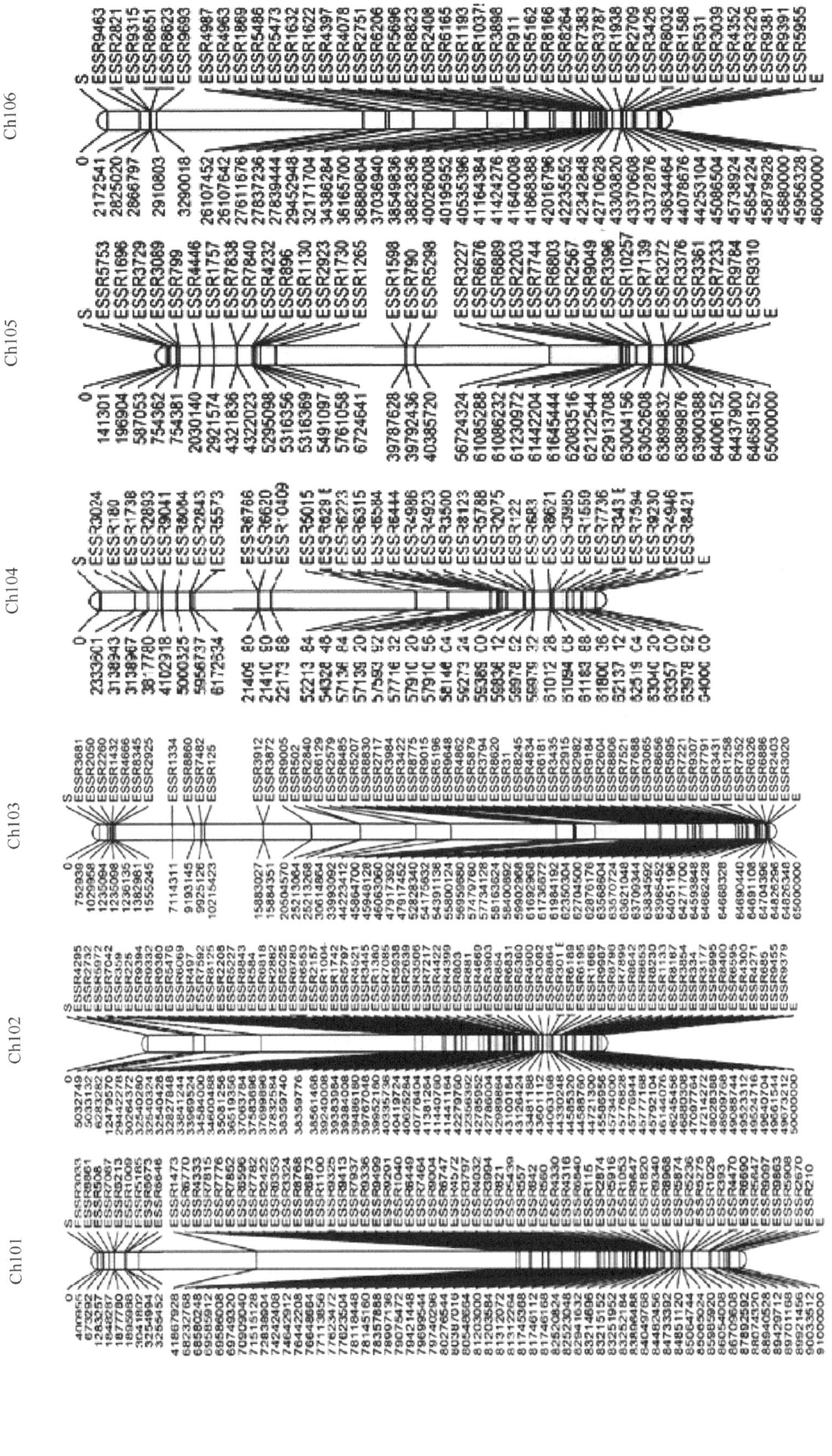
Ch101
Ch102
Ch103
Ch104
Ch105
Ch106

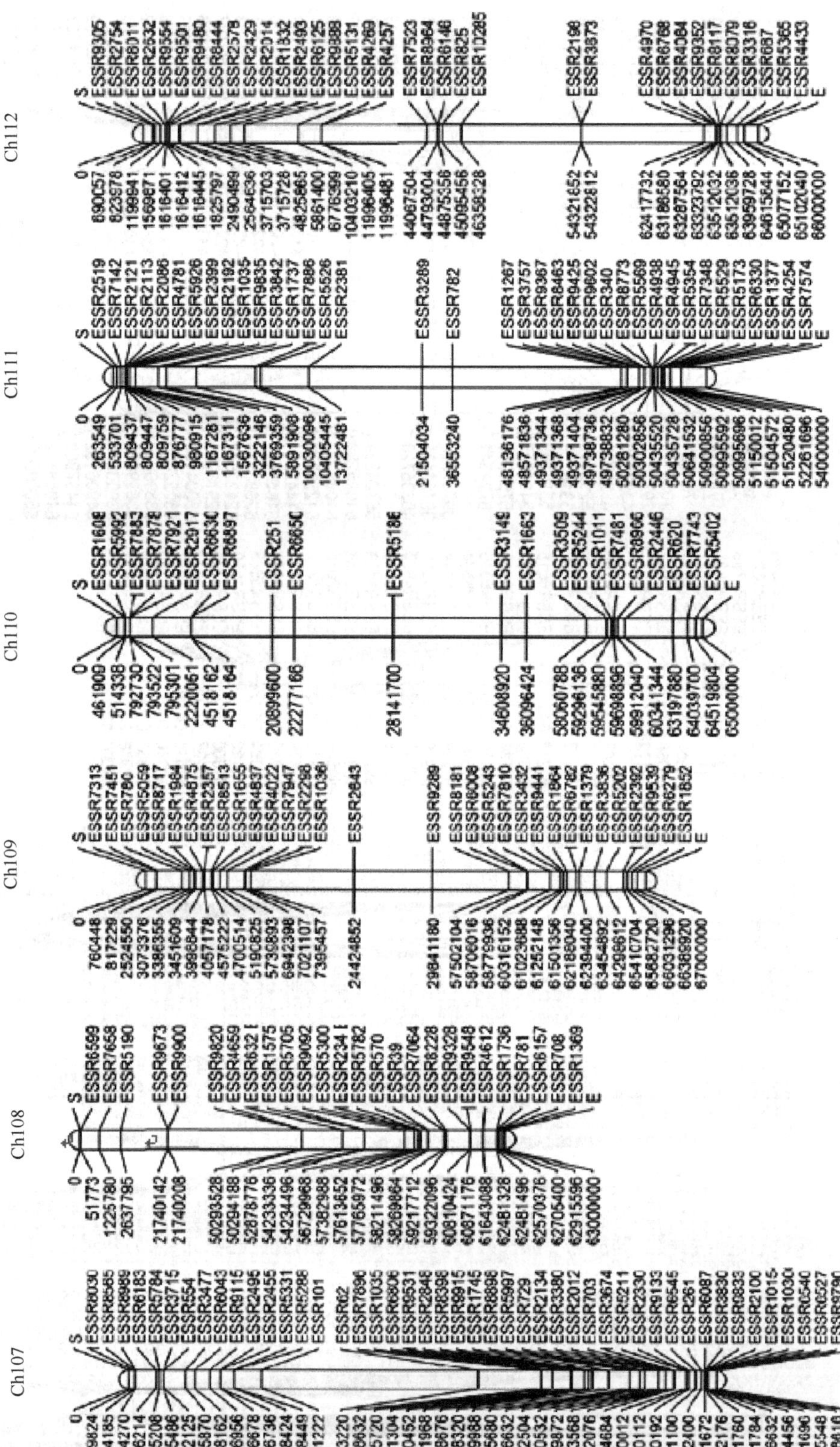

图 1　辣椒多态性 EST-SSR 在番茄基因组上的分布

Fig. 1　Distribution of pepper polymorphic EST-SSRs on tomato genome

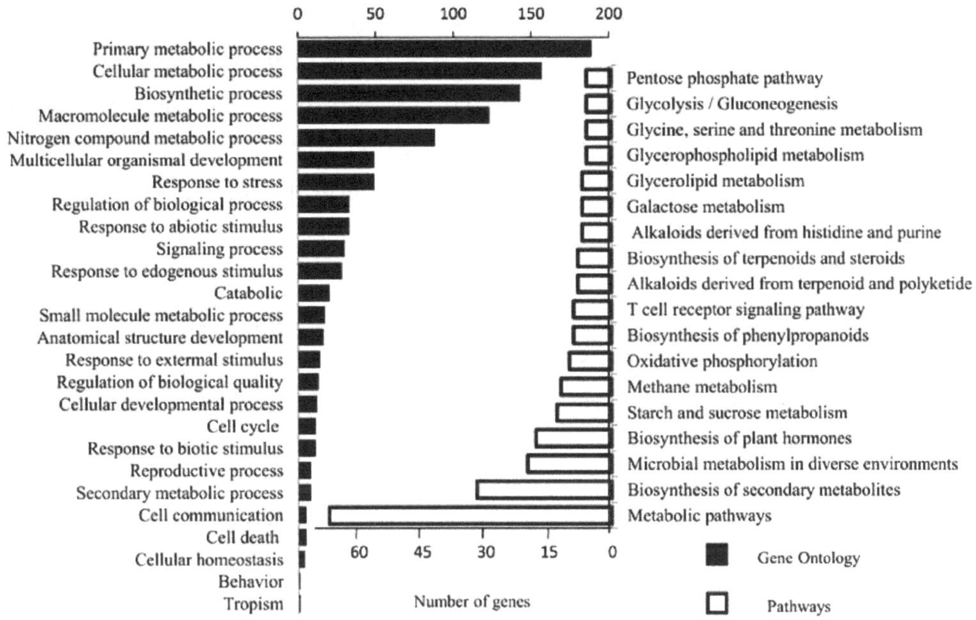

图 2　辣椒多态性 EST 的 GO 分类及代谢途径

Fig. 2　Gene Ontology classification of pepper polymorphic EST–SSRs and the metabolic pathways

3　结论与讨论

本研究中将辣椒 1 538 对多态性 SSR 引物所在的 EST 序列与番茄基因组进行匹配，其中 554 对（占 36.02%）多态性 SSR-EST 符合匹配标准，63.98%的序列由于 EST 序列过短或低于匹配标准而被严格剔除。根据 554 条 SSR-EST 在番茄基因组上的物理匹配位点构建了辣椒 12 个 EST-SSR 连锁群。对这些分布在番茄染色体上的多态性辣椒 SSR-EST 进行功能分析，发现其中初生代谢（占 34.13%）、细胞代谢（占 28.35%）、生物合成过程（占 25.82%）占多态性 EST 序列的主要部分，另外一部分 EST 涉及胁迫反应 与次生代谢，表明这些含 SSR 基序的 EST 参与了辣椒的大部分生理过程，因此，SSR-EST 不仅是有用分子标记，还可能是与目标性状关联的候选基因。

本研究中利用 221 037 条 unigenes（97.3 Mb）进行 SSR 位点搜索，共检测到 17 319 个 SSR 位点（约占 7.83%），略低于前人仅基于公共数据库的辣椒 EST-SSR 频率（10.2%），但比小麦（3.2%），高粱（3.6%）、水稻（4.7%）等作物的 EST-SSR 频率高（Kantety et al，2002），这种差异可能与 SSR 搜索标准、数据库大小及物种等有关。本研究结果［SSR 重复主要以单核苷酸重复为主（占 56.30%），三核苷酸重复次之（占 23.18%）］与文献（Kumpatla et al，2005）中对 49 种双子叶植物 EST-SSR 的分析结果一致，即都是以单核苷酸重复占主导，二、三核苷酸重复次之。另有文献（Kantety et al，2002；Song et al，2004；Durand et al，2010）报道 EST-SSR 重复主要以三核苷酸重复为主。这种差异主要是由 SSR 搜索参数设置不同所致。

对 13 830 条 EST 序列进行引物设计，共设计了 10 468 对 SSR 位点特异引物，利用 E-PCR 扩增筛选到多态性引物 1538 对（占 14.69%），开发的 SSR 量远远高于目前关于辣椒 EST-SSR 分析的报道（Yi et al，2006；Min et al，2008），这主要是因为本研究的 EST 数据量远远高于公共数据库中的数据量。这些大量潜在的多态性 SSR 标记可以应用于辣椒分子基因定位、遗传图谱构建等，也可用作将来饱和图谱和转录图谱构建的补充。

生物基因组 DNA 之间存在广泛的共线性，尤其是在近缘物种基因组间存在高度的序列同源性和同线性（Ku et al，2000；Grant et al，2000；Tang et al，2008）。对 27 294 条非冗余玉米 ESTs 与拟南芥 ESTs 进行比较，发现 68%的玉米 ESTs 与拟南芥编码的 ESTs 同源；对 1411 条玉米 unigenes 与水稻 ESTs 进行比对，发现 74%的玉米基因与水稻基因同源，其中 47%为直系同源基因（Brendel et al，2002；Salse et al，2004）；因此，物种间基因组之间的共线性为未知基因组信息物种 ESTs 序列的连锁分布提供了重要参考。

这些多态性 EST-SSR 在每条连锁群两端的偏好性，基因在染色体上非绝对的共线性，以及染 色体小区内的缺失、插入、易位等分子重组，使得辣椒 EST-SSR 连锁图谱在基因精细定位上产生局限性（Varshney et al，2005；张西露等，2010）。辣椒 EST-SSR 连锁群能为基因初定位提供参考位置区域，可以利用这一信息开发新的与目 标性状更紧密的分子标记。

参 考 文 献

张西露, 刘峰, 戴雄泽, 等. 2010. 黄瓜性别控制基因 *CsACS1G* 的分子标记及其快速检测[J]. 湖南农业大学学报: 自然科学版, 36(5): 512-515.

Brendel V, Kurtz S, Walbot V. 2002. Comparative genomics of *Arabidopsis* and maize: Prospects and limitations[J]. Genome Biol, 3(3): 1005-1006.

Djian-Caporalino C, Pijarowski L, Fazari A, et al. 2001. High-resolution genetic mapping of the pepper (*Capsicumannuum* L.) resistance loci Me3 and Me4 conferringheat-stable resistance to root-knot nematodes (*Meloidogyne* spp.) [J]. Theoretical and Applied Genetics, 103(4): 592-600.

Durand J, Bodenes C, Chancerel E, et al. 2010. A fast and cost-effective approach to develop and map EST−SSR markers: Oak as a case study[J]. BMC Genomics, 11: 570.

Grant D, Cregan P, Shoemaker R C. 2000. Genome organization in dicots: Genome duplication in *Arabidopsis* and synteny between soybean and *Arabidopsis*[J]. Proceedings of the National Academy of Sciences, 97(8): 4168.

Gupta P K, Rustgi S, Sharma S, et al. 2003. Transferable EST−SSR markers for the study of polymorphism and genetic diversity in bread wheat[J].Mol Genet Genomics, 270(4): 315-323.

Heesacker A, Kishore V K, Gao W, et al. 2008. SSRs and INDELs mined from the sunflower EST database: Abundance, polymorphisms, and cross-taxa utility[J]. Theoretical and Applied Genetics, 117(7): 1021-1029.

Kantety R V, La Rota M, Matthews D E, et al. 2002. Data mining for simple sequence repeats in expressed sequence tags from barley, maize, rice, sorghum and wheat[J]. Plant Molecular Biology, 48(5): 501-510.

Ku H M, Vision T, Liu J, et al. 2000. Comparing sequenced segments of the tomato and Arabidopsis genomes: Large-scale duplication followed by selective gene loss creates a network of synteny[J]. Proceedings of the National Academy of Sciences, 97(16): 9121.

Kumpatla S P, Mukhopadhyay S. 2005. Mining and survey of simple sequence repeats in expressed sequence tags of dicotyledonous species[J]. Genome, 48(6): 985-998.

Liang X, Chen X, Hong Y, et al. 2009. Utility of EST−derived SSR in cultivated peanut (*Arachis hypogaea* L.) and *Arachis* wild species[J]. BMC Plant Biol, 9: 35.

Min W K, Han J H, Kang W H, et al. 2008. Reverse random amplified microsatellite polymorphism reveals enhanced polymorphisms in the 3¡ ä end of simple sequence repeats in the pepper genome[J]. Mol Cells, 26: 250-257.

Salse J, Piegu B, Cooke R, et al. 2004. New in silico insight into the synteny between rice (Oryza sativa L.) and maize (*Zea mays* L.) highlights reshuffling and identifies new duplications in the rice genome[J]. The Plant Journal, 38(3): 396-409.

Song Q, Marek L, Shoemaker R, et al. 2004. A new integrated genetic linkage map of the soybean[J]. Theoretical and Applied Genetics, 109(1): 122-128.

Tang H, Bowers J E, Wang X, et al. 2008. Synteny and collinearity in plant genomes[J]. Science, 320 (5875): 486.

Thiel T, Michalek W, Varshney R K, et al. 2003. Exploiting EST databases for the development and characterization of gene-derived SSR-markers in barley (*Hordeum vulgare* L.)[J]. Theor Appl Genet, 106(3): 411-422.

van Zijll de Jong E, Guthridge K M, Spangenberg G C, et al. 2003. Development and characterization of EST-derived simple sequence repeat (SSR) markers for pasture grass endophytes[J]. Genome, 46(2): 277-290.

Varshney R K, Sigmund R, Borner A, et al. 2005. Interspecific transferability and comparative mapping of barley EST−SSR markers in wheat , rye and rice[J]. Plant Science, 168(1): 195-202.

Yi G, Lee J M, Lee S, et al. 2006. Exploitation of pepper EST−SSRs and an SSR−based linkage map[J]. Theoretical and Applied Genetics, 114(1): 113-130.

Development of pepper EST–SSRs and an SSR–based linkage map

LIU Feng[1a, 3], XIE Ling-ling[1b], OUYANG Xian[1a], WANG Yun-sheng[2, 3], ZOU Xue-xiao[1a*]

([1] a.Institute of Vegetables; b. Institute of Watermelon and Muskmelon, Hunan Academy of Agricultural Sciences, Changsha 410125, China; [2] College of Bio-Safety Science and Technology, Hunan Agricultural University, Changsha 410128, China; [3] Institute of Vegetables and Flowers Chinese Academy of Agricultural Sciences, Beijing 100081, China)

Abstract: In this study, 17 319 SSRs were identified from 221 037 ESTs of pepper using SSR finding soft. A total of 10 468 primer pairs were successfully designed and 1538 primer pairs exhibited polymorphism by E−PCR. Among the polymorphic primer-containing ESTs, 554 ESTs containing SSR motifs were matched onto the tomato genome, forming 12 linkage groups with an average of 45.75 makers per group. Analysis of GO (gene ontology) showed that 481 ESTs were classified mainly to be involved in primary metabolic process, cellular metabolic process and biosynthetic process. In the KEGG map, 91 ESTs were involved in 76 pathways (KEGG), 67 ESTs took part in metabolic pathways and 32 participated in biosynthesis of second metabolites.

Key words: pepper; polymorphism; linkage map; expressed sequence tags (EST); simple sequence repeats (SSR)

辣椒“三系”线粒体 DNA 的 RAPD 分析*①

邓明华[1,2]，文锦芬[4]，邹学校[2,3]，朱海山[1]，张竹青[3]，赵　凯[1]

（[1]云南农业大学园林园艺学院，昆明 650201；[2]中南大学隆平分院，长沙 410125；[3]湖南省农业科学院蔬菜研究所，长沙 410125；[4]昆明理工大学现代农业工程学院，昆明 650224）

摘要：对辣椒胞质雄性不育系、保持系及恢复系线粒体 DNA 进行了 RAPD 分析，共使用 500 条随机引物，其中有 67 引物在“三系”之间都得到了扩增产物，19 条引物扩增结果在“三系”之间表现出了遗传多样性。在不育系与保持系的线粒体 DNA 之间也发现了明显的差异，在辣椒胞质不育系中获得特异片段 9 条，这些差异片段与辣椒雄性不育的关系还需进一步研究。

关键词：辣椒；线粒体 DNA；RAPD；雄性不育

辣椒（*Capsicum annuum* L.）是一种重要的茄果类蔬菜和调味品，因其果实中营养丰富，深受人们的喜爱，在亚洲、欧洲、中南美洲被广泛栽培（邹学校，2002）。中国是世界上最大的辣椒种植国家，2000 年种植面积约为 130 万 hm^2，产量为 5000 万~6000 万 t，已经成为世界上主要的辣椒生产出口国（邹学校等，2001a）。

辣椒具有较强的杂交优势，目前生产上用种大部分为杂交一代品种，但我国辣椒杂交种子的生产大多采用直接配组的方式，制种成本高、种子纯度难以保证，限制了杂交品种在生产上的应用（马艳青和周群初，1998）。利用雄性不育系作母本生产杂交一代种子是降低制种成本和提高种子纯度的有效途径之一。因此辣椒雄性不育系的选育和应用研究一直受到育种单位的高度重视，也选育出了一批雄性不育系，并有一些三系配套的品种在生产上得到应用，效果良好（杨世周，1984；赵华伦等，1995；沈火林和王志源，1994；戴祖云等，1996；王兰兰，1998；常彩涛等，2000；范妍芹等，1999；邹学校等，2001b）。相比之下，辣椒雄性不育分子机制的研究还十分薄弱，远远落后于玉米、水稻等作物雄性不育机制的研究（王述彬等，2008；马继鹏等，2008；张子学等，2005）。为了丰富辣椒胞质雄性不育的基础理论，本研究以湖南省蔬菜研究所选育的辣椒胞质雄性不育系 9704A、保持系 9704B 和恢复系 9701 为实验材料，比较辣椒“三系”mtDNA 的 RAPD 多态性，为揭示辣椒胞质雄性不育性与 mtDNA 之间的关系积累资料。

---

* 基金项目：国家“863”计划（2006AA100108-4-10，2006AA10Z1A6-3），云南省“十一五”科技攻关项目（2006NG17），云南省应用基础研究项目（2009CD055），云南省教育厅项目（07Y11682）。

① 本文原载《云南农业大学学报：自然科学版》，2010，（4）：541-544，591。

1 材料与方法

1.1 材料

供试材料为辣椒胞质雄性不育系 9704A（A）、保持系 9704B（B）及其恢复系 9701（C）。取辣椒黄化苗用于线粒体 DNA 的提取。

1.2 方法

1.2.1 辣椒线粒体 DNA 的提取

辣椒线粒体 DNA 的提取参考张方东（1999）和陈学军等（2000）的方法，略作改动。主要步骤如下：

（1）称取辣椒“三系”种子各 20g，温汤浸种 3h，用 70%的乙醇处理 8s，然后用 0.1%的 $HgCl_2$ 处理 6min，再用无菌水冲洗 4 遍，最后将种子播种于经过灭菌的河沙与蛭石的混合基质中；将播种后的培养基质放置在种子催芽箱中黑暗培养，湿度 80%，温度 25~28℃，待苗长为 5cm 长左右时收获幼苗，用无菌水冲洗干净，用无菌纸吸干水分，–70℃下保存备用。

（2）剪取暗培养至苗长约为 5cm 黄花苗，200g 左右，按 3mL/gFW 加入预冷的研磨缓冲液，用匀浆器捣碎至糊状，用四层尼龙纱布过滤，于 4℃、1200*g* 离心 15min；转移上清液至另一个离心管中，4℃、16 000*g* 离心 12min；弃上清液，加少量预冷的悬浮缓冲液，用毛笔轻搅悬浮沉淀，补加悬浮缓冲液至 1/5mL/gFW 体积，4℃、1200*g* 离心 15min；取上清液至另一离心管，加 25mg/mL DNase Ⅰ至终浓度为 20μg/mL，室温下酶切反应以去除线粒体外的核 DNA，2h；用注射器从上插入离心管底部，加入等体积的洗涤缓冲液终止反应，4℃、16 000*g* 离心 20min，收集线粒体；去掉上清液，加少许 4℃预冷的洗涤缓冲液。用毛笔轻轻悬浮沉淀后，补加洗涤缓冲液至 1/5mL/gFW 体积。4℃、16 000*g* 离心 15min 收集线粒体；弃上清液，再用洗涤缓冲液洗涤一次，4℃、16 000*g* 离心 15min，沉淀线粒体。

（3）线粒体沉淀加入 4mL 裂解缓冲液悬浮线粒体，加入 Proteinase K 至 0.5mg/mL，加入 10% SDS 至终浓度 1%，摇匀，37℃反应 90min 以裂解线粒体；反应液冷却至室温后，加入 8mol/L $(NH_4)_2Ac$ 使终浓度为 0.8mol/L，加入等体积的 TE 饱和苯酚（pH=8.0），缓慢混合 10min 以上，8 000*g* 离心 5min，使两相分开；取上层水相，加等体积的酚∶氯仿∶异戊醇（25∶24∶1），小心混合后，在 4℃、8 000*g* 离心 5min。重复该步骤至中间白色变性蛋白质层消失；取上层水相，用氯仿除去苯酚，水相加 1/10 体积的 8mol/L $(NH_4)_2Ac$ 及 2.5 倍体积无水乙醇，缓慢混合，于–20℃过夜，再 12 000*g* 离心沉淀 DNA；70%乙醇洗涤沉淀后，干燥沉淀。加入适量 TE（pH：8.0）溶解沉淀，加 RNase 至 0.25mg/mL 以除去 RNA。37℃保温 30min，用等体积的酚∶氯仿∶异戊醇（25∶24∶1）抽提 DNA，4℃，12 000*g* 离心 20min，收集上清液；加 1/10（NH_4）$_2$Ac 及 2.5 倍体积的无水乙醇沉淀 DNA。70%乙醇洗涤后，使沉淀干燥，加入适量的 TE 溶解 DNA 备用。

1.2.2 辣椒“三系”线粒体 DNA 的 RAPD 扩增

反应体系：每一反应总体积为 25μL，由 10 × PCR buffer 2.5μL，Taq 聚合酶（1U/μL）1μL，dNTP（10μM）0.5μL，引物（8pmol/μL）1μL，模板 DNA（25ng/μL）2μL，灭菌去离子水 18.5μL 组成。扩增程序：94℃预变性 2min，然后 94℃变性 30s，36℃退火 30s，72℃延伸 70s，40 个循环，最后 72℃延伸 70s，4℃终止反应。扩增产物的检测：取反应混合物 5μL，上样缓冲液 3μL，混匀，点入 1.0%的琼脂糖凝胶中，1 × TAE 缓冲液，DYC—33B 型电泳槽，100 V 电压下电泳 60min，于紫外分析仪下观察照相。

1.2.3 辣椒“三系”线粒体 DNA 的 RAPD 结果的统计与分析

用于比较分析的两个材料线粒体 DNA 扩增带间的差异百分率 D 用下列公式计算：

$D=d_{xy}/(N_x+N_y)$，其中 d_{xy} 为 X 材料和 Y 材料间的 DNA 差异条带数。N_x、N_y 分别为 X 材料和 Y 材料各自具有的 DNA 条带数（Nei and Li，1979）。

2 结果与分析

2.1 辣椒“三系”线粒体 DNA 的 RAPD 扩增结果

本研究共用 RAPD 引物 500 个，并统计他们的扩增结果，其中 67 个引物获得了带型清晰、重复性好的扩增结果，有效引物占 13.4%，每个引物可以扩增出 1~7 条较明显的主带，还有若干条不很明显的弱带，共检测到 163 种扩增片段，平均每条引物扩增 2.43 条带，最多扩增 9 条带。其中 8 个引物在不育系与保持系之间扩增出差异条带，19 个引物在不育系、保持系与恢复系之间扩增出差异带，48 个引物未能在不育系、保持系和恢复系之间扩增出差异条带。

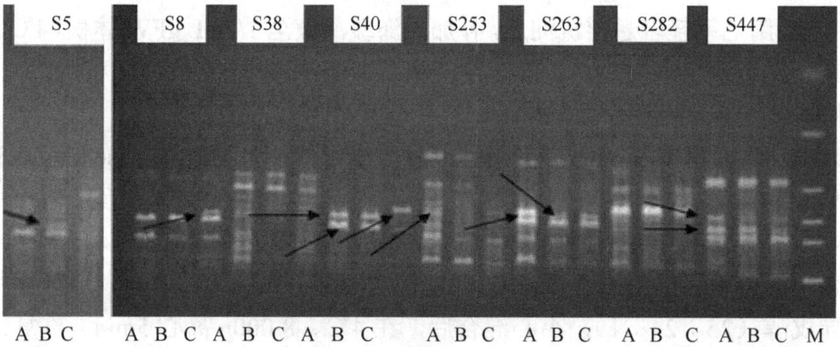

图 1 辣椒不育系、保持系和恢复系的 RAPD 图谱差异

Fig. 1 The difference of RAPD pattern among the CMS，its maintainer and restorer in Pepper

A：不育系 CMS；B：保持系 Maintainer；C：恢复系 Restorer；M：Marker；⟶：差异条带 Different band

“三系”间的差异表现为两类（图 1）：一类是质的差异，表现为带谱在某一系中有或无的差异；另一类是量的差异，即组织结构和拷贝数的差异，表现为某一位置的带在“三系”中都有，但扩增的带谱的亮度不一致，有的带谱很亮，而其他系相应的带谱的亮度却很淡。

“三系”中质的差异有以下几种表现形式：①不育系和保持系具备某条带，而对应的恢复系不具有某条带，引物 S40 扩增的图谱；②不育系和恢复系具备某条带，而对应的保持系不具有某条带，如 S253 扩增的图谱；③保持系和恢复系具备某条带，而对应的不育系不具有某条带，如引物 S263 扩增的图谱；④恢复系具备某条带，而对应的不育系和保持系不具有某条带，如引物 S8、S40 扩增的图谱；⑤不育系具备某条带，而对应的保持系和恢复系不具有某条带，这种特异的条带可能与辣椒胞质雄性不育有关，如引物 S263、S447 扩增的图谱；⑥保持系具备某条带，而对应的不育系和恢复系不具有某条带，这种特异的条带可能与辣椒胞质雄性不育的保持有关，如 S5 扩增的图谱。我们正在对不育系中特有的条带进行克隆测序，试图了解这些特异带的序列和结构，以及他们在辣椒胞质雄性不育的败育与保持之间的关系。

2.2　辣椒“三系”线粒体 DNA 的 RAPD 差异带分析

实验对辣椒“三系”线粒体 DNA 的 RAPD 扩增后的条带进行了差异分析。结果表明：不育系和保持系之间的差异较小，差异率为 14.2%；不育系与恢复系之间的差异为 24.8%；保持系与恢复系之间的差异为 23.6%。

2.3　辣椒“三系”线粒体 DNA 的遗传差异

对 67 个引物获得的 RAPD 标记，经过 POPGENE 软件对辣椒“三系”线粒体 DNA 进行分析，根据遗传距离进行 UPGMA 聚类分析，结果表明，辣椒不育系与保持系之间的遗传关系较近，与恢复系之间的遗传距离较远（表 1）。

表 1　辣椒“三系”遗传距离

Tab. 1　genetic distance of CMS line，maintainer line，retorer line in pepper

pop ID	A	B	C
A	**	0.7791	0.6810
B	0.2496	**	0.6933
C	0.3842	0.3664	**

注：对角线以上为 Nei 氏遗传相似性，对角线以下为遗传距离

Figures above the diagonal line means Nei’s genetic identity，and that under the diagonal means the genetic distance

3　讨　　论

大量的研究表明植物胞质雄性不育是由于线粒体 DNA 分子突变和重组产生新的功能区造成的，那么通过 RAPD 分析所揭示的不育系和保持系之间的差异，就可能与新的功能区有关（李传友和伏健民，1998；Levings and Brown，1989）。很多人认为植物“三系”线粒体 DNA 之间的差异主要有两种类型：第一类差异是质的差异，即有或无，也就是某一带谱是不育系或保持系或恢复系所特有，研究发现 BT 型水稻雄性不育系有共价闭合分子 B1 和 B2，而其保持系所缺失这两个共价闭合分子，这种质的差异可能与植物的雄性不育有关（Levings et al.，1983）。第二类差异是量的差异，即为组织结构与拷贝数的差异。如水稻雄性不育系与保持系 *atp6*、*atpA* 和 *cob* 基因拷贝数的差异。这些量的差异可能是此类基因在线粒体中有多个拷贝，而雄性不育系线粒体中该基因的一个或

几个（但不是全部）由于碱基的改变使引物结合能力或机会发生改变而造成的，如碱基的错义突变、无义突变或同义突变等。但无论是质的差异还是量的差异，都反映了雄性不育系与保持系在线粒体水平上的差异（Kadowaki et al.，1990）。就我们的实验而言结果属于第一类差异较多。

本实验研究发现：同一引物在辣椒“三系”线粒体 DNA 的 RAPD 扩增中具有大量的相同条带，说明不同辣椒材料具有较高的同源性。本实验所用材料辣椒雄性不育系 9704A 是从 21 号牛角椒的天然雄性不育突变株中经过连续多代选育而成，9704B 为从 21 号牛角椒育性正常群体中选择的回交亲本，两者的植物学特性除了育性不同以外均完全相同。研究发现辣椒雄性不育系与保持系线粒体 DNA 的 RAPD 扩增的条带差异较小，仅为 14.2%，这说明两者之间亲缘关系很近，这与本实验材料的特性是一致的。实验还发现恢复系与雄性不育系和保持系之间的差异较大，说明恢复系与不育系和保持系之间的遗传距离较远。根据杂交优势利用基本原理，两亲本遗传差异较大，杂交优势较强。利用本实验的恢复系 9701 和雄性不育系 9704A 选配的杂交组合“博辣 6 号”具有很强的杂交优势，已经在生产上大规模推广应用。

本实验通过分析辣椒“三系”线粒体 DNA 的 RAPD 扩增带型的差异，找到了不育系、保持系和恢复系之间的差异条带，目前正在对不育系或保持系所特有的条带进行克隆、测序与生物信息学分析，期望了解这些差异条带在辣椒雄性不育的发生与保持之间的作用。同时这种在线粒体 DNA 水平的差异是否也会在线粒体 DNA 的转录和翻译上有所表现，还有待进一步的研究。

参 考 文 献

常彩涛，孙振久，刘文明，等. 2000. 辣椒雄性不育系及三系配套的研究[J]. 天津农业科学, (2): 6-7.

陈学军，陈竹君，张耀洲，等. 2000. 榨菜线粒体 DNAd 的提取[J]. 浙江大学学报(农业与生物科学版), 26(3): 321-324.

戴祖云，徐继萍，祁家保，等. 1996. 辣椒雄性不育三系配套[J]. 安徽农业科学, 24(2): 173-174.

范妍芹，刘云，郭景印. 1999. 利用雄性不育系选育甜椒一代杂种冀研 4 号[J]. 中国蔬菜, 1999, (5): 26-27, 31.

李传友，伏健民. 1998. 高等植物线粒体基因组研究进展[J]. 应用与环境生物技术学报, 4(2): 200-207.

李大东，王斌. 1990. 水稻线粒体 *atpA* 基因的克隆与细胞质雄性不育的关系[J]. 遗传, 12(4): 1-4.

马继鹏，巩振辉，黄炜. 2008. 辣椒细胞质雄性不育相关线粒体基因片段的克隆和序列分析[J]. 西北农林科技大学学报(自然科学版), 36(2): 124-128.

马艳青，周群初. 1998. 我国辣椒育种进展与前景[J]. 长江蔬菜, (3): 1-4.

沈火林，王志源. 1994. 辣椒雄性不育系选育及遗传转化[J]. 北京农业大学学报, 20(1): 25-30.

王兰兰. 1998. 辣椒雄性不育系的选育研究[J]. 甘肃农业科技, (1): 24-25.

王述彬，罗向东，戴亮芳，等. 2008. 辣椒细胞质雄性不育系及其保持系线粒体 DNA 的 RAPD 分析[J]. 江苏农业学报, 24(1): 44-47.

杨世周. 1984. 辣椒 8021A 雄性不育系的选育及三系配套[J]. 中国蔬菜, (3): 9-13.

张方东. 1999. 玉米 S 组 CMS 胞质育性相关基因的克隆与结构分析[D]. 武汉：华中农业大学博士学位论文.

张子学，隋益虎，崔广荣，等. 2005. 辣椒雄性不育 RAPD 体系优化及标记的筛选[J]. 种子, 24(2): 24-26, 30.

赵华伦, 丁犁平, 孙波洁, 等. 1995. 辣(甜)椒雄性不育系 21A、8A、17A 的选育及鉴定[J]. 江苏农业科学, (1): 9-50, 45.
邹学校, 马艳青, 马艳青, 等. 2001a. 我国辣椒杂交育种与杂交种子生产[J]. 园艺学报, 28(增): 683-688.
邹学校, 周群初, 戴雄泽, 等. 2001b. 辣椒核质互作雄性不育新品种“湘研 14 号”[J]. 园艺学报, 28(3): 278.
邹学校. 2002. 中国辣椒[M]. 北京: 中国农业出版社.
Kadowaki K, Suzuki T, Kazama S. 1990. A chimeric gene containing the 5' portion of *atp6* is associated with cytoplasmic male-sterility of rice[J]. Mol Gen Genet, 224(1): 10-16.
Levings CS, Brown GG. 1989. Molecular biology of plant mitochondria[J]. Cell, 56: 171-179.
Nei M and Li WH. 1979. Mathematical model for studying genetic variation in terms of restriction endonucleases[J]. Proc Natl Acad, 76(10): 5269-5273.
Yamaguchi H, Kakiuchi H. 1983. Electroporetic analysis of mitochondrial DNA from mormal and male-sterile cytoplasms in rice[J]. Jpn J Genet, 58: 607-611.

Analysis of mtDNA of Cytoplasmic Male Sterility(CMS) Line, its Maintainer Line and Restorer Line of Pepper(*Capsicum annuum* L.) by RAPD

DENG Ming-hua[1, 2], WEN Jin-fen[4], ZOU Xue-xiao[2, 3], ZHU Hai-shan[1], ZHANG Zhu-qing[3], ZHAO Kai[1]

([1] College of Horticulture and Landscape, Yunnan Agricultural University, Kunming 650201, China; [2] Branch of Longping, Central South University, Changsha 410125, China; [3] Institute of Vegetable Crops, Hunan Academy of Agricultural Science, Changsha 410125, China; [4] Faculty of Modern Agricultural Engineering, Kunming University of Science and Technology, Kunming 650224, China)

Abstract: The mitochondrial DNA of cytoplasmic male sterility (CMS) line, its maintainer line and restorer line of pepper (*Capsicum annuum* L.) were studied by RAPD analysis. All of lines had obtained amplified products through 67 out of total 500 random primers. Hey emerged polymorphism in three lines through 19 primers. Some obvious differences in mitochondrial DNA were detected between CMS and its maintainer line, and 9 special bands in CMS line were found. The relationship of those different bands in CMS to cytoplasmic male sterility needs farther study.

Key words: Pepper (*Capsicum annuum* L.); mitochondrial DNA (mtDNA); RAPD; cytoplasmic male sterility (CMS)

分子标记技术及其在辣椒遗传育种上的应用*①

马艳青

（湖南湘研业有限公司，长沙 410125）

摘要：分子标记的创新、发展与应用对辣椒分子生物学和辣椒生物技术起了积极的推动作用。本文介绍了 RFLP、RAPD、AFLP、SSR 分子标记及其在辣椒物理图谱的构建、DNA 指纹分析、基因定位以及遗传育种、资源研究和品种改良等方面的应用。

关键词：RFLP; RAPD; AFLP; SSR; ISSR; 分子标记; 辣椒

1 DNA 分子标记的种类及其原理

分子标记是继形态学标记、细胞学标记及生化标记之后，在近 20 年来广泛应用的一种新的标记方法。与以往的遗传标记相比，分子标记有许多特殊的优点（如无表型效应、不受环境限制和影响等），它直接利用 DNA 分子中可读核苷酸序列，为遗传和育种提供基因和基因组信息。因此，分子标记已广泛地应用于种质资源遗传多样性研究、品种品系鉴定、遗传图谱构建、目的基因的定位和克隆以及标记辅助选择育种等各个方面。目前在辣椒上最常用的分子标记有 RFLP、AFLP、RAPD、SSR、ISSR 等。

1.1 限制性片段长度多态性（Restriction Fragment Length Polymorphism，RFLP）

限制性片段长度多态性是 Grodzicxer 于 1974 年创立，指用限制性内切酶酶切不同个体基因组 DNA 后，用印迹转移杂交的方法检测同源序列酶切片段在长度上的差异。RFLP 主要步骤包括限制性内切酶切割、聚丙烯酰胺凝胶电冰、Southern 转移和杂交、放射自显影。RFLP 标记与传统的遗传标记相比具有许多优点，如具有共显性、结果稳定可靠。因此，RFLP 标记适合于构建遗传连锁图谱。但是，由于 RFLP 是基于 Southern 杂交分析的标记技术，一般只代表单克隆或低拷贝序列，只能分析基因组中基因富含区。而且该技术需要用同位素标记探针，检测多态性的费用较高，操作程序复杂。

1.2 扩增片段长度多态性（Amplified Fragment Length Polymorphism，AFLP）

1993 年由荷兰 Zabeau 和 Vos 发展起来的一种检测 DNA 多态性的分子标记技术，并获得欧洲专利局专利：AFLP 的基本原理是对基因组 DNA 限制性酶切片段进行选择性

* 基金项目：国家“863”计划项目（2002AA207012）。

① 本文原载《辣椒杂志》，2004，（3）：1-8。

扩增，包括以下几个步骤：①基因组 DNA 经限制性内切酶双酶切后，形成分子质量大小不等的限制性片段，将限制性片段两端与特异设计的双链人工接头连接，产生了供随后的 PCR 扩增的模板 DNA 序列。②按此方法得到的限制性片段与接头互补的引物存在时，进行标准的 PCR 扩增，专用引物的结合部位是接头以及与之相连的酶切片段中的几个碱基序列，这样只有那些两端序列能与碱基配对的限制性酶切片段被扩增。用于 PCR 扩增的引物有两种，一种引物称为非选择性引物，它们的序列是完全与接头互补，因而能够无选择性地扩增所有限制性片段，另一种引物是选择性引物，它们在 3′端多 1 个或多个核苷酸，超过接头伸入 DNA 片段中，从而能够选择性地部分扩增限制性片段。③PCR 产物经聚丙烯酰胺凝胶电泳、琼脂糖凝胶电泳，银染或 EB 染色后分离检测，清晰呈现片段长度的多态性。

AFLP 与其他分子标记相比，①所需 DNA 量少（仅需 0.5μg）；②效率高且简单；③分辨率高，一次获得 50~100 条谱带的信息。而 RFLP 片段相对较大，内部多态性往往被掩盖；④可靠性好，AFLP 是特定引物扩增，退火温度高，因而假阳性低，重复性好，克服了 RAPD 缺点；⑤不需要 Southern 杂交、不需要预先知道 DNA 的序列信息，可用于任何生物体基因组的遗传分析。在多态性很少、待测样品较少的情况下，用 AFLP 能达到满意效果。但 AFLP 分析的成本更高，实验过程复杂，而且对 DNA 的纯度和内切酶质量的要求较高，加上该技术已申请专利权，使 AFLP 的广泛应用受到了一定程度的限制。

1.3 简单序列重复（Simple Sequence Repeat，SSR）又称微卫星（microsatellite）

简单序列重复是指含少数几个（1~5 个）碱基对的短串联重复 DNA 序列，这类序列含量丰富，广泛地散布于真核生物基因组，其中以植物基因组中多态性高。SSR 已广泛地应用于构建人类、哺乳动物及植物的分子连锁图：它不仅可以检测 RFLP 标记一般不能检测的基因组串联重复序列，而且多态性更高。但是，它作为一种标记，其方法学上的缺点是必须针对单个染色体上的微卫星，发现其两端的单拷贝序列，据此设计引物，这给 SSR 标记在植物基因组研究中的广泛应用带来不便。

1.4 简单序列重复间区（Inter-simple Sequence Re-peat，ISSR）

由 Zietkie 等（1994）提出的一种新的分子标记技术。它利用了 RAPD 技术优点和基因组中丰富的 SSR 序列信息。ISSR 技术对基因组 DNA 进行 PCR 扩增时，所用引物是基于简单重复序列而设计的寡核苷酸引物，用来检测两个 SSR 之间的一段短 DNA 序列重复（SSR）。设计 SSR 序列单引物时一般在引物的 5′或 3′端接上 2~4 个嘌呤或嘧啶碱基，对两个相距较近，方向相反的重复序列之间的 DNA 片段进行扩增。由于基因组在这些扩增区域与引物结合的数量和位置的改变，使 PCR 扩增片段数量及长度改变，从而检测出多态性。ISSR 分析中的 PCR 扩增产物通过琼脂糖或聚丙烯酰胺凝胶电泳分离，就可检测出基因组在这些 SSR 座位的多态性。由于在真核生物基因组中每隔一定区段就可能有一个 SSR 座位，基因组中散布有大量的 SSR 序列，因此基因组也就可能含有丰富的 ISSR 多态信息。

1.5 随机扩增多态性 DNA（Randomly Amplified Poly-morphic DNA，RAPD）及其 SCAR

随机扩增多态性 DNA 是建立在 PCR 基础之上，利用长度为 10 个碱基的随机引物对基因组 DNA 进行扩增产生的多态性。由于使用一系列引物，几乎整个基因组差异就会显露出来，经聚丙烯酰胺或琼脂糖凝胶电泳分离后，通过 EB 染色或放射自显影就可检测出被扩增的 DNA 多态性。它具有程序简单，DNA 用量少，不需要事先知道基因组的任何分子信息，能快速检测大量的遗传多态性等优点。因此 RAPD 广泛地应用于品种鉴定、亲缘关系分析、分子遗传图谱构建及基因定位。由于 RAPD 采用的引物的 Tm 值较低，扩增结果易受外界因素的影响。但是，在多种作物上研究表明，只要采用经过优化的反应条件和程序设计，完全可以得到重复性良好的分析结果。RAPD 分析在植物分类研究上是可靠的，比形态学、细胞学和生化标记更能反映品种遗传多样性，较少受到试材的种类、发育阶段和环境条件的影响，又较 RFLP、AFLP 等标记方法成本低廉技术操作简单。因此，PAPD 标记技术在植物的遗传多样性等领域的研究中具有较大的实用价值。序列特异性扩增区（Sequence-characterized Amplified Region，SCAR）是指在 RAPD 分析中找到多态性 DNA 片段后，将该片段两端测序，根据所测 DNA 序列，重新设计双引物进行特异性 PCR 扩增。SCAR 标记一般表现为扩增片段的有无，为一种显性标记，但有时也表现为长度的多态性，为共显性标记。相对于 RAPD 标记，SCAR 标记由于所用引物较长及引物序列与 DNA 模板互补，因此结果稳定性好、重复性强。

2 分子标记在辣椒研究上的应用

由于分子标记相对于形态与生化标记的诸多优点，它们在辣椒上的应用受到关注，有关报道日益增多。综合现有的报道，分子标记在辣椒上的应用主要有以下几个方面。

2.1 辣椒资源分类与遗传多样性研究

在同一物种的各个品种间存在大量的多态性标记，某一品种具有区别于其他品种的独特标记，即一些特殊 DNA 片段的组合就称为该品种的指纹，各品种独特的指纹片段构成该物种的 DNA 指纹库。DNA 指纹库在作物育种中的应用范围十分广泛，一方面根据种质资源 DNA 指纹的多态性，可以对育种材料的变异丰富度作总体评价，另一方面，在杂交育种中，选择各个目标性状互补程度最大的亲本，后代中才有可能选择综合性状最佳的单株。

RAPD 分析可提供一种评价和比较栽培种内、种间遗传变异的方法。Votava-EJ 用 RAPD 分子标记评估了甜椒品种 California Wonder 和 Jupiter 的遗传变异性，发现 California Wonder 遗传变异性高，可以排除它作为标准栽培种的研究。Wang（1996）用 RAPD 分析了野生辣椒和栽培辣椒之间的遗传差异。根据 RAPD 标记，将 14 个材料分成了 *C. chinense*、*C. annuum* 和 *C. baccutm* 几种类型，与常规的分类系统具有良好的一致性，为传统的辣椒分类提供了分子证据，也表明 RAPD 可有效地用于辣椒的分类研究。Wang（1988）还用来自欧洲、大洋洲 16 个国家的 90 个种质材料，用微卫星 DNA 和 RAPD

标记进行了调查，用 ISSR 引物产生了 SCRI14l8，对于指纹鉴定非常有用：分子标记相似性分析揭示 ISSR 和 RAPD 的结果相似，由此说明 ISSR 和 RAPD 标记是简单、省时、快速鉴定辣椒多态性的好方法。

Fan-Mingjen 等对 *C. annuum*、*C. baceatum*、*C. chinense*、*C. frutescens*、*C. pubescens*、*C. chacoense*、*C. praetermissum*、*C. eximium* 中的 94 个自交系作 RAPD 分析，17 个多态性引物扩增了 393 个有效多态性带，其中 196 条带能用作种的鉴定，结果显示，在辣椒变种聚类分析支持的 94 个自交系分类中，*C. eximium* 有最小的微距 0.2783，*C. annuum* 有最大的微距 0. 6009。

Prince 等（1995）基于 Southern 分析中限制性片段，检测了辣椒属的种内遗传变异表明：21 个栽培或野生辣椒品种可明显分为 4 类，三个紧密的类包括属于 *C. annuum*、*C. frutescens*、*C. baccatum* 的变种，第 4 类包括一个属于 *C. chinense* 和一个属于 *C. chacoense*，所有的品种可用此技术区分。

Pradeepkumar（1995）用 RAPD 标记分析了 13 个地方品种和 9 个栽培品种的特征，除 Panniyur-3 外，所有栽培种均获得特异带。OPR10 是区分栽培种 Panniyur-5、Panniyur-4、Panchami 的最有效引物，在地方品种中。则在 Cheriakaniakadan、Malligeswar 和 Kafimunda 中获得栽培种特异带。

Heras-Vazquez 等（1996）对 11 个辣椒自交系的 DNA 进行扩增，219 条片段中 144 条为单态带，52 条为多态带，22 条为单个自交系的唯一带，只有 3 个引物扩增了对单个自交系唯一的带，所有自交系通用带比率大于 50%，说明白交系的遗传基础狭窄。

Choe（1998）用 11 个随机引物扩增出 16 条多态带，长度为 330~1150bp，应用多态性片段将栽培辣椒品种区分为辣和微辣两种类型。

Paran（1988）等用 RAPD 和 AFLP 标记，检测了 34 个辣椒栽培种的遗传关系。RAPD 标记构建的树状图可以将大果甜椒与小果辣椒区分，在小果辣椒品种内遗传多样性强，AFLP 引物产生多态性的标记频率比 RAPD 低，分别为 13%、22%，但是 AFLP 扩增的标记比 RAPD 多 6 倍，每个引物平均多态性带 RAPD 和 AFLP 分别为 1.6 和 0.5，在检测辣椒多态性上，AFLP 引物是 RAPD 有效性的 4 倍，4 个短粗的栽培种不能用 RAPD 区分，2 个 AFLP 引物对足以区分 4 个栽培种。

Lefebvre（1995）用 AFLP、RAPD 和形态学数据评价 35 种类型 47 个辣椒自交系之间的遗传距离，结果表明这些标记有助于鉴定品种间距离评估、品种鉴别、遗传距离和多维评价。分子遗传距离与农艺性状遗传距离相关，分子数据分类与表型性状分组一致。

Gemes（2001）用 RAPD、SSR、ISSR-PCR 分析了花药供体、单倍体再生体、自然双单倍体和秋水仙素诱导的双单倍体植株的分子多态性。结果显示减数分裂重组遗传变异高于秋水仙素诱导的基因加倍时发生的变异。

Huang 等（2001）从辣椒基因组中寻找简单重复序列（SSR）引物，并用 SSR 分析了辣椒（包括一个 *C. chinense*、一个 *C. frutescens* 和 8 个 *C. annuum* 品系）、烟草和马铃薯的多态性，表明这些 SSR 引物在辣椒、烟草和马铃薯分子标记中具有一定的应用价值。

从各个研究者用分子标记技术进行辣椒分类和遗传多样性的研究结果来看，分子标记技术比同功酶和形态学标记具有标记数量多，不受环境影响且简便、快捷等多种优点。

2.2 遗传图谱的构建

遗传图谱的构建可用于基因定位和在此基础上的图位克隆等多种用途，分子标记在遗传图谱构建上的应用是其在辣椒研究中应用的一个重要方面。作物遗传图谱的构建必须选择遗传上差异大的亲本进行杂交，获得 DH、F_2 或 NIL 等作图群体。构建遗传图谱的过程：①构建亲本系；②建立作图群体；③利用 AFLP 进行基因型分析；④确立 AFLP 标记间的连锁群；⑤对所得的条带进行计算机处理，构建出该物种的连锁图。

Nam 等（1997）以韩国 12 个 *C. annuum* 材料，*C. baccatum*、*C. pubesence*、*C. chinense* 各一个代表材料，用 RFLP、AFLP 分析了它们的遗传变异。在应用材料间限制性片段的基础上，用聚类分析建立了遗传距离树状图，所有的材料可用 RFLP 和 AFLP 技术区分，*C. pubescence* 和 *C. baccatum* 是与 TF68 距离同样最远的材料，但这些材料相互之间很难杂交，与 TF68 第二远的是 Habanero，表现出与 TF68 中等杂交能力，因此 Habanero 和 TF68 被选作建立连锁图谱的作图亲本材料。

Prince（1993）利用种间杂种 F_2 代群体，建立了以 RFLP 和同功酶为标记的分子遗传图谱，图谱中 192 个标记分成 19 个连锁群，但另外 26 个标记与其他标记之间没有连锁关系，28 个标记偏离了孟德尔比例，整个图谱覆盖了 720cM。控制每个节上花数的 2 个 QTL 被定位在第 10 个连锁群。

Lefebvre 等（1995）用 Perennial ×Yolowonder 和 H3×Vania 杂种获得 DH 系，建立了一张包括 RFLP 和 RAPD 标记的辣椒分子连锁图，14 个连锁群中 85 个分子标记覆盖了 820cM，图谱代表了辣椒基因组的 36%~59%。两个农艺性状基因被定位，L 控制高抗 TMV 和 up 控制果实直立习性，*C* 基因控制果实辣味被更精确定位。分离数据检测显示，带有异常分离比率的几个基因区域经常偏向于大果亲本，特别是杂交组合中外来亲本 CM334。此后，他们又用了 2 个 DH 群体构建了一个辣椒遗传图谱。第一个图谱包括 194 个分子标记，其中 114 个 RAPD，71 个 RFLP，1 个同工酶和 3 个表型标记被绘制成 16 个连锁群体，涵盖了 1515cM，该图谱覆盖了辣椒基因组的 67%~100%。第二个图谱包括 92 个标记，其中 83 个标记中的 5 个 RAPD、29 个 RFLP 和 2 个表型标记被绘制成 15 个连锁群，总长度为 417cM，覆盖了辣椒基因组的 19%~31%。该两张遗传图谱均未饱和，其中有 10 个共同连锁群。

Kang 等（2001）在 F_2 种间群体 107 个植株中，用 150 个 RFLP 和 430 个 AFLP 标记建立了辣椒分子连锁图谱。连锁图谱由 11 个大的，5 个小的连锁群组成，覆盖 1320cM。平均图谱距离 7.5cM。大多数的 RFLP 标记是辣椒起源克隆，这些标记平均分布在基因组，用 30 个引物对在 F_2 群体产生了 444 个 AFLP 标记，主要的 AFLP 标记在各连锁群聚在一起。

Ben-Chaim 等（2001）对来自两个辣椒基因型的杂种 F_3 群体进行辣椒果实特征的 QTL 分析，用 RFLP、AFLP、RAPD 和形态学标记建立了这个杂交的辣椒-番茄比较遗传图谱。180 个 F_3 成员的数量遗传性状被评估，共有 55 个 QTL 被确定，果实直径、重量、果皮厚和花梗直径等 QTL 定位于相似的染色体区域，反映出这些性状的高度遗传相关性，占 60%的果形变异在 3 号染色体上检测，这条染色体同样包含大多数性状的 QTL。

Tai（1999）用近等基因系 RAPD 和 AFLP 分析证实分子标记与辣椒 BS2 抗性基因紧密连锁，位点两侧标记被鉴定且制定了该区域高清晰连锁图，一个 AFLP 标记，与位点共分离，而另两个 F1 和 B3 位于位点两侧，在 0.6cM 内，A2 和 F2 标记物理图谱暗示这些标记相距在 150kb 内。总之，这些结果暗示 BS2 区域可用染色体步查或着陆进行克隆，连锁标记也可用于先前在 BS2 位点产生的一辐射诱导突变进行特征描述。

Djian-Caporalino 等用 RAPD、AFLP 构建了抗辣椒热稳定根结线虫基因 Me3、Me4 的遗传图谱。DH 系混合池间无 RAPD 多态性标记，而在 DNA 混合样中获得 8 个相斥组和 12 个配对组的 AFLP 标记与 Me3 连锁。DH 后代分析，最近的标记位于基因两侧的 0.5cM、1.0cM、1.5cM 和 3.0cM 处。RAPD 标记 QO4-0.3 与 Me 最近距离为 10.1cM，RFLP 标记 CT135 与 Me 最近距离为 2.7cM。

2.3 标记目的基因

RFLP、RAPD、AFLP 都可以对基因进行定位，RFLP 分子标记具有数量化，数量性状各个微效等位基因就是一种多态性基因（或一个 DNA 片段），而 RFLP 又恰是 DNA 多态性的一种刻度，因此可以用来对数量性状基因定位。主要有：以标记为基础的分析法（MB 法）、以性状为基础的分析法（TB 法）、区间作图法。AFLP 的检出多态性高，一次可检测 50~100 条带，且可检出 DNA 样品的细微差异，因此特别适于与近等基因系或目的基因紧密连锁的分子标记。分群法与 AFLP 技术相结合，则大大提高了与目的基因相连锁的分子标记的筛选效率。

Caranta 等（1999）研究表明，辣椒 PVR4 抗性基因提供 3 个 PVR 和 PEPMOV 全部抗性，为了在标记选择中应用这个基因，在同一个栽培种中升级几个 PVR 抗性基因。用分群法获得了紧密连锁的 AFLP 标记，在这个基因位点周围标出了遗传间隙从 2.1cM、0.8~13.8cM、2.9cM 的 8 个 AFLP 连锁标记，最近的 AFLP 标记转化成了共显性的 CAPS 标记。

Arnedo-Andres（2002）研究认为，单基因显性基因 PVR4 抗所有已知 PVY 表现型，采用群分法研究与 PVR4 基因连锁的 RAPD 标记，从辣（甜）椒品种 Serano Criollo de Morelos-334（抗）与 Yolo Wonder（感）的杂交后代分离群体中，一个 RAPD 标记 UBCl91432 在相斥组中与 PVR4 连锁。这个标记已被转为显性的 SCAR 标记（Scubc191432），且作图到密集的辣椒遗传图谱区。这个标记有助于鉴定 PVY 抗病基因型在分离后代中选择育种。

Tai（1999）对辣椒抗 *Xanthomonas campestris* pv. *vesicatoria*[*X. vesicatoria*]基因 *Bs2* 用 AFLP 标记进行了精细定位，其中 1 个 AFLP 标记 A2 与 Bs2 基因共分离，另两个标记 F1 和 B3 与目标基因的距离在 0.6cM 之内。A2 与 F1 物理图谱上的距离在 150kb 之内。据此，可通过染色体步行（chromosome walking）或着陆（landing）进行 *Bs2* 基因克隆。

Moury（2000）采用 BSA 方法，找到 4 个与番茄斑点萎蔫病（tomato spotted wilt virus，*TSSV*）基因连锁的 RAPD 标记，并将其中一个转化成共显性的 CAPS（Cleaved Amplified Polymorphic Sequence），该 CAPS 与抗性基因紧密连锁（0.9cM×0.6cM），该标记将在抗病分子标记辅助选择育种中具有应用价值。

Pierre（2000）利用 AFLP 标记定位了辣椒抗 *Xanthomonas cmpestris* pv. *vesicatroria* [*X.*

vesicatoria]基因 *Bs3*。Kang-Byoung 等（1997）通过研究近等基因系和种间杂交 F 群体，检测了 AFLP 作为遗传标记的可行性，除了模板 DNA 浓度外，大多数参数不影响 AFLP 分析的重复性，AFLP 标记独立分离，遵循孟德尔行为，两套近等基因系，1 个是朝天椒分离，另一个是抗辣椒疫病；从抗疫病近等基因系确定了 5 个 AFLP 多态性特异抗性片段，2 个多态性 AFLP 带被克隆成 PCR 克隆载体 PGEMR-T，并用于 RFLP 分析，当基因组 DNA 用 *Eco*RI 消化时，两者均表现多态性，在单个 PCR 反应中，AFLP 具有检测出 50 多个位点的能力，花费低，是 NILS 标记选择的最佳方案。

2.4 杂交品种纯度鉴定

作物品种包括 F_1 代杂交种必须具有高纯度，通过检测品种是否具有该品种特有的标记指纹片段，可以很有效地鉴定品种纯度，以对种子质量进行监测。

I1bi（2003）用 RAPD 筛选了 5 个 Jalepeno 杂交品种和其他相应亲本的分子标记，获得了 4 个 RAPD 标记是 3 个杂交品种特有的，6 个引物产生 11 个有效 RAPD 标记检测所有杂交品种。王德元用 RAPD 标记检验粤椒 1 号杂种辣椒的种子纯度，2 个引物用于粤椒 1 号种子纯度鉴定有效，引物 P1 产生一个 550bp 标记对母本特异而 P2 产生一个对父本特异的 lO00bp 标记。

Choe（1998）用 RAPD 鉴定 32 个辣椒栽培种和 12 个育种系。栽培种可分为辣、皱缩绿色椒，4 个种系和 4 个栽培种不能区分，然而，4 个育种系后来被证实属于相同的育种系，20 个栽培种的种子纯度用 RAPD 和同工酶检测约 22%的栽培种植株，有一个 PGM-2 位点，78%的植株有两个 PGM 位点：PGM-1、PGM-2，这表明栽培种在遗传上不纯，以亲本作为参考，F_1 种子纯度可用 RAPD 检测。周群初等（1995）、Choe（1998）建立了更为简便、快速的辣椒杂种纯度的 RAPD 分析技术体系。总之，RAPD 标记可以用于栽培品种鉴定和杂交种纯度鉴定，特别是日常种子质量控制程序。

Livneh 等（1990）最早用 RFLP 鉴定辣椒杂交种子。Prince 等（1992）用 RFLP 分析了从墨西哥不同地区收集到的 25 份辣椒资源（包括 *C. annuum*、*C. chinenes* 和 *C. frutescense*）并进行遗传距离分析，发现 RFLP 和同工酶分析的结果具有较好的相关性（R=0.438，P=0.0001）。Livneh 等（1992）在辣椒杂种及其父母本的 RFLP 鉴定的基础上，把 RFLP 标记转化为 PCR 反应，以便更快速、高效、大规模地评估商业辣椒杂种的质量。

2.5 辅助育种

AFLP 标记能灵敏地检测到作物品种或亲本间的遗传关系，对亲本进行分类从而在育种实践中指导亲本的选配，增加育种工作的预见性，避免传统育种的盲目性。另外，由于 AFLP 标记能稳定、快速和准确地检测作物基因组 DNA 的差异，利用该标记进行检测，打破目标基因和不利基因之间的紧密连锁，选择具有目标基因又不具有不利基因的新种质资源，对作物改良有十分重要意义。

关敏生等用 AFLP 标记对玉米杂交种产量杂交优势进行预测，发现当自交系相互间关系较远时，分子标记遗传距离与产量、杂种优势不相关，只有当亲缘关系很近时，才表现出相关。

Moury 等（2000）研究表明，辣椒的高抗 TSWV 在几个 *C. chinense* 基因型中被定义为单显性基因 TSW，为利于选择这个抗性，用 BSA 对 153 个 F_2 个体中找到与 TSW 位点相连锁的 4 个 RAPD 标记，一个紧密的 RAPD 标记被转换为 CAPS 标记，这个标记与 TSW 紧密连锁，遗传距离为 0.6cM，对于在遗传杂交大范围标记辅助选择非常有用。根据 AFLP 标记，可以进行轮回选择，可以跟踪基因的转移情况，如果 AFLP 标记与要选择的基因紧密连锁，这样就可以在早期筛选植物分离群体中含目的基因的植株。

Zhang 等（2000）采用 BSA 分析 F_2 群体（21 号牛角椒×湘潭晚），找到两个稳定重复性好、与辣椒雄性不育恢复主基因连锁的 RAPD 分子标记 0P13400，遗传距离为 0.37cM，OW19800 距离为 8.12cM。这些标记在所有甜椒自交系中表现缺失，表明他们有助于将 Rf 转入甜椒自交系，辅助这些标记，回交群体的数量可缩小，而且这些标记可用于微效基因遗传分析。

3　前景和展望

由于分子标记的优越性，与其他传统标记相比较它有许多优点：①标记基于自然变异；②不依赖于基因表达；③不依赖于基因互作；④不受表型效应影响；⑤不受环境变化、生理因素、组织器官、发育阶段的影响。因此随着技术的成熟和发展，DNA 分子标记具有更高的可靠性和高效性，更容易从分子水平上为辣椒遗传多样性研究提供可靠有力的证据来研究辣椒亲缘关系、种质资源保存、种质鉴定、构建遗传图谱、基因定位。但是，分子标记技术并非十全十美的技术，也有其自身的局限性，如费用高，在资金不足的条件下怎样有目的地选择标记？怎样组合多种标记效果最好？我们深信在不远的将来，这些问题能够得到圆满的解决，使 DNA 分子标记技术更加完善，使用更加方便，应用更加广泛。虽然在辣椒上有一些研究，取得了一定的进展，但这些成果多为一些阶段性或零碎的研究，许多研究还是处在验证阶段，如分子标记辅助育种，目前多是从常规选择的结果证明该技术可以用于辅助育种，并未应用分子标记技术实际选择新材料。因此，有必须要进行系统的、连续的研究，使研究的结论重复性和可靠性大大提高，同时将这些研究结论应用于育种实践。

参 考 文 献

Arnedo-Andres MS. 2002. Development of RAPD and SCAR markers linked to the pvr4 locus for resistance to PVY in pepper. Theoretical and Applied Genetics, 105(6-7): 1067-1074.

Ben-Chain A, et a1. 2001. QTL mapping of fruit related traits in pepper. Theoretical and Applied Genetics, 102(6-7): 1016-1028.

Caranta-C, et a1. 1999. Development of a CAPS marker for the Pvr4 locus: a tool for pyramiding polyvirus resistance genes in pepper. Genome, 42(6): 1111-1116.

Choe YW. 1998. Pepper (*Capsicum annuum* L.) cuhivar identification and seed purity test by RAPD and PGM isozyme RDA. Journal of Horticuture Science, 40(1): 15-23.

Djian-Caporalino C, et a1. High-resolution genetic mapping of the pepper (*Capsicum annuum* L.) resistance loci Me3 and Me4 conferring heat-stable resistance to root-knot menatodes (*Meloidogyne* spp).

Fan Mingjen, et a1. 2001. Analysis of the genetic diversity of *Capsicum* ssp. (pepper) using RAPD analysis. Journal of Agricultural Research of China, 50(4): 29-42.

Gemes JA, et a1. 2001. Genetic variability of anther donorvel's US spontaneous doubled haploid descendants and colchicine induced doubled haploid sweet pepper (*Capscum annuum* L.) breeding lines. Proceedings of the fourth international symposium on *in vitro* culture and horticultural breeding, tampere, finland, 2-7, July 2000. Acta-Horticulure, 560: 149-152.

Heras vazpuez FJ las. 1996. RAPD fingerprinting of pepper (*Capsicum annuum* L.) breeding lines. Capsicum and Eggplant Newsletter, (15): 37-40.

Huang S, et a1. 2001. Development of pepper SSR markers from sequence databases. Euphytica, 117(2): 163-167.

I1bi H. 2003. RAPD markers assisted varietal identification and genetic purity test in pepper. Scientia Horticulture, 97(3-4): 211-218.

Kang BC et a1. 2001. An interspecific F2 linkage map in pepper using RFLP and AFLP markers. Theoretical and Applied genetics, 102 (4): 531-539.

Kang-Byoung C et a1. 1997. Applicability of AFLP in hot pepper genetic analysis. Journal of the Korean Society for Horticultural Science, 38(6): 698-703.

Lefebvrc V, et a1. 2001. Evaluation of genetic distances between pepper inbred lines for cultivar protection purp oses: comparison of AFIjP. RAPD and Phenotypic data. Theoretical and Applied Genetics, 102(5): 74l-750.

Lefebvre-V et a1. 1995. Construction of an intraspecific integrated map of pepper using molecular markers and doubled hapliod progenies. Genome. 38(1): 112-121.

Moury BA. 2000. CAPs marker to assist selection of tomato spotted wilt virus resistance in pepper. Genome, 43(1): 137-142.

Nam S, et a1. 1997. Selection of parental lines for pepper mapping population using RFLP and AFLP analyses. Journal of the Korean Society for Horticuhural Science, 38(6): 693-697.

Paran I. 1988, Variation in *Capsicum annuum* revealed by RAPD and AFLP markers. Euphytica, 99(3): 167-170.

Pierre M. 2000. High resolution genetic mapping of the pepper resistance locus Bs3 governing recognition of the *Xanthomonas campestirs* pv. *vesicatoria* Avr Bs3 protein. Theoretical and Applied Genetics, 101(1-2): 255-263.

Pradeepkumar T et a1. 2001. Molecular characterization of *Piper nigrum* L. *cuhivars* using RAPD markers. Current Science, 81(3): 246-248.

Prince JP. 1993. Construction of a molecular linkage map of pepper and a ompairison of synteny with tomato. Genome, 36(3): 404-407.

Prince-JP et a1. 1995. A survey of DNA polymorphism within the genus *Capsicum* and the fingerprinting of pepper cultivars. Genome, 38(2): 224-231.

Tai T. 1999. High resolution genetic and physical mapping of the region containing the Bs2 resistance gene of pepper. Theoretical and Applied Genetics, 99(7-8): 1201-1206.

Wang J. 1966. Study on the molecular markers of *Capsicum* wild domesticated species using RAPD analysis. Journal of Agricultural Research of China, 45(4): 370-381.

Wang J. 1988. Comparison on microsatellite DNA and RAPD markers for germplasm identification of *Capsicum annuum*. Journal of A cultural Research of China, 47(3): 267-282.

Zhang BX, et a1. 2000. Two RAPD markers linked to a major fertility restorer gene in pepper. Euphytica, 113(2): 155-161.

A Review on Molecule-marking Techniques and Their Application in Capsicum Genetics and Breeding

Ma yanqing

(Hunan Xiangyan Seed Industry Co., Ltd Changsha 410125)

Abstract: Innovation, development and its application of the molecular marking are playing an active role in molecular biology and biotechnology progress in agricultural crops Techniques of RFLP, RAPD, AFLP and SSR are introduced in the paper. And their applica-tion in physiological mapping, DNA fingerprinting, gene location and in variety breeding, resources research and varietal improvement in capsicum species are also discussed.

Key words: RFLP; RAPD; AFLP; SSR; ISSR; molecular marker; *Capsicum* species

辣椒抗病虫基因分子标记的研究进展*①

许小艳[1,2]，康厚祥[2]，刘　峰[3]，邹学校[1,3]

摘要：本文综述了现代分子标记技术在辣椒上几个主要的抗病性状基因的定位研究进展，包括病毒病、疫病、疮痂病、白粉病、炭疽病、线虫和蚜虫。

关键词：辣椒；基因定位；分子标记

辣椒（*Capsicum annuum* L.）是一种重要的蔬菜和调味品，在国内外市场上占有重要地位，我国辣椒常年种植面积较大，为五大蔬菜作物之一。然而辣椒的各种病害的严重发生，成为困扰辣椒生产的重要问题。虽然化学防治能在一定程度上抑制病害的发生流行，但是因此也造成了品质下降、环境污染等问题。因此，培育优良的抗病品种一直是辣椒育种的重要目标。现代分子标记技术的迅速发展为辣椒抗病育种提供了有利的辅助工具。本文主要介绍分子标记技术在辣椒抗病基因定位研究中的进展。

辣椒的病虫害较多，主要的病害有病毒病、疫病、疮痂病、白粉病、炭疽病等，主要的虫害有茶黄螨、蚜虫、白粉虱、蓟马、线虫等。近年来抗病虫基因的遗传定位研究发展很快，抗病毒病、疫病、疮痂病、白粉病及线虫等的基因相继得到了定位。

1　病毒病基因的定位

从 1923~1925 年 Dolitte 证实黄瓜花叶病毒侵染辣椒以来，世界各地已从辣椒植株上分离到 30 余种病毒，其中最主要的是烟草花叶病毒（TMV）、黄瓜花叶病毒（CMV）、马铃薯 Y 病毒（PVY）、烟草蚀纹病毒（TEV）、黄瓜绿斑花叶病毒（CGMMV）及苜蓿花叶病毒（AMV），而在我国发现的主要病毒种类为 TMV、CMV 和 PVY。

1.1　烟草花叶病毒

Boukema 曾报道过侵染辣椒的 TMV 中存在有 P0、P1、P2、Pl-2-3 等株系的分化，经研究发现有 4 个抗 TMV 的等位基因（*L1*、*L2*、*L3*、*L4*）：*L1* 基因抗 P0 小种；*L2* 基因抗 P0、P1 小种；*L3* 基因抗 P0、P1、P1-2；*L4* 基因抗 TMV 的所有小种。除了这 4 个经典的 *L* 基因外，还发现了一个温度敏感度不同的等位基因 *L1a*。*L1*~ *L4* 基因在 30℃时会失去抗性，*L1a* 在任何温度下都抗 P0，而且在 24℃时，还抗 PaMMV-J 和 P1。Sawada 等（2005）在 *Capsicum annuum* cv.'Nanbu-Ohnaga'发现了一个新的抗 TMV 基因 *Hk*，它不同于 *L* 基因，在 30℃时抗 PaMMV-J，而在 24℃时不抗。*L1*~*L4* 基因的定位研究较早，

* 基金项目：国家科技支撑计划（2006BAD08A08）。

① 本文原载《湖南农业科学》，2010，（13）：84-86。

Boukema（1982）研究发现 *L1~L4* 为复等位基因，位于基因组内的同一位点，其显性关系为 *L4*>*L3*>*L2*>*L1*。Lefebvre 等（1995，2002）把 *L* 基因定位到分子遗传图谱第 P11-Brun 染色体上，与 RFLP 标记 TG36 的遗传图距是 4.0cM。Sugita 等（2005）通过双单倍体获得一个与 *L3* 基因共分离的 AFLP 标记，并将 *L3* 基因定位在 LG6 上。Tomita 等（2008）又将 *L3* 基因进行了精细定位，将其定位在一个包含两个不同 BAC 毗连群（分别包括 4 个和 1 个克隆片段）的区域。Kim 等（2008）得到一个与 *L4* 紧密连锁的 SCAR（sequence characterized amplified region）标记，在回交群体 T102 中，与 *L4* 的连锁遗传图距为 1.8cM，在回交群体 T101 中，与 *L4* 的连锁遗传图距为 0.9cM，比 Matsunaga 等（2003）开发的 SCAR 标记更靠近 *L4*。

1.2 黄瓜花叶病毒

Doolitle 和 Jagger 于 1916 年首次报道了 CMV 在黄瓜上的危害。1934 年，Wellman 首次报道了 CMV 对辣椒危害。国际上多数学者认为目前发现的辣椒抗 CMV 材料的抗性是由多个基因控制的。Caranta 等（1997）利用抗病材料 Perennial 和感病材料 Yolo Wonder 的 DH 群体进行了抗 CMV 的 QTL 分析，得到了 3 个 QTLs，分别定位于染色体 Noir、Pourpre 和连锁群 3 上，共能解释 57%的表型变异。Ben Chaim 等（2001）以杂交组合“Maor×Perennial”构建 180 个 F_3 家系，发现 4 个抗 CMV QTLs 位点，分别为 cmv4.1、cmv6.1、cmv11.1 和 cmv13.1，其中 cmv11.1 为主效 QTL，能解释 16%~33%的表型变异，并发现 cmv11.1 与 TMV（Tomato mosaic virus）抗性位点 *L* 连锁。Caranta 等（2002）用抗病 Vania 和感病 H3 为试材，用 CIM 方法发现 7 个抗 CMV QTLs。主效 QTL cmv12.1 能解释总表型变异的 45%~63.6%。

1.3 马铃薯 Y 病毒

在我国，马铃薯 Y 病毒（PVY）对辣椒的危害仅次于 TMV 和 CMV。根据病毒与寄主抗性基因的相互关系，该病毒可划分为 3 个小种——PVY（0）、PVY（1）、PVY（1，2）。目前在辣椒上已发现了 7 个单抗基因，即 *pvrl*、*pvr2*、*pvr3*、*pvr4*、*pvr5*、*pvr6* 和 *pvr7*，*pvr1* 和 *pvr2* 连锁，*pvr3* 和 *pvr5* 不连锁，和 *pvrl*、*pvr2* 也不连锁。Caranta 等（1997）将 *pvr2* 和 *pvr6* 分别定位到染色体 P4-orange 和 Pourpre 上，并且还发现了一组具有数量遗传特性的 QTLs，其中 1 个主效 QTL 定位于 orange 上，抗 PVY（0）、PVY（1，2）和 PotyE。Murphy 等（1998）将 *pvr1* 进行了定位，与最近的 RFLP 标记 TG56 的遗传图距为 5.4cM。Caranta 等（1999）开发了一个与 *pvr4* 连锁的 CAPS 标记，遗传图距为（2.1±0.8）cM。Grube 等（2000）发现 *pvr7* 与 *pvr4* 紧密连锁，并利用 Caranta 开发的 CAPS 标记将 *pvr7* 和 *pvr4* 定位在 P10 上。Arnedo-Andrés 等（2002）获得一个与 *pvr4* 紧密连锁的 SCAR 标记，该标记能有效区分分离群体抗 PVY 的基因型。

1.4 番茄斑萎病毒

番茄斑萎病（Tomato spotted wilt virus）是一种严重的番茄病害之一，通常引起番茄的茎和叶片的发育不良、坏死，造成植株死亡。Moury 等（2000）利用 BSA 和 RAPD 技术分析了含有 153 个单株的 F_2 群体，开发了 1 个与番茄斑点萎蔫病毒基因（*Tswv*）紧密连锁的 CAPS 标记，与 *Tswv* 的连锁图距为（0.9±0.6）cM。

2 细菌性病害基因的定位

疮痂病（Bacterial spot）是由野油菜黄单胞菌辣椒斑点病致病型（*Xanthomonas campestris* pv. *vesicatoria*）引起的。根据寄主的抗性反应，将病原菌划分为 7 个小种。目前在辣椒上共发现 3 个显性不等位的抗疮痂病的基因（*Bs1*、*Bs2*、*Bs3*）。*Bs1* 基因抗 0、2、5 小种，*Bs2* 基因抗 0、3 小种，*Bs3* 基因抗 0、1、4 小种，以上 3 个基因不抗 6 小种。Tai 等（1999）通过 RAPD 和 AFLP 技术对辣椒 Early Calwonder 的 NIL 群体进行分析，得到一个与 *Bs2* 基因完全共分离的 AFLP 标记。Pierre 等（2000）通过 BSA 和 AFLP 技术对 *Bs3* 基因进行定位，与最近的 AFLP 标记的遗传图距为 1cM。

3 真菌性病害基因的定位

3.1 辣椒白粉病

辣椒白粉病病原菌的有性世代为 *Leveillula taurica*（Lev.）Arn.，属于子囊菌亚门内丝白粉菌属鞑靼内丝白粉菌，无性世代为 *Oidiopsis taurica*（Lev.）Saln.，属半知菌类辣椒拟粉孢霉真菌，目前多以有性世代的病原菌命名辣椒白粉病。研究表明，辣椒对白粉病的遗传规律较为复杂，多数学者认为其抗性是由多基因控制。Lefebvre 等（2003）通过 H3×Vania 的 101 个 DH 株系在田间和人工接种两种条件下的抗性鉴定试验，对辣椒抗白粉病基因进行了 QTL 分析，在 6 条染色体（P2、P5、P6、P9、P10、P12）上共检测到 7 个 QTLs，即 5 个加性 QTLs 和 2 个上位互作 QTLs，有 2 个 QTLs 在人工和田间接种条件下都可检测到。在大田接种条件下，这 5 个加性 QTLs 能解释表型变异的 18.0%~37.7%；在人工接种条件下，能解释表型变异的 62.5%。加性和上位互作 QTLs 共能解释表型变异的 50%以上。

3.2 辣椒疫病

辣椒疫病是由疫霉菌（*Phytophthora capsici* L.）引起的毁灭性土传病害，常在短期内突发成灾，对辣椒生产影响极大。研究表明，辣椒对疫霉菌的抗性遗传规律相当复杂，既存在垂直抗病性，也存在水平抗病性。Lefebvre 和 Palloix（1996）在对辣椒 Perennial× Yolo Wonder 研究中，得到 13 个与辣椒抗疫病基因相关的 QTLs 位点，主效 QTLs 位点能解释表型变异的 41%~55%，具有上位和加性作用的中等效应的 QTLs 位点可以解释表现型变异的 17%~28%，加上 QTL 之间的互作，QTLs 的联合效应能解释表型变异的 90%。Thabuis 等（2003）通过对 3 个辣椒种内群体（CM334、Van、Perennial）进行抗疫病性状的 QTLs 分析，将主效 QTL 定位在 P5 上，将只存在于 Van 和 Perennial 群体中的 QTL 定位在 P10 上。Ogundiwin 等（2005）在对 PSP-11×PI201234 的 RILs 和 Joe E.Parker×CdM334 的 F2 群体研究中，分别发现 16 个和 5 个与抗疫病相关的 QTLs。Quirin 等（2005）得到一个可快速鉴定辣椒抗疫病基因型 SCAR 标记。Minamiyama 等（2007）通过 SSR 技术对 96 个双单倍体后代进行分析，将一个主效 QTL 定位在 LG15 上，将一个微效 QTL 定位在 LG3 上。安静等（2007）对 F_2 群体进行辣椒疫病的室内人工接种，在第 4 连锁群上检测到 2 个 QTLs，分别可以解释表型变异的 9.5%和 16.4%。

3.3 辣椒炭疽病

辣椒炭疽病是 *Gloeosporium* 或 *Colletotrichum* 属内几种真菌引起的病害。在我国，辣椒炭疽病主要是由 3 种病原菌引起的，即红色炭疽病菌（*C. gloeosporioides*）、黑色炭疽病菌（*C. nigrum*）和黑点炭疽病菌（*C. capsici*），主要为害辣椒果实。辣椒对炭疽病菌的抗病性呈现“遗传多样化”的特点，不同的抗病品种甚至不同的病菌，其抗病性遗传方式也不相同。Voorrips 等（2004）定位了 4 个抗炭疽病（Anthracnose）的 QTLs：1 个主效 QTL，3 个微效 QTLs。

4 虫害基因的定位

4.1 根结线虫

根结线虫（*Meloidogyne* spp.）是当前中国最重要的农作物病原线虫之一，寄主范围很广，超过 3000 种植物。根结线虫主要包括南方根结线虫（*M. incognita*）、花生根结线虫（*M. arenaria*）、爪哇根结线虫（*M. javanica*）及北方根结线虫（*M. hapla*），其中以南方根结线虫为害最重。Martin 在 1948 年首次报道了抗根结线虫的辣椒品种。1956 年 Hare 在 *C. frutescens* L. ‘Santanka XS’上发现了单显性抗性基因 *N*。目前，在辣椒上已经发现并且命名的抗根结线虫基因至少有 10 个（*N*、*Me1*、*Me2*、*Me3*、*Me4*、*Me5*、*Me7*、*Mech1*、*Mech2*、*Cami*），其中 *Me3* 与 *Me4* 连锁，*Me7* 与 *Mech1* 连锁。*Me1*、*Me3*、*Me7* 抗谱较广，利用价值较大。Djian-Caporalino 等（2001）通过双单倍体和 RAPD、 AFLP 技术构建了热稳定的辣椒抗根结线虫基因 *Me3* 和 *Me4* 的高分辨率遗传图谱，最近的 AFLP 标记位于 *Me3* 基因两侧 0.5cM、1.0cM、1.5cM 和 3.0cM 处。Caporalino 等（2007）经过进一步研究，将 *Me* 基因家族定位在 P9 上。Wang 等（2009）通过群体分离分析法获得一个与 *N* 基因紧密连锁的 SCAR 标记，遗传图距为 6.3cM。

4.2 蚜虫

蚜虫（aphid）分布遍及世界各地。常群集于叶片、嫩茎、花蕾、顶芽等部位，刺吸植物汁液，不仅阻碍植物生长，形成虫瘿，传播病毒，而且还造成花、叶、芽畸形，对辣椒的危害也是相当严重。陈青和张银东（2003）运用 RAPD 技术，在 F_2 代群体中采用BSA 法进行分子标记研究，找到一个与辣椒抗蚜性基因连锁的RAPD 标记 OPA18600，并在杂种后代 F_2 群体和供试抗、感品种中得到了验证。

5 小　　结

综上所述，随着分子标记技术的不断完善和辣椒分子连锁图谱的日趋饱和，辣椒上一些重要病害的抗病基因得以精细定位，这不但为辣椒抗病基因辅助选择体系的完善建立提供了可能，而且为抗病基因的分离和克隆提供了可能，从而使辣椒的品种改良朝着育种工作者设计的方向发展，为辣椒抗病育种展现了巨大的潜力及广阔的前景。

参 考 文 献

安静, 胡勇胜, 张宝玺, 等. 2007. 辣椒分子连锁遗传图谱的构建及抗疫病 QTL 定位. 中国蔬菜, 10: 9-12.

陈青, 张银东. 2003. 与辣椒抗蚜性基因连锁的 RAPD 标记. 园艺学报, 30(6): 737-738.

汪爱娥, 丁克坚, 马珂. 2005. 辣椒炭疽病的研究进展. 安徽农业科学, 33(3): 508-509.

Arnedo-Andrés MS, Gil-Ortega R, Luis-Arteaga M, et a1. 2002. Development of RAPD and SCAR markers linked to the Pvr4 locus for resistance to PVY in pepper (*Capsicum annuum* L.). Theor Appl Genet, 105: 1067-1074.

Ben Chaim A, Grube R C, Lapidot M, et a1. 2001. Identification of quantitative trait loci associated with resistance to cucumber mosaic virus in *Capsicum annuum*. Theor Appl Genet, 102: 1213-1220.

Boukema IW. 1982, Resistance to TMV in *Capsicum chacoense* Hunz is governed by an allele of the l-locus . Capsicum Newsl, 3: 47-48.

Caranta C, Lefebvre V, Palloix A. 1997. Polygenic resistance of pepper to potyviruses consists of a combination of isolate-specific and broad-spectrum quantitative trait loci. Molecular Plant- Microbe Interactions, 7: 872-878.

Caranta C, Palloix A, Lefebvre V, et a1. 1997. QTLs for a component of partial resistance to cucumber mosaic virus in pepper: restriction of virus installation in host-cells. Theor Appl Genet, 94: 431-438.

Caranta C, Pflieger S, Lefebvre V, et a1. 2002. QTLs involved in the restriction of cucumber mosaic virus (CMV) long-distance movement in pepper. Theor Appl Genet, 104: 586-591.

Caranta C, Thabuis A, Palloix A. 1999. Development of a CAPS marker for the Pvr4 locus: A tool for pyramiding potyvirus resistance genes in pepper. Genome, 42: 1111-1116.

Djian-Caporalino C, Fazari A, Arguel M, et a1. 2007. Root-knot nematode (*Meloidogyne* spp.) Me resistance genes in pepper (*Capsicum annuum* L.) are clustered on the P9 chromosome. Theor Appl Genet. 114: 473-486.

Djian-Caporalino C, Pijarowski L, Fazari A, et a1. 2001. High-resolution genetic mapping of the pepper (*Capsicum annuum* L.) resistance loci *Me3* and *Me4* conferring heat-stable resistance to root-knot nematodes (*Meloidogyne* spp.) . Theor Appl Genet, 103: 592-600.

Grube R C, Blauth J R, Arnedo M S, et a1. 2000. Identification and comparative mapping of a dominant potyvirus resistance gene cluster in *Capsicum*. Theor Appl Genet, 101: 852-859.

Kim HJ, Han JH, Yoo JH, et a1. 2008, Development of a sequence characteristic amplified region marker linked to the L4 locus conferring broad spectrum resistance to tobamoviruses in pepper plants. Mol Cells, (2): 205-210.

Lefebvre V, Daubèze A M, Rouppe J, et a1. 2003. QTLs for resistance to powdery mildew in pepper under natural and artificial infections. Theor Appl Genet, 107: 661-666.

Lefebvre V, Palloix A, Caranta C, et a1. 1995. Construction of an intraspecific integrated linkage map of pepper using molecular markers and doubled-haploid progenies. Genome, 38(1): 112-121.

Lefebvre V, Palloix A. 1996. Both epistatic and additive effects of QTLs are involved in polygenic induced resistance to disease: a case study, the interaction pepper-*Phytophthora capsici* Leonian [J]. Theor Appl Genet, 1996, 93: 503-511.

Lefebvre V, Pflieger S, Thabuis A, et a1. 2002. Towards the saturation of the pepper linkage map by alignment of three intraspecific maps including known-function genes. Genome, 45(5): 839-854.

Matsunaga H, Saito T, Hirai M, et a1. 2003. DNA marker linked to pepper mild mottle virus (PMMoV) resistsnce locus (*L4*) in *Capsicum*. J. Japan. Soc. Hort. Sci, 72(3): 218-220.

Minamiyama Y, Tsuro M, Kubo T, et a1. 2007. QTL analysis for resistance to *Phytophthora capsici* in pepper using a high density SSR-based map. Breeding Science, 57: 129-134.

Moury B, Pflieger S, Blattes A, et a1. 2000. A CAPS marker to assist selection of tomato spotted wilt virus (TSWV) resistance in pepper. Genome, 43: 137-142.

Murphy J F, Blauth J R, Livingstone K D, et a1. 1998. Genetic mapping of the pvr1 locus in *Capsicum* spp.

and evidence that distinct potyvirus resistance loci control responses that differ at the whole plant and cellular levels. Molecular Plant-Microbe Interactions, 11(10): 943-951.

Ogundiwin E A, Berke T F, Massoudi M, et a1. 2005. Construction of 2 intraspecific linkage maps and identification of resistance QTLs for *Phytophthora capsici* root-rot and foliar-blight diseases of pepper (*Capsicum annuum* L.) . Genome, 48(4): 698-711.

Pakdeevaraporn P, Wasee S, Taylor P W J, et a1. 2005. Short communication inheritance of resistance to anthracnose caused by *Colletotrichum capsici* in *Capsicum*. Plant Breeding, 124: 206-208.

Pierre M, Noël L, Lahaye T, et a1. 2000. High-resolution genetic mapping of the pepper resistance locus Bs3 governing recognition of the *Xanthomonas campestris* pv *vesicatora* AvrBs3 protein. Theor Appl Genet, 101: 255-263.

Quirin E A, Ogundiwin E A, Prince J P, et a1. 2005. Development of sequence characterized amplified region (SCAR) primers for the detection of *Phyto.5.2*, a major QTL for resistance to *Phytophthora capsici* Leon. in pepper. Theor Appl Genet, 110: 605-612.

Sawada H, Takeuchi S, Matsumoto K, et a1. 2005, A new Tobamovirus-resistance gene, Hk, in *Capsicum annuum* . Japanese Society for Horticultural Science, 2005, 74(4): 289-294.

Sugita T, Kinoshita T, Kawano T, et a1. 2005. Rapid construction of a linkage map using high-efficiency genome scanning/AFLP and RAPD, based on an intraspecific, doubled-haploid population of *Capsicum annuum* . Breeding Science, 55: 287-295.

Tai T, Dahlbeck D, Stall R E, et a1. 1999. High-resolution genetic and physical mapping of the region containing the Bs2 resistance gene of pepper. Theor Appl Genet, 99: 1201-1206.

Thabuis A, Palloix A, Pflieger S, et a1. 2003. Comparative mapping of *Phytophthora resistance* loci in pepper germplasm: evidence for conserved resistance loci across Solanaceae and for a large genetic diversity. Theor Appl Genet, 106: 1473-1485.

Tomita R, Murai J, Miura Y, et a1. 2008. Fine mapping and DNA fiber FISH analysis locates the tobamovirus resistance gene *L3* of *Capsicum chinense* in a 400-kb region of R-like genes cluster embedded in highly repetitive sequences . Theor Appl Genet, 117: 1107-1118.

Voorrips R E, Finkers R, Sanjaya L, et a1. 2004. QTL mapping of anthracnose (*Colletotrichum* spp.) resistance in a cross between *Capsicum annuum* and *C. chinense*. Theor Appl Genet, 109: 1275-1282.

Wang L H, Gu X H, Hua M Y, et a1. 2009. A SCAR marker linked to the *N* gene for resistance to root knot nematodes (*Meloidogyne* spp.) in pepper (*Capsicum annuum* L.). Scientia Horticulturae, 122: 318-322.

Summary of Molecular Markers in Disease and Insect Resistance Gene of Pepper

XU Xiaoyan[1,2], KANG Houxiang[2], LIU Feng[3], ZOU Xuexiao[1,3]

([1] College of Horticulture and Gardening, HNAU, Changsha 410128, PRC; [2] Institute of Vegetables and Flowers, Chinese Academy o f agricultural Sciences, Beijing 100081, PRC; [3] Institute of Vegetable, Hunan Academy o f Agricultural Sciences, Changsha 410128)

Abstract: The recent research progress of molecular markers in some major disease and insect resistance genes of pepper has reviewed that including tobacco mosaic virus, cucumber mosaic virus, potato virus Y, bacterial spot, Phytophthora capsici, powdery mildew, anthracnose, root-knot nematodes and aphids.

Key words: pepper; gene location; molecular marker

第四部分　遗传生理生化

Exogenous Ca^{2+} alleviates waterlogging-caused damages to pepper*①

B.Z. YANG, Z.B. LIU, S.D. ZHOU, L.J. OU, X.Z. DAI, Y.Q. MA, Z.Q. ZHANG, W.C. CHEN, X.F. LI, C.L. LIANG, S. YANG, and X.X. ZOU

([1] Longping Branch of Central South University, Changsha 41008, China*; [2] Vegetable Institution of Hunan Academy of Agricultural Science, Changsha 410125, China**)

Abstract: Ca^{2+} has been considered as an necessary ion for alleviation of stress-induced damages in plants. We investigated effects of exogenous Ca^{2+} on waterlogging-induced damages to pepper and its underlying mechanisms. Pepper seedlings under stress were treated by spraying of 10mmol/L $CaCl_2$. Applying exogenous Ca^{2+} increased the biomass of pepper leaves and roots, improved photosynthetic characteristics, membrane permeability, root activity, osmotic substance contents, antioxidant enzyme and alcohol dehydrogenase activitives, while it reduced lactate dehydrogenase activity. It maintained hydroxide free radical values contents and activities of malate dehydrogenase and succinate dehydrogenase relatively high. Our results suggested that applying exogenous Ca^{2+} could regulate osmotic substance contents, antioxidant system activity, root respiration and metabolism, and subsequently alleviate waterlogging-induced damages to pepper plants.

Additional key words: calcium; *Capsicum annuum*; respiratory; waterlogging.

Abbreviations: ADH – alcohol dehydrogenase; CAM – calmodulin; Car – carotenoids; CAT – catalase; Chl – chlorophyll; DM – dry mass; E – transpiration rate; F_0 – minimal fluorescence yield of the dark adapted-state; F_0' – minimal fluorescence yield of the light-adapted state; F_m – maximal fluorescence yield of the dark-adapted state; F_m' – maximal fluorescence yield of the light-adapted state; FM – fresh mass; F_v/F_m – maximal quantum yield of PSII photochemistry; GR – glutathione reductase; g_s – stomatal conductance; LDH – lactate dehydrogenase; MDA – malondialdehyde; MDH – malate dehydrogenase; ·OH – hydroxyl free radical; P_N – net photosynthetic rate; POD – peroxidase; PSII – photosystem II; q_P – photochemical quenching coefficient; ROS – reactive oxygen species; SD – standard deviation; SDH – succinate dehydrogenase; SOD – superoxide dismutase; TTC – triphenyl tetrazolium chloride; TTF – trityl hydrazone; WUE – water-use efficiency; Φ_{PSII} – effective quantum yield of PSII photochemistry.

* 基金项目：国家农业产业技术体系建设专项（CARS-25-A-8）。

① 本文原载《PHOTOSYNTHETICA》DOI：10.1007/s11099-016-0200-3。

Introduction

One-third of the global area is considered potentially suitable for arable agriculture. However, only 10% of the lands are farm land. This is because abiotic stress such as waterlogging, drought, low temperature and so on affects crop production(Wang et al., 2007). Abiotic stress is an urgent problem that was not going away. Among abiotic stresses, waterlogging stress is very critical for determining the agricultural production. Waterlogging refers to that the water in soil presented in excess amount than optimum requirement. It occures on a vast region throughout the world especially in low-lying rained areas, irrigated and high rainfull environments. The responses of plants to soil waterlogging include extremely complex physiological and biochemical changes, and are regulated by genetic mechanism (Neill and Burnett, 1999; Egert and Tevini, 2002; Franca et al., 2000). Different plants, even different varieties of the same plant, are significantly different in their abilities to tolerate waterlogging and their underlying mechanisms (Pistelli et al., 2012; Provost et al., 2012). In the metabolic process, plants utilize multiple ways to generate reactive oxygen species (ROS) and increase malondialdehyde (MDA) content (Wu et al., 2003). Normally, there is an equilibrium between production and scavenge of ROS in plant cells. However, under waterlogging conditions, this equilibrium is disrupted, triggering membrane lipid peroxidation (Mccord and Fridovich, 1969, 1978). In the long evolutionary process, both enzymatic (antioxidant enzymes) and non-enzymatic (osmolytes) systems are formed to clear ROS and protect plant cells from ROS-induced damages (Lima et al., 2002).

Ca^{2+}, as an abundant element necessary for plant growth, can bridge phosphate salts and esters on the cell surface with carboxyl group of proteins to stabilize the structures of biomembranes and maintain the selective ion absorbing function of cell membrane. In addition, Ca^{2+} could couple the extracellular signals with the intracellular second messengers of physiological responses. When certain signals reach cells, the permeability of cell membranes to Ca^{2+} transiently increases, leading to elevated intracellular Ca^{2+} value. These Ca^{2+} then binds to calmodulin (CAM), forming a Ca-CAM complex, which activates many key enzymes such as phospholipase, NAD kinase, Ca^{2+}-ATPase, thereby enabling cells to produce corresponding physiological responses (Xiong et al., 2002). Studies have shown that Ca^{2+} can, enhance the efficiency of carboxylation activity, and increase membrane ATPase activity and photosynthetic pigment contents, thereby keeping photosynthesis at a high value (Chen, 1998). Ca^{2+} treatment can maintain a high photosynthetic rate of soybean leaves under waterlogging (Yang et al., 1995), improve photosynthetic rate of muskmelon leaves under hypoxic stress (Gao et al., 2005a), and enhance photosynthesis of rice under salt stress (Zhu et al., 2004). Moreover, Ca^{2+} treatment can improve antioxidant enzyme activities and unsaturation degree of cell membrane lipids in plants, alter polyamine metabolism and respiration process of plant roots, as well as enhance cold resistance of eggplants (Gao et al., 2002), heat resistance of maize plants (Gong and Li, 1995), and hypoxia tolerance of cucumber and melon seedlings (Gao et al., 2002, 2005a, 2005b; Hu et al., 2006, 2007).

Pepper is native to the tropical regions of Latin America. It has the highest level of vitamin Camong vegetables. In addition, it is also rich in vitamin B, carotene as well as calcium, iron and other mineral substances. Moreover, pepper can stimulate oral mucosa, enhance gastric motility, increase appetite, promote digestion, alleviate abdominal and chest pain, inhibit diarrhea, kill abdominal and gastric parasites, control heart and coronary artery diseases, among other medicinal properties. Pepper is one of the important favorite vegetables for human. It is a shallow-rooted plant with strong root respiration and oxygen consumption (Peng et al., 2010). Preliminary studies have indicated that although pepper has a strong drought tolerance (Ou et al., 2012), it has weak resistance to waterlogging (Ou et al. 2011). In this work, we studied the effects of Ca^{2+} treatment on the activity of the photosynthetic apparatus as assessed by biomass, photosynthetic parameters, and other related physiological and biochemical indices, with the hope to provide a theoretical basis for alleviating waterlogging-induced damages.

Materials and Methods

Plants and treatments: Pepper (*Capsicum annuum L.*) variety(5901) was provided by the Hunan Provincial Institute of Vegetables. Their seeds were disinfected with 0.1% mercuric chloride for 5min, rinsed with distillated water and soaked in water for 24h for germination. When the seedlings reached five-leaf stage, they were transplanted in pots with diameter of 30cm, and grown in a glasshouse. When the seedlings grew to six-leaf stage, seedlings with similar characteristics were selected and assigned in control group, waterlogging group, and Ca^{2+} treatment group with nine seedlings per group. Pepper seedlings in the control group were not treated with waterflooding. By contrast, pepper seedlings in the waterlogging and Ca^{2+} treatment groups were subjected to waterlogging treatment by soaking in water 2cm above the soils. In addition, seedlings in Ca^{2+} treatment were also sprayed daily with 10ml of 10mmol/L $CaCl_2$ solution per seedling for continuous ten days. Each treatment had three replicates. Based on the Huaihua Weather Network (http: //www.hhqx.com/), during the treatment period, the temperature was 26.9~27.8℃. The average temperature in the glasshouse was (27±5)℃ during the day and (20±2)℃ at night, and the plants were grown under 16h of light/8h of dark with natural light. Seedlings were collected and subjected to data-measurement and analysis after ten days of Ca^{2+} treatment.

Biomass determination: After each treatment, the aerial parts and roots parts of plants were washed with deionized water, and weighted to obtain the fresh mass (FM). Afterward, they were dried at 105℃ for 30min and then at 75℃ to constant mass, and measured for dry mass (DM).

Pigment analysis was determined by Arnon (1949) method. All leaves were fully development and selected from the second to the fourth leaves of the plants. 2.0g flesh leaves were homogenized using quartz sand, $CaCO_3$, and 3ml of 100% acetone, and then extracted with 80% acetone. After centrifugation at 2500rpm for 2min, the supernatant was measured by spectrophotometer *(Ruili UV-2100*, Beijing, China) at 663645 and 470nm. Contents of chlorophyll (Chl) *a*, Chl *b*, and carotenoids (Car) were calculated using the equations: Chl $a = 13.95\ OD_{665} - 6.88\ OD_{649}$; Chl $b = 24.96\ OD_{649} - 7.32\ OD_{665}$; Car = $(1000\ OD_{470} - 2.05$ Chl $a - 114.8$ Chl $b)/245$.

Gas exchange and Chl fluorescence parameters were monitored by *LI-6400XT* portable photosynthesis system (*LI-COR, US*) during 09:00~11:00 of Beijing time. Gas erchange was parameterized using the protocol described by Li et al. (2007). The net photosynthetic rate (P_N), stomatal conductance (g_s) and transpiration rate (E) were measured at the irradiance of 1000 μmol·m^{-2}·s^{-1}, temperature of (30±0.5)℃, and the natural CO_2 concentration. Water-use efficiency (WUE) was calculated according to WUE = P_N/E.

Chl fluorescence parameters were measured according to the protocol described by the minimal fluorescence yield of the dark-adapted state (F_0), the maximal fluorescence yiled of the dark-adapted state (F_m) were recorded after dark adaptation for 20min. Then the minimal fluorescence yield of the light-adapted state (F_0') and the maximal fluorescence yield of the light-adapted state (F_m') were measured after a 1h irradiation. The maximal quantum yield of PSII photochemistry (F_v/F_m), photochemical quenching coefficient (q_P) and the effective quantum yield of PSII photochemistry (Φ_{PSII}) were calculated as $F_v/F_m = (F_m - F_o)/F_m$; $q_P = (F_m' - F_s)/(F_m' - F_o')$; $\Phi_{PSII} = (F_m' - F_t)/F_m'$.

Root activity was measured by triphenyl tetrazolium chloride (TTC) method. Roots were collected and washed. Their surfaces were dried carefully with absorbent papers. 0.5g root tip was cut into 1cm pieces, and incubated with 10ml mixture(1∶1, *V*/*V*) of 1% TTC solution and 0.1mol/L phosphate buffer (pH 7.0) at 37℃ for 1h in dark and then mixed with 2ml of 1mol/L sulfuric acid. The blank assays was performed as followings: firstly, treating the root tips with sulfuric acid, then incubating the roots with TTC solution and phosphate buffer, The roots were then collected and grounded with 3~5ml of ethyl acetate and quartz sand in a mortar after removal of moisture to extract trityl hydrazone (TTF). The remaining roots were further extracted with ethyl acetate for three times. All the red extractions were collected, transferred into a new tube and diluted with ethyl acetate to 10ml. Absorption of the diluted extraction was determined spectrophotometrically at 485nm (*Ruili UV-2100*, Beijing, China). The blank solution was obtained similarly without adding root. Reduced TTC amount [mg] was obtained from the standard curve and its intensity in root tip was calculated as follows: TTC reduction intensity [mg·g^{-1}·h^{-1}] = Reduced TTC amount/FM/h, where FM was fresh root mass [g], and h is the incubation time.

Membrane permeability: In brief, after washed twice with deionized water, 0.1g plant leaves or roots were cut into 1cm pieces and placed into a tube containing 10ml of deionized water. After marking the water value, the tube was incubated at 25℃ for 1h with frequent shaking. At that time, the conductivity C_1 was determined by conductivity meter (*HI 98309*, Hanna, Mauritius). Then the tube was boiled at 100℃ for 15min. After cooled to room temperature, distilled water was added into to the tube till water value reached the original mark, then the conductivity C_2 was measured. Thus, the membrane permeability was expressed as the following: relative electrolyte leakage = $(C_1 - C_0)/(C_2 - C_0) \times 100\%$, where C_0 is the conductivity of distilled water.

Enzyme activity assay: The activities of superoxide dismutase (SOD, EC 1.15.1.1), peroxidase (POD, EC 1.11.1.7), catalase (CAT, EC1.11.1.6), glutathione reductase (GR, EC1.8.1.7), lactate dehydrogenase (LDH, EC1.1.1.27), alcohol dehydrogenase (ADH, EC1.1.1.1), succinate dehydrogenase (SDH, EC1.3.5.1) and malate dehydrogenase (MDH, EC1.1.1.37) were respectively assayed by corresponding determination kits (Nanjing Jiancheng Bioengineering Institute, Nanjing, China). Leaves without midrib 0.1g were thoroughly with a cold mortar and pestle in an ice bath. The grinding medium was 4ml of

0.9% (w/v) normal saling solution, plus homogenizing glass beads. The homogenate was centrifuged at 2500rmp for 10min at 4℃. The supernatant referred to as crude enzyme extract, was used for determination. The absorbance of the reaction mixture was determined by using a spectrophotometer (*Ruili UV-2100*, Beijing, China). SOD activity was calculated at 550nm as 50% hydroxylamine inhibition at 37℃ expressed in U per mg of total protein. POD activity was calculated at 420nm per mg of protein in U representing the mount of enzyme catalysised 1μg guaiacol per min at 37℃. CAT activity was calculated per mg of protein in U representing the decrease in absorbance at 405nm due to 1 μmol of H_2O_2 per second at 37℃. GR activity was calculated at 340nm per g of protein in U which represented the mount of enzyme that 1mmol of NAPDH per min at 37℃. LDH activity was calculated at 440nm per g of protein in U which represented the mount of enzyme that 1mmol of pyruvic acid per min at 37℃. ADH activity was calculated per mg of protein in U which represented the mount of enzyme that 1nmol of acetaldehyde at 340nm per min at 37℃. MDH activity was calculated at 340nm per mg of protein in U which represented the mount of enzyme that 1μmol of tetramethylbenzidine per min at 37℃. SDH activity was measured by the decrease of 0.01. in absorbance due to the reduction of 2.6-DPIP at 600nm in U per mg of total protein per min at 37℃.

Proline determination: Fresh leaves were washed and dried with paper towel. 0.5g leaves were cut into pieces, mixed with 5ml of 3% (*W*/*V*) sulfosalicylic acid solution, and boiled for 10min under shaking. The homogenate was filtered after cooling down, 2ml of the filtered extract was mixed with 2ml of acetic acid and 2ml of acid ninhydrin, and boiled for 30min. After cooling down, 4ml of toluene was added into the tube and fully oscillated. The upper red solution was collected and its absorption at 520nm (*Ruili UV-2100*, Beijing, China) was measured using toluene as reference. Proline content [× (μg ml^{-1})] in the 2ml tested samples was obtained from the standard curve and the proline concentration in fresh leaves was calculated based on the following formula: Proline content [μg g^{-1}] = (x × 5/2)/FM [g].

Total soluble sugar contents were measured with anthrone colorimetric method. 0.1g leaves were placed in a ground glass weighing bottle, mixed with 20ml distilled water, and extracted twice in boiling water for 30min. The extract was filtered into a 50ml volumetric flask, and the weighing bottle and residues were washed repeatedly before being filled to constant volume. 0.5ml sample extract was mixed thoroughly with 1.5ml distilled water, 0.5ml anthrone ethyl acetate solution and 5ml concentrated sulfuric acid, before being immediately placed in boiling water bath for 1min. The heated sample extract was cooled to room temperature to determine the absorbance at 630nm (*Ruili UV-2100*, Beijing, China). The total soluble sugar contents were calculated from the standard curve: soluble sugar [mg g^{-1}]= [(sucrose content from standard curve (μg) × 10^{-3} × total extract volume (ml))/[(measurement volume (ml) ×FM of the sample (g)].

Hydroxide radicals (·OH) value and MDA content were respectively assayed by corresponding determination kits (*Nanjing Jiancheng Bioengineering Institute, Nanjing, China*). 0.1g of leaves without midrib were thoroughly with a cold mortar and pestle in an ice bath. The grinding medium was 4ml of 0.9% (w/v) normal saline solution, plus homogenizing glass beads. The homogenate was centrifuged at 2500rmp for 10min at 25℃. The supernatant referred to as crude enzyme extract, was used for determination. The absorbance of the reaction mixture was determined by using a spectrophotometer (*Ruili UV-2100*, Beijing, China), ·OH value was calculated at 550nm as 1mmol of H_2O_2 decrease expressed in U per mg of total protein per min at 37℃. MDA concentration was determined spectrophotometrically using the thiobarbituric acid method. The values of thiobarbituric were estimated at 532nm against a blank consisting of 5% cold trichloroacetic acid mixed with 1% thiobarbituric acid. We used malondialdehyde bis acetal as a standarol. Concentrations of lipid peroxidation compounds were expressed as nmol mg^{-1} protein.

Statistical analysis: All experimental results were presented as mean ± standard deviation (SD) of six replicates. One-way analyses of variance (*ANOVA*) and *Duncan*'s test at a significance values of P<5% were performed by SPSS *16.0* softwave (*SPSS*, Chicago, IL, USA).

Results

Biomass: FM and DM of pepper leaves and roots were significantly affected under waterlogging. FM of leaves and roots respectively indicated 35.5% and 53.4% decrease, and DM of leaves and roots respectively indicated 41.7% and 47.1% decrease compared to control conditions. However, Ca^{2+} treatment significantly reversed these decreases. FM of leaves and roots respectively indicated 40.8% and 33.3% increase, and DM of leaves and roots respectively indicated 57.1% and 77.8% increase compared to waterlogging treatment. The DM of leaves and roots in Ca^{2+} treatment was not significantly different from that of peppers in the control group (Table 1).

Table 1 omass of leaves and roots under different treatment based on one-way *ANOVA*. Each value is the mean ± SD, *n* = 6. The effects are significant at the value of *P*<0.05 with a one-way *ANOVA*, the same is below. FM – fresh mass; DM – dry mass.

Treatment	Leaves FM [g]	Roots FM [g]	Leaves DM[g]	Roots DM [g]
control	0.76 ± 0.08^a	1.74 ± 0.12^a	0.12 ± 0.01^a	0.17 ± 0.02^a
waterlogging	0.49 ± 0.05^c	0.81 ± 0.09^c	0.07 ± 0.01^b	0.09 ± 0.01^b
Ca^{2+}+waterlogging	0.69 ± 0.05^b	1.08 ± 0.07^b	0.11 ± 0.01^a	0.16 ± 0.01^a

Photosynthetic characteristics: Pigment content and Chl fluorescence parameters decrease in waterlogging and Ca^{2+} treatment. Compared with control conditions, Chl *a*, Chl *b*, and Car subjected to waterlogging stresses decreased 49.5%, 56.1% and 31.8%, respectively. However, these decreases were significantly alleviated by Ca^{2+} treatment. Chl *a*, Chl *b*, and Car indicated 24.9%, 14.7% and 13.3% increase in Ca^{2+} treatment compared to waterlogging stresses (Fig.1 A, B, C).

Compared with control condition, P_N, g_s, E and WUE indicated 97.1%, 94.8%, 92.4% and 61.6% decreased under waterlogging treatment, while these decreases were significantly alleviated by Ca^{2+} treatment. P_N, g_s, E and WUE indicated 233.9%, 133.3%, 71.0% and 95.8% increase in Ca^{2+} treatment compared to waterlogging (Table 2).

Compared with control condition, F_v/F_m, q_P, and Φ_{PSII} indicated 49.6%, 63.5% and 53.4% decrease under waterlogging treatment, while these decreases were significantly alleviated by Ca^{2+} treatment. F_v/F_m, q_P, and Φ_{PSII} indicated 27.3%, 43.3% and 28.7% increase in Ca^{2+} treatment compared to waterlogging (Fig.1 D, E, F).

Membrane permeability: Therefore, its changes could directly reflect the changes in cell membrane permeability. After waterlogging, the electrolyte leakage rates of pepper leaves and roots were significantly increased and Ca^{2+} treatment significantly attenuated these increases, because the electrolyte leakage rates of leaves and roots of peppers in the Ca^{2+} treatment group were only 73.0 % and 65.3% of those of peppers in the waterlogging group. The data suggested that Ca^{2+} treatment could alleviate the damages of waterlogging on pepper membrane (Table 3).

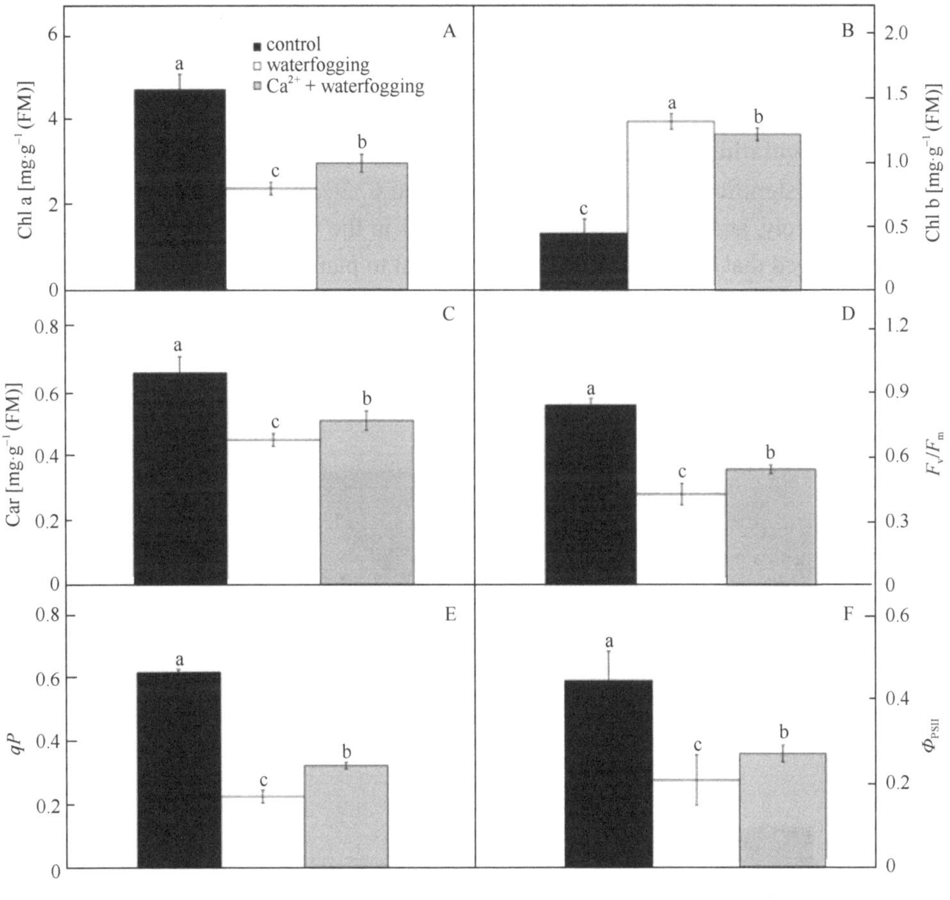

Fig. 1 e effects of chlorophyll (Chl) *a* (A), Chl *b* (B), carotenoids (Car) (C), maximal quantum yield of PSII photochemistry (F_v/F_m) (D), photochemical quenching (q_P) (E), and effective quantum yield of PSII photochemistry (Φ_{PSII}) of pepper leaves under different treatment. All the values are means ± SD, *n* = 6. *Different letters* denote significant differences ($P<0.05$).

Table 2 s-exchange parameters of pepper seedlings under different treatment based on one-way *ANOVA*. Each value is the mean ± SD, *n* = 6. The effects are significant at the value of $P<0.05$ with a one-way *ANOVA*, P_N – net photosynthetic rate; g_s – stomatal conductance; *E* – transpiration rate; WUE – water-use efficiency.

Treatment	P_N[μmol·m^{-2}·s^{-1}]	g_s[mol(H_2O)·m^{-2}·s^{-1}]	*E*[mmol(H_2O)·m^{-2}·s^{-1}]	WUE[mol(CO_2)·mol(H_2O)$^{-1}$]
control	20.18 ± 1.52^a	0.58 ± 0.05^a	4.08 ± 0.26^a	4.95 ± 0.38^a
waterlogging	0.59 ± 0.03^c	0.03 ± 0.002^c	0.31 ± 0.08^c	1.90 ± 0.14^c
Ca^{2+}+waterlogging	1.97 ± 0.12^b	0.07 ± 0.001^b	0.53 ± 0.15^b	3.72 ± 0.31^b

Root activity: Under waterlogging, root activity of plants in waterlogging and Ca^{2+} treatment groups significantly decreased. However, the decrease of plants in the Ca^{2+} treatment group was 56.9%, which was obvious smaller than that of 72.6% of plants in the waterlogging group (Table 3).

Table 3 Electrolyte leakage and root activity of pepper under different treatment based on one-way *ANOVA*. Each value is the mean ± SD, *n* = 6. The effects are significant at the value of *P*<0.05 with a one-way *ANOVA*

Treatment	electrolyte leakage [%]		roots activity [$mg \cdot g^{-1} \cdot h^{-2}$]
	leaves	roots	
control	17.01 ± 1.87^c	28.82 ± 2.99^c	86.54 ± 6.87^a
waterlogging	72.58 ± 6.75^a	81.25 ± 7.85^a	23.75 ± 3.54^c
Ca^{2+}+waterlogging	52.95 ± 4.63^b	53.05 ± 5.68^b	37.28 ± 3.61^b

Osmotic regulating substances: Under waterlogging, proline and soluble sugar contents in pepper leaves significantly increased by 20.6% and 67.9% in peppers in the Ca^{2+} treatment groups, respectively, and 7.8% and 34.9% in peppers in the waterlogging group, respectively. The results showed that Ca^{2+} treatment was beneficial to plant growth. (Fig. 2A, B).

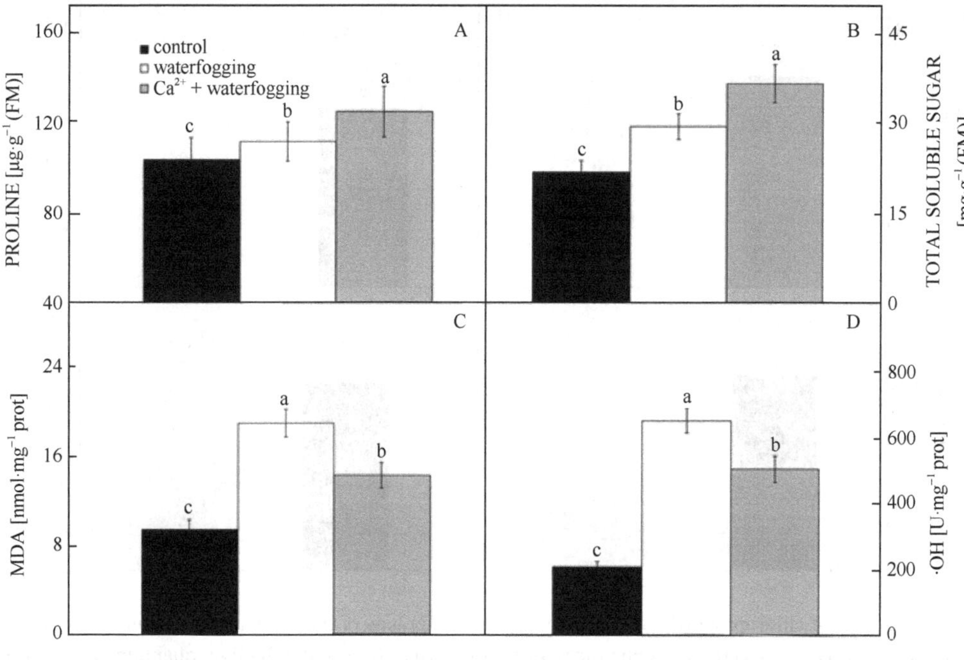

Fig. 2 The effects of proline (A), total soluble sugar (B), malondialdehyde (MDA) (C), and hydroxide radicals (·OH) (D) of pepper leaves under different treatment. All the values are means ± SD , *n* = 6. *Different letters* denote significant differences (*P*<0.05).

Metabolites: Under waterlogging, MDA content and ·OH value were significantly increased, but these increases were much smaller in the Ca^{2+} treatment group, only about 75.3% and 77.5% of those of peppers in the waterlogging group (Fig. 2C, D).

Antioxidant enzyme system: Under waterlogging, activities of antioxidant enzymes decreased. However, Ca^{2+} treatment increased the activities of antioxidant enzymes such as SOD, POD, CAT and GR by 38.3%, 25.1%, 54.7% and 51.1%, respectively, compared with those of peppers in the waterlogging group (Fig. 3 A, B, C, D).

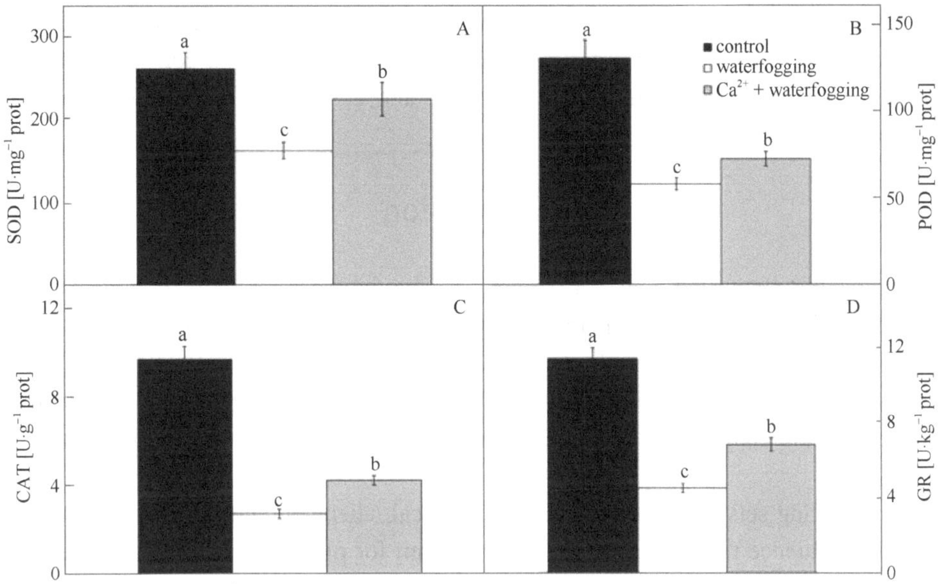

Fig. 3 The effects of emzyme activity of superoxide dismutase (SOD) (A), peroxidase (POD) (B), catalase (CAT)(C), and glutathione reductase (GR) (D)of pepper leaves under different treatment. All the values are means ± SD, n = 6). *Different letters* denote significant differences (P<0.05).

Respiratory metabolism: Under waterlogging, LDH activity showed an increased trend in both waterlogging and Ca^{2+} treatment groups, and the latter was only 39.6% of the former. In addition, ADH activity was significantly higher in both waterlogging and Ca^{2+} treatment groups compared with that of the control group, and ADH activity in peppers in the Ca^{2+} treatment group was obviously higher than that of peppers in the waterlogging group (Fig. 4 A, B).

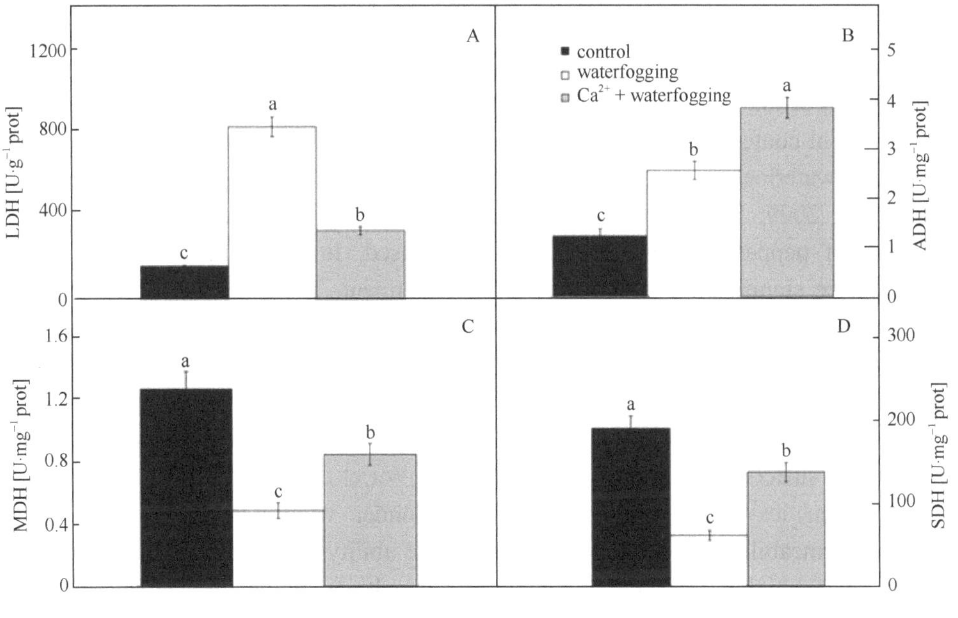

Fig. 4 The effects of emzyme activity of lactate dehydrogenase (LDH) (A), alcohol dehydrogenase (ADH) (B), malate dehydrogenase (MDH) (C), and succinate dehydrogenase (SDH) (D) of pepper leaves under different treatment. All the values are means ± SD, n = 6. *Different letters* denote significant differences (p<0.05).

Under waterlogging, MDH and SDH activities were significantly decreased in waterlogging and Ca^{2+} treatment groups compared with those in the control group, but the decreases in Ca^{2+} treatment group were only 1.8- and 2.3-fold of those in the waterlogging group, respectively (Fig.4 C, D).

Discussion

Our results suggested that Ca^{2+} increased the biomass of pepper leaves and roots, photosynthetic characteristics, membrane permeability root activity, osmotic substance contents, antioxidant enzyme activity and alcohol dehydrogenase (ADH) activity, while decreased lactate dehydrogenase (LDH) activity, thus maintaining hydroxid radicals (·OH) values and malate dehydrogenase (MDH) and succinate dehydrogenase (SDH) at a relatively high value.

Waterlogging sets in motion a series of physical, chemical and biological processes that profoundly influence the quality of soil as a medium for plant growth. The soil pore space is totally water-filled, and gas exchange between soil and atmosphere is virtually eliminated. Thus, waterlogged plants have a stunted growth compared to normal well-aerated plants. Several researches revealed that plant height, root length and activity, leaf area and plant biomass were drastically reduced under waterlogging treatment (Issarakraisila et al., 2007; Zhang et al., 2009; Broughton et al., 2015). Our results showed that the FM and DM of pepper leaves and roots, along with root activity decreased in the waterlogging group but Ca^{2+} treatment significantly reversed these decreases. This result indicated that exogenous calcium promoted the absorption of nutrients and moisture, eased the consumption of plant nutrients, and reduced the waterlogging-induced inhibition of plant growth.

Chl content is an important factor reflecting photosynthetic capacity. The plant accumulates a lot of reactive oxygen species under flooding, which improved the speed of Chl degradation. Decrease in Chl content under waterlogging had been reported in wheat and maize (Prasad et al., 2004; Kuai et al., 2014), which was consistent with our result. The decrease of Chl content led to a significant drop of the photosynthetic rate. Other researches reported that waterlogging made P_N, g_s, E, WUE, F_v/F_m, q_P, and Φ_{PSII} significantly decreased (Liang et al., 2009; Ren et al., 2015). Our result showed that the gas exchange and Chl parameters of pepper seedlings were both decreased. In addition, we found that these decreases were significantly alleviated by Ca^{2+} treatment. These results indicated that Ca^{2+} could protect photosynthetic pigment from degradation by modulating antioxidant system and scavenging reactive oxygen, delay the speed of Chl degradation, and improve the stability of photosynthetic pigment.

Membrane permeability is one of the important physiological indexes to evaluate the value of plant suffering under stressful conditions. Wu et al. (2000) showed that membrane permeability in leaves of blueberry decreased under waterlogging treatment, and the membrane permeability of lower flooding tolerance ability cultivar was significantly higher than that of the higher flooding tolerance ability cultivar, which was consistent with the findings in leaves of loquat (Pan et al., 1993) and soybean (Han, 1999). Our results showed that the electrolyte leakage rates of pepper leaves and roots significantly increased under flooding and Ca^{2+} treatment significantly attenuated these increases. It indicated that waterlogging stress caused plant damage by changing the membrane permeability, while Ca^{2+} decreased the plasma permeability by adjusting the osmotic press. Thus, Ca^{2+} played a good regulatory role in pepper seedlings, and reduced the degree of suffering under stressful conditions.

Soluble sugar, soluble protein and free amino acids are important osmotic regulating substances in plants and enhancement of their values is in favor of resistance to external stress. Studies showed that increasing calcium supply could promote sugar synthesis and soluble sugar content in plants (Wang et al., 2009; Zhang et al., 2009; Li et al., 2010; Zhang et al., 2011; Deng et al., 2012; Zhu et al., 2012). Calcium could also improve soluble protein and free amino acids contents in plant tissues (Duan et al., 1997; Wang et al., 1999; Zhou et al., 2008). The results showed that soluble sugar and proline contents increased in peppers in both waterlogging and Ca^{2+} treatment groups, and the latter was significantly higher than the former, suggesting that spraying exogenous Ca^{2+} to peppers could promote the synthesis of soluble sugar and proline, thereby increasing the tolerance of peppers to waterlogging.

MDA content and ·OH value had been associated with lipid peroxidation via an increased generation of ROS, and thus its quantification had been suggested as a general indicator for waterlogging tolerance (Wu et al., 2003). We demonstrated that MDA content and OH value were significantly increased under waterlogging condition, but these increases were much smaller in the exogenous Ca^{2+} treatment group. This fully demonstrated that pepper seedlings with Ca^{2+} treatment could maintain a higher value of active oxygen metabolism, thus improving free-radical scavenging ability, and reducing the value of harm to plant cells for plasma membrane peroxidation.

The ability of plants to scavenge the toxic effects of active oxygen seems to be a very important determinant of their tolerance to waterlogging stress. Antioxidants is the first line of defense against free radical damage. There are several antioxidants, with peotides, and metabolites involved in the scavenging of active oxygen in plants, and their activation known to increase upon exposure to oxidative stress (Tanaka, 1994; Gong et al., 1998). The former research results indicated that the activities of SOD, CAT, POD, GR increased to reduce the degree of damage under stressful conditions. Fan et al (2008) showed that antioxidant enzymes increased at the beginning and decreased then under high temperature or drought conditions. Pei et al. (2013) showed that the activities of SOD, POD, CAT increased and then decreased with the drought stress. Our results showed that the activities of antioxidant enzymes decreased under waterlogging, while. Ca^{2+} treatment increased the activities of antioxidant enzymes such as SOD, POD, CAT and GR by 38.3%, 25.1%, 54.7% and 51.1%, respectively, compared with those of peppers in the waterlogging group, which was consistent with the findings in tomato (Li et al., 2009), strawberry (Christou et al., 2014), sugarcane (Boaretto et al., 2014) and other crops. It confirmed that calcium could alleviate waterlogging damage to cell membrane by improving the activities of antioxidant enzymes and protect photosynthetic apparatus, especially PSI, from active oxygen.

Wang et al. (2002) showed that in the early stages of hypoxia, Ca^{2+} was required for activation and expression of MDH and SDH genes, and Ca^{2+} inhibitors could suppress the increase in intracellular Ca^{2+} concentration, thereby inhibiting the expression of MDH and SDH genes. Exogenous calcium could eliminate the inhibition, improve the normal expression of anaerobic protein gene, and enhance the resistance of plant seedlings (Subbaish et al., 2013). In this study, we found that leaves aerobic respiration and metabolism ability of pepper seedlings decreased as indicated by the significantly decreased MDH and SDH activities under waterlogging condition, However, Ca^{2+} treatment enabled pepper seedlings to maintain higher MDH and SDH activities and some aerobic respiration capacity, which was one of the reasons why water logging resistance capability in peppers was enhanced by Ca^{2+} treatment. Meanwhile, roots under waterlogging had increased LDH and ADH activities, which was consistent with the findings in tomato (Guo et al., 1999), lettuce (Ismond et al., 2003), arabidopsis (Fukao et al., 2003) and other crops. Perata and Alpi (1993) showed that the real reason for plant damage was acetaldehyde rather than ethanol and increased ADH activity could reduce the damages caused by accumulation of acetaldehyde and lactic acid. Compared with peppers in the waterlogging group, peppers in the Ca^{2+} treatment group had lower LDH activity and higher ADH activity, suggesting that under waterlogging, lactate metabolism was significantly increased, and plants accumulated more lactic acid, leading to reduced tolerance to waterlogging. By contrast, peppers in the Ca^{2+} treatment group accumulated less lactic acid but enhanced ethanol fermentation capacity, thus avoiding damages from accumulation of lactic acid and acetaldehyde and improving the tolerance to waterlogging.

References

Arnon D I. 1949. Copper enzymes in isolated chloroplasts polyphenoloxidase in Beta vulgaris. Plant Physiol, 24: 1-15.

Boaretto L F, Carvalho G, Borgo L, et al. 2014.Water stress reveals differential antioxidant responses of tolerant and non-tolerant sugarcane genotypes. Plant Physiol Biochem, 74: 165-174.

Broughton S, Zhou G F, Teakle N L., et al. 2015. Waterlogging tolerance is associated with root porosity in barley (*Hordeum vulgare* L.). Mol Breeding, 35: 1-15.

Chen L M. 1998. Effects of calcium treatment on physiological properties of cotton seedings under drought stress. Chin Bull Bot, 15: 70-72.

Christou A, Manganaris G A, Fotopoulos V. 2014. Systemic mitigation of salt stress by hydrogen peroxide and sodium nitroprusside in strawberry plants via transcriptional regulation of enzymatic and non-enzymatic antioxidants. Environ Exp Bot, 107: 46-54.

Deng L S, Tu P F, Gong L, et al. 2012. Effect of calcium treatment by means of drip fertigation on growth and absorption of mineral nutrients in banana. Acta Agric Univ Jiangxiensis, 34: 34-39.

Duan Y X, Song S Q, Fu J R. 1997. Effects of calcium on delaying senescence of leaves in hybrid rice. Hybrid Rice, 12: 23-25.

Egert M, Tevini M. 2002. Influence of drought on some physiological parameters symptomatic for oxidative stress in leaves of chives (*Allium schoenoprasum*). Environ Exp Bot, 48: 43-49.

Fan X T, Ma D W, Xiang S, et al. 2008. Chang in antioxidant enzymes of *Galinsoga parviflora* Cav. Under environmental stresses. Chin J Appl Environ Biol, 14: 616-619.

Fornca M G C, Thi A T P, Pimentel C, et al. 2000. Differences in growth and water relations among *Phaseolus vulgaris* cultivars in response to induced drought stress. Environ Exp Bot, 43: 227-237.

Fukao T, Kennedy R A, Yamasue Y, et al. 2003. Genetic and biochemical analysis of anaerobically-induced enzymes during seed germination of *Echinochloa crus-galli* varieties tolerant and intolerant of anoxia. Exp Bot, 54: 1421-1429.

Gao H B, Chen G L. 2002. The effect of calmodulin antagonist and calcium on chilling resistance of eggplant seedling. Acta Hortic Sin, 29: 243-246.

Gao H B, Guo S R, Liu Y H, et al. 2005b. Effect of Ca^{2+}, La^{3+} and EGTA on reactive oxygen species metabolism in muskmelon seedlings under hypoxia stress. J Nanjing Agric Univ, 28: 17-21.

Gao H B, Liu Y H, Guo S R, et al. 2005a. Effect of calcium on polyamine content and polyamines oxidase active in muskmelon seedlings under hypoxia stress. Acta Phytoecol Sin, 29: 652-658.
Genty B, Briantais J M, Baker N R. 1989. The relationship between the quantum yield of photosynthetic electron transport and quenching of chlorophyll fluorescence. Biochem Biophys Acta, 900: 87-92.
Gong M, Li Y J, Chen S Z. 1998. Abascisic acid-induced thermotolerance in maize seedlings is mediated by calcium and associated with antioxidant systems. J Plant Physiol, 153: 488-496.
Gong M, Li Z G. 1995. Calmodulin-binding proteins from *Zea mays* germs. Phytochem, 40: 1335-1339.
Guo S R, Nada K, Katoh H, et al. 1999. Differences between tomato and cucumber in ethanol, lactate and malate metabolisms and cell sap pH of roots under hypoxia. Jpn Soc Hortic Sci, 68: 152-159.
Han Y H. 1999. Effect of water stress on plasma membrane of soybean (*Glycine max*) seedling leaves. J. Guangxi Normal Univ, 17: 85-87.
Hu X H, Guo S R, Li J, et al. 2007. Effects of calmodulin antagonist on polyamine content and respiratory metabolism in cucumber seedling roots under hypoxia stress. Chin Appl Environ Bio, 13: 475-480.
Hu X H, Li J, Guo S R, et al. 2006. Effects of Ca^{2+} on respiratory metabolism in roots of cucumber seedlings under root-zone hypoxia stress. Acta Hortic Sin, 33: 1113-1116.
Ismond K P, Dolferus R, Pauw M D, et al. 2003. Enhanced low oxygen survival in arabidopsis through increased metabolic flux in the fermentative pathway. Plant Physiol, 132: 1292-1302.
Issarakraisila M, Ma Q, Turner D W. 2007. Photosynthetic and growth responses of juvenile Chinese kale (*Brassica oleracea* var. *alboglabra*) and Caisin (*Brassica rapa* subsp. *parachinensis*) to waterlogging and waterlogging and water deficit. Sci Horti, 111: 107-113.
Kuai J, Liu Z W, Wang Y H, et al. 2014. Waterlogging during flowering and boll forming stages affects sucrose metabolism in the leaves subtending the cotton boll and its relationship with boll weight. Plant Sci, 223: 79-98.
Le Provost G, Sulmon C, Frigerio J M, et al. 2012. Role of waterlogging-responsive genes in shaping interspecific differentiation between two sympatric oak species. Tree Physiol, 32: 119-134.
Li M, Yang D, Li W. 2007. Leaf gas exchange characteristics and chlorophyll fluorescence of three wetland plants in response to long-term soil flooding. Photosynthetica, 45: 222-228.
Li T L, Li M, Sun Z P. 2009. Regulation effect of calcium and salicy acid on defense enzyme acticvities in tomato leaves under sub-high temperature stress. Chin J Appl Ecol, 20: 586-590.
Li Z Y, Gao D S, Wang C, et al. 2010. Effects of calcium application on calcium content and quality of nectarine under protected culture. Plant Nutr Fert Sci, 16: 191-196.
Liang Z J, Tao H B, Wang P. 2009. Recovery effects of morphology and photosynthetic characteristics of maize (*Zea mays* L.) seedling after water-logging. Acta Ecol Sin, 29: 3977-3986.
Lima A L S, DaMatta F M, Pinheiro H A, et al. 2002. Photochemical responses and oxidative stress in two clones of *Coffea canephora* under water deficit conditions. Environ Exp Bot, 47: 239-247.
Mccord J M, Fridovich I. 2008. The biology of oxygen radicals. Ann Intern Med, 89: 122-127.
Mccord J M, Fridovich J. 1969. Superoxide dismutase: An enzymic function for erythrocuprein (Herrxrcaprein). Biol Chem, 224: 6049-6055.
Neill S J, Burnett E C. 1999. Regulation of gene expression during water deficit stress. Plant Grow Regul, 29: 23-33.
Ou L J B, Zou X X. 2012. Effects of drought stress on photosynthesis and associated physiological characters of pepper. Acta Ecol Sin, 32: 2612-2619.
Ou L J, Dai X Z, Zhang Z Q, et al. 2011. Responses of pepper to waterlogging stress. Photosynthetica, 49: 339-345.
Pan D M, Zheng G H, Xie H C, et al. 1993. Superoxide dismutase activity and lipid peroxidation in leaves of loquat under water stress. J Fujian Agri Coll, 22: 254-257.
Pei B, Zhang G C, Zhang S Y, et al. 2013. Effects of soil drought stress on photosynthetic characteristics and antioxidant enzyme activities in *Hippophae rhamnoides* Linn, seedings. Acta Ecol sin, 33: 1386-1396.
Peng Q, Liang Y L, Chen C, et al. 2010. Effects of soil moisture on growth and pepper fruit quality in greenhouse during fruiting stage. J Northwest A & F Univ(Nat Sci Ed), 38: 154-160.
Perata P, Alpi A. 1993. Plant response to anaerobiosis. Plant Sci, 93: 1-7.

Pistelli L, Iacona C, Miano D, et al. 2012. Novel *Prunus* rootstock somaclonal variants with divergent ability to tolerate waterlogging. Tree Physiol, 32: 355-368.

Prasad S, Ram P C, Uma S. 2004. Effect of waterlogging duration on chlorophyll content, nitrate reductase activity, soluble sugars and grain yield of maize. Ann Plant Physiol, 18: 1-5.

Ren B Z, Zhu Y L, Li X, et al. 2015. Effects of waterlogging on photosynthetic characteristics of summer maize under field conditions. Acta Agron Sin, 41: 329-338.

Subbaish C C and Sachs M M. 2003. Molecular and cellular adaptation maize to flooding stress. Ann Bot, 91: 119-127.

Tanaka K. 1994. Tolerance to herbicides and air pollutants. Causes of Photoxidative Stress and Amelioration of Defense Systems in Plants. Boca Raton, CRC Press, 365-378.

Wang C Y, Lou X R, Wang J L. 2007. Influence of agricultural meteorological disters on output of crop in China J Nat Disaster, 16: 37-42.

Wang L J, Liu Y L, Ma K. 1999. The role of calcium in promotion of proline accumulation induced by salt stress in fig (*Ficus carica* L.) cells. Acta Phytophysiol Sin, 25: 38-42.

Wang M, Xu X R, Liu C L, et al. 2009. The effect of calcium on the fruit quality and physiological and biochemical characteristics of peach in greenhouse. Chin Agric Sci Bull, 25: 219-222.

Wang Q, Sjolund R, Shih L M C. 2002. Involvement of calcium in the anoxia-signaling pathway of

Wu F, Zhang G, Dominy P. 2003. Four barley genotypes respond differently to *Cadmium*: lipid peroxidation and activities of antioxidant capacity. Environ Exp Bot, 50: 67-78.

Wu L, Zhang Z D, Li Y D, et al. 2000. Physiological reaction of blueberry under flooding treatment. J Jilin Agric Univ, 22: 62-64, 68.

Xiong L M, Schumaker K S, Zhu J K. 2002. Cell signaling during cold, drought, and salt stress. Plant Cell, 14: 165-183.

Zhang E R, Ren Y Y, Hu H Q, et al. 2009. Effects of calcium on growth and respiratory metabolism of hot pepper seeding roots under flood stress. Acta Hortic Sin, 36: 1749-1754.

Zhang Z X, Sun J, Guo S R, et al. 2011. Effects of supplemental calcium on the photosynthetic characteristics and fruit quality of watermelon under salt stress. Acta Hortic Sin, 38: 1929-1938.

Zhou L Y, Li X D, Wang L L, et al. 2008. Effects of different Ca applications on physiological characteristics, yield and quality in peanut. Acta Agron Sin, 34: 879-885.

Zhu Q, Pan Y Z, Zhao L, et al. 2012. Effects of different N, P, K, Ca application values on cut flower quality of *Lilium casa blanca*. Soil Fert Sci Chin, 49: 48-54.

Zhu X J, Yang J S, Liang Y C, et al. 2004. Effects of exogenous calcium on photosynthesis and its related physiological characteristics of rice seedlings under salt stress. Sci Agric Sin, 37: 1497-1503.

喷施外源 Ca^{2+}对缓解淹水胁迫下辣椒幼苗伤害的作用

杨博智[1,2,#]，刘周斌[1,2,#]，周书栋[2]，欧立军[2]，戴雄泽[2]，马艳青[2]，
张竹青[2]，陈文超[2]，李雪峰[2]，梁成亮[2]，杨　莎[2]，邹学校[1,2,+]

（[1]中南大学隆平分院，长沙　41008，中国；
[2]湖南省农业科学院蔬菜研究所，长沙　410125，中国）

摘要：Ca^{2+} 被认为是能够缓解外界胁迫对植物的伤害的一种重要离子。本文研究了喷施 10mmol/L $CaCl_2$ 外源钙对淹水胁迫下辣椒幼苗伤害程度以及生理机理的影响。结果发现喷施外源钙显著增加了辣椒幼苗根和叶片的生物质含量、光合作用参数、质膜透性、根活力、渗透物含量、抗氧化酶活性、乙醇脱氢酶活性，而乳酸脱氢酶活性显著降低，从而使羟基自由基和苹果酸脱氢酶活性、琥珀酸脱氢酶活性处于相对高的水平。喷施外源钙可调节辣椒幼苗的渗透物质含量、抗氧化系统活性、根系呼吸和代谢，减轻淹水胁迫下辣椒幼苗的伤害程度。

关键词：钙；辣椒；呼吸；淹水

不同时期外施 Ca^{2+} 缓解淹水胁迫下辣椒伤害的研究*①

刘周斌[1]，杨博智[1,2]，欧立军[2]，邹学校[1,2,*]

（[1]中南大学研究生院隆平分院，湖南 长沙 410125；
[2]湖南省蔬菜研究所，湖南长沙 410125）

摘要：以新优 5 号辣椒为试材，研究不同时期叶面喷施 Ca^{2+} 对淹水胁迫下辣椒幼苗农艺性状和生理生化指标的影响，探讨缓解辣椒淹水伤害的较佳喷施时期。研究发现，外源 Ca^{2+} 能改善植株农艺性状，提高抗氧化酶活性和呼吸相关酶活性，增加脯氨酸和可溶性糖含量，降低相对电导率，减少 MDA 和·OH 积累；淹水胁迫前（1d，2d）施用外源 Ca^{2+}，辣椒叶绿素含量、CAT、POD、SOD、GR、ADH、SDH、MDH 活性和可溶性糖含量最高，相对电导率、LDH、MDA 和·OH 积累量最低，农艺性状显著优于其他时期；胁迫当天施用外源 Ca^{2+} 脯氨酸含量最高；胁迫后（1d，2d）施用外源 Ca^{2+} 农艺性状、抗氧化酶系统、呼吸相关酶活性均差于其他时期。结果表明，Ca^{2+} 在一定程度上缓解了淹水胁迫造成的伤害，且以淹水胁迫前喷施外源 Ca^{2+} 较佳。

关键词：辣椒；淹水胁迫；Ca^{2+}；喷施时期

辣椒（*Capsicum annum* L.）属于浅根性植物，根系细弱，吸收根较少，土壤水分过多会影响其生长（邹学校，2009）。辣椒受涝后，易出现沤根死苗，叶片黄化脱落和落花落果等（王彬和胡安胜，2011）。中国长江中下游地区涝渍危害频繁发生，严重影响了春季和夏秋栽培辣椒等作物的产量和质量，而中国种植的辣椒 60%~70%为露地栽培，涝害导致的减产减收更为严重。

植物遭受逆境胁迫后，Ca^{2+} 作为偶联胞外信号与胞内生理生化反应的第二信使，通过胞内信号转导将胁迫信号传递到胞内引起植物体内生理生化的改变，以此缓解胁迫压力和增强植株适应性（Poovaiah and Reddy，1993）。已有研究表明，低氧胁迫下 Ca^{2+} 能提高黄瓜幼苗根系乙醇发酵能力，降低乳酸发酵，而 Ca^{2+} 拮抗剂的使用则加重了低氧胁迫对黄瓜幼苗根系生长的抑制作用（胡晓辉等，2006，2007）；Knight 等（1996）研究发现，低温胁迫能诱导耐寒性拟南芥和冷敏感型烟草胞内游离钙浓度升高。通过浸种和叶面喷施不同浓度 $CaCl_2$ 研究 Ca^{2+} 的抗涝效果，发现最佳处理浓度为 10mmol/L（任媛媛和张恩让，2009；张恩让等，2009），但何时为 Ca^{2+} 处理最佳时期尚未见相关报道。确定喷施时期对最大化发挥 Ca^{2+} 效果，缓解淹水胁迫对辣椒的伤害有重要的意义。本试验中通过分析不同时期喷施外源 Ca^{2+} 后辣椒的农艺性状和生理生化指标，探讨缓解辣椒

* 基金项目：国家现代农业产业技术体系建设专项资金（CARS-25-A-8）。

① 本文原载《园艺学报》，2015，42（8）：1487-1494。

水涝胁迫的较佳外源 Ca^{2+}喷施时间，为辣椒防涝技术的建立提供参考。

1 材料与方法

1.1 试验材料及处理

选用新优 5 号辣椒为材料，试验于 2014 年 4~8 月在怀化学院种质资源圃进行。供试辣椒种子经催芽后于穴盘中育苗，在五叶一心期时取生长健壮、长势一致的幼苗移至 28cm×28cm 营养钵中，每钵 3 株，装土到距盆缘 8cm。土壤配比为田园土∶堆肥∶河泥 =3∶1∶1。六叶一心期时进行处理，以水面保持在土壤表面 2cm 以上为淹水状态，每隔两天定期补水保持淹水状态。以 10mmol/L $CaCl_2$ 为外源 Ca^{2+} 来源，用小喷瓶进行全株叶面喷施至叶面有液体下滴，每日 1 次。设置 5 个开始连续处理的时期：淹水处理前 2d；淹水处理前 1d；淹水当天；淹水后 1d；淹水后 2d；以单纯淹水和正常水分管理（定期浇水维持土壤含水量为田间持水量 75%左右）并喷施等量清水处理为对照，每个处理重复 3 次。处理期间天气温度为（34±3）℃，无降水和气温突降等。淹水和喷施持续 13d，至辣椒出现植株高矮分化、叶片黄化脱落和萎蔫等严重涝害症状即停止处理，取样待测。

1.2 测定指标及方法

随机抽取辣椒植株，用直尺测量株高和根长，测定地上部与地下部及整株干重、鲜重，测定根冠比（根冠比 = 地下部干重/地上部干重×100%）。

色素含量测定采用 Amon（1949）的方法，并按 Lichtenthaler（1987）法进行修正。取植株新鲜倒三叶 0.2g，95%的乙醇提取色素，过滤定容至 25mL，波长 665nm、649nm 和 470nm 下测定吸光值。相对电导率参考廖文燕和高捍东（2011）的方法进行测定。

脯氨酸（Pro）含量测定采用酸性茚三酮法（李合生，2000）、丙二醛（MDA）含量的测定采用硫代巴比妥酸法（上海植物生理学会，1985）、可溶性糖含量测定采用蒽酮法（李合生，2000）、过氧化物酶（POD）、过氧化氢酶（CAT）、超氧化物歧化酶（SOD）、谷胱甘肽还原酶（GR）、苹果酸脱氢酶（MDH）、琥珀酸脱氢酶（SDH）、乙醇脱氢酶（ADH）、乳酸脱氢酶（LDH）、羟自由基（·OH）均采用试剂盒法（南京建成生物工程研究所）测定。

试验结果采用“平均值±标准误差”的方式表达，采用 Excel 2003 和 SPSS 17.0 进行数据分析，差异显著性用 Duncan's 检验法进行多重比较。参照周通等（2011）方法计算隶属函数值，即某个性状的隶属函数值等于它的该性状测定值减去该性状最小值与该性状的极差值的比值，可表示为：$R(X_i)=(X_i-X_{min})/(X_{max}-X_{min})$，若某一性状与耐涝性为负相关，则利用反隶属函数进行计算，即 $R(X_i)=1-(X_i-X_{min})/(X_{max}-X_{min})$。

2 结果与分析

2.1 不同时期施 Ca^{2+}处理对辣椒幼苗农艺性状的影响

淹水胁迫 13d 后，辣椒幼苗不同处理间的农艺性状存在显著差异（表 1）。淹水胁迫下，根长、株高、整株鲜重及干重均显著低于不淹水的正常对照（$P<0.05$），而喷施外源 Ca^{2+}后，这些指标下降幅度减小；其中淹水前 2d 开始处理的农艺性状最好，根长、株高、鲜重和干重分别比淹水对照高 78.30%、17.68%、83.84%和 105.19%；淹水后 2d 开始处理的最差，根长、株高、整株鲜重和整株干重分别比淹水前 2d 开始处理降低 39.77%、22.74%、38.65%和 35.48%。其余各时期施 Ca^{2+}处理降幅介于两者之间。

同时，6 个淹水处理组植株根冠比增大，且不同时期施 Ca^{2+}处理组根冠比均显著小于淹水对照（$P<0.05$），表明不同时期施 Ca^{2+}处理均能有效增加植株地上部生物量的积累。与正常对照相比，淹水对照根冠比增幅最大，达到 68.48%。各施 Ca^{2+}处理中，淹水后 1d 处理的增幅最大，上升 26.38%，淹水前 1d 处理的增幅最小，仅上升 7.58%。

表 1 不同时期施 Ca^{2+}处理对辣椒幼苗农艺性状的影响

Table 1 Effect of Ca^{2+} treatment in different periods of pepper seedlings on agronomic traits

施 Ca^{2+}开始时间 The day begin spraying Ca^{2+}	根长/cm Root length	株高/cm Plant height	鲜重/g Fresh weight	干重/g Dry weight	根冠比/% Root-shoot ratio
对照 control	10.03±0.33 a	17.40±0.49 a	2.65±0.14 a	0.34±0.0053 a	0.1266±0.0008 f
淹水对照 waterlogging control	4.47±0.15 f	12.67±0.28 cd	1.12±0.03 e	0.15±0.0011 f	0.2133±0.0028 a
淹水前 2d before two days	7.97±0.32 b	14.91±0.33 b	2.07±0.05 b	0.31±0.0026 b	0.1458±0.0014 cd
淹水前 1d before one day	5.36±0.26 de	13.65±0.41 bc	1.82±0.08 c	0.27±0.0038 c	0.1362±0.0008 e
淹水当天 the stressed day	6.81±0.20 c	13.84±0.37 bc	1.75±0.03 c	0.26±0.0061 c	0.1428±0.0012 d
淹水后 1d after one day	5.91±0.27 d	13.41±0.18 c	1.52±0.05 d	0.22±0.0027 d	0.1600±0.0011 b
淹水后 2d after two days	4.80±0.22 ef	11.52±0.73 d	1.27±0.03 e	0.20±0.0005 e	0.1479±0.0008 c

注：不同字母表示处理间差异显著（$P<0.05$），下同

Note：Different letters indicate significant differences between treatments（$P<0.05$），the same below.

2.2 不同时期施 Ca^{2+}处理对辣椒幼苗叶绿素含量和质膜透性的影响

淹水胁迫下，各处理辣椒幼苗总叶绿素含量均显著低于正常对照处理，表明淹水胁迫降低了辣椒叶片中叶绿素含量。不同时期外施 Ca^2 处理间叶绿素含量差异不明显（表 2），其中淹水前 2d、前 1d、当天和后 1d 处理间无显著差异，但均显著高于淹水对照处理。而淹水后 2d 处理总叶绿素含量显著低于其他施 Ca^{2+}处理，与淹水对照则无显著差异。

同时，淹水胁迫下植物相对电导率均显著上升。而喷施外源 Ca^{2+}后，电导率增幅降低，不同时期外源 Ca^{2+}处理之间存在差异（表 2）。淹水前 2d 处理和淹水前 1d 处理表现最好，较正常对照分别增加了 41.54%和 72.54%，较淹水对照则分别降低了 38.73%和 25.19%；而淹水前 1d 和后 1d 处理也较淹水对照显著下降，但二者间差异不显著。淹水当天处理和后 2d 处理表现最差，与淹水对照差异不显著。

2.3 不同时期施 Ca^{2+}处理对辣椒幼苗抗氧化系统的影响

抗氧化系统是植物体内负责清除活性氧，抵御逆境胁迫的一套防御机制。诱导提高辣椒幼苗体内抗氧化酶和抗氧化剂活性可以减轻胁迫伤害，增强其对淹水胁迫的抵御能

表 2 不同时期施 Ca^{2+}处理对辣椒幼苗叶绿素含量及质膜透性的影响

Table 2 Effect of Ca^{2+} treatment in different periods of pepper seedlings on chlorophyll content and Plasma membrane permeability

施 Ca^{2+}开始时间 The day begin spraying Ca^{2+}	叶绿素 a/（mg/g FW）Chla	叶绿素 b/（mg/g FW）Chlb	总叶绿素/（mg/g FW）Chl（a+b）	相对电导率/% Relative electrical conductivity
对照 control	10.68±0.83 a	3.71±0.29 a	14.39±0.55 a	16.13±2.63 d
淹水对照 waterlogging control	7.70±0.22 bc	2.83±0.09 c	10.53±0.19 c	37.20±2.66 a
淹水前 2d before two days	9.32±0.68 ab	3.39±0.13 ab	12.71±0.75 b	22.83±1.16 c
淹水前 1d before one day	9.03±0.52 abc	3.25±0.09 abc	12.28±0.54 b	27.83±3.27 bc
淹水当天 the stressed day	8.98±0.61 abc	3.13±0.14 bc	12.11±0.47 b	30.63±2.01 ab
淹水后 1d after one day	9.03±0.31 abc	3.05±0.13 bc	12.08±0.44 b	29.80±0.72 b
淹水后 2d after two days	7.54±0.17 c	2.92±0.16 bc	10.46±0.32 c	32.53±1.63 ab

力。正常对照处理辣椒幼苗 CAT、POD、SOD 和 GR 正常情况下均保持一定的活性。淹水胁迫下，淹水对照各抗氧化酶活性均处于较低水平，不同时期外源 Ca^{2+}处理酶活性上升幅度互有差异。其中淹水前 2d、前 1d、当天和后 1d 处理 CAT 活性较淹水对照显著上升，淹水前 2d、1d 和当天处理之间差异不显著；而淹水后 2d 处理与淹水对照间无显著差异。各施 Ca^{2+}处理 POD、SOD 和 GR 活性较淹水对照均显著升高。POD 活性升高最多的是淹水前 2d 和淹水当天处理，比淹水对照分别升高约 77.92%和 64.58%；增幅最小的是淹水后 1d 处理，比淹水前 2d 处理下降 23.52%。T-SOD 活性增幅最大的淹水前 2d 和淹水当天处理，比淹水对照分别升高约 90.61%和 87.79%。淹水前 2d 处理 GR 活性增幅最大，较淹水对照升高 106.67%；增幅最小的是淹水后 1d 和 2d 处理，比淹水前 2d 处理分别降低 41.93%和 38.71%（表 3）。

表 3 不同时期施 Ca^{2+}处理对辣椒幼苗抗氧化系统的影响

Table 3 Effect of Ca^{2+} treatment in different periods of pepper seedlings on antioxidant system

施 Ca^{2+}开始时间 The day begin spraying Ca^{2+}	过氧化氢酶 /（U/mg prot）CAT	过氧化物酶 /（U/mg prot）POD	总超氧化物歧化酶 /（U/mg prot）T-SOD	谷胱甘肽还原酶 /（U/mg prot）GR
对照 control	44.38±1.95 bc	136.02±5.95 bc	104.05±3.32 b	0.14±0.002 f
淹水对照 waterlogging control	38.91±2.37 c	96.69±2.75 d	64.85±2.16 d	0.15±0.004 e
淹水前 2d before two days	55.66±2.38 a	172.03±8.61 a	123.61±4.01 a	0.31±0.006 a
淹水前 1d before one day	59.19±0.94 a	147.12±9.24 bc	110.64±2.21 b	0.25±0.008 b
淹水当天 the stressed day	57.66±2.80 a	159.13±9.99 ab	121.78±2.72 a	0.24±0.004 c
淹水后 1d after one day	48.85±1.97 b	131.57±3.27 c	107.57±3.71 b	0.18±0.007 d
淹水后 2d after two days	40.26±2.07 c	143.92±7.33 bc	85.37±5.61 c	0.19±0.004 d

2.4 不同时期施 Ca^{2+}处理对辣椒幼苗渗透调节物质和膜脂过氧化物的影响

淹水胁迫下，各处理组渗透调节物质和膜脂过氧化物含量的变化各不相同（表 4）。

淹水前 2d、前 1d 和当天处理 Pro 含量较淹水对照显著上升，分别升高 25.53%、37.34% 和 48.68%；淹水后 1d 和后 2d 处理与淹水对照无显著差异。淹水前 2d 和前 1d 处理可溶性糖含量较淹水对照显著上升，分别升高 42.08%和 48.68%，其余各处理与淹水对照无显著差异。

辣椒幼苗受到淹水胁迫后，MDA 和·OH 含量较正常对照均有显著增加。而外施 Ca^{2+} 后，各处理 MDA 和·OH 含量较淹水对照均显著降低，且不同时期外施 Ca^{2+}处理之间也存在差异。其中，淹水前 2d 处理的 MDA 积累最少，较淹水对照下降 47.54%；其余各施 Ca^{2+}处理无显著差异。·OH 增幅最小的是淹水前 2d 和前 1d 处理，较淹水对照分别下降 68.72%和 65.30%；而淹水当天、后 1d 和后 2d 间无显著差异。

表 4　不同时期施 Ca^{2+}处理对辣椒幼苗渗透调节物质和膜质过氧化产物的影响

Table 4　Effect of Ca^{2+} treatment in different periods of pepper seedlings on osmolytes and lipid peroxidation products

施 Ca^{2+}开始时间 The day begin spraying Ca^{2+}	脯氨酸/（μg/g prot）Pro	可溶性糖/（mg/g FW）Soluble Sugar	丙二醛/（mmol/g prot）MDA	羟自由基/（U/g prot）·OH
对照 control	34.49±2.77 d	14.22±1.62 d	21.67±1.87 d	2.51±0.45 d
淹水对照 waterlogging control	45.95±2.92 c	23.17±1.72 bc	71.24±2.14 a	30.75±2.75 a
淹水前 2d before two days	57.68±1.25 b	32.92±1.63 a	37.37±2.04 c	9.62±1.42 c
淹水前 1d before one day	63.11±2.52 ab	34.45±3.07 a	47.87±2.12 b	10.67±0.76 c
淹水当天 the stressed day	68.32±2.08 a	30.53±1.62 ab	45.93±0.63 b	16.25±1.58 b
淹水后 1d after one day	41.84±3.49 cd	28.21±4.39 abc	49.76±1.48 b	20.45±2.28 b
淹水后 2d after two days	42.82±2.80 cd	21.03±2.16 cd	51.72±3.16 b	20.10±1.64 b

2.5　不同时期施 Ca^{2+}处理对根系呼吸代谢相关酶活性的影响

淹水胁迫下，各处理无氧呼吸相关酶 LDH 和 ADH 活性较正常对照均显著升高（表 5）。其中 LDH 增幅最大的是淹水对照，上升了 160.47%，而外施 Ca^{2+}各处理增幅较淹

表 5　不同时期施 Ca^{2+}处理对辣椒幼苗呼吸代谢相关酶活性的影响

Table 5　Effect of Ca^{2+} treatment in different periods of pepper seedlings on enzyme activity of respiratory

施 Ca^{2+}开始时间 The day begin spraying Ca^{2+}	乳酸脱氢酶 /（U/g prot）LDH	乙醇脱氢酶 /（U/g prot）ADH	苹果酸脱氢酶 /（U/g prot）MDH	琥珀酸脱氢酶/（U/mg prot）SDH
对照 control	0.43±0.01 d	3.15±0.04 d	1.55±0.04 a	127.21±10.35 a
淹水对照 waterlogging control	1.12±0.08 a	4.73±0.14 c	0.65±0.01 e	45.19±4.13 d
淹水前 2d before two days	0.70±0.01 c	6.24±0.06 b	1.22±0.02 b	83.32±2.98 b
淹水前 1d before one day	0.82±0.01 b	6.73±0.09 a	1.10±0.04 bc	71.23±2.04 bc
淹水当天 the stressed day	0.81±0.01 b	6.67±0.03 a	0.98±0.09 cd	62.32±1.59 c
淹水后 1d after one day	0.90±0.02 b	6.11±0.05 b	0.88±0.02 d	61.14±1.68 c
淹水后 2d after two days	0.83±0.02 b	6.52±0.05 a	0.92±0.01 d	63.83±1.61 c

水对照又显著降低。其中表现最好的是淹水前 2d 处理组，较正常对照上升 63.79%，较淹水对照下降 37.50%；其余各处理间差异不显著。ADH 活性增幅最大的是淹水前 1d、当天和后 2d 处理组，三处理间差异不显著；淹水前 2d 和淹水后 1d 处理次之。

同时，淹水胁迫使辣椒幼苗根系 MDH 和 SDH 活性较正常对照显著降低，表明淹水胁迫抑制了植物正常的有氧呼吸代谢。其中 MDH 降幅最小的是淹水前 2d 和淹水前 1d 处理，较正常对照分别下降 21.29%和 29.03%；淹水对照降幅最大，下降 58.06%。其余处理降幅介于二者之间。淹水前 2d 处理的 SDH 活性降幅最小，较正常对照下降 34.50%；降幅最大的淹水对照则下降 64.48%。

2.6 不同处理辣椒幼苗耐涝性差异综合比较

为了综合评价不同处理下辣椒抗涝性差异，采用多性状指标的隶属函数值法来进行评价。由于正常对照的抗氧化物酶活性等生理指标变化未受淹水变化影响，因此只进行淹水前 2d、前 1d、当天、后 1d、后 2d 处理和淹水对照的隶属函数分析。

不同处理 19 个指标加权值和总加权值大小见表 6。其中除根冠比、相对电导率、LDH、MDA 和·OH 等指标指数对辣椒抗涝性不利，采用反隶属函数值法计算外；其他指标均对辣椒抗涝性有利，采用隶属函数值法计算函数值。

从表 6 中可以看出各不同处理 19 个指标加权值及总综合加权值。淹水各处理组中

表 6 综合指标的加权隶属函数值

Table 6 Weighted Subordinate function value of integrated indicators

施 Ca^{2+}开始时间 The day begin spraying Ca^{2+}	淹水对照 Waterlogging control	淹水前 2d Before two days	淹水前 1d before one day	淹水当天 The stressed day	淹水后 1d after one day	淹水后 2d after two days
R（根长）Root length	0	1	0.2521	0.6676	0.4097	0.0946
R（株高）Plant height	0.3422	1	0.6283	0.6845	0.5575	0
R（整株鲜质量）Fresh weight	0	1	0.7364	0.6603	0.4229	0.1559
R（整株干质量）Dry weight	0	1	0.7361	0.6905	0.4728	0.2956
R（根冠比）Root to Shoot ratio	0	0.8755	1	0.9144	0.6913	0.8482
R（相对电导率）Relate conductivity ratio	0	1	0.6521	0.4572	0.5149	0.3249
R（总叶绿素）Chl（a+b）	0.0299	1	0.8079	0.7340	0.7186	0
R（过氧化氢酶）CAT	0	0.8259	1	0.9246	0.4901	0.0666
R（过氧化物酶）POD	0	1	0.6694	0.8288	0.4629	0.6269
R（总超氧化物歧化酶）T-SOD	0	1	0.7793	0.9689	0.7270	0.3492
R（谷胱甘肽还原酶）GR	0	1	0.6250	0.5625	0.1875	0.2500
R（脯氨酸）Pro	0.1553	0.5982	0.8032	1	0	0.0370
R（可溶性糖）Soluble sugar	0.1595	0.8856	1	0.7079	0.5350	0
R（乳酸脱氢酶）LDH	0	1	0.7143	0.7381	0.5238	0.6905
R（乙醇脱氢酶）ADH	0	0.7550	1	0.9700	0.6900	0.8950
R（琥珀酸脱氢酶）SDH	0	1	0.6829	0.4493	0.4183	0.4885
R（苹果酸脱氢酶）MDH	0	1	0.7895	0.5789	0.4035	0.4737
R（丙二醛）MDA	0	1	0.6899	0.7473	0.6342	0.5763
R（羟自由基）·OH	0	1	0.9503	0.6862	0.4875	0.5040
R（总加权值）Total weighted value	0.6869	17.9406	14.5167	13.9709	9.3477	6.6773

抗涝性表现最好的为淹水前 2d 处理；其次是淹水前 1d 处理；表现最差的为淹水对照。因此，从总综合加权值评价出的抗涝性强弱顺序为淹水前 2 天连续喷 Ca^{2+}＞淹水前 1 天连续喷 Ca^{2+}＞淹水当天连续喷 Ca^{2+}＞淹水后 1 天连续喷 Ca^{2+}＞淹水后 2 天连续喷 Ca^{2+}＞单纯淹水，其中淹水前 1 天和淹水当天处理两者综合加权值得分接近，差异不显著。

3 讨　　论

辣椒幼苗在遭受淹水胁迫后，会产生一系列生理生化反应，导致其在农艺性状和生理指标方面受到较大影响。本试验研究表明，淹水胁迫造成辣椒幼苗根长、株高、生物量等农艺指标和叶绿素含量较正常对照显著下降，相对电导率和丙二醛等显著升高，表明淹水胁迫对辣椒幼苗造成显著伤害。Ca 作为植物生长发育过程中的必需元素，是细胞质内的信使，细胞壁和细胞膜结构的主要成分，能够在减轻逆境对植物的伤害方面起到一定的作用（江玲和周燮，1997）。本试验中喷施外源 Ca^{2+}各处理组农艺性状和生理生化指标等较淹水对照要好，表明喷施外源 Ca^{2+}能够有效缓解植株在逆境中的伤害，这与前人在无花果、茄子和水稻（汪良驹等，1999；陈贵林等，2002；朱晓军等，2004）中的研究一致。

一般来说，胁迫引起的 Ca^{2+}信使增加有两个来源：一是来自细胞外质外体中的 Ca^{2+}，一个是细胞内细胞器中的 Ca^{2+}贮存库（宗会和李明启，2001）。植物在逆境胁迫前喷施外源 Ca^{2+}，造成细胞内外电化学势梯度升高，部分 Ca^{2+}以被动扩散的方式进入细胞内，另一部分则蓄积在细胞外部。逆境胁迫发生后，外界信号刺激会开启 Ca 通道，积累在胞外的 Ca^{2+}在巨大的电化学势梯度下进入胞内，胞内 Ca^{2+}浓度的迅速改变使 Ca-CaM 能够在胁迫初期快速作用于靶酶，引起细胞对胁迫做出生理反应（龚明等，1996）。Wang 等（2002）研究表明，在缺氧的早期阶段即需要 Ca^{2+}参与 MDH 和 SDH 基因的激活和表达。同时，Cramer 等（1988）研究认为，盐胁迫对玉米根尖伸长有抑制作用，胁迫后施用外源 Ca^{2+}能部分恢复根尖生长，而胁迫前加入外源 Ca^{2+}则可以完全恢复根尖生长。这说明不同时期喷施外源 Ca^{2+}对缓解胁迫伤害存在一定差异。本研究发现，不同时期喷施外源 Ca^{2+}对淹水辣椒造成的伤害的缓解程度不同。胁迫前（1d，2d）施用外源 Ca^{2+}辣椒叶绿素含量、CAT、POD、SOD、GR、ADH、SDH、MDH 活性和可溶性糖综合含量较高，相对电导率、LDH、MDA 和·OH 积累量较低，农艺性状显著优于胁迫当天和胁迫后（1d，2d）。这说明，淹水胁迫前喷施 Ca^{2+}促进了 Ca^{2+}在植物细胞外的积累，加速胞外 Ca^{2+}浓度上升，能够在胁迫发生前引起细胞预响应并在淹水发生初期迅速开启应答反应机制，进行一系列生理生化变化以适应淹水胁迫。

4 结　　论

通过总综合指标加权值比较评价出的强弱顺序依次为淹水前 2 天连续喷 Ca^{2+}、淹水前 1 天连续喷 Ca^{2+}、淹水当天连续喷 Ca^{2+}、淹水后 1 天连续喷 Ca^{2+}、淹水后 2 天连续喷 Ca^{2+}、单纯淹水。

当今一般能预判强降水的发生，对于地势低洼、排水能力差等易受淹水胁迫的地方，为保护植物较好的生长，宜在强降水前几天连续喷 Ca^{2+}，提前启动 Ca^{2+}应答机制；在无法预料淹水发生的情况下，则可在淹水当天补喷 Ca^{2+}也能起到较好效果。

参 考 文 献

陈贵林, 高洪波, 乜兰春, 等. 2002. 钙对茄子嫁接苗生长和抗冷性的影响.植物营养与肥料学报, 8(4): 478-482.

龚明, 李英, 曹宗巽. 1996. 植物体内的钙信使系统.植物学通报, 7(8): 19-29.

胡晓辉, 郭世荣, 李璟, 等. 2007. 低氧胁迫下钙调素拮抗剂对黄瓜幼苗根系多胺含量和呼吸代谢的影响. 应用与环境生物学报, 13(4): 475-480.

胡晓辉, 李娟, 郭世荣, 李璟. 2006. 钙对根系缺氧胁迫下黄瓜苗根系呼吸代谢的影响.园艺学报, 33(5): 1113-1116.

江玲, 周燮. 1997. 植物中的钙信使及胞质钙的调节. 生命科学, 9(4): 178-183.

李合生. 2000. 植物生理生化实验原理和技术. 北京: 高等教育出版社.

廖文燕, 高捍东. 2011. 金钱松幼苗在淹水胁迫过程中的生理响应.林业科技开发, 25(3): 27-31.

任媛媛, 张恩让. 2009. 钙对水淹胁迫下辣椒幼苗生长的影响. 种子, 28(5): 43-48.

上海植物生理学会. 1985. 植物生理学实验手册. 上海: 上海科技出版社.

汪良驹, 刘友良, 马凯. 1999. 钙在无花果细胞盐诱导脯氨酸积累中的作用. 植物生理学报, 25(1): 38-42.

王彬, 胡安胜. 2011. 辣椒涝害的原因及防治措施. 吉林农业, (1): 40-40.

张恩让, 任媛媛, 胡华群, 等. 2009. 钙对淹水胁迫下辣椒幼苗根系生长和呼吸代谢的影响. 园艺学报, 28(22): 151-157.

周通, 王孝纯, 王艳, 等. 2004. 寒地水稻抗氮胁迫能力的筛选研究. 中国农学通报, (33): 127-136.

朱晓军, 杨劲松, 梁永超. 2004. 盐胁迫下钙对水稻幼苗光合作用及相关生理特性的影响.中国农业科学, 37(10): 1497-1503.

宗会, 李明启. 2001. 钙信使在植物适应非生物逆境中的作用.植物生理学通讯, 36(4): 330-335.

邹学校. 2009. 辣椒遗传育种学.北京: 科学出版社.

Amon D I. 1949. Copper enzymes in isolated chloroplasts. Phenoloxidases in *Betavulgaris.* PlantPhysiology, 24(1): 1-1.

Cramer G R, Epstein E, Lauchi A. 1988. Kinetics of root elongation of maize in response to short-term exposure to NaCl and elevatedcalcium concentration.Experimental botany, (39): 1513-1522.

Knight H, Trewavas A J, Knight M R. 1996. Cold calcium signaling in *Arabidopsis* involves twocellular pools and a change in calciumsignature after acclimation. Plant Cell, 8(3): 489-503.

Lichtenthaler H K. 1987. Chlorophyll and carotenoids: Pigments of photosynthetic biomembranes. Methods in Enzymology, (148): 349-382.

Poovaiah B W, Reddy A S. 1993. Calcium and signal transduction in plants. Rrit Rew Plant Sci, 12(3): 185-211.

Wang Qi, Richard S J, Shih M C. 2002. Involvement of *Calcium* in the Anoxia-Signaling Pathway of *Arabidopsis thaliana*. Acta Photophysiologica Sinica, 28(6): 441-448.

The Impact of Different Ca^{2+} Spraying Period on Alleviating Pepper Injury Under the Waterlogging Stress

LIU Zhou-bin[1], YANG Bo-zhi[1, 2], OU Li-jun[2] and ZOU Xue-xiao[1, 2, *]

([1] Longping Branch of Graduate School, Central south university, Changsha 410125 China;
[2] Vegetable Institution of Hunan Academy of Agricultural Science, Changsha 410125 China)

Abstract: New wrinkled pepper #5 was chosen as subject, it is researched that the impact of the Ca^{2+} spray in different periods on multiple physiological, biochemical indexes and the better spraying period in order to mitigate the waterlogged stress through spraying Ca^{2+} on the surface of leaves. It is found that Ca^{2+} treatment can improve agronomic traits, increase antioxidant, respiratory enzymes activity, proline and total soluble sugar content, decrease relative conductively ratio, LDH activity, the accumulation of MDA and ·OH. There are significant differences when spraying Ca^{2+} in different period. When spraying Ca^{2+} before the stress day (before one and two days), the chlorophyll content, CAT, POD, SOD, GR, ADH, SDH, MDH activity and total soluble sugar is the highest, but the relative conductively ratio, LDH activity, ·OH and MDA content is the lowest, and agronomic traits are significantly better; When spraying Ca^{2+} on the stressed day, the proline content is the highest; When spraying after the stressed day (after one and two days), the agronomic traits, antioxidant enzyme system, respiratory-related activity are worse. The result shows that the Ca^{2+} spray can alleviate the damage to some extent caused by waterlogged stress and spraying Ca^{2+} before suffering waterlogged stress can lead to the best result.

Key words: pepper; waterlogging stress; Ca^{2+}; spraying period

Metabolism of reactive oxygen species in pepper cytoplasmic male sterility and its maintainer*①

Ming-Hua DENG[a, b, c, 1], Jin-Fen WEN[d, 1], Jin-Long HUO[e], Hai-Shan ZHU[b], Xiong-Ze DAI[a, c], Zhu-Qing ZHANG[a], Xue-Xiao ZOU[a, c, 2]

([a] Institute of Vegetable Crops, Hunan Academy of Agricultural Science, Changsha 410125, China;
[b] College of Horticulture and Landscape, Yunnan Agricultural University, Kunming 650201, China;
[c] Branch of Longping, Central South University, Changsha 410125, China;
[d] Faculty of Modern Agricultural Engineering, Kunming University of Science and Technology, Kunming 650224, China;
[e] Faculty of Animal Science and Technology, Yunnan Agricultural University, Kunming 650201, China)

Abstract: To elucidate the metabolic mechanism of ROS in the cytoplasmic male-sterile (CMS) pepper anthers, the metabolism changes in the production and scavenging of ROS and gene expression related to ROS-scavenging enzymes were investigated in the anther mitochondria of pepper CMS line (9704A) and maintainer (9704B). The results showed that during the abortion stage (sporogenous cell division stage, pollen mother cell meiosis stage, uninucleate microspore stage and mature pollen stage), anthers of CMS line had higher contents of $O_2^{\cdot-}$, H_2O_2, and MDA than those of maintainer. Simultaneously, the higher activities of superoxide dismutase (SOD), peroxidase (POD) and catalase (CAT) (except in sporogenous cell division stage) in scavenging ROS were measured in the anthers of the CMS line than those in maintainer. Transcription of *Mn-POD, CAT* and *SOD* mRNA in anther of CMS line was positively correlated with the activities of these three genes. These indicate that when the production of ROS overruns the endurance ability of antioxidant system, excess ROS accumulation might result in the serious damage to the cell in the anther development.

Key words: Pepper; Mitochondrion; Cytoplasmic Male Sterility; Reactive Oxygen Species; Antioxidant Enzyme

Introduction

In aerobic organisms, mitochondria play an important role for cells to maintain normal

---

* 基金项目：国家现代农业产业技术体系专项资金（CARS-25-A-8），国家公益性行业科技（200903025），国家高技术研究与发展计划（863 计划）（2006AA100108-4-10，2006AA10Z1A6-3），云南省自然科学基金项目（2009CD055）。

① 本文原载 *Sci Hortic-Amsterdam*，2012，134：232-236。

function, which involves in synthesis of nuclear acids and proteins (Rebeille et al., 1997; Bartoli et al., 2000; Gueguen et al., 2000), initiating programmed cell death (Balk et al., 1999; Balk and Leaver, 2001) and response to cellular signals such as oxidative stress (Møller, 2001; Sweetlove et al., 2002) and the like. Mitochondrion provides energy for all kinds of activities in cells through respiration. Meanwhile, mitochondrion is also a major source of reactive oxygen species (ROS) formation and it may participate in the oxidative burst in plants and trigger cell death (Green and Reed 1998). ROS including superoxide ($O_2^{\cdot -}$), hydroxyl radical (·OH) and hydrogen peroxide (H_2O_2) are universal products of aerobic metabolism (Dutilleu et al. 2003).

In plant cells, a range of biotic and abiotic stresses can raise ROS levels in plants due to perturbations of chloroplastic and mitochondrial metabolism and the generation of ROS in defense responses (Taylor et al., 2002). Failure to control ROS excess accumulation leads to the phenomenon known as oxidative stress (Bartosz, 1997; Foyer and Noctor, 2000), which will clearly result in a wide variety of deleterious effects through oxidative reactions involving proteins, lipids, and nucleic acids (Esposito et al., 1999).It has been well documented that oxidative stress will lead to the increase of mitochondrial electron transport, and further result in amplification of H_2O_2 production, depletion of ATP, and even plant cell death (Tiwari et al., 2002).

Living organisms have antioxidant defense systems for protection against oxidative stress. The antioxidant defense system consists of antioxidant enzymes such as superoxide dismutase (SOD), catalase (CAT) and peroxidase (POD). These antioxidant enzymes play an important role in maintaining cellular homeostasis and antioxidant defense by removing ROS (Rudneva, 1999).

Cytoplasmic male sterility (CMS), a maternally inherited trait that is unable to produce or release functional pollens, has been described over 150 plants species, which plays an important role in utilization of hybrid vigor. CMS is associated with abnormal recombination of mitochondrial genome (Schnable and Wise, 1998; Budar and Pelletier, 2001; Touzet and Budar, 2004; Linke and Börner, 2005).

The CMS-9704A bred and selected from a natural pepper mutant of cytoplasmic male-sterility by Institute of Vegetable Crops, Hunan Academy of Agricultural Science, has been known as one of the three types of CMS in pepper and has also been used extensively in hybrid pepper production in China (Zou, 2002). In order to further understand the roles of ROS on the damage of mitochondria in CMS-9704A line of pepper, we studied the dynamic changes on the ROS contents and ROS scavenging enzymic activities in the anther mitochondria of CMS line and maintainer.

Materials and methods

Plant materials

A typical CMS line, 9704A and its fertile maintainer line, 9704B were grown in experimental fields of Yunnan Agricultural University on campus in the summer from 2008 and 2009. Anthers at particular developmental stage were picked out from the corresponding young bud and collected for experiments. The whole anther development was divided into four stages according to the microsporogenesis progress by checking under the microscope, i.e. (stage 1) sporogenous cell division stage, (stage 2) pollen mother cell (PMC) meiosis stage, (stage 3) uninucleate microspore stage and (stage 4) mature pollen stage.

Isolation of mitochondria

Mitochondria were isolated according to the method of Bergman et al. (1980) and the protein concentration was determined using the method of Bradford (1976).

Determination of $O_2^{\cdot-}$ generation rate, H_2O_2 and malondialdehyde (MDA) contents

$O_2^{\cdot-}$ generation rate was determined as described by Elstner and Heupel (1976) by monitoring the nitrite formation from hydroxylamine in the presence of $O_2^{\cdot-}$. The absorbance in the aqueous solution was read at 530nm. A standard curve with $O_2^{\cdot-}$ was used to calculate the production rate of $O_2^{\cdot-}$ from the chemical reaction of $O_2^{\cdot-}$ and hydroxylamine.

The content of H_2O_2 was measured by monitoring the A_{415} of the titanium–peroxide complex following the method of Patterson et al. (1984). Absorbance values were calibrated to a standard curve generated with known concentrations of H_2O_2.

The content of MDA was measured spectrophotometrically at 532nm, with the subtraction of non-specific absorption at 600nm as described by Hodges et al. (1999).

Enzyme activity determinations

All enzyme activities were measured at 25℃ and followed Kingston-Smith and Foyer (2000).

SOD activity was assayed by measuring the inhibition of photochemical reduction of nitro blue tetrazolium (NBT) according to the method of Giannopotics and Ries (1977). One unit of SOD activity was defined as the amount of enzyme required to cause 50% inhibition of the reduction of NBT. POD activity was determined according to Kochba et al. (1977). One unit of POD activity was defined as the increase of 0.01 OD per minute. CAT activity was measured by the method of Jiang et al. (1982). One unit of CAT was defined as the decrease of 0.1 OD per minute.

Determination of $O_2^{\cdot-}$ generation rate, H_2O_2 , malondialdehyde (MDA) contents and enzyme activity were carried out with six times in 2 years; values reported are means of 6 replicates ± SD.

Microscopic observation

Buds at different stages of anther development were collected from the CMS line, 9704A, and its maintainer line, 9704B. The materials were dehydrated with ethanol, infiltrated with xylene, and embedded in paraffin. Sections were cut and transferred onto gelatin-coated glass slides, deparaffinized in xylene, stained with Ehrlich's haematoxylin, covered with a drop of neutral balsam, and then observed and photographed by the light microscope (Nikon Eclipse E600)

Transcription of *Mn-POD*, *SOD* and *CAT* gene by Semi-quantitative PCR assays

For RNA isolation, anthers from spike were harvested at 4℃ and ground in liquid nitrogen. Total RNA was extracted by the Trizol procedure (TaKaRa, CHINA). RNA samples were exhaustively treated with RNase-free DNase I, and then 1μg of total RNA was used for cDNA synthesis. cDNA synthesis was prepared using High Fidelity PrimeScrip® TR-PCR Kit [TaKaRa Biotechnology (Dalian) Co., Ltd. CHINA] according to the manufacturer's protocol. Gene-specific RT-PCR primers were designed by Primer 5.0 for RT-PCR analysis. Prime pairs were shown in Table 1. The primer for *Mn-SOD* gene was designed by the sequences of pepper *Mn-SOD* mRNA (Accession number AF036936). The primer for *POD* gene was designed by the sequences of pepper peroxidase mRNA (Accession number FJ596178). The primer for *CAT* gene was designed by the sequences of pepper catalase mRNA (Accession number AF227952).Besides, the primer sequences for *ACTIN* were designed on the basis of the reported nucleotide sequence for *ACTIN* (Accession number DQ252512). The RT-PCR mixture consisted of 4μl 5×PrimeSTAR PCR Buffer, 0.4μl dNTP Mixture(10mmol/L each), 0.2μl of forward and reverse primer (10μmol/L), 0.2μl of PrimeSTAR HS DNA Polymerase (2.5U/μl) (TAKARA), 2μl aliquot of cDNA was used as the template, and was adjusted to 20μl with RNase Free dH_2O water. The products of amplification were checked on a 1.5% agarose gel and visualized with ethidium bromide. After the densitometric analysis of three independent gels, the relative transcript amount was expressed as a percentage of control (stage 1 of maintainer line) that represents 100%.

Results

Generation rate of $O_2^{\cdot-}$ and contents of H_2O_2 and MDA

The generation rate of $O_2^{\cdot-}$, was determined in the four stages of anther development in sterile line and maintainer. The result was shown in the Fig.1a. Assay of the generation rate of $O_2^{\cdot-}$ showed that in the all four stages, anthers of sterile line had a higher generation rate of $O_2^{\cdot-}$ than those of maintainer. At stage 2, the generation rate of $O_2^{\cdot-}$ was the highest in the four stages of anther development in sterile line which was 42% more than that of maintainer. The generation rate of $O_2^{\cdot-}$ in stage 3 was the lowest in the four stages which was still 15% more than that of maintainer. In the stage 4, the generation rate of $O_2^{\cdot-}$ in sterile line was 17.8% higher than that of in maintainer. On the contrary, the generation rate of $O_2^{\cdot-}$ kept rising at all stages in maintainer.

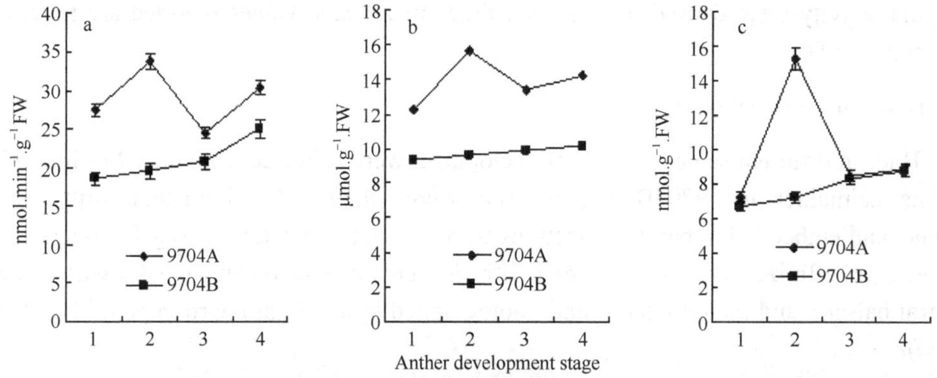

Fig. 1 The generation rate of $O_2^{\cdot-}$ (a), contents of MDA (b) and content differences of H_2O_2 (c) in the anther mitochondria of 9704A(CMS) and 9704B(maintainer) during different development stages. 1: sporogenous cell division stage; 2: pollen mother cell meiosis stage; 3: uninucleate microspore stage; 4: mature pollen stage. Value are the mean±SD from six dependent experiments in two years.

Malondialdehyde (MDA), a decomposition product of polyunsaturated fatty acids, has been utilized as a suitable biomarker for lipid peroxidation (Mittler, 2002). Contents of MDA in anther were determined (Fig.1b). The results showed the anthers of sterile line had a higher content of MDA than those of maintainer in all four stages. Content of MDA was the highest in the four stages of anther development in sterile line which was 39% more than that of maintainer in stage 2. The MDA content in stage 1 was the lowest in the four stages between sterile line and maintainer. At the same time, content of MDA kept rising at all stages in maintainer.

Content differences of H_2O_2 were shown in the Fig.1c. The level of H_2O_2 in stage 1 was the lowest in the four stages of anther development in sterile line and maintainer. When it was at stage 2, H_2O_2 contents in sterile anther increased rapidly and reached a maximum value, being 213% to that of maintainer. H_2O_2 contents were significantly decreased during the other stages in sterile line, however they were still higher than those of maintainer. On the other hand, the level of H_2O_2 keeps rising at all stages in maintainer.

Activities of ROS-scavenging enzymes

SOD, POD and CAT are recognized as the important antioxidant enzymes, which are beneficial to maintaining cells in the normal physiological redox state and preventing them from damage. SOD can catalyze the conversion of $O_2^{\cdot -}$ to H_2O_2, and O_2. POD can decompose H_2O_2 to O_2 and H_2O. CAT can dismutate H_2O_2 into water.

Differences in the SOD, POD and CAT activity was found among the anthers of sterile line and maintainer (Fig.2). As shown in Fig.2a, during the first two stages of anther development, activities of POD increased continuously in the anthers of the sterile line, whereas, reduced in the anthers of maintainer. During the last three stages of anther development, activities of POD reduced rapidly continuously in the anthers of the sterile line, whereas, reduced slowly in the anthers of maintainer. Activity of POD in stage 2 was the highest in the four stages of anther development in sterile line, being 170% to that of maintainer.

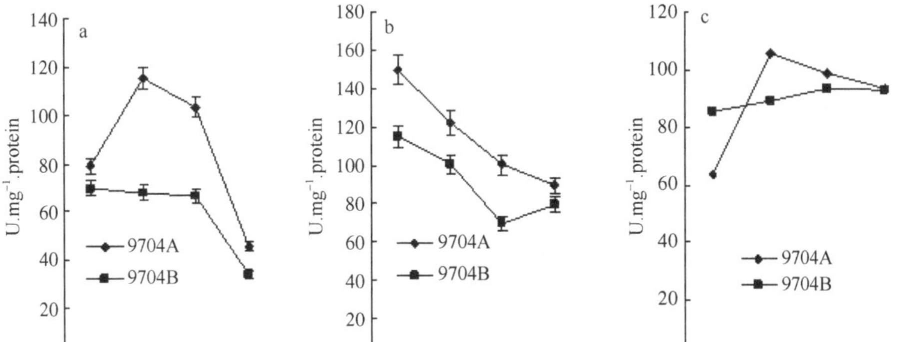

Fig. 2 Activities of ROS-scavenging enzymes [POD(a) , SOD (b) and CAT(c)] in the anther mitochondria of 9704A (CMS) and 9704B (maintainer) during different development stages. 1: sporogenous cell division stage, 2: pollen mother cell meiosis stage, 3: uninucleate microspore stage 4: mature pollen stage. Value are the mean±SD from six dependent experiments in two years.

Activities of SOD reduced continuously in the first three stages of anthers of the sterile line and maintainer. In the mature pollen stage, activity of SOD in the sterile line was the lowest in the all four anther development, but in the maintainer, it was the third higher in the all four anther development (Fig.2b).

The significant difference of activities of ACT between CMS line and maintainer line were detected at the first two stages (Fig.2c). The activity of ACT in CMS line was significant lower than that in maintainer line in the stage 1. But in the stage 2, the activity of ACT in CMS line was significant higher than that in maintainer line. At other stages, no significant changes of CAT activities were observed in CMS line and maintainer line.

Transcription of *Mn-POD*, *SOD* and *CAT* gene

To testify the expression of the antioxidant enzymes, primers were designed according to the cDNA sequence of the enzymes and quantitative RT-PCR was carried out. The amplification results showed that the expression of each gene was almost similar to the activity of its relative enzyme (Fig.3).

In the sterile anthers, $O_2^{\cdot-}$ generation rate, H_2O_2, and MDA contents were higher than those in maintainer in the all stages of anthers development, respectively; The activities of ROS-scavenging enzymes (SOD, POD and CAT) in the sterile were also higher than those in maintainer in each stage(except CAT in stage 1), but it still could not keep the balance of the

Table 1 Specific primers used for RT-PCR

Gene	Forward primer(5′ to 3′)	Reverse Primer(5′ to 3′)
Mn-SOD	TGG AGC CTT AGA ACC TGC	CCG CCA TTG AAC TTG ATA
POD	ATG CCC TGG TGT TGT TTC	CCT TGG CTT GCT GTC CTG
CAT	AGG AGG TGG ATT ATT TGC C	CCA GCC TGC TTG AAG TTG T
β-ACTIN	TGCAGGAATCCACGAGACTAC	TACCACCACTGAGCACAATGTT

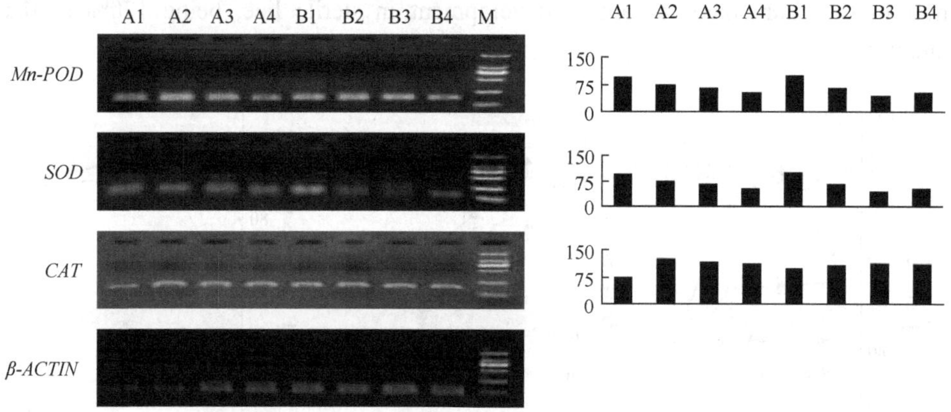

Fig. 3 Transcription of *Mn-POD*, *SOD* and *CAT* gene in anthers of 9704A (CMS) and 9704B (maintainer) during different development stages by RT-PCR assays. A: CMS line (9704A); B: maintainer (9704B); 1: sporogenous cell division stage, 2: pollen mother cell meiosis stage, 3: uninucleate microspore stage 4: mature pollen stage. *β-ACTIN* gene was assigned as a control. Representative gel from three independent experiments and their densitometric analysis. Relative transcription amount is expressed as a percentage of control (B1) that represents 100%. Mean values±SD (n=3)

ROS production and elimination. Because male cells were more sensitive to ROS than other cells, large numbers of pollen mother cells were found dying inside the anther through the microscope (Fig.4). It was obvious that anther abortion had a close relationship with the abnormal ROS metabolism.

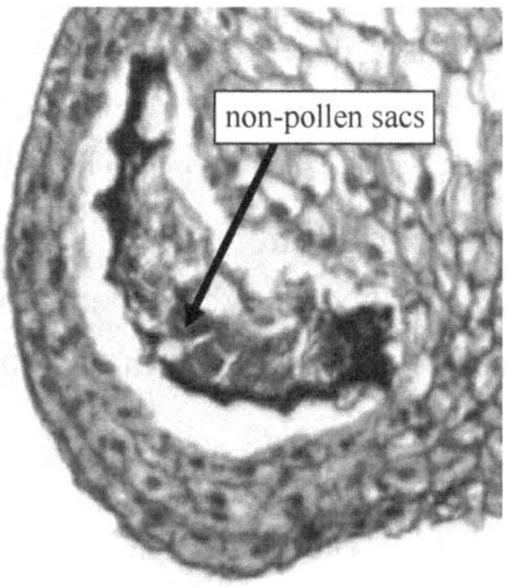

Fig. 4 non-pollen sacs in the sterile anthers (×200)

Discussion

It is well known that superoxide production by the mitochondrial respiratory chain occurs continuously during normal aerobic metabolism. It has been estimated that 1%~2% of the electrons traveling down the mitochondrial respiratory chain never makes it to the end, but instead form superoxide. Plants have developed a set of defense system in the long-term evolution to keep the balance of ROS via maintaining the normal production and clearing rate to eliminate the impairment of ROS to various biological molecules (Møller, 2001). In our study, ROS contents in sterile line showed a little increase compared with the maintainer during the anther abortion preliminary stage (Fig. 1), which was in accordance with the result of Li et al. (2004) and Wan et al. (2007).

An important part of the antioxidant defense system inside cells is the antioxidant enzymes, including superoxide dismutase (SOD), peroxidase (POD) and catalase (CAT) and so on. These enzymes are beneficial for maintaining cells in the normal physiological redox state and preventing them from damage. SOD can catalyze the conversion of $O_2^{\cdot-}$ to H_2O_2 and O_2 (Kliebenstein et al. 1998). POD can decompose H_2O_2 to O_2, and H_2O. CAT can dismutate H_2O_2 into water.

Our results above (Fig. 1, 2, 3) showed that during the anther abortion beginning (stage 2), ROS contents were sharply increased with a large scope compared with the maintainer and much higher than those in maintainer in all stages. Though the activities of SOD, POD and CAT in the CMS line were higher than those in maintainer at the stage 2, they can not scavenge the toxicity of excessive ROS in sterile line. In the sterile anther, higher ROS contents did not up-regulate the activities of antioxidant enzymes significantly in terms of feedback mechanism, which possibly resulted from the excessive production of ROS exceeding the endurance limit of the cell so as to lose the normal function. We proposed that as the ROS pool exceeded the antioxidant system (antioxidant enzymes) endurance ability in the sterile line, and more ROS accumulation might subsequently lead to the more serious damage to the cell during the anther development. Figure 4 showed that a great deal of pollen mother cell death and non-pollen sac was examined in the sterile anthers at the stage 2. These indicated that when the production of ROS overruns the endurance ability of antioxidant system, excess ROS accumulation might result in the serious damage to the cell in the anther development. Anther abortion in sterile line was parallel to excessive generation of ROS.

Acknowledgements

This study was supported by the Earmarked Fund for Modern Agro-industry Technology Research System, National Department Public Benefit Research Foundation(200903025), the National High Technology Research and Development Program of China (863 Program, 2006AA100108-4-10, 2006AA10Z1A6-3), the Foundation of Natural Science of Yunnan Province, China (2009CD055).

References

Balk J, Leaver CJ. 2001. The PET1-CMS mitochondrial mutation sunflower is associated with premature programmed cell death and cytochrome c release. Plant Cell., 13: 1803-1818.

Balk J, Leaver CJ, McCabe PF. 1999. Translocation of cytochrome *c* from the mitochondria to the cytosol occurs during heat induced programmed cell death in cucumber plants. FEBS Lett., 463: 151-154.

Bartoli CG, Pastori GM, Foyer CH. 2000. Ascorbate biosynthesis in mitochondria is linked to the electron transport chain between complexes III and IV. Plant Physiol., 123: 335-344.

Bartosz G. 1997. Oxidative stress in plants. Acta Physiol Plantarum, 19: 47-64.

Bergman A, Gardestr¨om P, Ericson I. 1980. Method to obtain a chlorophyll-free preparation of intact mitochondria from spinach leaves. Plant Physiol, 66: 442-445.

Bradford MM. 1976. A rapid and sensitive method for the quantitation of microgram quantities of protein utilizing the principle of protein-dye binding. Analyt Biochem, 72: 248-254.

Budar F, Pelletier G. 2001. Male sterility in plants: occurrence, determinism, significance and use. C. R. Acad. Sci. III., 324: 543-550

Dutilleul C, Garmier M, Noctor G, et al. 2003. Leaf mitochondrial modulate whole cell redox homeostasis, set antioxidant capacity, and determine stress resistance through altered signaling and diurnal regulation. Plant Cell. 15: 1212-1226.

Elstner EF, Heupel A. 1976. Inhibition of nitrite formation from hydroxylammoniumchloride: a simple assay for superoxide dismutase. Anal Biochem, 70: 616-620.

Esposito LA, Melov S, Panov A, et al. 1999. Mitochondrial disease in mouse results in increased oxidative stress. Proc. Natl. Acad. Sci. USA, 96: 4820-4825.

Foyer CH, Noctor G. 2000. Oxygen processing in photosynthesis: regulation and signaling. New Phytol., 146: 359-388.

Giannopotics CN, Ries SK. 1977. Superoxide dismutase: I. Occurrence in higher plants. Plant Physiol, 59: 309-314.

Green DR, Reed JC. 1998. Mitochondria and apoptosis. Science, 281: 1309-1312.

Gueguen V., Macherel D., Jaquinod M., et al. 2000. Fatty acid and lipoic acid biosynthesis in higher plant mitochondria. J. Biol. Chem., 275: 5016-5025.

Hodges DM, Delong JM, Forney C.F. et al 1999. Improving the thiobarbituric acid-reactive- substances assay for estimating lipid peroxidation in plant tissues containing anthocyanin and other interfering compounds. Planta, 207: 604-611.

Jiang CY, Jin CD, Wu RL. et al. 1982. Tool Enzyme Activity Measurement. Shanghai: Shanghai Science and Technology Press: 36-38. (in Chinese)

Kingston-Smith AH, Foyer CH. 2000. Over expression of Mnsuperoxide dismutase in maize leaves leads to increased monodehydroascorbate reducatase, dehydroascorbate reductase and glutathion reductase

activities. J. Exp. Bot., 51: 1867-1877.
Kliebenstein DJ, Monde RA, Last RL. 1998. Superoxide dismutase in Arabidopsis: an eclectic enzyme family with disparate regulation and protein localization. Plant Physiol., 118: 637-650.
Kochba J, Lave ES, Spiegel-Roy P. 1977. Differences in peroxidase activity and isoenzymes in embryogenic and nonembryogenic "Shamouti" orange ovular callus lines. Plant Cell Physiology, 18: 463-467.
Li SQ, Wan CX, Kong J, et al. 2004. Programmed cell death during microgenesis in a Honglian CMS line of rice is correlated with oxidative stress in mitochondria. Funct. Plant Biol., 31: 369-376.
Linke B, Börner T. 2005. Mitochondrial effects on flower and pollen development. Mitochondrion, 5: 389-402.
Mittler R. 2002. Oxidation stress, antioxidants and stress tolerance. Trends Plant Sci., 7: 405-410.
Møller IM. 2001. Plant mitochondria and oxidative stress: electron transport, NADPH turnover, and metabolism of reactive oxygen species. Annu. Rev. Plant Physiol Plant Mol. Biol., 52: 561-591.
Patterson BD, Macke EA, Ferguson IB. 1984. Estimation of hydrogen peroxide in plant extracts, using titanium (IV). Anal. Biochem., 139: 487-492.
Rebeille F, Macherel D, Mouillon JM. et al. 1997. Folate biosynthesis in higher plants: Purification and molecular cloning of bifunctional 6-hydroxymethyl-7, 8-dihydropterin pyrophosphokinase-7, 8-dihydropteroate synthase localized in mitochondria. EMBO J, 16: 947-957.
Rudneva II. 1999. Antioxidant system if Black Sea animals in early development. Comp. Biochem. Physiol. C, 112: 265-271.
Schnable PS, Wise RP. 1998. The molecular basis of cytoplasmic male sterility and fertility restoration. Trends Plant Sci., 3: 175-180.
Sweetlove LJ, Heazlewood JL, Herald V. et al. 2002. The impact of oxidative stress on Arabidopsis mitochondria. Plant J., 32: 891-904.
Taylor NL, Day DA, Millar A.H. 2002. Environmental stress causes oxidative damage to plant mitochondria leading to inhibition of glycine decarboxylase. J. Biol. Chem. 277: 42663-42668.
Tiwari BS, Belengh B, Levine A, 2002. Oxidative stress increased respiration and generation of reactive oxygen species, resulting in ATP depletion, opening of mitochondrial permeability transition, and programmed cell death. Plant Physiol., 128: 1271-1281.
Touzet P, Budar F. 2004. Unveiling the molecular arms race between two conflicting genomes in cytoplasmic male sterility. Trends Plant Sci., 9: 568-570.
Wan C, Li S, Wen L, Kong J. et al. 2007. Damage of oxidative stress on mitochondria during microspores development in Honglian CMS line of rice. Plant Cell Rep., 26: 373-382.
Zou XX. 2002. China Capsicum. Beijing: China Agricultural Press. (in Chinese)

辣椒细胞质雄性不育系与保持系的活性氧代谢研究

邓明华[a,b,c,1]，文锦芬[d,1]，霍金龙[e]，朱海山[b]，
戴雄泽[a,c]，张竹青[a]，邹学校[a,c,2]

（[a]湖南省农业科学院蔬菜研究所，湖南长沙　410125；[b]云南农业大学园艺学院，云南昆明　650201；[c]中南大学隆平分院，湖南长沙　410125；[d]昆明理工大学现代农业工程学院，云南昆明　650224；[e]云南农业大学动物科学技术学院，云南昆明　650201）

摘要：辣椒雄性不育系 9704A 是一个在中国得到广泛应用的辣椒雄性不育系。我们的研究结果表明辣椒雄性不育系 9704A 的抗氰呼吸低于保持系，推测辣椒雄性不育系可能会遭受活性氧胁迫。为了评价辣椒雄性不育系花药的活性氧代谢机制，实验研究了辣椒雄性不育系 9704A 和保持系 9704B 花药活性氧产生和活性氧清除酶及其基因表达的变化。在花药败育阶段，不育系花药 $O_2.^-$，H_2O_2 和 MDA 的含量高于保持系。同时不育系花药中的 SOD、POD 和 CAT 的酶活性也高于保持系，*POD*、*Mn-SOD*、*CAT1*、*CAT2* 和 *CAT3* 基因的转录水平和酶活性的变化趋势基本一致，但 *Cu/Zn-SOD* 和 *Irion-SOD* 基因的转录水平和酶活性的变化趋势有一定的差异。因此，辣椒雄性不育系 9704A 的不育性与花药小孢子早期发育阶段活性氧的异常积累及由此产生的质膜过氧化诱导产生的小孢子败育有关。

关键词：辣椒；线粒体；细胞质雄性不育；活性氧；抗氧化酶

In Vitro Plant Regeneration of Cotyledon Culture of Pepper CMS*①

Ming-hua Deng, Jin-fen Wen, Xue-xiao Zou, Qun-chu Zhou and Zhi-min Liu

([1] Department of Horticulture, Yunnan Agricultural University , Kunming 650201 China; [2] Faculty of Modern Agricultural Engineering, Kunming University of Science and Technology, Kunming 650224 China; [3] National Research and Extension Center of New Pepper Variety Technology, Hunan Academy of Agricultural Science, Changsha 410125 China)

Additional index words. Capsicum annuum L.*;* CMS; cotyledon culture; plant regeneration

Abstract: An in vitro shoot regeneration procedure was developed for pepper CMS 9704A and 8214A (*Capsicum annuum* L.) using cotyledon explants. Proliferating callus and shoot clusters derived from cotyledon tissue explants placed on Murashige and Skoog (MS) medium supplemented with different combination of 6-benzladenine (6-BA), indole-3-acetic acid (IAA) gibberellic acid (GA_3) and silver nitrate ($AgNO_3$). The maximum rate of differentiations (100% and 51.7%) and average number of buds of each explants with buds (18.8 and 13.2) was obtained with 5.0mg·L^{-1} 6-BA plus 1.0mg·L^{-1}IAA and 5.0mg·$L^{-1}$$AgNO_3$. The highest rate of elongation (100% and 100%) number of elongation adventitious bud per explants (6.3 and 5.8) was obtained with 3.0mg·L^{-1} 6-BA plus 1.0mg·L^{-1} IAA , 5.0mg·L^{-1} $AgNO_3$, and 2.0mg·L^{-1} GA_3. Elongated shoots were successfully rooted (100%) on half-strength MS medium supplemented with 0.3~0.5mg·L^{-1}IAA.

Key words: pepper; CMS; *in vitro* regeneration; medium

Pepper (*Capsicum annuum* L.) shows the remarkable heterosis. But pepper hybrids are normally produced by hand-emasculating the female parent and then pollinating the emasculated flower by hand. The seed is considered too expensive to growers. A cytoplasmic-male-sterility (CMS) system used to produce the F1 hybrid cultivar can overcome the defect.

The first report of pepper CMS was Martin and Crawfort (1951), then many types of pepper CMS were reported and many types of pepper CMS lines were bred (Peterson, 1958; Daskaloff, 1968; Shifriss and Frankel, 1969). The first three-line hybrid pepper variety was bred by Romanian, from then on, large number of three-line hybrid pepper variety were bred.

China National Research and Extension Center of New Pepper Variety Technology, Hunan Academy of Agricultural Science is the biggest base of pepper hybrid seed produce and sale in the world. Pepper CMS line 9704A and 8214A were bred by this center and many three-line hybrid pepper varieties were bred. In order to make full use of 9704A and 8214A,

* 基金项目：云南省自然科学基金项目（2009CD055）。

① 本文原载 *Agricultural Science and Technology*，2009，10（1）：39-42。

the resistance should be improved. However, the lack of an efficient regeneration system has limited our ability to genetically modify 9704A and 8214A using gene transfer and there is a need for a highly efficient in vitro protocol for pepper CMS 9704A and 8214A if genetic improvements using there new technologies are to be applied.

The first protocol for pepper regeneration was reported by Gunay and Rao (1978). Plant regeneration of pepper has been reported from cotyledon explants till now. But the regeneration ability , especially adventitious bud inductive and shoot elongation ability were still poor and no report was available in regeneration of CMS pepper. In this paper, we report significant improvement in the regeneration efficiency of pepper CMS 9704A and 8214A from cotyledon explants using specific pair wise combinations of cotykinins, auxins, gibberellic acid (GA_3) and silver nitrate ($AgNO_3$) as media supplements.

Materials and Methods

Seed culture. Seed of pepper CMS 9704A 8214A were obtained from China National Research and Extension Center of New Pepper Variety Technology, Hunan Academy of Agricultural Science. The seeds were surface sterilized by immersing them in 75% ethanol for 1min and then in 0.1% $HgCl_2$ for 7min. the seeds were then rinsed 7 times with sterile deionized water. The sterilized seeds were placed in triangle flask on culture media contained 1/2MS (Murashige and Skoog, 1962) hormone free. The pH of all the media described in the report was adjusted to 5.8 before adding agar and all media (with growth regulators) was autoclaved for 20min at 121℃. Cultures were incubated at 25℃ under a 16-photoperiod provided by cool-white fluorescent lamps(65.5μmol·m^{-1}·s^{-1}) and transferred to fresh media every 15d.

Adventitious bud induction and differentiation. Cotyledon explants with midrib (0.8~1.0cm^2, cotyledon margins wounded by complete removal of edges) from 12~14d old aseptically germinated seedlings were excised and firmly place abaxial side up in inductive media. The inductive media was MS supplemented with 3% sucrose with different combinations of 3.0mg·L^{-1}, 5.0mg·L^{-1} or 7.0mg·L^{-1} 6-benzladenine (6-BA), 0.5mg·L^{-1} or 1.0mg·L^{-1} indole-3-acetic acid (IAA) and 0mg·L^{-1}, 5.0mg·L^{-1} and 10.0mg·L^{-1} $AgNO_3$ and solidified with 7g·L^{-1} agar. For each genotype (9704A and 8214A), 36 cotyledon explants per treatment combination were randomly cultural in 7 petri dishes (5 or 6 explants per Petri dishes). The rate of differentiation were taken after 30d on inductive media. Adventitious bud clusters were transferred after 30d to shoot elongation media for elongation.

Adventitious bud elongation. Adventitious bud cluster were excised from the callus or cotyledon explants and placed in triangle flask on the adventitious shoot elongation media. The media was MS supplemented with 3.0mg·L^{-1} 6-BA, 1.0mg·L^{-1} IAA, 1.0mg·L^{-1}, 2.0mg·L^{-1} or 3.0mg·L^{-1} GA_3 and 0mg·L^{-1}, 5.0mg·L^{-1} or 10.0mg·$L^{-1}$$AgNO_3$. The number of elongation adventitious bud per explants was recorded after 45d on adventitious shoot elongation media. Shoots were maintained for root induction experiments.

Root of regenerated shoots. After reaching about 2~3cm in length, the *in vitro* regenerated shoots were excised from the cluster and placed on the rooting media. The rooting media was 1/2MS supplement with 0mg·L^{-1}, 0.1mg·L^{-1}, 0.2mg·L^{-1}, 0.3mg·L^{-1}, 0.4mg·L^{-1} or

0.5mg·L^{-1} IAA.

Planting in soil and establishing in greenhouse. Plantlets with well-developmented root systems (about 5cm long) and shoots (5~7cm long) were removed from the rooting media and planted in prewatered cell packs. The flats were covered with transparent plastic domes to maintain high humidity for 4d. humidity was then decreased gradually by removing the plastic dome for varying period of time every day with transplanted into individual plastic pots after 3 week growth in flats.

Data were analyzed by analysis of variance[ANOVA] using Signastat V.1.

Results

Effect of pair-wise combinations of cotykinins and auxins on in vitro adventitious bud differentiation and induction. Callus began to form on the wounded margins of cotyledon explants as early as 8d after the explants were placed on adventitious bud induction media, with subsequent regeneration of cluster of shoot bud primordial after 17d. Cluster of shoot bud primordial usually regeneration from the margins of the cotyledon explants or at the cotyledon midrib. Shoot bud primordial were observed for genotypes of 9704A and 8214A.

The effect of combination of 6-BA (3.0mg·L^{-1}, 5.0mg·L^{-1} or 7.0mg·L^{-1}) with IAA (0.5mg·L^{-1} or 1.0mg·L^{-1}) was excised. Callus was formed on the all adventitious bud induction media. The greatest adventitious bud regeneration was observed on media supplemented with 5.0mg·L^{-1}6-BA and 1.0mg·L^{-1} IAA. Explants on media supplemented with 3.0~5.0mg·L^{-1} 6-BA combination with 0.5mg·L^{-1} IAA did not regeneration shoots.

Effect of $AgNO_3$ on in vitro adventitious bud induction. The effect of media, MS supplement 5.0mg·L^{-1} 6-BA and 1.0mg·L^{-1} IAA combination different content(0mg·L^{-1}, 5.0mg·L^{-1}, 10.0mg·L^{-1}) $AgNO_3$ were compared in this study. When 5.0mg·L^{-1} $AgNO_3$ was used in the culture media, an improvement in the quality of adventitious bud was observed. Nevertheless, adventitious bud development in the presence of 10mg·L^{-1} $AgNO_3$ were slightly chlorotic and wrinkled.

Effect of GA_3 on shoot elongation (Table 1). The effect of combinations of 3.0 mg·L^{-1} 6-BA and 1.0mg·L^{-1} IAA combination different content(1.0mg·L^{-1}, 2.0mg·L^{-1}, 3.0mg·L^{-1})

Table 1 Effects of hormone combination on shoot regeneration from cotyledon of pepper CMS

6-BA (mg·L^{-1})	IAA (mg·L^{-1})	$AgNO_3$ (mg·L^{-1})	No. of explants	No. of explants With buds		Rate of Differentiations(%)		Average No. of buds of each explants with buds	
				9704A	8214A	9704A	8214A	9704A	8214A
3.0	0.5	0	36	29 b	0 e	81.0 c	0 f	少	0
5.0	0.5	0	36	23 c	0 e	64.0 d	0 f	较多	0
7.0	0.5	0	36	36 a	10 c	100 a	27.8 d	多	较多
3.0	1.0	0	36	35 a	6 d	97.0 b	16.7 e	较多	少
5.0	1.0	0	36	36 a	16 b	100 a	44.4 c	最多	较多
7.0	1.0	0	36	36 a	21 a	100 a	58.3 a	较多	较多
5.0	1.0	0	36	11 d	6 d	30.6e	16.7 e	较少	0
5.0	1.0	5.0	36	36 a	15 b	100 a	51.7 b	最多	多
5.0	1.0	10	36	0 e	0 e	0 f	0 f	0	0

GA_3 were examined in this study. The results showed that 2.0mg·L^{-1} GA_3 was the best choice. 1.0mg·L^{-1} GA_3 has the lowest rate of shoots elongation and average number of elongation buds per explants with buds. When 3.0mg·L^{-1} GA_3 was used, the plantlets showed longer internodes.

Effect of $AgNO_3$ on shoot elongation (Table 2). At 5.0mg·L^{-1} $AgNO_3$, adventitious bud grow strong, with large, extended green leaves, and also presented normal morphology, more vigor than the content. When 10.0mg·L^{-1} of $AgNO_3$ was used, the adventitious bud showed a lower incidence of ethiolation, longer internodes, interne chlorosis in the leaves, and less vigor.

Table 2　Effects of hormone combination on shoot elongation from cotyledon of pepper CMS

6-BA (mg·L^{-1})	IAA (mg·L^{-1})	GA_3 (mg·L^{-1})	$AgNO_3$ (mg·L^{-1})	No. of explants	No. of explants with elongation buds		Rate of shoots Elongation(%)		Average No. of elongation buds per explants with buds	
					9704A	8214A	9704A	8214A	9704A	8214A
3.0	1.0	1.0	0	20	8 d	3 c	40 d	15 d	1.6 e	0.9 e
3.0	1.0	2.0	0	20	15 c	15 b	75 c	75 c	3.0 d	3.1 d
3.0	1.0	3.0	0	20	15 c	20 a	75 c	100a	3.5 c	3.8 c
3.0	1.0	2.0	5.0	20	20 a	20 a	100 a	100a	6.3 a	5.8 a
3.0	1.0	2.0	10.0	20	18 b	19 a	90 b	95 b	4.7 b	4.5 b

Note: Rate of shoots elongation= No. of explants with elongation buds / No. of explants × 100%

Rooting of regenerated shoot in vitro and acclimatization of the in vitro produced plantlets to greenhouse environment. Shoot about 2.5cm long were excised and transplant to rooting media. Roots were induced as early as 15d after culture on root induction media, and most of the roots had regenerated after 30d. The highest root regeneration percentages were obtained when adventitious bud were cultured in root induction media, supplemented with 0.3~0.4mg·L^{-1} IAA.

The rooted plantlet were transplanted to greenhouse and acclimatized where 100% of the transplants grew vigorously.

Discussion

Ethylene accumulation in culture vessels is affected by the physical properties of the system and the release by the plants materials on the components in the system. The positive and negative effects of ethylene on the growth and development of *in vitro* cultured plants or explants have been demonstrated. Several reports indicate that ethylene production during in vitro culture can be implicated in cell differentiation and shoot regeneration (Cho and Kasha, 1989; Pua and Chi, 1993; Molina and Nuez, 1995). It has also reported that ethylene enhances shoot and root formation in some species (Dimasi-Theriou et al, 1993; Dimasi-Theriou and Economou, 1995). On the other hand, there are also many crops susceptible to ethylene induced *in vitro*.

Ag^+ inhibits ethylene action by substituting for Cu^{2+} at the action site of the ethylene receptors (Beyer, 1979). This indicates that the action of silver would result in a decrease in the number of functional receptors, inferring a noncompetetive type of inhibition. According to Santana and Canto (2006), the addition of $AgNO_3$ to the culture media did not inhibit ethylene production.

Our results demonstrated that $5.0mg\cdot L^{-1}$ $AgNO_3$ can improve the adventitious bud induction and shoot elongation. But $10.0mg\cdot L^{-1}$ $AgNO_3$ showed the negative effect. The result shows that the threshold accumulation Ag^+ which the pepper CMS plantlets are able to toleration without presenting symptoms of intoxication is below $10.0mg\cdot L^{-1}$ (Fig. 1).

Fig. 1 Plant regeneration from cotyledon of papper CMS 9704A

(1): callus induction; (2): adventitious bud induction; (3): shoot elongation; (4): rooting of plantlets.

References

Beyer E.M. 1979. Effect of silver ion, carbon dioxide and oxygen on ethylene action and metabolism. Plant Physiol, 63: 139-173.

Cho U.H., Kasha J.K.1989. Ethylene production barely and embryogenesis from anther cultures of barley (*Hordeum vulgare*). Plant Cell Rep, 10: 204-207.

Daskaloff, S. 1968. A male sterile pepper (*C. annuum* L.) mutant. Theor.Appl.Genet.38: 370-372.

Dimasi-Theriou K., Economou A.S. 1995. Ethylene enhances shoot formation in cultures of the peach rootstock GF-677(*Prumus persica* × *P. Amygdlus*). Plant Cell Rep, 15: 87-90.

Dimasi-Theriou K., Economou A.S. Sfakiotakis E.M. 1993. promotion of petunia (*Patunia hybrida* L.) regeneration *in vitro* by ethylene. Plant Cell Tiss Org Cult, 32: 219-225.

Ediba A.I.A., Hu C.Y. 1993. *In vitro* morphogenetic and plant regeneration from pepper (*Capsicum annuum* L.W.Early California Wonder) seedling explants. Plant Cell Rep, 13(2): 107-110.

Gunay A.L., Rao P.S. 1978. *In vitro* plant regeneration from Hypocotyles and cotyledon explants of red pepper (*Capsicum*). Pant Science Letters, 11: 365-372.

Martin, J. A., Crawford I.H. 1951. Several types of sterility in *Capsicum frutescens*. Prot Am Sco Hort Sci, (57): 335-338

Molina R.V., Nuez F. 1995. Characterization and classification of different genotypes in a population of cucumis melo based on their ability to regeneration shoots from leaf explants. Plant Cell Tiss Org Cult, 43: 249-257.

Peterson P. A. 1958. Cotyplasmically inherited male sterility in *Capsicum*. The Amer Nat, 92(863): 111-119.

Pua EC., Chi GL. 1993. De novo shoot morphogenesis and plant growth of mustard (*Brassica juncea*) *in vitro* in relation to ethylene. Physiol Plant, 88: 467-474.

Shifriss C., Frankel R. 1969. A new male sterile gene in *Capsicum annuum* L. J Amer Sco Hort Sci, 94: 385-387.

Szasz A. Nervo G. Fari M. 1995. Screening for *in vitro* shoot-forming capacity of seedling explants in ball pepper genotypes and efficient plant regeneration using thidiazron. Plant Cell Rep, 14(10): 666-669.

辣椒细胞质雄性不育系离体培养植株再生研究

邓明华，文锦芬，邹学校，周群初，刘志敏

（[1]云南农业大学园艺学院，云南昆明　650201；

[2]昆明理工大学现代农业工程学院，云南昆明　650224；

[3]国家辣椒新品种技术研究与推广中心；湖南省农业科学院，湖南长沙　410125）

摘要：实验建立了辣椒雄性不育系9704A和8214A的子叶离体培养再生体系。增值的愈伤组织和不定芽置于MS培养基添加不同浓度的6-BA、IAA、GA_3、$AgNO_3$上培养。在培养基MS+5.0mg·L^{-1} 6-BA+1.0mg·L^{-1}IAA+5.0mg·L^{-1} $AgNO_3$上获得了最大的分化率（100%和51.7%）和平均每个外植体不定芽数（18.8和13.2），在培养基 MS+3.0mg·L^{-1} 6-BA+1.0mg·L^{-1} IAA + 5.0mg·L^{-1} $AgNO_3$+2.0mg·L^{-1} GA_3上不定芽的伸长率最高（100%和100%）以及每个外植体伸长的不定芽数最多（6.3和5.8）。1/2MS+0.3~0.5mg·L^{-1} IAA可以使100%的不定芽生根。

关键词：辣椒；雄性不育；离体培养；培养基

辣椒细胞质雄性不育系的物质代谢和过氧化物酶分析*①

邓明华[1,2]，文锦芬[3]，邹学校[2]，刘志敏[2]，周群初[2]

（[1]云南农业大学园林园艺学院，昆明 650201；[2]湖南省农业科学院国家辣椒新品种技术研究推广中心，长沙 410125；[3]昆明理工大学现代农业工程学院，昆明 650224）

摘要：通过对辣椒细胞质雄性不育系与保持系叶片和不同发育时期的花蕾的物质代谢及对过氧化物酶活性的分析，发现随着花蕾的发育，不育系大花蕾可溶性糖的含量明显低于小、中花蕾时期，而保持系可溶性糖的含量则保持一直升高的态势；不育系小花蕾蛋白质的含量较中、大花蕾时期高，而保持系花蕾蛋白质的含量一直升高；不育系脯氨酸含量略有下降，而保持系花器中游离脯氨酸迅速积累，含量明显高于不育系；POD 活性是不育系明显高于保持系，且呈持续增强趋势，保持系逐渐减弱。

关键词：辣椒；细胞质雄性不育；物质代谢；过氧化物酶

高等植物的雄性不育在农作物杂种优势利用上具有重大的潜在价值，因而引起了人们的广泛关注。对雄性不育的遗传基质已经进行了多方面的探讨，许多学者对玉米、水稻、小麦、萝卜、大白菜、甘蓝等作物的雄性不育的理化特性进行了广泛的研究（刘忠松等，2001；王淑华等，1990；孙日飞等，2000；Plif et al.，1981；胡美华等，1998；刘乐善，1991），发现雄性不育系与保持系之间在物质代谢和酶活性方面都存在差异。辣椒是一种十分重要的、具有强杂交优势的蔬菜作物，目前生产上用种大部分为杂交一代品种。但我国辣椒杂交种子的生产大多采用直接配组的方式，制种成本高、种子纯度难以保证，限制了杂交品种在生产上的应用。利用雄性不育系作母本生产杂交一代种子是降低制种成本和提高种子纯度的有效途径之一（邹学校，2002）。

因此辣椒雄性不育系的选育和应用研究一直受到育种单位的高度重视，也选育出了一批雄性不育系，并有一些三系配套的品种在生产上得到应用，效果良好。与辣椒雄性不育的应用相比，辣椒雄性不育的基础研究十分薄弱，而且远远落后于玉米、水稻等作物，限制了辣椒雄性不育的更好利用。为此，笔者在湖南省蔬菜工程与技术重点实验室利用湖南省农业科学院蔬菜研究所选育的雄性不育系和保持系为试验材料，研究盛花期叶片和花蕾不同发育时期的物质代谢和过氧化物酶活性，探讨辣椒雄性不育的败育机制。

---

* 基金项目：国家科技支撑项目（2006BAD01A07）。

① 本文原载《云南农业大学学报》，2007，22（6）：791-794。

1 材料与方法

供试材料为湖南省农业科学院蔬菜研究所连续7代回交选育的辣椒细胞质雄性不育系 9704A、8214A 和连续 7 代自交后的保持系 9704B、8214B。均由湖南省农业科学院蔬菜研究所提供。各试验材料的种子 2001 年 12 月播种于湖南省农业科学院蔬菜研究所试验农场塑料大棚内，次年 3 月上旬假植，4 月上旬定植于大田。随机区组设计，3 次重复，每小区栽 70 株。田间管理同当地常规栽培。于盛花期，早上 6:00~8:00 分别取各试验材料顶部刚完全展开的幼嫩叶片 2 片和小花蕾（直径小于 2.0mm，尚未开始败育）、中花蕾（萼瓣等长，败育开始）和大花蕾（露冠长度等于萼片长度，败育完成）。花蕾取样时期根据细胞学观察确定。试验设 3 次重复，每次重复用鲜样 1.0g 左右，测定结果取 3 次重复的平均值。

可溶性糖含量测定采用蒽酮比色法；游离脯氨酸含量测定采用酸性茚三酮比色法；游离蛋白质含量测定采用考马斯亮蓝 G-250 法；过氧化物酶活性的测定采用愈创木酚法（朱广廉等，1990），以每分钟 OD470 变化 1.0 为 1 个过氧化物酶单位（U），过氧化物酶比活力（U/mg）为每毫克蛋白质所含过氧化物酶活力单位数。

2 结果与分析

2.1 辣椒雄性不育系与保持系游离脯氨酸含量的差异

试验结果（表 1，图 1）表明：在花蕾不同的发育时期，不育系和保持系花蕾中的游离脯氨酸的含量和变化的规律各不相同。不育系花蕾中的游离脯氨酸的含量随着花蕾的发育逐渐减少，保持系花蕾中的游离脯氨酸的含量则随着小孢子的发育而逐渐积累。同时还发现：不育系在中、大花蕾中的游离脯氨酸的含量明显低于其保持系。而作为营养器官的盛花期的叶片中积累的游离脯氨酸差异不明显。游离脯氨酸在不育系中花蕾和大花蕾中缺乏的现象与花粉败育主要时期的一致性说明，游离脯氨酸与花粉的正常的发育有极大的相关性。

表 1 辣椒胞质雄性不育系及其保持系盛花期全展叶物质代谢和过氧化物酶比活力

Table 1 The specific activity of peroxidase（POD）and material metabolism in the leaves of CMS and M in the full bloom stage

材料 material	可溶性糖含量 content of soluble sugar（mg/g）	脯氨酸含量 content of praline（mg/g）	蛋白质含量 content of protein（mg/g）	POD 比活力 The specific activity of POD（U/mg）	还原性糖含量 content of reducing sugar（mg/g）
9704A	30.23	0.699	8.370	45.56	9.3
9704B	38.99	0.720	7.311	30.88	13.5
8214A	35.74	0.686	7.288	30.46	7.1
8214B	33.64	0.677	7.075	20.07	10.1

2.2 辣椒雄性不育系与保持系游离蛋白质含量的差异

从盛花期营养器官叶片中游离蛋白质的含量（表 1）来看，不育系叶片中的游离蛋白质的含量均高于保持系，为保持系的 1.03~1.15 倍。

随着小孢子的发育，保持系和不育系花蕾中的游离蛋白质的含量和变化趋势（图 1）均各不相同：不育系小花蕾中的游离蛋白质的含量明显高于保持系的小花蕾；而不育系中大花蕾中的游离蛋白质的含量显著低于保持系的大花蕾，仅为保持系的 76%~97%；在不育系中，花蕾的不同发育阶段，游离蛋白质的含量呈逐渐下降的趋势，大花蕾时期仅为小花蕾的 79%~98%，两份不育系的变化趋势是一样的；而在保持系中，大花蕾中的游离蛋白质的含量是高于小花蕾的。随着小孢子的发育，正常保持系花蕾的各种代谢活动逐渐旺盛，这就需要多种酶和蛋白质的参与，因而游离蛋白质的含量升高，而试验结果表明，大花蕾时期，不育系花蕾中的游离蛋白质的含量低于保持系，这就有可能影响花蕾的正常代谢。

2.3 辣椒雄性不育系与保持系糖含量的差异

结果（表 1，图 1）表明；随着辣椒小孢子的发育，保持系与不育系花蕾中可溶性糖和还原性糖含量的变化趋势各不相同。不育系花蕾中可溶性糖的含量总体上呈下降趋势；而保持系花蕾中可溶性糖的含量总体上呈上升趋势。不育系大花蕾时期可溶性糖的含量明显低于小花蕾时期，仅相当于小花蕾时期含量的 91%~98%。而保持系中大花蕾时

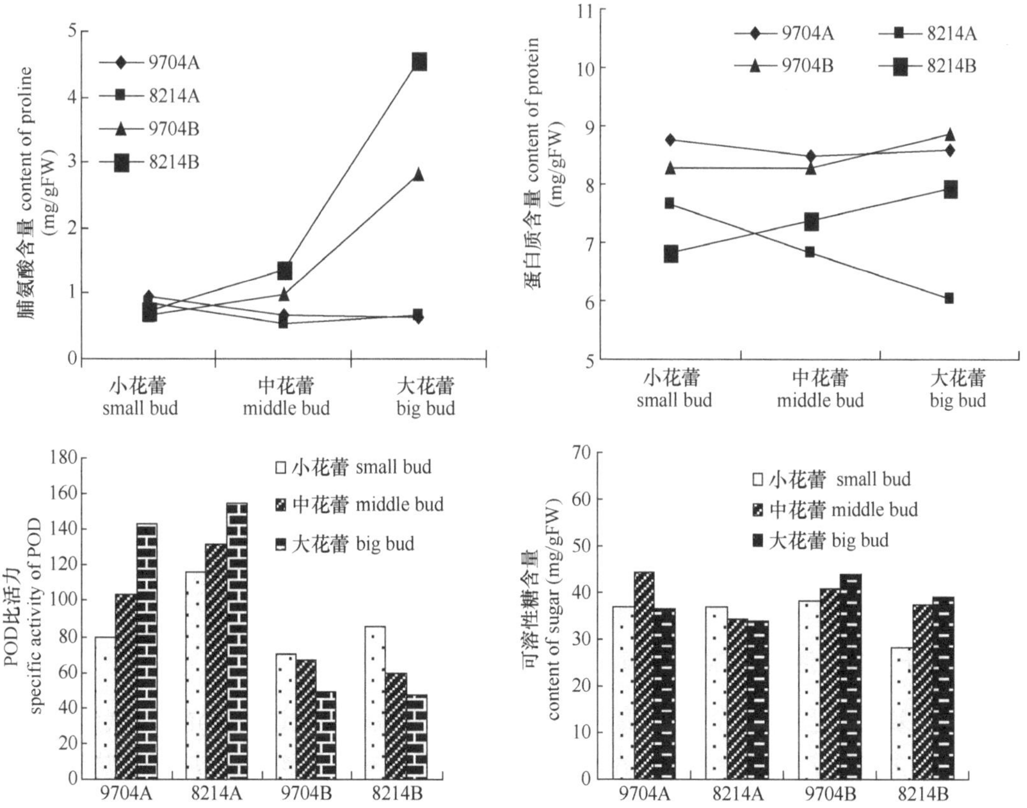

图 1　辣椒胞质雄性不育系及其保持系盛花期不同大小花蕾物质代谢和过氧化物酶比活力

Fig. 1　The specific activity of peroxidase(POD) and material metabolism in the flower buds from different stages o f CMS and M

期的含量为小花蕾时期含量的 1.38~1.14 倍。不育系与保持系之间还原性糖含量的变化没有明显的规律性。

作为营养体的盛花期的叶片中可溶性糖的含量与保持系的差异不明显。随着小孢子的不断发育，花蕾中的还原性糖的含量在不育系和保持系中表现各不相同，但总的变化趋势略有相似，均为中、大花蕾时期要明显高于小花蕾时期。盛花期的叶片，表现为不育系中还原性糖的含量高于保持系。

2.4 辣椒雄性不育系与保持系过氧化物酶比活力的差异

辣椒小孢子不同的发育时期的花蕾和盛花期叶片中的过氧化物酶比活力的测定结果（表 1，图 1）。盛花期不育系叶片中的过氧化物酶的比活力明显高于保持系。不育系 9704A 叶片中过氧化物酶的比活力高达 45.56mg 蛋白质/min（OD_{470nm}），相当于保持系 9704B 的 1.48 倍。不育系 8214A 中的比活力为 30.46mg 蛋白质/min（OD_{470nm}），为保持系的 151.8%。

随着小孢子的逐渐发育，4 个材料花蕾中的过氧化物酶的比活力的变化不同，不育系之间以及保持系之间的变化趋势是相似的，即不育系花蕾中的过氧化物酶的比活力随着小孢子的发育呈上升趋势，而保持系则呈下降的趋势且一直低于不育系。不育系 9704A 在小花蕾、中花蕾和大花蕾时期花蕾中的过氧化物酶的比活力分别为保持系的 1.14 倍、1.55 倍和 2.92 倍。在不育系 8214A 与保持系 8214B 中也有相似的趋势。

3 讨 论

3.1 关于物质代谢与细胞质雄性不育的关系

试验结果表明：随着辣椒花蕾的发育，不育系中花蕾蛋白质的含量在大花蕾和中花蕾时期均低于小花蕾时期，而保持系花蕾中蛋白质的含量则在大花蕾时期明显高于中花蕾和小花蕾时期；不育系花蕾脯氨酸含量下降而保持系中则大量积累，含量明显高于不育系；可溶性糖含量在不育系大花蕾中的含量明显低于前两个时期，而保持系一直呈上升趋势。大量的研究表明：游离脯氨酸在小孢子的发育过程中有重要的生理功能，能为花粉的萌发和花粉管的伸长提供重要的能源和氮源，是花粉代谢活动中一种极活跃的物质（朱广廉，1985）。而糖和蛋白质对小孢子的发育极为重要，又是细胞的重要组成部分（朱广廉，1985）。因此可以认为：辣椒花蕾的可溶性糖、蛋白质和脯氨酸代谢的异常与辣椒的雄性不育有关，这与前人的结果基本一致（朱广廉，1985）。

3.2 关于 POD 活性与雄性不育的关系

酶是基因表达的直接产物，酶活性的差异可以反映基因表达的差异。过氧化物酶是一个包含多种成分的复杂酶系，在植物组织中广泛分布。植物体内过氧化物酶能降解 IAA，他对于控制植物体内 IAA 含量水平，维持植物体内 IAA 库源平衡起关键的作用，同时还反应物质代谢的内容。IAA 含量的高低及库源平衡，直接关系到花药从其他组织或器官中调入营养物质，维持花药内代谢的有序性等过程；过氧化物酶活性愈高，物质分解代谢愈强，花蕾中则糖、脯氨酸、蛋白质含量愈少。不育系花蕾中过氧化物酶活性比正常保持系有较大的提高，从而造成不育系花药中 IAA 含量的下降，营养物质积累减少最终导致花药的不育。

试验结果表明：随着花蕾的发育，不育系过氧化物酶的比活力呈上升趋势，而保持系过氧化物酶的比活力则不断减弱，不育系的活性高于保持系，与前人的结果基本一致（梁艳等，1994；周长久和张友良，1994）。试验所用的 2 个不育系及其相应的保持系，具有稳定的遗传性，且不育源相同，不育系与其相应的保持系除了育性上表现不同，其他植物学性状基本一致，因此认为保持系与不育系的过氧化物酶在活性上的差异与不育基因的表达有关。

参 考 文 献

胡美华, 陈竹君, 汪柄良. 1998. 榨菜细胞质雄性不育系和保持系若干生化特性的比较[J]。浙江农业大学学报, 24(1): 57-58.

梁艳, 王鸣, 赵稚雅. 1994. 结球白菜同核异质雄性不育同工酶研究[J]. 园艺学报, 21(3): 264-268.

刘乐善. 1991. 萝卜雄性不育系和保持系花器官游离氨基酸成分比较分析[J]. 中国蔬菜, (5): 15.

刘忠松, 官春云, 陈社员. 2001. 植物雄性不育机理的研究及应用[M]. 北京: 中国农业出版社.

孙日飞, 方智远, 张淑江, 等. 2000. 萝卜胞质大白菜雄性不育系的生化分析[J]. 园艺学报, 27(3): 187-192.

王淑华, 冯辉, 佟景春. 1990. 大白菜雄性不育株与可育株花蕾生理生化特性比较分析[J]. 沈阳农业大学学报, 29(2): 132-137.

西北农业大学. 1986. 基础生物化学实验指导[M]. 西安: 陕西科技出版社.

周长久, 张友良. 1994. 萝卜雄性不育系的几种特性研究[J]. 园艺学报, 21(1): 65-70.

朱广廉, 钟海文, 张爱琴. 1990. 植物生理学实验[M]. 北京: 北京大学出版社.

朱广廉. 1985. 太谷核不育小麦花药内游离脯氨酸的来源利用及不育花败育的关系[J]. 植物生理学报, 11(2): 122-129.

邹学校. 2002. 中国辣椒[M]. 北京: 中国农业出版社.

Plif G. 1981. The proline content and fertility of the pollen inbreed maize lines[J]. Acta Bet Acad Sci, 27(2): 179-181.

A Study on Material Metabolism and Peroxidase in Cytoplasmic Male-sterile Lines and their Maintainer Lines of Hot Pepper

Deng Ming-hua[1, 2], Wen Jin-fen[3], Zou Xue-xiao[2], Liu Zhi-min[2], Zhou Qun-chu[2]

([1] College of Horticulture and landscape, Yunnan Agricultural University , Kunming 650201; [2] National Research and Extension Center of New Pepper Variety Technology, Hunan Academy of Agricultural Science, Changsha 410125; [3] Faculty of Modern Agricultural Engineering, Kunming University of Science and Technology, Kunming 650224)

Abstract: An investigation was made on material metabolism and the specific activity of peroxidase of the leaves and flower buds from cytoplasmic male-sterile lines (CMS) and their maintainer lines (M). The results showed that the content of sugar in the big bud was the lowest in the three stage of flower development in the CMS, while the M kept increasing; The content of protein in the small bud was the highest among the three stage of flower development in the CMS, but in the M, it was increased at all times. The content of proline in the CMS was slightly decreased, whereas the M's reflected an increasing tendency during flower development. The specific activity of peroxidase (POD) in CMS was higher than that of M with a great increase in flower development.

Key words: hot pepper; cytoplasmic male-sterile; material metabolism; peroxidase

辣椒细胞质雄性不育系离体培养植株再生研究*①

邓明华[1,2]，文锦芬[3]，邹学校[1]，杨　德[2]，朱海山[2]，周群初[1]，刘志敏[1]

（[1]湖南省农业科学院，国家辣椒新品种技术研究推广中心，长沙　410125；
[2]云南农业大学园艺系，昆明　650201；[3]昆明理工大学现代农业工程学院，昆明　650224）

摘要：以辣椒细胞质雄性不育系 9704A 和 8214A 为试材，取无菌苗真叶进行培养。研究了不同浓度的 IAA、6-BA 和 GA_3 对不定芽的诱导和伸长作用，结果表明: MS+6-BA 5.0mg/L+IAA 1.0mg/L 有利于不定芽的诱导。MB+IAA 1.0mg/L+ 6-BA 3.0mg/L+GA_3 2.0mg/L+$AgNO_3$ 10.0mg/L 有利于芽的伸长。将 2.0cm 以上的芽转入生根培养基诱导不定根发现：1/2MS+IAA 0.3~0.5mg/L 有利于不定根的诱导。

关键词：辣椒；细胞质雄性不育；真叶培养；植株再生

辣椒杂种优势明显，利用雄性不育系作母本生产杂种一代，可以省去人工去雄的过程，降低制种成本，提高杂种纯度。因此，对辣椒雄性不育系的研究一直受到辣椒育种工作者的高度重视，并先后选育了多个雄性不育系，选配了大量的强优势雄性不育杂交组合，在生产上取得了较好的经济效益和社会效益。其中，辣椒 CMS 系 9704A 和 8214A 在众多的雄性不育母本中脱颖而出，表现出喜人的势头。然而，要使其杂种一代更好地服务于生产，其产量和抗性仍需进一步的提高，植物基因转化技术和常规育种的结合很可能将加速其进程（邹学校，2002）。

良好的受体是实现植物遗传转化的前提，自 1978 年 Gunay 和 Rao 首次报道辣椒离体培养再生植株以来（Gunay and Rao，1978），已先后从各种外植体培养出再生植株（余小林等，2000；Ediba and Hu，1993；何晓明等，1997；黎定军等，2002；Szasz et al.，1995）。但关于辣椒雄性不育系的植株再生尚未见报道。本试验采用上述 2 个雄性不育系的真叶为外植体，对影响不定芽的分化、不定芽的伸长和不定芽生根的因素进行较为系统的研究，以期建立高频率的再生体系，为进一步的遗遗传转化提供技术支持。

1　材料与方法

1.1　材料

试材为辣椒细胞质雄性不育系 9704A 和 8214A 均由湖南省农业科学院国家辣椒新

* 基金项目：国家“863”计划项目（2001AA241121-10），云南省教育厅青年科学研究基金（04Y559B），湖南省蔬菜工程与技术重点实验室资助项目。

① 本文原载《中国农学通报》，2005，（10）：63-65。

品种技术研究推广中心提供。试验于 2002~2003 年在湖南省蔬菜工程与技术重点实验室进行。

1.2 无菌苗的获得

选取饱满的试材种子，经自来水浸泡 5~6h，70%乙醇处理 1min，无菌水冲洗 2~3 遍，再经 0.1% $HgCl_2$ 灭菌 7~8min，无菌水冲洗 5~6 遍后接种于 1/2MS 固体无激素培养基中。置于光强 2500lx，白天温度（25±1）℃，晚间温度（23±1）℃，光照/黑暗处理 14h/10h 下培养壮苗。

1.3 不定芽的诱导和分化

取 3~4 叶期的最上一片全展真叶，去叶柄及叶缘，叶背朝下，接种于诱导培养基上。基本培养基为 MS，蔗糖 30g/L，琼脂 7.0g/L，附加 6-BA 3.0~7.0mg/L、IAA 0.5~1.0mg/L，pH 5.8。每皿 4~5 个外植体，7 次重复，培养条件同上。30d 统计不定芽的分化率。培养条件同无菌苗培养。15d 继代一次，以筛选出的高效不定芽分化培养基上分化的不定芽进行不定芽的伸长试验。

1.4 不定芽的伸长

到丛芽后，将丛芽分割，去掉无芽的外植体，转移到 100ml 三角瓶中的伸长培养基上。培养基为 MB（MS 无机大量、微量和铁盐+B5 有机物），蔗糖 30g/l，琼脂 7.0g/L，pH5.8，附加 6-BA3.0mg/L、IAA1.0mg/L、GA3 1.0-3.0mg/L，并在筛选出的较优伸长培养基中添加 $AgNO_3$10.0mg/L 或 CM（椰乳）10%（v/v）。培养条件同无菌苗培养，15d 天继代一次。

1.5 不定芽的生根与移栽

待芽伸长约 2cm 以上后，从基部切下（勿带愈伤组织）置于生根培养基中生根，生根培养基以 MS 为基本培养基，蔗糖 30g/L，琼脂 7.0g/L，pH 5.8，添加 IAA 0~0.5mg/L、NAA 0~0.1mg/L、IBA0~0.2mg/L。培养条件同无菌苗培养。待长出完整根系后，敞瓶炼苗 7~10d，然后洗净根系培养基，用适当浓度多菌灵浸泡后，移植于经灭菌的蛭石中，浇灌 1/2MS 无激素培养基，用塑料膜覆盖保湿 15d 后，敞膜并移入盆土中，温室常规管理。

2 结果与分析

外植体在接种 5d 左右开始膨大，10d 左右边缘长出愈伤组织，20d 左右开始分化出不定芽，30d 后多数培养基有不同数量的外植体有不定芽的分化。

2.1 不定芽分化的诱导

比较了不同激素水平搭配对芽分化的影响，试验结果表明：6-BA 是诱导芽分化的关键因子。本试验所有配方均能产生愈伤组织。6-BA 浓度为 5.0~7.0mg/L 时，芽的诱导频率高，6-BA 浓度为 5.0mg/L 时，最高达 100%，且芽分化的区域大，芽数多，质量高

（图版 1，图版 2）。

6-BA 浓度为 3.0mg/L 时，主要生成愈伤组织，偶尔有芽的分化。1.0mg/L 的 IAA 配方效果好于 0.5mg/L 的配方。对细胞质雄性不育系（辣椒）而言，MS+6-BA 5.0mg/L+IAA 1.0mg/L 是诱导芽分化的最佳激素配方（表 1）。

表 1　不同激素配比对辣椒 CMS 系叶片培养不定芽分化的影响

Table 1　Effects of hormone combination on shoot regeneration from leaves of pepper CMS

激素 hormone（mg/L）		接种外植体数 No. of explants	分化外植体数 No. of explants with buds		分化频率（%） Rate of differentiations		每外植体平均芽数 Average No. of buds of each explants with buds	
6-BA	IAA		A	B	A	B	A	B
3.0	0.5	36	34	18	94.4	50.0	少	少
5.0	0.5	36	36	23	100	63.9	较多	较多
7.0	0.5	36	36	33	100	91.7	多	多
3.0	1.0	36	28	20	77.8	55.6	少	少
5.0	1.0	36	36	34	100	94.4	最多	最多
7.0	1.0	36	36	25	100	69.4	多	较多

注：表中 A 代表 9704A，B 代表 8214A。 Note： A，9704A；B，8214A

2.2　不定芽的伸长培养

辣椒再生障碍在于芽伸长困难。由辣椒 CMS 系真叶分化形成的不定芽常呈丛生状，其中只有少数可以伸长。将丛生芽切割，移入伸长培养基诱导伸长。本试验结果表明（表 2），GA_3 的浓度为 2.0mg/L 时，芽伸长效果最好（GA_3 3.0mg/L 时不定芽有徒长现象）。本试验还研究了椰乳和硝酸银对芽伸长的影响，在伸长的最佳激素配方中加入 10%的 CM 或 10.0mg/L 的 $AgNO_3$。结果表明：10.0mg/L 的 $AgNO_3$ 可促进芽的伸长，而 10%的 CM 却强烈抑制芽的伸长。

表 2　不同激素配比对辣椒 CMS 系叶片培养不定芽伸长的影响

Table 2　Effects of hormone combination on shoot elongation from leaves of pepper CMS

GA_3（mg/L）	CM %（V/V）	$AgNO_3$（mg/L）	接种外植体数 No. of explants	芽伸长外植体数 No. of explants with elongation buds		伸长率（%） Rate of shoots elongation		每外植体平均伸长芽数 Average No. of elongation buds of each explants with buds	
				A	B	A	B	A	B
1.0	0	0	20	8	5	40	25	3.2	2.7
2.0	0	0	20	15	13	75	65	3.6	3.5
3.0	0	0	20	15	19	75	95	4.0	3.4
2.0	10	0	20	4	7	20	35	1.3	1.1
2.0	0	10	20	18	20	90	100	6.1	4.8

注：伸长率=有芽伸长外植体数/接种芽分化外植体数×100

2.3　小苗生根及移栽

将上述伸长到 2~3cm 高，具有 2~3 个节的小芽从基部切割下来（勿带愈伤组织）转移到 PR 生根培养基中。20d 左右形成 5~6 条白色不定根。比较了不同生长素对生根的影响发现：IAA 的质量浓度在 0.1~0.5mg/L 时均能诱导不定根的产生。其中以 IAA 质量浓度为 0.3~0.5mg/L 最佳，形成的根粗壮，须根丰富。IAA 0.2mg/L+NAA 0.1mg/L 配方诱导的不定根为短而粗的鸡爪根。IBA 0.2mg/L 形成的根亦较理想。将上述生根小苗敞开瓶锻炼 7~10d 后洗净培养基，用适当浓度多菌灵浸泡后移入经灭菌的蛭石中，浇 1/2MS 培养液，塑料膜保温 15d 后，敞开膜移入盆中，温室常规管理，成活率为 85%以上。

3 讨 论

在辣椒组织培养离体再生过程中，芽的伸长是关系到离体培养体系成功与否的关键因素之一。GA_3 有促进伸长的作用，因此，常用于组织培养中促进芽的伸长。本试验结果表明：2.0mg/L GA_3 可以有效地促进芽的伸长，这与黎定军等（2002）报道一致。1.0mg/L GA_3 促长效果不明显；而 3.0mg/L GA_3 会造成不定芽节间的过分伸长。

本试验在最佳伸长培养基的 MB+IAA 1.0mg/L+6-BA 3.0mg/L + GA_3 2.0mg/L 的基础分别添加 CM（10%）和 10mg/L 的硝酸银，结果表明：10%的 CM 对芽的伸长有强烈的抑制作用，这与曹冬孙和贾士荣（1993）的结果不一致。而 10mg/L 的硝酸银能促进芽的伸长。硝酸银作为一种乙烯抑制剂，低浓度使用可以促进芽的诱导，但能促进不定芽的伸长还未见报道，具体机理尚待进一步的研究。

参 考 文 献

曹冬孙, 贾士荣. 1993. 青椒子叶培养及植株再生[J]. 园艺学报, 20(2): 171-175.

何晓明, 王鸣, 王吉之. 1997. 辣椒子叶原生质体培养和植株再生[J]. 园艺学报, 24(3): 298-300.

黎定军, 张宝玺, 赵开军, 等. 2002. 辣椒子叶高效植株再生体系的建立[J]. 园艺学报, 29(11): 25-29.

余小林, 李乃坚, 黄可然, 等. 2000. 辣椒子叶离体培养和植株再生体系的建立[J]. 园艺学报, 27(1): 42-46.

邹学校. 2002. 中国辣椒[M]. 北京: 中国农业出版社.

Ediba A I A, Hu C Y. 1993. *In vitro* morphogenetic and plant regeneration from pepper (*Capsicum annuum* L. W. Early California Wonder) seedling explants[J]. Plant Cell Rep, 13(2): 107-110.

Gunay A L , Rao P S. 1978. In vitro plant regeneration from hypocotyls and cotyledon explants of red pepper (*Capsicum*)[J]. Plant Science Letters, 11: 365-372.

Szasz A, Nervo G, Fari M. 1995. Screening for in vitro shoot-forming capacity of seedling explants in ball pepper genotypes and efficient plant regeneration using thidiazron[J]. Plant Cell Rep, 14(10): 666-669.

In Vitro Plant Regeneration of Leaf Culture of Pepper CMS

Deng Ming-hua[1, 2], Wen Jin-fen[3] , Zou Xue-xiao[1], Yang De[2], Zhu Hai-shan[2], Zhou Qun-chu[1], Liu Zhi-min[1]

([1] national Research and Extension Center of New Pepper Variety Technology, Hunan Academy of Agricultural Science, Changsha 410125; [2] Department of Horticulture, Yunnan Agricultural University, Kunming 650201; [3] Faculty of Modern Agricultural Engineering, Kunming University of Science and Technology, Kunming 650224)

Abstract: In this paper, using leaves from the seedling of pepper CMS 9704A and 8214A as experiment material, effects of different content of IAA, 6-BA and GA_3 on shoots regeneration and elongation were studied. Though selected: MS+6- BA 5.0mg/L+IAA 1.0mg/L was favoured for shoots regeneration. Shoots elongated well on MB+IAA 1.0mg/L+6-BA 3.0mg/L+GA_3 2.0mg/L +$AgNO_3$ 10.0mg/L。1/2MS+IAA 0.3~0.5mg/L were fit for root growth.

Key Words: *Capsicum;* CMS; Leaf culture; Plant regeneration

图版1　图版2　图版3　图版4

图 1　辣椒 CMS 系叶片培养植株再生的结果

Fig. 1　Result of regeneration from leaves of pepper CMS

1. 真叶外植体在 PD 培养基上分化出愈伤组织和不定芽；2. 在 PD 培养基上继代 2 次后的不定芽；3. 不定芽在 PE 培养基伸出茎节；4. 茎芽在 PR 培养基上形成不定根

辣椒果实发育过程中果色与类胡萝卜素的变化*①

戴雄泽[1,2,3]，王利群[3]，陈文超[2,3]，张竹青[1,2,3]，杨博智[1]，邹学校[3]，刘志敏[1]

（[1] 湖南农业大学农学院，长沙 410128；[2] 湖南省蔬菜工程技术研究中心，
[3] 湖南省农业科学院，长沙 410125）

摘要：【目的】研究不同颜色辣椒果实发育过程中类胡萝卜素种类和含量的变化规律，分析辣椒果实色泽与类胡萝卜素变化的相关性，为选育高辣椒红素新品种提供参考。

【方法】采用薄层层析方法测定不同时期辣椒果色、类胡萝卜素种类和含量。

【结果】①青果期绿色，成熟期红色的品种共分离出 16 种色素；前期合成的叶绿素和部分黄色类胡萝卜素含量转色期下降，转色期前后开始合成的红色、橙色和黄色类胡萝卜素含量大幅增加；成熟期类胡萝卜素总含量和辣椒红素含量较高。②青果期乳白色，成熟期为红色品种共分离出 12 种色素，青果期色素含量低；随着果实发育，青果期合成的黄色类胡萝卜素含量变化不大，青果期后合成的黄色、橙色和红色类胡萝卜素含量增加较快；成熟期类胡萝卜素总含量较低，辣椒红素含量较高。③青果期绿色，成熟期为橙色的品种共分离出 14 种色素；叶绿素逐渐降解，青果期前合成黄色类胡萝卜素含量变幅不大，青果期后合成的黄色和橙色类胡萝卜素含量迅速增加；成熟期类胡萝卜素总含量较高，没有合成辣椒红素。④青果期绿色，成熟期为黄色的品种共分离出 9 种色素；叶绿素和黄色类胡萝卜素逐渐降解，没有合成新的类胡萝卜素，成熟期类胡萝卜素总含量低。

【结论】在辣椒果实发育过程中，不同颜色果实类胡萝卜素种类和含量不同，同一类型不同品种变化趋势基本相同，但含量有差异；青果期为绿色，成熟期为红色的品种为选育高辣椒红素的理想材料；不同颜色辣椒果实中类胡萝卜素合成途径不同。

关键词：辣椒；类胡萝卜素；辣椒红素

0 引 言

【研究意义】随着生活水平的提高，人们越来越重视食品的保健和安全。由于天然类胡萝卜素在生物体内抗氧化，能降低癌症风险、增加免疫能力（Igor et al.，2011），

* 基金项目：国家“863”计划项目（2006AA10Z1A6-3）。

① 本文原载《中国农业科学》，2009，42（11）：4004-4011。

各国育种家开始重视作物品种中类胡萝卜素含量的选择。辣椒果实主要有红色、黄色、橙色和紫色 4 种颜色，富含多种类胡萝卜素，近年来辣椒红素在食品加工、医药、化妆等领域得到广泛应用。目前辣椒红素市场逐渐扩大，急需大量高辣椒红素含量的品种。**【前人研究进展】**类胡萝卜素广泛存在于植物叶绿体和有色体膜上，它们是由多个已戊二烯组成，颜色随着共轭双键的数目而变动，绝大多数呈黄色、橙色和红色。柑橘（陈力耕等，1993；陶俊等，2003）、辣椒（Dámaso et al.，2000）、番茄（Fraser et al.，1994）、柿（袁冰等，2006）、枇杷（熊作明等，2007）、枸杞（李赫等，2006）、宫内伊予柑（王伟杰等，2006）等作物研究表明，类胡萝卜素组成及含量变化引起果色变化，影响果实的商品性。西班牙学者究表明，辣椒果实成熟过程中大量合成的红色类胡萝卜素为辣椒特有，并对辣椒红素 5,6-环氧化物等辣椒类胡萝卜素进行了成功的提纯（Hornero-Méndez and Mínguez-Mosquera，1998）；匈牙利学者 József（1992）和 Luis（1991）对成熟辣椒类胡萝卜素的组成进行了系统的研究。国内主要对辣椒色素（张中义等，1996；Zhao et al.，2004；Chen et al.，1995）、类胡萝卜素的提取方法上作了大量研究。人们普遍认为，不同成熟期辣椒果实中类胡萝卜素总量、红色类胡萝卜素含量以及叶绿素的含量都有很大变化，但是研究者较少。**【本研究的切入点】**提取辣椒红素品种的商业价值由其果实中的辣椒红素和相关类胡萝卜素含量决定，目前与辣椒品种选育相关的研究如品种中类胡萝卜素含量的差异、类胡萝卜素组成和含量与果实色泽关系等报道较少，且研究方法主要是 HPLC（Carolyn and John，1987）。为了提高高辣椒红素品种选育效率，有必要采用实验操作简便、实用的薄层层析法筛选高辣椒红素的品种资源。**【拟解决的关键问题】**重点研究不同颜色辣椒果实中色泽与类胡萝卜素总含量和红色类胡萝卜素含量的相关性和类胡萝卜素的代谢规律，筛选优质的品种资源，为选育高辣椒红素含量新品种提供理论依据。

1　材料与方法

1.1　试材与取样

7 个不同颜色辣椒品种（*Capsicum annuum* L.）均为湖南省蔬菜研究所提供。果实采收后，颜色经过肉眼感观集中比较和全自动测色色差计测定。根据果实青果期和成熟期颜色，将 7 个品种分为 4 种类型。Ⅰ类：青果期绿色，成熟期红色，品种有美国红、奇红椒和绿分；Ⅱ类：青果期乳白色，成熟期红色，品种有白皮椒和乳白椒；Ⅲ类：青果期绿色，成熟期橙色，品种有黄辣子；Ⅳ类：青果期绿色，成熟期浅黄色，品种有祁阳黄椒。供试材料于 2007 年露地种植在湖南省蔬菜研究所实验基地，管理和当地大田栽培相同。取样分青果（开花后 25 天）、转色（果实表面 50%左右变色）和成熟（果实充分成熟）3 个时期，重复 3 次，大果以 5 个为一重复，小果以 15 个果为一重复。

1.2　辣椒果实颜色测定

用 WSC-Y 全自动测色色差计（北京光学仪器厂）测定果实色度中的红绿色指标 a 值和黄蓝指标 b 值，每个重复测定 10 个果。根据 a、b 值计算综合色度指标——色度角（h），$h=\text{arctg}(b/a)$。

1.3 类胡萝卜素样品提取

类胡萝卜素的提取按李浩明和高蓝（1995）介绍方法略作改动。取 5~15 个辣椒洗净、切开、去籽、去梗，切碎，准确称取 5.00g 样品放入研钵中，加少量碳酸钙和石英砂，用石油醚（沸点 30~60℃）和 95%乙醇（2∶1）做提取剂反复研磨样品至无色。过滤后加入少量蒸馏水静置分层，放去水层，用蒸馏水反复洗涤数次至水层无色为止。将所得有机溶液减压浓缩至膏状，用移液枪准确吸取石油醚（沸点 30~60℃）与丙酮（1∶1）混合溶剂 1.5mL 洗涤浓缩瓶上的色素，转入小离心管中，备用。

β-胡萝卜素标样购自美 Sigma 公司，配制为 0.1μg/mL 标准液，并制定标准曲线，根据面积换算为β-胡萝卜素含量。

1.4 类胡萝卜素成分 TLC 分析

参照黄孝原和刘仲华（1989）方法，将提取样品点在 10cm×10cm 硅胶 G60 高效板上（青岛海洋化工厂分厂），点样量青果期 6μL、转色期 5μL、成熟期 1μL，展开剂为石油醚（沸点 60~90℃）：丙酮＝4∶1。点样后的硅胶板放入盛有展开剂的层析缸内，使溶剂浸没 0.5cm 高硅胶层（板倾斜角度为 90°，室温 25℃左右），层析展开至溶剂前沿离顶端 1cm 时取出，冷风吹干，立即进行扫描和照相。层析仪器为瑞士 CAMAG 薄层层析仪（SCANNER3）：Linomat5 点样器、薄层色谱摄像仪（REPROSTARⅡ）、薄层层析缸。扫描：将硅胶板放入瑞士 CAMAG 薄层层析仪扫描，扫描波长为 450nm，扫描速度为 20mm/s，夹缝长为 6.00mm×0.45mm，光源为 D_2 灯。照相：用 CAMAG 薄层色谱摄像仪下在白光下进行照相。层析结束时，溶剂渗透距离为 *a*，物质移动距离为 *b*，*b*/*a* 的值（0.0~1.0）就是这种物质的 R_f值。层析条件保持恒定，各种物质呈现特定的 R_f值，是鉴定物质的重要参数。

2 结果与分析

2.1 不同发育时期辣椒果实叶绿素、类胡萝卜素含量变化

由表 1 可知，随着辣椒发育成熟，叶绿素与黄色类胡萝卜素含量比值（G/Y）变小，说明叶绿素含量逐渐下降，最终完全降解；红色类胡萝卜素与黄色类胡萝卜素含量比值（R/Y）逐渐增大，说明青果期后合成的红色类胡萝卜素含量增加幅度大于黄色类胡萝卜素；黄辣子和祁阳黄椒（R/Y）为 0，说明没有合成红色类胡萝卜素。红色和橙色品种果实中色素含量呈上升趋势，不同类型、同一类型不同品种类胡萝卜素总含量差异较大，奇红椒、美国红和绿分（Ⅰ类）成熟期类胡萝卜素含量较高，其次是黄辣子（Ⅲ类），白皮椒和乳白椒（Ⅱ类）含量较低。祁阳黄椒（Ⅳ类）类胡萝卜素从青果期到转色期含量变化不大，但成熟期含量急剧下降。

2.2 果色与叶绿素、类胡萝卜素含量的关系

由表2可知，用全自动测色色差计测定的色度角 *h* 与肉眼感观辣椒果实颜色基本一致。青果期 *h* 值>100，*h* 值越大，果实绿色越深；成熟期 *h* 值<100，*h* 值越小，红色越深。

表 1　不同成熟阶段辣椒果实色素含量及叶绿素和红色类胡萝卜素与黄色类胡萝卜素的比值（mg/kg FW）

Table 1　Evolution of the pigment content and isochromic fractions ratio during fruit ripening of seven *C. annuum* cultivars（mg/kg FW）

品种 cultivar	青果期 Green		转色期 Changing			成熟期 Ripe	
	总含量 total content	绿/黄 G/Y	总含量 total content	绿/黄 G/Y	红/黄 R/Y	总含量 total content	红/黄 R/Y
奇红椒 Qihongjiao	144.80	0.746	484.60	0.348	0.373	1233.01	1.197
美国红 Meiguohong	115.566	0.969	265.113	0.542	0.381	963.213	1.318
绿分 Lufen	95.676	1.152	264.686	0.582	0.409	743.675	1.453
白皮椒 Baipijiao	20.011	0	141.819	0	0.571	261.018	0.436
乳白椒 Rubaijiao	9.168	0	105.731	0	0.299	130.977	0.644
黄辣子 Huangliazi	115.725	0.621	223.407	0.249	0	463.01	0
祁阳黄椒 Qiyanghuangjiao	105.10	0.391	106.1	0.292	0	27.999	0

表 2　品种不同发育期的果实颜色

Table 2　The fruits color during fruit development of seven *C. annuum* cultivars

时期 Time	颜色与色角度 color and horn	美国红 Meiguohong	奇红椒 Qihongjiao	绿分 Lufen	白皮椒 Baipijiao	乳白椒 Rubaijiao	黄辣子 Huangliazi	祁阳黄椒 Qiyanghuangjiao
青果期 Green	颜色 color	绿	深绿	绿	乳白	乳白	绿	浅绿
	色度角 *h*	126.4	151.3	129.1	104.7	100.5	127.7	122.1
成熟期 Ripe	颜色 color	红	深红	红	浅红	浅红	橙	浅黄
	色度角 *h*	29.2	16.8	25.4	39.6	34.7	53.5	101.1

表由 1 可知：在青果期 G/Y 值由大到小依次为：绿分、美国红、奇红椒、黄辣子、祁阳黄椒、白皮椒和乳白椒；经表 1 计算得知青果期各品种果实中叶绿素的含量由多到少依次为：奇红椒、美国红、绿分、黄辣子、浅绿色品种祁阳黄椒、白皮椒和乳白椒，与表 2 的色度角 *h* 排序结果基本一致，说明果实绿色细微变化与叶绿素绝对含量有关，但与 G/Y 不一定成正相关。

由表 1 可知果实中含有红色类胡萝卜素表现为红色，不含红色类胡萝卜素为橙色或黄色。红色果实中红色深浅与红色类胡萝卜素含量（表 3）和总类胡萝卜素含量三者趋势一致，绿分类胡萝卜素总含量低于美国红，但其 R/Y 值大，红色类胡萝卜素含量差异不大，颜色基本相同，说明红色类胡萝卜素绝对含量与果实红色细微变化关系更紧密。没有合成红色类胡萝卜素的品种，类胡萝卜素总含量高果实表现为橙色，总含量低（约为橙色品种的 6%）的果实为浅黄色。奇红椒类胡萝卜素总含量、红色类胡萝卜素含量和 R/Y 值较大，是选育高辣椒红素的理想材料。

2.3　4 种类型不同成熟阶段果实色素组成和含量变化

美国红、奇红椒和绿分 3 个品种（Ⅰ类）三个时期共分离出了 16 种色素，类胡萝卜素含量变化趋势基本相同（表 3，图 1A）。青果期分离出 8 种色素，其中绿色素 3 种，分别是 R_f0.06、R_f0.08 和 R_f0.55，黄色类胡萝卜素 5 种，分别是 R_f0.03、R_f0.12、R_f0.18、R_f0.35 和 R_f0.96；转色期分离出 16 种色素，除青果期的 8 种外，增加了 3 种红色（R_f0.30、R_f0.45 和 R_f0.87）、3 种橙色（R_f0.10、R_f0.60 和 R_f0.92）和 2 种黄色类胡萝卜素（R_f0.23

和 R_f0.77)；成熟期含有 10 种色素，为转色期合成的 8 种类胡萝卜素和青果期留下 2 种黄色类胡萝卜素（R_f0.30 和 R_f0.96）。青果期 3 种绿色素和 3 种黄色类胡萝卜素（R_f0.12、R_f0.18 和 R_f0.35）含量从青果期到转色期上升，转色期后开始下降，有的完全降解，R_f0.03 和 R_f0.96 含量上升，总的黄色类胡萝卜素含量变化不大。青果期后合成并积累的 8 种类胡萝卜素随着果实发育成熟其含量增加，由多到少依次为：橙色、红色、黄色，红色色素中 R_f0.45 的含量最大，橙色色素中 R_f0.92 的含量最大。

乳白椒和白皮椒（Ⅱ类）三个不同时期共分离出 12 种色素（表 3，图 1B）。和Ⅰ类相比，青果期没有分离出绿色素（R_f0.06、R_f0.08 和 R_f0.55）和黄色类胡萝卜素（R_f0.12 和 R_f0.35），但黄色类胡萝卜素 R_f0.23 青果期前已开始合成，含量变化呈上升趋势；青果期后合成 2 种黄色类胡萝卜素（R_f0.50 和 R_f0.77），该类各种色素含量低于Ⅰ类，但含量变化趋势与Ⅰ类相同，其中 R_f0.60 含量很低。

黄辣子（Ⅲ类）分离出 14 种色素（表 3，图 1C）。与Ⅰ类比较，青果期 8 种色素相同，青果期后合成了 5 种黄色类胡萝卜素（R_f0.40、R_f0.45、R_f0.50、R_f0.60、R_f0.78）和 1 种橙色类胡萝卜素（R_f0.92），而 R_f0.45 和 R_f0.60 在红色辣椒品种为红色或橙色，$\mathrm{R_f}$0.40 只在橙色品种中发现；除叶绿素含量逐渐下降外，前期合成的黄色类胡萝卜素含量随着果实发育增加；后期合成的类胡萝卜素含量增加，黄色＞橙色，其中 $\mathrm{R_f}$0.92 的增长量非常明显。

祁阳黄椒（Ⅳ类）分离 9 种色素（表 3，图 1D）。青果期除含有与Ⅰ类、Ⅲ类相同的 8 种色素外，还有 1 种黄色类胡萝卜素（R_f0.77），该类胡萝卜素在其他 3 类中均在青果期后开始合成。随着果实发育，前期合成的色素含量逐渐下降，后期没有合成新的类胡萝卜素，到成熟期类胡萝卜素总含量很低。

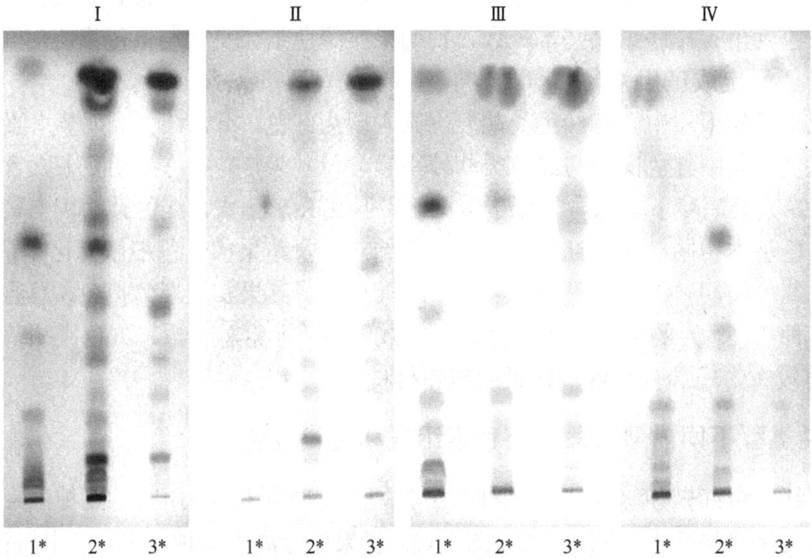

A：Ⅰ类　　B：Ⅱ类　　C：Ⅲ类　　D：Ⅳ类

1^* 为青果期；2^* 为转色期；3^* 为成熟期　1^*Green；2^*Changing；3^* Ripe

图 1　不同类型辣椒果实色素薄层层析

Fig. 1　TLC analysis of pigment composition during fruit development of 4 pepper type

表 3 不同品种辣椒果实中类胡萝卜素组分及含量变化

Table 3 Change of carotenoids composition and content during fruit development of 7 *C.annuum* cultivars

	美国红 Meiguohong			奇红椒 Qihongjiao			绿分 Lufen			乳白椒 Rubaijiao			白皮椒 Baipijiao			黄辣子 Huangliazi			祁阳黄椒 Qiyanghuangjiao		
R_f 值 R_f value	青果期 Green	转色期 Changing	成熟期 Ripe	青果期 Green	转色期 Changing	成熟期 Ripe	青果期 Green	转色期 Changing	成熟期 Ripe	青果期 Green	转色期 Changing	成熟期 Ripe	青果期 Green	转色期 Changing	成熟期 Ripe	青果期 Green	转色期 Changing	成熟期 Ripe	青果期 Green	转色期 Changing	成熟期 Ripe
R_f0.03	7.19	16.62	36.63	9.54	23.18	43.51	6.32	11.72	44.32	2.02	17.22	3.03	5.28	16.58	19.49	9.94	4.32	37.15	8.11	11.02	7.81
R_f0.06	9.20	8.69	0	2.61	8.36	0	12.3	9.07	0							14.63	12.04	0	3.82	5.91	0
R_f0.08	34.71	29.83	0	39.59	42.82	0	30.09	33.34	0							14.35	19.39	0	20.06	6.82	0
R_f0.10	0	30.16	141.93	0	35.34	134.78	0	33.77	87.15	0	21.28	12.11	0	16.45	25.82						
R_f0.12	6.16	14.61	0	14.97	21.55	0	4.34	13.94	0							10.89	15.75	27.44	16.42	15.99	5.03
R_f0.18	13.76	20.35	0	20.07	31.25	0	14.81	16.85	0	2.34	9.53	7.66	3.05	6.23	8.03	17.68	21.97	26.79	26.63	19.43	4.82
R_f0.23	0	13.56	59.79	0	30.88	110.96	0	16.78	47.22	1.83	7.14	5.24	4.12	7.16	16.59						
R_f0.30	0	11.37	78.24	0	16.81	104.12	0	13.66	49.29	0	2.99	3.85	0	7.19	6.59						
R_f0.35	15.27	13.49	0	17.82	32.97	0	9.24	12.71	0							25.05	23.33	23.14	7.65	20.39	1.50
R_f0.40																0	0	20.93			
R_f0.45	0	12.54	153.93	0	35.58	222.10	0	16.24	179.24	0	7.01	12.94	0	18.68	26.50	0	0	24.63			
R_f0.50										0	1.74	7.35	0	6.11	15.89	0	5.26	48.69			
R_f0.55	14.18	14.65	0	20.11	34.85	0	8.59	13.03	0							15.13	9.44	0	5.72	11.26	0
R_f0.60	0	13.45	97.13	0	40.41	137.54	0	11.06	42.98	0	3.34	3.99	0	3.62	7.83	0	15.40	38.17			
R_f0.77	0	14.04	86.53	0	38.67	126.21	0	13.68	65.04	0	7.32	16.52	0	8.95	30.84	0	19.62	44.43	7.20	0.55	1.78
R_f0.86	0	14.09	54.64	0	20.87	76.24	0	9.06	41.77	0	3.94	15.02	0	5.69	11.93						
R_f0.92	0	29.74	214.62	0	50.93	222.28	0	31.51	56.29	0	20.72	33.89	0	36.89	79.24	0	18.72	73.50			
R_f0.96	15.1	7.79	39.77	20.11	20.16	55.28	9.99	8.22	30.36	3.18	3.5	9.37	7.57	8.25	12.27	10.27	58.27	98.10	9.5	14.72	7.06

比较4种类型类胡萝卜素的组成和含量变化，结果说明类胡萝卜素总含量高，且含有6种红色或橙色类胡萝卜素组分的品种为红色；类胡萝卜素总含量较高，但只含有1种橙色类胡萝卜素（R_f0.92）组分的品种为橙色；类胡萝卜素总含量低，没有红色或橙色类胡萝卜素组分的品种为黄色。红色品种青果期前合成的色素随着果实发育成熟逐渐降解或转化为红色或橙色类胡萝卜素，到成熟期类胡萝卜素总含量最高；橙色品种除绿色素含量降解外，其他黄色类胡萝卜素含量增加，到成熟期类胡萝卜素总含量较高；黄色品种青果期所有色素逐渐降解，没有合成新的类胡萝卜素，到成熟期类胡萝卜素总含量最低。

3 讨　论

3.1 辣椒果实颜色与类胡萝卜素组成和含量的关系

本文研究四种类型 7 个不同颜色辣椒品种 3 个不同发育阶段的色素组成与含量变化，结果表明，辣椒果实的颜色与其积累的类胡萝卜素的种类和含量有关。青果期果实中含有叶绿素表现为绿色，没有叶绿素为乳白色，绿色深浅主要由叶绿素的绝对含量决定；成熟期果实为红色的品种，类胡萝卜素总含量和红色类胡萝卜素含量较高，但黄辣子成熟期类胡萝卜素总含量高于白皮椒和乳白椒，由于没有合成红色类胡萝卜素果实为橙色，说明辣椒果色不同并非果实中类胡萝卜素总量差异，而是由于类胡萝卜素种类不同，与陶俊等（2003）研究柑橘“胡柚”果皮颜色变化结果有差异，果实红色深浅主要由红色类胡萝卜素绝对含量决定，结果与张宝玺等（1996）的研究近似。青果期乳白色和成熟期浅黄色果实中类胡萝卜素含量很低，仅为橙色品种的6%，红色品种的2%~4%，浅红色品种的 11%~22%，果实中黄色类胡萝卜素含量多少决定果实颜色细微变化，说明类胡萝卜素总含量与浅色品种色泽有关，万寿菊花颜色由白到黄的变化有类似报道（Moehs et al.，2001）。

3.2 不同颜色类型果实中类胡萝卜素组成和含量变化

不同成熟期辣椒果实中类胡萝卜素含量变化很大。本研究共分离出 18 种色素，其中绿色3种，红色和橙色6种，黄色9种。青果期为绿色、成熟期为红色的3个品种（Ⅰ类），不同阶段分离的类胡萝卜素种类相同，含量不同；前期合成的叶绿素和部分黄色类胡萝卜素（R_f0.12、R_f0.18 和 R_f0.35）随着果实发育成熟，逐渐降解为零，黄色类胡萝卜素 R_f 0.03 和 R_f 0.96 变化幅度不大，呈上升趋势；青果期后合成的红色、橙色和黄色类胡萝卜素 R_f0.23 和 R_f0.77 迅速增加，与前人（József et al.，1996）研究结果基本相同。青果期为乳白色、成熟期为红色的 2 个品种（Ⅱ类）3 个发育阶段分离类胡萝卜素的种类相同，含量不同，随着果实发育成熟各种颜色类胡萝卜素含量增加。青果期为绿色、成熟期为橙色的品种（Ⅲ）除叶绿素含量下降外，其他类胡萝卜素含量增加。青果期为绿色、成熟期为浅黄色（Ⅳ）所有色素含量下降，后3种类型色素含量的变化趋势研究较少。本研究说明不同颜色类型辣椒果实在不同发育阶段类胡萝卜素的组成和含量不同；同一类型不同品种类胡萝卜素的组成和变化趋势相同，含量不同。根据各种组分在成熟过程中含量变化规律与多种文献分析比较，基本可以确定 R_f 0.06、R_f 0.08 和 R_f 0.55 分别为叶绿素 a、叶绿素 b 和脱镁叶绿素，R_f 0.30 为辣椒玉红素，R_f 0.45 为辣椒红素，R_f 0.96 为β-胡萝卜素，本文重点研究类胡萝卜素的变化规律，其他类胡萝卜素不能确定，有待进一步研究。

3.3 不同颜色类型辣椒果实中类胡萝卜素代谢

目前知道同一类型不同品种类胡萝卜素代谢途径相同，不同类型类代谢途径有差异，在本实验中也得到了验证。特别值得一提的是：红色和淡黄色品种的中间类型橙色品种（III类）中分离出了红色品种有而黄色品种没有类胡萝卜素 R_f 0.45、R_f 0.6、R_f 0.92，在本实验中 R_f 0.45、R_f 0.6 不是红色和橙色而是黄色。前人研究表明辣椒果实中有辣椒红素—辣椒玉红素合成酶（CCS），果实表现为红色，否则因不能合成辣椒红素 / 辣椒玉红素而呈黄色（József et al.，1998），Lang 等（2004）采用红色与橙色杂交后分析其 F_2，结果表明，橙色果实的植株中 *CCS* 基因缺失，在成熟果实中没有 *CCS* 基因转录，TLC 法分析也显示，橙色果实中没有辣椒红素和辣椒玉红素等红色类胡萝卜素。Hurtado-Hernandez 和 Paul（1985）分析了从白色到红色果实 8 种表现型后认为成熟果实的颜色由 3 个独立的基因位点（C1、C2 和 Y）控制，*CCS* 基因对应 Y 位点，决定辣椒红色与橙色，分离的八氢番茄红素合成酶（*PSY*）基因对应 C2 位点，对应 C1 位点的基因没有找到。张宝玺等（1996）的研究结果表明，果实颜色不是单基因控制的质量性状，而是多基因控制的数量性状，柑橘果皮颜色受橙色基因 *Y* 和两对红色基因 *R* 的积加控制，在橙色基因 *Y* 和红色基因 *R* 都存在的情况下表现红色，在橙色基因和红色基因均呈隐性（rryy）时表现为黄色，在其他情况表现为橙色。本研究结果表明，不同颜色类型类胡萝卜素组成有差异，青果期为绿色、成熟期为红色类型：成熟期果实含有红色和橙色类胡萝卜素，且类胡萝卜素总含量高表现为红色，颜色深浅由红色类胡萝卜素绝对含量决定；类胡萝卜素总含量高但只含有 R_f 0.92 橙色类胡萝卜素表现为橙色；类胡萝卜素总含量低，且没有 R_f 0.92 橙色和红色类胡萝卜素表现为黄色。通过与上述研究比较分析，辣椒果实类胡萝卜素合成途径中可能存在上游（可能对应 C1）、中游（可能对应 C2）和下游（Y）3 个关键位点，上游关键位点不能正常表达，导致后期不能合成类胡萝卜素，果实表现为黄色；三个位点都正常，果实表现为红色，上游和中游两个位点正常表达而下游的 Y 位点不能正常表达时果实表现为橙色。果实颜色的变化与类胡萝卜素代谢过程中基因表达的关系还有待进一步研究。

3.4 高辣椒红素品种选育

Arieh 等（1995）认为，不同基因型辣椒果实中类胡萝卜素含量变化很大（70%~90%），*C. annuum* 类胡萝卜素总量最高，各种类胡萝卜素相对含量比值变化较小（8%~35%），可通过基因工程来提高类胡萝卜素含量，改变果实品质，增加营养价值。Minguez-Mosquera 等（1992）认为辣椒类胡萝卜素可分为三类：β-胡萝卜素、酯化了的隐黄质、玉米黄质（Y）、辣椒红素、辣椒玉红素（R）和其他色素（B），品种之间色素含量差异明显，但各品种色素的比例为常数，可作为育种时品质控制的基础。本研究中 7 个品种其类胡萝卜素总含量及组分有一定的差异，说明可以通过定向选择资源的类胡萝卜素总含量和 R/Y 比值，可达到选育红色类胡萝卜素含量高新品种的目的。

4 结　　论

在辣椒果实发育过程中，不同颜色果实类胡萝卜素种类和含量不同，同一类型种类和含量变化趋势基本相同，但品种之间类胡萝卜素总含量和辣椒红素含量有差异；青果期为绿色，成熟期为红色的品种为选育高辣椒红素的理想材料。不同颜色辣椒果实中类胡萝卜素合成途径不同。本研究揭示了辣椒果实发育过程中果色与类胡萝卜素变化规律，可在所需色素或类胡萝卜素含量最大时采摘辣椒果实进行提取。

参 考 文 献

陈力耕, 陈克玲, 李俊, 等. 1993. 柑桔果皮色泽遗传的研究. 园艺学报, 20(3): 221-224.

黄孝原, 刘仲华. 1989. 茶叶叶绿素与类胡萝卜素组分的薄层扫描定量法. 中国茶叶, 11(6): 24-26.

李浩明, 高蓝. 1995. 辣椒果实中类胡萝卜素的组成. 广西植物, 15(2): 176-178.

李赫, 陈敏, 马文平, 等. 2006. 不同成熟期枸杞中类胡萝卜素含量的变化规律. 中国农业科学, 39(3): 599-605.

陶俊, 张上隆, 张良诚, 等. 2003. 柑橘果皮颜色的形成与类胡萝卜素组分变化的关系. 植物生理与分子生物学学报, 29(2): 121-126.

王伟杰, 徐建国, 徐昌杰. 2006. 宫内伊予柑果实发育期间色泽和色素的变化.园艺学报, 33(3): 461-465.

熊作明, 周春华, 陶俊. 2007. 不同类型枇杷果实着色期间果肉类胡萝卜素含量的变化. 中国农业科学, 40(12): 2910-2914.

袁冰, 徐华龙, 冷平. 2006. 柿果实类胡萝卜素化学成分及其含量研究. 中国农学通报, 22(10): 277-280.

张宝玺, 郭家珍, 杨桂梅, 等. 1996. 辣椒绿熟期果色及主要色素含量的遗传. 园艺学报, 23(1): 94-96.

张中义, 孙君社, 章银良, 等. 1996. 超临界 CO_2 纯化辣椒色素的研究.郑州轻工业学院学报, 11(4): 54-58.

Arieh L, Stela H, Dan P, et al. 1995. Carotenoid pigments and β-carotene in paprika fruits (*Capsicum* Spp.) with different genotypes. Journal of Agricultural and Food Chemistry, 43: 362-366.

Carolyn F, John AK. 1987. Separation of Paprika Pigments by HPLC. Journal of Agricultural and Food Chemistry, 35, 55-57.

Chen L, Di L, Bao X. 1995. The technological study on extracted red pepper pigment. Journal of Nanjing University of Science and Technology, 19(3): 255-258.

D. Hornero-Méndez M, Mínguez-Mosquera I. 1998. Isolation and identification of the carotenoid capsolutein from *Capsicum annuum* as cucurbitaxanthin A. Journal of Agricultural and Food Chemistry, 46: 4087-4090.

Dámaso H M, Ricardo G L G, M. Isabel M M. 2000. Carotenoid biosynthesis changes in five red pepper cultivars during ripening. Journal of Agricultural and Food Chemistry, 48: 3857-3864.

Fraser P D, Truesdale M R, Bird C R, et al. 1994. Carotenoid biosynthesis during tomato fruit development. Plant Physiology, 105: 405-413.

Hurtado-Hemandez H, Paul G S. 1985. Inheritance of mature fruit color in *Capsicum annuum* L. J.Hered, 76: 211-213.

Igor V. E, Maia R. E, Robert W. M, et al. 2001. Resonance Raman detection of carotenoid antioxidants in living human tissues. Optis Letters, 26(15): 1179-1181.

Isabel M M, Dámaso H M. 1993. Separation and quantification of the carotenoid pigments in red peppers (*Capsicum annuum* L.), Paprika, and Oleoresin by Reversed-Phase HPLC. Journal of Agricultural and Food Chemistry, 41: 1616-1620.

József D, Zoltán M, Gyula T. 1996. Carotenoid composition in the fruits of *Capsicum annuum* cv. Szentesi Kosszarvú during ripening. Journal of Agricultural and Food Chemistry, 44: 711-716.

József D, Zolth M, József S. 1992. Carotenoid composition in the fruits of black paprika (*Capsicum annuum* Var. *longum nigrum*) during ripening. Journal of Agricultural and Food Chemistry, 40: 2072-2076.

Lang Y Q, Satoshi Y, Tsuneo. et al. 2004. Orange fruit color in *Capsicum* due to deletion of capsanthin-capsorubin synthesis gene. *Breeding Science*, 54: 33-39.

Lefevre V, Kuntz M, Camara B, et al. 1998. The capsanhtin-capsorbin synthase gene: a candidate gene for the y locus controlling the red fruit color in pepper.Plant molecular Biology, 36: 785-789.

Luis A, Jose M López-Roca, Maria E Candela, et al. 1991. Alcdzart. carotenoid composition of new cultivars of red pepper for paprika. Journal of Agricultural and Food Chemistry, 39: 1606-1609.

Moehs C P, Tian L, Osteryoung K W. 2001. Analysis of carotenoids biosynthetic gene expression during marigold petal development. Plant Molecular Biology, 45: 281-293.

Mtnguez-Mosquera M I, Jarén-Galán M, Garrido-Fernández J. 1992. Color quality in paprika. Journal of Agricultural and Food Chemistry, 40: 2384-2308.

Zhao N, Wang Y H, Ma R Y. 2004. Extraction of capsantin from hot red peppers. Journal of Beijing University of Chemical Technology, 31(1): 16-17.

Changes of Fruit Colors and Carotenoid Contents during the Development of Pepper Fruit

DAI Xiong-ze[1, 2, 3], WANG Li-qun[3], CHEN Wen-chao[2, 3], ZHANG Zhu-qing[1, 2, 3], YANG Bo-zhi[1], ZOU Xue-xiao[3], LIU Zhi-min[1*]

([1] College of Agronomy, Hunan Agricultural University, Changsha 410128, [2] Hunan Vegetable Research Center of Engineering and Technology, Changsha 410125, [3] Hunan Academy of Agricultural Sciences, Changsha 410125)

Abstract: **【Objective】** This article studied the change regularity of carotenoid compositions and contents of pepper fruits with different colors during the development, and analyzed the relationship between pepper fruit color and carotenoid changes, providing a reference for breeding new varieties including more capanthin. **【Method】** The compositions and content of carotenoids of pepper fruits at different stages were determined by TLC. **【Result】** Green in period of green fruit and red in maturity varieties: 16 kinds of pigment were isolated. After color-chang period, the content of chlorophyll and a part of yellow carotenoids which were synthesized before the green fruit stage decreased, while the content of combined red, orange and yellow carotenoids after green fruit stage significantly increased. The carotenoid total content and capsanthin content were at a high level in the maturity stage. Milky in period of green fruit and red in maturity varieties: 12 kinds of pigments were isolated. At the green stage, the pigment content was low. With the development of pepper fruit, the content of synthetic yellow carotenoids before the green fruit stage changed very little, but the content of synthesized yellow, orange and red carotenoids after the green fruit stage increased rapidly; the total content of carotenoids was low in the maturity stage, while the capsanthin content was at a high leve1. Varieties of green in period of green it and orange in maturity: 14 kinds ofpigments were isolated. The chlorophyll was degraded gradually, the content of combined yellow carotenoid before the green fruit stage changed little, while the content of synthesized yellow and orange carotenoids after the green fruit stage increased rapidly. The total content of carotenoids was higher in maturity stage but no synthetic red carotenoids was observed. Green in period of green fruit, yellow in maturity varieties: 9 kinds of pigments were isolated. The chlorophyll and yellow carotenoids gradually degraded, there was no synthesis of new carotenoids, the carotenoid total content was low in the maturity stage. **【Conclusion】** During the development of pepper fruit, the carotenoid composition and content were diferent in diferent types. Them tendency of exchange of the same type was almost the similar, but the contens were diferences among diferent varieties. The types which were green in the period of green fruit and red in maturity is the most ideal material for breeding variety including capsanthin with a high leve1. The route to synthesize carotenoid was diferent in various colored pepper fruits.

Key words: *Capsicum annuum L.*; carotenoid; capsanthin

色差计在辣椒果实色泽变化检测中的应用*①

王利群[1]，戴雄泽[2]

（[1]湖南省作物研究所，长沙　410125；
[2]湖南省蔬菜工程技术研究中心，长沙　410125）

摘要：本试验应用色差计对 7 个不同颜色辣椒品种青果期、转色期和成熟期的色泽变化进行检测，同时对同一份样品进行感官检验和薄层层析分析。结果表明，色泽参数中的色度角［$H=\tan^{-1}(b/a)$］、色泽比（$h=a/b$）能反应辣椒果实发育过程中色泽的变化；色差计检测辣椒果实颜色可行，其具有操作简单、成本低、时间短、无损伤等特点。

关键词：辣椒；色差计；色泽比；色度角

色、香、味为辣椒的三个重要品质评定指标，颜色为外在感观，对吸引消费者极为重要。颜色鉴定可通过肉眼感观和仪器分析。肉眼观察简便易行，但由于受感观器官的局限性和人主观性限制，鉴定结果准确性不高（汪琳和应铁进，2000）。目前一些研究者对柑橘（王伟杰等，2006）和枇杷（熊作明等，2007）采用液相色谱法、对辣椒（李浩明和高蓝，1995）和茶叶（黄孝原和刘仲华，1989）采用薄层层析法进行色素成分的定性、定量分析，鉴定结果准确，但检测过程烦琐。国际上通常采用亨特（Hunter）标度来检测色泽，$L=0$ 表示黑色，$L=100$ 表示白色，各种灰~白在 0~100 之间；a 代表红色与青绿色相比的程度，从绿到红 a 值在–80~100 变化；b 值代表黄色与蓝色相比的程度，从蓝到黄 b 值在–80~70 变化。实际色泽研究中应用最多的是 HSI 颜色模型，模型的标准参数有色调（H）、饱和度（C）和明度（L）等。色差计研究产品颜色在肉类新鲜度检验（丁武和魏益民，2002）、绿茶品质（严俊等，1996）、芹菜汁绿色稳定性（陈健初等，1997）和蘑菇护色（郑永华和席玙芳，1994）等领域得到应用。本试验采用全自动测色色差计检测辣椒果实颜色，通过分析 L、a、b、H、h 和 C 等 6 个参数与果实颜色的相关性，旨在获得理想的颜色参数，简化颜色检测程序，为辣椒育种和生产实践提供理论依据和操作简单的实用方法。

1　材料与方法

1.1　试材与取样

美国红、奇红椒、绿分、白皮椒、乳白椒、黄辣子和祁阳黄椒 7 个品种（*Capsicum*

* 基金项目：国家 863 计划项目（2006AA10Z1A6-3）。

① 本文原载《辣椒杂志》，2009，（3）：23-26。

annuum L.）均为湖南省蔬菜研究所提供。试验材料 2007 年露地种植在湖南省蔬菜研究所试验基地，管理和当地大田栽培相同。取样分青果（开花后 25d）、转色（果实表面 50%左右变色）和成熟（果实充分成熟）3 个时期，重复 3 次，大果以 5 个为一重复，小果以 15 个为一重复。

1.2 辣椒果实颜色测定

WSC—Y 全自动测色色差计（北京光学仪器厂）测定果实色度中的亮度指标 *L* 值，红绿色指标 a 值和黄蓝指标 b 值，每个重复测定 10 个果。根据汪琳和应铁进（2000）的研究，计算综合色度指标色度角［$H=\tan^{-1}(b/a)$］、色泽比（$h = a/b$）和饱和度（$C=a^2+b^2$）等参数。

1.3 类胡萝卜素样品提取类胡萝卜素的提取

按李浩明和高蓝（1995）介绍方法略作改动。取 5~15 个辣椒洗净、切开、去籽和梗，切碎，准确称取 5.00g 样品放入研钵中，加少量碳酸钙和石英砂，用石油醚（沸点 30~60℃）和 95%乙醇（2∶1）做提取剂，反复研磨样品至无色。过滤后加入少量蒸馏水静置分层，弃水层，用蒸馏水反复洗涤数次至水层无色为止。将所得有机溶液减压浓缩至膏状，用移液枪准确吸取石油醚（沸点 30~60℃）与丙酮（1∶1）的混合溶剂 1.5mL 洗涤浓缩瓶上的色素，转入小离心管中，备用。

β-胡萝卜素标样购自美 Sigma 公司，配制为 0.1μg/mL 标准液，并制定标准曲线，根据面积换算为 β-胡萝卜素含量。

1.4 类胡萝卜素成分 TLC 分析

参照黄孝原和刘仲华（1989）提供的方法，将提取样品点在 10cm×10cm 硅胶 G60 高效板上（青岛海洋化工厂分厂），点样量青果期 6μL、转色期 5μL、成熟期 1μL，展开剂为石油醚（沸点 60~90℃）∶丙酮=4∶1。点样后的硅胶板放入盛有展开剂的层析缸内，硅胶层板倾斜角度为 90°，使溶剂浸没硅胶层板 0.5cm 高，室温 25℃左右开展层析，层析展开至溶剂前沿离顶端 1cm 时取出，冷风吹干，立即进行扫描和照相。层析仪器为瑞士 CAMAG 薄层层析仪（SCANNER3）、Linomat 5 点样器、薄层色谱摄像仪（REPROSTAR Ⅱ）、薄层层析缸。扫描波长为 450nm，扫描速度为 20mm/s，夹缝长为 6.00mm×0.45mm，光源为 D_2 灯。

1.5 统计分析

所有数据在 DPS 软件（唐启义和冯明光，2002）上进行统计分析。

2 结果与分析

2.1 辣椒果实色泽和色素含量

2.1.1 辣椒果实色泽感观检测

肉眼感观检测辣椒果实青果期和成熟期颜色，将 7 个品种分为 4 种类型。Ⅰ类：青果期绿色，成熟期红色，品种有美国红、奇红椒和绿分；Ⅱ类：青果期乳白色，成熟期红色，品种有白皮椒和乳白椒；Ⅲ类：青果期绿色，成熟期橙色，品种有黄辣子；Ⅳ类：青果期绿色，成熟期浅黄色，品种有祁阳黄椒。同一类型品种之间差异见表 1。

表 1　7 个辣椒品种青果期和成熟期果实颜色

Table 1　Fruit colour of seven hot pepper cultivars during green and stages

时期	I			II		III	IV
	奇红椒	绿分	美国红	白皮椒	乳白椒	黄辣子	祁阳黄椒
青果期	深绿	绿	绿	乳白	乳白	绿	浅绿
成熟期	深红	红	红	浅红	浅红	橙色	浅黄

2.1.2　辣椒果实中色素含量

不同发育时期辣椒果实中叶绿素、类胡萝卜素含量有差异（表 2）。青果期深绿色品种奇红椒色素总含量和叶绿素含量最高；其次是绿色品种美国红、绿分和黄辣子；浅绿色品种祁阳黄椒色素总含量和叶绿素含量较低；白皮椒和乳白椒色素总含量最低，分别为奇红椒的 6.4%、13.8%，不含叶绿素。成熟期深红色品种奇红椒色素总含量和各种颜色类胡萝卜素含量最高；其次是红色品种美国红和绿分；浅红色品种白皮椒和乳白椒总含量低于黄辣子，但其橙色和红色类胡萝卜素含量高，黄辣子不含红色类胡萝卜素；浅黄色品种祁阳黄椒色素总含量最低，仅为浅红色品种乳白椒的 21.4%、深红色品种奇红椒的 2.3%，不含橙色和红色类胡萝卜素。

表 2　不同成熟阶段辣椒果实色素含量（mg/kg FW）

Table 2　Evolution of the pigment content of seven hot pepper cultivars(mg/kg FW)during fruit ripening

品种	青果期（mg/kg FW）			转色期（mg/kg FW）					成熟期（mg/kg FW）			
	总含量	叶绿素	类胡萝卜素	总含量	叶绿素	类胡萝卜素			总含量	类胡萝卜素		
			黄色			黄色	橙色	红色		黄色	橙色	红色
奇红椒	144.82	61.85	82.97	484.62	85.19	196.46	129.71	73.26	1233.01	336.13	494.42	402.46
美国红	115.56	56.85	58.71	265.13	54.01	99.72	73.40	38.00	963.21	217.68	458.72	286.81
绿分	95.67	51.22	44.45	264.69	55.51	95.29	73.40	38.00	963.21	217.68	458.72	286.81
白皮椒	20.01	0	20.01	141.82	0	55.29	54.97	31.56	261.02	103.18	112.82	45.02
乳白椒	9.17	0	9.17	105.73	0	46.48	45.31	13.94	130.97	49.37	49.79	31.81
黄辣子	115.72	44.33	71.39	223.41	40.77	164.07	18.57	0	463.01	390.31	72.70	0
祁阳黄椒	105.1	29.51	75.59	106.09	23.98	82.11	0	0	27.99	27.99	0	0

比较辣椒果实感观颜色结果发现，青果期绿色和成熟期红色的细微变化与色素总含量、叶绿素含量或橙色和红色类胡萝卜素含量有一定的正相关性。

2.2　辣椒果实不同发育时期色泽参数

L 代表明亮度，果实成熟期间 *L* 值的变化表明类胡萝卜素积累导致的色泽加深与叶绿素降解导致的色泽变浅之间的关系。由图 1 中 *L* 值变化可知，*L* 值变化没有反应出同一品种不同发育时期果实颜色变化规律。

a 代表红色与青绿色相比的程度，*a* 值越大表明果实越红，*a* 值为负则表示果实偏青。

从图 1 中 *a* 值变化可知，除成熟期为浅黄色品种祁阳黄椒外，不同发育时期从绿色到红色的变化得以体现，但与品种间颜色的细微差异不一致。

b 值代表黄色与蓝色相比的程度，*b* 值越大表明果实越黄。由图 1 中 b 值变化可知，*b* 值变化没有反映出同一品种不同发育时期果实颜色变化规律。

H 为色调参数中的色度角，变化幅度 0~180 之间，依次为紫红、红、橙红、橙、黄、黄绿、绿和蓝绿，H=0 为紫红，H=90 为黄色，H=180 为绿色。H>100 时，*H* 值越大，果实绿色越深，H<50 时，*H* 值越小，红色越深。由图 1 中的 *H* 值参数变化可知，不同发育时期 *L* 值变化幅度大，品种之间的细微差异得到了体现。

h 为色调参数中的色泽比，青果期为负数，越小，绿色越深，红果成熟期为正数，越大，红色越深。*h* 值的变化与不同发育时期果实颜色变化和品种之间颜色的细微差异基本一致。

C 为饱和度，图 1 中 *C* 参数变化没有反应出果实不同发育时期的颜色变化。

结果说明色度角 *H*、色泽比 *h* 和红绿色代表值 *a* 等参数能反映出辣椒果实不同发育阶段的色泽变化及品种间颜色的细微差异。

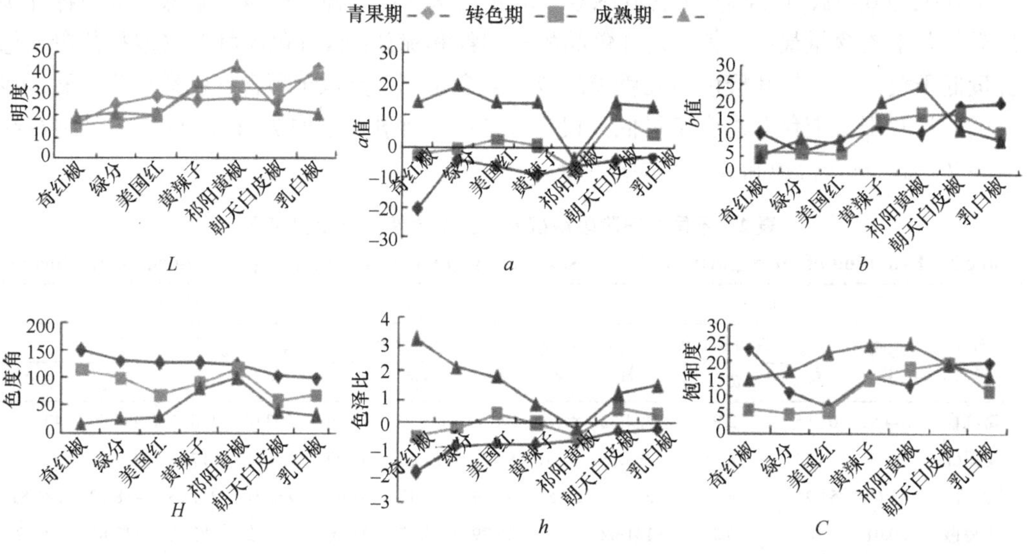

图 1　辣椒品种不同发育时期色泽参数

Fig. 1　Color parameter of seven hot pepper cultivars during fruit ripening

2.3　辣椒果实色泽参数与果实中色素含量相关性

辣椒果实色泽参数与色素总含量、叶绿素含量和黄色、橙色、红色类胡萝卜素含量的相关系数见表 3。饱和度 *C* 与叶绿素含量呈极显著负相关，与其他因素的相关性不显著；亮度 *L* 和黄蓝色值 *b* 与黄色类胡萝卜素含量相关性不显著，与其他因素呈显著性负相关；红绿值 *a* 和色度角 *H* 与黄色类胡萝卜素含量呈显著性相关，与其他因素呈极显著性相关；色泽比 *h* 与所有色素含量呈极显著相关。色素中的黄色类胡萝卜素含量在色泽参数中的影响最小，仅与色泽比呈极显著正相关，与色度角和红绿值呈显著相关。结果说明色度角、色泽比和红绿代表值 *a* 等参数能反映出辣椒果实色素含量。

表 3 辣椒果实色泽参数与色素含量的相关系数

Table 3 Correlation coefficient between colour parame terand pigme ntconte ntduring the development of hot pepper fruit

参数	色素总含量	叶绿素	类胡萝卜素		
			黄色	橙色	红色
L	–0.46*	–0.43*	–0.24	–0.43*	–0.43*
a	0.62**	–0.62**	0.54*	0.66**	0.61**
b	–0.46*	–0.49*	–0.21	–0.44*	–0.45*
H	–0.66**	0.67**	–0.51*	–0.72**	–0.68**
h	0.77**	–0.63**	0.56**	0.82**	0.81**
C	–0.01	–0.63**	0.11	0.01	0.03

注：* $P<0.05$；** $P<0.01$

3 结果与讨论

本研究结果表明，青果期绿色和成熟期红色的细微变化与色素总含量、叶绿素含量或橙色和红色类胡萝卜素含量有一定的相关性；色差计测定参数中的色度角 *H*、色泽比 *h* 和红绿代表值 *a* 能基本反应辣椒果实颜色的变化；色度角 *H*、色泽比 *h* 和红绿代表值 *a* 与辣椒果实中色素成分含量呈显著或极显著相关。综合分析表明，色泽比 *h* 和色度角 *H* 更能反映果实颜色变化和各种色素含量。关于色差计测定参数与产品颜色的关系，前人进行了广泛的研究，有近似结论。汪琳和应铁进（2000）利用番茄采后成熟过程中的色度角、色泽比等参数，建立了多种颜色指标的动力学模型；严俊等（1996）研究认为由色度值所得的茶叶品质评分与感观审评评分有很好的拟合度。本研究表明利用色差计检测辣椒果实颜色方法可行，并具有操作简单、成本低、时间短、无损伤等特点。

颜色作为蔬菜品质的重要组成部分之一，有必要对色泽变化规律进行动力学理论分析和研究。国外对桃（Belie，2000）、苹果（Thai and Shewfelt，1990）等贮藏过程中果实色泽变化的动力学进行了研究，国内有关的报道很少。本试验仅就辣椒果实色泽变化与色泽参数进行了相关性分析，初步认为可通过色泽参数了解果实中类胡萝卜素含量和颜色变化规律。随着计算机技术的迅速发展和广泛应用，有必要进一步加强色泽参数与色泽变化规律研究，并建立色泽参数与辣椒果实颜色动力学模型，为辣椒育种和生产实践提供理论依据。

参 考 文 献

陈健初，董绍华，叶兴乾，等. 1997. 芹菜汁叶绿素及色泽稳定性的研究. 浙江农业大学学报，23(3): 301-304

丁武，魏益民. 2002. 色彩色差计在肉品新鲜度检验中的应. 肉类研究, (4): 47-48.

黄孝原，刘仲华. 1989. 茶叶叶绿素与类胡萝卜素组分的薄层扫描定量法. 中国茶叶, 11(6): 24-26.

李浩明，高蓝. 1995. 辣椒果实中类胡萝卜素的组成. 广西植物, 15(2): 176-178.

唐启义，冯明光. 2002. 实用统计分析及其 DPS 数据处理系统. 北京：科学出版社.

汪琳，应铁进. 2000. 番茄果实采后贮藏的颜色动力学研究. 食品科技, (5): 49-51.

王伟杰，徐建国，徐昌杰. 2006. 宫内伊予柑果实发育期间色泽和色素的变化. 园艺学报，33(3):

461-465.
熊作明, 周春华, 陶俊. 2007. 不同类型枇杷果实着色期间果肉类胡萝卜素含量的变化. 中国农业科学, 40(12): 2910-2914.
严俊, 林刚, 赖国亮, 等. 1996. 测色技术在炒青绿茶品种评价中的应用研究. 食品科学, 17(7): 21-24.
郑永华, 席玙芳. 1994. 蘑菇护色与气调贮藏的初步研究. 浙江农业大学学报, 20(2): 165-168.
Belie. 2000. Development of an automated monitoring device to quantify changes in firmness of apples during storage. Post-harvest Biol. Technol, 18(1): 1-8.
Thai, Shewfelt. 1990. Peach quality changes at different constant storage temperature: empirical models. Trans ASAE, 33(1): 227-233.

Application of Colorimeter for Testing Its Color Change during the Development of Hot Pepper (*Capsicum annuum* L.) Fruit

Wang Liqun[1], Dai Xiongze[2]

([1] Hunan Upland Crops Research institute, Changsha 410125;
[2] Hunan Vegetable Research and Development Center, Changsha 410125)

Abstract: In this study, the fruit color of seven hot pepper cultivars was tested with colorimeter, TLC and experienced eyes respectively from green to ripe fruit stages. The results showed that there was the relationship between colour parameters *H* as well as *h* and color change during the development of hot pepper fruit. It is feasible, simple, cost-saving, time-saving and harmless to measure color of hot pepper fruit with colorimeter.

Key words: hot pepper; colorimeter; *a*/*b*-value; hue angle

辣椒红色素提取及稳定性研究*①

杨博智[1,2]，周书栋[1,2]，欧阳娴[1,2]，张竹青[1,2]，戴雄泽[1,2]

（[1]农业部华中地区蔬菜科学观测实验站，长沙　410125；
[2]湖南省蔬菜工程技术研究中心，长沙　410125）

摘要：采用超声波法提取干红椒中的红色素，研究温度、光照、pH、V_C、H_2O_2和Na_2SO_3溶液对辣椒红色素稳定性的影响。结果表明：温度、光照、H_2O_2和Na_2SO_3溶液对辣椒红色素稳定性影响较大，均可以加快红色素的降解，而pH和V_C溶液对红色素提取液稳定性影响较小。

关键词：辣椒；红色素；稳定性

辣椒红色素是从辣椒中提取出来的一种深红色黏性油状液体，属类胡萝卜色素中的复烯酮类，分子式为$C_{40}H_{56}O_3$，相对分子质量为584.85。辣椒红色素不仅色泽鲜艳，是一种高品质的天然色素，也是目前国际上公认最好销量最大的红色素。它主要应用于食品、饮料、饲料、保健药品和化妆品等领域（周雯雯等，2005；丁筑红等，2010；王胜利等，2012）。提取辣椒红色素对开发和利用我国丰富的辣椒资源具有重要意义，但由于辣椒红色素是一种不稳定的物质，在提取过程中其成分容易遭到破坏，其应用受到很大的制约。为增强其稳定性，有人向其中添加合成色素或工业染料，给产品安全性带来隐患（金青哲等，2007）。因此，探讨辣椒红色素在不同条件下稳定性变化规律，减小辣椒红色素提取过程中的损失十分重要，前人在这方面已做大量工作，并已取得了一定成效（张学锋等，2010；邓祥元等，2011）。本试验采用超声波法提取干红辣椒中的红色素，研究了温度、光照、pH、V_C、H_2O_2和Na_2SO_3溶液对辣椒红色素稳定性的影响，为降低红色素在提取过程的损失及提取工艺上的改进提供理论依据。

1　材料与方法

1.1　材料与试剂

红椒博辣红牛，湖南省蔬菜研究所提供；丙酮（分析纯，衡阳市凯信化工试剂有限公司）；V_C（分析纯，国药集团化学有限公司）、H_2O_2（分析纯，湖南师大化学试剂厂）、Na_2SO_3（分析纯，国药集团化学有限公司）。

* 基金项目：国家公益性行业（农业）专项（200903025）。

① 本文原载《辣椒杂志》，2012，(4)：34-36。

1.2 主要仪器设备

DGG-9123A 型电热恒温鼓风干燥箱（上海森信实验仪器有限公司）；LH-08A 型台式连续投料式中药粉碎机（新昌县城关红利数控制造厂）；RE-2000 型旋转蒸发仪（上海亚荣生化仪器厂）；SHB-B800 循环水真空泵（河南巩义市英峪予华仪器厂）；AL104 型分析天平（上海梅特勒-托利多仪器有限公司）；UV2600 型紫外可见分光光度计（上海尤尼柯仪器有限公司）；KQ5200 型超声波清洗器（江苏省昆山市超声仪器有限公司）；XMTD 型恒温水浴锅（余姚市东方电工仪器厂）。

1.3 方法

1.3.1 辣椒红色素提取

大田中取新鲜红椒，放入电热恒温鼓风干燥箱中 60℃烘干至恒重，取烘好的干椒去柄去籽，用粉碎机磨成粉末，过 40 目筛，收集干辣椒粉备用。准确称取 1.000g 辣椒粉末于三角瓶中，加入 100mL 丙酮，封口膜封口，置于超声波清洗器中 40℃超声 15min 后过滤即得辣椒红色素提取液（周书栋等，2011），并将所得的红色素提取液减压蒸馏浓缩至膏状。

1.3.2 辣椒红色素稳定性研究

取膏状辣椒红色素 0.100g，用丙酮溶解，调整红色素溶液浓度使其吸光值位于紫外扫描分析的线性范围内（$0.3<A<0.7$），得红色素提取液，备用，研究温度、光照、pH、V_C、H_2O_2 和 Na_2SO_3 溶液对辣椒红色素稳定性的影响。

2 结果与分析

2.1 温度对辣椒红色素稳定性的影响

分别取 10mL 辣椒红色素提取液放入试管中，将试管置于恒温水浴锅中 30℃、40℃、50℃、60℃、70℃和 80℃恒温水浴，不时往试管中添加丙酮，使提取液保持在 10mL 刻度处，每隔 30min 取出一支试管，流水冷却至室温后，以丙酮做参比，于波长 460nm 处测其吸光度，连续测 2h，研究温度对辣椒红色素稳定性的影响。

由图 1 可知，温度对红色素提取液稳定性有一定影响，温度越高，影响越明显。温度 30~50℃范围内溶液吸光度值略微下降，温度为 60℃时，吸光度值随着受热时间的延长而下降，温度为 70℃时，随着受热时间的延长，吸光度值下降得更加明显。

2.2 光照对辣椒红色素稳定性的影响

取辣椒红色素提取液放入容量瓶中，将容量瓶分别置于室内暗处、室内自然光、室外日光下，每隔 30min 取少量提取液放入试管中，以丙酮做参比，于波长 460nm 处测其吸光度，连续测 2h，研究光照强度对辣椒红色素稳定性的影响。

由图 2 可知，辣椒红色素提取液在室内暗处避光保存时稳定性最好，室内自然光对其稳定性影响也小，保存 2h 后溶液吸光度相对保存率分别为 99.13%和 97.57%；而当

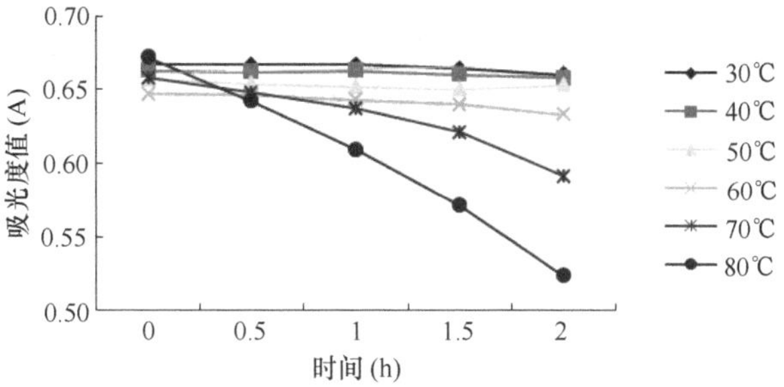

图 1　温度对辣椒红色素稳定性的影响

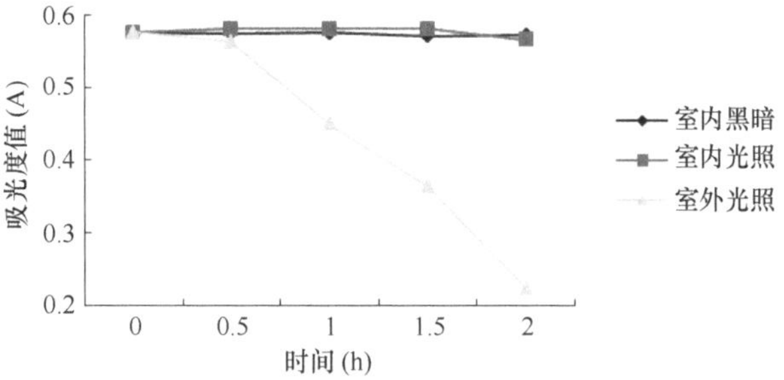

图 2　光照对辣椒红色素稳定性的影响

处在强日光照射下，红色素提取液极不稳定，随着光照时间的增加吸光度值急剧下降，放置 2h 后，溶液吸光度相对保存率仅为 24.83%。由此可见，辣椒红色素是一种光敏感性很强的物质，应避光保存。

2.3　pH 对辣椒红色素稳定性的影响

取辣椒红色素提取液放入容量瓶中，调提取液 pH 分别至 3.6、4.4、5.4、6.2 和 7.3，置于恒温水浴锅中 40℃水浴，每隔 30min 取少量提取液放入试管中，以丙酮做参比，于波长 460nm 处测其吸光度，连续测 2h，研究 pH 对辣椒红色素稳定性的影响。

由图 3 可知，pH 对辣椒红色素的稳定性的影响较小，溶液呈酸性（pH=3.6、4.4、5.4）时，随着放置时间的延长，溶液吸光度值略微下降，但下降幅度较小，pH 呈弱酸弱碱（pH=6.2、7.3）时，随着放置时间的延长，溶液吸光度值略微上升，但上升幅度也较小。

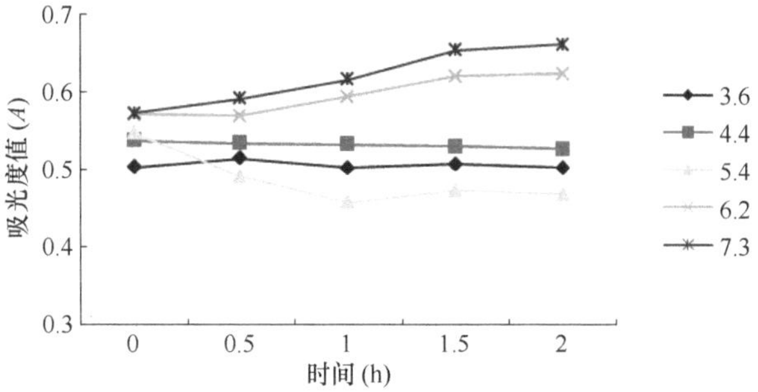

图 3　pH 对辣椒红色素稳定性的影响

2.4 V_C、H_2O_2和Na_2SO_3溶液对辣椒红色素稳定性的影响

分别取辣椒红色素提取液放入容量瓶中，往各容量瓶中分别加入不同浓度的 V_C、H_2O_2和Na_2SO_3溶液，以红色素提取液为对照，置于恒温水浴锅中 40℃水浴 2h 后取少量提取液放入试管中，流水冷却至室温，以丙酮做参比，于波长 460nm 处测其吸光度，判断加入 V_C、H_2O_2和Na_2SO_3溶液后红色素稳定性的变化情况。

由图 4 可知，V_C溶液对红色素提取液稳定性影响较小，虽然提取液吸光度值随着 V_C溶液浓度的增加而上升，但上升幅度十分小；而 H_2O_2和Na_2SO_3溶液却能明显降低红色素提取液吸光度值，且随溶液浓度的增加而下降，其中 Na_2SO_3溶液对红色素提取液的影响较同浓度的 H_2O_2溶液要大。

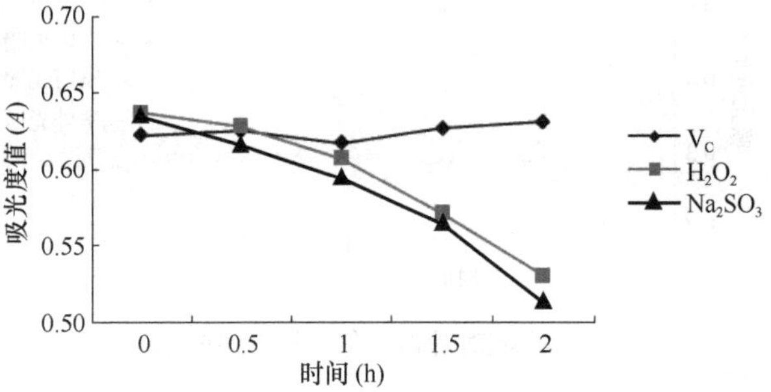

图 4 V_C、H_2O_2和Na_2SO_3溶液对辣椒红色素稳定性的影响

3 结 论

本试验结果表明辣椒红色素受外界条件的影响较大，与前人所得的结论基本一致（张学锋等，2010；邓祥元等，2011），温度、光照、H_2O_2和Na_2SO_3溶液对辣椒红色素稳定性影响较大，均可以加快红色素的降解，而 pH 和溶液对红色素提取液稳定性影响较小，因此，从干红椒中提取辣椒红色素时，提取温度不宜超过 60℃，提取过程中可以向提取液中加入低浓度的 V_C溶液（0.5%~2%）以提高其稳定性，并且应减少强光照射，避免氧化剂（H_2O_2）和还原剂（Na_2SO_3）的引入。

参 考 文 献

邓祥元，刘约翰，高坤，等. 2011. 辣椒红色素稳定性的初步研究. 中国调味品, 36(2): 102-105.

丁筑红，韩江雪，谭书明，等. 2010. 辣椒色素单体组分的分离及其热稳定性研究. 贵州农业科学，38(4): 187-190.

金青哲，齐策，王兴国，等. 2007. 辣椒红色素的分离及光稳定性研究. 食品与生物技术学报，26(2): 53-57.

王胜利，朱晓敏，席改卿. 2012. 提高辣椒红色素稳定性的方法. 湖北农业科学, 51(6): 1207- 1209

张学锋，严正财，余志刚，等. 2010. 辣椒红色素稳定性研究. 中国酿造, (2): 80-82.

周书栋，杨博智，欧阳娴，等. 2011. 超声波提取辣椒红色素的最佳条件优化研究. 湖南农业科学，(11): 39-40.

周雯雯，李湘洲，张炎强. 2005. 辣椒红色素的国内研究进展. 云南化工, 32(5): 52-54.

Extraction and Stability of Capsanthin in Hot pepper

YANG Bozhi[1,2], ZHOU Shudong[1,2], OUYANG Xian[1,2],
ZHANG Zhuqing[1,2], DAI Xiongze[1,2]

([1] Observation experiment Station for Vegetable Science in Central China, Ministry of Agriculture, Changsha 410125, China; [2] Vegetable Research and Development Center of Hunan, Changsha 410125, China)

Abstract: The capsanthin of hot pepper was extracted by ultrasound wave, and the effect of temperature, light, pH value, V_C, H_2O_2 and Na_2SO_3 solution on the stability of capsantin was studied. The results showed that the capsanthin stability was large affect by temperature, light, and H_2O_2 and Na_2SO_3 solution. While the capsanthin stability was small affect by pH value and V_C solution.

Key words: hot pepper; capsanthin; stability

响应面法优化红干椒中辣椒红色素提取工艺*①

杨博智[1,2]，周书栋[1,2]，欧阳娴[1,2]，戴雄泽[1,2*]

（[1]湖南省蔬菜研究所，长沙　410125；
[2]湖南省蔬菜工程技术研究中心，长沙　410125）

摘要：采用超声波法快速提取红干椒中的辣椒红色素，在确定样本容量的基础上，考察了超声温度、超声时间和超声功率对测定结果的影响，采用响应面分析法确定了最佳提取条件。结果表明：采用超声波法提取辣椒红色素时，辣椒取样量为15个，辣椒粉末取样量为1.000g，超声温度48℃，提取时间23min，提取功率40W。采用此方法处理样品时，缩短了提取时间，简化了测定步骤，所得数据重复性好，易于同时测定大批量样品的辣椒红色素含量。

关键词：辣椒红色素；超声波；色价；响应面分析法

辣椒红色素是一种从成熟红色辣椒果实中提取出来的四萜类橙红色天然色素，属类胡萝卜色素中的复烯酮类，为脂溶性色素（武占省等，2004）。其色泽鲜艳、色价高、着色能力强、保色效果好，常被广泛应用于水产品、肉类、糕点、色拉罐头、饮料等各类食品的着色，且具有营养保健功效，现已被证实有抗癌、抗辐射等功效（周雯雯等，2005）。目前辣椒红色素提取分离方法主要包括有机溶液浸提法、超临界 CO_2 流体萃取法、超声波法、微波法、超声波-微波协同法等（王玉琪等，2008；高洪霞等，2009；覃艳等，2011；高飞虎等，2011；刘燕飞等，2011；邓祥元等，2012）。其中有机溶剂浸提法提取工艺虽然简单，但提取时间长，提取率不高，超临界 CO_2 流体萃取及微波法提取成本高，技术难以推广应用，而超声波法提取色素具有生产周期很短、有效成分不易被破坏等优点被广泛采用。据报道，前人采用超声波法提取辣椒红色素时，研究内容主要集中在改进提取条件方面，且所得的色价是浓缩纯化后的辣椒红色素色价而不是红干椒中含有的辣椒红色素色价（张晔等，2011；陈小全等，2009；易醒等，2011）。本研究在确定辣椒取样容量和辣椒粉末取样量的基础上，采用响应面分析法优化辣椒红色素超声波提取条件，能快速得出红干椒中辣椒红色素的含量，为选育高辣椒红色素的辣椒种质资源提供理论依据。

1　材料与方法

1.1　试验材料与试剂

供试材料为博辣红牛 湖南省蔬菜研究所提供；试剂为丙酮（分析纯）国药集团化

---

* 基金项目：国家公益性行业（农业）专项（200903025）。

① 本文原载《中国调味品》，2013，38（10）：98-102，121。

学试剂有限公司；辣椒红色素样品（色价 E=150）云南津渝天然辣素有限公司。

1.2 试验仪器

DGG-9123A 型电热恒温鼓风干燥箱　上海森信实验仪器有限公司；LH-08A 型台式连续投料式中药粉碎机　新昌县城关红利数控制造厂；AL104 型分析天平　上海梅特勒-托利多仪器有限公司；UV2600 型紫外可见分光光度计　上海尤尼柯仪器有限公司；KQ5200 型超声波清洗器　江苏省昆山市超声仪器有限公司。

1.3 试验方法

大田中取新鲜红辣椒，用湿纱布拭去表面灰尘后放入电热恒温鼓风干燥箱中 60℃烘干至恒重，取烘好的红干椒去柄去籽后用粉碎机磨成粉末，过 40 目筛，收集干辣椒粉备用。准确称取一定量的辣椒粉末于 100mL 容量瓶中，往容量瓶中加入丙酮至刻度线处，置于超声波清洗器中提取辣椒红色素。提取完后取上清液用丙酮重新定容至 100mL，再准确吸取 5mL 提取液，加入丙酮将提取液稀至 50mL，用丙酮作参比液，于 460nm 波长处测定其吸光度值，并计算色价。比色时，比色液吸光度值范围为 0.3~0.7，如果吸光度值大于 0.7，则需要用丙酮再稀释至提取液原浓度的一半，若吸光度值小于 0.3，则须弃去，用较大试样量重新制备比色液。

色价计算公式为：$E_{1\text{cm}}^{1\%}$ 460nm=$Af/$（100M）（食品添加剂-辣椒红，2008）

式中：$E_{1\text{cm}}^{1\%}$ 460nm—被测试样为 1%时，采用 1cm 比色皿，在最大吸收峰 460nm 处测得的提取液吸光度值；A—实测试样的吸光度值；f—稀释倍数；M—试样质量，g。

2 结果与分析

2.1 取样容量的确定

2.1.1 辣椒取样容量的确定

设定干椒样本个数梯度（n=10 个、15 个、20 个、25 个），粉碎过筛后，取 1.000g 辣椒粉提取红色素，测定吸光度值并计算色价，重复 3 次试验，结果取其平均值，通过求变异系数，确定样本量，见表 1。

表 1　辣椒取样容量的确定（n =3）

Table 1　The determination of sample sizes of hot pepper

样品个数（个）	色价		
	平均值	标准偏差	变异系数（%）
10	10.37	0.41	3.91
15	10.46	0.17	1.58
20	10.05	0.16	1.56
25	10.11	0.15	1.49

由表 1 可知，随着取样容量的增加，所得的红干椒辣椒红色素色价变异系数随之减小。当 $n \geqslant 15$ 时，所得色价变异系数均小于 1.6%，且差异不明显，考虑到试验工作量

大小，选择 n=15 作为样本容量。

2.1.2 辣椒粉末取样量的确定

取 0.1g、0.2g、0.3g、0.4g、0.5g、0.6g、0.7g、0.8g、0.9g、1.0g 辣椒粉末放入容量瓶中，往容量瓶中分别加入 10mL、20mL、30mL、40mL、50mL、60mL、70mL、80mL、90mL、100mL 丙酮提取红色素，测定吸光度值并计算色价，重复 3 次试验，结果取其平均值，通过求变异系数，确定辣椒粉末取样量，见表 2。

表 2 辣椒粉末取样量的确定

Table 2 The determination of sample capacity of chill powder

处理	质量（g）	体积（mL）	色价		
			平均值	标准偏差	变异系数（%）
1	0.100	10	8.84	0.57	6.39
2	0.200	20	9.14	0.58	6.31
3	0.300	30	8.70	0.48	5.53
4	0.400	40	9.28	0.48	5.19
5	0.500	50	8.74	0.46	5.20
6	0.600	60	9.31	0.49	5.28
7	0.700	70	9.34	0.45	4.77
8	0.800	80	10.37	0.33	3.14
9	0.900	90	10.47	0.14	1.34
10	1.000	100	10.47	0.13	1.19
11	1.100	110	10.46	0.20	1.91
12	1.200	120	10.38	0.21	2.02

由表 2 可知，前 6 种处理方式所得色价变异系数均大于 5%，说明取样量不够，试验数据精确度不高，应予以排除；而当取样量大于大于等于 0.700g 时，所得变异系数均小于 5%，从理论上可得试验时选任何一种处理都符合试验要求。取样量为 1.000g 所测得的色价值最大，变异系数最小，故提取辣椒红色素时，以取 1.000g 辣椒粉末，加入 100mL 丙酮提取为最佳方案。

2.2 单因素实验

2.2.1 超声温度的选择

称取 5 份干辣椒粉至 100mL 容量瓶中，每份 1.000g，往容量瓶中分别加入丙酮至刻度线处，置入超声波清洗器中，超声功率设为 60W，超声时间设为 15min，在 30℃、40℃、50℃、60℃、70℃温度下分别超声提取红色素，测定吸光度值并计算色价，重复 3 次试验，结果取其平均值，见图 1。

由图 1 可知，超声温度对辣椒红色素提取率会产生一定影响。温度在 30~60℃范围内提取液色价随着温度的升高而增加，当温度达到 70℃时，色价明显降低。由于在实际操作过程中，60℃超声时丙酮易挥发，需要不时往三角瓶中添加丙酮，操作麻烦且平行试验时所测得的结果误差较大，故选用 50℃作为超声温度。

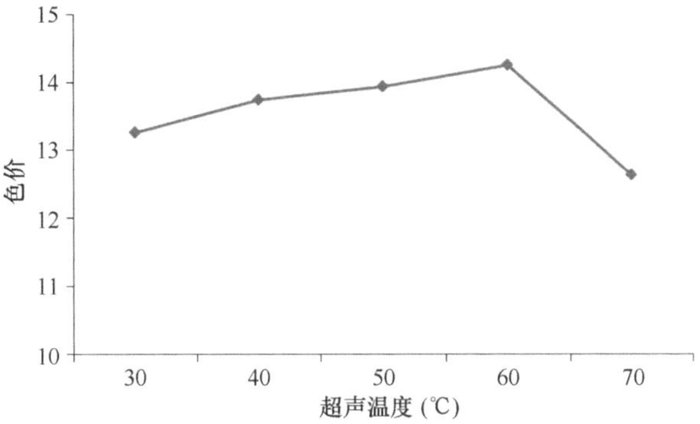

图 1　超声温度对红色素色价的影响

Fig. 1　Effect of ultrasound temperature on color value of capsanthin

2.2.2　超声时间的选择

称取 8 份干辣椒粉至 100mL 容量瓶中，每份 1.000g，往容量瓶中分别加入丙酮至刻度线处，置入超声波清洗器中超声提取红色素，超声温度设为 50℃，超声功率设为 60W，分别超声 5min、10min、15min、20min、25min、30min、35min、40min，测定吸光度值并计算色价，重复 3 次试验，结果取其平均值，见图 2。

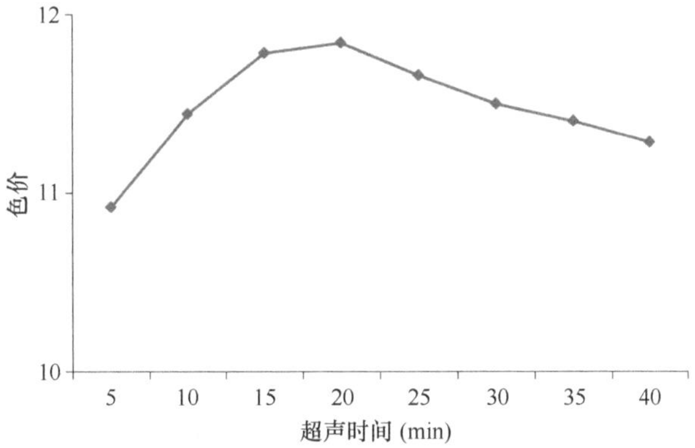

图 2　超声时间对红色素色价的影响

Fig. 2　Effect of ultrasound time on color value of capsanthin

由图 2 可知，随着超声时间的延长，色价呈先升高后下降的趋势。在 5~15 min 范围内色价上升幅度较大，15~20 min 范围内，色价略上升，超过 20 min 后，色价开始下降，由此可见，超声时间以 20 min 为最佳。

2.2.3　超声功率的选择

称取 4 份干辣椒粉至 100mL 容量瓶中，每份 1.000g，往容量瓶中分别加入丙酮至刻度线处，置入超声波清洗器中 50℃超声提取红色素 20min，超声功率分别设在 40W、60W、80W、100W，测定吸光度值并计算色价，重复 3 次试验，结果取其平均值，见图 3。

由图 3 可知，在 40~100W 范围内，色价随着超声功率的增大而增加，但其增长趋势逐渐减小。考虑能耗，决定选择 60W 作为超声功率。

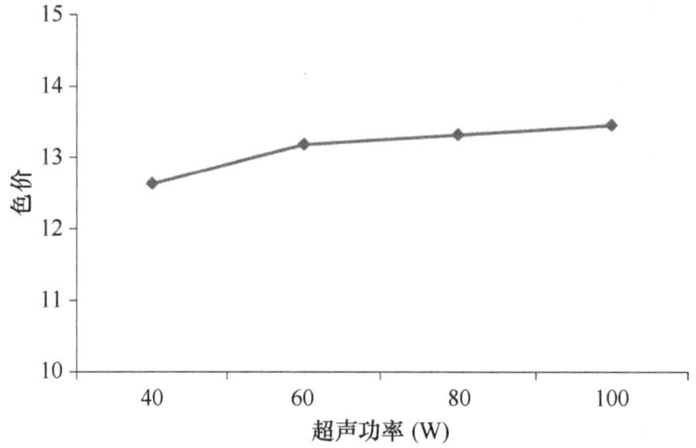

图 3　超声功率对红色素色价的影响

Fig. 3　Effect of ultrasound power on color value of capsanthin

2.3　响应面分析法

2.3.1　分析因素的选取及分析方案

采用 Design–Expert8.0.7.1 软件中的 Box-Benhnken 试验设计原理，在单因素试验的基础上，采用三因素三水平响应面法优化辣椒红色素提取条件。试验因素及水平见表 3，响应面分析方案和结果见表 4。

表 3　响应面分析法的因素与水平表

Table 3　Factors and levels of response surface method

因素	水平		
	–1	0	1
A 超声温度（℃）	40	50	60
B 超声时间（min）	10	20	30
C 超声功率（W）	40	60	80

表 4　响应面分析方案与结果

Table 4　The program and result of response surface analysis

试验号	A 超声温度（℃）	B 超声时间（min）	C 超声功率（W）	E（色价）
1	–1	+1	0	12.02
2	–1	0	–1	12.04
3	0	+1	–1	11.28
4	0	–1	–1	10.58
5	–1	–1	0	11.66
6	0	+1	+1	11.56
7	+1	–1	0	11.00
8	0	–1	+1	10.90
9	+1	+1	0	11.24
10	+1	0	–1	11.06
11	+1	0	+1	11.94
12	–1	0	+1	12.34
13	0	0	0	12.48
14	0	0	0	12.44
15	0	0	0	12.36

由表 4 可知，本次响应面试验设计方案共有 15 个试验点，其中 1~12 个为析因试验，其余 13~15 个为中心试验，用于估算试验误差。

2.3.2 模型建立与显著性分析

由表 5 和表 6 可知，整体模型达极显著水平（$P<0.01$），说明该二项式模型显著，失拟检验不显著（$P>0.05$），且信噪比远大于 4，说明该模型拟合度和可信度均较高，可以对不同提取条件下的辣椒红色素色价进行预测。另外，该模型变异系数为 1.340%，在可接受范围内，说明该试验重复性好。

由表 5 中 F 值可知，影响超声波法提取辣椒红色素的因素次序为超声温度、超声时间、超声功率。三因素中，超声温度一次项、超声时间一次项与超声时间二次项均达极显著水平（$P<0.01$），超声功率一次项和二次项均达显著水平（$P<0.05$）。

表 5 方差分析表

Table 5 The table of variance analysis

	平方和（SS）	自由度（DF）	均方和（MS）	F 值	P 值 Prob>F
模型	5.330	9	0.590	24.26	0.0013**
A	0.990	1	0.990	40.68	0.0014**
B	0.480	1	0.480	19.65	0.0068**
C	0.400	1	0.400	16.21	0.0101*
A-B	3.600×10^{-4}	1	3.600×10^{-3}	0.15	0.7169
A-C	0.084	1	0.084	3.44	0.1227
B-C	4.000×10^{-4}	1	4.000×10^{-4}	0.016	0.9032
A^2	0.030	1	0.030	1.25	0.3149
B^2	2.700	1	2.700	110.69	0.0001**
C^2	0.890	1	0.890	36.41	0.0018*
残差	0.120	5	0.024		
失拟检验	0.110	3	0.038	10.24	0.0903
纯误差	7.467×10^{-3}	2	3.733×10^{-3}		
总误差	5.460	14			

注：*$P<0.05$ 显著差异；** $P<0.01$ 极显著差异。

表 6 模型可信度分析的统计检验结果

Table 6 Statistical results of model credibility analysis

项目	数值	项目	数值
标准偏差	0.160	决定系数	0.978
平均值	11.660	信噪比	14.293
变异系数（%）	1.340	预测拟合度	0.661

对表 2 中的试验数据逐步回归拟合，得辣椒红色素色价对超声温度、超声时间和超声功率 3 因素的二次多项回归方程：$Y=4.7\,350+0.0\,181\,A+0.3\,848\,B+0.1\,231\,C-3.0\,000\times10^{-4}\,A\,B+7.2\,500\times10^{-4}\,A\,C-5.0\,000\times10^{-5}\,B\,C-9.0\,833\times10^{-3}\,A^2-8.5\,583\times10^{-3}\,B^2-1.2\,271\times10^{-3}\,C^2$（其中 Y 为色价，A 为超声温度，B 为超声时间，C 为超声功率），决定系数 $R^2=0.978$。

2.3.3 因素间的交互影响

采用 Design–Expert8.0.7.1 软件，根据回归方程作响应曲面图和等高线图，见图 4~图 6。响应曲面图是特定的响应值对应自变量构成的一个三维空间图，可以直观地反映出各自变量对响应值的影响。图 4a 表示在超声功率为 60 W 时，超声温度与超声时间对红干椒中辣椒红色素色价的影响。超声温度对色价影响不大，而超声时间对色价的影响呈二次关系，当超声时间为 25 min 时，色价达到最大值，之后随着超声时间的延长而下降；图 5a 表示超声时间为 20 min 时，超声温度与超声功率对红干椒中辣椒红色素色价的影响。超声温度对提取液色价影响不大，而超声功率对色价的影响也呈二次关系，

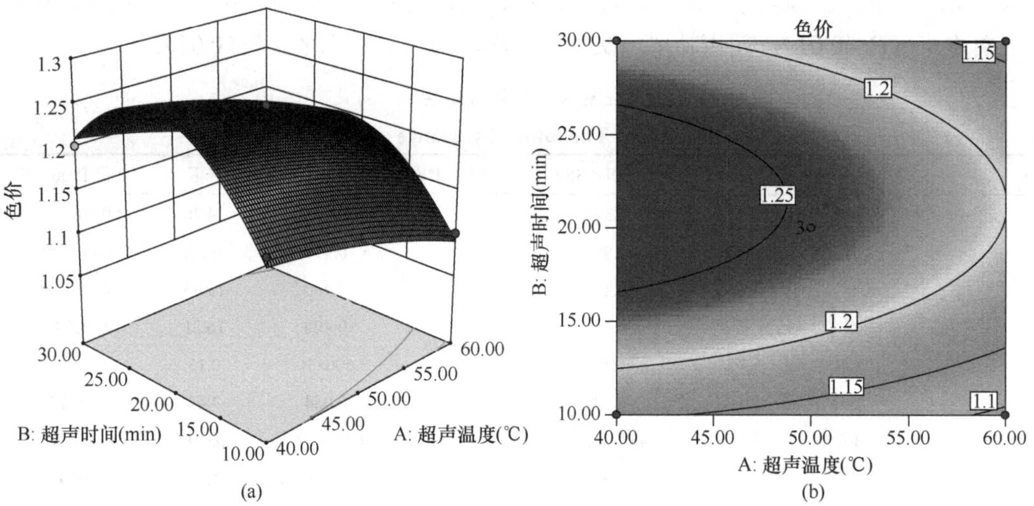

图 4 超声时间与超声温度对辣椒红色素色价的响应面图

Fig. 4 Response surface plots of ultrasound time and temperature on color value of capsanthin

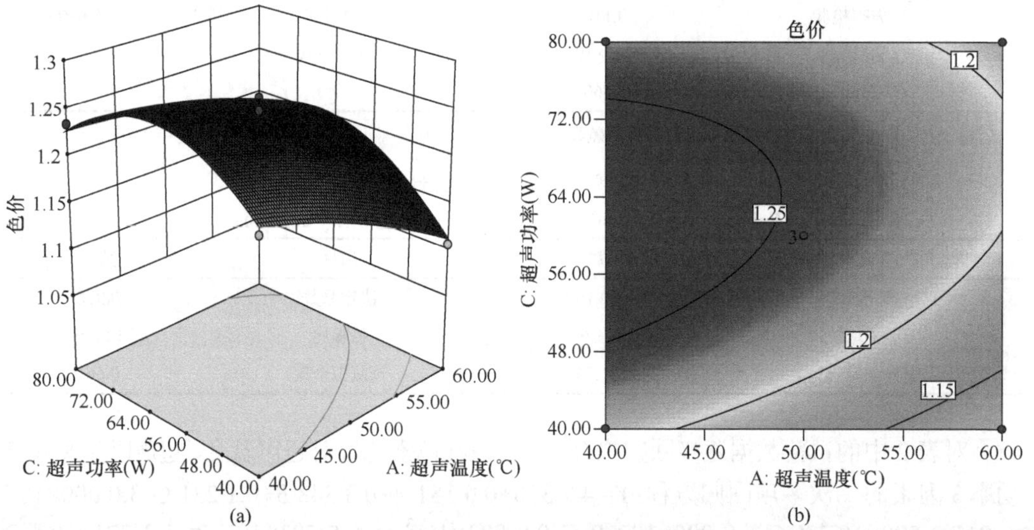

图 5 超声温度与超声功率辣椒红色素色价的响应面图

Fig. 5 Response surface plots of ultrasound temperature and power on color value of capsanthin

当超声功率为 64 W 时，色价达到最大值，之后随着超声功率的增大而下降；图 6a 表示超声温度为 50℃时，超声功率与超声时间对红干椒中辣椒红色素色价的影响，两者对色价的影响均呈二次关系。图 4b、图 5b 和图 6b 为等高线图，能直观地反映出各因素交互作用对响应值的影响，圆形表示二因素交互作用不显著，椭圆表示二因素交互作用显著（应芝等，2008）。由图可知，超声时间与超声温度，超声温度与超声功率，超声时间与超声功率等高线图均椭圆形，说明超声时间与超声温度，超声温度与超声功率之间存在交互作用明显，由表 3 中数据可知，所有交互作用均不显著。

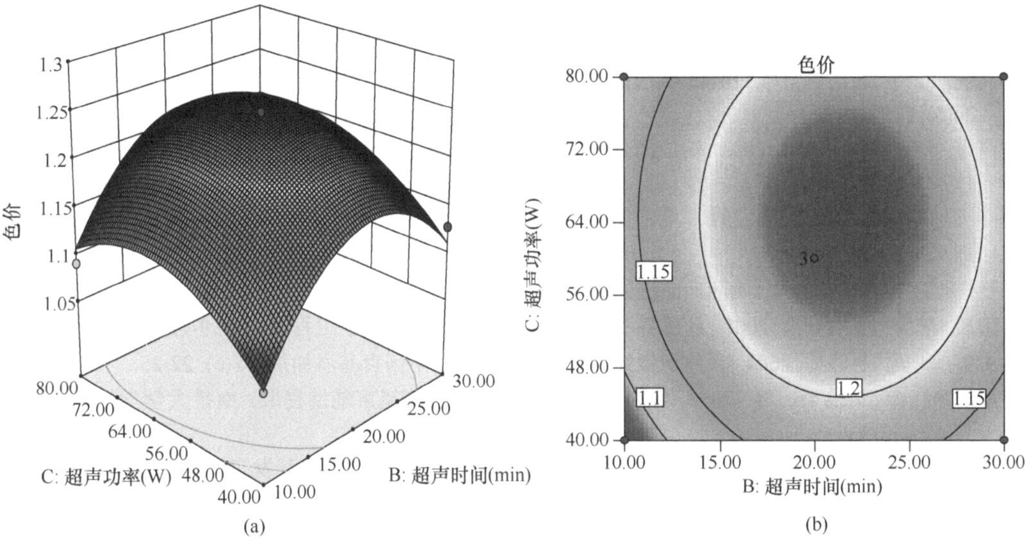

图 6 超声时间与超声功率辣椒红色素色价的响应面图

Fig. 6 Response surface plots of ultrasound time and power on color value of capsanthin

2.3.4 提取工艺条件的确定

综合二次回归模型的数学分析结果，超声提取辣椒红色素的最佳参数为：超声温度为 41.38℃，超声时间为 20.93 min，超声功率为 58.57 W，预测辣椒红色素色价理论值为 12.67。为检验该方法的可靠性，采取上述最佳条件进行辣椒红色素提取试验，考虑到实际操作的局限性，将提取工艺条件修正为超声温度为 42℃、超声时间为 21 min，超声功率为 60 W，实际测得的红色素色价值为 12.12，与理论预测值相比，相对误差在 4.34%左右，说明该模型较为可靠。

3 结 论

本文采用超声波法快速提取干红椒的辣椒红色素，以干红椒中所含辣椒红色素色价为考察指标，在确定样本容量的基础上，考察了超声温度、超声时间和超声功率对测定结果的影响，并结合响应面法通优化了辣椒红色素提取工艺，得出最佳提取条件：辣椒取样量为 15 个，辣椒粉末取样量为 1.000 g，超声温度为 42℃，超声时间为 21 min，超声功率为 60 W。

采用此方法处理样品时，缩短了提取时间，简化了测定步骤，所得数据重复性好，能快速判断出红干椒中辣椒红色素的含量，易于同时测定大批量样品中的辣椒红色素含量，为选育高辣椒红色素的辣椒种质资源提供理论依据。

参 考 文 献

陈小全, 仇玉芹, 周秀艳, 等. 2009. 超声波作用下提取辣椒红色素及稳定性实验. 泰山医学院学报, 30(7): 527- 529.
邓祥元, 刘约翰, 高坤, 等. 2012. 响应面法优化微波辅助提取辣椒红色素的工艺研究. 江西农业大学学报, 34(2): 382-387.
高飞虎, 张玲, 曾志红, 等. 2011. 响应面法优化超微粉碎辅助提取辣椒红素工艺研究. 西南农业学报, 24(5): 1298-1933.
高洪霞, 刘军海, 于波涛. 2009. 响应面分析法优化辣椒红色素提取工艺条件. 食品研究与开发, 30(10): 177-181.
刘燕飞, 刘军海, 张迎, 等. 2011. 响应面法优化辣椒红色素超声波-微波协同提取工艺. 中国食品添加剂, (3): 69-74.
覃艳, 乐龙, 王志祥. 2011. 响应曲面法优化微波提取辣椒红色素的工艺. 中国酿造, (2): 100-103.
王玉琪, 陈开勋, 姚瑞清. 2008. 超临界萃取法制备辣椒红色素. 化学工程, 36 (8): 9-12.
武占省, 江英, 赵晓梅. 2004. 天然辣椒红色素的研究进展. 中国食品添加剂, 15(6): 22-25.
易醒, 尹红梅, 陈金红, 等. 2011. 红辣椒中无辣味红色素的超声辅助提取. 南昌大学学报(理科版), 35(4): 353-356.
张晔, 赵晶晶, 王锴, 等. 2011. 超声波辅助提取辣椒红色素. 食品研究与开发, 32(1): 71-74.
周雯雯, 李湘洲, 张炎强. 2005. 辣椒红色素的国内研究进展. 云南化工, 32(5): 52-54.
GB 10783-2008, 食品添加剂-辣椒红. 2008. 北京: 中国标准出版社.

Optimizing of Extraction Technique of Capsanthin from Hot Red Pepper by Response surface methodology

YANG Bozhi[1,2], ZHOU Shudong[1,2], OUYANG Xian[1,2], DAI Xiongze[1,2]

([1] Hunan Vegetables Research Institute, Changsha 410125;
[2] Vegetable Research and Development Center of Hunan, Changsha 410125)

Abstract: The capsanthin is extracted quickly from hot red pepper by ultrasound. The factors of ultrasonic temperature, ultrasonic time and ultrasonic power are studied based on sample capacity. With the application of response surface methods (RSM), the optimum technological conditions are as follows: the best sample capacity is 15, the optimum particle size of chill powder is 40 mesh sieve, the optimum ultrasound temperature is 48℃, the optimum ultrasound time is 23 min, and the optimum power is 40 W. The result shows that this method can shorten the extraction time, and reduce the steps of measurement. It is easy to measure capsanthin from lots of samples at the same time.

Key words: capsanthin; ultrasound wave; color value; response surface method

超声波提取辣椒红色素的最佳条件优化研究*①

周书栋[1,2]，杨博智[1,2]，欧阳娴[1,2]，梁秀慈[3]，
张竹青[1,2]，陈文超[1,2]，戴雄泽[1,2]

（[1]湖南省蔬菜研究所，湖南 长沙 410125；[2]湖南省蔬菜工程与技术研究中心，湖南 长沙 410125；[3]湖南农业大学生物科学技术学院，湖南 长沙 410128）

摘要：采用超声波技术提取辣椒中的红色素，通过单因素及正交试验确定了辣椒红色素的最佳提取条件。结果表明：丙酮为最佳提取溶剂，影响辣椒红色素提取的主要因素依次为超声温度、超声时间、超声功率及料液比。最佳提取条件为：超声温度40℃，超声时间15min，超声功率60W，料液比1∶75（g/mL）。

关键词：辣椒；红色素；超声波；正交试验

辣椒红色素是一种存在于成熟红辣椒果实中的、有特殊气味的深红色黏性油状液体，属胡萝卜素类色素，其色泽鲜艳、色价高、着色力强、保色效果好，广泛应用于水产品、肉类、糕点、色拉罐头、饮料等各类食品的着色，且安全性高，还有营养保健作用，已被证实有抗癌、抗辐射等功效（洪海龙，2004）。目前辣椒红色素的制备方法主要包括油溶法、溶剂法、超临界CO_2流体萃取法、超声波溶剂提取法、酶提取法等（陈小全等，2009）。据报道，与传统提取方法相比，超声波提取色素的生产周期短、有效成分不易被破坏、成本低（何玲和陈翠，2010；张小曼等，2010；范翠丽等，2010）。目前，利用超声波技术提取天然色素已取得一定的研究进展，但超声波提取辣椒红色素的研究报道还较少。

试验采用分光光度法对辣椒红色素产量进行定量分析，并通过单因子试验及正交设计试验，优化了超声波提取辣椒红色素的最佳提取条件，为进一步开发利用辣椒红色素提供依据。

1 材料与方法

1.1 试验材料和仪器

供试辣椒为干制红椒SJ09-29（湖南省蔬菜研究所提供）；主要试剂有丙酮、甲醇、乙醇和乙酸乙酯（国药集团化学试剂有限公司，分析纯）；主要仪器包括UV2600型紫外可见分光光度计、AL104型分析天平、KQ5200型超声波清洗机等。

---

* 基金项目：国家公益性行业（农业）专项（200903025）。

① 本文原载《湖南农业科学》，2011，（22）：39-40。

1.2 试验方法

将红干椒 SJ09-29 磨成粉末，过 40 目筛，收集辣椒粉备用。提取时，取 1.00g 干辣椒粉放入三角瓶中，加入提取溶剂，用封口膜封口。然后将三角瓶置于超声波清洗机中处理至规定时间，取出三角瓶，过滤提取液，收集滤液。取少量滤液于 460nm 处测其吸光度值。

2 结果与分析

2.1 单因素试验

2.1.1 提取溶剂的选择

称取 4 份干辣椒粉（每份 1.00 g），分别加入不同提取溶剂（丙酮、甲醇、乙醇和乙酸乙酯）各 100mL，室温下浸提 2h 后过滤，测定滤液的吸光度值，考察不同溶剂提取效果，试验结果见图 1。

由图 1 可知，4 种有机溶剂中，以丙酮提取效果最好，其余依次为乙酸乙酯、甲醇、乙醇，故选择丙酮作为最佳红色素提取溶剂。

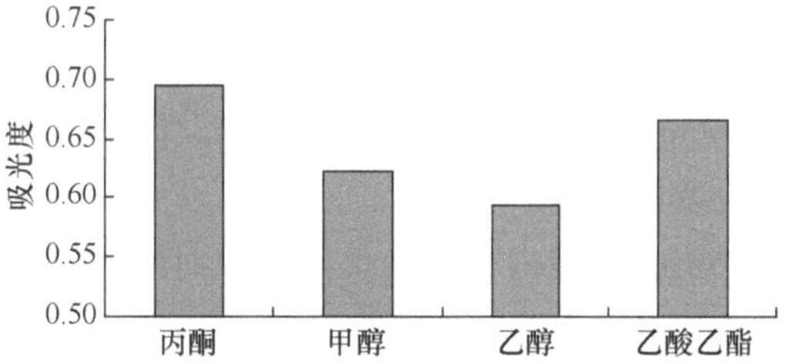

图 1 提取溶剂对红色素提取效果的影响

2.1.2 料液比的选择

称取 5 份干辣椒粉(每份 1.00g),加入不同体积的丙酮(25mL、50mL、75mL、100mL、125mL)，置入超声波仪，超声温度 40℃，超声时间 15min，超声波功率 80W，测定滤液吸光度值，见图 2。

由图 2 可知，料液比为 1∶50（g/mL）时，测得的提取液吸光度值最大，提取效果最佳。

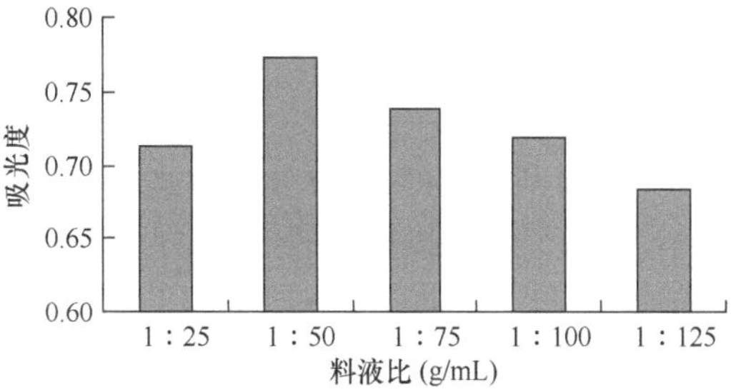

图 2 不同料液比对红色素提取效果的影响

2.1.3 超声温度的选择

称取 5 份干辣椒粉（每份 1.00g），分别加入 100mL 丙酮，置入超声波仪，超声波功率 60W，在不同温度下（20℃、30℃、40℃、50℃、60℃）超声提取 15min，分别测定滤液的吸光度值，见图 3。

由图 3 可知，温度在 20~50℃范围内吸光度值变化不大，但当温度达到 60℃时，吸光度值明显降低，超声温度为 40℃时提取效果最佳。

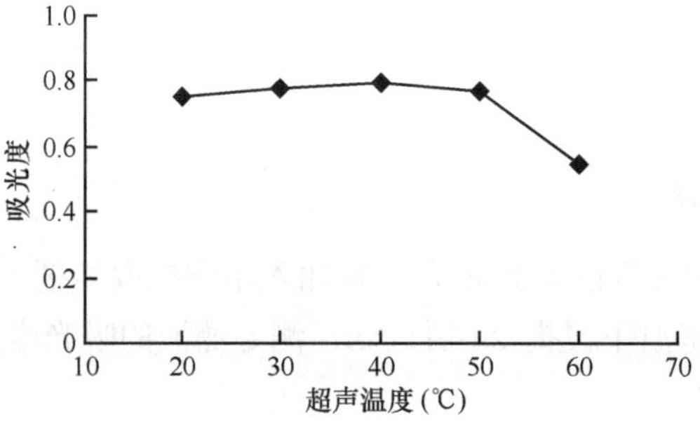

图 3　不同超声温度对红色素提取效果的影响

2.1.4 超声时间的选择

称取 6 份干辣椒粉（每份 1.00g），分别加入 100mL 丙酮，置入超声波仪，超声波功率 60W，温度 40℃，设定不同的超声时间（5min、10min、15min、20min、25min、30min），分别测定滤液的吸光度值，见图 4。

由图 4 可知，在 5~15min 范围内吸光度值随提取时间的延长而增加，超过 15min，吸光度值随之下降。超声时间为 15min 时提取效果最佳。

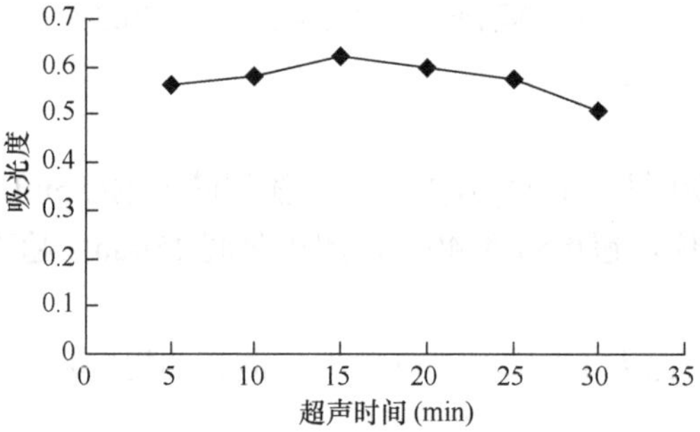

图 4　不同超声时间对红色素提取效果的影响

2.1.5 超声功率的选择

称取 5 份干辣椒粉（每份 1.00g），分别加入 100mL 丙酮，置入超声波仪，超声温度 40℃，超声时间 15min，设定不同的超声波功率（40W、60W、80W、100W、120W），测定滤液吸光度值，见图 5。

由图 5 可知，随着超声波功率的增大，测得的提取液吸光度值也随之增大，考虑到能耗，选择 80W 作为提取功率。

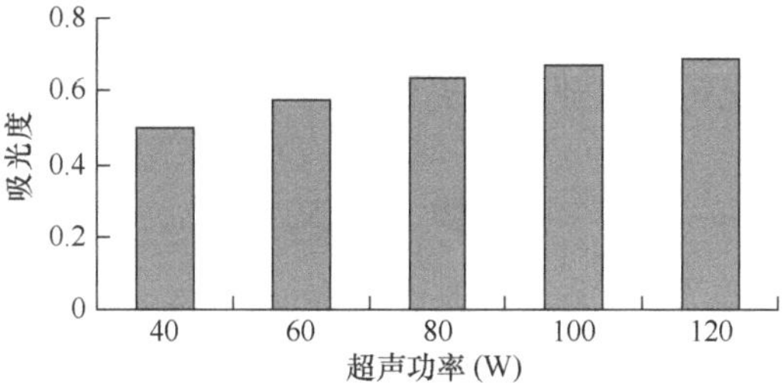

图 5　不同超声功率对红色素提取效果的影响

2.2　正交试验优化组合

在单因素试验的基础上，利用正交试验对辣椒红色素提取工艺条件进行了优化组合，选取超声温度、超声时间、超声功率和料液比 4 个因素作为考察因素，并根据单因素试验结果，确定 3 个水平影响因素，选取 L_9（3^4）正交表（表 1）。

表 1　正交试验设计及结果

编号	A 超声温度（℃）	B 超声时间（min）	C 超声功率（W）	D 料液比（g/mL）	OD 值
1	30	10	60	1∶25	0.621
2	30	15	80	1∶50	0.728
3	30	20	100	1∶75	0.693
4	40	10	80	1∶75	0.774
5	40	15	100	1∶25	0.787
6	40	20	60	1∶50	0.809
7	50	10	100	1∶50	0.508
8	50	15	60	1∶75	0.704
9	50	20	80	1∶25	0.594
K_1	0.681	0.634	0.711	0.667	
K_2	0.790	0.740	0.699	0.682	
K_3	0.602	0.699	0.663	0.724	
R	0.188	0.106	0.048	0.057	

由表 1 可知，超声温度（A）、超声时间（B）、超声功率（C）和料液比（D）4 个因素对辣椒红色素的形成影响大小为 A＞B＞C＞D，同时得到了该试验的最佳反应条件为 $A_2B_2C_1D_3$。即超声波提取辣椒红色素的最佳条件为：超声温度 40℃，超声时间 15min，超声功率 60W，料液比 1∶75（g/mL）。

3　结　　论

以丙酮为提取溶剂，利用超声波提取方法，即可获得高色价的辣椒红色素。正交试验结果表明：影响辣椒红色素提取的主要因素依次为超声波提取温度、超声波提取时间、超声波提取功率、超声波提取料液比。最佳提取条件为：超声温度 40℃，超声时间 15min，超声功率 60W，料液比 1∶75（g/mL）。与其他提取方法相比，该方法简便、易行，是一种节能、环保、高效的提取辣椒红色素的方法。研究过程中所采用的数据可在进一步放大试验时作为参考，也可为工业生产提供依据。

参考文献

陈小全, 仇玉芹, 周秀艳, 等. 2009. 超声波作用下提取辣椒红色素及稳定性实验. 泰山医学院学报, 30(7): 527-529.

范翠丽, 王存连, 曹熙敏, 等. 2010. 超声波辅助浸提法提取野生龙葵果红色素的优化工艺. 湖北农业科学, 49(10): 2524-2525.

何玲, 陈翠. 2010. 超声波提取火棘红色素工艺参数的优化. 西北林学院学报, 25(6): 148-151.

洪海龙. 2004. 红辣椒中辣椒红色素的提取工艺研究. 中国食品添加剂, (6): 19-21, 114.

张小曼, 马银海, 陈小妮, 等. 2010. 超声波提取无花果皮红色素的研究. 云南化工, 37(4): 1-4.

干椒中红色素色价、辣椒素含量与果实主要性状的相关性研究*①

周书栋[1,2]，杨博智[1,2]，赵　激[1,2]，马艳青[1,2]，戴雄泽[1,2]

（[1]湖南省蔬菜研究所，湖南　长沙　410125；

[2]湖南省蔬菜工程技术研究中心，湖南　长沙　410125）

摘要：对羊角椒和线椒的 30 份鲜椒果实主要性状及相应干椒中辣椒红色素色价、辣椒素含量进行了测定。结果表明：15 份羊角椒和 15 份线椒盛果期果实性状存在差异，与羊角椒相比，线椒果长、果宽、果肉厚相对较小，单株结果数相对较少，而单果重相对较重；羊角椒和线椒中辣椒红色素变异系数分别为 18.90%、39.90%，辣椒素含量变异系数分别为 33.10%、66.65%；羊角椒和线椒中辣椒红色素色价与果实性状指标均无显著相关性，辣椒素含量与单株结果数呈显著正相关，与单果重和果肉厚均呈显著负相关。

关键词：干椒；辣椒红色素；辣椒素；相关性

辣椒（*Capsicum annuum* L.）属茄科辣椒属植物，在亚洲、欧洲、中南美洲等地区广泛栽培，其品种繁多，营养丰富，食用方式多样，是一种深受人们喜爱的蔬菜和调味品。随着辣椒深加工产品开发力度的不断加大，选育专门用于提取辣椒红色素和辣椒素的辣椒品种变得尤为重要。试验以 30 份辣椒为材料，调查鲜椒果实主要性状并测定相应干椒中辣椒红色素色价和辣椒素含量，分析鲜椒果实主要性状与干椒辣椒红色素色价和辣椒素含量之间的关系，旨在为选育高辣椒红色素和高辣度的辣椒品种提供理论依据。

1　材料与方法

1.1　供试材料、试剂及设备

供试材料共 30 份干椒品种，由湖南省蔬菜研究所辣椒课题组 2010~2012 年选育。品种 C01、C03、C04、C05、C06、12Z18、12Z20、12Z21、12Z22、12Z24、12Z25、12Z26、12Z27、12Z28 和 12Z29 为羊角椒，品种 10H30、11H05-4、11H07-2、11Z29、11Z33、12Z01、12Z03、12Z04、12Z05、12Z15、12Z17、G58、G64、G69 和 G75 为线椒。

主要试剂为丙酮（分析纯，衡阳市凯信化工试剂有限公司）、甲醇（色谱纯，国药集团化学试剂有限公司）、辣椒红色素标准样品（百灵威化学技术有限公司）、辣椒素检

* 基金项目：国家科技支撑项目（2012BAD02B02）。

① 本文原载《湖南农业科学》，2013，（15）：34-36。

测试剂盒（美国 Beacon 公司）。

主要仪器设备为 DGG-9123A 型电热恒温鼓风干燥箱（上海森信实验仪器有限公司）、LH-08A 型台式连续投料式中药粉碎机（新昌县城关红利数控制造厂）、AL104 型分析天平（上海梅特勒–托利多仪器有限公司）、UV2600 型紫外可见分光光度计（上海尤尼柯仪器有限公司）、KQ5200 型超声波清洗器（江苏省昆山市超声仪器有限公司）、伯乐 680 酶标仪（美国伯乐公司）。

1.2 测定项目及方法

1.2.1 鲜椒果实主要性状的测定

盛果期每个辣椒品种随机取 30 个果实，测定果长、果宽、果肉厚、单果重和单株结果数，测量方法参考李晴等（2010）的方法。

1.2.2 辣椒红色素提取与色价测定

大田中取新鲜红椒，湿纱布拭去表面灰尘后放入电热恒温鼓风干燥箱中 60℃烘箱中烘干至恒重，去柄去籽，粉碎成过 40 目筛的干辣椒粉，备用。辣椒红色素提取方法为取 1.000g 辣椒粉，加入 100ml 丙酮超声提取辣椒红色素，直接取辣椒红色素提取液进行测定，提取参数为超声温度 40℃，超声时间 15min，超声功率 60W（周书栋等，2011）。辣椒红色素测定和色价计算参考文献（GB10783，2008），重复 3 次，结果取平均值。

1.2.3 辣椒素提取与含量测定

取干椒，去柄去籽，取果皮和胎座粉碎为过 40 目筛的粉末，备用。辣椒素提取方法为取 0.100g 辣椒粉，加入 10ml 甲醇超声提取辣椒素，提取参数为超声温度 60℃、超声时间 45min，超声功率 100W，提取次数 3 次（熊科和夏延斌，2006）。辣椒素测定方法参考辣椒素检测试剂盒说明书，重复 3 次试验，结果取平均值。

1.2.4 数据分析

采用 SPSS17.0 对数据进行分析。

2 结果与分析

2.1 鲜椒果实主要性状

由表 1 可知，15 份羊角椒和 15 份线椒盛果期果实性状存在差异，两者比较，线椒比羊角椒平均长 7.8cm，果宽少 0.3cm，果肉厚少 0.6cm，单果重多 1.1g，单株结果数少 2.9 个。

2.2 干椒中辣椒红色素色价比较

由表 2 可知，15 份羊角椒中，辣椒红色素色价因品种而异，色价平均值为 8.99，变异系数为 18.90%，色价最高品种为 C06，为 10.98，色价最低品种为 12Z25，仅为 5.60；

15份线椒中，辣椒红色素色价也因品种而异，色价平均值为5.81，变异系数为39.90%，色价最高品种为11Z33，为9.98，色价最低品种为12Z17，仅为2.11。

表1　羊角椒和线椒盛果期果实主要性状数据分析

性状	羊角椒				线椒			
	平均值	标准差	变异系数	极差	平均值	标准差	变异系数	极差
果长（cm）	13.7	1.23	8.94%	4.4	21.5	2.19	10.20%	8.1
果宽（cm）	2.1	0.27	12.76%	0.8	1.8	0.26	14.53%	0.8
果肉厚（mm）	2.5	0.50	20.21%	1.5	1.9	0.17	8.98%	0.6
单果重（g）	31.1	5.16	16.60%	17.4	32.2	5.59	17.35%	17.5
单株结果数（个）	45.2	4.57	10.11%	16.7	42.3	6.27	17.50%	23.8

表2　干椒中辣椒红色素色价和辣椒素含量

羊角椒品种	辣椒红色素色价	辣椒素含量（mg/g）	线椒品种	辣椒红色素色价	辣椒素含量（mg/g）
C01	9.51	2.71	10H30	5.87	0.92
C03	9.78	3.14	11H05-4	4.54	1.12
C04	10.01	1.54	11H07-2	4.52	1.44
C05	10.35	2.25	11Z29	4.91	0.09
C06	10.98	2.66	11Z33	9.98	2.30
12Z18	7.13	2.59	12Z01	7.86	1.96
12Z20	9.67	2.48	12Z03	9.00	2.00
12Z21	9.98	2.35	12Z04	5.60	0.87
12Z22	7.86	3.36	12Z05	2.21	0.48
12Z24	9.00	3.48	12Z15	5.68	1.83
12Z25	5.60	1.17	12Z17	2.11	2.42
12Z26	5.58	1.09	G58	8.99	0.44
12Z27	10.54	2.41	G64	6.05	0.45
12Z28	9.98	2.51	G69	4.19	2.28
12Z29	8.93	1.16	G75	5.71	0.14

2.3　干椒中辣椒辣椒素含量比较

由表2可知，15份羊角椒中，辣椒素含量均因品种而异，含量平均值为2.33mg/g，变异系数为33.10%，含量最高品种为12Z24，为3.48mg/g，含量最低的品种为12Z26，为1.09mg/g；15份线椒中，辣椒素含量也因品种而异，含量平均值为1.25mg/g，变异系数为66.65%，含量最高品种为12Z17，为2.42mg/g，含量最低品种为11Z29，仅为0.09mg/g。

2.4　辣椒红色素色价和辣椒素含量与果实主要性状的相关性分析

对试验采用的15个羊角椒品种和15个线椒品种分别进行相关性分析发现，辣椒红色素色价与果实主要性状指标均无显著相关性，仅线椒中辣椒素含量与单株结果数呈显著正相关（r=0.375*），与单果重和果肉厚均呈显著负相关（r=–0.387*，r=–0.453*）；辣椒素含量与单株结果数呈显著正相关（r=0.457*），与果长呈极显著负相关（r=–0.519**，

r=–0.537**），与果肉厚和单果重均呈显著负相关（r=–0.453*，r=–0.387*）（表 3）。

表 3 辣椒盛果期果实主要性状与红色素色价和辣椒素含量的相关系数

	果长	果宽	果肉厚	单果重	单株结果数
辣椒红色素	–0.437	0.095	0.241	–0.324	0.181
辣椒素	–0.519**	0.233	–0.437*	–0.380*	0.457*

注：*和**分别表示在 0.05 和 0.01 水平上的差异显著性

3 讨　论

（1）根据试验测定品种的数据分析，辣椒果实性状以及辣椒红色素、辣椒素因品种而异，与前人研究结果基本相同（李晴等，2006；戴雄泽等，2008；郭爽等，2013）。羊角椒和线椒中辣椒红色素变异系数分别为 18.90%、39.90%，辣椒素含量变异系数分别为 33.10%、66.65%，为品质改良育种工作提供了可能。辣椒果实性状与辣椒红色素、辣椒素相关性分析表明，果实性状对辣椒红色素的影响较小，而对辣椒素的影响大。因此，在选育高红色素辣椒品种时，果实性状不能作为辅助指标，必须通过测定果实中辣椒红色素色价作为选育品种的依据，而选育高辣度材料时，可将果实性状作为育种辅助指标。另外，由试验结果可知，高辣椒红色素的品种并不一定辣椒素含量也高，在选育高辣椒红色素和高辣椒素的优良新品种时，可采取高辣椒红色素品种和高辣椒素品种进行杂交。

（2）本试验中所测得的辣椒素含量比相关的报道稍偏高，其原因可能与测定辣椒素采取的方法有关，该方法是基于竞争性酶联免疫吸附原理定量检测辣椒素，相对于分光光度法和 HPLC 法，更灵敏、快捷，前人研究也表明采用辣椒素试剂盒法测定辣椒素含量时所得结果要略高于 HPLC 法（Perkins et al.，2002）。

参 考 文 献

戴雄泽, 陈文超, 张竹青. 2008. 不同辣度辣椒资源果实主要性状研究. 湖南农业大学学报(自然科学版), 34(4): 433-437.

郭爽, 黄贞, 常绍东. 2013. 辣椒种质资源的红色素含量评价. 热带作物学报, 34(2): 218-222.

李晴, 韩玉珠, 张广臣. 2010. 辣椒品种主要农艺性状的相关性和主成分分析. 长江蔬菜, (6): 29-33.

熊科, 夏延斌. 2006. 超声提取辣椒素工艺条件的研究. 现代食品科技, 22(4): 78-81.

周书栋, 杨博智, 欧阳娴, 等. 2011. 超声波提取辣椒红色素的最佳条件优化研究. 湖南农业科学, (11): 39-40.

GB 10783-2008, 食品添加剂-辣椒红. 2008. 北京: 中国标准出版社, 2008

Perkins B, Bushway R, Guthrie K, et al. 2002. Determination of caspaicinoids in salsa by liquid chromatography and enzyme immunoassay. Journal of AOAC International, 85(1): 82-85.

Relativity between Color Value of Red Pigment and Capsaicin Content in Dry Pepper and Main Characters of Pepper Fruit

Zhou Shu-dong[1, 2], Yang Bo-zhi[1, 2], Zhao Ji[1, 2], Ma Yan-qing[1, 2], Dai Xiong-ze[1, 2]

([1] Hunan Vegetable Research Institute, Changsha 410125, PRC; [2] Hunan Provincial Engineering and Technology Research Center for Vegetables, Changsha 410125, PRC)

Abstract: The main characters of 30 samples of fresh pepper fruit of Yangjiaojiao and Xianjiao as well as the color value of red pigment and the capsaicin content of corresponding dry pepper were measured. The results showed that the fruit length, width, thickness, fruit number per plant of fresh fruit of Yangjiaojiao was shorter than that of Xianjiao, while the single fruit weight of Yangjiaojiao was higher than that of Xianjiao. For dry pepper of Yangjiaojiao and Xianjiao, the coefficient of variation was 18.90% and 39.90% in red pigment, and 33.10% and 66.65% in capsaicin content. There were no significant relativities between color value of pepper red pigment and all main fruit characters of Yangjiaojiao and Xianjiao, only the capsaicin content in Xianjiao showed a significantly positive correlation with fruit number per plant, but a significant negative correlation with single fruit weight and fruit thickness.

Key words: dry pepper; color value of pepper red pigment; capsaicin; relativity

干椒中辣椒红色素提取工艺的优化*①

周书栋[1,2,3]，杨博智[1,2,3]，张竹青[1,2,3]，陈文超[1,2,3]，戴雄泽[1,2,3]*

（[1]农业部华中地区蔬菜科学观测实验站，湖南 长沙 410125；[2]湖南省蔬菜研究所，湖南 长沙 410125；[3]湖南省蔬菜工程技术研究中心，湖南 长沙 410125）

摘要：以干椒中所含辣椒红色素色价为考察指标，确定了适宜的辣椒干制温度、干椒取样量和辣椒粉末粒径。采用响应面分析法优化影响辣椒红色素提取效果的主要因素（转速、温度和时间）。结果表明，适宜的辣椒干制温度为60℃，干辣椒取样量为20个，辣椒粉末粒径为380μm，辣椒红色素最佳提取条件为转速230r/min、温度50℃，时间4h。验证试验结果表明，用振荡法按适宜提取条件提取辣椒（干椒）红色素操作简便，提取率高，方法易于推广。

关键词：辣椒；辣椒红色素；色价；振荡提取法；响应面优化法

辣椒红色素不仅色泽鲜艳，安全无毒，而且具有抗癌、美容的功效，是目前国际上公认最好、销量最大的红色素。它主要应用于食品、饮料、饲料、保健药品和化妆品等领域（颜健等，2011；刘燕飞等，2011；丁春瑞等，2012）。中国既是辣椒生产大国，也是辣椒红色素消费大国，因此，提取辣椒红色素对开发和利用中国丰富的辣椒资源具有十分重要的意义。目前辣椒红色素提取方法主要包括溶剂法（高洪霞等，2009）、超临界 CO_2 流体萃取法（王玉琪等，2008）、超声波法（王博等，2008）、微波法（覃艳等，2011）、超声波–微波协同法（刘燕飞等，2011）等，其中超临界 CO_2 萃取法由于所需设备昂贵、成本高，技术难以推广应用，超声波法、微波法以及超声波–微波协同法对操作技术要求较高，还停留于实验室研究阶段。而溶剂法因其提取工艺简单、成本低，目前仍为工业化生产辣椒红色素的主要方法。据报道，传统溶剂法（回流法及索氏提取法）提取辣椒红色素时提取率不理想，且研究重点主要集中在改进提取条件方面（赵宁等，2004；王绍霞等，2008；罗毅浩，2009；陈晓光和朱斌，2011）。笔者对溶剂法提取辣椒红色素进行改进，采用振荡法提取干椒中的红色素，在确定辣椒干制温度、干椒取样量和粉末粒径大小的基础上，采用响应面分析法对辣椒红色素提取工艺进行改进，并与传统的溶剂法进行比较，以优化干椒中辣椒红色素的提取条件，为开发低能耗、易于推广的提取辣椒红色素提取方法提供参考。

---

* 基金项目：国家公益性行业（农业）专项（200903025）。

① 本文原载《湖南农业大学学报（自然科学版）》，2013，39（4）：382-386。

1 材料与方法

1.1 供试辣椒、主要试剂及设备

红辣椒博辣红牛由湖南省蔬菜研究所提供。

主要试剂丙酮（分析纯，购买于衡阳市凯信化工试剂有限公司）和辣椒红色素标准样品（购买欲百灵威化学技术有限公司）。

主要仪器设备为 DGG–9123A 型电热恒温鼓风干燥箱（上海森信实验仪器有限公司）、LH–08A 型台式连续投料式中药粉碎机（新昌县城关红利数控制造厂）、AL104 型分析天平（上海梅特勒–托利多仪器有限公司）、UV2600 型紫外可见分光光度计（上海尤尼柯仪器有限公司）、T2–2DH 恒温振荡培养箱（北京沃德电子实验设备厂）。

1.2 方法

1.2.1 仪器精密度试验

取一定量辣椒红色素标准样品，用丙酮溶解，得红色素提取液。调整溶液浓度，使其光密度值位于紫外扫描分析的线性范围（0.3~0.7）内。取提取液，在分光光度计 460 nm 处测定光密度。连续 5 次取提取液进行测定，考察仪器精密度是否良好。

1.2.2 辣椒适宜干制温度、适宜取样量及适宜粉末粒径的确定

辣椒红色素色价的测定：取 1.000 g 干辣椒粉，加入 100 mL 丙酮，常温下浸提 6 h，按文献（GB 10783-2008）方法测定色价，重复 3 次，结果取平均值。

于大田中取新鲜红椒，湿纱布拭去表面灰尘后放入电热恒温鼓风干燥箱中，分别于不同的温度（50℃、60℃、70℃、80℃）烘辣椒至恒重，将干椒去柄去籽，粉碎成粒径 380μm 的粉末，测定辣椒红色素色价，以确定辣椒适宜干制温度。

取干椒，设定样本个数梯度（10 个、15 个、20 个、25 个），将每个梯度的样品去柄去籽，分别粉碎为粒径为 380μm 的粉末。测定辣椒红色素色价，确定辣椒的适宜取样量。

取干椒，去柄去籽，通过控制粉碎机粉碎时间，将其粉碎成不同粒径（830μm、380μm、250μm、180μm）的粉末，测定辣椒红色素色价，确定适宜辣椒粉末粒径，方法同上。

1.2.3 辣椒红色素提取条件的确定

1.2.3.1 单因素试验

以干椒中辣椒红色素为考察指标，针对转速（50r/min、100r/min、150r/min、200r/min、250r/min）、温度（30℃、35℃、40℃、45℃、50℃、55℃、60℃）、时间（1h、2h、3h、4h、5h、6h、7h、8h）进行单因素试验。

1.2.3.2 响应面分析

根据 Box–Benhnken 试验设计原理，选取转速、温度、时间进行 3 因素 3 水平的响应面分析（表 1），采用 Design–Expert 8.0.7.1 软件，进一步优化辣椒红色素提取工艺。

表 1　辣椒红色素提取工艺响应面分析法的因素和水平

Table 1　Factors and levels of response surface methods

水平	因素		
	A 转速/（r/min）	B 温度/℃	C 时间/h
−1	150	40	3
0	200	50	4
1	250	60	5

1.2.4　3 种提取方式提取效果的比较

取 1.000g 干辣椒粉，加入 100mL 丙酮，分别采取回流提取法、索氏提取法和振荡提取法提取辣椒红色素，测定干椒中红色素色价。重复 3 次，结果取其平均值。

2　结果与分析

2.1　仪器精密度

5 次重复试验所测得的光密度分别为 0.667、0.667、0.665、0.667 和 0.668。对数据进行分析，得标准偏差为 0.0012，变异系数为 0.173%，说明试验仪器的精密度良好。

2.2　适宜干制温度

由表 2 可知，干制温度对干椒红色素色价有一定影响，色价随干制温度的升高而降低。温度在 50~60℃所测得的色价基本保持不变，超过 60℃时，色价随着温度的升高而下降。由于 60℃时烘干辣椒时所需时间远小于 50℃烘干所需时间，且在 50℃和 60℃条件下所得的干椒中辣椒红色素色价差异不明显，故选择 60℃为最佳干制温度。

表 2　不同干制温度干椒的红色素色价

Table 2　Color value of capsanthin of dry pepper with different dried temperature

温度/℃	色价		
	平均值	标准偏差	变异系数/%
50	10.79	0.53	4.91
60	10.62	0.48	4.52
70	10.02	0.42	4.20
80	9.02	0.40	4.43

2.3　适宜取样量

由表 3 可知，取样量为 10 个时，所测得干椒红色素色价变异系数大于 5%，试验数据精确度不高，应予以排除；取样量大于等于 15 个时，所得色价变异系数均小于 5%；取样量为 20 个和 25 个时的变异系数最小，且两者对应的色价差异不大，考虑到工作量大小，以 20 个辣椒作为适宜取样量。

表 3 不同取样量下干椒的红色素色价

Table 3 Color value of capsanthin of dry pepper with different sample sizes

取样量/个	色价		
	平均值	标准偏差	变异系数/%
10	10.98	0.66	5.96
15	11.83	0.36	3.05
20	11.89	0.21	1.73
25	11.88	0.20	1.68

2.4 适宜辣椒粉末粒径

由表 4 可知，所测得的干椒红色素色价随着辣椒粉末粒径的减小而增大，以粉末粒径 180μm 时红色素的提取效果最好。粉末粒径为 830μm 时色价变异系数大于 5%，精确度不高，应予以排除；粉末粒径为 380μm、250μm 和 180μm 时所测得色价变异系数均小于 3%，三者的精确度均较好。但在实际操作过程中将辣椒粉碎成粒径为 250μm 粉末就已经很费时费力，而粉碎成粒径 380μm 的粉末相对较简单，故选取 380μm 为适宜辣椒粉末粒径。

表 4 不同粒径干椒的红色素色价

Table 4 Color value of capsanthin of dry pepper with different particle size

粒径/μm	色价		
	平均值	标准偏差	变异系数/%
830	6.50	0.36	5.54
380	8.74	0.26	2.97
250	9.14	0.25	2.74
180	10.04	0.28	2.79

2.5 适宜提取条件

2.5.1 单因素试验结果

2.5.1.1 提取转速

由表 5 可知，所测得的干椒红色素色价随转速的增加而升高。转速为 50~150r/min 色价上升幅度较大；转速为 150~200r/min 时色价上升幅度变小；转速为 250r/min 时的色价与转速为 200r/min 时的色价相差不大，考虑到能耗因素，选择 200r/min 作为适宜转速。

2.5.1.2 提取温度

由表 5 可知，干椒红色素色价随温度的升高呈先升高后降低的趋势，温度为 30~50℃时色价逐渐增大；当温度超过 50℃时，色价略微降低，故以 50℃作为适宜提取温度。

2.5.1.3 提取时间

由表 5 可知，所测得的干椒红色素色价随时间的延长而升高，提取前 3h，色价上升幅度大；提取 4h 后，色价趋于稳定。为减少能耗，选择 4h 作为适宜提取时间。

表 5 辣椒红色素提取条件优化的单因素试验结果

Table 5 Results of single factor experiment of optimum extraction condition of capsanthin

	转速/（r/min）	温度/℃	时间/h	色价
转速	50	40	6	7.51
	100	40	6	8.20
	150	40	6	8.82
	200	40	6	9.07
	250	40	6	9.12
温度	200	30	6	8.91
	200	35	6	9.06
	200	40	6	9.18
	200	45	6	9.25
	200	50	6	9.30
	200	55	6	9.26
	200	60	6	9.22
时间	200	50	1	8.93
	200	50	2	9.24
	200	50	3	9.56
	200	50	4	9.59
	200	50	5	9.64
	200	50	6	9.68
	200	50	7	9.72
	200	50	8	9.71

2.5.2 响应面分析结果

对表 6 中的试验数据进行逐步回归拟合，得回归方程：$Y=-41.078\,75+0.119\,57\,A+0.927\,13\,B+8.435\,00\,C-1.300\,00\times10^{-4}AB-3.050\,00\times10^{-3}AC-0.0187\,50\,BC-2.950\,00\times10^{-4}A^2-8.525\,00\times10^{-3}B^2-0.835\,00\,C^2$（其中 Y 为色价，A 为转速，B 为温度，C 为时间），决定系数 R^2=0.967 8。

由表 7 可知，回归方程极显著（$P<0.01$），失拟检验不显著（$P>0.05$），信噪比为 12.592，远大于 4，说明该方程拟合度和可信度均较高，可以对不同条件下的干椒红色素色价进行较好的预测。标准偏差为 0.23，变异系数为 3.87%，说明该试验重复性较好。3 因素中，温度、时间、转速对红色素提取效果的影响依次减小，温度和时间的一次项均达显著水平，二次项均达极显著水平。

采用 Design–Expert 8.0.7.1 软件处理二次多项回归方程，得振荡法提取辣椒红色素的最佳工艺参数为：转速 233.71r/min，温度 51.71℃，时间 4.04 h，预测辣椒红色素色价理论值为 11.12。为检验该方法的可靠性，采取上述最佳条件进行辣椒红色素提取试验，考虑到实际操作的局限性，将提取工艺参数修正为转速 230r/min、温度 50℃、时间 4h，实际测得的辣椒红色素色价为 10.68。与理论预测值相比，相对误差为 3.96%左右，说明该模型较为可靠。

表 6 响应面分析结果

Table 6 Result of response surface analysis

试验号	A 转速/（r/min）	B 温度/℃	C 时间/h	色价
1	0	1	1	10.27
2	1	0	1	9.66
3	–1	1	0	10.15
4	0	1	–1	10.16
5	0	–1	–1	9.12
6	–1	–1	0	9.92
7	–1	0	1	10.68
8	1	1	0	10.17
9	1	0	–1	9.62
10	–1	0	–1	10.03
11	0	–1	1	9.98
12	1	–1	0	9.68
13	0	0	0	11.54
14	0	0	0	11.68
15	0	0	0	11.49

表 7 回归方程的方差分析及其系数的显著性检验

Table 7 Ariance analysis of the regression equation and significance test of the regression coefficients

	平方和	自由度	均方和	*F* 值	*P* 值
模型	7.760	9	0.860	16.67	0.0032**
A	0.340	1	0.340	6.58	0.0504
B	0.530	1	0.530	10.15	0.0244*
C	0.340	1	0.340	6.66	0.0409*
A–B	0.017	1	0.017	0.33	0.5924
A–C	0.093	1	0.093	1.80	0.2377
B–C	0.140	1	0.140	2.72	0.1602
A^2	2.010	1	2.010	38.81	0.0016**
B^2	2.680	1	2.680	51.86	0.0008**
C^2	2.570	1	2.570	49.75	0.0009**
残差	0.260	5		0.052	
失拟检验	0.240	3	0.080	8.22	0.1103
纯误差	0.019	2		9.700×10^{-3}	
总误差	8.020			14	

注：**表示 0.01 水平显著；*表示 0.05 水平显著

2.6 3 种提取方式的提取效果

由表 8 可知，采用相同的提取工艺参数（时间、温度），振荡提取法所测得的干椒红色素色价要高于回流提取法和索氏提取法，且振荡提取测得红色素色价误差更小，重复性更好。

表 8 3 种提取方式的提取效果

Table 8 Extraction effect of three extraction mode

提取方式	提取参数			色价
	转速/（r/min）	温度/℃	时间/h	
回流提取	—	50	4	8.67±0.69
索氏提取	—	50	4	9.03±0.57
振荡提取	230	50	4	10.56±0.36

3 结论与讨论

采用振荡法提取干椒中辣椒红色素，以辣椒红色素色价为考察指标，确定辣椒最佳干制温度为 60℃，干椒取样量为 20 个，粉末粒径大小为 380μm；采用响应面法优化干椒红色素提取工艺，最佳提取条件为转速 230r/min，温度 50℃，时间 4h。

用传统的溶剂法所测定的色价为浓缩纯化后的辣椒红色素色价（熊远福和文祝友，1994；胡江良等，2007；丁杰等，2010），而本试验中测定色价为干椒红色素色价，无法与前人的测定结果直接相比较。故本试验以干椒红色素色价为考察指标，通过设定相同的提取工艺参数，对回流提取、索氏提取和振荡提取三种提取方式进行了比较，结果表明，振荡提取法操作过程简单、红色素提取率高，重复性好，是一种低能耗、易于推广的辣椒红色素提取方法。

参 考 文 献

陈晓光, 朱斌. 2011. 用四川辣椒提取辣椒红色素的工艺研究. 中国酿造, (2): 80-82.

丁春瑞, 元辉, 李静. 2012. 辣椒红素提取方法的研究进展. 食品工程, (3): 10-12.

丁杰, 何锡阳, 赵俊生. 2010. 溶剂法提取天然辣椒红色素研究. 安徽农业科学, 38(25): 13805- 13806.

高洪霞, 刘军海, 于波涛. 2009. 响应面分析法优化辣椒红色素提取工艺条件. 食品研究与开发, 30(10): 177-181.

胡江良, 杨亚玲, 刘谋盛, 等. 2007. 辣椒红色素提取工艺研究. 应用化工, 36(8): 803-806.

刘燕飞, 刘军海, 张迎, 等. 2011. 响应面法优化辣椒红色素超声波–微波协同提取工艺. 中国食品添加剂, (3): 69-74.

刘燕飞, 刘军海, 张迎. 2011. 辣椒红色素提取与分离纯化工艺研究进展. 粮食与油脂, (10): 42-45.

罗毅浩. 2009. 循化辣椒红色素的萃取及性质研究. 安徽农业科学, 37(33): 16453-16454, 16455.

覃艳, 乐龙, 王志祥. 2011. 响应曲面法优化微波提取辣椒红色素的工艺. 中国酿造, (2): 100-103.

王博, 王建中, 赵良成, 等. 2008. 超声波提取辣椒红色素工艺的响应面法优化. 中国农学通报, 24(6): 96-101.

王绍霞, 唐小华, 周永红, 等. 2008. 辣椒红色素提取工艺的研究. 食品工业科技, 29(8): 196-198.

王玉琪, 陈开勋, 姚瑞清. 2008. 超临界萃取法制备辣椒红色素. 化学工程, 36(8): 9-12.

熊远福, 文祝友. 1994. 辣椒红色素的脱辣精制研究. 湖南农业大学学报(自然科学版), 20(5): 430-433.

颜健, 芦悄, 张怡, 等. 2011. 辣椒红色素的研究进展. 广州化工, 39(21): 9-11.

赵宁, 王艳辉, 马润宁. 2004. 从干辣椒中提取辣椒红色素的研究. 北京化工大学学报, 31(1): 15-17.

GB 10783–2008, 食品添加剂–辣椒红. 2008. 北京: 中国标准出版社.

Extraction technology of capsanthin from dry pepper

ZHOU Shu-dong[1, 2, 3], YANG Bo-zhi[1, 2, 3], ZHANG Zhu-qing[1, 2, 3], CHEN Wen-chao[1, 2, 3], DAI Xiong-ze[1, 2, 3*]

([1] Observation Experiment Station for Vegetable Science in Central China, Ministry of Agriculture, Changsha 410125, China; [2] Hunan Vegetable Research Institute, Changsha 410125, China; [3] Vegetable Research and Development Center of Hunan, Changsha 410125, China)

Abstract: With color value of capsanthin as index, dried temperature, sample size as well as chili powder size were thus determinated. Response surface methodology was applied to optimize extraction technology through vibration. The main extraction factors, such as rotative speed, temperature and time used were optimized. Results showed that the best dried temperature was 60℃, and the optimal number of dry pepper was 20 while the most desired particle size of chill powder was 380μm. The optimum conditions for capsanthin extraction were as follows: rotative speed was 230rpm, temperature 50℃, and time consumed 4h. Proven experiments have indicated that extraction through vibration under above-mentioned conditions is easy to operation with high extracting rate, and ready extension.

Key words: pepper; capsanthin; color value; extraction through vibration; response surface methods

干椒中辣椒素快速提取工艺研究*①

周书栋[1,2,3]，杨博智[1,2]，马艳青[1,2*]，张竹青[1,2]，陈文超[1,2]，戴雄泽[1,2]

（[1]湖南省蔬菜研究所，湖南 长沙 410125；[2]农业部华中地区蔬菜科学观测实验站，湖南 长沙 410125；[3]湖南农业大学，湖南 长沙 410125）

摘 要：采用响应面分析法优化超声波法提取干椒中辣椒素的主要影响因素（料液比、超声温度、超声时间、超声功率和提取次数）。结果表明，辣椒素的最佳提取条件为料液比 1∶100（g/mL），超声温度 50℃，超声时间 20min，超声功率 60W，提取次数 2 次。此方法具有简便快速、能耗低、提取率高、所得数据重复性好，样品回收率高等优点，适合用于快速定量分析样品中辣椒素提取产量。

关键词：干椒；辣椒素；超声波提取法；响应面优化法

辣椒素是一种从辣椒果实中分离出来的香草基胺的酰胺衍生物质，具有抑制肿瘤、抗菌消炎、抗氧化、抗癌、镇痛等作用，且由于其属于低毒害的纯天然的物质，已被广泛应用于医药、食品、军事工业等领域（Surh et al.，1995；Cichewicz and Thorpe，1996；Surh，2002）。目前文献上报道的辣椒素提取方法主要有：有机溶剂浸提法、超临界 CO_2 提取法、超声波提取法、微波提取法、酶提取法和固相萃取法等（Kaale et al.，2002；熊科等，2006；彭书练等，2007；郑振勋等，2007；张丽茜等，2008；Robert et al.，2011）。其中，有机溶剂浸提法虽适合于大规模生产，但所得产品杂质提取产量高。超临界 CO_2 提取法、微波提取法、酶提取法和固相萃取法虽然提取率高，但前两种方法所需设备昂贵、提取成本高，后两种方法操作烦琐，目前四种方法均还停留在实验室研究阶段。而超声波提取法具有提取效率高、提取时间短等一系列优点而被广泛使用，前人在此方面也已做大量工作，但大都采用正交实验设计，且很少有将料液比、超声温度、超声时间、超声功率和提取次数集中在一块进行优化（李美粉等，2005；孙雁霞等，2009）。本研究采用响应面分析法简化实验方案，研究影响超声提取辣椒素各个因素，计算加样回收率，并采用辣椒素试剂盒测定辣椒素提取产量，快速、低能耗提取和测定干椒中辣椒素提取产量。

1 材料与方法

1.1 材料与主要试剂设备

供试材料为朝天椒干椒（湖南省蔬菜研究所提供）；主要试剂为辣椒素标准样品（晶

* 基金项目：国家“863”项目（2012AA100105）。

① 本文原载《中国调味品》，2015，40（5）：52-56。

体，纯度 97%，Aladdin Chemistry Co. Ltd）、甲醇（色谱纯，购于国药集团化学试剂有限公司）、辣椒素检测试剂盒（购于美国 Beacon 公司）。

主要仪器设备为 DGG-9123A 型电热恒温鼓风干燥箱（上海森信实验仪器有限公司）、LH-08A 型台式连续投料式中药粉碎机（新昌县城关红利数控制造厂）、AL104 型分析天平（上海梅特勒-托利多仪器有限公司）、KQ5200 型超声波清洗器（江苏省昆山市超声仪器有限公司）、伯乐 680 酶标仪（美国伯乐公司）。

1.2 方法

1.2.1 辣椒素提取与测定

取辣椒粉，加入甲醇超声提取辣椒素，按辣椒素检测试剂盒说明书测定辣椒素提取产量，重复 3 次，结果取平均值。

1.2.2 辣椒素提取条件的确定

1.2.2.1 单因素试验

以干椒中辣椒素提取产量为考察指标，针对料液比［1∶40、1∶60、1∶80、1∶100、1∶120、1∶140、1∶160、1∶180、1∶200（g∶mL）］、超声温度（30℃、40℃、50℃、60℃）、超声时间（5min、10min、15min、20min、25min、30min）和超声功率（40W、60W、80W、100W）进行单因素试验。

1.2.2.2 响应面分析

参考单因素试验结果，根据 Box–Benhnken 试验设计原理，选取料液比、超声温度、超声时间、超声功率进行响应面分析，进一步优化辣椒素提取工艺。

1.2.3 提取次数的确定

取干辣椒粉提取辣椒素，提取次数设为 1 次、2 次、3 次、4 次，分别取提取液测定辣椒素提取产量。提取参数为响应面分析试验得出的最佳参数，重复 3 次，结果取平均值，确定提取次数。

1.2.4 加样回收率试验

精确称取已知辣椒素提取产量的干辣椒粉 9 份，每 3 份为 1 组，每份取 0.500 g，分别加入辣椒素标准样品，所加辣椒素标量提取产量分别为样品中所含辣椒素提取产量的 120%、100%和 80%，测定辣椒素提取产量。加样回收率=（测定辣椒素提取产量–干辣椒中已知辣椒素提取产量）/加标量×100%。

2 结果与分析

2.1 单因素试验结果

由图 1~图 4 可知，料液比为 1∶100（g/mL）、超声温度为 50℃、超声时间为 20 min、超声功率为 60 W 时提取效果最好。

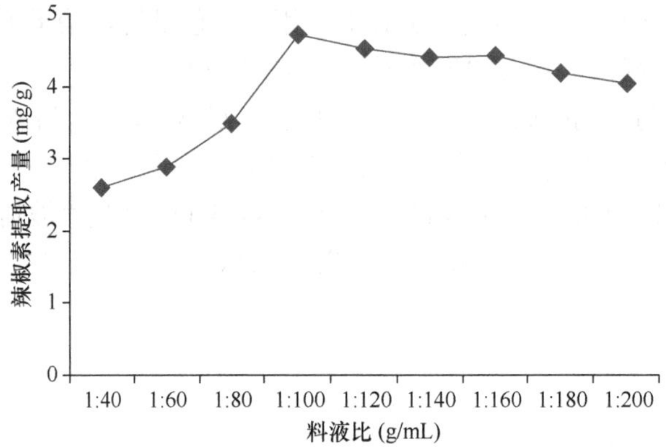

图 1　料液比对辣椒素提取产量的影响

Fig. 1　Effect of material-liquid ratio on extraction yield of capsanthin

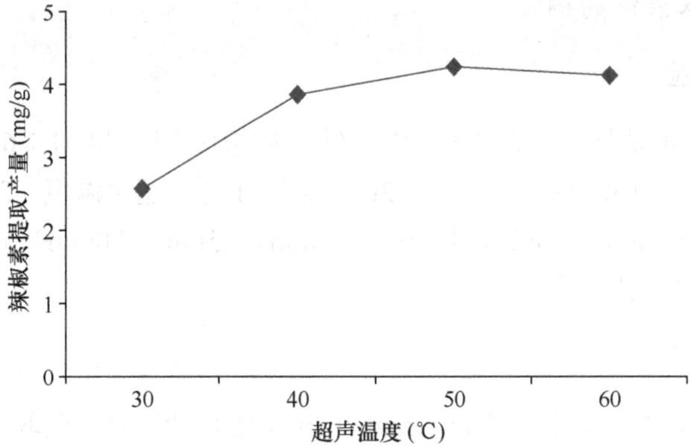

图 2　超声温度对辣椒素提取产量的影响

Fig. 2　Effect of ultrasound temperature on extraction yield of capsanthin

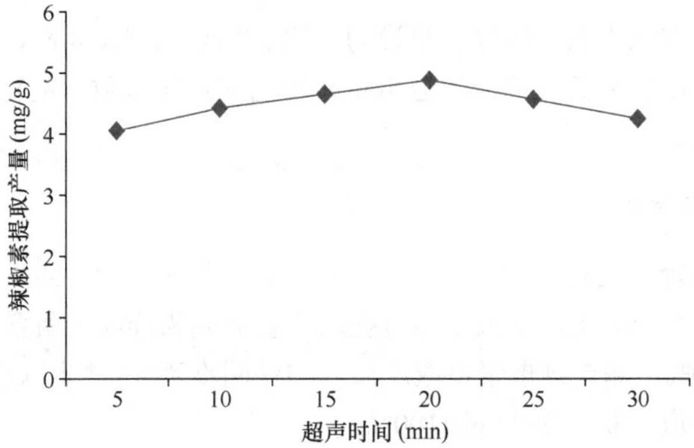

图 3　超声时间对辣椒素提取产量的影响

Fig. 3　Effect of ultrasound time on extraction yield of capsanthin

2.2　响应面分析结果

2.2.1　试验因素和水平

根据单因素试验结果，选取料液比、超声温度、超声时间、超声功率进行四因素三水平的响应面分析试验，响应面分析法因素及水平见表 1。

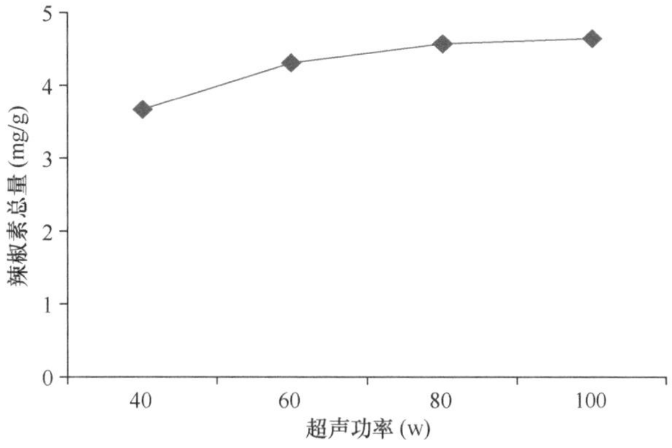

图 4　超声功率对辣椒素提取产量的影响

Fig. 4　Effect of ultrasound power on extraction yield of capsanthin

表 1　响应面分析法的因素与水平表

Table 1　Factors and levels of response surface methods

因素	水平		
	–1	0	1
A 料液比（g/mL）	1∶120	1∶100	1∶80
B 超声温度（℃）	40	50	60
C 超声时间（min）	10	20	30
D 超声功率（W）	40	60	80

2.2.2　二项式模型建立与显著性分析

响应面分析方案与结果见表 2。采用 Design–Expert 8.0.7.1 软件对表 2 中的试验数据逐步回归拟合，得二次多项回归方程：Y=–61.635+0.982×10^3 A+0.273 B+0.580 C+0.096 D+5.238 AB–14.761 AC–1.667 AD–21.425×10^{-3} BC+8.750×10^{-5} BD–8.750×10^{-5} CD–4.547×10^5 A^2–2.954×10^{-3} B^2–8.554×10^{-3} C^2–6.198×10^{-4} D^2（式中，Y 为辣椒素提取产量；A 为料液比；B 为超声温度；C 为超声时间；D 为超声功率），决定系数 R^2=0.9726。

由表 3 和表 4 可知，回归方程极显著（P<0.01），失拟检验不显著（P>0.05） 信噪比为 8.188，远大于 4，说明该方程拟合度和可信度均较高，可以对不同条件下的干椒辣椒素提取产量较好地进行预测。标准偏差为 0.180，变异系数为 1.76%，说明该试验重复性较好。料液比、超声时间、超声温度、超声功率对辣椒素素提取效果的影响依次减小，料液比一次项和二次项、超声时间二次项极显著，超声温度二次项显著。

2.2.3　最佳提取工艺条件

采用 Design–Expert8.0.7.1 软件处理二次多项回归方程，得超声提取辣椒素的最佳工艺参数为：料液比 1∶103（g/mL），超声温度 53.45℃，超声时间 18.64min，超声功率 63.26W，预测辣椒素提取产量理论值为 6.20mg/g。为检验该方法的可靠性，在上述最佳条件下进行辣椒素提取试验，考虑到实际操作的局限性，将提取工艺参数修正为料液为 1∶100g/mL，超声温度 54℃、超声时间 18min，超声功率 60W。

表 2 响应面分析方案与结果

Table 2 The program and result of response surface analysis

试验号	A 料液比(g/mL)	B 超声温度（℃）	C 超声时间（min）	D 超声功率（W）	辣椒素提取产量（mg/g）
1	−1	−1	0	0	4.09
2	0	1	0	1	6.33
3	0	1	−1	0	5.53
4	0	0	0	0	6.66
5	0	−1	0	−1	5.98
6	1	0	0	1	4.93
7	0	−1	0	1	6.00
8	−1	0	0	1	3.96
9	−1	0	−1	0	2.94
10	1	1	0	0	4.80
11	0	0	0	0	6.48
12	0	0	−1	−1	5.30
13	−1	1	0	0	3.82
14	0	−1	1	0	5.24
15	1	0	−1	0	4.51
16	0	−1	−1	0	4.96
17	1	0	1	0	4.08
18	0	0	−1	1	5.46
19	0	1	1	0	5.24
20	0	0	1	−1	5.64
21	1	−1	0	0	4.63
22	0	0	0	0	6.57
23	−1	0	1	0	3.75
24	−1	0	0	−1	3.21
25	0	1	0	−1	6.24
26	1	0	0	−1	4.46
27	0	0	1	1	5.73

表 3 方差分析表

Table 3 The table of variance analysis

	平方和	自由度	均方和	*F* 值	*P* 值
模型	27.33	14	1.950	30.46	<0.0001**
A	2.650	1	2.650	41.36	<0.0001**
B	0.094	1	0.094	1.46	0.2501
C	0.080	1	0.080	1.25	0.2857
D	0.210	1	0.210	3.25	0.0968
A-B	0.048	1	0.048	0.76	0.4019
A-C	0.380	1	0.380	6.000	0.0307*
A-D	0.020	1	0.020	0.31	0.5904
B-C	0.081	1	0.081	1.27	0.2823
B-D	1.225×10^{-3}	1	1.225×10^{-3}	0.019	0.8923
C-D	1.225×10^{-3}	1	1.225×10^{-3}	0.019	0.8923
A^2	21.450	1	21.450	34.63	<0.0001**
B^2	0.470	1	0.470	7.26	0.0195*
C^2	3.900	1	3.900	60.88	<0.0001**
D^2	0.330	1	0.330	5.11	0.0431
残差	0.770	12	0.064		
失拟检验	0.750	10	0.075	9.30	0.1010
纯误差	0.016	2	8.100×10^{-3}		
总误差	28.10	26			

注：*$P<0.05$ 显著差异；** $P<0.01$ 极显著差异

表 4　模型可信度分析的统计检验结果

Table 4　Statistical results of model credibility analysis

项目	数值	项目	数值
标准偏差	0.180	决定系数	0.917
平均值	5.640	预测拟合度	0.681
变异系数（%）	1.760	信噪比	8.188

实际测得的辣椒素提取产量值为 5.95 mg/g，与理论预测值相对误差约为 2.03%，说明该二项式模型较为可靠。

2.2.4　提取次数的选择

由图 5 可知，提取 2 次与提取 1 次提取结果具有显著性差异。而提取 3 次和 4 次所得的辣椒素提取产量虽仍有增加，但是与提取 2 次提取结果相比，差异不显著性。由于随着提取次数的增加，能耗增大，提取时间延长，因此选择提取 2 次较为合适。

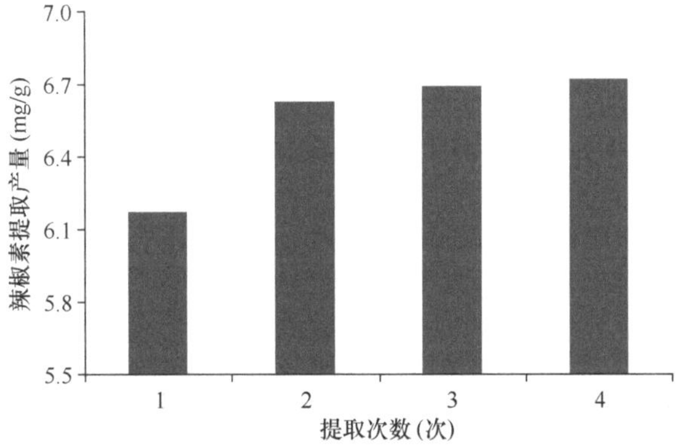

图 5　提取次数对辣椒素提取产量的影响

Fig. 5　Effect of extraction times on extraction yield of capsanthin

2.2.5　加样回收率试验

由表 6 可知，9 次试验所测得的加样回收率大部分大于 90%，平均回收率为 90.33%，标准偏差为 0.034，变异系数为 3.10%，说明采用上述提取方法所得回收率高且稳定。

表 6　回收率测定试验结果（*n*=9）

Table 6　The experiment result of recovery rate（*n*=9）

试验号	称样量（g）	取样中提取产量（mg）	加标量（mg）	测定提取产量（mg）	回收率（%）	平均回收率（%）	标准偏差	变异系数（%）
1	0.5003	0.5653	0.7202	1.2173	90.52			
2	0.5006	0.5657	0.7202	1.2473	94.64			
3	0.5000	0.5650	0.7202	1.2195	90.87			
4	0.5002	0.5652	0.5652	0.9996	86.81			
5	0.5004	0.5655	0.5655	0.9982	86.45	90.33	0.034	3.10
6	0.5002	0.5652	0.5652	1.0387	94.62			
7	0.5008	0.5659	0.4527	0.9793	91.31			
8	0.5004	0.5655	0.4524	0.9592	87.04			
9	0.5004	0.5655	0.4524	0.9756	90.67			

3 结论与讨论

本文采用超声波法快速提取干红椒中辣椒素，考察了料液比、超声温度、超声时间、超声功率和提取次数对测定结果的影响，并结合响应面法通优化了辣椒素提取工艺，得出最佳提取条件：料液比 1∶100（g/mL），超声温度 50℃，超声时间 20min，超声功率 60W，提取次数 2 次。

此方法具有简便快速、能耗低、提取率高、能耗低、节约成本、所得数据重复性好、样品回收率高等优点，适合用于快速定量分析样品中辣椒素提取产量。采用此方法处理样品时，缩短了提取时间，简化了测定步骤，所得数据重复性好，特别适合用于快速定量分析样品中辣椒素含量，易于同时测定大批量样品中的辣椒素含量，为选育高辣椒素的辣椒种质资源提供理论依据。

参考文献

李美粉, 王艳辉, 马润宇. 2005. 超声强化提取辣椒素的研究. 中国调味品, (5): 51-53, 12.

彭书练, 夏延斌, 丁芳林. 2007. 索氏提取法制备辣椒素的工艺研究. 辣椒杂志, (4): 31-33.

孙雁霞, 郇晓勇, 王跃华, 等. 2009. 超声法提取朝天椒辣椒素工艺条件研究. 成都大学学报(自然科学版), 28(3): 187-190.

熊科, 夏延斌. 2006. 超声提取辣椒素工艺条件的研究. 现代食品科技, 22(4): 78-81.

张丽茜, 金红星, 成文玉, 等. 2008. 乙酸-微波预处理法提取辣椒素的研究. 食品研究与开发, 29(3): 66-69.

郑振勋, 刘玉, 邱卫东. 2007. 酶法提取辣椒素的实验研究. 食品研究与开发, 28(10): 86-88.

Cichewicz R H, Thorpe P A. 1996. The antimicrobial properties of chile peppers (*Capsicum* species) and their uses in mayan medicine. Ethnopharmacol, 52(2): 61-70.

Kaale E, Van Schepdael A, Roets E, et al. 2002. Determination of capsaicinoids in topical cream by liquid-liquid extraction and liquid chromatography. Journal of Pharmaceutical and Biomedical Analysis, (30): 1331-1337.

Robert Q, Thompson, Kathleen L. 2011. Applications of argentation solid phase extraction to the capsaicinoids: Purification of comm ercial standards and isolation of homodihydrocapsaicin (8-methy1) from “Bhut Jolokia”. Food Chemistry, 126(3): 1424-1430.

Surh Y J, Lee R C J, Park K K, et al. 1995. Chemoprotective effects of capsaicin and diallyl sulfide against mutagenesis or tumorigenesis by vinyl carbamate and *N*-nitrosodimethylamine. Carcinogenesis, 16(10) : 2467-2471.

Surh Y J. 2002. More than spice: capsaicin in hot chili peppers makes tumor cells commit suicide. Journal of the National Cancer Institute, 94(17): 1263-1265.

Extraction Technology of Capsaicin from Dry Pepper

ZHOU Shu-dong[1, 2, 3], YANG Bo-zhi[1, 2], Ma Yan-qing[1, 2], ZHANG Zhu-qing[1, 2, 3], CHEN Wen-chao[1, 2, 3], DAI Xiong-ze[1, 2, 3*]

([1] Hunan Vegetable Research Institute, Changsha, 410125, China; [2] Observation Experiment Station for Vegetable Science in Central China, Ministyr of Agriculture, Changsha 410125, China; [3] Hunan agriculture university, Changsha, 410128)

Abstract: Response surface methodology is applied to optimize the extraction technology through ultrasound wave. The main extraction factors, such as material-liquid ratio, ultrasonic temperature, ultrasonic time, ultrasonic power and extraction times arestudied. The results show that the optimum conditions for capsaicin extraction are as follows: material-liquid ratio of 1: 100 (g: mL), ultrasound temperature 50℃, ultrasound time of 20 min, ultrasound power of 60 W, and extraction times of twice. This method has many advantages such as short extraction time, low energy consumption, high extracting rate, good reproducibility and high sample recovery. It is very easy to measure capsaicin yield in samples rapidly and quantitatively.

Key Words: dry pepper; capsaicin; ultrasonic extraction; response surface methodology

不同培养基和激素对辣椒花药培养的影响*①

杨博智[1]，周书栋[2]，张竹青[2*]，戴雄泽[2]，李立恒[1]，谢达平[1]

（[1]湖南农业大学生物科学技术学院，湖南 长沙 410128；
[2]湖南农科院蔬菜研究所，湖南 长沙 410125）

摘要：选用前期筛选出来的易产生愈伤组织和胚状体的 8 个不同基因型的辣椒品种进行花药培养，对基本培养基成分、激素种类和浓度、材料基因型等影响花药培养的因素进行研究。结果表明：①NTH 培养基为适宜于花药培养的最佳培养基，MS 和 B_5 培养基次之。②进行红艳花药培养时，以 NTH 为基本培养基，0.5mg/L NAA + 1.0mg/ L KT + 0.3 mg/L BA +1.0mg/L 2，4-D 是花药愈伤组织诱导培养最适宜的激素组合；0.3mg/L NAA + 1.0mg/L KT + 0.1mg/L BA 是花药胚状体诱导培养最适宜的激素组合。③在相同条件下，不同基因型辣椒花药培养后的愈伤组织诱导率和产胚率均不同，愈伤组织诱导率为 8.0%~23.5%，胚状体诱导率最高为 2%，最低为零。

关键词：辣椒；花药培养；基本培养基；激素；基因型；愈伤组织；胚状体

关于辣椒花药培养，早在 1973 年王玉英等（1973）及 George 等（1973）就有获得单倍体植株的报道。之后的学者广泛开展了改进花药培养方法的研究，并取得了新的进展（刘选明等，2000）。然而，目前辣椒花药培养的难度仍然很大。本试验探索基本培养基、激素种类和浓度配比对不同基因型辣椒花药培养的影响，旨在为推动辣椒花药培养的实用化研究奠定基础。

1 材料与方法

1.1 材料

供试材料为红艳、红帅、06L7-1、嫩辣、T02-1、M02、福湘早秀和福湘一号 8 个辣椒品种，均由湖南省农科院蔬菜研究所辣椒课题组提供。

1.2 方法

2008 年 4 月于初花期开始，对各基因型材料摘蕾，每天上午 7:00~8:00 或下午 17:00 以后采集瓣萼比在 1 左右，长度为 2~3mm 的花蕾（Ramon et al.，1997；Kim et al.，2004）

---

* 基金项目：国家 863 计划项目（2006AA100108-4-10）。
① 本文原载《湖南农业大学学报》，2009，35（1）：61-64。

（此时花蕾的小孢子大部分处在单核靠边期）放入自封口塑料袋内，装入冰盒带回实验室，4℃的冰箱中低温预处理48h。每次取3~5株的花蕾混合，以消除可能的单株间差异，重复3次。

将经过预处理的花蕾在超净工作台上先用70%的乙醇消毒30s，无菌水冲洗1~2遍，再用0.1%的升汞消毒20min，无菌水冲洗2~3遍。置于无菌滤纸上，用消毒后的镊子和解剖刀剥开花蕾，取出花药，接种于已灭菌的培养皿中，每皿接种25个左右的花药，用Parafilm膜封口。

将接种了花药的培养皿放入35℃的恒温培养箱中黑暗培养8d（Kim，1999），再转入光照培养箱中暗培养至有胚状体长出。培养条件为：白天（25±0.5）℃，夜晚（23±0.5）℃，光照强度为1500lx，每天光照14h（庄军平等，2001）。当花药上分化出白色幼小的胚状体时，剥离该胚状体，并单独培养于无激素的MS培养基中进一步培养至分化成苗。

1.2.1 不同培养基对辣椒花药培养的观察

取辣椒花药分别接种于MS、N_6、NTH、B_5培养基上，参考王玉英等（1981）的方法，培养基中分别添加0.25mg/L NAA + 1mg/L KT，30g/L蔗糖，6g/L琼脂粉，2g/L活性炭，pH范围为5.5~5.8。

1.2.2 不同激素种类及浓度对辣椒花药培养的观察

辣椒花药培养时2,4-D和KT浓度一般在0.1~1.0mg/L，NAA和BA浓度一般为0.01~0.5mg/L（张晓芬等，2005）。以红艳为材料，NTH培养基为基本培养基，分别添加不同浓度的激素2,4-D、KT、NAA和BA，设计正交实验L_{16}（4^5），配制成不同的培养基，将花药接种于不同培养基上。

1.2.3 相同培养条件下不同基因型对辣椒花药培养的观察

将8种不同基因型辣椒的花药接种在0.25 mg/L NAA+1 mg/L KT，30 g/L蔗糖，6 g/L琼脂粉，2 g/L活性炭，pH为5.5的培养基上进行培养。

1.2.4 数据统计

培养40d后统计和分析以上各处理中辣椒花药所形成的愈伤组织诱导率及胚状体诱导率，并描绘相应的形态特征。愈伤组织诱导率=（愈伤组织产生数/接种花药总数）×100%；胚状体诱导率=（胚状体产生数/接种花药总数）×100%。

2 结果与分析

2.1 不同培养基对辣椒花药培养的影响

从表1可知，MS、NTH、N_6和B_5培养基均可在供试的8个品种中诱导出愈伤组织，但不同的培养基在愈伤组织诱导率方面存在差异，其中NTH培养基在诱导T02-1时的诱导率最高，达20.1%，而N_6培养基在诱导福湘一号时的诱导率最低，两者相差16.1%。

从总的结果来看，各品种花药在 NTH 培养基上的愈伤组织诱导率最高，在 MS 培养基上的诱导率也较高，在 B_5 和 N_6 培养基的诱导率较低。

表 1 不同培养基对辣椒花药愈伤组织诱导率和胚状体诱导率的影响

Table 1 Effect of different basal mediums on frequency of callus and embryoids induction of anther

辣椒品种	愈伤组织诱导率/%				胚状体诱导率/%			
	MS	NTH	B_5	N_6	MS	NTH	B_5	N_6
红艳	13.7	15.4	7.3	4.8	1.0	2.5	0	0
红帅	18.2	17.0	10.4	6.1	0.5	1.0	0	0
06L7-1	12.7	15.5	8.0	6.2	0	2.0	0	0
嫩辣	10.6	14.8	6.9	6.7	0	0.5	0	0
T02-1	18.4	20.1	14.8	10.2	0	0.25	0	0
M02	17.2	19.4	15.3	11.5	0	0.5	0	0
福湘早秀	10.2	9.8	8.3	5.2	0	0	0.2	0
福湘一号	9.8	12.1	9.0	4.0	0	0	2.0	0

除 N_6 培养基外，其余 3 种培养基能使部分品种的花药产生胚状体。其中红艳、红帅、06L7-1 在 MS 培养基和 NTH 培养基上均能产生胚状体，且在 NTH 培养基上的产胚率要高于 MS 培养基，嫩辣、T02-1 和 M02 只在 NTH 培养基上产生胚状体；福湘早秀和福湘一号只在 B_5 培养基上产生胚状体。红艳在 NTH 培养基上的产胚率最高，为 2.5%，福湘早秀在 B_5 培养基上的产胚率最低，为 0.2%，前者为后者的 12.5 倍。

综合以上分析，可知 NTH 培养基为诱导花药培养的最佳培养基；MS 和 B_5 培养基次之。

2.2 不同激素种类及浓度对辣椒花药培养的影响

采用 SAS 9.0 软件对数据进行多因素直观分析和方差分析，发现不同激素组合处理对辣椒花药的愈伤组织和胚状体诱导率有明显的影响。由表 2 可知，所有激素组合均可以诱导出愈伤组织，激素对愈伤组织诱导率的影响从大到小依次为 2,4-D、NAA、KT、BA；4 种激素均组合可诱导产生胚状体，对胚状体诱导率的影响从大到小依次为 KT、2,4-D、NAA、BA。由表 3 可知，2,4-D 对诱导愈伤组织的影响达到显著水平，其余因子对愈伤组织诱导率的影响差异不显著；各因子对胚状体诱导率的影响差异均不显著。总的来说，0.5mg/L NAA +1.0mg/L KT +0.3mg/L BA +1.0mg/L 2,4-D 为红艳花药愈伤组织诱导培养最适宜的激素组合；0.3mg/L NAA + 1.0mg/L KT + 0.1mg/L BA 为红艳花药胚状体诱导培养最适宜的激素组合。

2.3 相同培养条件下不同基因型辣椒花药愈伤组织诱导率和胚状体诱导率

由图 1 可知，8 种不同基因型辣椒花药愈伤组织诱导率和胚状体诱导率有明显差异。所有品种均能诱导出愈伤组织，其中 M02 诱导率最高，福湘早秀诱导率最低，前者约为后者的 3 倍；除福湘早秀外，其余品种均能诱导出胚状体，红艳诱导率最高。

表 2　不同激素对红艳愈伤组织诱导率和胚状体诱导率的影响

Table 2　Effect of different hormone on induction frequency of callus and embryoids induction of Hongyan

试验号	激素质量浓度（mg/L）				愈伤组织诱导率/%	胚状体诱导率/%
	NAA	KT	BA	2,4-D		
1	0	0	0	0	1.5	0
2	0	0.2	0.1	0.2	8.0	0
3	0	0.6	0.3	0.6	10.2	0
4	0	1.0	0.5	1.0	12.1	0
5	0.1	0	0.1	0.6	4.3	0
6	0.1	0.2	0	1.0	12.0	0
7	0.1	0.6	0.5	0	6.0	0.50
8	0.1	1.0	0.3	0.2	16.6	1.00
9	0.3	0	0.3	1.0	15.3	0
10	0.3	0.2	0.5	0.6	8.0	0
11	0.3	0.6	0	0.2	15.5	0.25
12	0.3	1.0	0.1	0	8.4	2.0
13	0.5	0	0.5	0.2	14.7	0
14	0.5	0.2	0.3	0	5.0	0
15	0.5	0.6	0.1	1.0	18.6	0
16	0.5	1.0	0	0.6	17.3	0.20
愈伤组织诱导率	K_1	7.950	8.950	11.575	5.225	
	K_2	9.725	8.250	9.825	13.700	
	K_3	11.800	12.575	11.775	9.950	
	K_4	13.900	13.600	10.200	14.500	
	R	5.950	5.350	1.950	9.275	
胚状体诱导率	K_1	0.000	0.000	0.113	0.625	
	K_2	0.375	0.000	0.500	0.313	
	K_3	0.563	0.188	0.250	0.050	
	K_4	0.050	0.800	0.125	0.000	
	R	0.563	0.800	0.387	0.625	

表 3　不同激素对红艳愈伤组织诱导率和胚状体诱导率影响的方差分析

Table 3　Variance analysis of different hormone on induction frequency of callus and embryoids of Hongyan

因素	激素	自由度	平方和	均方	F 值	P 值
愈伤组织诱导率	NAA	3	79.522	26.507	5.50	
	KT	3	83.632	27.877	5.79	
	BA	3	11.417	3.806	0.79	
	2，4-D	3	215.582	71.861	14.92	<0.05
胚状体诱导率	NAA	3	0.863	0.288	2.09	
	KT	3	1.725	0.575	4.18	
	BA	3	0.388	0.129	0.94	
	2，4-D	3	0.968	0.329	2.39	

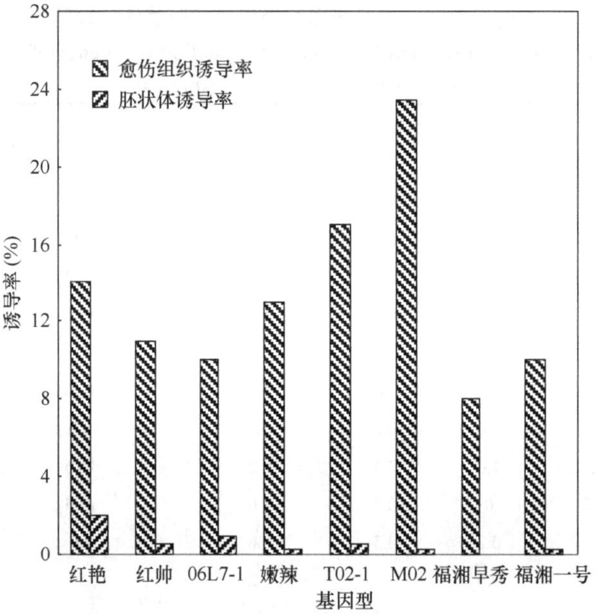

图 1　不同基因型辣椒的花药愈伤组织诱导率和胚状体诱导率

Fig. 1　Comparison of induction frequency of callus and embryoids of different anther of the hot pepper

花药接种 10d 后有愈伤组织产生，接种 30d 后有胚状体形成。用立体显微镜观察，发现愈伤组织是由花药内部产生并将花药挤裂向外形成，其表面形状不规则，结构较疏松，透明，含水量大，培养一段时间后，通常花药壁会褐化，即使转接至新的培养基中也难分化成植株；本试验中还观察到了裂开花药中的球形胚、出现根毛的畸形胚和子叶形胚。球形胚和畸形胚很难分化成正常小植株，往往仅见胚状体变绿且愈伤化，子叶形胚可以再进一步发育成正常植株（图 2）。

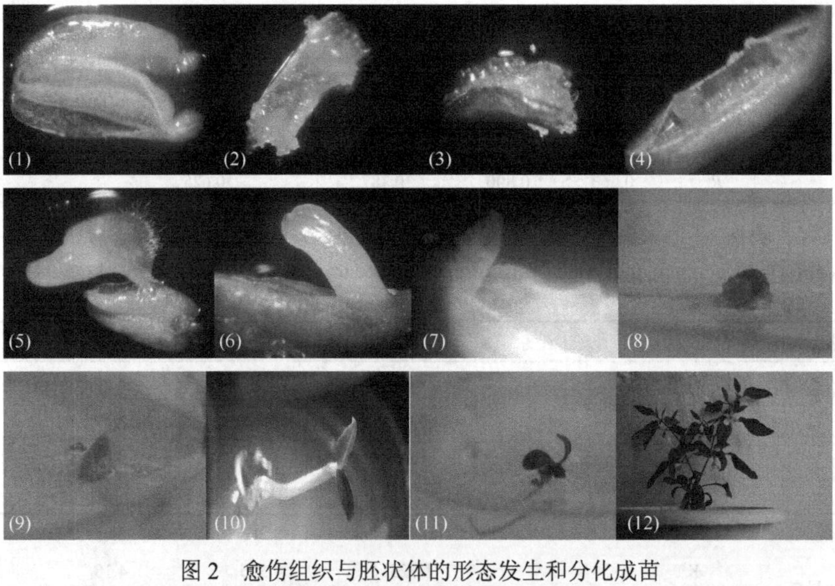

图 2　愈伤组织与胚状体的形态发生和分化成苗

Fig. 2　The morphogenesis and seeding of the callus and embryoids

1. 开裂的花药；2~3. 愈伤组织；4. 球形胚状体；5. 出现根毛的畸形胚；6~7. 子叶形胚状体；8~9. 变绿且愈伤化的胚状体；10~11. 正常小植株；12. 移栽后的植株

3 结论与讨论

a. 辣椒花药培养的培养基选择十分重要。本试验结果表明，NTH 培养基是较适宜辣椒花药培养的培养基，与前人的研究结果基本一致（王玉英等，1981；张晓芬等，2005；Mythili and Thomas，1995）。本试验中采用的 4 种培养基成分，NTH 培养基为最适培养基的主要原因可能是其无机元素浓度相对较低，可以减少细胞汁液的渗透压，降低细胞质的黏滞性，从而促进细胞的生长及其对养分的吸收，也可能是 NTH 培养基中硼离子的含量要远高于其他培养基，而硼离子具有促进细胞分裂、抑制细胞伸长的作用。目前关于这两者的作用机制还不明确，有待证实。

b. 花药培养时，培养基中加入适当浓度的激素有利于愈伤组织和胚状体的形成，而加入激素的浓度组合应依据接种材料的基因型，通过多次试验来确定适宜的配方。本试验结果表明在一定浓度范围内添加不同的激素，其愈伤组织诱导率和胚状体诱导率均不同，且所有激素的质量浓度均应控制在 0.1~1.0mg/L。

c. 相同培养条件下，不同基因型辣椒愈伤组织诱导率和胚状体诱导率差别很大，部分基因型（如福湘早秀）没有出胚。这与前人的研究结论（Dumas et al.，1981；Kristiansen and Andersen，1993；陆瑞菊等，2007）一致。这一现象可能是在易产生胚状体的辣椒基因组中存在着可调控小孢子发育方向的基因，但目前未见有关控制辣椒花药培养胚发生率的基因及其遗传规律的报道。

d. 在本试验光照培养过程中，少部分花药产生了透明、结构较疏松的愈伤组织，但未能进一步诱导成苗；各个时期的胚状体也已观察到，但未尚对辣椒花药培养中雄核发育和胚状体形成等发育机制进行研究，关于解决非正常胚的形成、药室内胚状体的发生和发育的不同步等问题还有待研究。

参考文献

刘选明，官春云，李栒，等. 2000. 油菜花药离体培养. 湖南农业大学学报(自然科学版), 26(3): 185-189.

陆瑞菊，孙月芳，王亦菲，等. 2007. 提高粳米稻花药小孢子离体培养反应的研究. 湖南农业大学学报(自然科学版), 33(4): 386-390.

王玉英，李春玲，蒋钟仁. 1981. 辣椒和甜椒花药培养的新进展. 园艺学报, 8(2): 41-45.

张晓芬，耿三省，陈斌，等. 2005. 甜(辣)椒单倍体培养研究进展. 生物技术通报, (4): 12-17.

庄军平，巩振辉，苏菁. 2001. 温度对辣椒花药愈伤组织形成的影响. 西北农业学报, 10(2): 49-51.

Dumas de Vaulx R, Chambonnet D, Pochard E. 1981. Culture in vitro d'antheres de piment (*Capsicum annuum* L.) amelioration des tauxd'obtention de plantes chez differents genotypes nar destraitmentsα+ 35℃. Agronomie, (1): 859-864.

George L, Narayanawamy S. 1973. Haploid *Capsicum* through experimental androgenesis. Protoplasma, (78): 467-470.

Kim M, Kim J, Yoon M, et al. 2004. Origin of multicellular pollen and pollen embryos in cultured anthers of pepper (*Capsicum annuum* L.). Plant Cell Tissue and Organ Culture, (77): 63-72.

Kim M. 1999. The influence of temperature pretreatment on the production of microspore embryos in anther culture of *Capsicum annuum* L. Korean Journal of Plant Tissue Cult, (26): 71-76.

Kristiansen K, Andersen S B. 1993. Effects of donor plant temperature, photoperiod and age on anther culture

response of *Capsicum annuum* L.. Euphytica, 67: 105-109.
Mythili J B, Thomas P. 1995. Some factors influencing the in vitro establishment and callusing of anther sin *Capsicum* (*Capsicum annuum* L. var. *grossum* Sendt). Indian Journal of Plant Physiology, 38(2): 126-130.
Ramon D S, Claveria E, Huarta A. 1997. Androgenesis in *Capsicum annuum* L. effects of carbohydrate and carbon dioxide enrichment. Horticultral Science, 122(4): 468-475.
Wang Y Y, Sun C S, Wang C C, et al. 1973. The induction of the pollen plantlets of triticale and *Capsicum annuum* L. from anther culture. Scientia Sinica, (16): 121-147.

Effects of different medium and hormone on cultured anther of hot pepper

YANG Bo-zhi[1], ZHOU Shu-dong[2], ZHANG Zhu-qing[2], DAI Xiong-ze[2], LI Li-heng[1], XIE Da-ping[1]

([1] College of Bioscience and Biotechnology, HUNAU, Changsha 410128, China; [2] Institute of Vegetables of Hunan Academy of Agricultural Sciences, Changsha 410128, China)

Abstract: Eight different hot pepper cultivars, liable to induce callus and embryoids, were studied for anther culture. The main factors influencing anther culture were investigated, including the basal mediums, hormone, genotypes and etc. The result showed that: ①NTH basal medium was an optimum medium for the anther culture; MS and B_5 basal medium were also good mediums for the anther culture. ②With NTH basal medium, the combination of NAA at 0.5mg/L and KT at 1.0mg/L and BA at 0.3mg/L and 2,4-D at 1.0mg/L was suitable for Hongyan to induce callus. The combination of NAA at 0.3mg/L and KT at 1.0mg/L and BA at 0.1mg/L was suitable for Hongyan to induce embryoids. ③There existed obvious differences at the inducing rate among different genotypes of hot pepper. The callus frequency was from 8.0% to 23.5%, and the embryoids frequency was 0 to 2%.

Key words: hot pepper; cultured anther; basal medium; hormone; genotypes; callus; embryoid

Influences of Carbon Sources and Plant Growth Regulators on Anther Culture Efficiency of Pepper*①

ZHAO Ji[1,2], ZOU Xue-xiao[1,3*], ZHANG Zhu-qing[1], YANG Bo-zhi[1], ZHOU Shu-dong[1]

([1] Vegetable Research Institute, Hunan Academy of Agricultural Sciences, Changsha 410125;
[2] Longping Branch of Graduate School of Central South University, Changsha 410125;
[3] Hunan Academy of Agricultural Sciences, Changsha 410125)

Abstract: [Objective] In order to increase anther culture efficiency of pepper. [Method] MS culture media and Bolajiaohong were used in this experiment to study the influences of carbon sources and concentrations on anther callus induction of pepper. Jiayu was taken as a material to study influences of plant growth regulators and concentrations on anther callus induction of pepper according to $L_{16}(4^5)$ orthogonal design. [Result] The average callus and embryoid induction rates of maltose at all concentrations were higher than these of sucrose but the difference was not significant. Taking maltose or sucrose as a carbon source, 3% to 6% concentration was good for increasing induction frequencies of calli and embryoids. However, If the concentration was over 6%, the induction rates were declined dramatically with the increase of sugar concentration. The influences of growth regulators on induction rate of calli were listed as 2,4-D>ZT>NAA>KT>6-BA; the influences on induction rates of embryoids were listed as 2,4-D>NAA>ZT>KT>6-BA. The 2,4-D, ZT, NAA and KT had signficant or extremely significant influences on induction rates of calli and embryoids. 2,4-D, ZT at 1.0mg/L and NNA, KT at 0.5mg/L had the best effects. The influences of ZT on calli and embryoids were better than those of KT and 6-BA. 1.0mg/L 2,4-D+1.0mg/L ZT+0.5mg/L KT+0.5mg/L 6-BA was the best regulator combination for induction culture of Jiayu anther. [Conclusion] The experiment provided research basis for anther culture of pepper.

Key words: Pepper; Anther culture; Carbon source; Plant growth regulator; Callus; Embryoid

The carbon source is necessary for plant tissue culture and does not only provide energy for explants but also maintains certain osmotic pressure. In the range of certain concentration, it can decline somatic histogenesis, so pollen callus formation such as filament is declined in

* 基金项目：国家 863 计划项目（2006AA100108-4-10）。

① 本文原载 *Agricultural Science & Technology*，2010，11（4）：102-105。

the range of certain concentration range, then the pollen callus histogenesis proportion can be increased. The common carbon sources are fructose, glucose, sucrose, maltose, sorbitol and so on , while sucrose can support the vigorous growth of plant *in vitro* cultures and it is always used as a standard carbon source for plant tissue culture. According to current reports, the carbon source is almost used for pepper anther culture and the concentration used ranges from 3% to 6% (WANG et al, 1980; LI and JIANG, 1983; MORRISON et al, 1986). However, some researchers have proposed that maltose is better for embryogenesis than sucrose (WANG et al, 2004). Besides, there are reports about other crops (KARSAI et al,1994; SUN et al,1993).

The basic media can ensure the survival and minimum physiological activities of cultures. However, only with proper addition of plant growth regulator, it can induce the proper change of start-up of cell division and callus growth. Many researches have demonstrated that growth regulators at proper concentrations are good for embryoid and callus formation, however the concentration difference is big (DUMAS et al, 1981; QIN et al, 1995; GEMESNE et al, 1998). At present, the induction frequencies of calli and embryoids in pepper anther culture are low, and therefore, further optimizing various culture conditions and increasing anther culture efficiency are still important issues for pepper anther culture. The influences of carbon source type, concentration, growth regulator combination and concentration ratio on anther culture efficiency are studied in this paper to further optimize culture condition of induction media and to increase culture efficiency of pepper anther culture.

1 Materials and Methods

1.1 Experimental materials and designs

The Bolajiaohong was taken as an experimental material to study effects of carbon source types and concentrations. The culture medium was MS, while carbon sources were sucrose and maltose. Each carbon source had 5 concentration treatments, namely, 0, 3%, 6%, 9% and 12%, while every treatment was inoculated in ten dishes with three repeats.

The studies of plant growth regulators took Jiayu as an experimental material and the culture medium was MS. The growth regulators were set five factors, namely, 2,4-D, KT, 6-BA, NAA and ZT, while every factor had four levels according to $L_{16}(4^5)$ orthogonal design and the total were 16 level combinations. Every treatment was inoculated in ten dishes with two repeats.

Table 1 Experiment factor levels of plant growth regulators

Factor	Level			
	1	2	3	4
2,4-D	0	0.10	0.50	1.0
KT	0	0.50	1.0	1.5
6-BA	0	0.25	0.50	1.0
NAA	0	0.25	0.50	1.0
ZT	0	0.10	0.50	1.0

The experimental materials were provided by Pepper Research Group, Vegetable Research Institute, Hunan Academy of Agricultural Sciences and they were planted in field. They were sown in Jan. 13, 2009 and transplanted in Apr. 28, 2009.

1.2 Methods

①Material collection. During initial flowering stage in July 2009, the flower buds were picked up. Before 8: 00 or after 17: 00, the buds with 2 to 3 mm in length and around 1 petal and calyx ratio, then developmental stages of spores were examined for sampling by a microscop. At this time, most microspores in small flower buds were in late uninuclear - early binuclear stage. 30 to 50 buds were mixed every time, put into plastic bag and sealed, then taken to lab and preserved in at 4℃ for 1 to 7d.

②Inoculation. After cold pretreatment, the buds were surface sterilized on super-clean worktable. The buds were first soaked in 75% ethanol for 30s, then transferred into 0.2% mercury solution for 8min and washed for three to four times by sterile water, while every time was lasted for 2 to 3min. The anthers were peeled and inoculated on culture media. Every dish had about 30 anthers and was sealed with parafilm.

The dishes of inoculated anthers were cultured in dark for 8d in the constant temperature incubator at 35℃, then transferred into illumination box until 60d after culturing. The culture conditions: (25±0.5)℃(day)/(23±0.5)℃(night), 12h/d illumination, 1500lx light intensity. When anther had white young embryoid and the peeled embryoids were transferred into culture media without plant growth regulator for differentiating into seedlings.

1.3 Statistical analysis of experimental data

Calli and embryoids were counted 40d after inoculation. Callus induction rate=(callus number/total treated anther number)×100%, embryoid induction rate =(embryoid number/ total treated anther number) ×100%. DPS software was used for statistical analysis.

2 Results

2.1 Influences of carbon source types and concentrations on callus induction of anther

The average values of callus induction rate treated by maltose or sucrose were 7.00% and 6.77%. Although the callus induction of maltose was higher than that of sucrose, the difference was not at significant level. The callus rate was the highest at 3% maltose and high at 6% maltose, while it was highest at 6% sucrose and high at 3% sucrose. The differences between 3% and 6% concentrations were not significant. However, the differences between them and other treatments were at 1% significant level. Therefore, maltose or sucrose was taken as anther culture of pepper, while wound healing frequency at 3% and 6% concentration was extremely higher than that of 0, 9% and 12% concentration, so 3% to 6% maltose or sucrose were the proper concentration for pepper anther culture (Table 2).

2.2 Influences of carbon source types and concentrations on embryoid induction of anther

It was concluded from Table 2 that the embryoid induction rate was highest at 6% maltose and sucrose and high at 3% maltose and sucrose, however the differences between

Table 2 Influences of carbon source type and concentration on callus induction of anther %

Carbon source concentration	Callus number			Embryoid		
	Maltose	Sucrose	Averge	Maltose	Sucrose	Averge
0	2.13	2.13	2.130Dd	0	0	0 Dd
3	10.11	9.68	9.895 Aa	1.28	1.24	1.260 Aa
6	10.06	10.07	10.065 Aa	1.30	1.28	1.290 Aa
9	7.61	7.26	7.435Bb	1.02	0.99	1.005 Bb
12	5.10	4.71		0.77	0.79	

Different capital and lowercase letters represented significant difference at 5% and 1% level.

them were small. The difference was not significant between 6% and 3% treatments, while they were significantly different from other treatments at 1% level, so taking maltose or sucrose as carbon source at 3% to 6% concentration was good for increasing induction frequency of embryoids. The embryoid induction rates of maltose and sucrose treatment were 0.874% and 0.860%, however their difference were not significant.

2.3 Influences of growth regulator kinds and concentrations on inductions of anther calli and embryoids

The statistical results of $L_{16}(4^5)$ orthogonal test were listed in Table 3 and Table 4. It was concluded from square sum of growth regulator that the influences on callus induction frequency were listed in the following order 2, 4-D>ZT>NAA>KT>6-BA, while the influences on embryoid induction rate were listed in the following order 2, 4-D>NAA>ZT>KT>6-BA, so cytokinin could increase anther culture efficiency and the effect of ZT was better than that of 6-BA. The influences of 2, 4-D, ZT, NAA and KT on embryoid induction rate were at 5% or 1% significant level, while the influences of 6-BA on callus and embryoid induction rates were not at significant level.

Table 3 variance analysis of plant growth regulator on callus induction and embryoid induction of pepper

Factor	Growth regulator	*F* value	*P* value
Callus induction rate	2, 4-D	31.619**	< 0.05
	KT	3.934*	
	6-BA	0.254	
	NAA	9.232**	
	ZT	17.713**	
Embryoid induction rate	2, 4-D	87.444**	< 0.05
	KT	14.292	
	6-BA	0.069	
	NAA	38.165**	
	ZT	28.318**	

It was concluded from Table 4 that the influences of 2, 4-D and ZT treatment at different concentrations on callus induction rate and embryoid induction rate were significantly different. The average callus and embryoid induction rates were highest at the 4th level, which was higher or extremely higher than that of other concentrations and the lowest was at 1th level. Therefore, 2, 4-D and ZT from 0.1 to 1.0mg/L could increase callus and embryoid induction frequencies, while the effect of 1.0mg/L was best. The influences of KT treatment at different concentrations were different at 5% significant level, while the average was highest at level 2, high at level 3 but smallest at level 1, so KT at 0.5mg/L could generate best effects on inducing calli and embryoids from 0 to 1.5mg/L, while KT at 1.0mg/L generated better effect, however the difference was not significant. The averages of callus and embryoid induction rates of different NAA treatments were highest at level 3, and were higher than those of other treatments, so NAA at 0.5mg/L had the best effect. The differences of callus and embryoid induction rates of 6-BA at different concentrations were not significant.

Table 4 Influences of plant growth regulators on callus induction rate and embryoid induction rate of Jiayu

Item	Test No.	Concentration of plant growth regulator(mg/L)					Callus induction rate(%)	Embryoid induction rate(%)
		2, 4-D	KT	6-BA	NAA	ZT		
combination	1	0	0	0	0	0	2.16	0
	2	0	0.5	0.25	0.25	0.1	7.57	0
	3	0	1.0	0.5	0.5	0.5	9.29	0.62
	4	0	1.5	1.0	1.0	1.0	6.95	0
	5	0.1	0	0.25	0.5	1.0	22.42	1.42
	6	0.1	0.5	0	1.0	0.5	12.33	0.81
	7	0.1	1.0	1.0	0	0.1	17.17	1.13
	8	0.1	1.5	0.5	0.25	0	6.69	0
	9	0.5	0	0.5	1.0	0.1	10.70	0
	10	0.5	0.5	1.0	0.5	0	13.46	0.90
	11	0.5	1.0	0	0.25	1.0	15.15	1.01
	12	0.5	1.5	0.25	0	0.5	13.24	0.87
	13	1.0	0	1.0	0.25	0.5	15.90	1.05
	14	1.0	0.5	0.5	0	1.0	32.61	2.17
	15	1.0	1.0	0.25	1.0	0	14.98	0.98
	16	1.0	1.5	0	0.5	0.1	21.31	1.42
Callus induction rate	K_1	6.493Aab	12.795ab	12.738a	16.295AaB	9.323Bc		
	K_2	14.653Ab	16.493a	14.553a	11.328ABb	14.188Abb		
	K_3	13.138ABb	14.148ab	14.823a	16.620Aa	12.690ABbc		
	K_4	21.200Aa	12.048b	13.370a	11.240Bb	19.283Aa		
	R'	14.708	4.445	2.085	5.380	9.960		
	R	13.237	4.000	1.877	4.842	8.964		
Embryoid induction rate	K_1	0.155Cc	0.618b	0.810a	1.043Aa	0.470Bc		
	K_2	0.840Bb	0.970a	0.818a	0.515Bb	0.638Bbc		
	K_3	0.695Bb	0.935a	0.698a	1.090Aa	0.838ABb		
	K_4	1.405Aa	0.573b	0.770a	0.448Bb	1.150Aa		
	R'	1.250	0.398	0.120	0.643	0.680		
	R	1.125	0.358	0.108	0.578	0.612		

Discussion

The sucrose can not only adjust osmotic pressure but also is an effective carbon source (WANG, 1981). Different anthers of crops need big different sucrose concentrations (FU et al, 2004; BAI et al, 2006) and the sucrose concentration for pepper anther is from 3% to 6%(WANG et al, 1980; LI and JIANG, 1983). The results shown here also have demonstrated that the callus and embryoid induction rates of maltose were higher than that of sucros, which was in accordance with the researches by Wang et al(2004). The maltose and sucrose are taken as carbon sources for pepper anther culture, while the concentration from 3% to 6% is good to increase callus and embryoid induction frequencies. If the concentration is over 6%, the induction frequencies of callus and embryoid induction are declined dramatically with the increase of maltose or sucrose concentrations.

The types and proper concentration ratio of growth regulators have great influences on induction and differentiation of embryoid of pepper anther. Wang et al(1980) used 0.25mg/L NAA+1.0mg/L KT with 50mg/L in experiment and generated a good effect. Besides, the 2, 4-D at the same concentration can induce the formation of callus better. Cai et al (2005) reported that the influence of KT was bigger than that of NAA on embryoid induction rate. Besides, the induction effect of KT at 1.0mg/L or 1.5mg/L was better. The results of Dumas et al (1981) and (Gemesne et al (1998) demonstrated that 2,4-D from 0.01mg/L to 0.05mg/L+KT from 0.01mg/L to 0.05mg/L produced better culture effect in pepper anther culture. Qin and Rotino (1995) used 0.5mg/L 2,4-D +0.5mg/L KT, which obtained better effect. Although KT is the most effective cytokinin, some varieties can induce embryoid. Zhang et al (2000) reported that 0.5mg/L 2,4-D , KT and proper 6-BA were mixed with 2,4-D and the effect of KT was better than that of 6-BA. Yang et al(2009) suggested that 0.5mg/L NAA+1.0mg/L KT+0.3mg/L 6-BA+1.0mg/L 2,4-D be the best growth regulator combination for callus induction culture of Hongyan. The experimental results demonstrated that 2,4-D, ZT, NAA and KT generate significant or extremely significant influences on callus and embryoid induction rates. The effect of 1.0mg/L 2,4-D and ZT and 0.5mg/L KT and NAA was best, while the concentration of 2,4-D was higher than the concentration reported in foreign countries (DUMAS et al, 1981; QIN and ROTINO, 1995; GEMESNE et al, 1998) which is similar to Yang's reports. The concentrations of KT and NAA are basically similar to the reported concentrations (QIN and ROTINO, 1995; YANG et al, 2009) 1.0mg/L 2,4-D+1.0mg/L ZT+0.5mg/L KT+ 0.5mg/L 6-BA is the best growth regulator combination for callus culture of Jiayu anther.

According to current reports, the added cytokinin for pepper anther culture is KT or 6-BA, while ZT is seldom reported. The experimental results demonstrated that the effects of ZT on increasing callus and embryoid induction rates are better than those of KT and 6-BA, which is similar to the Ma's result during eggplant anther culture. For complex endogenous hormone levels in crops and big different needs of growth regulators for different genotypes, the best growth regulator combination and concentration should be studied further.

References

BAI YH(白延红), LIU L(刘莉), LI CL(李春莲), et al. 2006. Effect of sucrose and hormone on culture characteristics of wheat anthers (蔗糖、激素及基因型对小麦花药培养的影响)[J]. Journal of Triticeae

Crops(麦类作物学报), 26(3): 67-70.

CAI LH(蔡连华), LEI JJ(雷建军), CHEN GJ(陈国菊), et al. 2005. Effects of several factors on anther culture of colored bell pepper (彩色甜椒花药培养若干影响因子的研究)[J]. China Cucurbits and Vegetables (中国瓜菜), (4): 16-19.

DENG MH, WEN JF, ZOU XX. 2009. *In vitro* plant regeneration of pepper cytoplasmic male sterility (CMS) lines via cotyledon culture[J]. Agricultural Science&Technology, 10(1): 39-42.

DUMAS DEVR. CHAMBONNET D, POCHARD E. 1981. Culture in vitro d'antheres de piment(*Capsicum annuum* L.): Amelioration destaux d'obtention de plantes ches differents genotypes par des trait-ements a +35℃[J]. Agronomie. 1: 859-864.

FU YJ(付迎军), REN HX(任海祥), BAI YF(白艳凤), et al. 2004. Study on increasing anther culture induction frequency of soaking maize anther with sucrose(糖液预处理对提高玉米花培诱导率的研究)[J]. Journal of Maize Sciences(玉米科学), 12(1): 111-113. 118.

GEMESNE JA, SAGI ZS, SALAMON P, et al. 1998. Experiments and results of in vitro haploid methods application in pepper breeding programme[C]. Avignon, France: Proceedings of the tenth EU-CARPIA Meeting on Genetics and Breeding of Capsicum & Egg-plant. 201-203.

KARSAI I, BED OI, HAYES PM. 1994. Efect of induction medium pH and maltose concentration on *in vitro* audrogenesis of hexaploid winter triticale and wheet[J]. Plant Cell Tissue and Org Cult, 39: 49-53.

LI CL(李春铃), JIANG ZR(蒋钟仁). 1983. Some influencing factors in anther culture of *Capsicum frutescens* L. (对甜椒花药培养中一些影响因素的研究)[J]. China Vegetables(中国蔬菜), (12): 35-37.

LI H(李红), REN NL(任乃林). 2009. Determination of SudanIII in chill products by linear sweep polarography(线性扫描极谱法测定辣椒制品中的苏丹红[J]. Journal of Anhui Agricultural Sciences (安徽农业科学), 37(35): 19-21.

LUO XD(罗向东), DAI LF(戴亮芳), CHEN JF(陈劲枫), et al. 2010. AFLP analysis of cytoplasmic male-sterile line and its maintainer line of pepper(辣椒细胞质雄性不育系及其保持系的AFLP分析)[J]. Journal of Anhui Agricultural Sciences(安徽农业科学), 38(10): 41-43.

MIAO CB, WAN ZG, SUN BY. 2009, Effects of 2, 4-D and 6-BA on callus induction and plantlet regeneration from mature embryos of hsien rice[J]. Agricultural Science & Technology, 10(4): 22-26.

MORRISON RA, KONING RE, EVANS DA. 1986. Anther culture of an interspecific hybrid of *Capscicum*[J]. Plant Physio1, 126: 19.

QI WQ(齐卫强). 2008. Construction of Eggplant Anther Cultures System (茄子花药培养体系的构建)[D]. Zhengzhou: Henan Agricutural University(郑州: 河南农业大学).

QIN X, ROTINO GL. 1995. Chloroplast number in guard cells as ploidy indicator of *in vitro*-grown androgenic pepper plantlets[J]. plant Cell, Tissue and Organ Culture. 41: 145-149.

SUN ZX(孙宗修), SI HM(斯华敏), CHENG SH(程式华), et al. 1993. Effect of maltose on efficiency of anther culture of rice(麦芽糖提高水稻花药培养效率的研究)[J]. Chinese Journal of Rice Science (中国水稻科学), 7(4): 227-231.

WANG JJ(王敬驹). 1981. Improvement in induced frequency of wheat pollen wound structure(提高小麦花粉愈伤组织诱导频率的研究)[J]. Hereditas(Beijing)(遗传学报), 3(3): 28-29.

WANG LH(王立浩), ZHANG BX(张宝玺), GUO JZ(郭家珍), et al. 2004. Studies of effects of several factors on anther culture of *Capsicum annuum* L. (辣椒花药培养中若干影响因素的研究)[J]. Acta Horticulturae Sinica (园艺学报), 31(2): 199-204.

WANG YN(王亚南), ZHAO XS(赵绪生), YUAN WL(袁文龙), et al. 2010. Research status of pepper mild mottle virus(辣椒轻斑驳病毒研究现状)[J]. Journal of Anhui Agricultural Sciences(安徽农业科学), 38(14): 235-236, 238.

WANG YY(王玉英), GUO ZC(郭仲琛), LI CL(李春玲), et al. 1980. A preliminary report on the study of pollen plants of sweet peppers (*Capsicum frutescens* L var. *grossum* Bailey)(甜椒花药培养的初步研究)[J]. Acta Horticulturae Sinica(园艺学报), (1): 34-38.

YANG BZ(杨博智), ZHOU SD(周书栋), ZHANG ZQ(张竹青), et al. 2009. Effcts of different medium and hormone on cultured anther of hot pepper(不同培养基和激素对辣椒花药培养的影响)[J]. Journal of Hunan Agricultural University: Natural Sciences(湖南农业大学学报：自然科学版), (1): 61-64.
YI XH, LIU JP. 2009. Screening of low temperature resistance germ-plasm resources of pigment pepper[J]. Agricultural Science& Technology, 10(6): 87-90.
ZHANG ZJ(张子君), XU KH(徐矿红), TIAN Y(田云). 2000. Anther culture of pepper and its embryoid plantlet induction(辣椒花药培养诱导胚状体成苗)[J]. Liaoning Agricultural Sciences(辽宁农业科学), (4): 43-45.

碳源和植物生长调节剂对辣椒花药培养效率的影响

赵 激[1,2]，邹学校[1,3*]，张竹青[1]，杨博智[1]，周书栋[1]

（[1]湖南省农科院蔬菜研究所，湖南 长沙 410125；[2]中南大学研究生院 隆平分院，湖南 长沙 410125；[3]湖南省农科院，湖南 长沙 410125）

摘要：为进一步提高辣椒花药培养效率，采用 MS 培养基，以博辣娇红为试材，研究碳源种类与浓度；以佳玉为试材，按 $L_{16}(4^5)$ 正交试验设计，研究植物生长调节剂种类与浓度对辣椒花药培养效率的影响。

[结果]愈伤组织和胚状体诱导率各浓度处理的均值麦芽糖虽略高于蔗糖，但未达差异显著水平；麦芽糖或蔗糖作碳源，3%~6%的浓度有利于提高愈伤组织与胚状体的诱导频率，超过 6%以后，愈伤组织和胚状体诱导率随糖浓度的增加而极显著下降。生长调节剂对愈伤组织诱导率的影响为 2,4-D＞ZT＞NAA＞KT＞6-BA；对胚状体诱导率的影响 2，4-D＞NAA＞ZT＞KT＞6-BA；2，4-D、ZT、NAA 和 KT 对愈伤组织与胚状体诱导率均有显著或极显著影响；生长调节剂的使用浓度，2,4-D 和 ZT 以 1.0mg/L、NAA 和 KT 对 0.5mg/L 的效果最好；ZT 对提高愈伤组织和胚状体诱导率的效果比 KT 和 6-BA 都好；2,4-D 1.0mg/L+ ZT 1.0mg/L+KT 0.5mg/L+6-BA 0.5mg/L 是佳玉花药愈伤组织和胚状体诱导培养适宜的生长剂组合。

关键词：辣椒；花药培养；碳源；植物生长调节剂；愈伤组织；胚状体

培养基中附加物质对辣椒花药培养的影响*①

杨博智[1]，赵　激[2]，周书栋[2]，张竹青[2]，戴雄泽[2]，谢达平[1]

（[1]湖南农业大学生物科学技术学院，湖南　长沙　410128；

[2]湖南省蔬菜研究所，湖南　长沙　410125）

摘要：以辣椒红艳为试材，采用均匀设计法考察培养基中不同含量的活性炭、蔗糖和单核苷酸对辣椒花药培养中愈伤组织诱导率和胚状体诱导率的影响。结果表明各因素对辣椒花药愈伤组织诱导率和胚状体诱导率的影响大小从高到低依次为蔗糖含量、活性炭含量、单核苷酸含量。诱导愈伤组织的最优条件是1.5g/L活性炭、65g/L蔗糖和30mg/L单核苷酸的组合；诱导胚状体的最优条件为1.5g/L活性炭、30g/L蔗糖和 30mg/L单核苷酸的组合。

关键词：辣椒；花药培养；愈伤组织；胚状体；附加物质

花药培养是通过植物组织培养技术，把发育到一定阶段的花药，通过无菌操作技术接种在人工培养基上，以改变花药内花粉粒的发育程序，诱导其分化，并连续进行有丝分裂，形成细胞团，进而形成一团无分化的薄壁组织——愈伤组织，或分化成胚状体，随后使愈伤组织分化成完整的植株。该技术在育种实践中大大加快了育种速度，显著提高了育种效果，节省了大量的人力、物力，是目前育种工作中广泛运用的生物技术。关于辣椒花药培养，Wang等（1973）及George和Narayanswamy（1973）在1973年就有获得单倍体植株的报道。之后的学者在培养条件、培养基、培养方法等方面做了大量的研究，并取得一定的进展。据报道，辣椒花药培养时，添加活性炭的含量一般控制在1.5~5.0g/L（王玉英等，1973；陈晓等，2003），蔗糖的浓度一般为30~60g/L（Ramon et al.，1997；张树根等，2006），单核苷酸的浓度为 50mg/L（张述祖等，1983）。试验通过均匀设计，探索了在同种培养基中添加不同含量的活性炭、蔗糖、单核苷酸三种附加物质对辣椒花药培养愈伤组织诱导率和胚状体诱导率的影响，以期提高辣椒花药培养效率。

1　材料与方法

1.1　材料

选用试验前期筛选出的易产生愈伤组织和胚状体的线椒品种红艳作为试验材料，由湖南省蔬菜研究所辣椒课题组提供，于2007年冬季播种，2008年5月开始摘蕾。供试

---

* 基金项目：国家“863”计划（2006AA100108-4-10）。

① 本文原载《湖南农业科学》，2009，（7）：11-13，16。

植株采用常规方法进行栽培管理。

1.2 方法

每天上午 8:00 以前或下午 17:00 以后从田间采集长度为 3~4mm、花瓣与花萼等长或微露出花萼的花蕾（此时花药中的小孢子大部分处于单核靠边期），放入自封口塑料袋内，装入冰盒带回实验室，4℃冰箱中低温预处理 48h。每次取 3~5 株的花蕾混合，以消除可能的单株间差异。重复 3 次。将经过预处理的花蕾在超净工作台上先用 70%的乙醇消毒 30s，无菌水冲洗 1~2 遍，再用 5%的次氯酸钠消毒 15min，无菌水冲洗 2~3 遍。置于无菌滤纸上，用消毒后的镊子和解剖刀剥开花蕾，取出花药，接种于已灭菌的培养皿中，每皿接种 25 个左右的花药，用 Parafilm 膜封口，放入 25℃的恒温培养箱中暗培养至有胚状体长出。当花药上分化出白色幼小的胚状体时，剥离该胚状体，单独培养于无激素的 MS 培养基中进一步培养至分化成苗。培养条件：白天（25±0.5）℃，夜晚（23±0.5）℃，光照度 1500lx，每天光照 14h（庄军平等，2001）。

试验设计采取 NAA 0.5mg/L+ KT 1.0mg/L+BA 0.3mg/L+2，4- D 1.0mg/L 为诱导辣椒花药愈伤组织的基本培养基，NAA 0.3mg/L+ KT 1.0mg/L+BA 0.1mg/L 为诱导辣椒花药胚状体的基本培养基，活性炭含量采用 1.5g/L、2.0g/L、2.5g/L、3.0g/L、3.5g/L、4.0g/L、4.5g/L 和 5.0g/L 8 个水平，蔗糖含量采用 30g/L、35g/L、40g/L、45g/L、50g/L、55g/L、60g/L 和 65g/L 共 8 个水平，单核苷酸含量采用 30mg/L、40mg/L、50mg/L 和 60mg/L 共 4 个水平，设计 U8（8×8×4）的混合水平均匀试验（唐启义和冯明光，2007），往基本培养基中分别加入不同浓度的活性炭、蔗糖和单核苷酸，配成不同的培养基，将花药接种于配好的培养基上。

1.3 细胞学观察及数据统计

花药接种培养后每隔 8 d 观察 1 次，40 d 后统计和分析形成的愈伤组织诱导率及胚状体诱导率并描绘其相应的形态特征。愈伤组织诱导率=（愈伤组织产生数/ 接种花药总数）×100%，胚状体诱导率=（胚状体产生数/接种花药总数）×100%。

2 结果与分析

2.1 培养基中附加物质对辣椒花药愈伤组织诱导率的影响

均匀设计试验结果见表 1。分别以活性炭含量（X_1）、蔗糖含量（X_2）和单核苷酸含量（X_3）为自变量，以愈伤组织诱导率（Y_1）为因变量，采用 DPS 6.55 对试验结果进行回归分析，得回归方程：Y_1=12.8650–1.4210 X_1+0.3064 X_2–0.1240 X_3 相关系数 R=0.9574，残差 S=1.7542，$F_t > F_{0.05\,(3,\,4)}$，回归显著，有实用意义。愈伤组织诱导率随着活性炭和单核苷酸含量的增加而逐渐增加，随着蔗糖含量的降低而逐渐减少。影响愈伤组织诱导率的各因素作用从大到小依次为活性炭含量、蔗糖含量、单核苷酸含量。根据回归方程求出 Y_1 的最优组合为：X_1=1.5g/L，X_2=65g/L，X_3=30mg/L，在此组合基础上求得最优解：Y_1=26.93%。以此优化组合进行验证试验，愈伤组织诱导率达 26.24%，与预期试验指标基本接近，由此表明均匀试验所得出的实验结论可靠。

2.2 培养基中附加物质对辣椒花药胚状体诱导率的影响

分别以活性炭含量（X_1）、蔗糖含量（X_2）和单核苷酸含量（X_3）为自变量，胚状体诱导率（Y_2）为因变量，得培养基中附加物质对胚状体诱导率的影响回归方程如下：

$$Y_2=5.8473-0.2757X_1-0.0690X_2-0.0199X_3$$

相关系数 R=0.9474，残差 S=0.4156，$F_t>F_{0.05(3,4)}$，回归显著，有实用意义。随着活性炭、蔗糖和单核苷酸含量的提高，胚状体诱导率逐渐减少（表 1）。影响胚状体诱导率的各因素作用从大到小依次为活性炭含量＞蔗糖含量＞单核苷酸含量。根据回归方程求出 Y_2 的最优组合为：X_1=1.5g/L，X_2=30g/L，X_3=30mg/L，在此组合基础上求得最优解：Y_2=2.77%。以此优化组合进行验证试验，胚状体诱导率达 2.24%，与预期试验指标基本接近，由此表明均匀试验所得出的实验结论可靠。

表 1 附加物质对愈伤组织和胚状体诱导率的影响

编号	附加物质			Y_1（%）	Y_2（%）
	X_1（g/L）	X_2（g/L）	X_3（mg/L）		
1	2.5	60	60	20.12	0.00
2	4.5	55	30	21.23	0.00
3	3.0	30	40	11.25	2.50
4	3.5	65	40	21.96	0.00
5	1.5	50	50	20.05	0.50
6	5.0	45	50	11.76	0.25
7	4.0	35	60	12.35	1.12
8	2.0	40	30	19.04	0.00

2.3 愈伤组织与胚状体的形态观察

花药接种 8 d 后部分花药壁开始裂开（图 1-A），10d 后，有愈伤组织产生，立体显

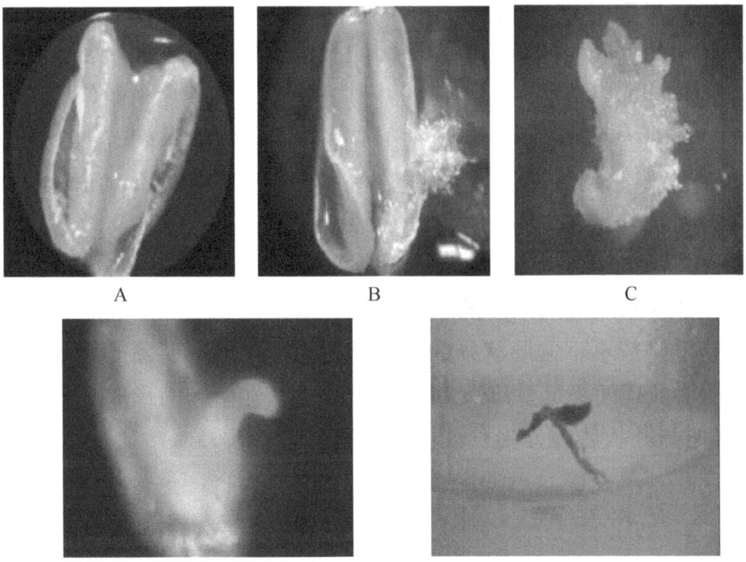

A B C

D E

图 1 辣椒愈伤组织与胚状体的形态观察

A. 花药裂开；B. 产生愈伤组织；C. 全部愈伤化；D. 产生子叶形胚状体的花药；E. 胚状体诱导成苗

微镜观察发现，一部分愈伤组织是由花药内部产生并将花药某个部位挤裂向外形成的，其表面形状不规则，结构较疏松，无色透明，含水量大（图 1-B）；另一部分愈伤组织是整个花药全部愈伤化，花药壁消失，形成多细胞团（图 1-C）。两种不同形态的愈伤组织培养一段时间后通常会褐化，即使转接至新的培养基中也会继续褐化直到死亡，难以分化成植株。花药接种 30d 后有花粉撑破花粉壁，白色幼小的胚状体从花药裂开处露出，包括球形胚、心形胚、鱼雷形胚和子叶形胚，其中只有子叶形胚才可以进一步发育成正常植株（图 1-D，图 1-E）。

3 讨　论

（1）辣椒花药培养时，培养基中有无活性炭直接影响到胚状体的诱导和分化。李春玲和蒋仲仁（1983）认为在培养基中加入 5g/L 的活性炭能明显提高辣椒胚状体的诱导率和成苗率，且加入活性炭有极显著地抑制体细胞形成愈伤组织的作用。陈晓等（2003）认为仅添加 2.5g/L 浓度的活性炭对于辣椒胚状体的诱导已经足够。Ramon 等（1997）认为添加活性炭虽然提高了胚的发生率，但是不正常胚的数目增多。笔者试验结果认为活性炭含量为 1.5g/L 时愈伤组织和胚状体诱导的效果最好，与前人研究略有不同。这一现象的产生可能是使用的活性炭颗粒大小不同，其吸附能力也相应发生改变（卜学贤和陈维伦，1988）；也有可能是对于基因型不同的辣椒品种，添加活性炭后的效果不同（陈晓等，2003）。

（2）目前在辣椒花药培养中主要将蔗糖作为碳源。李春玲和蒋仲仁（1983）发现蔗糖浓度为 30g/L 时胚状体诱导率最高，当蔗糖浓度超过 60g/L 时，随着浓度的增加胚状体诱导率递减，甚至不能形成胚状体。张述祖等（1983）在辣椒花药培养时也认为采用 30g/L 蔗糖浓度效果更好。而王玉英等（1981）在蔗糖浓度为 60g/L 时取得了最好的诱导效果。本试验结果表明，蔗糖浓度为 65g/L 时花药愈伤组织诱导的效果最好，蔗糖浓度为 30g/L 时胚状体诱导的效果最好。蔗糖起到提供细胞生长能量、维持细胞渗透压和构成细胞骨架的作用，当蔗糖浓度略高时花药膨大快，产生愈伤组织的能力强。但是蔗糖对胚状体的产生具有抑制作用，可能是因为当糖含量高时虽然有利于体细胞愈伤组织形成，花粉细胞易破裂，使花粉活力也随之渐减。有报道指出（Morrison et al.，1986），可以通过前期高浓度后期转入低浓度的方法来提高出胚率，这还有待于进一步的试验证实其可行性。

（3）往培养基中添加适当浓度的单核苷酸对愈伤组织诱导率和胚状体的诱导率的影响不明显，但是能降低不正常胚状体的发生比例，产生这一现象的原因可能是胚状体发育早期 DNA 的活跃代谢与胚性细胞的快速分裂及球性结构的形成有关，而在发育后期 DNA 的活跃代谢与胚状体的分化有关（路铁钢等，1990）。

4 结　论

实验采用均匀设计法研究了附加物质对辣椒花药愈伤组织诱导率和胚状体诱导率的影响，得出了以下结论：诱导愈伤组织的最优条件是 1.5g/L 活性炭、65g/L 蔗糖和 30mg/L

单核苷酸的组合；诱导胚状体的最优条件为 1.5g/L 活性炭、30g/L 蔗糖和 30mg/L 单核苷酸的组合。活性炭有明显抑制体细胞形成愈伤组织的作用，但是不正常胚的数目也随着增多；蔗糖浓度略高时，花药膨大快，产生愈伤组织的能力强，但是对胚状体的产生具有抑制作用；单核苷酸对愈伤组织诱导率和胚状体诱导率的影响不明显，但能降低球形胚状体的发生比例。

参 考 文 献

卜学贤, 陈维伦. 1988. 活性炭对培养基中植物生长调节物质的吸附作用. 植物生理与分子生物学学报, (4): 401-405.

陈晓, 詹玉丝, 齐卫强. 2003. 建立辣椒 DH 纯系中花药培养的研究. 辣椒杂志, (2): 13-15.

李春玲, 蒋仲仁. 1983. 对甜椒花药培养中一些影响因素的研究. 中国蔬菜, (12): 35-37.

路铁钢, 王义琛, 郑国锠. 1990. 玉米花粉胚状体发育过程中 DNA、RNA、蛋白质含量及合成动态变化. 遗传学报, 17(6): 449-454.

唐启义, 冯明光. 2007. DPS 数据处理系统. 北京: 科学出版社.

王玉英, 李春玲, 蒋钟仁. 1981. 辣椒和甜椒花药培养的新进展. 园艺学报, 8(2): 41-45.

王玉英, 孙敬三, 王敬驹, 等. 1973. 小黑麦(*Triticale*)和辣椒(*Capsicum annuum*)花粉植株的诱导. 中国科学, (1): 104-107.

张述祖, 周敬茹, 李春玲, 等. 1983. 在跃县辣椒花药培养过程中 CGMP 对胚状体形成的生物学效应. 园艺学报, 10(3): 198.

张树根, 沈火林, 蒋钟仁, 等. 2006. 辣椒花药培养单倍体育种技术研究进展. 辣椒杂志, (3): 1-6.

庄军平, 巩振辉, 苏菁. 2001. 温度对辣椒花药愈伤组织形成的影响. 西北农业学报, 10(2): 49- 51.

George L, Narayanswamy S. 1973. Haploid *Capsicum* through experimental androgenesis. Protoplasma, 78: 467-470.

Morrison R A, Koning R E, Evans D A. 1986. Anther culture of an interspecific hybrid of *Capsicum*. Plant Physio1ogy, 126: 1-9.

Ramon D S, Claveria E, Huarta A. 1997. Androgenesis in *Capsicum annuum* L. effects of carbohydrate and carbon dioxide enrichment. Horticultral Science, 122(4): 468-475.

Wang Y Y, Sun C S, Wang C C, et al. 1973. The induction of the pollen plantlets of triticale and *Capsicum annuum* from anther culture. Scientia Sinica, 16: 147-151.

Effects of Adjunctions in Medium on the Anther Culture of Hot Pepper

YANG Bo-zhi[1], ZHAO Ji[2], ZHOU Shu-dong[2], ZHANG Zhu-qing[2], DAI Xiong-ze[2], XIE Da-ping[1]

([1] College of Bio-Science and Technology, HNAU, Changsha 410128, PRC;
[2] Vegetables Research Institute of Hunan, Changsha 410125, PRC)

Abstract: In order to study the effects of different contents of active carbon, sucrose and mononucleotide on the callus induction rate (CIR) and embryoids induction rate (EIR) of anther culture of hot pepper, the experiments were conducted with uniform design method and hot pepper Hongyan. The results showed that the effects of each factor on CIR and EIR of hot pepper anther were as the following descending order: content of sucrose > content of active carbon > content of mononucleotide. The optimum condition of callus induction was the combination of 1.5 g/L active carbon, 65 g/L sucrose and 30 mg/L mononucleotide; the optimum condition of embryoids induction was the combination of 1.5 g/L active carbon, 30 g/L sucrose and 30 mg/L mononucleotide.

Key words: hot pepper; anther culture; callus; embryoids; adjunctions

不同培养基对辣椒花药培养效果的影响*①

赵 激[1,2]，邹学校[2,3*]，张竹青[2]，杨博智[2]，周书栋[2]

（[1]中南大学研究生院隆平分院，湖南 长沙 410125；[2]湖南省蔬菜研究所，湖南 长沙 410125；[3]湖南省农科院，长沙 410125）

摘要：以灯笼椒、泡椒、线椒 3 种类型 21 个辣椒品种为试材，研究 NTH、MS、B5 培养基和在 NTH、MS、B5 培养基中分别添加 3g/L 活性炭+0.5mg/L NAA+1.0mg/L KT+0.1mg/L 6-BA+5mg/L $AgNO_3$ 的培养基 NTH_1、MS_1、$B5_1$ 对辣椒花药培养效果的影响. 结果表明，在供试品种中能诱导出胚状体的品种占 71.43%，胚状体诱导率为 0.41%~2.69%；按类型统计，分别有 83.33%的灯笼椒、69.23%的泡椒、50.00%的线椒能诱导出胚状体；愈伤组织诱导率和胚状体诱导率的平均值从大到小依次为 MS_1、NTH_1、$B5_1$、MS、NTH、B5，其中，MS_1 和 NTH_1 差异不显著，两者极显著高于 $B5_1$；NTH_1、MS_1、$B5_1$ 培养基处理对减轻褐化具有明显效果，并能显著提高愈伤组织和胚状体诱导率；愈伤组织诱导率和胚状体诱导率 MS 与 NTH 差异不显著，MS 或 NTH 与 B5 培养基差异均达极显著水平。

关键词：培养基；辣椒；花药培养；褐化；愈伤组织；胚状体

花药培养作为诱导作物单倍体的一种主要手段，是产生大量单倍体最有效的方法。花药培养、胚珠培养和体细胞融合等被认为是当今创造植物新遗传型材料的主要手段（Filippone et al.，1992）。辣椒花药培养开始较早，1973 年，王玉英和 George 获得了单倍体植株。之后众多学者（Novák，1974；王玉英等，1981；Dumas et al，1981）对基本培养基进行了大量的尝试和创新，由于试验条件、供试材料等不同，培养基的诱导效果不尽相同。供体植株的基因型是影响花药培养的关键因素，花药培养效果因供试材料基因型不同而不同，即使在同一种内，采用相同的试验方法，不同材料间也有很大差别，有的材料对某些培养基根本无反应（Mitykó et al.，1995；Ramon et al.，1997；陈晓等，2003）。前人的研究所选用的供试材料大多为甜椒品种或单一类型的品种。本研究采用不同培养基对不同基因型辣椒褐化、愈伤组织诱导率和胚状体诱导效率的影响，旨在进一步探索提高不同基因型辣椒花药培养效果的方法。

* 基金项目：湖南省政府农村办公室农科教项目（湘财农字（2008）22 号）。

① 本文原载《湖南农业大学学报（自然科学版）》，2010，36（2）：181-184，187。

1 材料和方法

1.1 材料

供试灯笼椒杂种一代有翼研 6 号、A11、A12、A13 和 A14，常规品种有南京早（小灯笼椒）；泡椒杂种一代有江苏 1 号、苏椒 5 号、A1、A2、A4、A5、福湘二号、福湘四号、探春、迎春、元春、早帅和碧秀；线椒杂种一代有博辣娇红，常规品种有 SJ08-9。所有供试品种由湖南省蔬菜研究所辣椒研究室提供。

辣椒花药培养的培养基共 6 种：NTH、MS、B5 培养基和在 NTH、MS、B5 培养基中分别添加 3g/L 活性炭+0.5mg/L NAA+1.0mg/L KT+0.1mg/L 6-BA+5mg/L $AgNO_3$ 的 NTH_1、MS_1、$B5_1$ 培养基。

1.2 方法

试验在湖南省蔬菜研究所试验基地早春大棚进行。2008 年 11 月 10 日播种，2009 年 2 月 20 日定植。施肥管理与新品种区试相同。2009 年 5 月上旬于初花期开始，对供试材料摘蕾，每天 8：00 以前或 17：00 以后采集瓣萼比约为 1、长度为 2~3mm 的花蕾，抽样镜检花蕾中孢子的发育时期，此大小花蕾中大部分小孢子处于单核靠边期-双核早期。每次取 30~50 株的花蕾混合，放入自封口塑料袋内，带回实验室置于 4℃冰箱中 1~7d。

接种 将预处理的花药在超净工作台中进行花蕾表面灭菌。先将花蕾在 75%乙醇内浸 30S，然后转到 0.2%升汞溶液中浸 8min，无菌水冲洗 3~4 遍，每遍 2~3min。用镊子剥出花药，除去花丝，接种于培养基上。每皿接 5 个花蕾，约 30 个花药，用 Parafilm 膜封口，每处理接种 10 皿，3 次重复。

将接种了花药的培养皿放入 35℃的恒温培养箱中黑暗培养 8d，再转入光照培养箱中培养，至接种后 60d 止。培养条件：白天（25±0.5）℃，夜晚（23±0.5）℃，光照 12h/d，光强度 1500lx。当花药上分化出白色幼小的胚状体时，剥离该胚状体，转接到无植物生长调节剂的相应培养基中进一步培养至分化成苗。

1.3 试验数据的统计分析

接种后 15d 统计各处理花药褐化情况。接种后 30d 开始，每 15d 调查 1 次褐化数、愈伤组织发生数、胚状体发生数，连续调查 3 次。

褐化率（%）=（花药褐化数/处理花药总数）×100%

愈伤组织诱导率（%）=（愈伤组织发生数/处理花药总数）×100%

胚状体诱导率（%）=（胚发生数/处理花药总数）×100%

褐化率取 4 次的平均数，以愈伤组织和胚状体数最多的 1 次计算愈伤组织诱导率和胚状体诱导率，用 DPS 软件进行数据分析。

2 结果与分析

2.1 不同供试材料的花药培养效果

按同一供试品种接种 6 种培养基的总和进行统计分析（表 1，表 2）。结果表明，21

个供试品种都有愈伤组织生成，愈伤组织诱导率为 1.05%~13.30%，其中以早帅最高，SJ08-9 最低；21 个供试品种中诱导出胚状体的有 15 个品种，占供试品种的 71.43%，胚状体诱导率为 0.42%~2.67%，其中以早帅最高，A2 最低。按品种统计，6 个灯笼椒品种有 5 个产生了胚状体，占 83.33%；13 个泡椒品种只有 9 个产生了胚状体，占 69.23%；2 个线椒品种有 1 个杂种一代产生了胚状体，占 50.00%。

表 1 各品种辣椒花药的培养效果

Table 1 Culturing effects of the varieties on anther culture

供试品种	愈伤组织诱导数/个	胚状体诱导数/个
翼研 6 号	73	7
A11	138	15
A12	75	11
A13	31	6
A14	46	6
苏椒 5 号	27	6
A1	67	7
A2	72	6
A5	99	8
碧秀	159	14
福湘 4 号	57	8
探春	63	9
元春	102	8
早帅	192	38
博辣娇红	123	17
江苏 1 号	20	0
A4	47	0
迎春	26	0
福湘 2 号	36	0
南京早	15	0
SJ08-9	9	0

2.2 不同培养基对辣椒花药褐化的影响

将 21 个供试品种的褐化率按 NTH 与 NTH_1、MS 与 MS_1、B5 与 $B5_1$ 不同培养基处理进行成对样本均值分析，结果表明 NTH 与 NTH_1、MS 与 MS_1、B_5 与 $B5_1$ 之间均差异显著，说明在 NTH、MS 和 B5 培养基中分别添加 3g/L 活性炭+0.5mg/L NAA+1.0mg/L KT+0.1mg/L 6-BA+5mg/L $AgNO_3$ 对减轻辣椒花药褐化具有明显效果。根据添加成分的作用机理可知，减轻褐化主要是 $AgNO_3$ 的作用。

2.3 不同培养基对辣椒花药愈伤组织诱导率的影响

表 2 结果表明，供试品种间花药愈伤组织诱导率差异达显著或极显著水平。由表 3 可见，各培养基的愈伤组织诱导率，MS_1 与 NTH_1 差异不显著，MS_1 和 NTH_1 与其他培

养基均差异极显著；$B5_1$与 MS 差异显著，与 NTH 和 B5 差异均达极显著水平；MS 和 NTH 与 B5 均达极显著差异水平；MS_1与 MS、NTH_1与 NTH、$B5_1$与 B5 之间均差异极显著。这说明在 MS、NTH 和 B5 培养基中添加相同量的活性炭、NAA、KT 和 6-BA 均能显著提高愈伤组织的诱导率；MS 与 NTH 差异不显著，表明这 2 种培养基对辣椒花药愈伤组织的诱导影响不显著。

表 2 各品种辣椒花药在不同培养基的愈伤组织诱导率和胚状体诱导率

Table 2 Induction percentages of calli and embryoids of the pepper varieties in various culture media %

辣椒品种	愈伤组织诱导率							胚状体诱导率						
	NTH	NTH_1	MS	MS_1	B5	$B5_1$	均值	NTH	NTH_1	MS	MS_1	B5	$B5_1$	均值
翼研 6 号	5.29	7.88	5.32	8.18	4.59	7.49	6.46efDE	0.53	0.61	0.60	0.90	0.51	0.53	0.61efgDEF
A11	9.14	13.17	9.84	14.45	7.86	11.80	11.04bB	1.14	1.46	1.18	1.52	0.71	1.22	1.21cC
A12	7.21	8.10	7.80	8.28	6.87	7.05	7.55dD	0.96	1.35	0.98	1.38	0.76	1.28	1.18cdC
A13	2.79	3.18	3.28	3.70	1.95	2.99	2.98jkGH	0.56	0.64	0.55	0.62	0.49	0.60	0.58fghDEF
A14	3.36	5.68	3.21	5.76	2.57	4.81	4.23hFG	0.48	0.57	0.53	0.72	0.52	0.48	0.55fghDEF
苏椒 5 号	1.88	2.66	2.01	2.67	1.72	2.44	2.23kHI	0.47	0.53	0.50	0.53	0.43	0.49	0.49ghEF
A1	5.99	7.10	5.76	6.99	5.32	6.77	6.32fDE	0.60	0.65	0.52	0.87	0.53	0.75	0.65efgDEF
A2	4.30	5.83	4.60	6.22	4.21	5.17	5.06ghEF	0.39	0.49	0.42	0.48	0.35	0.40	0.42hF
A5	7.27	10.53	8.57	11.17	6.82	9.46	8.97cC	0.61	0.88	0.57	0.97	0.57	0.68	0.71efDE
碧秀	9.71	14.89	11.06	14.52	7.64	11.50	11.55bB	0.97	1.15	1.01	1.21	0.73	0.88	0.99dC
福湘 4 号	5.34	5.69	5.08	6.76	4.29	5.39	5.43fgEF	0.76	0.95	0.85	0.97	0.48	0.60	0.77eD
探春	4.19	5.94	4.06	6.05	3.41	5.30	4.83ghF	0.52	0.91	0.51	0.96	0.49	0.66	0.68efDE
元春	7.25	8.47	7.41	8.77	5.46	7.29	7.44deD	0.51	0.68	0.53	0.70	0.55	0.52	0.58fghDEF
早帅	11.64	16.54	11.66	16.86	9.43	13.67	13.30aA	2.59	2.94	2.45	3.14	2.36	2.52	2.67aA
博辣娇红	9.20	12.81	10.63	14.84	7.58	12.10	11.19bB	1.23	1.97	1.25	2.20	1.01	1.58	1.54bB
江苏 1 号	1.90	2.40	2.30	3.31	1.47	2.01	2.23kHI	0	0	0	0	0	0	
A4	3.11	3.59	3.23	4.62	2.14	3.83	3.42ijGH	0	0	0	0	0	0	
迎春	2.34	3.31	2.54	3.98	1.38	2.79	2.72jkH	0	0	0	0	0	0	
福湘 2 号	2.23	3.58	2.25	4.98	1.18	2.72	2.93jkGH	0	0	0	0	0	0	
南京早	1.52	2.63	1.89	2.34	1.65	2.16	2.03klHI	0	0	0	0	0	0	
SJ08-9	0.58	1.10	0.78	1.69	0.68	1.46	1.05lI	0	0	0	0	0	0	

表 3 不同培养基辣椒花药的愈伤组织诱导率和胚状体诱导率

Table 3 Induction percentages of pepper calli and embryoids treated by various culture media %

培养基	愈伤组织诱导率	胚状体诱导率
MS_1	7.435 2aA	1.144 7aA
NTH_1	6.908 6aA	1.052 0aA
$N5_1$	6.104 8bB	0.879 3bB
MS	5.394 3cBC	0.830 0bBC
NTH	5.059 1cC	0.821 3bBC
B5	4.231 0dD	0.699 3cC

2.4 不同培养基对辣椒花药胚状体诱导率的影响

由表 2 可见，供试品种间胚状体诱导率差异达显著或极显著水平。由表 3 可见，不同培养基上的辣椒花药胚状体诱导率从大到小依次为 MS_1、NTH_1、$B5_1$、MS、NTH、B5，MS_1 和 NTH_1 差异不显著，两者均极显著高于其他培养基；MS_1 与 MS、NTH_1 与 NTH、$B5_1$ 与 B5 的差异均达极显著水平，表明在 MS、NTH 和 B5 培养基中添加相同量的活性炭、NAA、KT 和 6-BA 等均能显著提高胚状体诱导率；MS 和 NTH 与 B5 培养基的差异均达极显著水平，MS 和 NTH 培养基对胚状体诱导率的影响有一定差异，但未达显著水平。

3 讨论与结论

a. 供体植株的基因型是影响花药培养的关键因素。陈晓等（2003）研究 43 个基因型辣椒供体的胚状体诱导率为 0%~18%。陈肖师（1988）对 17 个甜椒品种进行花药培养，胚状体诱导率为 0.3%~6.8%。杨博智等（2009）研究的 8 个供试品种中产胚率最高的为 2.5%。本研究 21 个供试品种中，胚状体诱导率为零的品种占供试品种的 28.57%，产生胚状体的品种占供试品种的 71.43%，其胚状体诱导率为 0.41%~2.69%，最高值比陈晓和陈肖师等报道的低得多，与杨博智等的试验结果相当。笔者认为，这种差异可能主要与供体植株生长的气候条件有关。本研究中有 83.33%的灯笼椒、69.23%的泡椒、50.00%的线椒能诱导出胚状体，可见大果型品种胚状体的诱导率比小果型品种相对较高。这与 Dumas 等（1981）和 Mitykó 等（1995）报道的一致。

b. 在花药培养的 10~20d，细胞表面氧化和花药培养中产生的乙烯逐渐积累，会使花药出现严重的褐变现象。褐化影响组织活力，最终导致胚状体的发生率降低。本研究结果表明，在 MS、NTH 和 B5 培养基中分别添加 5mg/L $AgNO_3$ 均对减轻褐化具有明显效果。这与王立浩等（2004）、张恩让等（2005）和淡明等（2006）的试验结果一致，但是，5mg/L 是否为不同培养基中添加 $AgNO_3$ 的最佳浓度还有待研究。

c. 基本培养基是花药培养中影响花粉启动和再分化的重要条件，因此，辣椒花药培养选择适宜的培养基至关重要。关于辣椒花药培养的培养基，各研究结果的差异较大，MS、B5、NH 和 RO 培养基中诱导胚状体的效果以 B5 培养基最好，MS 培养基最差（Mythili and Thomas，1995）；在 MS、N6、NTH 等培养基中，在 N6 上只形成愈伤组织，而没有胚状体，在 MS、NTH 上都形成愈伤组织和胚状体，但在 NTH 培养基上形成胚状体的频率稍高（王玉英等，1981）；在 MS、H、B5、Nitsch 和 NTH 培养基中，MS 和 NTH 培养基的诱导效果最好（陈肖师，1988）；在 MS、NTH、B5 和 N6 培养基中，愈伤组织与胚状体的诱导率均以 NTH 最高，MS 较高，B5 和 N6 培养基相对较低（杨博智等，2009）。本研究中，在 MS_1、NTH_1、$B5_1$、MS、NTH 和 B5 培养基上都产生了愈伤组织和胚状体，其诱导率以 MS_1 最高，NTH_1 第二，但两者差异不显著，MS_1 和 NTH_1 与其他培养基均达极显著差异水平；胚状体和愈伤组织诱导率的平均值，MS 与 NTH 差异不显著，MS 和 NTH 与 B5 培养基均差异极显著，说明 MS 和 NTH 明显优于 B5 培养基。这个结果与陈肖师（1988）的试验结果一致，与杨博智等（2009）的报道基本一致，但与 Mythili 和 Thomas 的试验结果完全相反。本研究结果，在 MS、NTH 和 B5 培养基中分别添加 3g/L 活性炭、0.5mg/L NAA、1.0mg/L KT、0.1mg/L 6-BA、5mg/L $AgNO_3$

的 MS_1、NTH_1 和 $B5_1$ 培养基，其愈伤组织诱导率和胚状体诱导率均极显著提高，表明在这 3 种培养基中添加植物生长调节剂等可显著提高辣椒花药培养效果，但不同培养基可能对植物生长调节剂的浓度要求不同，因此，就某种培养基而言，添加植物生长调节剂的最佳浓度还有待研究。

参 考 文 献

陈晓, 詹玉丝, 徐小利, 等. 2003. 花药培养建立辣椒 DH 纯系的初步研究[J]. 河南农业科学, (9): 52-55.

陈肖师. 1988. 甜椒花药培养及"塞花一号"的育成. 中国蔬菜, (3): 5-7.

淡明, 黄海波, 郭安平, 等. 2006. 黄灯笼辣椒组织培养中防褐变的研究[J]. 福建热作科技, 31(2): 1-4.

王立浩, 张宝玺, 郭家珍, 等. 2004. 辣椒花药培养中若干影响因素的研究[J]. 园艺学报, 31(2): 199-204.

王玉英, 郭敬三, 王敬驹. 1973. 小黑麦和辣椒花粉植株的诱导. 中国科学, (1): 104-107.

王玉英, 郭仲琛, 李春玲, 等. 1981. 甜椒花药培养的初步研究. 园艺学报, (1):34-38.

杨博智, 周书栋, 张竹青, 等. 2009. 不同培养基和激素对辣椒花药培养的影响[J]. 湖南农业大学学报, (1):61-64.

张恩让, 须海丽, 胡勇. 2005. 贵州地方辣椒花药培养体系的初步研究[J]. 辣椒杂志, (4): 24-27.

Dumas de Vaulx R, Chambonnet D, Pochard E. 1981, Culture *in vitro* d'antheres de piment(*Capsicum annuum* L.): amelioration des tauxd'obtention de plantes ches differents genotypes par des traitements a +35℃. Agronomie, 1:859-864.

Filippone E, Penza R, Romano R. 1992. Advanced biotechnolo-gies applied to eggplant(*Solanum melongena* L.) breeding.Capsicum Newsletter. Special issue, 260-265.

George L, Narayanaswamy S. 1973. 1taploid capsicum through experimental androgenesis. Protoplasma, 78, 467-470.

Mitykó J, Andrasfalvy, Csillery G, et al. 1995. Anther culture respomse in difiercnt genotypes and F_1 hybrids of pepper (*Capsicum annuum* L.)[J]. Plant Breeding, 114:78-80.

Mythili J B, Thomas P. 1995. Some factors influencing the in vitro estahlishment and callusing of anthers in capsicum (*Capsicum annuum* L. var *grossum* Sendt)[J]. Indian Journal of Plant Physiology, 38(2): 126-130.

Novák F J. 1974. Induction of a haploid callus in anther cultures of *Capscicum* sp. Z. Pflanzenuchtg, 72 46-54.

Ramon D S, Elisabet C, Agustin H. 1997. Androgenesis in *Capsicum annuum* L. Effects of carbohydrate and carbon dioxide enrichment. J Amer Soc Hort Sci, 122(4): 468-475.

Effects of culture media on anther culture of chili pepper(*Capsicum annuum* L.)

ZHAO Ji[1, 2], ZHOU Xue-xiao[3]*, ZHANG Zhu-qing[2], YANG Bo-zhi[2], ZHOU Shu-dong[2]

([1] Longping Branch, Graduate School of Central South University, Changsha 410125, China; [2] Vegetable ResearchInstitute, Hunan Academy of Agricultural Sciences, Changsha 410125, China; [3] Hunan Academy of Agricultural Sciences, Changsha 410125, China)

Abstract: The effects on anther culture of six culture media including NTH, MS, B5 and NTH_1, MS_1, $B5_1$ (i.e. themodified NTH, MS or B5 supplemented with 3g/L activated charcoal, 0.5mg/L NAA, 1.0mg/L KT+0.1mg/L 6-BA+5mg/L $AgNO_3$) were studied using 21 capsicum varieties belonging to the three fruit shape types (sent pepper, bell pepperand hot pepper) as the materials. The results showed that 71.43% of the varieties used produced embryoids withinduction frequency of 0.41%~2.69%. Among the fruit shape types, 83.33% of the sent varieties, 69.23% of the bell varieties and 50.00% of the hot varieties produced embryoids. Addition of 5 mg/L $AgNO_3$ into the media have significantly reduced browning. The order of the mean values of both the induction percentage of calli and that of embryoids in anther culture by six media was MS_1, NTH_1, $B5_1$, MS, NTH, B5. Although MS_1 and NTH_1 did not show the difference, they were significantly superior to $B5_1$. NTH_1, MS_1 and $B5_1$ significantly reduced browning and improved percentage of induction of both calli and embryoid. Although there was not any significant difference in the percentage of induction between MS and NTH, the percentage of induction on MS or NTH was significantly higher than that on B5.

Key Words: culture media; *Capsicum annuum* L.; anther culture; browning; callus; embryoids

辣椒子叶离体培养植株再生研究*①

邓明华[1]，邹学校[2]，周群初[2]，刘志敏[1]，文锦芬[3]，杜　峰[1]

（[1]湖南农业大学园艺园林学院，湖南　长沙　410128；[2]椒新品种技术研究推广中心，湖南　长沙　410125；[3]昆明理工大学现代农业工程学院，昆明　650224）

摘要：对影响辣椒子叶培养的主要因素——材料的基因型、培养基的成分、培养环境的研究情况做了综合论述，并指出辣椒子叶培养的意义和存在的主要的问题。

关键词：辣椒；子叶培养；研究进展

辣椒（*Capsicum annuum* L.）是一种重要的茄果类蔬菜和调味品，因其果实中营养丰富，深受人们的喜爱，在亚洲、欧洲、中南美洲被广泛栽培。中国是世界上最大的辣椒种植国家，2000 年种植面积约为 130 万 hm^2，产量为 5000 万~6000 万 t（邹学校等，2001），已经成为世界上主要的辣椒生产出口国（洪进雄和陈士略，1988）。但在辣椒的生产过程中存在一个较严重的问题是易受病虫害的侵袭而造成品质底下、产量下降。因此，对辣椒的遗传育种的研究就很重要了。但通过常规的育种手段从现有品种中选出高抗、优质的品种难度大，耗时长，而且会造成作物遗传多样性的下降和有益基因的流失（严小龙和张福镇，1997）。近年来，生物技术显得发展，特别是基因工程的兴起，是人们能定向的将一些抗病虫害的基因导入作物，改良物种（王关林和方宏筠，1998）。要开展辣椒的遗传转化工作，首先要建立一个高频的离体再生体系（曹冬孙和贾士荣，1993）。子叶是一种取材方便，被广泛用于植物基因工程的外植体（杨增海，1987；李浚明，1992）。

早在 1978 年 Gunay 等用辣椒幼苗子叶诱导出再生芽。近些年来关于辣椒组织培养的方法和条件研究较多，且取得了一些进展（沈火林等，1993；Szasz et al.，1995；曹冬孙和贾士荣，1993；王玉文等，1991；余小林等，2000；Edida and Hu，1993；周钟信等，1994；叶志彪等，1993），是目前在建立辣椒离体再生体系中研究最多，也是最成功的领域。本文就影响或可能影响辣椒子叶培养的主要因素的研究进展做综合性论述。

1　材料因素的影响

1.1　材料基因型

不同基因型的材料对再生条件有很大的影响（Gunay and Rao，1978；Szasz et al.，

* 基金项目：国家“863”计划项目（2002AA207012）。

① 本文原载《长江蔬菜》，2003，（6）：36-39。

1995；Sripichitt et al.，1987；Edida and Hu，1993；Scripichitt et al.，1987，1988；Phillips and Hubosteubetger，1985；Lin et al.，1990；Arrogo and Revilla，1991；Agrawal et al.，1989；马文景等，1991；何晓明和王鸣，1996；Vain et al.，1989）。1993 年沈火林等报道 35 个辣椒品种再生芽的诱导率为 40%~100%。在 1994 年，他们将 25 个品种接种在 MS+0.5mg/L 4PU-30 的培养基上，其芽分化率为 30%~100%，芽的直接伸长率为 0~35%。Szasz 等（1995）对 17 个品种研究时也有相同的结果。其他一些研究也表明，材料基因型对子叶离体培养植株再生体系有显著影响（曹冬孙和贾士荣，1993；王玉文等，1991；余小林等，2000a，2000b；葛扣麟，1990；陈静娴和聂凡，1990；周雪飞等，2001）。因此，选择适当的基因型材料是建立高效植株再生体系的一个重要环节。

1.2 叶龄

子叶外植体的生理年龄是影响其再生的另一个重要因素。曹冬孙和贾士荣（1993）比较 12 天、16 天、20 天的辣椒子叶的分化情况结果表明：12 天龄的子叶分化频率最高为 100%，16 天龄为 70%，20 天龄为 50%。这与 Sripichitt 等（1987）、Lin 等（1990）、Arrogo 和 Revilla（1991）等报道一致。郝峥嵘等（1993）也证实苗龄 10~14 天龄再生能力最强。沈火林等（1993）的实验也有同样的结果：以 10~12 天龄分化最好。因此，一般认为适于离体培养的子叶叶龄为 10~16 天（曹冬孙和贾士荣，1993；王玉文等，1991；Edida and Hu，1993；周钟信等，1994）。叶龄增加，再生能力降低。但周钟信等以 30 天子叶为外植体也获得了植株，且芽分化率、移植成活率均为 100%。

芽分化有两种诱导途径：直接诱导成芽和形成愈伤组织后再分化成芽。在辣椒的子叶离体培养中大多采用直接诱导成芽分化途径，可获得高的分化率（王玉文等，1991；Edida and Hu，1993；周钟信等，1994；叶志彪等，1993；Subhash and Prolaram，1987）。从愈伤组织再分化成芽，虽然也可以得到植株（葛扣麟，1990），但一般需更长的时间，并且诱导成芽率很低。如沈火林等（1993）从愈伤组织诱导成芽，分化率只有 3.3%~13.3%。葛扣麟（1990）的研究表明，其诱导成芽的百分率为 5%左右，绝大多数不能诱导成芽。

1.3 外植体的部位

外植体的部位对于愈伤组织的诱导和芽的分化也十分重要（杨增海，1987；李浚明，1992）。陈静娴和聂凡（1990）研究发现，子叶的叶缘部分很难生长、分化，而子叶的中部能形成较理想的愈伤组织，而且成苗率也高，起愈伤组织呈淡黄绿色，结构致密，成颗粒状，这与杨丽军和许智宏（1985）的报道一致。孙月芳等（2001）指出：子叶叶柄第二芽的诱导率比子叶尖的芽的诱导率高。

1.4 外植体的大小

外植体的大小对芽的诱导具有很重要的作用。外植体太小则无法诱导成芽（杨增海，1987；李浚明，1992）。何晓明和王鸣（1996）使用 0.5cm×1.0cm 的叶小块诱导芽成功。陈静娴和聂凡（1990）发现将子叶切成 0.2cm×0.3cm 的小块也可以诱导成芽。孙月芳等（2001）将子叶柄切成 0.2~0.4cm 的切块，有比较好的芽的诱导效果。周钟信等（1994）

研究则表明，外植体伤口越大，诱导效果越好。

2 培养基成分的影响

2.1 基本培养基

培养基的选择也是离体培养中关系到成苗与否的一个直接因素。在辣椒离体培养中一般用 MS 基本培养基（Gunay and Rao，1978；Szasz et al.，1995；Sripichitt et al.，1987；Arrogo and Revilla，1991；Agrawal et al.，1989；Vain et al.，1989）。Szasz 等用 MS 基本培养基诱导出了完整辣椒植株。Ediha 和 Hu 采用 MS 基本培养基成功地实现了由叶片到完整植株的过程。此外，Lin 等（1990）、Arrogo 和 Revilla（1991）、Agrawal 等（1989）也有同样的报道。但也有人有不同的报道，马文景等（1991）曾用 MS、B5、H 等基本培养基进行甘谷线椒继代培养发现：用 MS 培养基试管苗生根少，约为 2.2%，植株生长不整齐；用 H 培养的试管苗节间长，节数少，愈伤组织大，根系细弱；用 B5 培养基试管苗生长快，生根率达 95%，愈伤组织少。

2.2 碳源

糖是植物组织培养中不可缺少的碳源，也是能量物质，而且也有维持一定渗透压的作用。余小林等（2000a）、王玉文等（1991）、周钟信等（1994）认为 30g/L 的蔗糖浓度适合于辣椒子叶离体培养。与 Ediha 和 Hu（1993）、Lin 等（1990）、Arrogo 和 Revilla（1991）的研究结果一致。但沈火林等（1993）认为较高浓度（6%）的蔗糖有利于芽的分化。周钟信等（1994）的研究表明，葡萄糖、蔗糖混合使用比使用单一碳源效果好。沈火林等（1994）的报道指出以蔗糖或葡萄糖做碳源，对子叶的分化无明显差异。

2.3 其他有机物

维生素直接参加生物催化剂——酶的形成，以及蛋白质、脂肪的代谢，肌醇具有帮助活性物质发挥作用的效果，对胚状体和芽的形成作用巨大。一般认为使用 MS 有机物可以得到辣椒再生植株。但也有一些不同的看法：周钟信等（1994）研究表明：附加 MS 有机成分时形成白色坚硬的愈伤组织，不利于芽的分化，加入他自己设计的 Zh 配方有机成分时，可形成具有芽分化率 100%的愈伤组织，附加 MS 有机物分化出的为叶状体而非真正的芽，附加 Zh 有机物的芽十分容易伸长和生根，同时附加 Zh 有机物可以突破基因型的障碍。

植物组织培养早期，人们发现天然提取物对愈伤组织诱导和维持是很有益的。曹冬孙和贾士荣（1993）发现，在分化培养基中加 10%（V/V）的椰乳（CM）或酪蛋白水解物（CH）500mg/L，均有促进芽伸长的作用，而 CM 比 CH 的效果好。孙月芳等（2001）的实验指出：在增殖培养基中，添加 15%的椰乳可以在很大程度上防止继代植株叶片脱落和玻璃苗现象的产生，畸形苗也不易形成。而在诱导培养基中加入酪蛋白水解物（CH），不利于子叶叶柄不定芽的形成。余小林等（2000a）在选出最佳配方后加入 1mg/L 水解酪蛋白及 LY（氨基酸混合物）5mg/L 对辣椒子叶外植体分化有较强的诱导效果。LY 还能很好的解决辣椒组织培养过程中外植体褐化现象。但周钟信等（1994）研究发现，加入天然有机物椰乳或酵母提取液时，形成黄绿色松散愈伤组织，而不能分化出苗。

2.4 激素

辣椒子叶在无激素的培养基中不能生长分化，说明辣椒子叶不具备足够的内源激素（Sripichitt et al.，1987）。

赤霉素 在组织培养过程中，常用的赤霉素为 GA_3，它有促进芽的伸长作用。在辣椒组织培养过程中，芽的伸长是关系到离体培养体系成功与否的关键之一。因此，在辣椒子叶培养中常添加 GA_3。大量研究表明 GA_3 的适宜浓度在 0.5~2mg/L 之间：郝峥嵘等（1993）报道，2.00mg/L 的 GA_3 可以明显促进芽的伸长，在诱导和分化培养基中均可加入。何晓明和王鸣（1996）研究表明，在分化培养基中加入 1.0mg/L 的 GA_3 有利于芽的伸长。曹冬孙和贾士荣（1993）、余小林等（2000a）也有一致的报道。孙世孟等（1996）研究表明，GA_3 还可显著提高辣椒组织培养苗的移栽成活率。GA_3 在辣椒子叶培养中也并非不可缺少，Phillips 和 Hubosteubetger（1985）和 Agrawal 等（1989）发现，在 Ms+0.05mg/L NAA 中，芽也可伸长，只是效果没有 GA_3 好。

细胞分裂素和生长素 细胞分裂素影响细胞分裂，顶端优势的变化和茎的分化等。在培养基中加入细胞分裂素目的，主要是促进细胞分裂和分化不定芽。李英慧等（2001）的研究结果表明：BA 浓度为 4.0mg/L 时对子叶再生频率可达 100%。王玉文等（1991）发现，4~6mg/L 的 6-BA 对辣椒子叶外植体诱导效果最好。余小林等（2000a）也有一致的报道。郝峥嵘等（1993）研究表明，8mg/L 的 6-BA 对芽的诱导率也可达 95%以上。此外，Gunay 和 Rao（1987）比较了 ZT、BA、KT 的诱导效果，结果表明：BA 最好，ZT 次之，KT（mg/L）无效。李英慧等（2001）的实验也有一致的结果：BA、ZT 对辣椒子叶芽的诱导效果最好，KT 基本不能诱导不定芽。但曹冬孙和贾士荣（1993）发现，BA、ZT、KT 均可对辣椒子叶外植体诱导分化频率可达 80%~100%，BA 降低诱导分化能力有所减弱。

生长素影响到茎和节间的伸长、向性和生根等，在组织培养中，生长素被用于诱导细胞的分裂和根的分化（孙世孟等，1996）。Prapascrichitt（1987）报道，在辣椒子叶培养中，生长素能单独诱导根的形成。余小林等（2000a）报道，1mg/L 的 IAA 生根最好。沈火林等（1994）、何晓明和王鸣（1996）也有相同的报道。此外，周钟信等（1994）比较了 IAA 和 NAA 两者的效果发现，NAA 形成短而粗的鸡爪根，IAA 形成细长根，两者均难以成活，只有用 NAA+IAA 才能诱导比较理想的根。

单一的细胞分裂素对芽的分化不能发挥最大的作用。而细胞分裂素和生长素的不同浓度搭配对芽的分化具有极大的促进作用。余小林等（2000a）和孙月芳等（2001）等的研究均表明：5mg/L 6BA+1mg/L IAA 辣椒子叶分化频率最高，芽的长势最好，这与前人（Subhash and Prolaram，1987；Phillips and Hubosteubetger，1985；Lin et al.，1990；Arrogo and Revilla，1991）的报道一致。

2.4 硝酸银

硝酸银作为一种乙烯抑制剂对于从玉米胚性愈伤组织中诱导再生植株有促进作用（Vain et al.，1989）。王玉文等（1991）在实验中在芽诱导培养基中加入 2~5mg/L 的 $AgNO_3$，会使芽诱导所需时间缩短，芽的最初生长加快。但若 $AgNO_3$ 过高，会使芽叶片肉质化，形成畸形芽，而难以形成正常芽。孙月芳等（2001）的研究表明：诱导培养基中加入 $AgNO_3$ 不利于子叶叶柄不定芽的形成。曹冬孙和贾士荣（1993）在青椒子叶分化培养基中加入 $AgNO_3$ 发现，$AgNO_3$ 有改变极性分化现象和促进芽分化的作用，主要作用为：①随着 $AgNO_3$ 含量的提高，子叶上芽分化区域加大；②虽然 $AgNO_3$ 对分化有促进作用，但高浓度（10mg/L）也会导致畸形芽的形成。这可能是因为 Ag^+ 为重金属离子，虽抑制乙烯的产生而促进分化，但同时也对植物细胞的生理代谢有一定毒害作用。

3 培养环境的影响

3.1 温度

Philips 和 Hubosteubetger（1985）在研究温度对辣椒子叶离体培养的影响时发现，26~28℃下可以下培养可获较好的效果，并且低温有利于分化，高温有利于愈伤组织的生长，但高温以造成外植体的褐化。曹冬孙和贾士荣（1993）及周雪飞等（2001）认为白天（25±1）℃，晚上（20±1）℃培养效果更佳。此外，沈火林等（1994）研究表明，4℃低温 1h 或 40℃高温 0.5h 预处理可使不易分化的品种提高芽的分化率近一倍。

3.2 光照时间

许多园艺植物对光照是敏感的，所以大多数研究者都选用一定的光暗周期来进行组织培养。曹冬孙和贾士荣（1993）及郝峥嵘等（1993）的实验均表明，采用 14h/10h 的光照/黑暗培养效果好。周钟信等（1994）、Phillips 和 Hubosteubetger（1985）采用 16h/8h 的光照/黑暗培养，发现芽的诱导率也很高。孙月芳等（2001）的实验：在子叶叶柄培养时，先进行 5 天的暗培养再进行光培养有利于外植体适应离体培养和不定芽形成潜势的表达。

3.3 光质和光强

光质明显的影响愈伤组织诱导，愈伤组织的增殖，以及器官的分化，而光强对培养细胞的增殖以及器官的分化也有重要的影响。周钟信等（1994）研究发现，采用混合光对辣椒子叶培养中的芽的诱导效果好于日光灯。弱光 30W 优于强光 150W。但实际上培养中均采用日光灯做光源。

4 展　望

子叶离体培养及植株再生的意义在不断扩大。在育种工作中，利用高频的离体植株再生体系为基础，开展外源基因的转移是选育优质、高抗的育种材料或品种的有效途径之一，它能极大地缩短育种年限，节约人力、物理和财力。

同时辣椒子叶离体培养技术仍有待发展。由于选材以及其他的原因，多数实验中，辣椒的再生周期长，或分化频率低，不定芽生长能力差，有的甚至停留在芽的诱导阶段，不能进一步的发展（Lin et al.，1990）。尚不能满足基因工程育种培育大量转基因苗的要求。要解决这些问题一是要加强基础理论的研究；二是要进一步改进培养的条件等，提高辣椒离体培养植株再生能力。

参 考 文 献

曹冬孙, 贾士荣. 1993. 青椒子叶培养及植株再生. 园艺学报. 20(2): 171-175.

陈静娴, 聂凡. 1990. 辣椒子叶培养及其植株再生的研究. 安徽农业科学. 3: 255-257.

葛扣麟. 1990. 辣椒属不同野生种和栽培种的组织培养与植株再生研究. 植物学报. 3: 1(12): 962- 965.

郝峥嵘, 戚家华, 王子霞, 等. 1993. 辣椒子叶的离体再生培养. 新疆农业科学, (3): 121-122.

何晓明, 王鸣. 1996. 辣椒叶片离体培养与植株再生. 西北农业大学学报. 24(1): 93-96.

洪进雄, 陈士略. 1988. 番茄属之起源及分布. 中国园艺, 34(3): 160-177.

李浚明. 1992. 植物组织培养教程. 北京: 中国农业大学出版社.

李英慧, 李艳, 杭晓明, 等. 2001. 细胞分裂素对辣椒子叶再生的影响. 园艺学报, 28(3): 270-272.

马文景, 米受恩, 李彬, 等. 1991. 甘谷线椒培养快速繁殖培养基的研究. 甘肃农业大学学报. 26(4): 409-416.

沈火林, 王志源, 蒋健箴, 等. 1993. 辣椒组织培养与植株再生. 北京农业大学学报, 19(2): 73.

沈火林, 王志源, 蒋健箴, 等. 1994. 辣椒离体再生植株及其变异. 园艺学进展: 295-299.

孙世孟, 徐丽娟, 陈洁敏, 等. 1996. 青椒子叶的组织培养. 莱阳农学院学报. 13(3): 206-207.

孙月芳, 陆瑞菊, 黄剑华. 2001. 杂种甜椒的离体快速繁殖. 植物生理学通讯, 37(3): 215-216.

王关林, 方宏筠. 1998. 植物基因工程原理与技术. 北京: 科学出版社.

王玉文, 杨美珠, 潘乃穗, 等. 1991. 甜椒的离体再生及基因转化植物学报. 33(10): 780-786.

严小龙, 张福锁. 1997. 植物营养遗传学. 北京: 中国农业出版社.

杨丽军, 许智宏. 1985. 不同来源的怀地黄叶外植体在培养中植株再生的差异. 植物生理学通讯, (4): 38.

杨增海. 1987. 园艺植物组织培养. 北京: 农业出版社.

叶志彪, 李汉霞, 张健, 等. 1993. 辣椒转基因植株再生. 植物学报. 35(增刊): 88-93.

余小林, 李乃坚, 黄可然, 等. 2000a. 辣椒子叶离体培养和植株再生体系的建立. 园艺学报. 27(1): 42-46.

余小林, 李乃坚, 李颖, 等. 2000b. 辣椒不同品种与不同分化批次的再生植株对其基因转化频率的影响. 浙江大学学报(农业与生命科学版), 26(43): 437-440.

浙江农业大学. 1985. 蔬菜栽培学各论(南方本). 2 版. 北京: 农业出版社.

周雪飞, 刘春松, 唐茂菊, 等. 2001. 辣椒子叶组织培养. 长江蔬菜, (7): 32-33.

周钟信, 张宗江, 刘艳军, 等. 1994. 辣椒子叶离体培养再生植株. 华北农学报. 9(2): 59-63.

邹学校, 马艳青, 周群初, 等. 2001. 湘研辣椒种子的准时生产制. 湖南农业大学学报, 27(3): 193-196.

Agrawal S, chandar N, Kothar SL. 1989. Plant regeneration in tissue culture of pepper (*Capsicum annuum* L.cv.matharia) Plant Cell Tissue and Organ Culture, (16): 47-55.

Arrogo R, Revilla MA. 1991. *In virto* plant regeneration from cotyledon and hypocotyls segments in two ball pepper cultivars Plant Cell Rep, (10): 414-416.

Edida A I A, Hu C Y. 1993. *In-virto* morphogenetic responses and plant regeneration from pepper (*Capsicum annuum* L.cv.Early California Wonder) seeding explant Plant Cell Rep, 13(2): 107-110.

Gunay A L, Rao P S. 1978. *In virto* plant regeneration from hypocutyl and cotyledon explants of red pepper (*Capsicum annuum* L) Plant Sci Lett, (1): 365-372.

Lin W, Parrott WA, Hidebrand DF, et al. 1990. Agrobacteriam induced gall formation in bell pepper (*Capsicum annuum* L.) and formation of shoot-like structure expressing introduced genes. Plant Cell Reports, (9): 360-364.

Phillips GC, Hubosteubetger J. 1985. Organogenesis in pepper tissue cultures. Plant Cell Tissue Organ Culture, (4): 261-269.

Prapasppichitt E N. 1987. *In vitro* shoot forming capacity of cotyledon explants in red pepper (*Capsicum annuum* L.cv Yatsafusa) Japan. J. Breed. 37(2): 133-142 .

Scripichitt P, Nawata E, Shigenaga S. 1988. *In virto* shoot forming capacity of cotyledom explants in red pepper (*Capsicum annuum* L). Curr Sci , (57): 59-100.

Sripichitt P. et al. 1987. *In virto* shoot-forming capacity of cotyledon explants in red pepper (*Capsicum annuum* L.cv *yatsufusa*), Jpn J Breed, (37): 133-142.

Subhash K, Prolaram B. 1987. Induction of mutiple shoot by gamma rays from cotyledon cultures of *Capsicum annuum* L, Curr Aci, (56): 1287-1291.

Szasz A, Nervo G, Fari M. 1995. Screening for in virto shoot-forming capacity of seeding explants in red pepper (*Capsicum annuum* L) genetypes and efficient plant regeneration using thidiazaron Plant Cell Rep. 14(10): 666-669.

Vain P, Yean H, Flament P. 1989. Enhancement of production and regeneration of embryogenec type II Cullus in *Zea mays* L by $AgNO_3$. Plant Cell Tissue Org Cult, 18: 143-151.

Progress of In Vitro Plant Regeneration of Cotyledon Culture of Cupsicum

Deng Minghua[1], Zou Xuexiao[2], Zhou Qunchu[2], Liu Zhimin[1],
Wen Jinfen[3], Du Feng[1]

([1] College of Horticulture and Garden, Hunan Agricultural University, Changsha 410128;
[2] The State Cupsicum Breeding and Popularization Center, Changsha 410125;
[3] College of Modern Agriculture Engineering , University of Kunming Science and Technology, Kunming 650224)

Abstract: Genotype, composition of culture medium and factors of culture were reviewed. The impotance and problems were indicated.

Key words: *Capsicum annuum* L.; Cotyledon culture; Progress

3 种诱导剂对低温胁迫下辣椒幼苗抗寒性的影响*①

陈文超[1,2]，杨博智[1,2]，周书栋[1,2]，戴雄泽[1,2]

（[1]湖南省蔬菜研究所；[2]湖南省蔬菜工程与技术研究中心，湖南 长沙 410125）

摘要：以福湘佳玉辣椒为试验材料，研究低温胁迫下喷施水杨酸、多效唑和甜菜碱对辣椒幼苗植株形态和生化指标的影响。结果表明：适宜浓度的诱导剂处理均能减轻辣椒幼苗的低温伤害程度，提高幼苗壮苗复合指标值；诱导剂处理幼苗叶中的叶绿素、可溶性糖、脯氨酸含量和过氧化物酶活性均高于对照植株，呈先升后降趋势，各诱导剂处理叶绿素、可溶性糖含量的最大值分别比对照高25.93%和 61.54%，脯氨酸含量和过氧化物酶活性的最大值分别为对照的 1.93倍和 2.34 倍；相对电导率与丙二醛含量均低于对照植株，呈先降后升趋势，相对电导率与丙二醛含量的最小值分别比对照减少了 33.44%和 79.31%；3 种诱导剂中以水杨酸的抗寒效果较好，多效唑最差，且以 7.5 mmol/L 水杨酸处理的效果最佳。

关键词：辣椒；水杨酸；多效唑；甜菜碱；抗寒性

辣椒（*Capsicum annuum* L.）是中国种植面积大，供应期长的蔬菜之一。湖南属于中国产椒大省之一。辣椒播种面积约占全国总播种面积的 8%（马艳青和张西露，2009）。但由于湖南省冬季寒冷干燥，早春时倒春寒频发，严重影响了辣椒幼苗的正常生长，给生产造成了极大的损失。因此，如何防止辣椒寒害一直是辣椒生产和育种所急需解决的问题。有研究表明，水杨酸、多效唑和甜菜碱均能有效的提高植株的抗寒性（孙磊等，2009；张素勤等，2008，2007；李芸瑛等，2004）。笔者研究这 3 种诱导剂对辣椒幼苗植株形态和抗寒性生化指标的影响，旨在筛选出最佳诱导剂及其最适浓度，为有效缓减辣椒冷害提供理论依据。

1 材料与方法

1.1 材料

供试材料为福湘佳玉，由湖南省农科院蔬菜研究所提供。

1.2 方法

将催芽后的辣椒种子播种于营养钵内，待幼苗生长至三叶一心时，选取形态和长势

* 基金项目：国家科技支撑计划（2008BAD7B01）。

① 本文原载《湖南农业大学学报（自然科学版）》，2011，37（4）：396-399。

基本一致的辣椒幼苗，用小型喷壶分别往植株叶片喷洒诱导剂和清水（对照）。每处理（含对照）选辣椒幼苗25株。每种诱导剂分别设4个梯度，其中，水杨酸分别为2.5mmol/L、5.0mmol/L、7.5mmol/L、10.0mmol/L（分别以S_1、S_2、S_3和S_4表示），多效唑分别为500μg/g、1000μg/g、1500μg/g、2000μg/g（分别以D_1、D_2、D_3和D_4表示），甜菜碱分别为2mg/g、4mg/g、6mg/g、8mg/g（分别以T_1、T_2、T_3和T_4表示），喷施程度以叶面均匀布满雾状水滴为宜。每隔24h喷洒叶片一次，连喷3次。缓苗1d后将幼苗转入5℃光照培养箱中低温胁迫处理，48h后将辣椒幼苗移出，立即对辣椒植株形态指标和幼苗叶片抗寒性生化指标进行测定。

1.3 测定指标及方法

1.3.1 植株形态指标测定

观察辣椒幼苗的受冷害和生长情况，用游标卡尺测量其株高、茎粗及2片真叶叶面积，重复3次，取平均值，计算壮苗指数。壮苗复合指标值的计算参见文献（李建明等，2008）。

1.3.2 抗寒性指标测定

细胞膜透性采用电导法测定（孙巧峰等，2004），以相对电解质渗出率（%）表示；叶绿素相对含量采用SPAD-502叶绿素仪测定；可溶性糖含量采用DNS试剂法测定（李合生等，2000）；脯氨酸含量采用茚三酮法测定（赵凯等，2008）；过氧化物酶（POD）活性采用愈创木酚法测定（Bates and Waldren，1973）；丙二醛（MDA）含量采用硫代巴比妥酸显色法测定（张志良，2003）。

1.4 数据分析

用Excel 2003软件初步处理试验数据，再用DPS6.55数据处理系统进行统计分析。

2 结果与分析

2.1 辣椒幼苗植株形态的变化

低温胁迫后，对照植株生长缓慢，幼苗叶片呈萎蔫状，叶尖、叶缘出现水渍状斑块。而经适宜浓度的诱导剂处理后的幼苗大部分生长正常，受冻寒情况明显减轻，甚至无冻害情况发生。由表1可知，水杨酸和甜菜碱处理的辣椒幼苗株高、茎粗以及叶面积均随其浓度的增加呈先升高后降低的趋势；多效唑处理辣椒幼苗的株高和叶面积随其浓度增加呈下降趋势，而茎粗随其浓度的增加呈先升高后降低的趋势。与对照相比，除D_4处理外，其余各诱导剂处理均能显著提高辣椒幼苗壮苗复合指标值。3种诱导剂中以水杨酸的抗寒效果较好，多效唑最差，且以7.5mmol/L水杨酸处理的效果最佳。

通过对数据统计分析表明，4种诱导剂中以喷施浓度为120mg/L壳聚糖壮苗效果最好，喷施浓度为7.5mmol/L水杨酸次之。但喷施壳聚糖的浓度过高（＞90mg/L）时，易引起幼苗真叶畸形，故以喷施浓度为 7.5mmol/L 水杨酸效果最理想。

表 1　不同诱导剂对辣椒幼苗生长的影响

Table 1　Effects of different inducer on the growth of pepper seedlings

处理	株高/cm	茎粗/cm	叶面积/cm^2	壮苗复合指标值
CK	5.832	0.108	2.169	(0.040±0.004) d
S_1	5.984	0.116	2.551	(0.050±0.02) c
S_2	6.374	0.124	3.347	(0.065±0.008) b
S_3	7.514	0.129	4.578	(0.079±0.011) a
S_4	7.017	0.123	4.195	(0.073±0.004) a
D_1	5.321	0.114	2.357	(0.050±0.006) b
D_2	5.056	0.128	2.184	(0.055±0.007) a
D_3	4.987	0.134	1.690	(0.045±0.004) c
D_4	4.708	0.132	1.470	(0.041±0.002) d
T_1	5.978	0.110	2.236	(0.041±0.002) c
T_2	6.047	0.119	2.675	(0.053±0.004) b
T_3	6.943	0.132	4.323	(0.076±0.004) a
T_4	6.879	0.128	4.035	(0.075±0.005) a

2.2　辣椒幼苗叶片细胞膜透性的变化

由表 2 可知，诱导剂处理辣椒幼苗叶片的相对电导率均低于对照，且随诱导剂浓度的增加呈先降低后上升的趋势，其中，水杨酸以 7.5mmol/L 处理的相对电导率最低，多效唑以 1500μg/g 处理最低，甜菜碱以 6mg/g 处理最低，分别比对照减少了 33.44%、22.19% 和 31.24%。3 种诱导剂中以水杨酸的抗寒效果较好，且以 7.5mmol/L 水杨酸处理的效果最佳。

表 2　不同诱导剂辣椒幼苗的生理指标

Table 2　Physiological indexes of pepper seedling treated by different inducers

处理	相对电导率/%	叶绿素相对含量	可溶性糖含量/（mg/g）	脯氨酸含量/（μg/g）	MDA 含量/（μmol/g）	POD 活性/U
CK	36.33	24.3	0.26	21.33	0.29	52.29
S_1	33.67	27.3	0.27	26.56	0.25	79.58
S_2	30.03	29.4	0.34	34.50	0.16	107.32
S_3	24.18	30.6	0.38	41.25	0.06	138.89
S_4	28.35	28.2	0.36	39.75	0.13	91.23
D_1	34.28	27.3	0.34	23.24	0.23	55.29
D_2	31.90	30.2	0.42	28.78	0.10	71.71
D_3	28.27	29.2	0.39	32.67	0.13	98.26
D_4	30.02	26.3	0.35	31.55	0.15	70.15
T_1	30.53	25.7	0.31	25.68	0.22	83.39
T_2	26.42	30.1	0.33	32.19	0.16	101.89
T_3	24.98	29.4	0.37	34.88	0.13	97.96
T_4	25.37	27.4	0.31	30.56	0.14	78.33

2.3　辣椒幼苗叶片叶绿素含量的变化

由表 2 可知，诱导剂处理辣椒幼苗叶片中的叶绿素含量均高于对照，且随诱导剂浓度的增加呈先上升后降低的趋势，其中，水杨酸以 7.5mmol/L 处理的叶绿素含量最高，多效唑以 1000μg/g 处理的最高，甜菜碱以 4mg/g 处理的最高，分别比对照提高了 25.93%、24.28%和 23.87%。3 种诱导剂中以水杨酸的抗寒效果较好，且以 7.5mmol/L 水杨酸处理的效果最佳。

2.4 辣椒幼苗叶片可溶性糖含量的变化

由表 2 可知，诱导剂处理辣椒幼苗叶片的可溶性糖含量均高于对照，且随诱导剂浓度的增加呈先升高后降低的趋势，其中，水杨酸以 7.5mmol/L 处理的可溶性糖含量最高，多效唑以 1000μg/g 处理的最高，甜菜碱以 6mg/g 处理的最高，分别比对照提高了 46.15%、61.54%和 42.30%。3 种诱导剂中以多效唑的抗寒效果较好，且以 1000μg/g 多效唑处理的效果最佳。

2.5 辣椒幼苗叶片过氧化物酶活性、脯氨酸含量、丙二醛含量的变化

2.5.1 脯氨酸含量

由表 2 可知，诱导剂处理辣椒幼苗叶片中脯氨酸的含量均高于对照，且随诱导剂浓度的增加呈先升高后降低的趋势，其中，水杨酸以 7.5mmol/L 处理的脯氨酸的含量最高，多效唑以 1500 μg/g 处理的最高，甜菜碱以 6mg/g 处理的最高，分别为对照的 1.93 倍、1.53 倍和 1.64 倍。3 种诱导剂中以水杨酸的抗寒效果较好，且以 7.5mmol/L 水杨酸处理的效果最佳。

2.5.2 过氧化物酶活性

由表 2 可知，诱导剂处理辣椒幼苗叶片中 POD 的活性均高于对照，且随诱导剂浓度的增加呈先升高后降低的趋势，其中，水杨酸以 7.5mmol/L 处理的 POD 活性最高，多效唑以 1500μg/g 处理的最高，甜菜碱以 4mg/g 处理的最高，分别为对照的 2.34 倍、1.87 倍和 1.95 倍。3 种诱导剂中以水杨酸的抗寒效果较好，且以 7.5mmol/L 水杨酸处理的效果最佳。

2.5.3 丙二醛含量

由表 2 可知，诱导剂处理辣椒幼苗叶片中 MDA 的含量均低于对照，且随着诱导剂浓度的增加呈先降低后升高的趋势，其中，水杨酸以 7.5mmol/L 处理的 MDA 含量最低，多效唑以 1000μg/g 处理的最低，甜菜碱以 6mg/g 处理的最低，分别比对照降低了 79.31%、65.51%和 55.17%。3 种诱导剂中以水杨酸的抗寒效果较好，且以 7.5mmol/L 水杨酸处理的效果最佳。

3 结论与讨论

与对照相比，经适宜浓度诱导剂处理后的辣椒幼苗生长势旺，真叶面积显著增加，这一方面说明低温在一定程度上限制着辣椒的营养生长；另一方面说明诱导剂既能够促进幼苗生长，又能明显降低低温对辣椒幼苗的伤害，有效提高植株的抗寒性。

喷施诱导剂后，辣椒幼苗叶片生化指标发生了变化，表现为幼苗叶片中叶绿素、可溶性糖、脯氨酸含量以及 POD 活性均高于对照，而相对电导率与 MDA 含量均低于对照，与前人研究结果（赵世杰，1994；林海馨，1994）基本一致。这说明适宜浓度的诱导剂一方面通过保护幼苗叶片中叶绿体的完整性、促进可溶性糖和脯氨酸的合成与大量积累以及提高 POD 活性来缓解低温对辣椒幼苗造成的伤害；另一方面通过降低叶片相对电导率和 MDA 含量来维持活性氧代谢系统的平衡，减少膜脂质过氧化，保护原生质体不受伤害，进而增强植株的抗逆性（Xin and Browse，2000；乔俊鹏等，2010；Corbineau F et al.，2002）。

3 种诱导剂均能提高辣椒幼苗的抗寒能力，使用时均具有明显的浓度效应。与多效唑和甜菜碱相比，水杨酸对幼苗的生长没产生明显副作用，对叶片各项生化指标的影响最大，是一种适宜用于辣椒低温抗寒的诱导剂，且以 7.5 mmol/L 处理的效果最佳。本试验中仅研究了单一诱导剂对辣椒抗寒性的影响，几种诱导剂联合使用对辣椒抗寒性产生的影响还有待研究。

参考文献

李合生, 孙群, 赵世杰. 2000. 植物生理生化实验原理和技术. 北京: 高等教育出版社, 164-194.

李建明, 邹志荣, 黄志. 2008. 温光驱动甜瓜壮苗指数模型研究. 西北农林科技大学学报: 自然科学版, 36(1): 149-152.

李芸瑛, 梁广坚, 李永华, 等. 2004. 外源甜菜碱对黄瓜幼苗抗冷性的影响. 植物生理学通讯, 40(6): 673-676.

林海馨. 1994. 植物冷害与细胞生理. 厦门: 厦门大学出版社, 131-132.

马艳青, 张西露. 2009. 湖南辣椒产业现状及发展思考. 湖南农业科学, (12): 94-97.

乔俊鹏, 夏鹏云, 梅海军, 等. 2010. 脯氨酸、维生素 C 和 $CaCl_2$ 处理对深山含笑抗寒性的影响. 江西农业学报, 22(2): 40-42.

孙磊, 陈国祥, 程嘉翎, 等. 2009. 低聚壳聚糖处理对低温胁迫下水稻幼苗类囊体膜特性的影响. 南京师大学报(自然科学版), 32(60): 93-97.

孙巧峰, 于贤昌, 高俊杰, 等. 2004. 羧甲基壳聚糖对黄瓜幼苗抗冷性的影响. 中国农业科学, 37(11): 1660-1665.

张素勤, 耿广东, 程智慧. 2007. 外源水杨酸对茄子抗寒性的影响. 湖南农业大学学报(自然科学版) 33(6): 687-689.

张素勤, 耿广东, 谭玉丽. 2008. 水杨酸对辣椒抗寒性的影响. 华北农学报, 23(增刊): 118-120.

张志良. 2003. 植物生理学实验指导. 北京: 高等教育出版社, 268-269.

赵凯, 许鹏举, 谷广烨. 2008. 3,5-二硝基水杨酸比色法测定还原糖含量的研究. 分析检测, 29(8): 534-536.

赵世杰. 1994. 植物组织水中丙二醛测定方法的改进. 植物生理学通讯, 30(3) : 207-210.

Bates L S, Waldren R P. 1973. Rapid determination of free proline for water stress studies. Plant Soil, 39: 205-207.

Corbineau F, Gay-Mathieu C, Vinel D. 2002. Decrease in sunflower seed viability caused by high temperatures as related to energy metabolism, membrane damage and lipid composition. Physiol Plant, 116: 489-496.

Xin Z, Browse J. 2000. Cold comfort farm: The acclimation of plants to freezing temperature. Plant Cell and Environment, 23: 893-902.

Effects of different inducers on cold resistance of *Capsicum* L. under low temperature stress

CHEN Wen chao[1, 2] , YANG Bo zhi[1, 2], ZHOU Shu dong[1, 2], DAI Xiong ze[1, 2]

([1] Vegetables Research Institute of Hunan, Changsha 410125, China;
[2] Vegetable Research and Development Center of Hunan, Changsha 410125, China)

Abstract: Efects of three diferent inducers on plant morphologic characteristics and biochemical parameters of Fuxiangjiayu, a strain of *Capsicum annuum* L., were studied. The results showed that inducer treatment under suitable concentration could decrease cold harm and improve seedling index of pepper seedlings. Content of chlorophylls, soluble sugar and proline and POD activity in leaves from inducer treatment group were higher than that from CK, which characterized by ascending at first and descending at last. The maximum value of chlorophylls and soluble sugar content in inducer treatment group increased 25.93% and 61.54% respectively compared to CK and the maximum value of proline content and POD activity increased 1.93 and 2.34 times respectively than CK. But the relative leakage of electrolytes and MDA content in inducer treatment group were lower than that of CK, which also characterized by ascending at first and descending at last. The minimum value of chlorophylls an d soluble sugar content in inducer treatment group decreased 33.44% and 79.31% respectively compared to CK. Ofthe three inducers, salicylic acid showed the best cold resistance efect followed by betaine and paclobutrazo1. And for salicylic acid, 7.5mmol/L was the optimumconcentration.

Key words: Capsicum annuum L.; salicylic acid; betaine; paclobutrazol; cold resistance

壳聚糖对低温胁迫下辣椒幼苗抗寒性的影响*①

周书栋[1,2]，杨博智[1,2]，戴雄泽[1,2]，张竹青[1,2]，陈文超[1,2]，
李雪峰[1,2]，马艳青[1,2]

（[1]湖南省蔬菜研究所，湖南 长沙 410125；
[2]湖南省蔬菜工程技术研究中心，湖南 长沙 410125）

摘要：以辣椒幼苗为试验材料，研究了在低温胁迫条件下喷施不同浓度的壳聚糖对3个辣椒品种幼苗抗寒性的影响。结果表明，适宜浓度的壳聚糖处理能有效降低辣椒幼苗的伤害程度。与对照相比，处理过的辣椒幼苗叶片中叶绿素、可溶性糖、脯氨酸含量均增加，POD活性升高，相对电导率与MDA的含量均降低。

关键词：辣椒；壳聚糖；低温胁迫；抗寒性

辣椒（*Capsicum annuum* L.）是我国种植面积大，供应期长的蔬菜之一。湖南属于主要产椒大省，播种面积占全国辣椒总播种面积的 8%（马艳青和张西露，2009）。但由于湖南省冬季寒冷干燥，春季低温潮湿，特别是近几年来倒春寒频发，严重影响了辣椒幼苗的正常生长，给生产造成了极大的损失。因此，解决辣椒苗期受冻害的问题具有重要意义。许多研究表明，壳聚糖不但能够促进种子萌发和幼苗生长（刘士哲，2001），还能有效地提高植株的抗寒性（孙巧峰等，2004），但壳聚糖对辣椒的抗寒性的影响还未见报道。本试验以辣椒幼苗为材料，通过室内低温处理，研究了不同浓度的壳聚糖对辣椒抗寒性的影响，并且筛选出最佳的壳聚糖浓度，为提高辣椒抗寒性和指导生产实践提供理论依据。

1 材料与方法

1.1 材料

供试材料为福湘佳玉、兴蔬215、博辣6号，由湖南省农科院蔬菜研究所辣椒课题组提供。

1.2 方法

1.2.1 辣椒幼苗低温胁迫处理

将催芽后的辣椒种子播种于营养钵内，待幼苗生长至三叶一心时，选取形态和长势

* 基金项目：国家公益性行业（农业）专项（200903025）。

① 本文原载《园艺学文集》，2010，（1）：89-93。

基本一致的辣椒幼苗各 100 株，用小型喷壶分别往植株叶片喷洒相应浓度的壳聚糖，壳聚糖设 4 个浓度：30mg/L、60mg/L、90mg/L、120mg/L（分别以 K_1、K_2、K_3 和 K_4 表示），对照（CK）植株叶片喷洒清水，喷施程度以叶面均匀布满雾状水滴为宜。每隔 24 h 喷洒叶片一次，连喷 3 次。缓苗 1 d 后将幼苗转入 5℃光照培养箱中低温胁迫处理，48 h 后将辣椒幼苗移出，对辣椒幼苗形态指标和叶片抗寒性生化指标进行测定。

1.2.2 幼苗形态指标测定

观察辣椒幼苗受冷害情况，用游标卡尺测量其株高、茎粗及 2 片真叶叶面积，取平均值。

1.2.3 幼苗叶片抗寒性指标的测定

细胞膜透性采用电导法测定（赵世杰等，2002），以相对电解质渗出率表示；叶绿素相对含量采用 SPAD-502 叶绿素仪测定；可溶性糖含量采用 DNS 法测定（赵凯等，2008）、脯氨酸采用茚三酮法测定（Bates and Waldren，1973）、丙二醛含量硫代巴比妥酸显色法测定（赵世杰等，2002）；POD 活性采用愈创木酚法测定（张志良，2003）。

2 结果与分析

2.1 壳聚糖对低温胁迫下辣椒幼苗生长的影响

低温胁迫后，对照植株受冻害严重，植株生长缓慢，幼苗叶片呈萎蔫状，叶尖、叶缘出现水渍状斑块。而经壳聚糖处理后的幼苗大部分生长正常，受冻寒情况明显减轻，甚至无冻害情况发生。由表 1 可知，同品种辣椒幼苗叶片喷施壳聚糖后，其株高、茎粗以及叶面积均存在显著或极显著差异，随壳聚糖浓度的增加，幼苗的株高、茎粗以及叶面积均随之增大，但浓度过高（120 mg/L）时，易引起幼苗真叶畸形，对植株生长反而不利。研究结果表明，壳聚糖浓度为 90 mg/L 时，幼苗抗寒效果最理想。

表 1 壳聚糖对辣椒幼苗生长的影响

处理	福湘佳玉			兴蔬 215			博辣 6 号		
	株高（cm）	茎粗（cm）	叶面积（cm^2）	株高（cm）	茎粗（cm）	叶面积（cm^2）	株高（cm）	茎粗（cm）	叶面积（cm^2）
CK	5.832eE	0.108eE	2.169eE	5.588eE	0.102eE	2.128eE	5.294eD	0.112eD	1.851eD
K_1	6.344dD	0.119dD	2.498dD	6.390dD	0.116dD	2.541dD	5.982dD	0.118dD	2.365dD
K_2	6.879cC	0.122cC	3.595cC	6.648cC	0.120cC	3.611cC	6.364cC	0.124cC	2.938cC
K_3	7.317bB	0.126bB	4.389bB	7.470bB	0.124bB	4.473bB	7.254bB	0.129bB	4.218bB
K_4	7.914aA	0.129aA	4.778aA	7.914aA	0.130aA	4.887aA	7.832aA	0.136aA	4.786aA

注：小写字母表示差异显著（$P<0.05$），大写字母表示差异极显著（$P<0.01$）

2.2 壳聚糖对低温胁迫下辣椒幼苗叶片生理指标的影响

2.1.1 壳聚糖对低温胁迫下辣椒幼苗叶片细胞膜透性的影响

从图 1 可以看出，低温胁迫后，与 CK 相比，经壳聚糖处理后各品种辣椒幼苗叶片相对电导率均低于对照，且相对电导率随壳聚糖浓度的升高呈先降低后上升的趋势。3个品种均以 K_3（90mg/L）壳聚糖处理的效果明显，相对电导率降幅分别为对照 CK 的28.10%、34.34%和 38.91%，过高和过低的浓度处理效果均相对减弱。

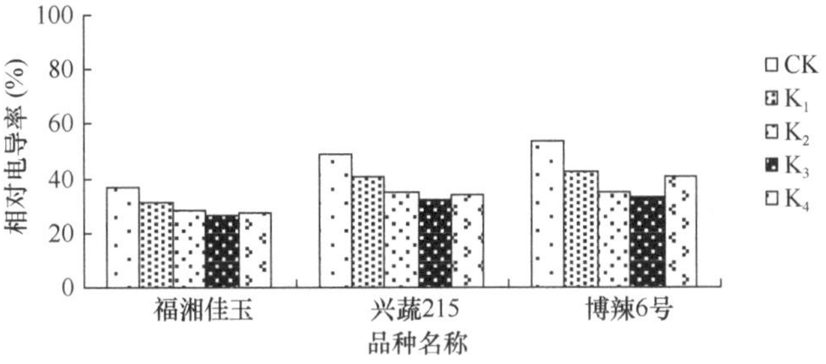

图 1　壳聚糖对辣椒幼苗叶片相对电导率的影响

2.2.2　壳聚糖对低温胁迫下辣椒幼苗叶片叶绿素含量的影响

由表 2 可以看出，低温胁迫后，与 CK 相比，经壳聚糖处理后的各品种辣椒叶片中叶绿素含量均高于对照，存在显著性差异，叶绿素含量随着壳聚糖浓度的增加，呈先升高后降低的趋势。不同品种叶片中叶绿素含量不同。其中福湘佳玉叶片中叶绿素含量以（60mg/L）壳聚糖处理时最高，其增长幅度为 CK 的 27.98%。兴蔬 215 和博辣 6 号叶绿素含量以（90mg/L）壳聚糖处理最高，增长幅度分别为 CK 的 20.13%和 25.70%。

表 2　壳聚糖对辣椒幼苗叶片中叶绿素含量的影响

处理	品种		
	福湘佳玉	兴蔬 215	博辣 6 号
CK	24.3 eE	30.8 eE	28.4 eE
K_1	30.8 bB	34.6 cC	31.4 cC
K_2	31.1 aA	35.4 bB	33.5 bB
K_3	30.4 cC	37.0 aA	35.7 aA
K_4	28.6 dD	31.7 dD	30.8 dD

注：小写字母表示差异显著（$P<0.05$），大写字母表示差异极显著（$P<0.01$）

2.2.3　壳聚糖对低温胁迫下辣椒幼苗叶片可溶性糖含量的影响

从图 2 可以看出，低温胁迫后，与 CK 相比，经壳聚糖处理后的各品种辣椒叶片中

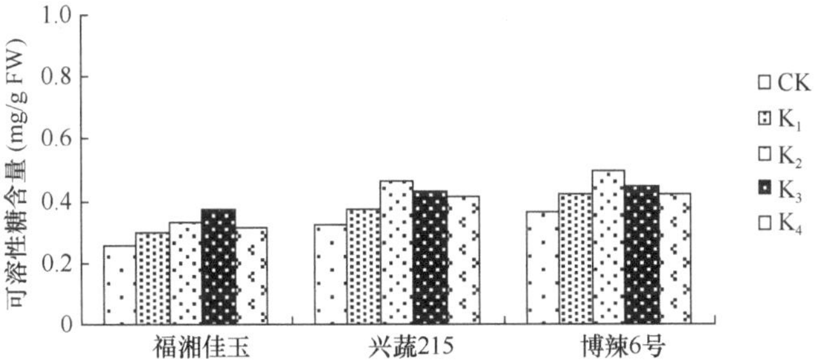

图 2　壳聚糖对辣椒叶片可溶性糖含量的影响

可溶性糖含量均高于对照，且可溶性糖随壳聚糖浓度的增加呈先升高后降低的趋势。喷施壳聚糖的各处理中，福湘佳玉以 K_3（90mg/L）壳聚糖处理的效果明显，与对照相比，可溶性糖含量上升了 42.30%。而兴蔬 215 和博辣 6 号以 K_2（60mg/L）壳聚糖处理的效果明显，与对照相比，可溶性糖含量上升了 43.75%和 38.89%。

2.2.4 壳聚糖对低温胁迫下辣椒幼苗叶片中丙二醛（MDA）含量的变化

由图 3 可知，低温胁迫后，与 CK 相比，喷施壳聚糖后的各品种辣椒叶片中 MDA 含量均低于对照，且 MDA 含量随壳聚糖浓度的增加呈先降低后升高的趋势。3 个品种均以 K_3（90mg/L）处理的效果最为明显，与对照相比，各品种 MDA 含量降幅分别为对照 CK 的 68.96%、64.70%和 57.58%，过高和过低的浓度处理效果均相对减弱。

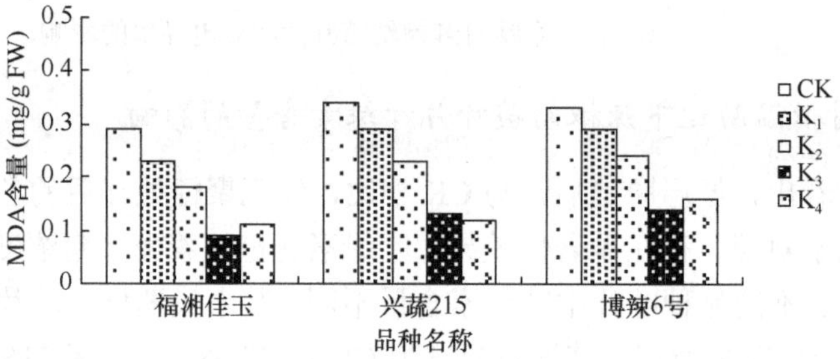

图 3 壳聚糖对低温条件下辣椒幼苗叶片中 MDA 含量的影响

2.2.5 壳聚糖对低温胁迫下辣椒幼苗叶片中脯氨酸含量的变化

由图 4 可以看出，低温胁迫后，与 CK 相比，喷施壳聚糖后的各品种辣椒叶片中脯氨酸含量均高于对照，且脯氨酸含量随着壳聚糖浓度的增加呈先上升后降低的趋势。3 个品种均以 K_3（90mg/L）处理的效果最为明显，与对照相比，各品种脯氨酸含量分别上升了 74.59%、71.61%和 58.57%，过高和过低的浓度处理效果均相对减弱。

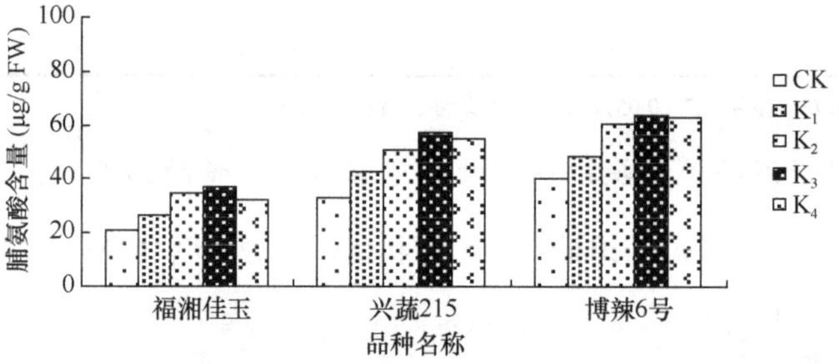

图 4 壳聚糖对低温条件下辣椒幼苗叶片中脯氨酸含量的影响

2.2.6 壳聚糖对低温胁迫下辣椒幼苗叶片中 POD 活性的变化

从表 3 可知，低温胁迫后，与 CK 相比，各品种经壳聚糖处理后叶片中 POD 活性均高于对照。且脯氨酸含量随着壳聚糖浓度的增加呈先上升后降低的趋势。壳聚糖浓度为 90mg/L 时，3 个品种叶片中 POD 活性均达最大值，各品种 POD 含量分别为对照 CK 的 2.16 倍、2.22 倍和 2.31 倍。

表 3 壳聚糖对低温条件下辣椒幼苗 POD 活性的影响［单位：U/（mg·min）］

处理	品种		
	福湘佳玉	兴蔬 215	博辣 6 号
CK	52.29eE	63.16eE	58.31eE
K_1	86.96cC	100.78cC	97.32cC
K_2	92.02bB	117.78bB	115.56bB
K_3	113.26aA	140.49aA	134.79aA
K_4	71.71dD	82.12dD	80.24dD

注：小写字母表示差异显著（$P<0.05$），大写字母表示差异极显著（$P<0.01$）

3 讨　论

3.1　适宜浓度的壳聚糖处理后的幼苗与低温对照相比，幼苗生长势旺，特别是真叶面积显著增加，一方面说明低温在一定程度上限制着辣椒的营养生长，另一方面说明壳聚糖既能够促进幼苗生长，还能明显降低低温对辣椒幼苗的伤害，有效提高植株的抗逆性。

3.2　低温胁迫对植物的伤害源于细胞膜系统，植物细胞膜在低温下由液晶态转变为凝胶态，细胞内含物外渗，细胞质相对电导率增加，因此，Corbineau 等（2002）认为细胞膜透性的升高是低温伤害的一个重要标志。本试验的研究表明，喷施壳聚糖处理的叶片相对电导率明显低于低温 CK。这与李茂富等（2005）、黄丽华等（2005）的研究结果一致。说明壳聚糖能够降低幼苗叶片电导率，使幼苗能适用低温环境。

3.3　植物体内可溶性糖和脯氨酸含量与多数植物抗寒性密切相关（林海馨，1994）。喷施壳聚糖处理明显增加了辣椒叶片中可溶性糖和脯氨酸等与抗寒性有关物质的含量，有利于提高细胞液的浓度，降低冰点，提高了细胞保水力，使细胞膨压维持在正常的范围内，保证了细胞的生理生化过程能正常进行，从而减少低温对细胞的伤害。

3.4　研究发现，喷施壳聚糖处理后，辣椒叶片中 MDA 含量低于对照，叶绿素和 POD 活性高于对照，这与罗兵和孙海燕（2006）的研究结果相一致。可能是因为低温促进活性氧的积累，对植物细胞产生伤害。植物体内活性氧在不断生成的同时被 POD 等保护酶系统清除，在低温胁迫中辣椒叶片保持了较高的 POD 活性，减少了膜脂过氧化产物 MDA 的积累（周碧燕等，1995；梁立峰等，1994）以及自由基对叶绿素的破坏作用，叶绿素含量提高可增强同化物的合成，有助于辣椒幼苗抵抗低温胁迫。

参 考 文 献

黄丽华, 黄晓伟, 麦焕钿. 2005. 水杨酸对玉米抗寒性的影响. 作物杂志, (5): 16-17.
李茂富, 李绍鹏, 赵维峰. 2005. 壳聚糖提高香蕉幼苗抗冷性的效应. 植物生理学通讯, (4): 464-466.
梁立峰, 王泽槐, 周碧燕, 等. 1994. 低温及多效唑对香蕉叶片过氧化物酶及其同工酶的影响. 华南农业大学学报, 15(3): 65-70.
林海馨. 1994. 植物冷害与细胞生理. 厦门: 厦门出版社.
刘士哲. 2001. 现代实用无土栽培技术. 北京: 中国农业出版社.
罗兵, 孙海燕. 2006. 壳聚糖对黄瓜幼苗冷害损伤的缓解效应. 安徽农业科学, 34(26): 4039-4040.

马艳青, 张西露. 2009. 湖南辣椒产业现状及发展思考. 湖南农业科学, (12): 94-97.

孙巧峰, 于贤昌, 高俊杰, 等. 2004. 羧甲基壳聚糖对黄瓜幼苗抗冷性的影响. 中国农业科学, 37(11): 1660-1665.

张志良. 2003. 植物生理学实验指导. 北京: 高等教育出版社.

赵凯, 许鹏举, 谷广烨. 2008. 3, 5-二硝基水杨酸比色法测定还原糖含量的研究. 分析检测, 29(8): 534-536.

赵世杰, 史国安. 董新纯. 2002. 植物生理学实验指导. 北京: 中国农业技术出版社.

周碧燕, 梁立峰, 黄辉白, 等. 1995. 低温和多效唑对香蕉及大蕉超氧化物歧化酶和脱落酸的影响. 园艺学报, 22(4): 331-335.

Bates L S, Waldren R P. 1973. Rapid determination of free proline for water stress studies. Plant Soil, 39: 205-207.

Corbineau F, Gay M C, Vinel D. 2002. Decrease in sunflower seed viability caused by high temperatures as related to energy metabolism, membrane damage and lipid composition. Physiology Plant, 116: 489-496.

辣椒小孢子发育时期与花器形态特征相关性分析*①

杨博智[1,2]，周书栋[1,2]，张祖姣[3]，戴雄泽[1,2]

（[1]湖南省蔬菜研究所，湖南 长沙 410125；[2]湖南省蔬菜工程技术中心，湖南 长沙 410125；[3]湖南科技学院，湖南 永州 425100）

摘要：采用石蜡切片法对4个不同类型辣椒品种小孢子发育时期与花器形态特征进行了相关性分析。结果表明：辣椒小孢子发育共分为四分体时期、小孢子时期和成熟花粉粒3个时期。辣椒小孢子发育时期与花器形态特征密切相关，同一辣椒品种小孢子各发育时期的花蕾和花药大小差异显著，不同辣椒品种小孢子处于同一发育时期的花蕾和花药大小也存在差异，可通过花蕾和花药形态特征来确定小孢子发育时期。

关键词：辣椒；小孢子；发育时期；花器形态

在花药培养诱导单倍体的早期研究中发现，花蕾的发育直接决定了花药中所含小孢子的发育时期，而小孢子发育时期的细小差别对单倍体的诱导将产生很大影响（Willcox et al.，1991）。因此，小孢子最佳发育时期的鉴定是进行花药培养必不可少的步骤之一。而进行细胞学的鉴定时需检查每一个花药，费时费力且在接种过程中易染菌。本试验采用石蜡切片法对辣椒小孢子发育时期及花器形态特征进行了相关性分析，与前人采用临时装片法鉴定小孢子发育时期相比（张菊平等，2007；杨宏光等，2008；李丹等，2008），能更清楚和全面地得出辣椒雄核发育中评定小孢子发育时期的外在衡量指标，以便直接从花器形态来推断其小孢子的发育时期，为辣椒单倍体培养时花药接种时期鉴定提供理论依据。

1 材料与方法

1.1 材料

供试材料为兴蔬301、博辣红艳、福湘1号和福湘早帅，由湖南省蔬菜研究所提供。

1.2 方法

1.2.1 花蕾形态特征观察

上午8：00以前用镊子采摘不同大小的花蕾放入自封袋中，用冰盒带回实验室，游标卡尺测量花蕾纵径、横径、花萼长、花瓣长，并计算瓣萼比，然后用镊子剥去花蕾萼

---

* 基金项目：国家科技支撑项目（2009BAD8B00）。

① 本文原载《湖南农业科学》，2013，（3）：1-3，7。

片、花瓣，取出花药，测量其长度和宽度，并描绘相应的形态特征。每个时期取花蕾 10 个，重复 3 次。

1.2.2 小孢子各发育阶段的细胞学特征观察

将花药放入 FAA 固定液中固定 48h，经乙醇系列脱水、二甲苯透明后石蜡包埋切片，厚度 7μm，铁矾苏木精染色，中性树胶封片（周仪，2000），后用 Nikon 显微镜观察，每组固定 5 个花蕾。

1.3 数据分析

试验数据采用 DPS 数据处理系统进行分析。

2 结果与分析

2.1 辣椒小孢子各发育阶段细胞学特征

通过对辣椒小孢子各发育时期观察，发现小孢子发育是连续性的，1 个花药往往包含着几个发育时期的小孢子，各时期小孢子的比例会随着花蕾的发育相应地发生变化（杨宏光等，2008）。采用小孢子发育时期占总比例最多的时期段作为对应的花药所处发育时期，将其分为四分体时期、小孢子时期（单核早中期、单核靠边期和双核期）和成熟花粉粒 3 个时期。

2.1.1 四分体时期

花粉母细胞在第 1 次减数分裂末期形成双核细胞，无分隔壁，为二分体；在第 2 次减数分裂末期，到达两极后的 4 组染色体解旋后形成 4 个核，随后在 4 个核之间同时进行胞质分裂，分隔成由胼胝质壁包围的 4 个细胞，即四分体（图 1A）。

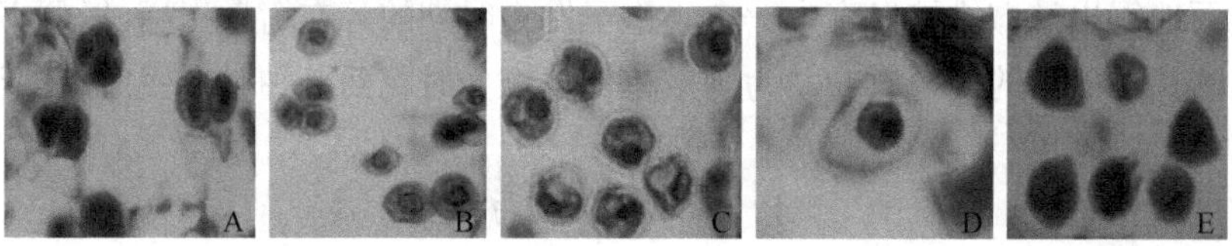

图 1 小孢子各发育时期小孢子的显微观察

A：四面体型四分体；B：单核早中期；C：单核靠边期；D：双核期；E：成熟花粉粒

2.1.2 单核早中期

从四分孢子分开至小孢子第 1 次细胞分裂前，四分体胼胝质壁被胼胝质酶催化水解，四分孢子从胼胝质中分离出来被释放至药室内。刚释放出来的小孢子具有不规则的外形轮廓，但很快变成椭圆形或圆球形，细胞核较大，细胞质无明显液泡，花粉的细胞壁不明显（图 1B）。

2.1.3 单核靠边期

四分体的胼胝质壁已完全溶解，中央大液泡开始形成，将细胞核从中心挤压到靠近细胞壁，细胞的体积迅速增大，细胞质相对不透明，细胞壁裂为 3 段，且具有 3 条明显的沟。细胞核靠边和出现萌发孔是这个时期的主要识别特点（孙晓勇和王志源，1994）（图 1C）。

2.1.4　双核期

单核靠边期的后期进行有丝分裂，分裂成一大一小的 2 个细胞，体积大的、远离细胞壁的为营养细胞；体积小的、靠近细胞壁的为生殖细胞（武阿梅等，2008）。细胞壁的三角形不如单核靠边期明显，壁薄、胞质浓厚、核位于细胞中央。随着小孢子不断长大，细胞中出现液泡，逐渐增大至占据中央位置，使核移向侧壁（图 1D）。

2.1.5　成熟花粉粒

花粉粒进一步膨大，花粉粒体积增大，花粉壁增厚，花粉壁与沟不再明显，而细胞核亦不明显，3 个萌发孔突显，细胞形态不规则，花粉进入成熟期。成熟花粉粒散粉前，生殖细胞大多不再进行有丝分裂，此时的花粉粒不再是一个简单的细胞，而是在大个的营养细胞中又包含一个小型的生殖细胞，称为二胞花粉（图 1E）。

2.2　辣椒小孢子发育时期花药壁的变化

辣椒花蕾具有 5 或 6 枚花药，花药横切面似蝶形，每枚花药有 4 个药室，花药壁由表皮、药室内壁、2~3 层暂时存在的中层和腺质异型绒毡层组成（申家恒和李伟，2007），各层随生殖细胞发育而变化。

2.2.1　四分体时期

随着花药生长，花药壁表皮细胞由扁长形变成狭长形，药室内壁保持原状；中层细胞受到挤压开始解体；绒毡层细胞经历了核分裂可以看到具有双核或多核的细胞，绒毡层呈现退化现象（图 2A）。

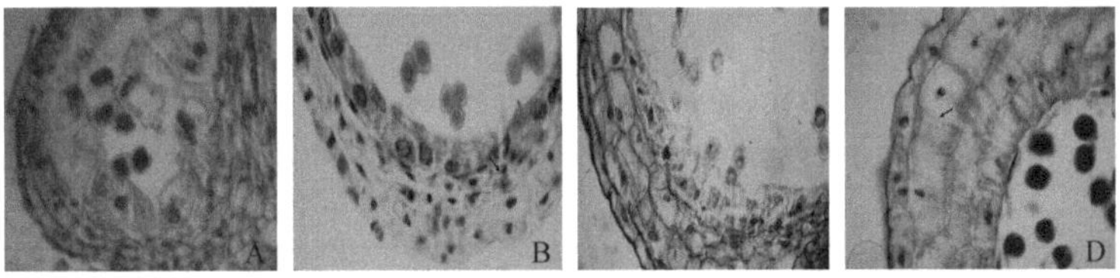

图 2　小孢子各发育时期花药壁的显微观察

A：四分体时期；B：单核早中期；C：单核靠边期；D：成熟花粉时期

2.2.2　单核期

表皮细胞体积不断增大，大部分形状不规则，药室体积扩展，分散着大量单核花粉；表皮层在整个花药发育过程中逐渐角质化加厚；药室内壁随着花药发育体积增大，径向壁、内切向壁加厚；中层细胞少见，到小孢子体有丝分裂时期，中层细胞基本消失；而绒毡层细胞开始退化，细胞壁出现解体现象，体积变小，细胞核染色加深，处于凋亡后期（图 2B，图 2C）。

2.2.3　成熟花粉粒时期

花粉体积增加，药室扩展并大量储存营养物质，表皮细胞大部分形状逐渐变得不规则，呈波浪形排列，角质加厚；中层细胞全部退化或部分退化，仍保留一层或两层扁平细胞；药室内壁纤维化带状加厚更加明显，有利于花药壁破裂与花粉粒散出；药壁绒毡层已完全退化仅留有少量痕迹，此时的药壁已极简化（图 2D）。

2.3　辣椒小孢子发育时期与花器发育指标的关系

由表 1 可见，辣椒小孢子发育时期与花蕾发育指标密切相关，同一辣椒品种小孢子从四分体期向双核期发育时，花蕾各发育指标均呈上升趋势，且存在显著或极显著差异；不同辣椒品种小孢子处于同一发育时期花器各发育指标也存在差异。花药培养时，所接种的花药以小孢子发育处于单核靠边期时为最佳。处于单核靠边期的辣椒花蕾纵径范围为 0.409~0.461 cm，横径范围为 0.304~0.398 cm，花萼长范围为 0.355~0.398 cm，花瓣长范围为 0.369~0.415 cm，瓣萼比范围为 1.025~1.043，其中瓣萼比差异很小；辣椒小孢子发育时期与花药发育指标也密切相关，同一品种辣椒小孢子发育的不同时期花药长度、宽度及长宽比均存在显著或极显著差异，小孢子从四分体时期向双核期发育的过程中，花药的长度、宽度及长宽比呈增长趋势，不同品种辣椒小孢子发育时期花药长度、宽度及长宽比也存在差异，处于单核靠边期的辣椒花药长范围为 0.215~0.227 cm，花药宽范围为 0.103~0.123 cm，花药长宽比范围为 1.829~2.088 cm。处于单核靠边期时的各品种瓣萼比基本相同，约为 1。

表 1　辣椒小孢子各发育时期花蕾及花药的形态特征

品种	小孢子发育阶段	花蕾					花药		
		纵径（cm）	横径（cm）	花萼长（cm）	花瓣长（cm）	瓣萼比	长（cm）	宽（cm）	长宽比
博辣红艳	四分体	0.273 dD	0.213 dD	0.240 dD	0.186 dC	0.775 dC	0.099 dD	0.063 dC	1.572 bB
	单核早中期	0.334 cC	0.246 cC	0.313 cC	0.270 cC	0.863 cC	0.137 cC	0.080 cC	1.713 bB
	单核靠边期	0.409 bB	0.304 bB	0.360 bB	0.369 bB	1.025 bB	0.215 bB	0.103 bB	2.088 aA
	双核期	0.568 aA	0.344 aA	0.386 aA	0.529 aA	1.370 aA	0.284 aA	0.130 aA	2.185 aA
兴蔬301	四分体	0.268 dC	0.220 dD	0.255 dD	0.186 dC	0.729 dC	0.095 dD	0.060 dC	1.583 dC
	单核早中期	0.350 cB	0.263 cC	0.325 cC	0.270 cC	0.831 cC	0.131 cC	0.076 cC	1.724 cB
	单核靠边期	0.425 bB	0.325 bB	0.355 bB	0.369 bB	1.039 bB	0.218 bB	0.107bB	2.038 bA
	双核期	0.568 aA	0.365 aA	0.410 aA	0.529 aA	1.290 aA	0.286 aA	0.132 aA	2.167 aA
福湘1号	四分体	0.235 dD	0.195 dC	0.245 dC	0.200 dC	0.816 dC	0.133 dD	0.088 cC	1.511 dC
	单核早中期	0.355 cC	0.256 cBC	0.378 cB	0.296 cC	0.783 cC	0.173 cC	0.102 cC	1.696 cB
	单核靠边期	0.457 bB	0.315 bB	0.398 bA	0.415 bB	1.043 bB	0.225 bB	0.123.bB	1.829 bB
	双核期	0.565 aA	0.456 aA	0.415 aA	0.565 aA	1.361 aA	0.301 aA	0.144 aA	2.090 aA
福湘早帅	四分体	0.248 dD	0.205 dC	0.255 dD	0.195 dC	0.765 dC	0.136 dD	0.088 cC	1.545 cC
	单核早中期	0.356 cC	0.256 cC	0.356 cC	0.286 cBC	0.803 cC	0.178 cC	0.109 bB	1.633 cC
	单核靠边期	0.461 bB	0.398 bB	0.385 bB	0.395 bB	1.026 bB	0.227 bB	0.120 bB	1.892 bB
	双核期	0.575 aA	0.456 aA	0.400 aA	0.575 aA	1.438 aA	0.309 aA	0.147 aA	2.102 aA

注：不同小写字母表示在 0.05 水平下差异显著，不同大写字母表示在 0.01 水平下差异极显著

2.4　辣椒小孢子发育时期与花器外观形态的关系

辣椒小孢子发育时期与花器外观形态密切相关。四分体时期花蕾小，萼片包被着花冠，花药呈浅黄色，晶莹透明，易剥离；单核早中期时花蕾稍大，萼片尖端稍微张开，

花药仍呈浅黄色；单核靠边期时，花蕾明显变大，萼片张开，花瓣微露出花萼，大部分花药尖端呈浅紫色；双核期时，花蕾继续变大，花瓣长于花萼且花萼不再长大，花药尖端呈紫色；成熟期时，花蕾充分膨大，整个花药都呈紫色。花蕾的外部形态可作为花药培养时田间直接取材的依据，而花药形态特征可作为在接种时进一步确定小孢子发育时期的指标。

3 小　　结

在辣椒花药培养诱导单倍体的过程中，确定小孢子发育时期对于花药培养成功与否起着决定性的作用。采用石蜡切片法对 4 种不同类型辣椒品种小孢子发育时期与花器形态特征进行了相关性分析。结果表明：辣椒小孢子发育共分为四分体时期、小孢子时期和成熟花粉粒三个时期。辣椒小孢子发育时期与花器形态特征密切相关，同一辣椒品种小孢子各发育时期的花蕾和花药大小差异显著，不同辣椒品种小孢子处于同一发育时期的花蕾和花药大小也存在差异；可通过花蕾和花药形态特征来确定小孢子发育时期，花蕾纵径和横径的大小、花瓣颜色及花瓣开裂与否可作为田间直接取材的依据，而瓣萼比和花药颜色可作为在接种时进一步确定小孢子发育时期的指标；辣椒小孢子处于单核靠边期时的花蕾纵径、横径、花萼长、花瓣长及花药的长度、宽度数值与 Mityko 和 Fari（1997）、Ramon 等（1997）和张菊平等（2007）的结论有所不同，这可能与试验材料的基因型及试验误差等有关。

参 考 文 献

李丹, 李锡香, 沈镝. 2008. 萝卜小孢子不同发育时期的细胞学和花器官形态特征观察. 中国蔬菜, (10): 11-15.

申家恒, 李伟. 2007. 辣椒大、小孢子发生与雌、雄配子体发育的研究. 园艺学报, 34(6): 1443-1452.

孙晓勇, 王志源. 1994. 辣椒核型雄性不育系小孢子发生的细胞形态学研究. 中国农业大学学报, 4(增刊): 26-29.

武阿梅, 罗晓莉, 张林静, 等. 2008. 虎榛子小孢子发育与雄配子体形成研究. 西北植物学报, 28(6): 1122-1127.

杨宏光, 孙小梅, 王孝鹏, 等. 2008. 三色堇小孢子发育时期与花器形态相关性分析. 沈阳农业大学学报, 39(5): 621-624.

张菊平, 巩振辉, 刘珂珂, 等. 2007. 辣椒小孢子发育时期与花器形态的相关性. 西北农林科技大学学报(自然科学版), 35(3): 163-158.

周仪. 2000. 植物形态解剖实验. 北京: 北京师范大学出版社.

Mityko J, Fari M. 1997. Problems and results of doubled haploid plant production in pepper (*Capsicum annuum* L.) via anther and microspore culture. Acta. Hort. (ISHS), (447): 281-288.

Ramon D S, Elisabet C, Agustin H. 1997. Androgenesis in *Capsicum annumm* L. effect of carbohydrate and carbon dioxide enrichment. J Amer Soc Hort Sic, 122(4): 468-475.

Willcox M C, Reed S M, Burns J A, et al. 1991. Effect of microspore stage and media on anther culture of peanut(*Arachis hypogaea* L.). Plant Cell Tissue Organ Culture, 24: 25-28.

Analysis of Correlation between Developmental Stage of Microspore and Morphological Characters of Floral Organs of hot pepper

YANG Bo-zhi[1, 2], ZHOU Shu-dong[1, 2], ZHANG Zu-jiao[3], Dai Xiong-ze[1, 2]

([1] Hunan Vegetables Research Institute, Changsha 410125; [2] Institute of Vegetables of Hunan Academy of Agricultural Sciences, Changsha 410125; [3] Hunan University of science and engineering, Yongzhou 425100)

Abstract: The correlation analysis between developmental stage of microspore and morphological characteristics of floral organs was analyzed by paraffin section method for four different genotypes of hot pepper. The results showed that microspore of hot pepper developed at three stages: tetrad, microspore and mature pollen gain. The development stages of microspore was bound up with morphological characters of flower buds. There were significant differences in sizes of flower bud and anther between each developmental stage of the same genotype of hot pepper. Moreover, there were differences in sizes of flower bud and anther at the same developmental stage between different genotypes of hot pepper. Therefore, the developmental stage of microspore can be determined by morphological characters of flower bud and anther.

Key words: *Capsium annuam* L.; microspore; developmental stage; morphologyof floral organs

辣椒素类物质研究进展*①

戴雄泽[1,2]，刘志敏[1]

（[1]湖南农业大学，湖南 长沙 410128；
[2]湖南省蔬菜研究所，湖南 长沙 410125）

摘要：本文介绍了辣椒素类物质的种类及其特性，并就国内外在辣椒素类物质方面的研究进展，如辣椒素类物质的代谢，不同辣椒品种和不同生长期间辣椒素物质含量的变化等进行了综述。亦简述了辣椒素类产品今后的发展方向。

关键词：辣椒；辣椒素；辣度

辣椒（*Capsicum annum* L.）是茄科辣椒属的多年生或一年生作物，2*n*=24。原产中南美洲、墨西哥、秘鲁等地，1492 年哥伦布发现新大陆后传入欧洲。19 世纪，辣椒传入东南亚各国，明朝末年引入中国。辣椒富含维生素 C、维生素 A、胡萝卜素等多种营养物质，并有芬芳的辛辣味，是一种重要的世界性蔬菜，世界上有近 3/4 的人口经常食用辣椒和辣椒制品。辣椒独有的辛辣成分——辣椒素及同系物（Hoffman，1983），以其独特的理化性质，以及具有的绿色环保、低残留或无残留、低毒或无毒的特性，广泛应用在加工、食品餐饮、医药工业、饲料工业等领域（郑新荣等，1991；任召言等，2002；唐胜球等，2003）。目前对辣椒素类物质的研究较多（魏永铎等，1999；李家慎等，1989；欧阳华学，1998；刘金兵等，2000），本文综述辣椒素类物质近期研究进展。

1 国内外研究现状

1.1 辣椒素及同系物

Bucholtz 1816 年首先发现辣椒中辛辣味能够用有机溶剂浸染分离，1846 年 Thresh 报道分离出辣椒素晶体，并命名为辣椒素，1878 年匈牙利医学家 Endre Hogyes 也分离出辣椒素。1930 年 Spath 和 Darling 首次合成了最辣的混合物。Kosuge 和 Inagaki、Bennet 等利用色谱、核磁共振等手段详细分析了辣椒辛辣物质的化学组成后发现：天然辛辣物质是由一系列同类物组成，它们的结构和性质与辣椒素非常相似，称为辣椒素类物质（capsaicinoids）。现已发现有 14 种类似物，已定性和分离出了 6 种不同的辣椒同系物成分和一种用于标定辣椒素含量合成物。辣椒素分子式为 $C_{18}H_{27}NO_3$，化学结构式为 H_3CO（HO）-C_6H_3-CH_2-NH-CO-（CH_2）$_4$CH=CHCH（CH_3）$_2$ 属酰胺类化合物。辣椒素同系物

---

* 基金项目：国家农业产业技术体系建设专项（CARS-25-A-8）。

① 本文原载《辣椒杂志》，2005，（4）：13-16。

结构类似辣椒素，化学结构通式为 H_3CO（HO）-C_6H_3-CH_2-NH-CO-R，同系物间 R 基不同（狄云等，1999；孙进平等，2002）。

辣椒素类物质主要由 69%辣椒素（capsaicin）、22%二氢辣椒素（dihydrocapsaicin）和 7%降二氢辣椒素（nordihydrocapsaicin）、1%高二氢辣椒素（homodihydrocapsaicin）、1%高辣素（homocapsaicin）。Georgia 大学研究员 Anna Krajewska 和 John Powers 用品尝的办法，比较最辣的合成辣椒素类物质 VNA 和四种自然辣椒素类物质后认为：降二氢辣椒素低度辣味，其次是高二氢辣椒素，最辣的辣椒素类物质为辣椒素和二氢辣椒素。我国学者郭建明等（1998）认为辣椒素辣味最强（75%），与二氢辣椒素共占辣椒所含辣味物质的 90%以上，其余同系物仅占少量，按其成分含量高低依次是降二氢辣椒素（NDC）、高二氢辣椒素（HDC）和高辣椒素（HC）。最近，在甜椒果实中发现两种无辣味的类辣椒素物质辣椒素酯（Capsiate）和二氢辣椒素酯（Dihydrocapsiate）。

辣椒素纯品呈单斜长方形片状无色结晶，熔点 65℃，沸点 210~220℃，易溶于乙醇、乙醚、苯及氯仿，微溶于二硫化碳。

1.2 辣椒素类物质的代谢

辣椒素是由香草基胺和 C_9~C_{11} 支链脂肪酸两部分组成。香草基胺部分是由芳香族氨基酸苯丙氨酸衍生而来，支链脂肪酸部分则是由缬氨酸衍生而来。参与辣椒素合成途径中目前已知的酶有：苯丙氨酸裂解酶、肉桂酸水解酶、对香豆酸水解酶、咖啡酸转甲氧基酶和辣椒素合成酶，其中辣椒素合成酶是辣椒素合成中的关键酶，位于果实胎座表皮细胞的液泡膜上，反应的最适 pH 约为 9.0。辣椒素合成的酚类前体物有：对香豆酸、苯丙氨酸、咖啡酸、3-甲氧基-4-羟基肉桂酸、香草醛等。

辣椒素的降解主要是通过辣椒果实中过氧化酶氧化而完成的。Bernal 等（1993）研究发现，辣椒素在过氧化酶的作用下，转化为其他次生物质，降低辣椒果实中辣椒素的含量。他进一步研究发现过氧化酶特别是碱性过氧化酶同工酶 B_6 与辣椒素共存于胎座表皮细胞的液泡中，它能强烈氧化辣椒素及其酚类前体物。Bernal 等（1995）用凝胶渗透层析柱分析了过氧化物酶氧化辣椒素的产物特性。结果表明：辣椒素的氧化产物主要有 5′，5-二辣椒素聚合体、4′-O-5 二辣椒素酯以及一些高度聚合的脱氢产物。这些氧化产物都具有类木质素特性，说明在辣椒素的降解代谢中存在着氧化竞争库，辣椒素合成的酚类前体物在辣椒素竞争氧化中产生了类木质素物质，用于细胞壁的构成。

1.3 品种间辣椒素类物质含量的变化

Govindarajan 1985 年利用薄层层析法研究了不同来源 14 个辣椒品种的辣椒素类物质的含量，*C. annuum* L. 种中变化范围为 0.05%~0.33%，*C. frutescens* 种中变化范围在 0.35%~0.85%。该作者同时认为，*C. annuum L.* var. *annuum* 中品种辣椒素类物质含量变化范围较广，在 0.07%~0.63%，有的变化范围甚至在 0.6%~1.5%，几乎包括 *C. frutescens* 小果型品种的变化范围。Govindarajan（1986a）年研究表明，不同变种辣椒素类物质中各种辣椒素同系物所占比例不同。*C. annuum* var. *annuum* 果实中，辣椒素含量为 33%~59%，二氢辣椒素为 30%~51%，降二氢辣椒素为 7%~15%，其他分别为 0~5%。*C. frutescens* 果实有较高的辣椒素含量（63%~77%），和二氢辣椒素含量（20%~32%），其他约为 10%。

尽管品种间和品种内辣椒素类物质含量变化较大，但主要成分的比例辣椒素/二氢辣椒素基本相同，*C. annuum* L.种为 1∶1，*C. frutescens* 种为 2∶1。研究认为，辣椒素在果实中的含量极不均匀，胎座中含量最高，果肉次之，种子中含量最低。而且不同辣椒品种的总辣椒素含量变化非常大，大多数品种的辣椒素含量在 0.2%~1.0%（Confrerass-Padilla 等，1998；狄云等，2000）。

2000 年 12 月，印度科学家称在 Assam 东北的山上发现了世界上最辣的辣椒品种 Naga Jolokia（*Capsicum frutescens*），辣度为 855 000 Scoville Heat Units（SHU），超过世界纪录最辣品种 Red Savina，其辣度为 577 000 SHU，另一个最辣品种竞争者是法国的 Habanero。

1.4 辣椒果实不同成熟期辣椒素类物质含量变化

关于在果实成熟过程中辣椒素含量的变化方面的研究，国内外都曾有过报道，但研究结论不一致。Govindarajan（1986）研究了两种含高辣椒素类物质的小辣椒，发现在坐果后 21 天才检测到这些成分。辣椒素类物质至 49 天迅速增加，50~70 天时变缓。Govindarajan（1986）另外一些研究报道，高辛辣味辣椒的辣椒素类物质在开花后 20 天就能检测到，至 40 天迅速增长，但在 40~50 天，辣椒素类物质总量将减少到 60%。我国学者（狄云等，2000）研究表明，随着辣椒果实成熟，辣椒果肉及胎座中辣椒素含量的变化均是先升达到一定高峰后又略有下降。

一些研究表明（Margarita et al，1978），随着辣椒果实成熟，辣椒素含量逐渐增加，红熟果的辣椒素含量最高；但也有些研究者（狄云等，2000）认为，辣椒素含量先是缓慢增加，至转色期达到高峰后又略有下降，一般红熟果的辣椒索含量不及转色期高。对于这种变化趋势的解释亦有分歧，一种认为是由于辣椒果实本身干物质含量后期急剧增加而造成辣椒素含量的相对降低；另一种认为是由于辣椒素被酶降解或光氧化分解所致。辣椒素在果实中的积累受到合成与降解两方面的共同调节。随着果实成熟，辣椒素合成酶的活性逐渐增加，达到高峰后有所下降，与辣椒素的积累趋势相似（Ochoa-Alejo et al.，1993）。最近研究发现，在果实中辣椒素含量下降的同时过氧化物酶活性升高，两者之间似乎呈现一种负相关。由于过氧化物酶广泛存在于辣椒果实各个部位，影响因素很多，关于这方面还需更深入细致的研究。

1.5 环境条件对果实中辣椒素类物质积累的影响

辣椒素积累与栽培环境的光、温、水、气、肥等因素有密切关系（邹学校等，1992）。降低光照强度，进行遮阴栽培辣椒果实中的辣椒素含量下降。将辣椒果实置于光下，可诱导采后成熟果中辣椒素类物质的生成，由此可见光对于辣椒素的合成是必不可少的（曾长立等，2003）。高温有利于辣椒素的积累，Cheon Soon Jeong（1995）研究发现夜温 25℃时辣椒素迅速增多，夜温 15℃以下时辣椒素含量最低。栽培环境中 CO_2 的浓度也影响辣椒素的积累，高浓度处理后果实中的辣椒素含量最高。黄科等 2002 年研究认为，氮肥施用量与辣椒素含量呈明显的直线相关，且直线斜率较大，说明氮肥施用越多辣椒素含量越高；磷肥水平与辣椒素含量呈较小的曲线相关，增施磷肥，辣椒素含量有微小的上升趋势；钾肥与辣椒素含量呈近乎水平的直线关系，说明钾与辣椒素含量关系不大。刘金兵等 2000 年报道，无论是大棚栽培或露地栽培，供试的 4 个辣椒品种从青熟果到紫熟果直到红熟果，果实中的 VC、辣椒素及干物质含量均呈增长趋势，对同一品种而言，露地条件下果实中辣椒素及干物质含量略高于大棚。

1.6 遗传特性

辣椒的遗传特性受起源地生态环境的制约，由于不同纬度、海拔地区的气候条件不同，造成了不同起源地辣椒果实的辣椒素含量差异。果实性状与辣椒素含量的相关性：辣椒果大辣味弱，果小则辣味强。多数研究表明（肖深根等，2001）辣椒素含量与果实鲜样质量呈极显著负相关，与干物质含量呈显著正相关。因此，大果型辣味强和小果型辣味弱的辣椒品种较难育成。蒋健箴等（1987）对辣椒素含量的配合力和遗传力进行研究表明：辣椒素含量性状的遗传力较高，基因加性效应占主导地位。

辣椒素类物质的含量受辣椒基因、气候条件、栽培条件和果龄的影响，环境胁迫对辣椒素的形成起重要作用，育种者能选育不同辣椒素含量的品种。Bosland 1994 年认为，辣椒在胁迫条件下和不适气候条件下生长比较辣。一些作者认为，选育加工辣椒品种，辣椒素含量变化大非常重要。Bajaij（1980）研究认为，在相同的植物中能找到很高含量的品种。

1.7 辣椒素类物质的测定方法

1.7.1 辣椒素类物质的感觉测定

Wilbur L. Scoville 1912 年首次报道用感觉方法科学地测定辣椒素，并称为 Scoville Heat Test。该方法基本检测程序：检测样品在乙醇中溶解，过夜（或 16 小时）后，用 5%的糖溶液稀释，由五个专业人员品尝，确定最低的溶液浓度。每人咽下 5mL 稀释溶液，五人中有三人能感觉到辛辣味，此时溶液浓度的倒数就是该样品的 Scoville Heat Value 或 Scoville Heat Unit（SHU）。Scoville Heat Test 简单且直接，但存在一些问题：提取时间长、较主观、重复性差、敏感度变化大、香味对辣味有影响、心理上的预料和没有标准。

Gillette 等，1984 年报道了一个取代 Scoville Heat Test 的方法。辣椒粉放入 90℃的聚山梨醇酯水溶液中 20min，过滤，滤液在 20℃水中稀释。专业品尝人员通过与合成辣椒素的标准浓度比较，确定辣椒提取物辛辣味的浓度。感觉估计与分析方法（HPLC）之间有较高的相关性。这种方法避免了 Scoville Test 固有的一些问题，在食品检测中应用较多。

1.7.2 仪器分析

目前有很多利用仪器测定辣椒中辣椒素类物质含量报道，如定氮测定法（郑新荣等，1991）、比色法（杨玉珍等，1998）（colorimetric methods）、分光光度法、光谱测定法（spectrometry）、薄层层析法（胥仕靡等，1993；李浩明等，2001）（thin-layer）、纸色谱法（paper chromatography）、气相色谱和高效液相色谱法（gas chromatography and high-performance liquid chromatography，HPLC）（Collins et al.，1995）等。目前高效液相色谱法是美国香料贸易协会的官方分析的常用方法（ASTA，1985）。随着 HPLC 的发展，仪器分析辣椒素方法得到进一步的改进和简化，如带有电子捕获探测的气相色谱法、反相低压色谱法、高效液相色谱—氮探测器等。

1.7.3 仪器分析和感觉分析的相关性

Todd 等 1977 年做了这方面的研究，利用气相-液相色谱仪有效地分离和测定辣椒中不同的辣椒素类物质，同时由专业人员对这些辣椒素类物质进行感觉检测，其结果是：$SHU \times 10^6$ 相当于辣椒素的 16.1；二氢辣椒素的 16.1；降二氢辣椒素的 9.3；高辣素的 6.9；高二氢辣椒素的 8.1。这些结果表明，利用这些信息能估计总辣味和每种成分的浓度，采用气相色谱与感观测定具有很高的相关性（＞0.95）。Krajewska and Powers 采用美国材料检测协会（ASTM）的方法，检测天然辣椒素类物质，发现辣味与浓度有相当明显的线性相关，其结果与 Todd 相同。

2 发展趋势

2.1 生产高质量的辣椒产品

近年来由于饮食习惯的改变，导致辣椒产品消费量迅速增长。辣椒是世界上最普及的消费香料，广泛应用于世界各地的流行食品中，目前世界上有近 3/4 的人经常食用辣椒或辣椒制品。由此可见，选育不同辣椒素含量的品种、合理利用气候资源生产不同含量的辣椒产品等将是辣椒产业发展的需要。

2.2 辣椒产业的研究重点

国内外许多科研工作者对辣椒素的研究主要集中在辣椒素的提取和测定方法，辣椒素药理、代谢途径以及辣椒素的应用等方面，对主要辣椒资源的辣椒素分布状况、果实发育过程辣椒素含量变化、辣椒素在果实内的分布、气候条件对辣椒素合成的影响、辣椒素与其他生理指标之间的相关性以及辣椒素的遗传规律等进行了零散的、不统一的研究，如狄云等研究了辣椒果实成熟过程中辣椒素的降解、邹学校等研究过不同生态环境对辣椒品种辣椒素含量差异的影响等。今后的辣椒产业的研究热点主要集中在以下几个方面：选育不同含量的辣椒新品种、研究适宜积累辣椒素的栽培条件和辣椒素的代谢机制与调节、利用基因工程等生物技术提高辣椒素在细胞培养或果实中的含量等，为各行业提供更广更高价值的辣椒素来源。

2.3 快速检测产品中辣椒素类物质含量

食品生产商利用辣椒素生产不同的制品，为了明确标出产品中辣椒素含量，应有一个准确、可操作辣味检测方法。由于消费者对辣椒制品需求量增加，准确地测定制品中辣味变得越来越重要。由于在医药品中的应用增加，不同辣椒素类物质含量的准确测定也成为必然。食品研究者也需要可靠的、安全的和标准的分析程序，来比较不同样品中辣味水平。因此，辣椒素的检测将朝简单、快速、实用方向发展。

参考文献

狄云，蒋健箴，石正强，等. 2000. 辣椒果实成熟过程中辣椒素的降减. 食品科学, 21(6): 19-22.
狄云，蒋健箴，石正强. 1999. 辣椒果实中的辣椒素类物质研究进展. 食品科学, (6): 30-32.
高蓝，李浩明，王亦军，等. 1996. 羊角椒辣味物质成分分析. 天然产物研究与开发, 8(4): 100-104.
高蓝，李浩明，赵爱云，等. 1997. 从辣椒精中分离辣味物质方法的研究. 西北植物学报, 17(3): 387-391.
郭建明，郭杞远. 1998. 辣椒的风味化学及其在调味品中的应用. 中国调味品, (7): 2-5.
黄科，刘明月，吴秋云，等。2002. 氮磷钾施用量与辣椒产量的相关性研究. 西南农业大学学报,24(6): 772-776.
蒋健箴，王志源，王德恒，等. 1987. 辣椒果实中辣椒素含量的研究. 蔬菜, (4): 4-6 .
李浩明，高蓝. 2001. 辣椒素的提取与纯化. 广西植物, 21(3): 284-286.
李家慎，赖日安，林义章. 1989. 福建小米椒的辣椒素含量. 福建农学院学报, 18(1): 67-70.
刘金兵，赵华仑，孙洁波，等. 2000. 辣椒果实成熟过程中维生素 C、辣椒素及干物质含量的变化. 江苏农业学报, 16(1): 61-62.
刘敬兰，陈连文. 1995. 减压柱层折-分光光度法分离和测定辣椒色素中的辣椒素. 化学研究与应用, 7(3): 318-320.
欧阳华学，胡谟彪，王凌志，等. 1998. 反相高效液相色谱法测定辣椒果实中辣椒素含量. 分析化学, 26. (12): 1529.
任召言，张慧、刘玉申. 2002. 辣椒精的精制及辣椒素的 HPLC 测定. 中国食品添加剂, (1): 75-77.
孙进平，杨更亮，陈义，等. 2002. 辣椒碱主要组分的 RP-HPLC 法测定. 河北大学学报, 22 (2): 145-147.
唐胜球，董小英，邹晓庭. 2003. 辣椒素研究及其应用. 江西饲料, 1: 13-16.
魏永锋，阎宏涛. 1999. 反相高效液相色谱法测定卡斯舒中桂皮酸及辣椒索含量. 时珍国医国药, 19(6): 413-414.
肖深根，阳文龙，王日勇，等. 2001. 干辣椒品种果实品质的灰色关联评估及相关分析. 湖南农业大学学报(自然科学版), 27(4): 283- 285.
杨玉珍，濮冶民，巩振辉. 1990. 辣椒果实中辣椒素的测定-亚硝酸钠比色法. 中国蔬菜, (6): 44- 46.
曾长立，刘延湘，郭忠本. 2003. 化学调控综合栽培措施对辣椒早期产量及品质影响. 湖北农业科学, (5): 64-67.
曾仕廉，赵家俊，崇梅. 1993. 辣椒碱(素)、辣椒色素的分离纯化及性质研究. 中国生化药物杂志, 3564(15): 51-53.
郑新荣，袁西恩，胡宜亮，等. 1991. 辣椒及其制品中辣味素含量测定法. 河南科学, 9(1): 63-66.
邹学校，张继仁，周群初. 1992. 不同生态环境辣椒品种辣椒素、维生素 C 和干物质含量差异研究. 种子,(6): 4-8.
Bajaj, K.L. 1980. Colorimetric determination of capsaicin in capsicum fruits. J. Assoc. Off. Anal.Chem, (63): 1314-1316.
Chen Soon Jeong. 1995. Effect of light intensitises, night temperatures and CO_2 treatments on production of the mature-green peppers. Jounal of the Korean Society for Hort. Sci, 36(2): 211-217.
Collins, M.D. 1995. Improved method for quantifying capsaicinoids in capsicum using HPLC. Hort. Science, 30(1): 137-139.
Contrerass-Padilla M, Yahia E M. 1998. Changes in capsaicinoids during development , maturation, and senescence of chili pepper and relation with peroxides activity. J. Agric. Food Chem, (46): 2075- 2079.
Gillette MH, Appel CE, Lego M.C. 1984. A New Method for Sensory Evaluation of Red Pepper Heat. J.of Food Science, 49(4): 1028 -1033.
Govindarajan VS, Rajalakshmi D., Chand N. 1987. Capsicum production, technology, chemistry, and quality. CRC Crit.Rev.Food Sci.Nutr, 25(3): 185 -283.
Govindarajan VS. 1986a. Capsicum production, technology, chemistry, and quality. Processed products,

standards, world production and trade.CRC Crit.Rev.Food Sci.Nutr, (24): 207-288.
Govindarajan VS. 1986b. Chemistry of the color, aroma and pungency stimuli.. CRC Crit Rev Food Sci Nutr, (24): 245-255.
Govindarajan VS, Rajalakshmi D, Chand N. 1985. Capsicum production, technology, chemistry, and quality. Crit.Rev.Food.Sci.Nutr, 22(2): 109-176.
Govindarajan VS, Sathyanarayana M.N. 1991. Capsicum production, technology, chemistry, and quality, impacton physiology, pharmacology, nutrition, and metabolism: structure, pungency, pain, and desensitization sequences. CRC Crit.Rev.Food Sci.Nutr., (29): 435-473.
Hoffman PG. 1983. Separation and quantization of red pepper major heat principles by reverse-phase high pressure liquid chromatography. J. Agric. Food Chem, (31): 1326-1330.
Iwai, Karao, Tetauya Suzuki, Hideahi Fujikane, et al. 1979. Formation and accumulation of enzymes involved in capsaicin biosynthesis in callus tissue and fruits of chili pepper. Agric Biol Chean, (43): 2493-2498.
Margarita Contreras-Padilla., Elhadi M. Yahia. 1998. Changes in Capsaicinoids during Development, Maturation, and Senescence of Chile Peppers and Relation with Peroxidase Activity. J.Agric.Food Chem, (46): 2075-2079.
Ochoa-Alejo N, Gomez-Peralta J E. 1993. Activity of enzyme involved in capsaicin biosynthesis in callus tissue and fruits of chill pepper (*Capsicum annum* L.). J Plant Phyaiol, (141): 147-152.

Recent Advances in Capsaicin0ids Research

Dai Xiongze[1, 2]; Liu Zhimin[1]

([1] Hunan Agricultural University Changsha 410128;
[2] Hunan Vegetable Research Institute Changsha 410125)

Abstract: Constituents and characters of the capsaicinoids are introduced in the paper. Recent advances in the matter's research such as its metabolism, content change among diferent *Capsicum* (pepper) varieties or during the pepper's diferent growth stages are reviewed. And its product development in future is also prospected.
Key words: *Capsicum* (chili, hot, pepper); capsaicin; Scovtille heat unit(SHU)

植物抗涝性研究进展*①

刘周斌[1]，周宇健[2]，杨博智[3]，欧立军[3]，邹学校[1,3*]

（[1]中南大学研究生院隆平分院，湖南 长沙 410125；[2]怀化学院生命科学系，湖南 怀化 418008；[3]湖南省蔬菜研究所，湖南 长沙 410125）

摘要：水涝灾害是植物生长面临的重要非生物胁迫之一。本文概述了水涝胁迫下植物形态、结构和生理生化等方面的变化及其适应性机理，总结了抗涝性鉴定指标及外源物质在植物抗涝性上的应用，并对植物抗涝性的进一步研究进行了展望。

关键词：植物；水涝胁迫；抗涝性鉴定；外源物质

充足的水分是植物良好生长的必需条件，它能参与植物体内一切代谢过程和植株的形态构成，但过多的水分反而会影响植物体内的水分平衡，矿质营养的吸收，以及根和叶组织中氮和碳水化合物的新陈代谢，进而影响植物的生长、产量和品质，甚至导致植物死亡。水涝是植物尤其是农作物的主要非生物胁迫之一，会危害农作物生长，造成农作物减产甚至绝收，对农业生产生活造成重大影响。植物的涝害是指生长作物的土壤水分超过正常田间持水量，即土壤中的气相被液相取代，导致植物组织和大气之间的气体交换减少，对作物造成一定程度的损害的现象（王宝山，2010）。近年来，由于自然资源的不合理利用，气候条件不断恶化，环境问题日益严重，导致全球极端气候频发，洪涝灾害现象明显增多。我国是一个洪涝灾害频发的国家，尤其以长江中下游平原和黄淮平原最为严重，占全国总受灾面积的 3/4 以上（时明芝和周保松，2006）。2012 年洪涝灾害统计情况表明，全国农作物受灾 11 218khm^2，成灾 5871khm^2，绝收 1384hm^2，粮食因灾减产 2405 万 t（闫淑春，2013）。因此，深入了解植物抗涝性，对植物的抗涝性进行研究，揭示其适应机理，筛选耐涝能力较强的植物品种是缓解这一问题的重要途径之一，可为农业可持续健康发展提供理论基础。

1　水涝胁迫对植物的影响

1.1　对植物形态的影响

1.1.1　对根系的影响

分布在地下部分的根系，是植物长期适应陆地生活而逐渐进化形成的器官。通过根系，能够吸收土壤中的水分、无机盐和矿质元素等物质，为植物的生长提供适宜的物质。

---

* 基金项目：国家现代农业产业技术体系专项（CARS-25-A-8）。

① 本文原载《湖北农业科学》，2015，54（18）：4385-4389。

同时，根系是遭受水涝胁迫的直接器官。短期水涝胁迫会诱导植物根系变粗变壮（赵伟等，2009），而长时间的水涝胁迫，则会出现主根长变短、侧根变稀疏、根尖变褐、根系活力降低等现象，严重时甚至会因为沤根而导致萎蔫、死苗（王芳，2007）。这是因为水涝胁迫促使土壤层根系氧气减少，形成根系厌氧环境造成根系生长受抑，有毒物质积累。邓祥宜等（2009）研究表明，水涝处理前期抑制了小麦幼苗次生根的产生，而后期促进次生根的产生。李林等（2008）对 8 个不同品种花生水涝处理 10 天后发现，7 个品种的根尖颜色明显变黑。

1.1.2 对叶的影响

地上部分叶片进行的光合作用是植物获取能量的重要途径。植物在水涝胁迫下，新叶的形成受到抑制，老叶脱落速度加快，植株总叶面积减少（Tang and Kozlowski，1982）；同时，气孔导度下降，气体流通受阻，蒸腾作用减弱，相对含水量降低，叶片出现不同程度萎蔫。此外，植物叶绿素合成相关酶活性降低，合成能力减弱，叶绿素含量随之减少（利荣千和王建波，2002），花色苷含量上升（马焕普等，2006）。叶片发红发黄，颜色暗淡，光合速率减弱，影响植株正常生长。廖文燕和高捍东（2011）指出，水涝胁迫下金钱松幼苗叶片叶绿素总含量随胁迫时间的延长而降低。辛俊亮等（2012）发现，随着淹水时间的延长，铺地木蓝叶片由绿逐渐变红，最后变黄、脱落。可见，水涝胁迫能够通过对植物叶片内含物的影响而导致外观形态的明显变化。

1.2 对植物生理生化的影响

研究表明，涝渍对植物的伤害主要来源于水涝胁迫诱发的 CO_2 过多、缺氧和有毒物质积累等次生灾害。缺氧环境使植物的有氧呼吸受到抑制，促使植物通过无氧呼吸作用满足正常的能量需求，同时产生并堆积大量未经彻底氧化的代谢产物，导致代谢紊乱，生长异常。

1.2.1 对植物物质代谢的影响

O_2 作为线粒体电子传递的末端电子受体，缺氧会导致线粒体 ATP 合成及 NADH 的氧化受阻（Pradet and Bomsel，1978）。一旦线粒体呼吸被抑制，受涝的植物细胞快速耗尽可以利用的 ATP。水涝胁迫下，植物根系的氧气供应受阻，植物只能进行无氧呼吸作用，但无氧呼吸过程中糖酵解的终产物丙酮酸不能进一步氧化分解产生能量，而是在无氧条件下转化为乳酸和乙醇，无法通过三羧酸循环（TCA）进一步转化为植物所需能量，有机物质耗损大，能量生成少，供求平衡被破坏。需要不断供应葡萄糖和 NAD^+，ATP 和支持 ATP 合成的蔗糖、葡萄糖以满足基本能量需求，否则能源物质的缺乏会引起细胞伤害和死亡（Jackson and Ricard，2003）。赵伟等（2009）的研究表明，花生在水涝处理后，通过提高体内乙醇脱氢酶（ADH）活性，满足短期内能量的供应。汪贵斌等（2010）发现，一年生落羽杉、美国山核桃和乌桕实生苗在淹水和渍水条件下，乙醇脱氢酶（ADH）和乳酸脱氢酶（LDH）活性升高，其中落羽杉 ADH 和 LDH 活性随水涝时间延长而逐渐上升，而美国山核桃和乌桕则先上升后下降，但最终活性均高于对照。暗示植物可能通过增强乙醇发酵等无氧呼吸途径获取能量。

1.2.2 对植物渗透调节物质的影响

植物体内渗透调节物质包括脯氨酸、可溶性糖、淀粉及游离氨基酸等。水涝胁迫会引起植物体内渗透平衡受到破坏，细胞质膜透性增加，渗透压升高，植物为抵抗这种逆境细胞内会产生脯氨酸等渗透调节物质维持正常的细胞膨压。王萍等（2008）对 8 个牡丹品种水涝 12d 处理后，发现可溶性糖含量平均增加了 39.88%，脯氨酸含量增高的平均值为 1910.04%。王艳等（2011）的研究表明，水涝胁迫下，牡丹叶片中脯氨酸的含量总体呈上升的趋势，并随土壤含水量的增加而增加。连洪燕（2012）研究发现，三种石楠属植物幼苗脯氨酸含量在水涝胁迫下呈现先升高后下降的趋势，且全涝处理高于半涝处理高于对照。郑佳秋等（2012）研究表明，水涝胁迫下辣椒可溶性糖、可溶性蛋白呈先升后降的趋势，在芝麻（孟凡庭等，2007）和樱桃李（Pistelli et al.，2012）上也得到了类似的结果。

1.2.3 对植物保护酶系统的影响

植物体内存在一套维持着植物体内活性氧（ROS）产生与清除的动态平衡状态的保护酶系统。当逆境胁迫打破这种动态平衡状态后，植物体内出现代谢紊乱及电子渗漏，ROS 的产生加剧，导致 O_2^-、OH^-、H_2O_2 等活性氧的积累，从而破坏膜的选择透性并由此引发和加剧膜脂过氧化作用，导致植物细胞受到伤害，甚至植株死亡。水涝胁迫下，超氧化物歧化酶（SOD）、过氧化氢酶（CAT）、过氧化物酶（POD）活性均呈升高趋势（李洋洋，2012；Ou et al.，2011）。尹冬梅等（2009）认为，在水涝胁迫下，菊花幼苗根系中 SOD、CAT 和抗坏血酸过氧化物酶（APX）活性比对照有显著提高，且耐涝性较强的品种抗氧化酶活性要高。张晓燕（2009）对不同树种进行涝渍研究表明，抗涝性强的树种 SOD、ASA-POD 呈现出显著上升，较抗涝的树种呈先上升后下降的趋势，不抗涝树种在胁迫前期就呈下降趋势。表明植物可通过提高自身保护酶系统活性来适应低氧胁迫，且保护酶活性与植物抗涝性具有一定的相关性。

1.2.4 对植物 MDA 含量的影响

丙二醛（MDA）是 ROS 持续积累引起的自由基链式反应的低级氧化产物（张玉帅，2008）。其含量的高低反映了 ROS 对植物的毒害水平，能使细胞膜上的蛋白质、生物酶等失活，破坏生物膜的结构与功能，影响细胞的正常物质代谢。西瓜幼苗 MDA 含量受水涝胁迫后比对照高，而且 MDA 含量随着胁迫时间的延长增加幅度增大（刘文革等，2006）。张晓平等（2007）的研究表明，不同耐渍品种的亚麻 MDA 含量随水涝胁迫时间的增加均有不同程度的增加。潘向艳（2006）对鹅掌楸的水涝处理发现，8 个无性系品种 MDA 含量都有不同程度的增加，其中 13 号、39 号、48 号和 49 号无性系 MDA 含量在淹水 4~8 天内有一个先下降后升高的过程，可能是这几个品种保持了较高的保护酶活性而降低了膜脂过氧化程度。

2 植物对水涝胁迫的响应

土壤缺氧是涝害发生的重要原因，植物对水涝胁迫的适应机理表现在植株对积水或突然过湿的适应和抵抗能力。植物对水涝引起的低氧胁迫主要有两种适应：第一，避缺氧，通过消耗储存的能量促进新器官的形成：第二，耐缺氧，通过生理生化变化等降低新陈代谢速率，节约多余的化合物抵抗缺氧逆境对植物造成的不利影响（刘友良，1990）。

2.1 形态学水平

2.1.1 形成通气组织

通气组织的形成可能是植物受水涝后，体内乙烯应答因子（ERF）大量表达，促进乙烯合成，刺激纤维素酶活性提高，同时根皮层细胞因水涝缺氧而死亡解体，形成空腔，从而导致通气组织的形成和发展。研究表明，根皮层细胞发生细胞程序化死亡（programmed cell death，PCD）的过程可能是根系通气组织形成的过程（邓祥宜等，2009），是植物对厌氧逆境的重要适应反应。有些植物通过改变内部组织解剖结构，形成通气组织促进植株将上部的氧气运输到根系，并减少气体交换的阻力，改善植物体内的氧气状况，排除代谢废气。花生在水涝胁迫下根系有一定的增粗现象，这可能与根系形成发达的通气组织有关（樊明寿和张福锁，2002）。一些树木通过形成大量的通气组织，导致各器官组织孔隙度的增加，增强了 O_2 通过植物体内运输到根系并扩散到土壤中的能力，解决了根系及根系缺氧的矛盾（汪贵斌等，2012）。

2.1.2 形成不定根

水涝后植物根系会诱发不定根的形成，因为在受涝后，植物体内乙烯大量合成，而乙烯能增强生根组织对生长素的敏感性，同时阻断生长素的下输使之局部积累于接近水面的茎部，从而导致接近水面的茎部皮孔组增生和形成不定根。也有研究认为，不定根的产生与过氧化物酶活性有关，可能是水涝胁迫下过氧化物酶活性升高，从而诱发了不定根的形成，而不定根形成后，水涝对植物体的胁迫压力降低，过氧化物酶活性又恢复到正常水平。不定根对于根系缺氧环境下植物获取氧非常重要，其呼吸速度是初生根的三倍（马启林等，2008），通过不定根，即可以从周围环境中直接吸收氧。大麦（Zhou et al.，2012）和铺地木蓝（辛俊亮等，2012）可以在茎基部形成数量丰富的不定根，以缓解水涝胁迫压力。王芳等（2007）的研究认为，水涝处理后，大豆淹水茎基部逐渐增粗并产生不定根，不定根和主根的皮层均形成通气组织。

2.2 生理生化水平

生理生化适应性是指生物机体经过长期自然选择，通过自身生理生化的改变与外界环境相适应的现象，是植物适应水涝胁迫的一个重要方式。如渗透调节的改变、相关基因表达的加强或减弱、植物的低氧诱导适应、代谢途径的改变、代谢产物的多样性等变化来适应不良环境。

2.2.1 渗透调节

渗透调节物质的含量一般很低，在逆境胁迫条件下植物会大量积累渗透调节物质，如脯氨酸（Pro）、可溶性糖等，以缓解逆境胁迫的伤害。Pro 既可以保护膜结构功能的完整性，又可以维持细胞内环境渗透平衡。Pro 积累的主要原因是线粒体内电子传递受阻（vasellti and Oesterheld，2001），水涝胁迫使线粒体的正常生活受影响，Pro 生物合成能力增强，致使 Pro 积累。植物遭受胁迫后大量积累的 Pro 能够降低细胞的渗透势，维持细胞渗透平衡，保护细胞内酶结构，清除羟自由基，减轻细胞过氧化作用以缓解胁迫压力（焦蓉等，2011）。水涝胁迫后期渗透调节物质总含量有所下降，这可能是由于初期胁迫增强了植物体内渗透调节物质合成相关酶活性，促进了渗透调节物质的生物合成，随着时间延长，持续进行的糖酵解过程消耗了大量的可溶性糖，导致可溶性糖和可溶性蛋白等渗透调节物质的含量出现不同幅度的下降。

2.2.2 代谢调节

有氧条件下，植物主要是通过有氧呼吸来提供机体所需的能量和中间代谢产物，1 分子葡萄糖经过糖酵解和三羧酸循环产生 38 分子 ATP 用以满足植物能量供应（郭蔼光，2009）。水涝胁迫下，根系氧含量降低到限制细胞氧化磷酸化的水平时，植物为了维持基本的能量需求，能量代谢则主要依赖糖酵解产生 ATP，糖酵解过程需要辅酶 NAD^+参与脱氢反应，NAD^+的再生通过等量的乙醇发酵或乳酸发酵完成。同时水涝胁迫诱导植物体内产生大量的厌氧多肽（Anaerobic polypeptides，APN），绝大多数的 APN 是参与糖酵解过程的酶（Mujer et al.，1993）。但无氧呼吸途径会产生乙醇及其他有害代谢产物，大量积累的有害代谢产物最终会导致细胞中毒死亡。根系缺氧引起呼吸作用途径的电子传递减少，ATP 产量降低，植物必须找出一种不以 O_2 作为还原剂受体的替代途径。

一些植物在长期适应过程中进化出苹果酸代谢、磷酸戊糖等其他代谢途径来适应这一不良反应，多种代谢途径共同保证稳定的能量及物质供应，避免有害物质过度积累（王文泉和张福锁，2001）。研究表明，乙醇发酵、乳酸发酵及通过丙氨酸转氨酶（AlaAT）从谷氨酸盐和丙酮酸盐中产生丙氨酸等发酵途径在厌氧胁迫下表现尤为活跃。Marcio 等（2010）在对大叶黄杨的研究中发现，丙氨酸转氨酶（AlaAT）能够将糖酵解和三羧酸循环过程联接起来，丙氨酸发酵能够有效地调控丙酮酸的积累水平，在低氧条件下防止丙酮酸过量积累，控制呼吸作用的氧消耗至关重要。

2.2.3 抗氧化机理响应

水涝缺氧胁迫阻断了植物叶绿体和线粒体的电子传递链，电子传递受阻，细胞内能荷低，还原力高等因素都有利于诱导植物产生过量的活性氧自由基，清除不及时，将造成质膜、细胞器膜上脂肪酸的膜脂过氧化，加速细胞衰老甚至死亡（Wormuth et al.，2007）。逐渐积累的活性氧自由基诱使细胞内抗氧化机制做出应激响应，产生多种抗氧化剂如抗坏血酸（V_C）、谷胱甘肽（GSH）等，抗氧化酶类如超氧化物歧化酶（SOD）、过氧化氢酶（CAT）以及与抗氧化物质合成有关的脱氢抗坏血酸酶（DHAR）等。张志远等（2009）研究发现，水涝胁迫下，各菊花类型 GSH 含量随胁迫程度的加深而升高。Laura（2012）发现抗涝性强的樱桃李 S4 水涝处理后叶片抗氧化类物质比原含量增加三倍，而抗涝性弱的 Wt 叶片中抗氧化类物质增加程度则较小。这类物质在阻断自由基连锁反应，抑制羟自由基产生、催化丙二醛（MDA）还原和 H_2O_2 的解毒系统中起到重要作用，从而帮助植物抵御逆境胁迫。

2.3 基因水平

基因控制着生物体各种遗传性状以及细胞中蛋白质的合成。植物对涝害的适应，是一个复杂的生理过程，涉及众多基因的诱导表达和代谢途径的启动。植物地下部根系和地上部叶片都会因水涝胁迫导致基因表达受到影响，且主要集中在遭受胁迫的部位。已有研究表明，拟南芥、水稻和杨树等在厌氧环境下5%~10%的基因表达会发现显著改变。拟南芥蔗糖合酶I（sus 1）和蔗糖合酶II（sus 2）以及乙醇发酵相关酶乙醇脱氢酶（ADH）和丙酮酸脱羧酶I（pdc 1）的基因在水涝厌氧下过表达表明其可能是植物抵抗水涝厌氧胁迫的基础（Christianson et al.，2010）。Sairam等（2009）的研究证实，抗涝性强的绿豆品种*T44*水涝24h后其乙醇脱氢酶（*ADH*）基因和蔗糖合酶（*SS*）基因表达量增大，而抗涝性弱的野生种*V. luteola*表达量变化不大。与糖酵解和乙醇发酵等相关酶基因表达的改变，暗示植物在水涝胁迫下无氧呼吸产能是其重要的能量来源。通过尼加拉瓜大刍草根系咖啡酸-O-甲基转移酶*ZnCOMT*基因，其表达量在水涝处理过程中呈先升高后下降然后又缓慢回升的趋势，且最终表达量高于0h的水平，说明长时间水涝下根系*ZnCOMT*基因也参与了相关生理代谢调节的表达（鲍结良，2013）。水涝条件下，黄瓜不同生育阶段的ERF家族*CsERF1*基因表达量都是呈先上升后下降的趋势，且最高峰均出现在水涝后12h，因此认为*CsERF1*基因与调控水涝胁迫相关（许学文，2013）。可见，水涝引起的低氧胁迫会造成植物基因表达的改变，而不同植物体内是否有其独特的基因通过表达量的上升或下降抵御厌氧胁迫，还有待进一步研究证实。

3 植物耐涝能力鉴定

植物耐涝性能力鉴定，是开展植物耐涝种质资源选育的基础。因此，确定鉴定指标对植株耐涝性的鉴定筛选至关重要。综合以往的研究发现，可以作为植物耐涝性能力鉴定的指标有直观的形态指标有种子发芽率、单株绿叶数、存活率和生长量等，生理生化指标有保护酶活性、脯氨酸和MDA含量等。王芳等（2007）以相对死苗率为鉴定指标，对不同来源地的749份栽培大豆和野生材料进行的苗期耐涝性鉴定中筛选出11份高度耐涝的优异种质。李林等（2008）研究认为，花生种子在浅水胁迫下可以用露尖和发芽的时间和数量衡量其耐涝性；但在深水胁迫下只露尖，不出芽，因此只能以露尖的时间和数量衡量。有研究任务，由于植物的耐涝性机制十分复杂，单独用某一种或两种指标表示复杂的耐涝生理过程太过片面，不能系统的揭示植物的耐涝机理，王军等（2007）通过主成分分析法、动态聚类和隶属函数法把10个形态和1个生理指标转化成3个综合指标，将大麦DH群体165个系分成耐涝能力有差异的3类，且认为穗粒性状是大麦耐涝性鉴定的第一重要的指标。因此，使用多性状指标的隶属函数值法、主成分分析法等作为耐涝综合评价指标，可以消除个别指标带来的片面性，更加科学对各作物品种的抗涝性进行评价。

4 外源物质在提高植物耐涝能力上的应用

外源物质在植物耐旱、耐寒、耐盐碱等领域已有较为广泛的研究，近年来，在耐涝方面的探索也开始兴起。植物抗涝性因环境条件和生育进程而各不相同，通过施用外源物质，增强植物对涝渍胁迫的适应能力，可以达到保护植物的作用，以减轻涝害带来的损失。

细胞分裂素（6-BA）浸种的黄瓜幼苗在水涝胁迫下可以延缓根系活力的降低和根系电导率的升高，同时在较长时间内维持较高的保护酶和 ADH 活性（申杰等，2012）。谢阳娇等（2013）通过外施茉莉酸甲酯于苦玄参上，发现其能促进 POD、SOD 酶相关基因的表达，使其活性升高，提高渗透调节物质脯氨酸的含量。甜樱桃涝后外施 NO 可以显著提高因涝害而下降的叶片净光合速率，气孔导度，修复断裂的细胞膜，促进叶片脯氨酸的积累，提高根系保护酶活性（张玉帅，2008）。与单纯水涝相比，外源 Ca^{+}处理能够提高根系活力，降低根系电解质渗出率，提高 ADH 活性，降低 LDH 活性，避免乳酸和乙醛的积累，减轻膜脂过氧化程度（张恩让等，2009）。

5 进一步研究展望

植物抗涝性是一个极其复杂的生理现象，不同作物、同一作物不同品种以及同一作物不同生育期间往往表现出很大的差异。目前，对水稻、玉米、小麦和大豆等主要作物的抗涝性研究开始较早且较为深入，但对辣椒等蔬菜类作物的研究尚不多，且主要集中在形态指标以及生理生化指标的变化上，对植物的抗涝性适应机理及相关基因表达方面的研究还不透彻。水涝胁迫对植物能量代谢影响显著，但有研究发现在水涝低氧环境下植物根系会在细胞能量耗尽之前出现死亡，表明能量可能不是植物存活的主要决定因素。探究影响植物水涝逆境生存的关键因素，建立简单高效的耐涝鉴定体系，系统阐明植物的抗涝性作用机理，必将成为植物抗涝性研究的一个重要内容。因此，通过分子标记、转基因技术和 QTL 定位等生物技术手段，筛选适宜的外源物质提高作物的耐涝能力，阐明植物的耐涝机理，对优良耐涝种质资源的选育及产量和质量的提高有重要意义。

参考文献

鲍结良. 2013. 尼加拉瓜大刍草耐渍关键基因 *ZnCOMT* 克隆及其功能研究. 成都: 四川农业大学硕士学位论文.

邓祥宜, 李继伟, 阳超男, 等. 2009. 淹水胁迫下小麦根通气组织形成的 PCD 特征及活性氧作用初探.麦类作物学报, 29(5): 832-838.

樊明寿, 张福锁. 2002. 植物通气组织的形成过程和生理生态学意义. 植物生理学通讯, 38(6): 611-615.

郭蔼光. 2009. 基础生物化学. 北京: 高等教育出版社: 158-165.

焦蓉, 刘好宝, 刘贯山, 等. 2011. 论脯氨酸累积与植物抗渗透胁迫.中国农学通报, 27(7): 216- 221.

李林, 刘登望, 熊璟, 等. 2008. 花生生育早期耐涝性室内鉴定对大田期的意义. 作物学报, 34(3): 477-485.

李洋洋. 2012. 水分胁迫对玉带草生理特性的影响. 哈尔滨: 东北林业大学硕士学位论文.

利荣千, 王建波. 2002. 植物逆境细胞及生理学. 武汉: 武汉大学出版社: 53-70.

连洪燕. 2012. 淹水胁迫对三种石楠属植物幼苗可溶性糖和脯氨酸含量的影响. 北方园艺, (20): 63-66.

廖文燕, 高捍东. 2011. 金钱松幼苗在淹水胁迫过程中的生理响应. 林业科技开发, (3): 27-31.

刘文革, 阎志红, 王川, 等. 2006. 西瓜幼苗抗氧化系统对淹水胁迫的响应. 果树学报, 23(6): 860-864.

刘友良. 1990. 植物水分逆境生理. 北京: 农业出版社.

马焕普, 刘志民, 朱海旺, 等. 2006. 几种桃砧木的耐涝性及其解剖结构的观察比较. 北京农学院学报, (2): 1-4.

马启林, 雷慰慈, 山口武视, 等. 2008. 过湿条件下大豆不定根的发生及其生理作用研究. 大豆科学, 27(1): 79-85.

孟凡庭, 贾东坡, 刘华山, 等. 2007. 渍涝对芝麻幼苗叶片中有机物质含量及水分状态的影响. 河南农业大学学报, 41(4): 374-376.

潘向艳. 2006. 杂交鹅掌楸不同无性系对淹水胁迫的反应. 南京: 南京林业大学硕士学位论文.

申杰, 刘美艳, 王景景, 等. 2012. 6-BA 浸种提高黄瓜幼苗耐涝性的研究. 北方园艺, (1): 18-20.

时明芝, 周保松. 2006. 植物涝害和耐涝机理研究进展. 安徽农业科学, 34(2): 209-210.

汪贵斌, 曹福亮, 王媛. 2012. 涝渍对 3 个树种生长、组织孔隙度和渗漏氧的影响. 植物生态学报, 36(9): 982-991.

汪贵斌, 曹福亮, 张晓燕, 等. 2010. 涝渍胁迫对不同树种生长和能量代谢酶活性的影响. 应用生态学报, (3): 590-596.

王宝山. 2010. 逆境植物生物学. 北京: 高等教育出版社.

王芳, 赵团结, 盖钧镒. 2007. 大豆野生与栽培资源苗期耐淹性的鉴定、生态区特征和优异种质发掘. 大豆科学,(6): 828-834.

王芳. 2007. 大豆耐淹性鉴定及其形态解剖特征、遗传与 QTL 定位. 南京: 南京农业大学博士学位论文.

王军, 周美学, 许如根, 等. 2007. 大麦耐湿性鉴定指标和评价方法研究. 中国农业科学, (10): 2145-2152.

王萍, 王荣, 刘庆华, 等. 2008. 几个牡丹品种耐涝性的比较. 华中农业大学学报, (2): 309-312.

王文泉, 张福锁. 2001. 高等植物厌氧适应的生理及分子机制. 植物生理学通讯, 37(1): 63-70.

王艳, 丁莎, 骆俊, 等. 2011. 涝渍胁迫下牡丹的生理响应. 长江大学学报: 自然科学版, (2): 227-229

谢阳姣, 何志鹏, 林伟. 2013. 茉莉酸甲酯对苦玄参生长及苦玄参苷积累的影响研究. 作物杂志, (2): 80-84.

辛俊亮, 黄白飞, 杨中艺, 等. 2012. 铺地木蓝对不同程度淹水胁迫的生理响应. 草业学报, (3): 177-183.

许学文. 2013. *CsERF* 基因调控黄瓜耐涝性的初步研究. 扬州: 扬州大学硕士学位论文.

闫淑春. 2013. 2012 年全国洪涝灾害情况. 中国防汛抗旱, 23(1): 17.

尹冬梅, 管志勇, 陈素梅, 等. 2009. 菊花及其近缘种属植物耐涝评价体系建立及耐涝性鉴定. 植物遗传资源学报, 10(3): 399-404.

张恩让, 任媛媛, 胡华群, 等. 2009. 钙对淹水胁迫下辣椒幼苗根系生长和呼吸代谢的影响. 园艺学报, (12): 1749-1754.

张晓平, 薛召东, 郝冬梅, 等. 2007. 亚麻耐渍的生理机制研究初探. 中国麻业科学, (3): 169-172.

张晓燕. 2009. 不同树种在涝渍胁迫下生长及其生理特性的响应. 南京: 南京林业大学硕士学位论文.

张玉帅. 2008. 外源一氧化氮对甜樱桃涝后恢复过程中生理生化特性影响的研究. 青岛: 山东农业大学硕士学位论文.

张志远, 郭巧生, 邵清松. 2009. 淹水胁迫对药用菊花苗期生理生化指标的影响. 中国中药杂志, (18): 2285-2289.

赵伟, 李林, 戈蕾, 等. 2009. 不同花生品种幼苗期耐涝性差异分析. 贵州农业科学, 37(12): 84-86.

郑佳秋, 顾闽峰, 郭军, 等. 2012. 涝渍胁迫下辣椒的生理特性. 江苏农业学报, 28(3): 617-621.

Jed A C, Danny J L, Elizabeth S D, et al. 2010. Global gene expression responses to waterlogging in roots and leaves of cotton.Plant cell physiology, 51(1): 21-37.

Laura P, Calogero L, Dario M, et al. 2012. Novel Prunus rootstock somaclonal variants with divergent ability to tolerate waterlogging. Tree Physiology, 32(3): 355-368.

M Rocha, F Licausi, et al. 2010. Glycolysis and the tricarboxylic acid cycle are linked by alanine aminotransferase during hypoxia induced by waterlogging of *Lotus japonicus*. Plant Physiology, 152: 1501-1513.

Jackson MB, Ricard B. 2003. Biochemistry and Molecular Biology of Plant Root Systems Subjected to Flooding of the soil. Root Ecology.

Mujer C V, Rumpho M E, Lin J J, et al. 1993. Constitutive and inducible aerobic and anaerobic stress proteins

in the echinochloa complex and rice. Plant Physiology, 101(1): 217-226.
Ou. LJ, Dai XZ, Zhang ZQ, et al. 2011. Responses of pepper to waterlogging stress. Photosynthetica, 49: 339-345.
Pradet A, Bomsel J L. 1978. Energy metabolism in plants under hypoxia and anoxia. Plant Life in Anaerobic Environments. Ann Arbor Sci Publication: 89-118.
Sairam RK, Dharmar K, et al. 2009. Waterlogging-induced increase in sugar mobilization, fermentation, and related gene expression in the roots of mung bean. Plant Physiology, 166: 602-616.
Tang Z C, Kozlowski T T. 1982. Some physiological and growth responses of *Betula* papyrifera seedlings to flooding.PhysiologiaPlant arum, 55: 415-420.
Vasellati V, Oesterheld M. 2001. Effects of flooding and drought on the anatomy of Pas-palum Dilatatum. Annals of Botany, 88: 355-360.
Wormuth D, Heiber L, Shaikali J, et al. 2007. Redox regulation and antioxidative defence in ArabidoPsis leaves viewed from a systems biology Perspeetive. Journal of Biotechnology, 129: 229-248.
Zhou M X, Peter J, Zhou G F, et al. 2012. Quantitative trait loci for waterlogging tolerance in barley cross of franklinx YuYaoXiangTian Erleng and the relationship between waterlogging and salinity tolerance. Crop science, 52: 2082-2088.

Research Progress in waterlogging of plant

Liu Zhou-bin[1], Zhou Yu-jian[2], Yang Bo-zhi[3], Ou Li-jun[3], Zou Xue-xiao[1, 3*]

([1] Longping Branch of Graduate School, Central south university, Hunan Changsha 410125; [2] Life Sciences Department of Huaihua University, Hunan Huaihua 418008; [3] Vegetable Institution of Hunan Academy of Agricultural Science, Hunan Changsha 410125)

Abstract: Waterlogging is one of the most important abiotic stress in plant growth. This paper reviewed the changes of plant morphology, structure, physiological and biochemical and the adaptive mechanism, and sumaried identification index of waterlogging resistence and the application of exogenous substances in plants on waterlogging resistance. The paper also prospects for further study on the waterlogging.

Keywords: Plant; Waterlogging; waterlogging resistance identification; exogenous substances

辣椒红色素的研究进展

黄　巍[1,2]，邹学校[2]，马艳青[2]

（[1] 湖南农业大学园艺园林学院，长沙　410128；
[2] 湖南省农业科学院，长沙　410125）

摘要：本文对辣椒红色素的性质、遗传变异及提取方法与应用方面的研究进行了综述。

关键词：辣椒；辣椒红色素；食用天然色素；遗传变异

辣椒原产墨西哥、中美洲和南美洲的安底斯山等热带地区，栽培最广泛的是 Capsicum annuum L.辣椒从 15 世纪传入欧洲、16 世纪传入亚洲以来，经过人工选择和定向培育，出现了许多优良的品种类群，已成为世界范围内广泛栽培的重要果菜之一。栽培面积以亚洲最大，占全世界栽培面积的一半以上，其次是欧洲和非洲[1]。我国各地均有栽培，品种多，资源丰富。辣椒的营养价值很高，含有维持人体正常生理机能和增强人体抗性及活力的多种化学物质。其中辣椒中维生素 C 的含量在蔬菜中占首位，每公斤辣椒中含维生素 C，比茄子多 35 倍，比西红柿多 9 倍。现代医学临床证明辣椒能缓解胸腹冷痛，制止痢疾，杀抑胃腹内的寄生虫，控制心脏病及冠状动脉硬化；还能刺激口腔黏膜，引起胃的蠕动，促进唾液分泌，增强食欲，促进消化。同时它还有预防癌症、延缓衰老及减肥美容的功效[2]。 适量的辣椒贮存于肝脏内可成为类似抗癌剂的物质。

1　辣椒色素的来源及特点

辣椒色素属类胡萝卜素中的一种，其中极性较大的红色组分主要是辣椒红（Capsanthin）和辣椒玉红（Capsorubin），占总量的 50%~60%，还有一部分是黄色组分：玉米黄质（zeaxanthin）约占 14%，β-胡萝卜素（β-carotenone）约占 13.19%，隐辣椒质（crypto-capsin）约占 5.15%，此外，还有辣椒黄素（cryptoxan-thin），堇莱黄素（violaxanthin），辣椒色素脂肪酸酯（capsicumrotaliphaticester），辣椒红素乙二酸酯（cap-santhindiacetate），辣椒红素二软脂酸酯（capsanthindi-palmitate），辣椒素（包括辣椒碱（capsALcin）、二氢辣椒碱（dihydrocapsALcin）、降二氢辣椒碱（nordihydrocap-sALcin）、高二氢辣椒碱（homodihydrocapsALcin）和高辣椒碱（homocapsALcin）等），维生素（包括 VB、VC、VP 等），有机酸（亚油酸、油酸、棕榈酸等），蛋白质，糖和矿物质等多种成分。其中辣椒红色素（Capsanthin），又名椒红素、辣椒红。是一种具有辣椒香气味的深红色粘性油状液体[3]，纯的辣椒红色素为深胭脂红色针状晶体，易溶于极性大的有机溶解剂，与浓无机酸作用显兰色[4]。辣椒红色素是由茄科的红辣椒果皮中得到的一种橙黄-橙红色的天然红色素，属于叶黄素类共轭多烯烃含氧衍生物，其主要成分为辣椒红素（capsan-thin）和辣椒玉红素（capsorubin）。在被提取前是贮存在辣椒果实的完整细胞组织中，由于有细胞膜及细胞内某些成分的保护并形成脂类。但当辣椒红色素被提取出来以后，由于失去了细胞膜等生物保护机制，辣椒红色素在有氧条件下会产生自氧化反应，而外界因素会加速其氧化分解而褪色。如：溶于大多数非挥发性油，部分溶于乙醇、丙酮、正乙烷等有机溶剂，不溶于水和甘油，对可见光稳定，在紫外线下易退色，遇 Fe^{3+}、Cu^{2+}、CO^{2+}可促其褪色，遇 Pb^{3+}可形成沉淀[5]。辣椒的辣味素和辣椒红素等的含量会因辣椒品种、产地、采收期及干燥条件等不同而异。目前提取的辣椒红色素大部分是以辣椒红素和辣椒玉红素为主体的混合物[6]。

2 辣椒红色素有关特性、遗传方面的研究进展

2.1 辣椒红色素分布规律研究

目前，辣椒红色素分布规律的研究表明：红色素主要分布于辣椒果实的果肉部位，其他部位发现较少。较为系统全面的研究辣椒红色素在果实、不同品种、不同成熟期等方面分布规律的报道还没有。但在其他一些蔬菜品种中已有相关的报道。吕发生等[7]关于红心萝卜色素分布规律初步研究表明：7 个红心萝卜品系的色素含量、积累量在不同部位的分布具有非均一性和较明显的正相关性。肉质根是色素积累的主要部位，其皮在植株各个部位中色素含量最高，与肉同为积累色素的重要组织。孟振农等 [8] 观察含色素种类和色素分布位置明显不同的五个杂交萝卜品种后发现，色素在播种 3~5 天的籽苗中初现；同一品种的初生结构与次生结构中红色素的分布格局大致相同。红色素在红皮品种产品器官的表皮、周皮和其内方局部细胞中以镶嵌型分布为主；在绿皮红肉品种中呈弥散分布，在产品器官的韧皮部、初生木质部周围和三生结构中色素较多，在叶柄和叶脉也有分布，荧光显微观察发现，在红色素密集区细胞中，含有与叶绿体荧光相似的小颗粒，绿色色素一般集中在叶绿体中。

2.2 辣椒红色素的遗传研究

目前，国内外在辣椒红色素遗传规律研究方面的报道很少。Todorov 和 Manuelyan 证实[9]低色素含量的品种在杂交配组时比较适合作为母本，若作为父本其 F1 代具有不完全显性。Todorova V.和 Todorov Y.[9]研究三个以栽培品种（Gorogled6 为试验母本 p1、Negral 为实验父本 p2、Kalocsai801 为试验父本）为亲本的杂交 F1 代中色素含量的变异与遗传，结果表明：在连续两年的栽培中 P1×P2 的 F1 代在试验中的 2a 里表现出更高的色素值。其加性转化值为极显著，而 P1×P3 的 F1 代仅在其中一年表现出与 P1×P2 的 F1 代同样的结果。说明 F1 世代中色素含量的变异有加性遗传，但仍有意外。同时，P1×P2 的 F1 代假设和实际的色素含量的杂种优势表现极显著。P1×P3 的 F1 代假设和实际的色素含量的杂种优势只在其中一年表现极显著。其他作物方面也有一些关于色素遗传方面的报道，如：张名位，彭仲明等[10]研究了 3 个种皮颜色深浅不同的黑米稻品种与 1 个白米稻品种配制的 6 个杂交组合后代色素含量的遗传效应，测定 F2 单株黑米种皮的色素

含量。所有组合 F2 群体的色素含量的平均值介于双亲之间，并呈现近似的正态分布，表现多基因控制的数量性状遗传。 选用 6 个黑米稻品种与 1 个白米稻品种 7×7 完全双列杂交，按 Hayman 模型进行遗传分析，结果表明，黑米稻种皮色素含量的遗传符合加性-显性模型，高色素含量的等位基因对低含量的等位基因表现显性，种皮深黑色对浅黑色、黑色对白色为显性；显性等位基因对提高色素含量起增效作用，隐性等位基因起减效作用；且广义遗传力和狭义遗传力均较高。何启伟等[11]通过对中国萝卜不同皮色试材的杂交 F1、F2 自交，研究了皮色遗传表现。皮部绿色（即绿皮）依不同杂交组合，可能有不同的遗传模式，即可由 1 对基因控制，也可由 2 对连锁的基因或独立分配的基因对控制。若为连锁的 2 对基因控制时，它们还受到细胞质基因组的互作，表现出明显的偏母遗传现象。皮部红色（即红皮）似有 3 对独立遗传基因控制，这 3 对基因还有相互作用，其中 1 对可能与绿色控制基因连锁。这样，红皮与绿皮试材时，参与遗传的基因可达 4~5 对，它们之间出现复杂的相互作用，而使 F2 代出现暗紫、洋红、绿色、 紫绿等众多不同颜色。刘进生等[12]研究表明，番茄红素含量属数量遗传，并有少量上位性效应，显性效应不显著。汪丙良等[12]认为在高番茄红素含量的番茄品种的选育上，亲本的选择十分重要，且性状的测定及其配合力效应值的估算应分期进行，同时番茄杂种一代在番茄红素含量上与亲本的一般配合力和组合的配合力均有密切关系，所以可以利用杂种优势选育高番茄红素含量的番茄品种。

3　辣椒红色素加工工艺的研究进展

3.1　辣椒红色素的提取分离研究

辣椒红色素在自然界中的分布比较集中，主要分布于天然的红辣椒中，其含量因栽培品种、气候等条件的不同而有所差异，成熟度越高的辣椒，其辣椒红色素的含量也越高。一般来说，辣椒红色素（色价 10000 单位）具有如下一些平均指标：脂肪酸 80%~85%（主要由亚油酸、油酸、棕榈酸、硬脂酸、肉豆蔻酸组成），维生素 E（α-生育酚）0.6%~1.0%，维生素 C 0.2%~1.1%，蛋白质（总蛋）140~170mg/100g 样品，类胡萝卜素 11.2%~15.5%，主要由辣椒红素、辣椒玉红色、β-胡萝卜素、黄体素、玉米黄素、隐黄质等组成[13]根据干红辣椒中所含的辣椒红素与辣椒素的性质不同，现已研究出多种辣椒红色素的提取分离方法。

目前常采用的方法有：固液萃取法、超临界 CO_2 流体萃取法、薄层色谱法、分子蒸馏法等。

固液萃取法，首先是依据辣椒红色素的性质，利用亲质性有机溶剂从红辣椒干粉中提取含油的辣椒红色素粗品。主要步骤包括：红辣椒的干燥粉碎；选用一种有机溶剂或混合溶剂作为萃取液进行萃取；最后将提取液进行减压蒸馏回收溶剂浓缩后的产品便为符合要求的红色素产品。其次在方法上选取合适的萃取液是提高产品纯度和收率的重要因素。目前常用的萃取溶剂有 95%乙醇，彭子模等[14]采用的丙酮（95%乙醇/丙酮 3∶2），贺文智等[15]采用的正乙烷，刘莹等[16]采用的乙酸乙脂等。不过乙醇的极性较强，不但能提取色素，也容易把辣味中极性大的成分提出，从而给后面的脱辣工艺造成麻烦；采用丙酮，不但可以获得较高得率，而且所得油树脂的色值最高，油树脂中的辣味含量最低，便于分离[17]。吴良兰[18]等人在碱水处理新方法的基础上，采用 L9（34）正交设计法。针对提取温度、搅拌提取时间及碱液添加量三个因子进行优选试验，结果表明三因子的影响主次顺序为：提取时间、碱液添加量、提取温度。

超临界 CO_2 流体萃取法，可直接以干辣椒为原料，利用超临界 CO_2 流体萃取技术，通过调节萃取的温度、压力、流量和原料粒度，获得无辣素的辣椒色素样品，以及相应的工艺参数。所得产品色价高，无残留溶剂，其各项质量指标均超过国家标准。该工艺流程萃取分离于一体，操作简便易行[19]。周端美等[20]、姜炜等[21]得出其主要工艺参数为：萃取压力一般为 9.8Mpa~20Mpa，温度为 40℃~50℃，萃取 2h 即可，萃取率可达 75%；韩于谦等[22]认为其主要工艺条件为：萃取压力：22 Mpa；萃取温度：40℃；分离 I 压力：8Mpa；分离 I 温度：40℃；分离Ⅱ压力：5.5Mpa；分离Ⅱ温度：40℃。

薄层色谱法，分离迅速，效率高，灵敏度高，而且可用于制备和定量分析，许多天然色素适用此法进行分析。陈年之等[23]用 20*20 硅胶自制板，在石油醚∶丙酮=10∶1 的展开剂中，上行 15min；得 TLC 色谱。主要黄色素成分集中在黄 1~黄 3，主要红色素成分集中在红 1~红 3；并得 Rf（黄 1）为 0.86，Rf（红 1）为 0.46。

分子蒸馏法，是一种最温和的蒸馏分离手段，克服了传统蒸馏操作温度高、受热时间长的缺点，能够最大程度的保护产品因受热而被破坏。鉴于以上优点，分子蒸馏法也可以用于辣椒红色素的提取，与溶剂萃取法相比，分子蒸馏法克服了有机溶剂残留量大的问题。经分子蒸馏后，产品中残留量只有 20mg/kg。

3.2 辣椒红色素稳定性技术及研究进展

在辣椒红色素稳定性的研究方面，一方面在固、液体的比较和外界因素影响等方面，夏枫耿等[24]研究了辣椒红色素固态和液态间稳定性的比较。结果发现，在相同条件下，固体辣椒红色素的光稳定性、热稳定性和抗氧化能力均优于液体辣椒红色素。张志强[25]等人研究了辣椒红色素对吸收光谱、光、温度、pH 值、金属离子、还原剂和氧化剂等方面的研究。章银良[26]等研究表明：在避光条件下色素损失小，自然光下损失较大；冷冻条件下比在室温下损失降低；真空条件比暴露在空气中对红色素损失小。另一方面是在使用稳定剂的方面。在探讨稳定剂的用量与稳定化效果的关系时发现，辣椒红色素的乙醇溶液，以儿茶素作稳定剂的最佳用量为 1.5×10^{-4}；以槲皮素作稳定剂的最佳用量为 1.0×10^{-4} [27]。有研究结果认为，比较有效地防止辣椒红色素褪色的稳定剂有姜醇、芦丁、儿茶素、槲皮素、咖啡酸，绿原酸、维生素 E、异维生素 C 钠、茶多酚、酵母自溶提取物、麦提取物以及常用的合成抗氧化剂丁基羟基回香醚二丁（BHA）、基羟基甲苯（BHT）等[28, 29]。但近年来，微胶囊技术已渐成为辣椒红色素的稳定化研究与开发的热点。天津工业微生物研究所采用微胶囊包埋技术，做成的微胶囊食用天然辣椒红色素，稳定性包埋率高达 98% [30]。向云峰等 [31] 采用微胶囊包埋辣椒红色素，芯材包埋率为 92.6%，微胶囊收得率为 95.33%。其工艺流程为：配料→乳化→均质→喷雾干燥→微胶囊。

4 辣椒红色素的应用现状

从辣椒中提取的天然色素，其安全性已得到世界公认。联合国粮农组织（FAO）和世界卫生组织（WHO）将辣椒红色素列为 A 类色素，在使用中不加以限量[32]。根据我国食品卫生法，辣椒红色素可用于油性食品、调味汁、水产品加工、蔬菜制品、果冻、冰淇淋、烘烤食品等食品中，还可广泛应用于饲料、仿真食品、预防辐射、化妆品和制药业中。美国、英国、加拿大、日本、墨西哥以及东南亚国家的农业部门也广泛采用辣椒红色素作为天然食品添加剂。目前，日本对辣椒红色素的年需求量约 260t，年销售额约 23 亿日元，美国目前包括辣椒红素在内的天然色素的年销售额已超过 2 亿美元[33]。我国既是辣椒红色素的原料生产大国，又是红色素的需求大国。据统计，我国目前年产鲜红辣椒约 100t，提取辣椒红色素的原料十分丰富。

4.1 食品工业中的应用

辣椒红色素用于饮料、果冻、酱油及糖等食品中时，不仅对人体无毒副作用，且可增加人体内类胡萝卜素类化合物，有一定的营养价值。在使用时，其特点为着色均匀，性质较稳定，色泽鲜艳明快、光亮度好，在食品工业中有广阔的应用前景，尤其是在酱油等食品中的应用效果更佳[34]。夏邦旗[35]等研究表明，辣椒红色素在食品中的上色效果好，放置三个月表面几乎无漂浮分层等现象。另日本和我国均研制出既具有良好的稳定性又具有优异的着色效果，而且制造方便，不需要添加剂的饮料用的辣椒色素制剂[36]。张甫生[37]等人研究表明辣椒红色素用于仿真食品中，其稳定性、耐光、耐热、耐酸碱等能够较好地解决目前仿真食品加工中退色问题，有效地延长了食品的货架期，并且来源广泛，价格便宜，是仿真食品中较为理想的一种食用天然色素。张志强等[38]把辣椒红色素应用在布丁冰激凌和酸奶中，结果表明：在食品中随时间变化不明显，颜色均无明显变化，说明该色素在这两种食品中表现效果较好。

4.2 辣椒红色素在医学上的应用

天然食用色素在医药上应用也很广泛，如各种液体药品中的显色，各种药丸、药片外衣的红、黄、绿等色彩。因色素在这方面的用量大、范围广且与人类的健康有较大关联，所以，必须给这些色素予以高度重视。药物是治病的，不能因其带色而影响人们健康。王明轩等[39]将辣椒红色素作为药品糖衣着色剂的应用研究结果表明：辣椒红色素在乙醇和增溶剂吐温–80 的作用下，可均匀分散在糖浆中。可用做糖衣片着色剂，其优点为色泽鲜艳明快，使人乐于接受，尤其是作小儿用药更佳，同时兼有防潮作用。辣椒红色素中的β-胡萝卜素能防止一种特别有害的低密度脂蛋白的形成，因为低密度脂蛋白可以破坏血管壁上细胞的排列，加速血栓的形成，故对防止和治疗动脉硬化及恶性发展有一定的效果。同时，对所有癌症来说胡箩卜素及维生素 A 浓度低者患癌症的危险性为正常浓度的 2 倍。因此，许多嗜辣的民族，如东南亚、印度，罹患癌症的几率都比西方国家少，辣椒红色素还具有一定的保健作用。

4.3 辣椒红色素在预防辐射方面的应用

研究报告指出，香辛料能够保护细胞的 DNA 不受辐射线的破坏，尤其是对于伽玛射线的伤害，香辛料的保护最为彻底。辣椒红色素取之于辣椒，是香辛料的一种。印度研究人员针对各种香辛料进行比较，以了解红辣椒、黑胡椒、咖喱、姜黄素等各种香辛料预防辐射的保护功效，结果发现辣椒红色素的保护功效最为显著[40]。

4.4 辣椒红色素在化妆品中应用

近年来，化妆品“天然化”和“保健化”已成热门，其中亦涉及到色素的使用。化妆品中如口红、胭脂等的颜色有重要地位，并对人体有直接影响，特别是对经常使用者诸如文艺工作者影响较大。可喜的是这方面现已有少量天然色素的试制品。因此，为美化人民的生活，并有利于人民的健康，应大力开发天然化妆品，将天然食用色素（辣椒红色素等）应用于化妆品中。

4.5 辣椒红色素在饲料上的应用

李晓双[41]对辣椒红色素的改性及在饲料中的应用研究表明：辣椒红色素的物理改性与皂化改性二者比较，皂化改性生产的产品更容易被动物吸收，也比物理改性的辣椒红色素稳定。同时，辣椒红素制品与叶黄素制品二者配合使用，效果更明显。

5 国内外辣椒红色素生产、市场现状及存在问题

5.1 辣椒红色素的生产和市场现状

目前，世界各国均批准使用辣椒红色素，国际国内市场潜力很大，前景乐观。辣椒红色素是目前世界销量最大的天然色素，也是最走俏的产品。国外主要生产国有西班牙、印度等。在全世界辣椒红色素市场上，印度辣椒红色素占有非常重要的地位，主要出口到美国、英国、法国、新加坡、马来西亚、印尼、菲律宾、日本、韩国等。2003 年印度共向美国出口各种色价的辣椒红色素 194.548t；2004 年 7 月止，出口美国辣椒红色素为 118.285t[42]。西班牙是欧洲辣椒红色素产量最大的国家，每年生产约 300 多 t，主要出口欧洲、美国和亚洲[43]。近年来，随着人工色素在许多领域被限制使用，各国法定使用的人工色素数量不断减少，使得辣椒红色素的运用不断扩大，需求量逐年上升。目前欧洲、美国、日本、德国等国家都是辣椒红色素的主要消费国。美国一年需 4000t 天然色素，其中辣椒红色素约 1000t，日本每年需辣椒红色素约 500t，加拿大、澳大利亚、新加坡、西欧市场的需求量也很大。世界每年对辣椒红色素的需求量约 8000t，国际市场潜力很大[44]。

5.2 目前我国辣椒红色素生产、 开发中存在的问题

我国辣椒红色素生产从上世纪 80 年代后期开始发展，到 90 年代全国各地到处涌现出一批生产商，90 年代后期开始进入低迷、 优胜劣汰阶段。到目前为止主要集中在北方地区，大多数企业生产能力低下，生产工艺由于相互学习借鉴，基本相似，质量差别不大。在国际市场竞争力较弱，出口数量少，人才、信息和渠道缺乏。其主要存在问题是：一、产业

规模小；二、辣椒种植面积大，但在粗加工、色素提取方面技术落后；三、提取的产品色素质量不高，竞争力较差；四、辣椒栽培中农药残留量高，初加工处理不当，使其级别降低，销售大受影响。

参 考 文 献

畅功民, 陕疗, 刘森, 等. 2002. 天然辣椒红色素提取精制工艺研究. 山西农业科学, (2): 70-73

陈年之, 刘敬兰. 1997. 对辣椒色素某些性能的测试. 化学研究与应用, (1)

高蓝, 李浩明. 1997. 辣椒红辣味物质的保健要用与功能简介. 中国食品添加剂, (3): 45-47

韩于谦, 隋晓, 刘玉申. 1997. 超临界二氧化碳精制辣椒红色素的研究. 中国食品添加剂, (3)

何启伟, 赵双宜 石惠莲, 等. 1997. 中国萝卜皮色遗传的初步研究. 山东农业科学. (2): 4-9

贺文智, 索全伶, 王宏伟, 等. 2001. 辣椒红色素的提取精致方法. 内蒙古工业大学学报, (4)

姜炜. 2002. 超临界萃取技术在辣椒红色素中的应用. 南京理工大学学报, (1): 80-82

李秋荣, 佟琪, 赵笑虹. 2004. 辣椒红素的提取工艺及稳定性研究. 化工中间体, 1(3): 20-22

李晓双. 2001. 辣椒红色素的该性及在饲料中的应用研究. 饲料研究, (4): 20-22

李晓双. 2001. 辣椒红色素的改性及在饲料中的应用研究. 饲料研究, (4): 20-22

刘莹, 徐北妮, 于文, 等. 1998. 辣椒红色素的制取. 应用科学, (6)

吕发生, 谭革新, 罗永统, 等. 2006. 关于红心萝卜色素分布规律初步研究. 西南农业学报, 19 (2): 276-279

马英, 田凯, 肖玉川, 等. 1992. 辣椒色素的最新制法的研究. 河北化工, (1): 8-10

孟振农, 何启伟, 郎丰庆, 等. 2006. 萝卜不同品种中色素分布的发育变化. 山东大学学报, 35 (2): 224-229

彭子模, 李进, 时德红, 等. 1997. 辣椒红色素的提取方法的初步研究. 新疆教育学院学报, (3)

邱建生 .2005. 印度辣椒红色素的研究. 中国食品添加剂, (3): 37-41

邱建生, 张彦雄. 2003. 世界辣椒红色素的历史现状及发展趋势. 中国食品添加剂, (6): 3-10

曲瑞芳. 2006. 番茄果实中番茄红素的遗传分析及与农艺性状的相关研究. 杨凌, 西北农林科技大学园艺学院, 6

戎志梅. 2001. 生物化工新产品与新技术开发指南. 北京: 北京化学工业出版社.

史兰香, 赵全海, 冯美卿, 等. 1998. 辣椒红素的应用及提取工艺评述. 河北轻化工学院学报, (2): 77-79

王明轩, 赵淑琳. 1995. 辣椒红色素在医药和食品业中的应用. 西北大学学报 (自然科学版), (6): 645-647

吴良兰, 丁素芳, 王建华, 等. 1994. 正交设计在辣椒红色素红色素生产中的应用. 淮北煤师院学报, (4)

吴明光. 1994, 食用天然色素辣椒色素. 厦门科技, (4): 21-23

夏邦旗. 1998. 水溶性辣椒红色素制取备及其应用研究. 西部粮油科技, (6): 49-51

夏邦旗. 1999. 国内外辣椒红色素研究与开发进展. 西部粮油科技, (6): 36-39

夏枫耿, 姚朔影, 张素娟, 等. 1997. 固体辣椒红色素的稳定性研究. 中国食品添加剂, (4): 5-7

向云峰. 1997. 辣椒油树脂微胶囊化的研究, 食品科学. (11)

于志云, 尹健. 2001. 超临界二氧化碳萃取技术在辣椒红色素精制工艺中的应用. 中国食品添加剂, (5): 63-66

袁西恩, 郑新荣, 杜迅,等. 1998. 辣椒红色素的稳定性研究. 河南科学, (2): 213-217

张甫生, 庞杰, 李文东. 2002. 辣椒红色素在仿真食品中的应用. 食品与机械, (5): 34-35

张华, 吕玉璋 .2000. 辣椒红色素的制取和应用研究概述. 杂粮作物, (6): 38-43

张华, 吕玉璋. 2000. 辣椒红色素的制取和应用研究概述. 杂粮作物, (6): 38-43

张名位, 彭仲明, 徐运启. 1995. 黑米稻种皮色素含量的遗传效应分析. 中国水稻科学, 9(3): 149-155

张志强, 江英, 田丽萍. 2006. 辣椒红色素的稳定性及在食品中的应用研究. 现代食品科技, (4): 83-85

张志强, 江英, 田丽萍. 2006. 辣椒红色素的稳定性及在食品中的应用研究. 现代食品科技, (5): 83-85

章银良, 张中义, 王德亮. 1997. 影响辣椒红色素稳定性因素的分析. 广州食品工业科技, (1): 6-7

赵亚平, 胡成一, 林茂福, 等. 1998. 超临界 CO_2 流体提取辣椒精细成分的研究(Ⅰ). 食品工业科技, (4): 15-18.

周端美, 臧志清, 林述英. 1995. 超临界二氧化碳对辣椒红色素和辣素萃取分离的初步研究. 福州大学学报(自然科学版), (1): 85-88
周雯雯，李湘洲，张炎强等. 2005. 辣椒红素的国内研究进展. 云南化工, (10): 52-54
卓庆胜. 1996-04-14. 微胶囊食用天然色素在津通过鉴定. 中国食品报, (第一版)
邹学校. 1993. 杂交辣椒制种与高产栽培技术. 湖南: 湖南科学技术出版社, 1-2.
Dc Amit, Krish-na, Agarwal, et al. 1995. Inhibition by Capsaicin against cyclophosphamide. induced clastogenicity and DNA damage in mice. Mutant Res. (3): 253-258
Katayams, Ossmu. 1987. Pigment in food. Zalryo Kagaku, (1): 22-28
Todorova V, Todorov Y. 2006. 制干辣椒 F1 代中色素含量的变异和遗传. 辣椒杂志, (2): 47- 48

Research Advance in Capsanthin

Huang Wei [1,2], Zou Xuexiao [2], Ma Yanqing [2]

([1] College of Horticulture and Landscape, Hunan Agricultural University, Changsha 410128; [2] Hunan Academy of Agricultural Sciences, Changsha 410125)

Abstract: Studies of capsanthin are reviewed in this paper, including its properties, genetic variation, extractionand application.

Key words: capsicum; capsanthin; edible natural pigment; genetic variation

辣椒花药培养研究进展*①

赵　激

（中南大学研究生院隆平分院，长沙　410125；湖南省蔬菜研究所，长沙　410125）

摘要：本文综述了国内外辣椒花药培养的现状、影响花药培养的主要因素及花药培养机理，对辣椒花药培养存在的问题和未来的研究方向作了展望。

关键词：辣椒；花药培养；影响因素；培养机理；展望

花药培养技术是迄今为止创造纯合基因型的最有效手段，在育种工作中，利用这项技术除了可以缩短材料的纯化时间，通过对杂交 F_1、F_2 的花药培养选择特异的性状而外，还可以通过花药培养方法建立 DH 群体，直接获得纯化的品系，进而作为育种中间材料或亲本育成新品种。DH 群体中的双单倍体植株具有遗传上的纯合基因组，是分子标记和基因图谱的理想材料。辣椒花药培养工作开始较早。目前已成为一项较成熟的技术，广泛应用于育种工作之中，并选育出海花系列和海丰系列花培新品种在生产上应用推广。本文从影响花药培养的主要因素、花药培养机理及存在问题与展望等几个方面对辣椒花药培养的研究加以介绍，旨在为辣椒花药培养研究提供参考。

1　影响花药培养的主要因素

1.1　材料因素的影响

1.1.1　材料基因型

供体植株的基因型是影响花药培养的关键因素。陈晓等（2003）的试验，在 43 个辣椒供体基因型中胚状体诱导率为 0%~18%。陈肖师（1988）对 17 个甜椒品种进行花药培养，胚状体诱导率在 0.3%~6.8%。Dumas 等（1981）发现较大果型的灯笼椒花药培养效果较好，产生胚状体花药所占比率为 5%~40%。Mitykó 等（1995）报道，辣椒不同基因型诱导率最高可达 178.2%，最低只有 1.0%；同时还发现大果基因型的花粉植株诱导率为 5.9~75.8 个植株/100 个花药，而小果和中果基因型的花粉植株诱导率较低或为 0，用诱导率较低的小果型甜椒与诱导率较高的大果型甜椒杂交，F_1 代的诱导率居于双亲之间。

1.1.2　小孢子发育时期

小孢子的发育时期是影响花药培养效率的重要因素。Novák（1974）对比小孢子处

---

* 基金项目：国家农业产业技术体系建设专项（CARS-25-A-8）。

① 本文原载《作物研究》，2009，23（1）：63-66。

于四分体、单核期、双核期的花药培养效果，指出辣椒花药培养的最适小孢子发育时期是单核期。王玉英等（1973）、李春玲和蒋钟仁（1983）的研究结果表明处于单核中期和单核靠边期的花粉具有较高胚状体诱导率。Ramon 等（1997）、Sibi 等（1979）、Morrison（1986）、Qin 和 Rotino（1993）、Mitykó（2001）和 Dudu 等（2002）的研究均证明，当花瓣与花萼等长或花瓣稍长（2.5~3.5mm）于花萼，花药为绿色，花药末端略带淡紫色时，小孢子处于单核期—双核早期，刚好处于第一次有丝分裂阶段，最适于诱导小孢子向单倍体方向发育。

1.1.3 供试材料发育生理状态

许多植物植株生长状况与花药培养成功率有一定关系。Kristiansen 和 Andersen（1993）及李春玲和蒋钟仁（2000）的试验发现，随着植株株龄的增长，花药培养的反应显著降低，早期花蕾，特别是开花前 1~4 周的花蕾培养效果最好。

1.2 培养基成分的影响

（1）基本培养基 基本培养基是花药培养中影响花粉启动和再分化的重要条件，目前花药培养主要采用 MS、N、B、NH、TH、C、R、CP 等固体培养基，以 MS 应用最为广泛。Novak 等（1974）以 MS 和 NH 为基本培养基，在基本培养基与不同水平植物生长调节剂的 43 个处理中，MS 培养基和生长调节剂的组合产生愈伤最好。Vagera（1985）对比 MS、MSH、N、B5 和 SI 等 5 种培养基诱导 2 个甜椒品种，结果表明在 5 种基本培养基上都有胚状体和再生植株产成，不加活性炭的 N 培养基被证明最适于胚状体生长成植株。陈肖师（1988）比较 MS、H、B5、N 和 TH 等 5 种培养基，发现 MS 和 TH 培养基诱导效果最好，并认为不同培养基大量元素含量的差异是影响花药培养效果的主要因素。

（2）生长调节剂 生长调节剂的种类及适当的浓度配比对辣椒花药胚状体的诱导和分化影响很大。目前广泛应用于花药培养中的生长调节剂有 BA、KT、IAA、NAA、2,4-D 等。王玉英等（1973）采用 0.05mg/L NAA，0.1mg/L 的 KT，0.1mg/L 的 6-BA，提高了花药的成胚率。Dumas（1981）采用 0.01mg/L 2,4-D 和 0.01mg/L KT，后期采用 0.1mg/L KT，同样有效地促进了胚状体的产生。Qin 和 Rotino（1995）的研究结果表明，KT 是最有效的细胞分裂素，但有些品种只有在含有 6-BA 的培养基上才能诱导出胚状体。Gémesné 等（1998）的研究结果表明，在诱导培养基中加入 0.01~0.05mg/L 2,4-D，0.01~0.05mg/L KT，在继代培养基中加入 0.01~0.03mg/L KT 是可取的，并且认为诱导培养基中加入 0.08mg/L 2,4-D，0.08mg/L KT，在继代培养基中加入 0.03mg/L KT 是出胚的上限。张子君等（2000）报道 0.5mg/L 为 2,4-D，KT 和 BA 的最适浓度，在与 2,4-D 的组合中，KT 的效果优于 BA。上述结果表明在辣椒花药培养中加入适当浓度的生长调节剂有利于胚状体和愈伤组织的形成，但加入的浓度相差较大（2,4-D 和 KT 为 0.01~0.5mg/L），因此加入生长调节剂的浓度及组合应依据接种材料的基因型进行具体分析，通过多次试验来确定适宜的配方。

1.2.1 碳源

糖是植物组织培养必不可少的碳源，其浓度起着调节渗透压的重要作用。王玉英等

（1980，1981）在 NTH 培养基中进行了蔗糖浓度对比实验，结果表明 3%和 6%的蔗糖浓度是可取的，其中以 6%的蔗糖浓度最佳。李春玲和蒋钟仁（1983）报道，在蔗糖浓度为 3%的培养基中，两个基因型胚状体的诱导频率最高，当蔗糖浓度超过 6%时，胚状体的诱导频率随浓度的增加而递减，甚至不能形成胚状体。Morrison 等（1986）先在 6%蔗糖浓度的 C 培养基上培养 12 天，再转至 3%蔗糖浓度的 R 培养基，取得了较好效果。张子君等(2000)采用类似的方法,先在 3%蔗糖浓度的 MS 培养基上培养 8d 后移至 2.5%蔗糖浓度的 MS 培养基上，诱导率明显提高，蔗糖浓度降至 2%时诱导率则降低。

王立浩等（2004）比较了蔗糖、果糖、麦芽糖的培养效果，认为麦芽糖作为碳源的胚状体诱导率要高于蔗糖和果糖。同样，Supena（2006）采用含 2%麦芽糖的 H 培养基得到了单倍体植株。

（1）活性炭 活性炭能促进花粉胚状体和愈伤组织的形成。在辣椒花药培养中，王玉英等（1980）的试验表明，添加 0.5%活性炭是有益的。Johansson 和 Eriksson（1983）报道，ABA 抑制胚状体的形成，而活性炭可有效地吸收 ABA。李春玲和蒋钟仁（1983）的实验结果，培养基中附加 0.5%活性炭的胚状体诱导频率和成苗率显著高于不加活性炭的，而且活性炭能极明显地抑制体细胞愈伤组织的形成。陈晓等（2003）认为添加活性炭对胚状体的诱导是有益的，仅 0.25%的浓度对于辣椒胚状体的诱导已经足够。Ramon 等（1997）报道，添加活性炭提高了胚的发生率，同时也增加了不正常胚的数目。Vagera 等（2001）的试验，在培养基上附加活性炭，胚状体的发生率显著提高，但同时活性炭也会抑制再生植株的发生。还有报道，活性炭在促进花粉胚状体和愈伤组织形成的同时，也可能吸收营养物质、有机物质和生长调节剂等而影响小孢子的培养（Ramon et al.，1997；王玉英等，1981）。

（2）其他附加成分 附加成分是指在含有一定植物生长调节剂配比的培养基中添加水解酪蛋白、谷氨酰胺等营养物质、活性炭等吸收物质及 $AgNO_3$、V_C 等抗氧化物质的外源添加物。$AgNO_3$ 和 V_C 都能减轻花药褐化，提高花药培养胚状体诱导率。王立浩等（2004）报道，在辣椒的花药培养中，硝酸银、维生素 C 同样能够有效地减轻褐化，促进愈伤组织的生成，提高胚状体的发生率，硝酸银 50μmol/L、100μmol/L 都是适合的，维生素 C 最适浓度为 50μmol/L，高于此浓度，胚的诱导率反而有所下降；水解酪蛋白、核苷酸对于减轻褐化与愈伤组织的生成率影响不大，对胚状体生成率有促进作用，但影响程度较小。

1.3 供试材料生长环境的影响

供试材料生长环境对花药培养影响较大。Kell 和 Sven（1993）、Kristiansen 和 Andersen（1993）等的研究结果表明，辣椒的生长温度、光周期和生长时期等都对花药培养有影响，供体植株生长在 26℃条件下，花药培养效果最好，胚状体诱导率最高；供体植株生长温度低于 16℃，仅有 0.2%的胚发生率。张子君等（2000）也指出在白天 25℃，夜晚 14℃生长的供体植株花药培养的诱导率较高。

2 花药培养方法

2.1 预处理

如果花药或花粉从植株上取下直接接种进行培养，愈伤组织及绿苗生成率都很低。

为了提高花粉出胚的敏感性，往往需对目的花粉采用离心、低温、高温以及射线、甘露醇等方法进行预处理。

（1）低温预处理 Nitsch 等（1973）认为低温可以改变花粉粒第一次有丝分裂时纺锤体的取向，使得花粉向胚胎方向发育。在辣椒花药培养中，低温处理一般采用 4~7℃，处理 12~240h。Sibi 等（1979）将花蕾在 4℃条件下预处理 48h，Morrison 等（1986）用 4℃预处理花蕾 100h，都不同程度地促进了胚状体的诱导频率。庄军平和苏菁（2001）报道，辣椒接种前花蕾经 1~7 天、0~4℃低温预处理有利于花药花愈伤组织形成，其中以 3~5 天处理的效果最好。也有研究者采用花药接种后，进行低温处理的报道。

（2）高温预培养 高温预培养或称热激处理，在辣椒花药培养中较为常见，一般采用 32~36℃，处理时间为 2~8 天。Dumnas 等（1981）报道，将接好的花药先在 35℃、黑暗条件下培养 8 天的再生植株诱导率最高，达到 12%。Kristiansen 和 Andersen（1993）、Mitykó（1995）、Morrison（1986）、Qin 和 Rotino（1993）及张子君等（2000）均沿用了 Dumas 的高温处理方法，先在黑暗条件下 32~35℃培养 7~8 天，再于 25℃光暗交替培养，都得到了较好的花药培养效果。庄军平和苏菁（2001）报道，采用接种后经 12~60h、32℃高温处理，有利于花药愈伤组织的形成，但超过 60h 反而抑制愈伤组织的形成，结果说明接种植株不同生长阶段对花药培养的影响较大。

2.2 培养条件

离体花药培养条件包括温度、光照、水分、气体等，其中温度和光照对花药培养影响最大。辣椒花药培养多在 25~28℃，光照［10μmol/（m^2·s）左右］12~16h 条件下进行。在甜椒花药培养中，王玉英等（1981）将接种后的花药放在昼夜温差变化为 17~28℃条件下培养，发现比恒温或昼夜温差较小的条件下有利于花药培养。Dumas 等（1981）采用 35℃高温诱导，然后 25℃培养，能大幅度提高花粉胚的诱导率。Munyon 等（1989）不经变温处理，在 29℃连续光照条件下进行花药培养，所有基因型均出胚。Johansson 和 Eriksson（1984）报道，用低温、添加 2% CO_2，能更有效地诱导胚的发生。

光质对植株再生有一定影响，往往光合作用光谱对再生作用最有效，在实验室培养过程中最常用的是白色荧光。光照时间王玉英等（1980）采用 8~10 h，Dumas 等（1981）、Ramon 等（1997）都是 12 h。而 Munyon 等（1989）则采用 24 h 的连续光照。

2.3 接种密度

Sunderland（1971）指出花药接种密度对植物的花药培养有一定的影响，认为接种密度与诱导率成正相关。李春玲和蒋钟仁（1983）等发现增加花药在培养基上的接种密度，能明显地提高甜椒的胚诱导率，但同时由于增加了花药数和接种时间会使污染率增加。

3 花药培养机理

目前，关于辣椒小孢子由配子体发育途径向孢子体途径转变，进而形成单倍体或双单倍体植株的机理尚不清楚，但普遍认为培养中不同程度热激、冷激、高渗透压等物理胁迫，高浓度生长调节剂、糖分亏缺等化学胁迫是小孢子向胚发育的必要因素。随着细胞生理学和分子生物学的飞速发展，辣椒小孢子胚发生的细胞学机理和分子机理的研究也得以开展。Testillano 等（2000）报道，在白菜、烟草和辣椒的小孢子胚发育过程中，发现小孢子经配子体途径分裂后，产生一个活跃代谢的营养核和一个不活跃代谢的生殖核，而经孢子体途径分裂后，产生两个相同的核，并且细胞中出现从生结构；对这 3 种作物小孢子进行热激诱导处理后，小孢子细胞核中都出现大量热激蛋白 HSP70，并伴随着 Ntf6-MAP 激酶的表达，因此，认为这是小孢子胚形成的早期标志。Barany 等 2001 年的试验结果表明，经热激诱导处理 1d 后才出现大量热激蛋白 HSP70；2005 年的研究又发现，在正常小孢子发育过程中，有淀粉大量积累现象，而向胚发育方向发育的小孢子细胞中淀粉积累较少。Öskum 等（2001）发现 4℃预处理可以降低花药中 ABA 含量，但低 ABA 含量时花药诱导胚状体数量却低于对照，从而说明 ABA 并不会对小孢子胚状体发生构成影响，相反可能是诱导辣椒胚状体发生的又一因素。

关于分子水平上小孢子胚胎发生机制的研究，Pechan 等（1991）从热激处理过的小孢子中提出 mRNA 和蛋白质与新鲜小孢子作对比，发现了一些热激处理后小孢子具有的特异的 mRNA 和蛋白质，并推测它们的作用一方面可能是抑制花粉正常发育所需蛋白质的活性，另一方面是启动胚胎发育。Binarova 等（1993）研究了不同温度对小孢子发育情况的影响，认为 DNA 复制是小孢子诱导胚发生的基础。这些研究结果表明，DNA、mRNA 和蛋白质都是诱导胚胎发生的基础。

综上所述，准确地选择小孢子发育时期，并结合适当的物理、化学胁迫处理，将有助于小孢子胚发生。

4 存在问题和展望

辣椒花药培养研究虽取得了较大进展，但在理论和应用上仍存在一些问题：①培养基成分及培养条件间相互作用关系不清楚，胚状体或愈伤组织的诱导率和分化率较低，成苗率更低；②不同基因型植株的花药对培养基的反应相差很大，有的基因型对某些培养基根本无反应，特别是辣椒种间杂交种，目前仍无获得花培单倍体苗的报道；③花药培养诱导单倍体植株的发育调控机理尚不明确；④花药培养易受到体细胞的干扰。

针对以上问题，今后辣椒花药培养有待进一步加强以下研究：①培养基的优化、生长调节剂种类、配比及浓度等对花培效果的影响，提高胚状体的诱导频率；②加强控制胚状体诱导频率的基因及遗传规律的研究；③加强辣椒花药培养中雄核发育和胚状体形成等发育机理的研究，通过弄清雄核发育和胚状体形成等发育、调控机理，增强育种的可预见性；④研究排除体细胞形成愈伤组织的方法和途径等。

参 考 文 献

陈晓, 詹玉丝, 徐小利, 等. 2003. 花药培养建立辣椒DH纯系的初步研究. 河南农业科学, (9): 52-55.
陈肖师. 1988, 甜椒花药培养及“塞花一号”的育成.中国蔬菜, (3): 5-7.
李春玲, 蒋钟仁. 2000. 甜辣椒花药培养单倍体育种技术. 见: 邹学校编. 中国辣椒[M]. 北京: 中国农业出版社. 191-205.

李春铃，蒋钟仁. 1983. 对甜椒花药培养中一些影响因素的研究. 中国蔬菜, (12): 35-37.

王立浩，张宝玺，郭家珍，等. 2004. 辣椒花药培养中若干影响因素的研究. 园艺学报, 31: 199-204.

王玉英，郭敬三，王敬驹. 1973. 小黑麦和辣椒花粉植株的诱导. 中国科学, (1): 104-107.

王玉英，郭仲琛，李春玲，等. 1980. 甜椒花药培养的初步研究. 园艺学报, (1): 34-38.

王玉英，李春玲，蒋钟仁. 1981. 辣椒和甜椒花药培养的新进展. 园艺学报, 8(2): 41-45.

张子君，徐矿红，田云. 2000. 辣椒花药培养诱导胚状体成苗. 辽宁农业科学, (4): 43-45.

庄军平，苏菁. 2001. 温度对辣椒花药愈伤组织形成的影响. 西北农业学报, 10(2): 49-51.

Barany I, Gonzalez-Melendi P, Fadon B, et al. 2005, Microspore-derived embryogenesis in pepper (*Capsicum annuumm* L.): subcellular rearrangements through development. Biol Cell, 97(9): 709-722.

Barany I, Testillano PS, Mityko J, et al. 2001. The switch of the microspore developmental program in *capsicum* involves HSP70 expression and lead to the production of haploid plants. Int J Dev Biol, 45: 39-40.

Binarova P, Stratman K, Hause B, et al. 1993. Nuclear DNA synthesis during the induction of embryogenesis in cultured microspores and pollen of *Brassica napus* L. Theor Appl Genet, 87: 9-16.

Dudu Ozkum Ciner, 2002, Rukiye Tipirdamaz Turk J Bot, 26: 131-139.

Dumas de Vaulx R, Chambonnet D, Pochard E. 1981, Culture in vitrod' anthè res de piment(*Capsicum annuum* L.): amé lioration des tauxd'obtention de plantes chez diffé rents genotypes nar des traitementsà +35℃. Agronomie, (1): 859-864.

Gémesné Juhász A, Ságì ZS Salamon P. 1998, Experimences and result of in vitro haploid methods applicantion in pepper breeding program and Eggplant, 1998-Avignon France. 201-203.

Herberle-Boys E. 1980. Interaction of activated charcoal and iron chelate in anther culture of *Nicotiana* and *Atropabelladonna.* Z Pflanzenphysiol, 99: 339-347.

Johansson L , Eriksson T. 1989. Effects of carbon dioxide in anther culture. Physiol Plant, 60: 26-30.

Johansson L. 1983. Effects of actived charcoal in anther cultures. Physiol Plant, 59: 397-403.

Kell K, Sven B A. 1993. Effects of donor plant temperature, photoperiod and age on anther culture response of *Capsicum annuum* L. Euphytica, 67: 105-l09.

Kristiansen K, Andersen S B. 1993. Effects of donor plant temperature, photoperiod, and age on anther culture response of *Capsicum annuum* L. Euphytica, 67: 105-109.

Mitykó J, Andrasfalvy, Csillery G, et al. 1995. Anther culture respomse in difiercnt genotypes and Fl hybrids of pepper (*Capsicum annuum* L.). Plant Breed, 114: 78-80.

Mitykó J, Fárí M. 2001. Problems and results of doubled haploid plant production in pepper(*Claveria annuum* L.) via anther and microspore culture. Acta Hort, 122(447): 281-287.

Morrison R A, Koning R E, Evans D A. 1986. Anther culture of an interspecific hybrid of *Capscicum*. Plant Physiol, 126: l-9.

Munyon I P, Hubstenberger J F, Phillips G C. 1989. Origin of plantlets and callus obtained from chile anther cultures. In Vitro Cell, 25: 293-296.

Nitsch B. 1973. Norrel Effect d'um choc technique sur lepouvoir embrygenose du pollen de *Datura innoxia* cultive dansl'anthere ou isole de l'anthere C R Acid Sci, 303-306.

Novák F J. 1974, Induction of a haploid callus in anther cultures of *Capscicum* sp. Z Pflanzenuchtg, 72: 46-54.

Öskum D, Tipirdamaz R, Ellialtioglu S. 200l. The relationship between the efects of the cold pretreatments of buds on abscisic acid content of anthers and in vitro androgenesis in peppers (*Capsicum annuum* L.). Acta Hort, 560: 327-329.

Pechan P M, Bartels D, Brown D C W, et al. 1991. Messenger-RNA and protein changes associated with induction of Brassica Microspore embryogenesis. Planta, 184: 161-165.

Qin X, Rotino GL. 1993. Anther culture of several sweet and hot pepper benotypes. Capsium & Eggplant Nwsl, 12: 59-62.

Qin X, Rotino GL. 1995, Chloroplast number in guard cells as ploidy indicator of in vitro-grown androgenic pepper plantlets. plant Cell. Tissue and Organ Culture, 41: 145-149.

Ramon D S, Elisabet C, Agustin H. 1997. A ndrogenesis in *Capsicum annuum* L. Effects of carbohydrate and carbon dioxide enrichment. J Amer Soc Hort Sci, 122(4): 468-475.

Sibi M, Dumas de Vaulx R, Chanbonnet D. 1979. Obstain de plants haploï dses par androgenése *in virto* chezle piment(*Claveria annuum* L.).Ann Amélior plantes, 29: 583-606.

Sunderland, N. 1971. action in pollen grains of Nicotiana tabacum J Exp Bot, 22: 213-226.

Supena E D, Subarsono S, Jacobsen E, et al. 2006. Successful development of a shed-microspore culture protocol for doubled haploid production in Indonesian hot pepper (*Capsicum annuum* L). Plant Cell Rep. 25(1): 1-10.

Testillano P S, Coronado M J, Segu 1 J M, et al. 2000. Defined nuclear changes accompany the reprogrammming of the microspore to embryogenesis. J Struct Biol, 129: 223-232.

Vagera J, Havranek P. 1985. *In vitro* induction of androgenesis in *Capsicum annuum* L. and its genetic aspects. Biol Plant (Praha), 78: 879-883.

辣椒耐低温性鉴定技术标准*①

杨　莎[1]，马艳青[1]，朱晨曦[2]，邹学校[3]

（[1]湖南省蔬菜研究所，长沙　410125；[2]中南大学隆平分院，长沙　410125）；
[3]湖南省农业科学院，长沙　410125）

1　范　　围

本标准规定了辣椒耐低温性鉴定方法及判定标准。

本标准适用于辣椒的耐低温性检测。

2　规范性引用文件

GB16715.3-2010 茄果类蔬菜种子质量规程。

GB/T 3543.4 农作物种子检验规程 发芽试验。

3　术语和定义

下列术语和定义适用于本标准。

耐低温辣椒品种：是指低温胁迫下，耐低温指数数值或平均隶数函数值大的辣椒作物品种（品系）。

耐低温指数：是指以辣椒果实产量等性状为依据，以对照品种（伏地尖）作为比较标准，判定待测品种（系）和材料耐冷性的指标。

耐低温性级别：采用隶属函数方法分级，从强到弱依次分为 5 级：0.6~1.0 为强耐低温；0.4~0.6 为耐低温；0.3~0.4 为中等耐低温；0.2~0.3 为不耐低温；0~0.2 为低温敏感。

4　耐低温性鉴定

耐低温性鉴定的时期分为种子萌发期、苗期、盛花期以及全生育期，可根据研究工作目的选用任一时期的鉴定结果判定待测材料的耐低温性。

---

* 基金项目：国家现代农业产业技术体系建设专项（CARS-25-A-08）。

① 本文原载《辣椒杂志》，2014，（2）：11-13。

4.1 种子萌发期耐低温性鉴定

4.1.1 样品准备

试验种子质量应符合 GB16715.3-2010，数量满足试验需要。将待测品种（系）种子充分混合均匀后，随机取出 800 粒，禁止包衣和拌种。种子先用 55℃温水浸泡 15min，再用 10%磷酸三钠消毒 20min，冲洗干净后置于水中浸泡 1~2h，取出后至室温待测。

4.1.2 胁迫培养

按 GB/T 3543.4 进行发芽试验。100 粒种子为一个重复，共设 4 次重复，分别放入发芽皿中，各进行低温 15℃处理。

4.1.3 对照培养

按 GB/T 3543.4 进行发芽试验。100 粒种子为一个重复，共设 4 次重复，分别放入发芽皿中，各进行常温 25℃处理。

4.1.4 性状调查

将发芽皿分别放入培养箱中，第 7d 统计发芽势。

4.1.5 种子发芽率

种子发芽率按式（1）、式（2）、式（3）进行计算：

胁迫培养的发芽率（%）=胁迫培养 4 次重复在第 7 d 萌发种子数的平均数/胁迫培养 4 次重复种子总数的平均数×100%　　（1）

对照培养的发芽率（%）= 对照培养 4 次重复在第 7 d 萌发种子数的平均数/对照培养 4 次重复种子总数的平均数×100%　　（2）

相对发芽势(%)=胁迫培养的发芽率(%)/对照培养的发芽率(%)　　（3）

4.2 苗期耐低温性鉴定

苗期耐低温性鉴定在低温培养箱中进行。

4.2.1 试验设计

种子要求同 4.1.1，常温下播种于营养钵中，待幼苗长至四叶一心时移入培养箱，温度设置 5℃，设 3 次重复，每个重复 100 株苗。

4.2.2 性状调查

将营养钵放置在培养箱后，处理 48 h 后，观察辣椒冷害情况。

冷害分级标准为：

0 级：无明显症状。

1 级：第 1、2 叶叶缘失水，其他无明显冷害症状。

2 级：第 1、2 叶叶缘失水严重，第 3 叶叶缘略失水，心叶无明显冷害症状。

3 级：第 1、2 叶叶缘出现脱水斑，第 3 叶叶缘严重失水，心叶略失水。

4 级：第 1、2 叶脱水斑连接成片，叶片萎蔫，第 3 叶出现脱水斑，心叶严重失水。

5 级：全部叶片萎蔫，幼苗在常温下不能恢复。

冷害指数=Σ（各级株数×级数）/（总株数×最高级别数）

4.3 盛花期耐低温性鉴定

盛花期耐低温指数鉴定在模拟低温条件下进行。

4.3.1 试验设计

种子要求同 4.1.1，辣椒幼苗成苗后，选大小一致的辣椒苗移栽至 20cm×25cm 的盆钵内，每盆 1 株，每个处理 20 盆，设 3 次重复，试验采用随机区组法。

4.3.2 低温胁迫处理

待辣椒幼苗移栽后到盛花期（即移栽后 45d ±5d）放置于培养箱进行低温 15℃处理，一直到收获。

4.3.3 对照处理

设置对照试验，试验盆与低温胁迫处理一致，栽培管理与胁迫处理一致，正常温度 25℃处理，一直到收获。

4.3.4 考察性状

辣椒果实产量。

4.3.5 耐冷指数

耐低温指数（CRI）公式计算：

$$\text{CRI}=\left[(Y_a)^2/(Y_m)\right]\times\left[(Y_M)/(Y_A)^2\right]$$

式中，CRI 为参试品种（系）的耐低温指数；Y_a 为参试品种（系）的低温处理产量；Y_m 为参试品种（系）正常温度处理产量；Y_M 为对照品种（系）的低温处理产量；Y_A 为对照品种（系）的正常温度处理产量。

4.4 全生育期耐低温性鉴定

全生育期耐低温性鉴定在培养箱内进行，采用盆钵试验与培养箱试验相结合的方法。

4.4.1 试验设计

种子要求同 4.1.1，盆栽设计同 4.3.1。

4.4.2 低温胁迫处理

移栽盆钵辣椒幼苗至培养箱，在不同生育期视生长需要调温，保证生长温度为正常生长温度偏低（或任意时期经历一次短期低温胁迫），以保证一定的产量。

4.4.3 对照处理

对照处理管理同 4.3.3。

4.4.4 考察性状

辣椒果实产量。

4.4.5 耐低温指数

以辣椒果实产量计算耐低温指数，方法同 4.3.5。

5 耐低温指数判定规则

耐低温性分为 5 级：强耐低温、耐低温、中等耐低温、不耐低温、低温敏感。

5.1 种子萌发期耐低温性判定

种子萌发期耐低温性判定见表 1：

表 1 辣椒种子萌发期耐低温性判定

相对发芽势（%）	耐冷性等级
≥90.0	强耐低温
70.0~89.9	耐低温
50.0~69.9	中等耐低温
30.0~49.9	不耐低温
≤29.9	低温敏感

5.2 苗期耐低温性判定

苗期耐冷性判定见表 2：

表 2 辣椒苗期耐低温性判定

冷害指数	耐低温性等级
≤0.2	强耐低温
0.2~0.3	耐低温
0.3~0.5	中等耐低温
0.5~0.6	不耐低温
0.6~1.0	低温敏感

5.3 盛花期耐低温指数判定

盛花期耐低温指数判定见表 3：

表 3 辣椒盛花期耐低温性判定

耐冷指数	耐低温性等级
0.6~1.0	强耐低温
0.4~0.6	耐低温
0.3~0.4	中等耐低温
0.2~0.3	不耐低温
≤0.2	低温敏感

5.4 全生育期耐低温性判定

全生育期耐低温性判定见表 4：

表 4　辣椒全生育期耐低温性判定

耐低温指数	耐低温性等级
0.6~1.0	强耐低温
0.4~0.6	耐低温
0.3~0.4	中等耐低温
0.2~0.3	不耐低温
≤ 0.2	低温敏感

6　耐低温性判定综合评价

采用隶属函数值方法，求出每个品种各特征性状的具体隶属函数值。当指标性状值与耐低温性呈正相关时，$X=(X_{ij}-X_{jmin})/(X_{jmax}-X_{jmin})$；当指标性状值与耐冷性呈负相关时，$X=1-[(X_{ij}-X_{jmin})/(X_{jmax}-X_{jmin})]$。其中，$X$ 为各指标在低温胁迫下的测定值与对照值（正常温度）的比值，X_{ij} 为 i 品种 j 性状值的隶属函数值，X_{jmin} 为各品种 j 性状最小值，X_{jmax} 为各品种 j 性状最大值。然后把每个品种各性状具体耐低温隶属值进行累加，并求平均值 X_i，$X_i=\Sigma X_{ij}/n$，（$j=1，2，\cdots n$），n 为指标性状数量；X_i 为 i 品种耐低温的隶属函数平均值，平均值越大，耐低温性越强。耐低温性常分为 5 级，根据指标值大小判断耐低温性强弱，0.6~1.0 为强耐低温；0.4~0.6 为耐低温；0.3~0.4 为中等耐低温；0.2~0.3 为不耐低温；0~0.2 为低温敏感。

第五部分　新品种选育

博辣红帅辣椒新品种的选育*①

马艳青，张竹青，陈文超，李雪峰，邹学校，戴雄泽，周书栋

（湖南省蔬菜研究所，长沙 410125）

摘要： 博辣红帅是以 9704A 为母本，J01-227 为父本配制而成的一代杂交组合。该品种中熟，果实线形，果长 22cm 左右，果宽 2.0cm 左右，肉厚 0.2cm，单果重 30g 左右，味辣。青熟果绿色，生物学成熟果鲜红色，果表光亮，果直少皱，商品性好。连续坐果能力强，抗逆性强。每 667m^2 鲜椒产量 2000kg 左右。

关键词： 辣椒；博辣红帅；一代杂种；选育

1 选 育 过 程

博辣红帅是以 9704A 为母本，J01-227 为父本配制的一代杂交组合。其母本 9704A 是从 21 号牛角椒中发现的不育株，经 5 代回交选择育成的优良不育系，它植株生长整齐一致，株 64.4cm 左右，开展度 63.2cm×57.4 cm，生长势较强。中熟，第一花节位 12 节左右。花冠白色，花柱淡黄色，无花粉。授粉结实后，果实纵径一般 16.3cm，果实横径一般 2.61cm。较抗病毒病、炭疽病，耐疫病、疮痂病。属核质互作类型，不育率和不育度均可达 100%。父本 J01-227 是江西上高地方品种经多代自交定向选育的优良株系，其特征和果实性状与原品种有明显差异。它植株生长势强，分枝多，节间距长，较开展，中熟。果实长 20cm，宽 1.2cm，长线形，腔小，肉厚中等，浅绿色。味辣，风味好，结果多。较耐湿，抗病性较强。2003 年配组，2004~2005 年进行品比试验，2006~2007 年进行多点试验，同时进行了生产示范。

2 选 育 结 果

2.1 丰产性

2.1.1 品比试验结果

2004~2005 年在长沙郊区进行博辣红帅的品比试验，小区面积 12 m，3 次重复。从表 1 可知，2004 年博辣红帅鲜椒 667m^2 产量比对照湘辣 4 号增产 11.29%，2005 年博辣红帅比对照湘辣 4 号增产 17.33%，经方差分析表明，增产均达显著水平。

---

* 基金项目：国家农业产业技术体系建设专项（CARS-25-A-8）。

① 本文原载《辣椒杂志》，2009，（1）：17 转 23。

表 1　博辣红帅品比试验产量结果比较

年份	品种	产量（kg/667m²）	增产率（%）
2004 年	博辣红帅	2301.15	11.29
	湘辣 4 号	2067.70	
2005 年	博辣红帅	2145.50	17.33
	湘辣 4 号	1828.70	

表 2　博辣红帅多点试验产量结果比较

地点	2005 年产量（kg/667m²）			2006 年产量（kg/667m²）		
	博辣红帅	湘辣 4 号（CK）	比 CK 增产%	博辣红帅	湘辣 4 号（CK）	比 CK 增产%
长沙	2232.2	1986.1	12.39*	2281.1	2014.0	13.26*
湘潭	2032.1	1680.9	20.89**	2274.8	1889.8	20.37**
岳阳	2334.5	2153.4	8.41	2123.1	2378.9	12.05*
郿阳	1978.8	1678.9	17.86*	2027.7	1650.8	22.79**
常德	2347.8	2018.9	16.29*	2463.5	2116.0	16.42*

** 方差分析 1%的极显著水平，* 方差分析达 5%的显著水平

2.1.2　多点试验结果

2005 年、2006 年博辣红帅在全省 5 个不同地区进行了多点试验，小区面积为 15m²，3 次重复。试验结果见表 2。表 2 表明，2005 年博辣红帅鲜椒 667m² 产量五点均比对照增产，五点鲜椒平均增产 14.83%，其增产幅度为 8.41%~20.89%。2006 年产量五点仍较湘辣 4 号增产，增产幅度在 12.05%~22.79%，五点平均每 667m² 增产 16.54%。同时各地均反映博辣红帅果实长于湘辣 4 号，商品性优于湘辣 4 号。

2.1.3　生产试验总结

从表 3 可见，2000~2006 年在常德、岳阳、湘潭、湘西、长沙安排了博辣红帅的生产示范试验，试验按当地栽培水平进行，以当地主栽品种作对照。试验结果表明，博辣红帅，最早上市期为 5 月 15 日，比湘辣 4 号早 2d，熟性稍早于湘辣 4 号。一般鲜椒 667m² 产 1990.4kg 左右，最高可达 2462.5kg，比湘辣 4 号平均增产 6.04%；一般 667m² 产值 3014.90 元，最高产值 4540 元，比湘辣 4 号平均 667m² 增加 250~405 元。各试点均反映博辣红帅较抗炭疽病，耐疫病、病毒病和疮痂病，抗逆性强。株型紧凑，挂果能力强，挂果多，果形较直长。味辣，果实外形漂亮，商品性好，经济效益高，适于鲜食或加工盐渍、酱制。

表 3　博辣红帅生产示范试验结果

试验地点	面积（667m²）	对照品种	667m² 产量（kg）	增产%	667m² 产值（元）	667m² 增值（元）
岳阳	1.0	湘辣 4 号	2247.1	10.4	3444.80	405
常德	1.0	湘辣 4 号	2014.7	11.7	3065.80	326
湘西	0.5	湘辣 4 号	1742.1	4.2	2620.60	285
湘潭	1.0	湘辣 4 号	1876.5	8.7	3014.60	250
长沙	1.0	湘辣 4 号	2245.6	10.2	3562.00	300

2.2 抗病、抗逆性

两年的品比试验表明，博辣红帅田间病毒病、炭疽病、疫病、疮痂病的平均病指分别为 16.5、5.9、7.1、14.6，均比湘辣 4 号抗性强（湘辣 4 号 4 种病害的平均病指分别为 18.5、10.0、15.5、15.4）。多点试验和生产试验中博辣红帅在各试点均表现对病毒病、疮痂病、疫病有较强的抗性。2007 年委托湖南省植物保护研究所进行了苗期室内抗病性鉴定，博辣红帅对疫病、炭疽病、病毒病均表现抗病，病情指数分别为 12.1、6.8、14.5。

3 品种特征特性

博辣红帅株高 52cm 左右，植株开展度 72cm×75cm，植株生长势旺。中熟，第一花着生节位 13 节。果实羊角形，果实纵径 21.5cm，横径 1.82cm，肉厚 0.21cm，中等厚，2~3 个心室，果面光滑，果皮较薄，果形较直，整齐标准，商品成熟果为绿色，生物学成熟果鲜红色，平均单果重 26g。果实味辣，风味好，可鲜食或加工盐渍酱制。挂果性强，坐果率高，采收期长，667m^2 产鲜椒 2000kg 左右。抗炭疽病，耐疫病、病毒病，抗高温，耐湿能力强。适于嗜辣地区作加工盐渍、酱制栽培或鲜食丰产栽培。

4 栽培技术要点

4.1 播种

长沙地区从 12 月至次年 1 月均可播种，2~3 月假植一次，667m^2 用种量 40g 左右。

4.2 定植

4 月上旬定植，参考行株距为 0.5m×0.5m。

4.3 植株整理

及时抹掉侧枝，使植株主茎粗壮，同时也可避免果实弯曲。

4.4 肥水管理

施足基肥，667m^2 施腐熟的牲畜厩肥 3000kg，或菜子饼肥 100kg，磷、钾肥各 50kg。定植后至开花用稀薄人畜粪尿追施 2~3 次提苗肥，花期要严控水肥，挂果后重施追肥，每一批果坐稳后要及时追肥 1~2 次。

4.5 病虫害的防治

苗期注意防治猝倒病和灰霉病，严格控制温湿度，减少病害发生；成株期主要防治疮痂病、病毒病、白绢病。虫害主要有蚜虫、蓟马和烟青虫，以预防为主。

博辣红星辣椒新品种的选育*①

张竹青，邹学校，戴雄泽，马艳青，李雪峰，陈文超，周书栋

（湖南省蔬菜研究所，湖南 长沙 410125）

摘要： 博辣红星是以 05S155 为母本，SJ05-22 为父本配制的一代杂交种。中熟，首花节 10~11 节。青果深绿色，生物学成熟果深红色，果实羊角形，果表光亮。果长 12~14cm，果宽 2.2~2.5cm，肉厚 0.27cm，单果重 27g 左右，味辣，色素含量高。2009~2010 年区域试验平均亩产为 1985.38kg/667m^2，生产试验平均亩产为 2272.55kg/667m^2。坐果多，连续坐果能力强，适宜红椒鲜食、干制、酱制及加工提取色素栽培。

关键词： 辣椒；博辣红星；一代杂种；选育

博辣红星是湖南省蔬菜研究所选育的优质、稳产羊角椒杂交品种。具有果实商品性好、味辣、色素含量高等优点。2011 年 5 月通过湖南省农作物品种审定委员会审定，审定编号为湘审椒 2011001。

1 选育过程

博辣红星是以 05S155 为母本，SJ05-22 为父本配制而成的一代杂交组合。母本 05S155 是从湘西地方品种奇红椒中分离，经多代单株选择而成的自交系，其熟性较晚，植株生长势中等，叶深绿色，果实羊角形，果深绿色，果长 12cm 左右，果宽 1.5cm 左右，果表光亮无皱。父本 SJ05-22 是从美国引进的一材料中分离经多代单株选择而成的优良自交系，早熟，植株生长势中等，叶绿色，果实牛角形，绿色，果长 15cm 左右，果宽 2.5cm 左右，果表光亮无皱。

我们于 2006 年配组，2007 年进行了品比试验，2009~2010 年在省内的岳阳、泸溪、怀化、衡阳、长沙进行了区域试验，2009~2010 年在河南、河北、重庆及湖南长沙、泸溪、龙山等地开展了多点试种及生产示范试验，取得了良好的效果。该品种的主要特点是中早熟，抗病、抗逆能力强，果直，果实外表光亮，商品性佳，加工性能好，可鲜食、干制、加工。

---

* 基金项目：国家公益性行业（农业）科研专项（200903025）。

① 本文原载《辣椒杂志》，2011，（4）：8-11。

2 选育结果

2.1 丰产性

2.1.1 品种比较试验

2006 年冬季在三亚、2007 年春季在长沙进行品比试验，随机区组排列，小区面积 12m^2，三次重复。博辣红星始花期与对照圣尼斯金塔相近。2 年前期产量博辣红星比对照圣尼斯金塔分别增产 17.01%和 19.70%，经方差分析表明增产达显著水平；总产量比对照增产 8.74%和 9.33%，增产不显著。博辣红星果实羊角形，果表光亮，商品性好。抗病能力博辣红星比金塔更强（表 1）。

表 1 博辣红星 2006 年冬季在三亚、2007 年春季在长沙两次品比试验产量表

试验时间、地点	2006 年三亚		2007 年长沙	
参试品种	博辣红星	金塔	博辣红星	金塔
小区前期产量/kg	17.8	15.2	21.3	17.8
折合前期产量/（kg/667m^2）	989.5	845.6	1184.0	989.3
前期增产幅度/%	17.01	/	19.7	/
显著性测验	显著	/	显著	/
小区总产量/kg	35.91	33.0	36.3	33.2
折合总产量/（kg /667m^2）	1996.0	1835.5	2017.6	1845.4
增产幅度/%	8.74	/	9.33	/
显著性测验	不显著	/	不显著	/

2.1.2 区域试验

2009 年安排 11 个区试品种，以湘辣 4 号为对照。2009 年湖南省区试结果表明：博辣红星前期平均产量为 942.48kg/667m^2，最高达到 1375.1kg/667 m^2，平均前期产量比对照增产 17.54%；总产量平均为 1952.06kg/667m^2，最高产量达到 2660kg/667m^2，平均总产量比对照增产 11.91%（表 2）。

表 2 2009 年博辣红星区试试验前期产量和总产量

品种 试点	前期产量/（kg/667 m^2）					总产量/（kg/667 m^2）				
	博辣红星			湘辣 4 号		博辣红星			湘辣 4 号	
	产量	增产率/%	位次	产量	位次	产量	增产率/%	位次	产量	位次
长沙	1192.0	9.04	4	1093.2	6	1772.5	4.36	4	1698.4	5
岳阳	1375.1	19.98	3	1146.1	6	2660.0	30.67	1	2035.7	9
衡阳	1032.8	13.17	2	912.6	7	2143.9	29.65	1	1653.6	7
株洲	364.7	25.19	6	291.3	8	1668.0	–8.75	8	1828.1	5
泸溪	747.8	32.14	3	565.9	6	1515.9	0.67	6	1505.8	7
平均	942.48	17.54	1	801.9	—	1952.06	11.91	3	1744.3	—

2010 年安排 15 个区试品种，以湘辣 4 号为对照。2010 年湖南省区试结果表明：博

辣红星前期平均产量为 1038.7kg/667m^2，最高达到 1686.0kg/667m^2，平均前期产量比对照增产 25.64%，总产量平均为 2018.7kg/667m^2，最高达到 2359.2kg/667m^2，总产量平均比对照增产 23.52%（表 3）。

表 3　2010 年博辣红星区试试验前期产量和总产量（单位：kg）

试点＼品种	2010 年省区试前期产量					2010 年省区试总产量				
	博辣红星			湘辣 4 号		博辣红星			湘辣 4 号	
	产量	增产率/%	位次	产量	位次	产量	增产率/%	位次	产量	位次
长沙	1686.00	2.62	5	1642.8	8	2359.2	19.37	2	1976.3	9
岳阳	1558.56	67.9	1	928.24	10	2247.8	48.35	2	1515.2	12
衡阳	954.07	6.99	4	891.67	11	2064.8	7.83	3	1914.8	11
株洲	494.8	60.85	1	307.6	9	1876.8	22.79	1	1528.4	4
湘西	500.22	37.82	3	362.94	8	1545.1	24.94	3	1236.7	8
平均	1038.7	25.64	1			2018.7	23.52	1		

2.1.3　生产试验

2009~2010 年博辣红星在河南、河北、重庆及湖南的长沙、泸溪、龙山等地进行生产试验，结果表明：2009 年博辣红星各生产试验点前期产量和总产量均比对照增产，平均前期产量为 1014.4kg/667m^2，较对照品种平均增产 10.31%；2010 年平均前期产量 1009.4kg/667m^2，平均较对照增产 9.20%（表 4）；2009 年博辣红星总产量平均 2242.1kg/667m^2，平均较对照增产 10.42%；2010 年平均总产量约为 2303.0kg/667m^2，平均较对照增产 8.09%（表 5）。

表 4　2009－2010 年博辣红星生产试验前期产量

示范地区	2009 年			2010 年		
	产量/（kg/667m^2）			产量/（kg/667m^2）		
	博辣红星	CK	比 CK 增产/%	博辣红星	CK	比 CK 增产/%
河南	1178.6	1045.5	12.73	1130.4	998.2	13.24
河北	1024.5	928.8	10.30	1045.3	965.5	8.27
重庆	986.4	927.6	6.34	923.3	867.1	6.48
长沙	1038.6	879.5	18.09	1012.5	923.8	9.60
泸溪	942.1	912.1	3.29	988.5	912.9	8.29
龙山	916.3	823.8	11.23	956.4	878.9	8.81
平均	1014.4	919.6	10.31	1009.4	924.4	9.20

表 5　2009－2010 年博辣红星生产试验总产量

示范地区	2009 年			2010 年		
	产量/（kg/667m^2）			产量/（kg/667m^2）		
	博辣红星	CK	比 CK 增产/%	博辣红星	CK	比 CK 增产/%
河南	2897.4	2488.7	16.42	2738.6	2532.9	8.12
河北	2542.8	2429.2	4.68	2529.6	2354.6	7.43
重庆	2356.7	2109.8	11.70	2245.7	2113.7	6.24
长沙	2498.7	2312.1	8.07	2236.9	1989.6	12.43
泸溪	2231.2	1979.2	12.73	2087.6	1925.6	8.41
龙山	2125.7	1951.6	8.92	1979.5	1869.4	5.89
平均	2242.1	2211.8	10.42	2303.0	2131.0	8.09

2.2 抗病性

博辣红星比湘辣 4 号抗病性强，经苗期人工接种抗病性鉴定（表 6），博辣红星比圣尼斯金塔（CK）抗病性强，博辣红星表现抗病毒病（病指 13.6）、抗疫病（病指 8.9）、耐病毒病（病指 15.6）。多点试验和生产试验中，博辣红星表现耐湿热能力也比湘辣 4 号强。

表 6 博辣红星抗病性鉴定结果

品种	炭疽病病指	抗病类型	疫病病指	抗病类型	病毒病病指	抗病类型
博辣红星	15.6	T	8.9	R	13.6	R
金塔	25.7	T	12.4	R	15.2	T

2.3 熟性

该组合中早熟，从定植至采收鲜青椒约 48 天，至采收红椒约 70 天。

2.4 品质

经湖南省蔬菜工程技术研究中心测定，果实中辣椒素含量为 0.339mg/g，V_C含量为 176.76mg/100g（鲜样质量），可溶性糖含量为 1.39g/100g，蛋白质含量为 0.83g/100g，红色素含量 585.17mg/kg，干物质含量为 12.37%。

3 品种特征特性

株高 66cm 左右，株幅 80cm 左右，植株生长势较强，首花节 10~11 节，中熟，始花期与湘辣 4 号相近。青果深绿色，生物学成熟果深红色，果实羊角形，果表光亮。果长 12~14cm，果宽 2.2~2.5cm，肉厚 0.27cm，单果重 27g 左右，味辣。坐果多，连续坐果能力强，适宜红椒鲜食、干制、酱制及加工提取色素栽培。

4 栽 培 要 点

1. 该品种中熟，注意前期育壮苗非常重要。

2. 长沙地区 12 ~3 月均可播种。亩用种量 40g 左右。

3. 加强栽培管理，预防病虫危害。注意及时补充肥水，肥水充足可促进植株生长、多坐果，延长采收期和产量。浇肥以腐熟的人畜粪尿为主，可辅以复合肥或少量尿素。

4. 适时采收，以提高产量和效益。

Breeding of a New Hot Pepper Variety-Bolahongxing

Abstract Bolahongxing is a mid-mature hot pepper F_1 hybrid of the cross 05S155×SJ05-22. It grows the first flower at node 10~11, and young dark -green horn -shaped fruit which will turn carmine at the biological maturity. The fruit is straight and well glossy, 12~14cm in length, 2.2~2.5cm in diamater, about 0.27cm in fruit-wall thickness and 27g per fruit with pungent taste and good flavour. It performs strong continuous fruiting capacity and yields about 29.78t fresh fruit per hm^2 in the regional test and about 34.09t fresh fruit per hm^2 in the production test in 2009~2010. It could be grown for fresh fruit cooking, drying and processing .
Keywords: hot pepper; new variety; Bola Hongxing; F1 hybrid; Breeding

极早熟辣椒新品种博辣娇红的选育*①

张竹青，戴雄泽，马艳青，李雪峰，陈文超，周书栋，邹学校

（湖南省蔬菜研究所，辣椒新品种技术研究推广中心，湖南 长沙 410125）

摘要：博辣娇红是以 SF-11 为母本，H2887 为父本配制的一代杂交组合。该品种极早熟，第一花节位 7~8 节，果实羊角形，青果浅绿色，果长 20cm 左右，果宽 1.3cm，平均单果重 12 g 左右，果表光亮微皱，皮薄，味辣，风味好。早期产量为 1100kg/667m^2 左右，总产量 2500kg/667m^2 左右。果实红熟快，海南地区从播种到采收红椒约 70d 。连续坐果能力强，早熟不早衰。抗炭疽病、疫病、病毒病。适于嗜辣地区作极早熟大棚或露地栽培、秋延栽培，辣椒果实可鲜食、加工、干制。

关键词：辣椒；新品种；博辣娇红；F_1 杂种；繁育

1 选育过程

博辣娇红是以 SF-11 为母本，H2887 为父本配制而成的一代杂交组合。母本 SF-11 是从娄底一地方品种经多代单株选择而成的自交系，它极早熟，节较密，植株生长势较弱，分枝中等，叶绿色，果实羊角形，绿色，果长 18cm 左右，果宽 1.5cm 左右，坐果多，果表光亮微皱，果皮薄，果肉薄，抗病能力强，味辣，红椒易干制。父本 H2887 是从湘西收集的一地方品种，经多代选择而成的株系材料，该亲本植株生长势中等，分枝较弱，叶绿色，果绿色，果实线状，果长 20cm 左右，果皮薄，味辣，抗病性较强。

2004 年配组，2005 年进行了品比试验，2006 年、2007 年在河南、重庆、河北、海南及省内的岳阳、常德、邵阳、湘潭、长沙等地开展了多点试种及示范试验，取得了良好的效果。该品种的主要特点是极早熟，挂果早，红熟早，适合大棚或露地作极早熟栽培。抗病、抗逆能力强，果实外表光亮，商品性好。水分含量较一般线椒品种低，适合于鲜食或加工干制、酱制。

---

* 基金项目：国家科技支撑计划项目（2008BADB7B01）；国家公益性行业（农业）科研专项（200903025）。

① 本文原载《辣椒杂志》，2010，（4）：14-15，18。

2 选育结果

2.1 丰产性

2.1.1 品种比较试验

2005年春季在长沙、冬季在三亚进行品比试验，随机区组排列，小区面积7.2m^2，三次重复。博辣娇红始花期比对照湘辣1号早5~7d，青熟商品果始收期比对照早7~10d，红椒比对照早10~12d，在海南从播种到采收红椒只需70d。长沙和三亚两地前期产量博辣娇红比对照湘辣1号分别增产30.76%和28.73%，经方差分析表明增产达极显著水平；总产量比对照7.63%和5.97%，增产不显著（表1）。

表1 博辣娇红2005年春季在长沙、冬季在三亚两次品比试验产量表

试验时间、地点	2005年春、长沙		2005年冬、三亚	
参试品种	博辣娇红	湘辣1号（CK）	博辣娇红	湘辣1号（CK）
小区前期产量（kg）	10.85	8.30	11.49	8.93
折合前期产量（kg/667m^2）	1005.13	768.66	1064.42	827.57
前期增产幅度（%）	30.76	/	28.73	/
显著性测验	极显著	/	极显著	/
小区总产量（kg）	26.80	24.90	28.40	26.80
折合总产量（kg/667m^2）	2482.72	2306.70	2630.94	2482.72
增产幅度（%）	7.63	/	5.97	/
显著性测验	不显著	/	不显著	/

2.1.2 多点试验

2006~2007年博辣娇红在湖南岳阳、常德、湘潭、长沙和邵阳五点进行多点试验，结果表明（表2，表3）：博辣娇红2006年平均前期产量约1084.98kg/667m^2，五点平均较对照增产27.18%，增产达极显著水平；2007年平均前期产量约为1107.12kg/667m^2，5点平均较对照增产25.68%，增产达极显著水平；博辣娇红总产量在各试验点均比对照品种略有增产，平均增产4.75%，增产不显著。

表2 2006~2007年博辣娇红多点试验前期产量

试点	2006年产量（kg/667m^2）			2007年产量（kg/667m^2）		
	博辣娇红	湘辣1号（CK）	比CK增产（%）	博辣娇红	湘辣1号（CK）	比CK增产（%）
岳阳	1200.6	911.6**	31.75	1247.6	923.4**	35.11
常德	982.7	801.2**	22.72	1023.5	805.3**	27.10
湘潭	1031.6	831.5**	24.06	960.3	785.2**	22.30
长沙	1107.2	858.2**	29.01	1145.6	921.5**	24.32
邵阳	1102.8	858.2**	28.5	1158.6	969.1**	19.55

** 方差分析达1%的极显著水平

表 3　2006－2007 年博辣娇红多点试验总产量

试点	2006 年产量（$kg/667m^2$）			2007 年产量（$kg/667m^2$）		
	博辣娇红	湘辣 1 号（CK）	比 CK 增产（%）	博辣娇红	湘辣 1 号（CK）	比 CK 增产（%）
岳阳	2730.2	2612.0	4.53	2763.5	2643.5	4.54
常德	2583.3	2496.2	3.49	2658.6	2533.6	4.93
湘潭	2565.9	2488.5	3.11	2643.1	2510.9	5.27
长沙	2710.0	2603.7	3.93	2755.4	2638.0	4.45
邵阳	2653.1	2472.6	7.30	2743.9	2590.4	5.93

2.1.3　生产试验

2007~2008 年在河南、四川、河北、贵州及湖南长沙、湘潭、岳阳、常德、邵阳等地安排了博辣娇红的生产示范试验，试验按当地大田栽培水平进行管理，以湘辣 1 号作对照。生产示范试验结果表明（表 4）：博辣娇红产量为 2431.2~2845.3$kg/667m^2$，平均产量为 2682.7$kg/667m^2$，各试点最高单产在河南，产量为 2845.3$kg/667m^2$，5 点平均增产 8.26%。产值在 3345~5346 元/$667m^2$，增值 375~678 元/$667m^2$，平均增值 513.3 元/$667m^2$。各试点均反映博辣娇红挂果能力强，上市早，前期产量高，商品性好，经济效益高，对病毒病、炭疽病、疫病有较强的抗性，耐湿热能力强。

表 4　2007－2008 年博辣娇红生产示范试验情况

示范单位	面积（$667m^2$）	产量（$kg/667m^2$）	增产率（%）	产值(元/$667m^2$)	增值（元/$667m^2$）
河南	1.0	2745.3	9.93*	5346	678
四川	1.5	2524.6	5.66	4039	475
重庆	2.0	2588.7	11.57*	4325	460
贵州	1.5	2669.3	7.15	4186	375
长沙	2.0	2482.7	9.12*	4574	527
湘潭	1.0	2431.2	6.45	4369	498
岳阳	1.5	2643.8	8.13	4718	465
常德	3.0	2790.5	9.41*	5022	593
邵阳	2.0	2573.5	6.89	4633	549
平均		2682.7	8.26	4409	513.3

* 方差分析达 5%的显著水平

2.2　抗病性

经湖南省植物保护研究所苗期人工接种鉴定，博辣娇红对炭疽病、疫病、病毒病均表现为抗病，病情指数分别为 7.5、9.3、12.3。

2.3　熟性

极早熟，从定植至采收鲜青椒 36~40d，在海南冬季种植从播种至采收红椒约 70d。

2.4　品质

经湖南省蔬菜工程技术研究中心测定，果实中 V_C 含量 158.2mg/100g（鲜样质量），全糖含量 3.2%，辣椒素含量 0.31%，干物质含量 17.1%。

3 品种特征特性

株高 65cm 左右，株幅 80cm 左右，植株生长势中等，首花节位 7~8 节，极早熟。青果浅绿色，生物学成熟果鲜红色，果实羊角形，果表光亮微皱；果长 20cm 左右，果宽 1.3cm 左右，果肉厚 0.15cm，单果重 15g 左右，味辣，皮薄，水分含量低；坐果多，连续坐果能力强，在肥水充足的情况下植株能不断生长、持续坐果。适宜作极早熟鲜食栽培及加工干制、酱制栽培。

4 栽培技术要点

1. 该品种极早熟，前期育壮苗，可适当使苗旺长些。

2. 作极早熟栽培一般 11 月播种，2 月定植，大棚套小拱棚地膜覆盖栽培，可以在 4 月上中旬上市，5 月中旬可以采红椒。

3. 合理密植。作极早熟栽培，一般采用 1.0m 包沟起垄，垄宽 70cm，垄高 15cm，株行距以 30cm×30cm 为宜。

4. 注意及时补充肥水，肥水充足可促进植株生长、多坐果，延长采收期和促丰产。浇肥以腐熟的人畜粪尿为主，可辅以复合肥或少量尿素。

5. 注意及时采收，以延长采收期，提高产量。

Breeding of a New Hot Pepper Variety-Bola Jiaohong

Zhang Zhuqing[1, 2], Dai Xiongze[1, 2], Ma Yanqing[1, 2], Li Xuefeng[1, 2], Chen Wenchao[1, 2], Zhou Shudong[1, 2], Zou Xuexiao[2]

([1] Hunan Vegetable Research Institute, Changsha 410125; [2] New Hot Pepper Variety Technology Research and Development Center, Changsha 410125)

Abstract Bola Jiaohong is a hot pepper F_1 hybrid of the cross SF-11 × H2887, and an earliest-mature variety.It grows the first flower at node 7~8, and light -green young horn -shaped fruit with bright slightly –wrinkly surface, thin fruit wall, pungent taste and good flavour, 20cm in length, 1.3cm in diameter and 12g per fruit. Its green fruit grows red maturing rapidly, it takes about 70 days from sowing to red fruit harvesting in Hainan, and it performs strong continuous fruiting capacity, early maturing without premature ageing. It yields about 16.5t fresh fruit per hm^2 at the early harvest and about 37.5t fresh fruit per hm^2 at the whole harvest.It is resistant to anthracnose, phytophthora blight and virus disease. It could be grown in greenhouses or open field as super-early crop or in field and greenhouses in chilli-liking regions for fresh fruit cooking, processing and drying.

Key words : hot pepper; new variety; Bola Jiaohong; F_1 hybrid; breeding

辣椒新品种福湘早帅的选育*①

张竹青[1,2]，邹学校[3]，戴雄泽[1]，马艳青[1]，李雪峰[1]，陈文超[1]，周书栋[1]

（[1]湖南省蔬菜研究所，长沙 410125；[2]湖南省蔬菜工程技术研究中心，长沙 410125；[3]湖南省农业科学院，长沙 410125）

摘要：福湘早帅是以 H2802 为母本，S2055 为父本配制而成的早熟炮椒杂交种。该品种早熟，果实牛角形，果表有纵棱，青熟果绿色，生理成熟果红色，平均单果重 57.5g，果长 14.3cm 左右，果宽 4.2cm 左右，果肉厚 0.31cm，果皮薄，肉厚质脆，品质上等，味半辣，以鲜食为主。全国区试 2 年平均前期产量为 1295.4kg/667m^2，比对照江苏 1 号增产 16.5%；2 年平均总产量为 2924.7kg/667m^2，比对照增产 11.8%。生产试验中，福湘早帅前期产量和总产量分别为 1537.7kg/667m^2 和 3309.1kg/667m^2，比对照江苏 1 号分别增产 25.6%和 18.5%。该品种抗病毒、炭疽病，适宜在新疆、河北、江苏、重庆、湖南、湖北、江西等地区作春季保护地种植。

1 选育过程

福湘早帅是以 H2802 为母本，S2055 为父本配制的一代杂交组合。母本 H2802 是从湘潭斑椒中采用单株选育法经多代自交纯化选育而成的株系材料，其特征与原品种在株形、早熟性、果色等方面已有明显的差异。极早熟，树势中等，枝条平展，树型散，首花节位 8 节左右，早期挂果力强，结果多，果实牛角形，有纵棱，膨胀迅速，后期果长，果色由浅绿色转红色，果长 12~14cm，辣味中等，品质好，抗性好，耐寒性强，较耐热。父本 S2055 是从三道筋甜椒中筛选出的一个早熟抗病甜椒。它早熟性好，生长势中等，分枝多，叶色浓绿，坐果力极强，挂果多而集中，不易落花，果实方灯笼形，由深绿色转红色，果表有纵棱，抗病力强，耐低温弱光。

福湘早帅于 2004 年配组，2005~2006 年进行了品比试验，2007~2009 年参加了全国区试和生产试验，取得了良好的效果，品种在产量、抗性、品质、商品性等诸多方面得到了种植者的充分肯定，2010 年 8 月通过了全国农作物品种鉴定，鉴定编号为国品鉴菜 2010006。

---

* 基金项目：国家 863 计划项目（2006AA100108）。

① 本文原载《辣椒杂志》，2013，（1）：7-9。

2 选育结果

2.1 丰产性

2.1.1 品比试验

福湘早帅 2005~2006 年进行品比试验，小区面积 12m^2，采用随机区组排列，3 次重复，结果见表 1，对照为苏椒 5 号（CK1），结果见表 1。2005 年福湘早帅每 667m^2 前期产量较苏椒 5 号增产 28.67%，总产量较苏椒 5 号增产 19.6%；2006 年福湘早帅每 667m^2 前期产量较苏椒 5 号增产 24.63%，总产量较苏椒 5 号增产 26.13%。

表 1 福湘早帅长沙品比试验

年份	品种	果长/cm	果宽/cm	单果质量/g	果表质地	果色	辣味	前期产量/（kg/667m^2）	比 CK1/±%	总产量/（kg/667 m^2）	比 CK1/±%
2005	福湘早帅	13.5	4.1	58	光滑	绿	微辣	1432.6	+28.67	3062.4	+19.60
	苏椒 5 号	10.0	4.4	42	光滑	绿	微辣	1113.4		2560.5	
2006	福湘早帅	14.2	4.2	60	光滑	绿	微辣	1528.5	+24.63	3205.9	+26.13
	苏椒 5 号	10.5	4.6	46	光滑	绿	微辣	1226.4		2541.7	

2.1.2 区域试验

福湘早帅参加了全国青椒第五轮区试保护地辣椒组试验，试验在新疆、辽宁、河北、江苏、重庆、湖南、江西 7 个试点进行，试验采用保护地栽培模式，各试点按当地情况确定播种期和定植期，小区面积 4.4~9.0m^2，采用随机区组排列，3 次重复。试验管理按早熟辣（甜）椒保护地生产进行栽培，以江苏 1 号为对照，7 点试验平均产量见表 2、表 3。

表 2 2007 年保护地辣椒组参试品种丰产性

编号	前期产量/（kg/667m^2）			总产量/（kg/667m^2）		
	亩产	比 CK2/±%	位次	亩产	比 CK2/±%	位次
A01	904.1	−7.1	4	2391.9	+8.7	3
A03	1193.1	+22.6	1	2734.3	+24.3	1
A04	835.0	−14.2	5	1991.2	−9.5	5
福湘早帅	1183.0	+21.6	2	2551.8	+12.6	2
江苏 1 号（CK2）	972.9	0.0	3	2267.0	0.0	4

表 3 2008 年保护地辣椒组参试品种丰产性

编号	前期产量/（kg/667m^2）			总产量/（kg/667m^2）		
	亩产	比 CK2/±%	位次	亩产	比 CK2/±%	位次
A01	1042.7	−16.6	4	2705.3	−5.9	4
A03	1043.1	−16.6	3	2705.4	−5.9	3
A04	1041.2	−16.7	5	2539.3	−11.7	5
福湘早帅	1407.7	+12.6	1	3088.5	+7.4	1
江苏 1 号（CK2）	1250.2	0.0	2	2874.4	0.0	2

由表 2、表 3 可知，2007 年福湘早帅前期产量 1183.0kg/667m^2，比对照江苏 1 号增产 21.6%，位列该组第 2；总产量 2551.8kg/667m^2，比对照江苏 1 号增产 12.6%，位列该组第 2。2008 年前期产量 1407.7kg/667m^2，比对照江苏 1 号增产 12.6%，总产量 3088.58kg/667m^2，比江苏 1 号增产 7.4%，前期产量和总产量均居第 1 位。

2.1.3 生产试验

2009 年生产试验仍在新疆、辽宁、河北、江苏、重庆、湖南、江西等地进行，试验采用保护地栽培模式，各试点按当地情况确定播种期和定植期，以江苏 1 号为对照，7 点生产试验平均产量见表 4。

表 4 2009 年保护地辣椒组参试品种丰产性

编号	前期产量/（kg/667 m^2）			总产量/（kg /667 m^2）		
	亩产	比 CK2/±%	位次	亩产	比 CK2/±%	位次
A01	1115.0	−9.0	5	2825.7	+1.2	3
A03	1287.9	+5.2	2	2956.9	+5.9	2
A04	1231.8	+0.6	3	2661.7	−4.7	5
福湘早帅	1537.7	+25.6	1	3309.1	+18.5	1
江苏 1 号（CK2）	1224.6	0.0	4	2792.9	0.0	4

由表 4 可知，福湘早帅前期产量为 1537.7kg，比对照江苏 1 号增产 25.6%，总产量 3309.1kg，比江苏 1 号增产 18.5%，前期产量和总产量均居第一位。

2.2 抗病抗逆性

福湘早帅在 2007~2009 年的区域试验、生产试验中抗病抗逆性表现见表 5、表 6，表 5、表 6 中值为 7 个试点病情指数的平均值。

由表 5 可知，福湘早帅对炭疽病、病毒病、疫病、青枯病均表现为抗病或高抗。由表 6 可知，福湘早帅的耐寒性、耐热性、耐旱性、耐涝性、抗虫性均较强。

表 5 福湘早帅抗病性表现

年份	病毒		炭疽		疫病		青枯	
	病指	类型	病指	类型	病指	类型	病指	类型
2007 年	3.5	HR	0.0	I	1.7	HR	1.0	HR
2008 年	10.8	R	2.2	HR	1.1	HR	0.1	HR
2009 年	6.8	R	1.4	HR	1.5	HR	0.3	HR

注：①I（免疫，DI=0），HR（高抗，0<DI≤5），R（抗，5<DI≤15），MR（中抗，15<DI≤30），S（感，30<DI≤40），HS（高感，DI>40）。②未发病以病指“0”计。

表 6 福湘早帅抗逆性表现

年份	耐寒性		耐热性		耐旱性		耐涝性		抗虫性	
	数值	较 CK	数值	较 CK	数值	较 CK	数值	较 CK	数值	较 CK
2007 年	5.0	0.0	4.8	0.2	4.6	0.4	4.7	0.0	4.5	−0.3
2008 年	4.4	−0.5	4.7	0.2	4.3	0.2	4.4	−0.2	4.3	−0.2
2009 年	4.5	−0.4	4.7	0.2	4.4	0.1	4.5	−0.2	4.4	−0.2

注：5（强），4（中），3（弱）

3 特征特性

福湘早帅为早熟辣椒品种。该品种植株生长较弱，株高45cm，株幅53cm，分枝较多，首花节位8.2节。果实牛角形，果肩平，果顶平或稍凹入，幼嫩果实果表有纵棱，青果绿色，生理成熟果实红色，平均单果重57.5g，果长13.8cm，横径4.3cm左右，果肉厚0.31cm，2~3心室，果皮薄，肉厚质脆，品质上等，味半辣，以鲜食为主。果实商品性好，综合抗病能力强。

4 栽培要点

长江流域早春保护地栽培，大棚或温室冷床育苗，10月中上旬播种，翌年2月定植，株距40cm，行距45cm，每667m^{2}定植3000株。施足底肥，定植后加强管理，适时采收，轻收勤收，及时追肥补水，综合防治病虫害。

Breeding of a New Hot Pepper Variety — Fuxiangzaoshuai

Zhang Zhuqing[1, 2], Zou Xuexiao[3*], Dai Xiongze[1, 2], Ma Yanqing[1, 2], Li Xuefeng[1, 2], Chen Wenchao[1, 2], Zhou Shudong[1, 2]

([1] Hunan Vegetable Research Institute, Changsha 410125, China; [2] Vegetable Research and Development Center of Hunan, Changsha 410125, China; [3] Hunan Academy of Agricultural Sciences, Changsha 410125, China)

Abstract: Fuxiangzaoshuai is a new early mature hot pepper F_1 hybrid bred by crossing two inbred lines H2802 and S2055. It grows green ripe fruit and fresh red ripe fruit, about 14.3cm in length, 4.2cm in diameter, about 0.31cm in fruit-wall thickness and 57.5g per fruit. In the countrywide regional test 2007—2008, it fruityielded 19.43t per hm^2 at the early harvest and 43.87t per hm^2 at the whole harvest. 16.5% and 11.8% more than the CK Jiangsu 1, respectively. In the production test, it yielded 23.07t per hm^2 at the early harvest and 49.64t per hm^2 at the whole harvest, 25.6% and 18.5% more than the CK Jiangsu 1, respectively. It is resistant to anthracnose and virus disease. It is a ideal variety for protected-field cultivation in spring.

Key words: hot pepper; Fuxiangzaoshuai; F_1 hybrid; breeding

辣椒新品种福湘1号的选育*①

陈文超[1,2]，戴雄泽[1]，马艳青[1]，李雪峰[1]，张竹青[1]，邹学校[3]

（[1]湖南省蔬菜研究所；[2]湖南省蔬菜工程技术研究中心；
[3]湖南省农业科学院，长沙 410125）

极早熟辣椒种植可以获得可观的经济效益。在20世纪80年代末、90年代初育种单位先后选育了一批极早熟辣椒品种，并在生产实践中得到了大面积的推广应用。但随着消费需求的不断变化，以前的极早熟品种缺点日益突出，表现在果实普遍偏小，品种退化，抗性较差；部分品种在品质和果实颜色上不适合市场需求。为此，我们针对上速问题选育出了一个极早熟、高品质、嫩绿色、大果型的抗病泡椒组合一福湘1号。

1 选育过程

福湘1号是以H2802为母本，S2002为父本配制而成的一代杂种。母本H2802是从湘潭斑椒中经3年6代单株自交纯化选育而成的优良自交系。它极早熟，首花节位8节左右，早期挂果力强，结果多。果实牛角形，有纵棱，膨大迅速，果色由浅绿色转红色，果长12~14cm，辣味中等，品质好，抗性好，耐寒性强，较耐热。父本S2002是从三道筋甜椒中筛选出的一个早熟抗病甜椒自交系。它早熟性好，生长势中等，分枝多，叶色浓绿，坐果力极强，挂果多而集中，不易落花，果实长方灯笼形，由深绿色转红色，果表光滑。抗病力较强，耐低温弱光。

2002年配制组合并在海南冬季进行了品比试验，2003年春在湖南进行了露地品种比较试验。2003~2004年在湖南省内不同地区进行了多点试验，取得了良好的效果，品种在早熟性、品质、果色和抗病性等诸多方面得到了种植者的充分肯定。2005年通过了湖南省种子管理站组织的专家现场鉴定，2006年通过湖南省品种审定委员会的审定，审定名为湘椒45号（后改名为福湘1号）。

2 选育结果

2.1 丰产性

2.1.1 品种比较试验

从表1所见，在2002年冬海南三亚和2003年长沙的品比试验中，福湘1号的前期

* 基金项目：国家农业产业技术体系建设专项（CARS-25-A-8）。

① 本文原载《辣椒杂志》，2008，(4)：14-15，49。

产量分别为 1402.4kg/667m^2 和 982.5kg/667m^2，比对照湘研 11 号分别增产 35.2%与 37.8%，总产量分别为 3120kg/667m^2 和 2184kg/667m^2，比对照分别增产 23.5%与 24.7%，方差分析结果表明，前期产量增产达到极显著水平，总产量增产达到显著水平。2002 年试验是在海南三亚秋冬季进行的，由于气候温和，日照时间长，昼夜温差较大，土质疏松肥沃，辣椒生长健壮坐果率高，果实生长迅速，前期产量和总产量都较高。

表 1　福湘 1 号 2002、2003 年两次品比试验产量

试验时间	2002 年		2003 年	
参试品种	福湘 1 号	湘研 11 号（CK）	福湘 1 号	湘研 11 号（CK）
折合前期产量（kg/667m^2）	1402.4	1037.0	982.5	713.0
前期增产幅度（%）	35.2**		37.8**	
折合总产量（kg/667m^2）	3120.0	2526.0	2184.0	1751.4
增产幅度（%）	23.5*		24.7*	

**表示与对照差异极显著（α=0.01）*表示与对照差异显著（α=0.05）

2.1.2　多点试验

2003~2004 年，湖南省多点试验产量结果（表 2）表明。福湘 1 号前期产量平均约 834.6kg/667m^2，约占总产量的 39%，5 个试验点的平均前期产量比对照湘研 1 1 号增产 30.8%，增产达到极显著水平。5 个试验点的总产量比对照品种增产 15.5%~36.4%，两年 5 点平均总产量为 2124.5kg/667m^2，比对照品种湘研 11 号（1701.5 kg/667m^2）增产 24.9%，增产达到了显著水平。

表 2　福湘 1 号湖南多点试验前期产量和总产量

年份	地点	前期产量（kg/667m^2）		比 CK±%	总产量（kg/667m^2）		比 CK±%
		福湘 1 号	湘研 11 号（CK）		福湘 1 号	湘研 11 号（CK）	
2003	常德	912.5	714.0	27.8	2415.8	1957.7	23.4
	岳阳	941.8	717.8	31.2	2219.6	1785.7	24.3
	邵阳	878.9	691.5	27.1	2023.3	1730.8	16.9
	湘潭	913.7	701.8	30.2	2582.4	2036.6	26.8
	长沙	885.6	656.5	34.9	2060.3	1783.8	15.5
2004	常德	744.0	572.9	29.9	1906.7	1616.0	18.0
	岳阳	769.5	555.8	38.5	2052.0	1504.8	36.4
	邵阳	709.7	547.2	29.7	1855.4	1385.1	34.0
	湘潭	829.4	615.6	34.7	2240.1	1692.9	32.3
	长沙	761.0	607.1	25.4	1889.6	1521.9	24.2
	两年平均	834.6	638.6	30.8	2124.5	1701.5	24.9

2.1.3　生产示范试验结果

2003 年和 2004 年，在湖南省内的湘潭市、长沙县黄兴镇、常德市、岳阳市、邵阳市进行了福湘 1 号的生产示范试验，试验按当地丰产栽培水平进行，以当地主栽品种湘研 11 号为对照。生产示范试验结果表明（表 3），福湘 1 号比湘研 11 号挂果早，果实膨大速度快，始收期提早 3~5d，果实存树时间长，果实红熟后不易脱落和腐烂。福湘 1 号前期产量 700~800kg/667m^2，比湘研 11 号增产 30%左右，平均总产量 1980kg/667m^2，比湘研 11 号增产 15.36%，一般产值 2525 元/667m^2，最高可达 2833 元/667m^2，平均产值比湘研 11 号增加 388 元/667m^2。

表 3　2003~2004 年福湘 1 号生产示范试验情况

地点	面积（667m^2）	CK	平均前期产量（kg/667m^2）	比 CK±%	平均总产量（kg/667m^2）	比 CK±%	平均产值（元/667m^2）	增值（元/667m^2）
常德	3.0	湘研 11 号	756.2	29.8	1982.8	14.2	2439.0	346
岳阳	3.2	湘研 11 号	712.5	28.4	1878.4	16.3	2390.9	389
邵阳	2.0	湘研 11 号	773.7	30.2	1796.5	14.6	2370.2	346
湘潭	3.0	湘研 11 号	784.6	29.5	2010.3	15.5	2594.9	402
长沙	2.4	湘研 11 号	798.9	31.6	2234.1	16.2	2833.0	458

2.2　抗病性

按照“八五”全国“甜（辣）椒新品种选育及育种技术研究”专题组定的病毒病、炭疽病和疫病等的分级标准和抗病类型的划分标准，调查 2002 年和 2003 年福湘 1 号田间自然发病情况（表 4）表明。福湘 1 号和对照品种湘研 11 号对疫病和疮痂病都表现出较强的抗病性，对病毒病的抗性福湘 1 号较强于对照品种。福湘 1 号辣椒在两次品比试验中对三大主要病害表现为抗病，可能与试验时期的优良环境相关，为此，该品种对主要病害的抵抗能力，有待特殊年份的进一步检验。

表 4　福湘 1 号田间自然发病病害调查

年份	品种	疫病		炭疽病		病毒病	
		病指	抗病类型	病指	抗病类型	病指	抗病类型
2002 年	福湘 1 号	2.8	R	0	R	9.2	R
	湘研 11 号	4.6	R	3.8	R	15.8	T
2003 年	福湘 1 号	13.2	R	7.1	R	11.0	R
	湘研 11 号	10.4	R	13.0	R	9.2	R

3　品种特征特性

福湘 1 号株高 42cm 左右，植株开展度 50cm 左右，株形较分散平展，分枝较多，第一花着生节位 7~8 节。果实粗牛角形，果长 12~14cm，横径 4.5cm 左右，果肉厚 0.36cm，2~3 心室，青果为浅绿色，生理成熟果实为鲜红色，红果鲜艳，果肩平，果顶钝圆，果表纵棱多，果皮薄，肉质脆，品质好，味微辣，以鲜食为主。植株坐果能力强，果实红熟后不易脱落和腐烂，后期果实商品性好，整齐一致。平均单果重 45g，最大单果重可达 90g。果实中 V_C 含量 125.8mg/100g 鲜重左右，全糖含量 0.32%左右，辣椒素含量 0.08%左右，干物质含量 13.2%左右。

该品种极早熟，在正常开花结果条件下从带蕾定植到采收约 33d，果实从开花到采收约 20d。坐果率极高，落花落果较少，果实膨大速度快，前期产量高，丰产性好。耐低温、耐渍、抗机械损伤，耐日灼，抗炭疽病和疫病的能力强，是当前综合抗性最强的极早熟微辣型泡椒，适合于作早春极早熟设施栽培或露地栽培。

4 栽培技术要点

该品种适宜于作大棚极早熟栽培或露地早熟栽培。长江流域作早春极早熟栽培一般采用大棚或温室育苗，播种时间为 10 月中上旬，每亩播种量为 40~50g，亩床用地 6~9m，11~12 月分苗一次。大棚栽培一般在春节后的 2 月定植，露地地膜覆盖栽培一般在 3 月中旬定植，每 667m^2 定植 3000~3500 株，参考株行距 40cm×45cm。培育壮苗，前期施肥提苗、促进发棵是提高早期产量和总产量的关键。重施有机基肥，每 667m^2 施腐熟农家肥 4000~5000kg、菜饼肥 100kg、磷钾肥 100kg；果实及时采摘，采后追肥一次，保证秧苗生长旺盛。高垄定植，保持沟渠通畅，防止田间积水。采用综合措施及时预防病虫害的发生，加强管理，以农业防治为主，化学防治为辅。

辣椒新品种福湘秀丽的选育*①

陈文超，戴雄泽，马艳青，李雪峰，张竹青，邹学校

（[1]湖南省蔬菜研究所，[2]湖南蔬菜工程与技术推广中心，湖南 长沙 410125）

摘要： 福湘秀丽为中早熟粗牛角辣椒一代杂种，从定植到采收约需52d左右，肉厚，单果重110g左右，青熟果绿色，生理成熟果鲜红色，适宜青椒或红椒上市。2004~2005参加湖南省多点试验，产量1589.7~2251.1kg/667m^2，比对照品种“湘研13号”增产10.7%~18.0%。福湘秀丽是理想的露地种植粗牛角椒品种。

关键词： 福湘秀丽；品种；辣椒

近年来我国辣椒种植面积逐年加大，人们对辣椒从外观到内在的品质都提出了更多的要求，同时种植面积的扩大对辣椒的抗病能力、抗逆性、适应性等也提出更高要求（邹学校等，2001；马艳青等，2004）。湖南省蔬菜研究所在20世纪90年代选育的微辣型辣椒品种湘研13号（马艳青等，2012）因具有果大、青椒商品性佳、丰产、优质等优点，深受广大用户欢迎。但是经过多年的种植，湘研13号表现出了红椒不艳，不适宜红果上市，而且抗病毒病能力弱等缺点。为此，针对湘研13号存在的缺点，结合消费者建议，湖南省蔬菜研究所选育了中熟、微辣型大果优质高产稳产的福湘秀丽辣椒新品种。品种选育报告如下：

1 选育过程

福湘秀丽是以J01-16为母本，T01-24为父本配制的一代杂种。母本J01-16是从湘潭地方品种迟斑椒用单株选育法经多代自交纯化选育的株系材料，植株生长势强，株型较紧凑，分枝多，节间密，中熟，果实长牛角形，绿色，果长17.2cm，果宽3.2cm。果皮光亮，嫩果有竖条纹，果肉中等厚，质软，辣味中等，结果多，特别是高温挂果力强，耐热、耐湿、耐肥、抗病性强。父本T01-24是从国外甜椒中分离经多代单株选育而成的优良株系，其特征特性与原品种差异明显，它植株直立，株型紧凑，分枝少，中熟，果实方灯笼形、深绿色、果大肉厚、果面光滑、味甜、抗病抗逆性中等。

2002年配组，2002年冬在海南岛进行组合力测定，在田间表现突出。2003~2004年在长沙进行品比试验。2004~2005年在长沙、湘潭、邵阳、岳阳、常德5个地方进行了多点试验，各试点福湘秀丽均表现商品性佳、丰产、稳产、抗病性强。同时，在省内

* 基金项目：国家农业产业技术体系建设专项（CARS-25-A-8）。

① 本文原载《湖南农业科学》，2012，（13）：19-20，32。

外还组织了生产示范试验，取得了很好的经济效益和社会效益。2006 年 6 月通过了湖南省种子管理站组织的专家组现场鉴定，2007 年 1 月通过了湖南省品种审定委员会审定，审定名为湘椒 49 号。

2 选 育 结 果

2.1 丰产性

2.1.1 品种比较试验

2003~2004 年福湘秀丽品比试验在湖南省蔬菜研究所试验场内进行，以湘研 13 号为对照，采用随机区组排列，3 次重复，12 月下旬播种，2 月下旬假植一次，4 月中旬定植，株距 40cm，行距 50cm，每小区面积为 $12m^2$，周围设保护行。2003 年福湘秀丽产量比对照品种湘研 13 号增产 14.2%，2004 年比湘研 13 号增产 14.7%，经方差分析和多重比较分析表明，增产均达显著水平（表 1）。

表 1 福湘秀丽 2003 年、2004 年两年产量情况

试验时间	2003 年		2004 年	
参试品种	福湘秀丽	湘研 13 号（CK）	福湘秀丽	湘研 13 号（CK）
小区平均产量（kg）	36.2	31.7	32.7	28.5
折合产量（$kg/667m^2$）	2012.1*	1762.0	1867.6*	1584.1
增产幅度（%）	14.2		14.7	

* 表示与对照差异显著（α=0.05），下同

2.1.2 多点试验结果

2004~2005 年两年福湘秀丽在湖南的长沙、湘潭、岳阳、常德和邵阳 5 个地方进行多点试验。5 点均不同程度地较湘研 13 号增产，2004 年增产幅度 10.7%~18.0%，平均产量为 $1955.4kg/667m^2$，平均增产 14.3%；2005 年增产幅度在 10.9%~16.5%，平均产量为 $1936.5kg/667m^2$，平均增产 13.5%，增产幅度均达显著水平（表 2）。

表 2 福湘秀丽湖南省 5 点试验产量

年份	地点	产量（$kg/667\ m^2$）		比 CK（±%）
		福湘秀丽	湘研 13 号	
2004 年	湘潭	1706.4**	1494.2	14.2
	长沙	2023.2**	1763.9	14.7
	邵阳	1634.2**	1384.9	18.0
	岳阳	2178.9*	1968.3	10.7
	常德	2234.5**	1943.0	15.0
2005 年	邵阳	1595.2**	1369.3	16.5
	湘潭	1589.7**	1375.2	15.6
	岳阳	2440.1*	2186.5	11.6
	长沙	1806.5**	1570.9	15.0
	常德	2251.1*	2029.8	10.9

2.1.3 生产示范试验

2004~2005年在湖南省内的常德、岳阳、长沙市、湘潭、邵阳及海南琼海等地安排了福湘秀丽的生产示范试验，试验按当地栽培水平进行，以当地主栽中熟微辣型品种湘研13号作对照。试验结果表明，湖南省内福湘秀丽最早上市期为6月上旬，比湘研13号早1~2d，平均产量约2400kg/667m^2，最高可达3000kg/667m^2，比湘研13号平均增产13.26%，平均产值约3500元/667m^2，最高产值达5400元/667m^2，比湘研13号平均增值540元/667m^2。海南琼海试点福湘秀丽比湘研13号早上市7d，平均增产11.2%，产值增加超过800多元/667m^2。各试点均反应福湘秀丽抗病毒病、疫病、炭疽病、疮痂病，耐热、耐湿力强，株型紧凑，挂果能力强，采收期长，果实外观漂亮，商品性好，经济效益高，深受广大农户及消费者喜爱。

表3 2004~2005年福湘秀丽生产示范试验情况

示范单位	面积（m^2）	对照品种	平均667 m^{2}产量（kg）	增产率（%）	平均667 m^{2}产值（元）	667 m^{2}增值（元）
岳阳市	1500	湘研13号	2700	13.5	3860	760
常德市	1000	湘研13号	2690	24.3	3850	390
邵阳市	300	湘研13号	1750	10.1	2710	450
长沙市	1000	湘研13号	2020	8.7	3240	500
湘潭市	600	湘研13号	2080	20.2	3100	400
海南琼海	4000	湘研13号	4956	11. 2	5847	850

2.2 抗病性

2004~2005年进行田间抗病性调查，福湘秀丽病毒病病情指数14.9，低于对照湘研13号（25.6），表现为抗病；福湘秀丽疫病病情指数16.4，低于湘研13号（24.3），表现为耐病；福湘秀丽炭疽病病情指数为12.2，低于对照湘研13号（13.3），表现为抗病。

3 品种特征特性

福湘秀丽株高69cm左右，植株开展度64cm×65cm左右，生长势较强，株型紧凑，分枝多，节间短，叶为单叶，互生、全缘、卵圆形，先端渐尖，绿色。第一花着生节位为12节左右。青熟果绿色，生理成熟果鲜红色。果长16.4cm左右，果宽5.5cm左右，果肉厚0.45cm左右，一般单果重110g左右，最大单果重150g，果皮厚度适中，光滑，肉质细软，微辣，V_C含量为160mg/100g鲜重，全糖含量2.9%左右，辣椒素含量为0.06%左右，干物质含量为10.8%。从定植到采收约需52d，前期果实从开花到采收约需28d，采收期长，耐热、耐湿、抗病毒病、炭疽病、疫病、疮痂病，丰产、稳产。

4 栽培技术要点

4.1 播种

11月下旬至2月上旬播种，长沙地区一般12月播种，每亩用种量50g左右，3月植一次，4月中下旬定植，忌连作，参考株行距55cm×45cm。

4.2 肥水管理

施足基肥，施腐熟的猪粪 5000kg/667m^2，饼肥 100kg/667m^2，磷钾肥各 75kg/667m^2。轻施苗肥，定植后至开花期轻追肥两次，稳施花肥，开花期一般不施肥。重施果肥，第一批果坐稳后及每次采收后均需施肥一次，追肥以稀粪水或复合肥为好。

4.3 苗期注意防治猝倒、立枯病和灰霉病

猝倒病和立枯病可用多菌灵、百菌清和甲基托布津防治，灰霉病发病前或发病初期可用 50%速克灵可湿性粉剂 800~1000 倍液；50%农利灵可湿性粉剂 1000 倍液；50%扑海因可湿性粉剂 1000 倍进行喷施。每隔 7~10d 喷一次，连续喷 3~4 次。成株期注意防治病毒病、疮痂病、炭疽病、疫病和白绢病。病毒病前期要着重防治蚜虫和蓟马，减少传毒媒介。可用 40%抗毒宝 600 倍液、20%病毒 A 粉剂 500 倍液、1.5%植病灵乳剂 800 倍液预防；疮痂病可用可杀得 3000 加 750 倍农用链霉素喷雾防治；炭疽病发病后可用 65%代森锌可湿性粉剂 500 倍液、65%福美双可湿性粉剂 300~500 倍液、50%甲基托布津可湿性粉剂 600 倍液、75%百菌清可湿性粉剂 600 倍液、50%多菌灵可湿性粉剂 500 倍液，隔 7~10d 喷一次，连防 2~3 次；疫病防治药剂有 72.2%普力克，72%克露；70%甲霜灵锰锌或 70%乙膦铝锰锌，25%瑞毒霉，85%乙膦铝，64%杀毒矾，70%新万生或大生，75%百菌清 800 倍液、52.5%抑快净 750 倍；白绢病发病初期用 15%三唑酮可湿性粉剂或 50%甲基立枯磷可湿性粉剂 1 份，对细土 100~200 份，撒在病部根基茎处，防效明显。必要时也可喷洒 20%甲基立枯磷乳油 1000 倍液，隔 7~10 天 1 次，防治 2 次。定植时防地老虎，成株期防治蚜虫、螨类、烟青虫和斜纹夜蛾。

参 考 文 献

马艳青, 陈文超, 张竹青, 等. 2012. 加工辣椒品种及配套栽培技术[M]. 北京: 台海出版社: 142-176
马艳青, 张竹青, 陈文超, 等. 2004. 优良杂交辣椒新品种丰抗 21 的选育[J]. 湖南农业科学, (4): 16-18
邹学校, 周群初, 马艳青, 等. 2001. 湘研 13 号的选育[J]. 长江蔬菜, (7): 38-39

Breeding of the New Hybrid Pepper Variety Fuxiangxiuli

Chen Wenchao, Dai Xiongze, Ma Yanqing, Li Xuefeng,
Zhang Zhuqing, Zou Xuexiao

(Hunan Vegetable Research Institute, Hunan Vegetable Engineering and Technology Research Ceriter, Changsha 410125, PRC)

Abstract: Fuxiangxiuli is mid-early maturity and thick horn pepper F_1 hybrid, growth poriod from planting to harvest is about 52 d, single fruit weighs about 110g, green ripe fruit is green, physiological and flesh red ripe fruit is red, which is suitable for green pepper or red pepper market. Fuxiangxiuli paticipated the multi-point test of Hunan province in 2004~2005, and its from 23845.5kg/hm^2 to 33766.5kg/hm^2, which was more than the yield of control varity Xiang yan No. 13 by 10.7%~18.0%. Fuxiangxiuli is the ideal crude horn pepper variety for planting in open field.

Key words: Fuxiangxiuli; variety; pepper

耐贮运辣椒新品种湘椒31号的选育*①

陈文超，马艳青，邹学校，周群初，戴雄泽，李雪峰，张竹青，刘荣云

（国家辣椒新品种技术研究推广中心，湖南 长沙 410125）

摘要：湘椒 31 号（原名湘运一号）为中晚熟、辣味型耐贮运品种，其母本 9704A 是从湖南地方品种 21 号牛角椒中天然不育株经多代回交选育的优良不育系，父本 8215 是从湖南一晚熟地方品种华容番椒经多代自交选育的抗病、抗逆性强的优良自交系。湘椒 31 号果实牛角形，较粗，果绿色，味辣，商品率高，耐贮运。从定植至采收 50d 左右，产量 2500~5000kg/667m^2。抗炭疽病、疫病，耐病毒病，耐热耐湿能力较强，耐旱性中等；适于嗜辣地区作中晚熟丰产栽培。

关键词：辣椒；品种选育；湘椒 31 号

1 选育过程

湘椒 31 号是以 9704A 为母本、8215 为父本配制的一代杂种。母本 9704A 是从湖南地方品种 21 号牛角椒中天然不育株经多代回交选育的优良胞质雄性不育系，其植株生长势较强，中熟，果实长牛角形，较抗病毒病和疮痂病，在不同的生态环境条件下，不育率和不育度均可达 100%。父本 8215 是从湖南一晚熟地方品种华容番椒经多代自交选育的优良自交系，其特征特性与原品种差异明显，生长势一般，直立，株型紧凑，分枝性一般，晚熟，果实长牛角形，果形较粗长，绿色，味辣，坐果特别集中，抗病性、抗热性较强。1996 年配组，1997~1998 年进行品比试验，1999~2000 年进行多点试验和生产示范。2002 年通过湖南省农作物品种审定委员会审定并命名。

2 试验结果

2.1 品比试验

1997~1998 年在湖南省蔬菜研究所试验农场进行品比试验，随机区组排列，重复 3 次，小区面积 12 m^2。1997 年湘椒 31 号比对照湘研 15 号增产 11.23%，两年平均比湘研 15 号增产 13.45%，增产达显著水平。湘椒 31 号对病毒病和疫病表现耐病，对炭疽病和

* 基金项目：国家“863”计划项目（2002AA207012）。

① 本文原载《湖南农业科学》，2003，（3）：18-20。

疮痂病表现抗病。

2.2 多点试验

1999~2000 年，在长沙、湘潭、常德、邵阳和岳阳进行了多点试验，试验设计与品比试验相同。湘椒 31 号 5 点产量较对照湘研 15 号均有不同程度的增产（表 1）。1999 年增产 10.15%~13.06%，2000 年增产 11.43%~15.26%。5 点联合方差分析表明，增产均达显著水平。

表 1 湘椒 31 号在湖南省多点试验的产量情况

地点	1999 年		2000 年	
	小区平均产量（kg）	比湘研 15 号增产（%）	小区平均产量（kg）	比湘研 15 号增产（%）
长沙	51.6	12.66	49.1	14.19
邵阳	47.6	13.06	47.0	12.98
常德	51.0	10.15	50.7	11.43
岳阳	49.2	12.33	48.2	15.76
湘潭	48.3	11.55	48.8	14.82

2.3 生产示范

1999~2000 年，选择长沙、湘潭、岳阳、常德和邵阳为湘椒 31 号生产示范点，试验按当地丰产栽培水平进行，以湘研 15 号为对照。五点的生产示范结果表明，湘椒 31 号最高产量为 3625kg/667m^2，一般产量为 2750kg/667m^2，比对照湘研 15 号增产 16.82%；产值比对照湘研 15 号增加 200~500 元/667m^2。各试点均反映湘椒 31 号挂果集中，坐果能力强，较抗高温高湿，耐旱性中等，抗病毒病、疮痂病、炭疽病、疫病能力强，果大肉厚，辣味浓，商品性好。

3 品种特征特性

湘椒 31 号株高 63 cm 左右，植株开展度 97cm×83cm，分枝性中等，第一花着生节位在第 12~14 节，果实长牛角形，长 17.6cm，宽 3.1cm 左右，果肉厚 0.36cm 左右，2~3 心室，果肩平，果顶钝尖有鹰嘴小勾，果面光亮。商品成熟果（青果）绿色，生物学成熟果鲜红色，平均单果质量 43g 左右。果皮较薄，肉质细软，口感好，味辣，以鲜食为主，耐贮藏运输。果实中 V_C 含量 148.76mg/100g（鲜样），可溶性糖含量 0.41%左右，辣椒素含量 0.12%，干物质含量 14%。晚熟，从定植到采收 51d 左右，始花至采收约 30d。耐热、耐湿，耐旱性中等，适于嗜辣地区作晚熟栽培。

4 栽培技术要点

根据各地的播种季节确定播种期，采取育大苗的方式，3~4 片真叶时假植一次，每 667m^2 用种量 40g 左右。选择土层深厚、保水能力强的地块种植，忌连作，参考株行距 50cm×50cm，每 667m^2 栽苗 2800 株左右。

施足基肥，667m^2 施腐熟有机肥 4000kg 或饼肥 100kg，磷钾肥各 50kg，开花前施 1~2 次稀薄肥料提苗，挂果后加大追肥力度，注意追施有机农家肥或复合肥，忌偏施氮肥。伏天注意灌溉抗旱，早施秋肥，立秋和处暑前后各追肥中耕一次。

注意及时采摘，并搞好植株整理工作，防止植株倒伏。

辣椒新品种兴蔬嫩辣的选育*①

戴雄泽，张竹青，陈文超，马艳青，李雪峰，邹学校

（湖南省蔬菜研究所，长沙 410125）

摘要：兴蔬嫩辣是 H2809 为母本，H2883 为父本配制而成的一代杂交组合。该品种中熟，果实长指形，果长 14~15cm，果宽 2.3cm 左右，肉厚 0.34cm，单果重 30g 左右，味辣。青熟果深绿色，生物学成熟果鲜红色，果表光滑，亮度好。坐果多，连续坐果能力强，耐贮运能力强，商品性好。667m² 鲜椒产量 2500kg 左右。

关键词：辣椒；兴蔬嫩辣；一代杂种；选育

1 选 育 过 程

兴蔬嫩辣是以 H2809 为母本，H2883 为父本配制而成的一代杂交组合。母本 H2809 是从衡阳一地方品种经多代单株选择而成的自交系，它熟性中早熟，节较密，植株生长势中等，分枝少，叶色深绿，果实羊角形，深绿色，果表光滑，果肉厚，空腔小，果实商品性好，抗病能力强，辣味强。父本 H2883 是从美国搜集的一特辣材料经多代选择而成的株系材料，该亲本植株生长势中等，分枝性较弱，叶深绿色，果深绿色，果实棒状，果肉厚，空腔小，味特辣抗病性中等。

该品种于 2001 年配制组合，2002 年、2003 年进行了品比试验，2004 年在山西、海南进行了比较试验，2005 年在河北、山西、广州、海南等地区开展了小面积示范，2005~2006 年在本省长沙、湘潭、岳阳、邵阳、常德进行了多点试验和生产试验，取得了良好的效果。该品种在商品性、品质、产量和抗病性等诸多方面得到了种植者的充分肯定。

2 选 育 结 果

2.1 丰产性

2.1.1 品种比较试验

兴蔬嫩辣 2003 年、2004 年两次品比试验，小区面积 $12m^2$，3 次重复，定植株行距

* 基金项目：国家公益性行业农业科研专项（Nyhy2×07-007）；湖南省科技重点项目（2006NK2013）。

① 本文原载《辣椒杂志》，2008，（3）：10-12。

0.45m×0.45m，以湘辣 4 号为对照。试验结果见表 1。

表 1　兴蔬嫩辣长沙品比试结果

年份	品种	果长/cm	果宽/cm	单果重/g	果表质地	果色	辣味	产量/（kg/667m²）	增产率（%）
2003	兴蔬嫩辣	14	2.0	27	光亮	深绿	极强	2659	3.42
	湘辣 4 号	20	1.8	26	微皱	绿色	强	2571	
2004	兴蔬嫩辣	14	2.1	28	光亮	深绿	极强	2769	9.88
	湘辣 4 号	19	1.8	25	微皱	绿色	强	2520	

表 1 可知，兴蔬嫩辣果长小于湘辣 4 号，果宽粗于湘辣 4 号，果表光亮无皱，辣味强于湘辣 4 号。产量 2003 年和 2004 年分别比湘辣 4 号增产 3.42%和 9.88%。

2.1.2　多点试验

（1）山西、海南试验

2004 年春夏季在山西原平种植 334m² 兴蔬嫩辣，2004 年冬季在海南三亚种植 667m²，播种及栽培管理均按当地栽培习惯进行，以湘辣 4 号作对照。试验结果见表 2。

表 2　兴蔬嫩辣山西、海南试验结果

年份	品种	果长/cm	果宽/cm	单果重/g	果表质地	果色	辣味	产量/（kg/667m²）	增产率（%）
山西	兴蔬嫩辣	14.5	2.1	28	光亮	深绿	极强	3532	–3.89
	湘辣 4 号	21	1.9	25	微皱	绿色	强	3675	
海南	兴蔬嫩辣	14	2.0	26	光亮	深绿	极强	4127	9.17
	湘辣 4 号	20	1.8	24	微皱	绿色	强	3780	

表 2 表明，兴蔬嫩辣在山西比湘辣 4 号减产 3.89%，在海南比湘辣 4 号增产 9.17%。兴蔬嫩辣植株比湘辣 4 号节间长，坐果略稀；在山西为一次性采收，所以产量低于湘辣 4 号。

（2）省内多点试验结果

2005 年、2006 年在长沙、湘潭、岳阳、邵阳、常德等地进行了多点试验。两年试验平均产量见表 3。

表 3　兴蔬嫩辣在长沙、湘潭、岳阳、邵阳、常德试验产量结果

地点	2005 年产量/（kg/667m²）			2006 年产量/（kg/667m²）		
	兴蔬嫩辣	湘辣 4 号（CK）	比 CK 增产/%	兴蔬嫩辣	湘辣 4 号（CK）	比 CK 增产/%
长沙	2003	1987	0.83	2089	2013	3.82
湘潭	826	1667	9.53	1795	1569	14.40
岳阳	2231	2097	6.39	2187	2085	4.46
邵阳	1671	1702	–1.70	1761	1649	6.80
常德	2431	2102	15.65	2328	2116	10.01

表 3 表明，兴蔬嫩辣 2005 年邵阳点比湘辣 4 号减产，其余 4 点均比湘辣 4 号增产，五点平均增产 6.14%。2006 年 5 点均比对照增产，平均增产 7.89%。5 个点均反应兴蔬嫩辣在株叶型、果形等明显不同于湘辣 4 号。植株生长势比湘辣 4 号强，叶深绿色，叶

较大，果实长指形，果色深绿，果表光滑，亮度好，味辛辣，肉厚质脆，风味好。

（3）生产示范试验结果

2005~2006 年，省内长沙、湘潭、岳阳、常德、邵阳等地安排了兴蔬嫩辣的生产示范试验，试验按当地大田栽培水平进行管理，以湘辣 4 号作对照。兴蔬嫩辣的生产示范试验结果见表 4。

表 4　2005-2006 年兴蔬嫩辣生产示范试验情况

示范单位	面积/m^2	产量/（kg/667m^2）	增产率%	667m^2 产值/元	667m^2 增值/元
长沙	667	2012	6.3	2615	542
湘潭	1334	2125	4.2	2479	328
岳阳	534	1987	-3.6	2251	-260
邵阳	1334	2230	8.9	2824	344
常德	1334	2412	16.9	3055	449

表 4 表明，兴蔬嫩辣 667m^2 产量为 1987~2412kg，5 点平均产量为 2153.2kg，除邵阳点表减产外，其余均表现增产，5 点平均增产 6.54%。667m^2 产值在 2251~3055 元，667m^2 增值 260~542 元，平均 667m^2 增值 280 元。

2.2　抗病抗逆性

两年的多点试验和生产试验结果表明，兴蔬嫩辣在各试点均表现对病毒病、疮痂病、疫病有较强的抗性，但对炭疽病表现不耐病，主要是果实肉较厚，易日灼，日灼后引起炭疽病。2007 年委托湖南省植物保护研究所进行了苗期室内抗病性鉴定，兴蔬嫩辣对疫病、炭疽病、病毒病均表现抗病，病情指数分别为 11.2、11.7、8.9。

3　特 征 特 性

兴蔬嫩辣植株生长势较强，株高 70cm 左右，株幅 80cm×65cm，首花节位 10~12 节，中熟。叶深绿色，青熟果深绿色，生物学成熟果鲜红色，果实长指形，果表光滑，亮度好。果长 14~15cm，果宽 2.3cm 左右，肉厚 0.34cm，单果重 30g 左右。嫩果鲜食味辣，老熟果因辣味太强一般宜作加工，可剁制、酱制、炮制。果实中 V_C 含量 123.8mg/100g 鲜重左右，全糖含量 3.2%左右，辣椒素含量 0.33%左右，干物质含量 14.2%左右。坐果多，连续坐果能力强，丰产性好，一般 667m^2 产量 2500kg 左右。果肉厚，耐贮运能力强，抗病性强，适宜嗜辣地区作露地栽培。

4　栽 培 要 点

4.1　忌连作，也不要与其他茄科作物连作。最好实行 2~3 年的轮作。

4.2　该品种因果肉较厚，易日灼，建议采用露地栽培或地膜覆盖后覆草栽培，可减少烂果。

4.3　注意挖好腰沟和围沟，避免积水。灌水也以浅水沟灌、浇灌较合适，避免漫灌，以防病情蔓延。

4.4　预防病毒病、青枯病。病毒病则以防治蚜虫为主，青枯病可通过土壤酸碱度调节和药剂进行防治。

4.5　浇肥以腐熟的人畜粪尿为主,可辅以复合肥或少量尿素,注意不能单独施氮肥。

该品种生长势较强，采收期长，坐果后和每次采收后及时补充肥水，可有效提高产量。

鲜食加工兼用型辣椒新品种博辣 5 号的选育*①

李雪峰，马艳青，戴雄泽，邹学校，张竹青，陈文超，周书栋

（湖南省蔬菜研究所，长沙　410125）

摘要：博辣 5 号是以 LS20A 为母本、J01-227 为父本配制的一代杂交组合，属鲜食与加工兼用型优良品种。该品种辛辣型、晚熟，植株生长势强，始花节位 14 节，果实羊角形，果长 20.6cm，果宽 1.58cm，肉厚 0.22cm，2~3 心室，平均单果质量 19.5g。果形顺直，果面光滑，青熟果为深绿色，生物学成熟果鲜红色，果实味辣，风味好，坐果率高，采收期长，一般 667m^2 产鲜椒 2400kg 左右。抗炭疽病和疫病，耐病毒病和疮痂病，耐高温干旱，耐湿耐肥能力强，不易早衰，适于嗜辣地区作鲜食或酱制、剁制加工栽培。

关键词：辣椒；新品种；博辣 5 号；一代杂种；选育

1　选 育 过 程

博辣 5 号的选育是运用核质互作雄性不育和杂种优势育种原理，以 LS20A 为母本、J01-227 为父本配制的一代杂交组合。其母本 LS20A 是从 9704A 转育而成的不育系，9704A 与 LS20 经 6 代回交选择育成的优良不育系，该植株生长整齐一致，株高 72.4cm 左右，开展度 70.5cm×69.4cm，生长势强，晚熟，第一花节位 14 节左右，花冠白色，花柱淡黄色，无花粉，授粉结实后果实纵径 16.6cm，横径 1.86cm，深绿色，辣味浓，抗炭疽病、疫病，耐病毒病、疮痂病，属核质互作类型，不育率和不育度均达 100%。父本 J01-227 是从江西上高地方品种经多代自交定向选育的优良株系，其植株特征和果实性状与原品种有明显差异，该植株生长势强，分枝多，节间距长，开展度较大，中熟，果实长 21cm，宽 1.2cm，长线形，腔小，肉厚中等，浅绿色，味辣，风味好，结果多，较耐高温，抗病性较强。

博辣 5 号 2003 年配组，并对其亲本进行早期配合力测定，2004~2005 年进行品比试验，2005~2006 年进行多点试验，同时进行了生产示范，其综合性状表现优良，抗病丰产商品性优势显著。该品种于 2008 年 3 月通过湖南省农作物品种审定委员会审定，编号为“湘审椒 2008006”。

---

* 基金项目：国家农业产业技术体系建设专项（CARS-25-A-8）；长沙市重点科技计划项目（K0802172-61）。

① 本文原载《辣椒杂志》，2010，(3)：12-14。

2 选育结果

2.1 丰产性

2.1.1 品比试验

2004~2005年在长沙市郊区进行博辣5号的品比试验，小区面积12m^2，随机区组排列，3次重复，对照品种为湘辣4号。其品比结果见表1，从表1可知，2004年博辣5号鲜椒产量比对照湘辣4号增产22.04%，2005年博辣5号鲜椒比对照湘辣4号增产20.67%，经方差分析表明，增产均达显著水平。

表1 博辣5号产量比较

年份	品种	小区平均产量（kg）	比CK±%
2004年	博辣5号	45.4	22.04*
	湘辣4号（CK）	37.2	
2005年	博辣5号	39.7	20.67*
	湘辣4号（CK）	32.9	

*表示方差分析达5%的显著水平

2.1.2 多点试验

2005年博辣5号在湖南省内5个不同地区进行了多点试验(表2)，小区面积为15m^2，3次重复。博辣5号5点平均产量比对照湘辣4号增产20.35%，其增产幅度为16.19%~28.62%。经方差分析和LSD测验表明博辣5号鲜椒总产量在各点均比对照增产达显著水平，其中邵阳和湘潭两点达极显著水平。5点联合方差分析结果表明，博辣5号鲜椒比对照增产20.35%，增产幅度达极显著水平。

2006年博辣5号在湖南省内5个不同生态区进行了多点试验（表2），小区面积为15m^2，3次重复。博辣5号5点平均比对照湘辣4号增产24.36%，其增产幅度为15.45%~

表2 博辣5号湖南省内5点试验情况

年份	地点	小区平均产量（kg）	比CK增产%
2005	岳阳	56.2	19.08*
	常德	56.9	20.31*
	邵阳	45.4	18.73**
	长沙	51.9	16.19*
	湘潭	49.2	28.62**
2006	岳阳	58.5	24.73*
	常德	47.5	28.03**
	邵阳	56.4	18.49*
	长沙	52.3	15.45*
	湘潭	49.2	39.37**

注：**表示方差分析达1%的极显著水平，*方差分析达5%的显著水平

39.37%。经方差分析和 LSD 测验，博辣 5 号鲜椒总产量在各点均比对照增产达显著水平，其中常德和湘潭两点达极显著水平。5 点联合方差分析结果表明，博辣 5 号鲜椒比对照增产 24.36%，增产幅度达极显著水平。

同时各地均反映博辣 5 号果实长、直，果肩小，青熟果实绿色偏深，果表光亮，红果鲜艳，红果商品性优于湘辣 4 号。

2.1.3 生产试验

博辣 5 号的生产示范试验结果见表 3，2005~2006 年在湖南岳阳（1734m^2）、常德（1267m^2）、湘潭（1134m^2）、邵阳（1868m^2）、长沙（867m^2）以及广东徐闻（3335m^2）安排了博辣 5 号的生产示范试验，试验按当地栽培水平进行，以湘辣 4 号作对照，试验结果表明，博辣 5 号最早上市期为 6 月 3 日，比湘辣 4 号晚 6~10d，熟性晚于湘辣 4 号。湖南省内一般鲜椒每 667m^2 产量 2098.9kg，最高可达 2562.8kg，比湘辣 4 号平均增产 8.08%，一般每 667m^2 产值 3097.8 元，最高每 667m^2 产值 3862.4 元，比湘辣 4 号平均增加 320~500 元；在广东徐闻平均每 667m^2 产量为 3024.5kg，平均产值为 6078.2 元，比湘辣 4 号每 667m^2 增加产值 840 元。各试点均反映博辣 5 号晚熟，抗炭疽病、疫病，耐病毒病、疮痂病，抗逆性强。株型紧凑，挂果能力强，挂果多，果形直、长，果表光亮，辣味好，含水量少，果实外形漂亮，商品性好，经济效益高，适于鲜食或酱制、剁制加工。

表 3 博辣 5 号生产示范试验情况

地点	面积(m^2)	对照品种	平均产量（kg/667m^2）	增产率（%）	平均产值（元/667m^2）	平均增值(元/667 m^2)
岳阳	1734	湘辣 4 号	2187.3	8.9	3054	460
常德	1267	湘辣 4 号	2067.5	7.9	3175	480
湘潭	1134	湘辣 4 号	2032.7	6.7	3278	350
邵阳	1868	湘辣 4 号	1849.5	6.5	2920	370
长沙	867	湘辣 4 号	2357.4	10.4	3062	320
徐闻	3335	湘辣 4 号	3024.5	11.7	6078	840

2.2 抗病性

按照国家“青椒新品种选育及其育种技术研究”专题组制定的病毒病、炭疽病、疫病和疮痂病的分级标准和抗病类型的划分标准，2004~2005 年博辣 5 号田间自然发病情况见表 4。从表 4 可知，博辣 5 号表现抗炭疽病、疫病，耐病毒病、疮痂病，病指均低于对照湘辣 4 号。

表 4 博辣 5 号田间自然发病情况

年份	品种	病毒病		炭疽病		疫病		疮痂病	
		病情指数	抗病类型	病情指数	抗病类型	病情指数	抗病类型	病情指数	抗病类型
2004	博辣 5 号	14.7	R	4.9	R	10.4	R	15.4	T
	湘辣 4 号	15.3	T	7.3	R	16.5	T	19.7	T
2005	博辣 5 号	18.4	T	8.9	R	11.7	R	15.5	T
	湘辣 4 号	21.7	T	12.8	R	14.4	R	18.7	T

注：R 为抗病；T 为耐病

2006 年 5 月湖南省植物保护研究所进行苗期人工接种鉴定，结果表明：博辣 5 号表现为抗炭疽病、疫病和 TMV，耐疮痂病和 CMV，其病情指数分别是 7.1、9.8、11.6、18.5、20.4。田间自然发病情况，博辣 5 号表现抗炭疽病和疫病，耐病毒病和疮痂病，病情指数均低于对照湘辣 4 号。

2.3 品质

2006 年 7 月经湖南省蔬菜工程与技术重点实验室进行营养品质分析测定，博辣 5 号果实中 V_C 含量 128.1mg/100g（鲜质量），全糖含量 3.1%，辣椒素含量 0.28%，干物质含量 20.4%。

3 品种特征特性

博辣 5 号株高 69cm 左右，植株开展度 86cm×83cm，植株生长势旺，叶为单叶，互生全缘，卵圆形，叶深绿色，叶长 9.2cm，宽 4.2 cm，第一花着生节位 14 节，果实羊角形，果实纵径 20.6cm，横径 1.58cm，肉厚 0.22cm，2~3 心室，果肩平或斜，果顶尖，果面光滑，果肉中等厚，果形顺直，整齐标准，青熟果为深绿色，生物学成熟果鲜红色，平均单果质量 19.5g，果实味辣，风味好。该品种从定植至采收鲜青椒约 58d，至采收红椒约 72d，坐果率高，采收期长，每 667m^2 产鲜椒 2400kg 左右。抗炭疽病和疫病，耐病毒病和疮痂病，耐高温干旱，耐湿耐肥能力强，不易早衰，适于嗜辣地区作鲜食或酱制、剁制加工栽培。

4 栽培技术要点

4.1 播种

长沙地区从 12 月至翌年 1 月均可播种，2~3 月假植一次，每 667m^2 用种量 40g 左右。

4.2 定植

4 月上旬定植，参考行株距 0.5m×0.5m。

4.3 植株整理

及时打侧枝，使植株主茎粗壮，增加通风透气，同时也可避免果实弯曲。

4.4 肥水管理

施足基肥，每 667m^2 施腐熟的牲畜厩肥 3000kg 或菜子饼肥 100kg，磷、钾肥各 50kg，定植后至开花用稀薄的人畜粪尿追施 2~3 次提苗肥，挂果重施追肥，每一批果坐稳后要及时追肥 1~2 次。

4.5 病虫害的防治

苗期注意防治猝倒病和灰霉病，成株期防治疮痂病、病毒病、白绢病，可采用波尔多液灌根、喷雾 1~2 次，主要虫害有蚜虫和烟青虫，以预防为主。

Breeding of a New Dual-Purpose Hot Pepper Variety-Bola 5

Li Xuefeng, Ma Yanqing, Dai Xiongze, Zou Xuexiao, Zhang Zhuqing, Chen Wenchao, Zhou Shudong

(Hunan Vegetable Research Institute, Changsha 410125)

Abstract Bola 5 is a hot pepper F_1 hybrid of the cross LS20A × J01-227, and a dual-purpose variety for fresh fruit cooking and processing. It is of pungent taste, late maturity, and strong plant growth vigour with the first flower at node 14. Its fruit is straight horn-shaped with smooth surface, 20.6cm in length, 1.58cm in diameter, 0.22cm in fruit wall thickness and 19.5g per fruit with 2~3 ventricles; and its young maturing fruit is dark green and its biological mature fruit is bright red with spicy flavor. It grows more- fruiting, long-harvesting, usually about 36 t fresh fruit per hm^2; resistant to anthracnose and phytophthora blight; tolerant to scab discase, virus disease, high-temperature drought, wet weather and high fertility; and less liable to premature aging. It could be grown for fresh fruit cooking, cutting or chilli sauce processing in the hot- pepper-liking areas.

Key words hot pepper; new variety; Bola 5; F_1 hybrid; breeding

辣椒育种技术体系创新及新品种选育*①

邹学校，马艳青，戴雄泽，李雪峰，张竹青，陈文超

摘要：本文全面系统总结了湖南省蔬菜研究所在辣椒种质创新、新品种选育、育种技术研究及成果产业化技术、产生的社会效益等方面取得的成绩。30多年的研究表明，湖南省蔬菜研究所在辣椒雄性不育研究与利用、辣椒种质创新特别是骨干亲本的创制与利用、选育符合生产需求的新品种与新品种产业化等方面处于国内引领作用和地位。

20世纪50~60年代，我国辣椒生产上使用的种子一般是地方品种，自繁自用，没有进行专业化生产。从70年代开始，湖南省蔬菜研究所开展了辣椒的单株系统选育和杂交选育工作，选育了一批优良常规种。80年代末选育了以湘研1号极早熟品种为代表的第一代优良杂交品种，育成的杂交品种具有极早熟、高产等特点，以后又陆续推出了第二代以湘研10号抗病品种为代表、第三代以雄性不育技术育成的湘辣4号线椒和以湘研16号耐贮运尖椒为代表、第四代以加工辣椒博辣红牛、优质大果泡椒福湘秀丽为代表的杂交辣椒品种。同时湖南省蔬菜研究所在杂交辣椒成果产业化方面大胆创新，取得了较好的成效。目前，辣椒杂种一代和雄性不育制种技术已广泛应用于生产，并取得了明显的经济效益和社会效益。现将多年工作及取得的创新性成果汇报如下。

一、育成我国第一个通过审定的胞质雄性不育系及雄性不育三系配套品种

20世纪90年代中期，发现河西牛角椒不育株，经过5代回交选择，育成我国第一个通过审定的胞质雄性不育系9704A（该不育系于2000年通过了湖南省农作物品种审定委员会的审定），该不育系成为我国大面积推广的三系配套杂交品种的主要不育基因来源。9704A具有较好的经济性状和农艺性状，与不同恢复系配制的组合均有较明显的产量优势和抗性优势；以9704A为母本，9701为父本，选育了我国第一个通过审定的胞质雄性不育三系配套品种湘辣4号，并已大面积应用于生产实践，推广面积累计超过100万亩。

二、建立辣椒雄性不育系选育体系

在辣椒雄性不育系利用的攻关中，攻克了选育不育系、保持不育源、改良经济性状

* 基金项目：国家农业产业技术体系建设专项（CARS-25-A-8）。

① 本文原载《中国蔬菜》，2014，（10）：1-4。

和抗性、找寻恢复系等难题，取得了辉煌的成绩。在利用雄性不育系选育品种的同时，系统地开展了辣椒雄性不育败育机律的细胞学观察和生化机制研究，特别是不育系与温度的关系探讨，为胞质雄性不育杂交品种选育和规模化制种技术的突破起了重要的指导作用。

选育了包括甜椒、牛角椒、朝天椒、线椒等不同类型的不育系共计 17 个，优良恢复系 35 个，选育 12 个三系配套杂交品种，利用不育系选育的品种包括泡椒、牛角椒、线椒、朝天椒等不同类型品种 21 个，特别是胞质雄性不育利用难点领域实现了重大突破，如甜椒、簇生朝天椒恢复系的选育，创新了一系列经济性状优良、恢复性好的甜椒、簇生朝天椒恢复系。目前我们 55%以上的商品种子采用雄性不育技术制种，其中线椒、牛角椒品种基本实现了利用雄性不育系制种。从最先研发并成功大面积推广了的湘辣 4 号，到现在的“博辣”系列，都是“雄性不育”育成“线椒”的典范。

近年来，积极将常规育种技术与分子育种技术相结合，广泛使用花药培养技术、分子标记辅助选择技术，相继获得了与辣椒产量、抗病性、商品性状等相关的 50 多个分子标记，克隆辣椒雄性不育基因、辣椒素合成酶基因 9 个，为辣椒雄性不育和高辣椒素品种分子育种提供了理论基础。

在目前我国劳动力和农资价格大幅度上涨的情况下，通过不育系制种，能降低制种成本 30%左右，同时采用不育系，增加了父本花粉与不育系的亲和力，提高了单果产籽数，因而显著提高了制种产量，相应地增加了投入产出比，降低了制种成本，种子价格也得以降低。且通过不育系繁殖辣椒种子能保证了杂交辣椒种子的纯度达到 100%，现累计推广雄性不育杂交种子面积达 500 余万亩。

三、创新辣椒种质资源及优异骨干核心自交系

20 世纪 80~90 年代，研究了我国 1000 多分辣椒品种资源的农艺学性状，探明了辣椒品种资源的抗病性、果实营养成分、植株形态特征与起源地生态环境的关系，提出湖南是最有可能产生辣椒抗源和最佳的抗性育种生态环境；开展了辣椒光合特性、抗病性等性状的遗传规律研究，提出了植株性状、果实性状、产量性状、抗病性、果实营养成分的遗传模式，为辣椒育种亲本的选择与选配提供了理论依据。创制了一批优异的辣椒种质资源，建立了辣椒杂种优势利用技术体系。

从来自湖南的地方品种中选育出衡阳伏地尖、河西牛角椒、湘潭迟班椒三大辣椒骨干核心亲本，从中创制了性状优良的自交系亲本材料，如自交系 5901、5904、6421、8215、8214、G16、9701、SJ07-21、SF11-1 等。国内辣椒育种者也利用这些骨干亲本创新了一系列优良亲本材料，育成全国有影响的辣椒品种 51 个，种植面积占全国同类品种的 80%以上。采用杂交聚合分离技术，创制不同类型的具有独特经济性状和抗性资源材料 10 个。

四、选育了满足并主导不同市场需求的突破性辣椒系列新品种

20 世纪 80 年代，针对我国辣椒品种退化、产量下降问题，以早熟、高产为育种目

标，相继育成了湘研 1 号、湘研 3~6 号 5 个杂交品种，成为当时我国适应范围最广、经济性状优良的辣椒系列品种。湘研系列辣椒推出后被广泛应用于国内 31 个省、市、自治区以及海外 30 多个国家和地区，取得了巨大的社会效益和经济效益，该成果获得 1995 年度国家科技进步二等奖。

其中湘研 1 号极早熟，从定植到采收 40 天左右，早期挂果能力强，产量高，丰产稳产，亩产达 2000~3000kg；果面光亮，深绿色，平均单果重 30g 左右，有的单果重达 50g；微辣带甜，肉质脆软，外观美，风味佳；果实每 100g 鲜重含 V_C 130.4mg；耐寒性突出，耐肥、耐湿力强，较抗病毒病、疮痂病、炭疽病和青枯病等病害。

90 年代，针对生产上第一代杂交辣椒品种病害危害严重、抗逆性差等问题，以抗病为主要育种目标，相继选育出对 TMV、疫病和疮痂病兼抗两种或两种以上病害的湘研 7~10 号 4 个杂交品种，较第一代杂交辣椒品种田间病害损失和农药使用量显著减少，大面积推广应用亩增效益达到 22%，该成果于 2000 年获得国家科技进步二等奖。

90 年代后期，针对辣椒优势产区布局生产的要求，以提高辣椒耐贮运性、商品品质为主要育种目标，相继育成了湘研 11~20 号、湘辣 1~4 号等系列高产、优质、商品性优良、耐贮藏运输的新一代辣椒品种，大面积推广后取得了显著的社会、生态和经济效益，该成果于 2003 年获得国家科技进步二等奖。

其中，选育的湘辣 4 号是我国的第一个杂交线椒品种，也是我国第一个通过审定的胞质雄性不育三系配套品种，中熟，果肉稚嫩，味辣，果实肩部略皱，前后期果实一致性好，鲜椒亩产量达 2000~3000kg；抗病性强，极抗病毒病、疫病、炭疽病，耐旱性较强，耐热；适宜湿润嗜辣地区作加工、盐渍、酱制或鲜食栽培。湘研 15 号为长牛角椒品种，中熟，叶色浓绿，果色浅绿，果面有牛角斑，味辣，肉质细，口感好，耐湿热，抗性好，产量高，最大特点为耐热性强，能耐 40℃左右高温，且采收期长。湘研 16 号为中晚熟尖椒品种，果实长牛角形，辣味适中，耐湿热，抗病毒病和疮痂病，最大特点为空腔小，果肉厚，耐贮运，适于基地规模化种植，该品种曾被称为“天下第一椒”。

近年来，随着辣椒加工业的发展和消费市场的细分化，开展了多种专门化用途的辣椒新品种选育。相继育成了加工专用的“博辣”系列品种 17 个，满足了剁椒、泡椒、制酱、干制、辣椒素和红色素提取等不同加工用途的需求，提高了原料的加工品质和产品品质，提升了辣椒加工业水平；育成鲜食专用的“福湘”系列品种 8 个，炒食口感明显改善；育成鲜食、加工兼用的“兴蔬”系列品种 10 个，满足了不同市场的品种需求，提高了椒农的经济效益，保证了各种辣椒产品的均衡供应，该成果于 2011 年获湖南省科技进步一等奖。

新疆是我国最大制干椒原料基地和红鲜椒、红干椒出口基地，针对新疆等干制辣椒市场，选育出了集早熟、味辣、坐果集中、红色素和辣椒素含量高、干制率高、适合机械化采收等优势于一体的新品种博辣红牛，同时也是目前最适宜作干制辣椒的加工型优良品种。新疆推广数据显示，其熟性比当地主栽品种红安六号早 15~25 天，坐果集中，能同时红熟，干制率高，干物质含量为 19.8%，辣椒素和红色素含量分别比红安六号高出 37%和 20%，产量比红安六号高 8%~10%，已经成为当地早熟干椒的主栽品种。福湘秀丽为中早熟粗牛角辣椒一代杂种，主要在春节期间供应北京、上海、天津等特大城市及各地酒店，是售价不菲的红椒高端品种。青果绿色，生理成熟果鲜红色，果实外形漂亮，红椒长时间不变软，微辣，适宜青椒或红椒上市。抗病毒病能力强、连续坐果能力强、产量高等特点，平均产量约 3500kg/667m^2，最高可达 5000kg/667m^2，平均产值约 5500 元/667m^2，最高产值达 20 000 元/667m^2。在海南推出，几乎替代了原有湘研 13 号，收益可达同类产品的 3 倍。鼎盛时期，占据了当地 90%以上的同类型泡椒市场，一度刮起了福湘秀丽风。针对辣椒的风味、口感品质，选育出了外观商品性好、肉质细软、蜡质层薄的博辣 8 号。博辣 8 号是中早熟长线椒组合，植株生长势较强，青熟果嫩绿色，成熟果鲜红色，果表光亮，单果重 30g 左右，果实皮薄味辣，口感好，坐果多，丰产性好，适合加工或鲜食，产品价格比同类其他品种高出 20%左右。博辣天星是中熟的单生朝天椒，植株生长势强，株高 90cm 左右，株幅 85cm 左右，叶深绿，抗病能力强，适应性广；青果绿色，生物学成熟果亮红色，果长 7~8cm，果宽 1.4cm 左右，单果重 7g 左右，果表光亮无皱，商品性好，辣味香浓，口感好，坐果能力强，节节坐果。

五、创新辣椒产业技术，实现辣椒产业规模化制种

针对目前国内生产基地较乱，亲本易流失，以及父本花粉受气候影响不能正常供应的现状，我们加大了父本花粉贮藏保鲜技术的研究力度。采用“生态穿梭法”选择提纯和扩繁辣椒亲本原原种和原种，保证了亲本的经济性状始终处于优良状态，发明了徒手去雄和二次授粉技术，大幅提高了制种质量和产量。（获国家发明专利，专利号 92107063.2）突破了液氮贮藏辣椒花粉产业化技术，花粉的使用寿命由 1 周延长到 2 年，父本集中种植、采粉、统一配送到制种基地，且可多年使用，保证了花粉质量和按时供应。解决了花粉采收时期、取粉、干燥、预贮存、液氮冷冻、运输、解冻等系列技术问题，建立辣椒超低温保存花粉技术，获批的“辣椒花粉超低温保存”发明专利，（专利号 ZL 2011 10237274.9）彻底解决了杂交制种中的父母本花期不遇的问题，大大降低了制种成本。发明的双层聚乙烯薄膜加硅胶密封贮藏种子技术，在南方高温高湿室内贮藏条件下，使种子安全期由 1 年延长到 3 年。

进行了大棚制种研究，大棚制种病害明显减少，授粉结果受天气影响小，制种产量高，大棚内生产杂交一代辣椒种子产量可提高 20%。建立了高效的杂交辣椒种子生产技术规程，亩制种产量由 5~10kg 提高到 40~50kg，最高可达 100kg，使我国成为世界上最大的辣椒种子生产基地。开展制度创新、品牌创立，建立了适合我国的高效蔬菜种子经营管理体系，成功创立了湘研辣椒、兴蔬辣椒驰名品牌，加快了我国蔬菜种子杂种化、规模化、产业化进程。

六、育成辣椒新品种的经济效益及科技成果

通过包括雄性不育技术在内的杂交辣椒品种产业化系列技术创新研究，育成了适应不同市场需求的系列辣椒新品种，突破辣椒品种产业化系列关键技术，育成的辣椒品种累计推广应用面积 1.3 亿亩，占我国同类品种栽培面积的 60%，新增社会效益逾 100 亿元。

承担了国家农业科技成果转化项目、国家现代农业产业技术体系辣椒育种岗位专家

项目、国家公益性行业（农业）科研专项、国家 863 计划项目、国家支撑计划项目、国家自然基金项目、湖南省重大科研专项等项目，创建了国家辣椒新品种技术研究推广中心、农业部杂种优势利用重点实验室、湖南省蔬菜工程重点实验室、湖南省蔬菜工程技术研究中心、长沙蔬菜工程技术研究中心等多个研发平台。以我国著名辣椒专家邹学校研究员为首的辣椒科研团队，主要从事辣椒种质资源创新研究、新品种选育、育种技术研究、栽培技术研究及成果转化，解决全国辣椒生产带有普遍意义的问题，服务辣椒产业，2012 年辣椒科研团队被农业部评为“农业科研杰出人才及创新团队”。辣椒研究方面获国家科技进步二等奖 4 项，省科技进步一等奖 2 项，省科技进步二等奖 3 项，获发明专利 2 项，通过省级审定的辣椒品种 51 个，审定的辣椒不育系 5 个，出版著作 20 本，发表论文 100 余篇，其中 SCI 论文 22 篇。

诱变技术在辣椒育种中的研究进展*①

周书栋[1,2]，杨博智[1,2]，欧立军[1,2]，梁成亮[1,2]，马艳青[1,2]

（[1]湖南省农业科学院蔬菜研究所，长沙　410125；
[2]湖南省蔬菜工程技术研究中心，长沙　410125）

摘要：诱变技术作为一种拓宽辣椒遗传基因的新型育种技术，在辣椒育种中具有很大的应用潜力。本文介绍了辐射诱变、航天诱变和化学诱变技术的特点及作用机制，重点综述了 Co γ 射线、航天诱变和 EMS 诱变的机制及在辣椒育种中的研究进展，并对其发展前景进行了展望。

关键词：诱变；辣椒；育种；研究进展

诱变育种指采用人工方式对植物体（种子、植株、器官、组织、细胞等）进行诱发突变，使其产生遗传变异，并从中直接或间接地选育出在生产上有利用价值的新品种的育种方法（孙玉等，2008）。该方法通过诱变改变染色体或基因结构获得突变体，丰富物种的遗传变异范畴，在新品种选育及分子生物学研究中具有重要作用。目前，创造突变体的手段主要有物理手段、化学手段和生物手段等。笔者介绍了辐射诱变、航天诱变和化学诱变等技术的特点及作用机制，重点综述了 Co γ 射线、航天诱变和 EMS 诱变的机制及其在辣椒育种应用中的研究进展，并对其发展前景进行了展望。

1　诱变方式及特点

1.1　辐射诱变

典型的物理诱变为辐射诱变，是指在人工控制的条件下，利用中子、质子或者射线等物理辐射诱变因素对种子或植株进行辐照，诱发其染色体数量、结构的变异，从而得到可供利用的突变体的一种诱变方式（杨兆民和张璐，2011）。常见的辐射源包括紫外线、X 射线、γ 射线、粒子辐射（中子、带电粒子辐射）以及其他物理诱变剂（电子束、激光和离子注入）。

辐射诱变一般有以下特点：①多数突变为隐性突变，突变性状在第 2 代（M_2）才表现出来，因而往往把 M_2 代作为选择突变性状的起始世代；②突变频率与突变性状有关，叶色、株型、产量、熟性等突变易发生，抗性突变频率较低，故不同的突变育种性状应该构建不同大小的 M_2 群体以供选择；③育种周期短，突变性状通常经过 3~4 代的选择

* 基金项目：国家农业产业技术体系建设专项（CARS-25-A-8）。

① 本文原载《湖南农业科学》，2015，（5）：138-141。

即能达到稳状态，便于短时间内新品种的选育。

1.2 航天诱变

航天诱变是将农作物种子或需诱变的材料以搭乘返回式卫星或高空气球灯航天器的方式送到太空，利用空间环境下的高真空、微重力、高能空间辐射以及强烈的地磁场等因素对进入空间环境的农作物种子的综合作用，导致作物遗传性发生变异的一种诱变方式（王旭辉等，2013）。

航天诱变特点如下：①航天诱变育种具有诱变的广谱性，比人工诱变幅度更大，范围更广，更易出现特异性变异；②变异率高，变异幅度大、变异类型十分丰富，且有益突变较多；③育种周期短，通常 3~4 代的选择即可稳定遗传性状，可比常规育种周期缩短 1~2 代。

1.3 化学诱变

化学诱变是指人为地利用化学药剂对作物的植株、种子、花粉、花药、合子或单细胞组织培养物等不同部位进行处理，使其产生遗传变异获得突变体，再根据育种目标从中筛选出新品系、特用品种或新种质的一种人工诱变方式（柳学余等，1992）。化学诱变剂种类较多，按其诱变机制可分为烷化剂（如硫酸二乙酯、甲基磺酸乙酯等）、碱基类似物及其有关化合物（如 5-溴尿嘧啶、水合肼、腺嘌呤等）、叠氮化物（如叠氮化钠、叠氮化钾等）以及其他种类的化学诱变剂（如抗生素、羟胺、吖啶、秋水仙素）（崔霞等，2013）。

化学诱变的特点如下：①操作方法简便，成本低廉，可短时间内对供试材料进行大规模进行诱变；②产生点突变的比例高，突变谱稳定性好，引起的突变范围广，但后代选择需要足够大的群体；③受组织结构限制，穿透性不如辐射射线强，染色体畸变的比例相对较少，发生致死型突变的概率小；④具有迟效作用，诱变后的部分染色体并不立即断开。

2 诱 变 机 制

2.1 辐射诱变

辐射诱变机制通常从细胞水平和分子水平两方面进行阐述。

从细胞水平上分析，辐射诱变造成染色体畸变，高能量和强穿透力的射线辐射易使染色体断裂、结构重排，导致单倍体及非整倍体类型的材料出现。研究发现，经γ射线辐射处理后的实验材料，其细胞在进行有丝分裂和减数分裂时可观察到染色体数量发生变化以及结构发生变异的现象（贾彩凤和李艾莲，2007；杨国华等，2002）。

从分子水平上分析，射线诱变能诱导处理材料的 DNA 断裂、损伤或碱基缺失等多种生物学效应，从而促使其产生大的突变，引发的 DNA 突变具有随机性[8]。另有研究表明，射线促使细胞染色体发生改变的同时，还会引起生物体与细胞质有关的遗传性核外变异，促成辐射育种中材料的特性变异。

2.2 航天诱变

由于空间环境的特殊性和复杂性，目前对空间诱变机制的研究较少，作物性状变异的机制尚未清楚，通常认为导致遗传变异有以下几方面的原因。

2.2.1 微重力

生物体在宇宙空间中所受重力仅为地球的百万分之一到十万分之一，微重力环境使细胞分裂不正常、染色体畸变、核小体数目发生变化等，使植物生长发育与信号传递等生理生化过程出现紊乱，极大地影响了生物体生长发育（Dubinin and Vavhna，1973）。此外，微重力有可能会干扰到细胞中DNA损伤修复系统的正常操作，DNA损伤后的修复功能可加剧生物变异，提高变异率（Horneck，1995）。

2.2.2 空间强辐射

太空中存在的强辐射射线主要有重粒子、太阳粒子、银河系宇宙射线以及其他高能电磁辐射，其中以高能量的重粒子射线诱变效应最强（Horneck，1984）。这些射线作用于太空中的生物材料后，可轰击细胞DNA，使DNA双链发生断裂。

2.2.3 转座子假说

科学家们提出了航天诱变的一种新的诱变机制——转座子假说（沈桂芳等，2002），该假说认为太空环境能活化生物体中潜伏的转座子，活化的转座子通过插入、移位和丢失，导致基因变异或染色体畸变。

2.2.4 其他因素的复合效应

生物材料产生突变是太空环境中大气结构、大气压力、空气密度、地磁强度、环境温度等诸多因素综合作用的结果。这些因素与微重力、空间强辐射的协同作用可能在一定程度上引起了生物体内遗传物质的结构发生改变而产生了变异。

2.3 化学诱变

不同的化学诱变剂具体作用机制不同，总的来讲，化学诱变机制为诱变剂通过与核苷酸中的磷酸、嘌呤和嘧啶等分子反应引发诱变，且化学诱变剂具有选择性特性，只作用于特定的基因和核酸。在蔬菜育种中应用广泛的是甲基磺酸乙酯（EMS）、叠氮化钠（NaN_3）、平阳霉素（PYM）和秋水仙素。

2.3.1 EMS诱变机理

EMS的烷化作用发生于DNA的鸟嘌呤N-7位置上，烷基取代H离子成为一个带正电荷的季铵基团，产生两种遗传效应：一种为转换型突变，即烷化的鸟嘌呤代替胞嘧啶，与胸腺嘧啶发生配对；另一种为鸟嘌呤的N-7烷基在活化时由于糖苷键断裂，导致鸟嘌呤的DNA分子被脱去，在进一步复制时，原来的鸟嘌呤的位置成了一个空位，与鸟嘌呤互补位置上的碱基就不受严格的配对限制，四种碱基都有机会进入，造成置换现象。具体过程为鸟嘌呤的O^6位置被烷基化，大部分经烷基化的碱基被修复时，在DNA复制过程中会导致配对错误产生突变，烷基化鸟嘌呤与胸腺嘧啶配对，导致碱基替换，即G：

C 变为 A∶T。

2.3.2 NaN_3 诱变机制

NaN_3 属于呼吸抑制剂的一种，作用于复制中的 DNA，引起基因突变和染色体畸变，通常以碱基替换方式使 DNA 的正常合成无法进行。NaN_3 在酸性环境中对形态突变非常有效，当溶液 pH 为 3 时产生的 HN_3 分子很容易透过细胞膜进入细胞内，通过碱基替换，干扰 DNA 正常合成，导致点突变的产生。

2.3.3 PYM 诱变机制

PYM 属于抗生素中的一种，主要诱发移码突变，其诱变机制与 EMS 相近，是一种新型的诱变剂，安全、高效、诱变率高，具有较高的的开发应用前景。

2.3.4 秋水仙素诱变机制

秋水仙素属于生物碱的一种，它能以碱基替换方式影响细胞中 DNA 的正常合成，使正处于有丝分裂的植物细胞的纺锤体形成受抑制，细胞一直处于在分裂中期，复制的染色体不能向两极移动。此后，细胞再进行分裂就形成了多倍体。

3 诱变技术在辣椒育种中的应用

自 20 世纪 20 年代以来，育种家将精力从收集有价值的自然变异材料逐渐转移至通过物理或化学诱变的方法创制人工突变体，并开始将突变材料应用于作物遗传育种中，创制了一批有实用价值的突变体。也有不少科学家不断尝试通过物理和化学诱变方法处理辣椒种子或植株，来达到选育新品种的目的。

3.1 Co γ 射线

王兰兰（2008）采用辐射剂量为 5.16 C/kg 的 Co 60 γ 射线处理兰州大羊角辣椒的种子，选育出性状表现稳定的新突变系 C14。与兰州大羊角比较，突变系 C14 果长、单株结果数和单株产量均有所增加。以突变系 C14 为母本，自交系 0430 为父本配制的杂交组合 2006 D2，具有熟性早、果实羊角形、果面有皱褶、色绿、味辣、果实商品性好、品质佳、抗病性强等一系列优良特性，适宜于北方保护地和露地栽培。阿安尼尔·库玛等（2002）采用 Co 60 γ 射线射线辐照处理辣椒品种 PC1 的种子，从 M_2 和 M_3 代中分离出 4 种类型（株高突变、叶形突变、成熟期突变和果实突变）的 16 个形态学突变体（矮缩突变、矮化突变、半矮突变、高秆突变、窄叶突变、宽叶突变、小叶突变、卷叶突变、折叠叶突变、叶尖圆突变、二态性叶突变、叶柄伸长突变、早开花突变、晚开花突变、无花突变、深绿椒果突变）。

3.2 航天诱变

郭亚华等（2004）通过空间诱变与常规育种相结合的方法，选育出具有高产、优质、抗病性好等具有多重优良性状为一体的甜椒新品种——宇椒一号，以及一批具有不同特色的辣椒新品系，已在全国各地大面积推广，并对空间条件处理后的几种突变体进行分子标记检测，证实该突变是由于基因组发生了点突变，染色体互换或片段缺失而造成的。

3.3 EMS 诱变

化学诱变研究始于 20 世纪初，20 世纪 60 年代人们开始探讨化学诱变在作物育种上的应用，特别是近 30 年来，俄、法、意、美等多个国家先后采用此种方法育成了不少农作物新品种。目前国内外在蔬菜上开展的诱变筛选并获得突变体的有大白菜、番茄、甜椒、黄瓜、豆类、甘蓝等多种作物。诱变剂中以 EMS 诱变应用最为广泛。Alcantara 等（1996）研究了诱变辣椒辣椒种子时使用 EMS 的最佳条件；Pillai 和 Abraham（1996）观察到甜椒突变体中出现高产量和高 V_C 含量的突变性状，使辣椒果实品质和产量都得到改变；Ashok 等（1995）研究了不同浓度的 EMS 处理甜椒种子后对辣椒植株花粉活力和果实腐烂能力的影响，观察到花粉生活力提高和果实抗腐烂能力增强的突变体；Jabeen 和 Mirza（2002）采用 EMS 提高辣椒遗传变异率。Jabeen 和 Mirza（2004）采用 EMS 方法诱变 Longhi 辣椒的种子，研究发现采用浓度为 0.5%的 EMS 溶液处理种子 3 h 可以诱导植株形态发生变异；在 M_3 代中，有不少突变性状可以观察到，最明显的突变体为高、矮、不育、早熟和晚熟突变。此外，叶面积、叶序、叶片形状、分支模式以及花对称度的变化也被观察到；Devi 和 Mullainathan（2011）分别采用不同剂量的 Co γ 射线和不同浓度的 EMS 处理辣椒种子，研究发现在突变体 M_2 群体中出现不少突变性状，如叶色变深、植株形态突变、花突变、果实突变等，其中 Co γ 射线诱导叶色突变体的比例要高于 EMS，EMS 诱导其他有用的突变要优于 Co γ 射线。

4 展　望

诱变育种技术是继传统杂交育种之后发展起来一种新方法，具有杂交育种难以代替的优势。该技术通过拓宽遗传基因范围，创新种质资源，在短时间内极大地丰富了育种材料。目前，已在创制具有高产、早熟、矮秆、不育等农艺性状方面取得了丰硕的成果，然而与其他育种方法一样，诱变育种也存在一定的局限性，主要表现为诱发有益突变的频率低，诱发突变的方向和性质难以控制。

辣椒属于以自交为主的常异花授粉作物，繁殖系数大，杂种优势普遍存在，其传统育种技术即为常规杂交育种，现通过杂种优势已经培育出了不少性状优良的品种，但由于常规杂交育种缺少新基因的参与，仅能进行基因之间的重组，使辣椒遗传背景较狭窄，难以高效地获取新的种质资源。而通过诱变方式产生的突变体能够在原有遗传背景基本不变的情况下从分子水平使植物出现有用性状的变异，属于内源基因的改良，而不是外源基因的加入，易被公众接受，具有广阔的市场前景。辣椒突变体的研究从 20 世纪 60 年代开始，但一直偏向于应用研究，对如何提高有益诱变的频率以及如何控制诱发突变的方向等一系列机制问题的研究相对滞后，必须加强基础理论研究，特别是要深入探讨诱变的分子生物学机制，最终实现可调控诱变育种。

参 考 文 献

阿安尼尔·库玛，威·安尼沙，克罗斯赖·苏伯哈悉尼，等. 2002. 辐照诱导的辣椒形态学突变研究. 中国辣椒，(2): 45-46.

崔霞, 梁燕, 李翠, 等. 2013. 化学诱变及其在蔬菜育种中的应用. 西北农林科技大学学报(自然科学版), 41(3): 205-212.
郭亚华, 谢立波, 王雪, 等. 2004. 辣椒空间诱变育种技术创新及新品种 (品系)的培育, 核农学报, 18(4): 265-268.
何冬丽，杨光圣. 2004. 甘蓝型油菜单倍体离体诱变及其效应的 AFLP 分子标记检测. 中国粮油作物学报，26（2）：10-14.
贾彩凤, 李艾莲. 2007. 我国药用植物辐射诱变育种的研究进展. 中草药, 38(4): 633-637.
沈桂芳, 倪丕冲, 孙丙耀. 2002. 中国航天育种. 世界农业, 273(1): 37-40.
孙玉, 姜永平, 刘军民. 2008. 我国大豆辐射诱变育种研究进展与展望. 山东农业科学, (1): 14-17.
王兰兰. 2008. 辣椒钴 60Co γ 辐射突变体的筛选及利用研究. 北方园艺, (5): 45-46.
王旭辉, 赵晓梅, 叶凯, 等. 2013. 农业航天诱变育种的应用及研究进展. 安徽农业科学, 41(23): 9575-9576, 9598.
杨国华, 李滨, 刘建中, 等. 2002. 应用基因组原位杂交鉴定蓝粒小麦及其诱变后代. 遗传学报, 29(3): 255-259.
杨兆民, 张璐. 2011. 辐射诱变技术在农业育种中的应用与探析. 基因组学与应用生物学, 30(1): 1, 87-91.
Alcantara T P, Bosland P W, Smith D W. 1996. Ethyl methanesulfonate-induced seed mutagenesis of *Capsicum annuum*. Journal of Heredity, (5): 239-241.
Ashok Y, Sharma P P, Yadav A. 1995. Effect of different ethyl methanesulfonate treatments on pollen viability and fruit rot incidence in bell pepper. Romanian Agricultural Research, (16): 442-444.
Devi S A, Mullainathan L. 2011. Physical and chemical mutagenesis for improvement of chilli (*Capsicum annuum* L.). World Applied Sciences Journal, 15(1): 108-113.
Dubinin N P, Vauhna E N. 1973. Effects of space flight factors on the he-reality of higher and lower plants . Life Sciences and Space Research, (11): 105-110.
Horneck G. 1995. Impact of space flight environment on radiation response of *Tritiam aestium* colepotiles under ixhilisms of low gravity. Cell and Environment, (18): 53-60.
Jabeen N and Mirza B. 2004. Ethyl methane sulfonate induces morphological mutations in *Capsicum annuum*. International Journal of Agriculture and Biology, 6(2): 340-345.
Jabeen N, Mirza B. 2002. Ethyl methane sulfonate enhances genetic variability in *Capsicum annuum*. AJOPS, (4): 425-428.
Pillai P S, Abraham B. 1996. Improvement of fruit character and yield in sweet pepper by mutation induction. Mutation breeding-News letter, (42): 17-18.

Research Advances of Mutagenesis in Pepper breeding

ZHOU Shudong[1, 2], YANG Bozhi[1, 2], OU Lijun[1, 2], LIANG Chengliang[1, 2], Ma Yanqing[1, 2]

([1] Hunan Vegetables Research Institute, [2] Hunan Vegetable Reaearch Institute, Changsha 410125, PRC)

Abstract: Mutagenesis, as a breeding technique to increase the genes mutation, has shown a great potential in pepper breeding. The characteristics and mechanism of irradiation mutagenesis, space mutation and chemical mutagenesis were introduced. The research progresses of Co γ-ray, space mutation and EMS mutagenesis in pepper breeding were also presented.

Key words: mutagenesis; pepper; breeding; review

第六部　产业化技术

我国辣椒新品种推广与良种繁育现状*①

戴雄泽[1,2]，邹学校[2]，马艳青[2]

（[1]湖南农业大学；[2]湖南省蔬菜工程技术中心）

摘要：辣椒是我国重要的蔬菜品种之一，目前我国栽培面积、总产量、消费量均居世界第一位。我国辣椒育种起步时间不长，杂种优势利用也是20世纪70年代开始的，经过“八五”、“九五”、“十五”国家攻关研究，辣椒育种发展迅速。目前我国从事辣椒育种的单位和研究人员众多，选育了很多的辣椒新品种，中椒系列、兴蔬系列、苏椒系列、洛椒系列、湘研系列、茂椒系列、汴椒系列等影响较大。辣椒分类方法较多，根据辣味分为甜椒和辣椒，根据用途可分为鲜食和加工，根据果形分为灯笼形、牛角形、羊角形、线椒形等。

1 我国辣椒新品种及推广应用现状

1.1 我国主要的辣椒育种机构及品种类型

目前我国辣椒育种机构大致可分为科研单位、大公司、民营企业3种类型。

（1）科研单位　中国农业科学院蔬菜花卉研究所，选育的中椒系列以甜椒为主，代表品种有中椒5号、6号、11号等；北京市蔬菜研究中心，选育的京研系列以甜椒和干椒为主，代表品种有京辣1号、2号、8号，京甜2号、3号和4号；湖南省蔬菜研究所，选育的兴蔬系列以长线椒、牛角椒和泡椒为主，主要的代表品种有博辣5号、6号，兴蔬16号、兴蔬203，福湘碧秀、福湘秀丽、福湘5号等；江苏省蔬菜研究所，选育的苏椒系列以泡椒品种为主，主要的代表品种有苏椒5号、11号等；广东省蔬菜研究所选育以泡椒、牛角椒为主，河北省蔬菜研究所和沈阳市蔬菜研究所选育以甜椒为主。

（2）大公司　湘研种业有限公司，选育的湘研系列以泡椒、牛角椒和线椒为主，代表品种有湘辣4号、湘研13号、16号、大果99等。

（3）民营企业　洛阳市诚研种业有限公司，选育的洛椒系列以泡椒为主，主要品种有洛椒98A；河南红绿辣椒种业有限公司和开封市辣椒研究所，以选育泡椒品种为主，代表品种有汴椒1号；四川富顺县川椒种业有限公司，选育的品种以长线椒为主，代表品种有优干1号、2号；江西农望种业有限公司以选育长线椒为主，主要品种有更新8

* 基金项目：国家“863”计划项目（2006AA10Z1A6-3）。

① 本文原载《长江蔬菜》，2007，（7）：33-37。

号等。

1.2 我国主要辣椒产区及品种结构

我国幅员辽阔，生态类型多，纬度跨度大，一年四季都可以生产辣椒，经过多年的推广探索，全国各地形成了相对稳定的生产基地和主要品种类型。东北三省，适宜辣椒生产的季节较短，以早熟辣味型甜椒、辣椒和干椒为主，主要栽培品种有沈椒 4 号、景尖椒 3 号等。干椒分布在通辽、白城等地，主要品种为韩国金塔类型，辣椒加工脱水后出口。西北的新疆、甘肃、青海和宁夏，种植甜椒和牛角椒类型，要求果表有皱、味较辣，代表品种有四平头、陇椒、猪大肠、赤峰椒等。河北省种植辣椒主要集中在固安县一带，以中熟泡椒和晚熟牛角椒为主，主要栽培品种有中椒 6 号、湘研 30 号、福湘 5 号等。山东以长线椒和牛角椒为主，主要品种类型有湘辣 2 号、湘研 30 号、苏椒 5 号和国外引进品种等。安徽以大棚早熟泡椒和秋延大棚辣椒为主，主要品种有洛椒 98A、福湘 2 号、汴椒 1 号、农大 301 等。河南以秋延牛角椒和中熟泡椒、朝天椒为主，也有一定规模的线椒，主要栽培品种有湘研 16 号、兴蔬 16 号、中椒 6 号、山鹰椒、博辣 6 号等。陕西以长线椒、早熟泡椒、中熟泡椒为主，主要品种有洛椒 98A、8819、博辣 6 号、福湘 5 号、湘研 13 号等。湖北以早熟泡椒和高山反季节泡椒为主，主要栽培品种有洛椒 98A、福湘 2 号、大果 99、中椒 6 号、早杂 2 号等。湖南、四川和江西是我国辣椒种植面积最大的地区，主要有线椒、牛角椒和泡椒三种类型，栽培的主要品种有湘研 15 号、湘辣 4 号、大果 99、湘研 13 号、博辣 6 号、兴蔬 215、兴蔬 16 号、福湘 2 号、福湘 5 号，更新 8 号、春椒 9 号、优干 1 号、优干 2 号等。广东、广西、福建种植的品种类型较丰富，主要品种有种都 4 号、湘研 16 号、湘辣 4 号、茂椒 5 号、博辣 6 号、兴蔬 16 号等；海南以冬季种植为主，泡椒种植面积最大，牛角椒面积下降，线椒面积有上升趋势，主要品种有湘研 13 号、福湘 5 号、博辣 6 号等。

2 我国辣椒制种基地概况

杂交辣椒种子作为高科技载体，是一种特殊的生产资料。种子质量的好坏、能否正常供应直接影响辣椒产业的发展。杂交辣椒品种近十年的发展证明，制种基地是生产杂交种子的基础，规划并建设好制种基地是搞好杂交辣椒种子产业化的关键。

2.1 我国辣椒制种主要基地

（1）海南基地　海南是我国重要的冬季南繁基地，也是杂交辣椒种子重要的生产基地。海南基地以三亚为中心，沿东线可发展到陵水县和乐东县，其特点是种植时间短，种子产量高、质量好，收种时间适宜。海南基地一般在 9～10 月播种，收种在翌年 1～4 月。如果某一品种缺乏，在 1 月收种，能在我国大部分地区播种前供种，是理想的种子调节生产基地。海南基地年生产杂交辣椒种子可达 100t，平均单产 750kg/hm^2，最高单产达 1125kg/hm^2。适宜早熟甜椒和辣椒制种。

（2）华东基地　以江苏的徐州、安徽的萧县为中心。华东基地的特点是种子质量高、稳定，制种产量高，受灾害性气候影响较小。播种时间在 10 月，种子收获期在翌年 7

月底至 8 月上旬，可赶上南菜北运基地如广东、广西、云南、海南等省的秋播。华东基地处于南北交界处，同时具有北方早春的光资源丰富和南方升温快的特点，采用大棚栽培进行制种，年生产能力相当大。平均单产可达 825kg/hm^2 左右，最高单产达 1200kg/hm^2。适宜早中熟辣椒制种。

（3）华北基地　以山西的忻州为中心，是甜椒和中晚熟辣椒品种重要的种子生产基地。该基地的特点是中晚熟品种产种量高，种子生产成本较低，轮作条件好，病虫害相对较少，且受灾害性气候影响较小，产量较为稳定。播种期一般在春节前，收种时间在 9 月中旬至 10 月上旬。种子经质量检验后，第二年出售。华北基地的年生产能力较大，早熟品种的最高单产可达 975kg/hm^2，平均单产在 600kg/hm^2 左右，中晚熟品种的最高单产达 750kg/hm^2，是我国目前中晚熟品种单产最高的生产基地之一。

（4）西北基地　以甘肃的酒泉、张液为代表，是早熟品种和甜椒品种的理想生产基地。该基地的生产特点是病虫害少，种子质量高，产量高且稳定。播种期一般在春节后，收种期在 10 月中旬，西北基地海拔在 1500m 以上，全年降雨量在 85mm 左右，光照充足，十分有利于抗病性、耐热性、耐湿性较差的甜椒品种生长，制种产量高。早熟品种的最高单产可达 1275kg/hm^2，平均单产在 900kg/hm^2 左右。

（5）东北基地　以辽宁省为代表，其特点是山多，隔离条件好，有利于品种多、数量少的杂交种子繁育。

2.2　制种基地的选择原则

（1）有良好的自然条件　一般要求基地无霜期超过 120 天，连续日平均温度在 20～25℃的天数不少于 80 天，授粉季节降雨较少，有充足的劳动力资源，同时还要求有适当作物茬口，并要避开灾害性气候常发生的地区。

（2）耕作条件　杂交辣椒制种基地必须有一定的耕作条件，如栽培用地、灌溉条件和道路设施、隔离条件等，制种地要能形成一定的制种规模，以保证种子生产区域化。

（3）具有一定的技术力量　制种基地必须有一定的技术力量，技术人员对杂交辣椒制种工作比较了解，并具有一定的良繁经验。当地政府要支持，劳动力素质要比较高，总的生产力水平要高。

2.3　制种队伍的培训

辣椒杂交制种是一种劳动密集型的技术性工作，需要大量的管理人员和授粉操作人员。因此我们必须建立一支稳定的制种队伍，使他们有高度的质量意识和熟练的授粉技术。

（1）技术员　直接面向农户，他们的生产技术和质量意识是影响种子产量和质量的关键。一方面，应着重对基层技术人员进行质量意识和生产技术的培训，提高他们自身的素质；另一方面，要改变管理方式，实行聘用，同时引入竞争机制，工资与生产种子的业绩挂钩，下一年的繁种数量与上一年度的种子合格率挂钩。

（2）管理人员　本文所指的管理人员实际上是制种田的栽培管理、授粉管理和采种管理的直接负责人。管理人员的主要职责是制种田的水肥管理、防病治虫，授粉时期的选择、授粉质量的检查、花粉的制取、花粉器具的发放，辣椒红熟果的采收、种子采收及晒种、清选等。因此必须对管理人员进行责任心和操作技术的培训。

（3）授粉人员　在杂交授粉开始前应将授粉人员集中进行培训，授粉技术主要包括花蕾的选择、去雄、传粉和做标记等四个方面。

2.4　制种基地的科学管理

（1）合理布局、统一安排　一个制种基地建立后，要确定多个制种点，并合理布局。在确定制种点时，一要考虑辣椒忌连作，必须将 3～5 年内的生产统一规划，使制种田能充分轮作，减少病虫为害；二是辣椒制种需要大量劳动力，要合理利用有限资源；三是要充分利用当地的小气候条件，规划好适宜不同品种的制种点。

（2）选择合理管理模式　20 世纪 80 年代，辣椒种子生产采用单一的委托方式，和生产单位签订制种合同，商定质量标准、数量、价格。这种方式收购价高，且由于生产管理环节多，利润层层剥离，农户和各单位实际利润较少，种植积极性不高。遇农作物价格高，农民不愿种植辣椒，如种子紧张，种子又容易被套走。90 年代中后期，基地管理模式发生了变化。一级管理模式：生产单位与有制种经验、管理经验和雄厚经济基础的农民直接签订合同，他们既是管理者，又是直接生产者，海南基地主要采用该模式。二级管理模式：①乡（镇）政府+农户。乡（镇）属一级政府机关，主要是为农民提供技术服务，农民是制种的直接受益者，华东基地采用。②公司+农户。公司作为管理方，农民是种子的直接生产者，西北地区采用。③办事处（基地技术员）+农户。办事处（基地技术员）办理各种生产手续，并提供服务，农户作为生产单位，华北和华东区采用该模式。管理方式的改变，去掉了一些中间环节，受益最大的是种子的直接生产者。这样保护了制种农户的利益，农民的种植积极性很高，制种基地非常稳固。

（3）技术服务　育种单位生产部人员全部是专业技术人员，有着扎实的基础理论知识和丰富的栽培、制种经验，并对组合及其亲本的特征特性非常熟悉。他们深入基层，对农户直接进行技术指导，能有效地提高制种单产和种子质量。

3　辣椒制种关键技术

辣椒制种技术可分为田间管理、授粉技术和采种技术三部分。田间管理又分为露地栽培和大棚栽培 2 种方法，主要差别是大棚栽培温度、湿度控制。授粉技术和采种技术各基地基本相同。

3.1　田间管理

（1）育苗　育苗是辣椒制种的重要环节，它直接关系到制种的成功与否。父母本的播种期要根据各基地的气候条件和双亲的特性来定，其原则是保证父本植株花期在母本植株花期之前。海南冬季制种，育苗期在 10 月，关键技术是降温和病虫害防治，苗龄一般为 25 天。北方制种冬季或早春育苗，其关键技术是保温防冻，下面主要介绍北方育苗技术。

a. 幼苗管理

控制温度：出苗前主要是温度控制，辣椒种子的最适发芽温度为 28～30℃。出苗后应及时揭掉覆盖物，防止幼苗徒长。幼苗出土后，应逐渐降低床温，降温的程序以不妨碍幼苗生长为度，白天床温可降到 15～20℃，夜间降至 5～15℃，直至露出真叶。幼苗经过一段时间的低温锻炼后，子叶壮实而厚，叶色浓绿，叶片平展，茎秆粗壮，可提早花芽分化和现蕾，幼苗的抗寒性和抗病性得到增强。真叶露出后，应适当提高床温，白天保持在 20～25℃，夜间降至 10～15℃。

加强光照：育苗设施应尽可能采用透光率高的覆盖物，并保持覆盖物的清洁。在保温的前提下，对覆盖物尽量早揭、晚盖，延长光照时间，但要防止冷风直接吹入苗床。

调节湿度：湿度过高或过低都不利于幼苗生长，湿度过高易发生病害和冻害，应根据天气状况，采用通风降湿和撒干土或草木灰吸湿降低湿度。湿度过低时，选择晴天上午 10:00～12:00 时适当浇水。

中耕间苗、适当追肥：床土板结时，应注意松土。间苗时结合中耕、除草，秧苗出现缺肥症状时，应及时追肥。

b. 分苗（假植）期管理

冬季育苗，一般都进行分苗。分苗能促进生根，有利于辣椒苗的前期生长，提早授粉，有利于高产稳产。辣椒幼苗分苗以生理苗龄 2～3 片真叶时最佳，宜在晴天上午 10:00 至下午 3:00 进行，此时气温高，根系活跃，易发新根，伤口易愈合，成活率高。

缓苗期：分苗后为了促进根系恢复，应适当提高棚内温度，地温保持 18～20℃，气温白天保持 25～30℃、夜间保持 20℃，相对湿度要在 85%以上。主要措施是加强覆盖，闷棚 2～3 天。7 天后，幼苗心叶开始生长，可浇 1 次缓苗水。

生长期：缓苗后，根系的吸收功能得到恢复。为防止徒长，此期内温度可比缓苗期略低，一般白天气温 20～25℃，地温 16～18℃，夜间气温 15～16℃，地温 13～14℃。

炼苗期：为提高幼苗定植后对环境的适应能力，缩短定植的缓苗时间，一般在定植前 5～7 天将塑料膜由小到大逐渐揭开，使秧苗接受低温锻炼，以适应露地的生态环境。

（2）大田栽培管理

a. 深耕整地、施足基肥。制种田要深耕至底土层，一般深翻 26～33cm。整地时底土可适当成坨成块，以利透水透气，排灌畅通。表层土粒要细碎、平整，有利于地膜紧贴畦土表面，发挥覆盖效果。整地时结合施肥，一般每 667m^2 施充分腐熟的圈肥等有机肥 4000～5000kg，若有机肥不足，也可改施复合肥 50kg。辣椒制种一般畦宽 1～1.2m（包沟）。

b. 定植。辣椒大田栽培要避免晚霜和低温对幼苗的危害。因此，父母本定植应在当地晚霜过后，耕层 10cm 深处的土温达到 10～12℃时定植较好。

c. 水分管理。辣椒定植后的 3～5 天为缓苗期，定植后 7 天左右心叶开始生长，新根长出，这时要浇 1 次缓苗水，然后适当蹲苗。一般土壤湿度保持 80%为宜。北方基本上是地下水浇灌，水温较低，因此浇水应根据辣椒苗生产势而定，尽量减少浇水次数，有利于辣椒苗前期生长。海南制种则要避开白天高温，以晚上浇水为宜。辣椒大量挂果后，白天气温较高，水分的蒸腾量增大，因此浇水要勤、轻，不能大水漫灌，以防止土壤积水而发生沤根死株。

d. 追肥管理。一般用速溶性的复合肥和发酵的人畜粪作追施。化肥的浓度为 0.5%。粪肥为二成稀。如果发现植株黄化矮小，可喷施 0.3%～0.5%的尿素和磷酸二氢钾溶液提苗。授粉前重追 1 次苗肥，有条件追肥以饼肥为主，豆饼或腐熟的豆籽、菜子饼均可。

一般每 667m^2 施豆类饼肥 1 25～150kg、菜籽饼 200kg 左右或棉籽饼 250kg 左右，其他饼肥不得少于 175kg。授粉结束后果实开始膨大，这时要重追 1 次坐果肥，以利于适时成熟。

e. 植株调整。为了降低授粉成本，目前国内基本上采用集中授粉法。因此前期要求辣椒苗生产旺盛、整齐一致。一般授粉前将母本的第 1～2 层花疏掉，控制生殖生产，促进营养生长。整枝时还要疏去内部的弱枝，以改善植株群体的通风透光状况，有利于授粉和结果。一般停止授粉后 7～10 天应清除自交花。这样不仅可防止采种时混入自交种，而且能使种子千粒重增加 0.8～1.2g。

f. 覆膜或小拱棚保护。这个措施主要是针对晚熟品种在霜期来临时还有部分种子未成熟而采用的。霜期来临时，在夜间采用覆盖或小拱棚等保护措施来保护植株不受冻害，白天应将膜揭掉，这样可以减少霜冻损失，增加产量。

g. 病虫害防治。辣椒病虫害较多，主要依靠综合防治，特别是加强田间管理，预防病虫害大量发生，同时也要在病虫害发生初期，采用化学药剂进行防治。

（3）大棚辣椒制种关键技术

大棚制种收种期（7 月下旬）在南（3 月）北（10 月）收种期之间，生产单位能根据市场种子销售情况调整生产计划，保证杂交辣交种子各品种的周年均衡供应，且兼顾海南种子质量好、北方种子生产成本低的优点。许多杂交辣椒种子繁育单位看好这种制种模式，故其制种规模呈上升趋势。目前大棚制种主要分布在江苏的徐州与安徽的萧县。大棚制种栽培管理与露地栽培基本相同，关键是大棚内的温度、湿度控制。

a. 塑料大棚的构建。为了降低种子的生产成本，杂交辣椒制种可直接利用种植蔬菜的塑料大棚或因陋就简搭建竹木结构的简易塑料大棚。有条件的地方，也可采用组装式钢管结构大棚。棚的大小以有利于大棚的保温、通风和在大棚内进行农事管理、授粉操作为原则。一般大棚的跨度保持在 6～8m（每个棚可覆盖 6～8 畦），棚的长度 40～80m，高度 1.8m 左右较为适宜。

b. 温度管理。定植缓苗期：定植后应立即将棚四周全部密封，便于大栅增温。大棚内的温度白天可保持在 25～30℃，最高不得超过 32℃；夜间温度保持在 15～17℃。如果棚内温度超过 32℃，应通风降温。早春季节，外面的温度较低且风太，应以通腰风为主。定植返青后，温度可适当降低，控制在 22～28℃。

授粉期：授粉期间大棚内温度保持白天 22～28℃、夜间 15～17℃较为适宜。由于授粉期（4 月下旬至 5 月下旬）气温上升较快，大棚内的温度上升更快，在天气晴朗时，棚内温度有时可达 40℃，因此要注意对温度的控制，灵活掌握大棚通风量。当外界最低夜温连续一段时间保持在 18～20℃时，夜间可不闭通风口；若平均温度连续保持在 22～25℃时，应揭开围膜。

授粉后期：由于 6～7 月外界温度增高，平时要根据天气情况，随时调节大棚内的温度，保证温度在 30℃以内，不超过 35℃。6～7 月连续阴雨天气多，为防止雨水浸入田间淹苗，引起烂果，一般不要揭开棚膜。

c. 水分管理。定植缓苗期：辣椒苗成活后，由于早春温度较低，一般不再浇水，可通过松土保墒，避免水分的蒸发来保持土壤适宜的湿度。大棚土壤湿度以表土见白见干、下层土壤潮湿为宜。若土壤过干，以浇跑马水为好，避免大水漫灌。浇水时间以中午为宜。

授粉期以促为主，保证辣椒在以后的各生育阶段有充足的营养和水分。水分以土壤湿度在 70%～80% 为宜，这样既有利于饼肥的分解，又能满足辣椒对水分的需求，从而有利于养分吸收利用。授粉期间应小水勤浇，否则，大水漫灌会造成浇水后第 2、3 天花集中开放，浪费大量的花。5 月中旬更要注意对水分的控制。授粉结束后，是肥水需要量最多的时期，因此一定要注意后期肥水管理，要根据植株的生长情况施肥和浇水。

3.2 授粉技术

（1）花粉制取　每天采粉有两个最佳期，一个是上午 7:00～8:00，另一个是下午 4:00～5:00，采摘父本植株上充分发白、未散粉的大花蕾，摘取雄蕊，在室内摊开或放在下部装有石灰块的容器中进行干燥，然后过筛制取花粉。

（2）去雄　辣椒制种去雄方法可分为镊子（或其他工具）去雄和徒手去雄两种。目前国内除特殊要求，一般采用徒手去雄法。徒手去雄法简单，容易掌握，好操作，当母本花蕾泛白时，用拇指、食指、中指一并将雄蕊和花瓣摘除就可以了。去雄时花蕾大小一定要掌握适度，花蕾过大易出现假杂种，过小坐果率低，单果种子数少。徒手去雄的优点是授粉工效高，种子质量好。

（3）授粉　人工授粉可分为边去雄边授粉和先去雄后授粉两种。边去雄边授粉，能减少授粉工时，提高授粉工作效率。授粉量要充足，以保证单果能结较多种子。先去雄后授粉主要是针对父母本亲和力不高的组合，去雄后隔 12～24h，在母本花处在受精最佳期再授粉，以提高授粉的坐果率和单果种子数。去雄后每天用不同的标记以区分去雄时间。最适宜的杂交授粉时间为上午 6:00～11:00 和下午 4:00～7:00，一般授粉期为 25 天左右。

（4）标记　搞好标记是保证杂交种子纯度的重要措施，做标记的方法很多，采用的原则是容易区分、耐用、方便和容易制作。目前生产中应用较多的方法有保险丝、有色线、废编织袋丝、印油、去萼片和去叶片等方法。做标记时一定要边授粉边做标记。

3.3 采种技术

（1）取种　一般在授粉后 50～70 天果实成熟，果实采回后可在太阳下晒一天，使辣椒果皮变软，便于取种。取种方法很多，归纳起来主要有 3 种。①小手刀或其他利器取种。用小刀切去果实基部，刚露出胎座为佳，然后纵切果实，取出种子。②徒手取种。双手搓一搓果实，使种子与胎座分离，然后从萼片处将果皮螺旋状撕开，取出种子。③机械取种。用机器将辣椒果实打粹、过筛，将种子与果皮分离，取出种子。

（2）干燥　种子从果实中取出后，应立即进行干燥处理，否则种子变成灰色、黑色，失去光泽。目前国内有以下几种干燥方法：①自然干燥法。降雨量少的西北地区，空气湿度小，种子取出后，在室内薄薄摊开，自然干燥。种子外观质量好，颜色金黄，有光泽。②太阳晒种法。种子取出后，将种子摊放在草席、编织袋和纱网上，在太阳下晾晒，其中以纱网晒种最好，种子干净、容易干燥，保险，该方法在各基地都采用。③加热干燥法。采种后，遇到阴天，可采用人工加温和风扇干燥，但干燥温度不超过 35℃。种子干燥后，要等种子散热，达室温后装袋密封。

（3）清选　种子干燥后，常常混有各种杂质，如果皮、不饱满种子、胎座等，必须进行清选。各地清选方法不一样，由于辣椒种子具有较强的辣味，集中清选很困难，所以种子干燥后，要及时清选，否则，不能达到净度标准。

参考文献

陈文超, 戴雄泽. 2001. 华北辣椒制种地膜覆盖栽培技术. 湖南农业科学, (3): 27-28.
戴雄泽. 2000a. 杂交辣椒多元制种基地的建设. 种子, (12): 65-67.
戴雄泽. 2000b. 杂交辣椒大棚规模制种技术. 湖南农业科学, (1): 34-35.
戴雄泽. 2001. 辣椒制种技术. 北京: 中国农业出版社.
邹学校, 戴雄泽. 2001. 大陆辣椒杂交优势育种及杂交种子生产. 台湾: 中华种苗学会. (5): 37-41.

湖南省主要辣椒品种应用现状及潜力品种推荐*①

张竹青，蒋宏华

（湖南省蔬菜研究所，长沙　410125）

辣椒是世界上具有良好发展前景的蔬菜作物之一。由于其适应性广、营养成分丰富和产业链长而受到世界各地的高度重视。全世界有2/3以上的国家种植辣椒，中国、印度是世界产椒大国，全球干、鲜辣椒总产量已超过6100万t。

我国的辣椒年种植面积超过130万hm^2，仅次于白菜类蔬菜，年产量达2800万t以上，已占到世界辣椒生产面积的35%和总产量的46%，同时，我国辣椒种植面积和总产每年还以7.67%和9.53%的速度增长，其产值和效益居蔬菜作物之首，辣椒在中国蔬菜周年均衡供应中占有极其重要的地位。

湖南是我国主要的产椒大省之一，辣椒年栽培面积在8万hm^2左右，在全省蔬菜栽培品种中排名第一，占全省蔬菜总种植面积的12.3%。辣椒在湖南不仅仅被当做调味料，而且还被当做一种蔬菜，湖南每年的辣椒消费量大约是70万t，人均消费10kg以上。

1　湖南栽培辣椒的几种主要类型

我国栽培的辣椒分甜椒、泡椒、尖椒、线椒、朝天椒等几种类型。湖南省栽培的辣椒主要为线椒（60%左右）和尖椒（38%左右），有少量泡椒和朝天椒。线椒为长线形或长羊角形，果实辣味强；尖椒为牛角形，辣味中等；泡椒为长粗牛角形，辣味淡；朝天椒为小羊角形，有单生，也有簇生的，辣味强。

2　湖南辣椒栽培地区及品种

湖南人爱吃辣，无辣不成菜。在湖南农村几乎家家种植辣椒，每户种植面积67～130m^2。前期以采收鲜椒自食为主，若有剩余或在后期，每家会晒一些干椒，或者制作一些剁辣椒、辣椒酱、白辣椒（盐辣椒）。农家小面积种植的品种多为当地传统品种，如攸县玻璃椒、长沙河西牛角椒、东山光皮椒、湘潭迟斑椒、湘潭鸡肠子椒、龙山七姊妹、衡东黄贡椒、邵阳宝庆椒、零陵三味椒等，也有部分使用杂交种。据湖南省农业厅统计，2007年全省辣椒种植面积达8万hm^2，其中商品化栽培面积仅为4万hm^2。与我国西南和北方地区相比，湖南成片的辣椒基地较少且面积较小。

---

* 基金项目：国家农业产业技术体系建设专项（CARS-25-A-8）。

① 本文原载《长江蔬菜》，2011，（19）：7-9。

2.1 城市郊区或浏阳、醴陵、道县等早辣椒基地作春提早或早熟栽培

种植面积约 400hm^2，多采用大棚育苗、假植，带花蕾定植，均采用地膜覆盖栽培。春提早栽培的一般采用大棚套小拱棚，在 2 月移栽，4 月底上市。无大棚的一般在 3 月上中旬移栽，5 月中下旬可上市。所采用的品种主要有博辣娇红、兴蔬 301、辛香 2 号、博辣 6 号、兴蔬 201、兴蔬 215、湘研 15 号、湘辣 4 号、丰抗 21 等，一般 667m^2 产量 2500kg 左右，产值在 6000 元左右。

2.2 城市远郊露地大面积栽培

种植面积有 8000hm^2，一般以露地栽培为主，部分种植户采用地膜覆盖栽培，管理水平中等。以种植绿色偏淡，采收期长的尖椒品种和抗病高产的线椒品种为主。主栽品种有兴蔬 215、兴蔬 201、博辣 6 号、兴蔬 16 号、湘辣 4 号、湘研 15 号。这类品种耐热、抗病能力强，口感好，辣味浓，可多用途栽培。一般 667m^2 产量 2000kg 左右，产值 4000 元左右。

2.3 洞庭湖区的越夏秋延栽培基地

主要在洞庭湖区汉寿、华容等地，面积约 1333hm^2。一般 3 月播种，5 月定植，多利用湖区降温效用越夏。选用的品种主要是大果类型的兴蔬 203、兴蔬羽燕、兴蔬 16 号、兴蔬青冠等。一般 667m^2 产量 2000kg 左右，产值 4000 元左右。

2.4 湘西、怀化、邵阳等地大型加工和外运辣椒基地

雪峰山高山辣椒，分布在洞口、溆浦、隆回、辰溪等地，面积在 2000hm^2 左右，一般采用地膜覆盖越夏栽培，品种是外运类型的辣丰 3 号、博辣 5 号、兴蔬 16 号、博辣 6 号、海花椒，采收青红两种类型辣椒，一般 667m^2 产量 2500kg，产值 4000 元左右。壶瓶山是湖南省另一个高山蔬菜生产基地，辣椒种植面积 333hm^2 左右，主要分布在南北镇，品种有 2 种类型，浅绿皮尖椒类型的兴蔬 201 和线椒类型的博辣 5 号、博辣 6 号。湘西龙山线椒栽培基地，面积约 2000hm^2，主要分布在白羊、旧司、桂糖几个乡镇，主要品种有辣丰 3 号、博辣 5 号、博辣 6 号、博辣红帅等，以鲜销和烘烤干制红椒为主，多采用地膜覆盖栽培，采用公司+农户种植模式，产品包回收，或为个人集中租地种植，管理精细，种植水平高，667m^2 产量 3 000kg，产值 3000～4000 元。泸溪是湖南省目前最大的出口干椒生产基地县，种植地主要集中在兴隆场、永兴场 2 个乡镇，面积 2000hm^2 左右。主栽品种为二金条、玻璃椒或者混杂的常规种，以露地栽培为主，一般种植在山坡上，靠天收获，管理粗放，产量较低，667m^2 干椒产量 300kg，产值 2000 元。

3 湖南辣椒栽培优势品种推荐

3.1 兴蔬 201

中早熟尖椒。青果浅黄绿色，老熟果鲜红色，果长 20～24cm，果宽 3.0cm 左右。肉厚 0.4cm 左右，单果重 55g 左右，果形顺直，果表光亮。

3.2 兴蔬215

中熟尖椒。果实长牛角形，青果绿色，果直光亮，果长18～20cm，果宽2.8cm左右。单果重40g左右，耐高温干旱，连续坐果能力强，采收期长。

3.3 兴蔬16

中熟，果实长牛角形，绿色，果长18～20cm，果宽3.2cm左右，单果重50g左右，辣味适中，果面光亮、顺直，商品性佳，耐贮运。挂果密，丰产性好。

3.4 兴蔬嫩辣

中熟辛辣型组合。青果深绿色，生物学成熟果鲜红色，果实棒形，果表光滑，亮度好。辣味特强，嫩果风味极好。连续坐果能力强，商品性好，采收期长。

3.5 博辣娇红

博辣娇红为极早熟线椒，果实线形，青果浅绿色，果长20cm左右，果宽1.3cm，单果重12g左右，果表光亮微皱，味辣，皮薄。其主要特点：一是极早熟，早期产量高，果实红熟快，湖南秋季种植及两广、海南地区从播种到采收红椒约70天；二是连续坐果能力强，丰产性好，早熟不早衰，采收期长；三是果实皮薄，味辣，鲜食辣味香浓，含水量低，可加工剁制、干制。作早春极早熟大棚地膜覆盖栽培，在头年10月播种，2月初假植，2月底至3月初定植，4月中下旬可有青椒上市，5月底至6月初有红椒上市。

3.6 博辣红牛

早熟线椒，第一花节位8～10节，果实线形，青果浅绿色，果长22cm左右，果宽1.2cm左右，单果重15g左右，果表光亮有皱。坐果多、集中，果实皮薄味辣，红果深红色，辣味香浓，可鲜食和加工干制、酱制。

3.7 博辣红帅

中熟长线椒组合，植株生长势强，耐热。首花节位11节左右，青熟果浅绿色，生物学成熟果鲜红色，果表光亮。果直，果长23cm左右，果宽2.0cm，果肉厚1.5mm，单果重30g左右。鲜食口感好，商品性佳，也适宜酱制加工。

3.8 博辣5号

晚熟辛辣型长线椒组合。果长约20cm，果宽1.5cm，单果重约25g，果身匀直，青果绿色偏深，果表光亮少皱，红果颜色鲜亮，口感好，食味极佳，耐运输。宜鲜食或酱制加工。

3.9 博辣6号

中晚熟。青果绿色，生物学成熟果鲜红色，果直，果表少皱，商品性好。果长20cm左右，果宽约1.8cm，坐果多，连续坐果力强，丰产、稳产。宜鲜食和酱制。

3.10 博辣 4 号

中熟辛辣型组合。果实长羊角形，果表光滑少皱，果长 18cm，果宽 1.5cm 左右，单果重 18g 左右。干制后，果透明，籽少，香味浓。

3.11 湘辣 4 号

中熟线椒品种。植株生长势中等，株型开展，分枝好，叶片小，叶色浓绿；过食羊角形，果长 17～20cm，果宽约 1.8cm；青果绿色，老熟果深红色，果实肩部略皱，前后期果实一致性好，单果重 20g 左右，味辣；耐湿热，坐果性好，综合抗性强，适宜鲜食或酱制加工。

3.12 湘辣 7 号

中熟长线椒品种。植株生长势较强，株型好，分枝多，叶片小，叶色浓绿；果实细长、顺直，果长 19～22cm，果宽约 1.8cm；青果深绿色，老熟果红色，前后期果实一致性好，单果重 22g 左右，味辣，有香味；耐湿热，干旱，坐果性好，综合抗性强，适宜鲜椒上市或酱制加工。

3.13 湘妃

中熟长线椒品种。首花节位 10～11 节，植株生长势强，株型高大、紧凑，节密，连续坐果性好。果实平均长 26cm，宽 1.5cm，单果重 25g。果实较直，果表稍皱，果实浅绿色转亮红色，味辣，品质好，耐病毒病能力强。适宜鲜食或酱制加工。

3.14 辣丰 3 号

中熟，植株生长较旺，分枝多，节间较长，株高一般 60～70cm，株幅 50～60cm 左右。单株挂果多，果实细长羊角形，前期果长 18～20cm，果径 1.2～2.2cm，单果重 15～20g，果皮绿色，微皱，老熟果鲜红色，辣味中等，一般 667m^2 产量 3500kg 左右，抗病性好，适用性广。

3.15 辛香 2 号

极早熟，株型紧凑，株高约 48cm，株幅约 54cm，分枝力强，节间短，坐果率高，果多而齐，果色淡绿，熟后鲜红，肉厚光亮，空腔小，辣味浓而香。果长约 16cm，果宽约 2.0cm，一般 667m^2 产量 3300kg。耐寒，耐弱光，抗病能力强，适应性广。

我国辣椒产业形势分析*①

马艳青

（湖南省蔬菜研究所，湖南长沙　410125）

1　辣椒产业发展概况

目前世界辣椒种植面积370万hm^2，产量3700万t，是世界上最大的调味料作物。其中干辣椒世界种植总面积200.15万hm^2，总产量278.97万t；印度产量124.4万t，约占世界的44.59%；中国总产量25.0万t，约占8.91%；秘鲁占5.91%，孟加拉国占15.4%；鲜椒生产中国1402.63万t，占世界的51.8%；墨西哥占6.92%，土耳其占6.44%，印度占4.13%；西班牙为105.95万t，美国为85.58万t。中国和印度在辣椒种植面积及产量上分别居世界第一、二位。

我国辣椒种植面积133万hm^2，面积仅次于白菜类蔬菜，占世界辣椒面积的35%；辣椒总产量2800万t，占世界辣椒总产量的46%；经济总产值700亿元，居蔬菜之首位，占蔬菜总产值的 16.67 %。辣椒已成为我国许多省市县的主要经济支柱作物。种植面积超过6.7万hm^2的省有江西、贵州、湖南、河南、四川、河北、陕西和湖北等8大省；辣椒种植大县或成为当地支柱产业大县的有遵义县、鸡泽县、望都县、泸溪县、龙山县、丘北县、会泽县、永丰县、北票市、通辽县、法库县、石柱县、简阳市、清丰县、柘城县、天等县、凤翔县、洮南县、焉耆县、玛纳斯县、呼图壁县和沙湾县；被誉为中国辣椒之乡的县有沙湾县、绥阳县、鸡泽县、石柱县、丘北县和遵义县。

2　我国辣椒生产分布

2.1　干辣椒分布

云南是我国制干辣椒最大的生产区，制干辣椒面积6.67万hm^2，其中会泽县3300hm^2、产量1000t，主要品种有乐业辣椒；文山州3.47万hm^2、总产量5.4万t，主要品种有丘北辣椒。

新疆制干辣椒2.67万hm^2，其中沙湾县的安集海镇3400hm^2，博湖县、焉耆县均有制干椒种植，主要品种有8819、新线4号、益都红等。

内蒙古制干辣椒2.7万hm^2，主要分布在通辽市的科尔沁区、开鲁县、科左中旗、

* 基金项目：国家农业产业技术体系建设专项（CARS-25-A-8）。

① 本文原载《辣椒杂志》，2011，（1）：1-5。

奈曼旗，主要品种有益都红、金川系列。

贵州制干辣椒 4 万 hm^2，其中绥阳县 1.1 万 hm^2、产量 1.92 万 t，遵义县 2.33 万 hm^2、产量 5 万 t，主要品种为当地的虾子椒、绥阳朝天椒。

陕西制干辣椒面积 4 万 hm^2，主要在宝鸡市的岐山县和凤翔县 2 万 hm^2、产量 4 万 t，主要品种 8819、陕西 168 线椒等。

河南制干辣椒面积 4 万 hm^2，主要分布在清丰县、柘城县，主要品种为山樱椒。

重庆的石柱县每年种植制干辣椒 3300hm^2，品种为石柱朝天红，年产干椒 8000t。

湖南泸溪是优良的制干辣椒产区，目前面积稳定在 2000hm^2，年产干椒 5000t，品种为玻璃椒。

2.2 加工辣椒分布

陕西凤翔的 1 万 hm^2 线辣椒是湖南剁辣椒和四川豆瓣酱加工的重要原料，每年提供 7 万 t 左右的粗加工原料。新疆昌吉州的玛纳斯县、呼图壁县是加工辣椒色素的重要种植基地，奇台县、积木萨尔县有 1.2 万 hm^2 的加工辣椒原料基地，博湖县、焉耆县也有一定的色素辣椒种植面积，品种为 8819、益都红，还有韩国的铁板椒、美国红椒，其原料大部分运往山东加工色素或辣椒素。四川的西充、南充、简阳、乐至、安岳、三台、盐亭、梓潼、剑阁等县都是成都豆瓣酱加工原料的种植基地，主要品种有二金条、湘辣 4 号、干椒 1 号、辛香 8 号、博辣红帅、红艳、博辣 2 号。

河北鸡泽县年种植加工辣椒 5333hm^2，年产鲜红椒 12 万 t，95%的辣椒都转为加工原料，加工成辣椒酱，品种为当地的鸡泽辣椒。内蒙古巴彦淖尔市是全国最大的脱水青椒、红椒生产加工基地，年生产加工能力达 5 万 t。贵州黔中地区的花溪、平坝县等地生产的花溪小牛角椒为贵阳老干妈提供绝大部分的原料。

2.3 鲜食椒分布

全国各省市区均有鲜食椒种植，只是面积大小不一，品种类型多样。

全国最大的鲜食椒种植大省是湖南，湖南鲜食椒面积 6.67 万 hm^2，产鲜椒 100 万 t，农村各家各户均有种植，面积在 2000hm^2 以上的基地分布在汉寿、岳阳、溆浦、龙山、永顺、泸溪、隆回等县，栽培品种主要是湘研 5 号、湘辣 4 号、湘妃、超级 16 号、辣丰 3 号、博辣 6 号、博辣红帅、兴蔬 215、兴蔬 201、辛香 2 号等尖椒品种。

内蒙古鲜食椒 0.63 万 hm^2，主要分布在赤峰，品种为保加利亚尖椒和茄门以及当地传统品种。

湖北鲜食椒面积 1 万 hm^2，武汉郊区、荆州、麻城一带以薄皮泡椒为主，面积 4000hm^2，主要品种为大果 99、福湘 2 号、早杂二号、苏椒 5 号和洛椒 98A；长阳山区以中椒 6 号类型的厚皮泡椒为主，面积 2000hm^2；施恩地区有一部分线椒基地。

贵州鲜食椒面积 8000hm^2，较大的基地有黔南州的望谟、册享，代表品种有辛香 2 号、辛香 8 号、兴蔬 19 号羊角椒；都匀地区的瓮安、福泉是新发展起来的鲜食线椒基地，种植面积 3300hm^2，代表品种有辣丰 3 号、博辣 5 号。

云南大型的菜椒基地有施甸、蒙自、宜良、保山，品种为甜杂 1 号、保山大辣椒，栽培面积在 6700hm^2 以上。

河南鲜食辣椒在2万hm^2左右，兰考、邓州、临颍主要种植鲜食线椒品种辣丰3号、博辣5号、博辣6号；开封的杞县、尉氏、通许，周口的西华、扶沟，商丘的睢阳、梁园区等，主要种植超级16号、兴蔬16号；杞县有少量中椒6号泡椒基地。

四川菜椒面积2.7万hm^2，菜椒消费70万～80万t，春季早熟上市的有攀枝花、西昌，8月高山种植的有理县、汶川、汉原、茂县，品种有洛椒98A、汴椒1号、种植4号、农大301、湘研13号。

广东基地分布在粤西的雷州半岛，粤北的清远、韶关，雷州半岛主要是辣丰3号、湘辣4号、湘辣7号、博辣红帅、博辣5号等线椒和洛椒98A泡椒、中椒105甜椒以及茂椒5号、奥运大椒等黄皮尖椒，韶关的始兴、乐昌，主要是超级16号尖椒和辛香8号线椒。

重庆近郊的早熟薄皮泡椒和武隆高山的薄皮泡椒总面积在2000hm^2左右，品种为苏椒5号、洛椒98A、福湘2号、农大301。

新疆的博湖县、焉耆县、伊宁市、察布查尔县，种植面积在2000hm^2以上，主要品种是猪大肠。

江西辣椒种植面积7万hm^2，产量130万t，占全省蔬菜面积的10%，主要分布在永丰6700hm^2、高安6000hm^2、乐平1000hm^2、瑞昌高山辣椒700hm^2，主要品种有辛香2号、辛香8号、早杂2号、春椒系列品种等。

广西菜椒主要分布在南宁附近，泡椒品种有大果99、福湘2号泡椒，面积2000hm^2；线辣椒品种主要有辣丰3号、湘辣7号，面积4000hm^2。钦州以黄皮尖椒为主，面积在2000hm^2左右。柳州的线椒有2000hm^2左右，以辛香8号为主。

海南是我国菜椒南菜北运基地的主要市场，其中厚皮泡椒主要分布在琼海，面积6000hm^2左右，主要品种有福湘秀丽和湘研806；薄皮泡椒主要分布在文昌、万宁、澄迈和三亚，面积7000hm^2，主要品种有农大301、洛椒98A、福湘佳玉、苏椒5号和阳光4号；黄皮尖椒主要分布在澄迈，面积3000hm^2左右，主要品种是茂椒5号；鲜食线椒主要分布在文昌、定安、澄迈和万宁，主要品种有辣丰3号、湘辣7号和博辣5号。

3 辣椒加工状况

我国辣椒加工主要以粗加工和食品加工为主，而对高附加值综合深加工制品如辣椒色素、辣椒树脂、辣椒籽油、辣椒碱等生产较少，生产的辣椒碱纯度不高，辣椒色素中辣味成分含量过高，辣椒油树脂的色度和辣度不够，辣椒籽油的色值较低。全国辣椒深加工企业有20多家，其中河北9家、山东10家、新疆1家、东北1家、四川1家。有代表性生产厂家有青岛红星色素厂和河北中进色素厂、新疆隆平高科弘安天然色素有限公司。湖南、四川辣椒加工产值20亿元以上，贵州10亿元以上。

目前我国辣椒加工产品主要有辣椒干、辣椒粉、辣椒片、辣椒酱、泡辣椒、剁辣椒以及湖南特色的加工产品白辣椒，精深加工产品有辣椒精、辣椒素、辣椒红色素。

湖南辣椒加工以剁辣椒和辣椒酱为主，主要的企业和品牌有湖南沅江辣妹子食品有限公司，辣椒产品产值在5000万元以上。双峰永丰辣椒酱、坛坛乡、一统山河等这些企业均是辣椒酱加工企业；湖南龙山馥生科技有限公司是一家新建的辣椒红色素加工企业。

江西辣椒加工有泡辣椒、剁辣椒，主要品牌有永叔公泡辣椒、剁椒酱、久鸿辣酱，加工企业有江西省吉安市横诚天然香料油提炼厂、江西省吉水县康神天然药用油提炼厂、江西国红生物科技有限公司等。

新疆辣椒加工形式主要为制酱和红色素加工。建有辣椒红色素加工厂 7 家，已投产 5 家年产红辣素 2000t 左右，成品辣椒红色素 600t 左右，产量占全国 50%以上，其中新疆隆平高科弘安天然色素有限公司建成 1000t 红色素生产线，可年加工辣椒 2.5 万 t，年产红色素 1000t、辣椒精 500t、辣椒油 1.3 万 t。

四川辣椒加工形式主要是豆瓣酱、泡辣椒和精深加工鲜椒，年加工 40 万～50 万 t，产辣椒豆瓣酱 60 万～70 万 t，产值 20 亿元。四川加工的辣椒豆瓣酱以郫县豆瓣酱和资阳临江寺豆瓣酱最有名。目前郫县年加工鲜椒 21 万 t，年产豆瓣酱 27 万 t，年产值 8 亿元，几乎占了四川辣椒加工豆瓣酱的 50%，其中郫县鹃城豆瓣酱公司的规模最大。四川家家有制作泡辣椒的习惯，除此之外，工厂化制作的有四川新繁泡菜厂，年加工鲜菜 5 万 t，年产值 5000 万元，辣椒是最主要的原料。四川眉山李记酱菜调味公司，年加工鲜菜 8 万～10 万 t，年产值上亿元，辣椒是主要原料。四川夹江土门泡菜厂年加工鲜椒 100 万 kg，是唯一专门加工泡椒厂家。四川辣椒深加工厂家有威远宏源生物发展有限公司，年产辣椒红色素 250t、辣椒素 120t，年产值 8100 万元。

贵州省贵阳南明老干妈风味食品有限公司 2003 年加工销售收入 11.4 亿元，是全国最大的辣椒食品生产企业。

内蒙古巴彦淖尔市是全国最大的脱水青椒、红辣椒生产加工基地，年生产加工能力达 5 万 t。

4　辣椒栽培模式

4.1　早熟设施栽培

早熟设施栽培是城市近郊传统蔬菜基地应用较多的一种模式，如武汉、重庆、成都、南京、临沂等大城市近郊早熟辣椒栽培，一般在年前 10～12 月育苗，大苗越冬，2 月定植大棚，地膜覆盖，4 月上市供应价格较高，效益较好。

4.2　露地栽培

露地栽培是我国辣椒栽培面积最大的一种栽培模式，各地因气候条件播种定植采收期不一致，但基本上是依靠自然条件，有一部分露地栽培增加地膜覆盖，还有一部分栽培与小麦、棉花、玉米或西瓜等作物进行间、套作，以增加复种指数，但通常其栽培管理相对设施栽培较为粗放，单位效益也相对较低。

4.3　高山栽培

高山栽培是利用高山气候相对温和的条件，以解决夏秋平原种植辣椒困难、辣椒供应有较大缺口的矛盾，目前高山辣椒主要分布在长阳、茂县、龙山的八面山、雪峰山的溆浦、洞口。

4.4 秋延栽培

秋延栽培前期利用露地生长，后期在大棚防霜保低温生长的一种栽培模式。目前秋延栽培的品种类型主要是大果型泡椒，线椒有少量，主要在河南、山东、安徽一带，7月中旬育苗，8月中旬定植，10月在大棚保温，元月春节期间上市。

5 辣椒销售贸易

全国辣椒集散市场主要有河南的淅川县香花镇、柘城县，贵州的虾子镇，云南的嫁依镇，河北的鸡泽县，辽宁的北票市马友营，山东的武城县和吉林的兆南县。

5.1 辣椒出口贸易

2002年我国出口辣椒91 632t，占世界出口总量的27%，出口总额7440万美元，占世界总量的20%。出口产品为鲜椒、干椒、辣椒粉、辣椒油、辣椒酱、辣椒罐头以及速冻脱水椒。东北三省的速冻椒出口韩国，云南鲜椒输往我国台湾，陕西、云南、湖南的干椒则出口至美国、日本、墨西哥等国，陕西线椒年出口3万t、占全国出口量的37.5%，卖价高于印度椒80%、比日本山鹰椒高30%。

6 辣 椒 育 种

6.1 育种技术手段

我国目前辣椒育种以传统的杂种优势利用最为广泛，市场上绝大多数品种是杂交种。诱变育种在辣椒上利用不多，主要是航天诱变和辐射诱变。组织培养技术因受基因型的限制，其培养技术不具备广适性，仅北京海淀区生物组织培养室在此方面处于领先地位，选育了一批优良自交系和品种。

生物技术及分子标记辅助育种也仅停留于理论和试验研究阶段，未见有大范围实用以及获得新品种的成功报道。

6.2 资源利用

种质育种材料是育种的关键，我国育成的有影响力的品种几乎都是优良传统地方资源以及国外优良资源引进、纯化和利用的结果。

表1 几种辣椒育成品种及其地方种质资源

育成品种	地方资源
早丰1号	南京早
湘研1号	伏地尖
湘研5号	河西牛角椒 湘潭晚
杭椒	杭州鸡爪椒
湘研13号	湘潭晚
湘辣4号	二金条
洛椒98A	云阳椒

虽然在六五、七五期间，曾对地方资源进行了大量的收集整理，但数百年来经农民选择保留下来单个性状或部分性状有特色的资源非常丰富，还远未被杂交育种所充分利用，随着杂交品种的普及，这些丰富多彩的地方资源在逐渐消亡，因此很有必要将这些资源保留并整理建立详细的档案备用。

我国的辣椒资源适于长季节栽培的资源以及适于设施栽培和机械化收获的资源较为短缺，有必要引进这方面的资源。

6.3 品种状况

我国商品种子，有90%以上的品种为杂交种。目前市场上有上千个品种，但品种同质化严重，同物异名现象普遍，有划时代意义突破性的品种非常少，品种的寿命越来越短。线椒以国内品种尤其是湖南品种占优势，泡椒以河南、湖南、江苏品种占优势，朝天椒以韩国品种占优势，彩椒以欧洲品种占优势，温室黄皮尖椒以日本品种占优势，露地黄皮尖椒以安徽品种占优势。适于提炼辣椒红色素和辣椒碱的品种还非常短缺。

6.4 种子生产

我国辣椒种子生产基地主要有山西的原平，安徽的肖县，甘肃的酒泉、张掖，海南的三亚，辽宁的盖县和内蒙古的赤峰等。随着劳动力成本的提高和农村劳动力的外出，各基地出现制种面积落实难，制种成本提高，同时因知识产权保护不力，基地盗窃亲本材料种子的现象日益频繁，因此需要在制种技术上提高水平。目前普遍采用的是自交系杂交授粉，雄性不育技术有少数应用，部分公司采用送花粉保护亲本。

6.5 育种目标

产量始终是第一位的因素，只有产量上升，效益才能获得保障。抗病性是近年反映较为迫切的目标，因自然灾害频繁，气候异常变化，以及基地化的发展，轮作条件有限，导致各种病害暴发流行，品种的抗病性显得越来越重要。耐贮运性，因规模化、基地化的发展辣椒种植往往是外运消费，对耐贮运性要求更高。商品性包括口感品质和外观品质，随着人们生活水平的提高，消费者要求品种整齐一致、外观美观，而且口感好。特殊目标如适于长季节生长栽培，耐低温弱光，高辣椒素，高辣椒红色素等。

6.6 基础理论研究

①关于辣椒雄性不育的生理、生化以及细胞学研究。其内容较为细致深入，发表的论文较多，但重复性的研究也多。②辣椒经济性状和植物学性状的数量遗传研究。在20世纪90年代发表的论文较多，研究结论较为一致，对育种指导意义一般。③辣椒品种资源及其亲源关系的研究。在20世纪80、90年代研究较多，由于各科研单位交流甚少，无大协作意识，故无突破性的研究进展。④辣椒花药及其他外植体的组织培养研究。花药组织培养以北京海淀生物组培研究最为深入广泛，且有突破性的研究成果，并培育了一系列品系和杂交品种，其他研究者也做了不少工作，但受基因型的控制，组织培养技术难以在不同外植体上广泛适用。⑤辣椒重要性状的分子标记及遗传图谱的构建。⑥辣椒转基因技术的研究。以上研究为辣椒遗传育

种奠定了坚实的基础。

6.7 育种代表单位

湖南有湖南省蔬菜研究所，代表性品种有福湘秀丽、博辣5号；湖南湘研种业有限公司，代表性品种有湘妃、湘辣7号；长沙市蔬菜研究所，代表性品种有长辣7号；北京蔬菜中心，代表性品种有京辣2号、京辣8号；中国农科院蔬菜花卉研究所，代表性品种有中椒6号、中椒105；甘肃农科院蔬菜研究所代表性品种有陇椒1号、陇椒2号；四川园艺研究所代表性品种有川腾4号、川腾6号；江西农望高科技有限公司代表性品种有辛香2号、辛香8号；河南洛阳诚研辣椒研究所代表性品种有洛椒98A；河南开封辣椒研究所代表性品种有汴椒1号；河南红绿辣椒研究所；沈阳市农科院代表性品种有沈椒1号、沈椒4号。

7 辣椒产业组织平台

为辣椒工作者进行学术交流的最大的两个平台是中国园艺学会辣椒研究分会及其主办的《辣椒杂志》。辣椒研究会每年召开一次年会，为研究、销售、生产、加工等领域架起一座桥梁。在以辣椒作为当地重要经济产业的地方，政府成立了专门指导协调辣椒产业健康发展的部门——辣椒产业办，如鸡泽县、遵义县、石柱县辣椒产业办的职属和级别等同于农业局。有的地方农民还自发组织建立了自己的经济合作组织——辣椒产业协会，如湖南的永顺、浏阳等。网络也对辣椒产业的推动发挥了重要的作用，如中国辣椒城、中国辣椒产业网等。在湖南辣椒圣地，还专门举办了数届辣椒产业博览会，为辣椒育种、种子销售、辣椒加工企业、农民、消费者架起了一个展示、交易的平台。

8 辣椒产业发展的建议

8.1 品种选育方面

①加强优良地方资源的收集、发掘、保护和研究工作，为辣椒产业可持续发展储备物质基础，同时加大从国外引进资源，特别是甜椒资源、适于长季节栽培、设施栽培的资源。②加大资源创新力度，利用诱变技术、生物技术、细胞工程技术、杂交聚合分离技术对现有的资源进行性状改良和整合，为杂交优势利用提供优良的自交系。③加强基础理论研究，特别是重要经济性状、抗病性状的遗传规律研究，对这些性状进行分子标记、遗传图谱构建，为辣椒育种提供理论指导。

8.2 种子生产方面

①规范制种基地秩序，加大知识产权保护力度，防止亲本材料非法流失。②加强制种技术研究，从栽培管理、授粉、标记、技术队伍等方面全面提升制种技术水平，增加单产，减少成本支出，提高种子质量，特别是要加大雄性不育技术应用于制种的力度。③可有步骤地向东南亚劳动力成本低廉、气候条件适宜的国家开辟新的制种基地。

8.3 生产基地建设方面

①加强宏观指导和引导，将辣椒生产基地进行合理规划和布局，实现生产基地现代化、规模化、区域化，形成优势产业带。②加强栽培管理技术的研究，研究水肥管理、农药施用、躲避自然灾害、无害化生产等关键技术，并加大力度推广应用。③加强服务体系、制定无公害生产技术规程和产品质量标准建设，为基地提供强有力的技术保障队伍，提供农资信息、产品市场需求信息，提供流通服务队伍。

8.4 加强产后贮存和加工技术研究

①摸索总结推广农民在生产过程中发明的行之有效的贮存技术。②完善规范传统的加工技术，并制定加工标准和生产标准，同时加强精加工技术研究，如辣椒素、辣椒红色素提炼技术的研究、药用价值开发利用技术的研究，大力发展精深加工，提高产业的总体效益。

8.5 大力发展龙头企业，努力打造知名品牌和产地

①加大产地和产品无公害标准化认证力度和执行力度。②加大无公害化和标准化的宣传力度，培养在产品质量上和数量上有安全保障的龙头企业。

湖南辣椒产业现状及发展思考*①

马艳青，张西露

（湖南省蔬菜研究所，湖南长沙　410125）

摘要：从人文、地理等方面概述了辣椒在湖湘得以广泛种植的原因、产业发展优势及现状，针对当前生产、种植、种业、加工和消费等方面存在的问题，结合国内外辣椒产业发展的总趋势，提出了今后湖南辣椒产业的发展方向。

关键词：湖南；辣椒产业；现状；发展思考

辣椒（*Capsicum annuum* L.）是中国重要的蔬菜作物和调味品，其年种植面积超过 130 万 hm^2，仅次于白菜类蔬菜而居第 2 位，年产量达 2800 万 t 以上，已占到世界辣椒生产面积的 35%和总产的 46%，可见，目前我国辣椒生产已对世界辣椒总产起着举足轻重的作用。同时，我国辣椒种植面积和总产每年还以 7.67%和 9.53%的速度增长，产值和效益雄居蔬菜作物之首，在中国蔬菜周年均衡供应中占有极其重要的地位。湖南是我国主要的产椒大省之一，辣椒播种面积占到全国的 8%。湖南以辣出名，辣椒是湖南人的名片和骄傲，究其原因，湖南辣椒产业的发展还与其的深厚人文因素有关。

1　辣椒产业发展现状

辣椒是世界上具有良好发展前景的蔬菜作物之一。由于他适应性广、营养成分丰富和产业链长而受到世界各地的高度重视。全世界有 2/3 以上的国家种植辣椒，中国、印度是世界产椒大国，全球干、鲜辣椒总产量已超过 6100 万 t。中国、印度、美国、韩国、日本、墨西哥等是世界辣椒消费大国，产品类型主要包括鲜椒、干椒、辣椒粉、辣椒酱、辣椒油等，随着消费习惯的变化及加工水平的提高。辣椒加工产品也朝着多样化的方向发展。辣椒产业作为我国的传统产业，改革开放以来，从中南、西南地区崛起，扩大到华北、东北、西北地区新兴产地，种植面积分布于全国 28 个省份，形成了以湖南、贵州、四川、重庆、江西、云南、陕西、河南、安徽、山东、江苏等 20 个省区的重点辣椒产业区，以及贵州虾子镇、河北鸡泽县等为代表的区域性辣椒集散地。我国辣椒和辣椒食品的销售总额在 980 亿元以上，辣椒产品的出口也在不断增长，韩国、日本、墨西哥、澳大利亚、美国等已经成为我国辣椒的常年进口国。

---

* 基金项目：国家农业产业技术体系建设专项（CARS-25-A-8）。

① 本文原载《湖南农业科学》，2009，（12）：94-97。

2　湖南辣椒产业发展的优势

2.1　湖南得天独厚的地理气候条件有利于品种选育

种质资源的创新和辣椒生长湖南地处长江中下游的江南腹地，位于东经 180°47′～114°15′，北纬 24°39′～30°8′。湖南属亚热带季风湿润型气候，四季分明，春季低温阴雨，夏季炎热潮湿，秋季高温干燥，冬季寒冷，年平均温度 16～18℃，年降雨量丰富，达 1300～1700mm，无霜期 260～310d，年日照时数 1600h 左右。湖南独特的自然生态环境和地理气候条件，一方面适合原籍于亚热带雨林的辣椒生长与繁衍，辣椒的产量和品质可观；另一方面也使辣椒的抗旱、耐涝、耐逆特性得到锻炼与发挥，辣椒具有祛寒去湿、开郁健胃的功效，在这片“卑湿之地”深受人们喜爱。古往今来，辣椒已发展成为一个庞大的家族，其种质资源多达 7000 多份，尤以拉丁美洲、非洲、亚洲居多，我国有 2119 份，其中又以湖南地方品种资源最为丰富。目前湖南有 200 多个各具特色的地方辣椒品种，常见品种有醴陵的朱红椒、邵阳的朝天椒、衡山的小黄椒等。湖南辣椒地方品种资源的特点是抗病性强，适应范围广，高产稳产，类型十分丰富，辣味一般较强，大果型的甜椒品种很少。根据这些特点，湖南省农业科学院蔬菜研究所充分利用湖南辣椒地方资源优势，品种资源筛选抗性味辣、强的优良尖椒资源优势，育成了湘研系列辣椒新品种并在国内外大面积推广应用（邹学校等，1999，2004）。

2.2　辛辣饮食文化的传播及名人效应使湖南人崇尚辣椒

随着辛辣饮食文化的传播和渗透，东西方饮食文化的逐步交融，世界各地的忌辣清淡区也将逐步向微辣区转变，加上原来辛辣区、微辣区人们的食辣也有增无减，这样，势必大大增加世界辣椒的消费地域、人群及数量。目前世界有 3/4 的人口食用辣椒及其制品。辣椒的种植面积逐年增加就证明了这一趋势。湖南地区食辣早就名声在外，民间有“糠菜半年粮，海椒当衣裳”之说。加之长江中上游食辣重区有冬季冷湿、日照少，雾气大的特点，辣椒本身有去湿祛寒的功能，这是辣椒在长江中上游地区最流行的环境成因。故辣椒在湖南各地，特别是在贫困或卑湿的山区广为食用，辣椒在湖湘消费之多也就顺理成章了。湖南辣椒的人文背景亦相当深厚。一代伟人毛泽东的“不吃辣椒不革命”，将辣椒文化的内涵及湘人坚毅、诚笃的品性发挥到极致；宋祖英的一首《辣妹子》，更是将湖南辣椒唱响大江南北。由于地域、历史和文化等各种因素的交融，使得全体湖湘人民爱辣、嗜辣，并崇尚辣椒文化。

3　湖南辣椒产业发展现状

3.1　辣椒生产种植状况

湖南农村几乎家家种植辣椒，每户种植面积 67～130m^2。前期以采收鲜椒自食为主，若多余或在后期，每家会晒一些干椒，或者制作一些剁椒或白辣椒（盐辣椒）。农户自种品种多为当地传统品种，如玻璃椒、河西牛角椒、湘潭晚、七姊妹、衡山黄辣椒等，也有部分杂交种。

据湖南省农业厅统计，2007 年全省辣椒种植面积达 8 万 hm^2，其中商品化栽培面积 4 万 hm^2。与西南和北方地区相比较而言，湖南成片的辣椒基地较少且面积较小。主要分布于城市郊区，以早熟、中熟尖椒为主，如湘研 15 号、湘辣 4 号、丰抗 21、博辣 6 号、兴蔬 201、兴蔬 215，种植面积约 $667hm^2$，多采用先年大棚育苗，然后假植一次，带花蕾地膜覆盖栽培，管理比较精细，以抢市早、价格高为目的。一般 $667m^2$ 产量 2500kg 左右，产值在 6000 元左右。由于轮作条件有限，辣椒连年种植，病虫为害较严重，主要有沤根、青枯病、病毒病、疮痂病、炭疽病、蚜虫、蓟马、烟青虫、小地老虎。浏阳、长沙、湘潭、衡阳、益阳、岳阳、邵阳等大中城市的远郊、郊县，以种植绿色偏淡，采收期长的尖椒品种和抗病高产的线椒品种为主。主栽品种有兴蔬 215、博辣 6 号、兴蔬 16 号、湘辣 4 号、湘研 15 号。这类品种耐热、抗病能力强，口感好，辣味浓，可多用途栽培。其种植面积最大，可达 $8000hm^2$ 以上。一般以露地栽培为主，部分种植户采用地膜覆盖，管理水平中等，一般产量在 $2000kg/667m^2$ 左右，收入 4000 元/$667m^2$ 左右，主要的病虫为害有病毒病、疮痂病、疫病、蚜虫、炯青虫。

大型生产基地主要分布在湘中、湘西山区。有雪峰山高山辣椒，分布在洞口、溆浦、隆回、辰溪等地，面积在 $2000hm^2$ 左右。品种是外运类型的辣丰 3 号、博辣 5 号、兴蔬 16 号、博辣 6 号、海花椒，采收青红两种类型辣椒。采用地膜覆盖越夏栽培，一般产值 $2500kg/667m^2$，产值 4000 元/$667m^2$ 左右，主要受病毒病、炭疽病、烟青虫、蚜虫的为害。壶瓶山是我省另一个高山蔬菜生产基地，辣椒种植面积 $333hm^2$ 左右，主要分布在南北镇，品种有两种类型，兴蔬 201 类型的浅绿皮尖椒，博辣 5 号、博辣 6 号类型线椒。湘西龙山线椒栽培基地，面积约 $2000hm^2$，主要分布在白羊、旧司、桂糖几个乡镇，主要品种有辣丰 3 号、博辣 5 号、博辣 6 号、博辣红帅等，以红椒鲜销和烘烤干制为主。多采用地膜覆盖栽培，公司+农户种植，产品包回收，或个人集中租地种植，管理精细，种植水平高，产量 3 $000kg/667m^2$，产值 3000～4000 元/$667m^2$。

泸溪是我省目前出口干椒最大的生产基地县，主要集中在兴隆场、永兴场两个乡镇，面积 $2000hm^2$ 左右。品种为二金条、玻璃椒或者混杂之后的常规种，以露地栽培为主。一般种植在山坡上，靠天收获，管理粗放，产量较低，产量干椒 $300kg/667m^2$，产 2000 元/$667m^2$。

浏阳、醴陵、攸县、道县是我省早熟辣椒基地，主要分布在浏阳社港、古港，醴陵白兔潭镇等乡镇，面积 $1867hm^2$。辣椒生产通常采用小拱棚或大棚覆盖栽培，在 2 月移栽定植，4 月采摘上市。主要品种有湘辣 1 号、博辣 1 号、兴蔬 301，辛香 2 号等。一般产量 3 $000kg/667m^2$，产值 6000～8000 元/$667m^2$。洞庭湖区汉寿、华容等地目前是越夏秋延栽培基地，以大果类型品种为主，如兴蔬 203、兴蔬羽燕、兴蔬 16 号、兴蔬青冠等，面积 $1333hm^2$。一般 3 月播种，5 月定植，多利用湖区降温效用越夏。

3.2 辣椒种业发展状况

湖南人生性爱吃辣椒，因而，农业生产中形成了种植辣椒的优良传统，并在长期种植和选择留种过程中，形成了许多有地方特色、类型丰富的优良地方品种，为开展现代杂交辣椒育种奠定了丰厚的物质基础。湖南的早春寒冷、弱光照，夏季炎热潮湿，秋季干燥高温。这样的气候条件不适宜于辣椒生产栽培，容易引发多种辣椒病虫害，但这种不利的辣椒生长的气候条件却有利于优良地方品种的筛选和进化，同时有利于优良杂交品种的自然选择评价，是理想的品种选育场所。

湖南辣椒育种一直在全国处于领先水平，湖南省蔬菜研究所选育的湘研辣椒曾创造了占全国市场份额 80%的骄人成绩。湖南已审定的辣椒品种达 71 个，品种类型涵盖尖椒、线椒、泡椒。有鲜食辣椒、制干辣椒、加工专用（酱制、泡制、剁制、辣素提炼、色素提炼）辣椒、鲜食加工兼用辣椒。目前，在全国有优势有竞争力的品种类型主要是线椒、青皮尖椒、晚熟泡椒，而黄皮尖椒、早熟泡椒、甜椒、制干辣椒、朝天椒、长季节栽培品种，耐低温弱光品种是薄弱环节。湖南有代表性的育种单位和品牌有湖南湘研种业有限公司的“湘研”牌、湖南兴蔬种业有限公司的“兴蔬”牌、湖南省长沙市蔬菜研究所的“长研”牌以及注册在外办公在湖南的深圳永利种业有限公司的“永利”品牌。

湖南湘研种业有限公司有代表性的品种有湘辣 2 号、4 号、5 号、6 号、7 号，湘研 158、湘研 15 号、丰抗 21 号、湘研 13 号、湘研 806 等，采用的主要是自交系配组和胞质雄性不育系配套应用。

湖南兴蔬种业有限公司是在湖南省农业科学院从隆平高科撤资后，由原湖南湘研种业有限公司重回湖南省蔬菜研究所的成立的一个以辣椒为龙头的种业公司，其技术依托单位是湖南省蔬菜研究所和辣椒新品种技术研究推广中心，经过近 4 年的努力，其代表品种已基本脱离原湘研品种的范畴，在育种思路、育种技术和品种质量上有了更大的突破。主要代表品种有博辣 5 号、博辣 6 号、博辣红帅、博辣红艳、博辣娇红、博辣红玉、博辣红牛、福湘秀丽、福湘佳玉、兴蔬绿剑、兴蔬羽燕、兴蔬绿燕。采用的主要是雄性不育三系配套技术，目前线椒类型品种 80%是采用此技术，已储备各种类型不育系 20 多个，优良恢复系 10 多个，分子标记技术和花药培养技术等辅助育种技术已开始应用。

深圳永利种业在线椒领域推出的品种有专长，主要代表品种有辣丰 3 号、辣丰 4 号。

3.3 辣椒加工状况

湖南是中国辣椒的主要消费和加工大省，以“辣妹子”、“坛坛乡”、“一统山河”为代表的“辣椒湘军”成为了湖南辣椒产业的推动者。湖南辣椒产品不仅占领了全国半壁江山，还漂洋过海，远销东南亚、欧洲、美国、加拿大。据不完全统计，湖南目前有辣椒加工企业 1000 家左右，分布在全省 14 个市州的 200 多个村镇，从业人员约 15 万人，产业年产值达 20 亿元，年上缴利税约 3 亿元。辣椒加工已经成为湖南一大特色产业，对湖南经济增长的贡献十分明显。规模最大的加工企业应属湖南辣妹子食品有限公司，产品主要有辣椒酱、剁辣椒、辣椒调味料系列等，年加工能力 1 万 t，产值 1 亿元。

湖南人不像其他省份的消费者，如四川、重庆的消费者，主要以作调味料形式食用。湖南人喜食辣椒，辣椒产品均以蔬菜的形式食用。除鲜食辣椒外，还有很多加工产品，如剁辣椒、白（盐）辣椒、辣椒酱、辣椒干、辣椒粉、辣椒碎、辣椒圈、辣椒段、辣椒丝、盐渍辣椒、油泼辣椒等，以及含辣椒的调味品、辣制品如辣椒萝卜、辣椒鱼片、辣椒豆腐干等。

3.4 湖南辣椒消费状况

辣椒在湖南人的生活及湖南经济发展中占有重要地位。由于湖南气候潮湿，土地资源少，在部分耕地土质差，辣椒容易发生病害，产量与北方相差甚远，自产供不应求，因此湖南每年还要从外省调入大量辣椒，以满足当地居民消费和加工业快速发展的需要。湖南人无论男女老幼、富贵贫穷，普遍嗜辣。辣椒的消费量非常大，在全国排列第一，人均消费辣椒约 10kg 干椒左右，全省年消费辣椒 70 万 t 左右。辣椒在我国的消费结构主要呈现金字塔形。其一为蔬菜食用椒消费，主要以各种食用鲜椒为主，消费量最大；其二是作为香辛料的干椒消费，主要是食用辣椒干及干椒粉，消费量少于鲜椒；其三为加工用椒，主要为辣椒制品生产用椒，辣椒色素类化合物提取用椒。湖南辣椒消费形式主要是鲜食和加工消费。平常老百姓消费最多的是鲜青椒和红椒切片炒肉或与其他蔬菜炒食。

4 湖南辣椒产业发展对策及思考

4.1 提高认识，发展优势，做大做强做好大产业

辣椒在湖南有悠久的栽培历史，面积大、分布广、优势强、市场前景好，无论国内或国外，市场对辣椒产品的需求都非常大，因此湖南具有做大辣椒产业的基础。特别是湖南发展辣椒产业具有独特的人文优势，具有丰富的辣椒种资源和雄厚的育种栽培研究基础。以湘研系列辣椒为代表的辣椒科研和开发在全国乃至全世界都有较大影响，是当时世界上种植面积最大的品种，湖南省蔬菜研究所也成为世界上最大的辣椒种子供应中心。

4.2 利用湖湘文化来诠释、创寻和打造湖南本土辣椒品牌

湖南人的个性与辣椒的特性十分相似，近代湖南人在军事、政治的卓越成就都是人们津津乐道的题材，将辣椒品牌赋予湖湘文化的内涵，将有助于宣扬品牌个性，帮助消费者区分竞争品牌并建立品牌联想。因此，湖南辣椒品牌宜与湖南著名历史事件、近代历史名人建立联系，宜将湖南人的性格优点与产品特点连线，运用其他地区不可复制的湖湘文化来诠释其品牌文化，打造世界知名品牌（邹学校，2002）。

4.3 丰富育种手段和途径，实现育种目标多样化

目前，湖南辣椒生产品种较单一，应根据湖南不同产区和市场上人们对辣椒产品的多样性消费需求选育新、优、特品种。应加大对加工型、专用型和抗病虫品种的选育。通过丰富育种手段和途径，加强对地方品种资源的收集、保存和提纯复壮苗研究，加强辣椒主要经济性状的遗传规律研究，加大新品种选育力度及新品种的推广应用，使辣椒产业的发展效益不断提升。

4.4 发挥区域、资源优势，建立稳固的辣椒生产基地

辣椒产品的生产、加工受到自然、区域条件的限制，创建辣椒产品品牌要立足区域、

资源优势，选择市场需求旺盛、发展潜力大的辣椒品种作为特色产品，并努力培育成主导产业。首先，要抓好辣椒市场体系建设，按照区域化、规模化、专业化的要求，通过龙头企业的带动，引导辣椒基地向最适宜区集中，逐步建成一批规模适度的集约化、专业化辣椒生产基地和无公害（绿色）辣椒种植园区。其次，辣椒加工原料要求含水少、辣度高、质地脆，而湖南由于地域土壤和种植气候的限制，种出的辣椒较难达到这一要求，因此，辣椒加工企业要有大流通、大市场的观念，跳出湖南地域框框，以“第一车间”思路建立自己的辣椒原料生产基地，并建立安全生产技术体系，规范种植环节，以确保辣椒产品品质的稳定性。

4.5 招商引资，大力发展辣椒粗、精、深加工业，提高辣椒产品的附加值

由于辣椒制品食用方便，产业带动性强，经济效益显著，目前辣椒制品已成为各省辣椒产业化发展中最具活力的部分。湖南省的辣椒加工业严重滞后，辣椒的生产仍以鲜食为目标，大多厂家停留在初级产品加工阶段，且现有企业良莠不齐，抗风险能力差，加上辣椒红色素、辣椒精生产所特有的高风险性，使许多生产厂家举步维艰。很多出口企业主要是将辣椒简单加工后，作为原料或半成品出口，附加值很低。辣椒精深加工可使辣椒增值一倍甚至十倍、百倍，因此，辣椒产业的根本出路在于深加工。而湖南辣椒产品在开发深度方面与国外差距很大，所以迫切需要多方引资，吸引企业从事辣椒加工产业开发，大力发展辣椒加工业，以填补湖南省辣椒精深加工的空白，大幅度提高辣椒的附加值。

4.6 加强辣椒种业界，加工界的联姻，建设集生产，加工一体化的龙头企业

目前，我国辣椒种业界与加工界的联系严重脱节，极不利于辣椒产业的科、工、贸一体化。尽管湖南辣椒种业和加工业都各有自己的知名品牌，如“兴蔬”、“湘研”、“辣妹子”等，但都是势单力薄的“辣椒湘军”。湖南辣椒要开辟国内外辣椒生产，加工市场，成为中国辣椒产业的推动者，就应当建设集生产、加 IT 一体化的龙头企业，这才是带动辣椒产业发展的动力来源。因此，应采取政策和技术扶持的办法，建立大型龙头企业，利用湖南的人文、气候和地理优势，开辟国内国际辣椒市场。并通过龙头企业来带动整个辣椒产业的发展，增强湖南辣椒及其产品在国内外市场上的竞争力。

4.7 对湖南辣椒产业的思考

长期以来，湖南辣椒产业普遍存在科技含量低、产品利润低的现象。虽然湖南辣椒种植面积很大，加工企业众多，并且有消费习惯和市场，更有独一无二的辣椒文化，但整个辣椒产业，特别是深加工产业水平比较落后，缺乏响当当的辣椒品牌。面临着越来越激烈的国内外市场竞争形势，应充分认识和发挥湖南辣椒行业的优势，深入挖掘湖南辣椒产业市场蕴藏着的巨大发展潜力，创新品种，精深加工。通过学习、借鉴国内外辣椒产业发展模式，改善湖南辣椒产业的产品结构和产业格局，提高辣椒深加工产品比重，发展有影响力的辣椒品牌产品和龙头企业，打造过硬品质，扩大国内外市场份额，让湖南辣椒畅行天下。

参 考 文 献

邹学校. 2002. 中国辣椒. 北京: 中国农业出版社, 3-5
邹学校, 戴雄泽, 马艳青, 等. 2004. 湖南辣椒地方品种资源与湘研辣椒品种选育的灰色关联分析. 植物遗传资源学报, 5(3): 233-238
邹学校. 周群初, 戴雄泽, 等. 1999. 湘研辣椒品种的选育与推广. 北京: 中国农业出版社, 10-19

湖南粗牛角类型辣椒（泡椒）种植情况及优良品种推荐*①

陈文超[1]，阳跃长[2]，蒋宏华[1]，周书栋[1]

（[1]湖南省蔬菜研究所 长沙 410125；[2]湖南省冷水江农业局 冷水江 417000）

湖南是一个辣椒消费大省，也是一个辣椒种植大省。湖南年种植辣椒的面积稳定在 6.7 万 hm^2 以上。由于传统的种植习惯和消费习惯，到目前为止湖南农村种植辣椒基本上都是供自己消费，未形成上千亩的大规模的辣椒商品化栽培生产基地，因此说明湖南辣椒种植商品化程度还处在较低水平，辣椒作为一种商品在湖南的农贸市场或超市随处可见，但湖南的商品辣椒除 7～8 月旺季外主要靠外省供应。由于湖南人嗜辣，目前种植的辣椒品种类型主要为辣味较强的尖椒和线椒类型，粗牛角类型辣椒种植面积相对较小。

1　粗牛角类型辣椒在湖南种植的历史及现状

粗牛角类型辣椒在生产上又称泡椒，基本上为微辣类型。20 世纪 80～90 年代在湖南有一定的种植面积，当时主要是由于交通运输不方便，早熟辣椒上市早、价格高；湖南设施栽培落后，加上湖南早春寡日照时间长不利于设施栽培发挥优势，湖南辣椒种植基本上是露地种植，而种植早熟辣椒效益高，而一般早熟粗牛角类型辣椒熟性要早于其他类型辣椒，因此早熟粗牛角辣椒在湖南占据了一定比例的种植面积。主要分布在湖南的洞庭湖平原及郴州、永州等地，主要种植早熟的品种湘研 1 号和湘研 2 号，种植模式也基本上为春季露地种植。近年来一是由于交通运输的发展，一年四季都有外省辣椒供应湖南市场；二是由于农村外出人员增加，农村劳动力相对缺乏，种植辣椒管理较以前粗放，而粗牛角类型辣椒栽培管理较其他类型辣椒要精细，在粗放的栽培管理水平下，种植粗牛角类型辣椒的产量较低、效益相对较差，所以粗牛角类型辣椒种植面积下降。但是随着人口的流动，以及人民生活水平提高，嗜辣水平出现差异化，还有老人和儿童要求微辣，微辣的粗牛角辣椒类型在湖南存在一定的消费市场，特别是粗牛角类型的红椒在湖南有一定的消费市场。根据笔者的调查，按单天计算，长沙批发市场辣椒销售高峰时，鲜辣椒销售 100 万 kg，粗牛角类型辣椒 10 万 kg，淡季鲜辣椒销售 50 万 kg，粗牛角类型辣椒 5 万 kg 左右，粗牛角类型辣椒占湖南鲜椒消费的 20%左右。因此粗牛角类型辣椒在今后湖南仍然会有一定的种植面积。特别是在洞庭湖地区和高山区等适宜种植粗牛角辣椒类型的地方应该会有发展。

目前在湖南种植的粗牛角辣椒主要有早熟大果型和中熟类型，早熟类型分布在洞庭

* 基金项目：国家农业产业技术体系建设专项（CARS-25-A-8）。

① 本文原载《长江蔬菜》，2011，（17）：7-9。

湖平原的南县、华容和沅江等县市，中熟类型分布在桃源县、雪峰山脉的溆浦县及湘西自治州等地。栽培模式主要是春季早熟栽培和高山反季节栽培，采用的基本上是露地栽培或地膜覆盖栽培。春季早熟栽培一般在头年的 10～12 月播种，2～3 月分苗一次，4 月上旬定植，5 月底开始采收，7 月中旬罢园。一般与棉花套种，产量在每 667m^{2}1000～1500kg/667m^2。高山反季节栽培在 3 月中旬播种，5 月上中旬定植，7 月上旬开始采收，9 月份罢园，以采收红辣椒为主产量在 2000kg/667m^2 左右。

2 优 良 品 种

由于辣椒属于湖南省主要农作物，在湖南境内推广种植的辣椒品种都需要品种审定，所以湖南种植的辣椒品种基本上是本省品种。

适宜在湖南种植的粗牛角类型辣椒优良品种有：

2.1 福湘早帅

湖南省蔬菜所选育，极早熟粗牛角辣椒品种，青果绿色，生物学成熟果鲜红色，株高 49cm 左右，株幅 65cm 左右，首花节位 6～7 节；果长 14cm 左右，果宽 5cm 左右，肉厚 0.3cm 左右，单果重 70g。连续坐果能力强，耐低温弱光照。适宜春季大棚早熟栽培或露地栽培。可作青椒或红椒上市。每 667m^2 用种量 50g，宜选择土壤肥沃，排灌方便的沙壤土，采用大棚种植前期晴天注意通风防止秧苗徒长，重施有机肥，及时防治病虫害，参考密度 3500 株/667m^2。

2.2 福湘碧秀

湖南省蔬菜所选育，早熟大果型粗牛角椒品种，青果绿色，生物学成熟果红色，果表有纵棱及大牛角斑。株高 48cm 左右，株幅 60cm 左右；果长 16cm 左右，果宽 5～6cm，肉厚 0.4cm 左右，单果重 100g 左右，坐果能力强，果实膨大快，连续间隔采收短，早期产量高，适宜于作春季露地或小拱棚早熟栽培，也适宜作秋季栽培。每 667m^2 用种量 40g，宜选择土壤肥沃，排灌方便的沙壤土，采用小拱棚种植前期晴天注意通风防止秧苗徒长，重施有机肥，及时防治病虫害，参考密度 3000 株/667m^2。

2.3 大果 99

湖南省蔬菜所与隆平高科湘研种业共同研制，早熟浅绿色粗牛角椒品种。植株长势较强；果实粗牛角形，果长 14.8cm，果宽 5.8cm，单果重 100g 左右；果皮薄，果实粗大，浅绿色转红色，果表有纵棱及大牛角斑，微辣，坐果集中，生长速度快，丰产性好，适合早春大棚或小拱棚早熟栽培，也适合南菜北运基地栽培或秋延后栽培。每 667m^2 用种量 40g，宜选择土壤肥沃，排灌方便的沙壤土，采用营养钵育苗，前期注意通风防止秧苗徒长，重施有机肥，及时防治病虫害，参考密度 2800 株/667m^2。

2.4 福湘探春

湖南省蔬菜所选育，早熟大果薄皮粗牛角椒品种，植株生长势一般，株高 48cm，株幅 60cm 左右，首花节位 8～9 节，青熟果浅绿色，生物学成熟果鲜红色，薄皮微皱。果长 15cm 左右，果宽约 5cm，果肉厚约 0.3cm，单果重 60～80g，肉质脆。坐果能力强，坐果多，前期产量高，抗病能力强，适宜作春季露地或小拱棚早熟栽培。每 667m^2 用种量 40g，宜选择土壤肥沃，排灌方便的沙壤土，采用小拱棚种植前期晴天注意通风防止秧苗徒长，重施有机肥，及时防治病虫害，参考密度 3000 株/667m^2。

2.5 福湘元春

湖南省蔬菜所选育，早熟，青熟果绿色，生物学成熟果鲜红色，果表光亮无皱。株高 48cm，株幅 55cm，首花节位 8 节左右，果长 15cm 左右，果宽约 5cm，果肉厚约 0.5cm，单果重 100g。坐果集中，耐低温阴雨，抗病能力强，适宜春季大棚提早及露地种植。可作青椒或红椒上市。每 667m^2 用种量 40g，宜选择土壤肥沃，排灌方便的沙壤土，前期注意保温防止秧苗僵化，重施有机肥，及时防治病虫害，参考密度 3200 株/667m^2。

2.6 福湘四号

湖南省蔬菜所选育，早中熟丰产品种，果色嫩绿，红果鲜红色，株高 48cm，株幅 60cm，果长 18cm，果宽 5cm 左右，单果重 150g 左右，坐果能力强，抗病毒病、炭疽病、疮痂病，较耐低温弱光。适宜春季保护地及露地丰产栽培。每 667m^2 用种量 40g，宜选择土壤肥沃，排灌方便的沙壤土，前期注意保温防止秧苗僵化，重施有机肥，及时防治病虫害，参考密度 3200 株/667m^2。

2.7 福湘秀丽

湖南省蔬菜所选育，中早熟粗牛角品种，青果绿色，生物学成熟果鲜红色，果表光亮。株高 55cm，株幅 65cm，果长 16cm 左右，果宽约 5.5cm，肉厚 0.5cm，平均单果重 120g 左右，商品性佳，适宜青椒或红椒上市，特别是红椒鲜艳可作为高档宾馆的配菜。抗病性强，特别是对病毒病的抗性要强于同类品种，适宜春季作中熟丰产或高山反季节栽培。栽培时要适当去掉侧枝促进主枝生长或搭架。每 667m^2 用种量 40g，宜选择土壤肥沃，排灌方便的沙壤土，重施有机肥，及时防治病虫害，参考密度 2500～2800 株/667m^2。

2.8 福湘佳玉

湖南省蔬菜所选育，中熟粗牛角品种，青果浅绿色，生物学成熟果红色，果表光亮，株高 58cm，株幅 65cm，果长 17～20cm，果宽 5.5cm 左右，肉厚 0.45cm，单果重 150～200g，结果性好，坐果多，抗病性强，适宜春季作中晚熟丰产栽培。每 667m^2 用种量 40g，宜选择土壤肥沃，排灌方便的沙壤土，重施有机肥，及时防治病虫害，参考密度 2800 株/667m^2。

2.9 福湘五号

湖南省蔬菜所选育，中晚熟粗牛角品种，青果绿色，生物学成熟果红色，果表光亮，商品性好。株高 58cm，株幅 68cm，果长 14～16cm，果宽 5～6cm，果肉厚 0.45cm，平均单果重 100g 左右。适宜作中晚熟丰产栽培，适宜青椒上市。每 667m^2 用种量 40g，宜选择土壤肥沃，排灌方便的沙壤土，重施有机肥，及时防治病虫害，参考密度 2500 株/667m^2。

2.10 湘研 13 号

湖南省蔬菜所选育，湘研种业开发，中熟丰产粗牛角椒品种。生长势强，株型开展，叶色浓绿；果实长粗牛角形，果长 16cm 左右，果宽 4.5cm，果肉厚 0.4cm；果肩平，单果重 80～100g；青熟果绿色，果面光滑，味微辣，青熟果实商品性佳，耐热性较好，抗衰老能力较强，丰产性好。适宜于中小城市郊区作丰产栽培，适时育苗移栽，每 667m^2 用种量 40g 左右。选择肥沃、排灌方便的沙壤土，参考密度 2500 株/667m^2，深沟高畦，单株定植。重施有机肥，加强中后期肥水管理和病虫害防治。

3 存在的主要问题及今后发展的建议

目前湖南粗牛角类型椒种植存在的主要问题是：①由于气候的原因，相比其他省份湖南辣椒种植产量低，粗牛角椒产量更低，辣椒种植户种植粗牛角椒的积极性不高。②种植模式基本上采用露地种植，管理较粗放，病害严重。

要发展湖南粗牛角类型辣椒，一要发挥两种基地的种植优势，利用洞庭湖区的土壤资源及棉花种植面积大的优势，扩大早熟粗牛角类型辣椒与棉花套种的面积；利用湖南山多的优势，在郴州、邵阳、怀化及湘西自治州等地发展高山粗牛角类型的种植。二要加强栽培技术指导和培训，提高种植户在种植中的各个环节的管理水平及病虫害的识别防治能力。三提倡地膜覆盖栽培，对于早熟辣椒可增加前期地温提早上市，对于高山辣椒栽培可防止暴雨时水土流失及增加保水能力防止干旱。

Technical Specification for Producing Hybrid Pepper Seed Using Three-Line Male Sterility*①

Xuefeng LI [1,2,3], Chengliang LIANG [1,2,3], Yanqing MA [1,2,3], Xuexiao ZOU [4]

([1] Hunan Vegetable Research Institute, Changsha 410125;
[2] Hunan Xingshu Seed Industy Co. Ltd., Changsha 410125;
[3] Hunan Research Center for Vegetable Engineering Technology, Changsha 410125;
[4] Hunan Academy of Agricultural Sciences, Changsha 410125)

Abstract: This paper described the whole process of three line hybrid pepper seed production in detail, including requirement of the seed production base, parent cultivation, field management, and specified the key operation techniques in seed production, such as parental impurity removal to preserve pure state, pollen collection, pollination and seed collecting essentials. This specification is of guiding significance for the production of hybrid pepper seed and ensuring the purity of hybrid pepper seed.

Key words: Hybrid Pepper; Three-line; Cytoplasmic male sterility; Seed production

With the accelerated urbanization in China, labor costs has risen sharply, making pepper male sterile line seed production become the development trend of the industry. Using three-line male sterility to produce hybrid pepper seed has the characteristics of simple production, low cost, purity guarantee, and it is also easy to keep secrets between parents, making it hard to lose. At present, pepper research and development institutions and seed companies at home and abroad have made great achievements in this area（LI and LIANG，2012）. WEI et al.（2011） found that using three-line male sterility as the parent can make the hybrid fruit setting rate and seed numbers higher than those using maintainer line as parent. Through the study on the breeding technology and seed production techniques of three-line pepper. WANG et al.（2013） innovated and improved the cross pollination process, which ensured the seed quality, reduced production cost and further improved the market competitiveness of F_1 hybrid pepper seed.

Based on the previous achievements, we descried the whole process of three line hybrid pepper seed production in detail, including requirement of the seed production base, parent cultivation, field management, and specified the key operation techniques in seed production, such as parental impurity to preserve pure state, pollen collection, pollination and seed collecting essentials. This specification is of guiding significance for the production of hybrid

* 基金项目：国家科技支撑计划项目（2011BAD35B07）。

① 本文原载 Agricultural *Science & Technology*，2015，16（7）：1378-1380, 1384。

pepper seed and ensuring the purity of hybrid pepper seed.

1 Seed Production Base Condition

①Environmental quality. The ecological, air and water environment of the pepper seed production base should be in accordance with the requirements of GB/T18407.1-2001. ②Climate conditions. The climatic conditions in seed production base should be suitable for pepper production. Requirements: average temperature in 25~30℃, minimum temperature of above 15℃, the highest temperature of less than 35℃; 1 no or few natural disasters throughout the year, less rainfall with sufficient sunlight. ③Soil conditions. The best soil should be with flat terrain, fertile soil, even soil productivity, adequate water, convenient irrigation and drainage, no planting of Solanacae crops for more than 3 years, and the soil pH value should be 6.2~7.2. ④Isolation condition. Safety isolation refers to the method to set a barrier by adjusting time, space or man-made during the seed production process to prevent the biological contamination of different varieties. In addition to the stated parents, all other varieties should be isolated for over 1000m within the hybrid seed production region, or using 60-mesh insect gauze to achieve the isolation. ⑤Other conditions. The seed production regions should be one with adequate labor resources, where the farmers have some understanding of hybrid seed production, and a certain elite breeding experience preferred（GB T18407.1-2001；DB43/115.1-1998；DB43/T115.2-1998；GB 16715.3-1999）.

2 Parental Cultivation

2.1 Seed sowing

2.1.1 Seeding time

In order to provide enough male parent pollen for the maternal plant to produce hybrid seed during the flowering period, it should determine different seeding time according to the maturity of male and female parents, and generally, the male parent should be son 7~15d prior to the female parent.

2.1.2 Sowing quantity

Artificial pollination is preferred to produce seed, and the ratio of planting area or planting numbers of male parent to female parent is about 1 ∶ (2.5~5.0). The required number of premature female parent seed to sow is 40g/667m^2, while 30g/667m^2 for late maturing female seeds, and the mating male parent is 10~15g/667m^2. The male parent varieties can be nearby planted in female varieties in the region. In order to avoid the loss parents can be planted within the regions of female parents. In order to avoid parent loss, male and female parents can be planted separately, but attention should be paid to the isolation and preservation of pure state.

2.1.3 Seeding method

The nutritional soil should be evenly spread in the seedbed with the thickness of about 8cm. The seedbed should be watered thoroughly the day before sowing. Seeds should be sown evenly with 15~20g/m^2, and then cover with a layer of nutritional fine earth with the thickness of 1.0~1.5cm after sowing, then well watered. When the temperature is low, plastic film is used to cover the seeds to keep moisture and rise temperature, and when the temperature is high, sunshade net is used to decrease temperature and keep moisture.

2.2 Seedling stage management

2.2.1 Seeding stage

Warming or cooling measures can be taken to keep the temperature at 20~30℃, soil humidity of about 80%, and relative air humidity over 80%.

2.2.2 Sprouting stage

Illumination should be strengthened, and the temperature and humidity should be controlled to promote the healthy growth of seedlings. The daytime temperature should be controlled at 18~20℃, and night temperature at 14~16℃; air relative humidity should be controlled within 60%~70%.

2.2.3 Basic vegetative stage

Attention should also be paid to enhance light, and the seedbed temperature should be increased appropriately with strict control of humidity. The temperature should be controlled at 16~25℃, and humidity is the best if the bed soil show no naked area. The watering quantity should not be too much.

2.3 Transplanting and its management

The seedlings can be transplanted after sprouting 2~3 main leaves, and the transplanted seed spacing should be 5~10cm×10cm. It also can be directly transplanted in the nutrition bowl and nutrition dish.

2.3.1 Rejuvenation stage

After transplanting, the seedlings should be in close plastic shed for 2~3d, and it should keep the temperature and humidity within 5~7d after the transplanting to promote the survival of seedling roots. The daytime temperature should be controlled at 25~30℃, night temperature at above 20℃, and the relative humidity of air should be over 9%.

2.3.2 Vigorous growth stage

The daytime temperature should be controlled at 20~25℃, and night temperature at 15~16℃. Attention should be paid to the ventilation to make the seedlings exposed to light, and proper amount of water and dressing fertilizer should be applied. When the seedbed is dry, 0.2% of nitrogen phosphorus and potassium fertilizer (15% of N, 15% of P_2O_5, 15% of K_2O) or 10% of dilute compost pig slurry can be sprayed at noon in sunny days, and the soil can be loosed based on the practical situations.

2.3.3 Training seedling stage

One week before the field planting, attention should be paid to control water and fertilization, and the covering should be removed gradually to increase the adaptive capacity of pepper seedlings.

2.4 Nutrient and water management

According to the growth of pepper, topdressing should be applied in 3 different periods of survive to pre-flowering, pollination, after-pollination. The period of survive to pre-flowering: light application of fertilizer for seed bed (10% of dilute compost pig slurry or 0.1%~0.2% of compound fertilizer) should be preferred every 4~6d. Pollination period: steady application of fertilizers for potted flowers is preferred. When the four cross-bar pepper set well, compound fertilizer should be applied through topdressing or hole fertilization once combined with watering, and the application amount should be 10~15kg/667m^2. After-pollination: fruit fertilizers should be applied repeatedly, and the amount of compound fertilizer for each hold fertilization or spraying should be 7~10kg/667m^2 with 5~7kg/667m^2 of potassium sulfate. And the fertilizations should be carried out every 10d until the fruits begin to coloring. In different growth period, attention should be paid to the pruning and ventilation, and the yellow leaves should be picked out and buried or burnt out of the field.

2.5 Pest control

Pest control should be based on the principle of prevention, and it should enhance the resistance to disease and insects of plant through reasonable layout of the field, no continuous cropping of eggplant crops, reinforcing field management, and reasonable fertilization and other measure. Specific measures are as follows: first, it should weep out the fields, carry out deep tillage to eradicate overwintered pathogen, larvae and pupae, and reduce the cardinal number of diseases and pests; second, it should remove the serously sick plants, pick out the diseased leaves and fruits, which should be burnt or buried outside the field.

In the meantime, chemical means should be taken to timely prevent insect disease. The 1500 times dilution of 10% imidacloprid wettable powder can be sprayed to control and aphids, thrips. In sunny days, 600 times dilution of 75% chlorothalonil, 500 times of dilution of 64% sandofan, 500 times dilution of 70% mancozeb can be sprayed to control and prevent daming-off and epidemic disease. During the early period of viral disease, 500 times dilution of 20% of virus A, 50% of dioctyl divinyl triamino glycine wettable powder or 1000 times dilution of 1.5% plant disease emulsion, Dufei can be sprayed every 6~10d for 3~4 continuous time to control the disease. During the early period of anthracnose and scab, 200mg/L of agricultural streptomycin and new phytomycin or 700 times dilution of 80% of zineb wettable powder or Bordeaux mixture and be sprayed every 7~10d for 2~3 continuous time to control the disease. When the bacterial wilt appears, the diseased or infected plants should be removed immediately, and the diseased holes should be poured with 2% of formalin or 20% of whitewash to sterilize the holes to prevent the further proliferation of germs.

3 Seed Production Techniques

3.1 Parent propagation

Sterile line propagation is to propagate seeds by pollinating the pollen of maintainer line to the stilus of sterile line, and both the maintainer line and restorer line are self-fruit to propagate parents. Parent propagation requires to be bred in the greenhouse covered with 60-mesh insect prevention guaze to prevent biological contamination.

3.2 Parent configuration

Parent configuration refers to the planting proportion of male parent to female parent in hybrid seed production. Generally, the ration of female parent to male parent is 3 ∶ 1, which can be adjusted according to the number of plant flowers of male and female parents and the amount of pollen.

3.3 Flower synchronization

Flower synchronization refers to the synchronized flowering of male and female parent or the male parent flowers during the flowering period of female parent in hybrid seed production. The methods to solve the problem of flowering asynchronism are as follows: first is to sow and transplant male parent in advance according to the early flowering season and pollen amount of male parent, and ensure the supply of pollen timely and enough. Second is to use new technology to preserve male parent pollen for long time to provide pollen anytime any where. Third is to use agricultural technology to completely clear the male parent plant or put the plant under drought stress to make it flowering in advance. Fourth is to use chemical technology by spraying growth regulator like gibberellin to male parent to promote its flowering, but since it is hard to control the growth regulator, this method is not suggested in production.

3.4 Parent impurity removal and preservation of pure state

Parent impurity and preservation of pure state refers to the removal of abnormal plant in the male and female parents during the artificial pre-pollination stage and pollination stage, fruiting stage. Before pollination, the opened flowers and set fruits on the female parents should be removed. According to the features and characteristics of male and female parent plants, the abnormal plants should be removed before pollination, and regular check should be carried out during the pollination, one found, removed immediately. The fruits on the female parent plant should also be removed.

3.5 Pollen collection

At 7:00~8:00 in the morning and 16:00~17:00 in the afternoon, the big flower buds that have turned white but not sprayed pollen, which can be flowered on that day, can be picked out, and the anther can be collected by tweezers or hand and dried in the air or in the container with calcined lime at the bottom to make the pollen expand naturally. And then pollen mesh can be used to screen out the pollen, which then is dried and than poured into the pollination tube before pollination. Under room temperature, the pollen viability of pepper can last for

1~2d, and therefore, it should screen the fresh pollen on that day.

3.6 Pollination

Artificial pollination refers to the artificial method to pollinate the male parent pollen to the stigmas of female parent flower, and therefore make the female parent fruit and produce quality hybrid F_1 seed. First, the pollen is put in the pollination tube, which is to pollinate the pollen to the stigmas of sterile female parent which has been fully open. And 2~3 petals can be picked out to make a mark to avoid repeated pollination. The optimal cross pollination time is 6:00~11:00 in the morning and 16:00~19:00 in the afternoon every day, and it should avoid high temperature pollination to ensure high fruit-setting rate. In general, the pollination period is 20~30d.

3.7 Seed collection

The physiological matured fruits are picked and placed in the room for after-ripening for 2~3d, and special person is assigned to collect seeds. And special machinery can also be used to smash the fruit, but clean water is needed to wash the fruit to prevent machinery contamination, and then all fruits are labeled. After extraction, the seeds should be spread on the straw mat or gauze to make them dry, and it should not be exposed to the sunlight on high-temperature cement. After dried (moisture content of 7%), all seeds are cooled down in room temperature, and then put in sealed preservation in the plastic bag with drying agent.

4 Seed Production Record

First, production operation record, including land preparation, sowing, field planting, fertilization, irrigation, pest control and other farming operation, which should be itemized and recorded truthfully. Second, seed breeding record, which mainly records impurity removal, pollination date, personnel and pollination quality, and the file is kept for 3~5a. Third, seed quality record, which mainly records the harvest date, batch and quality of the seed, and this file is kept for 3~5a.

References

DB43/115.1- 1998. Hybrid Pepper Seeds 杂交辣椒种子.

DB43/T115.2- 1998. Technical regulations for the production of hybrid pepper parent （杂交辣椒亲本原种生产技术规程）.

GB T18407.1- 2001. Safety qualification for agricultural product environmental requirements for origin of non-environmental pollution vegetable (农产品安全质量无公害蔬菜产地环境要求) .

LI X F (李雪峰), LIANG C L (梁成亮). 2012. Seed production technique of hybrid pepper and its application status (杂交辣椒制种技术研究及应用现状). Hunan Agricultural Sciences, (10): 20-22.

WANG L L (王兰兰), WEI B Q (魏兵强), CHEN L Z (陈灵芝), et al. 2013. Research on seed production technique with cytoplasmic male sterile line and its maintainer line and restorer line in pepper (辣椒胞质雄性不育三系配套制种技术研究). Northern Horticulture, (8): 53-54.

WEI B Q (魏兵强), WANG L L (王兰兰), CHEN L Z (陈灵芝), et al. 2011. Comparison of relevant characters of hybrid seeds production between hot pepper cytoplasmic male sterile line and fertile line (辣椒不育系制

种与可育系制种相关性状的比较研究). Journal of Changjiang Vegetables, (24): 10-11.
GB 16715.3-1999. National Standard for the Seeds Quality of Solanaceous Vegetable.
*Corresponding author.

利用三系雄性不育系生产杂交辣椒种子的技术规程

李雪峰[1,2,3*]，梁成亮[1,2,3]，马艳青[1,2,3]，邹学校[4]

([1]湖南省蔬菜研究所，长沙 410125；[2]湖南兴蔬种业有限公司，长沙 410125；[3]湖南蔬菜工程技术中心，长沙 410125；[4]湖南省农业科学院，长沙 410125)

摘要：对三系杂交辣椒种子生产的整个环节进行了详细描述，包括制种基地条件要求、亲本培植、田间管理等，并对制种中关键操作技术，如亲本除杂保纯、花粉采集、授粉和采种要领等进行了规范。该规程对杂交辣椒种子生产，保证杂交辣椒种子纯度具有指导意义。

关键词：杂交辣椒；三系；胞质雄性不育系；制种

簇生朝天椒品种博辣天骄的良种繁育技术*①

陈文超

（湖南省蔬菜研究所，长沙 410125）

辣椒是我国重要的蔬菜作物，常年种植面积在 130 万 hm^2 左右。簇生朝天椒味辣、干物质含量高，适宜干制，在我国北方种植面积非常大，以种植“山鹰椒”常规地方品种为主。近年来簇生朝天椒由干制向加工、鲜食配料发展，南方地区开始推广栽培，由于杂交品种具有产量高、抗病性强等特点，推广面积逐年增大。簇生朝天椒花簇生、花朵小，常规杂交制种中去雄、授粉和做杂交标记很困难，利用不育系制种是朝天椒杂种优势利用的必然方法和途径。博辣天骄是湖南省蔬菜研究所选育适宜干制的簇生朝天椒品种，是利用簇生朝天椒胞质雄性不育系 J04-48-1A 与簇生朝天椒自交系 06g-38-3-1 配制的杂交一代簇生朝天椒新品种。

1 杂交种子生产

1.1 栽培技术

1.1.1 播种与定植

博辣天骄的父本、母本为中晚熟材料，为保证父母本花期相遇，父本比母本早播 7～10d。父母本的种植比例为 1∶（3～5）。为保证杂交一代种子的纯度，在制种区，特别是母本种植区与其他辣椒种植区必须有 1000m 以上的隔离区，南方制种田最好选用水稻田，北方选用玉米地，减轻病害。施足基肥，施农家肥 5000kg/667m^2，或饼肥 100kg/667m^2，磷、钾肥各 50kg/667m^2。母本定植密度比商品椒稍密。株行距为 30cm×45cm，栽苗 3500～4000 株/667m^2。父本种植密度为 5000 株/667m^2。

1.1.2 田间管理

父本定植后加强早期管理，促其植株早发育。轻施苗肥，定植至开花前应追 2 次二成稀粪水 1000kg 或用 0.5%～1%的 1000kg 三元复合肥，忌用氮肥催苗。授粉期，为防止落花落果，一般不施肥。重施果肥，在青果接近商品成熟时，一般每隔 7 天追肥一次，但浓度仍不能太高，以稀粪水和复合肥为好，果实转色即停止施肥。注意灌水保证植株充足的水分。注意防治病虫害，方法和其他栽培措施同常规栽培。

---

* 基金项目：国家农业产业技术体系建设专项（CARS-25-A-8）。

① 本文原载《辣椒杂志》，2013，（2）：19-20。

1.2 杂交前的准备

1.2.1 人员培训和准备

杂交制种是劳动密集型且技术性强的工作，在杂交前 1～2 天应将人员集中进行培训，培训内容主要是传粉技术和花粉采集技术。明确每个授粉工人的责任，要求每个工人熟练掌握传粉技术，在此基础上实行分工，按人定株，分片包干，由专人负责父本花粉的采集。由于博辣天骄采用的是胞质雄性不育系制种，不需去雄和标记，授粉时每人可承担 500 株左右的授粉工作，每 667m^2 可安排 6～8 人授粉，盛花期应根据情况适当增加授粉工人。

1.2.2 工具准备

主要包括镊子、花粉筛、授粉管等工具，授粉管可用直径 0.5cm 玻璃管吹制而成，亦可用直径 0.5cm 左右的塑料吸管制成。花粉筛由 60～260 目的一套组成。

1.2.3 去杂

杂交授粉前 2 天，应全部拔除父母本异株，特别是严格去除父本 06g-38-3-1 的杂株，检查母本的不育情况，如有可育株必须去除干净，以保证杂交一代种子的纯度。

1.2.4 植株整理

J04-48-1A 每簇有 10 朵花以上，每株有 12～16 簇，为了授粉方便，每株一般留 5～6 个健壮侧枝就可以了，其余的侧枝应尽早去除，以便果实和种子充分发育。

1.3 杂交授粉

1.3.1 取花粉

将父本充分发白的花蕾摘下来，把雄蕊挑出来放入容器中，置荫凉干燥处，让花粉自然散出，在阴天，放入干燥器中进行干燥，以便花药开裂散出花粉。一般第二天可用花粉筛将花粉筛出，放入小盒中贮存备用，每批花药可筛 1～2 次花粉。

1.3.2 装花粉管

一般在每天授粉前 1～2h 装花粉管。花粉不宜过早装入管中，以免花粉呼吸作用产生部分水汽，因空间小无法蒸发使花粉发酵丧失活力。装好管以后用橡胶塞将管口塞住防止花粉倒出。

1.3.3 授粉

一般 J04-48-1A 第一、二朵花开花后为了检查育性不授粉，第三朵花开放后，开始授粉。选择当天开放的花授粉，授粉时将母本柱头插入授粉管孔中，使柱头沾满花粉，并将花瓣用指甲轻轻掐去一部分，表明已授粉，以免重复授粉浪费人工。

1.3.4 其他管理措施

当天采集的花粉，生活力最强，萌发率最高，授粉后座果率最高，单果种子数量多，种子产量最高，因此授粉最好用当天的新鲜花粉，少用或不用贮藏花粉。母本开花后一至两天都可以授粉，但以当天开放的花授粉座果率高且种子数多，所以选用当天开放的花授粉，并根据情况适当增加授粉工人数。

1.4 采种技术

辣椒植株挂到 40～50 个人工杂交果后，就不再授粉。为了把养分集中到杂交果上，提高种子产量和质量，要把后面不做杂交的花和侧枝全部去掉。等到果实全部转黄后才采摘，不采半转色果。果实收回后，让其后熟几天才取籽，让果实中的养分进一步向种子转移。J04-48-1A 果实小、辣味浓，人工取籽不现实，一般打籽机不能全部把种子取出。可用小型的打辣椒酱机器或绞肉机上加一个垫圈，将果实打碎而不损伤种子，果实打碎后用清水将种子淘出来，淘出的籽在太阳下曝晒 7～8h 并不时翻动，特别是晒种前 2h 一般 20min 要翻动一次，防止局部过热烫坏种子，第二天最好在通风处阴干，杜绝在取籽、晒籽过程中发生机械混杂。

2 亲本繁育

2.1 母本 J04-48-1A 的繁育

2.1.1 播种与定植

J04-48-1A 是胞质雄性不育系，不育率和不育度都为 100%，其保持系是 J04-48-1B。都为中晚熟材料，为保证花期相遇和充足的花粉供应，保持系比不育系早播 3～5 天，移栽保持系要早 5 天左右。保持系与不育系的种植比例为 1∶5。不育系 J04-48-1A 栽培密度为 50cm×35cm，667m^2 种 3000 株，保持系 J04-48-1B 栽培密度为 40cm×30cm，667m^2 种 4000 株。

2.1.2 隔离

为保证 J04-48-1A 的纯度，保持系和不育系都种植在 60 目的尼龙纱网棚内，保持系与不育系可种植在同一棚内。不育系 J04-48-1A 667m^2 一般产量为 40kg/667m^2 左右，繁育面积根据 1 年繁 3 年用的原则确定。

2.1.3 栽培管理

保持系 J04-48-1B 加强前期管理，促其早发育，保证足够的花粉供应。不育系 J04-48-1A 要重施基肥，每 667m^2 施腐熟有机肥 5000kg，优质三元复合肥 75kg。重施果肥，授粉结束后，追施优质三元复合肥 15kg/667m^2，果实接近充分长大时，每隔 7 天追三元复合肥 5kg/667m^2，直至果实转色前。同时保证足够的水分供应植株和果实生长。由于种植在纱网棚内，病虫病相对较轻，管理较一般栽培少，主要是防治青枯病、白粉虱和蓟马。

2.1.4 除杂

J04-48-1A 在授粉前严格去除保持系和不育系的杂株。植株整理、花粉的采集制备、授粉及采种同不育系杂交制种。

2.2 恢复系 06g-38-3-1 和保持系 J04-48-1B 繁育

2.2.1 隔离

恢复系 06g-38-3-1 和保持系 J04-48-1B 是优良的簇生朝天椒自交系，必须保持纯正的品性，才能保证后代的恢复和簇生朝天特性。因此扩繁 06g-38-3-1 和保持系 J04-48-1B 最好种植在 60 目的尼龙纱网棚内，并且单棚单种。

2.2.2 栽培管理

种植密度要远远稀于大田栽培，加强田间管理，使其特征特性能充分表现，以方便选择。

2.2.3 选择

在开花前、盛花期及果实转色期根据其特征特性共进行 3 次严格选择，去除杂株、弱株及病株。果实要完全红熟才采收，采种同杂交制种。

杂交辣椒制种技术研究及应用现状*①

李雪峰[1,2]，梁成亮[1,2]

（[1]湖南兴蔬种业有限公司，长沙　410125；[2]湖南省蔬菜研究所，长沙　410125）

摘要：对杂交辣椒制种关键技术进行了概括总结，介绍了杂交辣椒种子生产过程中去雄、授粉、标记、雄性不育系、花粉保存等技术的研究、应用现状、主要问题及解决办法，以期为杂交辣椒种子生产提供技术参考。

关键词：辣椒；杂交制种；去雄；授粉；标记；雄性不育系；花粉保存；综述

辣椒，又名辣子、辣角、海椒、番椒等，是茄科辣椒属植物，营养丰富，除辣椒素外，还含有丰富的维生素A和维生素C，辣椒红色素是一种纯天然色素，重要的食品添加剂。由于辣椒既可鲜食，又可作调料，还要作加工原料，市场需求量大，年播种面积超过130万hm^2，是我国重要蔬菜之一，在保证城乡居民蔬菜周年均衡供应中发挥重大作用。辣椒杂种优势非常明显，产量高、品质好、抗病抗逆性强，辣椒品种基本实现了杂交化（Zou，2001；Craig，2007；John，2005）。随着城市化进程的加速，劳动力成本急剧上升，制种成本显著提高，面对日益增长的市场需求和制种成本的矛盾，杂交辣椒种子的优质高效生产技术成为行业关注的热点。

1　常规人工杂交制种技术

杂种优势的常规利用方法就是用自交系进行人工杂交，目前我国生产上使用的大多数杂交辣椒种子就是采用这种常规人工杂交制种方法生产的。这种方法生产杂交一代辣椒种子，技术要求较高，工序也繁多，如需人工去雄、授粉、标记杂交果、清除已开放花朵和自交果等，进行大面积的种子生产，其纯度可达95%以上，但存在人工杂交授粉效率低、制种成本高、风险大、亲本易流失等缺点。

1.1　制粉技术

现在的制粉技术在过去的基础上进行了很大改进，就是采取父本集中种植，注意适当隔离，一般要求在早上8点以前或下午5点以后集中采摘将要开放而未开放的大花蕾，用镊子或徒手取出花药，让其自然干燥、自然散粉，也可用生石灰、硅胶等干燥剂或电灯加热等方法加快散粉，然后用60～120目的细孔筛筛出花粉即可。该方法操作简单、制粉量大、质量好、有利于专业化、规模化生产杂交辣椒种子，也为亲本保密，实现异

---

* 基金项目：国家科技支撑计划项目（2011BAD35B07）。

① 本文原载《湖南农业科学》，2012，（22）：20-22。

地统一种植父本，统一配送花粉或花粉贮藏提供了技术保障。而且父母本种植面积比例由原来的 1∶2 扩大到 1∶（3～5），减少了父本种植面积，大大降低了种子生产成本（邹学校等，2001）。

1.2 去雄技术

辣椒去雄的方法多种多样，各有优缺点。方丽和李武（2003）用镊子进行母本去雄，从对花或八面风开始选取第 2 天开放的花蕾，用镊子扒开花苞，夹去雄蕊。此方法对花器损伤小，坐果率高，但速度慢，去雄难以彻底。

在传统的镊子去雄技术基础上，湖南省蔬菜研究所邹学校等发明了徒手去雄法。去雄时，用左手拇指、食指和中指轻轻握住花蕾的基部不动，右手的拇指、食指和中指握住花冠中下部，沿顺时针方向轻轻扭转花冠，然后向上一提就能将花冠、花药同时全部从花朵上拿掉，达到去雄的目的（邹学校等，2001）。曹振木等（2005）和詹永发等（2008）研究表明，采用镊子去雄留花冠、镊子去雄不留花冠、徒手去雄等不同去雄方法对朝天椒和甜椒的杂交坐果率、单果种子数和种子千粒重等没有明显影响，但采用徒手去雄能减少劳动量，节省制种成本。因此徒手去雄法去雄快而干净，省工省料，效果好，是目前辣椒制种上应用最普遍的去雄方法。

化学杀雄，可免去人工去雄的工作量。用过的药剂有 MH、2,4-D、NAA、乙烯利、矮壮素等。董伟（1989）用青鲜素（MH）对辣椒雄配子进行处理，结果表明，500ppm 的药剂处理，75%的花粉失去活力，且重复施用效果更佳。虽然许多化学药剂可以诱导雄性不育，但杀雄不彻底，重演性差，效果不稳定。所用药剂由于选择性差，或对雌配子有影响，或对植株有药害等，而且药剂价格昂贵，难以应用于生产实践。

1.3 授粉技术

目前杂交辣椒种子生产中应用最多的方法是采用授粉管，一种特制的玻璃管或塑料管，一头开口灌粉，一头封闭。灌粉后，用橡胶或泡沫塑料堵住开口。在授粉管靠近底部有一小孔，可将柱头伸入授粉管中蘸取花粉（邹学校等，2008）。采用此方法授粉效率高，效果好，节约花粉，但要求视力好，操作精细，否则容易损伤花柱。

其他授粉方法如橡皮塞法、授粉笔法等。橡皮塞授粉是将花粉装入橡皮塞的凹面，授粉时将柱头伸向其中蘸取花粉，该方法操作简便，授粉速度快，坐果率很高，但浪费花粉。授粉笔是用毛笔或橡皮头蘸取花粉，轻抹于柱头上（方丽和李武，2003）。此方法优点是对柱头伤害小，坐果率较高，缺点是速度慢。

传统方法是去雄后随即授粉，而对杂交授粉坐果率低或结籽率低的品种，去雄后第二天授粉，虽然不能提高坐果率，但可以增加单果种子数。因此在实际操作过程中，一般对正常坐果品种，以边去雄边授粉较好，对杂交授粉坐果率低或结籽率低的品种，则采用当天去雄，第二天授粉的办法（邹学校等，2001）。

1.4 标记技术

为了采种时便于区分杂交果和自交果，杂交授粉后就要将杂交果进行人工标记，这是保证杂交种子纯度的重要技术手段。现阶段标记方法很多，各有优劣，不同基地甚至同一基地不同制种户使用的方法都不尽相同，因此这不仅难于制种管理，而且还会带来种子质量风险。

1.4.1 去萼片法

授粉结束后，掐掉少部分萼片，果实成熟后，可明显看见果柄有萼片缺失的痕迹。由于此方法操作简便，省时省料，更重要的是标记不会脱落，稳定可靠，对杂交纯度有保证，是目前生产上应用范围最广的方法。注意掐去的萼片一般在 1/3 左右，过少则标记不明显，过多会降低坐果率，增加畸形果，影响种子产量。

1.4.2 涂抹印油法

将红色印油涂抹在果柄处的标记方法，该方法简捷方便，效率高，不伤果柄，不影响坐果率，但印油标记经过近两个月的日晒雨淋，到辣椒果实成熟时，会变得模糊不清，因此要求作标记时多涂些印油。应用该标记法的主要是海南、辽宁和甘肃基地等。

1.4.3 拴线法

方丽和李武（2003）在杂交授粉结束后，在果柄上拴彩色线做标记。该方法效果可靠，不影响坐果和果实的生长发育，但对操作技术性要求高，比较费工费料，不适于大面积的杂交种子生产。但对于那些父母本亲和性差、坐果率低的杂交组合，采用这种标记方法与隔日授粉相结合，效果很好，目前该方法在华北少数基地使用。

1.4.4 掐掉部分功能叶法

一般每个果实都有一片专属功能叶，徒手将功能叶掐去部分，作为授粉标记。此方法比较省时省力，缺点是功能叶缺失不利果实正常生长发育，而且功能叶一旦遭受病虫危害而难以区分杂交果和自交果，造成种子纯度不可靠。徐州的个别基地还在使用该方法。

1.4.5 非杂交花清除法

在海南、徐州等基地有少数制种户采用非杂交花清除法，即授粉果不做标记，而是将非杂交花和自交果全部清除掉，剩下的都是杂交果，可以省去标记的麻烦，采种时也不用区分自交果和杂交果。辣椒授粉前期冠幅小，自交花显而易见，但是到了中后期冠幅增大枝繁叶茂后，里层的非杂交花不易被发现，从而影响杂交种子纯度。此方法存在种子纯度难以保证的风险，不适于在整个杂交授粉期间推广，但在授粉前期，枝叶稀疏花也少，彻底清除自交果和非杂交花不难，因此个别有经验的制种户在授粉前期采用此方法，到授粉高峰期再改用去萼片法或涂抹印油法作标记，省工省料，降低成本，效果不错。

2 雄性不育系杂交制种技术

杂种一代辣椒品种已大规模应用于生产，取得了巨大的经济效益和社会效益，但目前杂交种子的生产主要靠人工去雄授粉，不仅制种成本高，而且种子纯度难以保证，而利用雄性不育系进行杂交制种是解决这一难题的最有效的途径之一。为此，国内外育种者对辣椒雄性不育进行了大量的深入研究，已选育出很多雄性不育系，选配了大量的杂种优势强的雄性不育杂交品种，在生产上大面积推广应用，取得了很大的效益。利用雄性不育制种，由于免去了人工去雄、标记杂交果、摘除自交果和开放的花朵等程序，大大提高了授粉效率，节省人工40%以上，且授粉前不去雄，花器未受到损伤，提高了坐果率，同时由于采用不育系，增加了不育系母本与父本花粉的亲和力，提高了单果结籽数，因而显著提高了制种产量，降低了制种成本，而且杂交种纯度可达100%，极大地提升了种子企业的市场竞争力，更有利于辣椒杂种优势的普及应用。

2.1 胞质雄性不育

利用胞质雄性不育性选育的杂一代品种，实现了不育系、保持系和恢复系三系配套，由于其制种和亲本控制上的优势，而成为辣椒雄性不育的研究热点（袁俊水，2009），目前国内外绝大多数育种单位都在进行研究，已直接应用于生产上的，除韩国世农、美国圣尼斯、荷兰瑞克斯旺、瑞士先正达和泰国正大等国外大公司外，国内的有沈阳市农科院、江苏省农科院蔬菜研究所、湖南省农科院蔬菜研究所、中国农业大学、北京市农林科学院蔬菜研究中心、广州市蔬菜研究所、天津市农科院蔬菜研究所、安徽省合肥市种子公司和甘肃省农科院蔬菜研究所等单位。

利用该方法生产杂交种子，授粉操作简单，成本低，种子纯度有保证，而且便于亲本保密，不易流失，所以商业价值很高，也是成为国内外研究热点的主要原因。魏兵强等（2011）结果表明，以不育系作母本时，杂交果实的坐果率、单果质量、单果种子数均明显高于保持系作母本时的，不同的恢复系对杂交果实的坐果率、平均单果质量、单果平均种子数有一定的影响。邹学校、陈斌等也对辣椒胞质型雄性不育杂交制种进行研究探讨，详细地阐述了雄性不育三系规模繁殖技术和海南、山西等主要制种基地的规模化制种技术（陈斌等，2010）。

2.2 核雄性不育

核雄性不育受细胞核内一对隐性基因控制，因此这种本身兼有不育系与保持系两种性能，在遗传育种上被称作两用系，利用其配制一代杂交种的特点是：用两用系分离出的50%不育株作母本，用配合力高的自交系作父本，进行杂交制种（王作义等，1998）。两用系育种比较有影响的单位有沈阳市农科院、河北省农科院蔬菜花卉研究所、山西省农科院、辽宁丹东市农业科学院蔬菜研究所、北京市农林科学院蔬菜研究中心和中国农业大学，但通过省作物品种审定委员会审定的品种不多，如沈椒1～5号（杨世周等，1995）和冀研4～6号等。

两用系制种虽然省去了人工去雄、作标记等麻烦，提高了授粉效率，减少了用工量，在隔离条件好，彻底拔除可育株的情况下，杂交种纯度可达100%，但制种过程中，必须拔除50%的可育株，由于辣椒植株花期不一致，一般需2～3遍才能把田间的可育株彻底清除干净。这除增加制种田面积，增加区分不育株与可育株和拔除可育株的工作量外，还增加育苗、整地、定植等田间管理的工作量；不育株与可育株在田间分布不均匀，拔去可育株后，留下的不育株稀密不一，造成土地和光照资源浪费，而且两用系制种还不利于亲本的控制，这是目前两用系没有大量应用于杂交制种的主要原因。

3 花粉贮藏

在室内条件下，维持较高的辣椒花粉生活力只有1～2d，随后萌发率便急剧下降，第5天几乎完全丧失发芽力。苏利民等（2007）研究认为辣椒花粉在5℃条件下贮藏3d以内可保持较高活力，可用于杂交制种。张子学等（2001）研究表明辣椒花粉在0～5℃条件下干燥贮藏效果最好。蔡荣靖等（2009）通过试验得知，若以花粉生活力的50%为标准，辣椒花粉在低温3℃下干燥贮藏10d后仍可用于生产。白占兵等（2012）发明用液氮法超低温保存辣椒花粉已申请了国家发明专利，就是将辣椒花粉干燥至含水量8%～13%，封装在冷冻管中，经–20℃预冷处理0.5h或直接放入装有液氮的液氮罐中进行贮藏，有效期可达一年以上。授粉时运至母本种植地使用，根据需要，随时从液氮罐中取出封存花粉冷冻管，室温缓慢解冻，使花粉复苏。

花粉贮藏可克服人工授粉过程中空间和时间上的障碍，解决杂交制种中异地杂交和花期不遇的问题。同时，可以将父母本错时、异地种植，减少父本的种植面积，还可有效防止父本亲本的丢失；也可以将制种中多余的花粉贮藏，父本花粉量不够时，用贮藏的花粉来弥补不足（白占兵等，2012），从而节约了大量的人力和物力，大大降低了种子生产成本。

4 展　　望

随着我国改革开放的不断深入，特别是加入WTO后，种子市场对外开放速度加快，国外种业公司大量涌入，种子市场竞争日益加剧，而且制种成本逐年上升，辣椒种子生产企业纷纷通过技术改进来提高生产效率，降低杂交种子的生产成本，提高自身竞争力。由于不育系制种可大大节省用工成本，且纯度可靠；通过花粉贮存不仅能实现异地异季授粉，解决花期不遇，还能控制亲本不流失等，这些新技术都将大范围应用于杂交辣椒种子的生产。另外由于我国城镇化速度加快，农村劳力空缺化和老龄化的加剧，劳动力价格不断上涨，劳动密集型的杂交辣椒种子生产因成本快速增长而降低竞争力，因此我国原来作为承接发达国家纷纷转移的制种基地，也将会转移到气候适宜、劳动力便宜的第三世界国家或地区。

辣椒为常异花授粉蔬菜，异交率较低，采用雄性不育系制种后，虽然可省去人工去雄所需的大量劳力，但仍需进行人工授粉，否则杂交种子产量很低，因此利用蜂、苍蝇等昆虫授粉制种可能是解决这一难题的有效途径，有待进一步研究。

此外，因辣椒是经济价值高的蔬菜，设施栽培水平较高，通过大棚、温室提供必要的环境条件或喷洒有效的化学药剂，直接在强优势组合母本诱导光温敏型雄性不育来繁制杂交种，也是有可能解决辣椒杂交制种成本高的难题的途径之一。

参 考 文 献

白占兵, 李雪峰, 戴雄泽, 等. 2012. 辣椒花粉超低温保存(发明专利号: 201110237274).
蔡荣靖, 等. 2009. 不同贮藏条件对辣椒花粉生活力的影响. 长江蔬菜, (8): 24-26.
曹振木, 刘维侠, 杨泽良, 等. 2005. 海南高产甜椒杂交制种技术研究. 中国农学通报, 21(8): 260-264.
陈斌, 耿三省, 张晓芬. 2010. 辣椒雄性不育杂交种规模化制种技术探讨. 辣椒杂志, (3): 24-27.
董伟. 1989. 辣椒化学去雄研究简报. 长江蔬菜, (3): 31-32.
方丽, 李武. 2003. 辣椒杂交制种技术. 农业科技与信息, (8): 14.
苏利民, 等. 2007. 不同干燥方法、贮藏条件及贮藏时间对辣椒杂一代种子产量的影响. 内蒙古农业科技, (6): 52-54.
王作义, 杨凤梅, 王志强, 等. 1998. 辣椒雄性不育两用系选育转育及利用. 北方园艺, (1): 10-12.
魏兵强, 王兰兰, 陈灵芝. 2011. 辣椒不育系制种与可育系制种相关性状的比较研究. 长江蔬菜, (24): 10-11.
杨世周, 杨凤梅, 姜恩国, 等. 1995. 辣椒雄性不育两用系选育和应用的新进展. 中国蔬菜, (1): 19-20.
袁俊水. 2009. 辣椒杂种优势利用途径分析. 辣椒杂志, (4): 24-25.
詹永发, 杨红, 姜虹, 等. 2008. 去雄授粉与花粉贮藏条件对朝天椒杂交结实率的影响. 种子, 27(11): 17-21.
张子学, 等. 2001. 辣椒花粉的生活力和贮藏方法研究. 安徽技术师范学院学报, 15(3): 4-6.
邹学校, 马艳青, 戴雄泽, 等. 2008. 辣椒胞质型雄性不育杂交品种规模制种技术. 中国蔬菜, (5): 45-47.
邹学校, 周群初, 戴雄泽, 等. 2001. 湘研辣椒品种产业化技术的创新. 长江蔬菜, (5): 38-40.
Craig R. 2007. Andersen. Peppers. University of Arkansas Cooperative Extension Service Home Gardening Series, (1): 77-82.
John B. 2005. Growing capsicums and chillies. Farmnote, 64(99): 1-9.
Zou X X. 2001. Technology for Hybrid Pepper Seed Production in China. Hunan Agricultural Science & Technology Newsletter, 3(2): 17-19.

3 种内包装对辣椒种子发芽的影响*①

李雪峰[1,2]，王文英[3]，白占兵[1,2]，倪向江[1,2]

（[1]湖南省蔬菜研究所，长沙　410125；[2]湖南省蔬菜工程技术研究中心，长沙　410125；[3]湖南省原子能农业应用研究所，长沙　410125）

摘要：【研究目的】寻找在中国南方高温潮湿气候下，能够安全保存辣椒种子的内包装材料。【方法】用不同包装材料包装的种子置于高温高湿下，贮藏不同的时间后检测其含水量、发芽势、发芽率。【结果】3 种袋中铝箔袋最好，镀铝袋次之，纸袋最差。【结论】结构为 PET/AL(铝箔)/PE 的内包装材料最适于中国南方作辣椒种子的内包装。

关键词：辣椒种子；包装袋；发芽

引　　言

【本研究的重要意义】辣椒（*Capsicum annuum* L.）原产于中美洲，是我国重要的蔬菜之一，也是重要的调味品，在湖南、四川、重庆、贵州等地区辣椒是人们日常生活的必备菜，目前我国辣椒年种植面积 130 万~160 万 hm^2，总产值 270 万~300 亿元，需要杂交种 975~1200t。辣椒种子保存得当，5 年内发芽势、发芽率不会明显下降，但其易受外界环境的影响，尤其是在高温潮湿的南方，如果保存不好，辣椒种子的发芽势和发芽率会很快下降，特别是进入市场流通后，包装袋内的辣椒种子含水量严重超标，导致其发芽势、发芽率大幅度下降，给种子公司和种植户带来很大的损失，因此选择合适的包装是保证辣椒种子高发芽率的基本条件，包装又以内包装更为重要。**【前人研究进展】**目前市场上采用的种子内包装材料主要是复合袋、塑料袋和铜版纸袋，其中复合袋用量较大，它的结构一般有 3 层：最内层为 PE，在高温下起黏合作用，中间层是纯铝或 PET 镀铝材料，外层一般为可以打字的铜版纸或 PET，这 3 层结构各起什么作用，根据不同种子的特性怎么搭配比较合理，未见报道。LADIRAN 和 AGUNBIADE（2000）在高温高湿条件下，辣椒种子用铝箔袋、聚乙烯袋和纸袋中贮藏 24 周后，发现铝箔袋贮藏的种子最好，但是不同材料的每层结构各起什么作用没有作出具体分析。李永义和张孟军（2001）通过对复合袋、塑料袋、纸袋 3 种软包装材料对比，认为韭菜的软包装复合袋最佳，试验材料中种粒较大的呼吸较强，选透气较大的纸袋或塑料袋较好，否则种子无氧呼吸会产生乙醇等有毒物质。朱良其等（2008）在低温的条件下用纺织袋、麻袋、PE

---

* 基金项目：湖南省长沙市科技计划重点项目（K0802172-61）。

① 本文原载《中国农学通报》，2009，25(18)：311-313。

袋贮藏茭白，发现 PE 袋最佳。陆新华（2003）研究了不同包装材料和种子水分对甘蓝种子活力的影响，认为在常温下塑料铝箔袋和纸复合袋对甘蓝种子的发芽率显著高于其他组合袋，且种子含水量以 6%为最优。刘瑛等（2002）采用不同包装贮存杂交油菜种子的效果进行了的探讨，认为透气性较好的编织袋对贮藏油菜种子更好。姚悦梅和王建华（2008）的研究认为紫苏种子最适宜的储存方式是低温干燥种子库，对不同包装材料对发芽的效果不明显，未对常温下的包装材料作对比。也有对粮油种子如水稻、玉米、油菜（黄鹂和藩筱凌，2008）、棉花（黄鹂和藩筱凌，2008；张晓洁等，2008）等的包装材料的探索，但主要集中在北方干燥的气候条件下，且初始水分较大，显然不适合我国南方气候下的辣椒种子。**【本研究切入点】**辣椒是我国的重要经济作物，其种子易受外环境的影响，为了防止辣椒种子潮湿，各种子公司不停地更换包装，至今没有找到合适的内包装来解决包装防水的问题，因此启动了该项研究。**【拟解决的关键问题】**此文通过对不同的内包装材料防水性比较，旨在为辣椒种子内包装选材提供依据，寻找在南方高温潮湿气候下，能够安全保存辣椒种子的内包装材料。

1 材料与方法

1.1 供试种子

供试的是湖南省蔬菜研究所繁殖的杂种一代博辣 4 号线椒种子。

1.2 包装材料及贮藏

3 种包装材料：纸袋、铝箔复合袋（铜版纸 40g/AL0.7/PE，此文中简称铝箔袋）和镀铝复合袋（PET/ PET 镀铝/ PE，此文中简称镀铝袋）。将初始含水量为 5.90%的辣椒种子用上述包装材料包装后密封，将干燥器下部装水，放入恒温培养箱内，在 40℃条件下平衡 24h，然后将不同包装的辣椒种子放在空气湿度达到饱和状态的干燥器上部，置于 30℃恒温箱中，间隔 24h 测量种子的含水量，每隔 2 个月检测种子的发芽势和发芽率。

1.3 发芽势和发芽率测定

将种子均匀地摆放在底部铺滤纸的发芽盒中，置于 30℃恒温箱中发芽，4 次重复，每重复 100 粒种子。每日补水，统计发芽情况，第 7 天统计发芽势，第 14 天统计发芽率。

2 结果与分析

从表 1 中可以明显地看出，随着时间的推移 3 种内包装内的种子含水量差别越来越大，初始水分都是 5.90%，在种子吸湿 192h 后，用铜版纸、铝箔袋和镀铝袋包装的种子含水量分别为 15.90%、7.03%、8.34%，其中铜版纸的含水量增幅最大，镀铝袋次之，铝箔袋含水量增幅最小，可见透水性：纸袋＞镀铝袋＞铝箔袋。从表 1 可以看出，纸袋包装的种子在 24h 含水量急速增加，铝箔袋和镀铝袋的种子含水量在 120h 内增幅较小，120h 后增幅加大。

表 1　不同包装材料对辣椒种子水分含量的影响（%）

包装材料	处理时间/h								
	0	24	48	72	96	120	144	168	192
纸袋	5.90	8.95	9.86	10.90	11.57	12.38	13.61	13.81	15.90
铝箔袋	5.90	5.95	6.16	6.20	6.24	6.37	6.64	6.88	7.03
镀铝袋	5.90	6.10	6.58	6.60	6.67	6.93	7.25	7.79	8.34

从表 2 可以看出，用 3 种不同的内包装包装的种子，在 30℃恒温和 100%的湿度下贮藏 2 个月后，纸袋中的种子发芽势由 92.7%降到 0.7%，发芽率由 95.0%降到 1.7%，下降都达到极显著水平，铝箔袋中种子发芽势、发芽率下降较慢，镀铝袋中种子发芽势、发芽率下降幅度介于其他两种包装者之间。4 个月后镀铝袋和纸袋中的种子发芽势和发芽率都为零，铝箔袋中种子发芽势和发芽率还很高，分别为 63.3%和 82.0%。由此可见在防水方面，3 种袋中铝箔袋最好，镀铝袋次之，纸袋最差。

表 2　不同包装材料对辣椒种子发芽势、发芽率的影响

贮藏时间（月）	铝箔袋		镀铝袋		纸袋	
	发芽势/%	发芽率/%	发芽势/%	发芽率/%	发芽势/%	发芽率/%
0	92.7a	95.0c	92.7c	95.0c	92.7c	95.0b
2	76.7a	94.7b	75.3b	91.7b	0.7b	1.7a
4	63.3a	82.0a	0a	0a	0a	0a

通过镀铝袋与纸袋通水性对比，显然纸袋是不防水的，通过镀铝袋（PET/PET 镀铝 / PE）与铝箔袋（铜版纸 40g/AL0.7/PE）防水对比，铝箔袋最外层是纸质不防水，最内层和镀铝袋一样是 PE，不难看出铝箔袋真正防水的部分来自于中间结构的 AL0.7。

由表 1 和表 2 可知，辣椒种子在高温高湿条件下贮藏一段时间后，防水性越好的包装，种子发芽势、发芽率越高，再者辣椒种子较小，呼吸较弱，因此认为选择防水好的材料才能做辣椒种子的包装袋。

3　讨　　论

李永义和张孟军（2001）的研究表明，初始含水量较高且种粒较大的种子，内包装应该选择透气性较好的纸塑袋较理想。长期的实践经验和国家标准都要求辣椒种子的初始含水量应该保持在 7%以下，才能保持原有种子的活力。目前蔬菜种子中，辣椒种子是较贵的一种，一般的品种达到每 10 克 15 元左右，加之辣椒种子易受外界环境的影响，因此选择种子包装袋从一定程度是保持辣椒种子长时间高生活力、高附加值的基本条件之一，在高温潮湿的南方，种子包装防水是首选条件，此文从两个方面证明在防水方面铝箔袋最好，这与 LADIRAN 和 AGUNBIADE 研究的结果一致，镀铝袋次之，纸袋最差，从实验结果可以看出铝箔袋防水主要来自于中间层的 AL（铝箔）结构。但是从 20 多年的生产实践经验发现，含水量在 7%以下的辣椒种子比较坚硬，很容易把包装袋划破，尤其是铝箔复合袋，由于最外层是纸质，中间层是 AL（铝箔），强度小，很容易被种子划破而降低防水性；而镀铝袋尽管防水性较差，但是其中间层 PET 镀铝与外层

PET 的强度较大，不易被辣椒种子划破。因此认为，适合作辣椒种子内包装的材料是：最外层是 PET，主要作用是防止包装袋被坚硬的辣椒种子划破；中间层应该是 AL （铝箔），用于防水；最内层是 PE，在高温起黏合作用。在生产中可根据不同需要，改变最外层 PET 的厚度来增加或减弱包装袋的强度，调节中间纯铝的厚度来满足不同防水要求，改变最内层 PE 的厚度来满足黏性要求。

此实验没有对每层厚度作研究，有待于进一步探讨。此包装材料的结构只适合于辣椒等茄科作物种粒较小的种子，且初始含水量必须小于 7%，如果种子水分大于 7%，会起相反作用，其生活力会大幅度下降。

4 结　论

结构为 PET/AL（铝箔）/PE 的内包装材料最适于中国南方高温潮湿条件下作辣椒种子内包装袋。

参 考 文 献

黄鹂, 潘筱凌. 2008. 低温贮藏下不同包装材料对粮油类种子质量的影响. 种子, 27(5): 86-87.

李永义, 高洪斌, 郝金翠, 等. 1997. 蔬菜种子贮藏期包装材料对种子活力的影响. 种子, 4: 27-29.

李永义, 张孟军. 2001. 不同包装材料对韭菜种子活力的影响. 中国蔬菜, 6: 35-36.

刘瑛, 李海龙, 吴平. 2002. 采用不同包装贮存杂交油菜种子的效果. 中国种业, 8: 22.

陆新华. 2003. 不同包装材料和种子水分对甘蓝种子活力的影响. 中国种业, 4: 29-30.

姚悦梅, 王建华. 2008. 储存方式和包装材料对紫苏种子发芽的影响. 农业科技通讯, 9: 38-40.

张晓洁, 隋洁, 王丽华, 等. 2008. 包装材料对贮藏期间不同类型棉种活力的影响. 山东农业科学, 2: 103-105.

朱良其, 潘仙鹏, 赵永彬, 等. 2008. 包装袋对贮藏茭白保鲜效果的影响. 浙江农业科学, 3: 265-267.

LADIRAN J A, AGUNBIADE S A. 2000. Germination and seedling development from pepper (*Capsicum annuum* L.) seeds following storage in different packaging materials. Seed Science and Technology, 25(2): 413-419.

Three Types of Package on the Effects of Pepper Seed Germination

LI XUEFENG [1,2], WANG WENYING [3], BAI ZHANBING [1,2], NI XIANGJIANG [1,2]

([1] Hunan Vegetable Institute, Changsha 410125; [2] Hunan Vegetable Research and Development Center, Changsha 410125; [3] Hunan Agricultural Applications of Atomic Energy Institute, Changsha 410125)

Abstract: 【OBJECTIVE】To seek packaging material to preserve the safety of pepper seeds in high temperature and humid climate in the South of China. 【METHOD】We checked the moisture content, germination energy and germination percentage of pepper seeds after Its been Packaged in different packaging materials under high temperature and humidity and Storage in different times. 【RESULTS】In three types of bags, aluminium foil bag was best, aluminium plating bags was better, paper bags was worst. 【CONCLUSION】What the structure was PET/AL/PE was the most suitable packaging material of pepper seed in high temperature and humid climate in the South of China.

Key words: the seed of Pepper, packaging bag, germination

制种中辣椒病毒病的综合防治技术*①

陈文超

（隆平高科湘研蔬菜种苗分公司 长沙 410125）

近年来，由于辣椒种子流通范围扩大、种植面积的逐年增加以及耕作制度的限制，在辣椒种植区辣椒病毒病普遍发生，由原来的次要病害上升为主要病害，严重影响了辣椒的产量和商品性。尤其是辣椒病毒病在辣椒制种上不但影响种子产量，也因为种子携带病毒而影响杂交一代品种的表现。辣椒病毒病的发生与栽培管理水平有较密切的关系。在肥水充足，管理水平高，辣椒生长旺盛的条件下，病毒病发生较轻，反之病情发生较重。在辣椒制种中病毒病防治不同于一般的辣椒栽培防病。首先在品种选择上，一般辣椒栽培可以选用抗病品种，而辣椒制种中，组合的父母本是根据每年的辣椒种子销售和种子库存情况而决定；其次一般辣椒栽培只需防止蚜虫等昆虫传播，人工传播的概率比较少，而辣椒制种中由于需要杂交传粉等人工操作，人为传播病毒病的概率非常大。因此辣椒制种防治病毒病必须是一个不同于一般辣椒栽培的、全程的、综合的防治过程。其具体操作包括：原种繁殖、种子消毒、培育健壮大苗、制种地选择、定植和田间管理、药剂防治。

1 原种繁殖

繁种单位在原种繁殖时不但要有严格的隔离条件，而且要特别注意防治病毒病。病毒病发生田圃要严格淘汰，避免原种种子携带病毒。

2 种子消毒

用 0.1%高锰酸钾溶液或 10%的磷酸三钠溶液浸种 20～30min（分钟），捞出后用清水冲洗干净，然后催芽或直接播种。

3 培育健壮大苗

首先用五氯硝基苯或甲醛对苗床和床土消毒，铲除苗床及附近杂草。在海南岛由于温度高，苗龄短，一般不分苗，所以应采用稀条播育苗方式。这样有利小苗子叶发大和椒苗今后的采光和通风、多生根、秆粗、稳健生长。播种后覆土，喷洒菊酯类农药防蚁害及地下害虫，并覆盖一层薄稻草，出苗后及时揭掉稻草。

---

* 基金项目：国家“863”计划项目（2002AA207012）。

① 本文原载《辣椒杂志》，2003，（2）：35-36。

北方制种一般要分苗（假植）一次，一般是3～4片真叶时分苗，并最好用营养钵分苗，以免定植时由于根系太多而受到损伤。在幼苗长到5～6片真叶时，喷洒一次NS83增抗剂200倍液，以提高辣椒苗的抗病能力，同时注意防治蚜虫。

4 制种地选择

辣椒喜欢微酸性的沙质壤土，地块能灌能排是防病高产的基础。辣椒制种地应选择未种过茄科作物和瓜类的地，且不能与这两类作物为邻，而必须有一定的间隔距离。辣椒是喜肥作物，但由于根系较浅，后期容易缺肥，定植前一定要施足底肥，特别注意施有机肥，不能偏施氮、磷化学肥料。因为有机肥充足，土壤有机质含量高，结构良好，辣椒生长旺盛，病毒病发病率低。每667m^2施腐熟农家肥3000kg，优质三元复合肥40～50kg。

5 定植和田间管理

北方制种定植时可覆盖地膜，以提高地温，促进缓苗。定植移苗时应注意少伤根，定植后应及时浇复苑水。北方露地制种最好能与玉米间作，6行辣椒间种一行玉米，在高温强光照时能为辣椒遮一部分阳光，减轻高温强光照时病毒病的发生。定植缓苗后及生长前期应追施稀粪，或适量施用其他氮肥，如果露地未覆膜应浅中耕提高地温，促进早发棵。缓苗后最好喷施一次0.2%硫酸锌+0.2%磷酸二氢钾溶液，可有效地提高叶片光合作用效能，减轻病毒病的发生。早熟组合可以将门椒和对椒花蕾尽早摘除，促进植株生长；晚熟组合则要视苗情而定，植株生长太旺不利于杂交坐果，应保留门椒和对椒。在授粉结束后要重施追肥，一般7～10d追肥一次，每次每667m^2施10～15kg优质复合肥。保证植株充足的水分，高温干旱天气要勤浇水，增湿降温，保持土壤见干见湿，但雨季注意排涝。发现病株及时拔除，并带出田间销毁，同时注意洗手消毒。特别是授粉期间，应注意不把病毒传播到正常健康植株上。

6 药剂防治

幼苗期和成株期分别喷施1～2次NS83增抗剂200倍液提高辣椒植株的抗病能力。在发病前或发病初期用3.85%病毒毖克500倍液、20%病毒A 400倍液、5%菌克毒克水剂300倍液或5%菌毒清水剂400倍液，每隔7d喷一次，共喷3～5次，以上药剂能交替使用效果更好。此外从苗期开始应及时防治蚜虫、蓟马等传播病毒昆虫，可用一遍净2000倍液或2.5%扑虱蚜2000倍液喷雾防治，也可用其他菊酯类农药防治。

长江流域辣椒大棚春提早栽培技术*①

马艳青

（湖南省蔬菜研究所　410125）

长沙流域是我国食辣人群的重要分布区，由于气温偏低、光照弱，4～5 月是该地区辣椒供应的一个淡季，为了保障该地区辣椒的均衡供应，我们对辣椒大棚春提早栽培技术作了一些探索，通过采用该项技术，最早可保障辣椒在 4 月上中旬上市，5 月可大量上市，667m^2 早期产量可达 500～1000kg。

1　选择适宜品种

长江流域早春低温光照弱，采用大棚栽培，应选择早熟、耐低温弱光照、抗病性和抗逆性强、在大棚内不易徒长的品种，如微辣型品种可选择福湘早帅、福湘 2 号、洛椒 98A 等，辣味型品种可选择兴蔬 301、博辣娇红和鸡爪×吉林早椒、辛香 2 号等。

2　育　　苗

2.1　播种期

长江流域春季低温弱光照，辣椒生长量有限，故应在年前培养大苗，年后带花带蕾栽培，将播种季节适当提前。长江流域春季大棚提早栽培 10 月上旬至中旬播种，每 667m^2 用种量 40～50g。

2.2　苗床整理

苗床宽 1.2m 左右，长度任意。春季提早栽培采用大棚套小棚；播种前 15 天整理好苗床，土面整细整平，用 50%多菌灵和甲基托布津进行土壤消毒，用药量 8～10g/m^2。

2.3　播种

种子先用清水浸 4～5h，再在 1%硫酸铜溶液中浸 5min 取出，用清水冲洗干净。播种时苗床适量浇水，要求 10cm 土层保持湿润。均匀撒种，每 1m^2 苗床 10g 左右，播种后覆盖 1cm 厚细土，然后盖 1 层地膜保湿保温。50%左右的秧苗破土时，揭开地膜，采用覆盖半小拱棚地膜的方式保湿。根据气候变化来揭开或覆盖地膜，防止幼苗遭受热害、

* 基金项目：国家公益性行业（农业）科研专项（nyhyzx07-007）。

① 本文原载《长江蔬菜》，2011，（21）：27-28。

冷害。

2.4 假植

当秧苗有 2～3 片真叶时，即 11 月下旬至 12 月上旬，选晴天将秧苗假植入营养钵或假植床中。假植后密闭大棚和小拱棚 5～7 天，保持适宜的温度和湿度有利于辣椒苗假植成活。营养土选用菜园土（3 年以上未种过茄果类蔬菜）、腐熟并过筛无污染垃圾、腐熟人粪尿，其质量比为 6∶3∶1，混合堆制约 1 个月后使用。

2.5 苗期管理

（1）温湿度管理　棚内白天温度保持在 25℃以下，夜晚温度保持在 15℃以上。若夜间气温降至 10℃，在小棚上加盖草帘等保温材料。如棚内温度超过 30℃，要加强通风。白天大棚内的小棚膜适时揭开，天气寒冷时，通风时间宜少。

（2）肥水管理　育苗前期的表土发白才可浇水，选晴天午后一次性浇足。追肥视秧苗长势，结合浇水进行，肥料可采用复合肥或磷酸二氢钾等，浓度不超过 0.5%。浇水后及时通风。

（3）病虫害防治　长江流域 10～11 月较为干旱，偶有高温，因此蚜虫发生较为严重，随之病毒病易发生，同时因为十字花科蔬菜栽培较多，青虫易发生交叉危害，应注意防治。

3　整地施基肥

选择土壤疏松肥沃、有机质含量高、排灌方便、近 2～3 年没有种植过茄果类作物的地块。定植前 1～2 周整地。作畦前每 667m^2 施腐熟厩肥 3000kg、复合肥 50kg、磷肥 50kg、钾肥 15kg，采用畦中开沟施入或翻耕前普施，筑成 1.3m（连沟）宽的畦。

4　定　　植

春季提早栽培采用大棚、小拱棚加地膜覆盖，于 2 月中下旬定植；每畦植双行，株距 25cm，行距 30cm，667m^2 栽 3800 株左右。

5　田 间 管 理

5.1 水肥管理

缓苗后适当蹲苗，控制水分，初花期坐果时需适量浇水，坐果期保持土壤相对湿度 70%～80%，切忌大水漫灌。苗期轻施 1 次提苗肥，进入结果期，每采收 2 次果实，每个标准大棚每次穴施复合肥 2.5～3kg，也可利用滴灌追肥，并结合喷洒微量元素。

5.2 温湿度管理

辣椒生长适宜气温白天 20～28℃，夜间不低于 13℃，空气相对湿度 70%～80%。

定植后，可密闭棚 1 周，提温促进活苗。如棚内温度超过 30℃，要加强通风。白天大棚内的小棚膜适当揭开，天气寒冷时，通风时间宜少；气温回升时，逐渐加大通风量和通风时间。在 4 月上旬夜温逐渐稳定在 15℃以上，晴天可不密闭棚，大棚内的小棚膜可撤除。4 月中下旬可将围膜去掉，顶膜可避免雨水滴淋，防止病害发生。

5.3 防止落花、落果、落叶

开花前期用防落素 20～25mg/kg 喷洒，以防落花。4 月下旬至 5 月可自然授粉而结果，轻轻拍打植株，能增加其自然授粉率。

5.4 病虫害防治

（1）农业防治　选用抗病品种，及时清理田园，将病枝、残叶、杂草和收获后的抛弃植株及时清理出田间，并予以销毁或深埋，减少病虫传播和蔓延；实行轮作倒茬，以阻断病害流行，切断害虫生活史；避免和辣椒病虫寄主相同的作物邻作，减少病虫传播机会；合理进行间作套种，减少病虫危害。

（2）物理机械防治　常用的方法有：用温汤浸种，高温闷棚，利用白粉虱、蚜虫的趋黄性用黄板诱杀。

（3）生物与化学防治　①细菌性病害。主要有疮痂病、细菌性叶斑病，可用农用链霉素 100～200μl/L、新植霉素 4000 倍液、14%络氨铜水剂 350 倍液、70%加瑞农（春雷•王铜）可湿性粉剂 800 倍液或 77%可杀得可湿性粉剂 800 倍液喷雾。②真菌性病害。主要有疫病、炭疽病、白粉病、灰霉病，疫病用 77%可杀得 800 倍液、64%杀毒矾 500 倍液、40%乙膦铝 200 倍液、58%瑞毒霉锰锌 500 倍液喷雾，炭疽病用 50%甲基托布津 800 倍液+75%百菌清 800 倍液、80%代森锌 500 倍液喷雾，辣椒白粉病用 2%农抗 120 150～200 倍液、10%克双效灵 200 倍液、25%粉锈灵 1500～2000 倍液、50%硫黄悬浮剂 200～300 倍液喷雾，灰霉病用 50%速克宁 1500～2000 倍液、50%扑海因（异菌脲）1400～1500 倍液、50%农利灵 1000～1500 倍液、50%腐霉利 1500 倍液、2%武夷菌素 100 倍液喷雾。③病毒病，用 20%病毒 A 500～700 倍液、抗毒 1 号 300～500 倍液、50%植病灵 500 倍液、菌毒清 400～500 倍液、83 增抗剂 100 倍液喷雾。

辣椒的虫害主要有蚜虫、烟青虫、烟粉虱等。用 2.5%功夫（高效氯氟氰菊酯）2000～4000 倍液、2.5%天王星 1500 倍液防治烟青虫，利用丽蚜小蜂、20%扑虱灵 1500 倍防治温室烟粉虱，用植物源农药如鱼藤烟碱、棉油泥皂、50%抗蚜威可湿性粉剂 2000～3000 倍等防治蚜虫，用松脂合剂、苦参碱、楝类等防治蚜虫、粉虱等害虫，用瓢虫防治蚜虫等。

6 采　　收

保护地春栽的在 4 月上中旬始收，最好在晴天进行采收，以利伤口愈合，减少病害发生。前期采收要及时，避免辣椒果实坠秧。

雪峰山高山辣椒高产栽培技术研究*①

马艳青，张竹青，陈文超，戴雄泽，李雪峰，
邹学校，周书栋，唐学冬

摘要：近年来雪峰山高山辣椒种植发展迅速。根据雪峰山区独特的气候特点，从品种选择、播种、栽培时期到全生育期栽培管理等高产栽培技术进行了详细介绍。

关键词：高山；辣椒；栽培

利用高海拔山区独特的小气候发展高山蔬菜已经成为贫困山区脱贫致富的一个支柱产业。在海拔600m以上山区种植辣椒是这个产业主要项目之一，高山地区气候凉爽，土壤空气湿润，越夏种植较之平地种植，辣椒不早衰，皮色光亮，椒形直，商品性好，采收时间长，产量高。近年来，雪峰山高山辣椒种植发展迅速，效益显著，已在洞口县、隆回县、洪江市、溆浦县发展高山辣椒基地2000万m^2以上，产品销往广东、湖南、江西等市场，售价高出同类产品0.4元/kg，产值达6000元/667m^2以上，辣椒种植逐渐向规模化、基地化发展，高山辣椒成为农民经济收入的一个重要来源。通过这几年的摸索开发，笔者总结了一套雪峰山高山辣椒高产高效栽培技术，现介绍如下。

1 品种选择

在高山种植，要因地制宜选择高产、优质、商品性好、生长旺盛、植株开展度大、连续挂果性强、果皮光滑鲜亮、果肉厚、耐贮运、抗病性强的品种。生产红椒的品种有福湘秀丽、中椒6号、博辣5号、博辣6号、博辣红帅、海花椒等；生产青椒的品种有福湘秀丽、博辣5号、博辣6号等。

2 育苗技术

2.1 苗床土制作

选择土壤干燥、排水方便、避风向阳、管理方便、离生产田近、近两年内未种过茄科作物的田块，按田土60%、腐熟的猪牛粪30%、火土灰10%的比例再加少量磷肥充分混合。生产田用种30g/667m^2左右需苗床面积10m^2，用一包多菌灵或恶霉灵进行苗床消毒。

---

* 基金项目：国家公益性行业（农业）科研专项（nyhyzx07-007）。

① 本文原载《湖南农业科学》，2009，（1）：21-23。

2.2 浸种催芽

先将种子用冷水预浸 10min，然后用 55℃的温水浸种 6h，再用 0.1%的高锰酸钾浸种消毒 15min，然后用清水漂洗干净再进行催芽。可用人体温催芽，也可以用电热毯催芽，温度保持在 28～32℃，如果能用变温催芽，出芽会更整齐。每天要通风 2～3 次，同时用温水漂洗 1 次。待 3～5d 后，有 80%的种子露白时方可播种。

2.3 播种

播种时间为 3 月 10 日左右，播种前整平床土，先把床土浇足底水，将露白种子均匀播于床面，播种不能过密，在种子上盖一层 1.0～1.5cm 厚的细土，盖土太薄容易出现带帽苗，太厚则幼苗拱土困难。再在盖土上加盖一层苔藓，用于保持床土的湿润和防止洒水时土壤板结，也可以防止天晴时揭膜不及时而引起小拱棚内气温过高，出现烧苗现象。最后在苗床上加盖小拱棚。

2.4 苗床管理

2.4.1 水分管理

当 80%的种子破土子叶张开时，要打开小拱棚的两端，降低棚内湿度，保持床土半干半湿，床土露白。苗子出床定植前一天，浇透底水，防止拔苗时伤根。

2.4.2 病虫害防治

子叶张开后，喷 1 次猝倒立枯灵，防止猝倒病。以后每 7d 喷 1 次。定植前 1 周，喷百菌清 1 次，防治灰霉病。如有地下害虫，可喷施辛硫磷 1～2 次。

2.4.3 苗期施肥

苗期施肥以叶面施肥为主，可喷施 0.5%磷酸二氢钾、极速绿神等，同时可用腐熟的稀粪水追肥 2～3 次，培养壮苗。

3 移植技术

3.1 大田准备

辣椒种植宜高畦，要把栽培畦整成龟背形，中间高，两边低。种植厢面宽 1.5m、高 0.4～0.5m，工作行宽 0.5m 以上，沟深 0.10～0.15m。采用地膜覆盖栽培，铺膜前在畦上喷洒除草剂和防治地老虎的药剂。铺地膜时注意把膜拉紧，膜四周和栽培穴处用土封严、压牢。

3.2 施足底肥

高山辣椒基地连年种植，一般土壤比较瘠薄，有机质含量低，缺少磷钾肥，保水保肥能力差，而辣椒生长期长，根系发达，需肥量大，要求施足基肥。一般以农家肥为主，$667m^2$ 施腐熟猪牛粪 3000kg、三元含硫复合肥 50kg、钙镁磷肥 50kg、钾肥 15kg。

3.3 定植

当幼苗长到5～8片叶、日平均气温在15℃以上时，选择晴天定植，定植密度667m^{2}栽1700株，每厢种两行，株距60～70cm，定植好后，立即淋定根水，定根水中对生根剂可以缩短缓苗时间，同时加青萎散或铬氨铜可预防青枯病、白绢病、枯萎病等茎基部病害。傍晚再用辛硫磷灌根，防治小地老虎。

4 大 田 管 理

4.1 整枝与防倒伏

辣椒植株因结果多，地上部分的负担较重，而山地一般耕作层浅薄，土质疏松，扎根浅，易发生倒伏，因此在栽培上为防倒伏，应加强培土，有时应设置竹竿等支架或牵拉绳子。为保证营养集中供应果实，防止营养分散，应打掉辣椒假二杈分枝以下所有侧枝，以利植株正常生长、展开和花枝以上分枝的发生、延伸。长势一般或较差的辣椒可以不打侧枝。

4.2 合理追肥

辣椒是连续坐果生长多次采收的蔬菜作物，因此除要保证基肥外，还需依据采收状况和植株状态及时追肥。在整个生长采收期，施肥需氮磷钾3种肥料合理搭配。苗期以氮肥为主，定植1周后，可施少量稀薄猪粪尿或施用尿素5kg/667m^{2}对水浇灌提苗；开花结果期要施足氮肥，增施磷钾肥，以保证果实的充分膨大，667m^{2}施氮磷钾复合肥10～15kg；挂果后至采收旺期，每采收1～2次可追肥1次，667m^{2}施尿素10～15kg或复合肥15～20kg，叶面施肥以氨基酸为主，可保花保果，增加果实的色泽度和保持果实的条形，具体的施肥次数和用量，还应根据植株长势、土壤肥力和结果状况等决定。

4.3 水分管理

连续天旱时，在晚上放跑马水，做到天凉、地凉、水凉，防止因干旱引起的辣椒变弯、变小和落花落果。

4.4 中耕与覆盖

及时锄掉田中杂草，进行中耕，进入盛夏高温季节时，用干茅草覆盖厢面（不能用稻草，稻草易腐烂），保持田间湿度，降低田间温度，防止日灼。

5 防治病虫害

5.1 疮痂病的防治

疮痂病是高山种植辣椒的主要病害，主要因为空气湿度大，造成病菌繁殖，引起大量落叶。防治措施：自辣椒开始现蕾起，用高锰酸钾加农用链霉素和可杀得2000倍液，每隔7～10d用药1次，轮换使用。落叶严重的可喷1～2次极速绿神，催生新叶。

5.2 病毒病的防治

辣椒病毒病主要是由蚜虫、蓟马引起的，发生快，引起大量落花落果，造成减产。防治措施：先可用阿维菌素或甲维盐喷施防治蚜虫、蓟马，然后用高锰酸钾对病毒进行钝化，再用病毒特（盐酸吗啉胍·醋铜）或菇类多肽喷施，病情严重时每隔 3d 用药 1 次，连续 3～4 次，可在防治药物中加极速绿神，增加植株抵抗力，迅速抽生新叶。

5.3 炭疽病的防治

在高温高湿的情况下，辣椒易发生炭疽病，造成大量烂果。防治措施：用炭疽福美、大生 M-45 加硫悬浮剂（硫悬浮剂主要增加药物的成膜性，防止因辣椒表面蜡质厚药物不易附着流失或雨水冲洒）轮换使用。

5.4 辣椒疫病的防治

辣椒疫病会引起辣椒大面积减产绝收，发病快、危害大。防治措施：用抑快净、杜邦克露、金雷多米尔喷施，每隔 7～10d 用药 1 次进行预防。

5.5 辣椒霜霉病的防治

辣椒霜霉病是高山种植后期的常发病，主要防治药物有：金雷、克露加硫悬浮剂，注意重点喷施叶背面。

5.6 茎基部维管束病害的防治

茎基部维管束病害包括青枯病、枯萎病、白绢病、黄萎病、茎基腐病等，防治以生物防治为主，自定植开始，每隔 15d 淋施 1 次青萎散或康地蕾得；也可用铬氨铜、可杀得 2000、王铜加农用链霉素、水合霉素每隔 7～10d 灌根 1 次。

5.7 虫害防治

山区种植辣椒主要虫害有青虫、小菜蛾、斜纹夜蛾等，为了达到无公害生产的目的，对虫害的防治主要采用生物防治，用锐鲨（棉铃虫颗粒病毒）、白僵菌或 BT 加甲维盐每隔 7～10d 喷施 1 次，可有效降低田间虫口密度，彻底杀灭害虫。

参 考 文 献

姚明华. 2008. 高山辣椒栽培技术岍, 辣椒杂志, (1), l4-15, 30
周才春, 肖鸿勇. 2001. 高山辣椒栽培技术, 江西园艺, (5): 25-27
邹学校. 1993. 杂交辣椒制种与高产栽培技术. 长沙: 湖南科学技术出版社, 311-319

春提早大棚辣椒栽培技术*①

李雪峰[1,2]，白占兵[1,2]

（[1]湖南省蔬菜研究所，长沙 410125；[2]湖南省蔬菜工程技术研究中心，长沙 410125）

摘要：在长江中下游地区，春提早大棚栽培能创造有利于辣椒生长发育的条件，有效地避开了外界不良环境对辣椒生产的影响，提早上市，弥补淡季市场的供应，丰富了人民的菜篮子，增加了农民的收入。本文总结了长江中下游地区春提早大棚辣椒栽培技术，为生产和科研提供参考。

关键词：辣椒；春提早；栽培技术。

在长江中下游地区，由于冬季较短，部分蔬菜可以越冬种植，加上外调蔬菜的便利，大棚蔬菜发展较慢，随着人们生活水平的提高，外来蔬菜不新鲜、越冬蔬菜品种单调显然不能满足市场的需求，因此在喜欢吃辣椒的湘、川、渝、赣、鄂等省市发展春提早大棚辣椒生产，市场前景非常广阔。春提早大棚种植辣椒，由于塑料大棚具有增温透光等作用，能创造有利于辣椒生长发育的条件，有效地避开了冬季和早春的不良环境对辣椒生产的影响，能提早辣椒上市时间，可弥补春末夏初淡季市场供应，经济效益相当明显。目前保护地辣椒栽培技术主要集中在北方（杨凤梅和薛庆华，2007；卢世月等，2003；赵德万和王桂楼，2007）和云贵部分地区（唐萍和刘健，2004；刘元士，2003；吴场铠和颜佳文，2007），而长江中下游地区春提早大棚栽培辣椒方面的文献比较少见。本文总结了长江中下游地区春提早大棚辣椒栽培技术，旨在为农民朋友、科研工作者提供参考。

1 选择优良品种

春提早大棚栽培辣椒，前期处于低温、高湿、寡日照的环境条件，因此必须选择耐低温弱光的早熟优质丰产品种，且还应具备抗病抗逆性强，植株紧凑，适于密植，不易徒长，坐果率高，果实膨大速度快，前期产量高，商品性状优等特性，如博辣娇红、博辣1号、福湘早帅、福湘早秀、苏椒5号、杭椒1号、辛香2号等品种。

2 培 育 壮 苗

2.1 苗床的制作

苗床要求背风向阳，地势高，排水良好，管理方便，土壤疏松肥沃，而且要求上茬

* 基金项目：湖南省长沙市科技计划重点项目（K0802172-61）。

① 本文原载《辣椒杂志》，2009，（4）：20-22。

未种过茄科作物，以防病传染。以120～150cm开厢，高出地面25～30cm，苗床四周开20cm深的排水沟。用40%大田土或园土、50%腐熟有机物或草炭、10%细沙土制作营养土，再用70%敌克松2000倍液或50%多菌灵可湿性粉剂500倍液消毒待用。

2.2 浸种催芽

播种前晒种1～2次，用55℃温水浸种15min，然后用30℃温水浸种4h，洗净黏液，沥干水分，用湿毛巾包好，置于30℃的恒温箱中催芽，并每天淘洗一次，以利于透气和补充水分，当80%的种子露芽时，即可播种。

2.3 适时播种

长沙、武汉在10月上中旬播种，上海、南京在10月下旬至11月上旬播种。播种宜选在晴天中午前后进行，注意要浇足底水，可用温热水或深井水浇，最好不要用塘水或河水，以免降低苗床温度。每平方米苗床用种子10～15g，采用撒播或划方格点播，覆盖营养土不超过1cm厚，再盖地膜，以利于出苗前保持土壤足够湿润。

2.4 假植

一般在11月底至12月上中旬，幼苗长出2～3片真叶时，即将幼苗假植在直径8～10cm的塑料营养钵中，以带蕾健壮大苗进行越冬。假植宜在晴朗无风的天气上午10时至下午3时之间进行，此时气温较高，根系活跃，易发新根，伤口易愈合，成活率高。假植前3～4h幼苗要浇水，操作全过程要小心，尽量减少损伤，防止病菌的侵入。栽植一般以子叶高出土面1～2cm为宜，过深不但伤害子叶，而且影响根系发育；过浅幼苗易倒伏。假植后要浇足水，使土稍稍沉下与根紧密接触，并及时覆盖薄膜，以保持土壤和空气湿度。

2.5 苗期管理

冬季育苗的关键是提高床温，适宜气温18～28℃、地温18～25℃。地温低于15℃，辣椒根系弱，根群小，生长缓慢，长期处于12℃以下，易造成生理寒根，形成小老苗。播种前2～3d内，白天密闭棚膜，使阳光照入床内，提高床温。出苗前温度控制要高，白天26～30℃，夜温18～20℃，严封棚膜，早晚盖草帘，一般不浇水不通风，促早苗、齐苗。出苗后到假植前，白天23～25℃，夜间12℃左右。

假植后一周内为缓苗期，为促进早发新根，要保持较高的温度，白天25～30℃，夜间15～18℃，地温16～20℃，地温低于15℃，不利于发根，一般应闭棚不通风换气。活棵后要降温，白天20～25℃，夜间10℃，每天多次短时通风换气降低苗棚湿度，以防病害发生蔓延，改善棚内光照条件。幼苗越冬期间保温是第一位的，应尽可能地提高苗床棚内温度，气温最好保持13℃以上，可采取在大棚内加盖小拱棚，小拱棚上加盖草帘防寒，或电热线加热等措施。定植前7～10d要进行低温炼苗，加大通风量，气温白天15～20℃，夜间8～10℃，控制水分，以增强幼苗对早春低温等不良环境的适应能力。

分苗后幼苗未发新根之前，不浇水，在新叶长出后，应适当浇水。在幼苗定植前 10～15d 追一次肥，每 667m^2 施腐熟的人粪尿 750～1000kg 或尿素 10～15kg。如采用根外追肥，可用 1%尿素或 0.5%磷酸二氢钾水溶液喷叶。此外，冬天防病治病以烟雾剂为主，尽量少喷液体，雨雪天不浇水不追肥。如棚上有积雪，要及时清除，以免损坏大棚。

3 定　　植

大棚内 10cm 土层地温稳定在 15℃以上方可定植，长江中下游地区在 2 月中下旬至 3 月初 80%的幼苗现大花蕾时移栽到大棚。应选择 3 年内没种植过辣椒、茄子、番茄、马铃薯等茄科及瓜类作物的田地，前茬为豆科或葱蒜类的效果最好，底肥施足肥效长的有机肥，一般每 667m^2 施优质腐熟农家肥 5000kg，饼肥 100kg，复合肥 50kg，底肥充足可以地面普施，肥料少要开沟集中施用。定植前 15d 左右扣棚，以加快地温升高。采用高畦双行单株栽培，行距 60cm，株距 25～30cm，每 667m^2 栽 3500～4500 株。为了提高产量，特别是前期产量，可适当增加栽植密度。早春温度低，应采用地膜覆盖栽培方式，能有效地提高土壤温度，加快植株生长发育的速度，还可降低棚内湿度，减少病害发生，既提早了辣椒上市时间，又提高了前期产量。

4 田 间 管 理

4.1　温度管理

定植后缓苗期要密闭大棚，尽量提高气温，棚内气温白天 28～30℃，夜间 15℃以上，以高气温促地温，使地温达到和保持在 18～20℃来促进幼苗成活。缓苗后适时通风降温，防止植株徒长，棚温白天 25～30℃，夜间 10℃以上。为防雪霜冰冻，春提早栽培采用大棚套小棚，经常关注天气预报，如有寒流小棚上夜间盖草帘，以提高棚内的气温和地温。3 月下旬撤除小拱棚，4 月初当外界最低气温达 15℃左右时，加大通风量。外界气温稳定高于 24℃后，棚膜的主要作用转为防雨。

4.2　肥水管理

在定植大约一周后浇一次缓苗水，此后连续中耕两次进行蹲苗，封行前除草并培土。以后浇水时间、浇水量和次数视苗长势及土壤含水量灵活掌握。门椒膨大前一般不轻易浇水，以防引起植株徒长和落花落果。盛果期每 7～10d 浇水，一次清水一次肥水。由于辣椒是浅根系作物，因此本着少吃多餐的原则，浇水最好在晴天上午，以免诱发一些病害。辣椒喜肥，前期大棚内还要坚持叶面喷用 0.5%的磷酸二氢钾，配合使用光合促进剂、光呼吸抑制、天然芸薹素等，每 7～10d 喷用一次，共喷 5～6 次。门椒、对椒采摘后，每收一批果追一次肥，每次随水追尿素、复合肥或磷酸二铵 8～10kg；结果中后期，为防早衰，可用 0.5%磷酸二氢钾或尿素水溶液进行叶面喷施。

4.3　植株调整与保花保果

植株生长前期应给予适当高温，促进根与茎叶生长，达到促而不徒长的目的。中期由促秧转向促果，适当降温，及时打去底部老叶和细弱的侧枝，既利于通风透光，增加光合作用，减少不必要的营养消耗，满足果实生长对养分的需求，还能预防病害发生。开花结果初期低温、弱光、通风不良引起落花落果，可用2,4,D 15～20ppm或辣椒保果灵500倍液喷花，能有效提高座果率。3月下旬撤小棚后搭架，以防植株倒伏。五六月份外界气温升高，应及时在大棚顶膜上加盖遮阳网或棚内搭遮阳网。

5 病虫害防治

病虫害的防治以预防为主，加强田间管理是防治病虫害的最佳途径。

5.1 辣椒病虫害的预防

（1）选用抗病品种，培育适龄壮苗，合理稀植，实行轮作。

（2）种子消毒：将浸过3～4h的种子，用1%硫酸铜浸泡5min或用10%磷酸三钠消毒20～30min后，反复冲洗净种子上的药液后，再播种或催芽。

（3）配方施肥，忌偏施氮肥，增施磷、钾肥，提高植株抗病抗逆能力。

（4）加强田间管理，在畦面覆盖稻草或地膜，减少地表水分蒸发，降低棚内湿度，避免各种病菌在高湿、适温条件下极易发生蔓延。

5.2 药剂防治

苗期要防止猝倒病和立枯病发生，播种时可用甲基托布津700倍拌营养土覆盖，发病初期，用75%百菌清或50%多菌灵600倍液喷洒，每隔5～7d喷洒一次。定植后用敌克松500倍液或30%过氧乙酸500倍液或普力克600倍液灌根防治枯萎病。防治疫病、炭疽病等病害用45%的百菌清烟雾剂熏蒸，或用50%福美双500倍液或70%代森猛锌500倍液喷洒叶面。在病毒病的发病初期，喷洒0.5%抗毒剂1号水剂300倍液、20%病毒宁水溶性粉剂500倍液或20%病毒A500倍液进行防治。

防治蚜虫，要及时喷洒700倍液万灵、600倍液吡虫啉。用2.5%功夫乳油500倍液或天王星乳油3000倍液防治烟青虫、小菜蛾等害虫。近年螨虫危害很大，从苗期至整个生长期均可发生，严重危害植株正常生长，甚至造成绝收。最好在早期用阿维杀单800～1000倍液或20%达螨灵乳油1500倍液连续喷雾防治3次。

6 采　收

一般4月上旬开始采收辣椒上市。门椒、对椒应及早采摘，以防坠秧，前期果实的采收要根据市场价格与产量的最佳结合灵活掌握，一般情况下，采收越早，价格越高。辣椒枝条很脆，采收时要注意防止折断枝条。中后期出现的僵果、病果、红果要及时摘掉。

参考文献

刘元士. 2003. 大棚小辣椒栽培技术. 蔬菜世界, 8: 6-7.

卢世月, 张淑贞, 胡小朋, 等. 2003. 高寒地区日光节能温室冬季辣椒栽培技术. 研究与开发, 1: 48-49.
唐萍, 刘健. 2004. 无公害日光温室辣椒栽培技术. 辣椒杂志, 1: 22-23.
吴场铠, 颜佳文. 2007. 高海拔地区早熟辣椒栽培技术. 农技服务, 24(7): 23- 36.
杨凤梅, 薛庆华. 2007. 北方春季保护地辣椒高产栽培技术. 辣椒杂志, 4: 23-24.
赵德万, 王桂楼. 2007. 塑料大棚辣椒栽培技术. 现代农业科技, 13: 33-34.

湖南酱制辣椒安全高效栽培技术*①

李雪峰[1,2]，周书栋[1,2]，陈文超[1,2]，张竹青[1,2]

（[1]湖南省蔬菜研究所，长沙 410125；[2]湖南省蔬菜工程技术研究中心，长沙 410125）

湖南是我国酱制辣椒生产和消费大省之一，所产辣椒酱品种多、产销量大，如辣妹子和永丰辣酱等湖南有名的辣椒酱公司年产量均在 2 万 t 以上。但目前湖南缺乏专用酱制辣椒品种以及安全高效栽培技术，造成酱制辣椒产量低、品质差，不能满足湖南酱辣椒公司加工的需求，需从外省大量调运辣椒生产辣椒酱。近年来，湖南省蔬菜研究所开展了酱制辣椒新品种的选育和栽培技术研究，使酱制辣椒在品种选育、育苗技术、栽培管理等方面得到了显著提高。现将湖南酱制辣椒安全高效栽培技术总结如下。

1 品种选择

近几年来湖南省蔬菜研究所利用湖南地方资源，结合红辣酱加工的需求特点，选育出了适合在湖南及周边地域种植的红辣酱品种博辣红艳、博辣红牛、博辣红帅。

2 培育壮苗

2.1 播种时间

湖南冬春季气温多变，低温、阴雨天气多，易导致秧苗发生冻害，严重影响辣椒育苗质量，甚至造成椒苗毁坏的现象。因此酱制辣椒一般于 11 月至翌年 2 月播种，采用塑料大棚、小拱棚加地膜覆盖，利用地热线等加温设施，以保证培育健壮幼苗。

2.2 苗床土准备

建议采用由 50%的熟菜园土、20%的土杂灰和 30%的腐熟猪粪堆沤成的苗床土，或采用 3 年未种过茄果类蔬菜的干细土壤作为苗床土，每立方米土壤加入腐熟鸡粪 10kg、过磷酸钙 2kg、三元复合肥 3kg，另加 50%多菌灵可湿性粉剂和 50%福美双可湿性粉剂各 50g，配好后铺至苗床上，待播。

2.3 种子处理

采用热水浸种和药剂处理相结合的方式。即播种前先晾晒种子 1～2d 以提高种子活力，

---

* 基金项目：湖南省重点科技计划项目（2013NK3065）。

① 本文原载《辣椒杂志》，2013，（4）：20-22。

再将种子浸入55℃温水中，水量以浸没种子为度，并不断搅拌浸泡的种子，至水温降至30℃后，继续浸泡种子 5～6h，浸泡后再用1%硫酸铜溶液浸种5min 或采用 500ml/L农用链霉素浸种 30min，处理完后用清水将种子漂洗干净进行催芽。

2.4 播种

播种前，苗床内要浇足底水。待水下渗后，撒上已催芽的种子。播种需均匀，不能过密，若假植则每平方米播种量宜为 15～20g，若直接移栽则每平方米播种量宜为 3g 左右。播种后覆 1～1.5cm 厚的营养土，浇足水，盖好稻草或薄膜保温保湿。

2.5 苗期管理

育苗床温度和湿度管理是培育壮苗的关键。50%种子出苗时应立即揭去覆盖床土的地膜，待苗出齐后，白天应揭去小拱棚上的薄膜，使幼苗多见光，中午温度高时需适度通风降温，晚间盖严小拱棚上的薄膜，保持棚温白天 23～25℃，夜间 5～17℃，防止幼苗徒长；苗床缺水时可轻浇小水，保持床土湿度，防止苗床土板结，如遇低温阴雨天气，棚内湿度过大，则可于苗床上撒草木灰或干细土，及时通风降湿。

苗床管理期间，适时采用竹签或铁钉等抓松苗间表土，但不可过深，同时结合中耕扯除杂草，剔除过密的椒苗，促使幼苗健壮生长。

3 定　植

3.1 整地施肥

辣椒幼苗宜种植于排灌方便、前茬为非茄科作物、富含有机质土层深厚的土壤中，整地时首先要开好腰沟和围沟以便于排水，再进行深耕挖地，挖地深度约 30cm，然后起垄，垄包沟宽约 1.2m，垄高 15～20cm，整平畦面，铺盖地膜，铺膜前在畦面上喷洒除草剂和防治地老虎的药剂。

基肥可采用沟施或撒施，沟施应先开沟起垄，撒施则先撒匀再起垄。一般每 667m^2 施用复合肥 50～75kg、过磷酸钙 75～100kg、硫酸钾 15kg、腐熟人畜粪 4000kg 或腐熟菜枯 100kg 做底肥。

3.2 定植

3.2.1 定植时间

春季露地栽培要在霜冻结束后，一般为 4 月上中旬，要求露地气温在 15℃以上，大棚栽培一般为 3 月中下旬，宜选择晴天上午到下午 2 点前定植。

3.2.2 定植方法

定植前 1d 苗床需浇 1 遍水，取苗时用小铲单行逐穴进行，秧苗尽量带土坨，边起苗边移栽。定植后及时浇定根水，并对定植孔进行覆土保墒。定植的株行距应根据品种熟性而定，早熟品种可稍密，中晚熟品种可稍稀，湖南早春大棚辣椒定植密度为 2500～2800 株/667m^2，春季露地栽培辣椒定植密度为 1500～2500 株/667m^2。

4 田 间 管 理

4.1 肥水管理

辣椒植株进入蕾期和花期后应各喷 1 次由 0.1%硼酸、0.1%硫酸锌和 0.1%硫酸镁组成的混合营养液，以防止落花，提高前期坐果率；“门椒”、“对椒”坐住后，每 667m^2 再随水冲施尿素约 15kg，结果盛期还要随水追施三元复合肥 1～2 次，防止植株早衰。

辣椒花果期应早晚灌水，防止辣椒落花落果，通常 10d 左右浇 1 次水，保持地面见干见湿；开花结果后应适当浇水，保持地面湿润。

4.2 主要病虫害防治

4.2.1 农业防治

合理轮作、间套作，辣椒种植地前茬应为非茄科作物；做好土壤、种子消毒工作，防止发生苗期病害；及时拔除重病株，摘除病叶、病果，带出田外集中烧毁处理；使用黄板诱杀蚜虫，杀虫灯杀虫等措施。

4.2.2 化学防治

疫病发病初期常采用 64%杀毒矾可湿性粉剂 500 倍液，或 72.2%普力克水剂 600～800 倍液喷雾，每隔 7～9d 喷洒 1 次，连续 3～4 次；炭疽病发病初期常采用 10%世高水分散粒剂 1500 倍液，或采用 80%炭疽福美可湿性粉剂 600～800 倍液喷雾，每 7～10d 喷 1 次，连喷 2～3 次；青枯病：发病初前常用农用链霉素 100～200μm/L 或“401” 500 倍液灌蔸；疮痂病发病初期喷细菌灵，每片药兑水 2.5kg 喷雾，每隔 7d 喷药 1 次，连喷 2～3 次；病毒病发病初期用 20%病毒 A 可湿性粉剂 500 倍液或 1.5%植病灵乳剂 800 倍液，每 7～10d 喷 1 次，连喷 3～4 次；蚜虫可用 10%吡虫啉可湿性粉剂 1500 倍液喷雾；烟青虫可选用 10%氯氰菊酯乳油 2000 倍液或 50%辛硫磷乳油 1000 倍液防治；茶黄螨可采用 73%克螨特乳油 2000～3000 倍液或 15%哒螨灵乳油 3000 倍液等。

5 适 时 采 收

为了提高辣椒产量，有利于植株上层多结果及促进果实膨大，应及时分批采收。第 1、2 层果实宜早采收，以免坠秧，影响上层果实的发育和产量的形成。为保证辣椒酱制后的品质，辣椒采摘严格按照标准进行，各层果宜充分“转色”后才采收，即果皮由皱转平、色泽由浅转深并光滑发亮，果蒂红，不变软时采收。

辣椒秋冬延后高产栽培技术*①

李雪峰

（湖南省蔬菜研究所，长沙　410125）

辣椒作大棚秋冬延后栽培，在元旦到春节前后上市，增加城市蔬菜花色品种，备受消费者欢迎。但作秋冬反季栽培，育苗期间正是光照强烈，气温地温均高，且多暴风雨的天气；植株生长期间气温由高到低，适宜于生长和开花结果的时间很短，果实膨大期又是寒气袭人的隆冬季节，因此要求管理水平高，技术性强，我们经过多年地植种摸索，基本掌握了秋冬延后栽培技术，每 667m^2 产值可稳定在 4000～6000 元，推广种植面积逐年扩大。高产技术如下：

1　选择优良品种

优良品种必须具备耐高温，抗病性好、生长势强，结果集中，果实商品性好，后期耐寒性突出的综合性状。目前比较理想的品种有湘研 2、4、9、10 号等。

2　培育壮苗

壮苗的标准是：定植时株高 17～20cm、8～10 片真叶，苗龄 35 天左右，90%以上的植株刚现蕾而未开花，叶色深绿，茎秆粗壮，根系发达，无病虫危害。

采用小拱棚遮阴降温防暴雨的育苗方式，7 月下旬至 8 月初播种，每 667m^2 大田用种量为 50～80g，苗床播籽 8～10g/m^2。苗床地选择 3 年以上未种过茄科作物的地块，要求地势较高，通风良好，排灌方便。营养土用 70%的耕作土、25%腐熟的猪粪渣、适量的稻壳灰和 0.8%～1%的复合肥，于播种前两三个月堆制发酵、晒干备用。苗床消毒用福美双 10g/m^2 撒布在苗床土中。种子消毒时，先将种子曝晒 1～2 天，再用清水浸泡 3～4h，而后用 10%的磷酸三钠溶液浸种 25～30min，洗净后再催芽播种。床土应充分曝晒后反复整细整平，浇足底水，均匀播籽，并覆细土 0.8～1cm，播后床面覆盖稻草保湿，再插小拱棚盖草帘遮阴降温，出苗后揭去稻草。苗期白天要尽量降低气温与地温，始终保持苗床湿润，雨前要及时加盖农膜，雨后立即揭去，以免暴雨引起倒苗与徒长。2～3 片真叶时，假植于预先制作好的直径 8～10cm 的营养纸钵或草钵中，排放整齐。定植前 7 天揭去草帘炼苗，重施一次送嫁肥，并结合喷洒农药。

* 基金项目：国家“八五”重点攻关项目（85-04-01-04）。

① 本文原载《长江蔬菜》，1995，（4）：12-13。

3 适时定植

选择地势高燥、避风向阳、排灌方便、土层深厚，3 年以上未种过茄科作物的田块建造大棚、扣好棚膜，有条件的能在大棚上加盖遮阳网更好。大田要早耕、深耕、并结合施基肥，一般每 667m^2 施腐熟的土杂粪或猪厩肥 50～100 担或饼肥 100～150kg，人粪水 30～40 担，并增施过磷酸钙 50～80kg，三元复合肥 20～30kg、氯化钾 8～10kg。8 月底至 9 月上旬，选阴天或晴天下午定植，剔除病苗、弱苗，起苗时尽量不要弄碎营养钵，以免伤根，边移栽边浇足定根水，每 667m^2 栽 3500～4000 株，定植后，盖好膜保湿促早发。

4 加强田间管理

秋冬延后栽培辣椒技术关键是要求在 9 月下旬到 10 月中旬开花结果，10 月下旬到 11 月保适温促使果实膨大，寒冬腊月保温防冻，以便元旦春节期间新鲜青、红椒上市。围绕这个中心认真搞好大棚的温、光、湿、肥管理与病虫防治。

4.1 温光管理

辣椒营养生长与生殖生长最适温度为白天 24～28℃、夜间 15～18℃，低于 10℃生长受阻，低于 5℃受冻。白天气温高于 30℃，大棚外加盖遮阳网降温，昼夜大通风；白天气温在 28℃左右，揭去遮阳网；夜间气温低于 13℃，大棚内扣小拱棚，夜温低于 5℃时，小拱棚需加盖草帘保温，0℃以下时草帘加厚盖严。在光照管理的全过程中，前期需要盖遮阳网遮光降温，中后期因防冻套小拱棚和加盖草帘，光照不足，可通过揭膜放风和人工补充光照，以满足辣椒开花结果所需的光照强度。

4.2 肥水管理

秋冬延后辣椒以基肥为主，看苗追肥，切忌氮素肥料过多，造成植株徒长，大量落花落果，并引起抗性下降，容易遭受霜冻和病虫为害。追肥以三元复合肥为主，水浇为好，宜稀不宜浓，一般每次每 667m^2 施 5～8kg，定植后 10～15 天和初果期各追一次，盛果期要加大追肥量，每次每 667m^2 旋 10～15kg。定植后到 11 月中旬，棚内保持湿润、忌高温热地浇苗和大水漫灌，又要严防突干突湿，11 月中旬以后，天气渐冷，空气、土壤以偏干为好。缓苗后应苗后应开始通风，前期上午气温上升到 25℃时开始放风，下午降至 25℃时闭风；后期在不使辣椒受冻的情况下，适当放风，经常变换风口位置，保持空气相对湿度在 50%～60%，土壤相对湿度在 80%左右。

4.3 植株管理

对于生长势弱的植株，第一、二杈花蕾要及时摘除，促进植株生长健壮，结果多而集中；初霜前后摘除无效枝和无效花蕾，以减少养分消耗，促进果实膨大。

4.4 激素处理

初果至盛果期喷洒三次 $0.5\times10^{-6}\sim1\times10^{-6}$ 的三十烷醇，可使辣椒多开花、多结果；结果期喷施两次 3000 倍的多效生长素，果实膨大加快，产量增加，还可用 $15\times10^{-6}\sim20\times10^{-6}$ 的 2，4-D 或 $30\times10^{-6}\sim50\times10^{-6}$ 水溶性防落素涂花柄促进坐果。

5 病虫防治

虫（螨）害防治：秋冬反季辣椒主要害虫有蚜虫、小菜蛾、烟青虫、棉铃虫、蝼蛄、茶黄螨等。用乙酰甲胺磷 1000 倍液或乐果 800 倍液与菊酯类农药 2000～3000 倍液交替喷雾防治蚜虫、小菜蛾、烟青虫、棉铃虫等，7～10 天喷 1 次，喷药要均匀周到，叶片正反面茎杆都要粘药；用 90%晶体美曲膦酯（敌百虫）拌和炒香麦麸（1∶300）诱杀蝼蛄；防治茶黄螨用三氯杀螨醇或克螨特 800～1000 倍液喷雾。

病害防治：主要病害有猝倒病、病毒病、疮痂病、疫病、炭疽病、灰霉病等。防治苗期病害（如猝倒病、立枯病等）主要是通过种子消毒、曝晒床土并消毒、肥料充分腐熟等措施，并结合喷药防治。病毒病主要是搞好种子消毒和蚜虫防治，还可喷药预防，主要药剂有 20%病毒 A400 倍、植病灵 800 倍和抗吗啉胍（病毒灵）500 倍，效果达 70%～90%，如加 600 倍细胞分裂素混合喷洒，防治更佳。疮痂病可用波尔多液（1∶1∶200）预防，发病后用 95%CT 杀菌剂 2000 倍，辣椒植宝素 700 倍或农用链霉素（200×10^{-6}）喷雾防治。防治疫病、炭疽病、灰霉病用 75%增效百菌清 500 倍液、代森猛锌 500 倍液或 50%扑海因 800 倍液交替使用，防效很好。

湘研系列辣椒高产栽培中的几个技术问题*①

李雪峰，马艳青

（湖南省蔬菜研究所，长沙　410125）

我国辣椒常年栽培面积达1000多万亩，湘研系列辣椒以其类型齐全、适应性强、抗逆性好、产量高、品质好而著称，独占神州辣椒半壁河山，自1985年推广以来，湘研辣椒种植面积达300万亩，创经济效益30多亿元，随着品种水平和生产商品化的程度不断提高，湘研辣椒种植面积进一步扩大，生产中也暴露出一些技术掌握不当的问题，不同程度地影响了其优势的正常发挥。一是品种选择不当，湘研辣椒是根据市场需要、人们嗜好、地域差异而选育出的优良系列组合。不同的品种有不同的气候、地理适应性，由于对这一点缺乏全面了解，盲目地选择安排品种，造成病虫严重，产量低，销路差，浪费了大量的人力、财力，经济效益很低，如一些远郊农民选种早熟品种，由于技术力量薄弱，交通不便，本地销量少，价格低，不能很好地发挥早熟品种上市早、价格高的优势。二是育苗技术不过关。由于播种期不当，苗床土壤消毒不严，或连年播种，造成苗子带病严重，从而为田间大面积病害流行留下了隐患；有的菜农未采用温室、电热线大棚、小棚等设施育苗，早熟品种遇到寒冷天气，死苗情况严重，苗子瘦弱不整齐，有的采用设施育苗，未注意及时通风见光，苗子出现疯长现象，形成“高脚苗”。三是管理不力，优势不明显。由于菜农停留在原有的常规品种栽培管理水平上，良种没有与相应的良法配套，生产中常常出现地老虎危害幼苗的情况，一夜之间，幼苗被咬死达2%～10%，造成缺苗断垄，有的甚至毁种，改种其他作物；早熟品种在越夏期间，叶片发黄、少花、少果、后劲不足等问题严重。四是“三落”现象严重。“三落”是辣椒在生长期间由于生理、病理原因造成的落花、落果、落叶现象，是影响辣椒产量的主要原因。在雨水过多、日照时间少、湿度偏大的年份，疮痂病、炭疽病、疫病、烟青虫危害严重，每次开花、坐果由于天气的原因和病虫的危害，使得挂果率很低。笔者1993年在长沙地区调查，湘研辣椒的“三落”发生率达30%～80%，有的高达100%，致使产量下降20%～60%，严重的甚至绝收，菜农损失巨大。针对这些问题，特提出如下技术对策。

1　因地制宜，合理配置品种

湘研辣椒是集微辣型、辣味型、甜椒型、专用型为一体，早、中、晚熟配套的一代杂交品种。在选择安排时，应根据当地的气候条件、地理位置、技术力量、市场需求和

---

* 基金项目：国家“八五”重点攻关项目（85-04-01-04）。

① 本文原载《湖南农业科学》，1993，（6）：18-20。

消费习惯等因素合理配套，充分利用当地的优势，发展多种栽培，达到鲜椒周年均衡供应、增产增收的目的。湘研 1、4、7 号为极早熟组合，湘研 2、9 号为早熟组合。这 5 个品种适宜于季节差价大、销路好、技术力量雄厚的城市近郊栽培，离城不远、交通方便、春季温度回升快的丘陵山区也可以利用朝南向阳的山坡地种植这 5 个品种。湘研 6、8、10 号为晚熟品种，远郊的管理没有近郊精细，但劳动力充足，地价低、在地理位置和技术力量不如近郊的情况下，可以选择这几个品种。湘研 1～3 号属微辣型组合，适合长江流域以及长江以北不嗜辣地区种植；湘研 4～6 号属辣型组合，适合我国中南、西南以及西北等广大嗜辣地区种植；湘研 7、8 号是稍有辣味的甜椒型组合，适合于华北、华东甜椒产区，特别是适合于甜椒病害严重的地区种植；湘研 9 号是针对我国“南菜北运”基地而育成的专用品种，也适合其他嗜辣地区做早熟丰产栽培；湘研 10 号耐贮运，适合两湖地区及长江中下游沿岸晚熟辣椒外运商品基地种植。

2 优化种植方式，提高经济效益

2.1 早熟辣椒-晚稻-红菜苔

选择湘研 1、2、4、7、9 号等早熟品种，采用温室、电热塑料大棚或双层小拱棚等保护设施于 10 月上旬至 1 月间播种育苗，越冬前或春节后假植 1～2 次。选择一年以上未种过茄科作物且土壤肥沃、排灌方便、早春温度回升快的二岸田，以 2m 开沟，畦宽 1.6m，沟宽 30～40cm，畦面呈“龟背”形，每畦栽 4 行，行株距为 50cm×35cm，每亩栽 3800 株左右。采用地膜覆盖或露地栽培，于 3 月下旬至 4 月上旬定植。由于早熟品种早期结果多，果实生长快，需要增施基肥和及时追肥。每亩用发酵过的菜饼 100～150kg、过磷酸钙 50～100kg、钾肥 50kg 施入定植穴底部，锄匀，然后在定植前穴施腐熟堆肥 1000kg。结果前轻施追肥，大量结果和每次采收后，要及时重施追肥，一般每亩每次施稀人畜粪 1000kg，氮磷钾复合肥 20kg，以满足辣椒连续开花结果所需要的养分。7 月底、8 月初辣椒罢园后，插一季晚稻，10 月底晚稻收割，可继续栽一茬红菜苔。这种复种方式，每亩产值：辣椒 2000～3000 元，水稻 400 元左右，红菜苔 2500 元，合计可达 5500 元左右。

2.2 早熟辣椒+芋头-春甘蓝

这种复种方式利用芋头前期生长缓慢，行间有大量空地可种早熟辣椒，增加复种指数，充分发挥土地潜力，辣椒品种的安排、选地、施肥等方面与上述早熟辣椒-晚稻-红菜苔复种方式相同。以 2m 开厢，畦宽 1.6m，畦面以 0.4m 的行距开沟，沟里的土翻作成沟与沟之间的埂，沟宽、埂宽均为 0.4m。沟里栽芋头、埂上栽辣椒，芋头株距为 0.4 米，每亩栽 2000 株。芋头以堆肥、厩肥等富含有机质的土杂肥为主，增施磷钾肥，以利于球茎的膨大和增加淀粉的积累，一般每亩施土杂肥厚 2000～2500kg，过磷酸钙 75kg，钾肥 50kg，前期以辣椒管理为主，及时追肥和注意病虫害防治。7 月底辣椒罢园后，应加强芋头的管理，及时中耕、培土、重追肥，每亩施浓人畜粪 1000kg，钾肥 20kg。注意保持土壤湿润，干旱季节应及时灌水，以满足球茎膨大对养分和水分的需求。10 月份头收获后，还可栽种一茬春甘蓝。这种复种方式，每亩辣椒可获2000元，芋头2500元左右，春甘蓝2000元左右，共计6500元左右。

2.3 中晚熟辣椒-大白菜（大蒜）

这种复种方式以丰产为主要目的，适于远郊菜区。选择湘研3、5、6、8、10号等大果、丰产、抗病的辣椒品种，于11月上旬采用保护设施播种育苗，3月假植一次。选择土壤肥沃、耕层深厚、能排能灌、地下水位低、至少一年未种过茄科作物的田块。整地以2.4m开厢，畦宽2m，每畦栽4行，行株距为60cm×50cm。每亩施饼肥150～200kg，磷肥50～100kg，钾肥50kg于定植穴内，与土拌匀，再在定植前每亩施堆肥1000kg填平栽植穴。4月下旬至5月上旬趁晴天定植。植株成活后，轻施提苗肥，大量挂果后和每次采收后都要重施追肥，一般每亩每次施粪肥1000kg，氮磷钾复合肥20kg。立秋前后重施翻秋肥，防止植株早衰，增加秋椒果重，提高后期产量。9月底辣椒罢园后，栽种一季大白菜或大蒜，12月至翌年1月上市。这种复种方式，每亩辣椒收入3500元左右，大白菜2000元，一年可获利5500元。

2.4 中晚稻辣椒+早冬瓜（豆角）-春莴笋

这种复种方式是在辣椒畦边种一行早冬瓜或豆角，利用畦沟的空地搭架，以充分利用菜地空间，而且在高温干旱季节，冬瓜（豆角）可部分遮阴，有利于辣椒的生长。此复种方式的选地、整地和辣椒品种的安排、施肥等栽培技术与上述中晚熟辣椒-大白菜（大蒜）复种方式相同。在沟的两畦边种早冬天（豆角），在畦沟空间上搭“人”字架，每亩栽早冬瓜200～300穴或豆角若干，隔沟栽植，以方便中耕、除草，追肥等农事操作。该复种方式以辣椒为主，兼顾早冬瓜（豆角），除对辣椒打侧枝、去老叶外，还要对早冬瓜（豆角）进行整枝、打杈、去老叶、以增强通风透光性。8月初早冬瓜（豆角）罢园后，于立秋和处暑前后追施翻秋肥，一般每亩每次施人畜粪1000kg，氮磷钾复合肥20kg，以提高辣椒的后期产量，10月下旬至11月上旬辣椒采收结束后，可栽种春莴笋，供应次年春淡市场。这种复种方式，每亩辣椒收入3000～3500元，冬瓜（豆角）1000～1500元，莴笋2000元，总收入可达6500元。

2.5 晚熟辣椒+西（甜）瓜-菠菜（芹菜）

这种复种方式利用晚熟辣椒封行前的空地种一茬西瓜或甜瓜，提高土地利用率。还借助湖泊、江河效应（入秋后气温下降缓慢）延后栽培，以利于鲜椒周年均衡供应。适于该复种方式的辣椒品种有湘研6、10号。选择土层深厚、土壤肥沃、排灌方便的江河沿岸的冲击砂质壤土，采用保护设施于12月至翌年1月育苗，3月假植一次，5月上旬定植。以2.7m开沟，畦宽2.3m，每畦栽4行，株距0.6m，每亩栽辣椒1200株左右。西瓜亩栽400～500株。前期主要是管好西瓜，在施足基肥的情况下，坐瓜前可不追肥，待头瓜坐稳后，需重施结瓜肥，一般每亩施粪肥1500kg，过磷酸钙10kg，硫酸铵10kg，钾肥20kg。7月西瓜采收完后，清除瓜藤、杂草、重中耕、追肥一次，补充土壤养分，以满足辣椒后期生长发育的需要。一般每亩施发过酵的菜饼100～150kg，过磷酸钙70kg，钾肥30kg，挖洞埋入土中。辣椒大量挂果后，每隔5～7天用稀粪水追肥，高温干旱时期要及时灌水。辣椒于秋时大量上市，一直可采收到 11 月，通过简易贮藏可延后至元旦上市。辣椒罢园后，下茬可种菠菜或芹菜，于次春采收上市。这种复种方式，每亩辣椒可收入 3000 元，西（甜）瓜 1000～1500 元，菠菜（芹菜）2500 元，一年可获利 6700 元。

总之，湘研系列辣椒适合与多种作物间、套作有利于充分利用地力与空间，提高土地利用率，减轻病虫杂草为害，增加蔬菜花色品种，冲淡补缺，保证蔬菜周年均衡供应，且经济效益高，具有广阔的发展前景。

3 搞好苗期管理、培育壮苗

健壮的苗子是高产、稳产的基础，因此育苗期要狠下工夫。苗床必须选择向阳、地势高燥、排水方便、管理和交通便利的地方建造。冬播育苗必须采用电热（火热）大棚、温室及阳畦设施，培养土力求既具有保水性又具通透性、肥沃、不带病菌。播种前苗床要用甲醛、百菌清、托布津或石灰消毒。苗床最好不要连年播种，若连续使用 5 年以上则必须换土，种子播前要用 Na_3PO_4、$CuSO_4$、链霉素消毒。苗期温度以白天 15～20℃、夜间 5～10℃为宜，及时防冻害，晴天设施育苗要注意通风见光防徒长；控制水肥，苗期一般以施两次稀粪水为宜。湿度是引起病害的关键因子，因此苗床要设法保持干燥，若湿度过大，可采用撒干细土或草木灰降湿。发现病害要及时去掉病株和床土，并撒托布津、百菌清、甲霜铜等粉剂消毒，防止蔓延。及时炼苗、间苗、假植、以增强抗寒、抗病性。

4 加强栽培管理、促进植株稳健生长

加强栽培管理，使植株生长健壮是防止“三落”的一项重要措施。辣椒是忌湿、浅根性植物，整地时一定要留好排水沟，保证排灌畅通，地里无积水。整地时底层的土块要大，使之保持一定的通透性，表层土块要细，以利于及时沾根还苗。湘研辣椒比较耐肥，要施足充分发挥腐熟的基肥，特别是早熟品种，早期挂果力强，需要及时供应较多的养分。故早熟品种应以速效肥为主，一般亩施充分腐熟的饼肥 150～200kg。定植时，在穴边栽一些假蔸，以供补苗用。定植 3～5 天后，要仔细检查，及时补苗。早熟品种要及时采摘、追肥、每摘一次果要施一次粪水，保证植株生长旺盛，防止早衰。晚熟品种要注意打侧枝，去老叶，整好树形，防止植株徒长。在采摘每一批果后，要亩用尿素、氯化钾各 20kg 或腐熟的饼肥 50kg 进行穴施。要及时中耕培土除草。培土是一项重要的措施，因为湘研辣椒晚熟品种植株高大，加上中耕除草时带走了根表一部分土壤，根系裸露，很容易被风吹倒，根系吸收水分和养分也受到影响，故在采完第一批果后，必须结合施肥在辣椒植株蔸旁培上一层土壤，以保水、保肥、保根、防倒伏。盛夏季节土表可覆盖一层稻草降温，并及时灌水，灌水必须在夜晚降温后进行，水的流向以从无病或少病方向流入为佳，即灌即排，水深不要浸过畦面。

5 综合防治病虫害，确保高产丰收

病虫危害是“三落”的一个重要原因，病虫害应着重于防，其措施主要有：实行轮作，合理密植，及时中耕除草，减少病虫源，增加植株的通风透光性，使植株生长良好，增强抗性。同时，也要根据历年病虫害发生情况以及当地具体气候条件，结合湘研辣椒各个品种的抗性，适时进行药剂防治。根据对湘研辣椒危害大的疮痂病、病毒病、疫病、炭疽病、烟青虫、小地老虎和茶黄等主要病虫害发生流行规律以及我们的防治经验，提出如下防治措施；疮痂病主要是由雨水多、高温高湿引起的，故在降雨前几天就要喷洒波尔多液（1∶1∶200）保护，发病后可用辣椒植宝素（1∶750）或农用链霉素（200×10^{-6}）喷雾，每隔 10 天喷一次。病毒病主要是搞好种子消毒和蚜虫防治。种子消毒用 10%的 Na_3PO_4 浸泡 30min，然后漂洗干净。防治蚜虫一般用敌杀死（1∶5000）喷雾，还可以 20%病毒 A 400 倍或抗病灵 500 倍液喷雾进行预防与治疗。疫病主要发生在积水的地方，因此防治疫病的首要措施是搞好排水，以增强土壤的透气性，发病后可用 50%甲基托布津 800 倍液或 75%百菌清 800 倍液喷雾防治。炭疽病主要发生在大雨过后晴天曝晒、伴随日灼病而来，因此要做好排水工作，干热季节要在地面覆盖一层稻草，并及时浇水，病害发生后要及时摘除烂果、烂叶，种子可用 1% $CuSO_4$ 液浸泡 5min 处理，坐果期可用 0.3% $CuSO_4$ 液喷雾保护或用辣椒植宝素（1∶750）喷雾。

烟青虫一般成虫产卵开花蕾上，幼虫从果内蛀食，危害果实，造成果实腐烂，因此要在蕾期成虫产卵时及时防治。一般是 6 月上中旬根据虫情预报或发现大量飞蛾时，用敌杀死 5000 倍液或 10%二氯苯醚菊酯 3000 倍液喷雾。小地老虎主要危害幼苗，可用炒香的麦麸、豆饼与美曲膦酯（敌百虫）按 500∶1 拌匀，在闷热的傍晚施于穴旁进行诱杀，或人工检查幼苗，发现有咬苗情况要及时翻出杀死，药剂防治可用 90%美曲膦酯（敌百虫）1000 倍液喷杀。茶黄螨主要危害嫩叶，造成植株畸形，防治要早，可用 20%三氯杀螨醇乳油 800 倍液喷雾，或用苦楝子浸水喷雾，防效很好。

大冰冻后茄果类蔬菜育苗补救*①

张竹青

（湖南省蔬菜研究所 长沙 410125）

辣椒因苗龄较长，长江以南省份一般均在头年 10 月至翌年 2 月播种。到了第二年元月，播种早的已排苗，头年 12 月播种的也已出齐苗，然而 2008 年元月以来突发罕见的南方大范围、长时间低温雨雪大冰冻，直接导致不少供电设备破坏、育苗设施倒塌，无电热保暖，造成部分苗冻死；有电加热的地方苗床过干因冰冻也不敢浇水，致使部分秧苗干死；过后虽然冰冻解除，气温回升，但存活秧苗中猝倒病、灰霉病发生严重。针对秧苗上述损害情况，可以采取如下措施补救：

1 秧苗部分受损、部分存活的加强苗床管理，促进多出苗

1.1 温湿度管理

湿度过大，在晴天正午揭膜适度通风；苗床过干，苗顶壳带帽的，可于晴天正午用小喷壶适量浇水。苗床铺了电热线的，一般电线经过部位易干些，所以浇水要根据干湿情况零星浇水。夜晚仍必须盖好双层膜，5℃以下温度时通电加温。

1.2 病害管理

发现病情及时清除中心病株，并用百菌清等粉剂或烟熏剂进行撒施或烟熏。

1.3 适时分苗

在白天气温回升到 10℃以上时，越冬苗在二叶一心以上时，选晴天用营养钵或直接在棚内已消毒的空苗床上排苗，注意盖膜保温保湿。

2 苗严重受损的，必须尽快补播

2.1 育苗方式

一是利用现有设施集中育苗。特别是科研单位、公司、农场充分利用现有闲置的设施条件，进行集中育苗，供应农户幼苗，补充春季早熟果菜类的供应；农户搭建简易大棚育苗。动员菜农多搭建简易大棚，及时抢播，培育春季用苗。有条件的可以采用营养

* 基金项目：国家“863”计划项目（2006AA10Z1A6-3）。

① 本文原载《辣椒杂志》，2008，(1)：13-14。

钵或穴盘育苗。

2.2 种子处理

用 55℃温水浸种 20min，或用 10%的磷酸三钠溶液浸种 20min，可防病毒病，用 200ppm 链霉素浸种 30min 可防疮痂病和青枯病，用 1%的硫酸铜溶液浸种 5min 可防炭疽病和疮痂病。用药剂浸种后，用清水将种子上的药液冲洗干净，换 20～30℃水浸种 4～5h，再催芽、播种。

2.3 催芽

将已浸胀的种子用湿毛巾包裹好放入 25～30℃的烘箱或装于盆钵中放于炉灶上温暖的地方，也可利用电饭锅加温水，将盆钵置于温水上。当种子有 60%露白时播种。

2.4 播种深度

播种深度以 1.0～1.5cm 为宜。

2.5 水分管理

播种后，将苗床浇透水，使苗床营养土持水量达到 200%以上；苗期土壤含水量为 60%～70%，出现顶壳或发芽延迟，可人工辅助或加少量水。80%出苗后再揭膜，苗期适当追猪粪水或 0.3%的复合肥。可根据天气情况调节空气和土壤湿度，气温高，湿度略大，苗长得快，但要避免秧苗徒长。

2.6 温度管理

日温 25℃，夜温 16～18℃为宜。当夜温偏低时，可采用地热线加温或其他临时加温措施，以免影响出苗速率和出现猝倒病。二叶一心后夜温可降至 13℃左右，但不要低于 10℃。白天酌情通风，降低空气相对湿度。

2.7 病虫害防治

苗期病害主要有猝倒病、立枯病、灰霉病、早疫病等。这主要是因为温度过低，湿度过大而引起。此类病害的预防一是通过种子消毒、床土消毒，二是通过搞好苗床保温和通风工作。发现病情，立即清除中心病株，并喷药防治。此 4 种病害均为真菌病害，可用百菌清、甲基托布津等防治。或撒些草木灰或干细土降低湿度来减少病害发生。

虫害主要为蚜虫、白粉虱。防治蚜虫：喷施大功臣、功夫乳油、好年冬、虫螨克，还可用灭蚜乳油加上发烟剂进行熏烟，效果比直接喷药好。防治白粉虱：可喷施扑虱灵、功夫乳油或 1%溴氰菊酯施放烟剂，还可进行黄板诱蚜。

2.8 补苗和分苗

采用穴盘育苗时，应在第一片真叶展开时，观察幼苗出苗情况，发现缺苗时抓紧将缺苗孔补齐。也可以先播在 128 孔或 288 孔苗盘内，当小苗长至一片真叶时，移至 72 孔苗盘内，这样可有效利用温室面积，减少能耗。撒播的苗在二叶一心以上时，选晴天用营养钵或直接在棚内已消毒的空苗床上排苗，注意盖膜保温保湿。

湘辣1号辣椒秋延栽培及播期试验*①

张竹青，马艳青

(国家辣椒新品种技术研究推广中心，湖南长沙 410125)

摘要：为了了解湘辣1号辣椒秋延栽培的丰产性及适宜的播期，2000年7月在湖南省蔬菜研究所试验地进行了该品种的秋延栽培及播期试验。结果表明，湘辣1号抗病抗逆性强，667m^{2}的产量可达1500kg左右，果实外形美观，味极辣，果肉脆，适宜于南方嗜辣地区秋延栽培。三批播期中以7月20日播种的丰产性最好，病害也最重，但其对产量影响较小。

关键词：湘辣1号；秋延栽培；播期

目前辣椒秋延栽培经济对早春栽培的效益相对要高，故栽培面积不断扩大，且栽培品种多样化，尖椒、泡椒，早、中、晚熟皆有。湘辣1号是国家辣椒新品种技术研究推广中心1997年选育的辛辣型早熟品种，2000年，在云南、贵州等地早春栽培，表现出极好的丰产性，如在云南施甸，667m^{2}产量可达5000kg。国家辣椒新品种技术推广中心的湘研9号秋延栽培已有了成功的经验，故本试验选用湘研9号作参照，以比较湘辣1号秋延栽培的丰产性。

1 材料与方法

1.1 试验材料

试验品种为湘辣1号，对照品种为湘研9号。

1.2 试验方法

试验在湖南省蔬菜研究所试验地进行，前茬为辣椒地，灭茬后未经消毒处理。试验品种分3批播种，每批播种间隔10d，分别为7月20日、7月30日、8月10日，播种前种子用10%的Na_3PO_4消毒10min，洗尽后用清水浸种8h，然后播种，以遮阳网覆盖育苗，每天傍晚时浇一次水，苗龄30d时定植。每批每品种栽12m^2，株行距湘辣1号为0.4m×0.4m，湘研9号为0.5m×0.46m，先为露地栽培，后期盖塑料薄膜保温防冻。

---

* 基金项目：国家“863”计划项目（2001AA241121-10）。

① 本文原载《湖南农业科学》，2002，（5）：28-29。

2　结果与分析

2.1　物候期的变化

湘辣 1 号出苗期比湘研 9 号早 1～2d，始花期比湘研 9 号早 1～3d，始果期比湘研 9 号早 1～4d，一次性采收（表 1）。

表 1　不同播期对供试辣椒物候期的影响（月/日）

批次	品种	播种期	出苗期	定植期	始花期	始果期	采收期
第一批	湘辣 1 号	7/20	7/27	8/20	9/5	9/7	12/5
	湘研 9 号	7/20	7/28	8/20	9/7	9/7	12/5
第二批	湘辣 1 号	7/30	8/7	8/30	9/14	9/17	12/10
	湘研 9 号	7/30	8/9	8/30	9/15	9/18	12/10
第三批	湘辣 1 号	8/10	8/18	9/10	9/25	9/27	12/25
	湘研 9 号	8/10	8/20	9/10	9/28	10/2	12/25

2.2　抗病性

由表 2 可知，湘辣 1 号和湘研 9 号的抗病性都较强，对病毒病和疫病均表现抗病，湘辣 1 号对病毒病的抗性强于湘研 9 号，对疫病的抗性二者相近，对青枯病的抗性湘辣 1 号强于湘研 9 号，而且表现出播种期越迟，病害越轻。

表 2　不同播期对供试品种抗病性的影响

批次	品种	病毒病		疫病		青枯病	
		发病率（%）	病情指数	发病率（%）	病情指数	发病率（%）	死株率（%）
第一批	湘辣 1 号	10.7	3.2	5.3	2.4	4.0	0
	湘研 9 号	28.6	8.4	8.0	3.6	6.0	0
第二批	湘辣 1 号	8.6	4.4	6.6	3.1	2.6	0
	湘研 9 号	21.3	7.9	6.0	2.4	8.0	0
第三批	湘辣 1 号	8.3	3.0	2.6	1.5	0.0	0
	湘研 9 号	21.6	7.7	4.0	2.2	0.0	0

注：病情指数<15 为抗病，15<病情指数<30 为耐病，病情指数>30 为感病

2.3　丰产性

由表 3 可知，湘辣 1 号和湘研 9 号丰产性均较好，但湘辣 1 号产量比湘研 9 号稍低，这主要是因为湘辣 1 号单果重小于湘研 9 号；由表 3 还可看出，播种期越早产量越高，第三批产量最低，因采收时第三批尚有部分小果未长成。湘辣 1 号第一、第二批分别比第三批增产 26.8%和 19.04%，湘研 9 号第一、第二批分别比第三批增产 28.9%和 12.5%。

表 3　湘研 1 号和湘研 9 号产量比较

批次	品种	产量	增产率（%）T1、T2 比 T3
第一批	湘辣 1 号	1609. 7	31.34
	湘研 9 号	1834.2	28.90
第二批	湘辣 1 号	1459.1	19.04
	湘研 9 号	1600.8	12.50
第三批	湘辣 1 号	1225.6	
	湘研 9 号	1422.9	

2.4 果实的品质

湘辣 1 号果直，果表光滑，商品性好，味极辣，肉质脆，鲜食和加工风味佳。湘研 9 号果实弯曲、畸形果较多，商品性较差，辣味不如湘辣 1 号。

3 结　　论

湘辣 1 号抗病性抗逆性强，果直，果表光滑，商品性好，辣味强，适合嗜辣地区城乡交界处作辣椒秋延栽培，播种期最迟在 7 月 30 日左右。湘辣 1 号由于植株生长势较弱，栽培时可双株定植，前期注意加强肥水管理，使植株生长健壮，提高坐果率。

Autumn Seeding Cultivation and Optimum Seeding Date of the Early Maturing Hot Pepper Variety 'Xiangla 1'

ZHANG Zhu-qing, MA Yan-qing

(China National Capsicum Research and Development Center, Changsha 410124, PRC)

Abstract: Experiments were made in July, 2000 to know the high-yielding characters and optimum seeding date of an early-maturing hot pepper varity 'Xiangla 1'in the autumn cultivation . The results indicates that the varity can reach high yield of about 22.5t/hm^2, with good disease resistance, beautiful fruit shape, crisp pulp and very hot taste, and it is adaptable to be grown in the hot taste preferring consumption areas Among the three treatments. July 20 is the optimum seeding date for the varity to obtain high yield.

Key words: varity Xiangla 1; autumn seeding cultivation consumption; seeding date

种子处理和防虫栽培对辣椒病毒病的防治效果研究*①

张竹青[1,2]，戴雄泽[2]，陈文超[2]，马艳青[2]，李雪峰[2]，邹学校[2]

（[1]湖南农业大学 农学院，湖南 长沙 410128；[2]湖南省蔬菜研究所
湖南省蔬菜工程技术研究中心，湖南 长沙 410125）

摘要：本试验研究了 8 种处理种子方式对 2 种不同抗性水平辣椒种子的发芽率和发芽势的影响，以及露地地膜和防虫地膜覆盖两种栽培方式下病毒病的发生发展情况。结果表明，干热处理、10% Na_3PO_4 处理能有效提高辣椒种子的发芽率和发芽势，温汤处理、干热 + 10% Na_3PO_4 处理种子发芽率、发芽势与对照相当或略低，湿热处理、湿热处理结合进行其他处理种子的发芽率和发芽势显著下降，不同品种种子处理后发芽率和发芽势的变化存在差异；不同处理方式对病毒病的防治效果存在差异，用两种方法处理种子的防病效果要比用单一方法好，单一处理中干热、湿热和 10% Na_3PO_4 处理的效果比温汤处理效果好；防虫栽培对病毒病的防治效果及增产效果都达极显著水平。

关键词：辣椒；种子处理；栽培；病毒病；防治

辣椒病毒病是我国辣椒生产中的首要病害，造成辣椒减产 20%~70%，且使辣椒品质变劣，失去商品价值(欧阳本友，1991；王慧，1991；刘勇等，1999；Anderson and Corbertt，1957)。病毒病主要通过种子种苗带毒、介体昆虫、农事操作等方式进行传播。

已报道有 9 种病毒能侵染辣椒，其中最主要的是黄瓜花叶病毒（CMV）和烟草花叶病毒（TMV），辣椒病毒病的田间危害为多种病毒复合侵染（刘富春和欧阳本友，1985）。病毒通过种子和介体昆虫传播（肖英等，1994，1995；刘建华等，1995；赵尊练等，2004；Harris and Maramorosch，1977；肖启明等，1997；罗华元，1991）。笔者从种子处理和全生育期防虫栽培两方面来研究辣椒病毒病发生、流行情况及对产量的影响，以期为辣椒病毒病的防治和高产无公害栽培提供依据。

1 材料和方法

1.1 材料

选取 2 个不同抗性水平的品种（湘研 11 号、湘研 3 号），苗期人工接种鉴定，对 CMV 表现分别为中抗、感病，对 TMV 表现分别为感病、高感。

---

* 基金项目：国家科技支撑计划项目（2006 BAD01A7）

① 本文原载《湖南农业大学学报》，2009，35（2）：166-169。

1.2 方法

1.2.1 种子处理

分别采用干热（处理1，70℃、48h）、湿热［处理2，5倍于种子体积的开水（90~100℃），迅速振荡至冷却］、Na_3PO_4（处理3，10% Na_3PO_4溶液、30min）、温汤（处理4，55 ℃温水、20min）、干热＋湿热（处理5）、干热＋10%Na_3PO_4（处理6）、湿热＋10% Na_3PO_4（处理7）、对照（CK、不加处理）8种方式，3次重复，每重复150粒种子，种子处理后再用冷水浸泡4h，置于28℃温箱中催芽，注意保持种子湿度，每天清洗种子，浸种后第3天起开始计算发芽数，第7天计算发芽总数并统计各处理的发芽率和发芽势。

1.2.2 栽培及管理

2006年3月22日播种于防虫温室中，采用营养钵育苗，苗床土先用甲醛消毒，当辣椒苗出现8~10片真叶时移栽。采用塑料大棚加盖防虫网和露地栽培2种方式，均采用地膜覆盖栽培，每处理3次重复，每重复20株，小区面积6m^2。栽培过程中除5月20日施用过防虫药剂外，再未施过药。其他肥水管理同一般大田。

1.2.3 病害调查与数据分析

移栽前调查1次，移栽后于结果盛期（6月20日）和结果后期（7月10日）进行病害调查，同时调查小区产量，产量调查采用逐次测产，累计总产的方法。

病害调查按国家“九五”攻关辣（甜）椒优异种质资源评价的分级标准进行。0级：无病或无可见症状；1级：脉明或轻花叶；3级：花叶；5级：重花叶、皱缩、植株矮化、株高不低于健株的2/3；7级：重花叶、叶变窄、植株矮化、株高相当于健株的1/2～2/3；9级：严重花叶、畸形，病株比正常植株矮缩1/2以上，植株茎部或生长点坏死，濒于死亡。

品种群体抗病性划分标准为：免疫（I），病情指数为0；高抗（HR），病情指数大于0，小于等于5；抗病（R），病情指数大于5，小于等于15；中抗（MR），病情指数大于15，小于等于30；感病（S），病情指数大于30，小于等于40；高感（HS），病情指数大于40。

采用文献（唐启义和冯明光，2002）的方法进行显著性方差分析。

2 结果与分析

2.1 处理种子对发芽率、发芽势的影响

由表1可知，处理1、3、4中，湘研11号的发芽率、发芽势均有所提高，发芽率提高0～2%，发芽势提高了1%～5%，但湘研3号的发芽率和发芽势下降1%～2%；处理6中湘研11号的发芽率无影响，但发芽势下降了2%，湘研3号的发芽率和发芽势分别下降2%、7%；处理2、5、7使2个品种的发芽率和发芽势严重下降，处理2中2个品种的发芽率分别下降28%、37%，发芽势分别下降54%、63%，处理5、7中，2个品

种的发芽率和发芽势下降更甚。

表 1　不同方式处理后种子的发芽势、发芽率

Table 1　The rate of buds and the ability of buds with the different treatments

品种	发芽率/%								发芽势/%							
	1	2	3	4	5	6	7	CK	1	2	3	4	5	6	7	CK
湘研 3 号	97	60	97	96	48	95	75	97	94	33	96	96	13	89	22	96
湘研 11 号	99	69	98	97	23	97	58	97	99	40	95	95	5	92	26	94

2.2　不同处理和不同栽培方式下病毒病的发生情况

不同处理和不同栽培方式下病毒病的发生情况及抗性差异显著性分析见表 2。湘研 11 号的病情指数明显低于湘研 3 号。6 月 20 日调查 2 个品种防虫栽培各处理均表现为 R，而对照均为 MR，露地栽培的湘研 11 号各处理均表现为 MR，对照为 HS，湘研 3 号处理和对照均为 S；7 月 10 日调查，湘研 11 号防虫栽培有 4 个处理表现为 R，3 个表现为 MR，而露地栽培则均为 S 或 HS。湘研 3 号防虫栽培只有处理 7 表现为 R，其余均为 MR，而露地栽培的则均为 HS。2 个品种防虫栽培的病情指数明显低于露地栽培.不同处理对病毒病的防治均有一定效果，6 月 20 日调查结果表明，防虫栽培不同处理病毒病抗性显著性差异基本一致，用 2 种方法处理的防病效果要比用单一方法好，单一处理中干热、湿热和 10% Na_3PO_4 处理的效果比温汤处理效果要好。露地栽培的各处理之间防病效果不一致。7 月 10 日调查结果表明，湘研 11 号防虫栽培各处理之间已经没有差异，湘研 11 号露地栽培、湘研 3 号防虫栽培和露地栽培各处理之间虽存在差异，但与 6 月 10 日的差异显著性不一致。

表 2　不同处理、不同栽培方式下病毒病抗性差异显著性分析

Table 2　Significant analysis of different resistance of virus disease with different treatments and different planting

处理	湘研 11 号病情指数				湘研 3 号病情指数			
	防虫栽培		露地栽培		防虫栽培		露地栽培	
	06-20	07-10	06-20	07-10	06-20	07-10	06-20	07-10
1	11.4667bcBC	14.0667bB	26.4667bcB	30.2000cC	11.8667bcB	16.1000dD	34.2667bBC	56.4667bB
2	11.7000bcB	16.7000bB	24.6333cB	31.8667cBC	12.2000bcB	15.2000dD	31.8667bcBC	48.3000cC
3	10.1667cdBC	12.5667bB	25.9333bcB	32.2333cBC	12.6000bcB	26.4667aB	32.6000bcBC	58.5333bAB
4	12.2333bB	15.5667bB	29.4333bB	36.6333bB	13.5000bB	20.3667cC	35.0000bAB	55.5667bB
5	9.0333dC	11.8333bB	28.1333bcB	30.4000cBC	11.1333cB	23.3333bBC	30.3667cC	44.6333dC
6	8.8667dC	14.4333bB	26.5000bcB	34.2333bcBC	10.5333cB	26.5000aAB	30.5333cBC	45.0000cdC
7	9.0667dC	16.3000bB	25.3333cB	30.4333cBC	10.9333cB	14.4333dD	30.3667cC	48.3333cC
CK	17.600aA	22.9667aA	43.1333aA	69.2333aA	20.7333aA	28.1333aA	37.6000aA	62.4000aA

2.3　同一栽培方式下不同种子处理方式的防病效果

6 月 20 日调查时发现，同一栽培方式下各处理对湘研 11 号和湘研 3 号的防病效果

基本一致。而7月10日调查发现，2种栽培方式下各处理对2个品种的防病效果差异很大，总的趋势是湘研3号比湘研11号发病更严重，对照比各处理发病更严重。这主要是因为处理种子消除了种子带毒，减少了初侵染源，但并不能有效阻止后期蚜虫及其他途径传播病毒，而且病毒病一旦发生，其扩展会受到多种因素的影响。试验中除5月20日喷过1次防虫药剂外，未再施药，所以越到后期其病情发展越无规律。

2.4 不同处理和不同栽培方式下病毒病的扩展情况

随着时间的推移，不管是防虫栽培还是露地栽培，发病情况都加重了。湘研11号防虫栽培不同处理方式下病情扩展情况7月10日与6月20日基本一致，而露地栽培的不同处理病情扩展情况7月10日与6月20日却不完全一致。湘研3号防虫栽培和露地栽培不同处理病情扩展情况均不一致。这可能是湘研11号本身抗病毒病能力要强于湘研3号，在防虫栽培的情况下湘研11号的病情比湘研3号的病情较稳定，露地栽培条件下由于受其他因素的影响较大，因而其病情扩展不一致。

2.5 不同处理和不同栽培方式下小区平均产量比较

由表3可知，防虫栽培增产效果极显著，湘研11号各处理防虫栽培的产量是露地栽培产量的2.96～3.59倍，湘研3号各处理防虫栽培的产量是露地栽培产量的2.48~3.22倍，湘研11号除处理7比对照略减产外，其余均比对照增产，湘研3号各处理都比对照增产；种子处理增产效果显著，湘研11号防虫栽培和露地栽培各处理均值比对照增产10.5%和24.47%，而湘研3号防虫栽培和露地栽培各处理均值比对照增产32.99%和38.09%。抗性越弱的品种辅以种子处理增产效果更明显。

表3 不同处理、不同栽培方式下小区平均产量

Table3 The comparison of production with different treatments and different planting

处理	湘研11号产量		湘研3号产量	
	防虫栽培	露地栽培	防虫栽培	露地栽培
1	19.30	6.10	16.80	4.90
2	18.86	5.94	16.74	6.41
3	16.96	5.72	17.24	5.89
4	17.95	5.80	16.95	5.50
5	19.80	5.73	15.70	5.52
6	18.54	5.73	19.43	6.48
7	16.38	5.06	16.12	6.48
CK	16.52	4.60	12.78	4.26

3 讨 论

a. 以往的研究中关于干热处理能提高种子发芽率的报道较多（陈幼源等，1995；李颖，2007；项崇武，刘云峰，袁玲玲，2005；刘晓虹和周书栋，2008），本试验中干热消毒和 10% Na_3PO_4 处理均能提高种子的发芽势和发芽率，这与李颖（2007）和陈幼源等（1995）的研究结果一致。

b. 本试验中种子处理对 2 个品种的发芽势和发芽率不完全一致，可能是因为 2 个品种的熟性不同，导致其耐热能力也不同，这与刘晓虹和周书栋（2008）研究黄瓜种子处理的结果较一致。

c. 从种子处理对种子发芽率和发芽势的影响、种子处理的防病效果及对产量的影响来看，干热、10% Na_3PO_4、温汤、干热＋10% Na_3PO_4 处理都是可行的，但对农户来说，最简单易行的方法是温汤浸种，该方法不需任何仪器设备和药剂。也符合蔬菜无公害化发展要求。

d. 病毒病的防治目前没有有效药剂，主要是通过使用抗病品种、轮作和其他栽培技术、早期预防、控制传毒介体等方法。本试验中种子处理和防虫栽培均能有效防治病毒病的发生，提高产量。但加强抗病品种的选育仍是最根本的解决方案。

参考文献

陈幼源, 陈海荣, 许启新, 等. 1995. 种子干热消毒对甜椒 TMV 病毒的影响[J]. 上海农业科技, (1): 40

李颖. 2007. 辣椒种子干热消毒处理对发芽率的影响[J]. 长江蔬菜, (3): 60

刘富春, 欧阳本友. 1985.辣椒病毒病毒源类型鉴定[J]. 湖南农业科学, (1): 28-30

刘建华, 刘勇, 杨宇红. 1995. 辣椒种传病毒种类及其传病作用研究[J]. 湖南农业科学, (6): 41-42

刘晓虹, 周书栋. 2008. 干热处理对不同黄瓜品种发芽率的影响[J]. 湖南农业科学. (5): 49-50

刘勇, 张德咏, 王小平, 等. 1999. 黄瓜花叶病毒外壳蛋白基因克隆及在病毒检测中的应用[J]. 湖南农业大学学报: 自然科学版, 25(5): 361-365

罗华元. 1991.阻断蚜虫传毒防治辣椒病毒病的研究[J]. 南京农业大学学报, 14(3): 118-119

欧阳本友. 1991. 辣椒病毒病及综合防治[J]. 湖南农业科学, (1): 44-45

唐启义, 冯明光. 2002. 实用统计分析及其 DPS 数据处理系统[M]. 北京: 科学出版社

王慧, 1991. 辣椒 TMV 和 CMV 抗源筛选与利用[J]. 北方园艺, (1): 15-20

项崇武, 刘云峰. 袁玲玲. 2005. 蔬菜种子处理技术[J]. 吉林蔬菜, (3): 26

肖启明, 刘学端, 何可佳, 等. 1997. 蚜传烟草花叶病毒流行规律的探讨[J]. 湖南农业大学学报, 23(3): 250-255

肖英, 程秉铨, 周俊, 等. 1995.辣椒种子病毒的检测及防治[J]. 新疆农业科学, (6): 257-259

肖英, 程秉铨, 孙晓陆, 等. 1994.辣椒种皮传带烟草花叶病毒(TMV)的证明[J]. 电子显微学报, (5): 371

赵尊练, 吴云锋, 史联联, 等. 2004. 陕西线辣椒种子携带和传播病毒研究初报[J]. 中国农业科学, 37(11): 1738-1712

Anderson C W, Corbertt M K. 1957. Virus diseases of peppers in central *Florida* survey results[J]. Plant Disease Reporter, 41(3): 143-147

Harris K F, Maramorosch K. 1977. Aphids as Virus Vectors[M]. New York: Acad Press, 4-62, 435-454

Effect of seeds treatment and planting pest control on virus diseases of hot pepper

ZHANG Zhu-qing[1, 2], DAI Xiong-ze[2], CHEN Wen-chao[2], MA Yan-qing[2], LI Xue-feng[2], ZOU Xue-xiao[2*]

([1] College of Agronomy, HNAU, Changsha 410128, China; [2] Hunan Vegetable Research and Development Center, Hunan Vegetables Research institute, Changsha 410125, China)

Abstract: With eight measures adopted, the influence of the germinative energy and germinative percentage of pepper seed from two different genotypes of the resistance level, was studied. with the combination of the instance of virus diseases of seeds by open filed planting with plastic mulching and pest proofing planting with plastic mulching. The result showed that the ability of buds and the rate of buds were effectively improved with dry heat treatment or using 10% Na_3PO_4 treatment; the ability of buds and the rate of buds was unchanged or slightly reduced with blanching treatment or dry heat combining with 10% Na_3PO_4 treatment; the ability of buds and the rate of buds seriously reduced with wet heat treatment or wet heat treatment combining with other treatment . There existed difference in the ability of buds and the rate of buds by different seeds treatment; There also existed difference in preventing virus diseases by different seeds treatment. Using two methods was better than one, and the effect of dry heat treatment or wet heat treatment or using 10% Na_3PO_4 treatment was better than the effect of blanching treatment when only one method was selected. The effect of preventing virus diseases and increased production reached extremely significant level.

Key words: hot pepper; seeds treatment; cultivation; virus disease; prevention

博辣红帅在河南省的栽培技术总结*①

陈文超

（湖南省蔬菜研究所，湖南长沙　410125；湖南兴蔬种业有限公司，湖南长沙　410125）

摘　要：博辣红帅是国家辣椒新品种研究与推广中心、湖南省蔬菜研究所和湖南兴蔬种业有限公司选育和推广的辣椒新品种，博辣红帅高产、抗病、红椒颜色漂亮，适宜鲜食和酱制加工。近年来在河南推广面积逐年增加。

关键词：辣椒；博辣红帅；栽培技术；河南

一、麦茬地间套种栽培技术

1. 播种育苗

2月中下旬至3月上旬催芽播种或干籽直播于塑料拱棚内育苗。每667m^{2}需博辣红帅种子50～75g，育苗床面积20m^{2}左右。苗床应建在排灌良好，土壤肥沃，前茬没有种过茄科作物的地块。选肥沃大田表土，按每种植博辣红帅667m^{2}用苗需20m^{2}苗床，应准备1.5m^{3}床土。避免用前茬为高粱、谷子、甜菜及茄科作物的大田土作床土。床土按6∶4的比例配制，即6份大田熟土，4份充分腐熟的有机肥，过筛后1m^{3}加50%多菌灵可湿性粉剂100g，拌匀后用地膜盖严密闭7～10天，然后铺于苗床，厚度6～8cm，用板刮平备用。

选晴天播种，先将苗床浇透水，水渗下后将种芽或干籽按7cm见方点播，穴播3～4粒。播种后均匀覆盖床土1cm厚，然后浇水，如果种子露出来的地方需补盖一层床土，再盖一层地膜以利保湿增温，然后扎好拱棚，覆盖塑料薄膜并用土压好。夜间应加盖草苫。辣椒芽80%顶土后要及时揭去床面地膜。外界温度高时拱棚应稍揭放风口，以降低拱棚内温度，拱棚内温度白天保持25～28℃，夜间14～18℃。随着外界气温的升高，放风口可以逐渐加大。幼苗有干旱缺水现象时应及时浇小水，浇水时可施入少量肥料以促苗生长，苗期间一次苗，每穴留两株健壮苗，定植前1～2d浇一次水，以利带土起苗。

2. 定植和施肥

辣麦间套带型一般宽1.5m，第一年秋季小麦播种4行，占带幅1.5m的1/2。来年辣椒定植时，在预留的1/2的空带内分别靠近小麦处栽植2行辣椒。

---

* 基金项目：国家农业科技成果转化基金项目（2008GB2D2002016）。

① 本文原载《湖南农业科学》，2010，（3）：21-22，26。

辣椒推行适龄壮苗定植，密度以当地土壤肥沃状况和年降水量灵活决定。依据河南各地气候特点、小麦收割期和品种特性，一般在小麦收割前 20 天左右定植，河南南部地区博辣红帅定植期在 4 月下旬至 5 月上旬，河南北部地区定植期在 5 月中下旬。博辣红帅辣椒品种合理的栽培密度一般行株距 50cm×（35～45）cm，每穴栽植 2 株，$667m^2$ 株数控制在 5000～6000 株。

博辣红帅适宜在微酸性壤土或砂壤土（pH 6～7）上生长，与小麦间套栽培的地块宜施有机肥 $5000kg/667m^2$，同时结合耕地深翻土壤和土壤消毒处理。为达到营养均衡，一般小麦播种时 $667m^2$ 需要施入碳酸氢铵和过磷酸钙各 100kg 或小麦专用肥 100kg。而按照辣椒对 N、P、K 等元素的需肥特点，以确立目标产量 $1000kg/667m^2$ 鲜红椒水平计算，从土壤中需要吸收纯 N 5.3kg、P_2O_5 1.4kg、K_2O 0.7kg，依此标准计算每 $667m^2$ 需增施优质复合肥 25kg，钙镁磷 100kg，尿素 20kg，硫酸钾 20kg。

3. 科学田间管理

3.1 施肥

定植后，在辣椒缓苗期间要注意保持土壤湿润。定植缓苗后 10～15d，追第一次肥，每 $667m^2$ 施 N、P、K 三元素复合肥 15～20kg，随后浇水。门椒开花时，要适当控制浇水，及时中耕松土。门椒坐果后，再进行第二次追肥浇水，数量和种类同前。

3.2 合理灌水

一般定植后及时带水稳苗，待地皮发白再灌一次缓苗水；开花期至坐果前土壤含水量保持在土壤最大持水量的 60%，控水蹲苗、促根系；盛花期要求土壤水分达到土壤最大持水量的 70%～80%；挂果至采收前若天气干旱，一般每座一批果灌一次水，满足上部开花、下部果实膨大对水分的需求；后期控制灌水以促辣椒红熟。灌水宜采用隔行细流、浇灌小行。视大田水分和近期天气情况合理掌握。避免大水漫灌和大雨前浇地，以免引起大片死苗。

3.3 整枝

开花后应随时整枝打杈，门椒以下的侧杈要及时打掉。

3.4 中耕培土

辣椒在门椒坐果期适时中耕培土，培垅高度 20～24cm，以增加根际部的覆土厚度，达到改善土壤温度，增强土壤通气性的目的。

高温多雨季节是麦茬辣椒田间管理的关键时间。田间管理的重点是保根、促秧，防止沤根与死秧；防治落叶、落花、落果（俗称“三落”）及病虫害。要特别注意雨后及时排水，不旱不浇水，大雨后立即排水，以防止雨后气温骤升而引起的病毒病暴发。要加强中耕松土，以利于土壤透气。

4. 适时采收，防止坠苗

博辣红帅既适宜鲜食又适宜加工，因此在鲜食辣椒价格好的情况可以考虑采收一两批前期青椒上市，既增加了收入，又防止了辣椒坐果太多坠苗。作酱制加工的辣椒要求完全转为鲜红色才可采摘，采摘最好选择晴天下午进行。

5. 病虫害防治

用50%的辛硫磷1000倍液，傍晚喷雾，或用1.1%的复方苦参碱粉剂2～4kg兑水1～2t，浇根，防地下害虫。用40%的乐果提早防治蚜虫，预防病毒病；开花前、结果初、结果盛期叶面喷施0.05%～0.1%硫酸锌延缓病毒病发生；用1000倍液70%的甲基托布津或600～800倍70%的百菌清每隔5～7天连喷2～3次防炭疽病；用农用链霉素200mg兑1kg水喷雾防疮痂病；用克螨特和杀螨净500倍液除治茶黄螨，或用1.8%阿维菌素100倍液，每隔7～10天喷1次，连喷3次；用1%高脂膜乳剂或氯化铝液隔10～15天喷1次，防治日烧病。近年来露地白粉虱发生较严重，①在白粉虱发生初期用10%吡虫威400～600倍，或10%扑虱灵乳油1000倍，或25%扑虱灵乳油1500倍喷雾，能杀灭卵、若虫、成虫，当虫量较多时可在药液中加入少量拟除虫菊酯类杀虫剂。一般每5～7天1次，连喷2～3次。②选用25%灭螨猛乳油1000倍，或50%克蚜宁乳油1500倍液，或2.5%天王星乳油2000倍液，或2.5%功夫3000倍液，或21%灭杀毙3000倍液，每隔5～7天1次，连喷3～4次。③20%灭多威乳油1000倍+10%吡虫啉水分散性粉剂2000倍+消抗液400倍液。万灵（灭多威）与吡虫啉混合，利用灭多威速杀性弥补吡虫啉迟效，用吡虫啉药效持续时间长弥补灭多威药效短缺点，其混用可杀死各种虫态白粉虱，加入消抗液进一步提高药效，每5～7天1次，连喷2～3次，可获得较满意的防效。在早晚有露水时用药防治效果最佳。

二、春种地膜覆盖栽培技术

1. 播种育苗

博辣红帅采用春种地膜覆盖播种要早于露地其他模式，2月上中旬催芽播种或干籽直播于塑料拱棚内育苗。育苗管理措施同间套种技术。

2. 定植前的准备

2.1　场地选择

采用地膜覆盖的地块最好是选择坐北朝南，背风向阳的地方。辣椒忌连作，因此应选在2年内未种过其他茄科作物、富含有机质、土层深厚的田地。另种植博辣红帅的土地宜选择排灌方便的地块。

2.2　深耕整地

由于地膜覆盖提高了地温，保持了土壤湿度，为辣椒根系生长发育创造了一个相对稳定的优良环境，辣椒根系生长活跃，在土壤中的分布范围比露地深而广，只有深厚的土壤耕作层才能适应根系发展。因此，地膜覆盖栽培的土地，耕翻要比露地深，要深翻至底土层。深翻不仅可以改善土壤的通透性，促进根系发展，同时可将土表层中的病原菌和害虫翻入底层杀死。深耕的深度在25cm以上，然后作垅，1.1～1.2m包沟，垅面宽60～70cm，打碎土坷垃，使表层土粒细碎，平整，垅面呈龟背形，以利于将地膜紧贴在畦土表面，发挥覆盖效果。

2.3 施足基肥

地膜覆盖栽培要求在整地、作垅时一次性施足优质的有机肥，或施入足够的优质复合肥，尽可能保持土壤肥分在较长时间内满足辣椒生长的需要。一般每667m^{2}应施优质农家肥5000kg。以上肥分基本上可满足辣椒生长发育的需要，对于缺磷、钾肥的土壤，可增施100kg左右的钙镁磷和10kg硫酸钾或者100kg草木灰。有机肥应充分腐熟，化肥应与有机肥充分混合。为提高肥效，应将底肥集中沟施，不要全田撒施。为防止底肥烧苗，影响成活，应在离基肥一定距离的地方重新挖定植穴和放定植营养土，施肥不能过浅过深，以土层10～15cm深为好。如果土壤表层中肥分过高，根系向土表发展，不利植株生长，而且易造成植株倒伏，施肥过深，根系难以到达，不能及时吸收养分，也会影响植株的正常生长。如果基肥的数量和质量欠佳，使辣椒生长中后期脱肥，会造成早衰而减产，起不到地膜覆盖的效果，反而增加了购买地膜的成本，浪费劳力。

2.4 作垅覆膜

在确定垅的高度时，要综合考虑到地势、土质、季节、气候、水位及耕作管理水平等条件的不同，做到因地制宜，以便充分发挥地膜覆盖栽培和当地自然资源优势。垅高一般在10～15cm为宜，一般选择宽度为80～100cm的地膜。适合于辣椒高垅地膜覆盖栽培的是先盖膜后定植。为保证覆盖地膜的质量，盖膜一定要严实，不能有孔隙通风进气，磨损破孔处应用泥土封住，否则气温难以上升，杂草易滋生。盖膜宜在定植前7～10d进行，待土温升高后再定植，可促进根系发育，活根快，有利辣椒正常生长。盖膜前最好有5～7d的晴天，以利于土壤充分散湿干爽，防止土壤水分过多，造成幼苗不发根，导致缺苗，甚至出现沤根死苗，盖膜不宜在雨天进行也是这个道理。

3. 定植

3.1 定植期

辣椒地膜覆盖幼苗定植期一般比露地种植早7～10d，应在晚霜过后，耕层10cm深处的土温达到10～12℃时才定植。

3.2 定植

博辣红帅按行距55cm、株距40cm进行移栽，667m^{2}定植3000～3500穴，每穴2～3株。定植后及时浇定根水。

4. 定植后的田间管理

4.1 水分管理

辣椒定植后的3～5d为缓苗期，此时不宜再浇水，幼苗成活后随追肥浇水提苗。辣椒生长前期，由于植株较小，需水量较少，以及地膜覆盖抑制土壤水分蒸发的效果，不需单独浇水灌水。由于地膜覆盖的保水作用，挂果前一般可灌 1～2 次。挂果至采收前若天气干旱，一般每生长一批果灌一次水，满足上部开花、下部果实膨大对水分的需求；后期控制灌水以促辣椒红熟。灌水宜采用隔行细流、浇灌小行。视大田水分和近期天气情况合理掌握。避免大水漫灌和大雨前浇地，以免引起大片死苗。

4.2 追肥管理

采用地膜覆盖栽培的辣椒，由于土壤条件变得优越，前期产量明显增加，因而要从土壤中吸收、消耗更多的养分，以满足果实和枝叶生长的需要。各地的实践证明，在土地肥力好，底肥充足，追肥及时和精细管理的情况下，充分发挥出地膜覆盖栽培的优势，则增产潜力很大。坐果后每 667m^2 增施尿素 10kg、硫酸钾 15～20kg，肥料可以随灌水沟施或稀释后灌蔸。

4.3 薄膜保护防杂草

辣椒定植后，畦面上的地膜常因田间操作原因出现裂口，影响地膜覆盖效果。因此，除进行田间操作时应小心，尽量不损坏薄膜外，一旦发现破裂，要及时用土压严。采用地膜覆盖，一般杂草难以长出膜外，对辣椒生长造成影响，但定植孔及破损处，杂草易在压膜土壤处生长，长大后深入膜内或因盖膜不严，杂草自孔而出造成膜被杂草顶起，影响植株生长。因此发现压土破损处有杂草，要及时除草并重新盖土压严，如果杂草长大再除会造成地膜大面积破损。

4.4 整枝

盖地膜后，辣椒植株长得高大，采用整枝可促进坐果增加产量。具体方法：如出现植株生长过旺，枝叶郁蔽，结果少，在门椒收后将第一分枝以下的老叶全部打掉，以利通风透气。上部枝叶繁茂的，可将两行植株间向内生长并长势较弱的分枝剪掉。

4.5 防倒伏

辣椒盖膜后不能采用培土法防倒伏，因此，对辣椒植株生长过旺、结果多、吹大风的地块，要按穴插竹竿支撑。栽培上应少施氮肥，多施磷钾肥，以防地上部徒长。

5. 收获

前期辣椒在市场价格好的情况下可适当采收青椒，以提高产量和产值。作酱制原料的辣椒需转为红色才能采收，分次采收，并以晴天下午为宜。采收过程中所用工具要清洁、卫生、无污染。

6. 病虫害防治

防治措施同间套种技术。

樟树港辣椒大棚栽培技术*①

陈文超[1,2]　周书栋[1,2]　袁祖华[1,2]

（[1]湖南省农科院蔬菜研究所；[2]湖南省蔬菜工程与技术中心 湖南长沙　410125）

樟树港辣椒是岳阳湘阴樟树港镇的辣椒地方品种，早熟、株矮、辣味强，适宜提早采收。樟树港辣椒一般都是在表皮未长足的时候采收，不管是煸还是炒，都没有因辣椒皮硬而造成有渣的感觉，口感好。樟树港辣椒目前主要在樟树港友谊村、文径村等小范围地方种植，一般采用传统农家种植方法，产量低而价高。近年来价格逐年上涨，2010年最高零售价为160元/kg，2011年最高卖320元/kg，2012年更是卖到了440元/kg，远远超出普通百姓的消费能力。两年引种大棚种植表明，不但能增加产量，而且能提早上市期，还能减少病害，节省用药量。如果采收适当，口感和品质同樟树港当地种植的辣椒无差异。现将栽培技术总结如下。

1　提早培育壮苗

大棚种植在头年 10 月底播种育苗。苗床一般设在大棚内，由于前期温度较高，只要注意保温，一直到 12 月上旬大棚内气温就能满足幼苗生长，因此播种床一般不需要加温，但是必须配制优良的床土。可用60%熟土、30%有机肥和10%砻糠灰来配制营养土。熟土应选用两三年以上未种过茄科作物及瓜类作物的土壤，最好是选用前茬为葱蒜类作物的园土；有机肥必须腐熟才能配制床土；床土混合均匀后用甲醛（福尔马林）加水配成 100 倍溶液喷洒床土，1kg 甲醛（福尔马林）原液配成的稀释液可处理 4000～5000kg 床土，充分拌匀后堆置，再覆盖塑料薄膜闷 2~3d，以达到充分杀菌的目的，然后揭开薄膜，经7~14d，待土壤中药气散尽后再使用。苗床土应铺设10cm厚，厢宽100cm，长度根据种植面积而定。一般播种 $10g/m^2$，种植 1 亩需准备 $3m^2$ 的播种床面。

10月底进行播种育苗，播干籽。播种前苗床应浇足底水，使床土含有充足的水分，以供给种子发芽出苗。浇足底水的标准是要求8~10cm内的土层都湿润，这样的水量可以维持到出苗前不必浇水。底水全部渗下去之后，要先在床面撒一层薄的过筛的细土，以防播种时种子外层裹上泥浆，影响呼吸和出苗。播种可采用撒播，为使种子播得均匀，可用砻糠灰、干土或细煤灰与种子拌匀后再播，播后要及时覆盖过筛的营养土1~1.5cm厚，并在盖土上面覆盖一层塑料薄膜保温保湿。

播种后尽量使苗床保持在25~30℃辣椒最适宜的发芽出苗温度，这段时间外界气温虽然已经开始下降，但通过大棚管理基本可保证出苗所需温度。密闭大棚一般 5~7d 可

* 基金项目：国家农业产业技术体系建设专项（CARS-25-A-8）。

① 本文原载《湖南农业科学》，2013，（2）：53-56。

出苗。出苗后要及时揭掉铺在苗床上的塑料薄膜，开始炼苗，通过通风将白天床温降到15~20℃，晚上床温保持在10~15℃直到真叶露出。真叶露出后气温已经开始下降到10℃以下，大棚膜只在晴天上午10点至下午2点揭开通风，晚上应在苗床上加盖小拱棚。水分要保持适量，过干过湿都不利于幼苗生长。苗床土保持一定湿润，表土0.5cm下湿润，晴天幼苗上午10点以后不萎蔫则不需浇水；床土较干，上午10点左右幼苗出现萎蔫应用洒水壶适量浇水，浇水要后通风，使叶片表面水分当天蒸发掉，防止晚间温度下降引起冷害。

12月上中旬，在辣椒幼苗出现2~3片真叶时应进行一次分苗（假植）。12月至翌年2月是湖南最寒冷的时期，分苗床最好采用电热加温苗床，分苗应尽量选在晴天上午进行，密度为10cm×10cm。分苗后浇足定根水，并盖好塑料小拱棚，密闭大棚。一般应在分苗的第二天上午检查一次苗子情况，如果有幼苗茎秆或叶片被泥土压住而没有直立应轻轻用小树枝将泥土块拔掉。5~7d内大棚膜与小拱棚都不能揭开，尽量使苗床保持在20~25℃幼苗成活的最佳温度。幼苗成活后白天应视情况适当通风降低苗床和大棚内湿度，为渡过雨雪天气做好准备。晚间应注意紧扣棚膜保温防寒。在12月底至翌年2月底这段时间内，如果有冰冻或下雪，晚间应通电8~10h确保辣椒苗不被冻坏，下雪天应及时将棚上积雪扫除，防止积雪过多压垮棚体。分苗成活后至移植前，由于气温低，辣椒苗生长缓慢，所需水分不多，水分管理宜干不宜湿，但也不能让辣椒苗失水过多萎蔫。浇水应选连晴天上午进行，且不宜浇水过多，以保持苗床土壤湿润为宜，浇水过后适当通风，使辣椒苗叶片表面的水当天挥发掉，防止夜晚温度低造成冻害或冷害。2月底3月初气温回升时，晴天，2~3d浇一次水，严防床土“露白”。浇水结合追肥，可用0.2%的氮磷钾复合肥和30%左右的腐熟人粪尿泼浇；叶面追肥用0.6%尿素、0.4%磷酸二氢钾，保持适宜的水分和温度使幼苗能正常生长。

2　定植前的准备

1月和2月湖南雨雪天气较多，地面不易干而影响农作。提前扣好棚膜可使棚内土壤干燥，可根据苗子和天气情况随时整地定植，并且能增加棚内地温。头年11月将地翻过来，尽量成大土块；1月中旬扣大棚顶膜；2月上旬将表土整细，以1.2m包沟，厢宽80cm，沟深10~15cm，沟施腐熟有机肥3000kg/667m^2、优质三元复合肥50kg/667m^{2}和过磷酸钙100kg/667m^2，如果缺少有机肥，可以施腐熟菜枯150~200kg/667m^2，并盖好地膜，地沟可用地膜覆盖。这样，前期阴雨天时可降低大棚内空气湿度，后期防止杂草并能保持土壤水分。定植前1个星期将大棚四周围膜围好，提升大棚内温度。

3　定　　植

2月底至3月初，当辣椒苗长到8~10片叶时，并带有小花蕾，如果出现连晴天气，即可进行定植。定植密度为株距30cm，每厢两行，种植株数为2500~3000株/667m^2。定植后及时浇足定根水，每厢架上小拱棚，密闭大棚5~7d。5~7d后辣椒苗长出新根，表明已经成活。

4 定植后的管理

4.1 前期管理

辣椒的适宜生长温度是25~30℃，从定植至4月中旬，外界气温还明显低于辣椒的适宜生长温度，特殊年份可能还会出现霜冻。因此，前期管理主要以保温为主，防冷害，但要控制温度和湿度太高引起徒长。定植至4月中旬之前，温度偏低，需要注意保温，这段时间晚上盖双膜，晴天要揭开小拱棚膜，棚内超过 30℃时，在背风口揭开大棚膜通风，下午4点之前盖好大棚膜，下午5点之前盖好小拱棚，使棚温回升到30℃以上。阴雨天，大棚膜一般不揭开，但每天要注意将棚膜上的水膜清除，增加光照；小拱棚膜在外界气温低于8℃时，也不必揭开，但也需将膜上的水膜抖掉以利增加透光。这段时间气温较低，蒸发量少，坐果前一般不需浇水和施肥。坐果后遇晴天可用三元复合肥 10kg/667m^2 对水浇施，浓度为0.2%。

4.2 坐果期管理

坐果期和果实膨大期管理主要是降湿控温，防徒长、促坐果。4月中旬时，气温回升，可以去掉小拱棚，除雨天外白天可将大棚膜揭开通风，晴天早揭晚盖，阴天晚揭早盖。4月下旬至5月中旬，气温稳定在20℃左右，这时可将大棚四周的围膜去掉，晴天上午 10 点至下午 4 点温度太高时应将顶棚揭起；雨天将顶膜盖好，防止雨水淋在植株上引起病害。这段时期一般不需要追肥，但随着气温回升，通风量增大，水分蒸发加大，一般7~10d视苗情和土壤情况浇水一次。如果苗子徒长严重，坐果差，可用10%多效唑可湿性粉剂500倍液7~10d喷一次，连喷两次，可抑制徒长，促进坐果。

4.3 采收和中后期的管理

一般5月上中旬可开始采收，宜早采勤采，在表皮变硬前采收以保持辣椒的品质和口感。为保持樟树港辣椒的持续坐果和采收，这段时期一般10d追肥一次，每次追三元复合肥 10kg/667m^2，对水浇施，浓度为0.4%，5~10d浇水一次。晴天将顶膜敞开，雨天将顶膜盖好，防止病害。

5 病虫害防治

苗期有猝倒病、立枯病和灰霉病。可用75%百菌清可湿性粉剂600倍液，或64%杀毒矾可湿性粉剂500倍液，或78%代森锰锌500倍液，或40%疫霉灵200倍液喷雾防治猝倒病和立枯病；可用50%多霉清可湿性粉剂800倍液，或50%扑海因可湿性粉剂500倍液，或50%利霉康可湿性粉剂1000倍液等喷雾防治灰霉病。

成株期前期低温湿度大时有灰霉病，后期有疫病、青枯病和病毒病。疫病可用58%甲霜灵锰锌700倍液，或64%杀毒矾500倍液，或58%雷多米尔600倍液，或72.2%普力克 600 倍液，或 72%杜邦克露 700 倍液，或 52.5%抑快净 1500 倍液喷雾防治；青枯病可用预防性喷淋 50%绿乳铜乳油 500 倍液，或用 14%络氨铜水剂 300 倍液，或 77%可杀得可湿性粉剂 500 倍液，或硫酸链霉素或 72%农用硫酸链霉素可溶性粉剂 4000 倍液，隔 7~10d 喷施 1 次，连续喷施防治 3~4 次，或用 50%敌枯双可湿性粉剂 800~1000 倍液灌根，隔 10~15d 1 次，连续灌 2~3 次；病毒病早期防治蚜虫，用 10%吡虫琳可湿姓粉剂 1500 倍液，或 25%阿克泰水分散粒剂 5000~10000 倍液，或 40%乳油 1000~2000 倍液喷雾防治。初期用 0.1%大黄素甲醚水剂 500~800 倍液喷施 2~3 次有预防作用。初发病用 20%病毒速杀或病毒 A、病毒净，或吗啉胍（病毒灵）500 倍液，或抗毒剂 1 号 400 倍液，或 20%吗啉胍·乙酮 500 倍液，或 NS-83 增抗剂 100 倍液喷雾防治。

虫害防治在辣椒定植前主要防治小地老虎，可选择地老虎喜食的灰菜、刺儿菜、苦荬菜、小旋花、苜蓿、青蒿、白茅、鹅儿草等杂草，堆放诱集地老虎幼虫，或人工捕捉，或拌入 90%美曲膦酯（敌百虫）药剂毒杀。在开花结果期要防治烟青虫、蚜虫和蓟马。烟青虫在虫未蛀入果实前防治，可用 20%康宽（氯虫苯甲酰胺）、4.5%高效氯氰菊酯 1000～2000 倍液、20%虫酰肼 1500～3000 倍液、1%甲维盐（甲氨基阿维菌素苯甲酸盐）2000～3000 倍液、10%烟碱乳油 1000 倍液、5%农梦特 2000 倍液防治；蓟马和蚜虫可用 10%吡虫啉 1000 倍液、25%扑虱灵 1500 倍液、50%抗蚜威 2500 倍液、40%克蚜星 800 倍液、2.5%天王星 3000 倍液、2.5 功夫菊酯 2500 倍液喷雾防治。

辣椒保鲜贮藏技术*①

李雪峰

（湖南省蔬菜研究所，长沙 410125）

辣椒是营养丰富、人们喜食的一种果菜，在世界各地普遍栽培。我国栽培面积较大，类型和品种很多，是夏秋季节的主要鲜食蔬菜之一。辣椒生长的季节性较强，上市比较集中，而旺季过后，供应量明显减少，淡旺季矛盾较为突出。因此，搞好辣椒贮藏不仅调节市场的产销矛盾，还可以延长其供应期，对增加蔬菜的花色品种，满足市场需求具有重要意义。

1 辣椒的采后生理和贮藏特性

辣椒属原产于热带的浆果，绿果采后有后熟过程，可由青绿色逐渐转为红色或黄色，由硬变软。辣椒成熟过程的呼吸高峰不明显或逐渐下降，有少量的乙烯释放或不释放乙烯。辣椒的含糖量约 5%，冰点约在–0.8℃。

1.1 对低温敏感

辣椒果实对低温比较敏感，低于 9℃易受冷害，而高于 13℃时又会加快后熟，易衰老和腐烂。辣椒的冷害症状表现在果皮、种子和萼片三个部位，冷害辣椒果皮颜色变暗、光泽减少，果面出现凹陷小斑点，萼片和种子变成黑褐色。有时已发生冷害的辣椒在冷库内不表现症状，而移至室温下 2～3d 即表现典型的冷害症状。另外，受冷害后抗病力大大降低，特别是在高湿条件下极易感染病菌，发生溃烂败坏。

1.2 对二氧化碳的敏感性

一定浓度的二氧化碳对辣椒有保鲜、保绿作用，当二氧化碳浓度超过一定浓度时就会导致生理失调，造成伤害，果实表面出现白色斑点，逐渐变为棕褐色而失去商品价值，造成萼片褐变和果肉腐烂。不同品种以及不同产地的辣椒对二氧化碳的忍耐力不同，在实际操作中应掌握在 2%以下为安全范围。

1.3 易失水

辣椒易失水，由此使得果梗变干，甚至果实出现干皱萎蔫，所以贮藏过程要求保湿。同时辣椒对水分特别敏感，灌溉后或遇雨立即采收贮藏，贮藏过程的结露，均会引起辣

* 基金项目：国家“863”计划项目（2002AA207012-2）。

① 本文原载《辣椒杂志》，2008，（2）：37-39。

椒腐烂变质。

2 辣椒贮藏前的农业技术措施

2.1 选择耐藏品种

辣椒的种类、品种间耐贮性差异很大，一般甜椒比尖椒、晚熟品种比早熟品种耐贮藏。果实角质层厚、皮坚光亮、褶皱少、干物质含量较高、颜色深绿、抗病性强的晚熟品种较耐贮藏，如茄门、世界冠军、巴彦、中椒 4 号、兴蔬 16 号、兴蔬 26 号和兴蔬羽燕等。

2.2 加强栽培管理和田间病虫害防治

果实采收后的生理状态，包括耐贮性和抗病性，是在田间生长条件下形成的。因此，果实的生育特性、气候、土壤条件和管理措施等都会对果实的品质及贮藏特性产生直接或间接的影响。通过加强栽培管理，合理灌溉施肥，控制田间病虫害等措施生产出优质耐贮的产品是保证贮藏成功的关键之一。

辣椒贮藏病虫害防治必须从田间种植开始，采收前 10～15d 可喷施适当的杀菌剂，如甲基托布津、克菌丹、乙膦铝、代森猛锌等，以尽可能消除从田间带来的病菌。

2.3 选择适宜采收期，精摘细选果实

采收季节对耐贮性也很重要，以晚秋果最耐贮藏。秋收果要在霜前收，受霜冻或冷害的辣椒不能用于贮藏，秋后的拉秧果不耐贮藏。长期贮藏应选用果实已充分膨大，营养物质积累多，果肉厚而坚硬，果面有光泽的健壮绿果，剔除病果、虫果和伤果，未熟绿果或开始转色的果实均不宜长期贮藏。

辣椒采收应选择连续晴天早晨露水干后，气温较低时进行，雨天、雾天或烈日曝晒天不宜采。戴绒线手套握住果梗采摘，也可用平头锋利的剪刀采摘，然后将果实整齐地摆放入贮藏专用的木箱、塑料箱、纸箱（要求箱内衬纸）或塑料袋中。在采摘、装箱和运输过程中要求卫生、精细，轻拿轻放，尽量避免机械损伤。

2.4 采收前停止灌水

采前 5～7d 停止灌水也不遇雨，其耐贮性会大大提高。若采前大量灌水，辣椒含水量增加，易发生机械伤害，还会导致采收后辣椒呼吸强度提高，养分消耗加快，同时高含水量也易受微生物侵染，引起腐烂，使贮藏过程中损耗增加。

3 辣椒贮藏的基本条件

3.1 温度

温度是贮藏最基本的条件，辣椒贮藏适温为 9～12℃。温暖潮湿地区种植的辣椒比寒冷干燥地区的辣椒对低温更敏感，同样晚秋季节采收的辣椒比夏季采收的辣椒耐低温能力强，晚熟品种比早熟品种耐低温，因此贮藏温度可根据不同地区而定，

寒冷、干燥和晚熟品种一般可控制在 9～11℃，夏季和潮湿地区采收的辣椒贮藏一般不低于 10℃。

3.2 湿度

湿度也是贮藏的重要条件，辣椒贮藏适宜的相对湿度为 90%～95%。一方面，湿度低于 90%，会使果实失水萎蔫，从而降低鲜嫩度；另一方面，辣椒对水分十分敏感，湿度超过 95%，有利于病原菌的活动和病害的发展，加快辣椒的腐烂。

3.3 气体成分

应用气调贮藏是一种提高辣椒保鲜效果的好方法。辣椒气调贮藏适宜的气体指标一般为氧气 2%～7%，二氧化碳 1%～2%。在实际贮藏中，一般可通过选择透气性好的保鲜膜和控制装果数量，来控制氧气和二氧化碳的浓度。包装袋内积累的二氧化碳过多，要用二氧化碳吸收剂（如消石灰）来降低其浓度。现多用专用辣椒保鲜袋，利用辣椒的呼吸作用进行自发气调，可明显抑制后熟变化，抑制果实的呼吸强度，达到果实保鲜和保绿，并保持果实水分，同时有利于熏蒸防腐剂的使用，减少果实腐烂。

4 辣椒贮藏技术

4.1 贮前准备及处理

仓库、采收器具、果筐、果箱都可能是侵染源，所以在使用之前都要进行消毒。贮藏库消毒选用库房专用烟雾消毒剂或点燃硫黄密闭 24h 后，打开库门窗排出残留烟雾。采收器具、塑料筐、纸箱、贮藏架和保鲜膜袋等，一般用 0.5%～1%漂白粉进行消毒处理。

当果实携带着大量田间热就入库贮藏，尤其是在夏季高温季节，果实的温度不能迅速降至接近要求的贮藏适温，会导致不能有效地控制果实的生理活性，减缓呼吸代谢强度，减少营养物质及水分的损失。因此装袋入贮前要彻底预冷，在低于贮藏温度 1℃的条件下预冷 1～2d，或利用自然通风或强制通风，降低温度和湿度，以减少呼吸消耗，保持新鲜，提高耐贮性，同时还可避免装袋后结露，减少腐烂。

辣椒贮藏病害仅靠冷藏不能完全控制，还需用药剂处理来控制。因此辣椒贮藏必须做好防腐处理，否则将会造成大量腐烂。防腐处理分为两个时段，一是采前 7～15d 的果实防腐，如喷洒杀菌剂或保鲜剂；二是采后入贮贯穿整个贮藏期的防腐，辣椒的防腐部位主要集中在果梗和果实受伤部位，如用保鲜剂 HS、LY 或辣椒专用保鲜剂 CT-6 处理，也可用 2，4-D(浓度为 0.025%～0.05%)、托布津(0.05%～0.1%)或多菌灵(0.025%～0.05%)喷洒果实杀菌。

4.2 保鲜贮藏法

辣椒的贮藏方式，一方面是利用节能机械冷库和透气性塑料袋自发气调等新技术进行的气调贮藏，温度、湿度、气体成分等条件可按需要调控，不受季节和地区的限制，贮藏效果好，但投资较大；另一方面是民间贮藏方式，主要是利用秋冬自然低温和一些简单的设施进行贮藏，具有简便易行、成本低廉的优点，但受地区和季节的限制，并由于温湿度等条件不易控制，损耗较大，一般仅适于一家一户的小规模贮藏。

4.2.1 气调贮藏法

气调贮藏是目前较为理想的贮藏方法。将适时采摘的辣椒轻放入专用鲜贮塑料袋或硅窗袋中，每袋装5～10kg，预冷后放入气调库内。堆放时不宜过高、过重，以防压坏下面的辣椒，最好应搭架，分层分格堆放。将库内的温度、湿度和气体成分控制在适宜范围内，做好贮藏期间的检查管理工作，及时挑选出烂果和红果。辣椒经气调贮藏，能大幅度延长贮藏期，商品率仍达90%以上。

4.2.2 民间土藏法有多种

一是窖藏法　窖藏方法比较稳妥，各地都可采用。窖深1.5m以上，窖宽1.3～1.5m，长度根据贮藏量决定。较长的窖除了要设有窖门外，隔1.5～2m远还应插一个15cm左右粗的塑料管做气眼。窖底铺上秸秆或砂土，将辣椒散堆在上面。辣椒堆放的厚度以60～70cm为宜。也可装筐下窖，每筐容量以10～15kg为宜，装筐前最好在筐底和四周铺上牛皮纸，然后再装辣椒，筐口也要用牛皮纸封好，成“品”字形堆码,一般放2层筐。采用筐装的形式，这种方法容易失水，要注意保持窖内的湿度，10d左右检查一次，注意轻拿轻放，挑出红果和腐烂果。贮藏初期窖口白天盖好，夜间通风降温，以后逐渐缩短放风时间，必要时可加盖一些防寒被或草帘等保温，一般贮藏期可达2～3个月。

二是沟藏法　选地势干燥的场地，东西向延长挖贮藏沟，沟宽1m，长度不限，以贮藏数量决定。沟深1～2m，以越过当地最大冻土层为宜。沟底铺垫一层砂子或秸秆，将采摘后的辣椒轻轻摆放在沟里，一层辣椒一层砂子(或稻壳、草木灰)层积起来，层积厚度不超过60cm。沟顶覆盖草帘等保温防寒物，并随温度下降逐渐增加覆盖物。贮藏期间严防漏水，初期每隔7～8d检查一次，挑出烂果。2～3次后每隔15d检查一次。此种方法可贮藏辣椒2个月左右。

三是袋藏法　利用鲜贮塑料袋（袋长50cm、宽30cm），装满辣椒后暂不扎口，放在贮藏窖的菜架上。过段时间辣椒果热散放后，与菜窖温度(9℃左右)一致时，再扎好袋口，并在袋上用铁丝扎5～6个小孔通气。如果窖温适宜且稳定，可保存1～2个月，个别烂果随时挑出。

四是带秸秆民宅贮藏　晚秋辣椒基本成熟后，将带秸秆的辣椒用镰刀从根部割起。运输时轻装、轻拿。先用0.5%的漂白粉水喷洒房内的墙壁和地面进行消毒，然后将带秸秆的辣椒整齐地码在房内，最好垛与垛之间留50～70cm人行道。外界气温过低时要封闭好门窗，注意保温加湿(加湿可用湿草帘覆盖)，这样可贮藏1个月左右。

五是缸藏法　少量辣椒可以采用缸藏。贮前将缸内外洗干净，用0.5%漂白粉溶液消毒，缸底铺9～12cm厚的草木灰，草木灰上铺一层秸秆，将入选好的辣椒柄朝下一层层摆到离缸口5～7cm处，装好后缸口用牛皮纸或塑料薄膜封严。将缸放在空屋里，随外界气温下降，缸周围加盖草苫。贮藏初期每隔5～7d打开缸口通风一次，立冬后可每隔10～15d检查一次。此法可贮藏1个月左右。

5 主要病害及防治措施

5.1 主要病害

辣椒贮藏期间，引起果实大量腐烂的侵染性病害的种类很多，有些病害不仅在辣椒果实生长期能大量侵染和危害，而且对贮藏期辣椒侵染能力更强，发病率更高。尤其是辣椒果实对低温敏感，要求的贮藏温度较高，这种较高的贮温不仅为病害生长繁殖创造了条件，而且加快了果实的衰老进程，使得耐贮性和抗病性快速降低。

辣椒主要贮藏病害有灰霉病、果腐病(交链孢腐烂病)、根霉腐烂病、炭疽病、疫病和细菌性软腐病等。其中真菌病害发生概率最多的为灰霉病、根霉腐烂病和果腐病等，细菌病害为软腐病。

辣椒灰霉病，发病初期在果实表面出现水浸状灰白色褪绿斑，随后在其上面产生大量土灰色粉状物，病斑多发生在果实肩部。

辣椒根霉腐烂病引起果实软烂。病菌从果梗切口处侵入，病果多从果柄和萼片处开始腐烂，并长出污白色粗糙疏松的菌丝和黑色小球状孢子囊。

辣椒果腐病是在果面产生圆形或近圆形凹陷斑，有清晰的边缘。病斑上生有绒毛状黑色霉层。

辣椒软腐病，发病初期产生水浸状暗绿色斑，后变为褐色，有恶臭味。

5.2 防治措施

①采收前喷洒一次杀菌剂；②适时采收，注意采前农业措施；③贮前器具和窖库等消毒；④合理使用防腐保鲜剂；⑤彻底预冷，及时入贮，合理摆放；⑥加强贮藏期间温湿度和气体成分的管理；⑦定期检查，及时挑出烂果和红果。

辣椒病毒病防治研究进展*①

李雪峰[1]，徐加林[2]，别之龙[2]

（[1]国家辣椒新品种技术研究推广中心，长沙 410125；[2]华中农业大学园艺园林学院，武汉 430070）

摘要：辣椒病毒病是危害辣椒生产的主要病害之一，对辣椒病毒病进行农业、化学和生物防治已成为当前研究热点。本文综述了国内外在辣椒病毒病防治方面的研究进展。

关键词：辣椒；病毒病；防治

辣椒是我国大面积种植的主要蔬菜种类之一。20世纪70年代以来，由于各地品种间的交流频繁，且交流范围扩大，以及耕作制度等原因，我国辣椒病毒病发生范围变广，危害程度加重，严重影响了辣椒的产量和品质。据欧阳友本等的调查统计，在我国病毒病一般可造成10%～30%的危害，严重时可减产50%～80%。因此，对辣椒病毒病的研究在国内外日益受到重视。

1 辣椒病毒病发生的基本情况

1.1 辣椒病毒病的毒源种类

在我国引起辣椒病毒病的毒原种类有很多。杨永林等（1995）在京、津、辽、苏、吉、新六个地区，采集辣（甜）椒病毒样本3618个，鉴定分离出了烟草花叶病毒（TMV）、黄瓜花叶病毒（CMV）、马铃薯X病毒（PVX）、马铃薯Y病毒（PVY）、烟草蚀纹病毒（TEV）、苜蓿花叶病毒（AMV）等多种病毒。刘建华和刘勇（1995）利用斑点免疫检测法（DIBA）检测了我国部分辣椒种子所携带的病毒，发现它们主要携带TMV和CMV，且带毒率很高，如TMV带毒率为61.5%～65.5%，CMV带毒率为16.5%～18.5%。王慧等（1991）进一步研究辣椒不同时期带毒率的情况表明，6月中旬前以TMV比重较大，6月中旬后CMV逐渐增多，盛发期CMV约占60%，TMV约占30%。

1.2 辣椒病毒病的传播途径

辣椒病毒病病菌的传播方式主要有两种：即非介体传播和介体传播。非介体传播主要是通过种子和病残体带毒传播，另外，接触传染也是一种非介体传播方式，即生产、

* 基金项目：国家“863”计划项目（2002AA207012-2）。

① 本文原载《辣椒杂志》，2003，（1）：9-13。

移栽、整枝、中耕、除草、采果这些农事操作给植株造成微伤口，而土壤和病残体中的菌丝，就通过这些微伤口去侵染植株。介体传播主要是以田园中的各种蚜虫、螨虫以及线虫等为介体的传播病毒方式，其中以有翅蚜的传播最广，传播效率最高，它们的发生量与迁飞期可以直接左右辣椒病毒病流行的范围、程度和时间。罗华元和陈应石（1991）在研究辣椒病毒病发生与有翅蚜迁飞的关系时，发现辣椒病毒病增长率与田间迁飞的有翅蚜的总量呈显著正相关的关系。

2 辣椒病毒病的防治措施

2.1 辣椒病毒病的栽培防治措施

2.1.1 选用抗病品种，播前进行种子消毒

辣椒不同品种间的抗性差异较大。辣椒品种如湘研系列、汴椒系列、中椒系列、以色列彩椒等对病毒病都具有较好的抗病性。栽培时首先应根据本地的日照、气温、设施条件以及消费习惯等选择适应本地生产、且抗病能力较强的品种。其次由于种子一般都携带病毒病病菌，因此，在播种前对种子进行消毒处理必不可少。种子消毒可采用 10%的磷酸钠溶液浸种 30min，也可用 70℃热处理干种子 3～4h，或利用 55～60℃热水浸种 20min 等，这些方法都具有较好的防病效果。

2.1.2 田间栽培管理

田间栽培管理包括：①合理施肥和灌溉既可以促进辣椒生长，提高辣椒的抗病性，也可抑制病原菌生长和繁殖，推迟或减轻病害的发生。②合理密植能促使植株早封行，提高覆盖率，这样既降低株间和地面温度，减轻病害，同时也抑制了蚜虫的活动范围。③病毒具有一定的寄生性，采用辣椒与非茄科物轮作的方法，可大大减轻病毒病的发生，若与水田轮作，效果更好。陈志杰等研究了麦椒间套控制病毒病的效果表明，随着小麦种植行数的增加，麦椒间距缩小，辣椒有翅蚜着落数量减少，小麦可起屏障作用，阻断蚜虫迁飞到辣椒上。陈宝礼等人调查研究发现利用遮阳网遮阴的方法也具有一定的效果。

2.2 蚜虫防治措施

蚜虫是传播病毒病的主要昆虫，因此减少蚜虫的传播有重要的意义。罗华元等研究认为，在外来毒源比较稳定的情况下，蚜虫发生的时期和迁飞高峰及蚜虫数量都与病毒的流行有密切的关系。同时认为防治蚜虫以非持久性方式传播病毒病的关键是在有翅蚜迁飞之际，阻断蚜虫迁入田间。目前，对蚜虫具有防治作用的化学药剂有 50%避蚜雾可湿性粉剂、50%马拉硫磷乳油、30%敌氧菊酯乳油等，这些药剂对蚜虫都具有较好防治效果。唐元庆等利用银灰遮阳网进行防蚜试验，发现覆盖银灰遮阳网的小区植株上有翅蚜量比不盖膜小区及盖透明膜小区明显减少，即银灰遮阳网对有翅蚜有很强的驱避作用，避蚜效果达 88%以上。另外，用银灰塑料薄膜盖地防治也可起很大作用。

2.3 专用化学药剂防治

目前，辣椒病毒病防治使用的化学药剂可分为病毒钝化型和抑制病毒增殖型两大类。我国广泛使用的Ns83、菌毒清、德国开发的E30等药剂就属于病毒病钝化型药剂，它们的特点是当病毒侵染寄主植物时可将病毒暂时或永久钝化，达到抑制病毒病侵染的目的。这类药剂不仅对病毒的初侵染，而且对病毒在寄主体内运动，对未被侵染部分的二次侵染也有一定的防治意义（江山和韩熹莱，1995）。雷新云等的试验证明，Ns83和E30在植物体内对病毒有一定的钝化作用（雷新云和李怀芳，1987；Schuster，1987）；王爱学和赵清华（1995）研究发现83增抗剂对辣椒病毒病有钝化作用，能明显地抑制病毒初侵染，降低病毒在植物体内的增殖和扩散，从而抑制病毒病的发生危害，同时该增抗剂对植物也有一定的调节和刺激作用；樊慕贞等（1992）对“912”植物病毒钝化剂进行研究发现，912对TMV和CMV有体外钝化作用，能降低植物内的病毒浓度，可明显地防病增产。另外，辛玉成等（1999）研究也发现，抑病菌素对黄瓜花叶病毒具有显著的防治效果。抑制增殖型药剂则是对病毒RNA复制过程和病毒相关蛋白表达过程进行抑制或干扰，实现它们的抗病毒活性。这类药剂主要有DHT、利巴韦林（病毒唑）、盐酸吗啉胍等。例如，试验结果发现由Schuster等（1993）研究开发的DHT对PVX、CMV、PVY、PVA、TNA等众多病毒有治疗作用。还有研究证明利巴韦林（病毒唑）这种对病毒增殖过程起干扰和抑制作用的药剂，其磷酸化合产物RMP对IMP脱氢酶的反馈抑制能力是GMP的1000倍，能使细胞中GMP的生物合成量急剧降低，继而导致GDP和GTP的枯竭，并使病毒RNA的复制受到抑制，它的三磷酸化合产物RTP对*N*′-甲基转移酶和鸟苷转移酶也有很强的抑制作用。此外，通过田间试验发现光合细菌PSB-1（刘勇和王小平，2000）、51%病毒K乳油（赵子俊，2000）、30%康壮素（何运祥等，2002）等都对病毒病具有显著的防治效果。

2.4 抗病毒病遗传育种研究

选育抗病品种是防治辣椒病毒病的有效途径。我国自“七五”计划以来就一直把辣椒抗病毒病育种作为一个重要的目标，因我国以CMV和TMV发病最高，危害最大，故抗CMV和TMV育种是现阶段我国抗病育种的主攻目标和主要研究方向。Holmes 1934年首先发现了辣椒对TMV的抗病性，他设想这种抗病性有3个复等位基因参与，即*L*对*Li*和*I*是显性，*L*基因是过敏性致死的反应型抗病性，*Li*也造成局部坏死，但程度不如*L*完全，另外*Li*对*I*是不完全显性。1973年荷兰首次发现了辣椒的TMV株系，它们不侵染番茄，但能够侵染上述的具抗病的L和Li基因的辣椒品种。关于抗性的遗传规律，Holmes（1937）的研究结果表明辣椒病毒病抗性遗传规律较为复杂多样，由此，也决定了筛选抗源途径的多样化。于喜燕等（2000）采用4×4完全双列杂交方法研究了黄瓜花叶病毒辣椒分离株（CMV-P）抗性的遗传规律，结果表明，辣椒对CMV-P的抗性至少受4对以上核基因控制，具有数量性状遗传特点，抗性的回交效应显著而正反交效应不显著，辣椒对CMV-P的抗性遗传经检验呈“加性—显性”模型，主要是受基因的加性效应影响，群体中抗病基因频率高于感病基因频率，故通过自交、回交、系统选择可获得抗病性超亲的系统。抗×感组合的F_1代则很难获得超亲组合，要获得超亲组合需选双亲都高抗的亲本。在辣椒的抗病性与辣椒的生理生化关系方面，林晓民（1996）研究发现辣椒花药中游离脯氨酸含量与植株抗病毒能力之间存在平行变化的关系，抗病毒性强的品种，其花药中的游离脯氨酸含量也较高。邹学校等人研究发现辣椒的株高、植株的开展度、分枝数和结果数与 CMV 抗性相关程度达到极显著水平。刘建华等的研究还发现辣椒植株中干物质含量对病毒病的正向效应很小，负向效应达到显著水平，V_C 含量对抗性产生正效应，其中对 TMV 效应极显著；辣椒素含量对 TMV、CMV 也产生正效应，并达到极显著水平。以上有关辣椒病毒病的生理遗传机理的研究为以后培育辣椒抗病品种提供了理论基础。

2.5 辣椒抗病毒病的生物工程研究

病毒侵染会给辣椒生产造成严重的损失，除了通过对种子进行灭菌、改变栽培技术、化学防治和培育抗病品种等措施进行防治外，利用生物技术进行辣椒病毒病的防治已成为研究的新热门。

在这方面的研究中，Liu（1990）首先利用了根癌农杆菌（*Agrobacterium turnefacions*）转化辣椒无菌苗的子叶和下胚轴，转化的外植体上有冠瘿结构，可只有器官分化，并没有得到完整的转基因植株，虽然他们使用的质粒 $P^{3\text{-}1\text{-}Gus}$ 只带有报道基因，但为利用基因工程技术改良辣椒抗病毒病的研究开辟了一条崭新的途径，现在随着目的基因分离技术日益完善，已经获得了更多、更新、有用目的基因。目前，已知的抗病毒基因主要有：黄瓜花叶病毒外壳蛋白基因（CMV-Cpgene）、CMV 卫星-RNA CD RNA 以及辣椒严重花叶病毒外壳蛋白基因等。张宗江（1994）借助二元 Ti 载体系统，用带有黄瓜花叶病毒外壳蛋白基因 *CMV-CP* 的农杆菌与子叶外植体共培养，经过抗卡那霉素（Km）的筛选和再生培养得到了 62 个转基因植株，经过对后代植株的 DNA 作点杂交及 Southen blotting 检测表明，转基因植株上染色体确定带有该基因序列，随后用蛋白质 ELISA 法进行基因表达和叶面摩擦接种，进行抗性检测显示，转基因植株表现明显的抗病毒性能。Dong（1995）通过农杆菌将 CMV 卫星-RNA CD RNA 基因导入辣椒子叶柄，获得转基因植株后，用卫星-RNA 的恶性花叶病毒株进行 CMV 接种，聚丙烯酰胺胶电脉（PAGE）及 Northen blotting 分析表明，在转基因植株中，CMV 卫星 RNA 基因确有表达。与对照相比，大部分转基因植株要推迟 10d 左右表现 CMV 的症状且病情指数下降，CMV 发育减慢。Zhang（1996）也通过农杆菌把 *CMV-CP* gene 转入甜椒获得了 3 株含有 *CMV-CP* gene 的 Rl 株系，Western blotting 分析表明，该株系有较高的外基因表达产物。毕玉华（1999）在构建 TMV-CP 和 CMV-CP 双价表达载体以建立辣椒高效转化体系的基础上，用根癌农杆菌介导法转化辣椒栽培品种农大 40 和湘研 1 号，结果表明，有 7 个阳性转基因植株对 TMV 和 CMV 同时表现为免疫。郭亚华和徐香玲（2000）等利用发根农杆菌的 Ri 质粒介导的二元载体，将 PBTC-8 质粒上的 *TMY-CP* 和 *CMV-CP* 基因导入甜椒中，用共生培养的方法，诱导愈伤组织，经卡那霉素的抗性筛选，并进一步培养获得再生植株，PCR 和 ELTSA 的检测为阳性反应，转化植株田间人工接种为抗性，证明 *TMV-CP* 和 *CMV-CP* 基因导入甜椒并已表达。徐秉良等（2002）以转化 *CMV-CP* 和 *TMV-CP* 基因的转基因线辣椒纯合系植株作为研究试材，比较单独或混合接种 CMV 和 TMV 后，转化线辣椒的抗病性表达特点，并测定了两种病毒在植株体内的病毒含量，结果表明，转化线辣椒不仅能抵抗 CMV 和 TMV 的单独侵染，而且还能抗 CMV 和 TMV 的复合侵染。李华平等（2000）利用农杆菌共培养法将 CMV-BS 株系的 *CP* 基因转化入辣椒植株，结果表明，部分转基因植株表现了对 CMV-BS 和辣椒 CMV-P 抗性。这些工作的开展为最终获得纯合的遗传性状稳定的抗病辣椒品系奠定了基础。

3 辣椒病毒病的研究展望

尽管辣椒抗病毒的研究已取得显著的进展，但由于基础研究的薄弱，至今仍未找出对病毒病防治十分有效的方法。随着对辣椒抗病毒基础遗传机理研究的不断深入和生物技术的发展，新的抗病毒策略也将不断涌现。如利用交叉保护的方法增强植株对强毒系的免疫能力，以及利用天然植物提取液防治病毒病的发生等方法将是生物化学防治的一种趋势。在基因工程的研究方面，采用转复合抗病基因将是今后的发展方向。利用多种抗性基因控制病毒，可以提高转基因植物的抗性强度、抗病的广谱性和持久性。生物农药的研制亦将是今后很长一段时间内的研究热点。

参考文献

毕玉华. 1999. 双抗 TMV+CMV 辣椒转基因工程植株和再生及抗毒鉴定. 华北农学院, 14(3):103-108.

崔明礼, 刘 杨. 2000. 辣椒抗病毒病研究现状概述. 辽宁农业科学, (8): 36-37.

樊慕贞, 李兴红, 黄天城. 1992. “912”植物病毒钝化剂对辣椒病毒病的控制作用. 河北农业大学学报, 15(3): 59-62.

郭亚华, 徐香玲. 2000. Ri 质粒介导 TMV 和 CMV 外壳蛋白基因转化甜椒研究. 北方园艺, (4): 17-18.

何运祥, 邓定元, 刘勇, 等. 2002. 3%康壮康徽颗粒对辣椒病毒病防治效果及增产作用. 湖南农业科学, (3): 49.

江山, 韩熹莱. 1995. 植物病毒病化学防治研究进展. 中国病毒学, 10(1): 1-7.

雷新云, 李怀芳. 1987. 植物诱导性对病毒侵染的作用及诱导物质 Ns83 机制的探讨. 中国农业科学学报, 20(4): 1-5.

李华平, 胡晋生, 王敏, 等. 2000. 黄瓜花叶病毒衣壳蛋白基因转化辣椒研究. 病毒学报, 16(3): 276-278.

林晓民. 1996. 辣椒花药中游离脯氨酸含量与植物抗病性关系. 植物生理学通讯, 32(5): 354-355.

刘建华, 刘勇. 1995. 辣椒种传病毒种类及其传病作用研究. 湖南农业科学, (2): 41-45.

刘勇, 王小平. 2000. 光合细菌 PSB-1 对辣椒病毒病的防治作用. 湖南农业科学, (6): 30-37.

罗华元, 陈应石. 1991. 蚜虫迁飞动态与辣椒病毒病流行的关系, 植物保护学报, 18(10): 23-27.

王爱学, 赵清华. 1995. 83 增抗剂防治辣椒病毒病的试验. 西北园艺, (2): 9-10.

王慧, 杨永林, 阎素珍. 1991. 辣(甜)椒 TMV 和 CMV 抗源筛选与利用. 北方园艺, (1): 15-20.

辛玉成, 秦淑莲, 孙竹生, 等. 1999. 抑病毒菌素对黄瓜花叶病毒的作用效果初报. 中国生物防治, (4): 185-186.

徐秉良, 商鸿生, 王旭. 2002. 转 *CP* 基因线辣椒 CMV 和 CMV-RNA 的抗病性比较, 植物病理学报, 32(2). 132-137.

徐秉良. 2002. 黄瓜花叶病毒和烟草花叶病毒在双抗转基因线辣椒内的增殖. 中国病毒学, 7(3): 243-247.

杨永林, 田茹燕. 冯兰香, 等. 1995. 中国六省市辣椒病毒种群及其分布的研究. 中国病毒学, 10(4): 332-339.

于喜燕, 孔庆国, 王允兰. 2000. 黄瓜花叶病毒辣椒分离株抗性遗传规律研究. 沈阳农业大学学报, 31(2): 169-170.

张宗江. 1994. 黄瓜花叶病毒壳蛋白基因转化辣椒及其在转化基因株后代的表达. 华北农学报,9(3): 67-71.

赵子俊. 2000. 病毒K防治辣椒病毒病药效试验. 长沙蔬菜. (3): 20-21.

Dong C Z. 1995. Transgenic sweet pepper plants containing CMY sat-RNA. Horticuhure, (402): 78-86.

Holmes F O. 1937. Inheritance of resistance in tobacco mosaic disease in peper. Phytopathlogy, (27): 637-642.

Liu W. 1990. Agrobacterium induced crown formation in bell pepper and formation of shoot like structure expressing introduced gene. Plant Cell Report, (9): 360-364.

Schuster, G. 1987. Inhibition of plant Viruses by membrane lipid analogs under special regard of alpane. Monosuffonates. J Phytopath, (118): 109-122.

Streeter D G, Witkowski J T, Khore G P, et a1. 1993. Mechanism of action of 1-β-D-ribafaranosy 1-1, 2, 4-triazole-3-carboxmide(virazole). A new Brand-Spectrum Antiviral Agent. Prol Nta1Acad Scil USA, (70), 1174.

Zhang Y F. 1996. Transgenic sweet pepper plants from agrobacterium mediated branch formation. Plant Cell Report. l6(1/2): 71-75.

Review Of Control Of Virus Diseases in Capsicum Varieties

Li Xuefeng[1], Xu Jialin[2], Bie Zhilong[2]

([1] National Capsicum Breeding and Extension Center, Changsha 410125; [2] Horticuhure and Garden College, Central—China Agricultural University, Wuhan 430070)

Abstract: Virus diseases in capsicum (chilli peppers) are major diseases in the species. Its control methods and techniques including chemical, biological control and comprehensive management are reviewed in the paper.

Key word: *Capsicum* (chilli peppers); Virus disease; Control and management

辣椒优质高产施肥技术研究进展*①

张竹青

摘要：本文综述了辣椒的需肥特性，施肥不当所产生的多种危害，以及合理施肥促进优质高产的研究进展，为辣椒生产上科学施肥提供依据和指导。

关键词：辣椒；生理病害；施肥技术

辣椒因其种植的比较效益高，农民的种植积极性高，从 2003 年以来，我国辣椒年栽培面积基本稳定在 130 万 hm^2 左右。近 2 年随着辣椒加工业的发展，辣椒的一些新的用途被开发出来，辣椒种植面积仍有加大的趋势。近年来辣椒栽培中辣椒生理病害也越来越重，如山西、徐州、海南等制种基地中辣椒"黑果病"、"烂尾病"等逐年加重。据调查，这些现象的产生多是由于施肥不当，尤其是偏施氮肥而忽视钾肥和中微量元素肥料的施用造成的。如"烂尾病"即果实落花部位变黑、变软。原因是氮肥或钾肥施入过量且高温干燥引起钙素缺乏所致。通过优化施肥技术以保证辣椒产量的同时，进一步提高辣椒质量、改善辣椒品质成了目前辣椒生产中迫切需要解决的问题。

1 辣椒的需肥特性

1.1 需肥量大

王文军等 2001 年的研究表明：在供试的辣椒、番茄、茄子、黄瓜、大白菜五种蔬菜中，辣椒吸收养分量最大 。

1.2 对肥料的依赖性大

辣椒对肥料的依赖性比粮食作物大得多，它所需的 3/5 的 N、P 和 2/3 的 K 都来自化学肥料和有机肥料，其余 2/5 的 N、P 和 1/3 的 K 则来自土壤。

1.3 对养分有特殊的需要

喜硝酸态氮肥：辣椒的硝态氮肥与铵态氮肥的施用比例以 1∶1 为好。

喜钾，对氮、钾的吸收比例在 1∶1.2 以上，而对磷要求不高。

需钙、镁量大。钙是构成植物细胞壁的重要元素，能促进细胞壁发育，变厚，果实发育期供钙不足，辣椒易出现脐腐病，而多施钙肥可提高抗病能力。镁是叶绿素的核心成分，没有镁，作物也就失去了绿色。

---

* 基金项目：国家"863"计划项目（2006AA10Z1A6-3）。

① 本文原载《辣椒杂志》，2007，（2）：36-39。

对缺硼敏感：硼参与碳水化合物的运转代谢，能刺激花粉的萌发和花粉管的伸长，对促进受精过程有特殊作用，缺硼易引起落花落果，严重时植株生长畸形。

1.4 辣椒对养分有特殊的吸收规律

辣椒对氮素的吸收规律　苗期需少量氮，开花结果后到第一次采收期前，需氮水平提高，盛花期和盛果期达最高，果实开始红熟后，需氮量开始稳定下降。

辣椒对磷素的吸收规律　鲜食辣椒开花前需磷最多，生育中、后期需磷相当。干制辣椒营养生长阶段磷素营养有两个最大的积累时期，第一次在完全开花的时候，第二次在营养生长期之后，即叶面积系数值最大，正值果实迅速膨大和逐渐成熟时期。

辣椒对钾的吸收规律　生长发育前半个时期，即果实迅速膨大之前，需钾少，可施用少量的钾肥；而在生长发育的后半期，需钾多，可施用速效钾肥，既可保证较多的果数，又可促进果实迅速膨大，提高产量。

2 施肥过量或不足所产生的危害症状

辣椒栽培中除了氮、磷、钾三种大量元素肥料外，其他中微量元素也对辣椒的生长起着很大作用，任何一种元素缺乏或过剩都将影响辣椒的正常生长。

2.1 施肥过量或不足所产生的危害症状

氮：氮是植物细胞中蛋白质的主要成分，蛋白质含氮量占16%～18%，辣椒缺氮，从下部叶变淡黄色开始，植株细瘦矮小，生长缓慢。氮素过剩则营养生长过旺，叶为暗绿色，多汁柔软，枝条徒长。

磷：苗期缺磷植株瘦小、发育缓慢。成株期缺磷，叶色深绿，叶尖变黑或枯死，生长发育停滞，从下部开始落叶、落蕾、落花，开花与果实成熟期延迟，单株结实率和产量均明显下降。磷肥因在土壤中易被固定，过剩的情况一般很少发生。

钾：缺钾，花期表现明显，植株生长缓慢，叶缘发黄，逐渐干枯，叶片易脱落，植株易失水造成枯萎，前期花的形成和结果减少，而后使果实变小、畸形、易落。施钾过量易导致辣椒蒂腐病的发生。

钙：缺钙，植株矮小，顶叶黄化而下部叶保持绿色，生长点及其附近枯死或停止生长，根部发生短根现象，钙对果实的发育影响最大，缺钙易产生蒂腐病。钙过量虽不会在植物器官上产生过量症状，但会阻碍镁、钾、磷的吸收，在高pH时，还会降低锰、硼、铁等微量元素的溶解性。

镁：镁是构成叶绿素的主要元素。同时对果实成熟、果实大小与品质都有影响。缺镁，下部叶的叶脉间的绿色变淡黄到黄色，上部叶片有时脱落，植株矮小，果实稀疏，生长不良。镁过量，主要表现在镁/钙比上，过高的比值会阻碍植株的生长，但可增强对病毒的抗性。

硼：硼可以增强光合作用，促进碳水化合物的合成、运输和糖酸代谢。辣椒缺硼，茎叶变硬易折，上部叶扭曲畸形，易落花落叶，果实有分散的暗色或干枯黄斑，无食用价值。反之硼过剩，则下部叶的叶脉间产生白色到褐色的斑点，逐渐向上部叶发展，最后下部叶的叶缘逐渐变黄白。

硫：硫是蛋白质的重要元素之一。辣椒缺硫，明显的症状是上部叶片色淡，光合作用纯度减低，碳水化合物产量降低。

铁：铁是叶绿素的重要组成部分，是构成多种氧化酸所必需的元素。辣椒缺铁，首先表现在幼叶上（与缺镁区别），也就是上部叶的叶脉初绿，但脉间则变淡绿至淡黄。而铁过剩则下部叶的叶脉间产生褐色的斑点。

锰：锰在植物细胞各种生化过程中起着重要接触剂的功能，引导其他元素进入细胞体内。辣椒缺锰，中下部叶脉绿色，但叶脉间淡绿色，并出现褪绿和坏死斑点，新叶柄附近呈一片灰色，慢慢变成黄色直至橘黄色。但锰过剩，则根系变褐，下部叶的叶脉，生黑褐色的小斑点，使叶部分变成白色、紫色，且易脱落。

锌：锌是氧化还原中的催化剂，它能促进蛋白质的氧化和影响植物生长叶的形成。辣椒缺锌，叶小、叶发黄、植株矮小，发生顶枯，顶部小叶丛生，有时叶缘呈扭曲状或皱折，类似病毒病，叶片有褐色条斑，叶片易枯黄脱落。锌过剩，整个叶色变淡，叶脉间淡绿，新叶和茎上产生红褐色斑点。

铜：铜是参与细胞中氧化作用的元素，它存在于各种氧化酶中。辣椒缺铜最明显的病状是顶部叶边缘呈波浪状，继而出现萎蔫症状，同时也会导致叶片变窄、果实变细。铜过剩则根的生长显著受阻、变褐，植株生长发育不良和叶片枯萎。

钼：钼能促进叶绿素的形成和根瘤菌的固氮作用。辣椒缺钼，叶片出现花斑，叶脉淡绿色，叶片内卷。

2.2 缺素症的治疗

针对辣椒不同缺素所引起的症状，有针对性地补救。

缺氮：应在叶面喷 400 倍尿素加 150 倍白糖水溶液。

缺磷：追肥时土壤补施过磷酸钙，应急时叶面喷施 0.3%磷酸二氢钾或 0.5%过磷酸钙水溶液。

缺钾：追肥时每亩次棚室施硫酸钾 3kg 或氯化钾 3～4kg，应急时叶面喷施 0.3%磷酸二氢钾水溶液或 1%草木灰浸出液。

缺钙：叶面喷施 0.5%氯化钙水溶液，隔 3、4 天一次，连喷 3 次。

缺锌：① 缺锌喷安泰生 600 倍，因安泰生含有机锌 15.8%。喷后能迅速被叶片吸收。②喷 0.4%硫酸锌溶液 2～3 次，5～7 天一次。

缺镁：① 喷 10%～20%硫酸镁水溶液 2～3 次，每周一次。②植株根部（两侧）追施钙镁磷肥少许（每株 5～10g），并浇小水。

缺硼：喷 500～600 倍硼砂或硼酸 2～3 次，每 5～7 天一次。

缺硫：每亩地施硫黄粉 2～2.5kg，随基肥一并翻入土中。

缺铁：喷 1%的硫酸亚铁水溶液 2～3 次，每周一次。

缺锰：可喷 0.1%硫酸锰水溶液 2～3 次，间隔 7 天。

缺铜：①喷 0.04%的硫酸铜水溶液。②用 1～1.5kg 硫酸铜、40～50kg 过磷酸钙与 600 倍有机肥拌匀作基肥。

缺钼：①播种时每亩用钼酸铵 60g 与其他基肥混合施入土中。②喷 0.05%～0.1%钼酸水溶液，5 天一次，连喷 2～3 次。

3 辣椒栽培中施肥现状及存在的问题

3.1 凭经验或习惯施肥

这样容易脱离实际。因为不同的土壤，所含氮、磷、钾及其他营养元素多少不同。如不对土壤肥力进行测试，就不知土里缺什么，要补什么，缺多少，要补多少，就不可能做到有针对性的合理施肥。

3.2 偏施氮肥

由于在氮、磷、钾三要素肥料中，氮肥对作物生长发育的直观效果最为明显，因此，不少农民一提到施肥，就只想到施用氮肥，往往忽视磷、钾肥的施用。这种偏施氮肥不配施磷、钾肥料的做法，不仅造成氮肥的浪费，而且污染生态环境。

3.3 过量施肥

由于过量施肥，肥料的增产效益和经济效益呈下降趋势，有时还可能造成肥害。

3.4 盲目减少肥料施用量，导致减产

不少地方的农民朋友在有关资料上看到偏施氮肥或过量施肥对农作物产量和农产品质量的影响后，不是科学地调控化肥施用量和氮、磷、钾三要素比例，而是盲目减少肥料施用量，结果导致减产或没有达到肥料的最佳经济施用量。

3.5 重化肥轻有机肥

由于化肥的肥效快，有机肥的肥效比较迟缓，再加上有机肥的积制施用费工费时，又脏又笨重，部分农民朋友认为“有机肥料一箩筐，不如化肥一茶缸”，因而不愿意在增施有机肥料上下工夫。有机肥料是改良土壤、培肥地力、提高和更新土壤有机质的根本措施，作物吸收的部分氮、20%～50 %的磷及大部分的钾都来自有机肥。有机肥不但供给作物需要的大量氮、磷、钾元素，而且也是作物所需要的各种微量元素的源泉。国内外研究结果表明，地力产量决定常年产量的 55%～75%，其他措施只能起到 25%～45%的作用，在一定范围内，有机质含量愈高，地力产量也愈高，因此，一定要注意有机肥的施用。

3.6 忽视施用微量元素肥料

微量元素肥料虽然用量不多，但微量元素缺乏同样也会影响辣椒生长，影响辣椒的产量和品质。

4 合理施肥建议

4.1 了解辣椒总的需肥原则和对土壤理化性质的要求

辣椒对 N、P、K 三要素的需求由多到少依次为：钾、氮、磷；辣椒最适宜生长的

土壤是中性或弱酸性土壤（pH 6.2～7.2）。

4.2 测土配方施肥

蔬菜配方施肥的原则是根据蔬菜生长的需要和土壤供应养分的状况。若土壤养分不能满足蔬菜的需求。缺少什么养分，就施什么肥料；减去土壤能够供应的，还缺多少量，就施多少肥料。

4.3 根据目标产量确定肥料的施用量

利用土壤和肥料两个方面共同提供养分的原理，来计算应施用的肥料量，以土壤养分测定值来计算土壤供肥量。梁运江（2006 年）推荐计算肥料量的公式为：施肥量＝目标产量×蔬菜单位产量的养分吸收量×0.15×修正系数/肥料中养分含量（%）×肥料利用率（%）[式中：蔬菜单位产量的养分吸收量数值。可在农业科技手册或有关资料中查得，有实测值更好。土壤养分测定量，是指土壤所含速效性氮、磷、钾等养分的（mg/kg）值。0.15 是将养分（mg/kg）值换算为 kg/667m^2 的系数。校正系数是修正土壤养分测定值，使之接近蔬菜实际可吸收利用的数值。]

4.4 增施有机肥

据有关试验，当有机氮占施氮总量的 40%以上时，土壤有机质含量才能明显上升。同时增施有机肥有利于增强作物抗病抗逆能力，确保高产、稳产。

4.5 有针对性施用微肥

根据土壤性质、结合辣椒对微肥的需要特点，有针对性地施用微肥。

参 考 文 献

陈相波, 钟武辉, 潘节保, 等. 1997. 辣椒施用硼肥试验. 长江蔬菜, (12): 28-29
高祖明, 张春兰, 倪金应, 等. 1990. 黄瓜等九种蔬菜与 NO_3-N 亲和力的研究. 南京农业大学学报, 13(1): 75-79
韩永兰， 魏德明, 张牧侨, 等. 1991. 锌肥对蔬菜锌素营养的影响及施用技术. 土壤肥料, (2): 34-37
冀宏杰. 1999. 过量施用氮肥对北京市蔬菜硝酸盐古量影响的综合评估. 保定: 河北农业大学硕士学位论文
梁运江. 2006. 辣椒配方施肥技术. 北方园艺, (2): 65
刘光涛. 2005. 辣椒的缺素症及过剩症的诊断及对策. 河北农业, (7): 20-21
沈兵, 郭军, 李建华, 等. 1997. 菜地施肥存在的问题及对策, 北方园艺, (4): 56-57
宋世君. 1990. 甜椒根系脱氢酶活性与施氮量关系初探. 园艺学报, 17(3): 238-240
孙志梅, 等. 2001. 辣椒高产优质施肥技术研究进展. 中国农学通报, 17(3): 64-66
王文军, 张辛未, 刘枫, 等. 1996. 蔬菜的营养特点和施肥配方的研究. 安徽农业科学, 24(2): 175-178
向习军, 等. 2006. 测土配方施肥技术研究与应用. 湖南农业科学, (3): 73-74, 76
徐福利, 梁东丽, 李小平. 1997. 有机钾肥对西瓜、辣椒、烟草产量和品质的影响. 西北农业学报. 6(4): 59-61
徐晓燕. 1998. 钾氮肥配施对青椒效应的研究. 土壤通报. 29(3): 123-125
张春兰, 高祖明, 等. 1990. 甜椒氮磷营养的研究. 南京农业大学学报, 13(4): 58-64
张耀栋, 张春兰, 高祖明, 等. 1990. 甜椒氮索营养研究. 土壤通报, 2l(5): 219-222

Studies on the Fertilization Technique for Good – quality and High-yield Hot Pepper Production

Zhang Zhuqing

(Hunan lnstitute of Vegetables, Changsha 410125)

Abstract: This paper reviewed the characteristics of fertilizer requirement during the pepper growth and developmental period, the physiological diseases incurred by improper fertilization, and the progress in research on the fertilization for the high-quality and high-yield pepper production, which will provide reference for rational fertilization during pepper production.

Key words: hot pepper; physiological disease; fertilization technique

杂交辣椒大棚制种技术规程*①

梁成亮[1,2,3]，李雪峰[1,2,3]，马艳青[1,2,3]

（[1]湖南省蔬菜研究所，长沙 410125；[2]湖南兴蔬种业有限公司，长沙 410125；
[3]湖南省蔬菜工程技术研究中心，长沙 410125）

为规范杂交辣椒大棚制种技术，制定本规程。

1 范围与引用文件

本标准适用于辣椒大棚杂交制种技术。本标准规定了辣椒大棚杂交一代种子亲本去杂、花粉采集、去雄授粉、病虫害防治、采收、保存操作技术规范。GB 16715.3 茄果类种子质量国家标准对于本文件的应用是必不可少的。

2 基地选择

2.1 气候条件

全年无霜期超过 120d，辣椒开花授粉期白天温度 25～30℃，最高不超过 35℃，夜间温度不低于 15℃。阳光充足。

2.2 土壤条件

地势较平、土壤肥沃、地力均匀、水源充足、排灌方便、三年以上未种植过茄科作物的土壤，土壤 pH 6.5～7.5。

2.3 隔离条件

100m 以内不能有其他同作物。

2.4 其他条件

劳动力资源充裕，当地农民具有一定的良种繁育经验。

3 栽培与管理

3.1 大棚

大棚为南北走向分布。主体结构可以是钢架或竹木。宜选用跨度 8m、顶高 3m、肩

* 基金项目：国家科技支撑计划项目（2012BAD02B02）。

① 本文原载《辣椒杂志》，2015，（2）：21-22，50。

高 1.5m、长度 30m 的标准大棚。

3.2 育苗

3.2.1 营养土配制

培养土由菌渣或腐殖质和菜园土按 1∶1 比例混合，每立方米加入 0.5‰的硫酸钾复合肥（15-15-15）2～3kg 和菜枯 5～6kg，发酵 30d 以上。过筛备用。

3.2.2 育苗盘规格

育苗盘适宜规格 72 孔。营养土装入育苗盘。

3.2.3 适时播种

10 月下旬至 11 月上旬在温室或大棚中育苗。根据父母本熟性，父本适当早播。父本、母本分区播种并挂牌标志。每穴播种 1～2 粒。每亩用种量为 25～30g。

3.2.4 苗期管理

育苗棚内适宜温度为白天 25～30℃，夜间 18℃左右，防止徒长。发现杂种苗及时拔除。幼苗两叶一心时间苗。

3.3 整地施肥

亩施腐熟农家肥 2000～2500kg 或菜枯 100kg、磷肥 30kg、0.5‰的硫酸钾复合肥（15-15-15）30kg，翻耕起垄，垄宽 90cm，沟宽 40cm，垄高 20cm，用 500 倍甲基异硫磷液喷施垄面后再铺地膜。

3.4 定植

幼苗长到 8～10 片真叶，2 月下旬至 3 月上旬定植。定植时每垄栽 2 行，定植密度为每亩 1800～2200 株。定植后立即浇足定根水。

3.5 种植比例

父母本种植比例一般为 1∶（3～5），分区种植并挂牌标志。

3.6 水肥管理

授粉前亩施 0.5‰的硫酸钾复合肥（15-15-15）10～15kg，授粉结束后亩施 0.5‰的硫酸钾复合肥（15-15-15）10～15kg、钾肥 10kg（1～2）次。根据土壤墒情及时浇水，高温天气在早上或晚上浇水，勤浇轻灌，切忌大水漫灌。

3.7 植株调整

及时抹除门椒以下侧枝。授粉结束后，将植株上部顶心与空枝全部摘除。摘顶心时果实上部应留 2～3 片叶。

3.8 温度管理

最低气温低于 5℃，加盖小拱棚。当棚内温度高于 35℃时，及时揭开裙膜通风降温。

4 授粉前准备

4.1 亲本扩繁

亲本种子的繁育实行原原种、原种两级繁育制种。原原种、原种均在 40 目防虫网的大棚内繁育，防止昆虫进入。

4.2 建立制种档案

建立制种档案，档案内容应包含品种名称、制种户及其技术负责人、当年样品编号、制种面积、基地前茬、制种操作日期及操作内容、完成情况及其他备注。

4.3 亲本去杂

辣椒全生育期清除杂株。

4.4 花粉采集

采集父本当日将开放的花蕾，剥出花药，在阴凉干燥的环境下花粉自然散发，用 80 目的花粉筛筛出花粉备用。当日采集的花粉宜当日用。在冷藏条件下，花粉可保存 3～5d。

5 授 粉

5.1 去雄授粉

授粉前清除全部自交果和已开放的花。授粉适宜时间为上午 7～10 点和下午 4 点后，适宜温度 20～30℃。选择充分长大、花苞发白的花蕾，一手捏住花蕾基部，一手握花冠，顺时针方向轻轻旋转直至花冠与花朵基本脱离后往外拉，将花药和花冠同时全部从花朵上去除，再用授粉管的出粉口对准母本柱头，轻轻点触，确保柱头与花粉充分接触。授粉后，做好标记。授粉标记可采用涂印油、拴毛线、掐萼片等方法。

5.2 不育系授粉

选当日开放的花，用授粉管的出粉口对准母本柱头，轻轻点触，确保柱头与花粉充分接触。

6 主要病虫害防治

6.1 猝倒病

猝倒病发病症状：幼苗染病时，茎基部呈黄绿色水渍状，后很快转黄褐色并发展至绕茎一周。病部组织腐烂干枯而凹陷，产生缢缩。水渍状自下而上扩展，幼苗倒伏于地。

猝倒病防治：发现病株及时拔除，并撒施少量草木灰或干细土，于晴天喷施 75%百菌清 600 倍液，64%杀毒矾 500 倍液，70%代森锰锌 500 倍液；用塑料大棚制种的，可采用 45%百菌清烟雾剂闭棚熏蒸。

6.2 病毒病

病毒病发病症状：叶片皱缩，有明显黄绿相间或褐色的花斑为花叶型病毒病；叶片畸形或丛簇为畸叶型病毒病。

病毒病防治：早期防治带毒媒介蚜虫、蓟马等，参照害虫防治；于发病初期可用 20%病毒 A 或 50%菌毒清可湿性粉剂 500 倍液喷雾防治。

6.3 疫病

疫病发病症状：发病部位有水渍状病腐，病斑暗黑。

疫病防治：72.2%普力克、72%克露、64%杀毒矾、75%百菌清 800 倍液等交替喷雾防治。

6.4 炭疽病

炭疽病发病症状：发病初期有水浸状褪绿色斑，后逐渐变为褐色。病斑近圆形，中间灰白色，上有轮生黑色小点粒，病斑扩大后呈不规则形，有同心轮纹。

炭疽病防治：防日灼；用 75%百菌清、80%炭疽福美、80%代森锰锌 600 倍交替或混合喷雾防治。

6.5 疮痂病

疮痂病发病症状：发病初期于叶背面有水渍状隆起斑点，后病斑为暗褐色的不规则形状，表面粗糙呈疮痂状，然后叶片脱落。

疮痂病防治：发病初期用 200ppm 农用链霉素，或 80%代森锌可湿必粉剂 700 倍液喷雾防治。

6.6 青枯病

青枯病发病症状：发病初期，植株出现萎蔫，之后枯死，枯死时仍保持绿色，根茎维管束变褐。

青枯病防治：发现病株，立即拔除，病穴用 2%甲醛（福尔马林）液或 20%石灰水浇灌消毒；200ppm 农用链霉素或新植霉素灌根，并用噻菌酮、世高、可杀得等防细菌性病害药剂喷雾防治。

6.7 蚜虫

蚜虫为害特点：成虫或若虫在辣椒叶上刺吸汁液，造成叶片卷缩变形，植株生长不良，影响产量。蚜虫传播多种病毒病，造成的为害远大于蚜害本身。

蚜虫防治方法：采用银灰薄膜覆盖驱蚜；黄板诱蚜杀死；用蚜虱净、吡虫啉等药剂喷雾防治。

6.8 蓟马

蓟马为害特点：受蓟马为害后的幼嫩叶萎缩畸形，分枝、侧枝生长停滞，果柄、叶片、果实表皮变成褐色。

蓟马防治方法：于光照弱的傍晚或夜间，用啶虫脒、吡虫啉、阿维菌素、联苯菊酯等药剂对花器、叶背及生长点进行喷雾防治。

6.9 烟青虫

烟青虫为害特点：幼虫蛀食幼嫩部位嫩茎、嫩叶、嫩芽、花蕾、果实。

烟青虫防治方法：晴天傍晚或晚上用 Bt 乳剂、美曲膦酯（敌百虫）、功夫、敌杀死、啶虫脒等喷雾防治。

7 采种与保存

采收生理成熟果，置于通风干燥环境下后熟一周。机械打籽，打籽前将机械和用具清理干净。将种子平铺于草席或无纺布上晾晒，厚度不超过 0.5cm，每 30～60min 翻动一次，当含水量达到 7.5%左右时，移至阴凉处冷却。

种子水分和净度须符合 GB 16715.3 要求。两层塑料包装袋包装种子，再套 1～2 层尼龙袋临时保存及运输。标明种子品种名称编号、产地、生产日期、制种单位、制种人、技术负责人。建立种子入库档案，档案内容应包含品种名称、年份、入库编号、制种户、原重、净重、水分、净度、芽势、芽率、纯度。

观赏盆栽辣椒品种及关键栽培技术*①

杨　莎，陈文超，张竹青，周书栋，马艳青

（湖南省蔬菜研究所 410125）

摘要：观赏辣椒是辣椒属的一个特殊类型，是近年来较为流行的观果类蔬菜之一，具有较高的推广价值，本文简单介绍了几种常见观赏椒的特征特性，以及观赏椒育苗、肥水管理等关键技术。

关键词：观赏椒；盆栽；育苗；肥水管理

随着生活水平不断提高，观赏辣椒作为一种新型观赏蔬菜，在观光旅游农业的地位与日俱增。观赏椒果形奇特美观、颜色丰富多彩，既可做礼品蔬菜、加工食用，又可用于观赏、美化环境、家居装饰及工艺品制作，具有很好的开应用前景（刘蕴贤等，2007；那伟民和张臣，2009）。我国观赏辣椒研究起步较晚，但已小有成就，经长年演化和定向选育，已形成了许多品种资源。

1　几种常见观赏椒品种及特征特性

根据观赏蔬菜的观赏特性，辣椒属于观果类蔬菜。观赏辣椒的果实形状不尽相同，有小羊角、小牛角、珠形、球形、风铃形、指天形、灯笼形等。果实颜色也丰富多彩，有红色、紫色、黄色、橙色、黑色、白色、绿色等。下面介绍几种常见的适合盆栽的观赏辣椒品种。

1.1　指天椒

果实朝上生长，呈狭长、扭曲的小指形，长4～6cm，宽1cm左右，味辣，果实开始时乳白色，渐渐变黄，然后呈橙红，最后为红色，果实可同时出现几种颜色，全红时整株呈火炬形。株形紧凑，株高大约20cm，株幅为20～25cm，每株结果约40个。适宜直径20cm左右花盆栽培。

1.2　五彩椒

果实朝上簇生生长，光滑，呈短指形，长4.0cm左右，宽1.5cm左右，中辣，果实开始时白色，然后呈紫色，最后为红色，果实可同时出现几种颜色。叶片绿中带紫，具有较高观赏性。株高约45cm，株幅为35～45cm，每簇可结果5～7个。适宜直径28cm

* 基金项目：国家科技支撑计划项目（2012BAD02B02-4）。

① 本文原载《湖南农业科学》，2015，（5）：93-95。

左右花盆栽培。

1.3 风铃椒

果实向下生长，风铃形，果长约 3cm，果宽 3～4cm，微辣，嫩果期鲜绿色，成熟后转为鲜红色，植株高大，株型开张，株高 60cm 左右，株幅 40～50cm，每株结果约 20 个。适宜直径 35cm 左右花盆栽培。

1.4 珠形椒

果实朝上生长，球形，果长 2～3cm，果宽 4～5cm，微辣，嫩果期鲜绿色，然后呈黄色，最后为鲜红色。植株较高大，株高 50cm 左右，株幅 45～55cm，每株结果数约 30 个。适宜直径 30cm 左右花盆栽培。

2 关键栽培技术

2.1 育苗

为了使幼苗整齐、健壮。采用漂浮育苗方法育苗。

2.1.1 育苗盘

采用 200 孔的聚苯乙烯塑料泡沫育苗盘，外形尺寸 66cm×33cm×5.5cm，底孔孔径 0.8cm。材质密度 18 目以上，质量 180～220g。

2.1.2 育苗池

根据大棚长度确定育苗池长度，最长不能超过 30m；宽度 1.1m，一般摆放 3 盘。用空心砖或其他材料建育苗池，池边宽 12～15cm，池高 10cm，两池间走道宽 50cm。采用厚度 6～8 丝无滴膜做底膜，将池底整平，在育苗池底部施用杀虫药剂后立即铺膜（戴雄泽等，2015）。

2.1.3 水源和水质

育苗池用水应清洁、无污染，可用自来水、井水、不能使用污染的塘水和河水。

2.1.4 育苗盘的消毒

将洗净的育苗盘用 0.1%硫酸铜浸泡 10min，再用 0.4%漂白粉液漂洗（200g 漂白粉加 50kg 水）；或用 500 倍多菌灵药液浸泡穴盘 30min。育苗盘必须消毒后才能使用。

2.1.5 基质

基质配比按照秸秆：腐殖质：牛粪（或油饼）：珍珠岩：蛭石=7：3：3（或 1）：3：1。混匀后过筛，在基质中添加 0.5‰的硫酸钾复合肥（15-15-15）以及 0.1 ‰的硫酸铜、0.5‰的多菌灵，加水拌匀，基质捏成团后松手，团开裂但仍保持团状即可。将基质装入育苗盘，端离地面 10cm 高，松手自然下落，重复 3～4 次，用木板将其表面刮平，注意不要用力压实格盘表面。基质装填要求均匀—致，松紧适中（杨红等，2008）。

2.1.6 种子处理

播种前将种子晾晒一天；用55℃温水浸种30min，不断搅拌，再转入常温下浸种4～6h；取出种子，用10%的磷酸三钠溶液浸泡1h；取出种子，用清水反复冲洗，晾干表面水分后立即播种。

2.2 播种

2.2.1 播种期

播种期以3月上旬为宜。

2.2.2 播种方法

用指尖轻压基质，形成深6～10mm的播种穴。种子点播，每穴1～2粒。播后立即用基质覆盖，与盘面齐平。将播种后的育苗盘整齐摆放在育苗池水面上，自然吸水，切勿用力下压育苗盘。入池24h后若基质没有吸水，用细铁丝钻通底孔，确保种子吸水充分。

2.3 苗期管理

2.3.1 温湿度管理

播种后在育苗盘上覆盖遮阳网，出苗50%时揭掉遮阳网。出苗90%后，将育苗盘移出水面，当幼苗开始萎蔫时，放入水池中。晴天上午10点至下午3点盖遮阳网降温，早晚揭开遮阳网让幼苗见光。

2.3.2 肥水管理

施肥分两次进行：第一次在播种前，将肥料（按水重加0.1%尿素、0.2%磷酸二氢钾、0.05%的硫酸铜）溶解于桶中，均匀倒入育苗池中；第二次在3～4片真叶时期，将肥料（按水重加0.5%尿素、0.2%磷酸二氢钾）溶解于桶中，均匀倒入育苗池中，搅拌均匀；保持育苗池水深8～10cm。

2.3.3 病虫害防治

着重预防苗期猝倒病、立枯病、蚜虫等，如发现苗床出现病株时应及时拔除处理。

2.3.4 炼苗

幼苗定植前7～10d，炼苗2～3次，以幼苗中午萎蔫，早晚能恢复为宜。定植前一天将育苗盘放入池内，让幼苗充分吸收水肥。

2.4 定植

2.4.1 定植时期

在4月上旬或中旬选阴天或晴天下午定植。

2.4.2 花盆选择

根据观赏椒的株型株幅选择合适的花盆，如指天椒选择直径约 20cm 的花盆栽培，每盆定植一株幼苗。

2.4.3 基质选择

盆土可按照大田土、草炭、腐熟有机肥 6∶3∶1 的比例配制。定植前先将基质淋透水，栽苗不要太深，覆盖根系即可，定植后浇足定根水。

2.5 肥水管理

定植后，全生育期需追肥 3 次，分别在定植后 10d 左右、坐果初期和结果盛期 3 个时期，每次施用 1%复合肥水溶液，结果盛期可增施磷、钾肥，并且视植株生长情况及时浇水。

2.6 病虫害防治

观赏椒主要病害为病毒病、疫病，主要虫害为蚜虫、烟粉虱和红蜘蛛。疫病可用 50%克霜灵可湿性粉剂 600～800 倍液，每 7～10d 喷雾 1 次，连续防治 2～3 次。病毒病可用 20%病毒 A 可湿性粉剂 500 倍液，或 1.5%植病灵乳剂 100 倍液，或抗毒剂 1 号 200～300 倍液，每 10d 喷雾 1 次，连续防治 3～4 次。蚜虫可用 10%吡虫啉可湿性粉剂 2000～3000 倍液，或 10%蚜虱净可湿性粉剂 1500 倍喷雾。烟粉虱可用 1.8%阿维菌素，或者 25%扑虱灵喷雾。红蜘蛛可用生物杀螨剂浏阳霉素（20%复方剂）1000～1200 倍液，或 20%螨卵酯可湿性粉剂 800～1000 倍液喷雾，同时可在室内设置黄板，对诱杀蚜虫、烟粉虱等有显著作用。

3 观赏性维护

作为盆栽观赏型，应该严格控制植株株高株幅，一般在幼苗 3～4 片真叶时，在育苗池水中添加 20mg/kg 矮壮素，移栽后，每隔 20 天采用 100～300mg/kg 矮壮素喷雾来控制植株生长，促进坐果，浓度根据生长时期逐渐增加。如果长时间处于室内环境，可适时搬移到室外进行光照。同时，根据不同的观赏椒类型，对植株进行调整、促花保果，及时剪除枯枝老叶老果，适时进行病害防治，延长观赏寿命（李谋智，2014）。

参 考 文 献

戴雄泽. 王立群，周书栋，等.2015. 辣椒秋延后大棚栽培技术规程. 湖南省地方标准，DB43/T 988-2015
李谋智. 2014. 盆栽观赏辣椒品种及栽培技术要点[J].中国蔬菜, (1): 92-93
刘蕴贤，倪道明，李道珍，等. 2007. 观赏椒新品种及开发应用前景[J]. 天津农业科学, 13(2): 40-42
那伟民，张臣. 2009. 观赏辣椒盆栽技术[J]. 辽宁农业职业技术学院学报, 1(1): 23-24
杨红，姜虹，涂祥敏，等. 2008. 辣椒漂浮育苗技术[J]. 农技服务, 25(10): 41-141

辣椒三系雄性不育系的选育技术规程*①

李雪峰[1,2,3]，梁成亮[1,2,3]，马艳青[1,2,3]

（1. 湖南省蔬菜研究所，湖南长沙 410125；2. 湖南兴蔬种业有限公司，湖南长沙 410125；3. 湖南省蔬菜工程技术研究中心，湖南长沙 410125）

摘要：制定辣椒三系雄性不育系选育技术规程，为辣椒高产优质栽培奠定基础。

关键词：辣椒；三系雄性不育系；选育技术规程

为规范辣椒三系雄性不育系的选育技术，制定本规程。

1 定　　义

1.1 雄性不育系

雌蕊正常而雄蕊花粉不育，不能自交结实，其不育性由核不育基因和细胞质内的不育基因共同控制，用 xxA 表示。

1.2 保持系

雌雄蕊发育正常，能自交结实，给不育系授粉后能结实产子，且其后代仍具有雄性不育特性，用 xxB 表示。

1.3 恢复系

雌雄蕊发育正常，能自交结实，给不育系授粉所产生的杂种一代育性正常，且具有较强的杂种优势，用 xxC 表示。

2 育　性　度

自始花期调查育性，每单株调查 3～4 次，记录育性，室内镜检辅助检查花粉活力，根据植株花粉的有无和花粉的活力，将不育植株分为半不育、高不育、全不育 3 个层次。

3 建立隔离圃

不育系的选育及转育都需在隔离圃内进行。隔离圃应符合 GB/T18407.1《农产品质

* 基金项目：“十二五”国家科技支撑计划重点项目（2011BAD35B07）。

① 本文原载《安徽农业科学》，2014，42(31)：10877～10878。

量安全无公害蔬菜产地环境要求》（2001）的规定。宜选择地势平坦，排灌方便，耕层深厚，保水保肥性能好，无病虫害，前作为非茄科作物，土壤 pH 在 6.2～7.2 的地块。隔离圃需用 60 目防虫网罩住。生长期间严防外源病虫被带入隔离圃。

4 培育壮苗

4.1 营养土配制

播种前 30d 将腐熟猪羊粪等圈肥和未种过茄科作物的菜园土按 1∶1 比例混合而成，加入少量复合肥、菜枯或豆饼，充分混匀备用。

4.2 适时播种

种子先用 55℃温汤浸种 20min，清水漂洗干净后，用湿纱布包盖置于 25～30℃温箱中催芽 3～4d，待有 70%的种子露芽时即可播种。播种前整好苗床，铺上 2cm 厚的营养土，苗床浇水湿透，然后将种子均匀撒播在苗床上，再盖一层 1.0～1.5cm 厚的营养细土，浇水充分，加盖地膜保持湿度。播种量为 10～15g / m^2，撒播。

4.3 假植

当幼苗长到 2～3 片真叶时，选晴天将幼苗假植于营养钵或假植床中。假植后密闭大棚和小拱棚 5～7d，保持适宜的温度和湿度以利于假植苗成活。

4.4 苗期管理

棚内白天温度保持在 25℃左右，夜间 18℃左右，随着天气变化盖膜和揭膜，超过 28℃及时通风降温，床土湿度以不“露白”为宜，以幼苗防徒长。

5 整地施肥

施腐熟农家肥 4.5～6.0 万 kg/hm^2、复合肥 600kg/hm^2 和磷肥 600kg/hm^2 作为基肥，按 1.2～1.3m 开沟作畦，畦高 15～25cm，畦土整成下粗上细，然后覆盖地膜。

6 定植

当苗长到 6～8 叶 1 心即可定植，每畦栽 2 行，株行距根据品种的性状而定。为促进幼苗成活，定植时尽量多带土少伤根，定植后立即浇足定根水。

7 田间管理

7.1 水肥管理

根据辣椒生长情况，应分为成活至开花前、授粉期、授粉结束后 3 个不同时期追肥。成活至开花前:宜轻施苗肥，施 10%稀猪粪水或 0.1%～0.2%复合肥，每 4～6d 浇 1 次。授粉期:宜稳施花肥，当四门斗椒坐稳后，结合浇水追施或穴施 1 次复合肥 120～150kg/hm^2。授粉结束后:宜重施果肥，每次穴施或撒施复合肥 105～150kg/hm^2、硫酸钾 75～105kg/ hm^2，每隔 10d 施肥 1 次，果实开始转色时停止施肥。在不同生育期应及时整枝打杈，加强通风，摘除枯黄病叶带出田外深埋或焚烧。

7.2 植株调整

及时抹除门椒以下所有侧枝，授粉前清除全部已开放的花朵和自交果。

8 授 粉

给不育植株授粉，直接采集父本当天开放的花朵，将花粉对准当天开放的母本花柱头，轻轻点触，确保柱头与花粉充分接触。点触过程中，不能用力过大以免柱头折断。授粉后立即挂标签登记，标签上注明父母本来源和日期等。

9 不育系和保持系的选育

9.1 F1 代

发现不育植株后，用该株系或品系的其他可育植株对其授粉获得 F1 代。

9.2 单株选择

观察 F1 的育性、花器特征和植物学性状，筛选出不育度表现最好的单株，标记为不育单株 1、不育单株 2、不育单株 3 等，同时选取对应数目的经济性状、抗性等优良的可育单株作为父本，标记为父本单株 1、父本单株 2、父本单株 3 等。

9.3 测交

用选取的不育单株和父本单株进行双列测交，同时父本自交。选育图见图 1。

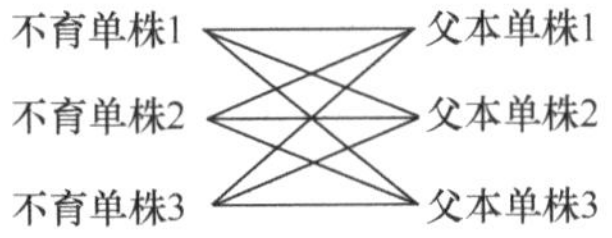

图 1 双列测交选育不育系

9.4 回交

从测交后代中选取不育率最高、性状最优良的组合，用对应父本回交，同时父本自交，回交 3～4 代后，选育出稳定的不育系和保持系。选育图见图 2。

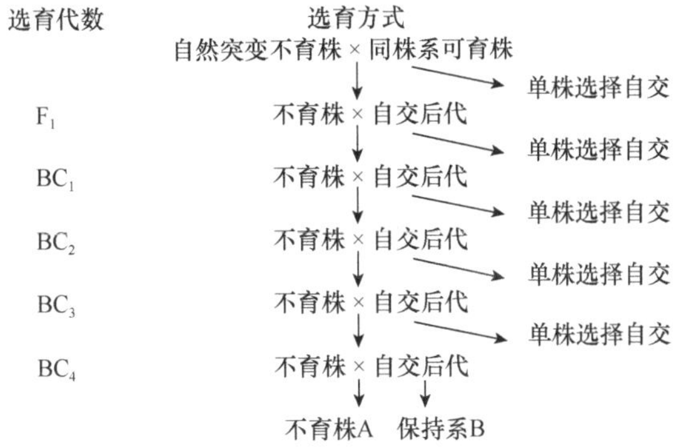

图 2 回交选育不育系

10　不育系的转育

10.1　不育源

转育用的不育源必须满足100%不育度和不育率。

10.2　转育父本

转育父本必须是性状优良、抗性好的自交系。符合以下3种基因型的父本可作为转育父本：细胞核全恢复型N（MsMs）、细胞核部分保持部分恢复型N（Msms）、细胞核全不育型 N（msms）。

10.3　测交

分别从不育源株系和转育父本中选择性状表现最好的单株，进行测交，观察F1的育性。

10.4　回交

由于转育父本可能存在3种基因型，测交F1可能存在3种情况。F1为全不育的，与转育父本3～4次回交，同时父本自交，自交后代为转育保持系，回交后代为转育不育系；F1 出现育性分离的，继续选择不育株与转育父本自交后代杂交，直至出现稳定的不育系和保持系，再回交2～3代，使性状完全达到转育目标（表1）。

表 1　不育植株花粉有无与活力调查情况表

植株编号	不育率%			镜检结果
	花期1	花期2	花期3	
不育株1				
不育株2				
不育株3				

11　恢复系的选育

11.1　筛选条件

与不育系和保持系的性状差异大。其他农艺性状、抗性等优良。

11.2　测交

测交亲本中，不宜用同一品系内的许多株系去测交。用不育系为母本，以自交系、品系为父本成对测交，观察其F1的育性，能够恢复育性的自交系和品系可作为恢复系。

12　恢复系的转育

12.1　转育亲本选择

转育亲本必须是优良自交系，具有现有恢复系所缺失的优良性状。

12.2 杂交和回交

利用恢复系作母本，转育亲本作父本杂交，杂交后代与转育亲本的自交后代进行多次回交，回交后代含有恢复基因又同时具有转育亲本的优良性状，即为新的转育恢复系。

13 采收与保存

采收生理成熟有标记的果实置于室内后熟 2～3d，由专人负责取种，也可以采用专用机械打碎，用清水冲洗干净，严防机械混杂，并配上标签。取种后，应立即将种子放在草席或纱网上摊开，进行通风晾晒至干，严禁置于高温水泥地板上曝晒。待种子干燥后（含水量 7%），冷却至室温，用干燥器或塑料袋加干燥剂密封保存。种子保存时，建立种子标签和种子档案（表 2～4），注明年份日期、选育地点、父母本来源等。

表 2 种子档案表

年份	选育地点	选育方式	母本来源	父本来源	F1 表现	备注

表 3 植株性状调查表

植株名称	株高	茎粗	开展度	育性度	分枝数	首花节位	始花期	抗性

表 4 果实性状调查表

果实来源	单株果数	单果重	果实类型	果长	果粗	肉厚	品质

参考文献

中华人民共和国国家质量监督检验检疫总局，中国国家标准化管理委员会. 2001. GB/ T18407. 1-2001 农产品安全质量无公害蔬菜产地环境要求[S]. 北京: 中国标准出版社.